"十二五"国家重点图书出版规划项目

危险化学品安全技术大典

(第Ⅰ卷)

中国石油化工股份有限公司青岛安全工程研究院
国家安全生产监督管理总局化学品登记中心　组织编写

张海峰　主编

中国石化出版社

内 容 提 要

本书提供了化学品的标识信息、燃烧爆炸特性、活性危害、毒性、中毒表现、侵入途径、职业接触限值、环境危害、理化特性、主要用途、包装与储运信息、火灾扑救、泄漏应急处置、中毒急救措施等信息，分5大项20余小项，是危险化学品安全管理和技术人员必须重点掌握的信息。其中选录的化学品，是目前我国石油化学工业中生产、流通量大，最常用的化学品；也是列入我国的一些重要的危险化学品管理名录、目录或标准，危害性大的化学品。

本书数据资料全面、准确、可靠，反映了国内外危险化学品安全管理和技术的新进展，可作为危险化学品登记、编制安全技术说明书的参考书，亦是化工和石油化工行业从事设计、生产、科研、供销、安全、环保、消防和储运等工作的专业人员必备的工具书。

图书在版编目（CIP）数据

危险化学品安全技术大典. 第1卷／张海峰主编；中国石油化工股份有限公司青岛安全工程研究院，国家安全生产监督管理总局化学品登记中心组织编写. —北京：中国石化出版社，2009（2015.8重印）
ISBN 978-7-5114-0100-7

Ⅰ. 危… Ⅱ. ①张…②中…③国… Ⅲ. ①化学品-危险物品管理：安全管理②石油化工-化工产品-危险物品管理：安全管理
Ⅳ. TQ086.5

中国版本图书馆CIP数据核字（2009）第179371号

中国石化出版社出版发行
地址：北京市东城区安定门外大街58号
邮编：100011　电话：(010)84271850
读者服务部电话：(010)84289974
http://www.sinopec-press.com
E-mail:press@sinopec.com
北京科信印刷有限公司印刷
全国各地新华书店经销
*
787×1092毫米 16开本 84.25印张 2112千字
2015年8月第1版第2次印刷
定价：298.00元

《危险化学品安全技术大典》
编写委员会

主　　任	王　强				
副主任	张海峰				
委　　员	万世波	于渊慧	王力健	方　莹	方祥飞
	王志远	王绍民	王森林	王豫安	卢世红
	卢传敬	朱　申	孙　锐	李祥寿	杜红岩
	张力娜	张光华	张志刚	张晓鹏	杨文德
	谷彦坡	陈　飞	陈　俊	洪　宇	俞新培
	袁仲全	贾雄波	柴建设	廖达伟	
主　　编	张海峰				
编写人员	李永兴	陈　军	李运才	慕晶霞	陈金合
	纪国峰	郭秀云	郭宗舟	李雪华	姬洪涛
	石燕燕	李　菁	龚腊芬	孙吉胜	王樟龄
	彭湘潍	翟良云	姜春明	杨春笋	蒋　涛
	曹永友	牟善军	张海峰		

前　言

随着我国对危险化学品安全管理力度的不断加强，国家相继出台和修订了一系列危险化学品的管理法规和标准，同时，国内外有关危险化学品的安全技术、毒理、健康危害和环境影响方面的科学技术研究也发展较快。为反映这些新变化和新技术成果，适应管理部门和企业对危险化学品安全管理和技术的新需求，中国石油化工股份有限公司青岛安全工程研究院、国家安全生产监督管理总局化学品登记中心组织有关专业人员，在广泛搜集目前国内外在化学品安全管理和技术最新技术资料和已出版的类似出版物的基础上，结合国内危险化学品管理的实践经验，联合编写了《危险化学品安全技术大典》。

本书选录化学品的原则为：目前我国生产、流通量大的化学品；列入我国重点管理危险化学品名录、目录或标准的化学品；危害性大的化学品。针对危险化学品管理和技术人员必须重点掌握的有关信息，每种物质均列出化学品标识、危害信息、理化特性与用途、包装与储运、紧急处置信息五大项；大项下列小项目20余项。

相信《危险化学品安全技术大典》的出版，会为从事危险化学品安全管理和安全技术研究的工作者，提供一本数据资料翔实、可靠、实用的专业参考工具书；会为我国危险化学品生产、使用、储存、运输、经营、废弃等各环节的安全管理及危害控制、化学事故应急救援提供重要的参考数据源；会为我国全面落实《安全生产法》、《危险化学品安全管理条例》等法律法规发挥一定作用。

《危险化学品安全技术大典》由多卷构成，每卷文前设中文词目索引，文后设立卷索引，以方便读者使用。

限于编者的水平，《危险化学品安全技术大典》可能存在一些错误和不足之处，敬请读者给予批评和指正。

编　者

目　　录

编写说明

Ⅰ．项目编写和解释

一、标识

包括下列项目：

(1)中文名称　化学品的中文名称。命名基本上是依据中国化学会1980年推荐使用的《有机化学命名原则》和《无机化学命名原则》进行的。

(2)英文名称　化学品的英文名称。命名是按国际通用的IUPAC(International Union of Pure & Applied Chemistry)1950年推荐使用的命名原则进行的。

(3)别名　未包含在化学品中文名称中的其他中文名称。

(4)分子式　指用元素符号表示的物质分子的化学成分。排列的规定为：有机化合物先按C、H、O、N顺序排列，其余按英文字顺排列；有机金属化合物把有机基团写在前，金属离子及络合水写在后；无机物按常规形式排列。

(5)结构式　用元素符号相互连接，表示出化合物分子中原子排列和结合方式的式子。

(6)CAS号　CAS是Chemical Abstract Service的缩写。CAS号是美国化学文摘社对化学物质登录的检索服务号。该号是检索化学物质有关信息资料最常用的编号。

(7)WGH号　指《危险化学品名录》(2002年版)的危险货物编号(简称危规号)。编号后注明“[铁规]”的，指《铁路危险货物品名表》规定的编号。

(8)UN号　是联合国《关于危险货物运输的建议书》对危险货物规定的编号。编号后注明“[海]”的，指《国际海运危险货物规则》的编号。

二、危害信息

(1)危险性类别　指根据化学物质固有危险特性划分的类别，按GB 13690《常用危险化学品的分类及标志》规定编写。对于分类与GB 12268《危险货物品名表》相冲突的部分化学品，同时列出了按GB 12268的分类。

(2)燃烧与爆炸危险性　简要描述化学品所具有的主要燃烧爆炸危险性。

(3)活性反应　活性反应主要指化学品本身固有的活性结构特点与其他化学品接触或受到外界环境条件(如光、热、高压、震动等)影响，或两种及多种物质混合时，所引起的能量释放而产生的危害(如燃烧、爆炸、分解、聚合等)；其中包括化学品或化学品混合物与空气(主要是氧气或水)接触发生的活性反应；化学品或化学品混合物在一定条件下与其他物质接触发生的活性反应等。本书中活性反应主要是与其他物质发生的危险反应。

(4)禁忌物　是指与该化学品在化学性质上相抵触的物质，该化学品与这些物质混合或接触时，可能会发生燃烧爆炸或其他化学反应，酿成灾害。

(5)毒性　给出了化学品的动物毒性试验数据和主要毒性作用。采用了国际癌症研究机构(IARC)和欧盟化学品管理局对化学品致癌性、致突变性和生殖毒性分类分级数据。对于列入《剧毒化学品目录》(2002年版)的化学品，给予特别指出。

使用了以下毒性指标：

LD_{50}　半数致死剂量

LC_{50}　半数致死浓度

LD　致死剂量

LC 致死浓度

LDL_o 最小致死剂量

LCL_o 最小致死浓度

TDL_o 最小中毒剂量

TCL_o 最小中毒浓度

(6)中毒表现 简要描述化学毒物经不同途径侵入机体后引起的急慢性中毒的典型临床表现，以及毒物对眼睛和皮肤等直接接触部位的损害作用。很少涉及化验和特殊检查所见。对一些无人体中毒资料或人体中毒资料较少的毒物，以动物实验资料补充之。

(7)侵入途径 化学毒物主要通过三种途径侵入机体而引起伤害，即吸入、食入和经皮吸收。在工业生产中，毒物侵入机体的主要途径为吸入和经皮肤吸收，食入的可能性较小。

(8)职业接触限值 是对接触职业有害因素(如化学、生物和物理因素)所规定的容许(可接受的)接触水平，即限量标准。目前，各国家机构或团体所制定的车间空气中化学物质的职业接触限值的类型各不相同。本书采用的化学物质的职业接触限值为：

①《工作场所有害因素职业接触限值》(GBZ 2.1—2007)：

a) 时间加权平均容许浓度(PC－TWA) 以时间为权数规定的8h工作日、40h工作周的平均容许接触浓度。

b) 短时间接触容许浓度(PC－STEL) 在遵守PC－TWA前提下容许短时间(15min)接触的浓度。

c) 最高容许浓度(MAC) 工作地点、在一个工作日内、任何时间有毒物质均不应超过的浓度。

② 美国政府工业卫生学家会议(ACGIH)阈限值(TLV)：

a) 时间加权平均阈限值(TLV－TWA) 是指每日工作8h或每周工作40h的时间加权平均浓度，在此浓度下反复接触对几乎全部工人都不致产生不良效应。

b) 短时间接触阈限值(TLV－STEL) 是在保证遵守TLV－TWA的情况下，容许工人连续接触15min的最大浓度。此浓度在每个工作日中不得超过4次，且两次接触间隔至少60min。它是TLV－TWA的一个补充。

c) 阈限值的峰值(TLV－C) 瞬时亦不得超过的限值。是专门针对某些物质如刺激性气体或以急性作用为主的物质规定的。

(9) 环境危害 简要描述化学品对环境的危害。

三、理化特性与用途

(1) 理化特性

① 外观与性状 是对化学品外观和状态的直观描述。主要包括常温常压下该物质的颜色、气味和存在的状态。同时还采集了一些难以分项的性质，如潮解性、挥发性等。

② pH值 表示氢离子浓度的一种方法。其定义是氢离子活度的常用对数的负值。

③ 熔点 晶体熔解时的温度称为熔点。一般情况填写常温常压的数值，特殊条件下得到的数值，标出技术条件。

④ 沸点 在101.3kPa大气压下，物质由液态转变为气态的温度称为沸点。一般填写常温常压的沸点值，若不是在101.3kPa大气压下得到的数据或者该物质直接从固态变成气态(升华)，或者在溶解(或沸腾)前就发生分解的，则在数据之后用“( )”标出技术条件。

⑤ 相对密度(水＝1) 在给定的条件下，某一物质的密度与参考物质(水)密度的比值。填写20℃时物质的密度与4℃时水的密度比值。

⑥ 相对蒸气密度(空气＝1) 在给定的条件下，某一物质的蒸气密度与参考物质(空气)密度的比值。填写0℃时物质的蒸气与空气密度的比值。

⑦ 饱和蒸气压 在一定温度下，于真空容器中纯净液体与蒸气达到平衡量时的压力。

用 kPa 表示，并标明温度。

⑧ 燃烧热　指 1mol 某物质完全燃烧时产生的热量，用 kJ/mol 表示。

⑨ 临界温度　物质处于临界状态时的温度。就是加压后使气体液化时所允许的最高温度，用℃表示。

⑩ 临界压力　物质处于临界状态的压力。就是在临界温度时使气体液化所需要的最小压力，也就是液体在临界温度时的饱和蒸气压，用 MPa 表示。

⑪ 辛醇/水分配系数　当一种物质溶解在辛醇/水的混合物中时，该物质在辛醇和水中浓度的比值称为分配系数，通常以 10 为底的对数形式（lg pow）表示。辛醇/水分配系数是用来预计一种物质在土壤中的吸附性、生物吸收、亲脂性储存和生物富集的重要参数。

⑫ 闪点　指在规定的条件下，试样被加热到它的蒸气与空气的混合气体接触火焰时，能产生闪燃的最低温度。闪点有开杯和闭杯两种值，书中的开杯值用（OC）标注，闭杯值用（CC）标注。闪点是评价液体物质燃爆危险性的重要指标，闪点越低，燃爆危险性越大。

⑬ 引燃温度　是指物质在没有火焰、火花等火源作用下，在空气或氧气中被加热而引起燃烧的最低温度。

从引燃机理可知，引燃温度是一个非物理常数，它受各种因素的影响，如可燃物浓度、压力、反应容器、添加剂等。引燃温度越低，则该物质的燃爆危险性越大。

⑭ 爆炸极限　易燃和可燃气体、液体蒸气、固体粉尘与空气形成混合物，遇火源即能发生燃烧爆炸的最低浓度，称为该气体、蒸气或粉尘的爆炸下限；同时，易燃和可燃气体、蒸气或粉尘与空气形成混合物，遇火源即能发生燃烧爆炸的最高浓度，称为爆炸上限。上下限之间的浓度范围称为爆炸范围。爆炸极限通常用可燃气体或蒸气在混合气中的体积分数[%（V/V）]表示，粉尘的爆炸极限用 mg/m^3 表示。

爆炸极限是评价可燃气体、蒸气或粉尘能否发生爆炸的重要参数，爆炸下限越低，爆炸极限范围越宽，则该物质的爆炸危险性越大。

⑮ 溶解性　指在常温常压下该物质在溶剂（以水为主）中的溶解性，分别用混溶、易溶、溶于、微溶表示其溶解程度。

（2）主要用途　简述化学品的主要用途。大多数化学品的用途很广泛，此处只列举化工方面的主要用途。

四、包装与储运

（1）包装标志　是指标示危险货物危险性的图形标志名称，通常按《危险货物品名表》（GB 12268）规定编写，但是对于列入《剧毒品化学品目录》的物质，将有毒品改成了剧毒品。标志名称后注明“[铁规]”的，指《铁路危险货物品名表》的标志名称。

（2）包装类别　根据危险性大小确定的包装级别。本栏目是依据国标《危险货物品名表》（GB 12268）和《危险货物运输包装类别划分原则》（GB/T 15098）进行编写。

（3）安全储运　主要根据《铁路危险货物运输管理规则》（2006 年版）的规定编写。

五、紧急处置信息

（1）急救措施　主要给出的是机体受到化学毒物急性损害时所应采取的现场自救、互救、急救措施，一般不涉及就医后的进一步治疗措施。

在现场急救中应重点注意以下几个问题：①施救者要做好个体防护，佩戴合适的防护器具。②迅速将患者移至空气新鲜处，松开衣领和腰带，取出口中义齿和异物，保持呼吸道通畅。呼吸困难和有绀紫者给吸氧，注意保暖。③如有呼吸心跳停止者，应立即在现场进行人工呼吸和胸外心脏按压术，一般不要轻易放弃。对氰化物等剧毒物质中毒者，不要进行口对口人工呼吸。④某些毒物中毒的特殊解毒剂，应在现场即刻使用，如氰化物中毒，应吸入亚硝酸异戊酯。⑤皮肤接触强腐蚀性和易经皮肤吸收引起中毒的物质时，要迅速脱去污染的衣着，立即用大量流动清水彻底清洗，清洗时应注意头发、手足、指甲及皮肤皱褶处，冲洗时间一般不少于20min。⑥眼睛受污染时，用流水彻底冲洗。对强刺激和腐蚀性物质冲洗时间不少于15min。冲洗时应将眼睑分开，注意将结膜囊内的化学物质全部冲出，要边冲洗边转动眼球。⑦口服中毒患者应首先催吐，尤其是$LD_{50}<200mg/kg$且能被快速吸收的毒物，应立即催吐。在催吐前给饮水500～600mL（空胃不易引吐），然后用手指或钝物刺激舌根部和咽后壁，即可引起呕吐。催吐要反复数次，直至呕吐物纯为饮入的清水为止。为防止呕吐物呛入气道，患者应取侧卧、头低体位。以下情况禁止催吐：意识不清的患者，或预计半小时内会出现意识障碍的患者；吞服强酸、强碱等腐蚀性毒物者；吞服低黏度有机溶剂，一旦呕吐物呛入呼吸道可造成吸入性肺炎，也不能催吐。对于口服中毒应否催吐，本书主要以《国际化学品安全卡》的提法为依据。⑧迅速将患者送往就近医疗部门做进一步检查和治疗。在护送途中，应密切观察呼吸、心跳、脉搏等生命体征；某些急救措施，如输氧、人工心肺复苏术等亦不能中断。

（2）灭火方法　描述灭火过程中应注意的有关事项，主要包括：①消防人员应配备的个人防护设备；②灭火过程中对火场容器的冷却与处理措施；③灭火过程中发生异常情况时消防人员应采取的安全、紧急避险措施；④化学品发生火灾后或化学品处于火场情况下，灭火时可选用的灭火剂及禁止使用的灭火剂。

（3）泄漏应急处置　在化学品的生产、储运和使用过程中，常常发生一些意外的破裂、倒洒等事故，造成危险品的外漏，需要采取简单有效的应急措施和消除方法来消除或减小泄漏危害，即泄漏处理。

本栏目的主要内容为：

① 应急行动　包括切断点火源，疏散无关人员，隔离泄漏污染区等。如果泄漏物是易燃物，则必须首先消除泄漏污染区域的点火源。是否疏散和隔离，视泄漏物毒性和泄漏量的大小而定。本书中所谓的小量泄漏是指单个小包装（小于200L）、小钢瓶的泄漏或大包装（大于200L）的滴漏；大量泄漏是指多个小包装或大包装的泄漏。

② 应急人员防护　本书中给出了呼吸系统（呼吸器）和皮肤（防护服）的防护，但并未给出防护级别，所以实际应用时应根据具体情况，选择适当的防护用品。

③ 环保措施　介绍了在泄漏事故处理过程中应注意的事项及如何避免泄漏物对周围环境带来的潜在危害。

④ 消除方法　主要根据物质的物态（气、液、固）及其危险性（燃爆特性、毒性）给出具体的处置方法。

a）气体泄漏物　应急人员能做的仅是止住泄漏。如果可能的话，用合理通风和喷雾状水等方法消除其潜在影响。

b）液体泄漏物　在保证安全的前提下切断泄漏源。采用适当的收容方法、覆盖技术和转移工具消除泄漏物。

c）固体泄漏物　用适当的工具收集泄漏物。

Ⅱ．有关问题的说明

（1）“职业接触限值”栏目中有关［　］的注释：

① 限值后有［皮］标记者为除经呼吸道吸收外，尚易经皮肤吸收的有毒物质。

② 限值后有［敏］标记者指该物质可能有致敏作用。

③ 限制后的［G1］［G2A］［G2B］标记表示IARC的致癌性分级：

G1——确认人类致癌物；

G2A——可能人类致癌物；

G2B——可疑人类致癌物。

除以上标记外限值后又有［　］者，如氟化氢及氟化物限值后的［F］，重铬酸盐限值后的[CrO_3]，表示该物质的职业接触限值应按[ ]内物质计算。如氟化氢及氟化物换算成 F，重铬酸盐换算成 CrO_3 等。

(2) 计量单位的使用　本书使用法定计量单位。为了读者使用方便，书中保留了一些有关专业中少量经常使用的单位，如 ppm、ppb 等。

d	天(日)	h	小时	min	分
s	秒	m^3	立方米	kg	千克(公斤)
m	米	cm^3	立方厘米	g	克
mm	毫米	L	升	mg	毫克
μm	微米	mL	毫升	μg	微克

Pa　帕斯卡，压力单位，表示气压和液压，1 标准大气压 = 101325Pa

kPa　千帕斯卡

MPa　兆帕斯卡

mg(g)/kg　每千克体重给予化学物质的毫克(克)数(用以表示剂量)；每千克介质中含有化学物质的毫克(克)数(用以表示含量或浓度)

mg(g)/m^3　每立方米空气中含化学物质的毫克(克)数(表示化学物质在空气中的浓度)

ppm　百万分之一，10^{-6}

ppb　十亿分之一，10^{-9}

中文词目索引

A

B

C

D

E

H

J

K

M

N

O

P

Q

R

S

T

W

X

Y

Z

1. 2－氨基苯酚

标　　识

中文名称　2－氨基苯酚

英文名称　2－Aminophenol；*o*－Aminophenol

别名　邻氨基苯酚；邻羟基苯胺

分子式　C_6H_7NO

CAS 号　95－55－6

WGH 号　61720

UN 号　2512

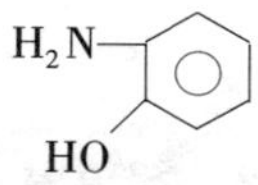

危害信息

危险性类别　第6.1类　有毒品

燃烧与爆炸危险性　可燃。其粉体与空气混合能形成爆炸性混合物。遇明火高热可燃。燃烧产生有毒的一氧化碳和氮氧化物气体。

活性反应　与强氧化剂反应。

禁忌物　强氧化剂、酸酐、酸类、酰基氯、氯仿。

毒性　大鼠经口 LD_{50}：951mg/kg；小鼠经口 LD_{50}：800mg/kg；豚鼠经皮 LD_{50}：>1000mg/kg。

吸入过量的本品粉尘，可引起高铁血红蛋白血症。有致敏作用，能引起支气管哮喘及接触性变应性皮炎。

侵入途径　吸入、食入。

环境危害　对水生生物有极高毒性，可能在水生环境中造成长期不利影响。

理化特性与用途

理化特性　白色或浅灰色结晶粉末。微溶于冷水、苯、甲苯、氯仿；溶于乙醇、乙醚、热水；易溶于乙腈、乙酸乙酯、丙酮。熔点 170～174℃，辛醇/水分配系数 0.52～0.62。

主要用途　用于制造染料、药物、塑料固化剂。

包装与储运

包装标志　有毒品

包装类别　Ⅲ类

安全储运　储存于阴凉、通风的库房。远离火种、热源。储存温度不超过 35℃，相对湿度不超过 85%。保持容器密封。应与强氧化剂、酸、氯仿等隔离储运。

紧急处置信息

急救措施

吸入：脱离接触。如呼吸困难，给吸氧。如呼吸心跳停止，立即进行心肺复苏术。就医。

眼睛接触：立即分开眼睑，用大量流动清水或生理盐水彻底冲洗。如有不适感，就医。

皮肤接触：立即脱去污染的衣着，用肥皂水和清水彻底冲洗皮肤。就医。

食入：给服活性炭悬液。就医。

如发生高铁血红蛋白血症，吸氧，静脉缓慢注射 1% 亚甲蓝 5～10mL。

灭火方法　消防人员须穿全身防火防毒服，佩戴空气呼吸器在上风向灭火。尽可能将容器从火场移至空旷处。喷水保持火场容器冷却，直至灭火结束。切勿将水流直接射至熔融物，以免引起严重的流淌火灾或引起剧烈的沸溅。

灭火剂：雾状水、泡沫、二氧化碳、干粉、砂土。

泄漏应急处置　隔离泄漏污染区，限制出入。建议应急处理人员戴防尘口罩，穿防毒服，戴橡胶手套。穿上适当的防护服前严禁接触破裂的容器和泄漏物。尽可能切断泄漏源。用塑料布覆盖泄漏物，减少飞散。勿使水进入包装容器内。用洁净的铲子收集泄漏物，置于干净、干燥、盖子较松的容器中，将容器移离泄漏区。

2. 3－氨基苯酚

标　识

中文名称　3－氨基苯酚

英文名称　3－Aminophenol；*m*－Aminophenol

别名　间氨基苯酚；间羟基苯胺

分子式　C_6H_7NO

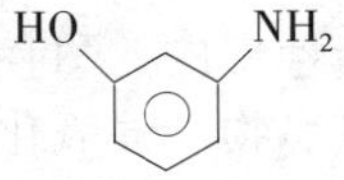

CAS 号　591－27－5

WGH 号　61720

UN 号　2512

危害信息

危险性类别　第 6. 1 类　有毒品

燃烧与爆炸危险性　可燃。其粉体与空气混合能形成爆炸性混合物。遇明火高热可燃。燃烧产生有毒的一氧化碳和氮氧化物气体。

活性反应　与强氧化剂反应。

禁忌物　强氧化剂、酸酐、酸类、酰基氯、氯仿。

毒性　大鼠经口 LD_{50}：924mg/kg；小鼠经口 LD_{50}：401mg/kg；大鼠吸入 LC_{50}：1162mg/m^3。

本品不易经皮肤吸收。吸入过量本品粉尘，可引起高铁血红蛋白血症。

侵入途径　吸入、食入。

环境危害　对水生生物有毒，可能在水生环境中造成长期不利影响。

理化特性与用途

理化特性　白色或浅黄色片状结晶。微溶于水，溶于乙醇、乙醚。熔点 124～126℃，沸点 164℃(1. 47kPa)，蒸气压 1. 47kPa(164℃)，辛醇/水分配系数 0. 15～0. 17。

主要用途　用于制造染料、药物及塑料固化剂等。

包装与储运

包装标志　有毒品

包装类别　Ⅲ类

安全储运　储存于阴凉、通风的库房。远离火种、热源。储存温度不超过 35℃，相对

湿度不超过85%。保持容器密封。应与强氧化剂、酸、氯仿等隔离储运。

紧急处置信息

急救措施

吸入：脱离接触。如呼吸困难，给吸氧。如呼吸心跳停止，立即行心肺复苏术。就医。

眼睛接触：立即分开眼睑，用大量流动清水或生理盐水彻底冲洗。如有不适感，就医。

皮肤接触：立即脱去污染的衣着，用肥皂水和清水彻底冲洗皮肤。就医。

食入：给服活性炭悬液。就医。

如发生高铁血红蛋白血症，吸氧，静脉缓慢注射1%亚甲蓝5~10mL。

灭火方法 消防人员须穿全身防火防毒服，佩戴空气呼吸器，在上风向灭火。尽可能将容器从火场移至空旷处。喷水保持火场容器冷却，直至灭火结束。切勿将水流直接射至熔融物，以免引起严重的流淌火灾或引起剧烈的沸溅。

灭火剂：雾状水、泡沫、二氧化碳、干粉、砂土。

泄漏应急处置 隔离泄漏污染区，限制出入。建议应急处理人员戴防尘口罩，穿防毒服，戴橡胶手套。穿上适当的防护服前严禁接触破裂的容器和泄漏物。尽可能切断泄漏源。用塑料布覆盖泄漏物，减少飞散。勿使水进入包装容器内。用洁净的铲子收集泄漏物，置于干净、干燥、盖子较松的容器中，将容器移离泄漏区。

3. 4-氨基苯酚

标 识

中文名称 4-氨基苯酚

英文名称 4-Aminophenol；*p*-Aminophenol

别名 对氨基苯酚；4-氨基酚

分子式 C_6H_7NO

CAS号 123-30-8

WGH号 61720

UN号 2512

危害信息

危险性类别 第6.1类 有毒品

燃烧与爆炸危险性 可燃。其粉体与空气混合能形成爆炸性混合物。遇明火高热可燃。燃烧产生有毒的一氧化碳和氮氧化物气体。

活性反应 与强氧化剂反应。

禁忌物 强氧化剂、酸酐、酸类、酰基氯、氯仿。

毒性 大鼠经口LD_{50}：375mg/kg；小鼠经口LD_{50}：420mg/kg；兔经口LD_{50}：10000mg/kg；大鼠吸入LC_{50}：>5mg/m^3(1h)。

吸入过量的本品粉尘，可引起高铁血红蛋白血症。有致敏作用，能引起支气管哮喘、接触性变应性皮炎。本品不易经皮肤吸收。

侵入途径 吸入、食入。

环境危害 对水生生物有极高毒性，可能在水生环境中造成长期不利影响。

理化特性与用途

理化特性　白色至灰褐色结晶。微溶于水、乙醇、乙醚。熔点186～189℃，沸点150℃(0.4kPa)，蒸气压0.4kPa(150℃)，辛醇/水分配系数0.04。

主要用途　用于制造染料、药物及塑料固化剂等。

包装与储运

包装标志　有毒品

包装类别　Ⅲ类

安全储运　储存于阴凉、通风的库房。远离火种、热源。储存温度不超过35℃，相对湿度不超过85%。保持容器密封。应与强氧化剂、酸、氯仿等隔离储运。

紧急处置信息

急救措施

吸入：脱离接触。如呼吸困难，给吸氧。如呼吸心跳停止，立即行心肺复苏术。就医。

眼睛接触：立即分开眼睑，用大量流动清水或生理盐水彻底冲洗。如有不适感，就医。

皮肤接触：立即脱去污染的衣着，用肥皂水和清水彻底冲洗皮肤。就医。

食入：给服活性炭悬液。就医。

如发生高铁血红蛋白血症，吸氧，静脉缓慢注射1%亚甲蓝5～10mL。

灭火方法　消防人员须穿全身防火防毒服，佩戴空气呼吸器在上风向灭火。尽可能将容器从火场移至空旷处。喷水保持火场容器冷却，直至灭火结束。切勿将水流直接射至熔融物，以免引起严重的流淌火灾或引起剧烈的沸溅。

灭火剂：雾状水、泡沫、二氧化碳、干粉、砂土。

泄漏应急处置　隔离泄漏污染区，限制出入。建议应急处理人员戴防尘口罩，穿防毒服，戴橡胶手套。穿上适当的防护服前严禁接触破裂的容器和泄漏物。尽可能切断泄漏源。用塑料布覆盖泄漏物，减少飞散。勿使水进入包装容器内。用洁净的铲子收集泄漏物，置于干净、干燥、盖子较松的容器中，将容器移离泄漏区。

4. 4－氨基吡啶

标　识

中文名称　4－氨基吡啶

英文名称　4－Aminopyridine；4－Pyridylamine；*p*－Aminopyridine

别名　γ－吡啶胺；对氨基吡啶

分子式　$C_5H_6N_2$

CAS号　504－24－5

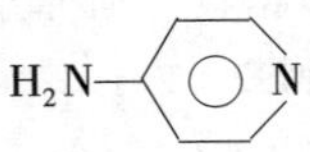

WGH号　61842

UN号　2671

危害信息

危险性类别　第6.1类　有毒品

燃烧与爆炸危险性　可燃。其粉体与空气混合能形成爆炸性混合物。遇明火高热可燃。燃烧产生有毒的一氧化碳和氮氧化物气体。

活性反应　与强氧化剂反应。

禁忌物　强氧化剂、酸类。

毒性　大鼠经口 LD_{50}：20mg/kg；小鼠经口 LD_{50}：19mg/kg。

中毒表现　对眼睛、黏膜和皮肤有刺激性。食入后引起腹部不适、恶心、呕吐、虚弱、头昏和多汗。严重者发生抽搐甚至呼吸停止。大剂量口服发生剧烈呕吐、食道损害、腹泻、肠痉挛，甚至发生肠梗阻。

侵入途径　吸入、食入。

理化特性与用途

理化特性　无色针状结晶。溶于水、乙醚、苯，易溶于乙醇。熔点 155～158℃，沸点 273℃，蒸气压 1.73kPa(180℃)，辛醇/水分配系数 0.25，闪点 164℃。

主要用途　用于有机合成及制药工业

包装与储运

包装标志　有毒品

包装类别　Ⅱ类

安全储运　储存于阴凉、通风的库房。远离火种、热源。储存温度不超过 35℃，相对湿度不超过 85%。保持容器密封。应与强氧化剂、强酸、硝酸钠等隔离储运。

紧急处置信息

急救措施

吸入：脱离接触。如呼吸困难，给吸氧。如呼吸心跳停止，立即行心肺复苏术。

眼睛接触：立即分开眼睑，用大量流动清水或生理盐水彻底冲洗。如有不适感，就医。

皮肤接触：立即脱去污染的衣着，用大量流动清水冲洗。如有不适感，就医。

食入：口服活性炭。就医。

灭火方法　消防人员须穿全身防火防毒服，佩戴空气呼吸器在上风向灭火。尽可能将容器从火场移至空旷处。喷水保持火场容器冷却，直至灭火结束。

灭火剂：雾状水、泡沫、二氧化碳、干粉、砂土。

泄漏应急处置　隔离泄漏污染区，限制出入。消除所有点火源。建议应急处理人员戴防尘口罩，穿防毒服，戴橡胶手套。穿上适当的防护服前严禁接触破裂的容器和泄漏物。尽可能切断泄漏源。用塑料布覆盖泄漏物，减少飞散。勿使水进入包装容器内。用洁净的铲子收集泄漏物，置于干净、干燥、盖子较松的容器中，将容器移离泄漏区。

5. 4－氨基二苯胺

标　识

中文名称　4－氨基二苯胺

英文名称　*N*－Phenyl－*p*－phenylenediamine；*p*－Aminodiphenylamine

别名　*N*－苯基对苯二胺；RT 培司

分子式　$C_{12}H_{12}N_2$

CAS 号　101－54－2

WGH 号　61812

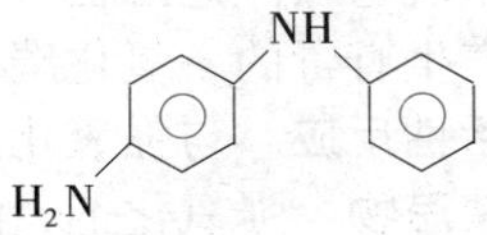

危害信息

危险性类别　第6.1类　有毒品

燃烧与爆炸危险性　可燃。其粉体与空气混合能形成爆炸性混合物，遇明火高热有引起燃烧爆炸的危险。燃烧产生有毒的一氧化碳和氮氧化物气体。

禁忌物　强酸、强氧化剂。

毒性　大鼠经口 LD_{50}：464mg/kg；小鼠经口 LD_{50}：244mg/kg；兔经皮 LD_{50}：>5000mg/kg。

对人体有毒。有刺激性。进入人体内可形成高铁血红蛋白，引起紫绀。

侵入途径　吸入、食入、经皮吸收。

理化特性与用途

理化特性　紫黑色针状结晶。难溶于水，溶于无水乙醇、乙醚和稀盐酸。pH 值 7.1（6g/L 水溶液），熔点 75℃，沸点 354℃，密度 1.09g/cm^3，相对蒸气密度（空气＝1）6.4，临界温度 594℃，临界压力 3.19MPa，燃烧热－6290kJ/mol，辛醇/水分配系数 1.82，闪点 193℃，引燃温度>500℃。

主要用途　用作染料及橡胶助剂中间体。

包装与储运

包装标志　有毒品

包装类别　Ⅲ类

安全储运　储存于阴凉、通风的库房。保持容器密封。远离火种、热源。应与氧化剂等隔离储运。

紧急处置信息

急救措施

吸入：脱离接触。如呼吸困难，给吸氧。如呼吸心跳停止，立即行心肺复苏术。就医。

眼睛接触：立即分开眼睑，用大量流动清水或生理盐水彻底冲洗。如有不适感，就医。

皮肤接触：立即脱去污染的衣着，用肥皂水和清水彻底冲洗皮肤。就医。

食入：给服活性炭悬液。就医。

如发生高铁血红蛋白血症，吸氧，静脉缓慢注射 1% 亚甲蓝 5～10mL。

灭火方法　消防人员须穿全身防火防毒服，佩戴空气呼吸器在上风向灭火。尽可能将容器从火场移至空旷处。喷水保持火场容器冷却，直至灭火结束。

灭火剂：泡沫、二氧化碳、干粉、砂土。

泄漏应急处置　隔离泄漏污染区，限制出入。消除所有点火源。建议应急处理人员戴防尘口罩，穿防毒服。穿上适当的防护服前严禁接触破裂的容器和泄漏物。尽可能切断泄漏源。用塑料布覆盖泄漏物，减少飞散。勿使水进入包装容器内。用洁净的铲子收集泄漏物，置于干净、干燥、盖子较松的容器中，将容器移离泄漏区。

6. 氨基磺酸

标识

中文名称 氨基磺酸

英文名称 Sulfamic acid; Aminosulfonic acid; Amidosulfonic acid

别名 磺酰胺酸

分子式 H_3NO_3S

CAS 号 5329-14-6

WGH 号 81506

UN 号 2967

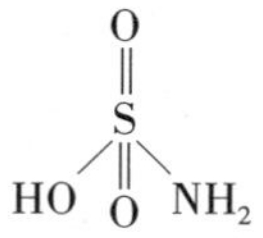

危害信息

危险性类别 第 8 类 腐蚀品

燃烧与爆炸危险性 不燃，无特殊燃爆特性。受热分解放出有毒的氮、硫氧化物气体。

活性反应 与氯、硝酸、碱接触发生剧烈反应。

禁忌物 氨、胺类、异氰酸酯、烯基氧化物、环氧氯丙烷、强碱、氧化剂和水。

毒性 大鼠经口 LD_{50}：3160mg/kg；小鼠经口 LD_{50}：1312mg/kg。

吸入本品对上呼吸道有刺激作用。皮肤或眼接触有强烈刺激性或造成灼伤。口服灼伤口腔和消化道。

侵入途径 吸入、食入。

环境危害 对水生生物有害，可能在水生环境中造成长期不利影响。

理化特性与用途

理化特性 白色结晶体，无臭无味。溶于水、液氨，不溶于乙醇、乙醚，微溶于甲醇。熔点 200～205℃，沸点 209℃（分解），相对密度（水＝1）2.15，相对蒸气密度（空气＝1）3.3，辛醇/水分配系数 0.101。

主要用途 用于分析化学，也可用于除草剂、防火剂、纸张和纺织品的软化剂、金属清洗剂等。

包装与储运

包装标志 腐蚀品

包装类别 Ⅲ类

安全储运 储存于阴凉、通风的库房。远离火种、热源。储存温度不超过 32℃，相对湿度不超过 80%。保持容器密封。应与强酸强碱、氧化剂隔离储运。

紧急处置信息

急救措施

吸入： 脱离接触，休息，采取半卧体位，注意防治肺水肿。

眼睛接触： 分开眼睑，用水或生理盐水冲洗 20～30min。

皮肤接触： 立即脱去污染的衣着，用大量流动清水彻底冲洗，冲洗时间一般要求 20～30min。就医。

食入：给饮牛奶或水，成人不超过 2 杯。就医。禁止催吐和洗胃（有主张吞食后 1h 内可洗胃），不要用碱中和。活性炭不能吸附酸。

灭火方法 消防人员须佩戴空气呼吸器，穿全身耐酸碱消防服，在上风向灭火。尽可能将容器从火场移至空旷处。喷水保持火场容器冷却，直至灭火结束。

灭火剂：雾状水、泡沫、干粉、二氧化碳、砂土。

泄漏应急处置 隔离泄漏污染区，限制出入。建议应急处理人员戴防尘口罩，穿防酸碱服，戴耐酸（碱）手套。穿上适当的防护服前严禁接触破裂的容器和泄漏物。尽可能切断泄漏源。用塑料布覆盖泄漏物，减少飞散。勿使水进入包装容器内。用洁净的铲子收集泄漏物，置于干净、干燥、盖子较松的容器中，将容器移离泄漏区。

7. 4－氨基联苯

标识

中文名称 4－氨基联苯

英文名称 4－Aminobiphenyl；(1,1′－Biphenyl)－4－amine；4－Aminodiphenyl

别名 对氨基联苯；对苯基苯胺

分子式 $C_{12}H_{11}N$

CAS 号 92－67－1

WGH 号 61802

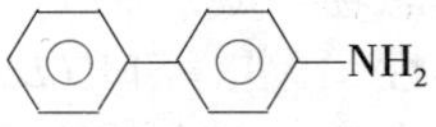

危害信息

危险性类别 第 6.1 类 有毒品

燃烧与爆炸危险性 可燃。其粉体与空气混合能形成爆炸性混合物。遇明火高热可燃。燃烧产生有毒的一氧化碳和氮氧化物气体。

活性反应 与强氧化剂反应。

禁忌物 强氧化剂、酸酐、酸类、酰基氯、氯仿。

毒性 大鼠经口 LD_{50}：500mg/kg；小鼠经口 LD_{50}：205mg/kg；兔经口 LD_{50}：690mg/kg。

本品有刺激性。吸收后可引起高铁血红蛋白血症，出现紫绀。

IARC 对本品的致癌性分类：G1—— 确认人类致癌物。

欧盟指令 67/548/EEC 将本品列为第 1 类致癌物——已知人类致癌物。

侵入途径 吸入、食入、经皮吸收。

环境危害 有害空气污染物

理化特性与用途

理化特性 棕褐色粉末。微溶于水，溶于乙醇、乙醚和氯仿。熔点 52～54℃，沸点 191℃(2.0kPa)，相对密度(水＝1) 1.16(20℃)，蒸气压 2.0kPa(191℃)，临界压力 3.29MPa，辛醇/水分配系数 2.80，闪点 110℃，引燃温度 450℃，爆炸极限 0.7%～5.2%。

主要用途 用于有机合成；用作橡胶防老剂。

包装与储运

包装标志 有毒品

包装类别 Ⅱ类

安全储运 储存于阴凉、通风的库房。远离火种、热源。储存温度不超过35℃，相对湿度不超过85%。保持容器密封。应与强氧化剂等隔离储运。

紧急处置信息

急救措施

吸入：脱离接触。如呼吸困难，给吸氧。如呼吸心跳停止，立即行心肺复苏术。

眼睛接触：分开眼睑，用水冲洗。

皮肤接触：脱去污染衣物，用肥皂水和水冲洗。

食入：催吐

如发生高铁血红蛋白血症，吸氧，静脉缓慢注射1%亚甲蓝5~10mL。

灭火方法 消防人员须穿全身消防服，佩戴空气呼吸器，在上风向灭火。尽可能将容器从火场移至空旷处。喷水保持火场容器冷却，直至灭火结束。

灭火剂：二氧化碳、泡沫、砂土。

泄漏应急处置 隔离泄漏污染区，限制出入。消除所有点火源。建议应急处理人员戴防尘口罩，穿防毒服，戴橡胶手套。穿上适当的防护服前严禁接触破裂的容器和泄漏物。尽可能切断泄漏源。用塑料布覆盖泄漏物，减少飞散。勿使水进入包装容器内。用洁净的铲子收集泄漏物，置于干净、干燥、盖子较松的容器中，将容器移离泄漏区。

8. 氨基硫代酯

标　识

中文名称 氨基硫代酯

英文名称 Antiwear extreme pressure additive T323

别名 T323极压抗磨剂

危害信息

燃烧与爆炸危险性 可燃。遇明火、高热可燃，燃烧产生有毒的氮氧化物和硫氧化物烟气。

侵入途径 吸入、食入。

理化特性与用途

理化特性 棕红色透明液体。产品不挥发、不易燃、不爆炸、不腐蚀。密度0.95~1.15g/cm^3，黏度13.5~15.5mm^2/s(100℃)，闪点≥130℃(开杯)。

主要用途 用于汽轮机油、液压油、齿轮油、内燃机油等多种油品中，以提高其抗氧化和抗磨损性能；也是润滑脂的极压添加剂。

包装与储运

安全储运 储存于阴凉、通风的库房。保持容器密封。远离火种、热源。应与氧化剂等隔离储运。搬运时轻装轻卸，防止容器受损。

紧急处置信息

急救措施

吸入：脱离接触。如有不适感，就医。

眼睛接触：分开眼睑，用流动清水或生理盐水冲洗。如有不适感，就医。

皮肤接触：脱去污染的衣着，用肥皂水和清水冲洗。如有不适感，就医。

食入：漱口，饮水。就医。

灭火方法 消防人员须穿全身消防服，戴空气呼吸器，在上风向灭火。尽可能将容器从火场移至空旷处。喷水保持火场容器冷却，直至灭火结束。

灭火剂：二氧化碳、泡沫、砂土、干粉。

泄漏应急处置 建议应急处理人员戴正压自给式呼吸器，穿防护服，戴橡胶手套。尽可能切断泄漏源。防止泄漏物进入水体、下水道、地下室或限制性空间。小量泄漏：用干燥的砂土或其他不燃材料吸收或覆盖，收集于容器中。大量泄漏：构筑围堤或挖坑收容，收集于容器中，回收或废弃处置。

9. 2－氨基－5－萘酚－7－磺酸

标　　识

中文名称 2－氨基－5－萘酚－7－磺酸

英文名称 7－Amino－4－hydroxynaphthalene－2－sulphonic acid；J acid

别名 J酸；杰酸

分子式 $C_{10}H_9NO_4S$

CAS号 87－02－5

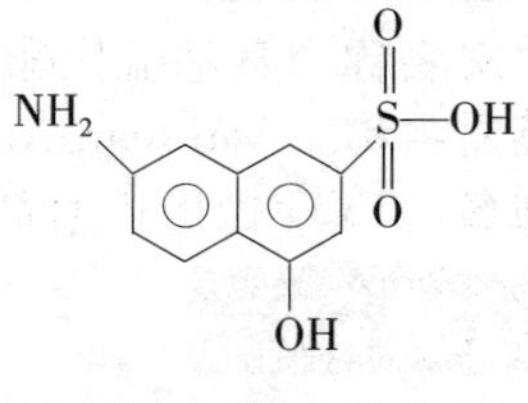

危害信息

危险性类别 第8类 腐蚀品

燃烧与爆炸危险性 可燃。其粉体与空气混合能形成爆炸性混合物，遇明火高热有引起燃烧爆炸的危险。燃烧产生有毒的一氧化碳、氮氧化物和硫氧化物气体。具有腐蚀性。

活性反应 与强氧化剂反应。

禁忌物 强氧化剂。

毒性 大鼠经口 LD_{50}：11500mg/kg

侵入途径 吸入、食入。

理化特性与用途

理化特性 白色或浅灰色结晶、结晶性粉末。微溶于冷水，稍溶于热水，不溶于乙醇，溶于纯碱和烧碱等碱性溶液中。

主要用途 用于制造偶氮染料

包装与储运

包装标志 腐蚀品

包装类别 Ⅲ类

安全储运 储存于阴凉、干燥、通风的库房。远离火种、热源。保持容器密封。应与氧化剂隔离储运。

紧急处置信息

急救措施

吸入：迅速脱离现场至空气新鲜处。保持呼吸道通畅。如呼吸困难，给输氧。呼吸、心跳停止，立即进行心肺复苏术。就医。

眼睛接触：立即分开眼睑，用大量流动清水或生理盐水彻底冲洗10～15min。就医。

皮肤接触：立即脱去污染的衣着，用大量流动清水彻底冲洗，冲洗时间一般要求20～30min。就医。

食入：用水漱口，禁止催吐。给饮牛奶或蛋清。就医。

灭火方法 消防人员须佩戴空气呼吸器，穿全身耐酸碱消防服，在上风向灭火。尽可能将容器从火场移至空旷处。喷水保持火场容器冷却，直至灭火结束。

灭火剂：雾状水、泡沫、干粉、二氧化碳、砂土。

泄漏应急处置 隔离泄漏污染区，限制出入。建议应急处理人员戴防尘口罩，穿一般作业工作服。尽可能切断泄漏源。用塑料布覆盖泄漏物，减少飞散。勿使水进入包装容器内。用洁净的铲子收集泄漏物，置于干净、干燥、盖子较松的容器中，将容器移离泄漏区。

10. 2－氨基－1－萘磺酸

标　识

中文名称 2－氨基－1－萘磺酸

英文名称 2－Amino－1－naphthalenesulfonic acid；Tobias acid

别名 吐氏酸；托拜厄斯酸

分子式 $C_{10}H_9NO_3S$

CAS号 81－16－3

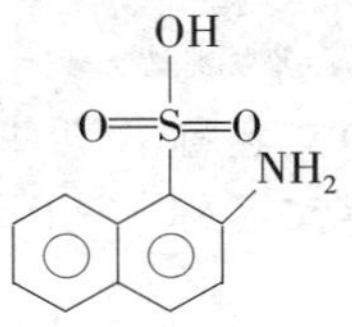

危害信息

危险性类别 第8类 腐蚀品

燃烧与爆炸危险性 可燃。其粉体与空气混合能形成爆炸性混合物，遇明火高热有引起燃烧爆炸的危险。燃烧产生有毒的氮氧化物和硫氧化物气体。具有腐蚀性。

活性反应 与强酸、强碱等反应。

禁忌物 强酸、强碱。

毒性 大鼠经口 LD_{50}：19400mg/kg；大鼠吸入 LC_{50}：＞5.333mg/L(4h)；家兔经皮 LD_{50}：＞2000mg/kg。

侵入途径 吸入、食入、经皮吸收。

理化特性与用途

理化特性 白色针状或叶片状晶体。微溶于冷水，溶于热水，难溶于乙醇、乙醚。熔点180℃，沸点434℃，辛醇/水分配系数－1.16。

主要用途 是重要的有机中间体，主要用于制造染料和有机颜料。

包装与储运

包装标志 腐蚀品

包装类别 Ⅲ类

安全储运 储存于阴凉、干燥、通风的库房。远离火种、热源。储存温度不超过30℃，相对湿度不超过80%。保持容器密封。应与强氧化剂、强碱隔离储运。

紧急处置信息

急救措施

吸入：迅速脱离现场至空气新鲜处。保持呼吸道通畅。如呼吸困难，给输氧。呼吸、心跳停止，立即进行心肺复苏术。就医。

眼睛接触：立即分开眼睑，用大量流动清水或生理盐水彻底冲洗10～15min。就医。

皮肤接触：立即脱去污染的衣着，用大量流动清水彻底冲洗，冲洗时间一般要求20～30min。就医。

食入：用水漱口，禁止催吐。给饮牛奶或蛋清。就医。

灭火方法 消防人员须佩戴空气呼吸器，穿全身耐酸碱消防服，在上风向灭火。尽可能将容器从火场移至空旷处。喷水保持火场容器冷却，直至灭火结束。

灭火剂：雾状水、泡沫、干粉、二氧化碳、砂土。

泄漏应急处置 隔离泄漏污染区，限制出入。建议应急处理人员戴防尘口罩，穿防毒防酸碱服，戴橡胶耐酸碱手套。穿上适当的防护服前严禁接触破裂的容器和泄漏物。尽可能切断泄漏源。用塑料布覆盖泄漏物，减少飞散。勿使水进入包装容器内。用洁净的铲子收集泄漏物，置于干净、干燥、盖子较松的容器中，将容器移离泄漏区。

11. 氨基三亚甲基膦酸

标　识

中文名称 氨基三亚甲基膦酸

英文名称 Nitrilotrimethylenetris(phosphonic acid); Aminotris(methanephosphonicacid); ATMP

别名 次氮基三(亚甲基)三膦酸

分子式 $C_3H_{12}NO_9P_3$

CAS号 6419－19－8

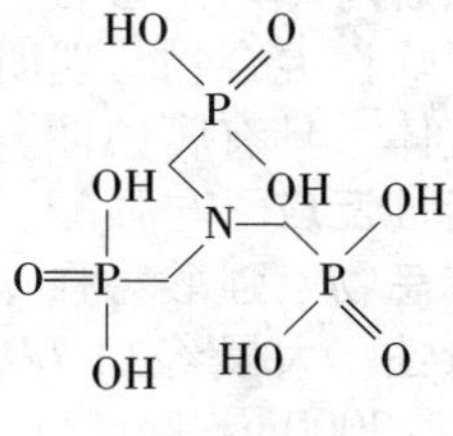

危害信息

危险性类别 第8类 腐蚀品

燃烧与爆炸危险性 可燃，遇明火、高热可引起燃烧，燃烧产生有毒的一氧化碳、磷氧化物和氮氧化物气体。在高温火场中，受热的容器或储罐有破裂和爆炸的危险。

活性反应 与强碱反应。

禁忌物 强碱、强氧化剂。

毒性 大鼠经口 LD_{50}：2100mg/kg；家兔经皮 LD_{50}：>6310mg/kg。

侵入途径 吸入、食入、经皮吸收。

理化特性与用途

理化特性 纯品为白色结晶性粉末，易吸潮。工业上通常使用水溶液，水溶液为无色或淡黄色液体。易溶于水。pH 值 ≤ 2.0（1% 水溶液），熔点 215℃（分解），密度 1.3 ~ 1.4g/cm^3（20℃），辛醇/水分配系数 -3.53。（水溶液：熔点 -14℃，沸点 105℃，相对密度（水 =1）1.33，辛醇/水分配系数 -3.53）。

主要用途 用于冷却水、锅炉水、油田水处理的阻垢剂和缓蚀剂。

包装与储运

包装标志 腐蚀品

包装类别 Ⅲ类

安全储运 储存于阴凉、通风的库房。远离火种、热源。储存温度不超过 30℃，相对湿度不超过 80%。保持容器密封。应与强氧化剂、碱隔离储运。搬运时轻装轻卸，防止容器受损。

紧急处置信息

急救措施

吸入：迅速脱离现场至空气新鲜处。保持呼吸道通畅。如呼吸困难，给输氧。呼吸、心跳停止，立即进行心肺复苏术。就医。

眼睛接触：立即分开眼睑，用大量流动清水或生理盐水彻底冲洗 10 ~ 15min。就医。

皮肤接触：立即脱去污染的衣着，用大量流动清水彻底冲洗，冲洗时间一般要求 20 ~ 30min。就医。

食入：用水漱口，禁止催吐。给饮牛奶或蛋清。就医。

灭火方法 消防人员须佩戴空气呼吸器，穿全身耐酸碱消防服，在上风向灭火。尽可能将容器从火场移至空旷处。喷水保持火场容器冷却，直至灭火结束。

灭火剂：雾状水、抗溶性泡沫、干粉、二氧化碳、砂土。

泄漏应急处置 隔离泄漏区。消除所有点火源。建议应急处理人员戴正压自给式呼吸器，穿防腐蚀服，戴橡胶手套。尽可能切断泄漏源。防止泄漏物进入水体、下水道、地下室或限制性空间。小量泄漏：用干燥的砂土或其他不燃材料吸收或覆盖，收集于容器中。大量泄漏：构筑围堤或挖坑收容。

12. 氨基三乙酸

标　识

中文名称 氨基三乙酸

英文名称 Nitrilotriacetic acid；*N*,*N* - Bis(carb - oxymethyl) glycine

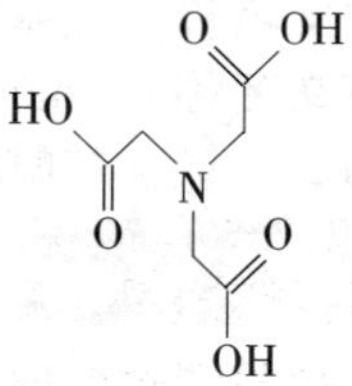

别名 次氮基三乙酸；*N*,*N* - 二(羧甲基)甘氨酸；特里隆 A

分子式 $C_6H_9NO_6$

CAS 号 139 - 13 - 9

危害信息

燃烧与爆炸危险性　可燃。其粉体与空气混合能形成爆炸性混合物，遇明火高热有引起燃烧或爆炸的危险。燃烧放出有毒的氮氧化物气体。

毒性　大鼠经口 LD_{50}：1100mg/kg；小鼠经口 LD_{50}：3160mg/kg

对眼有刺激性。未见职业中毒的报道。

IARC 对本品的致癌性分类：G2B——可疑人类致癌物。

侵入途径　吸入、食入。

理化特性与用途

理化特性　白色结晶粉末。溶于氨水和碱溶液，微溶于热水，不溶于有机溶剂。pH 值 2.3（饱和水溶液），熔点 242℃（分解），沸点 167℃（1.73kPa），相对密度（水 = 1）> 1（20℃），闪点 225℃，燃烧热 -2335kJ/mol，辛醇/水分配系数 -3.8。

主要用途　用作软水剂、洗涤助剂、无氰电镀、印染助剂等。

包装与储运

安全储运　储存于阴凉、通风的库房。远离火种、热源。密闭包装。应与强碱、强氧化剂隔离储运。

紧急处置信息

急救措施

吸入：脱离接触。如有不适感，就医。

眼睛接触：分开眼睑，用流动清水或生理盐水冲洗。如有不适感，就医。

皮肤接触：脱去污染的衣着，用肥皂水和清水冲洗。如有不适感，就医。

食入：漱口，饮水。就医。

灭火方法　消防人员须佩戴空气呼吸器，穿全身消防服，在上风向灭火。尽可能将容器从火场移至空旷处。喷水保持火场容器冷却，直至灭火结束。

灭火剂：雾状水、泡沫、二氧化碳、干粉、砂土。

泄漏应急处置　隔离泄漏污染区，限制出入。建议应急处理人员戴防尘口罩，穿防毒服。穿上适当的防护服前严禁接触破裂的容器和泄漏物。尽可能切断泄漏源。用塑料布覆盖泄漏物，减少飞散。勿使水进入包装容器内。用洁净的铲子收集泄漏物，置于干净、干燥、盖子较松的容器中，将容器移离泄漏区。

13. 氨基酰胺

标　识

中文名称　氨基酰胺

英文名称　Aminoacid amide

别名　氨基酸酰胺

危害信息

燃烧与爆炸危险性　可燃。遇明火、高热可燃，燃烧产生有毒的一氧化碳和氮氧化物气体。

理化特性与用途

理化特性　无色结晶，氨基酸中羧基被酰胺基取代所得化合物的总称。溶于醇、丙酮。呈碱性。但一氨基二羧酸的单酰胺则呈中性。在酸性条件下均能水解成原来的氨基酸。$L-\alpha-$氨基酸的酰胺可被酰酶水解。$L-$谷氨酰胺、$L-$天冬氨酰胺及茶氯酸($L-$谷氨酸的$\gamma-$乙酰胺，茶的呈味成分)呈游离状态存在于自然界。从蛋白质的肽主链出来的侧链羧基(酸性氨基酸的$\beta-$及$\gamma-$羧基大多变成酰胺)。有光学活性氨基的酰胺可用作碱性分割试剂。

包装与储运

安全储运　储存于阴凉、通风的库房。保持容器密闭。远离火种、热源。应与氧化剂等隔离储运。搬运时轻装轻卸，防止容器受损。

紧急处置信息

急救措施

吸入：脱离接触。如有不适感，就医

眼睛接触：分开眼睑，用流动清水或生理盐水冲洗。如有不适感，就医。

皮肤接触：脱去污染的衣着，用肥皂水和清水冲洗。如有不适感，就医。

食入：漱口，饮水。就医。

灭火方法　消防人员须穿全身消防服，佩戴空气呼吸器，在上风向灭火。尽可能将容器从火场移至空旷处。喷水保持火场容器冷却，直至灭火结束。

灭火剂：泡沫、二氧化碳、干粉、砂土。

14. 氨　水

标　识

中文名称　氨水

英文名称　Aqua ammonia；Ammonia water；Ammonia，aqueous solution

别名　氨溶液

CAS 号　1336－21－6

WGH 号　82503

UN 号　2672

危害信息

危险性类别　第 8.2 类　碱性腐蚀品

燃烧与爆炸危险性　蒸气与空气能形成爆炸性混合物，遇明火、高热能引起燃烧爆炸。放出有毒气体。易分解放出氨气，温度越高分解速度越快，可形成爆炸性气氛。

活性反应　与酸发生放热中和反应。与强碱反应放出有毒和易燃的氨气。与硫酸二甲酯发生剧烈反应。

禁忌物　酸类。

毒性　大鼠经口 LD_{50}：350mg/kg。

氨对眼、呼吸道黏膜有强烈的刺激和腐蚀作用。

中毒表现　吸入后对鼻、喉和肺有刺激性，引起咳嗽、气短和哮喘等；重者发生喉头水肿、肺水肿及心、肝、肾损害。溅入眼内可造成灼伤。皮肤接触可致灼伤。口服灼伤消化道。

慢性影响：反复低浓度接触，可引起支气管炎；可致皮炎。

侵入途径　吸入、食入。

职业接触限值　中国：PC－TWA：20mg/m^3［氨］；PC－STEL：30mg/m^3［氨］。

环境危害　对水生生物有极高毒性。

理化特性与用途

理化特性　无色液体，有刺激性臭味。极易挥发出氨气。溶于水、乙醇。熔点－77℃，沸点38℃，相对密度(水＝1)0.91，相对蒸气密度(空气＝1)0.6，蒸气压1.59kPa(20℃)，辛醇/水分配系数－2.66。

主要用途　多用于农业，农用氨水浓度一般控制在15%～18%。军事上作为一种碱性消毒剂，用于消毒沙林类毒剂，常用10%(冬季20%)浓度的氨水。

包装与储运

包装标志　腐蚀品

包装类别　Ⅲ类

安全储运　储存于阴凉、干燥、通风的库房。远离火种、热源。储存温度不超过30℃。与金属粉末、酸类等隔离储运。运输时，防止雨淋、曝晒。搬运时要轻装轻卸，防止容器受损。

紧急处置信息

急救措施

吸入：迅速脱离现场至空气新鲜处。保持呼吸道通畅。如呼吸困难，给输氧。呼吸、心跳停止，立即进行心肺复苏术。就医。

眼睛接触：立即分开眼睑，用大量流动清水或生理盐水彻底冲洗10～15min。就医。

皮肤接触：立即脱去污染的衣着，用大量流动清水彻底冲洗，冲洗时间一般要求20～30min。就医。

食入：用水漱口，禁止催吐。给饮牛奶或蛋清。就医。

灭火方法　消防人员须佩戴防毒面具、穿全身消防服，在上风向灭火。喷水冷却燃烧罐和临近罐，直至灭火结束。处在火场中的储罐若发生异常变化或发出异常声音，必须马上撤离。

灭火剂：水、雾状水、抗溶性泡沫、干粉、二氧化碳、砂土。

泄漏应急处置　根据液体流动和蒸气扩散的影响区域划定警戒区，无关人员从侧风、上风向撤离至安全区。建议应急处理人员戴正压自给式呼吸器，穿防酸碱服，戴橡胶手套。穿上适当的防护服前严禁接触破裂的容器和泄漏物。尽可能切断泄漏源。防止泄漏物进入水体、下水道、地下室或限制性空间。小量泄漏：用干燥的砂土或其他不燃材料吸收或覆盖，收集于容器中。大量泄漏：构筑围堤或挖坑收容。用耐腐蚀泵转移至槽车或专用收集器内。

15. 拔 头 油

标 识

中文名称 拔头油

英文名称 Topped oil

危害信息

危险性类别 第3类 易燃液体

燃烧与爆炸危险性 易燃。其蒸气与空气混合能形成爆炸性混合物，遇明火、高热易燃烧或爆炸。燃烧产生有毒的一氧化碳气体。高速冲击、流动、激荡后可因产生静电火花放电引起燃烧爆炸。在高温火场中，受热的容器或储罐有破裂和爆炸的危险。蒸气比空气重，能在较低处扩散到相当远的地方，遇火源会着火回燃和爆炸(闪爆)。

活性反应 与强氧化剂发生反应。

禁忌物 强氧化剂。

侵入途径 吸入、食入。

理化特性与用途

理化特性 无色透明易挥发易燃液体。是原油拔头得到的沸点小于60℃的轻馏分，主要成分 C_5 烃类。馏程：干点≤90℃。

主要用途 用作裂解原料或化工原料，也可直接用作工业溶剂。

包装与储运

包装标志 易燃液体

包装类别 Ⅰ类

安全储运 储存于阴凉、通风处，储存温度不超过29℃。应与氧化剂等隔离储运。罐储时要有防火防爆技术措施，灌装时注意流速，要有接地装置，防止静电积聚。禁止使用易产生火花的工具。搬运时轻装轻卸，防止容器受损。

紧急处置信息

急救措施

吸入：脱离接触。如有不适感，就医。

眼睛接触：分开眼睑，用流动清水或生理盐水冲洗。如有不适感，就医。

皮肤接触：脱去污染的衣着，用肥皂水和清水冲洗。如有不适感，就医。

食入：漱口，饮水。就医。

灭火方法 消防人员须穿全身消防服，佩戴空气呼吸器，在上风向灭火。尽可能将容器从火场移至空旷处。喷水保持火场容器冷却，直至灭火结束。处在火场中的容器若发生异常变化或发出异常声音，须马上撤离。

灭火剂：泡沫、二氧化碳、干粉、砂土。

泄漏应急处置 消除所有点火源。根据液体流动和蒸气扩散的影响区域划定警戒区，无关人员从侧风、上风向撤离至安全区。建议应急处理人员戴正压自给式呼吸器，穿防静

电服，戴橡胶手套。尽可能切断泄漏源。防止泄漏物进入水体、下水道、地下室或限制性空间。小量泄漏：用干燥的砂土或其他不燃材料吸收或覆盖，收集于容器中。大量泄漏：构筑围堤或挖坑收容。

16. 白 油

标 识

中文名称 白油

英文名称 White oil; Whiteruss

危害信息

燃烧与爆炸危险性 可燃。其蒸气与空气混合能形成爆炸性混合物，遇明火、高热易燃烧或爆炸。燃烧产生有毒的一氧化碳气体。在高温火场中，受热的容器或储罐有破裂和爆炸的危险。

禁忌物 强氧化剂。

毒性 对眼、呼吸道和皮肤有刺激性。食入刺激消化道。

侵入途径 吸入、食入。

理化特性与用途

理化特性 无色透明、无味、不易挥发、水样液体。闪点（开杯）≥130℃（7 号）、≥140℃（10 号）、≥150℃（15 号）、≥180℃（32 号）、≥200℃（68 号），倾点≤－5℃（7 号、10 号）、≤－10℃（15 号、32 号），运动黏度（mm^2/s）（40℃）分别为：6.1～7.5、9.0～11、13.5～16.5、28.8～35.2、61.2～74.8。

主要用途 适用于作化纤、铝材加工、橡胶增塑等用油；也适用于作纺织机械、精密仪器的润滑用油以及压缩机密封用油。

包装与储运

安全储运 储存于阴凉、通风的库房。保持容器密闭。远离火种、热源。应与氧化剂隔离储运。搬运时轻装轻卸，防止容器受损。

紧急处置信息

急救措施

吸入： 脱离接触。如有不适感，就医。

眼睛接触： 分开眼睑，用流动清水或生理盐水冲洗。如有不适感，就医。

皮肤接触： 脱去污染的衣着，用肥皂水和清水冲洗。如有不适感，就医。

食入： 漱口，饮水。就医。

灭火方法 消防人员须穿全身消防服，佩戴空气呼吸器，在上风向灭火。尽可能将容器从火场移至空旷处。喷水保持火场容器冷却，直至灭火结束。处在火场中的容器若发生异常变化或发出异常声音，须马上撤离。

灭火剂：泡沫、二氧化碳、干粉、砂土。

泄漏应急处置 消除所有点火源。根据液体流动和蒸气扩散的影响区域划定警戒区，无关人员从侧风、上风向撤离至安全区。建议应急处理人员戴正压自给式呼吸器，穿防静电服，戴橡胶手套。穿上适当的防护服前严禁接触破裂的容器和泄漏物。尽可能切断泄漏源。防止泄漏物进入水体、下水道、地下室或限制性空间。小量泄漏：用干燥的砂土或其他不燃材料吸收或覆盖，收集于容器中。大量泄漏：构筑围堤或挖坑收容。用防爆、耐腐蚀泵转移至槽车或专用收集器内。喷雾状水驱散蒸气、稀释液体泄漏物。

17. 白油原料

标识

中文名称　白油原料

英文名称　White oil raw material

危害信息

燃烧与爆炸危险性　可燃。其蒸气与空气混合能形成爆炸性混合物，遇明火、高热易燃烧或爆炸。在高温火场中，受热的容器或储罐有破裂和爆炸的危险。

活性反应　与强氧化剂反应。

禁忌物　强氧化剂。

侵入途径　吸入、食入。

理化特性与用途

理化特性　透明液体。运动黏度4.0～13mm^2/s(50℃)，闪点≥110℃，凝点≤－5℃。

主要用途　适用于作生产白油的原料。

包装与储运

安全储运　储存于阴凉、通风的库房。保持容器密闭。远离火种、热源。应与氧化剂等隔离储运。搬运时轻装轻卸，防止容器受损。

紧急处置信息

急救措施

吸入：脱离接触。如有不适感，就医。

眼睛接触：分开眼睑，用流动清水或生理盐水冲洗。如有不适感，就医。

皮肤接触：脱去污染的衣着，用肥皂水和清水冲洗。如有不适感，就医。

食入：漱口，饮水。就医。

灭火方法　消防人员须穿全身消防服，佩戴空气呼吸器，在上风向灭火。尽可能将容器从火场移至空旷处。喷水保持火场容器冷却，直至灭火结束。处在火场中的容器若发生异常变化或发出异常声音，须马上撤离。

灭火剂：泡沫、二氧化碳、干粉、砂土。

泄漏应急处置　消除所有点火源。根据液体流动和蒸气扩散的影响区域划定警戒区，无关人员从侧风、上风向撤离至安全区。建议应急处理人员戴正压自给式呼吸器，穿防静电服，戴橡胶手套。尽可能切断泄漏源。防止泄漏物进入水体、下水道、地下室或限制性空间。小量泄漏：用干燥的砂土或其他不燃材料吸收或覆盖，收集于容器中。大量泄漏：构筑围堤或挖坑收容。

18. 半精炼石蜡

标　识

中文名称　半精炼石蜡

英文名称　Semi – refined paraffin wax

危害信息

燃烧与爆炸危险性　可燃。其粉体与空气混合能形成爆炸性混合物，遇明火高热有引起燃烧爆炸的危险。

禁忌物　强氧化剂。

理化特性与用途

理化特性　白色固体。主要成分为不同熔点的正构烷烃。熔点：52 ~ 54℃（52 号），54 ~ 56℃（54 号），56 ~ 58℃（56 号），58 ~ 60℃（58 号），60 ~ 62℃（60 号），62 ~ 64℃（62 号）。

主要用途　主要用于蜡烛、蜡笔、蜡纸、火柴、一般电讯器材、橡胶制品、抛光膏及用作其他化工原料。

包装与储运

安全储运　储存于阴凉、通风的库房。保持容器密闭。远离火种、热源。应与氧化剂隔离储运。

紧急处置信息

急救措施

热石蜡烧伤：用凉水冷却，不要强行脱衣物，禁用油膏或酒精。

灭火方法　消防人员须穿全身消防服，戴空气呼吸器，在上风向灭火。尽可能将容器从火场移至空旷处。喷水保持火场容器冷却，直至灭火结束。

灭火剂：雾状水、泡沫、二氧化碳、干粉、砂土。

泄漏应急处置　隔离泄漏污染区，限制出入。消除所有点火源。建议应急处理人员戴防尘口罩，穿防毒服。穿上适当的防护服前严禁接触破裂的容器和泄漏物。尽可能切断泄漏源。用塑料布覆盖泄漏物，减少飞散。勿使水进入包装容器内。用洁净的铲子收集泄漏物，置于干净、干燥、盖子较松的容器中，将容器移离泄漏区。

19. 钡基润滑脂

标　识

中文名称　钡基润滑脂

英文名称　Barium based grease

危害信息

禁忌物　强氧化剂。

侵入途径　吸入、食入。

理化特性与用途

理化特性　黄到暗褐色均质软膏。滴点≥135℃，适用温度范围 -20～130℃。

主要用途　适用于船舶推进器、抽水机的润滑。

包装与储运

安全储运　储存于阴凉、通风的库房。远离火种、热源。应与氧化剂等隔离储运。

紧急处置信息

急救措施

吸入：脱离接触。休息。

眼睛接触：分开眼睑，用水冲洗。如有不适感，就医。

皮肤接触：脱去污染的衣着，用肥皂水和清水冲洗。如有不适感，就医。

食入：漱口，尽量饮水。对于高黏度、低挥发性油脂类，通常不必催吐。就医。

泄漏应急处置　隔离泄漏污染区，限制出入。消除所有点火源。建议应急处理人员戴防尘口罩，穿防毒服。穿上适当的防护服前严禁接触破裂的容器和泄漏物。尽可能切断泄漏源。用塑料布覆盖泄漏物，减少飞散。勿使水进入包装容器内。用洁净的铲子收集泄漏物，置于干净、干燥、盖子较松的容器中，将容器移离泄漏区。

20. 苯

标　识

中文名称　苯

英文名称　Benzene；Benzol

分子式　C_6H_6

CAS 号　71 -43 -2

WGH 号　32050［纯苯］；T31150［纯苯，铁规］32051［粗苯］；T31151［粗苯］

UN 号　1114

危害信息

危险性类别　第 3 类　易燃液体

燃烧与爆炸危险性　易燃。蒸气与空气可形成爆炸性混合物，遇明火、高热能引起燃烧爆炸。易产生和聚集静电，有燃烧爆炸危险。蒸气比空气重，能在较低处扩散到相当远的地方，遇火源会着火回燃和爆炸(闪爆)。

活性反应　与发烟硝酸、高锰酸钾等强氧化剂反应。催化剂存在时，与氢气发生加氢反应，放出热量。接触三氧化铬能燃烧。烷基铝催化剂存在下，会与氯乙烯或其他卤代烃发生剧烈反应。

禁忌物 强氧化剂、酸类、卤素等。

毒性 大鼠经口 LD_{50}：1800mg/kg；大鼠吸入 LC_{50}：31900mg/m^3(7h)；小鼠经口 LD_{50}：4700mg/kg；兔经皮 LD_{50}：8272mg/kg；人吸入 $LCLo$：20000ppm(5min)。

高浓度苯对中枢神经系统有麻醉作用，引起急性中毒；长期接触苯对造血系统有损害，引起慢性中毒。对皮肤、黏膜有刺激、致敏作用。

苯所致白血病已列入《职业病目录》，属职业性肿瘤。

IARC 对本品的分类：G1——确认人类致癌物。

欧盟指令 67/548/EEC 将本品列为第 1 类致癌物——已知人类致癌物；第 2 类致突变物——可能为人类致突变物。

中毒表现 急性中毒：轻者有头痛、头晕、恶心、呕吐、轻度兴奋、步态蹒跚等酒醉状态，可伴有黏膜刺激；重度中毒者发生烦躁不安、昏迷、抽搐、血压下降，以致呼吸和循环衰竭。可发生心室颤动。呼气苯、血苯、尿酚测定值增高。

慢性中毒：主要表现有神经衰弱综合征；造血系统改变有白细胞减少(计数低于 4×10^9/L)、血小板减少，重者出现再生障碍性贫血；并有易感染和(或)出血倾向。少数病例在慢性中毒后可发生白血病(以急性粒细胞性为多见)。皮肤损害有脱脂、干燥、皲裂、皮炎。可致月经量增多与经期延长。

侵入途径 吸入、食入、经皮吸收。

职业接触限值

中国：PC－TWA：6mg/m^3[皮][G1]；PC－STEL：10mg/m^3[皮][G1]。

美国(ACGIH)：TLV－TWA：0.5ppm[皮]；TLV－STEL：2.5ppm[皮]。

环境危害 对水生生物有毒。有害空气污染物。

理化特性与用途

理化特性 无色透明液体，有强烈芳香味。微溶于水，溶于乙醇、乙醚、丙酮、四氯化碳、二硫化碳、乙酸等多数有机溶剂。熔点 5.5℃，沸点 80.1℃，相对密度(水＝1)0.88，相对蒸气密度(空气＝1)2.77，燃烧热－3264.4kJ/mol，临界压力 4.92MPa，临界温度 289.5℃，蒸气压 9.95kPa(20℃)，辛醇/水分配系数 2.13，闪点－11℃(闭杯)，爆炸极限 1.2%～8.0%，引燃温度 560℃。

主要用途 主要用于生产苯乙烯、环已烷、苯酚、乙苯、异丙苯、烷基苯、硝基苯、氯苯、马来酸酐等，也是生产合成树脂、合成橡胶、合成纤维、染料、洗涤剂、医药、农药和特种溶剂的重要原料。

包装与储运

包装标志 易燃液体；易燃液体，有毒品[铁规粗苯]

包装类别 Ⅱ类

安全储运 储存于阴凉、通风的库房。远离火种、热源。储存温度不超过 37℃。保持容器密封。炎热季节早晚运输，应与氧化剂等隔离储运。禁止使用易产生火花的机械设备和工具。灌装时注意流速，防止静电积聚。搬运时轻装轻卸，防止容器受损。

紧急处置信息

急救措施

吸入：迅速将中毒者移至空气新鲜处。保持呼吸道通畅。如呼吸困难，给输氧。如呼吸、心跳停止，立即进行心肺复苏。

眼睛接触：立即分开眼睑，用流动清水或生理盐水彻底冲洗。就医。

皮肤接触： 立即脱去污染的衣着，用肥皂水和清水彻底冲洗。就医。

食入： 漱口，尽量饮水，不要催吐。洗胃。

忌用肾上腺素，以免发生心室颤动。

灭火方法　消防人员必须穿全身防火防毒服，佩戴空气呼吸器，在上风向灭火。尽可能将容器从火场移至空旷处。喷水保持火场容器冷却，直至灭火结束。处在火场中的容器若发生异常变化或发出异常声音，必须马上撤离。

灭火剂：泡沫、二氧化碳、干粉、砂土。

泄漏应急处置　消除所有点火源。根据液体流动和蒸气扩散的影响区域划定警戒区，无关人员从侧风、上风向撤离至安全区。建议应急处理人员戴正压自给式呼吸器，穿防毒、防静电服，戴橡胶耐油手套。作业时使用的所有设备应接地。禁止接触或跨越泄漏物。尽可能切断泄漏源。防止泄漏物进入水体、下水道、地下室或限制性空间。小量泄漏：用砂土或其他不燃材料吸收。使用洁净的无火花工具收集吸收材料。大量泄漏：构筑围堤或挖坑收容。用泡沫覆盖，减少蒸发。喷水雾能减少蒸发，但不能降低泄漏物在限制性空间内的易燃性。用防爆泵转移至槽车或专用收集器内。

21. 苯　胺

标　识

中文名称　苯胺

英文名称　Aniline；Benzenamine；Aminobenzene

别名　氨基苯；阿尼林油

分子式　C_6H_7N

CAS 号　62－53－3

WGH 号　61746

UN 号　1547

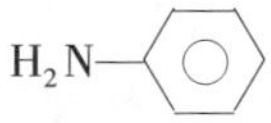

危害信息

危险性类别　第6.1类　毒害品

燃烧与爆炸危险性　可燃。蒸气与空气能形成爆炸性混合物，遇明火、高热能引起燃烧或爆炸。其蒸气比空气重，能在较低处扩散到相当远的地方，遇火源会着火回燃和爆炸(闪爆)。

活性反应　与酸发生放热中和反应。与高氯酸、发烟硝酸、过氧化钠、臭氧、卤素等强氧化剂、有机酸酐、强碱(氢氧化钠)及醛类物质发生剧烈反应，甚至爆炸。与甲苯二异氰酸酯混合会发生自燃。腐蚀铜或铜合金。与碱金属或碱土金属反应放出氢气。易发生酰基化和烷基化反应。

禁忌物　强氧化剂、酸类。

毒性　大鼠经口 LD_{50}：250mg/kg；小鼠吸入 LC_{50}：665mg/m^3(7h)；大鼠经皮 LD_{50}：1400 mg/kg；家兔经皮 LD_{50}：0.82mL/kg；人(儿童)经口 TDL_o：3125mg/kg。

本品主要引起高铁血红蛋白血症、溶血性贫血和肝、肾损害。易经皮肤吸收。

中毒表现　急性中毒：中毒者口唇、指端、耳廓紫绀，有头痛、头晕、恶心、呕吐、手指发麻、精神恍惚等；重度中毒时，皮肤、黏膜严重青紫，呼吸困难，抽搐，甚至昏迷，休克。出现溶血性黄疸、中毒性肝炎及肾损害。肾脏受损时，出现少尿、蛋白尿、血尿等，严重者无尿，发生急性肾功能衰竭。可有化学性膀胱炎。血中高铁血红蛋白含量升高，红细胞中可见赫恩小体。眼接触引起结膜、角膜炎。

慢性中毒：患者有神经衰弱综合征表现，伴有轻度紫绀、贫血和肝、脾肿大。皮肤接触可引起湿疹和皮炎。

侵入途径 吸入、食入、经皮吸收。

职业接触限值

中国：PC－TWA：3mg/m^3[皮]。

美国(ACGIH)：TLV－TWA：2ppm[皮]。

环境危害 对水生生物有极高毒性；有害空气污染物。

理化特性与用途

理化特性 无色至浅黄色透明液体，有强烈气味。暴露在空气中或在日光下变成棕色。微溶于水，与乙醇、乙醚、氯仿等有机溶剂混溶。熔点－6.2℃，沸点184.4℃，相对密度(水＝1)1.02，相对蒸气密度(空气＝1)3.22，临界压力5.30MPa，临界温度425.6℃，蒸气压0.04kPa(20℃)，燃烧热－3389.8kJ/mol，辛醇/水分配系数0.94，闪点70℃(闭杯)，爆炸极限1.2%～11.0%，引燃温度615℃。

主要用途 可用来测定油品的苯胺点，也用作染料中间体、农药、橡胶助剂及其他有机合成等的原料。

包装与储运

包装标志 有毒品

包装类别 Ⅱ类

安全储运 储存于阴凉、通风的库房。远离火种、热源。储存温度不超过32℃，相对湿度不超过85%。避光保存。包装要求密封，不可与空气接触。应与氧化剂、酸类、食用化学品等隔离储运。搬运时轻装轻卸，防止容器受损。

紧急处置信息

急救措施

吸入：脱离接触至空气新鲜处，保持呼吸道通畅。如呼吸困难，给输氧。如呼吸、心跳停止，立即进行心肺复苏。

眼睛接触：立即分开眼睑，用流动清水或生理盐水彻底冲洗。就医。

皮肤接触：脱去污染的衣物，用3%～5%醋酸溶液或75%酒精清洗，再用大量肥皂水或清水冲洗。

食入：催吐。就医。

出现高铁血红蛋白血症，可用美蓝、硫代硫酸钠、维生素C治疗。必须注意，小剂量美蓝(1～2mg/kg)可治疗高铁血红蛋白血症，大剂量(10mg/kg)则促进高铁血红蛋白形成。

灭火方法 消防人员须戴空气呼吸器，穿全身消防服，在上风向灭火。

灭火剂：雾状水、抗溶性泡沫、二氧化碳、砂土。

泄漏应急处置 根据液体流动和蒸气扩散的影响区域划定警戒区，无关人员从侧风、上风向撤离至安全区。消除所有点火源。建议应急处理人员戴正压自给式呼吸器，穿防毒服，戴橡胶耐油手套。穿上适当的防护服前严禁接触破裂的容器和泄漏物。尽可能切断泄漏源。防止泄漏物进入水体、下水道、地下室或限制性空间。小量泄漏：用干燥的砂土或其他不燃材料吸收或覆盖，收集于容器中。大量泄漏：构筑围堤或挖坑收容。用砂土、惰性材料或蛭石吸收大量液体。用泵转移至槽车或专用收集器内。

22. 苯并[a]芘

标　识

中文名称　苯并[a]芘

英文名称　Benzo[a]pyrene；3,4 – Benzopyrene；Benzo(d,e,f)chrysene

别名　3,4 – 苯并芘

分子式　$C_{20}H_{12}$

CAS 号　50 – 32 – 8

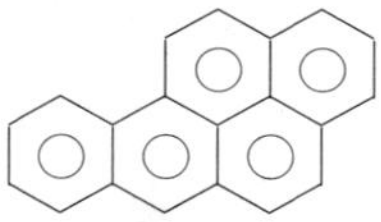

危害信息

燃烧与爆炸危险性　可燃。其粉体与空气混合能形成爆炸性混合物。受高热分解放出有毒气体。

活性反应　与强氧化剂发生反应。

禁忌物　强氧化剂。

毒性　大鼠皮下 LD_{50}：50mg/kg。

无急慢性中毒的报道。有致癌性和诱变作用，有胚胎毒性。

IARC 对本品的致癌性分类：G1——确认人类致癌物。

欧盟指令 67/548/EEC 将本品列为第 2 类致癌物——可能为人类致癌物；第 2 类致突变物——可能为人类致突变物；第 2 类生殖毒物——可能对人类生育力有损伤，可能对人类有发育毒性物质。

侵入途径　吸入、食入。

环境危害　对水生生物有极高毒性，可能在水生环境中造成长期不利影响。有害空气污染物。

理化特性与用途

理化特性　常温下是淡黄色单斜晶体。不溶于水，溶于苯、甲苯、环已烷，微溶于乙醇、甲醇。在环境中广泛存在，有极强的致癌性。熔点 179℃，沸点 495℃、310 ~ 312℃(1. 33kPa)，相对密度(水 = 1)1. 351，相对蒸气密度(空气 = 1)8. 7，辛醇/水分配系数 6. 04。

主要用途　常作为环境中致癌多环芳烃污染的指标物质，实验室用作短期致突变和致癌性试验的阳性对照物。

包装与储运

安全储运　储存于阴凉、通风良好的库房。远离火种、热源。密闭包装。应与氧化剂隔离储运。运输时，防止雨淋、曝晒。

紧急处置信息

急救措施

吸入：脱离接触。如有不适感，就医。

眼睛接触：分开眼睑，用流动清水或生理盐水冲洗。如有不适感，就医。

皮肤接触：脱去污染的衣着，用肥皂水和清水冲洗。如有不适感，就医。

食入：漱口，饮水。就医。

灭火方法 消防人员必须佩戴空气呼吸器，穿全身防火防毒服，在上风向灭火。切勿将水流直接射至熔融物，以免引起严重的流淌火灾或引起剧烈的沸溅。

灭火剂：雾状水、泡沫、干粉、二氧化碳、砂土。

泄漏应急处置 隔离泄漏污染区，限制出入。消除所有点火源。建议应急处理人员戴防尘口罩，穿防毒服。穿上适当的防护服前严禁接触破裂的容器和泄漏物。尽可能切断泄漏源。用塑料布覆盖泄漏物，减少飞散。勿使水进入包装容器内。用洁净的铲子收集泄漏物，置于干净、干燥、盖子较松的容器中，将容器移离泄漏区。

23. 苯并三氮唑

标　识

中文名称 苯并三氮唑

英文名称 Benzotriazole；1*H* - Benzotriazole；1,2,3 - Benzotriazole

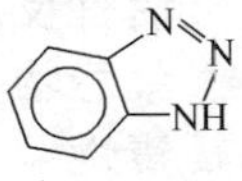

别名 1*H* - 苯并三唑；苯三氮唑；T706 防锈剂；BTA

分子式 $C_6H_5N_3$

CAS 号 95 - 14 - 7

危害信息

燃烧与爆炸危险性 遇高热、明火可燃，燃烧产物含有一氧化碳、二氧化碳、氧化氮气体。粉尘与空气形成的混合物可能发生粉尘爆炸。

活性反应 多重 N—N 键导致苯并三氮唑极不稳定，对高热、撞击、摩擦较敏感，能导致猛烈爆炸。

禁忌物 强氧化剂。

毒性 大鼠经口 LD_{50}：560mg/kg；大鼠吸入 LC_{50}：1910mg/m^3（3h）；大鼠经皮 LD_{50}：>1000mg/kg；小鼠经口 LD_{50}：615mg/kg。

本品可经皮肤吸收或吸入粉尘而引起中毒，其粉尘作用于呼吸道引起鼻炎、支气管炎、经常发热、特有的喘息以及由于支气管炎而引起的迷走神经紧张等症状。

侵入途径 吸入、食入、经皮吸收。

环境危害 对水生生物是有害的。

理化特性与用途

理化特性 白色至淡褐色晶状粉末。易溶于热水、乙醇、丙酮、乙醚、苯、甲苯、氯仿、二甲基甲酰胺等有机溶剂，微溶于冷水。水溶液呈弱酸性。熔点 98.5℃，在 98 ~ 100℃升华。沸点 204℃（2.0kPa），相对密度（水 = 1）1.36，相对蒸气密度（空气 = 1）4.1，饱和蒸气压 5Pa（20℃），闪点 190 ~ 195℃（开杯），引燃温度 210℃，爆炸下限 2.4%，辛醇/水分配系数 1.44。

主要用途 是有效的金属减活剂，广泛用作铜、银质设备的缓蚀剂；用于水质稳定剂、防锈油脂的制备；也用于汽轮机油、变压器油、齿轮油等。

包装与储运

安全储运 储存于阴凉、通风的库房。远离火种、热源。包装密封。应与氧化剂隔离

储运。搬运时轻装轻卸，防止容器受损

紧急处置信息

急救措施

吸入：脱离接触至空气新鲜处，保持呼吸道通畅。如呼吸困难，给输氧。如呼吸、心跳停止，立即进行心肺复苏。

眼睛接触：分开眼睑，用流动清水或生理盐水冲洗。如有不适感，就医。

皮肤接触：立即脱去污染的衣着，用肥皂水和清水彻底冲洗。就医。

食入：漱口，尽量饮水，不要催吐。就医。

灭火方法　消防人员须佩戴空气呼吸器，穿全身消防服，在上风向灭火。尽可能将容器从火场移至空旷处。喷水保持火场容器冷却，直至灭火结束。

用雾状水、泡沫、干粉、二氧化碳、砂土灭火。

泄漏应急处置　隔离泄漏污染区，限制出入。消除所有点火源。建议应急处理人员戴防尘口罩，穿防毒服。穿上适当的防护服前严禁接触破裂的容器和泄漏物。尽可能切断泄漏源。用塑料布覆盖泄漏物，减少飞散。勿使水进入包装容器内。用洁净的铲子收集泄漏物，置于干净、干燥、盖子较松的容器中，将容器移离泄漏区。

24. 苯　酚

标　识

中文名称　苯酚

英文名称　Phenol；Carbolic acid；Phenylic acid

别名　石炭酸

分子式　C_6H_6O

CAS 号　108 －95 －2

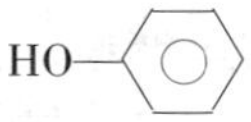

WGH 号　61067

UN 号　1671［固体］；2821［液体或溶液］；2312［熔融的］

危害信息

危险性类别　第 6.1 类　毒害品

燃烧与爆炸危险性　可燃。粉体与空气可形成爆炸性混合物，遇明火、高热会发生粉尘爆炸。有腐蚀性。

活性反应　弱酸性，与碱发生放热中和反应。受热分解放出有毒和刺激性的烟气。与硝酸、浓硫酸、高锰酸钾、氯等强氧化剂剧烈反应。无水三氯化铝存在时，与硝基甲烷、丁二烯、甲醛、亚硝酸钠发生剧烈反应，甚至爆炸。三氟乙酸存在时，与硝酸钠剧烈反应。能溶解或软化多种塑料、橡胶和涂料，热苯酚能腐蚀铝、镁、铅和锌等金属。

禁忌物　强氧化剂、强酸、强碱。

毒性　大鼠经口 LD_{50}：317mg/kg；家兔经皮 LD_{50}：630mg/kg；大鼠吸入 LC_{50}：316mg/m^3(4h)；人经口 LDL_o：140mg/kg。

苯酚对皮肤、黏膜有强烈的腐蚀作用，可抑制中枢神经和损害肝、肾功能。

中毒表现　急性中毒：液体苯酚沾染皮肤后，局部出现红斑或无痛性苍白变色。严重者皮肤腐蚀坏死。较大面积皮肤污染时，常引起全身中毒，引起诸多脏器的损害，而以肾脏和中枢神经系统损害及溶血为主，甚至伴发多器官功能衰竭。吸入高浓度蒸气可致头痛、头晕、乏力、视物模糊、肺水肿等。误服引起消化道灼伤，出现烧灼痛，呼出气带酚味，呕吐物或大便可带血液，有胃肠穿孔的可能，可出现休克、肺水肿、肝肾损害，出现急性肾功能衰竭，可死于呼吸衰竭。眼接触可致灼伤。

慢性影响：长期接触低浓度苯酚，可有头痛、失眠、食欲不振、腹泻、唾液分泌增多等。少数可有肝功能异常。

侵入途径 吸入、食入、经皮吸收。

职业接触限值

中国：PC－TWA：$10mg/m^3$［皮］

美国(ACGIH)：TLV－TWA：5ppm［皮］

环境危害 对水生生物是有毒的。有害空气污染物。

理化特性与用途

理化特性 无色或白色晶体，有特殊气味。在空气中及光线作用下变为粉红色甚至红色。微溶于冷水，65℃以上能与水混溶，易溶于甲醇、乙醇、乙醚、四氯化碳、乙酸、甘油、液态二氧化硫和苯。熔点40.6℃，沸点181.9℃，相对密度(水＝1)1.06，相对蒸气密度(空气＝1)3.24，燃烧热－3050.6kJ/mol，临界压力6.13MPa，临界温度419.2℃，蒸气压0.13kPa(40.1℃)，辛醇/水分配系数1.46，闪点79℃(闭杯)，爆炸极限1.3%～9.5%，自燃温度715℃。

主要用途 用于生产酚醛树脂、双酚A、己内酰胺、苯胺、烷基酚等，在石油炼制工业中用作润滑油精制的选择性抽提溶剂，也用于塑料和医药工业。

包装与储运

包装标志 有毒品，腐蚀品［铁规］

包装类别 Ⅱ类

安全储运 储存于阴凉、通风的库房。远离火种、热源，避免光照。储存温度不超过35℃，相对湿度不超过85%。密闭包装。应与氧化剂、碱类、食用化学品等隔离储运。

紧急处置信息

急救措施

吸入：迅速脱离现场至空气新鲜处。保持呼吸道通畅。如呼吸困难，给输氧。呼吸、心跳停止，立即进行心肺复苏术。就医。

眼睛接触：立即分开眼睑，用大量流动清水或生理盐水彻底冲洗10～15min。就医。

皮肤接触：立即脱去污染衣物，用大量流动清水彻底冲洗，冲洗后即用浸过30%～50%酒精棉花擦洗创面至无酚味为止(注意不能将患处浸泡于酒精溶液中)。如有条件可用数块浸有聚乙二醇(300或400)的海绵反复擦洗污染部位，至少20min。然后再用大量水冲洗10min以上。

食入：漱口，给服植物油15～30mL，催吐。对食入时间长者禁用植物油，可口服牛奶或蛋清。就医。

灭火方法 消防人员须佩戴空气呼吸器，穿全身消防服，在上风向灭火。尽可能将容器移至空旷处。用水冷却火场中的容器，直至灭火结束。

灭火剂：雾状水、抗溶性泡沫、干粉、二氧化碳、砂土。

泄漏应急处置 隔离泄漏污染区，限制出入。消除所有点火源。建议应急处理人员戴

防尘口罩，穿防毒服，戴防化学品手套。穿上适当的防护服前严禁接触破裂的容器和泄漏物。尽可能切断泄漏源。用塑料布覆盖泄漏物，减少飞散。勿使水进入包装容器内。用洁净的铲子收集泄漏物，置于干净、干燥、盖子较松的容器中，将容器移离泄漏区。

25. 苯 磺 酰 肼

标 识

中文名称 苯磺酰肼

英文名称 Benzenesulphonohydrazide；Phenylsulfonylhydrazine；Foaming agent BSH

别名 发泡剂 BSH

分子式 $C_6H_8N_2O_2S$

CAS 号 80－17－1

WGH 号 41036

UN 号 3226[海]

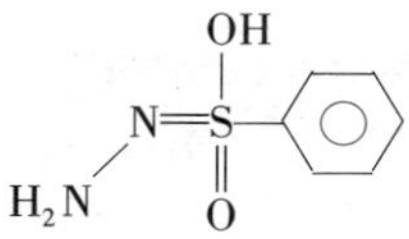

危害信息

危险性类别 第 4.1 类 易燃固体

燃烧与爆炸危险性 易燃。其粉体与空气混合能形成爆炸性混合物，遇明火高热有引起燃烧爆炸的危险。对摩擦、撞击较敏感，有燃烧的危险。燃烧产生有毒的一氧化碳、氮氧化物和硫氧化物气体。

活性反应 与强氧化剂反应。

禁忌物 强氧化剂、强碱。

毒性 大鼠经口 LDL_o：50mg/kg。

本品具有刺激性。

侵入途径 吸入、食入。

环境危害 对水生生物有害。

理化特性与用途

理化特性 浅黄色结晶，易潮解。不溶于水。熔点 101～103℃，相对密度(水＝1) 1.41～1.43，辛醇/水分配系数－0.14，闪点 110℃。

主要用途 用作发泡剂，制造泡沫塑料、泡沫橡胶。

包装与储运

包装标志 易燃固体

包装类别 Ⅱ类

安全储运 储存于阴凉、通风的库房。远离火种、热源。储存温度不超过 35℃。保持容器密封。注意防潮。应与强氧化剂、强碱等隔离储运。

紧急处置信息

急救措施

吸入： 脱离接触。如有不适感，就医。

眼睛接触： 分开眼睑，用流动清水或生理盐水冲洗。如有不适感，就医。

皮肤接触: 脱去污染的衣着，用肥皂水和清水冲洗。如有不适感，就医。

食入: 漱口，饮水，催吐。就医。

灭火方法 消防人员须穿全身消防服，佩戴空气呼吸器，在上风向灭火。尽可能将容器从火场移至空旷处。喷水保持火场容器冷却，直至灭火结束。

灭火剂：雾状水、二氧化碳、泡沫、干粉、砂土。

泄漏应急处置 消除所有点火源。隔离泄漏污染区，限制出入。建议应急处理人员戴防尘口罩，穿防静电服。禁止接触或跨越泄漏物。尽可能切断泄漏源。小量泄漏：用惰性、湿润的不燃材料吸收泄漏物，用洁净的无火花工具收集于一盖子较松的塑料容器中，待处理。防止泄漏物进入水体、下水道、地下室或限制性空间。

26. 苯磺酰氯

标　识

中文名称 苯磺酰氯

英文名称 Benzene sulfonic chloride; Benzene sulfone chloride; Benzenesulfonyl chloride

别名 氯化苯磺酰

分子式 $C_6H_5ClO_2S$

CAS 号 98-09-9

WGH 号 81126

UN 号 2225

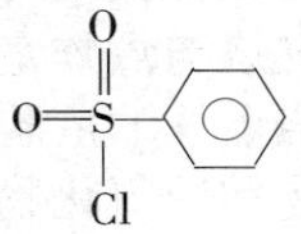

危害信息

危险性类别 第8.1类　酸性腐蚀品

燃烧与爆炸危险性 遇明火、高热可燃，燃烧产生含有毒和刺激性的氧化硫、氧化氯以及氯化氢烟气。具有腐蚀性。

活性反应 与热水反应生成苯磺酸和刺激性的氢氯酸，随水温下降反应速率变慢，能在冷水中稳定存在。受高热分解放出有毒和刺激性气体。与强氧化剂和碱发生反应。有水存在时会腐蚀金属。痕量的金属盐存在时，能与二异丙醚及其他醚发生剧烈反应，甚至爆炸。缺乏稀释剂或其他对反应速度进行有效控制的措施时，能与二甲基亚砜发生剧烈反应，甚至爆炸。

禁忌物 强氧化剂、强碱、水、醇类。

毒性 大鼠经口 LD_{50}：1960mg/kg；小鼠经口 LD_{50}：828mg/kg；大鼠吸入 LCL_o：1870mg/m³(1h)。

本品具有强烈的刺激作用和致敏作用。

中毒表现 急性中毒时除眼和呼吸道刺激症状外，还表现有呕吐、血压下降、心脏传导性障碍、支气管痉挛、肝损害。皮肤接触，引起水肿、炎症、全身性荨麻疹。具有致敏作用。

侵入途径 吸入、食入、经皮吸收。

环境危害 对水生生物是有毒的。

理化特性与用途

理化特性 无色透明油状液体，有刺激性气味。不溶于冷水，溶于乙醚，易溶于乙醇、苯。熔点 14.5℃，沸点 251～252℃（分解），相对密度（水＝1）1.384，相对蒸气密度（空气＝1）6.0，蒸气压 9.05Pa（25℃），引燃温度 450℃，闪点＞110℃，辛醇/水分配系数 2.94。

主要用途　用于染料、有机合成及医药工业（制造磺胺类药物等）。

包装与储运

包装标志　腐蚀品，有毒品［铁规］

包装类别　Ⅲ类

安全储运　储存于阴凉、干燥、通风良好的库房。远离火种、热源。储存温度不超过 30℃，相对湿度不超过 75%。保持容器密封。应与氧化剂、碱类等隔离储运。搬运时轻装轻卸，防止容器破损。

紧急处置信息

急救措施

吸入：脱离接触。如呼吸困难，给吸氧。如呼吸心跳停止，立即行心肺复苏术。

眼睛接触：分开眼睑，用水或生理盐水冲洗 20～30min。

皮肤接触：立即脱去污染的衣着，用大量流动清水彻底冲洗。就医。

食入：给饮牛奶或水，成人不超过 2 杯。就医。禁止催吐和洗胃（有主张吞食后 1h 内可洗胃），不要用碱中和。活性炭不能吸附酸。

灭火方法　消防人员必须佩戴空气呼吸器，穿全身防护服。禁止用水和泡沫灭火。

灭火剂：干粉、二氧化碳。

泄漏应急处置　根据液体流动和蒸气扩散的影响区域划定警戒区，无关人员从侧风、上风向撤离至安全区。建议应急处理人员戴正压自给式呼吸器，穿防腐蚀、防毒服，戴橡胶耐酸碱手套。作业时使用的所有设备应接地。穿上适当的防护服前严禁接触破裂的容器和泄漏物。尽可能切断泄漏源。防止泄漏物进入水体、下水道、地下室或限制性空间。严禁用水处理。小量泄漏：用干燥的砂土或其他不燃材料覆盖泄漏物。大量泄漏：构筑围堤或挖坑收容。用耐腐蚀泵转移至槽车或专用收集器内。

27. *N*－苯基－1－萘胺

标　　识

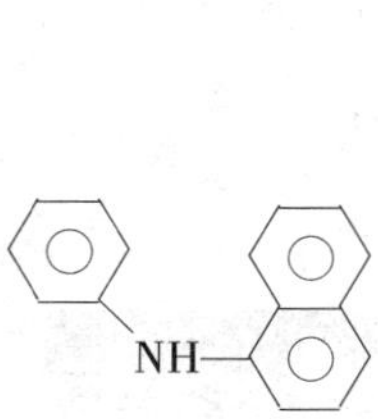

中文名称　*N*－苯基－1－萘胺

英文名称　*N*－Phenyl－1－naphthylamine；*N*－1－Naphthylaniline

别名　防老剂甲；防老剂 A

分子式　$C_{16}H_{13}N$

CAS 号　90－30－2

危害信息

燃烧与爆炸危险性　可燃。其粉体与空气混合能形成爆炸性混合物，遇明火高热有引起燃烧爆炸的危险。燃烧产生有毒或刺激性气味的氨气和氮氧化物气体。

活性反应　与强氧化剂接触发生反应。

禁忌物 强氧化剂

毒性 大鼠经口 LD_{50}：1625mg/kg；小鼠经口 LD_{50}：1231mg/kg；家兔经皮 LDL_o：8g/kg。

对眼睛、皮肤、黏膜和上呼吸道有刺激性。对皮肤有致敏作用。

侵入途径 吸入、食入、经皮吸收。

理化特性与用途

理化特性 白色至微黄色棱形晶体，暴露于空气和日光中逐渐变为紫色。不溶于水，易溶于乙醇、乙醚、苯、四氯化碳、氯仿、乙酸等有机溶剂。熔点62～63℃，沸点335℃(74.2kPa)，相对密度(水=1)1.2，相对蒸气密度7.6，闪点>200℃，引燃温度>500℃，燃烧热－8453kJ/mol，辛醇/水分配系数4.2。

主要用途 主要用作橡胶防老剂，也可作丁苯乳胶的胶凝抑制剂及染料中间体，还可用作动力燃料的防震剂。

包装与储运

安全储运 储存于阴凉、通风的库房。远离火种、热源。包装密闭。应与氧化剂等隔离储运。

紧急处置信息

急救措施

吸入：脱离接触。如有不适感，就医。

眼睛接触：分开眼睑，用流动清水或生理盐水冲洗。如有不适感，就医。

皮肤接触：脱去污染的衣着，用肥皂水和清水冲洗。如有不适感，就医。

食入：漱口，饮水，催吐。就医。

灭火方法 消防人员须穿全身防火防毒服，佩戴空气呼吸器在上风向灭火。尽可能将容器从火场移至空旷处。喷水保持火场容器冷却，直至灭火结束。

灭火剂：干粉、雾状水、泡沫、二氧化碳。

泄漏应急处置 隔离泄漏污染区，限制出入。建议应急处理人员戴防尘口罩，穿防毒防酸碱服，戴橡胶耐酸碱手套。穿上适当的防护服前严禁接触破裂的容器和泄漏物。尽可能切断泄漏源。用塑料布覆盖泄漏物，减少飞散。勿使水进入包装容器内。用洁净的铲子收集泄漏物，置于干净、干燥、盖子较松的容器中，将容器移离泄漏区。

28. *N*－苯基－2－萘胺

标　识

中文名称 *N*－苯基－2－萘胺

英文名称 *N*－Phenyl－2－naphthylamine；Antioxidant D

别名 防老剂丁；尼奥宗D

分子式 $C_{16}H_{13}N$

CAS号 135－88－6

WGH号 61834

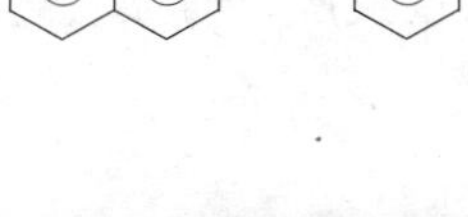

危害信息

危险性类别 第6.1类 有毒品

燃烧与爆炸危险性 可燃。其粉体与空气混合能形成爆炸性混合物，遇明火高热有引起燃烧爆炸的危险。燃烧产生有毒的一氧化碳和氮氧化物气体。受热分解放出有毒的氧化氮烟气。

活性反应 与氧化剂发生反应。

禁忌物 强酸、强氧化剂。

毒性 大鼠经口 LD_{50}：8730mg/kg；小鼠经口 LD_{50}：1450mg/kg；大鼠吸入 LC_{50}：1920mg/m^3(4h)。

对眼睛、皮肤、黏膜和上呼吸道有刺激性。对皮肤有致敏作用。

侵入途径 吸入、食入。

环境危害 对水生生物有毒，可能在水生环境中造成长期不利影响。

理化特性与用途

理化特性 浅灰色粉末，暴露于空气中或日光下逐渐转变为灰红色。不溶于水，溶于乙醇、四氯化碳、苯、丙酮。熔点108℃，沸点395.5℃，相对密度(水=1)1.24，燃烧热-8405kJ/mol，闪点209℃。

主要用途 该品是天然橡胶，二烯类合成橡胶，氯丁橡胶及基胶乳用通用型防老剂。

包装与储运

包装标志 有毒品

包装类别 Ⅲ类

安全储运 储存于阴凉、通风的库房。远离火种、热源。包装密封。应与氧化剂等隔离储运。

紧急处置信息

急救措施

吸入：脱离接触。如有不适感，就医。

眼睛接触：分开眼睑，用流动清水或生理盐水冲洗。如有不适感，就医。

皮肤接触：脱去污染的衣着，用肥皂水和清水冲洗。如有不适感，就医。

食入：漱口，饮水。就医。

灭火方法 消防人员须佩戴空气呼吸器，穿全身防火防毒服，在上风向灭火。尽可能将容器从火场移至空旷处。喷水保持火场容器冷却，直至灭火结束。

灭火剂：雾状水、泡沫、二氧化碳、干粉、砂土。

泄漏应急处置 隔离泄漏污染区，限制出入。消除所有点火源。建议应急处理人员戴防尘口罩，穿防毒服，戴橡胶手套。穿上适当的防护服前严禁接触破裂的容器和泄漏物。尽可能切断泄漏源。用塑料布覆盖泄漏物，减少飞散。勿使水进入包装容器内。用洁净的铲子收集泄漏物，置于干净、干燥、盖子较松的容器中，将容器移离泄漏区。

29. 苯 甲 醇

标 识

中文名称 苯甲醇

英文名称　Benzenemethanol；Benzyl alchol；Phenyl methanol

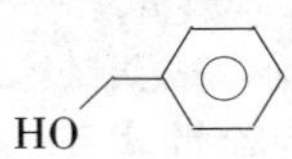

别名　苄醇

分子式　C_7H_8O

CAS 号　100-51-6

危害信息

燃烧与爆炸危险性　可燃。其蒸气与空气可形成爆炸性混合物，遇明火、高热能引起燃烧爆炸。

活性反应　与浓硫酸、过氧化氢等强氧化剂会发生剧烈反应，甚至爆炸。与次氯酸的水溶液或四氯化碳溶液反应，生成的次氯酸烃基酯受热、撞击等极易爆炸。与氯反应易生成极易爆炸的次氯酸烃基酯。与酰卤剧烈反应。能溶解或软化塑料。

禁忌物　强氧化剂。

毒性　大鼠经口 LD_{50}：1230mg/kg；小鼠经口 LD_{50}：1360mg/kg；大鼠吸入 LCL_o：1000ppm(8h)。

具有刺激和麻醉作用。有接触含本品的混合剂出现头痛、眩晕、恶心、呕吐、上腹痛者，脱离接触后症状消失。

侵入途径　吸入、食入、经皮吸收。

环境危害　对水生生物是有毒的。

理化特性与用途

理化特性　无色透明液体，具有芳香味。稍溶于水，能与乙醇、乙醚、氯仿等混溶。熔点-15℃，沸点205℃，相对密度(水=1)1.04，相对蒸气密度(空气=1)3.7，临界温度442℃，临界压力4.3MPa，蒸气压13.2Pa(20℃)，折射率1.5392，闪点93℃(闭杯)、104.4(开杯)，爆炸极限1.3%~13%，自燃温度436℃，辛醇/水分配系数1.1，燃烧热3743.5kJ/mol。

主要用途　在香料工业中用作溶剂和定香剂，也是香料的原料。医药工业中用作麻醉剂、防腐剂，也是制药的原料。纺织工业中用作染色助剂。涂料和油墨工业中用作溶剂。

包装与储运

安全储运　储存于阴凉、通风的库房。远离火种、热源。保持容器密封。应与氧化剂等隔离储运。搬运时轻装轻卸，防止容器受损。

紧急处置信息

急救措施

吸入：脱离接触。如呼吸困难，给吸氧。如呼吸心跳停止，立即行心肺复苏术。

眼睛接触：立即分开眼睑，用流动清水或生理盐水彻底冲洗。就医。

皮肤接触：脱去污染的衣着，用肥皂水和清水冲洗。如有不适感，就医。

食入：漱口，饮一杯水，催吐。对症治疗。

灭火方法　消防人员须佩戴防毒面具、穿全身消防服，在上风向灭火。尽可能将容器从火场移至空旷处。喷水保持火场容器冷却，直至灭火结束。处在火场中的容器若已变色或从安全泄压装置中产生声音，必须马上撤离。

灭火剂：雾状水、抗溶性泡沫、干粉、二氧化碳、砂土。

泄漏应急处置　根据液体流动和蒸气扩散的影响区域划定警戒区，无关人员从侧风、

上风向撤离至安全区。消除所有点火源。建议应急处理人员戴防毒面具，穿防毒服。穿上适当的防护服前严禁接触破裂的容器和泄漏物。尽可能切断泄漏源。防止泄漏物进入水体、下水道、地下室或限制性空间。小量泄漏：用干燥的砂土或其他不燃材料吸收或覆盖，收集于容器中。大量泄漏：构筑围堤或挖坑收容。用泵转移至槽车或专用收集器内。

30. 苯 甲 腈

标 识

中文名称 苯甲腈

英文名称 Benzonitrile；Phenyl cyanide

别名 苯基氰；氰基苯

分子式 C_7H_5N

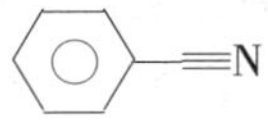

CAS 号 100－47－0

WGH 号 61638

UN 号 2224

危害信息

危险性类别 第 6.1 类 有毒品

燃烧与爆炸危险性 可燃。其蒸气与空气混合能形成爆炸性混合物。燃烧产生有毒的一氧化碳和氮氧化物气体。受热分解放出有毒气体。

活性反应 与强氧化剂反应。

禁忌物 强氧化剂、强还原剂、强酸、强碱。

毒性 大鼠经口 LD_{50}：700mg/kg；兔经口 LD_{50}：1250mg/kg；小鼠吸入 LC_{50}：6000mg/m^3；大鼠经皮 LD_{50}：1200mg/kg；家兔经皮 LD_{50}：971mg/kg。

中毒表现 有因衣服沾染了本品而发生严重中毒的报道。患者出现意识丧失、痉挛。

本品对眼有刺激性。皮肤较长时间接触有刺激作用。

动物吸入蒸气或小剂量灌胃，主要为麻醉作用。大剂量引起痉挛。

侵入途径 吸入、食入、经皮吸收。

理化特性与用途

理化特性 无色油状液体，有杏仁的气味。微溶于冷水，溶于热水，易溶于乙醇、乙醚。熔点－12.8℃，沸点 190.7℃，相对密度（水＝1）1.01，蒸气压 0.13kPa（28.2℃），燃烧热－3617.8kJ/mol，临界温度 426.6℃，临界压力 4.22MPa，辛醇/水分配系数 1.56，闪点 71.7℃，引燃温度 550℃，爆炸极限 1.3%～8.0%。

主要用途 用于橡胶、树脂、油漆和合成中间体。

包装与储运

包装标志 有毒品

包装类别 Ⅱ类

安全储运 储存于阴凉、通风的库房。远离火种、热源。储存温度不超过 35℃，相对湿度不超过 85%。保持容器密封。应与强氧化剂、酸等隔离储运。搬运时轻装轻卸，防止容器受损。

紧急处置信息

急救措施

吸入： 脱离接触。如呼吸困难，给吸氧。如呼吸心跳停止，立即行心肺复苏术。就医。

眼睛接触： 立即分开眼睑，用流动清水或生理盐水彻底冲洗。就医。

皮肤接触： 立即脱去污染的衣着，用肥皂水和清水彻底冲洗。就医。

食入： 催吐，给服活性炭悬液。就医。

静脉注射亚硝酸钠和硫代硫酸钠解毒剂。也可用硫代硫酸钠加口服对氨基苯丙酮。

灭火方法　消防人员须穿全身防火防毒服，佩戴空气呼吸器，在上风向灭火。尽可能将容器从火场移至空旷处。喷水保持火场容器冷却，直至灭火结束。处在火场中的容器若发生异常变化或发出异常声音，须马上撤离。

灭火剂：泡沫、二氧化碳、干粉和砂土。禁止使用酸碱灭火剂。

泄漏应急处置　根据液体流动和蒸气扩散的影响区域划定警戒区，无关人员从侧风、上风向撤离至安全区。建议应急处理人员戴正压自给式呼吸器，穿防毒服，戴橡胶耐油手套。穿上适当的防护服前严禁接触破裂的容器和泄漏物。尽可能切断泄漏源。防止泄漏物进入水体、下水道、地下室或限制性空间。小量泄漏：用干燥的砂土或其他不燃材料吸收或覆盖，收集于容器中。大量泄漏：构筑围堤或挖坑收容。用泵转移至槽车或专用收集器内。

31. 苯　甲　醚

标　识

中文名称　苯甲醚

英文名称　Anisole；Methoxybenzene；phenyl methyl ether

别名　茴香醚；甲氧基苯

分子式　C_7H_8O

CAS 号　100－66－3

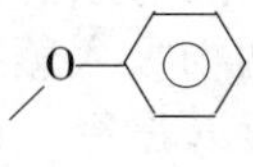

WGH 号　33567；T32067[铁规]

UN 号　2222

危害信息

危险性类别　第3类　易燃液体

燃烧与爆炸危险性　易燃。其蒸气与空气混合能形成爆炸性混合物，遇明火、高热易燃烧或爆炸。燃烧产生有毒的一氧化碳气体。在高温火场中，受热的容器或储罐有破裂和爆炸的危险。

活性反应　与强氧化剂反应。

禁忌物　强氧化剂、强酸。

毒性　大鼠经口 LD_{50}：3700mg/kg；小鼠经口 LD_{50}：2800mg/kg；大鼠吸入 LC_{50}：8949mg/m^3(2h)；小鼠吸入 LC_{50}：3020mg/m^3(2h)。

对眼和呼吸道有刺激性。未见急性中毒报道。

侵入途径　吸入、食入。

理化特性与用途

理化特性 无色液体，有芳香气味。不溶于水，溶于乙醇、乙醚等多数有机溶剂。熔点 -37.3℃，沸点 153.8℃，相对密度(水 =1)0.99，相对蒸气密度(空气 =1)3.72，蒸气压 0.47kPa(25℃)，燃烧热 -3783.3kJ/mol，临界压力 4.25，辛醇/水分配系数 2.11，闪点 52℃(开杯)，引燃温度 475℃，爆炸极限 1.3% ~9.0%。

主要用途 用作溶剂，用于配制香料和有机合成。

包装与储运

包装标志 易燃液体

包装类别 Ⅲ类

安全储运 储存于阴凉、通风的库房。容器密闭。远离火种、热源，避免阳光直射。储存温度不超过 37℃。炎热季节早晚运输，应与氧化剂等隔离储运。禁止使用易产生火花的机械设备和工具。灌装时注意流速，防止静电积聚。搬运时轻装轻卸，防止容器受损。

紧急处置信息

急救措施

吸入：脱离接触。如有不适感，就医。

眼睛接触：分开眼睑，用流动清水或生理盐水冲洗。如有不适感，就医。

皮肤接触：脱去污染的衣着，用肥皂水和清水冲洗。如有不适感，就医。

食入：尽量饮水，不要催吐。就医。

灭火方法 消防人员须穿全身防火防毒服，佩戴空气呼吸器，在上风向灭火。尽可能将容器从火场移至空旷处。喷水保持火场容器冷却，直至灭火结束。处在火场中的容器若发生异常变化或发出异常声音，须马上撤离。

灭火剂：泡沫、二氧化碳、干粉和砂土。

泄漏应急处置 消除所有点火源。根据液体流动和蒸气扩散的影响区域划定警戒区，无关人员从侧风、上风向撤离至安全区。建议应急处理人员戴正压自给式呼吸器，穿防静电服，戴橡胶耐油手套。作业时使用的所有设备应接地。禁止接触或跨越泄漏物。尽可能切断泄漏源。防止泄漏物进入水体、下水道、地下室或限制性空间。小量泄漏：用砂土或其他不燃材料吸收。使用洁净的无火花工具收集吸收材料。大量泄漏：构筑围堤或挖坑收容。用砂土、惰性物质或蛭石吸收大量液体。用泡沫覆盖，减少蒸发。喷水雾能减少蒸发，但不能降低泄漏物在限制性空间内的易燃性。用防爆泵转移至槽车或专用收集器内。

32. 苯 甲 醛

标 识

中文名称 苯甲醛

英文名称 Benzaldehyde; Benzoic aldehyde

别名 苦杏仁油；安息香醛

分子式 C_7H_6O

CAS 号 100 -52 -7

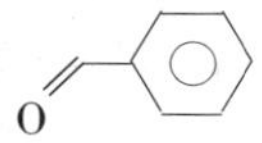

WGH 号　T91010［铁规］

UN 号　1990

危害信息

燃烧与爆炸危险性　可燃。蒸气与空气可形成爆炸性混合物，遇明火、高热能引起燃烧爆炸。蒸气比空气重，能在较低处扩散到相当远的地方，遇火源会着火回燃和爆炸(闪爆)。在火场中，由于内压增大，受热的容器或储罐有破裂和爆炸的危险。

活性反应　与空气接触会发生氧化反应，生成苯甲酸。与氧化剂剧烈反应。与强酸、强碱接触会发生剧烈的缩聚反应，放出热量。与过氧酸(如过氧甲酸、过氧乙酸)接触会发生剧烈反应。四氢吡咯、苯甲醛和丙酸的混合物受热后制备卟啉类化合物的过程易发生爆炸。

禁忌物　强氧化剂、强酸。

毒性　大鼠经口 LD_{50}：1300mg/kg；小鼠经口 LD_{50}：28mg/kg；大鼠吸入 LC：>500mg/m^3。

主要经呼吸道和胃肠道侵入机体。本品对中枢神经系统有抑制作用，对眼和上呼吸道黏膜有刺激作用。人误服 50g 可致死。本品挥发性低，加上其刺激作用是良好的警戒信号，工业上一般不会发生严重的吸入中毒。

侵入途径　吸入、食入。

环境危害　对水生生物是有害的

理化特性与用途

理化特性　无色至浅黄色液体，有苦杏仁味。微溶于水，与乙醇、乙醚、苯、氯仿、挥发性油和不挥发性油混溶。熔点 -26℃，沸点 179℃，相对密度(水 =1)1.05，相对蒸气密度(空气 =1)3.66，饱和蒸气压 0.133kPa(26℃)，临界温度 422℃，临界压力 4.65MPa，折射率 1.5450，闪点 63℃(闭杯)、73.9℃(开杯)，引燃温度 192℃，爆炸下限 1.4%，爆炸上限 8.5%，辛醇/水分配系数 1.48，燃烧热 -3525kJ/mol，嗅阈值 0.042ppm。

主要用途　用作食品、饮料、化妆品、医药等的香味剂和着色剂；制染料、着色剂、香料、医药、农药的中间体；用作油类、树脂的溶剂和塑料添加剂。

包装与储运

包装标志　杂类

包装类别　Ⅲ类

安全储运　储存于阴凉、通风的库房。保持容器密封，远离火种、热源。应与氧化剂、酸类隔离储运。搬运时轻装轻卸，防止容器受损。

紧急处置信息

急救措施

吸入：脱离接触。如呼吸困难，给吸氧。如呼吸心跳停止，立即行心肺复苏术。就医。

眼睛接触：立即分开眼睑，用流动清水或生理盐水冲洗。如有不适感，就医。

皮肤接触：立即脱去污染的衣着，用肥皂水和清水冲洗。如有不适感，就医。

食入：漱口，尽量饮水。就医。

灭火方法　消防人员须佩戴防毒面具、穿全身消防服，在上风向灭火。尽可能将容器从火场移至空旷处。喷水保持火场容器冷却，直至灭火结束。处在火场中的容器若已变色或从安全泄压装置中产生声音，必须马上撤离。

灭火剂：雾状水、抗溶性泡沫、干粉、二氧化碳、砂土。

泄漏应急处置 根据液体流动和蒸气扩散的影响区域划定警戒区，无关人员从侧风、上风向撤离至安全区。消除所有点火源。建议应急处理人员戴防毒面具，穿防毒服。作业时使用的所有设备应接地。禁止接触或跨越泄漏物。尽可能切断泄漏源。防止泄漏物进入水体、下水道、地下室或限制性空间。小量泄漏：用砂土或其他不燃材料吸收。使用洁净的无火花工具收集吸收材料。大量泄漏：构筑围堤或挖坑收容。用抗溶性泡沫覆盖，减少蒸发。喷水雾能减少蒸发，但不能降低泄漏物在受限制空间内的易燃性。用泵转移至槽车或专用收集器内。

33. 苯 甲 酸

标 识

中文名称 苯甲酸

英文名称 Benzoic acid；Benzenecarboxylic acid；Phenylformic acid

别名 安息香酸

分子式 $C_7H_6O_2$

CAS 号 65－85－0

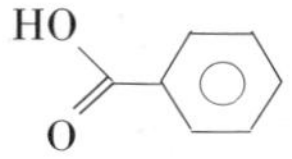

危害信息

燃烧与爆炸危险性 遇明火、高热可燃。受热产生的蒸气能与空气形成爆炸性混合物。粉末和粉尘能与空气形成爆炸性混合物，遇明火发生粉尘爆炸。

活性反应 与碱发生放热中和反应。吸水后腐蚀铁、钢、铝制容器。与强氧化剂和强还原剂反应，放出热量。

禁忌物 强氧化剂、碱类、强还原剂等。

毒性 大鼠经口 LD_{50}：1700mg/kg；大鼠吸入 LC_{50}：＞26mg/m^3(1h)；小鼠经口 LD_{50}：1940mg/kg；家兔经皮 LD_{50}：＞10g/kg；人经口 LDL_o：500mg/kg。

对皮肤有轻度刺激性。蒸气对上呼吸道、眼和皮肤有刺激性。在一般情况下接触无明显的危害性。

侵入途径 吸入、食入、经皮吸收。

理化特性与用途

理化特性 白色鳞片状或针状结晶，具有苯或甲醛的气味。微溶于水，溶于乙醇、甲醇、乙醚、氯仿、苯、甲苯、二硫化碳、四氯化碳和松节油。熔点 122.4℃，沸点 249.2℃，相对密度(水＝1)1.2659(15℃/4℃)，相对蒸气密度(空气＝1)4.21，临界温度 479℃，临界压力 4.56MPa，折射率 1.504(32℃)，闪点 121℃(闭杯)，引燃温度 570℃，最大爆炸压力 0.66MPa，爆炸极限 1.4%～8%，燃烧热 3277kJ/mol，辛醇/水分配系数 1.87，pH 值 2.8(饱和溶液，25℃)。

主要用途 用于制备苯甲酸钠防腐剂，也用于制增塑剂、杀菌剂、媒染剂和香料等。

包装与储运

安全储运 储存于阴凉、干燥、通风良好的库房。远离火种、热源。密闭包装。应与氧化剂、碱类等隔离储运。

紧急处置信息

急救措施

吸入： 脱离接触。如有不适感，就医。

眼睛接触： 分开眼睑，用流动清水或生理盐水冲洗。如有不适感，就医。

皮肤接触： 脱去污染的衣着，用肥皂水和清水冲洗。如有不适感，就医。

食入： 漱口，尽量饮水，催吐。就医。

灭火方法 消防人员必须穿耐酸碱防护服、防护靴，佩戴空气呼吸器灭火。喷水冷却容器，尽可能将容器从火场移至空旷处。

灭火剂：雾状水、抗溶性泡沫、干粉、二氧化碳、砂土。

泄漏应急处置 隔离泄漏污染区，限制出入。消除所有点火源。建议应急处理人员戴防尘口罩，穿防毒服。穿上适当的防护服前严禁接触破裂的容器和泄漏物。尽可能切断泄漏源。用塑料布覆盖泄漏物，减少飞散。勿使水进入包装容器内。用洁净的铲子收集泄漏物，置于干净、干燥、盖子较松的容器中，将容器移离泄漏区。

34. 苯甲酸甲酯

标　识

中文名称 苯甲酸甲酯

英文名称 Methyl benzoate；Benzoic acid，methyl ester；Niobe oil

别名 尼哦油；苯酸甲酯；安息香酸甲酯

分子式 $C_8H_8O_2$

CAS 号 93－58－3

WGH 号 61624

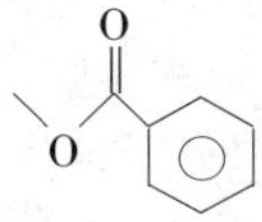

危害信息

危险性类别 第6.1类 有毒品

燃烧与爆炸危险性 可燃。其蒸气与空气混合能形成爆炸性混合物。燃烧产生有毒的一氧化碳气体。

活性反应 与强氧化剂反应。

禁忌物 强氧化剂、强碱。

毒性 大鼠经口 LD_{50}：1117mg/kg；小鼠经口 LD_{50}：3330mg/kg；兔经口 LD_{50}：2170mg/kg。

蒸气或雾对眼和上呼吸道有刺激性。对皮肤有刺激性。

侵入途径 吸入、食入。

理化特性与用途

理化特性 无色透明油状液体，有芳香味。不溶于水，可混溶于甲醇、乙醇、乙醚。熔点－12.3℃，沸点198℃，相对密度（水＝1）1.09，相对蒸气密度（空气＝1）4.68，蒸气压0.13kPa（39℃），临界压力3.59MPa，辛醇/水分配系数2.12，闪点82.8℃（闭杯），引燃温度505℃，爆炸极限1.2%～6.7%。

主要用途 用于香料工业及用作溶剂

包装与储运

包装标志 有毒品

包装类别 Ⅲ类

安全储运 储存于阴凉、通风的库房。远离火种、热源。储存温度不超过35℃，相对湿度不超过80%。保持容器密封。应与强氧化剂、强碱隔离储运。搬运时轻装轻卸，防止容器受损。

紧急处置信息

急救措施

吸入：脱离接触。如有不适感，就医。

眼睛接触：分开眼睑，用流动清水或生理盐水冲洗。如有不适感，就医。

皮肤接触：脱去污染的衣着，用肥皂水和清水冲洗。如有不适感，就医。

食入：尽量饮水，不要催吐。就医。

灭火方法 消防人员须穿全身防火防毒服，佩戴空气呼吸器，在上风向灭火。尽可能将容器从火场移至空旷处。喷水保持火场容器冷却，直至灭火结束。处在火场中的容器若发生异常变化或发出异常声音，须马上撤离。

灭火剂：泡沫、二氧化碳、干粉和砂土。

泄漏应急处置 根据液体流动和蒸气扩散的影响区域划定警戒区，无关人员从侧风、上风向撤离至安全区。建议应急处理人员戴正压自给式呼吸器，穿防毒服，戴防化学品手套。穿上适当的防护服前严禁接触破裂的容器和泄漏物。尽可能切断泄漏源。防止泄漏物进入水体、下水道、地下室或限制性空间。小量泄漏：用干燥的砂土或其他不燃材料吸收或覆盖，收集于容器中。大量泄漏：构筑围堤或挖坑收容。用泵转移至槽车或专用收集器内。

35. 苯 甲 酰 氯

标 识

中文名称 苯甲酰氯

英文名称 Benzoyl chloride

分子式 C_7H_5ClO

CAS 号 98－88－4

WGH 号 81121

UN 号 1736

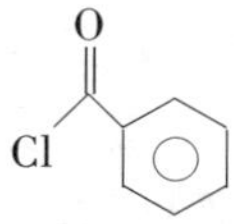

危害信息

危险性类别 第8类 腐蚀品

燃烧与爆炸危险性 可燃，燃烧产生有毒的一氧化碳、氯化氢和光气。遇水和水蒸汽反应放热，产生有毒的腐蚀性的气体。对许多金属尤其在潮湿空气下具有腐蚀性。

活性反应 与水发生反应。

禁忌物 强还原剂、醇类、强碱、水。

毒性 大鼠经口 LD_{50}：1900mg/kg；大鼠吸入 LC_{50}：1870mg/m^3（2h）；人吸入 TCL_o：

2ppm(1min)。

本品对皮肤和黏膜有强烈刺激性。接触后出现上呼吸道刺激症状。皮肤接触可引起灼伤。

IARC 对混合接触本品和二氯化苄、氯化苄、α，α，α－三氯甲苯的致癌性分类：G2A——可能人类致癌物。

侵入途径 吸入、食入。

职业接触限值 美国(ACGIH)：TLV－C：0.5ppm。

理化特性与用途

理化特性 无色发烟液体，有刺激性气味。溶于乙醚、氯仿、苯、二硫化碳。熔点－1℃，沸点197℃，相对密度(水＝1)1.22，相对蒸气密度(空气＝1)4.88，蒸气压0.13kPa(32.1℃)，燃烧热－3272.1kJ/mol，临界压力4.06MPa，辛醇/水分配系数1.44，闪点72.2℃，引燃温度185℃，爆炸极限1.2%～4.9%。

主要用途 用于染料中间体、引发剂、紫外线吸收剂、橡塑助剂、医药等。

包装与储运

包装标志 腐蚀品

包装类别 Ⅱ类

安全储运 储存于阴凉、通风的库房。远离火种、热源。储存温度不超过30℃，相对湿度不超过75%。保持容器密封，注意防潮。应与氧化剂、醇、强酸强碱等隔离储运。搬运时轻装轻卸，防止容器受损。

紧急处置信息

急救措施

吸入：脱离接触，休息，采取半卧体位，注意防治肺水肿。就医。

眼睛接触：分开眼睑，用水或生理盐水冲洗20～30min。就医。

皮肤接触：立即脱去污染的衣着，用大量流动清水彻底冲洗，冲洗时间一般要求20～30min。就医。

食入：给饮牛奶或水，成人不超过2杯。就医。禁止催吐和洗胃(有主张吞食后1h内可洗胃)，不要用碱中和。活性炭不能吸附酸。就医。

灭火方法 消防人员须佩戴空气呼吸器，穿全身耐酸碱消防服，在上风向灭火。尽可能将容器从火场移至空旷处。喷水保持火场容器冷却，直至灭火结束。

灭火剂：干粉、二氧化碳、砂土。禁止用水、泡沫和酸碱灭火剂灭火。

泄漏应急处置 根据液体流动和蒸气扩散的影响区域划定警戒区，无关人员从侧风、上风向撤离至安全区。消除所有点火源。建议应急处理人员戴正压自给式呼吸器，穿防酸碱服，戴橡胶耐酸碱手套。穿上适当的防护服前严禁接触破裂的容器和泄漏物。尽可能切断泄漏源。勿使泄漏物与可燃物质(如木材、纸、油等)接触。防止泄漏物进入水体、下水道、地下室或限制性空间。小量泄漏：用干燥的砂土或其他不燃材料覆盖泄漏物，用洁净的无火花工具收集泄漏物，置于一盖子较松的塑料容器中，待处置。大量泄漏：构筑围堤或挖坑收容。用砂土、惰性物质或蛭石吸收大量液体。用石灰(CaO)、碎石灰石($CaCO_3$)或碳酸氢钠($NaHCO_3$)中和。用耐腐蚀泵转移至槽车或专用收集器内。

36. 苯　　肼

标　识

中文名称　苯肼

英文名称　Phenylhydrazine；Hydrazinobenzene

别名　苯基联氨

分子式　$C_6H_8N_2$

CAS 号　100－63－0

WGH 号　61813

UN 号　2572

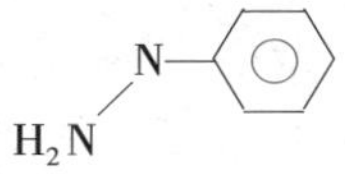

危害信息

危险性类别　第6.1类　有毒品

燃烧与爆炸危险性　可燃。其蒸气与空气混合能形成爆炸性混合物。燃烧产生有毒的一氧化碳和氮氧化物气体。受热分解放出有毒的氧化氮烟气。

活性反应　与强氧化剂反应。

禁忌物　强氧化剂。

毒性　大鼠经口 LD_{50}：188mg/kg；小鼠经口 LD_{50}：175mg/kg；大鼠吸入 LC_{50}：2610mg/m^3；小鼠吸入 LC_{50}：2120mg/m^3；家兔经皮 LD_{50}：90mg/kg。

本品可引起溶血性贫血、高铁血红蛋白血症、高胆红素血症，以及中枢神经系统和肝、肾、心脏损害。

欧盟指令67/548/EEC将本品列为第2类致癌物——可能为人类致癌物。

中毒表现　急性中毒：轻度中毒有头痛、头晕、无力、食欲不振、腹痛、腹泻等。较重时尚有呼吸困难、抽搐、震颤，甚至共济失调、意识不清。重症者出现紫绀、黄疸、白细胞减少，并可发生溶血性贫血、高胆红素血症和肝、肾损害。

慢性中毒：长期接触可发生心、肝、肾损害。可致皮肤损害，重者可发生水疱、水肿等。

侵入途径　吸入、食入、经皮吸收。

职业接触限值　美国(ACGIH)：TLV－TWA：0.1ppm[皮]。

环境危害　对水生生物有极高毒性。

理化特性与用途

理化特性　淡黄色晶体或油状液体，有刺激性气味。不溶于冷水，微溶于热水，混溶于乙醇、乙醚、苯等多数有机溶剂。熔点19.4℃，沸点243.5℃(分解)，相对密度(水＝1)1.10，相对蒸气密度(空气＝1)3.7，蒸气压1.33kPa(115℃)，辛醇/水分配系数1.9，闪点89℃(闭杯)，引燃温度615℃，爆炸下限1.3%。

主要用途　用于有机合成，用作分析试剂及制造染料和药物。

包装与储运

包装标志　有毒品

包装类别　Ⅱ类

安全储运 储存于阴凉、通风的库房。远离火种、热源。储存温度不超过32℃，相对湿度不超过85%。保持容器密封。应与强氧化剂、强碱隔离储运。搬运时轻装轻卸，防止容器受损。

紧急处置信息

急救措施

吸入：脱离接触。如呼吸困难，给吸氧。如呼吸心跳停止，立即行心肺复苏术。就医。

眼睛接触：分开眼睑，用水冲洗。如有不适感，就医。

皮肤接触：立即脱去污染的衣着，用肥皂水和清水彻底冲洗。就医。

食入：催吐，给服活性炭悬液。就医。

如发生高铁血红蛋白血症，吸氧，静脉缓慢注射1%亚甲蓝5~10mL。

灭火方法 消防人员须穿全身防火防毒服，佩戴空气呼吸器在上风向灭火。尽可能将容器从火场移至空旷处。喷水保持火场容器冷却，直至灭火结束。处在火场中的容器若发生异常变化或发出异常声音，须马上撤离。

灭火剂：雾状水、泡沫、二氧化碳和砂土。

泄漏应急处置 隔离泄漏污染区，限制出入。消除所有点火源。建议应急处理人员戴防尘口罩，穿防毒服，戴橡胶耐油手套。穿上适当的防护服前严禁接触破裂的容器和泄漏物。尽可能切断泄漏源。用塑料布覆盖泄漏物，减少飞散。勿使水进入包装容器内。用洁净的铲子收集泄漏物，置于干净、干燥、盖子较松的容器中，将容器移离泄漏区。

37. 苯 醌

标 识

中文名称 苯醌

英文名称 *p* – Benzoquinone；2,5 – Cyclohexadiene – 1,4 – dione

别名 对苯醌；1,4 – 苯醌；2,5 – 环已二烯 – 1,4 – 二酮

分子式 $C_6H_4O_2$

CAS 号 106 – 51 – 4

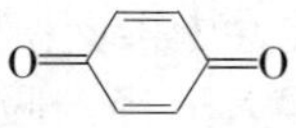

WGH 号 61822

UN 号 2587

危害信息

危险性类别 第6.1类 毒害品

燃烧与爆炸危险性 遇明火、高热有燃烧爆炸危险。粉尘能与空气形成爆炸性混合物。受高热升华或加热分解都会产生有毒气体。

活性反应 与氧化剂接触会发生剧烈反应。

禁忌物 强氧化剂

毒性 大鼠经口 LD_{50}：130mg/kg；小鼠经口 LD_{50}：25mg/kg。

本品有强烈刺激性。

中毒表现 人接触高浓度本品蒸气或粉尘可引起眼和呼吸道的明显刺激症状。眼部损害常侵犯整个结膜层，其特点是色素沉着，被染成棕色至棕黑色，可累及角膜，造成角膜呈白色浑浊或呈棕绿色半透明状。一次高浓度短时间接触或反复接触中等浓度本品蒸气尚

可引起角膜水肿、溃疡，但脱离后，很快自行恢复。皮肤接触后，局部有色素减退、红肿、丘疹、水疱、坏死。

侵入途径 吸入、食入。

职业接触限值 美国(ACGIH)：TLV－TWA：0.1ppm。

环境危害 对水生生物有极高毒性；有害空气污染物。

理化特性与用途

理化特性 金黄色棱柱状结晶，有特殊刺激性气味。室温下能升华。微溶于冷水，溶于热水、乙醇、乙醚和碱液。熔点115.7℃，沸点293℃(升华)，相对密度(水=1)1.32，相对蒸气密度(空气=1)3.73，蒸气压0.01kPa(25℃)，临界压力5.96MPa，自燃温度560℃，闪点38~93℃(闭杯)，爆炸极限1.7%~13.5%，辛醇/水分配系数0.2(计算值)。

主要用途 用于制对苯二酚，用作染料、医药中间体、橡胶防老剂、阻聚剂、抗氧化剂、显影剂等。

包装与储运

包装标志 有毒品

包装类别 Ⅱ类

安全储运 储存于阴凉、通风的库房。远离火种、热源。储存温度不超过35℃，相对湿度不超过85%。密闭包装。切勿与氧化剂、酸类、食用化学品等混储混运。搬运时轻装轻卸，防止容器受损。

紧急处置信息

急救措施

吸入：迅速脱离现场至空气新鲜处。保持呼吸道通畅。如呼吸困难，给输氧。呼吸、心跳停止，立即进行心肺复苏术。就医。

眼睛接触：立即分开眼睑，用大量流动清水或生理盐水彻底冲洗10~15min。就医。

皮肤接触：立即脱去污染的衣着，用大量流动清水彻底冲洗，冲洗时间一般要求20~30min。就医。

食入：用水漱口，禁止催吐。给饮牛奶或蛋清。就医。

灭火方法 消防人员必须穿全身防火防毒服，佩戴空气呼吸器，在上风向灭火。尽可能将容器从火场移至空旷处。喷水保持火场容器冷却，直至灭火结束。切勿将水流直接喷射至熔融物，以免引起严重的流淌火灾或引起剧烈的沸溅。

灭火剂：水、泡沫、二氧化碳、砂土。

泄漏应急处置 隔离泄漏污染区，限制出入。消除所有点火源。建议应急处理人员戴防尘口罩，穿防毒服，戴橡胶手套。穿上适当的防护服前严禁接触破裂的容器和泄漏物。尽可能切断泄漏源。用塑料布覆盖泄漏物，减少飞散。勿使水进入包装容器内。用洁净的铲子收集泄漏物，置于干净、干燥、盖子较松的容器中，将容器移离泄漏区。

38. 苯三唑衍生物

标　识

中文名称 苯三唑衍生物

英文名称　Metal Deactivator 551

别名　551 金属减活剂

危害信息

燃烧与爆炸危险性　可燃。其蒸气与空气混合能形成爆炸性混合物，遇明火、高热易燃烧或爆炸。燃烧产生有毒的一氧化碳气体。在高温火场中，受热的容器或储罐有破裂和爆炸的危险。

禁忌物　强氧化剂。

侵入途径　吸入、食入。

理化特性与用途

理化特性　棕色透明液体。溶于油类。密度 0.91 ~ 1.04g/cm^3(20℃)，运动黏度 10 ~ 14mm^2/s(50℃)，闪点≥130℃，碱值 210 ~ 230mgKOH/g。

主要用途　广泛应用于汽轮机油、油膜轴承油、工业齿轮油、变压器油及循环油等各种油品中。

包装与储运

安全储运　储存于阴凉、通风的库房。远离火种、热源。保持容器密封。应与氧化剂等隔离储运。搬运时轻装轻卸，防止容器受损。

紧急处置信息

急救措施

吸入：脱离接触。如有不适感，就医。

眼睛接触：分开眼睑，用流动清水或生理盐水冲洗。如有不适感，就医。

皮肤接触：脱去污染的衣着，用肥皂水和清水冲洗。如有不适感，就医。

食入：漱口，饮水。就医。

灭火方法　消防人员须穿全身消防服，佩戴空气呼吸器，在上风向灭火。尽可能将容器从火场移至空旷处。喷水保持火场容器冷却，直至灭火结束。处在火场中的容器若发生异常变化或发出异常声音，须马上撤离。

灭火剂：泡沫、二氧化碳、干粉、砂土。

泄漏应急处置　消除所有点火源。根据液体流动和蒸气扩散的影响区域划定警戒区，无关人员从侧风、上风向撤离至安全区。建议应急处理人员戴正压自给式呼吸器，穿防静电服，戴橡胶手套。尽可能切断泄漏源。防止泄漏物进入水体、下水道、地下室或限制性空间。小量泄漏：用干燥的砂土或其他不燃材料吸收或覆盖，收集于容器中。大量泄漏：构筑围堤或挖坑收容。

39. 苯三唑脂肪胺盐

标　识

中文名称　苯三唑脂肪胺盐

英文名称　Benzotriazole octadecylamine salt

别名 苯并三氮唑脂肪铵盐；多效油性剂 T406；406 油性剂

分子式 $C_6H_5N_3 \cdot NH(CH_2)_{17}CH_3$

危害信息

燃烧与爆炸危险性 可燃。其粉体与空气混合能形成爆炸性混合物，遇明火高热有引起燃烧爆炸的危险。燃烧产生有毒的一氧化碳和氮氧化物气体。

禁忌物 强氧化剂。

侵入途径 吸入、食入。

理化特性与用途

理化特性 微黄色粉末。熔程 55～63℃。

主要用途 用于极压工业齿轮油、双曲线齿轮油、抗磨液压油、油膜轴承油、润滑脂等润滑油脂中，可作防锈和气相缓蚀剂。

包装与储运

安全储运 储存于阴凉、通风的库房。远离火种、热源。包装密封。应与氧化剂等隔离储运。

紧急处置信息

急救措施

吸入：脱离接触。如有不适感，就医。

眼睛接触：分开眼睑，用流动清水或生理盐水冲洗。如有不适感，就医。

皮肤接触：脱去污染的衣着，用肥皂水和清水冲洗。如有不适感，就医。

食入：漱口，饮水。就医。

灭火方法 消防人员须穿全身消防服，佩戴空气呼吸器，在上风向灭火。尽可能将容器从火场移至空旷处。喷水保持火场容器冷却，直至灭火结束。

灭火剂：雾状水、泡沫、二氧化碳、干粉、砂土。

泄漏应急处置 隔离泄漏污染区，限制出入。建议应急处理人员戴防尘口罩，穿防毒防酸碱服，戴橡胶耐酸碱手套。尽可能切断泄漏源。用塑料布覆盖泄漏物，减少飞散。勿使水进入包装容器内。用洁净的铲子收集泄漏物，置于干净、干燥、盖子较松的容器中，将容器移离泄漏区。

40. 苯 乙 腈

标 识

中文名称 苯乙腈

英文名称 Phenylacetonitrile；Benzeneacetonitrile；Benzyl cyanide

别名 苄基氰；苄氰

分子式 C_8H_7N

CAS 号 140－29－4

WGH 号 61641

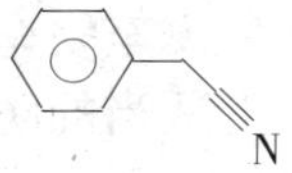

UN 号　2470

危害信息

危险性类别　第 6.1 类　有毒品

燃烧与爆炸危险性　可燃。其蒸气与空气混合能形成爆炸性混合物。燃烧产生有毒的一氧化碳、氮氧化物和氰化氢气体。受热分解放出有毒烟气。

活性反应　与强氧化剂反应。

禁忌物　强氧化剂、强还原剂、强酸、强碱。

毒性　大鼠经口 LD_{50}：270mg/kg；小鼠经口 LD_{50}：45.5mg/kg；大鼠吸入 LC_{50}：430mg/m^3(2h)；家兔经皮 LD_{50}：270mg/kg。

毒作用与氢氰酸相似，并有局部刺激作用。

中毒表现　吸入后出现头痛、头晕、恶心、呕吐、倦睡、上呼吸道刺激、神志丧失等，可引起死亡。对眼和皮肤有刺激性。可经皮肤迅速吸收。口服可有消化道刺激症状。

侵入途径　吸入、食入、经皮吸收。

理化特性与用途

理化特性　无色油状液体，有芳香气味。不溶于水，溶于乙醇、乙醚等多数有机溶剂。熔点 -23.8℃，沸点 233.5℃，相对密度(水=1)1.02，蒸气压 0.0123kPa(25℃)，燃烧热 -4278.2kJ/mol，辛醇/水分配系数 1.56，闪点 101℃，爆炸极限 1.1%～7.0%。

主要用途　用于有机合成

包装与储运

包装标志　有毒品

包装类别　Ⅲ类

安全储运　储存于阴凉、通风的库房。远离火种、热源。储存温度不超过 35℃，相对湿度不超过 85%。保持容器密封。应与强氧化剂、酸等隔离储运。搬运时轻装轻卸，防止容器受损。

紧急处置信息

急救措施

吸入：脱离接触。如呼吸困难，给吸氧。如呼吸心跳停止，立即行心肺复苏术。就医。

眼睛接触：立即分开眼睑，用流动清水或生理盐水彻底冲洗。就医。

皮肤接触：立即脱去污染的衣着，用肥皂水和清水彻底冲洗。就医。

食入：催吐，给服活性炭悬液。就医。

静脉注射亚硝酸钠和硫代硫酸钠解毒剂。也可用硫代硫酸钠加口服对氨基苯丙酮。

灭火方法　消防人员须穿全身防火防毒服，佩戴空气呼吸器，在上风向灭火。尽可能将容器从火场移至空旷处。喷水保持火场容器冷却，直至灭火结束。处在火场中的容器若发生异常变化或发出异常声音，须马上撤离。

灭火剂：泡沫、二氧化碳、干粉和砂土。禁止使用酸碱灭火剂。

泄漏应急处置　根据液体流动和蒸气扩散的影响区域划定警戒区，无关人员从侧风、上风向撤离至安全区。建议应急处理人员戴正压自给式呼吸器，穿防毒服，戴橡胶耐油手套。穿上适当的防护服前严禁接触破裂的容器和泄漏物。尽可能切断泄漏源。防止泄漏物进入水体、下水道、地下室或限制性空间。小量泄漏：用干燥的砂土或其他不燃材料吸收或覆盖，收集于容器中。大量泄漏：构筑围堤或挖坑收容。用泵转移至槽车或专用收集器内。

41. 苯　乙　酮

标　　识

中文名称　苯乙酮

英文名称　Acetophenone；1 – Phenylethanone

别名　乙酰苯

分子式　C_8H_8O

CAS 号　98 – 86 – 2

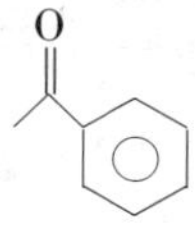

危害信息

燃烧与爆炸危险性　可燃。其粉体或蒸气与空气混合能形成爆炸性混合物。燃烧产生有毒的一氧化碳气体。在高温火场中，受热的容器或储罐有破裂和爆炸的危险。

禁忌物　强酸、强氧化剂。

毒性　大鼠经口 LD_{50}：815mg/kg；小鼠经口 LD_{50}：740mg/kg；家兔经皮 LD_{50}：15900μL/kg；大鼠吸入 LC：>210 ppm(8h)。

中毒表现　人吞服本品可发生麻醉和止痛作用。对人的危害主要是对眼和皮肤的刺激作用，可引起皮肤局部灼伤和角膜损害。除热蒸气外，一般吸入和在工业操作过程中不会引起中毒危害。

侵入途径　吸入、食入、经皮吸收。

职业接触限值　美国(ACGIH)：TLV – TWA：10ppm。

理化特性与用途

理化特性　白色结晶或无色液体，有山楂香味。微溶于水，溶于多数有机溶剂。熔点 20℃，沸点 202℃，相对密度(水 = 1)1. 033，相对蒸气密度(空气 = 1)4. 1，蒸气压 0. 133kPa(15℃)，闪点 82℃(开杯)、105℃(闭杯)，引燃温度 570℃，辛醇/水分配系数 1. 58，临界温度 428℃，临界压力 3. 85MPa，燃烧热 – 4150. 1kJ/mol，爆炸极限 1. 4% ~ 5. 2%。

主要用途　用作香料、溶剂、聚合催化剂和有机化工原料。

包装与储运

安全储运　储存于阴凉、通风的库房。远离火种、热源。保持容器密封。应与氧化剂、强酸等隔离储运。搬运时轻装轻卸，防止包装或容器受损。

紧急处置信息

急救措施

吸入：迅速脱离现场至空气新鲜处。保持呼吸道通畅。如呼吸困难，给输氧。呼吸、心跳停止，立即进行心肺复苏术。就医。

眼睛接触：立即分开眼睑，用大量流动清水或生理盐水彻底冲洗 10 ~ 15min。就医。

皮肤接触： 立即脱去污染的衣着，用大量流动清水彻底冲洗，冲洗时间一般要求20～30min。就医。

食入： 漱口，给饮水，不要催吐。就医。

麻黄碱，新福林可用为解毒药。禁用阿托品或东莨菪碱。

灭火方法　消防人员须穿全身消防服，佩戴空气呼吸器，在上风向灭火。尽可能将容器从火场移至空旷处。喷水保持火场容器冷却，直至灭火结束。处在火场中的容器若发生异常变化或发出异常声音，须马上撤离。

灭火剂：泡沫、二氧化碳、干粉、砂土。

泄漏应急处置　隔离泄漏污染区，限制出入。消除所有点火源。建议应急处理人员戴防尘口罩，穿防毒服。穿上适当的防护服前严禁接触破裂的容器和泄漏物。尽可能切断泄漏源。用塑料布覆盖泄漏物，减少飞散。勿使水进入包装容器内。用洁净的铲子收集泄漏物，置于干净、干燥、盖子较松的容器中，将容器移离泄漏区。

42. 苯　乙　烯

标　识

中文名称　苯乙烯

英文名称　Ethenylbenzene；Styrene；Vinyl benzene

别名　乙烯基苯

分子式　C_8H_8

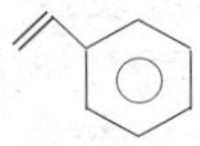

CAS 号　100－42－5

WGH 号　33541；T32041[铁规]

UN 号　2055

危害信息

危险性类别　第3类　易燃液体

燃烧与爆炸危险性　易燃。蒸气与空气能形成爆炸性混合物，遇明火、高热能引起燃烧爆炸。蒸气比空气重，能在较低处扩散到相当远的地方，遇火源会着火回燃和爆炸(闪爆)。燃烧产生有毒的烟气。

活性反应　有机过氧化物、丁基锂、偶氮异丁腈等易引发苯乙烯聚合反应，甚至发生爆聚，引起苯乙烯单体的燃烧爆炸。与强酸(硫酸、发烟硫酸、氯磺酸)、强氧化剂(高锰酸钾、过氧化氢)发生剧烈反应，会使受限空间的温度、压力急剧升高，甚至发生爆炸。

禁忌物　强氧化剂、酸类、卤素等。

毒性　大鼠经口 LD_{50}：2650mg/kg；大鼠吸入 LC_{50}：$12g/m^3$（4h）；人吸入 TCL_o：376ppm(7h)。

本品对眼、皮肤、黏膜和呼吸道有刺激作用，高浓度时有麻醉作用。

IARC对本品的致癌性分类：G2B——可疑人类致癌物。

中毒表现　急性中毒：高浓度时，立即引起眼及上呼吸道黏膜的刺激，出现眼痛、流泪、流涕、喷嚏、咽痛、咳嗽等，继之头痛、头晕、恶心、呕吐、全身乏力等；严重者可有眩晕、步态蹒跚。眼部受苯乙烯液体污染时，可致灼伤。

慢性影响：常见神经衰弱综合征，有头痛、乏力、恶心、食欲减退、腹胀、忧郁、健忘、指颤等。少部分工人出现神经传导速度减慢。皮肤经常接触表现为粗糙、皲裂和增厚。

侵入途径 吸入、食入、经皮吸收。

职业接触限值

中国：PC－TWA：50mg/m^3[皮][G2B]；PC－STEL：100mg/m^3[皮][G2B]。

美国(ACGIH)：TLV－TWA：20ppm；TLV－STEL：40ppm。

环境危害 对水生生物是有毒的。有害空气污染物。

理化特性与用途

理化特性 无色透明油状液体，有芳香味。不溶于水，溶于乙醇和乙醚等多数有机溶剂。熔点－30.6℃，沸点146℃，相对密度(水＝1)0.91，蒸气相对密度(水＝1)3.6，临界压力3.81MPa，临界温度369℃，蒸气压1.33kPa(30.8℃)，燃烧热－4376.9kJ/mol，辛醇/水分配系数3.2，闪点31℃，爆炸极限0.9%～6.8%，引燃温度490℃。

主要用途 用于制造聚苯乙烯树脂、ABS/SAN树脂、丁苯橡胶、热塑性弹性体、不饱和聚酯和离子交换树脂等，用作制造磺化苯乙烯与马来酸酐共聚物钻井液高温降粘剂的原料，也是医药、农药和香料合成的重要中间体。

包装与储运

包装标志 易燃液体

包装类别 Ⅲ类

安全储运 通常商品加有阻聚剂。容器必须密封，并充氮气。储存于阴凉、通风的库房。远离火种、热源。储存温度不超过37℃。不宜久储，以防聚合变质。长期储存应测定阻聚剂的含量。防止碰撞、静电与火花，应与火工品、过氧化物、氧化剂、硫酸等隔离储运。搬运时轻装轻卸，防止容器受损。

紧急处置信息

急救措施

吸入：脱离接触。如呼吸困难，给吸氧。如呼吸心跳停止，立即行心肺复苏术。就医。

眼睛接触：立即分开眼睑，用流动清水或生理盐水彻底冲洗。就医。

皮肤接触：立即脱去污染的衣着，用肥皂水和清水彻底冲洗。就医。

食入：漱口，饮水，如吞入量超过150mL，吐根糖浆催吐。

灭火方法 消防人员必须穿全身防火防毒服，佩戴空气呼吸器，在上风向灭火。尽可能将容器从火场移至空旷处。喷水保持火场容器冷却，直至灭火结束。处在火场中的容器若发生异常变化或发出异常声音，必须马上撤离。

灭火剂：抗溶性泡沫、二氧化碳、干粉、砂土。

泄漏应急处置 消除所有点火源。根据液体流动和蒸气扩散的影响区域划定警戒区，无关人员从侧风、上风向撤离至安全区。建议应急处理人员戴正压自给式呼吸器，穿防静电服，戴橡胶耐油手套。作业时使用的所有设备应接地。禁止接触或跨越泄漏物。尽可能切断泄漏源。防止泄漏物进入水体、下水道、地下室或限制性空间。小量泄漏：用砂土或其他不燃材料吸收。使用洁净的无火花工具收集吸收材料。大量泄漏：构筑围堤或挖坑收容。用砂土、惰性物质或蛭石吸收大量液体。用泡沫覆盖，减少蒸发。喷水雾能减少蒸发，但不能降低泄漏物在限制性空间内的易燃性。用防爆泵转移至槽车或专用收集器内。

43. 苯乙烯化苯酚

标　识

中文名称　苯乙烯化苯酚

英文名称　Styrenated phenol；Phenol，styrenated

别名　防老剂 SP

CAS 号　61788－44－1

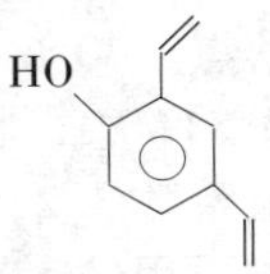

危害信息

燃烧与爆炸危险性　可燃。其蒸气与空气混合能形成爆炸性混合物，遇明火、高热易燃烧或爆炸，燃烧产生有毒的一氧化碳气体。在高温火场中，受热的容器或储罐有破裂和爆炸的危险。

活性反应　与强氧化剂、卤素反应。

禁忌物　强氧化剂、卤素。

毒性　对眼和皮肤有刺激性。

侵入途径　吸入、食入。

环境危害　对水生生物有毒，可能在水生环境中造成长期不利影响。

理化特性与用途

理化特性　浅黄色至浅琥珀色黏稠液体。不溶于水，溶于苯、乙醇、丙酮和氯仿。相对密度(水＝1)1.065～1.080，闪点≥184℃(开杯)，折射率1.5990～1.6025。

主要用途　用于天然橡胶、丁苯、丁腈、异戊二烯、氯丁等合成橡胶及聚丙烯、聚乙烯、聚甲醛、聚酰胺、聚酯和纤维塑料作为抗氧化剂。

包装与储运

安全储运　储存于阴凉、通风的库房。远离火种、热源，避光保存。密闭包装。应与氧化剂、强还原剂、强碱、硝酸等隔离储运。避免使用铝、铜和黄铜装置。

紧急处置信息

急救措施

吸入：脱离接触。如有不适感，就医。

眼睛接触：分开眼睑，用流动清水或生理盐水冲洗。如有不适感，就医。

皮肤接触：脱去污染的衣着，用肥皂水和清水冲洗。如有不适感，就医。

食入：漱口，饮水。就医。

灭火方法　消防人员须穿全身消防服，佩戴空气呼吸器，在上风向灭火。尽可能将容器从火场移至空旷处。喷水保持火场容器冷却，直至灭火结束。处在火场中的容器若发生异常变化或发出异常声音，须马上撤离。

灭火剂：泡沫、二氧化碳、干粉、砂土。

泄漏应急处置　消除所有点火源。根据液体流动和蒸气扩散的影响区域划定警戒区，无关人员从侧风、上风向撤离至安全区。建议应急处理人员戴正压自给式呼吸器，穿防静

电服，戴橡胶手套。穿上适当的防护服前严禁接触破裂的容器和泄漏物。尽可能切断泄漏源。防止泄漏物进入水体、下水道、地下室或限制性空间。小量泄漏：用干燥的砂土或其他不燃材料吸收或覆盖，收集于容器中。大量泄漏：构筑围堤或挖坑收容。用防爆、耐腐蚀泵转移至槽车或专用收集器内。喷雾状水驱散蒸气、稀释液体泄漏物。

44. 苯乙烯焦油

标　识

中文名称　苯乙烯焦油

英文名称　Styrene tar oil

危害信息

燃烧与爆炸危险性　可燃。蒸气与空气混合能形成爆炸性混合物，遇明火、高热易燃烧爆炸。燃烧产生有毒的一氧化碳气体。

活性反应　与强氧化剂反应。

禁忌物　强氧化剂。

理化特性与用途

理化特性　苯乙烯焦油是苯乙烯生产厂和工业下脚料，其主要化学成分是苯乙烯的低聚物，聚合度为几十到几百，常温下是一种高度黏稠的物质。

主要用途　可用作燃料和生产防水涂料等。

包装与储运

安全储运　储存于阴凉、通风的库房。远离火种、热源。保持容器密封。应与氧化剂等隔离储运。搬运时轻装轻卸，防止容器受损。

紧急处置信息

急救措施

吸入：脱离接触。如有不适感，就医。

眼睛接触：分开眼睑，用流动清水或生理盐水冲洗。如有不适感，就医。

皮肤接触：脱去污染的衣着，用肥皂水和清水冲洗。如有不适感，就医。

食入：漱口，饮水。就医。

灭火方法　消防人员须穿全身消防服，佩戴空气呼吸器，在上风向灭火。尽可能将容器从火场移至空旷处。喷水保持火场容器冷却，直至灭火结束。处在火场中的容器若发生异常变化或发出异常声音，须马上撤离。

灭火剂：泡沫、二氧化碳、干粉、砂土。

泄漏应急处置　消除所有点火源。建议应急处理人员戴正压自给式呼吸器，穿防毒防酸碱服，戴橡胶耐酸碱手套。用洁净的铲子收集泄漏物，置于干净、干燥、盖子较松的容器中，将容器移离泄漏区。

45. 苯乙烯－马来酸酐－丙烯酸二十二酯共聚物

标　识

中文名称　苯乙烯－马来酸酐－丙烯酸二十二酯共聚物

英文名称　Styrene/maleic anhydride/docosyl acrylate copolymer

危害信息

燃烧与爆炸危险性　可燃。其粉体与空气混合能形成爆炸性混合物，遇明火高热有引起燃烧爆炸的危险。

活性反应　与强氧化剂反应。

禁忌物　强氧化剂。

侵入途径　吸入、食入。

理化特性与用途

理化特性　白色粉末。溶于苯、甲苯、二甲苯和柴油等有机溶剂。

主要用途　是一种高含蜡原油集输储运中的有效防蜡降凝剂，也是一种新型的集采助剂。

包装与储运

安全储运　储存于阴凉、通风的库房。远离火种、热源。包装密封。应与氧化剂等隔离储运。

紧急处置信息

急救措施

吸入：脱离接触。如有不适感，就医。

眼睛接触：分开眼睑，用流动清水或生理盐水冲洗。如有不适感，就医。

皮肤接触：脱去污染的衣着，用肥皂水和清水冲洗。如有不适感，就医。

食入：漱口，饮水，催吐。就医。

灭火方法　消防人员须穿全身消防服，戴空气呼吸器，在上风向灭火。尽可能将容器从火场移至空旷处。喷水保持火场容器冷却，直至灭火结束。

灭火剂：雾状水、泡沫、二氧化碳、干粉、砂土。

泄漏应急处置　隔离泄漏污染区，限制出入。建议应急处理人员戴防尘口罩，穿防护服，戴橡胶手套。穿上适当的防护服前严禁接触破裂的容器和泄漏物。尽可能切断泄漏源。用塑料布覆盖泄漏物，减少飞散。勿使水进入包装容器内。用洁净的铲子收集泄漏物，置于干净、干燥、盖子较松的容器中，将容器移离泄漏区。

46. 苯乙烯－马来酰十八亚胺共聚物

标　识

中文名称　苯乙烯－马来酰十八亚胺共聚物

英文名称 Styrene/ocatdecanyl maleimide copolymer

危害信息

燃烧与爆炸危险性 可燃。其粉体与空气混合能形成爆炸性混合物，遇明火高热有引起燃烧爆炸的危险。

侵入途径 吸入、食入。

理化特性与用途

理化特性 本品是苯乙烯、马来酸酐、十八亚胺的三元共聚物，为白色粉末。溶于苯、甲苯、二甲苯和柴油等有机溶剂。

主要用途 用作含蜡原油集输储运中的降凝剂。

包装与储运

安全储运 储存于阴凉、通风的库房。远离火种、热源。包装密封。应与氧化剂等隔离储运。

紧急处置信息

急救措施

吸入：脱离接触。如有不适感，就医。

眼睛接触：分开眼睑，用流动清水或生理盐水冲洗。如有不适感，就医。

皮肤接触：脱去污染的衣着，用肥皂水和清水冲洗。如有不适感，就医。

食入：漱口，饮水，催吐。就医。

灭火方法 消防人员须穿全身消防服，戴空气呼吸器，在上风向灭火。尽可能将容器从火场移至空旷处。喷水保持火场容器冷却，直至灭火结束。

灭火剂：雾状水、泡沫、二氧化碳、干粉、砂土。

泄漏应急处置 隔离泄漏污染区，限制出入。建议应急处理人员戴防尘口罩，穿防护服，戴橡胶手套。穿上适当的防护服前严禁接触破裂的容器和泄漏物。尽可能切断泄漏源。用塑料布覆盖泄漏物，减少飞散。勿使水进入包装容器内。用洁净的铲子收集泄漏物，置于干净、干燥、盖子较松的容器中，将容器移离泄漏区。

47. 蓖 麻 油

标 识

中文名称 蓖麻油

英文名称 Castor oil；Ricinus oil

分子式 $C_{57}H_{104}O_9$

CAS 号 8001－79－4

危害信息

燃烧与爆炸危险性 可燃。其蒸气与空气混合易形成爆炸性混合物，遇明火、高热易燃烧爆炸。燃烧产生有毒的一氧化碳气体。在高温火场中，受热的容器或储罐有破裂和爆炸的危险。

活性反应　与强氧化剂反应。

禁忌物　强氧化剂。

毒性　大鼠经口 TDL_o：4mL/kg；小鼠经口 TDL_o：12mL/kg。

中毒表现　口服中毒出现恶心，呕吐，咽喉、食管、胃部灼痛，腹泻，头痛，全身痉挛，脉弱而快，或有尿闭及黄疸。呕吐、腹泻严重者，可有失水、失盐现象。

侵入途径　吸入、食入。

理化特性与用途

理化特性　几乎无色或微带黄色透明黏稠液体，具有特殊臭味。主要成分为蓖麻油酸（顺式－12－羟基－9－十八碳烯酸）甘油脂。不溶于水，溶于无水乙醇，甲醇、乙醚、氯仿、冰醋酸、苯和二硫化碳等。熔点－10℃，沸点313℃，相对密度（水＝1）0.945～0.965（25℃），闪点229℃（闭杯），引燃温度448.9℃。

主要用途　为制造增塑剂、二元酸、聚氨酯涂料、橡胶、黏合剂、脂肪酸、表面活性剂、绝缘油、液压油、润滑油、土耳其红油、肥皂、聚酰胺－11、纤维等的原料。蓖麻油脱水得共轭双键干性油脂。不同条件下加氢可得多种产品，因此广泛用于各种工业部门。

包装与储运

安全储运　储存于阴凉、通风的库房。远离火种、热源。容器密封。应与氧化剂等隔离储运。搬运时轻装轻卸，防止容器受损。

紧急处置信息

急救措施

吸入：脱离接触，休息。就医。

眼睛接触：分开眼睑，用流动清水或生理盐水冲洗。如有不适感，就医。

皮肤接触：脱去污染的衣着，用肥皂水和清水冲洗。如有不适感，就医。

食入：漱口，尽量饮水。就医。

灭火方法　消防人员须穿全身消防服，佩戴空气呼吸器，在上风向灭火。尽可能将容器从火场移至空旷处。喷水保持火场容器冷却，直至灭火结束。处在火场中的容器若发生异常变化或发出异常声音须马上撤离。

灭火剂：泡沫、二氧化碳、干粉、砂土。

泄漏应急处置　消除所有点火源。根据液体流动和蒸气扩散的影响区域划定警戒区，无关人员从侧风、上风向撤离至安全区。建议应急处理人员戴正压自给式呼吸器，穿防毒、防静电服。作业时使用的所有设备应接地。禁止接触或跨越泄漏物。尽可能切断泄漏源。防止泄漏物进入水体、下水道、地下室或密闭性空间。用惰性材料吸收，收集于适当的容器中。

48. 苄　胺

标　识

中文名称　苄胺

英文名称　Benzylamine；Benzenemethanamine

别名　苯甲胺

分子式　C_7H_9N

CAS 号　100-46-9

WGH 号　61759

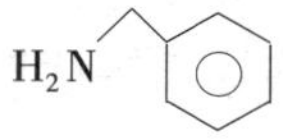

危害信息

危险性类别　第6.1类　有毒品

燃烧与爆炸危险性　易燃。其蒸气与空气混合能形成爆炸性混合物，遇明火高热可能引起燃烧或爆炸。燃烧产生有毒的一氧化碳和氮氧化物气体。

禁忌物　强氧化剂、酸类、酸酐、酰基氯。

毒性　小鼠腹腔 LD_{50}：600mg/kg。

中毒表现　吸入、摄入或经皮肤吸收对身体有害。对眼睛、黏膜、呼吸道及皮肤有强烈刺激作用。吸入后可能因喉、支气管的炎症、痉挛、水肿，化学性肺炎或肺水肿而致死。中毒表现有烧灼感、咳嗽、喘息、喉炎、气短、头痛、恶心和呕吐。可引起灼伤。

侵入途径　吸入、食入。

理化特性与用途

理化特性　淡琥珀色液体。溶于水，溶于乙醇、乙醚、丙酮、苯。熔点10℃，沸点185℃，相对密度(水=1)0.98，相对蒸气密度(空气=1)3.7，蒸气压0.087kPa(25℃)，燃烧热-4061kJ/mol，辛醇/水分配系数1.09，闪点60℃，引燃温度390℃，爆炸极限0.7%~8.2%。

主要用途　用作染料及医药中间体。

包装与储运

包装标志　有毒品；易燃液体

包装类别　Ⅲ类

安全储运　储存于阴凉、通风的库房。远离火种、热源。储存温度不超过35℃，相对湿度不超过80%。保持容器密封。应与强氧化剂、酸类等隔离储运。禁止使用易产生火花的机械设备和工具。搬运时轻装轻卸，防止容器受损。

紧急处置信息

急救措施

吸入：脱离接触，休息，采取半卧体位，注意防治肺水肿。就医。

眼睛接触：分开眼睑，用水或生理盐水冲洗20~30min。就医。

皮肤接触：立即脱去污染的衣着，用大量流动清水彻底冲洗。就医。

食入：给饮牛奶或水，成人不超过2杯。就医。禁止催吐和洗胃。

灭火方法　消防人员须穿全身防火防毒服，佩戴空气呼吸器在上风向灭火。尽可能将容器从火场移至空旷处。喷水保持火场容器冷却，直至灭火结束。处在火场中的容器若已变色或从安全泄压装置中产生声音，必须马上撤离。

灭火剂：雾状水、抗溶性泡沫、二氧化碳、干粉、砂土。

泄漏应急处置　根据液体流动和蒸气扩散的影响区域划定警戒区，无关人员从侧风、上风向撤离至安全区。消除所有点火源。建议应急处理人员戴正压自给式呼吸器，穿防毒、防静电服。穿上适当的防护服前严禁接触破裂的容器和泄漏物。尽可能切断泄漏源。防止泄漏物进入水体、下水道、地下室或密闭性空间。小量泄漏：用干燥的砂土或其他不燃材料吸收或覆盖，收集于容器中。也可以用大量水冲洗，洗水稀释后放入废水系统。大量泄漏：构筑围堤或挖坑收容。用防爆泵转移至槽车或专用收集器内。

49. 变压器气相干燥油

标　识

中文名称　变压器气相干燥油

别名　变干油

危害信息

燃烧与爆炸危险性　易燃。其蒸气与空气混合能形成爆炸性混合物，遇明火、高热易燃烧或爆炸。在高温火场中，受热的容器或储罐有破裂和爆炸的危险。

侵入途径　吸入、食入。

理化特性与用途

理化特性　无色透明液体。馏程 180 ~ 225℃，密度 0.77 ~ 0.80g/cm^3，闪点 62℃（闭杯），运动黏度 1.55mm^2/s（20℃）。

主要用途　用作变压器气相干燥装置的传热介质。

包装与储运

安全储运　储存于阴凉、通风的库房。远离火种、热源。容器密封。应与氧化剂等隔离储运。搬运时轻装轻卸，防止容器受损。

紧急处置信息

急救措施

吸入：脱离接触。如有不适感，就医。

眼睛接触：分开眼睑，用流动清水或生理盐水冲洗。如有不适感，就医。

皮肤接触：脱去污染的衣着，用肥皂水和清水冲洗。如有不适感，就医。

食入：漱口，饮水。就医。

灭火方法　消防人员须穿全身消防服，佩戴空气呼吸器，在上风向灭火。尽可能将容器从火场移至空旷处。喷水保持火场容器冷却，直至灭火结束。处在火场中的容器若发生异常变化或发出异常声音，须马上撤离。

灭火剂：泡沫、二氧化碳、干粉、砂土。

泄漏应急处置　消除所有点火源。根据液体流动和蒸气扩散的影响区域划定警戒区，无关人员从侧风、上风向撤离至安全区。建议应急处理人员戴正压自给式呼吸器，穿防静电服，戴橡胶手套。穿上适当的防护服前严禁接触破裂的容器和泄漏物。尽可能切断泄漏源。防止泄漏物进入水体、下水道、地下室或限制性空间。小量泄漏：用干燥的砂土或其他不燃材料吸收或覆盖，收集于容器中。大量泄漏：构筑围堤或挖坑收容。用防爆、耐腐蚀泵转移至槽车或专用收集器内。喷雾状水驱散蒸气、稀释液体泄漏物。

50. 标准异辛烷

标　　识

中文名称　标准异辛烷

英文名称　Standard isooctane

分子式　C_8H_{18}

CAS 号　540－84－1

WGH 号　32009；T31109［铁规］

UN 号　1262

危害信息

危险性类别　第3类　易燃液体

燃烧与爆炸危险性　易燃。其蒸气与空气可形成爆炸性混合物，遇明火、高热能引起燃烧爆炸。遇强氧化剂会引起燃烧爆炸。其蒸气比空气重，能在较低处扩散到相当远的地方，遇火源会着火回燃和爆炸（闪爆）。

活性反应　与硝酸、浓硫酸、高锰酸钾等强氧化剂接触会引起燃烧爆炸。

禁忌物　强氧化剂、强酸、强碱、卤素等。

毒性　异辛烷无麻醉作用，但具有明显的致痉挛作用。人接触异辛烷 $1g/m^3$，5min，出现眼和呼吸道黏膜刺激症状。

侵入途径　吸入、食入、经皮吸收。

环境危害　对水生生物有极高毒性，可能在水生环境中造成长期不利影响。

理化特性与用途

理化特性　无色透明液体。不溶于水，混溶于庚烷、丙酮，溶于乙醚，乙醇、甲苯、苯、二甲苯、氯仿、二硫化碳、四氯化碳等。熔点－107.4℃，沸点99.2℃，相对密度（水＝1）0.69，相对蒸气密度（空气＝1）3.9，饱和蒸气压5.1kPa（20℃），折射率1.3915，闪点4.5℃（开杯），爆炸极限1.1%～6.0%，引燃温度417℃，最小点火能1.35mJ，最大爆炸压力0.790MPa，辛醇/水分配系数4.09。

主要用途　用作测定汽油辛烷值的标准物质

包装与储运

包装标志　易燃液体

包装类别　Ⅱ类

安全储运　储存于阴凉、通风的库房。远离火种、热源，避免阳光直射。储存温度不超过37℃。容器密封。应与氧化剂等隔离储运。禁止使用易产生火花的机械设备和工具。灌装注意流速，且有接地装置。搬运时轻装轻卸，防止容器受损。

紧急处置信息

急救措施

吸入：脱离接触，如呼吸困难，给吸氧。呼吸心跳停止，立即进行心肺复苏术。就医。

眼睛接触：立即分开眼睑，用流动清水或生理盐水彻底冲洗。就医。

皮肤接触： 立即脱去污染的衣着，用肥皂水和清水彻底冲洗。就医。

食入： 漱口，不要催吐。就医。

禁用肾上腺素类药

灭火方法 消防人员必须穿全身消防服，佩戴空气呼吸器，在上风向灭火。尽可能将容器从火场移至空旷处。喷水保持火场容器冷却，直至灭火结束。处在火场中的容器若发生异常变化或发出异常声音，必须马上撤离。

灭火剂：泡沫、干粉、二氧化碳、砂土。

泄漏应急处置 根据液体流动和蒸气扩散的影响区域划定警戒区，无关人员从侧风、上风向撤离至安全区。消除所有点火源。应急人员应戴正压自给式呼吸器，穿防静电服。使用防爆等级达到要求的通讯工具。采取关闭阀门或堵漏等措施切断泄漏源。构筑围堤或挖坑收容泄漏物，防止流入河流、下水道、排洪沟等地方。用泡沫覆盖泄漏物，减少挥发。喷雾状水驱散、稀释挥发的蒸气。收容的泄漏液用防爆泵转移至槽车或专用收集器内。残液用活性炭吸附或用砂土吸收。

51. 标准正庚烷

标　识

中文名称 标准正庚烷

英文名称 Standard heptane

分子式 C_7H_{16}

CAS 号 142－82－5

WGH 号 32006；T31106[铁规]

UN 号 1206

危害信息

危险性类别 第 3 类 易燃液体

燃烧与爆炸危险性 易燃。其蒸气与空气可形成爆炸性混合物，遇热源和明火有燃烧爆炸的危险。与氧化剂接触发生化学反应或引起燃烧。高速冲击、流动、激荡后可因产生静电火花放电引起燃烧爆炸。其蒸气比空气重，能在较低处扩散到相当远的地方，遇火源会着火回燃和爆炸(闪爆)。

活性反应 与硝酸、浓硫酸、高锰酸钾等强氧化剂接触会引起燃烧爆炸。

禁忌物 强氧化剂、强酸、强碱、卤素等。

毒性 大鼠吸入 LC_{50}：$103g/m^3$(4h)；小鼠吸入 LC_{50}：$75g/m^3$(2h)。

主要作用于中枢神经系统。

中毒表现 急性中毒：吸入高浓度蒸气可引起眩晕、恶心、厌食、欣快感和步态蹒跚，甚至出现意识丧失和木僵状态，脱离接触后很快恢复。

慢性影响：长期接触可引起神经衰弱综合征。少数人有轻度中性白细胞减少，消化不良。

侵入途径 吸入、食入、经皮吸收。

职业接触限值

中国：PC－TWA：$500mg/m^3$；PC－STEL：$1000mg/m^3$。

美国(ACGIH)：TLV－TWA：400ppm；TLV－STEL：500ppm。

环境危害 对水生生物有极高毒性，可能在水生环境中造成长期不利影响；在对人类重要的食物链中，发生生物蓄积，特别是在鱼体内。

理化特性与用途

理化特性　无色易挥发液体。不溶于水，溶于乙醇、四氯化碳，混溶于乙醚、氯仿、丙酮、苯。熔点 -90.5℃，沸点 98.5℃，相对密度(水=1)0.68，相对蒸气密度(空气=1)3.45，饱和蒸气压 5.33kPa(22.3℃)，闪点 -1℃(开杯)、-4℃(闭杯)，爆炸极限 1.05%～6.7%，引燃温度 215℃，最小点火能 0.24mJ，最大爆炸压力 0.840MPa，临界温度 266℃，临界压力 2.74MPa，辛醇/水分配系数 4.66。

主要用途　主要用作测定汽油辛烷值的标准物质。

包装与储运

包装标志　易燃液体

包装类别　Ⅱ类

安全储运　储存于阴凉、通风的库房。远离火种、热源，避免阳光直射。储存温度不超过 37℃。应与氧化剂等隔离储运。炎热季节早晚运输。禁止使用易产生火花的机械设备和工具。灌装时注意流速，防止静电积聚。搬运时轻装轻卸，防止容器受损。

紧急处置信息

急救措施

吸入：迅速脱离现场至空气新鲜处。保持呼吸道通畅。如呼吸困难，给输氧。呼吸、心跳停止，立即进行心肺复苏术。就医。

眼睛接触：分开眼睑，用流动清水或生理盐水冲洗。如有不适感，就医。

皮肤接触：立即脱去污染的衣着，用肥皂水和清水彻底冲洗。就医。

食入：漱口，不要催吐。就医。

禁用肾上腺素类药。

灭火方法　消防人员必须穿全身消防服，佩戴空气呼吸器，在上风向灭火。尽可能将容器从火场移至空旷处。喷水保持火场容器冷却，直至灭火结束。处在火场中的容器若发生异常变化或发出异常声音，必须马上撤离。

灭火剂：泡沫、干粉、二氧化碳、砂土。

泄漏应急处置　消除所有点火源。根据液体流动和蒸气扩散的影响区域划定警戒区，无关人员从侧风、上风向撤离至安全区。建议应急处理人员戴正压自给式呼吸器，穿防静电服。作业时使用的所有设备应接地。禁止接触或跨越泄漏物。尽可能切断泄漏源。防止泄漏物进入水体、下水道、地下室或限制性空间。小量泄漏：用砂土或其他不燃材料吸收。使用洁净的无火花工具收集吸收材料。大量泄漏：构筑围堤或挖坑收容。用泡沫覆盖，减少蒸发。喷水雾能减少蒸发，但不能降低泄漏物在限制性空间内的易燃性。用防爆泵转移至槽车或专用收集器内。

52. 丙　胺

标　识

中文名称　丙胺

英文名称　Propylamine；*n* - Propylamine；1 - Aminopropane

别名　1－氨基丙烷；正丙胺

分子式　C_3H_9N

CAS 号　107－10－8

WGH 号　31047

UN 号　1277

危害信息

危险性类别　第3类　易燃液体

燃烧与爆炸危险性　极易燃。其蒸气与空气混合能形成爆炸性混合物，遇明火高热能引起燃烧爆炸。燃烧产生有毒的一氧化碳和氮氧化物气体。蒸气比空气重，能在较低处扩散到相当远的地方，遇火源会着火回燃和爆炸(闪爆)。具有腐蚀性。

活性反应　与强氧化剂反应。

禁忌物　强氧化剂、酸酐、酸类、酰基氯。

毒性　大鼠经口 LD_{50}：370mg/kg；大鼠吸入 LC_{50}：2310ppm(4h)；兔经皮 LD_{50}：400mg/kg。

中毒表现　急性中毒：吸入本品对呼吸道有刺激性，引起支气管炎、肺炎、肺水肿。能引起眼部严重损害，甚至导致永久性失明。皮肤接触可致灼伤。口服腐蚀胃肠道。

慢性影响：长期低浓度接触，可引起呼吸道黏膜慢性刺激，眼部不适，皮炎。

侵入途径　吸入、食入、经皮吸收。

理化特性与用途

理化特性　无色吸湿性液体，有强烈的氨味。与水混溶，可混溶于乙醇、乙醚，溶于丙酮、苯和氯仿。熔点－83℃，沸点48.5℃，相对密度(水＝1)0.719，相对蒸气密度(空气＝1)2.0，蒸气压32.9kPa(20℃)，燃烧热－2363.0kJ/mol，临界温度233.8℃，临界压力4.74MPa，辛醇/水分配系数0.15，闪点－37℃，引燃温度317.8℃，爆炸极限2.0%～10.4%。

主要用途　用作有机合成中间体、实验试剂及溶剂。

包装与储运

包装标志　易燃液体；腐蚀品

包装类别　Ⅰ类

安全储运　储存于阴凉、通风的库房。容器密闭。远离火种、热源，避免阳光直射。储存温度不超过29℃。炎热季节早晚运输，应与氧化剂等隔离储运。禁止使用易产生火花的机械设备和工具。灌装时注意流速，防止静电积聚。搬运时轻装轻卸，防止容器受损。

紧急处置信息

急救措施

吸入：迅速脱离现场至空气新鲜处。保持呼吸道通畅。如呼吸困难，给输氧。呼吸、心跳停止，立即进行心肺复苏术。就医。

眼睛接触：立即分开眼睑，用大量流动清水或生理盐水彻底冲洗10～15min。就医。

皮肤接触：立即脱去污染的衣着，用大量流动清水彻底冲洗，冲洗时间一般要求20～30min。就医。

食入：用水漱口，禁止催吐。给饮牛奶或蛋清。就医。

灭火方法　消防人员须穿全身防火防毒服，佩戴空气呼吸器，在上风向灭火。尽可能

将容器从火场移至空旷处。喷水保持火场容器冷却，直至灭火结束。处在火场中的容器若发生异常变化或发出异常声音，须马上撤离。

灭火剂：抗溶性泡沫、二氧化碳、干粉和砂土。

泄漏应急处置 消除所有点火源。根据液体流动和蒸气扩散的影响区域划定警戒区，无关人员从侧风、上风向撤离至安全区。建议应急处理人员戴正压自给式呼吸器，穿防静电、防腐蚀、防毒服，戴橡胶耐油手套。作业时使用的所有设备应接地。禁止接触或跨越泄漏物。尽可能切断泄漏源。防止泄漏物进入水体、下水道、地下室或限制性空间。小量泄漏：用砂土或其他不燃材料吸收。使用洁净的无火花工具收集吸收材料。大量泄漏：构筑围堤或挖坑收容。用砂土、惰性物质或蛭石吸收大量液体。用抗溶性泡沫覆盖，减少蒸发。喷水雾能减少蒸发，但不能降低泄漏物在限制性空间内的易燃性。用防爆、耐腐蚀泵转移至槽车或专用收集器内。喷雾状水驱散蒸气、稀释液体泄漏物。

53. 丙　苯

标　识

中文名称 丙苯

英文名称 Propylbenzene；1 – Phenylpropane

别名 1 – 苯基丙烷

分子式 C_9H_{12}

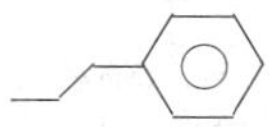

CAS 号 103 – 65 – 1

WGH 号 33538；T32038[铁规]

UN 号 2364

危害信息

危险性类别 第 3 类 易燃液体

燃烧与爆炸危险性 易燃。其蒸气与空气混合能形成爆炸性混合物，遇明火高热能引起燃烧爆炸。燃烧产生有毒的一氧化碳气体。

活性反应 与强氧化剂反应。

禁忌物 强氧化剂、酸类、卤素。

毒性 大鼠经口 LD_{50}：6040mg/kg；大鼠吸入 LC_{50}：65000ppm(2h)。

未见人类中毒报道。可能具有刺激性和麻醉作用。

侵入途径 吸入、食入、经皮吸收。

环境危害 对水生生物有毒，可能在水生环境中造成长期不利影响。

理化特性与用途

理化特性 无色透明液体。不溶于水，可混溶于乙醇、乙醚、丙酮等多数有机溶剂。熔点 –99.5℃，沸点 159.2℃，相对密度(水 = 1)0.862，相对蒸气密度(空气 = 1)4.14，蒸气压 0.33kPa(20℃)，燃烧热 –5209.9kJ/mol，临界温度 365.6℃，临界压力 3.24，闪点 30℃(闭杯)，引燃温度 450℃，爆炸极限 0.8% ~6.0%。

主要用途 用作溶剂及有机合成。

包装与储运

包装标志　易燃液体

包装类别　Ⅲ类

安全储运　储存于阴凉、通风的库房。远离火种、热源，避免阳光直射。储存温度不超过37℃。炎热季节早晚运输。容器密封。应与氧化剂等隔离储运。禁止使用易产生火花的机械设备和工具。灌装时注意流速，防止静电积聚。搬运时轻装轻卸，防止容器受损。

紧急处置信息

急救措施

吸入：迅速脱离现场至空气新鲜处。保持呼吸道通畅。如呼吸困难，给输氧。呼吸、心跳停止，立即进行心肺复苏术。就医。

眼睛接触：分开眼睑，用流动清水或生理盐水冲洗。如有不适感，就医。

皮肤接触：脱去污染的衣着，用肥皂水和清水冲洗。如有不适感，就医。

食入：漱口，不要催吐。就医。

忌用肾上腺素类药。

灭火方法　消防人员须穿全身防火防毒服，佩戴空气呼吸器，在上风向灭火。尽可能将容器从火场移至空旷处。喷水保持火场容器冷却，直至灭火结束。处在火场中的容器若发生异常变化或发出异常声音，须马上撤离。

灭火剂：泡沫、二氧化碳、干粉和砂土。

泄漏应急处置　消除所有点火源。根据液体流动和蒸气扩散的影响区域划定警戒区，无关人员从侧风、上风向撤离至安全区。建议应急处理人员戴正压自给式呼吸器，穿防静电服，戴橡胶耐油手套。作业时使用的所有设备应接地。禁止接触或跨越泄漏物。尽可能切断泄漏源。防止泄漏物进入水体、下水道、地下室或限制性空间。小量泄漏：用砂土或其他不燃材料吸收。使用洁净的无火花工具收集吸收材料。大量泄漏：构筑围堤或挖坑收容。用泡沫覆盖，减少蒸发。喷水雾能减少蒸发，但不能降低泄漏物在限制性空间内的易燃性。用防爆泵转移至槽车或专用收集器内。

54. 1,3－丙二胺

标　识

中文名称　1,3－丙二胺

英文名称　1,3－Diaminopropane；1,3－Propanediamine

别名　1,3－二氨基丙烷

分子式　$C_3H_{10}N_2$

CAS 号　109－76－2

WGH 号　82030

危害信息

危险性类别　第8类　腐蚀品

燃烧与爆炸危险性　易燃。其蒸气与空气混合能形成爆炸性混合物，遇明火、高热有引起燃烧爆炸的危险。燃烧产生有毒一氧化碳和氮氧化物气体。受热分解放出有毒的氧化氮烟气。在高温火场中，受热的容器或储罐由于内压增加有开裂和爆炸的危险。

活性反应 与氧化剂反应。

禁忌物 强氧化剂、酸酐、酸类、酰基氯、二氧化碳。

毒性 大鼠经口 LD_{50}：312mg/kg；兔经皮 LD_{50}：200μL/kg。

中毒表现 本品对黏膜、上呼吸道、眼和皮肤有强烈的刺激性。吸入后，可因喉及支气管的痉挛、炎症、水肿，化学性肺炎或肺水肿而致死。接触后有烧灼感、咳嗽、喘息、喉炎、气短、头痛、恶心和呕吐。可致灼伤。

侵入途径 吸入、食入、经皮吸收。

理化特性与用途

理化特性 无色液体，有吸湿性，有氨的气味。易溶于水，溶于甲醇、乙醚。熔点－12℃，沸点139.7℃，相对密度（水＝1）0.89，相对蒸气密度（空气＝1）2.5，蒸气压＜1.07kPa（20℃），临界温度 333.4℃，临界压力 5.12MPa，闪点 48.9℃，引燃温度 350℃，爆炸极限2.8%～15.2%。

主要用途 用作有机合成中间体、溶剂。

包装与储运

包装标志 腐蚀品；易燃液体；有毒品

包装类别 Ⅱ类

安全储运 储存于阴凉、通风的库房。远离火种、热源。储存温度不超过32℃，相对湿度不超过80%。保持容器密封。应与氧化剂、酸类等隔离储运。避免使用铝制、铜制的装置。搬运时轻装轻卸，防止容器受损。

紧急处置信息

急救措施

吸入：迅速脱离现场至空气新鲜处。保持呼吸道通畅。如呼吸困难，给输氧。呼吸、心跳停止，立即进行心肺复苏术。就医。

眼睛接触：立即分开眼睑，用大量流动清水或生理盐水彻底冲洗10～15min。就医。

皮肤接触：立即脱去污染的衣着，用大量流动清水彻底冲洗，冲洗时间一般要求20～30min。就医。

食入：用水漱口，禁止催吐。给饮牛奶或蛋清。就医。

灭火方法 消防人员须穿全身防火防毒服，佩戴空气呼吸器在上风向灭火。尽可能将容器从火场移至空旷处。喷水保持火场容器冷却，直至灭火结束。处在火场中的容器若发生异常变化或发出异常声音，须马上撤离。

灭火剂：水、抗溶性泡沫、二氧化碳、干粉和砂土。

泄漏应急处置 根据液体流动和蒸气扩散的影响区域划定警戒区，无关人员从侧风、上风向撤离至安全区。消除所有点火源。建议应急处理人员戴正压自给式呼吸器，穿防腐蚀、防毒服，戴橡胶耐油手套。禁止接触或跨越泄漏物。尽可能切断泄漏源。防止泄漏物进入水体、下水道、地下室或限制性空间。小量泄漏：用砂土或其他不燃材料吸收。也可以用大量水冲洗，洗水稀释后放入废水系统。大量泄漏：构筑围堤或挖坑收容。用泡沫覆盖，减少蒸发。用耐腐蚀泵转移至槽车或专用收集器内。

55. 1,2－丙二醇

标　识

中文名称　1,2－丙二醇
英文名称　1,2－Propanediol；1,2－Propylene glycol
分子式　$C_3H_8O_2$
CAS 号　57－55－6

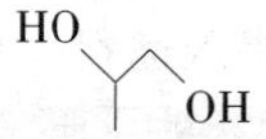

危害信息

燃烧与爆炸危险性　可燃。蒸气可与空气形成爆炸性混合物，遇明火、高热可能引起燃烧爆炸。燃烧产生有毒的一氧化碳气体。

活性反应　与强氧化剂发生反应。

禁忌物　氧化剂、还原剂、酸酐。

毒性　大鼠经口 LD_{50}：20g/kg；小鼠经口 LD_{50}：22g/kg；家兔经皮 LD_{50}：20800mg/kg。

中毒表现　对皮肤有刺激作用。摄入大量可引起代谢性酸中毒、低血糖，偶见抽搐和昏迷。

侵入途径　吸入、食入、经皮吸收。

理化特性与用途

理化特性　无色黏稠的吸湿性液体。混溶于水、丙酮、氯仿，溶于乙醚。熔点－59℃，沸点 188.2℃，相对密度(水＝1)1.036(25℃/4℃)，相对蒸气密度(空气＝1)2.6，蒸气压 10.6Pa(20℃)，燃烧热－1804.5kJ/mol，临界温度 353℃，临界压力 6.1MPa，辛醇/水分配系数－0.92，闪点 99℃(闭杯)、107℃(开杯)，引燃温度 371℃，爆炸极限 2.6%～12.6%。

主要用途　用作树脂、增塑剂、表面活性剂、乳化剂和破乳剂的原料，也可用作防冻剂和热载体。

包装与储运

安全储运　储存于阴凉、通风的库房。远离火种、热源。容器密封。应与氧化剂、强酸等隔离储运。避免使用铝制装置。搬运时轻装轻卸，防止容器受损。

紧急处置信息

急救措施

吸入：脱离接触。如呼吸困难，给吸氧。如呼吸心跳停止，立即行心肺复苏术。

眼睛接触：分开眼睑，用流动清水或生理盐水冲洗。如有不适感，就医。

皮肤接触：脱去污染的衣着，用肥皂水和清水冲洗。如有不适感，就医。

食入：漱口。就医。如出现低血糖，乳酸中毒，对症治疗。

灭火方法　消防人员须穿全身消防服，佩戴空气呼吸器，在上风向灭火。尽可能将容器从火场移至空旷处。喷水保持火场容器冷却，直至灭火结束。处在火场中的容器若发生异常变化或发出异常声音，须马上撤离。

灭火剂：水或雾状水、抗溶性泡沫、二氧化碳、干粉、砂土。

泄漏应急处置 根据液体流动和蒸气扩散的影响区域划定警戒区，无关人员从侧风、上风向撤离至安全区。消除所有点火源。建议应急处理人员戴防毒面具，穿防毒服。穿上适当的防护服前严禁接触破裂的容器和泄漏物。尽可能切断泄漏源。防止泄漏物进入水体、下水道、地下室或密闭性空间。小量泄漏：用干燥的砂土或其他不燃材料吸收或覆盖，收集于容器中。大量泄漏：构筑围堤或挖坑收容。用泵转移至槽车或专用收集器内。

56. 丙 醛

标 识

中文名称 丙醛

英文名称 Propanal；Propionaldehyde

别名 正丙醛

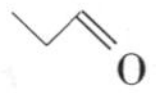

分子式 C_3H_6O

CAS 号 123－38－6

WGH 号 32067；T31167［铁规］

UN 号 1275

危害信息

危险性类别 第3类 易燃液体

燃烧与爆炸危险性 极易燃。其蒸气与空气能形成爆炸性混合物，遇明火、高热易燃烧爆炸。蒸气比空气重，能在较低处扩散到相当远的地方，遇火源会着火回燃和爆炸(闪爆)。在火场中，由于发生聚合反应放出大量的热，受热的容器或储罐有破裂和爆炸的危险。

活性反应 暴露于空气中，受光照、过渡金属离子催化作用及自催化作用易发生缓慢氧化反应，生成具有爆炸性的过氧化物。与还原剂、氧化剂、强碱、无机酸发生剧烈反应。酸或碱存在条件下，易发生自身缩合或聚合反应，放出热量。与甲基丙烯酸甲酯发生剧烈聚合反应。

禁忌物 强氧化剂、强碱、强还原剂等。

毒性 大鼠经口 LD_{50}：1410mg/kg；小鼠吸入 LC_{50}：21800mg/m^3(2h)；家兔经皮 LD_{50}：2460mg/kg。

低浓度接触对眼、鼻有刺激性。高浓度接触有麻醉作用，以及引起支气管炎、肺炎、肺水肿。可致眼、皮肤灼伤。

侵入途径 吸入、食入、经皮吸收。

职业接触限值 美国(ACGIH)：TLV－TWA：20ppm。

环境危害 有害空气污染物。

理化特性与用途

理化特性 无色透明易挥发液体，有刺激性气味。溶于水，与乙醇、乙醚等混溶。熔点－81℃，沸点48～49℃，相对密度(水＝1)0.80，相对蒸气密度(空气＝1)2.0，临界压力4.65MPa，临界温度223℃，蒸气压31.3kPa(20℃)，燃烧热－1822.7kJ/mol，辛醇/水分配系数0.59～0.83，闪点－30℃(闭杯)，爆炸极限2.6%～17%，自燃温度207℃。

主要用途 用于制醇酸树脂、橡胶促进剂和防老剂、润滑剂、抗冻剂、脱水剂等。

包装与储运

包装标志　易燃液体

包装类别　Ⅱ类

安全储运　储存于阴凉、通风的库房。远离火种、热源。储存温度不超过37℃。包装要求密封，不可与空气接触。应与氧化剂、还原剂、酸、碱类等隔离储运。禁止使用易产生火花的机械设备和工具。灌装时注意流速，防止静电积聚。搬运时轻装轻卸，防止容器受损。

紧急处置信息

急救措施

吸入：脱离接触。如呼吸困难，给吸氧。如呼吸心跳停止，立即行心肺复苏术。就医。

眼睛接触：立即分开眼睑，用大量流动清水或生理盐水彻底冲洗 10 ~ 15min。就医。

皮肤接触：立即脱去污染的衣着，用大量流动清水彻底冲洗，冲洗时间一般要求 20 ~ 30min。就医。

食入：用水漱口，禁止催吐。给饮牛奶或蛋清。就医。

灭火方法　消防人员必须穿全身防火防毒服，佩戴空气呼吸器，在上风向灭火。喷水冷却容器，尽可能将容器从火场移至空旷处。处在火场中的容器若发生异常变化或发出异常声音，必须马上撤离。

灭火剂：抗溶性泡沫、干粉、二氧化碳、砂土。

泄漏应急处置　消除所有点火源。根据液体流动和蒸气扩散的影响区域划定警戒区，无关人员从侧风、上风向撤离至安全区。建议应急处理人员戴正压自给式呼吸器，穿防静电、防腐蚀、防毒服，戴橡胶手套。作业时使用的所有设备应接地。禁止接触或跨越泄漏物。尽可能切断泄漏源。防止泄漏物进入水体、下水道、地下室或限制性空间。小量泄漏：用砂土或其他不燃材料吸收。使用洁净的无火花工具收集吸收材料。大量泄漏：构筑围堤或挖坑收容。用抗溶性泡沫覆盖，减少蒸发。喷水雾能减少蒸发，但不能降低泄漏物在限制性空间内的易燃性。用防爆、耐腐蚀泵转移至槽车或专用收集器内。喷雾状水驱散蒸气、稀释液体泄漏物。

57. 丙　炔

标　识

中文名称　丙炔

英文名称　Propyne；Methyl acetylene；Allylene

别名　甲基乙炔

分子式　C_3H_4

CAS 号　74 - 99 - 7

WGH 号　21055

危害信息

危险性类别　第 2.1 类　易燃气体

燃烧与爆炸危险性　极易燃。与空气形成爆炸性混合物，遇明火、高热能引起燃烧爆炸。比空气重，能在较低处扩散到相当远的地方，遇火源会着火回燃和爆炸(闪爆)。

活性反应 与氧化剂剧烈反应，甚至发生爆炸。与硝酸银反应易形成丙炔银，150℃会燃烧，受撞击易爆炸。液态丙炔中约含有30%的丙二烯，因此，加热至95℃以上会发生爆炸。

禁忌物 强氧化剂、碱金属、碱土金属、重金属、卤素等。

毒性 大鼠吸入 *LC*：>42000ppm(6h)。

急性吸入可刺激呼吸道，引起支气管炎及肺炎；并有麻醉作用。

侵入途径 吸入。

职业接触限值 美国(ACGIH)：TLV－TWA：1000ppm。

理化特性与用途

理化特性 无色气体。微溶于水，溶于乙醇、乙醚等多数有机溶剂。熔点－102.7℃，沸点－23.2℃，相对密度(水＝1)0.71(－50℃)，相对蒸气密度(空气＝1)1.38，燃烧热－1849.6kJ/mol，临界压力5.35MPa，临界温度127.65℃，蒸气压516.76kPa(20℃)，闪点<－30℃，引燃温度340.15℃，爆炸极限1.7%～11.7%。

主要用途 用于制造丙酮等。

包装与储运

包装标志 易燃气体

安全储运 储存于阴凉、通风的库房。远离火种、热源。储存温度不超过30℃。应与氧化剂、卤素等隔离储运。禁止使用易产生火花的机械设备和工具。搬运时轻装轻卸，防止容器受损。

紧急处置信息

急救措施

吸入： 脱离接触。如呼吸困难，给吸氧。如呼吸心跳停止，立即行心肺复苏术。就医。

皮肤： 如发生冻伤，用温水(38～42℃)复温，忌用热水或辐射热，不要揉搓。

灭火方法 切断气源。若不能切断气源，则不允许熄灭泄漏处的火焰。喷水冷却容器，尽可能将容器从火场移至空旷处。消防人员必须穿全身消防服，佩戴空气呼吸器，在上风向灭火。

灭火剂：雾状水、泡沫、干粉、二氧化碳。

泄漏应急处置 消除所有点火源。根据气体扩散的影响区域划定警戒区，无关人员从侧风、上风向撤离至安全区。建议应急处理人员戴正压自给式呼吸器，穿防静电服。如果是液化气体泄漏，还应注意防冻伤。作业时使用的所有设备应接地。禁止接触或跨越泄漏物。尽可能切断泄漏源。若可能翻转容器，使之逸出气体而非液体。喷雾状水抑制蒸气或改变蒸气云流向，避免水流接触泄漏物。禁止用水直接冲击泄漏物或泄漏源。防止气体通过下水道、通风系统和限制性空间扩散。隔离泄漏区直至气体散尽。

58. 丙 炔 醇

标 识

中文名称 丙炔醇

英文名称　2 – Propyn – 1 – ol；Propargyl alcohol

别名　2 – 丙炔 – 1 – 醇、炔丙醇

分子式　C_3H_4O

CAS 号　107 – 19 – 7

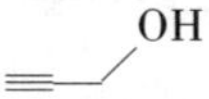

WGH 号　33559；T32059[铁规]

危害信息

危险性类别　第 3 类　易燃液体

燃烧与爆炸危险性　易燃。其蒸气与空气混合能形成爆炸性混合物，遇明火、高热易燃烧或爆炸。燃烧产生有毒的一氧化碳气体。在高温火场中，受热的容器或储罐有破裂和爆炸的危险。蒸气比空气重，能在较低处扩散到相当远的地方，遇火源会着火回燃和爆炸(闪爆)。

活性反应　与氧化剂反应。

禁忌物　强氧化剂、酸类、强碱等。

毒性　大鼠经口 LD_{50}：20mg/kg；小鼠经口 LD_{50}：50mg/kg；大鼠吸入 LC_{50}：873 ppm (2h)；小鼠吸入 LC_{50}：2000mg/m^3(2h)；家兔经皮 LD_{50}：16mg/kg。

本品可经皮肤吸收引起中毒。

本品属剧毒化学品，已列入《剧毒化学品目录》(2002 年版)

中毒表现　高浓度丙炔醇对眼睛、皮肤、黏膜和呼吸道有强烈的刺激作用。中毒表现有烧灼感、咳嗽、喘息、喉炎、气短、头痛、恶心和呕吐。严重者可能致死。对肝肾有损害。可引起严重眼灼伤。

侵入途径　吸入、食入、经皮吸收。

职业接触限值　美国(ACGIH)：TLV – TWA：1ppm［皮］。

环境危害　对水生生物有毒，可能在水生环境中造成长期不利影响。

理化特性与用途

理化特性　无色到微黄色透明的挥发性液体，有香叶气味。混溶于水、苯、氯仿、乙醇、1，2 – 二氯乙烷、乙醚、丙酮、四氢呋喃、吡啶等。熔点 – 52 ~ – 48℃，沸点 114℃，相对密度(水 = 1)0.97，相对蒸气密度 1.93，临界温度 307℃，临界压力 6.53MPa，燃烧热 – 1805kJ/mol，引燃温度 365℃，闪点 33℃(闭杯)、36℃(开杯)，爆炸极限 3.4% ~ 70%，辛醇/水分配系数 – 0.38。

主要用途　用作除锈剂、化学中间体、腐蚀抑制剂、溶剂、稳定剂等。

包装与储运

包装标志　易燃液体，有毒品

包装类别　Ⅰ类

安全储运　储存于阴凉、通风的库房。远离火种、热源。储存温度不超过 32℃，相对湿度不超过 80%。保持容器密封。炎热季节早晚运输。应与氧化剂等隔离储运。禁止使用易产生火花的机械设备和工具。灌装时注意流速，防止静电积聚。搬运时轻装轻卸，防止容器受损。

紧急处置信息

急救措施

吸入：脱离接触。如呼吸困难，给吸氧。如呼吸心跳停止，立即行心肺复苏术。就医。

眼睛接触： 立即分开眼睑，用大量流动清水或生理盐水彻底冲洗 10～15min。就医。

皮肤接触： 立即脱去污染的衣着，用大量流动清水彻底冲洗。就医。

食入： 漱口。就医。

灭火方法 消防人员须穿全身消防服，佩戴空气呼吸器，在上风向灭火。尽可能将容器从火场移至空旷处。喷水保持火场容器冷却，直至灭火结束。处在火场中的容器若发生异常变化或发出异常声音，须马上撤离。

灭火剂：抗溶性泡沫、二氧化碳、干粉、砂土。

泄漏应急处置 消除所有点火源。根据液体流动和蒸气扩散的影响区域划定警戒区，无关人员从侧风、上风向撤离至安全区。建议应急处理人员戴正压自给式呼吸器，穿防静电、防腐蚀服，戴橡胶手套。尽可能切断泄漏源。防止泄漏物进入水体、下水道、地下室或限制性空间。小量泄漏：用干燥的砂土或其他不燃材料吸收或覆盖，收集于容器中。大量泄漏：构筑围堤或挖坑收容，用防爆泵转移至槽车或专用收集器内。

59. 丙三醇聚氧乙烯聚氧丙烯醚

标　识

中文名称 丙三醇聚氧乙烯聚氧丙烯醚

英文名称 Oxirane, methyl -, polymer with oxirane, ether with 1,2,3 - propanetriol (3:1); Polyoxypropylene - polyoxyethylene glycerin ether

别名 360 聚醚

危害信息

燃烧与爆炸危险性 可燃。其蒸气与空气混合能形成爆炸性混合物，遇明火、高热易燃烧或爆炸。燃烧产生有毒的一氧化碳和氮氧化物气体。在高温火场中，受热的容器或储罐有破裂和爆炸的危险。

禁忌物 强氧化剂。

侵入途径 吸入、食入。

理化特性与用途

理化特性 淡黄色黏稠液体。溶于水、乙醇、苯等。相对密度(水＝1)0.9～1.1，闪点 150～260℃(开杯)。

主要用途 主要用于油田打井泥浆材料的消泡及医药工业抗生素发酵生产的消泡。

包装与储运

安全储运 储存于阴凉、通风的库房。远离火种、热源。保持容器密封。应与氧化剂隔离储运。搬运时轻装轻卸，防止容器受损。

紧急处置信息

急救措施

吸入： 脱离接触。如有不适感，就医。

眼睛接触： 分开眼睑，用流动清水或生理盐水冲洗。如有不适感，就医。

皮肤接触： 脱去污染的衣着，用肥皂水和清水冲洗。如有不适感，就医。

食入：漱口，饮水。就医。

灭火方法　消防人员须穿全身消防服，佩戴空气呼吸器，在上风向灭火。尽可能将容器从火场移至空旷处。喷水保持火场容器冷却，直至灭火结束。处在火场中的容器若发生异常变化或发出异常声音，须马上撤离。

灭火剂：二氧化碳、干粉、砂土。

泄漏应急处置　根据液体流动和蒸气扩散的影响区域划定警戒区，无关人员从侧风、上风向撤离至安全区。消除所有点火源。建议应急处理人员戴防毒面具，穿防毒服。穿上适当的防护服前严禁接触破裂的容器和泄漏物。尽可能切断泄漏源。防止泄漏物进入水体、下水道、地下室或密闭性空间。小量泄漏：用干燥的砂土或其他不燃材料吸收或覆盖，收集于容器中。大量泄漏：构筑围堤或挖坑收容。用泵转移至槽车或专用收集器内。

60. 丙　酸

标　识

中文名称　丙酸

英文名称　Propionic acid；Propanoic acid

分子式　$C_3H_6O_2$

CAS 号　79－09－4

WGH 号　81613

UN 号　1848

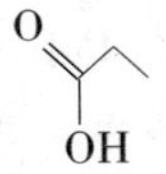

危害信息

危险性类别　第8.1类　酸性腐蚀品

燃烧与爆炸危险性　易燃。蒸气与空气能形成爆炸性混合物，遇明火、高热引起燃烧或爆炸。蒸气比空气重，能在较低处扩散到相当远的地方，遇火源会着火回燃和爆炸（闪爆）。有腐蚀性。

活性反应　与碱发生放热中和反应。与醇在一定条件下反应生成酯。遇氧化剂剧烈反应，甚至发生燃烧和爆炸。与氢化铝锂等强还原剂反应，放出易燃易爆的氢气。

禁忌物　强氧化剂、碱类、强还原剂等。

毒性　大鼠经口 LD_{50}：2600mg/kg；家兔经皮 LD_{50}：0.5mL/kg。

本品对呼吸道有强烈刺激性，可发生肺水肿。蒸气对眼有强烈刺激性，液体可致严重眼损害。皮肤接触可致灼伤。大量口服出现恶心、呕吐和腹痛。

侵入途径　吸入、食入、经皮吸收。

职业接触限值

中国：PC－TWA：30mg/m^3。

美国（ACGIH）：TLV－TWA：10ppm。

理化特性与用途

理化特性　无色透明液体，有刺激性气味。与水、乙醇、乙醚、丙酮混溶。熔点－21.5℃，沸点141.1℃，相对密度（水＝1）0.99，相对蒸气密度（空气＝1）2.56，临界压力5.37MPa，临界温度339℃，蒸气压1.33kPa（39.7℃），燃烧热－1528.3kJ/mol，辛醇/水分配系数0.33，闪点52℃(闭杯)，爆炸极限3%～14.9%，引燃温度465℃。

主要用途　用于制备香料用丙酸酯，制造丙酸钙和丙酸钠以及合成除草剂，并用作硝酸纤维素溶剂和增塑剂等。

包装与储运

包装标志　腐蚀品，易燃液体[铁规]

包装类别　Ⅲ类

安全储运　储存于阴凉、通风的库房。远离火种、热源。储存温度不超过32℃，相对湿度不超过80%。保持容器密封。应与氧化剂、还原剂、碱类等隔离储运。搬运时轻装轻卸，防止容器受损。

紧急处置信息

急救措施

吸入：迅速脱离现场至空气新鲜处。保持呼吸道通畅。如呼吸困难，给输氧。呼吸、心跳停止，立即进行心肺复苏术。就医。

眼睛接触：立即分开眼睑，用大量流动清水或生理盐水彻底冲洗10～15min。就医。

皮肤接触：立即脱去污染的衣着，用大量流动清水彻底冲洗，冲洗时间一般要求20～30min。就医。

食入：用水漱口，禁止催吐。给饮牛奶或蛋清。就医。

灭火方法　消防人员必须穿耐酸碱防护服、防护靴，戴空气呼吸器，在上风向灭火。尽可能将容器从火场移至空旷处。喷水保持火场容器冷却，直至灭火结束。处在火场中的容器若发生变化或发出异常声音，须马上撤离。

灭火剂：雾状水、抗溶性泡沫、干粉、二氧化碳、砂土。

泄漏应急处置　根据液体流动和蒸气扩散的影响区域划定警戒区，无关人员从侧风、上风向撤离至安全区。消除所有点火源。建议应急处理人员戴正压自给式呼吸器，穿防静电、防腐蚀、防毒服，戴橡胶耐酸碱手套。作业时使用的所有设备应接地。禁止接触或跨越泄漏物。尽可能切断泄漏源。防止泄漏物进入水体、下水道、地下室或限制性空间。小量泄漏：用砂土或其他不燃材料吸收。使用洁净的无火花工具收集吸收材料。也可以先用水稀释，然后用石灰或苏打灰中和。大量泄漏：构筑围堤或挖坑收容。用抗溶性泡沫覆盖，减少蒸发。喷水雾能减少蒸发，但不能降低泄漏物在限制性空间内的易燃性。用防爆、耐腐蚀泵转移至槽车或专用收集器内。

61. 丙酸丁酯

标　识

中文名称　丙酸丁酯

英文名称　Butyl propionate；*n*－Butyl propionate

别名　丙酸正丁酯

分子式　$C_7H_{14}O_2$

CAS号　590－01－2

WGH号　33597；T32097[铁规]

UN号　1914

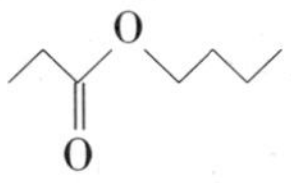

危害信息

危险性类别　第 3 类　易燃液体

燃烧与爆炸危险性　易燃。其蒸气与空气混合能形成爆炸性混合物，遇明火、高热有引起燃烧爆炸的危险。燃烧产生有毒一氧化碳气体。

活性反应　与氧化剂反应。

禁忌物　强氧化剂、强碱。

毒性　大鼠经口 LD_{50}：5g/kg；家兔经皮 LD_{50}：>14g/kg。

在工业生产中未发现对人的危害。给动物致死量时发生皮毛粗糙、共济失调、气急、呼吸困难、抽搐和体温降低。

侵入途径　吸入、食入。

理化特性与用途

理化特性　无色液体，有类似苹果的香味。微溶于水，溶于醇、醚、酮、烃类。熔点 -89.5℃，沸点 145.5℃，相对密度(水 =1)0.88，相对蒸气密度(空气 =1)4.49，蒸气压 0.38kPa(20℃)，临界压力 2.78MPa，辛醇/水分配系数 2.34，闪点 32.2℃，引燃温度 427℃，爆炸极限 1.1% ~6.8%。

主要用途　用作硝基纤维素的溶剂、香精、香料。

包装与储运

包装标志　易燃液体

包装类别　Ⅲ类

安全储运　储存于阴凉、通风的库房。远离火种、热源，避免阳光直射。储存温度不超过 37℃。保持容器密封。炎热季节早晚运输。应与氧化剂等隔离储运。禁止使用易产生火花的机械设备和工具。灌装时注意流速，防止静电积聚。搬运时轻装轻卸，防止容器受损。

紧急处置信息

急救措施

吸入：脱离接触。如有不适感，就医。

眼睛接触：分开眼睑，用流动清水或生理盐水冲洗。如有不适感，就医。

皮肤接触：脱去污染的衣着，用肥皂水和清水冲洗。如有不适感，就医。

食入：尽量饮水，不要催吐。就医。

灭火方法　消防人员须穿全身防火防毒服，佩戴空气呼吸器，在上风向灭火。尽可能将容器从火场移至空旷处。喷水保持火场容器冷却，直至灭火结束。处在火场中的容器若发生异常变化或发出异常声音，须马上撤离。

灭火剂：泡沫、二氧化碳、干粉和砂土。

泄漏应急处置　消除所有点火源。根据液体流动和蒸气扩散的影响区域划定警戒区，无关人员从侧风、上风向撤离至安全区。建议应急处理人员戴正压自给式呼吸器，穿防静电服。作业时使用的所有设备应接地。禁止接触或跨越泄漏物。尽可能切断泄漏源。防止泄漏物进入水体、下水道、地下室或限制性空间。小量泄漏：用砂土或其他不燃材料吸收。使用洁净的无火花工具收集吸收材料。大量泄漏：构筑围堤或挖坑收容。用泡沫覆盖，减少蒸发。喷水雾能减少蒸发，但不能降低泄漏物在限制性空间内的易燃性。用防爆泵转移至槽车或专用收集器内。

62. 丙 酸 酐

标 识

中文名称 丙酸酐

英文名称 Propionic anhydride; Propanoic acid, anhydride

分子式 $C_6H_{10}O_3$

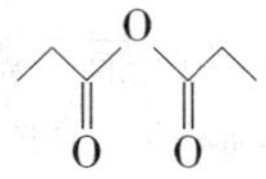

CAS 号 123－62－6

WGH 号 81614

UN 号 2496

危害信息

危险性类别 第 8 类 腐蚀品

燃烧与爆炸危险性 易燃。其蒸气与空气混合能形成爆炸性混合物，遇明火、高热有引起燃烧爆炸的危险。燃烧产生有毒一氧化碳气体。具有腐蚀性。

活性反应 与强氧化剂反应。

禁忌物 强氧化剂、强碱、水。

毒性 大鼠经口 LD_{50}：2360mg/kg；兔经皮 LD_{50}：10200mg/kg。

对眼睛、呼吸道和皮肤有明显的刺激作用。可引起灼伤。

侵入途径 吸入、食入、经皮吸收。

理化特性与用途

理化特性 无色有刺激性恶臭的液体。溶于乙醇、乙醚、氯仿、碱液。熔点－45℃，沸点 167℃，相对密度(水＝1)1.02，相对蒸气密度(空气＝1)4.49，蒸气压 0.13kPa(20.6℃)，燃烧热－3120.8kJ/mol，临界温度 342.7℃，临界压力 3.34MPa，辛醇/水分配系数 0.4，闪点 73.9℃(开杯)、63℃(闭杯)，引燃温度 285℃，爆炸极限 1.48%～11.9%。

主要用途 用作酯化剂、脱水剂及用于染料和药品、香水的制造。

包装与储运

包装标志 腐蚀品

包装类别 Ⅲ类

安全储运 储存于阴凉、通风的库房。远离火种、热源。储存温度不超过 32℃，相对湿度不超过 80%。保持容器密封。应与强碱隔离储运。搬运时轻装轻卸，防止容器受损。

紧急处置信息

急救措施

吸入： 迅速脱离现场至空气新鲜处。保持呼吸道通畅。如呼吸困难，给输氧。呼吸、

心跳停止，立即进行心肺复苏术。就医。

眼睛接触：立即分开眼睑，用大量流动清水或生理盐水彻底冲洗 10～15min。就医。

皮肤接触：立即脱去污染的衣着，用大量流动清水彻底冲洗，冲洗时间一般要求 20～30min。就医。

食入：用水漱口，禁止催吐。给饮牛奶或蛋清。就医。

灭火方法　消防人员须佩戴空气呼吸器，穿全身耐酸碱消防服，在上风向灭火。尽可能将容器从火场移至空旷处。喷水保持火场容器冷却，直至灭火结束。处在火场中的容器若已变色或从安全泄压装置中产生声音，必须马上撤离。

灭火剂：抗溶性泡沫、干粉、砂土。

泄漏应急处置　消除所有点火源。根据液体流动和蒸气扩散的影响区域划定警戒区，无关人员从侧风、上风向撤离至安全区。建议应急处理人员戴正压自给式呼吸器，穿防静电、防腐蚀服，戴橡胶耐酸碱手套。作业时使用的所有设备应接地。穿上适当的防护服前严禁接触破裂的容器和泄漏物。尽可能切断泄漏源。防止泄漏物进入水体、下水道、地下室或限制性空间。严禁用水处理。小量泄漏：用干燥的砂土或其他不燃材料覆盖泄漏物。大量泄漏：构筑围堤或挖坑收容。用砂土、惰性物质或蛭石吸收大量液体。用石灰（CaO）、碎石灰石（$CaCO_3$）或碳酸氢钠（$NaHCO_3$）中和。用防爆、耐腐蚀泵转移至槽车或专用收集器内。

63. 丙酸甲酯

标　识

中文名称　丙酸甲酯

英文名称　Methyl propionate；Propionic acid，methyl ester

分子式　$C_4H_8O_2$

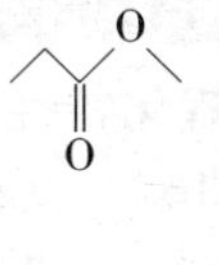

CAS 号　554－12－1

WGH 号　32135；T31235[铁规]

UN 号　1248

危害信息

危险性类别　第 3 类　易燃液体

燃烧与爆炸危险性　易燃。其蒸气与空气混合能形成爆炸性混合物，遇明火、高热易燃烧或爆炸。燃烧产生有毒的一氧化碳气体。在高温火场中，受热的容器或储罐有破裂和爆炸的危险。蒸气比空气重，能在较低处扩散到相当远的地方，遇火源会着火回燃和爆炸(闪爆)。

活性反应　与氧化剂反应。

禁忌物　强氧化剂、酸类。

毒性　大鼠经口 LD_{50}：5000mg/kg；小鼠经口 LD_{50}：3460mg/kg；兔经皮 LD_{50}：＞5000mg/kg；小鼠吸入 LC_{50}：27000mg/m^3。

在工业生产中未发现对人的危害。给动物大剂量可引起共济失调、呼吸急促、体温下降及酸中毒。

侵入途径　吸入、食入、经皮吸收。

理化特性与用途

理化特性 无色透明液体。微溶于水，可混溶于乙醇、乙醚。熔点 -87.5℃，沸点 79.7℃，相对密度（水 =1）0.92，相对蒸气密度（空气 =1）3.0，蒸气压 11.35kPa（25℃），临界压力 4.0MPa，辛醇/水分配系数 0.82，闪点 -2℃（闭杯），引燃温度 468℃，爆炸极限 2.5% ~13.0%。

主要用途 用作溶剂及用于制造香料

包装与储运

包装标志 易燃液体

包装类别 Ⅱ类

安全储运 储存于阴凉、通风的库房。保持容器密封。远离火种、热源，避免阳光直射。储存温度不超过 37℃。炎热季节早晚运输。应与氧化剂等隔离储运。禁止使用易产生火花的机械设备和工具。灌装时注意流速，防止静电积聚。搬运时轻装轻卸，防止容器受损。

紧急处置信息

急救措施

吸入：脱离接触。如有不适感，就医。

眼睛接触：分开眼睑，用流动清水或生理盐水冲洗。如有不适感，就医。

皮肤接触：脱去污染的衣着，用肥皂水和清水冲洗。如有不适感，就医。

食入：尽量饮水，不要催吐。就医。

灭火方法 消防人员须穿全身消防服，佩戴空气呼吸器，在上风向灭火。尽可能将容器从火场移至空旷处。喷水保持火场容器冷却，直至灭火结束。处在火场中的容器若发生异常变化或发出异常声音，须马上撤离。

灭火剂：泡沫、二氧化碳、干粉、砂土。

泄漏应急处置 消除所有点火源。根据液体流动和蒸气扩散的影响区域划定警戒区，无关人员从侧风、上风向撤离至安全区。建议应急处理人员戴正压自给式呼吸器，穿防静电服。作业时使用的所有设备应接地。禁止接触或跨越泄漏物。尽可能切断泄漏源。防止泄漏物进入水体、下水道、地下室或限制性空间。小量泄漏：用砂土或其他不燃材料吸收。使用洁净的无火花工具收集吸收材料。大量泄漏：构筑围堤或挖坑收容。用抗溶性泡沫覆盖，减少蒸发。喷水雾能减少蒸发，但不能降低泄漏物在限制性空间内的易燃性。用防爆泵转移至槽车或专用收集器内。

64. 丙酸戊酯

标　识

中文名称 丙酸戊酯

英文名称 Pentyl propionate；*n* - Pentyl propionate；Amyl propionate

别名 丙酸正戊酯

分子式 $C_8H_{16}O_2$

CAS 号 624 - 54 - 4

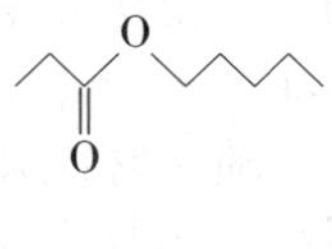

WGH 号 33597；T32097［铁规］

UN 号 3272

危害信息

危险性类别　第 3 类　易燃液体

燃烧与爆炸危险性　易燃。其蒸气与空气混合能形成爆炸性混合物，遇明火、高热易燃烧或爆炸。燃烧产生有毒的一氧化碳气体。在高温火场中，受热的容器或储罐有破裂和爆炸的危险。

活性反应　与氧化剂反应。

禁忌物　强氧化剂、强酸。

毒性　大鼠经口 LD_{50}：＞14000mg/kg；兔经皮 LD_{50}：＞14000mg/kg。

在工业生产中未发现对人的危害。给动物致死剂量时发生皮毛粗糙、共济失调、气急、呼吸困难、抽搐和体温降低等表现。

侵入途径　吸入、食入、经皮吸收。

理化特性与用途

理化特性　无色液体，有类似苹果的香味。不溶于水，不溶于甘油、丙二醇，溶于乙醇、乙醚，可混溶于多数有机溶剂。熔点 -73.1℃，沸点 165～169℃，相对密度(水=1)0.871，相对蒸气密度(空气=1)5.0，蒸气压 1.33kPa(46.3℃)，辛醇/水分配系数 2.83，闪点 41℃(开杯)、57℃(闭杯)，引燃温度 377℃。

主要用途　用作溶剂，还用于制油漆及香料。

包装与储运

包装标志　易燃液体

包装类别　Ⅲ类

安全储运　储存于阴凉、通风的库房。保持容器密封。远离火种、热源，避免阳光直射。储存温度不超过 37℃。炎热季节早晚运输。应与氧化剂等隔离储运。禁止使用易产生火花的机械设备和工具。灌装时注意流速，防止静电积聚。搬运时轻装轻卸，防止容器受损。

紧急处置信息

急救措施

吸入：脱离接触。如有不适感，就医。

眼睛接触：分开眼睑，用流动清水或生理盐水冲洗。如有不适感，就医。

皮肤接触：脱去污染的衣着，用肥皂水和清水冲洗。如有不适感，就医。

食入：尽量饮水，不要催吐。就医。

灭火方法　消防人员须穿全身消防服，佩戴空气呼吸器，在上风向灭火。尽可能将容器从火场移至空旷处。喷水保持火场容器冷却，直至灭火结束。处在火场中的容器若发生异常变化或发出异常声音，须马上撤离。

灭火剂：泡沫、二氧化碳、干粉、砂土。

泄漏应急处置　消除所有点火源。根据液体流动和蒸气扩散的影响区域划定警戒区，无关人员从侧风、上风向撤离至安全区。建议应急处理人员戴正压自给式呼吸器，穿防静电服。作业时使用的所有设备应接地。禁止接触或跨越泄漏物。尽可能切断泄漏源。防止泄漏物进入水体、下水道、地下室或限制性空间。小量泄漏：用砂土或其他不燃材料吸收。使用洁净的无火花工具收集吸收材料。大量泄漏：构筑围堤或挖坑收容。用泡沫覆盖，减少蒸发。喷水雾能减少蒸发，但不能降低泄漏物在限制性空间内的易燃性。用防爆泵转移至槽车或专用收集器内。

65. 丙酸乙酯

标　识

中文名称　丙酸乙酯

英文名称　Ethyl propionate；Propionic acid，ethyl ester

分子式　$C_5H_{10}O_2$

CAS 号　105 - 37 - 3

WGH 号　32136；T31236［铁规］

UN 号　1195

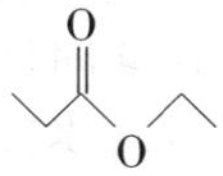

危害信息

危险性类别　第 3 类　易燃液体

燃烧与爆炸危险性　易燃。其蒸气与空气混合能形成爆炸性混合物，遇明火、高热易燃烧或爆炸。燃烧产生有毒的一氧化碳气体。在高温火场中，受热的容器或储罐有破裂和爆炸的危险。蒸气比空气重，能在较低处扩散到相当远的地方，遇火源会着火回燃和爆炸（闪爆）。

活性反应　与氧化剂反应。

禁忌物　强氧化剂、酸类、碱类。

毒性　大鼠经口 LD_{50}：8732mg/kg；兔经口 LD_{50}：3500mg/kg。

在工业生产中未发现对人的危害。给动物大剂量可引起共济失调、呼吸急促、体温下降及酸中毒。

侵入途径　吸入、食入、经皮吸收。

理化特性与用途

理化特性　水白色液体，有菠萝香味。不溶于水，混溶于乙醇、乙醚、丙二醇等多数有机溶剂。熔点 -73.9℃，沸点 99.1℃，相对密度（水 =1）0.89，相对蒸气密度（空气 =1）3.52，蒸气压 5.32kPa（27.2℃），临界压力 3.362MPa，辛醇/水分配系数 1.21 ~1.32，闪点 12.2℃（闭杯），引燃温度 440℃，爆炸极限 1.8% ~11.0%。

主要用途　用作溶剂，也用于有机合成。

包装与储运

包装标志　易燃液体

包装类别　Ⅱ类

安全储运　储存于阴凉、通风的库房。保持容器密封。远离火种、热源，避免阳光直射。储存温度不超过 37℃。炎热季节早晚运输。应与氧化剂、酸类、碱类等隔离储运。禁止使用易产生火花的机械设备和工具。灌装时注意流速，防止静电积聚。搬运时轻装轻卸，防止容器受损。

紧急处置信息

急救措施

吸入：脱离接触。如有不适感，就医。

眼睛接触： 分开眼睑，用流动清水或生理盐水冲洗。如有不适感，就医。

皮肤接触： 脱去污染的衣着，用肥皂水和清水冲洗。如有不适感，就医。

食入： 尽量饮水，不要催吐。就医。

灭火方法　消防人员须穿全身消防服，佩戴防毒面具，在上风向灭火。尽可能将容器从火场移至空旷处。喷水保持火场容器冷却，直至灭火结束。处在火场中的容器若发生异常变化或发出异常声音，须马上撤离。用水灭火无效。

灭火剂：泡沫、二氧化碳、干粉、砂土。

泄漏应急处置　消除所有点火源。根据液体流动和蒸气扩散的影响区域划定警戒区，无关人员从侧风、上风向撤离至安全区。建议应急处理人员戴正压自给式呼吸器，穿防静电服。作业时使用的所有设备应接地。禁止接触或跨越泄漏物。尽可能切断泄漏源。防止泄漏物进入水体、下水道、地下室或限制性空间。小量泄漏：用砂土或其他不燃材料吸收。使用洁净的无火花工具收集吸收材料。大量泄漏：构筑围堤或挖坑收容。用泡沫覆盖，减少蒸发。喷水雾能减少蒸发，但不能降低泄漏物在限制性空间内的易燃性。用防爆泵转移至槽车或专用收集器内。

66. 丙酸异丁酯

标　识

中文名称　丙酸异丁酯

英文名称　Isobutyl propionate；Propionic acid，isobutyl ester；Propanoic acid，2 – methylpropyl ester

别名　丙酸 –2 – 甲基丙酯

分子式　$C_7H_{14}O_2$

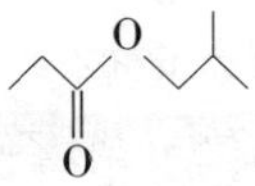

CAS 号　540 –42 –1

WGH 号　32138；T31238 [铁规]

UN 号　2394

危害信息

危险性类别　第 3 类　易燃液体

燃烧与爆炸危险性　易燃。其蒸气与空气混合能形成爆炸性混合物，遇明火、高热易燃烧或爆炸。燃烧产生有毒的一氧化碳气体。在高温火场中，受热的容器或储罐有破裂和爆炸的危险。

活性反应　与氧化剂反应。

禁忌物　强氧化剂、强酸。

毒性　兔经口 LD_{50}：5599mg/kg。

高浓度时有麻醉作用，具有中等程度刺激性。

侵入途径　吸入、食入。

理化特性与用途

理化特性　水白色液体，有醚味。不溶于水，易溶于乙醇、乙醚。熔点 –71.4℃，沸点 137℃，相对密度(水 =1)0.89，辛醇/水分配系数 2.26，闪点 26.11 ℃。

主要用途　用作油漆溶剂、香料，用于有机合成。

包装与储运

包装标志 易燃液体

包装类别 Ⅲ类

安全储运 储存于阴凉、通风的库房。保持容器密封。远离火种、热源，避免阳光直射。储存温度不超过37℃。炎热季节早晚运输。应与氧化剂等隔离储运。禁止使用易产生火花的机械设备和工具。灌装时注意流速，防止静电积聚。搬运时轻装轻卸，防止容器受损。

紧急处置信息

急救措施

吸入：脱离接触。如呼吸困难，给吸氧。如呼吸心跳停止，立即行心肺复苏术。就医。

眼睛接触：分开眼睑，用流动清水或生理盐水冲洗。如有不适感，就医。

皮肤接触：脱去污染的衣着，用肥皂水和清水冲洗。如有不适感，就医。

食入：尽量饮水，不要催吐。就医。

灭火方法 消防人员须穿全身消防服，佩戴防毒面具，在上风向灭火。尽可能将容器从火场移至空旷处。喷水保持火场容器冷却，直至灭火结束。处在火场中的容器若发生异常变化或发出异常声音，须马上撤离。用水灭火无效。

灭火剂：泡沫、二氧化碳、干粉、砂土。

泄漏应急处置 消除所有点火源。根据液体流动和蒸气扩散的影响区域划定警戒区，无关人员从侧风、上风向撤离至安全区。建议应急处理人员戴正压自给式呼吸器，穿防静电服。作业时使用的所有设备应接地。禁止接触或跨越泄漏物。尽可能切断泄漏源。防止泄漏物进入水体、下水道、地下室或限制性空间。小量泄漏：用砂土或其他不燃材料吸收。使用洁净的无火花工具收集吸收材料。大量泄漏：构筑围堤或挖坑收容。用泡沫覆盖，减少蒸发。喷水雾能减少蒸发，但不能降低泄漏物在限制性空间内的易燃性。用防爆泵转移至槽车或专用收集器内。

67. 丙酸异戊酯

标　　识

中文名称 丙酸异戊酯

英文名称 Isopentyl propionate；Isoamyl propionate；3 – Methylbutyl propionate

分子式 $C_8H_{16}O_2$

CAS 号 105 – 68 – 0

WGH 号 33597；T32097［铁规］

UN 号 3272

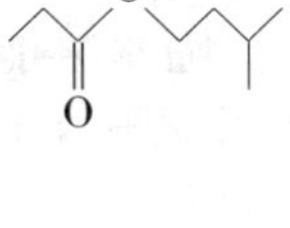

危害信息

危险性类别 第3类 易燃液体

燃烧与爆炸危险性 易燃。其蒸气与空气混合能形成爆炸性混合物，遇明火、高热易燃烧或爆炸。燃烧产生有毒的一氧化碳气体。在高温火场中，受热的容器或储罐有破裂和爆炸的危险。

活性反应　与氧化剂反应。

禁忌物　强氧化剂。

毒性　大鼠经口 LD_{50}：4355mg/kg；兔经口 LD_{50}：6900mg/kg；兔经皮 LD_{50}：4355mg/kg

在高浓度下有麻醉性，有中等程度刺激性。

侵入途径　吸入、食入、经皮吸收。

理化特性与用途

理化特性　无色透明液体，具有苹果香味。微溶于水，可混溶于乙醇、乙醚，不溶于甘油、丙二醇。熔点 -73℃，沸点 156℃，相对密度（水 =1）0.871，相对蒸气密度（空气 =1）5.0，蒸气压 0.27kPa（25℃），燃烧热 -4840.0kJ/mol，辛醇/水分配系数 2.76，闪点 47.78℃（Tag 闭杯）。

主要用途　用作溶剂、萃取剂。

包装与储运

包装标志　易燃液体

包装类别　Ⅲ类

安全储运　储存于阴凉、通风的库房。保持容器密封。远离火种、热源，避免阳光直射。储存温度不超过 37℃。炎热季节早晚运输。应与氧化剂等隔离储运。禁止使用易产生火花的机械设备和工具。灌装时注意流速，防止静电积聚。搬运时轻装轻卸，防止容器受损。

紧急处置信息

急救措施

吸入： 脱离接触。如呼吸困难，给吸氧。如呼吸心跳停止，立即行心肺复苏术。就医。

眼睛接触： 分开眼睑，用流动清水或生理盐水冲洗。如有不适感，就医。

皮肤接触： 脱去污染的衣着，用肥皂水和清水冲洗。如有不适感，就医。

食入： 尽量饮水，不要催吐。就医。

灭火方法　消防人员须佩戴空气呼吸器穿全身防火防毒服，在上风向灭火。尽可能将容器从火场移至空旷处。喷水保持火场容器冷却，直至灭火结束。处在火场中的容器若发生异常变化或发出异常声音，须马上撤离。

灭火剂：泡沫、二氧化碳、干粉、砂土。

泄漏应急处置　消除所有点火源。根据液体流动和蒸气扩散的影响区域划定警戒区，无关人员从侧风、上风向撤离至安全区。建议应急处理人员戴正压自给式呼吸器，穿防静电服。作业时使用的所有设备应接地。禁止接触或跨越泄漏物。尽可能切断泄漏源。防止泄漏物进入水体、下水道、地下室或限制性空间。小量泄漏：用砂土或其他不燃材料吸收。使用洁净的无火花工具收集吸收材料。大量泄漏：构筑围堤或挖坑收容。用泡沫覆盖，减少蒸发。喷水雾能减少蒸发，但不能降低泄漏物在限制性空间内的易燃性。用防爆泵转移至槽车或专用收集器内。

68. 丙　酮

标　识

中文名称　丙酮

英文名称　Acetone；2 – Propanone；Dimethyl ketone

别名　二甲基酮；阿西通。

分子式　C_3H_6O

CAS 号　67 – 64 – 1

WGH 号　31025

UN 号　1090

危害信息

危险性类别　第 3 类　易燃液体

燃烧与爆炸危险性　极易燃。其蒸气与空气能形成爆炸性混合物，遇明火、高热能引起燃烧爆炸。蒸气比空气重，能在较低处扩散到相当远的地方，遇火源会着火回燃和爆炸（闪爆）。在火场中，由于内压增大，受热的容器和储罐有破裂和爆炸的危险。

活性反应　与氯仿混合会剧烈反应，甚至爆炸。与硝酸、过氧化氢等强氧化剂发生剧烈反应，形成不稳定的、具有爆炸性的过氧化物。与强酸、脂肪胺、叔丁醇钾发生反应。与醛接触发生放热反应。铂催化剂存在时，与亚硝酰氯混合易发生爆炸。

禁忌物　强氧化剂、碱、强还原剂等。

毒性　大鼠经口 LD_{50}：5800mg/kg；大鼠吸入 LC_{50}：50100mg/m^3（8h）；小鼠经口 LD_{50}：3g/kg；小鼠吸入 LC_{50}：44g/m^3（4h）；家兔经皮 LD_{50}：20000mg/kg。

丙酮可经呼吸道、胃肠道和皮肤吸收，对中枢神经系统有麻醉作用，蒸气对黏膜 有中度刺激性。

中毒表现　急性中毒：接触后出现乏力、恶心、头痛、头晕、容易激动。重者发生呕吐、气急、痉挛甚至昏迷。对眼、鼻、喉有刺激性。口服后，口唇、咽喉有烧灼感，后出现口干、呕吐、昏迷、酸中毒和酮症。

慢性影响：长期接触出现眩晕、灼烧感、咽炎、支气管炎、乏力、易激动等。皮肤长期反复接触可致皮炎。

侵入途径　吸入、食入、经皮吸收。

职业接触限值

中国：PC – TWA：300mg/m^3；PC – STEL：450mg/m^3。

美国（ACGIH）：TLV – TWA：500ppm；TLV – STEL：750ppm。

理化特性与用途

理化特性　无色透明液体，有芳香味，极易挥发。与水以及乙醇、乙醚、氯仿、油类、烃类等有机溶剂混溶。熔点 –95℃，沸点 56℃，相对密度（水 =1）0.8，相对蒸气密度（空气 =1）2.0，临界压力 4.72MPa，临界温度 235.5℃，蒸气压 24kPa（20℃），燃烧热 –1788.7kJ/mol，辛醇/水分配系数 –0.24，闪点 –18℃（闭杯），爆炸极限 2.2% ~13.0%，引燃温度 465℃。

主要用途　用于生产甲基丙烯酸甲酯、醋酐、环氧树脂、聚异戊二烯橡胶等；无烟火药赛璐珞、醋酸纤维、喷漆等工业中用作溶剂；在润滑油生产中，常与苯和甲苯混合作为脱蜡溶剂；也用作稀释剂、清洗剂、萃取剂。

包装与储运

包装标志　易燃液体

包装类别　Ⅱ类

安全储运　储存于阴凉、通风的库房。远离火种、热源。储存温度不超过 29℃。保持容器密封。应与氧化剂等隔离储运。禁止使用易产生火花的机械设备和工具。灌装时注意流速，有接地装置，防止静电积聚。搬运时轻装轻卸，防止容器受损。

紧急处置信息

急救措施

吸入：脱离接触，呼吸困难给吸氧。如呼吸心跳停止，立即进行心肺复苏术。就医。

眼睛接触：分开眼睑，用流动清水或生理盐水冲洗。如有不适感，就医。

皮肤接触：立即脱去污染的衣着，用肥皂水和清水彻底冲洗。就医。

食入：漱口，尽量饮水，不要催吐。就医。

灭火方法　消防人员必须穿全身防火防毒服，佩戴空气呼吸器，在上风向灭火。喷水冷却容器，尽可能将容器从火场移至空旷处。处在火场中的容器若发生异常变化或发出异常声音，必须马上撤离。

灭火剂：抗溶性泡沫、干粉、二氧化碳、砂土。

泄漏应急处置　消除所有点火源。根据液体流动和蒸气扩散的影响区域划定警戒区，无关人员从侧风、上风向撤离至安全区。建议应急处理人员戴正压自给式呼吸器，穿防静电服，戴橡胶耐油手套。作业时使用的所有设备应接地。禁止接触或跨越泄漏物。尽可能切断泄漏源。防止泄漏物进入水体、下水道、地下室或限制性空间。小量泄漏：用砂土或其他不燃材料吸收。使用洁净的无火花工具收集吸收材料。大量泄漏：构筑围堤或挖坑收容。用砂土、惰性物质或蛭石吸收大量液体。用抗溶性泡沫覆盖，减少蒸发。喷水雾能减少蒸发，但不能降低泄漏物在限制性空间内的易燃性。用防爆泵转移至槽车或专用收集器内。喷雾状水驱散蒸气、稀释液体泄漏物。

69. 丙酮氰醇

标　识

中文名称　丙酮氰醇

英文名称　Acetone cyanohydrin; 2 - Hydroxy - 2 - methylpropanenitrile; alpha - Hydroxy-isobutyronitrile

别名　2 - 羟基 - 2 - 甲基丙腈

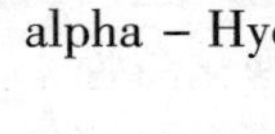

分子式　C_4H_7NO

CAS 号　75 - 86 - 5

WGH 号　61088

UN 号　1541

危害信息

危险性类别　第 6.1 类　毒害品

燃烧与爆炸危险性　可燃。其蒸气与空气能形成爆炸性混合物，遇明火、高热会引起燃烧爆炸。蒸气比空气重，能在较低处扩散到相当远的地方，遇火源会着火回燃和爆炸（闪爆）。在火场中，受热的容器或储罐由于内压增大，有开裂和爆炸的危险。

活性反应 碱性条件下，即使是常温也易发生分解。遇水会发生水解反应。接触硫酸会发生爆炸。

禁忌物 强酸、强碱、强氧化剂、强还原剂等。

毒性 大鼠经口 LD_{50}：13.5mg/kg；大鼠吸入 LCL_o：63ppm（4h）；家兔经皮 LD_{50}：17mg/kg。

本品可经呼吸道、完整皮肤及消化道吸收。在体内很易代谢为丙酮和氰化氢，其毒作用与氢氰酸相似。

本品属剧毒化学品，已列入《剧毒化学品目录》(2002 年版）。

中毒表现 多因丙酮氰醇泄漏污染衣物和皮肤，或吸入高浓度的蒸气而发生急性中毒。急性中毒潜伏期与接触量有关，一般于接触 4～5min 后出现症状。初起为头痛、心悸、无力、头昏、胸闷、恶心、呕吐，继而意识丧失，阵发性强直性抽搐，严重者可在数小时内因呼吸停止而死亡。本品蒸气对眼、呼吸道和皮肤有刺激性。

侵入途径 吸入、食入、经皮吸收。

职业接触限值

中国：MAC：3mg/m^3[按 CN 计][皮]。

美国(ACGIH)：TLV－C：5mg/m^3[皮]。

环境危害 海洋污染物；对水生生物有极高毒性，可能在水生环境中造成长期不利影响。

理化特性与用途

理化特性 无色至淡黄色液体，工业品为棕黄色透明液体。易溶于水和常用有机溶剂，不溶于石油醚和二硫化碳。熔点－19℃，沸点 95℃，相对密度(水＝1)0.93，相对蒸气密度(空气＝1)2.93，蒸气压 3.07kPa(82℃)，临界温度 341℃，临界压力 4.35MPa，辛醇/水分配系数－0.03，闪点 74℃(闭杯)，爆炸极限 2.2%～12%，引燃温度 687℃。

主要用途 是重要的有机合成中间体，用于合成甲基丙烯酸甲酯、2－甲基异丁酸乙酯、偶氮二异丁腈、杀虫剂以及金属分离提炼剂等。

包装与储运

包装标志 剧毒品，易燃液体[铁规]

包装类别 Ⅰ类

安全储运 储存于阴凉、通风的专用库房内。远离火种、热源。储存温度不超过 35℃，相对湿度不超过 85%。保持容器密封。应与氧化剂、酸类、食用化学品等隔离储运。搬运时轻装轻卸，防止容器受损。应严格执行剧毒化学品管理制度。

紧急处置信息

急救措施

吸入：迅速脱离现场到空气新鲜处，如呼吸困难，给输氧。如呼吸心跳停止，立即行心肺复苏术。就医。

眼睛接触：立即分开眼睑，用流动清水或生理盐水彻底冲洗。就医。

皮肤接触：立即脱去污染的衣着，用大量流动清水彻底冲洗。就医。

食入：漱口，饮水。就医。

用药同氰化氢中毒：亚硝酸异戊酯吸入，静脉注射亚硝酸钠和硫代硫酸钠，或肌注抗氰急救针 4－DMAP 2ml，吸氧及静滴 5% 葡萄糖、维生素 C 等。

灭火方法 消防人员必须穿全身防火防毒服，佩戴空气呼吸器，在上风向灭火。尽可

能将容器从火场移至空旷处。喷水保持火场容器冷却，直至灭火结束。处在火场中的容器若发生异常变化或发出异常声音，必须马上撤离。

灭火剂：雾状水、抗溶性泡沫、二氧化碳、干粉、砂土。

泄漏应急处置　根据液体流动和蒸气扩散的影响区域划定警戒区，无关人员从侧风、上风向撤离至安全区。消除所有点火源。建议应急处理人员戴正压自给式呼吸器，穿防毒服。作业时使用的所有设备应接地。穿上适当的防护服前严禁接触破裂的容器和泄漏物。尽可能切断泄漏源。防止泄漏物进入水体、下水道、地下室或限制性空间。严禁用水处理。小量泄漏：用干燥的砂土或其他不燃材料覆盖泄漏物。大量泄漏：构筑围堤或挖坑收容。用惰性材料或石灰粉吸收大量液体。用泵转移至槽车或专用收集器内。喷雾状水驱散蒸气、稀释液体泄漏物。

70. 丙　酮　肟

标　识

中文名称　丙酮肟

英文名称　2 – Propanone oxime；Acetoxime；Acetone oxime

别名　二甲基酮肟

分子式　C_3H_7NO

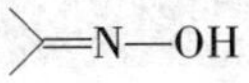

CAS 号　127 – 06 – 0

危害信息

燃烧与爆炸危险性　易燃。其粉体与空气混合能形成爆炸性混合物，遇明火高热有引起燃烧爆炸的危险。燃烧产生有毒的一氧化碳和氮氧化物气体。

禁忌物　强氧化剂。

毒性　大鼠经口 LDL_o：>500mg/kg；小鼠腹腔内 LD_{50}：4g/kg。

对眼、呼吸道和皮肤有刺激性。大量食入刺激胃肠道。

侵入途径　吸入、食入。

理化特性与用途

理化特性　白色棱晶、斜晶或粉末，有芳香味。易溶于水、醇、醚、酮、烃等有机溶剂。熔点 58 ~ 62℃，沸点 135℃，相对密度(水 = 1)0.901，蒸气压 0.41kPa(25℃)，闪点 60℃，辛醇/水分配系数 0.12。

主要用途　广泛用于锅炉水除氧剂、有机合成中间体、聚氨酯封闭剂等。

包装与储运

安全储运　储存于阴凉、通风的库房。包装密封。远离火种、热源。应与氧化剂等隔离储运。搬运时，要轻装轻卸，防止包装损坏。

紧急处置信息

急救措施

吸入：脱离接触。如有不适感，就医。

眼睛接触：分开眼睑，用流动清水或生理盐水冲洗。如有不适感，就医。

皮肤接触：脱去污染的衣着，用肥皂水和清水冲洗。如有不适感，就医。

食入：漱口，尽量饮水，不要催吐。就医。

灭火方法　消防人员须穿全身消防服，在上风向灭火。尽可能将容器从火场移至空旷处。喷水保持火场容器冷却，直至灭火结束。

灭火剂：雾状水、抗溶性泡沫、二氧化碳、干粉、砂土。

泄漏应急处置　隔离泄漏污染区，限制出入。消除所有点火源。建议应急处理人员戴防尘口罩，穿防毒防酸碱服，戴橡胶耐酸碱手套。穿上适当的防护服前严禁接触破裂的容器和泄漏物。尽可能切断泄漏源。用塑料布覆盖泄漏物，减少飞散。勿使水进入包装容器内。用洁净的铲子收集泄漏物，置于干净、干燥、盖子较松的容器中，将容器移离泄漏区。

71. 丙　烷

标　识

中文名称　丙烷

英文名称　Propane；*n*-Propane

别名　正丙烷

分子式　C_3H_8

CAS 号　74－98－6

WGH 号　21011

UN 号　1978

危害信息

危险性类别　第 2.1 类　易燃气体

燃烧与爆炸危险性　易燃。与空气混合能形成爆炸性混合物，遇热源和明火有燃烧爆炸的危险。比空气重，能在较低处扩散到相当远的地方，遇火源会着火回燃和爆炸(闪爆)。

活性反应　与硝酸、浓硫酸、高锰酸钾、重铬酸盐、液氯、次氯酸钠等氧化剂发生剧烈反应，甚至导致燃烧爆炸。

禁忌物　强氧化剂、强酸、强碱、卤素等。

毒性　大鼠吸入 50000mg/m^3 时，无中毒反应。

本品有麻醉作用，对眼和皮肤无刺激。

中毒表现　急性中毒：吸入丙烷后仅有不同程度头晕。工业生产中常接触到的是丙烷、乙烷或丁烷等混合气体，可引起头晕、头痛、兴奋或嗜睡、恶心、呕吐、脉缓等症状，严重时表现为麻醉状态及意识丧失。皮肤接触液态本品可引起冻伤。

慢性影响：长期低浓度吸入丙烷、丁烷者，出现神经衰弱综合征及多汗、脉搏不稳定、立毛肌反射增强、皮肤划痕症等自主神经功能紊乱现象，并有发生肢体远端感觉减退者。

侵入途径　吸入。

职业接触限值　美国(ACGIH)：TLV－TWA：2500ppm。

理化特性与用途

理化特性　常温常压下为无色气体。微溶于水，溶于乙醇、乙醚。熔点－189.7℃，沸点－42.1℃，相对密度(水＝1)(水＝1)0.58(－44.5℃)，相对蒸气密度(空气＝1)1.6，蒸气压 840kPa(20℃)，临界压力 4.25MPa，临界温度 96.8℃，辛醇/水分配系数 2.36，闪点

－104℃，爆炸极限2.1%～9.5%，引燃温度450℃。

主要用途　用作燃料和冷冻剂，制造乙烯和丙烯的原料，也用于有机合成。

包装与储运

包装标志　易燃气体

安全储运　储存于阴凉、通风的库房。远离火种、热源。储存温度不超过30℃。切勿与氧化剂、卤素等混储混运。禁止使用易产生火花的机械设备和工具。搬运时须戴好钢瓶安全帽和防震橡皮圈，防止钢瓶撞击。

紧急处置信息

急救措施

吸入：脱离接触。如呼吸困难，给吸氧。如呼吸心跳停止，立即行心肺复苏术。就医

皮肤：如发生冻伤，用温水(38～42℃)复温，忌用热水或辐射热，不要揉搓。

灭火方法　切断气源。若不能切断气源，则不允许熄灭泄漏处的火焰。消防人员必须穿全身消防服，在上风向灭火。喷水冷却容器，尽可能将容器从火场移至空旷处。

灭火剂：雾状水、干粉、二氧化碳。

泄漏应急处置　消除所有点火源。根据气体的影响区域划定警戒区，无关人员从侧风、上风向撤离至安全区。建议应急处理人员戴正压自给式呼吸器，穿防静电服。液化气体泄漏时穿防静电、防寒服。作业时使用的所有设备应接地。禁止接触或跨越泄漏物。尽可能切断泄漏源。若可能翻转容器，使之逸出气体而非液体。喷雾状水抑制蒸气或改变蒸气云流向，避免水流接触泄漏物。禁止用水直接冲击泄漏物或泄漏源。防止气体通过下水道、通风系统和限制性空间扩散。隔离泄漏区直至气体散尽。

72. 丙　烯

标　识

中文名称　丙烯

英文名称　1－Propene；Propylene；Propene

分子式　C_3H_6

CAS号　115－07－1

WGH号　21018

UN号　1077

危害信息

危险性类别　第2.1类　易燃气体

燃烧与爆炸危险性　极易燃。与空气混合能形成爆炸性混合物，遇热源和明火有燃烧爆炸的危险。比空气重，能在较低处扩散到相当远的地方，遇火源会着火回燃和爆炸(闪爆)。

活性反应　催化剂(酸等)或引发剂(有机过氧化物等)存在时，易发生聚合，放出大量的热量。高温、高压下易发生爆炸性分解，生成碳、氢气和甲烷。与强氧化剂发生剧烈反应。用二氧化氮或发烟硝酸氧化丙烯生成乳酸的反应易发生爆炸。

禁忌物　强氧化剂、强酸、氮氧化物等。

毒性 大鼠吸入 LC：>86000mg/m³(4h)。

本品为单纯窒息剂及轻度麻醉剂。

中毒表现 眼和上呼吸道刺激症状有流泪、咳嗽、胸闷等。中枢神经系统抑制症状有注意力不集中、表情淡漠、感觉异常、呕吐、眩晕、四肢无力、步态蹒跚、肌张力和肌力下降、膝反射亢进等。可有食欲不振及肝酶异常。严重中毒时出现血压下降和心律失常。直接接触液态产品可引起冻伤。

侵入途径 吸入。

理化特性与用途

理化特性 无色气体，略带烃类特有的气味。微溶于水，溶于乙醇和乙醚。熔点-185℃，沸点-48℃，相对密度(水=1)0.5，相对蒸气密度(空气=1)1.5，燃烧热-1927.26kJ/mol，临界压力4.62MPa，临界温度91.9℃，蒸气压1158kPa(25℃)，辛醇/水分配系数1.77，闪点-108℃，爆炸极限2.4%~10.3%，引燃温度460℃。

主要用途 用于生产聚丙烯、丙烯腈、辛醇、异丁醇、异丙苯、丙烯酸、环氧丙烷等。

包装与储运

包装标志 易燃气体

安全储运 储存于阴凉、通风的库房。远离火种、热源。储存温度不超过30℃。应与氧化剂、可燃物、有机物等隔离储运。禁止使用易产生火花的机械设备和工具。搬运时钢瓶须戴安全帽和防震橡皮圈，防止钢瓶碰撞。

紧急处置信息

急救措施

吸入：脱离接触。如呼吸困难，给吸氧。如呼吸心跳停止，立即行心肺复苏术。就医

皮肤：如发生冻伤，用温水(38~42℃)复温，忌用热水或辐射热，不要揉搓。就医。

灭火方法 切断气源。若不能切断气源，则不允许熄灭泄漏处的火焰。消防人员必须穿全身消防服，佩戴空气呼吸器，在上风向灭火。喷水冷却容器，尽可能将容器从火场移至空旷处。

灭火剂：干粉、二氧化碳。

泄漏应急处置 根据气体的影响区域划定警戒区，无关人员从侧风、上风向撤离至安全区。消除所有点火源。应急人员应戴正压自给式呼吸器，穿防静电服。使用防爆等级达到要求的通讯工具。采取关闭阀门或堵漏等措施切断气源，并用雾状水保护抢险人员。防止气体通过下水道、通风系统和限制性空间扩散。紧急排入系统火炬管网。隔离泄漏区直至气体散尽。

73. 丙 烯 腈

标 识

中文名称 丙烯腈

英文名称 2-Propenenitrile；Acrylonitrile；Cyanoethylene。

别名 氰基乙烯；乙烯基氰

分子式 C_3H_3N

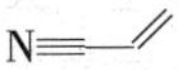

CAS 号 107－13－1

WGH 号 32162；T31262［铁规］

UN 号 1093

危害信息

危险性类别 第 3 类 易燃液体

燃烧与爆炸危险性 极易燃。其蒸气与空气能形成爆炸性混合物，遇明火、高热易引起燃烧或爆炸。燃烧放出有毒气体。在火场高温下，能发生聚合放热，使容器破裂。

活性反应 过氧化二苯甲酰、过氧化二叔丁烷、偶氮异丁腈等强氧化剂可引发丙烯腈的聚合反应，在一定条件下甚至会发生爆聚，导致燃烧爆炸事故。强碱或酸会引发丙烯腈的剧烈聚合反应。与强酸（硫酸、硝酸）接触发生剧烈反应，生成剧毒的氰化氢气体。与溴或固体硝酸银接触会发生热失控反应，导致爆炸。

禁忌物 强氧化剂、酸类、碱类。

毒性 大鼠经口 LD_{50}：78mg/kg；大鼠吸入 LC_{50}：333ppm（4h）；大鼠经皮 LD：148mg/kg；家兔经皮 LD_{50}：250mg/kg；人吸入 LCL_o：1000mg/m^3（1h）。

本品可经呼吸道、胃肠道和完整皮肤进入体内。在体内析出氰根，抑制呼吸酶；对呼吸中枢有直接麻醉作用。急性中毒表现与氢氰酸相似。

本品属剧毒化学品，已列入《剧毒化学品目录》（2002 年版）。

IARC 对本品的致癌性分类：G2B——可疑人类致癌物。

欧盟指令 67/548/EEC 将本品列为第 2 类致癌物——可能为人类致癌物。

中毒表现 急性中毒：轻度中毒出现头痛、头昏、上腹部不适、恶心、呕吐、手足麻木、胸闷、呼吸困难、腱反射亢进、嗜睡状态或意识模糊，可有血清转氨酶升高、心电图或心肌酶谱异常。在轻度中毒的基础上，出现以下一项者为重度中毒：癫痫大发作样抽搐、昏迷、肺水肿。

慢性影响：长期接触可引起神经衰弱综合征、低血压倾向、肝损害，或有甲状腺吸碘率降低。接触液体可致皮炎。

侵入途径 吸入、食入、经皮吸收。

职业接触限值

中国：PC－TWA：1mg/m^3［皮］［G2B］；PC－STEL：2mg/m^3［皮］［G2B］。

美国（ACGIH）：TLV－TWA：2ppm［皮］。

环境危害 对水生生物有毒，可能在水生环境中造成长期不利影响。有害空气污染物。

理化特性与用途

理化特性 无色透明液体，有刺激性气味。微溶于水，与苯、丙酮、甲醇等多数有机溶剂互溶。熔点－83.6℃，沸点 77.3℃，相对密度（水＝1）0.81，相对蒸气密度（空气＝1）1.83，临界温度 246℃，临界压力 3.54MPa，蒸气压 11.07kPa（20℃），燃烧热－1761.5kJ/mol，辛醇/水分配系数 0.25，闪点－1℃（闭杯），爆炸极限 3.0%～17%，自燃温度 481℃。

主要用途 用于生产聚丙烯腈纤维、ABS/SAN 树脂、丁腈橡胶、聚丙烯酰胺和其他精细化工产品。

包装与储运

包装标志 易燃液体，剧毒品

包装类别 Ⅰ类

安全储运 通常商品加有稳定剂。储存于阴凉、通风的专用库房内。远离火种、热源。储存温度不超过32℃，相对湿度不超过85%。密封包装，不可与空气接触。应与氧化剂、酸类、碱类、食用化学品等隔离储运。禁止使用易产生火花的机械设备和工具。必须随时检查阻聚剂的含量。搬运时轻装轻卸，防止容器受损。应严格执行剧毒化学品管理制度。

紧急处置信息

急救措施

吸入：迅速脱离现场至空气新鲜处。保持呼吸道通畅。如呼吸困难，给输氧。呼吸、心跳停止，立即进行心肺复苏术。就医。

眼睛接触：立即分开眼睑，用流动清水或生理盐水彻底冲洗。就医。

皮肤接触：立即脱去污染的衣着，用肥皂水和清水彻底冲洗。就医。

食入：催吐，给服活性炭悬液。就医。

使用亚硝酸钠和硫代硫酸钠解毒剂。也可用硫代硫酸钠加口服对氨基苯丙酮。

灭火方法 消防人员必须穿防火防毒服，佩戴空气呼吸器，在掩蔽处操作。用水灭火无效，但须用水保持火场容器冷却。处在火场中的容器若发生异常变化或发出异常声音，必须马上撤离。

灭火剂：抗溶性泡沫、二氧化碳、干粉、砂土。

泄漏应急处置 消除所有点火源。根据液体流动和蒸气扩散的影响区域划定警戒区，无关人员从侧风、上风向撤离至安全区。建议应急处理人员戴正压自给式呼吸器，穿防毒、防静电服，戴橡胶耐油手套。作业时使用的所有设备应接地。禁止接触或跨越泄漏物。尽可能切断泄漏源。防止泄漏物进入水体、下水道、地下室或限制性空间。小量泄漏：用砂土或其他不燃材料吸收。使用洁净的无火花工具收集吸收材料。大量泄漏：构筑围堤或挖坑收容。用砂土、惰性物质或蛭石吸收大量液体。用抗溶性泡沫覆盖，减少蒸发。喷水雾能减少蒸发，但不能降低泄漏物在限制性空间内的易燃性。用防爆泵转移至槽车或专用收集器内。喷雾状水驱散蒸气、稀释液体泄漏物。

74. 丙烯腈－丙烯酸钾共聚物

标 识

中文名称 丙烯腈－丙烯酸钾共聚物

英文名称 Potassium acrylate-acrylonitrile copolymer

危害信息

活性反应 与强氧化剂反应。

禁忌物 强氧化剂。

侵入途径 吸入、食入。

理化特性与用途

理化特性 白色或淡黄色自由流动粉末。易溶于水，水溶液呈弱碱性。pH值7～9。

主要用途 用作钻井液处理剂，适用于阴离子、两性离子型水基钻井体系。

包装与储运

安全储运　储存于阴凉、通风的库房。包装密封。远离火种、热源。应与氧化剂等隔离储运。

紧急处置信息

急救措施

吸入：脱离接触。如有不适感，就医。

眼睛接触：分开眼睑，用流动清水或生理盐水冲洗。如有不适感，就医。

皮肤接触：脱去污染的衣着，用肥皂水和清水冲洗。如有不适感，就医。

食入：漱口，饮水。就医。

泄漏应急处置　建议应急处理人员戴防尘口罩，穿防毒防酸碱服，戴橡胶耐酸碱手套。用洁净的铲子收集泄漏物，置于干净、干燥、盖子较松的容器中，将容器移离泄漏区。

75. 丙　烯　醛

标　　识

中文名称　丙烯醛

英文名称　Acrolein(inhibited)；Allylaldehyde；2 – Propenal

别名　烯丙醛

分子式　C_3H_4O

CAS 号　107 – 02 – 8

WGH 号　31024

UN 号　1092

危害信息

危险性类别　第 3 类　易燃液体；第 6.1 类　有毒品

燃烧与爆炸危险性　极易燃。其蒸气与空气混合能形成爆炸性混合物，遇明火、高热极易燃烧或爆炸。受热分解或燃烧释放出有毒烟气。在高温火场中，受热的容器或储罐有破裂和爆炸的危险。

活性反应　与氧化剂接触剧烈反应。与酸类、碱类、氨、胺类、过氧化物接触发生反应。

禁忌物　氧化剂、酸类、碱类、氨、胺类、过氧化物。

毒性　大鼠经口 LD_{50}：26mg/kg；小鼠经口 LD_{50}：14mg/kg；大鼠吸入 LC_{50}：18mg/m^3(4h)；家兔经皮 LD_{50}：200mg/kg。

本品有强烈刺激性。

本品属剧毒化学品，已列入《剧毒化学品目录》(2002 年版)。

中毒表现　吸入蒸气损害呼吸道，出现咽喉炎、胸部压迫感、支气管炎；大量吸入可致肺炎、肺水肿，还可出现休克、肾炎及心力衰竭。可致死。液体及蒸气损害眼睛；皮肤接触可致灼伤。口服引起口腔及胃刺激或灼伤。

侵入途径　吸入、食入、经皮吸收。

职业接触限值

中国：MAC：0.3mg/m^3[皮]。

美国(ACGIH)：TLV－C：0.1ppm[皮]。

环境危害 对水生生物有极高毒性；海洋污染物。

理化特性与用途

理化特性 无色或淡黄色液体，有恶臭。溶于水，易溶于乙醇、丙酮等多数有机溶剂。pH值6(10%水溶液)，熔点－87.7℃，沸点52.5℃，相对密度(水＝1)0.84，相对蒸气密度(空气＝1)1.94，蒸气压29.33kPa(20℃)，燃烧热－1625.74kJ/mol，临界压力5.06MPa，辛醇/水分配系数－0.01～0.9，闪点－26℃(闭杯)，引燃温度234℃，爆炸极限2.8%～31.0%。

主要用途 为合成树脂工业的重要原料之一，也大量用于有机合成与药物合成。

包装与储运

包装标志 有毒品，易燃液体

包装类别 Ⅰ类

安全储运 储存于阴凉、通风的库房。远离火种、热源，避免阳光直射。储存温度不超过30℃，相对湿度不超过80%。保持容器密封。炎热季节早晚运输。应与氧化剂、强酸、氨、胺等隔离储运。禁止使用铜制设备。禁止使用易产生火花的机械设备和工具。搬运时轻装轻卸，防止容器受损。应严格执行剧毒化学品管理制度。

紧急处置信息

急救措施

吸入：迅速脱离现场至空气新鲜处。保持呼吸道通畅。如呼吸困难，给输氧。呼吸、心跳停止，立即进行心肺复苏术。就医。

眼睛接触：立即分开眼睑，用大量流动清水或生理盐水彻底冲洗10～15min。就医。

皮肤接触：立即脱去污染的衣着，用大量流动清水彻底冲洗，冲洗时间一般要求20～30min。就医。

食入：用水漱口，禁止催吐。给饮牛奶或蛋清。就医。

灭火方法 消防人员须穿全身防火防毒服，佩戴空气呼吸器，在上风向灭火。尽可能将容器从火场移至空旷处。喷水保持火场容器冷却，直至灭火结束。处在火场中的容器若发生异常变化或发出异常声音，须马上撤离。

灭火剂：抗溶性泡沫、二氧化碳、干粉、砂土。用水灭火无效。

泄漏应急处置 消除所有点火源。根据液体流动和蒸气扩散的影响区域划定警戒区，无关人员从侧风、上风向撤离至安全区。建议应急处理人员戴正压自给式呼吸器，穿防静电、防腐蚀、防毒服，戴橡胶耐油手套。作业时使用的所有设备应接地。禁止接触或跨越泄漏物。尽可能切断泄漏源。防止泄漏物进入水体、下水道、地下室或限制性空间。小量泄漏：用砂土或其他不燃材料吸收。使用洁净的无火花工具收集吸收材料。大量泄漏：构筑围堤或挖坑收容。用硫酸氢钠($NaHSO_4$)中和。用抗溶性泡沫覆盖，减少蒸发。喷水雾能减少蒸发，但不能降低泄漏物在限制性空间内的易燃性。用防爆、耐腐蚀泵转移至槽车或专用收集器内。喷雾状水驱散蒸气、稀释液体泄漏物。

76. 丙 烯 酸

标 识

中文名称 丙烯酸

英文名称 2 - Propenoic acid；Acrylic acid

分子式 $C_3H_4O_2$

CAS 号 79 - 10 - 7

WGH 号 81617

UN 号 2218

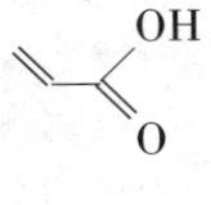

危害信息

危险性类别 第8.1类 酸性腐蚀品

燃烧与爆炸危险性 易燃。蒸气与空气能形成爆炸性混合物，遇明火、高热引起燃烧或爆炸。在火场中，由于发生聚合反应放出大量热量而引起容器或储罐破裂和爆炸事故。

活性反应 能腐蚀铁和钢。接触过氧化物、强碱、胺、发烟硫酸等均会导致丙烯酸爆聚。

禁忌物 强氧化剂、强碱。

毒性 大鼠经口 LD_{50}：33.5mg/kg；小鼠经口 LD_{50}：2400mg/kg；小鼠吸入 LC_{50}：5300mg/m^3(2h)；家兔经皮 LD_{50}：0.28mL/kg。

本品对皮肤、眼睛有强烈刺激作用，伤处愈合慢。接触后可发生呼吸道刺激症状。

侵入途径 吸入、食入、经皮吸收。

职业接触限值

中国：PC - TWA：6mg/m^3[皮]。

美国(ACGIH)：TLV - TWA：2ppm[皮]。

环境危害 对水生生物有极高毒性；有害空气污染物。

理化特性与用途

理化特性 无色液体，有刺激性气味。与水、乙醇、乙醚混溶。熔点13℃，沸点141℃，相对密度(水=1)1.05，相对蒸气密度(空气=1)2.45，蒸气压1.33kPa(39.9℃)，燃烧热 -1366.9kJ/mol，临界温度342℃，临界压力5.66MPa，辛醇/水分配系数0.36，闪点54℃(闭杯)、54.5℃(开杯)，爆炸极限2.4%～8.0%，引燃温度360℃。

主要用途 用于制备丙烯酸树脂等，也用于其他有机合成。

包装与储运

包装标志 腐蚀品，易燃液体

包装类别 Ⅱ类

安全储运 通常商品加有阻聚剂。储存于阴凉、通风的库房。远离火种、热源。储存温度不宜超过5℃(装于受压容器中例外)，相对湿度不宜大于80%。包装要求密封，不可与空气接触。应与氧化剂、碱类等隔离储运。不宜大量储存或久存。若须长期储存，每1～2月测定一次稳定性，如果发现有初聚、发热、涨桶等异状时应立即处理。搬运时轻装轻卸，防止容器受损。

紧急处置信息

急救措施

吸入： 迅速脱离现场至空气新鲜处。保持呼吸道通畅。如呼吸困难，给输氧。呼吸、心跳停止，立即进行心肺复苏术。就医。

眼睛接触： 立即分开眼睑，用大量流动清水或生理盐水彻底冲洗10～15min。就医。

皮肤接触： 立即脱去污染的衣着，用大量流动清水彻底冲洗，冲洗时间一般要求20～30min。就医。

食入： 用水漱口，禁止催吐。给饮牛奶或蛋清。就医。

灭火方法 消防人员必须穿耐酸碱防护服、防护靴、佩戴空气呼吸器，在安全距离以外，在上风向灭火。喷水保持火场中的容器冷却，直至灭火结束。处在火场中的容器若发生异常变化或发出异常声音，必须马上撤离。

灭火剂：雾状水、抗溶性泡沫、干粉、二氧化碳。

泄漏应急处置 消除所有点火源。根据液体流动和蒸气扩散的影响区域划定警戒区，无关人员从侧风、上风向撤离至安全区。建议应急处理人员戴正压自给式呼吸器，穿防静电、防腐蚀、防毒服，戴橡胶耐酸碱手套。作业时使用的所有设备应接地。禁止接触或跨越泄漏物。尽可能切断泄漏源。防止泄漏物进入水体、下水道、地下室或限制性空间。小量泄漏：用砂土或其他不燃材料吸收。使用洁净的无火花工具收集吸收材料。大量泄漏：构筑围堤或挖坑收容。用抗溶性泡沫覆盖，减少蒸发。喷水雾能减少蒸发，但不能降低泄漏物在限制性空间内的易燃性。用碎石灰石($CaCO_3$)、苏打灰(Na_2CO_3)或石灰(CaO)中和。用防爆、耐腐蚀泵转移至槽车或专用收集器内。

77. 丙烯酸－2－丙烯酰基－2－甲基丙基膦酸共聚物

标　识

中文名称 丙烯酸－2－丙烯酰基－2－甲基丙基膦酸共聚物

英文名称 AA/AMPP copolymer

危害信息

活性反应 与碱反应。

禁忌物 碱类。

侵入途径 吸入、食入。

理化特性与用途

理化特性 无色至淡黄色透明黏稠水溶液。固体含量28%～32%，pH值2～3。

主要用途 是一种多功能水处理剂。

包装与储运

安全储运 储存于阴凉、通风的库房。保持容器密封。远离火种、热源。应与氧化剂等隔离储运。搬运时轻装轻卸，防止容器受损。

紧急处置信息

急救措施

吸入： 脱离接触。如有不适感，就医。

眼睛接触： 分开眼睑，用流动清水或生理盐水冲洗。如有不适感，就医。

皮肤接触： 脱去污染的衣着，用肥皂水和清水冲洗。如有不适感，就医。

食入： 漱口，饮水。就医。

泄漏应急处置 消除所有点火源。根据液体流动和蒸气扩散的影响区域划定警戒区，无关人员从侧风、上风向撤离至安全区。建议应急处理人员戴正压自给式呼吸器，穿防静电、防腐蚀服，戴橡胶手套。尽可能切断泄漏源。防止泄漏物进入水体、下水道、地下室或限制性空间。小量泄漏：用干燥的砂土或其他不燃材料吸收或覆盖，收集于容器中。大量泄漏：构筑围堤或挖坑收容。

78. 丙烯酸－AMPS－次磷酸钠共聚物

标　识

中文名称 丙烯酸－AMPS－次磷酸钠共聚物
英文名称 Telomer of acrylic acid，AMPS and sodium hypophosphite
别名 丙烯酸－2－丙烯酰基－2－甲基丙磺酸钠－次磷酸钠调聚物
CAS 号 26677－99－6

危害信息

活性反应 与碱反应。
禁忌物 碱类。
侵入途径 吸入、食入。

理化特性与用途

理化特性 淡黄色透明黏稠液体，有醋酸味。溶于水和乙二醇。固体含量50%，pH值2.5～3.5(1%水溶液)，密度1.22～1.26g/cm^3，沸点103～105℃，凝固点－12～－3℃。

主要用途 是新型高效水处理剂，能有效抑制水系统磷酸钙结垢，并有优异的缓蚀性能。

包装与储运

安全储运 储存于阴凉、通风的库房。保持容器密封。远离火种、热源。应与氧化剂等隔离储运。搬运时轻装轻卸，防止容器受损。

紧急处置信息

急救措施
吸入：脱离接触。如有不适感，就医。
眼睛接触：分开眼睑，用流动清水或生理盐水冲洗。如有不适感，就医。
皮肤接触：脱去污染的衣着，用肥皂水和清水冲洗。如有不适感，就医。
食入：漱口，尽量饮水，不要催吐。就医。

泄漏应急处置 消除所有点火源。根据液体流动和蒸气扩散的影响区域划定警戒区，无关人员从侧风、上风向撤离至安全区。建议应急处理人员戴正压自给式呼吸器，穿防静电、防腐蚀服，戴橡胶手套。尽可能切断泄漏源。防止泄漏物进入水体、下水道、地下室或限制性空间。小量泄漏：用干燥的砂土或其他不燃材料吸收或覆盖，收集于容器中。大量泄漏：构筑围堤或挖坑收容。

79. 丙烯酸－丙烯磺酸钠共聚物

标　识

中文名称　丙烯酸－丙烯磺酸钠共聚物

英文名称　Acrylic acid/allylsulfonic acid, sodium salt copolymer

危害信息

活性反应　与强氧化剂反应。

禁忌物　强氧化剂、水、强碱。

侵入途径　吸入、食入。

理化特性与用途

理化特性　白色或浅黄色粉末，易吸潮。极易溶于水。

主要用途　用作水基钻井液的降黏剂，特别用于不分散聚合物钻井液，具有降滤失、改善泥饼质量的作用。

包装与储运

安全储运　储存于阴凉、通风的库房。包装密封。远离火种、热源。应与氧化剂等隔离储运。

紧急处置信息

急救措施

吸入：脱离接触。如有不适感，就医。

眼睛接触：分开眼睑，用流动清水或生理盐水冲洗。如有不适感，就医。

皮肤接触：脱去污染的衣着，用肥皂水和清水冲洗。如有不适感，就医。

食入：漱口，尽量饮水，催吐。就医。

泄漏应急处置　消除所有点火源。隔离泄漏污染区，限制出入。建议应急处理人员戴防尘口罩，穿防护服，戴橡胶手套。作业时使用的所有设备应接地。穿上适当的防护服前严禁接触破裂的容器和泄漏物。尽可能切断泄漏源。用塑料布覆盖泄漏物，减少飞散。勿使水进入包装容器内。用洁净的铲子收集泄漏物，置于干净、干燥、盖子较松的容器中，将容器移离泄漏区。

80. 丙烯酸－丙烯酸－β－羟丙酯－次磷酸钠调聚物

标　识

中文名称　丙烯酸－丙烯酸－β－羟丙酯－次磷酸钠调聚物

英文名称　Telomer of acrylic acid, 2－hydroxy propyl acrylate and sodium hypophosphite

别名　丙烯酸－丙烯酸－β－羟丙酯－次磷酸钠共聚物

CAS 号　99308－03－9

危害信息

禁忌物　强碱。

侵入途径　吸入、食入。

理化特性与用途

理化特性　黄色透明液体。

主要用途　本品能有效抑制水系统碳酸钙和磷酸钙结垢，适用于钙离子浓度≥300mg/L的循环冷却水值系统，还宜在锅炉水系统，洗涤塔系统，盐水脱盐、除尘系统以及反渗透等水系统中使用。

包装与储运

安全储运　储存于阴凉、通风的库房。保持容器密封。远离火种、热源。应与氧化剂等隔离储运。搬运时轻装轻卸，防止容器受损。

紧急处置信息

急救措施

吸入：脱离接触。如有不适感，就医。

眼睛接触：分开眼睑，用流动清水或生理盐水冲洗。如有不适感，就医。

皮肤接触：脱去污染的衣着，用肥皂水和清水冲洗。如有不适感，就医。

食入：漱口，尽量饮水，催吐。就医。

泄漏应急处置　消除所有点火源。根据液体流动和蒸气扩散的影响区域划定警戒区，无关人员从侧风、上风向撤离至安全区。建议应急处理人员戴正压自给式呼吸器，穿防静电、防腐蚀服，戴橡胶手套。尽可能切断泄漏源。防止泄漏物进入水体、下水道、地下室或限制性空间。小量泄漏：用干燥的砂土或其他不燃材料吸收或覆盖，收集于容器中。大量泄漏：构筑围堤或挖坑收容。

81. 丙烯酸－丙烯酸－β－羟丙酯共聚物

标　识

中文名称　丙烯酸－丙烯酸－β－羟丙酯共聚物

英文名称　Acrylic acid－β－hydroxypropyl acrylate copolymer

别名　AA/HPA 共聚物

CAS 号　55719－33－0

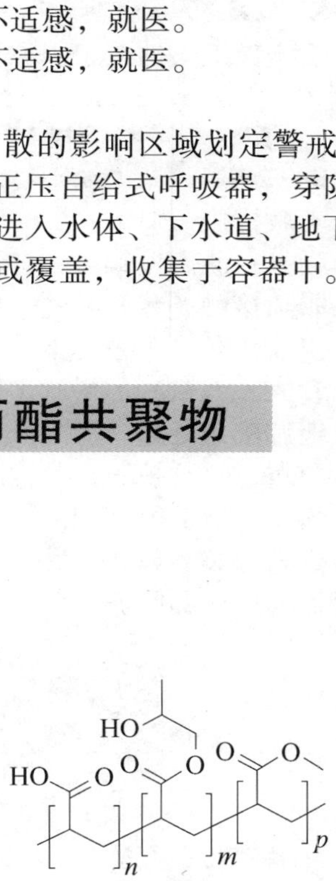

危害信息

活性反应　与碱反应。

禁忌物　碱类。

侵入途径　吸入、食入。

理化特性与用途

理化特性 无色或黄色黏稠液体(相对分子质量500～100000)。溶于水。固体含量26%～32%，pH值7.5±1(1%水溶液)，密度1.1～1.2g/cm³(20℃)。

主要用途 主要用作供暖加热器和非蒸发性锅炉炉内水处理、各种循环冷却水、含钙量很高的油田回注水的阻垢分散剂。

包装与储运

安全储运 储存于阴凉、通风的库房。保持容器密封。远离火种、热源。应与氧化剂等隔离储运。搬运时轻装轻卸，防止容器受损。

紧急处置信息

急救措施

吸入： 脱离接触。如有不适感，就医。

眼睛接触： 分开眼睑，用流动清水或生理盐水冲洗。如有不适感，就医。

皮肤接触： 脱去污染的衣着，用肥皂水和清水冲洗。如有不适感，就医。

食入： 漱口，尽量饮水，催吐。就医。

泄漏应急处置 消除所有点火源。根据液体流动和蒸气扩散的影响区域划定警戒区，无关人员从侧风、上风向撤离至安全区。建议应急处理人员戴正压自给式呼吸器，穿防静电、防腐蚀服，戴橡胶手套。尽可能切断泄漏源。防止泄漏物进入水体、下水道、地下室或限制性空间。小量泄漏：用干燥的砂土或其他不燃材料吸收或覆盖，收集于容器中。大量泄漏：构筑围堤或挖坑收容。

82. 丙烯酸－丙烯酸甲酯共聚物

标　识

中文名称 丙烯酸－丙烯酸甲酯共聚物

英文名称 Acrylic acid/methyl acrylate copolymer；2－Propenoic acid, polymer with methyl 2－propenoate

分子式 $\left[C_3H_4O_2 \right]_n \left[C_4H_6O_2 \right]_m$

CAS号 25302－81－2

危害信息

燃烧与爆炸危险性 可燃。其蒸气与空气混合能形成爆炸性混合物，遇明火、高热易燃烧或爆炸。燃烧产生有毒的一氧化碳气体。在高温火场中，受热的容器或储罐有破裂和爆炸的危险。

活性反应 与强氧化剂、强碱反应。

禁忌物 强氧化剂、碱类。

侵入途径 吸入、食入。

理化特性与用途

理化特性 无色或淡黄色黏稠液体(丙烯酸：丙烯酸甲酯＝4∶1～5∶1(mol))。溶于水，不溶于烃类溶剂。固体含量 26% ~32%，pH 值 2.0 ~3.0(1% 水溶液)，密度 1.1 ~1.2g/cm^3(20℃)。

主要用途　用作循环冷却水处理的主要阻垢分散剂。

包装与储运

安全储运　储存于阴凉、通风的库房。保持容器密封。远离火种、热源。应与氧化剂等隔离储运。搬运时轻装轻卸，防止容器受损。

紧急处置信息

急救措施

吸入：脱离接触。如有不适感，就医。

眼睛接触：分开眼睑，用流动清水或生理盐水冲洗。如有不适感，就医。

皮肤接触：脱去污染的衣着，用肥皂水和清水冲洗。如有不适感，就医。

食入：漱口，尽量饮水，催吐。就医。

灭火方法　消防人员须穿全身消防服，佩戴空气呼吸器，在上风向灭火。尽可能将容器从火场移至空旷处。喷水保持火场容器冷却，直至灭火结束。处在火场中的容器若发生异常变化或发出异常声音，须马上撤离。

灭火剂：抗溶性泡沫、二氧化碳、干粉、砂土。

泄漏应急处置　消除所有点火源。根据液体流动和蒸气扩散的影响区域划定警戒区，无关人员从侧风、上风向撤离至安全区。建议应急处理人员戴正压自给式呼吸器，穿防静电、防腐蚀服，戴橡胶手套。尽可能切断泄漏源。防止泄漏物进入水体、下水道、地下室或限制性空间。小量泄漏：用干燥的砂土或其他不燃材料吸收或覆盖，收集于容器中。大量泄漏：构筑围堤或挖坑收容。

83. 丙烯酸－丙烯酸酯共聚物

标　识

中文名称　丙烯酸－丙烯酸酯共聚物

英文名称　Acrylates copolymer; Acrylic acid－arcylate copolymer

CAS 号　25133－97－5

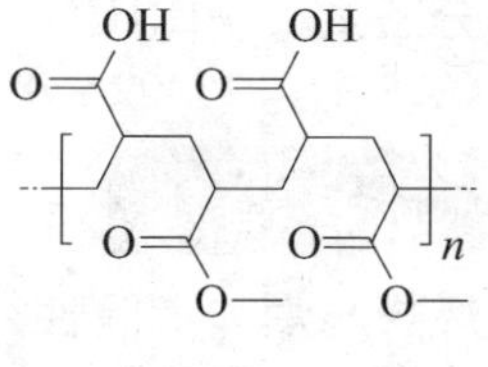

危害信息

燃烧与爆炸危险性　可燃。其蒸气与空气混合能形成爆炸性混合物，遇明火、高热易燃烧或爆炸。燃烧产生有毒的一氧化碳气体。在高温火场中，受热的容器或储罐有破裂和爆炸的危险。

活性反应　与强氧化剂反应。

禁忌物　强氧化剂。

侵入途径　吸入、食入。

理化特性与用途

理化特性　无色至淡黄色黏稠液体。固含量 26% ~28%，pH 值 2 ~3(1% 水溶液)，密度 1.1～1.2g/cm³(20℃)。

主要用途 主要用作工业循环冷却水、油田注水采集及锅炉水系统的阻垢分散剂。

包装与储运

安全储运 储存于阴凉、通风的库房。保持容器密封。远离火种、热源。应与氧化剂等隔离储运。搬运时轻装轻卸，防止容器受损。

紧急处置信息

急救措施

吸入：脱离接触。如有不适感，就医。

眼睛接触：分开眼睑，用流动清水或生理盐水冲洗。如有不适感，就医。

皮肤接触：脱去污染的衣着，用肥皂水和清水冲洗。如有不适感，就医。

食入：漱口，尽量饮水，催吐。就医。

灭火方法 消防人员须穿全身消防服，佩戴空气呼吸器，在上风向灭火。尽可能将容器从火场移至空旷处。喷水保持火场容器冷却，直至灭火结束。处在火场中的容器若发生异常变化或发出异常声音，须马上撤离。

灭火剂：抗溶性泡沫、二氧化碳、干粉、砂土。

泄漏应急处置 消除所有点火源。根据液体流动和蒸气扩散的影响区域划定警戒区，无关人员从侧风、上风向撤离至安全区。建议应急处理人员戴正压自给式呼吸器，穿防静电、防腐蚀服，戴橡胶手套。尽可能切断泄漏源。防止泄漏物进入水体、下水道、地下室或限制性空间。小量泄漏：用干燥的砂土或其他不燃材料吸收或覆盖，收集于容器中。大量泄漏：构筑围堤或挖坑收容。

84. 丙烯酸－丙烯酰胺共聚物

标　识

中文名称 丙烯酸－丙烯酰胺共聚物

英文名称 Acrylic acid/acrylamide copolymer; Poly(acrylic acid－co－acrylamide)

别名 阴离子聚丙烯酰胺

CAS 号 9003－06－9

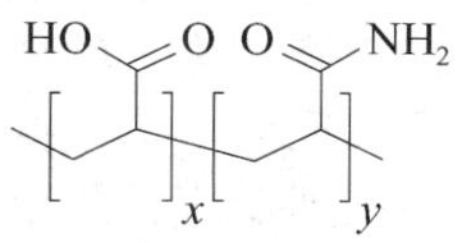

危害信息

活性反应 与强氧化剂反应。

禁忌物 强氧化剂、水。

侵入途径 吸入、食入。

理化特性与用途

理化特性 细砂状白色粉末，易吸潮。溶于水，水溶液呈弱酸性。pH 值 7～9(1% 水溶液，25℃)。

主要用途 是一种抗高温抗盐的钻井液降黏剂，适用于各种水基钻井液，用于高温深井的钻探；也广泛用于制糖、造纸、洗煤等工业用水和废水处理。

包装与储运

安全储运 储存于阴凉、通风的库房。远离火种、热源。密闭包装，注意防潮。应与氧化剂等隔离储运。

紧急处置信息

急救措施

吸入： 脱离接触。如有不适感，就医。

眼睛接触： 分开眼睑，用流动清水或生理盐水冲洗。如有不适感，就医。

皮肤接触： 脱去污染的衣着，用肥皂水和清水冲洗。如有不适感，就医。

食入： 漱口，尽量饮水，催吐。就医。

泄漏应急处置 隔离泄漏污染区，限制出入。建议应急处理人员戴防尘口罩，穿防毒防酸碱服，戴橡胶耐酸碱手套。用洁净的铲子收集泄漏物，置于干净、干燥、盖子较松的容器中，将容器移离泄漏区。

85. 丙烯酸丁酯

标　识

中文名称 丙烯酸丁酯

英文名称 *n* – Butyl acrylate；Butyl acrylate；Butyl 2 – propenoate

别名 丙烯酸正丁酯

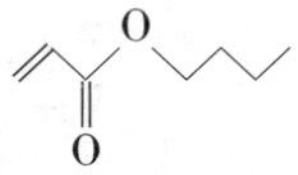

分子式 $C_7H_{12}O_2$

CAS 号 141 – 32 – 2

WGH 号 33601；T32101［铁规］

UN 号 2348

危害信息

危险性类别 第 3 类　易燃液体

燃烧与爆炸危险性 易燃，遇明火、高热有燃烧爆炸的危险。蒸气比空气重，能在较低处扩散到相当远的地方，遇火源会着火回燃和爆炸（闪爆）。

活性反应 与酸接触或混合发生水解反应生成相应的醇和酸，并伴有热量放出。与强氧化剂剧烈反应，放出的热量会导致反应物燃烧。与碱反应放出一定的热量。

禁忌物 强氧化剂、强酸、强碱。

毒性 大鼠经口 LD_{50}：900mg/kg；小鼠经口 LD_{50}：5880mg/kg；小鼠吸入 LC_{50}：7800mg/m^3（2h）；家兔经皮 LD_{50}：2mL/kg

本品有强烈刺激性，对中枢神经系统有兴奋或抑制作用。

中毒表现 吸入后引起倦睡、恶心、头痛、癫痫样发作。对呼吸道有强烈刺激性，可致肺水肿。高浓度对眼有强烈刺激性，为强催泪剂，可引起角膜灼伤。液体能引起眼和皮肤灼伤。对皮肤有致敏性。

侵入途径 吸入、食入、经皮吸收。

职业接触限值

中国：PC – TWA：25mg/m^3［敏］。

美国(ACGIH)：TLV－TWA：2ppm[敏]。

环境危害 对水生生物是有毒的。

理化特性与用途

理化特性 无色液体，有强烈的水果香味。微溶于水，与乙醇、乙醚混溶，溶于丙酮。熔点－64.6℃，沸点145～149℃，相对密度(水＝1)0.9，相对蒸气密度(空气＝1)4.42，蒸气压0.43kPa(20℃)，燃烧热－4073.2kJ/mol，临界温度327℃，临界压力2.94MPa，辛醇/水分配系数2.38，闪点36℃(闭杯)，爆炸极限1.3%～9.9%，自燃温度267～292℃。

主要用途 用于制合成树脂、合成纤维、合成橡胶、塑料、涂料、胶黏剂等。

包装与储运

包装标志 易燃液体

包装类别 Ⅲ类

安全储运 储存于阴凉、通风的库房。远离火种、热源。储存温度不宜超过30℃。包装要求密封，不可与空气接触。应与氧化剂、酸类、碱类等隔离储运。禁止使用易产生火花的机械设备和工具。灌装时注意流速，且应有接地装置，防止静电积聚。搬运时轻装轻卸，防止容器受损。如果存放时间超过一个月，就须每周取样分析阻聚剂与聚合物的含量，如果发现有初聚、发热、涨桶等异状，应立即进行处理。搬运时轻装轻卸，防止容器受损。

紧急处置信息

急救措施

吸入：迅速脱离现场至空气新鲜处。保持呼吸道通畅。如呼吸困难，给输氧。呼吸、心跳停止，立即进行心肺复苏术。就医。

眼睛接触：立即分开眼睑，用大量流动清水或生理盐水彻底冲洗10～15min。就医。

皮肤接触：立即脱去污染的衣着，用大量流动清水彻底冲洗。就医。

食入：用水漱口，禁止催吐。给饮牛奶或蛋清。就医。

灭火方法 消防人员必须穿全身防火防毒服，佩戴空气呼吸器，在上风向灭火。遇大火，消防人员须在有防护掩蔽处操作。喷水雾保持火场容器冷却。处在火场中的容器若发生异常变化或发出异常声音，必须马上撤离。

灭火剂：泡沫、二氧化碳、干粉、砂土。

泄漏应急处置 消除所有点火源。根据液体流动和蒸气扩散的影响区域划定警戒区，无关人员从侧风、上风向撤离至安全区。建议应急处理人员戴正压自给式呼吸器，穿防静电服，戴橡胶耐油手套。作业时使用的所有设备应接地。禁止接触或跨越泄漏物。尽可能切断泄漏源。防止泄漏物进入水体、下水道、地下室或限制性空间。小量泄漏：用砂土或其他不燃材料吸收。使用洁净的无火花工具收集吸收材料。大量泄漏：构筑围堤或挖坑收容。用泡沫覆盖，减少蒸发。喷水雾能减少蒸发，但不能降低泄漏物在限制性空间内的易燃性。用防爆泵转移至槽车或专用收集器内。

86. 丙烯酸多元共聚物

标　识

中文名称 丙烯酸多元共聚物

英文名称　AM/AA/MA/EVA copolymer

危害信息

禁忌物　水。

侵入途径　吸入、食入。

理化特性与用途

理化特性　白色至微黄色粉末，易吸潮。溶于水，水溶液为黏稠状液体。

主要用途　用作钻井液处理剂，具有较好的降滤失、抗温、抗盐和一定的抗钙、镁污染的能力。

包装与储运

安全储运　储存于阴凉、通风的库房。远离火种、热源。密闭包装，注意防潮。应与氧化剂等隔离储运。

紧急处置信息

急救措施

吸入：脱离接触。如有不适感，就医。

眼睛接触：分开眼睑，用流动清水或生理盐水冲洗。如有不适感，就医。

皮肤接触：脱去污染的衣着，用肥皂水和清水冲洗。如有不适感，就医。

食入：漱口，饮水。就医。

泄漏应急处置　建议应急处理人员戴防尘口罩，穿防毒防酸碱服，戴橡胶耐酸碱手套。消除所有点火源。用洁净的铲子收集泄漏物，置于干净、干燥、盖子较松的容器中，将容器移离泄漏区。

87. 丙烯酸甲酯

标　　识

中文名称　丙烯酸甲酯

英文名称　2 – Propenoic acid, methyl ester; Methyl acrylate

别名　败脂酸甲酯

分子式　$C_4H_6O_2$

CAS 号　96 – 33 – 3

WGH 号　32146；T31246[铁规]

UN 号　1919

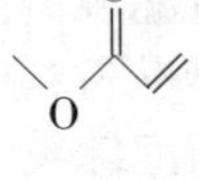

危害信息

危险性类别　第 3 类　易燃液体

燃烧与爆炸危险性　易燃。其蒸气与空气能形成爆炸性混合物，遇明火、高热能引起燃烧爆炸。见光、受热或久贮易聚合，有燃烧爆炸危险。蒸气比空气重，能在较低处扩散到相当远的地方，遇火源会着火回燃和爆炸(闪爆)。

活性反应 与氧化剂、过氧化物、强碱、聚合引发剂发生剧烈反应。与强氧化剂剧烈反应，放出的热量会导致反应物燃烧。与碱反应放出一定的热量。能溶解或软化多种塑料。

禁忌物 强氧化剂、酸类、碱类。

毒性 大鼠经口 LD_{50}：277mg/kg；大鼠吸入 LC_{50}：1350ppm(4h)；家兔经皮 LD_{50}：1243mg/kg。

丙烯酸甲酯具有强烈刺激作用。对人的最低刺激浓度为263.25mg/m^3。

中毒表现 急性中毒：高浓度接触，引起流涎、眼及呼吸道的刺激症状，严重者口唇发白、呼吸困难、痉挛，因肺水肿而死亡。误服急性中毒者，出现口腔、胃、食管腐蚀症状，伴有虚脱、呼吸困难、躁动等。

慢性影响：长期接触可致皮肤损害，亦可致肺、肝、肾病变。

侵入途径 吸入、食入、经皮吸收。

职业接触限值

中国：PC-TWA：20mg/m^3[皮][敏]。

美国(ACGIH)：TLV-TWA：2ppm[皮][敏]。

理化特性与用途

理化特性 无色透明液体，有特殊的辛辣气味。微溶于水，易溶于乙醇、乙醚、丙酮、苯等溶剂。熔点-76.5℃，沸点80.5℃，相对密度(水=1)0.95，相对蒸气密度(空气=1)2.97，饱和蒸气压13.33kPa(28℃)，燃烧热2101kJ/mol，临界温度263℃，临界压力4.3MPa，闪点-3℃(开杯)，爆炸极限2.8%~25.0%，引燃温度468℃，辛醇/水分配系数0.8。

主要用途 用于制塑料、树脂、涂料和黏合剂，也用于皮革、纺织品和纸的加工。

包装与储运

包装标志 易燃液体

包装类别 Ⅱ类

安全储运 通常商品加有阻聚剂。储存于阴凉、通风的库房。远离火种、热源。储存温度不宜超过20℃。包装要求密封，不可与空气接触。应与氧化剂、酸类、碱类等隔离储运。不宜大量储存或久存。采用防爆型照明、通风设施。禁止使用易产生火花的机械设备和工具。灌装时注意流速，防止静电积聚。搬运时轻装轻卸，防止容器受损。如果存放时间超过一个月，就须每周取样分析阻聚剂与聚合物的含量，如果发现有初聚、发热、涨桶等异状，应立即进行处理。搬运时轻装轻卸，防止容器受损。

紧急处置信息

急救措施

吸入：迅速脱离现场至空气新鲜处。保持呼吸道通畅。如呼吸困难，给输氧。呼吸、心跳停止，立即进行心肺复苏术。就医。

眼睛接触：立即分开眼睑，用流动清水或生理盐水彻底冲洗。就医。

皮肤接触：立即脱去污染的衣着，用肥皂水和清水彻底冲洗。就医。

食入：漱口，尽量饮水，不要催吐。就医。

灭火方法 消防人员必须穿全身防火防毒服，佩戴空气呼吸器，在上风向灭火。遇大火，消防人员须在有防护掩蔽处操作。喷水雾保持火场容器冷却。处在火场中的容器若发生异常变化或发出异常声音，必须马上撤离。

灭火剂：泡沫、二氧化碳、干粉、砂土。

泄漏应急处置 消除所有点火源。根据液体流动和蒸气扩散的影响区域划定警戒区，

无关人员从侧风、上风向撤离至安全区。建议应急处理人员戴正压自给式呼吸器，穿防毒、防静电服，戴橡胶耐油手套。作业时使用的所有设备应接地。禁止接触或跨越泄漏物。尽可能切断泄漏源。防止泄漏物进入水体、下水道、地下室或限制性空间。小量泄漏：用砂土或其他不燃材料吸收。使用洁净的无火花工具收集吸收材料。大量泄漏：构筑围堤或挖坑收容。用抗溶性泡沫覆盖，减少蒸发。喷水雾能减少蒸发，但不能降低泄漏物在限制性空间内的易燃性。用防爆泵转移至槽车或专用收集器内。喷雾状水驱散蒸气、稀释液体泄漏物。

88. 丙烯酸－马来酸酐共聚物

标　识

中文名称　丙烯酸－马来酸酐共聚物

英文名称　Acrylic acid, polymer with maleic anhydride; Maleic anhydride－acrylic acid copolymer

分子式　$\{C_4H_2O_3 \cdot C_3H_4O_2\}_x$

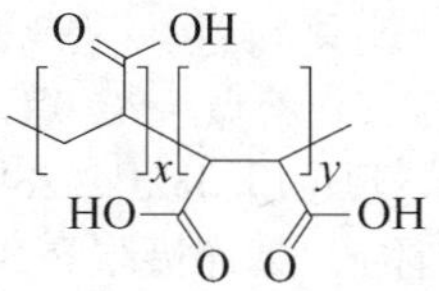

CAS 号　26677－99－6

危害信息

燃烧与爆炸危险性　可燃。其粉体与空气混合能形成爆炸性混合物，遇明火高热有引起燃烧爆炸的危险。燃烧产生有毒的一氧化碳气体。

活性反应　与碱反应。

禁忌物　碱类。

毒性　小鼠腹腔内 LD_{50}：300mg/kg

侵入途径　吸入、食入。

理化特性与用途

理化特性　棕黄色透明液体(相对分子质量 1000～50000)。溶于水。固体含量≥48%，pH 值 2.0～3.0(1%水溶液)，密度 1.18～1.22g/cm³(20℃)。

主要用途　用于各种冷却水系统、油田注水和低压锅炉的阻垢分散剂，也可用于纺织系统中作为纺织品的漂洗剂。

包装与储运

安全储运　储存于阴凉、通风的库房。远离火种、热源。保持容器密封。应与氧化剂等隔离储运。搬运时轻装轻卸，防止容器受损。

紧急处置信息

急救措施

吸入：脱离接触。如有不适感，就医。

眼睛接触：分开眼睑，用流动清水或生理盐水冲洗。如有不适感，就医。

皮肤接触：脱去污染的衣着，用肥皂水和清水冲洗。如有不适感，就医。

食入：漱口，饮水。就医。

灭火方法　消防人员须穿全身消防服，在上风向灭火。尽可能将容器从火场移至空旷处。喷水保持火场容器冷却，直至灭火结束。

灭火剂：雾状水、泡沫、二氧化碳、干粉、砂土。

泄漏应急处置 消除所有点火源。根据液体流动和蒸气扩散的影响区域划定警戒区，无关人员从侧风、上风向撤离至安全区。建议应急处理人员戴正压自给式呼吸器，穿防静电、防腐蚀服，戴橡胶手套。尽可能切断泄漏源。防止泄漏物进入水体、下水道、地下室或限制性空间。小量泄漏：用干燥的砂土或其他不燃材料吸收或覆盖，收集于容器中。大量泄漏：构筑围堤或挖坑收容。

89. 丙烯酸羟丙酯三元共聚物

标　识

中文名称 丙烯酸羟丙酯三元共聚物

英文名称 Hydropropyl acrylate trimer

危害信息

燃烧与爆炸危险性 可燃。其蒸气与空气混合能形成爆炸性混合物，遇明火、高热易燃烧或爆炸。燃烧产生有毒的一氧化碳气体。在高温火场中，受热的容器或储罐有破裂和爆炸的危险。

活性反应 与强氧化剂反应。

禁忌物 强氧化剂。

侵入途径 吸入、食入。

理化特性与用途

理化特性 无色至淡黄色透明液体。固体含量≥30.0%，pH 值≤3.5(1%水溶液)，密度 1.1～1.2g/cm^3(20℃)。

主要用途 本品用于各种冷却水系统的阻垢分散剂，清洗预膜时的分散剂，油田注水的阻垢分散剂及纺织、印染、涂料行业的分散剂。

包装与储运

安全储运 储存于阴凉、通风的库房。保持容器密封。远离火种、热源。应与氧化剂等隔离储运。搬运时轻装轻卸，防止容器受损。

紧急处置信息

急救措施

吸入： 脱离接触。如有不适感，就医。

眼睛接触： 分开眼睑，用流动清水或生理盐水冲洗。如有不适感，就医。

皮肤接触： 脱去污染的衣着，用肥皂水和清水冲洗。如有不适感，就医。

食入： 漱口，饮水。就医。

灭火方法 消防人员须穿全身消防服，佩戴空气呼吸器，在上风向灭火。尽可能将容器从火场移至空旷处。喷水保持火场容器冷却，直至灭火结束。处在火场中的容器若发生异常变化或发出异常声音，须马上撤离。

灭火剂：泡沫、二氧化碳、干粉、砂土。

泄漏应急处置　消除所有点火源。根据液体流动和蒸气扩散的影响区域划定警戒区，无关人员从侧风、上风向撤离至安全区。建议应急处理人员戴正压自给式呼吸器，穿防静电、防腐蚀服，戴橡胶手套。尽可能切断泄漏源。防止泄漏物进入水体、下水道、地下室或限制性空间。小量泄漏：用干燥的砂土或其他不燃材料吸收或覆盖，收集于容器中。大量泄漏：构筑围堤或挖坑收容。

90. 丙烯酸－衣康酸共聚物

标　识

中文名称　丙烯酸－衣康酸共聚物

英文名称　Methylenebutanedioic acid polymer with 2－propenoic acid; Itaconic－acrylic acid copolymer

别名　丙烯酸－亚甲基丁二酸共聚物

分子式　$\{C_5H_6O_4\}_m\{C_3H_4O_2\}_n$

CAS 号　25948－33－8

危害信息

燃烧与爆炸危险性　可燃。其粉体与空气混合能形成爆炸性混合物，遇明火高热有引起燃烧爆炸的危险。燃烧产生有毒的一氧化碳气体。

活性反应　与碱反应。

禁忌物　碱类。

毒性　小鼠腹腔内 LD_{50}：300mg/kg。

侵入途径　吸入、食入。

理化特性与用途

理化特性　无色或淡黄色透明液体（相对分子质量1000～50000）。易溶于水，溶于甲醇、乙醇。固体含量＞30%，pH 值 2.0±0.5，密度 1.09g/cm³（20℃）。

主要用途　用于纺织、印刷、洗净工业及水处理工程。

包装与储运

安全储运　储存于阴凉、通风的库房。保持容器密封。远离火种、热源。应与氧化剂等隔离储运。搬运时轻装轻卸，防止容器受损。

紧急处置信息

急救措施

吸入：脱离接触。如有不适感，就医。

眼睛接触：分开眼睑，用流动清水或生理盐水冲洗。如有不适感，就医。

皮肤接触：脱去污染的衣着，用肥皂水和清水冲洗。如有不适感，就医。

食入：漱口，饮水。就医。

灭火方法　消防人员须穿全身消防服，在上风向灭火。尽可能将容器从火场移至空旷处。喷水保持火场容器冷却，直至灭火结束。

灭火剂：雾状水、泡沫、二氧化碳、干粉、砂土。

泄漏应急处置 消除所有点火源。根据液体流动和蒸气扩散的影响区域划定警戒区，无关人员从侧风、上风向撤离至安全区。建议应急处理人员戴正压自给式呼吸器，穿防静电、防腐蚀服，戴橡胶手套。尽可能切断泄漏源。防止泄漏物进入水体、下水道、地下室或限制性空间。小量泄漏：用干燥的砂土或其他不燃材料吸收或覆盖，收集于容器中。大量泄漏：构筑围堤或挖坑收容。

91. 丙烯酸－乙烯基磺酸共聚物

标 识

中文名称 丙烯酸－乙烯基磺酸共聚物
英文名称 Acrylic acid/vinyl sulfonic acid copolymer
CAS 号 25053－28－5

危害信息

燃烧与爆炸危险性 可燃。其蒸气与空气混合能形成爆炸性混合物，遇明火、高热易燃烧或爆炸。燃烧产生有毒的一氧化碳和硫氧化物气体。在高温火场中，受热的容器或储罐有破裂和爆炸的危险。

活性反应 与碱反应。

禁忌物 强氧化剂、碱类。

理化特性与用途

理化特性 无色透明或淡黄色透明黏性液体。与水、乙二醇混溶。固体含量≥30%，pH 值 3～5。

主要用途 用于冷却水处理系统作阻垢分散剂，锅炉水中用作分散剂，还可用作钻井泥浆添加剂、螯合剂、除垢剂、水泥添加剂，在热和空调系统、海水和咸水脱盐系统、金属清洗以及无水和工业废水处理中也可采用。

包装与储运

安全储运 储存于阴凉、通风的库房。保持容器密封。远离火种、热源。应与氧化剂等隔离储运。搬运时轻装轻卸，防止容器受损。

紧急处置信息

急救措施

吸入：脱离接触。如有不适感，就医。

眼睛接触：分开眼睑，用流动清水或生理盐水冲洗。如有不适感，就医。

皮肤接触：脱去污染的衣着，用肥皂水和清水冲洗。如有不适感，就医。

食入：漱口，饮水。就医。

灭火方法 消防人员须穿全身消防服，佩戴空气呼吸器，在上风向灭火。尽可能将容器从火场移至空旷处。喷水保持火场容器冷却，直至灭火结束。处在火场中的容器若发生异常变化或发出异常声音，须马上撤离。

灭火剂：抗溶性泡沫、二氧化碳、干粉、砂土。

泄漏应急处置 消除所有点火源。根据液体流动和蒸气扩散的影响区域划定警戒区，

无关人员从侧风、上风向撤离至安全区。建议应急处理人员戴正压自给式呼吸器，穿防静电、防腐蚀服，戴橡胶手套。尽可能切断泄漏源。防止泄漏物进入水体、下水道、地下室或限制性空间。小量泄漏：用干燥的砂土或其他不燃材料吸收或覆盖，收集于容器中。大量泄漏：构筑围堤或挖坑收容。

92. 丙烯酸乙酯

标　识

中文名称 丙烯酸乙酯

英文名称 Ethyl acrylate；Acrylic acid，ethyl ester；Ethyl propenoate

别名 败脂酸乙酯

分子式 $C_5H_8O_2$

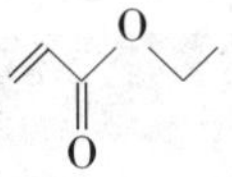

CAS 号 140－88－5

WGH 号 32147；T31247[铁规]

UN 号 1917

危害信息

危险性类别 第3类 易燃液体

燃烧与爆炸危险性 易燃。其蒸气与空气能形成爆炸性混合物，遇明火、高热能引起燃烧爆炸。蒸气比空气重，能在较低处扩散到相当远的地方，遇火源会着火回燃和爆炸(闪爆)。

活性反应 与氧化剂、过氧化物、强碱、聚合引发剂发生剧烈反应。与强氧化剂剧烈反应，放出的热量会导致反应物燃烧。与碱反应放出一定的热量。

禁忌物 强氧化剂、酸类、碱类、过氧化物。

毒性 大鼠经口 LD_{50}：800mg/kg；大鼠吸入 LC_{50}：1414ppm(4h)；小鼠经口 LD_{50}：1799mg/kg；小鼠吸入 LC_{50}：16200mg/m^3；家兔经皮 LD_{50}：0.5mL/kg

本品有强烈刺激性，影响中枢神经系统。

IARC 对本品的致癌性分类：G2B——可疑人类致癌物。

中毒表现 吸入后一般出现显著的刺激作用，有流涎、结膜炎以及显著的呼吸道刺激，高浓度吸入引起肺水肿。口服强烈刺激口腔及消化道，可出现虚脱、严重呼吸困难、中枢神经系统兴奋等。皮肤和眼长时间接触可造成严重损害。

侵入途径 吸入、食入、经皮吸收。

职业接触限值 美国(ACGIH)：TLV－TWA：5ppm；TLV－STEL：15ppm。

环境危害 对水生生物是有毒的。有害空气污染物。

理化特性与用途

理化特性 无色液体，有辛辣的刺激气味。微溶于水，易溶于乙醇和乙醚，溶于氯仿。熔点－71.2℃，沸点99.4℃，相对密度(水＝1)0.92，相对蒸气密度(空气＝1)3.45，蒸气压3.90kPa(20℃)，燃烧热－2739.9kJ/mol，临界压力3.7MPa，临界温度279℃，辛醇/水分配系数1.32，闪点9℃(闭杯)，爆炸极限1.4%～14.0%，引燃温度345～383℃。

主要用途 用于制造塑料、树脂等高聚物，也用作有机合成中间体。

包装与储运

包装标志 易燃液体

包装类别 Ⅱ类

安全储运 通常商品加有阻聚剂。储存于阴凉、通风的库房。远离火种、热源。储存温度不宜超过20℃。包装要求密封，不可与空气接触。应与氧化剂、酸类、碱类、过氧化物等隔离储运。不宜大量储存或久存。采用防爆型照明、通风设施。禁止使用易产生火花的机械设备和工具。灌装时注意流速，防止静电积聚。搬运时轻装轻卸，防止容器受损。如果存放时间超过一个月，就须每周取样分析阻聚剂与聚合物的含量，如果发现有初聚、发热、涨桶等异状，应立即进行处理。搬运时轻装轻卸，防止容器受损。

紧急处置信息

急救措施

吸入：立即脱离接触。如呼吸困难，给吸氧。如呼吸心跳停止，立即行心肺复苏术。就医。

眼睛接触：立即分开眼睑，用流动清水或生理盐水彻底冲洗。就医。

皮肤接触：立即脱去污染的衣着，用大量流动清水彻底冲洗。就医。

食入：漱口，尽量饮水，不要催吐。就医。

灭火方法 消防人员必须穿全身防火防毒服，佩戴空气呼吸器，在上风向灭火。遇大火，消防人员须在有防护掩蔽处操作。喷水雾保持火场容器冷却。处在火场中的容器若发生异常变化或发出异常声音，必须马上撤离。

灭火剂：泡沫、二氧化碳、干粉、砂土。

泄漏应急处置 消除所有点火源。根据液体流动和蒸气扩散的影响区域划定警戒区，无关人员从侧风、上风向撤离至安全区。建议应急处理人员戴正压自给式呼吸器，穿防静电服，戴橡胶耐油手套。作业时使用的所有设备应接地。禁止接触或跨越泄漏物。尽可能切断泄漏源。防止泄漏物进入水体、下水道、地下室或限制性空间。小量泄漏：用砂土或其他不燃材料吸收。使用洁净的无火花工具收集吸收材料。大量泄漏：构筑围堤或挖坑收容。用抗溶性泡沫覆盖，减少蒸发。喷水雾能减少蒸发，但不能降低泄漏物在限制性空间内的易燃性。用防爆泵转移至槽车或专用收集器内。喷雾状水驱散蒸气、稀释液体泄漏物。

93. 丙烯酸异辛酯

标　识

中文名称 丙烯酸异辛酯

英文名称 2 - Ethylhexyl acrylate; 2 - Propenoic acid, 2 - ethylhexyl ester

别名 丙烯酸 - 2 - 乙基己酯

分子式 $C_{11}H_{20}O_2$

CAS 号 103 - 11 - 7

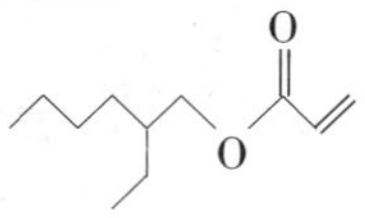

危害信息

燃烧与爆炸危险性 可燃。其蒸气与空气混合能形成爆炸性混合物，遇明火、高热易

燃烧或爆炸。燃烧产生有毒的一氧化碳气体。在高温火场中，受热的容器或储罐有破裂和爆炸的危险。

禁忌物 强酸、强碱。

毒性 大鼠经口 LD_{50}：6.5mL/kg；小鼠经口 LD_{50}：4400mg/kg；家兔经皮 LD_{50}：8.48mL/kg；哺乳动物吸入 LC_{50}：>450mg/m^3。

中毒表现 吸入后引起咳嗽、咽喉肿痛。食入引起腹痛、腹泻、恶心、呕吐。对眼和皮肤引起红肿、疼痛。对皮肤有致敏性。

侵入途径 吸入、食入、经皮吸收。

环境危害 对水生生物有极高毒性，可能在水生环境中造成长期不利影响。

理化特性与用途

理化特性 无色透明液体。不溶于水，溶于乙醇、乙醚等有机溶剂。熔点－90℃，沸点213.5℃，相对密度(水＝1)0.88，相对蒸气密度(空气＝1)6.35，临界温度386℃，临界压力2.03MPa，闪点82℃(开杯)、86℃(闭杯)，引燃温度252℃，燃烧热－6374kJ/mol，辛醇/水分配系数3.67，爆炸极限0.8%～6.4%。

主要用途 用于生产聚丙烯酸酯压敏胶等

包装与储运

安全储运 通常加抑制剂。储存于阴凉、通风的库房。保持容器密封。远离火种、热源。应与氧化剂、强酸、强碱等隔离储运。搬运时轻装轻卸，防止容器受损。

紧急处置信息

急救措施

吸入：立即脱离接触。如呼吸困难，给吸氧。如呼吸心跳停止，立即行心肺复苏术。就医。

眼睛接触：立即分开眼睑，用流动清水或生理盐水彻底冲洗。就医。

皮肤接触：立即脱去污染的衣着，用大量流动清水彻底冲洗。就医。

食入：漱口，尽量饮水。就医。

灭火方法 消防人员须穿全身消防服，佩戴空气呼吸器，在上风向灭火。尽可能将容器从火场移至空旷处。喷水保持火场容器冷却，直至灭火结束。处在火场中的容器若发生异常变化或发出异常声音，须马上撤离。

灭火剂：泡沫、二氧化碳、干粉、砂土。

泄漏应急处置 消除所有点火源。根据液体流动和蒸气扩散的影响区域划定警戒区，无关人员从侧风、上风向撤离至安全区。建议应急处理人员戴正压自给式呼吸器，穿防静电服，戴橡胶手套。尽可能切断泄漏源。防止泄漏物进入水体、下水道、地下室或限制性空间。小量泄漏：用干燥的砂土或其他不燃材料吸收或覆盖，收集于容器中。大量泄漏：构筑围堤或挖坑收容。

94. 丙烯酸酯－马来酸酐共聚物

标　识

中文名称 丙烯酸酯－马来酸酐共聚物

英文名称 Maleic anhydride/ acrylate copolymer

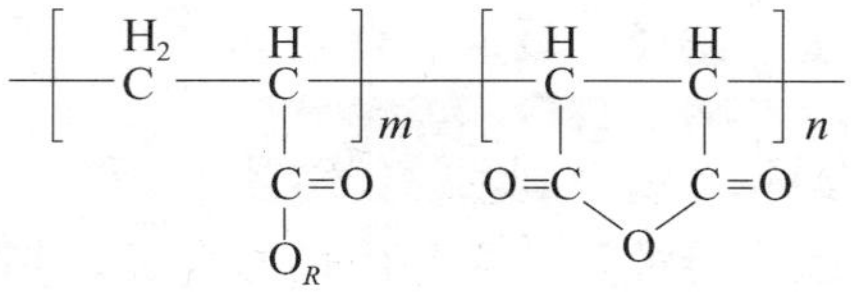

危害信息

燃烧与爆炸危险性 可燃。其粉体与空气混合能形成爆炸性混合物，遇明火高热有引起燃烧爆炸的危险。燃烧产生有毒的一氧化碳气体。

活性反应 与强氧化剂反应。

禁忌物 强氧化剂。

侵入途径 吸入、食入。

理化特性与用途

理化特性 本品是丙烯酸高级烷基(C18～C20)酯与马来酸酐的共聚物，为奶油色固体。溶于苯、甲苯、二甲苯和柴油等有机溶剂。

主要用途 用作含蜡原油集输储运中的降凝剂。

包装与储运

安全储运 储存于阴凉、通风的库房。包装密封。远离火种、热源。应与氧化剂等隔离储运。搬运时轻装轻卸，防止包装受损。

紧急处置信息

急救措施

吸入：脱离接触，休息。如有不适感，就医。

眼睛接触：分开眼睑，用流动清水或生理盐水冲洗。如有不适感，就医。

皮肤接触：脱去污染的衣着，用肥皂水和清水冲洗。如有不适感，就医。

食入：饮1杯水。如有不适感，就医。

灭火方法 消防人员须穿全身消防服，在上风向灭火。尽可能将容器从火场移至空旷处。喷水保持火场容器冷却，直至灭火结束。

灭火剂：雾状水、泡沫、二氧化碳、干粉、砂土。

泄漏应急处置 隔离泄漏污染区，限制出入。建议应急处理人员戴防尘口罩，穿防毒防酸碱服，戴橡胶耐酸碱手套。穿上适当的防护服前严禁接触破裂的容器和泄漏物。尽可能切断泄漏源。用塑料布覆盖泄漏物，减少飞散。勿使水进入包装容器内。用洁净的铲子收集泄漏物，置于干净、干燥、盖子较松的容器中，将容器移离泄漏区。

95. 丙烯酸酯－马来酸酐－乙酸乙烯酯共聚物

标 识

中文名称 丙烯酸酯－马来酸酐－乙酸乙烯酯共聚物

英文名称 Acrylate－maleic anhydride－vinyl acetate copolymer

危害信息

燃烧与爆炸危险性 可燃，燃烧产生有毒的一氧化碳气体。

活性反应 与强氧化剂反应。

禁忌物　强氧化剂。

侵入途径　吸入、食入。

理化特性与用途

理化特性　本品是丙烯酸高级烷基酯/马来酸酐/乙酸乙烯酯的共聚物，为乳黄色固体。溶于苯、甲苯、二甲苯和柴油等有机溶剂。

主要用途　主要用于含蜡原油集输储运中的降凝、降黏。

包装与储运

安全储运　储存于阴凉、通风的库房。包装密封。远离火种、热源。应与氧化剂等隔离储运。搬运时轻装轻卸，防止包装受损。

紧急处置信息

急救措施

吸入：脱离接触，休息。如有不适感，就医。

眼睛接触：分开眼睑，用流动清水或生理盐水冲洗。如有不适感，就医。

皮肤接触：脱去污染的衣着，用肥皂水和清水冲洗。如有不适感，就医。

食入：饮 1 杯水。如有不适感，就医。

灭火方法　消防人员须穿全身消防服，在上风向灭火。尽可能将容器从火场移至空旷处。喷水保持火场容器冷却，直至灭火结束。

灭火剂：雾状水、泡沫、二氧化碳、干粉、砂土。

泄漏应急处置　隔离泄漏污染区，限制出入。消除所有点火源。建议应急处理人员戴防尘口罩，穿防毒防酸碱服，戴橡胶耐酸碱手套。穿上适当的防护服前严禁接触破裂的容器和泄漏物。尽可能切断泄漏源。用塑料布覆盖泄漏物，减少飞散。勿使水进入包装容器内。用洁净的铲子收集泄漏物，置于干净、干燥、盖子较松的容器中，将容器移离泄漏区。

96. 丙烯酸酯与醚共聚物

标　识

中文名称　丙烯酸酯与醚共聚物

英文名称　911(or 912) antifoamer

别名　911(或)912 抗泡剂

危害信息

危险性类别　第 3 类　易燃液体

燃烧与爆炸危险性　易燃。其蒸气与空气混合能形成爆炸性混合物，遇明火、高热极易燃烧或爆炸。高速冲击、流动、激荡后可因产生静电火花放电引起燃烧爆炸。在高温火场中，受热的容器或储罐有破裂和爆炸的危险。

禁忌物　强氧化剂。

侵入途径　吸入、食入。

理化特性与用途

理化特性　由丙烯酸甲酯、乙烯基正丁基醚丙烯酸己酯进行无规共聚制得。T－911：淡黄色黏稠液体。密度≤0.9g/cm^3（20℃），闪点≥15℃（闭杯）；T－912：密度≥0.91g/cm^3（20℃），闪点≥5℃。

主要用途　用作中、重质油料调合的液压油、汽轮机油、齿轮油等的抗泡沫剂。911 用于高黏度润滑油，912 用于低黏度和中黏度润滑油。

包装与储运

包装标志　易燃液体

包装类别　Ⅱ类

安全储运　储存于阴凉、通风的库房。远离火种、热源，避免阳光直射。保持容器密封。库温不超过 37℃。应与氧化剂隔离储运。通风设施应使用防爆型。禁止使用易产生火花的机械设备和工具。搬运时轻装轻卸，防止容器受损。

紧急处置信息

急救措施

吸入：脱离接触，休息。如有不适感，就医。

眼睛接触：分开眼睑，用流动清水或生理盐水冲洗。如有不适感，就医。

皮肤接触：脱去污染的衣着，用肥皂水和清水冲洗。如有不适感，就医。

食入：饮 1 杯水。如有不适感，就医。

灭火方法　消防人员须穿全身消防服，佩戴空气呼吸器，在上风向灭火。尽可能将容器从火场移至空旷处。喷水保持火场容器冷却，直至灭火结束。处在火场中的容器若发生异常变化或发出异常声音，须马上撤离。

灭火剂：泡沫、二氧化碳、干粉和砂土。用水灭火无效。

泄漏应急处置　消除所有点火源。根据液体流动和蒸气扩散的影响区域划定警戒区，无关人员从侧风、上风向撤离至安全区。建议应急处理人员戴正压自给式呼吸器，穿防静电、防腐蚀服，戴橡胶手套。穿上适当的防护服前严禁接触破裂的容器和泄漏物。尽可能切断泄漏源。防止泄漏物进入水体、下水道、地下室或限制性空间。小量泄漏：用干燥的砂土或其他不燃材料吸收或覆盖，收集于容器中。大量泄漏：构筑围堤或挖坑收容。用防爆、耐腐蚀泵转移至槽车或专用收集器内。喷雾状水驱散蒸气、稀释液体泄漏物。

97. 丙烯酰胺

标　识

中文名称　丙烯酰胺

英文名称　2－Propenamide；Acrylamide

分子式　C_3H_5NO

CAS 号　79－06－1

WGH 号　61740

UN 号　2074

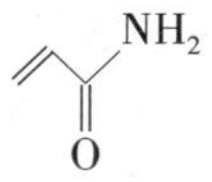

危害信息

危险性类别 第6.1类 毒害品

燃烧与爆炸危险性 遇明火、高热可燃。其粉体与空气形成爆炸性混合物。受高热分解产生有毒的腐蚀性烟气。在火场高温下，可发生聚合反应，放出大量热量而引起容器或储罐破裂和爆炸事故。

活性反应 与重氮化合物反应放出有毒的氧化氮烟气。与强还原剂反应放出易燃气体。与五氧化二磷等酸酐反应生成丙烯腈。

禁忌物 强氧化剂、酸类、碱类。

毒性 大鼠经口 LD_{50}：124mg/kg；大鼠经皮 LD_{50}：400mg/kg；家兔经皮 LD_{50}：1680μL/kg。

丙烯酰胺水溶液可经皮肤、黏膜、呼吸道和胃肠道吸收。经皮肤吸收量可为消化道的200倍左右。丙烯酰胺为蓄积性神经毒物，可引起周围神经轴索变性和脱髓鞘病变。生产性丙烯酰胺中毒多为慢性中毒。

IARC 对本品的致癌性分类：G2A——可能人类致癌物。

欧盟指令 67/548/EEC 将本品列为第2类致癌物——可能为人类致癌物；第2类致突变物——可能为人类致突变物。

中毒表现 急性或亚急性中毒：短期接触大量丙烯酰胺者可以发生中毒性脑病。突出表现为不同程度的意识障碍、精神症状及小脑共济失调。后者主要表现说话迟缓、动作笨拙、持物不稳、精细动作难以完成，走路不稳、有时摔倒。经1月左右随脑病病情的好转而出现感觉运动型周围神经病。生产工人在长期接触较小剂量丙烯酰胺的基础上，近期又突然接触大剂量丙烯酰胺，临床上主要表现为小脑共济失调，并可能伴有不同程度的周围神经病表现。

慢性中毒：发病初期，患者出现头晕、疲乏、无力、嗜睡、食欲不振、消瘦等。随着病情进展，可出现周围神经病。患者诉四肢远端麻木、刺痛、肢端感觉迟钝，不知水温冷热。手指无力，持物不牢，易掉落，精细动作如上表弦、剪指甲、系扣、穿针等困难。下肢乏力、走路腿软、上楼困难、下坡时易曲膝摔倒，双腓肠肌疼痛、痉挛。体征显示四肢远端叉振动觉、痛觉、触觉减退或消失，多呈手套、袜样分布，其中振动觉障碍最为常见，出现早，恢复慢。脑神经一般不易受累。皮肤直接接触丙烯酰胺溶液者，可发生接触性皮炎。常见手掌及足底皮肤潮红、多汗呈滴、湿冷、肢端皮肤温度降低、脱皮及红斑。这些表现可能是丙烯酰胺直接刺激伴有局部交感神经过度兴奋现象。停止接触丙烯酰胺后1~2周皮损逐渐消失，不留痕迹。

侵入途径 吸入、食入、经皮吸收。

职业接触限值

中国：PC-TWA：0.3mg/m^3[皮][G2A]。

美国(ACGIH)：TLV-TWA：0.03mg/m^3[皮]。

环境危害 有害空气污染物。

理化特性与用途

理化特性 白色或淡黄色结晶，无气味。溶于水、乙醇、乙醚、丙酮，微溶于氯仿、苯。pH值5.0~6.5(50%水溶液)，熔点84.5℃，沸点87℃(0.26kPa)，相对密度(水=1)1.122(30℃/4℃)，蒸气压0.21kPa(84.5℃)，临界温度438℃，临界压力5.73MPa，辛醇/水分配系数-0.67，闪点138℃(闭杯)，引燃温度424℃，爆炸极限2.7%~20.6%。

主要用途 用作絮凝剂、分散剂、添加剂等，丙烯酰胺溶液用于生产聚丙烯酰胺及其共聚物或衍生物。

包装与储运

包装标志 有毒品

包装类别 Ⅲ类

安全储运 储存于阴凉、干燥、通风的库房。远离火种、热源。储存温度不超过35℃，相对湿度不超过80%。包装要求密封，不可与空气接触。切勿与氧化剂、强还原剂、酸类、碱类、食用化学品混储混运。搬运时轻装轻卸，防止包装受损。

紧急处置信息

急救措施

吸入：脱离接触。如有呼吸困难者，给输氧。如呼吸心跳停止，立即行心肺复苏术。就医。

眼睛接触：立即分开眼睑，用流动清水或生理盐水彻底冲洗。就医。

皮肤接触：立即脱去污染的衣着，用大量流动清水彻底冲洗。就医。

食入：漱口，尽量饮水，催吐。就医。

灭火方法 消防人员须佩戴空气呼吸器，穿全身消防服，在上风向灭火。

灭火剂：雾状水、抗溶性泡沫、二氧化碳、干粉、砂土。

泄漏应急处置 隔离泄漏污染区，限制出入。消除所有点火源。建议应急处理人员戴防尘口罩，穿防毒服，戴橡胶手套。穿上适当的防护服前严禁接触破裂的容器和泄漏物。尽可能切断泄漏源。用塑料布覆盖泄漏物，减少飞散。勿使水进入包装容器内。用洁净的铲子收集泄漏物，置于干净、干燥、盖子较松的容器中，将容器移离泄漏区。

98. 丙烯酰胺－丙烯腈共聚物

标　识

中文名称 丙烯酰胺－丙烯腈共聚物

英文名称 Acrylamide-acrylonitrile copolymer

危害信息

燃烧与爆炸危险性 可燃，燃烧产生有毒的一氧化碳和氮氧化物烟气。

活性反应 与强氧化剂反应

禁忌物 强氧化剂、水。

侵入途径 吸入、食入。

理化特性与用途

理化特性 白色粉末，易吸潮。溶于水，水溶液呈中性，pH值6～7。

主要用途 用作钻井液处理剂，适用于阴离子和两性离子型水基钻井体系。

包装与储运

安全储运 储存于阴凉、通风的库房。远离火种、热源。包装密封。应与氧化剂等隔离储运。搬运时轻装轻卸，防止包装受损。

紧急处置信息

急救措施

吸入： 脱离接触。如有不适感，就医。

眼睛接触： 分开眼睑，用流动清水或生理盐水冲洗。如有不适感，就医。

皮肤接触： 脱去污染的衣着，用肥皂水和清水冲洗。如有不适感，就医。

食入： 漱口，饮水。就医。

泄漏应急处置　隔离泄漏污染区，限制出入。消除所有点火源。建议应急处理人员戴防尘口罩，穿防毒服，戴橡胶手套。穿上适当的防护服前严禁接触破裂的容器和泄漏物。尽可能切断泄漏源。用塑料布覆盖泄漏物，减少飞散。勿使水进入包装容器内。用洁净的铲子收集泄漏物，置于干净、干燥、盖子较松的容器中，将容器移离泄漏区。

99. 丙烯酰胺－丙烯酸钾共聚物

标　识

中文名称　丙烯酰胺－丙烯酸钾共聚物

英文名称　Potassium acrylate-acrylamide copolymer

CAS 号　31212－13－2

危害信息

禁忌物　强酸、水。

毒性　粉尘对眼和呼吸道有刺激性。

侵入途径　吸入、食入。

理化特性与用途

理化特性　白色或淡黄色自由流动粉末。易溶于水，水溶液呈弱碱性。pH 值 7～8。

主要用途　用作钻井液处理剂。

包装与储运

安全储运　储存于阴凉、通风的库房。包装密封。远离火种、热源，避光保存。应与氧化剂等隔离储运。搬运时轻装轻卸，防止包装受损。

紧急处置信息

急救措施

吸入： 脱离接触。如有不适感，就医。

眼睛接触： 分开眼睑，用流动清水或生理盐水冲洗。如有不适感，就医。

皮肤接触： 脱去污染的衣着，用肥皂水和清水冲洗。如有不适感，就医。

食入： 漱口，饮水。就医。

泄漏应急处置　隔离泄漏污染区，限制出入。消除点火源。建议应急处理人员戴防尘口罩，穿防毒服，戴橡胶手套。穿上适当的防护服前严禁接触破裂的容器和泄漏物。尽可能切断泄漏源。用干燥的砂土或其他不燃材料覆盖泄漏物，然后用塑料布覆盖，减少飞散、避免雨淋。用洁净的铲子收集泄漏物，置于干净、干燥、盖子较松的容器中，将容器移离泄漏区。

100. 丙烯酰胺－丙烯磺酸钠共聚物

标　　识

中文名称　丙烯酰胺－丙烯磺酸钠共聚物

英文名称　Acrylamide－allyl sulfonic sodium copolymer

别名　阳离子聚丙烯酰胺

危害信息

活性反应　与强氧化剂反应。

禁忌物　水、强氧化剂。

侵入途径　吸入、食入。

理化特性与用途

理化特性　白色粉末，易吸潮。易溶于水。

主要用途　本品具有较高的抗温、抗盐和抗钙能力，可用作深井泥浆的降滤失剂。

包装与储运

安全储运　储存于阴凉、通风的库房。包装密封。远离火种、热源。密闭包装，注意防潮。应与氧化剂等隔离储运。搬运时轻装轻卸，防止包装受损。

紧急处置信息

急救措施

吸入：脱离接触。如有不适感，就医。

眼睛接触：分开眼睑，用流动清水或生理盐水冲洗。如有不适感，就医。

皮肤接触：脱去污染的衣着，用肥皂水和清水冲洗。如有不适感，就医。

食入：漱口，饮水。就医。

泄漏应急处置　建议应急处理人员戴防尘口罩，穿防毒防酸碱服，戴橡胶耐酸碱手套。用洁净的铲子收集泄漏物，置于干净、干燥、盖子较松的容器中，将容器移离泄漏区。

101. 丙烯酰胺－马来酸酐共聚物

标　　识

中文名称　丙烯酰胺－马来酸酐共聚物

英文名称　Acrylamide-maleic anhydride copolymer

危害信息

活性反应　与强氧化剂反应。

禁忌物 强氧化剂、强碱。

侵入途径 吸入、食入。

理化特性与用途

理化特性 黏稠液体。有效物含量≥30%，pH 值 4～5。

主要用途 作为油井水泥降滤失剂，适用于不同类型的油井水泥。

包装与储运

安全储运 储存于阴凉、通风的库房。包装密封。远离火种、热源。应与氧化剂等隔离储运。搬运时轻装轻卸，防止容器受损。搬运时轻装轻卸，防止包装受损。

紧急处置信息

急救措施

吸入：脱离接触。如有不适感，就医。

眼睛接触：分开眼睑，用流动清水或生理盐水冲洗。如有不适感，就医。

皮肤接触：脱去污染的衣着，用肥皂水和清水冲洗。如有不适感，就医。

食入：漱口，饮水。就医。

泄漏应急处置 隔离泄漏污染区，限制出入。建议应急处理人员戴防尘口罩，穿防毒服，戴橡胶耐酸碱手套。穿上适当的防护服前严禁接触破裂的容器和泄漏物。尽可能切断泄漏源。用干燥的砂土或其他不燃材料覆盖泄漏物，然后用塑料布覆盖，减少飞散、避免雨淋。用洁净的铲子收集泄漏物，置于干净、干燥、盖子较松的容器中，将容器移离泄漏区

102. 丙烯酰胺－甲基丙烯酸二甲氨基乙酯共聚物

标　识

中文名称 丙烯酰胺－甲基丙烯酸二甲氨基乙酯共聚物

英文名称 2－Propenoic acid, 2－methyl－, 2－(dimethylamino) ethyl ester, polymer with 2－propenamide; Acrylamide－dimethylaminoethyl methacrylate polymer

分子式 $\left[C_8H_{15}NO_2 \cdot C_3H_5NO \right]_x$

CAS 号 25568－39－2

危害信息

燃烧与爆炸危险性 可燃，遇明火、高热有引起燃烧的危险。燃烧放出碳氧化物和氮氧化物等有毒气体。

侵入途径 吸入、食入。

理化特性与用途

理化特性 无色或淡黄色黏稠液体（相对分子质量＞100 万）。固体含量 28%～30%。

主要用途 是常用的阳离子聚合物混凝剂和絮凝剂，适用于各种生活和工业废水的处理，特别适宜处理来自污水厂和化工、石油或造纸厂的有机污泥，用作生物污泥的脱水助剂。

包装与储运

安全储运 储存于阴凉、通风的库房。保持容器密封。远离火种、热源。应与氧化剂等隔离储运。搬运时轻装轻卸，防止容器受损。

紧急处置信息

急救措施

吸入： 脱离接触。如有不适感，就医。

眼睛接触： 分开眼睑，用流动清水或生理盐水冲洗。如有不适感，就医。

皮肤接触： 脱去污染的衣着，用肥皂水和清水冲洗。如有不适感，就医。

食入： 漱口，饮水。就医。

灭火方法 消防人员须穿全身消防服，佩戴空气呼吸器，在上风向灭火。尽可能将容器从火场移至空旷处。喷水保持火场容器冷却，直至灭火结束。处在火场中的容器若发生异常变化或发出异常声音，须马上撤离。

灭火剂：泡沫、二氧化碳、干粉、砂土。

泄漏应急处置 消除所有点火源。无关人员从侧风、上风向撤离至安全区。建议应急处理人员戴正压自给式呼吸器，穿防静电、防腐蚀服，戴橡胶手套。尽可能切断泄漏源。防止泄漏物进入水体、下水道、地下室或限制性空间。小量泄漏：用干燥的砂土或其他不燃材料吸收或覆盖，收集于容器中。大量泄漏：构筑围堤或挖坑收容。

103. 铂重整原料油

标　识

中文名称 铂重整原料油

英文名称 Platformate raw oil

危害信息

燃烧与爆炸危险性 可燃。其蒸气与空气混合能形成爆炸性混合物，遇明火、高热易燃烧或爆炸。在高温火场中，受热的容器或储罐有破裂和爆炸的危险。

活性反应 与强氧化剂反应。

禁忌物 强氧化剂。

侵入途径 吸入、食入。

理化特性与用途

理化特性 水白色液体。馏程：干点 160～172℃。

主要用途 适用于作裂解原料或化工原料。

包装与储运

安全储运 储存于阴凉、通风的库房。保持容器密封。远离火种、热源。应与氧化剂等隔离储运。搬运时轻装轻卸，防止容器受损。

紧急处置信息

急救措施

吸入：脱离接触。如有不适感，就医。

眼和皮肤接触：用水冲洗。

食入：漱口，尽量饮水，不要催吐。就医。

灭火方法　消防人员须穿全身消防服，佩戴空气呼吸器，在上风向灭火。尽可能将容器从火场移至空旷处。喷水保持火场容器冷却，直至灭火结束。处在火场中的容器若发生异常变化或发出异常声音，须马上撤离。

灭火剂：泡沫、二氧化碳、干粉、砂土。

泄漏应急处置　消除所有点火源。根据液体流动和蒸气扩散的影响区域划定警戒区，无关人员从侧风、上风向撤离至安全区。建议应急处理人员戴正压自给式呼吸器，穿防静电、防腐蚀服，戴橡胶手套。尽可能切断泄漏源。防止泄漏物进入水体、下水道、地下室或限制性空间。小量泄漏：用干燥的砂土或其他不燃材料吸收或覆盖，收集于容器中。大量泄漏：构筑围堤或挖坑收容。

104. 彩色油墨溶剂油

标　识

中文名称　彩色油墨溶剂油

英文名称　Colored ink solvent oil; Printing ink oil

危害信息

燃烧与爆炸危险性　可燃。其蒸气与空气混合能形成爆炸性混合物，遇明火、高热易燃烧或爆炸。燃烧产生有毒的一氧化碳气体。在高温火场中，受热的容器或储罐有破裂和爆炸的危险。

活性反应　与强氧化剂反应。

禁忌物　强氧化剂。

侵入途径　吸入、食入。

理化特性与用途

理化特性　无色透明液体。不溶于水。馏程285～315℃，闪点≥100℃，凝固点≤0℃。

主要用途　用于制造高档油墨。

包装与储运

安全储运　储存于阴凉、通风的库房。保持容器密封。远离火种、热源。应与氧化剂隔离储运。搬运时轻装轻卸，防止容器受损。

紧急处置信息

急救措施

吸入：脱离接触。如有不适感，就医。

眼睛接触：分开眼睑，用流动清水或生理盐水冲洗。如有不适感，就医。

皮肤接触：脱去污染的衣着，用肥皂水和清水冲洗。如有不适感，就医。

食入：漱口，饮水。就医。

灭火方法 消防人员须穿全身消防服，佩戴空气呼吸器，在上风向灭火。尽可能将容器从火场移至空旷处。喷水保持火场容器冷却，直至灭火结束。处在火场中的容器若发生异常变化或发出异常声音，须马上撤离。

灭火剂：泡沫、二氧化碳、干粉、砂土。

泄漏应急处置 消除所有点火源。根据液体流动和蒸气扩散的影响区域划定警戒区，无关人员从侧风、上风向撤离至安全区。建议应急处理人员戴正压自给式呼吸器，穿防静电、防腐蚀服，戴橡胶手套。穿上适当的防护服前严禁接触破裂的容器和泄漏物。尽可能切断泄漏源。防止泄漏物进入水体、下水道、地下室或限制性空间。小量泄漏：用干燥的砂土或其他不燃材料吸收或覆盖，收集于容器中。大量泄漏：构筑围堤或挖坑收容。用防爆、耐腐蚀泵转移至槽车或专用收集器内。喷雾状水驱散蒸气、稀释液体泄漏物。

105. 菜 籽 油

标 识

中文名称 菜籽油

英文名称 Rape oil；Rapeseed oil

别名 菜油；油菜籽油

CAS 号 8002－13－9

危害信息

燃烧与爆炸危险性 可燃。其蒸气与空气混合易形成爆炸性混合物，遇明火、高热极易燃烧爆炸。在高温火场中，受热的容器或储罐有破裂和爆炸的危险。蒸气比空气重，能在较低处扩散到相当远的地方，遇火源会着火回燃和爆炸(闪爆)。

活性反应 与强氧化剂反应。

禁忌物 强氧化剂。

侵入途径 吸入、食入。

理化特性与用途

理化特性 淡黄色油状液体，具有特殊的芥子气味。不溶于水，溶于氯仿、二硫化碳等。相对密度(水＝1)0.913～0.916，凝固点－10℃，沸点＞200℃，相对蒸气密度(空气＝1)＞1，闪点＞157℃(闭杯)。

主要用途 除供食用和加工人造黄油外，亦用于生产芥酸及其衍生物。油田化学品中主要用作润滑解卡剂。

包装与储运

安全储运 储存于阴凉、通风的库房。保持容器密封。远离火种、热源。应与氧化剂等隔离储运。搬运时轻装轻卸，防止容器受损。

紧急处置信息

急救措施

吸入：脱离接触。如有不适感，就医。

眼睛和皮肤接触：用清水冲洗。如有不适感，就医。

食入：漱口，饮水。如有不适感，就医。

灭火方法　消防人员须穿全身消防服，佩戴空气呼吸器，在上风向灭火。尽可能将容器从火场移至空旷处。喷水保持火场容器冷却，直至灭火结束。处在火场中的容器若发生异常变化或发出异常声音，须马上撤离。

灭火剂：泡沫、二氧化碳、干粉、砂土。

泄漏应急处置　消除所有点火源。根据液体流动和蒸气扩散的影响区域划定警戒区，无关人员从侧风、上风向撤离至安全区。建议应急处理人员戴正压自给式呼吸器，穿防毒、防静电服。作业时使用的所有设备应接地。禁止接触或跨越泄漏物。尽可能切断泄漏源。防止泄漏物进入水体、下水道、地下室或密闭性空间。小量泄漏：用干燥的砂土或其他不燃材料吸收或覆盖，收集于容器中。大量泄漏：构筑围堤或挖坑收容。

106. 柴油芳烃

标　识

中文名称　柴油芳烃

英文名称　Diesel oil aromatics

危害信息

燃烧与爆炸危险性　可燃。其蒸气与空气混合能形成爆炸性混合物，遇明火、高热易燃烧或爆炸。燃烧产生有毒的一氧化碳气体。在高温火场中，受热的容器或储罐有破裂和爆炸的危险。

活性反应　与强氧化剂反应。

禁忌物　强氧化剂。

毒性　高浓度苯蒸气有麻醉作用；长期接触引起血液系统损害和白血病。萘可引起溶血性贫血、血红蛋白尿、肾功能损害、视神经炎和白内障。菲对皮肤有刺激性和致敏作用。

侵入途径　吸入、食入。

理化特性与用途

理化特性　黄色液体。产品有 1 号、2 号、3 号三种牌号。主要成分为苯、萘、菲化合物。馏程：初馏点≥180℃（1 号）、≥230℃（2 号）、≥280℃（3 号），干点≤250℃（1 号）、≤315℃（2 号）、≤260℃（3 号）；芳烃含量≥80%（1 号）、芳烃含量≥90%（2 号）、芳烃含量≥95%（3 号）。

主要用途　用作溶剂、浮选剂、塑料增塑剂、橡胶软化剂及木材的防腐剂等。

包装与储运

安全储运　储存于阴凉、通风的库房。保持容器密封。远离火种、热源。应与氧化剂等隔离储运。搬运时轻装轻卸，防止容器受损。

紧急处置信息

急救措施

吸入：脱离接触。如呼吸困难，给吸氧。如呼吸心跳停止，立即行心肺复苏术。就医。

眼睛接触： 分开眼睑，用流动清水或生理盐水冲洗。如有不适感，就医。

皮肤接触： 脱去污染的衣着，用肥皂水和清水冲洗。如有不适感，就医。

食入： 漱口，不要催吐，洗胃。就医。。

灭火方法 消防人员须穿全身消防服，佩戴空气呼吸器，在上风向灭火。尽可能将容器从火场移至空旷处。喷水保持火场容器冷却，直至灭火结束。处在火场中的容器若发生异常变化或发出异常声音，须马上撤离。

灭火剂：泡沫、二氧化碳、干粉、砂土。

泄漏应急处置 消除所有点火源。根据液体流动和蒸气扩散的影响区域划定警戒区，无关人员从侧风、上风向撤离至安全区。建议应急处理人员戴正压自给式呼吸器，穿防毒、防腐蚀服，戴橡胶手套。尽可能切断泄漏源。防止泄漏物进入水体、下水道、地下室或限制性空间。小量泄漏：用干燥的砂土或其他不燃材料吸收或覆盖，收集于容器中。大量泄漏：构筑围堤或挖坑收容。

107. 柴油机油

标　识

中文名称 柴油机油

英文名称 Diesel engine lube oil；Diesel engine oil

危害信息

燃烧与爆炸危险性 可燃。其蒸气与空气混合能形成爆炸性混合物，遇明火、高热易燃烧或爆炸。燃烧产生有毒的一氧化碳气体。在高温火场中，受热的容器或储罐有破裂和爆炸的危险。

禁忌物 强氧化剂。

理化特性与用途

理化特性 液体。有 CA、CB、CC、CD 等系列品种，并划分多个黏度等级。CC(5W/30)：倾点≤ -35℃，闪点≥200℃(开杯)，运动黏度 9.3 ~ <12.5mm²/s(100℃)。

主要用途 主要应用于高速柴油发动机的润滑。

包装与储运

安全储运 储存于阴凉、通风的库房。保持容器密封。远离火种、热源。应与氧化剂等隔离储运。搬运时轻装轻卸，防止容器受损。

紧急处置信息

急救措施

吸入： 脱离接触。如有不适感，就医。

眼睛接触： 分开眼睑，用流动清水或生理盐水冲洗。如有不适感，就医。

皮肤接触： 脱去污染的衣着，用肥皂水和清水冲洗。如有不适感，就医。

食入： 漱口，饮水。就医。

灭火方法 消防人员须穿全身消防服，佩戴空气呼吸器，在上风向灭火。尽可能将容器从火场移至空旷处。喷水保持火场容器冷却，直至灭火结束。处在火场中的容器若发生

异常变化或发出异常声音，须马上撤离。

灭火剂：泡沫、二氧化碳、干粉、砂土。

泄漏应急处置　消除所有点火源。根据液体流动和蒸气扩散的影响区域划定警戒区，无关人员从侧风、上风向撤离至安全区。建议应急处理人员戴正压自给式呼吸器，穿防静电、防腐蚀服，戴橡胶手套。穿上适当的防护服前严禁接触破裂的容器和泄漏物。尽可能切断泄漏源。防止泄漏物进入水体、下水道、地下室或限制性空间。小量泄漏：用干燥的砂土或其他不燃材料吸收或覆盖，收集于容器中。大量泄漏：构筑围堤或挖坑收容。用防爆、耐腐蚀泵转移至槽车或专用收集器内。喷雾状水驱散蒸气、稀释液体泄漏物。

108. 常压蜡油

标　识

中文名称　常压蜡油

英文名称　Atamospheric wax oil

危害信息

燃烧与爆炸危险性　可燃，遇明火、高热可燃，燃烧产生有毒的一氧化碳气体。

活性反应　与强氧化剂反应。

禁忌物　强氧化剂。

理化特性与用途

理化特性　固体。凝点≤38℃。

主要用途　用作裂化原料。

包装与储运

安全储运　储存于阴凉、通风的库房。包装密封。远离火种、热源。应与氧化剂等隔离储运。搬运时轻装轻卸，防止包装受损。

紧急处置信息

急救措施

吸入：脱离接触。如有不适感，就医。

眼睛接触：分开眼睑，用流动清水或生理盐水冲洗。如有不适感，就医。

皮肤接触：脱去污染的衣着，用肥皂水和清水冲洗。如有不适感，就医。

食入：漱口，饮水。就医。

灭火方法　消防人员须穿全身消防服，佩戴空气呼吸器，在上风向灭火。尽可能将容器从火场移至空旷处。喷水雾保持火场容器冷却，直至灭火结束。

灭火剂：泡沫、二氧化碳、干粉、砂土。

泄漏应急处置　隔离泄漏污染区，限制出入。消除所有点火源。建议应急处理人员戴防尘口罩，穿防静电服。禁止接触或跨越泄漏物。用洁净的铲子收集泄漏物，置于干净、干燥、盖子较松的容器中，将容器移离泄漏区。

109. 车用柴油

标　识

中文名称　车用柴油

英文名称　Automobile diesel fuels

WGH 号　T32150 [铁规]

UN 号　1202

危害信息

危险性类别　第3类　易燃液体

燃烧与爆炸危险性　易燃。其蒸气与空气能形成爆炸性混合物，遇明火、高热能引起燃烧爆炸。高速冲击、流动、激荡后可因产生静电火花放电引起燃烧爆炸。蒸气比空气重，能在较低处扩散到相当远的地方，遇火源会着火回燃和爆炸(闪爆)。

活性反应　与硝酸、浓硫酸、高锰酸钾、重铬酸盐等强氧化剂发生剧烈反应，甚至导致燃烧爆炸。

禁忌物　强氧化剂。

毒性　柴油沸点高，蒸气吸入机会少。可经皮肤吸收。对中枢神经系统有抑制作用。

中毒表现　急性中毒：吸入高浓度柴油蒸气2min即可出现头晕、胸闷和无力，5min后昏迷。短期内吸入大量柴油雾滴可引起化学性肺炎。有报道皮肤接触柴油后数周引起急性肾功能衰竭，经治疗后恢复。废气可引起眼、鼻刺激症状，头晕及头痛。

慢性影响：皮肤接触柴油可出现红斑、丘疹和水疱。长期接触柴油后，皮疹可转为慢性。

侵入途径　吸入、食入、经皮吸收。

职业接触限值　美国(ACGIH)：TLV－TWA：100mg/m^3 [柴油机燃料，按总烃计] [皮]。

理化特性与用途

理化特性　淡黄色液体。馏程300(50%的回收温度)~365℃(95%回收温度)，凝固点≤10~≤－50℃，密度0.82~0.86g/cm^3(20℃)，闪点≥45~≥55℃，爆炸极限0.6%~7.5%。

主要用途　用作压燃式柴油发动机汽车的燃料。

包装与储运

包装标志　易燃液体

包装类别　Ⅲ类

安全储运　盛装时，切不可充满，要留出必要的安全空间。储存于阴凉、通风处，储存温度不超过37℃。远离火种、热源。炎热季节应采取喷淋、通风等降温措施。应与氧化剂等隔离储运。罐储时要有防火防爆技术措施，且有接地装置，防止静电积聚。搬运时轻装轻卸，防止容器受损。

紧急处置信息

急救措施

吸入：立即脱离接触。如呼吸困难，给吸氧。如呼吸心跳停止，立即行心肺复苏术。就医。

眼睛接触：立即分开眼睑，用流动清水或生理盐水彻底冲洗。就医。

皮肤接触：立即脱去污染的衣着，用肥皂水和清水彻底冲洗。就医。

食入：漱口，不要催吐，洗胃。就医。

禁用肾上腺素类药

灭火方法 消防人员必须穿全身消防服，佩戴空气呼吸器，在上风向灭火。喷水冷却燃烧罐和临近罐，直至灭火结束。处在火场中的储罐若发生异常变化或发出异常声音，必须马上撤离。

灭火剂：泡沫、干粉、二氧化碳。

泄漏应急处置 根据液体流动和蒸气扩散的影响区域划定警戒区，无关人员从侧风、上风向撤离至安全区。消除所有点火源。建议应急处理人员戴防毒面具，穿防静电服。尽可能切断泄漏源。防止泄漏物进入水体、下水道、地下室或限制性空间。小量泄漏：用活性炭或其他惰性材料吸收。大量泄漏：构筑围堤或挖坑收容。用泵转移至槽车或专用收集器内。

110. 车用汽油

标　　识

中文名称 车用汽油

英文名称 Automobile gasoline；Motor gasoline；Motor spirit

WGH 号 31001

UN 号 1203

危害信息

危险性类别 第 3 类 易燃液体

燃烧与爆炸危险性 极易燃。其蒸气与空气混合能形成爆炸性混合物，遇明火、高热极易燃烧或爆炸。高速冲击、流动、激荡后可因产生静电火花放电引起燃烧爆炸。在高温火场中，受热的容器或储罐有破裂和爆炸的危险。蒸气比空气重，能在较低处扩散到相当远的地方，遇火源会着火回燃和爆炸(闪爆)。

活性反应 与硝酸、浓硫酸、高锰酸钾、重铬酸盐等强氧化剂发生剧烈反应，甚至发生燃烧爆炸。

禁忌物 强氧化剂。

毒性 主要以蒸气形态吸入，经皮肤吸收较少。汽油为麻醉性毒物。急性中毒主要引起中枢神经系统和呼吸系统损害；慢性中毒主要表现为神经衰弱综合征、植物神经功能紊乱、中毒性脑病、周围神经病，可引起肾脏损害。

IARC 对汽油的致癌性分类：G2B——可疑人类致癌物。

欧盟指令 67/548/EEC 将汽油列为第 2 类致癌物——可能为人类致癌物。

中毒表现 急性中毒：汽油蒸气吸入呼吸道后，轻度中毒出现头痛、头晕、恶心、呕吐、步态不稳、视力模糊、烦躁、哭笑无常、兴奋不安、轻度意识障碍等。重度中毒出现中度或重度意识障碍、化学性肺炎、反射性呼吸停止。汽油液体被吸入呼吸道后引起吸入性肺炎，出现剧烈咳嗽、胸痛、咯血、发热、呼吸困难、紫绀及肺部啰音等。如汽油液体进入消化道，表现为频繁呕吐，呕吐物除食物和汽油外可带新鲜血液，并伴有口腔、咽、胸骨后灼热感，腹痛、腹泻、肝脏肿大及压痛，血清 ALT 升高。皮肤浸泡或浸渍于汽油时间较长后，受浸皮肤出现水疱、表皮破碎脱落，呈浅Ⅱ度灼伤。个别敏感者可发生急性皮炎，出现红斑、水疱及瘙痒。

慢性中毒：表现为神经衰弱综合征、植物神经功能紊乱、周围神经病。严重中毒出现中毒性脑病，常见表现为表情淡漠，反应迟钝，记忆力、计算力丧失等；中毒性精神病；类精神分裂症；中毒性周围神经病所致肢体瘫痪。可引起肾脏损害，早期显示肾小管功能损伤，进而引起膜性肾小球肾炎，严重者可发生肾小球肾炎－肺出血综合征。长期接触汽油可引起血中白细胞等血细胞的减少，其原因是由于汽油内含较高芳香烃组分，尤其是苯，其临床表现同慢性苯中毒。皮肤损害可见皮肤干燥、皲裂、角化、毛囊炎、慢性湿疹、指甲变厚和凹陷。严重者可引起剥脱性皮炎。

侵入途径 吸入、食入、经皮吸收。

职业接触限值

中国：PC－TWA：300mg/m^3［溶剂汽油］。

美国(ACGIH)：TLV－TWA：300ppm；TLV－STEL：500ppm。

环境危害 可能是(严重)海洋污染物。

理化特性与用途

理化特性 无色至淡黄色易流动液体。主要成分是 C5～C12 烃类。不溶于水，溶于无水乙醇、乙醚等溶剂。熔点＜－60℃，沸点 40～205℃，相对密度(水＝1)0.7～0.77，相对蒸气密度(空气＝1)＞1，闪点－50℃(闭杯)，爆炸极限 1.4%～7.6%。

主要用途 用作汽车和机动车的燃料。

包装与储运

包装标志 易燃液体

包装类别 Ⅰ类

安全储运 盛装时，切不可充满，要留出必要的安全空间。储存于阴凉、通风处，储存温度不超过 29℃。远离火种、热源，炎热季节应采取喷淋、通风等降温措施。应与氧化剂等隔离储运。罐储时要有防火防爆技术措施，灌装时注意流速，要有接地装置，防止静电积聚。禁止使用易产生火花的工具。搬运时轻装轻卸，防止容器受损。

紧急处置信息

急救措施

吸入：立即脱离接触。如呼吸困难，给吸氧。如呼吸心跳停止，立即行心肺复苏术。就医。

眼睛接触：立即分开眼睑，用流动清水或生理盐水彻底冲洗。就医。

皮肤接触：立即脱去污染的衣着，用肥皂水和清水彻底冲洗。就医。

食入：漱口，尽量饮水，不要催吐。忌饮牛奶、油类和酒精。洗胃。就医。

灭火方法 消防人员须穿全身消防服，佩戴空气呼吸器，在上风向灭火。尽可能将容器从火场移至空旷处。喷水保持火场容器冷却，直至灭火结束。处在火场中的容器若发生异常变化或发出异常声音，须马上撤离。

灭火剂：泡沫、二氧化碳、干粉和砂土。用水灭火无效。

泄漏应急处置　消除所有点火源。根据液体流动和蒸气扩散的影响区域划定警戒区，无关人员从侧风、上风向撤离至安全区。建议应急处理人员戴正压自给式呼吸器，穿防静电、防腐蚀服，戴橡胶手套。尽可能切断泄漏源。防止泄漏物进入水体、下水道、地下室或限制性空间。小量泄漏：用干燥的砂土或其他不燃材料吸收或覆盖，收集于容器中。大量泄漏：构筑围堤或挖坑收容，用防爆泵转移至槽车或专用收集器内。

111. 车用无铅汽油

标　识

中文名称　车用无铅汽油

英文名称　Unleaded gasoline for motor vehicles；Unleaded petrol for motor vehicles

CAS 号　8006－61－9

WGH 号　32001；T31101[铁规]

UN 号　1203

危害信息

危险性类别　第 3 类　易燃液体

燃烧与爆炸危险性　极易燃。其蒸气与空气可形成爆炸性混合物，遇明火、高热极易燃烧爆炸。与氧化剂接触发生强烈反应，甚至引起燃烧。高速冲击、流动、激荡后可因产生静电火花放电引起燃烧爆炸。液体比水轻，不溶于水，可随水漂流扩散到远处，遇明火即引起燃烧。在火场中，受热的容器、储罐有爆炸危险。其蒸气比空气重，能在较低处扩散到相当远的地方，遇火源会着火回燃和爆炸(闪爆)。

活性反应　与硝酸、浓硫酸、高锰酸钾、重铬酸盐等强氧化剂发生剧烈反应，甚至发生燃烧爆炸。

禁忌物　强氧化剂。

毒性　主要以蒸气形态吸入，经皮肤吸收较少。汽油为麻醉性毒物。急性中毒主要引起中枢神经系统和呼吸系统损害；慢性中毒主要表现为神经衰弱综合征、植物神经功能紊乱、中毒性脑病、周围神经病，可引起肾脏损害。

IARC 对汽油的致癌性分类：G2B——可疑人类致癌物。

欧盟指令 67/548/EEC 将汽油列为第 2 类致癌物——可能为人类致癌物。

中毒表现　急性中毒：汽油蒸气吸入呼吸道后，轻度中毒出现头痛、头晕、恶心、呕吐、步态不稳、视力模糊、烦躁、哭笑无常、兴奋不安、轻度意识障碍等。重度中毒出现中度或重度意识障碍、化学性肺炎、反射性呼吸停止。汽油液体被吸入呼吸道后引起吸入性肺炎，出现剧烈咳嗽、胸痛、咯血、发热、呼吸困难、紫绀及肺部啰音等。如汽油液体进入消化道，表现为频繁呕吐，呕吐物除食物和汽油外可带新鲜血液，并伴有口腔、咽、胸骨后灼热感，腹痛、腹泻、肝脏肿大及压痛，血清 ALT 升高。皮肤浸泡或浸渍于汽油时间较长后，受浸皮肤出现水疱、表皮破碎脱落，呈浅Ⅱ度灼伤。个别敏感者可发生急性皮炎，出现红斑、水疱及瘙痒。

慢性中毒：表现为神经衰弱综合征、植物神经功能紊乱、周围神经病。严重中毒出现中毒性脑病，常见表现为表情淡漠，反应迟钝，记忆力、计算力丧失等；中毒性精神病；类精神分裂症；中毒性周围神经病所致肢体瘫痪。可引起肾脏损害，早期显示肾小管功能损伤，进而引起膜性肾小球肾炎，严重者可发生肾小球肾炎－肺出血综合征。长期接触汽油可引起血中白细胞等血细胞的减少，其原因是由于汽油内含较高芳香烃组分，尤其是苯，其临床表现同慢性苯中毒。皮肤损害可见皮肤干燥、皲裂、角化、毛囊炎、慢性湿疹、指甲变厚和凹陷。严重者可引起剥脱性皮炎。

侵入途径 吸入、食入、经皮吸收。

职业接触限值

中国：PC－TWA：300mg/m^3[溶剂汽油]。

美国(ACGIH)：TLV－TWA：300ppm；TLV－STEL：500ppm。

理化特性与用途

理化特性 无色到浅黄色的透明液体，易挥发。主要是由C5～C12各族烃类组成。馏程30～205℃，相对密度(水＝1)0.7～0.78，相对蒸气密度(空气＝1)3～4，蒸气压≤88kPa(9月16日至3月15日)；≤74kPa(3月16日至9月15日)，闪点－43℃(闭杯)，爆炸极限1.4%～7.6%，引燃温度415～530℃，辛醇/水分配系数2.13～4.5。

主要用途 用作点燃式内燃机的燃料。

包装与储运

包装标志 易燃液体

包装类别 Ⅱ类

安全储运 盛装时，切不可充满，要留出必要的安全空间。储存于阴凉、通风处，储存温度不宜超过29℃。远离火种、热源。炎热季节应采取喷淋、通风等降温措施。应与氧化剂等隔离储运。罐储时要有防火防爆技术措施。充装时流速不超过3米/秒，且有接地装置，防止静电积聚。搬运时轻装轻卸，防止容器受损。

紧急处置信息

急救措施

吸入：立即脱离接触。如呼吸困难，给吸氧。如呼吸心跳停止，立即行心肺复苏术。就医。

眼睛接触：立即分开眼睑，用流动清水或生理盐水彻底冲洗。就医。

皮肤接触：立即脱去污染的衣着，用肥皂水和清水彻底冲洗。就医。

食入：漱口，尽量饮水，不要催吐。忌饮牛奶、油类和酒精。洗胃。就医。

灭火方法 消防人员必须穿全身消防服，佩戴空气呼吸器，在上风向灭火。喷水冷却燃烧罐和临近罐，直至灭火结束。处在火场中的储罐若发生异常变化或发出异常声音，必须马上撤离。

灭火剂：泡沫、干粉、二氧化碳。

泄漏应急处置 消除所有点火源。根据液体流动和蒸气扩散的影响区域划定警戒区，无关人员从侧风、上风向撤离至安全区。建议应急处理人员戴正压自给式呼吸器，穿防毒、防静电服，戴橡胶耐油手套。作业时使用的所有设备应接地。禁止接触或跨越泄漏物。尽可能切断泄漏源。防止泄漏物进入水体、下水道、地下室或限制性空间。小量泄漏：用砂土或其他不燃材料吸收。使用洁净的无火花工具收集吸收材料。大量泄漏：构筑围堤或挖坑收容。用泡沫覆盖，减少蒸发。喷水雾能减少蒸发，但不能降低泄漏物在限制性空间内的易燃性。用防爆泵转移至槽车或专用收集器内。

112. 车用乙醇汽油

标　识

中文名称　车用乙醇汽油

英文名称　Ethanol gasoline for motor vehicles

WGH 号　32001；T31101［铁规］

UN 号　1203

危害信息

危险性类别　第 3 类　易燃液体

燃烧与爆炸危险性　易燃。其蒸气与空气可形成爆炸性混合物，遇明火、高热极易燃烧爆炸。与氧化剂接触发生强烈反应，甚至引起燃烧。在火场中，受热的容器、储罐有爆炸危险。其蒸气比空气重，能在较低处扩散到相当远的地方，遇火源会着火回燃和爆炸（闪爆）。

活性反应　与氧化剂发生反应，导致燃烧或爆炸。

禁忌物　强氧化剂、强酸、强碱。

毒性　主要以蒸气形态吸入，经皮肤吸收较少。汽油为麻醉性毒物。急性中毒主要引起中枢神经系统和呼吸系统损害；慢性中毒主要表现为神经衰弱综合征、植物神经功能紊乱、中毒性脑病、周围神经病，可引起肾脏损害。

IARC 对汽油的致癌性分类：G2B——可疑人类致癌物。

欧盟指令 67/548/EEC 将汽油列为第 2 类致癌物——可能为人类致癌物。

中毒表现　急性中毒：汽油蒸气吸入呼吸道后，轻度中毒出现头痛、头晕、恶心、呕吐、步态不稳、视力模糊、烦躁、哭笑无常、兴奋不安、轻度意识障碍等。重度中毒出现中度或重度意识障碍、化学性肺炎、反射性呼吸停止。汽油液体被吸入呼吸道后引起吸入性肺炎，出现剧烈咳嗽、胸痛、咯血、发热、呼吸困难、紫绀及肺部啰音等。如汽油液体进入消化道，表现为频繁呕吐，呕吐物除食物和汽油外可带新鲜血液，并伴有口腔、咽、胸骨后灼热感，腹痛、腹泻、肝脏肿大及压痛，血清 ALT 升高。皮肤浸泡或浸渍于皮肤浸泡或浸渍于汽油时间较长后，受浸皮肤出现水疱、表皮破碎脱落，呈浅 II 度灼伤。个别敏感者可发生急性皮炎，出现红斑、水疱及瘙痒。

慢性中毒：表现为神经衰弱综合征、植物神经功能紊乱、周围神经病。严重中毒出现中毒性脑病，常见表现为表情淡漠、反应迟钝、记忆力、计算力丧失等；中毒性精神病；类精神分裂症；中毒性周围神经病所致肢体瘫痪。可引起肾脏损害，早期显示肾小管功能损伤，进而引起膜性肾小球肾炎，严重者可发生肾小球肾炎 - 肺出血综合征。长期接触汽油可引起血中白细胞等血细胞的减少，其原因是由于汽油内含较高芳香烃组分，尤其是苯，其临床表现同慢性苯中毒。皮肤损害可见皮肤干燥、皲裂、角化、毛囊炎、慢性湿疹、指甲变厚和凹陷。严重者可引起剥脱性皮炎。

侵入途径　吸入、食入、经皮吸收。

职业接触限值

中国：PC - TWA：300mg/m^3［溶剂汽油］。

美国（ACGIH）：TLV - TWA：300ppm；TLV - STEL：500ppm。

理化特性与用途

理化特性 无色到浅黄色的透明液体。车用乙醇汽油是用90%的组分汽油与10%的燃料乙醇调和而成，可分为90号、93号和97号三个牌号。馏程70(10%蒸发温度)~250℃，蒸气压≤88kPa(9月16日至3月15日)、≤74kPa(3月16日至9月15日)。乙醇含量9.0%~10.5%，苯含量≤2.5%，芳烃含量≤40%，烯烃含量≤35%。

主要用途 车用乙醇汽油适用于装配点燃式发动机的各类车辆作燃料。

包装与储运

包装标志 易燃液体

包装类别 Ⅱ类

安全储运 盛装时，切不可充满，要留出必要的安全空间。储存于阴凉、通风处，储存温度不超过29℃。远离火种、热源。炎热季节应采取喷淋、通风等降温措施。应与氧化剂等隔离储运。罐储时要有防火防爆技术措施，灌装时注意流速，要有接地装置，防止静电积聚。禁止使用易产生火花的工具。搬运时轻装轻卸，防止容器受损。

紧急处置信息

急救措施

吸入：立即脱离接触。如呼吸困难，给吸氧。如呼吸心跳停止，立即行心肺复苏术。就医。

眼睛接触：立即分开眼睑，用流动清水或生理盐水彻底冲洗。就医。

皮肤接触：立即脱去污染的衣着，用肥皂水和清水彻底冲洗。就医。

食入：漱口，尽量饮水，不要催吐。忌饮牛奶、油类和酒精。洗胃。就医。

灭火方法 消防人员必须穿全身消防服，佩戴空气呼吸器，在上风向灭火。喷水冷却燃烧罐和临近罐，直至灭火结束。处在火场中的储罐若发生异常变化或发出异常声音，必须马上撤离。

灭火剂：泡沫、干粉、二氧化碳。

泄漏应急处置 消除所有点火源。根据液体流动和蒸气扩散的影响区域划定警戒区，无关人员从侧风、上风向撤离至安全区。建议应急处理人员戴正压自给式呼吸器，穿防毒、防静电服，戴橡胶耐油手套。作业时使用的所有设备应接地。禁止接触或跨越泄漏物。尽可能切断泄漏源。防止泄漏物进入水体、下水道、地下室或限制性空间。小量泄漏：用砂土或其他不燃材料吸收。使用洁净的无火花工具收集吸收材料。大量泄漏：构筑围堤或挖坑收容。用泡沫覆盖，减少蒸发。喷水雾能减少蒸发，但不能降低泄漏物在限制性空间内的易燃性。用防爆泵转移至槽车或专用收集器内。

113. 车用乙醇汽油调和组分油

标　识

中文名称 车用乙醇汽油调和组分油

英文名称 Blended component oil for motor ethanol gasoline

WGH号 32001；T31101[铁规]

UN号 1203

危害信息

危险性类别　第3类　易燃液体

燃烧与爆炸危险性　易燃。其蒸气与空气可形成爆炸性混合物，遇明火、高热极易燃烧爆炸。与氧化剂接触发生强烈反应，甚至引起燃烧。在火场中，受热的容器、储罐有爆炸危险。其蒸气比空气重，能在较低处扩散到相当远的地方，遇火源会着火回燃和爆炸(闪爆)。

活性反应　与氧化剂发生反应，导致燃烧或爆炸。

禁忌物　强氧化剂、强酸、强碱。

毒性　主要以蒸气形态吸入，经皮肤吸收较少。汽油为麻醉性毒物。急性中毒主要引起中枢神经系统和呼吸系统损害；慢性中毒主要表现为神经衰弱综合征、植物神经功能紊乱、中毒性脑病、周围神经病，可引起肾脏损害。

IARC 对汽油的致癌性分类：G2B——可疑人类致癌物。

欧盟指令 67/548/EEC 将汽油列为第 2 类致癌物——可能为人类致癌物。

中毒表现　急性中毒：汽油蒸气吸入呼吸道后，轻度中毒出现头痛、头晕、恶心、呕吐、步态不稳、视力模糊、烦躁、哭笑无常、兴奋不安、轻度意识障碍等。重度中毒出现中度或重度意识障碍、化学性肺炎、反射性呼吸停止。汽油液体被吸入呼吸道后引起吸入性肺炎，出现剧烈咳嗽、胸痛、咯血、发热、呼吸困难、紫绀及肺部啰音等。如汽油液体进入消化道，表现为频繁呕吐，呕吐物除食物和汽油外可带新鲜血液，并伴有口腔、咽、胸骨后灼热感，腹痛、腹泻、肝脏肿大及压痛，血清 ALT 升高。皮肤浸泡或浸渍于皮肤浸泡或浸渍于汽油时间较长后，受浸皮肤出现水疱、表皮破碎脱落，呈浅 II 度灼伤。个别敏感者可发生急性皮炎，出现红斑、水疱及瘙痒。

慢性中毒：表现为神经衰弱综合征、植物神经功能紊乱、周围神经病。严重中毒出现中毒性脑病，常见表现为表情淡漠、反应迟钝、记忆力、计算力丧失等；中毒性精神病；类精神分裂症；中毒性周围神经病所致肢体瘫痪。可引起肾脏损害，早期显示肾小管功能损伤，进而引起膜性肾小球肾炎，严重者可发生肾小球肾炎-肺出血综合征。长期接触汽油可引起血中白细胞等血细胞的减少，其原因是由于汽油内含较高芳香烃组分，尤其是苯，其临床表现同慢性苯中毒。皮肤损害可见皮肤干燥、皲裂、角化、毛囊炎、慢性湿疹、指甲变厚和凹陷。严重者可引起剥脱性皮炎。

侵入途径　吸入、食入、经皮吸收。

职业接触限值

中国：PC-TWA：300mg/m^3[溶剂汽油]。

美国(ACGIH)：TLV-TWA：300ppm；TLV-STEL：500ppm。

理化特性与用途

理化特性　无色到浅黄色的透明液体。按研究法辛烷值分为 90 号和 93 号两个牌号。馏程 70(10%蒸发温度)~250℃，蒸气压≤81kPa(9 月 16 日至 3 月 15 日)；≤67kPa(3 月 16 日至 9 月 15 日)，苯含量≤2.5%，芳烃含量≤44%，烯烃含量≤38%。

主要用途　用于制备车用乙醇汽油

包装与储运

包装标志　易燃液体

包装类别　II 类

安全储运　盛装时，切不可充满，要留出必要的安全空间。储存于阴凉、通风处，储存温度不超过29℃。远离火种、热源。炎热季节应采取喷淋、通风等降温措施。应与氧化剂等隔离储运。罐储时要有防火防爆技术措施，灌装时注意流速，要有接地装置，防止静电积聚。禁止使用易产生火花的工具。搬运时轻装轻卸，防止容器受损。

紧急处置信息

急救措施

吸入：立即脱离接触。如呼吸困难，给吸氧。如呼吸心跳停止，立即行心肺复苏术。就医。

眼睛接触：立即分开眼睑，用流动清水或生理盐水彻底冲洗。就医。

皮肤接触：立即脱去污染的衣着，用肥皂水和清水彻底冲洗。就医。

食入：漱口，尽量饮水，不要催吐。忌饮牛奶、油类和酒精。洗胃。就医。

灭火方法 消防人员必须穿全身消防服，佩戴空气呼吸器，在上风向灭火。喷水冷却燃烧罐和临近罐，直至灭火结束。处在火场中的储罐若发生异常变化或发出异常声音，必须马上撤离。

灭火剂：抗溶性泡沫、干粉、二氧化碳。

泄漏应急处置 消除所有点火源。根据液体流动和蒸气扩散的影响区域划定警戒区，无关人员从侧风、上风向撤离至安全区。建议应急处理人员戴正压自给式呼吸器，穿防毒、防静电服，戴橡胶耐油手套。作业时使用的所有设备应接地。禁止接触或跨越泄漏物。尽可能切断泄漏源。防止泄漏物进入水体、下水道、地下室或限制性空间。小量泄漏：用砂土或其他不燃材料吸收。使用洁净的无火花工具收集吸收材料。大量泄漏：构筑围堤或挖坑收容。用泡沫覆盖，减少蒸发。喷水雾能减少蒸发，但不能降低泄漏物在限制性空间内的易燃性。用防爆泵转移至槽车或专用收集器内。

114. 抽 出 油

标 识

中文名称 抽出油

英文名称 Extract oil

危害信息

燃烧与爆炸危险性 可燃。其蒸气与空气混合能形成爆炸性混合物，遇明火、高热可能燃烧或爆炸。燃烧产生有毒的一氧化碳气体。在高温火场中，受热的容器或储罐有破裂和爆炸的危险。

活性反应 与强氧化剂反应。

禁忌物 强氧化剂。

理化特性与用途

理化特性 无色透明、易燃、易挥发液体。闪点≥80℃(开杯)。

主要用途 适宜制作各种润滑脂、齿轮油，调制各类机油；进行沥青改性。

包装与储运

安全储运 储存于阴凉、通风的库房。保持容器密封。远离火种、热源。应与氧化剂

等隔离储运。搬运时轻装轻卸，防止容器受损。

紧急处置信息

急救措施

吸入： 脱离接触。如有不适感，就医。

眼睛接触： 分开眼睑，用流动清水或生理盐水冲洗。如有不适感，就医。

皮肤接触： 脱去污染的衣着，用肥皂水和清水冲洗。如有不适感，就医。

食入： 漱口，饮水。就医。

灭火方法　消防人员须穿全身消防服，佩戴空气呼吸器，在上风向灭火。尽可能将容器从火场移至空旷处。喷水保持火场容器冷却，直至灭火结束。处在火场中的容器若发生异常变化或发出异常声音，须马上撤离。

灭火剂：泡沫、二氧化碳、干粉、砂土。

泄漏应急处置　消除所有点火源。根据液体流动和蒸气扩散的影响区域划定警戒区，无关人员从侧风、上风向撤离至安全区。建议应急处理人员戴正压自给式呼吸器，穿防静电、防腐蚀服，戴橡胶手套。尽可能切断泄漏源。防止泄漏物进入水体、下水道、地下室或限制性空间。小量泄漏：用干燥的砂土或其他不燃材料吸收或覆盖，收集于容器中。大量泄漏：构筑围堤或挖坑收容。

115. 6 号抽提溶剂油

标　识

中文名称　6 号抽提溶剂油

英文名称　Solvent - extracted oil No. 6；Extractant（No. 6）

别名　6 号溶剂油；大豆抽提溶剂油

危害信息

危险性类别　第 3 类　易燃液体

燃烧与爆炸危险性　易燃。蒸气与空气能形成爆炸性混合物，遇明火、高热能引起燃烧爆炸。高速冲击、流动、激荡后可因产生静电火花放电引起燃烧爆炸。蒸气比空气重，能在较低处扩散到相当远的地方，遇火源会着火回燃和爆炸(闪爆)。

活性反应　与硝酸、浓硫酸、高锰酸钾、重铬酸盐等强氧化剂发生剧烈反应，甚至导致燃烧爆炸。

禁忌物　强氧化剂。

毒性　高浓度吸入产生麻醉作用。

侵入途径　吸入、食入。

理化特性与用途

理化特性　无色透明易挥发液体。主要由正构烷烃(正己烷和环己烷)组成，不含烯烃，芳烃含量低。馏程 60 ~ 90℃，密度 0.655 ~ 0.686g/cm^3(20℃)。

主要用途　植物油浸出工艺中用作抽提溶剂，也可作合成橡胶工艺中的溶剂及精密零件洗涤溶剂等。

包装与储运

包装标志 易燃液体

包装类别 Ⅲ类

安全储运 盛装时，切不可充满，要留出必要的安全空间。储存于阴凉、通风处，储存温度不超过37℃。远离火种、热源，避免阳光直射。炎热季节应采取通风降温措施。应与氧化剂等隔离储运。罐储时要有防火防爆技术措施，且有接地装置，防止静电积聚。搬运时轻装轻卸，防止容器受损。

紧急处置信息

急救措施

吸入：立即脱离接触。如呼吸困难，给吸氧。如呼吸心跳停止，立即行心肺复苏术。就医。

眼睛接触：分开眼睑，用流动清水或生理盐水冲洗。如有不适感，就医。

皮肤接触：脱去污染的衣着，用肥皂水和清水冲洗。如有不适感，就医。

食入：漱口，不要催吐。洗胃。就医。

禁用肾上腺素类药

灭火方法 消防人员必须穿全身消防服，佩戴空气呼吸器，在上风向灭火。喷水冷却燃烧罐和临近罐，直至灭火结束。处在火场中的储罐若发生异常变化或发出异常声音，必须马上撤离。

灭火剂：泡沫、干粉、二氧化碳。

泄漏应急处置 消除所有点火源。根据液体流动和蒸气扩散的影响区域划定警戒区，无关人员从侧风、上风向撤离至安全区。建议应急处理人员戴正压自给式呼吸器，穿防静电服，戴橡胶耐油手套。作业时使用的所有设备应接地。禁止接触或跨越泄漏物。尽可能切断泄漏源。防止泄漏物进入水体、下水道、地下室或限制性空间。小量泄漏：用砂土或其他不燃材料吸收。使用洁净的无火花工具收集吸收材料。大量泄漏：构筑围堤或挖坑收容。用砂土、惰性物质或蛭石吸收大量液体。用泡沫覆盖，减少蒸发。喷水雾能减少蒸发，但不能降低泄漏物在限制性空间内的易燃性。用防爆泵转移至槽车或专用收集器内。

116. 抽 余 油

标 识

中文名称 抽余油

英文名称 Raffinate

危害信息

燃烧与爆炸危险性 易燃。其蒸气与空气混合能形成爆炸性混合物，遇明火、高热易燃烧或爆炸。燃烧产生有毒的一氧化碳气体。在高温火场中，受热的容器或储罐有破裂和爆炸的危险。蒸气比空气重，能在较低处扩散到相当远的地方，遇火源会着火回燃和爆炸（闪爆）。

活性反应 与强氧化剂发生剧烈反应。

禁忌物 强氧化剂。

中毒表现 中毒症状主要表现为中枢神经系统抑制。

慢性影响为头痛、乏力、失眠、多梦及眼和呼吸道黏膜充血。

侵入途径　吸入、食入。

职业接触限值　中国：PC－TWA：300mg/m³。

理化特性与用途

理化特性　无色透明液体。由190～240℃的直馏煤油经加氢精制、分子筛脱蜡得到。馏程185～265℃，密度0.8～0.83g/cm³，闪点≥60℃(闭杯)。

主要用途　适用于生产无味煤油、溶剂油。

包装与储运

安全储运　储存于阴凉、通风处，储存温度不超过37℃。保持容器密封。远离火种、热源，避免阳光直射。应与氧化剂等隔离储运。罐储时要有防火防爆技术措施，且有接地装置，防止静电积聚。搬运时轻装轻卸，防止容器受损。

紧急处置信息

急救措施

吸入：立即脱离接触。如呼吸困难，给吸氧。如呼吸心跳停止，立即行心肺复苏术。

眼睛接触：分开眼睑，用流动清水或生理盐水冲洗。如有不适感，就医。

皮肤接触：脱去污染的衣着，用肥皂水和清水冲洗。如有不适感，就医。

食入：漱口，不要催吐。洗胃。就医。

忌用肾上腺素类药物。

灭火方法　消防人员须穿全身消防服，佩戴空气呼吸器，在上风向灭火。尽可能将容器从火场移至空旷处。喷水保持火场容器冷却，直至灭火结束。处在火场中的容器若发生异常变化或发出异常声音，须马上撤离。

灭火剂：泡沫、二氧化碳、干粉、砂土。

泄漏应急处置　消除所有点火源。根据液体流动和蒸气扩散的影响区域划定警戒区，无关人员从侧风、上风向撤离至安全区。建议应急处理人员戴正压自给式呼吸器，穿防静电服，戴橡胶耐油手套。作业时使用的所有设备应接地。禁止接触或跨越泄漏物。尽可能切断泄漏源。防止泄漏物进入水体、下水道、地下室或限制性空间。小量泄漏：用砂土或其他不燃材料吸收。使用洁净的无火花工具收集吸收材料。大量泄漏：构筑围堤或挖坑收容。用砂土、惰性物质或蛭石吸收大量液体。用泡沫覆盖，减少蒸发。喷水雾能减少蒸发，但不能降低泄漏物在限制性空间内的易燃性。用防爆泵转移至槽车或专用收集器内。

117. 船用内燃机燃料油

标　识

中文名称　船用内燃机燃料油

英文名称　Marine fuel oil

危害信息

燃烧与爆炸危险性　可燃。其蒸气与空气混合能形成爆炸性混合物，遇明火、高热易燃烧或爆炸。燃烧产生有毒的一氧化碳、硫化氢、氮氧化物和硫氧化物气体。在高温火场中，受热的容器或储罐有破裂和爆炸的危险。

活性反应 与强氧化剂反应。

禁忌物 强氧化剂。

侵入途径 吸入、食入。

理化特性与用途

理化特性 深褐色黏稠状液体。运动黏度≤120mm²/s（50℃），凝点≤24℃，闪点≥80℃（闭杯），含硫量≤1%，密度≤0.98g/cm³（20℃）。

主要用途 主要用于大型低速远洋船舶柴油机作燃料。

包装与储运

安全储运 储存于阴凉、通风的库房。保持容器密闭。远离火种、热源。应与氧化剂等隔离储运。搬运时轻装轻卸，防止容器受损。

紧急处置信息

急救措施

吸入：立即脱离接触。如呼吸困难，给吸氧。如呼吸心跳停止，立即行心肺复苏术。就医。

眼睛接触：分开眼睑，用流动清水或生理盐水冲洗。如有不适感，就医。

皮肤接触：脱去污染的衣着，用肥皂水和清水冲洗。如有不适感，就医。

食入：漱口，尽量饮水，不要催吐。洗胃。就医。

灭火方法 消防人员须穿全身消防服，佩戴空气呼吸器，在上风向灭火。尽可能将容器从火场移至空旷处。喷水保持火场容器冷却，直至灭火结束。处在火场中的容器若发生异常变化或发出异常声音，须马上撤离。

灭火剂：泡沫、二氧化碳、干粉、砂土。

泄漏应急处置 消除所有点火源。根据液体流动和蒸气扩散的影响区域划定警戒区，无关人员从侧风、上风向撤离至安全区。建议应急处理人员戴正压自给式呼吸器，穿防静电、防腐蚀服，戴橡胶手套。尽可能切断泄漏源。防止泄漏物进入水体、下水道、地下室或限制性空间。小量泄漏：用干燥的砂土或其他不燃材料吸收或覆盖，收集于容器中。大量泄漏：构筑围堤或挖坑收容。

118. 次膦酸基聚丙烯酸

标 识

中文名称 次膦酸基聚丙烯酸

英文名称 Phosphino polyacrylic acid

别名 丙烯酸－次膦酸的调聚物

CAS 号 85824－52－8

危害信息

活性反应 与强碱反应。

禁忌物　强碱。

侵入途径　吸入、食入。

理化特性与用途

理化特性　白色玻璃状固体（相对分子质量2000～5000）。与水、乙二醇混溶。固体含量≥46%～52%，pH值3.5。

主要用途　在水处理中用作硫酸钙垢、氢氧化镁垢和碳酸钙垢的阻垢剂，也可与其他水处理剂配合使用。

包装与储运

安全储运　储存于阴凉、通风的库房。容器或包装密封。远离火种、热源。应与氧化剂等隔离储运。搬运时轻装轻卸，防止包装或容器受损。

紧急处置信息

急救措施

吸入：脱离接触。如有不适感，就医。

眼睛接触：分开眼睑，用流动清水或生理盐水冲洗。如有不适感，就医。

皮肤接触：脱去污染的衣着，用肥皂水和清水冲洗。如有不适感，就医。

食入：漱口，饮水。就医。

泄漏应急处置　隔离泄漏污染区，限制出入。建议应急处理人员戴防尘口罩，穿防毒防酸碱服，戴橡胶耐酸碱手套。穿上适当的防护服前严禁接触破裂的容器和泄漏物。尽可能切断泄漏源。用塑料布覆盖泄漏物，减少飞散。勿使水进入包装容器内。用洁净的铲子收集泄漏物，置于干净、干燥、盖子较松的容器中，将容器移离泄漏区。

119. 次氯酸钠

标　识

中文名称　次氯酸钠

英文名称　Sodium hypochlorite solution

别名　漂白水

分子式　NaClO

$Cl—O^- Na^+$

CAS号　7681－52－9

WGH号　83501

UN号　1791

危害信息

危险性类别　第8类　腐蚀品

燃烧与爆炸危险性　不燃，无特殊燃爆特性。受高热分解产生有毒的腐蚀性烟气，与可燃性、还原性物质反应剧烈。具有腐蚀性。

活性反应　与还原剂反应。与酸反应放出氯气。

禁忌物　还原剂、酸等。

毒性 小鼠经口 LD_{50}：5800mg/kg。

本品有刺激性

中毒表现 对皮肤、黏膜有较强的刺激作用。吸入次氯酸气雾可引起呼吸道反应，甚至发生肺水肿。大量口服腐蚀消化道，可产生高铁血红蛋白血症。

侵入途径 吸入、食入。

环境危害 对水生生物有极高毒性。

理化特性与用途

理化特性 微黄色溶液，有似氯气的气味。溶于水。pH 值 9～10，熔点 -6℃，沸点 40℃(分解)，相对密度(水 =1)1.21。

主要用途 用于水的净化，以及作消毒剂、纸浆漂白等，医药工业中用制氯胺等。

包装与储运

包装标志 腐蚀品

包装类别 Ⅱ类

安全储运 储存于阴凉、通风的库房。远离火种、热源。保持容器密封。应与酸、还原剂、胺、可燃物等隔离储运。搬运时轻装轻卸，防止容器受损。

紧急处置信息

急救措施

吸入：迅速脱离现场至空气新鲜处。保持呼吸道通畅。如呼吸困难，给输氧。呼吸、心跳停止，立即进行心肺复苏术。就医。

眼睛接触：立即分开眼睑，用大量流动清水或生理盐水彻底冲洗 10～15min。就医。

皮肤接触：立即脱去污染的衣着，用大量流动清水彻底冲洗。就医。

食入：饮水，口服蛋清、牛奶。就医。

灭火方法 消防人员须佩戴空气呼吸器，穿全身耐酸碱消防服在上风向灭火。必须在安全距离以外施救，尽可能将容器从火场移至空旷处。用雾状水保持火场容器冷却，直至灭火结束

本品不燃，根据着火原因选择适当灭火剂灭火。

泄漏应急处置 消除所有点火源。根据液体流动和蒸气扩散的影响区域划定警戒区，无关人员从侧风、上风向撤离至安全区。建议应急处理人员戴正压自给式呼吸器，穿防静电、防腐蚀服，戴橡胶手套。尽可能切断泄漏源。防止泄漏物进入水体、下水道、地下室或限制性空间。小量泄漏：用干燥的砂土或其他不燃材料吸收或覆盖，收集于容器中。大量泄漏：构筑围堤或挖坑收容。

120. 次乙基双硬脂酰胺

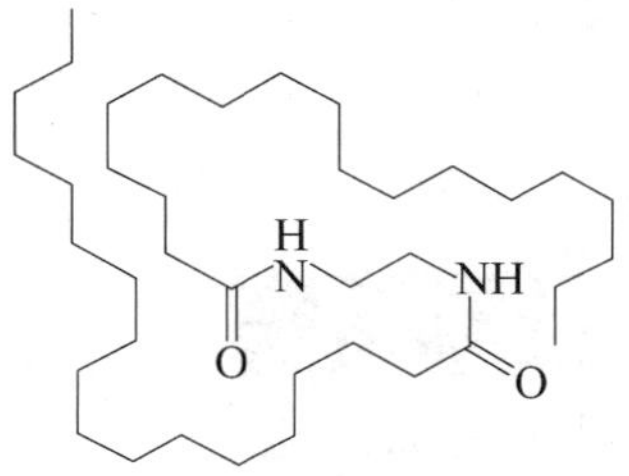

标 识

中文名称 次乙基双硬脂酰胺

英文名称 Ethylenebisoctadecanamide；*N*,*N*′ - Ethylenedi (stearamide)

别名　N,N'－1,2－乙二基双十八(碳)酰胺；润滑剂 EBS

分子式　$C_{38}H_{76}N_2O_2$

CAS 号　110－30－5

危害信息

燃烧与爆炸危险性　可燃。其粉体与空气混合能形成爆炸性混合物，遇明火高热有引起燃烧爆炸的危险。燃烧产生有毒的碳氧化物和氮氧化物气体。

禁忌物　强氧化剂。

毒性　大鼠经口 LD_{50}：＞5000mg/kg；小鼠经口 LD_{50}：＞10000mg/kg；大鼠吸入 LC_{50}：＞6.3mg/L(1h)；家兔经皮 LD_{50}：＞2000mg/kg。

侵入途径　吸入、食入、经皮吸收。

理化特性与用途

理化特性　白色粉末或细小颗粒。不溶于水，常温下不溶于多数溶剂，但溶于热的氯化烃类，芳烃类溶剂。熔点 135～146℃，分解温度 260℃，相对密度(水＝1)0.97，闪点 280℃(开杯)。

主要用途　本品为合成蜡。在许多热塑性和热固性塑料以及合成橡胶加工、金属加工作润滑剂。还可作树脂系统的颜料分散剂，石蜡和蜡树脂掺合物的熔点、黏度调节剂。造纸工业的消泡剂。此外，印染、涂料、黏合剂、金属拉丝、粉末冶金和电气元件制造中均有广泛使用。

包装与储运

安全储运　储存于阴凉、通风的库房。包装密封。远离火种、热源。应与氧化剂等隔离储运。搬运时轻装轻卸，防止包装受损。

紧急处置信息

急救措施

吸入：脱离接触。如有不适感，就医。

眼睛接触：分开眼睑，用流动清水或生理盐水冲洗。如有不适感，就医。

皮肤接触：脱去污染的衣着，用肥皂水和清水冲洗。如有不适感，就医。

食入：漱口，尽量饮水，不要催吐。

灭火方法　消防人员须穿全身消防服，戴空气呼吸器，在上风向灭火。尽可能将容器从火场移至空旷处。喷水保持火场容器冷却，直至灭火结束。

灭火剂：雾状水、泡沫、干粉、二氧化碳。

泄漏应急处置　隔离泄漏污染区，限制出入。建议应急处理人员戴防尘口罩，穿防毒防酸碱服，戴橡胶耐酸碱手套。穿上适当的防护服前严禁接触破裂的容器和泄漏物。尽可能切断泄漏源。用塑料布覆盖泄漏物，减少飞散。勿使水进入包装容器内。用洁净的铲子收集泄漏物，置于干净、干燥、盖子较松的容器中，将容器移离泄漏区。

121. 粗　酚

标　识

中文名称　粗酚

英文名称　Crude phenols；Crude carbolic acid

CAS 号　9003－01－4

危害信息

危险性类别　第6类　有毒品

燃烧与爆炸危险性　可燃。遇明火、高热可能引起燃烧爆炸。燃烧产生有毒的一氧化碳气体。

活性反应　与强氧化剂反应。

禁忌物　强氧化剂、强酸、强碱。

毒性　酚类可经胃肠道、皮肤和呼吸道黏膜吸收。对皮肤、黏膜有强烈的腐蚀作用，引起皮肤灼伤，并经皮肤吸收引起中毒。吸入高浓度蒸气亦可引起中毒。酚类抑制中枢神经系统，损害肝、肾功能，重者可致死。

侵入途径　吸入、食入、经皮吸收。

理化特性与用途

理化特性　浅黄色至粉红色液体。苯酚、甲酚、二甲酚的混合物，主要成分为间甲酚。溶于水、乙醇、乙醚。酚含量≥75%；馏程：210℃馏出量≥55%（体积），230℃馏出量≥75%（体积）；相对密度（水＝1）1.03～1.07。

主要用途　用于分离出苯酚、甲酚、二甲酚，也可直接用于制造酚醛树脂、医药消毒剂、木材防腐剂、农药乳化剂、染料、香料和炸药等。

包装与储运

包装标志　有毒品

包装类别　Ⅱ类

安全储运　储存于阴凉、通风的库房。远离火种、热源。储存温度不超过35℃，相对湿度不超过85%。保持容器密封。应与强氧化剂、卤素、铅、镁、锌隔离储运。避免使用铝制装置。搬运时轻装轻卸，防止容器受损。

紧急处置信息

急救措施

吸入：迅速脱离现场至空气新鲜处。保持呼吸道通畅。如呼吸困难，给输氧。呼吸、心跳停止，立即进行心肺复苏术。就医

眼接触：立即分开眼睑，用大量流动清水或生理盐水彻底冲洗10～15min。就医。

皮肤接触：立即脱去污染衣物，用大量流动清水彻底冲洗，冲洗后即用浸过30%～50%酒精棉花擦洗创面至无酚味为止（注意不能将患处浸泡于酒精溶液中）。如有条件可用数块浸有聚乙二醇（300或400）的海绵反复擦洗污染部位，至少20min。然后再用大量水冲洗10min以上。就医。

食入：漱口，给服植物油15～30mL，催吐。对食入时间长者禁用植物油，可口服牛奶或蛋清。就医。

灭火方法　消防人员须穿全身防火防毒服，佩戴空气呼吸器在上风向灭火。尽可能将容器从火场移至空旷处。喷水保持火场容器冷却，直至灭火结束。

灭火剂：雾状水、抗溶性泡沫、干粉、二氧化碳、砂土。

泄漏应急处置　消除所有点火源。根据液体流动和蒸气扩散的影响区域划定警戒区，无关人员从侧风、上风向撤离至安全区。建议应急处理人员戴正压自给式呼吸器，穿防静

电、防腐蚀服，戴橡胶手套。尽可能切断泄漏源。防止泄漏物进入水体、下水道、地下室或限制性空间。小量泄漏：用干燥的砂土或其他不燃材料吸收或覆盖，收集于容器中。大量泄漏：构筑围堤或挖坑收容。

122. 粗 石 蜡

标　识

中文名称　粗石蜡

英文名称　Crude Scale Paraffin Wax；Crude scale wax

别名　黄石蜡

危害信息

燃烧与爆炸危险性　可燃，遇明火高热有引起燃烧爆炸的危险。燃烧产生有毒的一氧化碳烟气。

禁忌物　强氧化剂。

侵入途径　吸入、食入。

理化特性与用途

理化特性　黄色或浅黄色固体。熔点：50～52℃（50 号），52～54℃（52 号），54～56℃（54 号），56～58℃（56 号），58～60℃（58 号），60～62℃（60 号）。

主要用途　适用于作木材加工、蜡烛、橡胶制品、火柴、篷帆布及其他工业原料。

包装与储运

安全储运　储存于阴凉、通风的库房。包装密封。远离火种、热源。应与氧化剂隔离储运。搬运时轻装轻卸，防止包装受损。

紧急处置信息

急救措施

热石蜡烧伤：用凉水冷却，不要强行脱衣物，禁用油膏或酒精。

灭火方法　消防人员须穿全身消防服，戴空气呼吸器，在上风向灭火。

灭火剂：雾状水、泡沫、二氧化碳、干粉、砂土。

泄漏应急处置　隔离泄漏污染区，限制出入。消除所有点火源。建议应急处理人员戴防尘口罩，穿防毒服。穿上适当的防护服前严禁接触破裂的容器和泄漏物。尽可能切断泄漏源。用塑料布覆盖泄漏物，减少飞散。勿使水进入包装容器内。用洁净的铲子收集泄漏物，置于干净、干燥、盖子较松的容器中，将容器移离泄漏区。

123. 催化碳四橡胶原料

标　识

中文名称　催化碳四橡胶原料

危害信息

危险性类别　第2类　易燃气体

燃烧与爆炸危险性　易燃。与空气混合能形成爆炸性混合物，遇明火、高热易燃烧或爆炸。若遇高热，可发生聚合反应，放出大量热量而引起容器破裂和爆炸事故。比空气重，能在较低处扩散到相当远的地方，遇火源会着火回燃和爆炸(闪爆)。在高温火场中，受热的容器或储罐有破裂和爆炸的危险。

活性反应　与强氧化剂、卤素反应。

禁忌物　强氧化剂、卤素。

侵入途径　吸入、食入。

理化特性与用途

理化特性　由气体分离装置生产的橡胶原料，顺反丁二烯的含量≥50%，C_3 含量≤1.0，C_5 含量≤1.0。

主要用途　用作生产顺丁橡胶的原料

包装与储运

包装标志　易燃液体

包装类别　Ⅱ类

安全储运　储存于阴凉、通风的专用库房内。储存温度不超过30℃。钢瓶必须竖直存放，所有钢瓶必须接地，以避免由于静电发生火灾或爆炸事故。平时用肥皂水测定钢瓶阀门是否漏气，注意钢瓶是否有过高的温度。远离火种、热源。应与氧化剂、酸类、卤素及易燃材料隔离储运。搬运时应避免猛烈撞击。

紧急处置信息

急救措施

吸入：脱离接触，如呼吸困难，给吸氧。

眼和皮肤接触：用水冲洗

食入：漱口，不要催吐。就医。

灭火方法　切断气源。若不能切断气源，则不允许熄灭泄漏处的火焰。消防人员必须穿全身消防服，佩戴空气呼吸器，在上风向灭火。喷水冷却容器，尽可能将容器从火场移至空旷处。

灭火剂：泡沫、二氧化碳、干粉、砂土。

泄漏应急处置　消除所有点火源。根据气体扩散的影响区域划定警戒区，无关人员从侧风、上风向撤离至安全区。建议应急处理人员戴正压自给式呼吸器，穿防静电服。液化气体泄漏时穿防静电、防寒服。作业时使用的所有设备应接地。禁止接触或跨越泄漏物。尽可能切断泄漏源。若可能翻转容器，使之逸出气体而非液体。喷雾状水抑制蒸气或改变蒸气云流向，避免水流接触泄漏物。禁止用水直接冲击泄漏物或泄漏源。防止气体通过下水道、通风系统和限制性空间扩散。隔离泄漏区直至气体散尽。

124. 代　森　铵

标　识

中文名称　代森铵

英文名称　Diammonium ethylenebis(dithiocarbamate)；Amobam

别名　1，2－亚乙基双二硫代氨基甲酸铵；阿巴姆

分子式　$C_4H_8N_2N_4 \cdot 2H_3N$

CAS 号　3566－10－7

WGH 号　61880

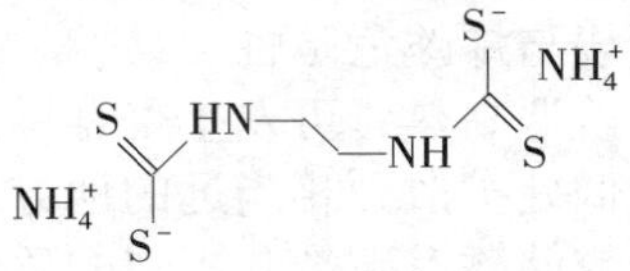

危害信息

危险性类别　第 6.1 类　有毒品

燃烧与爆炸危险性　可燃。其粉体与空气混合能形成爆炸性混合物，遇明火高热可燃烧爆炸。燃烧产生有毒的一氧化碳、氮氧化物和硫化物气体。受热分解放出氮、硫的氧化物等有毒气体。

禁忌物　强氧化剂、强酸、强碱。

毒性　大鼠经口 LD_{50}：395mg/kg；小鼠经口 LD_{50}：540mg/kg。

中毒表现　对皮肤和黏膜 有刺激性。主要通过口服引起中毒，中毒表现为晕厥、呼吸急促和心率增快等。重者出现瞳孔散大、昏迷。

侵入途径　吸入、食入。

理化特性与用途

理化特性　纯品为无色晶体，工业品为橙黄色或淡黄色水溶液，呈弱碱性，有氨及硫化氢臭味。溶于水，微溶于乙醇、丙酮，不溶于苯等有机溶剂。熔点 72.5～72.8℃。

主要用途　用作农用杀菌剂

包装与储运

包装标志　有毒品

包装类别　Ⅱ类

安全储运　储存于阴凉、通风的库房。远离火种、热源。储存温度不超过 32℃，相对湿度不超过 85%。保持容器密封。应与强氧化剂、强酸碱隔离储运。搬运时轻装轻卸，防止容器受损。

紧急处置信息

急救措施

吸入：迅速脱离现场至空气新鲜处。保持呼吸道通畅。如呼吸困难，给输氧。呼吸、心跳停止，立即进行心肺复苏术。就医。

眼睛接触：分开眼睑，用流动清水或生理盐水冲洗。如有不适感，就医。

皮肤接触：立即脱去污染的衣着，用肥皂水和清水彻底冲洗。就医。

食入：漱口，催吐。10 天内禁饮酒。忌油脂。就医。

灭火方法　消防人员须穿全身防火防毒服，佩戴空气呼吸器在上风向灭火。尽可能将容器从火场移至空旷处。喷水保持火场容器冷却，直至灭火结束。

灭火剂：抗溶性泡沫、干粉、砂土、二氧化碳。

泄漏应急处置　隔离泄漏污染区，限制出入。建议应急处理人员戴防尘口罩，穿一般作业工作服，戴氯丁橡胶手套。尽可能切断泄漏源。用塑料布覆盖泄漏物，减少飞散。勿使水进入包装容器内。用洁净的铲子收集泄漏物，置于干净、干燥、盖子较松的容器中，将容器移离泄漏区。

125. 代　森　钠

标　识

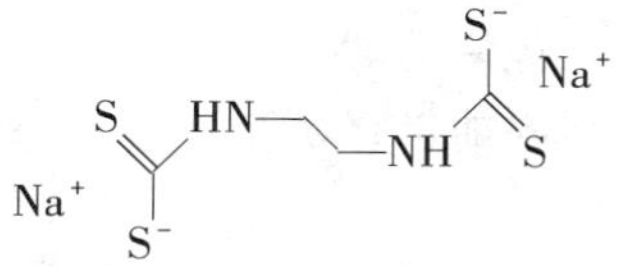

中文名称　代森钠

英文名称　Ethylenebis (dithiocarbamate) sodium；Nabam

别名　1,2－亚乙基双二硫代氨基甲酸钠

分子式　$C_4H_6N_2Na_2S_4$

CAS 号　142－59－6

WGH 号　61880

危害信息

危险性类别　第 6.1 类　有毒品

燃烧与爆炸危险性　可燃。其粉体与空气混合能形成爆炸性混合物，遇明火高热可燃烧爆炸。燃烧产生有毒的一氧化碳、氮氧化物和硫化物气体。受热分解放出氮、硫的氧化物等有毒气体。

禁忌物　强氧化剂、强酸、强碱。

毒性　大鼠经口 LD_{50}：395mg/kg；小鼠经口 LD_{50}：580mg/kg。

中毒表现　对眼、上呼吸道有刺激作用。对皮肤有刺激性和致敏作用。有致甲状腺肿作用。高浓度对中枢神经系统有抑制作用。饮酒后接触本品可致剧吐。大量口服可致死。

侵入途径　吸入、食入。

理化特性与用途

理化特性　无色晶状固体，有硫样臭味。溶于水，不溶于普通有机溶剂。熔点(分解)，相对密度(水＝1)1.14(20℃)，辛醇/水分配系数－4.24。

主要用途　用作农用杀菌剂。

包装与储运

包装标志　有毒品

包装类别　Ⅱ类

安全储运　储存于阴凉、通风的库房。远离火种、热源。储存温度不超过 32℃，相对湿度不超过 85%。保持容器密封。应与强氧化剂、强酸碱隔离储运。搬运时轻装轻卸，防止容器受损。

紧急处置信息

急救措施

吸入：迅速脱离现场至空气新鲜处。保持呼吸道通畅。如呼吸困难，给输氧。呼吸、心跳停止，立即进行心肺复苏术。就医。

眼睛接触：分开眼睑，用流动清水或生理盐水冲洗。如有不适感，就医。

皮肤接触：立即脱去污染的衣着，用肥皂水和清水彻底冲洗。就医。

食入：漱口，催吐。10 天内禁饮酒。忌油脂。就医。

灭火方法　消防人员须穿全身防火防毒服，佩戴空气呼吸器在上风向灭火。尽可能将容器从火场移至空旷处。喷水保持火场容器冷却，直至灭火结束。

灭火剂：抗溶性泡沫、干粉、砂土、二氧化碳。

泄漏应急处置　隔离泄漏污染区，限制出入。建议应急处理人员戴防尘口罩，穿一般作业工作服，戴氯丁橡胶手套。尽可能切断泄漏源。用塑料布覆盖泄漏物，减少飞散。勿使水进入包装容器内。用洁净的铲子收集泄漏物，置于干净、干燥、盖子较松的容器中，将容器移离泄漏区。

126. 代　森　锌

标　识

中文名称　代森锌

英文名称　Zinc ethylenebisdithiocarbamate；Zineb；Ethylenebis (dithiocarbamic acid), zinc salt

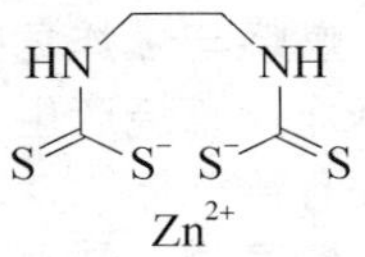

别名　1,2－亚乙基双二硫代氨基甲酸锌

分子式　$C_4H_6N_2S_4Zn$

CAS 号　12122－67－7

WGH 号　61880

危害信息

危险性类别　第 6.1 类　有毒品

燃烧与爆炸危险性　可燃。其粉体与空气混合能形成爆炸性混合物，遇明火高热可燃烧爆炸。燃烧产生有毒的一氧化碳、氮氧化物和硫化物气体。受热分解放出氮、硫的氧化物等有毒气体。

禁忌物　强氧化剂、强酸、强碱。

毒性　大鼠经口 LD_{50}：1850mg/kg；小鼠经口 LD_{50}：7600mg/kg；大鼠吸入 LC_{50}：1850mg/m^3。

中毒表现　对皮肤、黏膜有刺激作用，可引起接触性皮炎和皮肤过敏现象。口服中毒有消化道症状。重者可发生休克、呼吸衰竭、肾衰竭。长期接触可引起肝、肾损害。

侵入途径　吸入、食入。

理化特性与用途

理化特性　灰白色粉末，工业品为淡黄色粉末，略带臭鸡蛋味，吸湿性强。不溶于水，溶于二硫化碳、吡啶，不溶于多数有机溶剂。熔点(分解)，相对密度(水＝1)1.74(20℃)，辛醇/水分配系数 1.3。

主要用途　用作硫化促进剂、农用杀虫剂和杀菌剂，有 65% 及 80% 可湿性粉剂。

包装与储运

包装标志　有毒品

包装类别　Ⅱ类

安全储运　储存于阴凉、通风的库房。远离火种、热源。储存温度不超过 32℃，相对

湿度不超过85%。保持容器密封。应与强氧化剂、强酸碱隔离储运。搬运时轻装轻卸，防止包装或容器受损。

紧急处置信息

急救措施

吸入：迅速脱离现场至空气新鲜处。保持呼吸道通畅。如呼吸困难，给输氧。呼吸、心跳停止，立即进行心肺复苏术。就医。

眼睛接触：分开眼睑，用流动清水或生理盐水冲洗。如有不适感，就医。

皮肤接触：立即脱去污染的衣着，用肥皂水和清水彻底冲洗。就医。

食入：漱口，催吐。10天内禁饮酒。忌油脂。就医。

灭火方法　消防人员须穿全身防火防毒服，佩戴空气呼吸器，在上风向灭火。尽可能将容器从火场移至空旷处。喷水保持火场容器冷却，直至灭火结束。

灭火剂：泡沫、干粉、砂土、二氧化碳。

泄漏应急处置　隔离泄漏污染区，限制出入。建议应急处理人员戴防尘口罩，穿一般作业工作服，戴氯丁橡胶手套。尽可能切断泄漏源。用塑料布覆盖泄漏物，减少飞散。勿使水进入包装容器内。用洁净的铲子收集泄漏物，置于干净、干燥、盖子较松的容器中，将容器移离泄漏区。

127. 单　宁

标　识

中文名称　单宁

英文名称　Tannic acid；Tannin；Gallotannin

别名　鞣酸；丹宁酸

分子式　$C_{76}H_{52}O_{46}$

CAS号　1401-55-4

危害信息

燃烧与爆炸危险性　可燃。其粉体与空气混合能形成爆炸性混合物，遇明火高热有引起燃烧爆炸的危险。燃烧产物中含有一氧化碳气体。

活性反应　与强氧化剂反应。

禁忌物　强氧化剂。

毒性　大鼠经口 LD_{50}：2260mg/kg。

中毒表现　食入后引起恶心、呕吐、腹痛，大量食入引起肝坏死。本品作为外用药大面积应用时，可由创面吸收而发生中毒，对肝脏有剧烈的毒性，严重时造成肝坏死，并加深创面，延缓愈合，故不宜大面积或长期使用。

侵入途径　吸入、食入、经皮吸收。

理化特性与用途

理化特性　淡黄色无定型粉末或松散有光泽的鳞片状或海绵状固体，暴露于空气中能变黑。无臭，有强烈的涩味。溶于水、乙醇、丙酮，几乎不溶于苯、氯仿、乙醚及石油醚。熔点218℃，分解温度210~215℃，密度1g/cm^3，闪点187℃，自燃点526.6℃。

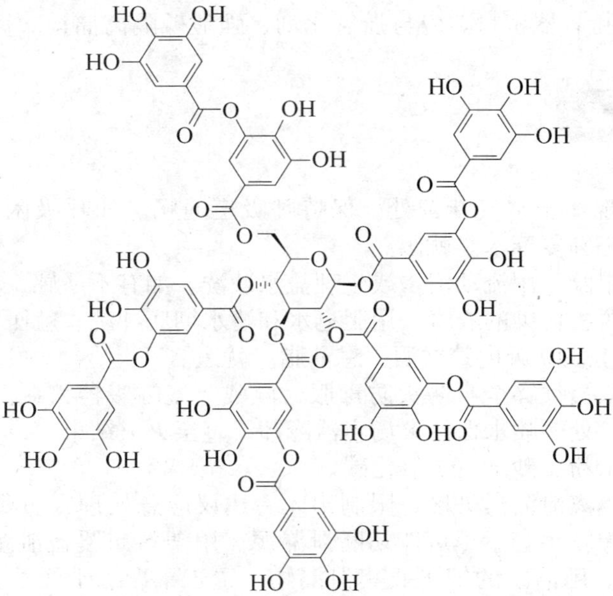

主要用途　用于水基钻井液的降黏剂、降滤失剂、降阻剂，也用于医药、墨水、印染、皮革和冶金等工业以及水处理中。

包装与储运

安全储运　储存于阴凉、通风的库房。远离火种、热源。密闭包装，不可与空气直接接触。应与氧化剂等隔离储运。搬运时轻装轻卸，防止包装或容器受损。

紧急处置信息

急救措施

吸入：脱离接触，休息。如有不适感，就医。

眼睛接触：立即分开眼睑，用流动清水或生理盐水彻底冲洗。就医。

皮肤接触：立即脱去污染的衣着，用肥皂水和清水彻底冲洗。就医。

食入：漱口，尽量饮水，不要催吐。就医。

灭火方法　消防人员须穿全身消防服，在上风向灭火。尽可能将容器从火场移至空旷处。喷水保持火场容器冷却，直至灭火结束。

灭火剂：雾状水、抗溶性泡沫、二氧化碳、干粉、砂土。

泄漏应急处置　消除火源。建议应急处理人员戴防尘口罩，穿防毒防酸碱服，戴橡胶耐酸碱手套。用洁净的铲子收集泄漏物，置于干净、干燥、盖子较松的容器中，将容器移离泄漏区。

128. 单烯基丁二酰亚胺

标　　识

中文名称　单烯基丁二酰亚胺

英文名称　Polyisobutylene mono - succinimide；Dispersant T151

别名　T151 分散剂

危害信息

燃烧与爆炸危险性　可燃。遇明火、高热可能引起燃烧。燃烧产生含有毒的碳氧化物和氮氧化物的烟气。

侵入途径　吸入、食入。

理化特性与用途

理化特性　红棕色黏稠液体，不易燃、不易爆、不腐蚀。运动黏度≤200mm²/s（100℃），闪点≥170℃（开杯），总碱值 40～55mgKOH/g。

主要用途　可与其他清净剂、抗氧抗腐蚀剂等复合使用，用于 SE 级以上汽油机油。

包装与储运

安全储运　储存于阴凉、通风的库房。保持容器密封。远离火种、热源。应与氧化剂隔离储运。搬运时轻装轻卸，防止容器受损。

紧急处置信息

急救措施

吸入：脱离接触。如有不适感，就医。

眼睛接触：分开眼睑，用流动清水或生理盐水冲洗。如有不适感，就医。

皮肤接触：脱去污染的衣着，用肥皂水和清水冲洗。如有不适感，就医。

食入：漱口，饮水。就医。

灭火方法　消防人员须穿全身消防服，佩戴空气呼吸器，在上风向灭火。尽可能将容器从火场移至空旷处。喷水保持火场容器冷却，直至灭火结束。

灭火剂：雾状水、干粉、二氧化碳。

泄漏应急处置　根据液体流动和蒸气扩散的影响区域划定警戒区，无关人员从侧风、上风向撤离至安全区。建议应急处理人员戴正压自给式呼吸器，穿防静电、防腐蚀服，戴橡胶手套。尽可能切断泄漏源。防止泄漏物进入水体、下水道、地下室或限制性空间。小量泄漏：用干燥的砂土或其他不燃材料吸收或覆盖，收集于容器中。大量泄漏：构筑围堤或挖坑收容。

129. 单乙醇胺

标　识

中文名称　单乙醇胺

英文名称　2－Aminoethanol；Monoethanolamine；*beta*－Hydroxyethylamine

别名　单乙醇胺；2－氨基乙醇

分子式　C_2H_7NO

CAS 号　141－43－5

WGH 号　82504

UN 号　2491

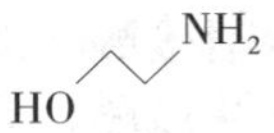

危害信息

危险性类别 第 8.2 类 碱性腐蚀品

燃烧与爆炸危险性 遇明火、高热可燃。蒸气能与空气形成爆炸性混合物。对铜、铜的化合物、铜合金和橡胶有腐蚀性。

活性反应 碱性，与乙酸、乙酸酐、丙烯醛、丙烯酸、丙烯腈、表氯醇、氯磺酸、环氧氯丙烷、氯化氢、氟化氢、硝酸、硫酸、乙酸乙烯酯等发生剧烈的放热反应。空气中发生氧化反应。受热分解会释放出有毒的氧化氮气体。对铜、铜合金、铝、锡等金属有腐蚀性。与重铬酸钾、高锰酸钾或液氯等强氧化剂发生剧烈反应。与氢化物等强还原剂反应会生成易燃易爆的氢气。

禁忌物 强氧化剂、强还原剂、酸类。

毒性 大鼠经口 LD_{50}：1720mg/kg；小鼠经口 LD_{50}：700mg/kg；家兔经皮 LD_{50}：1025mg/kg。

蒸气对眼、鼻有刺激性。眼接触液状本品，造成眼损害；皮肤接触引起刺痛、灼伤。口服损害口腔和消化道。

侵入途径 吸入、食入、经皮吸收。

职业接触限值

中国：PC－TWA：8mg/m^3；PC－STEL：15mg/m^3。

美国(ACGIH)：TLV－TWA：3ppm；TLV－STEL：6ppm。

理化特性与用途

理化特性 淡黄色透明黏性液体，有氨的气味。与水、乙醇、甘油、丙酮混溶，溶于四氯化碳、氯仿，微溶于苯。pH 值 12.1(25% 水溶液)，熔点 10.3℃，沸点 170.8℃，相对密度(水＝1)1.02，相对蒸气密度(空气＝1)2.1，蒸气压 0.053kPa(20℃)，燃烧热－1520.9kJ/mol，临界温度 341℃，临界压力 6.87MPa，闪点 85℃(闭杯)，爆炸极限 5.5%～17%，引燃温度 410℃。

主要用途 用作天然气、炼厂气和合成气中酸性组分(CO_2、H_2S)的净化剂；是重要的有机合成中间体，用于合成洗涤剂、乳化剂、抗静电剂、织物柔软剂、防虫剂、切削油和润滑油的添加剂等；也用于农药和医药等。

包装与储运

包装标志 腐蚀品

包装类别 Ⅲ类

安全储运 储存于阴凉、干燥、通风的库房。保持容器密封。远离火种、热源。应与氧化剂、酸类等隔离储运。搬运时轻装轻卸，防止容器受损。

紧急处置信息

急救措施

吸入： 迅速脱离现场至空气新鲜处。保持呼吸道通畅。如呼吸困难，给输氧。呼吸、心跳停止，立即进行心肺复苏术。就医。

眼睛接触： 立即分开眼睑，用大量流动清水或生理盐水彻底冲洗 10～15min。就医。

皮肤接触： 立即脱去污染的衣着，用大量流动清水彻底冲洗，冲洗时间一般要求 20～30min。就医。

食入： 用水漱口，禁止催吐。给饮牛奶或蛋清。就医。

灭火方法　消防人员必须穿全身防火防毒服，佩戴空气呼吸器，在上风向灭火。尽可能将容器从火场移至空旷处。喷水保持火场容器冷却，直至灭火结束。处在火场中的容器若发生异常变化或发出异常声音，必须马上撤离。

灭火剂：抗溶性泡沫、二氧化碳、干粉、砂土。

泄漏应急处置　根据液体流动和蒸气扩散的影响区域划定警戒区，无关人员从侧风、上风向撤离至安全区。消除所有点火源。建议应急处理人员戴正压自给式呼吸器，穿防酸碱服。穿上适当的防护服前严禁接触破裂的容器和泄漏物。尽可能切断泄漏源。防止泄漏物进入水体、下水道、地下室或限制性空间。小量泄漏：用干燥的砂土或其他不燃材料吸收或覆盖，收集于容器中。大量泄漏：构筑围堤或挖坑收容。用耐腐蚀泵转移至槽车或专用收集器内。

130. 氮　气

标　识

中文名称　氮气

英文名称　Nitrogen；Nitrogen gas

别名　氮

分子式　N_2

CAS 号　7727 - 37 - 9

N≡N

WGH 号　22005[压缩气体]；22006[液化气体]

UN 号　1066[压缩气体]；1977[冷冻液体]

危害信息

危险性类别　第 2. 2 类　不燃气体

燃烧与爆炸危险性　本品不燃。压缩气体若遇高热，容器或储罐内压增大，有开裂和爆炸的危险。

活性反应　液氮能与镁粉发生反应，生成氮化镁。

禁忌物　镁粉。

毒性　常压下氮气无毒。当作业环境中氮气浓度增高、氧气相对减少时，引起单纯性窒息作用。如吸入气中氮分压越过了 3. 2ATA 时可产生氮麻醉。

中毒表现　氮在空气中有排挤氧的作用。当浓度大于 84% 时，可出现头晕、头痛、眼花、恶心、呕吐、呼吸加快、脉率增加、血压升高、胸部压迫感，甚至失去知觉，出现阵发性痉挛、紫绀、瞳孔缩小等缺氧症状，如不及时脱离环境，可致死亡。氮麻醉出现一系列神经精神症状及共济失调，严重时出现昏迷。高压下氮气可引起减压病。液态氮具有低温作用，皮肤接触时可引起严重冻伤。

侵入途径　吸入

理化特性与用途

理化特性　无色、无味的压缩气体。微溶于水和乙醇，溶于液氨。熔点 - 209. 9℃，沸点 - 195. 8℃，相对密度(水 = 1)0. 81(- 196℃)，相对蒸气密度(空气 = 1)0. 97，临界压力 3. 40MPa，临界温度 - 147. 1℃，蒸气压 1026. 42kPa(- 173℃)，辛醇/水分配系数 0. 67。

主要用途　是合成氨的原料，也是一种制冷剂；石油化工生产中可作为一种安全气体，用于氮封、气密、置换、输送等；也可作为液压蓄能器的高压源。

包装与储运

包装标志　不燃气体

安全储运　储存于阴凉、通风的库房。远离火种、热源。储存温度不超过30℃。钢瓶装压缩氮气，平时用肥皂水检查钢瓶是否漏气。搬运时要戴好钢瓶安全帽及防震橡皮圈，避免滚动和撞击，防止容器受损。液氮存放在特殊的绝热容器中，依靠液化气体的蒸发来保持低温，故不宜长期储存。

紧急处置信息

急救措施

迅速将病人移离事故现场至空气新鲜处。若设备密闭或出口太小，一时难以救出时，应迅速向设备内输送空气。紧急给予吸氧，包括人工呼吸机的应用，有条件时，立即送高压氧仓治疗。如呼吸心跳停止，立即施行心肺复苏术。有呼吸抑制时投用呼吸兴奋剂；积极防治缺氧性脑水肿，如投用大剂量糖皮质激素、人工冬眠等。

灭火方法　尽可能将容器从火场移至空旷处。喷水保持火场容器冷却，直至灭火结束。由于火场中可能发生容器爆破的情况，消防人员须在有防爆掩蔽处操作。

灭火剂：本品不燃。根据火灾原因，选择适当的灭火剂。

泄漏应急处置　大量泄漏：根据气体的影响区域划定警戒区，无关人员从侧风、上风向撤离至安全区。建议应急处理人员戴正压自给式呼吸器，穿一般作业工作服。液化气体泄漏时穿防寒服。尽可能切断泄漏源。漏出气允许排入大气中。泄漏场所保持通风。

131. 导　热　油

标　识

中文名称　导热油

英文名称　Conductive heat oil

危害信息

燃烧与爆炸危险性　可燃。其蒸气与空气混合能形成爆炸性混合物，遇明火、高热易燃烧或爆炸。在高温火场中，受热的容器或储罐有破裂和爆炸的危险。

禁忌物　强氧化剂。

侵入途径　吸入、食入。

理化特性与用途

理化特性　透明液体。运动黏度 9.6mm^2/s（50℃），凝点 ≤ －45℃，闪点 ≥130℃（闭杯）。

主要用途　适用于热油循环系统作热传导介质。

包装与储运

安全储运　储存于阴凉、通风的库房。保持容器密封。远离火种、热源。应与氧化剂

隔离储运。搬运时轻装轻卸，防止容器受损。

紧急处置信息

急救措施

吸入：脱离接触。如有不适感，就医。

眼睛接触：分开眼睑，用流动清水或生理盐水冲洗。如有不适感，就医。

皮肤接触：脱去污染的衣着，用肥皂水和清水冲洗。如有不适感，就医。

食入：漱口，饮水。就医。

灭火方法 消防人员须穿全身消防服，佩戴空气呼吸器，在上风向灭火。尽可能将容器从火场移至空旷处。喷水保持火场容器冷却，直至灭火结束。处在火场中的容器若发生异常变化或发出异常声音，须马上撤离。

灭火剂：泡沫、二氧化碳、干粉、砂土。

泄漏应急处置 消除所有点火源。根据液体流动和蒸气扩散的影响区域划定警戒区，无关人员从侧风、上风向撤离至安全区。建议应急处理人员戴正压自给式呼吸器，穿防静电、防腐蚀服，戴橡胶手套。穿上适当的防护服前严禁接触破裂的容器和泄漏物。尽可能切断泄漏源。防止泄漏物进入水体、下水道、地下室或限制性空间。小量泄漏：用干燥的砂土或其他不燃材料吸收或覆盖，收集于容器中。大量泄漏：构筑围堤或挖坑收容。用防爆、耐腐蚀泵转移至槽车或专用收集器内。喷雾状水驱散蒸气、稀释液体泄漏物。

132. 道路石油沥青

标　识

中文名称 道路石油沥青

英文名称 Petroleum asphalts for road

危害信息

燃烧与爆炸危险性 可燃，遇明火高热有引起燃烧的危险。燃烧产生有毒的烟气。

毒性 沥青及其烟气对皮肤黏膜具有刺激性，有光毒作用。

中毒表现 沥青的主要皮肤损害有：光毒性皮炎，皮损限于面、颈部等暴露部分；黑变病，皮损常对称分布于暴露部位，呈片状，呈褐→深褐→褐黑色；职业性痤疮；疣状赘生物及事故引起的热烧伤。此外，尚有头昏、头胀，头痛、胸闷、乏力、恶心、食欲不振等全身症状和眼、鼻、咽部的刺激症状。

侵入途径 吸入、食入。

职业接触限值 美国(ACGIH)：TLV－TWA：0.5mg/m^3。

理化特性与用途

理化特性 黑色黏稠液体至固体。溶于三氯乙烯、三氯甲烷和苯等有机溶剂。有多个品种。软化点(环球法)35～55℃，闪点≥180～≥230℃(开杯)。

主要用途 产品适用于中、轻交通量道路沥青路面，也可以作为乳化沥青和稀释沥青的原料。

包装与储运

安全储运　储存于阴凉、通风的库房。包装密封。远离火种、热源。应与氧化剂隔离储运。

紧急处置信息

急救措施

吸入：脱离接触。如有不适感，就医。

眼睛接触：分开眼睑，用水或生理盐水冲洗。就医。

皮肤接触：皮肤热沥青烧伤立即用流动水冷却，不要强行剥离皮肤上的沥青(它起着无菌敷料的作用)。对于头、颈、躯干烧伤，用浸过冷水的毛巾覆盖并时时更换。如果沥青包裹了肢体，会妨碍血循环，应及时切开。在沥青上覆盖凡士林纱布，两天后揭下，并将能够分离的沥青除去，再盖再揭，反复进行可持续两周。

食入：漱口，饮水，催吐。就医。

灭火方法　消防人员须穿全身消防服，在上风向灭火。尽可能将容器从火场移至空旷处。喷水保持火场容器冷却，直至灭火结束。

灭火剂：雾状水、泡沫、二氧化碳、干粉、砂土。

泄漏应急处置　消除所有点火源。无关人员从侧风、上风向撤离至安全区。建议应急处理人员戴正压自给式呼吸器，穿防静电、防腐蚀服，戴橡胶手套。穿上适当的防护服前严禁接触破裂的容器和泄漏物。尽可能切断泄漏源。防止泄漏物进入水体、下水道、地下室或限制性空间。小量泄漏：用干燥的砂土或其他不燃材料吸收或覆盖，收集于容器中。大量泄漏：构筑围堤或挖坑收容。用防爆、耐腐蚀泵转移至槽车或专用收集器内。

133. 低分子聚丁二烯

标　识

中文名称　低分子聚丁二烯

英文名称　Polybutadiene, low molecular; 1,2 – LPB

别名　聚丁二烯油

分子式　$\left[C_4H_6 \right]_x$

CAS 号　9003 – 17 – 2

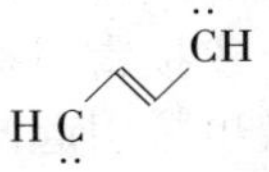

危害信息

燃烧与爆炸危险性　可燃。其蒸气与空气混合能形成爆炸性混合物，遇明火、高热易燃烧或爆炸。燃烧产生有毒的一氧化碳气体。在高温火场中，受热的容器或储罐有破裂和爆炸的危险。

禁忌物　强氧化剂。

毒性　热分解产生有毒烟雾。

侵入途径　吸入、食入。

理化特性与用途

理化特性　淡黄色油状黏稠液体。不溶于水。相对密度(水 = 1)0.89，闪点 > 149℃。

主要用途 用于生产轮胎、胶管、胶带、胶鞋等橡胶制品。

包装与储运

安全储运 储存于阴凉、通风的库房。保持容器密封。远离火种、热源。应与氧化剂等隔离储运。搬运时轻装轻卸，防止容器受损。

紧急处置信息

急救措施

吸入： 脱离接触，休息。如有不适感，就医。

眼和皮肤接触： 用水冲洗。

食入： 饮1杯水。如有不适感，就医。

灭火方法 消防人员须穿全身消防服，佩戴空气呼吸器，在上风向灭火。尽可能将容器从火场移至空旷处。喷水保持火场容器冷却，直至灭火结束。处在火场中的容器若发生异常变化或发出异常声音，须马上撤离。

灭火剂：泡沫、二氧化碳、干粉、砂土。

泄漏应急处置 消除所有点火源。根据液体流动和蒸气扩散的影响区域划定警戒区，无关人员从侧风、上风向撤离至安全区。建议应急处理人员戴正压自给式呼吸器，穿防静电、防腐蚀服，戴橡胶手套。尽可能切断泄漏源。防止泄漏物进入水体、下水道、地下室或限制性空间。小量泄漏：用干燥的砂土或其他不燃材料吸收或覆盖，收集于容器中。大量泄漏：构筑围堤或挖坑收容。

134. 低硫低芳烃特种溶剂油

标　识

中文名称 低硫低芳烃特种溶剂油

英文名称 Special solvent oil with low aromatic and sulfur content

危害信息

危险性类别 第3类　易燃液体

燃烧与爆炸危险性 易燃。其蒸气与空气混合能形成爆炸性混合物，遇明火、高热易燃烧或爆炸。在高温火场中，受热的容器或储罐有破裂和爆炸的危险。

禁忌物 强氧化剂。

侵入途径 吸入、食入。

理化特性与用途

理化特性 无色透明液体。不同品种具有不同特性，馏程有低的60～100℃到高的277～307℃，闪点从40℃(闭杯)到>130℃(闭杯)，密度从0.79g/cm^{3}到0.82g/cm^3。

主要用途 广泛应用于食品、医药等行业。

包装与储运

包装标志 易燃液体

包装类别 Ⅲ类

安全储运 储存于阴凉、通风的库房。保持容器密封。远离火种、热源，避免阳光直射。库温不超过37℃。应与氧化剂隔离储运。禁止使用易产生火花的机械设备和工具。搬运时轻装轻卸，防止容器受损。

紧急处置信息

急救措施

吸入： 脱离接触。如有不适感，就医。

眼睛接触： 分开眼睑，用流动清水或生理盐水冲洗。如有不适感，就医。

皮肤接触： 脱去污染的衣着，用肥皂水和清水冲洗。如有不适感，就医。

食入： 漱口，饮水。就医。

灭火方法 消防人员须穿全身消防服，佩戴空气呼吸器，在上风向灭火。尽可能将容器从火场移至空旷处。喷水保持火场容器冷却，直至灭火结束。处在火场中的容器若发生异常变化或发出异常声音，须马上撤离。

灭火剂：泡沫、二氧化碳、干粉、砂土。

泄漏应急处置 消除所有点火源。根据液体流动和蒸气扩散的影响区域划定警戒区，无关人员从侧风、上风向撤离至安全区。建议应急处理人员戴正压自给式呼吸器，穿防静电、防腐蚀服，戴橡胶手套。穿上适当的防护服前严禁接触破裂的容器和泄漏物。尽可能切断泄漏源。防止泄漏物进入水体、下水道、地下室或限制性空间。小量泄漏：用干燥的砂土或其他不燃材料吸收或覆盖，收集于容器中。大量泄漏：构筑围堤或挖坑收容。用防爆、耐腐蚀泵转移至槽车或专用收集器内。喷雾状水驱散蒸气、稀释液体泄漏物。

135. 敌 百 虫

标 识

中文名称 敌百虫

英文名称 Dimethyl(2,2,2－trichloro－1－hydroxyethyl)phosphonate；Trichlorfon；Chlorophos

别名 二甲基－(2,2,2－三氯－1－羟基乙基)膦酸酯

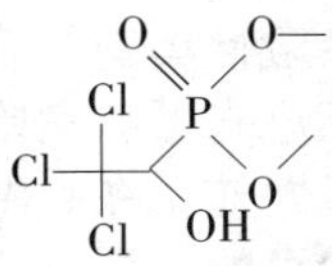

分子式 $C_4H_8Cl_3O_4P$

CAS 号 52－68－6

WGH 号 61874

UN 号 2783

危害信息

危险性类别 第6.1类 有毒品

燃烧与爆炸危险性 可燃。其粉体与空气混合能形成爆炸性混合物，遇明火、高热可燃。燃烧产生有害的一氧化碳、氧化磷和氯化氢等气体。受热分解放出氧化磷和氯化氢的毒性气体。

活性反应 与强氧化剂反应。

禁忌物 强氧化剂、强碱。

毒性 大鼠经口 LD_{50}：450mg/kg；兔经口 LD_{50}：160mg/kg；兔经皮 LD_{50}：500mg/kg。

抑制胆碱酯酶，造成神经生理功能紊乱。出现毒蕈碱样和烟碱样症状。

中毒表现　急性中毒：短期内接触大量引起急性中毒。表现有头痛、头昏、食欲减退、恶心、呕吐、腹痛、腹泻、流涎、瞳孔缩小、呼吸道分泌物增多、多汗、肌束震颤等。重者出现肺水肿、脑水肿、昏迷、呼吸中枢麻痹。部分病例可有心、肝、肾损害。少数严重病例在意识恢复后数周或数月发生周围神经病。个别严重病例可发生迟发性猝死。可引起皮炎。血胆碱酯酶活性下降。

侵入途径　吸入、食入、经皮吸收。

职业接触限值

中国：PC－TWA：0.5mg/m^3；PC－STEL：1mg/m^3。

美国(ACGIH)：TLV－TWA：1mg/m^3。

环境危害　对水生生物有极高毒性，可能在水生环境中造成长期不利影响。

理化特性与用途

理化特性　纯品为白色结晶，有醛类气味。溶于水、氯仿，不溶于汽油。熔点 83～84℃，沸点 100℃(0.133kPa)，相对密度(水=1)1.73，蒸气压 13.33kPa(100℃)，辛醇/水分配系数 0.51。

主要用途　用作杀虫剂。

包装与储运

包装标志　有毒品

包装类别　Ⅱ类

安全储运　储存于阴凉、通风的库房。远离火种、热源。储存温度不超过 35℃，相对湿度不超过 80%。保持容器密封。应与强氧化剂等隔离储运。

紧急处置信息

急救措施

吸入：脱离接触。如呼吸困难，给吸氧。如呼吸心跳停止，立即行心肺复苏术。就医。

眼睛接触：分开眼睑，用水冲洗。就医。

皮肤接触：脱去污染衣物，用肥皂水和水彻底冲洗(包括头发指甲)。就医。

食入：催吐，洗胃(忌用碳酸氢钠溶液)，给服活性炭和泻剂。就医

解毒剂：抗胆碱药阿托品口服、肌注或静脉注射；胆碱酯酶复能剂氯解磷定肌注。

灭火方法　消防人员须穿全身防火防毒服，佩戴空气呼吸器在上风向灭火。尽可能将容器从火场移至空旷处。喷水保持火场容器冷却，直至灭火结束。

灭火剂：抗溶性泡沫、干粉、砂土。

泄漏应急处置　隔离泄漏污染区，限制出入。建议应急处理人员戴防尘口罩，穿防毒服，戴氯丁橡胶手套。穿上适当的防护服前严禁接触破裂的容器和泄漏物。尽可能切断泄漏源。用塑料布覆盖泄漏物，减少飞散。勿使水进入包装容器内。用洁净的铲子收集泄漏物，置于干净、干燥、盖子较松的容器中，将容器移离泄漏区。

136. 碘　化　汞

标　识

中文名称　碘化汞

英文名称　Mercuric iodide；Mercury diiodide

别名　碘化高汞；二碘化汞

I—Hg—I

分子式　HgI_2

CAS 号　7774－29－0

WGH 号　61030

UN 号　1638

危害信息

危险性类别　第 6.1 类　有毒品

燃烧与爆炸危险性　不燃，无特殊燃爆特性。受热分解放出有毒的碘化物气体。

活性反应　与氯、钠和氟接触发生剧烈反应。

禁忌物　强氧化剂、氯、钠和氟等。

毒性　大鼠经口 LD_{50}：18mg/kg；小鼠经口 LD_{50}：17mg/kg；大鼠经皮 LD_{50}：75mg/kg。本品对眼睛、呼吸道黏膜 和皮肤有强烈刺激性。汞及其化合物主要引起中枢神经系统损害及口腔炎，高浓度引起肾损害。

本品属剧毒化学品，已列入《剧毒化学品目录》(2002 年版)。

侵入途径　吸入、食入、经皮吸收。

职业接触限值　美国(ACGIH)：TLV－TWA：0.025mg/m^3[按 Hg 计][皮]。

环境危害　对水生生物有极高毒性，可能在水生环境中造成长期不利影响；汞易在人类重要的食物链中发生生物蓄积，尤其是在水生生物中。

理化特性与用途

理化特性　黄色结晶或粉末。不溶于水、酸，微溶于无水乙醇，溶于碘化钾溶液。熔点 259℃，沸点 354℃，相对密度(水＝1)6.36，相对蒸气密度(空气＝1)16，蒸气压 13.3kPa(261.8℃)。

主要用途　用作分析试剂，用于医药工业。

包装与储运

包装标志　有毒品

包装类别　Ⅱ类

安全储运　储存于阴凉、通风的库房。远离火种、热源。储存温度不超过 35℃，相对湿度不超过 85%。保持容器密封。应与强氧化剂、三氟化氯、金属钠、金属钾等隔离储运。搬运时轻装轻卸，防止容器受损。应严格执行剧毒化学品管理制度。

紧急处置信息

急救措施

吸入：脱离接触。如呼吸困难，给吸氧。如呼吸心跳停止，立即行心肺复苏术。就医。

眼睛接触：立即分开眼睑，用大量流动清水或生理盐水彻底冲洗 10～15min。就医。

皮肤接触：立即脱去污染的衣着，用大量流动清水彻底冲洗。就医。

食入：立即催吐、洗胃，给服活性炭悬液，导泻。

积极防治脑水肿，保护心、肝、肾功能。及早应用巯基络合剂二巯丙磺钠、二巯丁二钠等驱汞治疗。

灭火方法　消防人员须穿全身防火防毒服，佩戴空气呼吸器，在上风向灭火。尽可能将容器从火场移至空旷处。喷水保持火场容器冷却，直至灭火结束。

灭火剂：本品不燃，根据着火原因选择适当灭火剂灭火。

泄漏应急处置 隔离泄漏污染区，限制出入。建议应急处理人员戴防尘口罩，穿防毒服，戴橡胶手套。穿上适当的防护服前严禁接触破裂的容器和泄漏物。尽可能切断泄漏源。用塑料布覆盖泄漏物，减少飞散。勿使水进入包装容器内。用洁净的铲子收集泄漏物，置于干净、干燥、盖子较松的容器中，将容器移离泄漏区。

137. 碘 甲 烷

标 识

中文名称 碘甲烷

英文名称 Iodomethane；Methyl iodide

别名 甲基碘

分子式 CH_3I

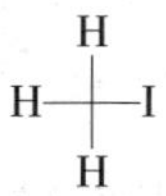

CAS 号 74－88－4

WGH 号 61568

UN 号 2644

危害信息

危险性类别 第 6.1 类 毒害品

燃烧与爆炸危险性 可燃。其蒸气与空气能形成爆炸性混合物，遇明火、高热能引起燃烧爆炸。蒸气比空气重，能在较低处扩散到相当远的地方，遇火源会着火回燃和爆炸(闪爆)。

活性反应 与强氧化剂和强还原剂发生剧烈反应。能与胺、烷基膦、氮化物、叠氮化合物、碱金属(钠、钾等)发生反应。

禁忌物 强氧化剂、还原剂、强碱、碱金属等。

毒性 大鼠经口 LD_{50}：76mg/kg；大鼠吸入 LC_{50}：1300mg/m^3(4h)。

本品对中枢神经和周围神经有损害作用，对皮肤黏膜有刺激作用。

本品属剧毒化学品，已列入《剧毒化学品目录》(2002 年版)。

中毒表现 急性中毒：早期出现头晕、头痛、纳差、恶心、心悸、胸闷；症状加重可出现视力减退、复视、言语困难、定向障碍，甚至发生幻觉、抽搐、瘫痪、昏迷，符合中毒性脑水肿。少数患者以代谢性酸中毒表现为主，意识障碍可不明显，但 1～2d 后病情可突然恶化。血二氧化碳结合力下降。部分病例有周围神经损害。眼污染可致角膜损伤。皮肤污染可致皮炎。

慢性影响：长期接触可发生神经衰弱综合征。

职业接触限值

中国：PC－TWA：10mg/m^3[皮]。

美国(ACGIH)：TLV－TWA：2ppm[皮]。

环境危害 有害空气污染物。

理化特性与用途

理化特性 无色透明液体，有特臭。微溶于水，溶于乙醇、乙醚和四氯化碳。熔点－66.5℃，沸点 42.5℃，相对密度(水＝1)2.3，相对蒸气密度(空气＝1)4.89，临界温度

254.8℃，临界压力7.36MPa，蒸气压50kPa(20℃)，折射率1.5310，燃烧热-813.8 kJ/mol，辛醇/水分配系数1.51/1.69。

主要用途 大量用于有机合成中的甲基化试剂及制药。也用于制造格利雅试剂、硫酸二甲酯等。

包装与储运

包装标志 剧毒品

包装类别 Ⅰ类

安全储运 储存于阴凉、通风的库房。保持容器密封。远离火种、热源，避免阳光直射。储存温度不超过32℃，相对湿度不超过80%。应与强碱、氧化剂隔离储运。搬运时轻装轻卸，防止容器受损。运输中防止雨淋、曝晒。

紧急处置信息

急救措施

吸入：脱离接触。如呼吸困难，给吸氧。如呼吸心跳停止，立即行心肺复苏术。就医。

眼睛接触：立即分开眼睑，用大量流动清水或生理盐水彻底冲洗10~15min。就医。

皮肤接触：立即脱去污染的衣着，用大量流动清水彻底冲洗。就医。

食入：给服活性炭悬液。忌服油脂、酒精。催吐。就医。

忌用拟交感神经类药物。

灭火方法 消防人员须佩戴防毒面具、穿全身消防服，在上风向灭火。尽可能将容器从火场移至空旷处。喷水保持火场容器冷却，直至灭火结束。处在火场中的容器若已变色或从安全泄压装置中产生声音，必须马上撤离。

灭火剂：雾状水、泡沫、二氧化碳、砂土。

泄漏应急处置 根据液体流动和蒸气扩散的影响区域划定警戒区，无关人员从侧风、上风向撤离至安全区。建议应急处理人员戴正压自给式呼吸器，穿防毒服，戴防化学品手套。穿上适当的防护服前严禁接触破裂的容器和泄漏物。尽可能切断泄漏源。防止泄漏物进入水体、下水道、地下室或限制性空间。小量泄漏：用干燥的砂土或其他不燃材料吸收或覆盖，收集于容器中。大量泄漏：构筑围堤或挖坑收容。用砂土、惰性物质或蛭石吸收大量液体。用泵转移至槽车或专用收集器内。

138. 电缆沥青

标　识

中文名称 电缆沥青

英文名称 Cable coating bitumen; Cable asphalt

危害信息

燃烧与爆炸危险性 可燃，遇明火、高热可引起燃烧。燃烧放出有毒的烟气。

禁忌物 强氧化剂。

毒性 沥青及其烟气对皮肤黏膜 具有刺激性，有光毒作用。

中毒表现 沥青的主要皮肤损害有：光毒性皮炎，皮损限于面、颈部等暴露部分；黑变病，皮损常对称分布于暴露部位，呈片状，呈褐－深褐－褐黑色；职业性痤疮；疣状赘生物及事故引起的热烧伤。此外，尚有头昏、头胀，头痛、胸闷、乏力、恶心、食欲不振等全身症状和眼、鼻、咽部的刺激症状。

侵入途径　吸入、食入。

理化特性与用途

理化特性　黑色，有亮光的固体。软化点 85～100℃，闪点≥260℃(开杯)。

主要用途　用于电缆防潮、防腐蚀的保护层涂料，也可作专用石油沥青的代用品。

包装与储运

安全储运　储存于阴凉、通风的库房。包装密封。远离火种、热源。应与氧化剂隔离储运。

紧急处置信息

急救措施

吸入：脱离接触。如有不适感，就医。

眼睛接触：分开眼睑，用水或生理盐水冲洗。就医。

皮肤接触：皮肤热沥青烧伤立即用流动水冷却，不要强行剥离皮肤上的沥青(它起着无菌敷料的作用)。对于头、颈、躯干烧伤，用浸过冷水的毛巾覆盖并时时更换。如果沥青包裹了肢体，会妨碍血循环，应及时切开。在沥青上覆盖凡士林纱布，两天后揭下，并将能够分离的沥青除去，再盖再揭，反复进行可持续两周。

食入：漱口，饮水，催吐。就医。

泄漏应急处置　隔离泄漏污染区，限制出入。建议应急处理人员戴防尘口罩，穿一般作业工作服。尽可能切断泄漏源。用塑料布覆盖泄漏物，减少飞散。勿使水进入包装容器内。用洁净的铲子收集泄漏物，置于干净、干燥、盖子较松的容器中，将容器移离泄漏区。

139. 叠氮化钠

标　识

中文名称　叠氮化钠

英文名称　Sodium azide

分子式　N_3Na

CAS 号　26628－22－8

WGH 号　61033

UN 号　1687

Na—N═N≡N

危害信息

危险性类别　第 6 类　有毒品

燃烧与爆炸危险性　不燃，无特殊爆炸特性。受撞击、摩擦、遇明火或其他点火源极易爆炸。

活性反应 与水接触能形成氢氯酸。与酸和金属接发生反应。随时间变化，叠氮化钠能与铜、铅、黄铜、抽送系统的焊料反应，生成具有强爆炸性的叠氮化铅和叠氮化铜等化合物。快速受热或机械震动能引发物质爆炸。腐蚀铝。

禁忌物 酸类、强氧化剂、活性金属粉末等。

毒性 大鼠经口 LD_{50}：27mg/kg；小鼠经口 LD_{50}：27mg/kg；家兔经皮 LD_{50}：20mg/kg；大鼠吸入 LC_{50}：37mg/m^3；小鼠吸入 LC_{50}：32.4mg/m^3。

本品和氰化物相似，对细胞色素氧化酶和其他酶有抑制作用，并能使体内氧合血红蛋白形成受阻，有显著的降压作用。对眼和皮肤有刺激性。

本品属剧毒化学品，已列入《剧毒化学品目录》(2002 年版)。

中毒表现 急性中毒出现头晕、头痛、全身无力、血压下降、心动过缓和昏迷。本品在有机合成中可有叠氮酸气体逸出，吸入中毒出现眩晕、虚弱无力、视觉模糊、呼吸困难、昏厥感、血压降低、心动过缓等。口服数克，40min 内可致人死亡，剂量 0.2～0.4μg/kg，就可引起严重低血压，对升压药无反应。

侵入途径 吸入、食入、经皮吸收。

职业接触限值

中国：MAC：0.3mg/m^3。

美国(ACGIH)：TLV－C：0.3mg/m^3。

环境危害 对水生生物有极高毒性，可能在水生环境中造成长期不利影响。

理化特性与用途

理化特性 白色无嗅、六角形晶体。溶于水和液氨，微溶于乙醇，不溶于乙醚。熔点 275℃(分解)，相对密度(水＝1)1.85，相对蒸汽密度 2.2。

主要用途 用作气体发生剂及感光树脂的原料、医药、农药合成和制造其他迭氮化物，也用于防酶、血清防腐、污水含氧量的测定等。

包装与储运

包装标志 有毒品

包装类别 Ⅱ类

安全储运 储存于阴凉、通风的库房。远离火种、热源。储存温度不超过 35℃，相对湿度不超过 80%。保持容器密封。应与强氧化剂、酸、金属粉末、卤素化合物等隔离储运。搬运时轻装轻卸，防止容器受损。

紧急处置信息

急救措施

吸入：立即脱离接触。如呼吸困难，给吸氧。如呼吸心跳停止，立即行心肺复苏术。就医。

眼睛接触：立即分开眼睑，用流动清水或生理盐水彻底冲洗。就医。

皮肤接触：立即脱去污染的衣着，用大量流动清水彻底冲洗。就医。

食入：漱口，尽量饮水，不要催吐。就医。

解毒药：对氨基苯基乙基甲酮(*p*－aminopropiophenone)。

灭火方法 由于火场中可能发生容器爆炸的情况，消防人员须在有防暴掩蔽处操作。尽可能将容器从火场移至空旷处。喷水保持火场容器冷却，直至灭火结束。

灭火剂：本品不燃，根据着火原因选择适当灭火剂灭火。

泄漏应急处置 隔离泄漏污染区，限制出入。建议应急处理人员戴防尘口罩，穿防毒防酸碱服，戴橡胶耐酸碱手套。穿上适当的防护服前严禁接触破裂的容器和泄漏物。尽可能切断泄漏源。用塑料布覆盖泄漏物，减少飞散。勿使水进入包装容器内。用洁净的铲子收集泄漏物，置于干净、干燥、盖子较松的容器中，将容器移离泄漏区。

140. 叠合汽油

标 识

中文名称 叠合汽油

英文名称 Polybenzine；Polymerized gasoline

别名 聚合汽油

WGH 号 32001；T31101[铁规]

UN 号 1203

危害信息

危险性类别 第 3 类 易燃液体

燃烧与爆炸危险性 易燃。其蒸气与空气混合能形成爆炸性混合物，遇明火、高热易燃烧或爆炸。燃烧产生有毒的一氧化碳气体。高速冲击、流动、激荡后，可因产生静电火花放电引起燃烧爆炸。在高温火场中，受热的容器或储罐有破裂和爆炸的危险。蒸气比空气重，能在较低处扩散到相当远的地方，遇火源会着火回燃和爆炸(闪爆)。

活性反应 与强氧化剂反应。

禁忌物 强氧化剂。

毒性 具有麻醉和刺激作用。

侵入途径 吸入、食入、经皮吸收。

理化特性与用途

理化特性 由裂化气体中的烯烃(丙烯和丁烯)经聚合(叠合)而成的汽油。辛烷值比裂化汽油更高。馏程 80～210℃。

主要用途 用作化工和石油添加剂的原料，或作高辛烷值汽油的成分。

包装与储运

包装标志 易燃液体

包装类别 Ⅱ类

安全储运 盛装时，切不可充满，要留出必要的安全空间。储存于阴凉、通风处，储存温度不超过 29℃。远离火种、热源。炎热季节应采取喷淋、通风等降温措施。应与氧化剂等隔离储运。罐储时要有防火防爆技术措施，灌装时注意流速，要有接地装置，防止静电积聚。禁止使用易产生火花的工具。搬运时轻装轻卸，防止容器受损。

紧急处置信息

急救措施

吸入：立即脱离接触。如呼吸困难，给吸氧。如呼吸心跳停止，立即行心肺复苏术。就医。

眼睛接触：立即分开眼睑，用流动清水或生理盐水彻底冲洗。就医。

皮肤接触： 立即脱去污染的衣着，用肥皂水和清水彻底冲洗。就医。

食入： 漱口，尽量饮水，不要催吐。忌饮牛奶、油类和酒精。洗胃。就医。

灭火方法　消防人员须穿全身消防服，佩戴空气呼吸器，在上风向灭火。尽可能将容器从火场移至空旷处。喷水保持火场容器冷却，直至灭火结束。处在火场中的容器若发生异常变化或发出异常声音，须马上撤离。

灭火剂：泡沫、二氧化碳、干粉、砂土。

泄漏应急处置　消除所有点火源。根据液体流动和蒸气扩散的影响区域划定警戒区，无关人员从侧风、上风向撤离至安全区。建议应急处理人员戴正压自给式呼吸器，穿防静电服，戴橡胶耐油手套。作业时使用的所有设备应接地。禁止接触或跨越泄漏物。尽可能切断泄漏源。防止泄漏物进入水体、下水道、地下室或限制性空间。小量泄漏：用砂土或其他不燃材料吸收。使用洁净的无火花工具收集吸收材料。大量泄漏：构筑围堤或挖坑收容。用砂土、惰性物质或蛭石吸收大量液体。用泡沫覆盖，减少蒸发。喷水雾能减少蒸发，但不能降低泄漏物在限制性空间内的易燃性。用防爆泵转移至槽车或专用收集器内。

141. 丁苯胶乳

标　识

中文名称　丁苯胶乳

英文名称　Styrene - butadiene latex；SBR latex

CAS 号　9003 - 55 - 8

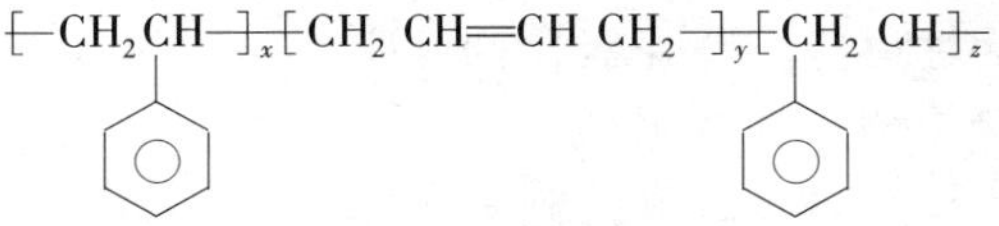

危害信息

燃烧与爆炸危险性　可燃，遇明火高热可能引起燃烧爆炸。在高温火场中，由于分解反应的发生以及内压的增加，受热的容器有破裂和爆炸的危险。

禁忌物　强氧化剂。

侵入途径　吸入、食入。

理化特性与用途

理化特性　带蓝色乳光的白色乳液，稍有苯乙烯气味。固体含量≥43%，相对密度(水 =1)0.9 ~1.0，pH 值 10 ~13。

主要用途　用于制造海绵橡胶、浸渍纤维和织物，还可直接用作胶黏剂、涂料等。

包装与储运

安全储运　储存于阴凉、通风的库房。远离火种、热源。保持容器密封。应与强氧化剂等隔离储运。搬运时轻装轻卸，防止容器受损。

紧急处置信息

急救措施

吸入： 脱离接触。如有不适感，就医。

眼睛接触： 分开眼睑，用流动清水或生理盐水冲洗。如有不适感，就医。

皮肤接触： 脱去污染的衣着，用肥皂水和清水冲洗。如有不适感，就医。

食入： 漱口，尽量饮水，不要催吐。就医。

灭火方法 消防人员须穿全身消防服，佩戴空气呼吸器，在上风向灭火。尽可能将容器从火场移至空旷处。喷水保持火场容器冷却，直至灭火结束。处在火场中的容器若发生异常变化或发出异常声音，须马上撤离。

灭火剂：泡沫、二氧化碳、干粉、砂土。

泄漏应急处置 消除所有点火源。根据液体流动和蒸气扩散的影响区域划定警戒区，无关人员从侧风、上风向撤离至安全区。建议应急处理人员戴正压自给式呼吸器，穿防静电、防腐蚀服，戴橡胶手套。尽可能切断泄漏源。防止泄漏物进入水体、下水道、地下室或限制性空间。小量泄漏：用干燥的砂土或其他不燃材料吸收或覆盖，收集于容器中。大量泄漏：构筑围堤或挖坑收容。

142. 丁苯橡胶

标　识

中文名称 丁苯橡胶

英文名称 Styrene polymer with 1,3 – butadiene; Styrene – butadiene rubber; SBR

别名 丁苯胶

分子式 $\left[C_8H_8 \cdot C_4H_6\right]_x$

CAS 号 9003 – 55 – 8

危害信息

燃烧与爆炸危险性 可燃，遇明火、高热可引起燃烧。燃烧产生有毒的一氧化碳。

禁忌物 强氧化剂。

毒性 本品对眼和皮肤有刺激性。

侵入途径 吸入、食入。

理化特性与用途

理化特性 黄色或黄褐色块状、粒状或带状弹性体，稍有苯乙烯的气味。不溶于水，溶于甲苯、汽油、氯仿、THF 等。相对密度(水 =1)0.96，闪点 >288℃，引燃温度 440℃。

主要用途 主要用于制造轮胎、运输带、胶管、胶黏剂等。

包装与储运

安全储运 储存于阴凉、通风的库房。远离火种、热源。保持容器密封。应与氧化剂等隔离储运。搬运时轻装轻卸，防止容器受损。

紧急处置信息

急救措施

吸入： 脱离接触，休息。

眼和皮肤接触： 用水冲洗。

食入： 饮 1 杯水。如有不适感，就医。

灭火方法 消防人员须穿全身消防服，佩戴空气呼吸器，在上风向灭火。尽可能将容器从火场移至空旷处。喷水保持火场容器冷却，直至灭火结束。

灭火剂：泡沫、二氧化碳、干粉、砂土。

泄漏应急处置　消除所有点火源。无关人员从侧风、上风向撤离至安全区。建议应急处理人员戴正压自给式呼吸器，穿防护服，戴橡胶手套。尽可能切断泄漏源。用洁净的铲子收集于容器中。

143. 1,4 – 丁二胺

标　识

中文名称　1,4 – 丁二胺

英文名称　1,4 – Butanediamine；Tetramethylenediamine；Putrescine

别名　1，4 – 二氨基丁烷；四亚甲基二胺；腐胺

分子式　$C_4H_{12}N_2$

CAS 号　110 – 60 – 1

WGH 号　61729

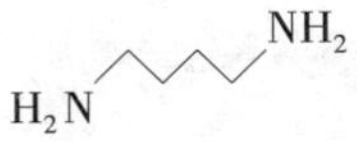

危害信息

危险性类别　第 6.1 类　有毒品

燃烧与爆炸危险性　易燃。其蒸气与空气混合能形成爆炸性混合物，遇明火高热能引起燃烧爆炸。燃烧产生有毒的一氧化碳和氮氧化物气体。具有腐蚀性。

活性反应　与强氧化剂反应。

禁忌物　强氧化剂、酸酐、酸类、酰基氯。

毒性　大鼠经口 LD_{50}：463mg/kg；兔经皮 LD_{50}：1576mg/kg。

本品对眼睛、上呼吸道和皮肤有刺激性；接触后可引起头痛、面部皮肤发红。本品能引起动物血压降低。

侵入途径　吸入、食入、经皮吸收。

理化特性与用途

理化特性　无色结晶，有六氢吡啶的气味。易溶于水。熔点 27 ~ 28℃，沸点 158 ~ 160℃，相对密度（水 = 1）0.88，辛醇/水分配系数 – 0.7，闪点 51.67℃，爆炸极限0.9% ~9.1%。

主要用途　用作化学中间体。

包装与储运

包装标志　有毒品；易燃液体

包装类别　Ⅱ类

安全储运　储存于阴凉、通风的库房。远离火种、热源。储存温度不超过 32℃，相对湿度不超过 85%。保持容器密封。应与强氧化剂、酸、酸酐等隔离储运。搬运时轻装轻卸，防止容器受损。

紧急处置信息

急救措施

吸入：脱离接触。如有不适感，就医。

眼睛接触：分开眼睑，用流动清水或生理盐水冲洗。如有不适感，就医。

皮肤接触：脱去污染的衣着，用肥皂水和清水冲洗。如有不适感，就医。

食入：漱口，饮水，催吐。就医。

灭火方法 防人员须穿全身防火防毒服，佩戴空气呼吸器在上风向灭火。尽可能将容器从火场移至空旷处。喷水保持火场容器冷却，直至灭火结束。

灭火剂：抗溶性泡沫、二氧化碳、干粉、砂土。

泄漏应急处置 隔离泄漏污染区，限制出入。消除所有点火源。建议应急处理人员戴防尘口罩，穿防腐蚀、防静电服，戴橡胶手套。穿上适当的防护服前严禁接触破裂的容器和泄漏物。尽可能切断泄漏源。用塑料布覆盖泄漏物，减少飞散。勿使水进入包装容器内。用洁净的铲子收集泄漏物，置于干净、干燥、盖子较松的容器中，将容器移离泄漏区。

144. 丁 二 腈

标 识

中文名称 丁二腈

英文名称 Butanedinitrile；Succinonitrile；1,2 – Dicyanoethane

别名 琥珀腈；1,2 – 二氰基乙烷

分子式 $C_4H_4N_2$

CAS 号 110 – 61 – 2

WGH 号 61630

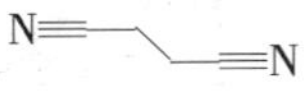

危害信息

危险性类别 第 6.1 类 有毒品

燃烧与爆炸危险性 可燃，遇明火能燃烧，燃烧产生有毒的一氧化碳和氮氧化物气体。受高热可产生剧毒的氰化物气体。

活性反应 与氧化剂反应。

禁忌物 强氧化剂、强还原剂、强酸、强碱。

毒性 大鼠经口 LD_{50}：450mg/kg；小鼠经口 LD_{50}：129mg/kg。

小剂量引起中枢神经系统兴奋，大剂量引起抑制，致死剂量引起抽搐、窒息。

侵入途径 吸入、食入、经皮吸收。

理化特性与用途

理化特性 无色无臭的蜡状固体。微溶于水、乙醇、苯、乙醚、二硫化碳，溶于丙酮、氯仿、二氧六环。熔点 54 ~ 56℃，沸点 265 ~ 267℃，相对密度(水 = 1)0.985，相对蒸气密度(空气 = 1)2.8，蒸气压 0.27kPa(100℃)，燃烧热 – 2281.0kJ/mol，临界压力 3.54MPa，辛醇/水分配系数 – 0.99，闪点 132℃，引燃温度 511℃，爆炸极限 2.05% ~ 14.4%。

主要用途 用于有机合成。

包装与储运

包装标志 有毒品

包装类别 Ⅲ类

安全储运 储存于阴凉、通风的库房。远离火种、热源。储存温度不超过 35℃，相对

湿度不超过85%。保持容器密封。应与氧化剂、强还原剂、碱、强酸等隔离储运。搬运时轻装轻卸，防止容器受损。

紧急处置信息

急救措施

吸入：迅速脱离现场至空气新鲜处。保持呼吸道通畅。如呼吸困难，给输氧。呼吸、心跳停止，立即进行心肺复苏术。就医。

眼睛接触：立即分开眼睑，用流动清水或生理盐水彻底冲洗。就医。

皮肤接触：立即脱去污染的衣着，用肥皂水和清水彻底冲洗。就医。

食入：催吐，给服活性炭悬液。就医。

使用亚硝酸钠和硫代硫酸钠解毒剂。也可用硫代硫酸钠加口服对氨基苯丙酮。

灭火方法 消防人员须穿全身防火防毒服，佩戴空气呼吸器，在上风向灭火。尽可能将容器从火场移至空旷处。喷水保持火场容器冷却，直至灭火结束。

灭火剂：抗溶性泡沫、干粉、砂土、二氧化碳。

泄漏应急处置 隔离泄漏污染区，限制出入。消除所有点火源。建议应急处理人员戴防尘口罩，穿防毒服，戴橡胶手套。穿上适当的防护服前严禁接触破裂的容器和泄漏物。尽可能切断泄漏源。用塑料布覆盖泄漏物，减少飞散。勿使水进入包装容器内。用洁净的铲子收集泄漏物，置于干净、干燥、盖子较松的容器中，将容器移离泄漏区。

145. 丁二酸双异辛酯磺酸钙

标　识

中文名称 丁二酸双异辛酯磺酸钙

英文名称 Di(2 – ethylhexyl) sulfosuccinic acid, calcium salt

危害信息

燃烧与爆炸危险性 可燃。燃烧产生有毒的一氧化碳和硫氧化物气体。

禁忌物 强氧化剂。

侵入途径 吸入、食入。

理化特性与用途

理化特性 固体。

主要用途 用作燃油添加剂和用于制取防静电剂。

包装与储运

安全储运 储存于阴凉、通风的库房。远离火种、热源。包装密封。应与氧化剂等隔离储运。搬运时轻装轻卸，防止包装受损。

紧急处置信息

急救措施

吸入：脱离接触。如有不适感，就医。

眼睛接触：分开眼睑，用流动清水或生理盐水冲洗。如有不适感，就医。

皮肤接触：脱去污染的衣着，用肥皂水和清水冲洗。如有不适感，就医。

食入：漱口，饮水。就医。

灭火方法　消防人员须穿全身消防服，在上风向灭火。尽可能将容器从火场移至空旷处。喷水保持火场容器冷却，直至灭火结束。

灭火剂：雾状水、泡沫、二氧化碳、干粉、砂土。

泄漏应急处置　隔离泄漏污染区，限制出入。建议应急处理人员戴防尘口罩，穿一般作业工作服。尽可能切断泄漏源。用塑料布覆盖泄漏物，减少飞散。勿使水进入包装容器内。用洁净的铲子收集泄漏物，置于干净、干燥、盖子较松的容器中，将容器移离泄漏区。

146. 1,3－丁二烯

标　识

中文名称　1,3－丁二烯

英文名称　1,3－Butadiene；Butadiene；Biethylene

别名　联乙烯

分子式　C_4H_6

CAS 号　106－99－0

WGH 号　21022

UN 号　1010

危害信息

危险性类别　第2.1类　易燃气体

燃烧与爆炸危险性　极易燃。与空气混合能形成爆炸性混合物，遇高热、明火或氧化剂易发生燃烧爆炸。若遇高热，可发生聚合反应，放出大量热量而引起容器破裂和爆炸事故。比空气重，能在较低处扩散到相当远的地方，遇火源会着火回燃和爆炸(闪爆)。

活性反应　与氧化剂发生剧烈反应。催化剂(酸等)或引发剂(有机过氧化物等)存在时，易发生聚合，放出大量的热量。分解反应放热能导致1,3－丁二烯发生爆炸。与四氢硼铝的反应会发生爆炸。与二氧化氯、过氧化物或巴豆醛(180℃以上)的反应具有爆炸性。与亚硝酸钠反应得到的产物能自燃。催化剂存在下，可与氢气发生加成反应，放出热量。

禁忌物　强氧化剂、酸类、卤素等。

毒性　大鼠经口 LD_{50}：5480mg/kg；大鼠吸入 LC_{50}：285000mg/m^3(4h)；小鼠经口 LD_{50}：3210mg/kg；小鼠吸入 LC_{50}：270000mg/m^3(2h)。人吸入 TCL_o：2000ppm(7h)。

本品具有麻醉和刺激作用。

IARC对本品的致癌性分类：G2A——可能人类致癌物。

欧盟指令67/548/EEC将本品列为第1类致癌物——已知人类致癌物；第2类致突变物——可能为人类致突变物。

中毒表现　急性中毒：轻者有头痛、头晕、恶心、咽痛、耳鸣、全身乏力、嗜睡等。重者出现酒醉状态、呼吸困难、脉速等，后转入意识丧失和抽搐，有时也可有烦躁不安、到处乱跑等精神症状。脱离接触后，迅速恢复。头痛和嗜睡有时可持续一段时间。皮肤直接接触可发生冻伤。

慢性影响：长期接触一定浓度的丁二烯可出现头痛、头晕、全身乏力、失眠、多梦、记忆力减退、恶心、心悸等症状，偶见皮炎和多发性神经炎。

侵入途径　吸入。

职业接触限值

中国：PC－TWA：5mg/m^3。

美国(ACGIH)：TLV－TWA：2ppm。

环境危害　有害空气污染物。

理化特性与用途

理化特性　无色气体，有轻微芳香味。不溶于水，易溶于乙醇和乙醚，溶于丙酮、苯、二氯乙烷等。熔点－108.9℃，沸点－4.4℃，相对密度(水＝1)(水＝1)0.62，相对蒸气密度(空气＝1)1.87，燃烧热－2541.0kJ/mol，临界压力4.33MPa，临界温度161.8℃，蒸气压245.27kPa(21℃)，辛醇/水分配系数1.99，闪点－76℃，爆炸极限1.1%～16.3%，引燃温度415℃。

主要用途　是合成橡胶、合成树脂的重要单体，主要用于生产氯丁橡胶、顺丁橡胶、丁苯橡胶、丁腈橡胶及ABS树脂等；还用于生产已二腈、丁二醇、四氢呋喃、萘二甲酸；也是生产涂料和有机化工产品的原料。

包装与储运

包装标志　易燃气体，有毒气体[铁规]

安全储运　储存于阴凉、通风的专用库房内。储存温度不超过30℃。钢瓶必须竖直存放，所有钢瓶必须接地，以避免由于静电发生火灾或爆炸事故。平时用肥皂水测定钢瓶阀门是否漏气，注意钢瓶是否有过高的温度。远离火种、热源。应与氧化剂、酸类、卤素及易燃材料隔离储运。搬运时应避免猛烈撞击，在钢瓶阀门下接安全阀。只允许稳定化(即含有抑制剂)的气体钢瓶装运。

紧急处置信息

急救措施

吸入：立即脱离接触。如呼吸困难，给吸氧。如呼吸心跳停止，立即行心肺复苏术。就医。

皮肤接触：如发生冻伤，用温水(39～42℃)复温，忌用热水或辐射热，不要揉搓。

灭火方法　切断气源。若不能切断气源，则不允许熄灭泄漏处的火焰。消防人员必须穿全身消防服，佩戴空气呼吸器，在上风向灭火。喷水冷却容器，尽可能将容器从火场移至空旷处。

泄漏应急处置　消除所有点火源。根据气体的影响区域划定警戒区，无关人员从侧风、上风向撤离至安全区。建议应急处理人员戴正压自给式呼吸器，穿防静电服。作业时使用的所有设备应接地。禁止接触或跨越泄漏物。尽可能切断泄漏源。喷雾状水抑制蒸气或改变蒸气云流向，避免水流接触泄漏物。禁止用水直接冲击泄漏物或泄漏源。防止气体通过下水道、通风系统和限制性空间扩散。隔离泄漏区直至气体散尽。

147. 丁　腈

标　识

中文名称　丁腈

英文名称 Butyronitrile；*n* – Butyronitrile；Propyl cyanide

别名 正丁腈；丙基氰

分子式 C_4H_7N

CAS 号 109 – 74 – 0

WGH 号 32161；T31261［铁规］

UN 号 2411

危害信息

危险性类别 第3类 易燃液体

燃烧与爆炸危险性 易燃。其蒸气与空气混合能形成爆炸性混合物，遇高热明火有引起燃烧的危险。燃烧产生有毒的一氧化碳和氮氧化物气体。

活性反应 与氧化剂反应。

禁忌物 强氧化剂、强还原剂、强酸、强碱。

毒性 大鼠经口 LD_{50}：50mg/kg；小鼠经口 LD_{50}：27.7mg/kg；兔经皮 LD_{50}：400mg/kg；小鼠吸入 LC_{50}：702mg/m^3(1h)。

中毒表现 急性中毒主要症状表现为无力、气急、震颤、血管扩张、血压下降，严重者抽搐、昏迷、甚至死亡。对皮肤、眼睛有轻微刺激作用。

侵入途径 吸入、食入、经皮吸收。

理化特性与用途

理化特性 无色液体，有刺激性气味。微溶于水，混溶于乙醇、乙醚、二甲基甲酰胺，溶于苯。熔点 –112℃，沸点 117.5℃，相对密度(水 =1)0.80，相对蒸气密度(空气 =1)2.4，蒸气压 2.0kPa(20℃)，燃烧热 –2568.68kJ/mol，临界温度 309.1℃，临界压力 3.8MPa，辛醇/水分配系数 0.53，闪点 24℃(开杯)，引燃温度 501℃，爆炸极限 1.65% ~11.4%。

主要用途 用作化学药品及医药中间体等。

包装与储运

包装标志 易燃液体；有毒品

包装类别 Ⅱ类

安全储运 储存于阴凉、通风的库房。远离火种、热源，避免阳光直射。储存温度不超过 32℃，相对湿度不超过 85%。保持容器密封。炎热季节早晚运输，应与氧化剂、酸等隔离储运。避免接触橡胶。禁止使用易产生火花的机械设备和工具。灌装时注意流速，防止静电积聚。搬运时轻装轻卸，防止容器受损。

紧急处置信息

急救措施

吸入： 迅速脱离现场至空气新鲜处。保持呼吸道通畅。如呼吸困难，给输氧。呼吸、心跳停止，立即进行心肺复苏术。就医。

眼睛接触： 立即分开眼睑，用流动清水或生理盐水彻底冲洗。就医。

皮肤接触： 立即脱去污染的衣着，用肥皂水和清水彻底冲洗。就医。

食入： 催吐，给服活性炭悬液。就医。

使用亚硝酸钠和硫代硫酸钠解毒剂。也可用硫代硫酸钠加口服对氨基苯丙酮。

灭火方法　消防人员须穿全身消防服，佩戴空气呼吸器，在上风向灭火。尽可能将容器从火场移至空旷处。喷水保持火场容器冷却，直至灭火结束。处在火场中的容器若发生异常变化或发出异常声音，须马上撤离。

灭火剂：二氧化碳、干粉、砂土。用水灭火无效。

泄漏应急处置　隔离泄漏污染区，限制出入。消除所有点火源。建议应急处理人员戴防毒面具，穿防毒服，戴橡胶手套。穿上适当的防护服前严禁接触破裂的容器和泄漏物。尽可能切断泄漏源。用塑料布覆盖泄漏物，减少飞散。勿使水进入包装容器内。用洁净的铲子收集泄漏物，置于干净、干燥、盖子较松的容器中，将容器移离泄漏区。

148. 丁腈胶乳

标　识

中文名称　丁腈胶乳

英文名称　Butadiene – acrylonitrile latex； Acrylonitrile – butadiene rubber latex； NBRL

危害信息

燃烧与爆炸危险性　可燃。遇明火、高热可能引起燃烧。燃烧产生有毒的一氧化碳和氮氧化物。在高温火场中，受热的容器或储罐有破裂和爆炸的危险。

活性反应　与强氧化剂反应

禁忌物　强氧化剂。

侵入途径　吸入、食入。

理化特性与用途

理化特性　乳白色液体。总固含量≥40%，相对密度（水 = 1）0.98 ~ 1.015，pH值9 ~ 12。

主要用途　主要用于纸、浸渍布、纤维添加剂、无纺布、地毯、手套、皮革加工、黏合剂、与酚醛树脂混合补强等。

包装与储运

安全储运　储存于阴凉、通风的库房。保持容器密封。远离火种、热源。应与氧化剂等隔离储运。搬运时轻装轻卸，防止容器受损。

紧急处置信息

急救措施

吸入：脱离接触。如有不适感，就医。

眼睛接触：分开眼睑，用流动清水或生理盐水冲洗。如有不适感，就医。

皮肤接触：脱去污染的衣着，用肥皂水和清水冲洗。如有不适感，就医。

食入：漱口，饮水。就医。

灭火方法　消防人员须穿全身消防服，佩戴空气呼吸器，在上风向灭火。尽可能将容器从火场移至空旷处。喷水保持火场容器冷却，直至灭火结束。处在火场中的容器若发生

异常变化或发出异常声音，须马上撤离。

灭火剂：泡沫、二氧化碳、干粉、砂土。

泄漏应急处置 消除所有点火源。无关人员从侧风、上风向撤离至安全区。建议应急处理人员戴正压自给式呼吸器，穿防静电、防腐蚀服，戴橡胶手套。尽可能切断泄漏源。防止泄漏物进入水体、下水道、地下室或限制性空间。小量泄漏：用干燥的砂土或其他不燃材料吸收或覆盖，收集于容器中。大量泄漏：构筑围堤或挖坑收容。

149. 丁腈橡胶

标　识

中文名称 丁腈橡胶

英文名称 Butadiene – acrylonitrile rubber；NBR

别名 丁腈胶

危害信息

燃烧与爆炸危险性 可燃，遇明火、高热可能引起燃烧。燃烧产生有毒的一氧化碳和氮氧化物气体。

活性反应 与强氧化剂反应。

禁忌物 强氧化剂。

侵入途径 吸入、食入。

理化特性与用途

理化特性 弹性体。相对密度(水 =1)0.96 ~1.0。

主要用途 广泛用于制造各种耐油垫圈、垫片、胶管、飞机油箱、软包装、印染胶辊、电缆材料和胶黏剂等。

包装与储运

安全储运 储存于阴凉、通风的库房。包装密封。远离火种、热源。应与氧化剂等隔离储运。搬运时轻装轻卸，防止包装或容器受损。

紧急处置信息

急救措施

吸入：脱离接触。如有不适感，就医。

眼睛接触：分开眼睑，用流动清水或生理盐水冲洗。如有不适感，就医。

皮肤接触：脱去污染的衣着，用肥皂水和清水冲洗。如有不适感，就医。

食入：漱口，饮水。就医。

灭火方法 消防人员须穿全身消防服，戴自空气呼吸器，在上风向灭火。尽可能将容器从火场移至空旷处。喷水保持火场容器冷却，直至灭火结束。

灭火剂：雾状水、泡沫、二氧化碳、干粉、砂土。

泄漏应急处置 隔离泄漏污染区，限制出入。建议应急处理人员戴防尘口罩，穿防毒

防酸碱服，戴橡胶耐酸碱手套。穿上适当的防护服前严禁接触破裂的容器和泄漏物。尽可能切断泄漏源。用塑料布覆盖泄漏物，减少飞散。勿使水进入包装容器内。用洁净的铲子收集泄漏物，置于干净、干燥、盖子较松的容器中，将容器移离泄漏区。

150. 丁酸丙酯

标　识

中文名称　丁酸丙酯

英文名称　Propyl butyrate; Propyl *n*－butyrate; Butanoic acid, propyl ester

别名　正丁酸正丙酯

分子式　$C_7H_{14}O_2$

CAS 号　105－66－8

WGH 号　33598; T32098［铁规］

UN 号　3272

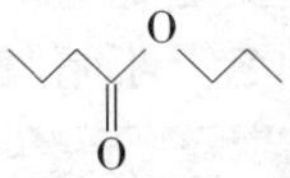

危害信息

危险性类别　第 3 类　易燃液体

燃烧与爆炸危险性　易燃。其蒸气与空气混合能形成爆炸性混合物，遇明火、高热能引起燃烧爆炸。燃烧产生有毒的一氧化碳气体。在高温火场中受热的容器有爆炸的危险。

活性反应　与氧化剂反应。

禁忌物　强氧化剂、强酸、强碱。

毒性　大鼠经口 LD_{50}: 15000mg/kg; 兔经口 LD_{50}: 5729mg/kg。

在工业生产中未发现对人的危害。给动物致死量时发生皮毛粗糙、共济失调、气急、呼吸困难、抽搐和体温降低。

侵入途径　吸入、食入。

理化特性与用途

理化特性　无色透明液体，有水果香味。微溶于水，溶于乙醇、乙醚。熔点－95.2℃，沸点 142.7℃，相对密度(水＝1)0.873，相对蒸气密度(空气＝1)4.5，临界温度 326.6℃，辛醇/水分配系数 2.34，闪点 38℃。

主要用途　用于制纤维素以及醚的混合溶剂，用于调配食用香精。

包装与储运

包装标志　易燃液体

包装类别　Ⅲ类

安全储运　储存于阴凉、通风的库房。保持容器密封。远离火种、热源，避免阳光直射。储存温度不超过 37℃。炎热季节早晚运输。应与氧化剂、强酸碱等隔离储运。禁止使用易产生火花的机械设备和工具。灌装时注意流速，防止静电积聚。搬运时轻装轻卸，防止容器受损。

紧急处置信息

急救措施

吸入：脱离接触。如有不适感，就医。

眼睛接触：分开眼睑，用流动清水或生理盐水冲洗。如有不适感，就医。

皮肤接触：脱去污染的衣着，用肥皂水和清水冲洗。如有不适感，就医。

食入：尽量饮水，不要催吐。就医。

灭火方法　消防人员须穿全身消防服，佩戴空气呼吸器，在上风向灭火。尽可能将容器从火场移至空旷处。喷水保持火场容器冷却，直至灭火结束。处在火场中的容器若发生异常变化或发出异常声音，须马上撤离。

灭火剂：泡沫、二氧化碳、干粉、砂土。

泄漏应急处置　消除所有点火源。根据液体流动和蒸气扩散的影响区域划定警戒区，无关人员从侧风、上风向撤离至安全区。建议应急处理人员戴正压自给式呼吸器，穿防静电服。作业时使用的所有设备应接地。禁止接触或跨越泄漏物。尽可能切断泄漏源。防止泄漏物进入水体、下水道、地下室或限制性空间。小量泄漏：用砂土或其他不燃材料吸收。使用洁净的无火花工具收集吸收材料。大量泄漏：构筑围堤或挖坑收容。用泡沫覆盖，减少蒸发。喷水雾能减少蒸发，但不能降低泄漏物在限制性空间内的易燃性。用防爆泵转移至槽车或专用收集器内。

151. 丁酸丁酯

标　识

中文名称　丁酸丁酯

英文名称　Butyl butyrate；*n* - Butyl *n* - butyrate；Butanoic acid，butyl ester

别名　正丁酸正丁酯

分子式　$C_8H_{16}O_2$

CAS 号　109 - 21 - 7

WGH 号　33598；T32098 [铁规]

UN 号　3272

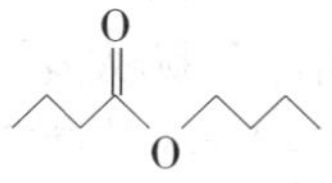

危害信息

危险性类别　第 3 类　易燃液体

燃烧与爆炸危险性　易燃。其蒸气与空气混合能形成爆炸性混合物，遇明火、高热能引起燃烧爆炸。燃烧产生有毒的一氧化碳气体。在高温火场中受热的容器有爆炸的危险。

活性反应　与氧化剂反应。

禁忌物　强氧化剂、强酸、强碱。

毒性　兔经口 LD_{50}：9520mg/kg；兔经皮 LD_{50}：＞5000mg/kg。

在工业生产中未发现对人的危害。动物中毒的表现为暂时的兴奋，共济失调，上呼吸道刺激，迅速发展至呼吸紊乱。

侵入途径　吸入、食入、经皮吸收。

理化特性与用途

理化特性　无色液体。不溶于水，可混溶于乙醇、乙醚。熔点 -91.5℃，沸点 164 ~ 165℃，相对密度(水=1)0.871，相对蒸气密度(空气=1)5.0，蒸气压 1.73kPa(55℃)，燃烧热 -4839.6kJ/mol，辛醇/水分配系数 2.06，闪点 53℃(开杯)，爆炸极限 1% ~6.1%。

主要用途　用作溶剂、色谱分析标准物质，也用于有机合成。

包装与储运

包装标志　易燃液体

包装类别　Ⅲ类

安全储运　储存于阴凉、通风的库房。保持容器密封。远离火种、热源，避免阳光直射。储存温度不超过 37℃。炎热季节早晚运输。应与氧化剂、强酸碱等隔离储运。禁止使用易产生火花的机械设备和工具。灌装时注意流速，防止静电积聚。搬运时轻装轻卸，防止容器受损。

紧急处置信息

急救措施

吸入：脱离接触。如有不适感，就医。

眼睛接触：分开眼睑，用流动清水或生理盐水冲洗。如有不适感，就医。

皮肤接触：脱去污染的衣着，用肥皂水和清水冲洗。如有不适感，就医。

食入：尽量饮水，不要催吐。就医。

灭火方法　消防人员须穿全身消防服，佩戴空气呼吸器，在上风向灭火。尽可能将容器从火场移至空旷处。喷水保持火场容器冷却，直至灭火结束。处在火场中的容器若发生异常变化或发出异常声音，须马上撤离。

灭火剂：泡沫、二氧化碳、干粉、砂土。

泄漏应急处置　消除所有点火源。根据液体流动和蒸气扩散的影响区域划定警戒区，无关人员从侧风、上风向撤离至安全区。建议应急处理人员戴正压自给式呼吸器，穿防静电服。作业时使用的所有设备应接地。禁止接触或跨越泄漏物。尽可能切断泄漏源。防止泄漏物进入水体、下水道、地下室或限制性空间。小量泄漏：用砂土或其他不燃材料吸收。使用洁净的无火花工具收集吸收材料。大量泄漏：构筑围堤或挖坑收容。用泡沫覆盖，减少蒸发。喷水雾能减少蒸发，但不能降低泄漏物在限制性空间内的易燃性。用防爆泵转移至槽车或专用收集器内。

152. 丁　酸　酐

标　　识

中文名称　丁酸酐

英文名称　Butanoic acid, anhydride; Butyric anhydride

分子式　$C_8H_{14}O_3$

CAS 号　106-31-0

WGH 号　81621

UN 号　2739

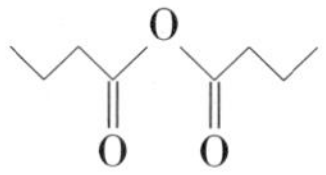

危害信息

危险性类别　第 8 类　腐蚀品

燃烧与爆炸危险性　可燃，遇明火、高热能引起燃烧。燃烧产生有毒的一氧化碳气体。具有腐蚀性。

禁忌物　强氧化剂、酸、碱、强还原剂、水、醇类。

毒性　大鼠经口 LD_{50}：8970mg/kg；兔经皮 LD_{50}：6400mg/kg。

本品对黏膜、上呼吸道、眼和皮肤有强烈的刺激性。

侵入途径　吸入、食入。

理化特性与用途

理化特性　无色液体，有刺激性气味。溶于乙醚。熔点 -75℃，沸点 199.5℃，相对密度(水 = 1) 0.97，相对蒸气密度(空气 = 1) 5.45，蒸气压 0.04kPa(20℃)，临界压力 2.64MPa，辛醇/水分配系数 1.39，闪点 87.8℃(开杯)、54℃(闭杯)，引燃温度 279.44℃，爆炸极限 1.1%(104℃) ~7.6%(144℃)。

主要用途　用于制造各种丁酸酯和用于有机合成，及用作溶剂等。

包装与储运

包装标志　腐蚀品

包装类别　Ⅲ类

安全储运　储存于阴凉、通风的库房。远离火种、热源。储存温度不超过 32℃，相对湿度不超过 80%。保持容器密封。应与强氧化剂、碱等隔离储运。搬运时轻装轻卸，防止容器受损。

紧急处置信息

急救措施

吸入：迅速脱离现场至空气新鲜处。保持呼吸道通畅。如呼吸困难，给输氧。呼吸、心跳停止，立即进行心肺复苏术。就医。

眼睛接触：立即分开眼睑，用大量流动清水或生理盐水彻底冲洗 10 ~15min。就医。

皮肤接触：立即脱去污染的衣着，用大量流动清水彻底冲洗。就医。

食入：用水漱口，禁止催吐。给饮牛奶或蛋清。就医。

灭火方法　消防人员须佩戴空气呼吸器，穿全身耐酸碱消防服，在上风向灭火。尽可能将容器从火场移至空旷处。喷水保持火场容器冷却，直至灭火结束。处在火场中的容器若发生异常变化或发出异常声音，须马上撤离。

灭火剂：雾状水、抗溶性泡沫、干粉、二氧化碳、砂土。

泄漏应急处置　根据液体流动和蒸气扩散的影响区域划定警戒区，无关人员从侧风、上风向撤离至安全区。建议应急处理人员戴正压自给式呼吸器，穿防酸碱服，戴橡胶耐酸碱手套。作业时使用的所有设备应接地。穿上适当的防护服前严禁接触破裂的容器和泄漏物。尽可能切断泄漏源。防止泄漏物进入水体、下水道、地下室或限制性空间。严禁用水处理。小量泄漏：用干燥的砂土或其他不燃材料覆盖泄漏物。大量泄漏：构筑围堤或挖坑收容。用砂土、惰性物质和蛭石吸收大量液体。用石灰(CaO)、碎石灰石($CaCO_3$)或碳酸氢钠($NaHCO_3$)中和。用耐腐蚀泵转移至槽车或专用收集器内。

153. 丁酸戊酯

标　识

中文名称　丁酸戊酯

英文名称　Pentyl butyrate；Butanoic acid，pentyl ester；Amyl butyrate

别名　丁酸正戊酯

分子式　$C_9H_{18}O_2$

CAS 号　540－18－1

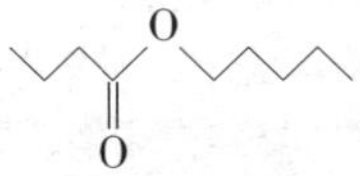

WGH 号　33598；T32098［铁规］

UN 号　2620

危害信息

危险性类别　第 3 类　易燃液体

燃烧与爆炸危险性　易燃。其蒸气与空气混合能形成爆炸性混合物，遇明火、高热易燃烧或爆炸。燃烧产生有毒的一氧化碳气体。在高温火场中，受热的容器或储罐有破裂和爆炸的危险。

活性反应　与氧化剂反应。

禁忌物　强氧化剂、强酸、强碱。

毒性　大鼠经口 LD_{50}：12210mg/kg。

在工业生产中未发现对人的危害。给动物致死量时发生皮毛粗造、共济失调、气急、呼吸困难、抽搐和体温降低。

侵入途径　吸入、食入。

理化特性与用途

理化特性　无色液体，有苦杏仁味。不溶于水，混溶于乙醇、乙醚。熔点－73.2℃，沸点 185℃，相对密度（水＝1）0.87，相对蒸气密度（空气＝1）5.46，辛醇/水分配系数 3.32，闪点 57℃，引燃温度 582℃。

主要用途　用于有机合成

包装与储运

包装标志　易燃液体

包装类别　Ⅲ类

安全储运　储存于阴凉、通风的库房。保持容器密封。远离火种、热源，避免阳光直射。储存温度不超过 37℃。炎热季节早晚运输。应与氧化剂、强酸碱等隔离储运。禁止使用易产生火花的机械设备和工具。灌装时注意流速，防止静电积聚。搬运时轻装轻卸，防止容器受损。

紧急处置信息

急救措施

吸入：脱离接触。如有不适感，就医。

眼睛接触： 分开眼睑，用流动清水或生理盐水冲洗。如有不适感，就医。

皮肤接触： 脱去污染的衣着，用肥皂水和清水冲洗。如有不适感，就医。

食入： 饮水。如有自发呕吐，采取头低位，避免呕吐物吸入气道。给饮水。

灭火方法 消防人员须穿全身消防服，佩戴空气呼吸器，在上风向灭火。尽可能将容器从火场移至空旷处。喷水保持火场容器冷却，直至灭火结束。处在火场中的容器若发生异常变化或发出异常声音，须马上撤离。

灭火剂：泡沫、二氧化碳、干粉、砂土。

泄漏应急处置 消除所有点火源。根据液体流动和蒸气扩散的影响区域划定警戒区，无关人员从侧风、上风向撤离至安全区。建议应急处理人员戴正压自给式呼吸器，穿防静电服。作业时使用的所有设备应接地。禁止接触或跨越泄漏物。尽可能切断泄漏源。防止泄漏物进入水体、下水道、地下室或限制性空间。小量泄漏：用砂土或其他不燃材料吸收。使用洁净的无火花工具收集吸收材料。大量泄漏：构筑围堤或挖坑收容。用泡沫覆盖，减少蒸发。喷水雾能减少蒸发，但不能降低泄漏物在限制性空间内的易燃性。用防爆泵转移至槽车或专用收集器内。

154. 丁酸乙酯

标　识

中文名称 丁酸乙酯

英文名称 Ethyl butyrate；Butanoic acid，ethyl ester

别名 正丁酸乙酯

分子式 $C_6H_{10}O_2$

CAS 号 105－54－4

WGH 号 33598；T32098［铁规］

UN 号 1180

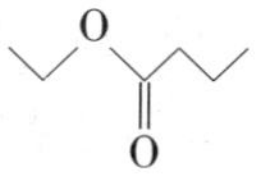

危害信息

危险性类别 第 3 类 易燃液体

燃烧与爆炸危险性 易燃。其蒸气与空气混合能形成爆炸性混合物，遇明火、高热易燃烧或爆炸。燃烧产生有毒的一氧化碳气体。在高温火场中，受热的容器或储罐有破裂和爆炸的危险。

活性反应 与氧化剂反应。

禁忌物 强氧化剂、酸类、碱类。

毒性 大鼠经口 LD_{50}：13000mg/kg；家兔经皮 LD_{50}：＞2g/kg。

在工业生产中未发现对人的危害。给动物致死量时发生皮毛粗糙、共济失调、气急、呼吸困难、抽搐和体温降低。

侵入途径 吸入、食入、经皮吸收。

理化特性与用途

理化特性 无色液体，有菠萝香味。不溶于水、甘油，溶于乙醇、乙醚。熔点

－100.8℃，沸点120～121℃，相对密度（水＝1）0.879，相对蒸气密度（空气＝1）4.0，蒸气压1.71kPa（20℃），燃烧热－3558.0kJ/mol，临界压力3.2MPa，临界温度293℃，辛醇/水分配系数1.73（计算），闪点19.44℃，引燃温度463℃，爆炸极限1.3%～8.8%。

主要用途　用于香料、香精萃取和作溶剂。

包装与储运

包装标志　易燃液体

包装类别　Ⅲ类

安全储运　储存于阴凉、通风的库房。保持容器密封。远离火种、热源，避免阳光直射。储存温度不超过37℃。炎热季节早晚运输。应与氧化剂、强酸碱等隔离储运。禁止使用易产生火花的机械设备和工具。灌装时注意流速，防止静电积聚。搬运时轻装轻卸，防止容器受损。

紧急处置信息

急救措施

吸入：脱离接触。如有不适感，就医。

眼睛接触：分开眼睑，用流动清水或生理盐水冲洗。如有不适感，就医。

皮肤接触：脱去污染的衣着，用肥皂水和清水冲洗。如有不适感，就医。

食入：尽量饮水，不要催吐。就医。

灭火方法　消防人员须穿全身消防服，佩戴空气呼吸器，在上风向灭火。尽可能将容器从火场移至空旷处。喷水保持火场容器冷却，直至灭火结束。处在火场中的容器若发生异常变化或发出异常声音，须马上撤离。

灭火剂：泡沫、二氧化碳、干粉、砂土。

泄漏应急处置　消除所有点火源。根据液体流动和蒸气扩散的影响区域划定警戒区，无关人员从侧风、上风向撤离至安全区。建议应急处理人员戴正压自给式呼吸器，穿防静电服。作业时使用的所有设备应接地。禁止接触或跨越泄漏物。尽可能切断泄漏源。防止泄漏物进入水体、下水道、地下室或限制性空间。小量泄漏：用砂土或其他不燃材料吸收。使用洁净的无火花工具收集吸收材料。大量泄漏：构筑围堤或挖坑收容。用泡沫覆盖，减少蒸发。喷水雾能减少蒸发，但不能降低泄漏物在限制性空间内的易燃性。用防爆泵转移至槽车或专用收集器内。

155. 2－丁酮酸

标　识

中文名称　2－丁酮酸

英文名称　2－Ketobutyric acid；2－Oxobutyricacid

别名　氧代丁酸；3－甲基丙酮酸

分子式　$C_4H_6O_3$

CAS号　600－18－0

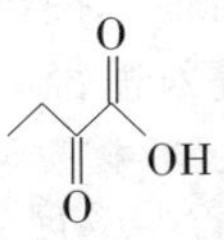

危害信息

危险性类别　第 8 类　腐蚀品

燃烧与爆炸危险性　可燃。蒸气与空气混合能形成爆炸性混合物，遇明火和高热易燃烧或爆炸，燃烧产生有毒烟雾。在高温火场中，受热的容器或储罐有破裂和爆炸的危险。具有腐蚀性。

活性反应　与氧化剂、强碱发生强烈反应。

禁忌物　氧化剂、强碱。

中毒表现　酸性腐蚀品对眼和皮肤有强烈刺激性，可引起灼伤；食入对胃肠道有刺激和腐蚀性，可引起消化道灼伤；吸入可造成呼吸道损伤。

侵入途径　吸入、食入。

理化特性与用途

理化特性　无色结晶或无色透明液体。溶于水。熔点 30 ~ 34℃，沸点 84℃(2.66kPa)，相对密度(水 =1)1.20(17℃)，饱和蒸气压 0.665kPa(25℃)，辛醇/水分配系数 -0.75，闪点 81℃(闭杯)。

主要用途　用于配制增味剂、香精等。

包装与储运

包装标志　腐蚀品

包装类别　第 8 类　腐蚀品

安全储运　储存于阴凉、通风的库房。远离火种、热源。保持容器密封。应与强氧化剂、酸碱等隔离储运。搬运时轻装轻卸，防止容器受损。

紧急处置信息

急救措施

吸入：迅速脱离现场至空气新鲜处。保持呼吸道通畅。如呼吸困难，给输氧。呼吸、心跳停止，立即进行心肺复苏术。就医。

眼睛接触：立即分开眼睑，用流动清水或生理盐水彻底冲洗 10 ~ 15min。就医。

皮肤接触：立即脱去污染的衣着，用大量流动清水彻底冲洗，冲洗时间一般要求 20 ~ 30min。就医。

食入：用水漱口，禁止催吐。给饮牛奶或蛋清。就医。

灭火方法　消防人员须穿全身防火防毒服，佩戴空气呼吸器，在安全距离以外，在上风向灭火。尽可能将容器从火场移至空旷处。喷水保持火场容器冷却，直至灭火结束。处在火场中的容器若发生异常变化或发出异常声音，须马上撤离。

灭火剂：雾状水、干粉、二氧化碳、泡沫。

泄漏应急处置　消除所有点火源。根据液体流动和蒸气扩散的影响区域划定警戒区，无关人员从侧风、上风向撤离至安全区。建议应急处理人员戴正压自给式呼吸器，穿防静电服，戴橡胶耐酸碱手套。作业时使用的所有设备应接地。禁止接触或跨越泄漏物。尽可能切断泄漏源。防止泄漏物进入水体、下水道、地下室或受限空间。小量泄漏：用砂土或其他不燃材料吸收。使用洁净的无火花工具收集吸收材料。大量泄漏：构筑围堤或挖坑收容。用泡沫覆盖，减少蒸发。喷水雾能减少蒸发，用泵转移至槽车或专用收集器内。

156. 1 - 丁烯

标　识

中文名称　1 - 丁烯

英文名称　1 - Butene；α - Butylene；Ethylethylene

别名　丁烯

分子式　C_4H_8

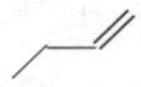

CAS 号　106 - 98 - 9

WGH 号　21019

UN 号　1012

危害信息

危险性类别　第 2.1 类　易燃气体

燃烧与爆炸危险性　极易燃。与空气混合能形成爆炸性混合物，遇热源和明火有燃烧爆炸的危险。若遇高热，可发生聚合反应，放出大量热量而引起容器破裂和爆炸事故。比空气重，能在较低处扩散到相当远的地方，遇火源会着火回燃和爆炸(闪爆)。

活性反应　催化剂(酸等)或引发剂(有机过氧化物等)存在时，易发生聚合，放出大量的热量。与强氧化剂发生剧烈反应。与四氢硼钠、氢化铝锂等强还原剂发生放热反应，释放出易燃易爆的氢气。与过氧酸接触会发生爆炸性反应。在氧气存在的条件下，接触硼氢化铝会发生剧烈反应，放出的热量会引起燃烧。

禁忌物　强氧化剂、强酸、强还原剂、过氧酸、卤素等。

毒性　本品具有轻度麻醉和刺激作用，并可引起窒息。

中毒表现　急性中毒：出现黏膜刺激症状、嗜睡、血压稍升高、心率增快。高浓度吸入可引起窒息、昏迷。皮肤直接接触液态本品可引起冻伤。

慢性影响：长期接触以丁烯为主的混合性气体，工人有头痛、头晕、嗜睡或失眠、易兴奋、易疲倦、全身乏力、记忆力减退。有时有黏膜慢性刺激症状。

侵入途径　吸入。

职业接触限值　中国：PC - TWA：100mg/m^3。

理化特性与用途

理化特性　无色无味压缩或液化气体。不溶于水，微溶于苯，易溶于乙醇、乙醚。熔点 -185.3℃，沸点 -6.47℃，相对密度(水 = 1)0.577，相对蒸气密度(空气 = 1)1.93，燃烧热 -2719.1kJ/mol，临界压力 4.02MPa，临界温度 146.6℃，蒸气压 189.48kPa(10℃)，辛醇/水分配系数 2.4，闪点 -80℃(闭杯)，爆炸极限 1.6% ~ 10.0%，引燃温度 385℃。

主要用途　用于制造 1,3 - 丁二烯、工业异辛烷、丁醇、异戊二烯和合成橡胶等。

包装与储运

包装标志　易燃气体

安全储运　储存于阴凉、通风的库房。远离火种、热源。储存温度不超过 30℃。禁止使用易产生火花的机械设备和工具。应与氧化剂、可燃物、有机物等隔离储运。搬运时钢瓶须戴安全帽和防震橡皮圈，防止钢瓶碰撞。

紧急处置信息

急救措施

吸入： 立即脱离接触。如呼吸困难，给吸氧。如呼吸心跳停止，立即行心肺复苏术。

皮肤接触： 如发生冻伤，用温水（38～42℃）复温，忌用热水或辐射热，不要揉搓。就医。

灭火方法 切断气源。若不能切断气源，则不允许熄灭泄漏处的火焰。消防人员必须穿全身消防服，佩戴空气呼吸器，在上风向灭火。喷水冷却容器，尽可能将容器从火场移至空旷处。

泄漏应急处置 消除所有点火源。根据气体扩散的影响区域划定警戒区，无关人员从侧风、上风向撤离至安全区。建议应急处理人员戴正压自给式呼吸器，穿防静电服。液化气体泄漏时穿防静电、防寒服。作业时使用的所有设备应接地。禁止接触或跨越泄漏物。尽可能切断泄漏源。若可能翻转容器，使之逸出气体而非液体。喷雾状水抑制蒸气或改变蒸气云流向，避免水流接触泄漏物。禁止用水直接冲击泄漏物或泄漏源。防止气体通过下水道、通风系统和限制性空间扩散。隔离泄漏区直至气体散尽。

157. 煅烧石油焦

标　识

中文名称 煅烧石油焦

英文名称 Calcined Petroleum Coke

CAS 号 64743－05－1

危害信息

燃烧与爆炸危险性 可燃。其粉体与空气混合能形成爆炸性混合物，遇明火高热有引起燃烧爆炸的危险。燃烧产生有毒的一氧化碳和硫氧化物气体。

侵入途径 吸入、食入。

理化特性与用途

理化特性 黑色或暗灰色坚硬固体。不溶于水。真密度2.0～2.12，硫分≤0.7%（m/m）。

主要用途 煅烧焦主要用于生产石墨电极、炭糊制品、金刚沙、食品级磷工业、冶金工业及电石等。

包装与储运

安全储运 储存于阴凉、通风的库房。包装密封。远离火种、热源。应与氧化剂隔离储运。搬运时轻装轻卸，防止包装受损。

紧急处置信息

急救措施

吸入： 脱离接触。如有不适感，就医。

眼睛接触： 分开眼睑，用流动清水或生理盐水冲洗。如有不适感，就医。

皮肤接触： 脱去污染的衣着，用肥皂水和清水冲洗。如有不适感，就医。

食入： 漱口，饮水。就医。

灭火方法　消防人员须穿全身消防服，在上风向灭火。尽可能将容器从火场移至空旷处。喷水保持火场容器冷却，直至灭火结束。

灭火剂：雾状水、泡沫、二氧化碳、干粉、砂土。

泄漏应急处置　隔离泄漏污染区，限制出入。消除所有点火源。建议应急处理人员戴防尘口罩，穿防静电服。禁止接触或跨越泄漏物。小量泄漏：用洁净的铲子收集泄漏物，置于干净、干燥、盖子较松的容器中，将容器移离泄漏区。大量泄漏：用水润湿，并筑堤收容。防止泄漏物进入水体、下水道、地下室或限制性空间。

158. 对苯二胺

标　识

中文名称　对苯二胺

英文名称　*p* – Phenylenediamine；1,4 – Benzenediamine；Ursol D

别名　1,4 – 苯二胺；1,4 – 二氨基苯；乌尔丝 D

分子式　$C_6H_8N_2$

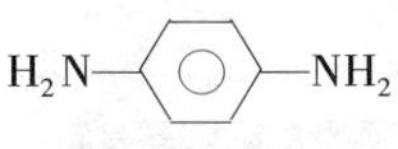

CAS 号　106 – 50 – 3

WGH 号　61789

UN 号　1673

危害信息

危险性类别　第 6.1 类　有毒品

燃烧与爆炸危险性　可燃。其粉体与空气混合能形成爆炸性混合物，遇明火高热可燃。燃烧产生有毒的一氧化碳和氮氧化物气体。受热分解放出有毒的氧化氮烟气。

活性反应　与氧化剂反应。

禁忌物　强氧化剂、酸类。

毒性　大鼠经口 LD_{50}：80mg/kg；大鼠吸入 LC_{50}：920mg/m^3(4h)。

不易因吸入而中毒，口服毒性剧烈，引起高铁血红蛋白血症。本品有很强的致敏作用，可引起接触性皮炎、湿疹、支气管哮喘。

侵入途径　吸入、食入、经皮吸收。

职业接触限值　美国(ACGIH)：TLV – TWA：0.1mg/m^3[皮]。

环境危害　对水生生物有极高毒性，可能在水生环境中造成长期不利影响；有害空气污染物。

理化特性与用途

理化特性　白色至淡紫红色晶体。微溶于水，溶于乙醇、乙醚、苯、氯仿、丙酮。熔点 145 ~ 147℃，沸点 267℃，相对蒸气密度(空气 = 1)3.7，蒸气压 0.14kPa(100℃)，临界压力 5.18MPa，辛醇/水分配系数 – 0.25 ~ – 0.7，闪点 155℃，爆炸极限 1.3% ~ 9.8%。

主要用途　作为染料中间体，环氧树脂固化剂，及用于橡胶防老剂 DNP、DOP、DBP 等的生产。

包装与储运

包装标志　有毒品

包装类别　Ⅲ类

安全储运　储存于阴凉、通风的库房。远离火种、热源。储存温度不超过35℃，相对湿度不超过85%。保持容器密封。应与强氧化剂、酸、酰基氯、酸酐、氯仿等隔离储运。搬运时轻装轻卸，防止包装受损。

紧急处置信息

急救措施

吸入：脱离接触。如呼吸困难，给吸氧。如呼吸心跳停止，立即行心肺复苏术。就医。

眼睛接触：分开眼睑，用流动清水或生理盐水冲洗。如有不适感，就医。

皮肤接触：立即脱去污染的衣着，用肥皂水和清水彻底冲洗。就医。

食入：催吐，就医

高铁血红蛋白血症，可用美蓝、硫代硫酸钠、维生素C治疗。

灭火方法　消防人员须穿全身防火防毒服，佩戴空气呼吸器，在上风向灭火。尽可能将容器从火场移至空旷处。喷水保持火场容器冷却，直至灭火结束。

灭火剂：雾状水、二氧化碳、砂土。

泄漏应急处置　隔离泄漏污染区，限制出入。消除所有点火源。建议应急处理人员戴防尘口罩，穿防毒服。穿上适当的防护服前严禁接触破裂的容器和泄漏物。尽可能切断泄漏源。用塑料布覆盖泄漏物，减少飞散。勿使水进入包装容器内。用洁净的铲子收集泄漏物，置于干净、干燥、盖子较松的容器中，将容器移离泄漏区。

159. 对苯二酚

标　　识

中文名称　对苯二酚

英文名称　1,4 – Benzenediol；Hydroquinone；*p* – Dihydroxybenzene；1,4 – Dihydroxybenzene

别名　氢醌；几奴尼

分子式　$C_6H_6O_2$

CAS号　123 – 31 – 9

WGH号　61725

UN号　2662

危害信息

危险性类别　第6.1类　毒害品

燃烧与爆炸危险性　可燃。粉体与空气可形成爆炸性混合物，遇明火、高热会发生粉尘爆炸。

活性反应　受强热能发生爆炸。接触空气能被氧气氧化成醌。与碱、强氧化剂发生剧烈反应。

禁忌物　强氧化剂、酸酐、还原剂、碱。

毒性　大鼠经口 LD_{50}：320mg/kg；人经口 LDL_o：29mg/kg。

毒性比苯酚大。可经呼吸道、胃肠道和皮肤吸收。在体内氧化成更毒的醌，由尿排出。毒性表现与苯酚相似。

中毒表现　急性中毒：口服可出现头痛、头晕、耳鸣、面色苍白、紫绀、恶心、呕吐、腹痛、呼吸困难、心动过速、惊厥、谵妄和虚脱，严重者可出现呕血、血尿和溶血性黄疸。尿呈青色或棕绿色。口服 1 ~ 5g 可致死。

慢性影响：皮肤接触可引起皮炎、白斑。有报道接触本品蒸气或粉尘浓度 10 ~ 30mg/m^3 工人中，可见角膜炎和结膜变色。

侵入途径　吸入、食入、经皮吸收。

职业接触限值

中国：PC – TWA：1mg/m^3；PC – STEL：2mg/m^3。

美国(ACGIH)：TLV – TWA：2mg/m^3。

环境危害　对水生生物有极高毒性。有害空气污染物。

理化特性与用途

理化特性　无色或白色晶体。溶于冷水，易溶于热水、乙醇、乙醚，难溶于苯。熔点 170.5℃，沸点 285℃，相对密度(水 = 1)1.33，相对蒸气密度(空气 = 1)3.81，燃烧热 –2849.8kJ/mol，临界压力 7.45MPa，临界温度 549.9℃，蒸气压 0.13kPa(132.4℃)，辛醇/水分配系数 0.59，闪点 165℃(闭杯)，引燃温度 516℃。

主要用途　用作显像剂、合成氨助溶剂、橡胶防老剂、阻聚剂、涂料和香精的稳定剂、抗氧剂。也用于制染料和药物。

包装与储运

包装标志　有毒品

包装类别　Ⅲ类

安全储运　储存于阴凉、通风的库房。远离火种、热源。储存温度不超过 35℃，相对湿度不超过 85%。密闭包装。应与氧化剂、酸类、碱类、食用化学品等隔离储运。搬运时轻装轻卸，防止包装受损。

紧急处置信息

急救措施

吸入：迅速脱离现场至空气新鲜处。保持呼吸道通畅。如呼吸困难，给输氧。呼吸、心跳停止，立即进行心肺复苏术。就医。

眼接触：立即分开眼睑，用大量流动清水或生理盐水彻底冲洗 10 ~ 15min。就医。

皮肤接触：立即脱去污染衣物，用大量流动清水彻底冲洗，冲洗后即用浸过 30% ~ 50% 酒精棉花擦洗创面至无酚味为止(注意不能将患处浸泡于酒精溶液中)。如有条件可用数块浸有聚乙二醇(300 或 400)的海绵反复擦洗污染部位，至少 20min。然后再用大量水冲洗 10min 以上。

食入：漱口，给服植物油 15 ~ 30mL，催吐。对食入时间长者禁用植物油，可口服牛奶或蛋清。就医。

灭火方法　消防人员必须穿耐酸碱防护服、防护靴，佩戴空气呼吸器，在上风向灭火。

灭火剂：雾状水、抗溶性泡沫、干粉、二氧化碳、砂土。

泄漏应急处置　隔离泄漏污染区，限制出入。消除所有点火源。建议应急处理人员戴防尘口罩，穿防毒服，戴橡胶手套。穿上适当的防护服前严禁接触破裂的容器和泄漏物。

尽可能切断泄漏源。用塑料布覆盖泄漏物，减少飞散。勿使水进入包装容器内。用洁净的铲子收集泄漏物，置于干净、干燥、盖子较松的容器中，将容器移离泄漏区。

160. 对苯二甲酸

标　识

中文名称　对苯二甲酸

英文名称　*p* - Phthalic acid；1,4 - Benzenedicarboxylic acid；Terephthalic acid

别名　1,4 - 苯二甲酸；松油苯二甲酸；对酞酸

分子式　$C_8H_6O_4$

CAS 号　100 - 21 - 0

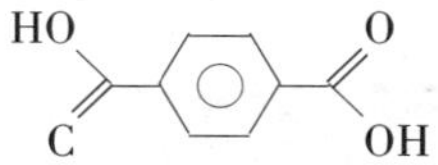

危害信息

燃烧与爆炸危险性　遇明火、高热可燃。其粉体与空气混合，能形成爆炸性混合物。

活性反应　与碱发生放热中和反应。吸水后腐蚀铁、钢、铝制容器。与氰化物反应生成剧毒、易燃的氰化氢气体。与硫化物、硫醇、叠氮化合物、异氰酸酯、二硫代氨基甲酸酯、氮化物反应，生成有毒或易燃气体，放出热量。能与强氧化剂和强还原剂反应，放出热量。

禁忌物　强氧化剂、碱类、强还原剂等。

毒性　大鼠经口 LD_{50}：>6400mg/kg；小鼠经口 LD_{50}：3200mg/kg。

本品对皮肤有轻度刺激作用。未见职业中毒报道。

侵入途径　吸入、食入。

职业接触限值

中国：PC - TWA：8mg/m^3；PC - STEL：15mg/m^3。

美国(ACGIH)：TLV - TWA：10mg/m^3。

理化特性与用途

理化特性　白色结晶或粉末。几乎不溶于水、氯仿、冷乙醇和乙酸，溶于热乙醇、碱溶液。常压下约300℃以上升华。在密封管中，约在425℃熔化。熔点>300℃，相对密度(水=1)1.51，闪点260℃(开杯)，引燃温度496℃，辛醇/水分配系数2.00。

主要用途　用于制造合成树脂、合成纤维和增塑剂等，还用作染料中间体。

包装与储运

安全储运　储存于阴凉、干燥、通风良好的库房。远离火种、热源。密闭包装。应与氧化剂、碱类等隔离储运。搬运时轻装轻卸，防止包装受损。

紧急处置信息

急救措施

吸入：脱离接触。如有不适感，就医。

眼睛接触：分开眼睑，用流动清水或生理盐水冲洗。如有不适感，就医。

皮肤接触：脱去污染的衣着，用肥皂水和清水冲洗。如有不适感，就医。

食入： 漱口，饮水。就医。

灭火方法 消防人员必须穿耐酸碱防护服、防护靴，佩戴空气呼吸器，在上风向灭火。喷水冷却容器，尽可能将容器从火场移至空旷处。

灭火剂：雾状水、泡沫、干粉、二氧化碳、砂土。

泄漏应急处置 隔离泄漏污染区，限制出入。消除所有点火源。建议应急处理人员戴防尘口罩，穿防毒服。穿上适当的防护服前严禁接触破裂的容器和泄漏物。尽可能切断泄漏源。用塑料布覆盖泄漏物，减少飞散。勿使水进入包装容器内。用洁净的铲子收集泄漏物，置于干净、干燥、盖子较松的容器中，将容器移离泄漏区。

161. 对苯二甲酸二甲酯

标　识

中文名称 对苯二甲酸二甲酯

英文名称 1,4 - Benzenedicarboxylic acid, dimethyl ester; Dimethyl terephthalate

别名 1,4 - 苯二甲酸二甲酯

分子式 $C_{10}H_{10}O_4$

CAS 号 120 - 61 - 6

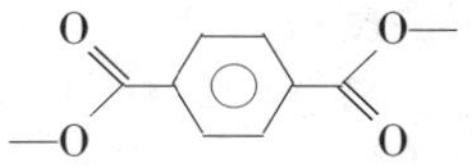

危害信息

燃烧与爆炸危险性 可燃。其粉体与空气混合能形成爆炸性混合物，遇明火高热有引起燃烧爆炸的危险。

禁忌物 强氧化剂。

毒性 大鼠经口 LD_{50}：14400mg/kg；豚鼠经皮 LD_{50}：>5000mg/kg。

中毒表现 本品的刺激作用阈浓度为 0.2mg/m^3。接触者可引起植物 - 血管张力障碍，胃肠道方面的损伤，心前区痛，皮肤瘙痒。还可引起贫血、中性白细胞减少、淋巴细胞增多等。对皮肤和眼睛有刺激作用。

侵入途径 吸入、食入、经皮吸收。

理化特性与用途

理化特性 无色斜方晶系结晶体。不溶于水，溶于乙醚、热乙醇和氯仿。熔点 140℃，沸点 288℃，相对密度(水 = 1)1.2，相对蒸气密度(空气 = 1)5.5，蒸气压 0.0013kPa (25℃)，闪点 141℃(闭杯)、146℃(开杯)，引燃温度 518℃，燃烧热 -4657kJ/mol，辛醇/水分配系数 2.35，爆炸极限 0.8% ~11.8%。

主要用途 主要用于合成聚酯纤维、树脂、薄膜、聚酯漆及工程塑料等。

包装与储运

安全储运 储存于阴凉、通风的库房。远离火种、热源。储存温度不超过 35℃。保持容器密封。应与氧化剂、强酸、强碱等隔离储运。搬运时轻装轻卸，防止包装或容器受损。

紧急处置信息

急救措施

吸入： 立即脱离接触。如呼吸困难，给吸氧。如呼吸心跳停止，立即行心肺复苏术。

就医。

眼睛接触： 分开眼睑，用流动清水或生理盐水冲洗。如有不适感，就医。

皮肤接触： 脱去污染的衣着，用肥皂水和清水冲洗。如有不适感，就医。

食入： 漱口，饮水。就医。

灭火方法　消防人员须佩戴防毒面具，穿全身消防服，在上风向灭火。尽可能将容器从火场移至空旷处。喷水保持火场容器冷却，直至灭火结束。

灭火剂：雾状水、泡沫、二氧化碳、干粉、砂土。

泄漏应急处置　隔离泄漏污染区，限制出入。建议应急处理人员戴防尘口罩，穿防毒防酸碱服，戴橡胶耐酸碱手套。穿上适当的防护服前严禁接触破裂的容器和泄漏物。尽可能切断泄漏源。用塑料布覆盖泄漏物，减少飞散。勿使水进入包装容器内。用洁净的铲子收集泄漏物，置于干净、干燥、盖子较松的容器中，将容器移离泄漏区。

162. 对二甲苯

标　识

中文名称　对二甲苯

英文名称　*p* – Xylene；1,4 – Dimethyl benzene

别名　对二甲苯；PX

分子式　C_8H_{10}

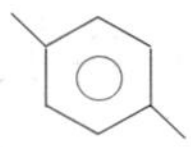

CAS 号　106 – 42 – 3

WGH 号　33535；T32035［铁规］

UN 号　1307

危害信息

危险性类别　第 3 类　易燃液体

燃烧与爆炸危险性　易燃。其蒸气与空气可形成爆炸性混合物，遇明火、高热能引起燃烧爆炸。高速冲击、流动、激荡后可因产生静电火花放电引起燃烧爆炸。蒸气比空气重，能在较低处扩散到相当远的地方，遇火源会着火回燃和爆炸(闪爆)。

活性反应　与硝酸、浓硫酸、高锰酸钾、重铬酸盐、液氯等强氧化剂发生剧烈反应，甚至导致燃烧爆炸。

禁忌物　强氧化剂、酸类、卤素等。

毒性　大鼠经口 LD_{50}：5000mg/kg；大鼠吸入 LC_{50}：4550ppm(4h)。

本品对眼及上呼吸道有刺激作用，高浓度时对中枢神经系统有麻醉作用。

中毒表现　急性中毒：短期内吸入较高浓度本品可出现眼及上呼吸道明显的刺激症状、眼结膜充血、咽充血、头晕、头痛、恶心、呕吐、胸闷、四肢无力、意识模糊、步态蹒跚。重者可有躁动、抽搐或昏迷。有的有癔病样发作。

慢性影响：长期接触有神经衰弱综合征，女工有月经异常，工人常发生皮肤干燥、皲裂、皮炎。

侵入途径　吸入、食入、经皮吸收。

职业接触限值

中国：PC – TWA：50mg/m^3；PC – STEL：100mg/m^3。

美国(ACGIH)：TLV – TWA：100ppm；TLV – STEL：150ppm。

环境危害　对水生生物是有毒的。有害空气污染物。

理化特性与用途

理化特性　无色透明液体，有类似甲苯的气味。不溶于水，溶于乙醇、乙醚、苯、丙酮等多数有机溶剂。溶点 13.3℃，沸点 138.4℃，相对密度(水 = 1)0.86，相对蒸气密度(空气 = 1)3.66，临界压力 3.51MPa，临界温度 343.1℃，蒸气压 1.16kPa(25℃)，燃烧热 -4559.8kJ/mol，临界温度 359℃，临界压力 3.51MPa，闪点 25℃(闭杯)，爆炸极限 1.1% ~7.0%，引燃温度 525℃，辛醇/水分配系数 3.15。

主要用途　作为合成聚酯纤维、树脂、涂料、染料和农药等的原料，也用作溶剂。

包装与储运

包装标志　易燃液体，有毒品[铁规]

包装类别　Ⅲ类

安全储运　储存于阴凉、通风的库房。保持容器密封。远离火种、热源，避免阳光曝晒。储存温度不超过 37℃。应与氧化剂隔离储运。禁止使用易产生火花的机械设备和工具。灌装时注意流速，防止静电积聚。搬运时轻装轻卸，防止容器受损。

紧急处置信息

急救措施

吸入：应迅速将中毒者移至空气新鲜处。保持呼吸道通畅。如呼吸困难，给输氧。如呼吸、心跳停止，立即进行心肺复苏。就医。

眼睛接触：立即分开眼睑，用流动清水或生理盐水彻底冲洗。就医。

皮肤接触：立即脱去污染的衣着，用肥皂水和清水彻底冲洗。就医。

食入：漱口，尽量饮水，不要催吐。就医。

忌用肾上腺素，以免发生心室颤动。

灭火方法　消防人员必须穿全身防火防毒服，佩戴空气呼吸器，在上风向灭火。尽可能将容器从火场移至空旷处。喷水保持火场容器冷却，直至灭火结束。处在火场中的容器若发生异常变化或发出异常声音，必须马上撤离。

灭火剂：泡沫、干粉、二氧化碳、砂土。

泄漏应急处置　消除所有点火源。根据液体流动和蒸气扩散的影响区域划定警戒区，无关人员从侧风、上风向撤离至安全区。建议应急处理人员戴正压自给式呼吸器，穿防静电服，戴橡胶耐油手套。作业时使用的所有设备应接地。禁止接触或跨越泄漏物。尽可能切断泄漏源。防止泄漏物进入水体、下水道、地下室或限制性空间。小量泄漏：用砂土或其他不燃材料吸收。使用洁净的无火花工具收集吸收材料。大量泄漏：构筑围堤或挖坑收容。用泡沫覆盖，减少蒸发。喷水雾能减少蒸发，但不能降低泄漏物在限制性空间内的易燃性。用防爆泵转移至槽车或专用收集器内。

163. 对二氯苯

标　识

中文名称　对二氯苯

英文名称　*p* - Dichlorobenzene；*p* - Dichlorobenzol；1,4 - Dichlorobenzene

别名 1,4-二氯苯

分子式 $C_6H_4Cl_2$

CAS 号 106-46-7

WGH 号 61657

危害信息

危险性类别 第6.1类 毒害品

燃烧与爆炸危险性 可燃。遇明火、高热及强氧化剂能燃烧。受高热会分解，产生有毒和腐蚀性的烟气。燃烧产物中含有剧毒和腐蚀性的光气和氯化氢。

活性反应 与氧化剂、铝及铝合金发生剧烈反应。与樟脑、酚、水杨酸苯酯混合后呈液态。

禁忌物 强氧化剂、铝。

毒性 大鼠经口 LD_{50}：500mg/kg；小鼠经口 LD_{50}：2950mg/kg；家兔经皮 LD_{50}：>2000mg/kg；人经口 LDL_o：857mg/kg；人经口 TDL_o：300mg/kg。

本品可经呼吸道和消化道吸收，经皮肤吸收导致中毒的可能性不大。对眼和上呼吸道有刺激性，对中枢神经系统有抑制作用，可致肝损害。

IARC 对本品的致癌性分类：G2B——可疑人类致癌物。

中毒表现 急性中毒：接触高浓度时出现眼痛、眼胀、流涕、恶心、呕吐、虚弱、眩晕和嗜睡。严重时肝脏受损，出现黄疸，并可发展为肝坏死或肝硬化。长时间皮肤接触有轻微刺激性，引起烧灼感。

慢性中毒：长期接触可引起眼和上呼吸道刺激，肝、肾损害，可有贫血征象。

侵入途径 吸入、食入。

职业接触限值

中国：PC-TWA：30mg/m^3[G2B]；PC-STEL：60mg/m^3[G2B]。

美国(ACGIH)：TLV-TWA：10ppm。

环境危害 可能是(严重)海洋污染物；对水生生物有极高毒性，可能在水生环境中造成长期不利影响；该化学品可能在鱼体内发生生物蓄积作用。

理化特性与用途

理化特性 白色结晶，有类似樟脑的气味。常温下升华。不溶于水，溶于乙醇、乙醚、苯等有机溶剂。熔点53.1℃，沸点174℃，相对密度(水=1)1.46，相对蒸气密度(空气=1)5.08，临界压力4.11MPa，临界温度407.5℃，蒸气压1.33kPa(54.8℃)，燃烧热-2931.3kJ/mol，辛醇/水分配系数3.37，闪点66℃(闭杯)，爆炸极限1.8%～7.8%，引燃温度646℃。

主要用途 用于有机合成，合成染料、农药中间体、熏蒸杀虫剂、织物防蛀剂等，还有除臭和防霉的作用，也可作为生化试剂。

包装与储运

包装标志 有毒品

包装类别 Ⅲ类

安全储运 储存于阴凉、通风的库房内。远离火种、热源。储存温度不超过32℃，相对湿度不超过85%。密闭包装。应与氧化剂、食用化学品等隔离储运。搬运时轻装轻卸，防止容器受损。

紧急处置信息

急救措施

吸入： 立即脱离接触。如呼吸困难，给吸氧。如呼吸心跳停止，立即行心肺复苏术。就医。

眼睛接触： 分开眼睑，用流动清水或生理盐水冲洗。如有不适感，就医。

皮肤接触： 脱去污染的衣着，用肥皂水和清水冲洗。如有不适感，就医。

食入： 尽量饮水。就医。

灭火方法　消防人员必须穿全身防火防毒服，佩戴空气呼吸器，在上风向灭火。尽可能将容器从火场移至空旷处。喷水保持火场容器冷却，直至灭火结束。

灭火剂：泡沫、二氧化碳、干粉、砂土。

泄漏应急处置　隔离泄漏污染区，限制出入。建议应急处理人员戴防尘口罩，穿防毒服，戴橡胶手套。穿上适当的防护服前严禁接触破裂的容器和泄漏物。尽可能切断泄漏源。用塑料布覆盖泄漏物，减少飞散。勿使水进入包装容器内。用洁净的铲子收集泄漏物，置于干净、干燥、盖子较松的容器中，将容器移离泄漏区。

164. 对二乙基苯

标　识

中文名称　对二乙基苯

英文名称　1,4 – Diethylbenzene；*p* – Diethylbenzene

别名　1,4 – 二乙基苯

分子式　$C_{10}H_{14}$

CAS 号　105 – 05 – 5

WGH 号　33537；T32037[铁规]

UN 号　2049

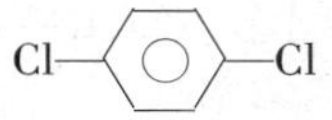

危害信息

危险性类别　第 3 类　易燃液体

燃烧与爆炸危险性　易燃。蒸气与空气能形成爆炸性混合物，遇明火、高热或与氧化剂接触，有引起燃烧爆炸的危险。蒸气比空气重，能在较低处扩散到相当远的地方，遇火源会着火回燃和爆炸（闪爆）。

活性反应　与硝酸、浓硫酸、高锰酸钾等氧化剂反应。

禁忌物　强氧化剂、酸类、卤素等。

毒性　大鼠经口 LD_{50}：1200mg/kg；小鼠吸入 TCL_o：3000mg/m^3（2h）；家兔经口 LD_{50}：3000mg/kg

蒸气或雾对眼、黏膜和上呼吸道有刺激性。对皮肤有刺激性。动物实验观察到急性中毒有麻醉作用和神经 – 肌肉兴奋性增强。

侵入途径　吸入、食入、经皮吸收。

环境危害　对水生生物有极高毒性，可能在水生环境中造成长期不利影响。

理化特性与用途

理化特性 无色液体。不溶于水，溶于乙醇、乙醚、丙酮、苯、四氯化碳等多数有机溶剂。熔点 -42.8℃，沸点 183.7℃，相对密度(水=1)0.86，相对蒸汽密度 4.6，蒸气压 0.132kPa(20℃)，折射率 1.496，临界压力 2.8MPa，闪点 55℃(闭杯)，爆炸极限 0.7%～6.0%，引燃温度 430℃，辛醇/水分配系数 4.45。

主要用途 用作吸附分离对二甲苯的解吸剂，也用作溶剂及有机合成中间体。

包装与储运

包装标志 易燃液体

包装类别 Ⅲ类

安全储运 储存于阴凉、通风的库房。保持容器密封。远离火种、热源，避免阳光直射。储存温度不超过 37℃。应与氧化剂等隔离储运。禁止使用易产生火花的机械设备和工具。灌装时注意流速，防止静电积聚。搬运时轻装轻卸，防止容器受损。

紧急处置信息

急救措施

吸入：立即脱离接触。如呼吸困难，给吸氧。如呼吸心跳停止，立即行心肺复苏术。就医。

眼睛接触：分开眼睑，用流动清水或生理盐水冲洗。如有不适感，就医。

皮肤接触：脱去污染的衣着，用肥皂水和清水冲洗。如有不适感，就医。

食入：漱口，尽量饮水，不要催吐。就医。

灭火方法 消防人员必须穿全身防火防毒服，佩戴空气呼吸器，在上风向灭火。尽可能将容器从火场移至空旷处。喷水保持火场容器冷却，直至灭火结束。处在火场中的容器若发生异常变化或发出异常声音，必须马上撤离。

灭火剂：泡沫、二氧化碳、干粉、砂土。

泄漏应急处置 消除所有点火源。根据液体流动和蒸气扩散的影响区域划定警戒区，无关人员从侧风、上风向撤离至安全区。建议应急处理人员戴正压自给式呼吸器，穿防静电服，戴橡胶耐油手套。作业时使用的所有设备应接地。禁止接触或跨越泄漏物。尽可能切断泄漏源。防止泄漏物进入水体、下水道、地下室或限制性空间。小量泄漏：用砂土或其他不燃材料吸收。使用洁净的无火花工具收集吸收材料。大量泄漏：构筑围堤或挖坑收容。用泡沫覆盖，减少蒸发。喷水雾能减少蒸发，但不能降低泄漏物在限制性空间内的易燃性。用防爆泵转移至槽车或专用收集器内。

165. 对甲苯磺氯代酰胺钠

标　识

中文名称 对甲苯磺氯代酰胺钠

英文名称 Benzenesulfonamide, *N* - chloro - 4 - methyl - , sodium salt; Tosylchloramide sodium; Chloramine - T

别名 氯胺-T；氯胺；氯亚明

分子式 $C_7H_7ClNNaO_2S \cdot 3H_2O$

CAS 号 127 - 65 - 1

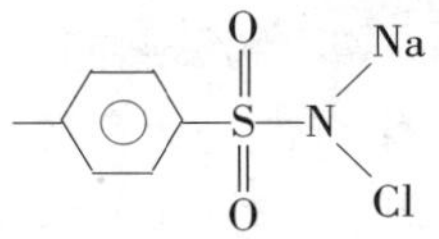

危害信息

燃烧与爆炸危险性 可燃。其粉体与空气混合能形成爆炸性混合物，遇明火高热有引起燃烧爆炸的危险。在空气中该物质缓慢分解生成氯。遇高热分解生成有毒气体。

活性反应 与强酸反应。

禁忌物 强酸。

毒性 小鼠胃肠外 LDL_0：300mg/kg；家兔静脉内 LDL_0：25mg/kg。

食入有害。对呼吸道有致敏性。可引起灼伤。遇酸释放出有毒气体。

侵入途径 吸入、食入。

理化特性与用途

理化特性 白色或淡黄色结晶或结晶性粉末，有轻微氯气味。易溶于水，溶液乙醇、甘油，不溶于氯仿、乙醚和苯。pH 值 8 ~ 10(5% 水溶液)，熔点 167℃ ~ 177℃(分解)，相对密度(水 =1)1.4，闪点 192℃(闭杯)，辛醇/水分配系数 0. 84。

主要用途 用作各种工业水处理杀菌灭藻剂

包装与储运

安全储运 储存于阴凉、通风的库房。包装密封。远离火种、热源。应与氧化剂、酸等隔离储运。搬运时轻装轻卸，防止包装或容器受损。

紧急处置信息

急救措施

吸入： 迅速脱离现场至空气新鲜处。保持呼吸道通畅。如呼吸困难，给输氧。呼吸、心跳停止，立即进行心肺复苏术。就医。

眼睛接触： 立即分开眼睑，用大量流动清水或生理盐水彻底冲洗 10 ~ 15min。就医。

皮肤接触： 立即脱去污染的衣着，用大量流动清水彻底冲洗。就医。

食入： 用水漱口，禁止催吐。给饮牛奶或蛋清。就医。

灭火方法 消防人员须佩戴空气呼吸器，穿全身耐酸碱消防服，在上风向灭火。尽可能将容器从火场移至空旷处。喷水保持火场容器冷却，直至灭火结束。

灭火剂：雾状水、干沙、泡沫、干粉。

泄漏应急处置 隔离泄漏污染区，限制出入。建议应急处理人员戴防尘口罩，穿防毒防酸碱服，戴橡胶耐酸碱手套。穿上适当的防护服前严禁接触破裂的容器和泄漏物。尽可能切断泄漏源。用塑料布覆盖泄漏物，减少飞散。勿使水进入包装容器内。用洁净的铲子收集泄漏物，置于干净、干燥、盖子较松的容器中，将容器移离泄漏区。

166. 对　甲　酚

标　识

中文名称 对甲酚

英文名称 *p* - Cresol；4 - Methylphenol

别名　4－甲基苯酚

分子式　C_7H_8O

CAS 号　106－44－5

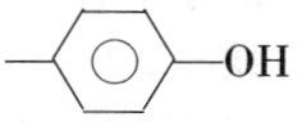

WGH 号　61073

UN 号　3455

危害信息

危险性类别　第 6.1 类　毒害品

燃烧与爆炸危险性　可燃。粉体与空气可形成爆炸性混合物，遇明火、高热会发生粉尘爆炸。受高热或燃烧发生分解放出有毒的腐蚀性气体。

活性反应　与强氧化剂和强碱发生剧烈反应。

禁忌物　强氧化剂、碱类。

毒性　大鼠经口 LD_{50}：207mg/kg；大鼠吸入 LC_{50}：＞710mg/m^3(1h)；大鼠经皮 LD_{50}：750mg/kg；小鼠经口 LD_{50}：160mg/kg；家兔经皮 LD_{50}：301mg/kg。

急性中毒可由口服、皮肤吸收及呼吸道吸入蒸气引起。本品对皮肤、黏膜有强烈刺激腐蚀作用。引起多脏器损害。

中毒表现　急性中毒：引起肌肉无力、胃肠道症状、中枢神经抑制、虚脱、体温下降和昏迷，并可引起肺水肿和肝、肾、胰等脏器损害，最终发生呼吸衰竭。灼伤面积 30% 的病例，即可引起中毒性脑病、肾病、心肌损害及溶血。

慢性影响：可引起消化道功能障碍，肝、肾损害和皮疹。

侵入途径　吸入、食入、经皮吸收。

职业接触限值

中国：PC－TWA：10mg/m^3[皮]。

美国(ACGIH)：TLV－TWA：5ppm[皮]。

环境危害　对水生生物是有毒的。有害空气污染物。

理化特性与用途

理化特性　无色结晶，有芳香气味。微溶于水，溶于乙醇、乙醚、氯仿等。熔点 35.5℃，沸点 201.8℃，相对密度(水＝1)1.023，相对蒸气密度(空气＝1)3.72，临界压力 5.51MPa，临界温度 431.6℃，蒸气压 0.13kPa(53℃)，燃烧热－3695.1kJ/mol，辛醇/水分配系数 1.94，闪点 86(闭杯)℃，爆炸下限 1.1%(150℃)~7.6%，引燃温度 559℃。

主要用途　用于制抗氧剂和橡胶防老剂，在塑料工业中用于制甲酚－甲醛树脂和增塑剂，在医药上用作消毒剂，还可用作农药和染料的原料。

包装与储运

包装标志　有毒品，腐蚀品

包装类别　Ⅱ类

安全储运　储存于阴凉、通风的库房。远离火种、热源。储存温度不超过 35℃，相对湿度不超过 85%。包装要求密封，不可与空气接触。应与氧化剂、碱类、食用化学品等隔离储运。搬运时轻装轻卸，防止包装受损。

紧急处置信息

急救措施

吸入：迅速脱离现场至空气新鲜处。保持呼吸道通畅。如呼吸困难，给输氧。呼吸、

心跳停止，立即进行心肺复苏术。就医。

眼接触：立即分开眼睑，用大量流动清水或生理盐水彻底冲洗 10 ~ 15min。就医。

皮肤接触：立即脱去污染衣物，用大量流动清水彻底冲洗，冲洗后即用浸过 30% ~ 50% 酒精棉花擦洗创面至无酚味为止(注意不能将患处浸泡于酒精溶液中)。如有条件可用数块浸有聚乙二醇(300 或 400)的海绵反复擦洗污染部位，至少 20min。然后再用大量水冲洗 10min 以上。

食入：漱口，给服植物油 15 ~ 30mL，催吐。对食入时间长者禁用植物油，可口服牛奶或蛋清。就医。

灭火方法　消防人员须佩戴空气呼吸器，穿全身消防服，在上风向灭火。

灭火剂：雾状水、抗溶性泡沫、干粉、二氧化碳、砂土。

泄漏应急处置　隔离泄漏污染区，限制出入。消除所有点火源。建议应急处理人员戴防尘口罩，穿防毒服，戴橡胶手套。穿上适当的防护服前严禁接触破裂的容器和泄漏物。尽可能切断泄漏源。用塑料布覆盖泄漏物，减少飞散。勿使水进入包装容器内。用洁净的铲子收集泄漏物，置于干净、干燥、盖子较松的容器中，将容器移离泄漏区。

167. 对　硫　磷

标　识

中文名称　对硫磷

英文名称　Parathion; Phosphorothioic acid, *O,O* – diethyl *O* – (p – nitrophenyl) ester; *O,O* – Diethyl *O* – 4 – nitrophenyl phosphorothioate

别名　*O,O* – 二乙基 – *O* – (4 – 硝基苯基)硫代磷酸酯

分子式　$C_{10}H_{14}NO_5PS$

CAS 号　56 – 38 – 2

WGH 号　61126(含量 >4%)；

61874(对硫磷粉剂[含量 <4%])；

61875(对硫磷乳剂[含量 <40%])

UN 号　3018

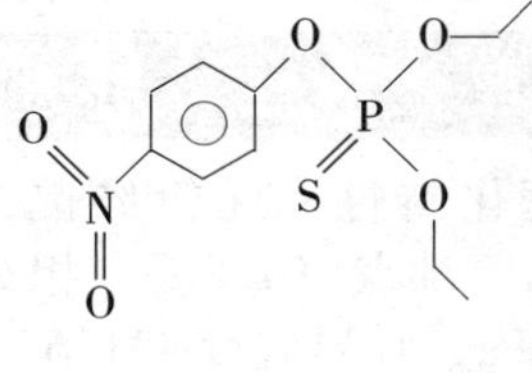

危害信息

危险性类别　第 6.1 类　有毒品

燃烧与爆炸危险性　可燃，遇明火高热可能引起燃烧。燃烧产生有毒的一氧化碳、氧化磷、氧化硫和氮氧化物气体。受热分解放出磷、硫的氧化物等毒性气体。

禁忌物　强氧化剂、碱类。

毒性　大鼠经口 LD_{50}：2mg/kg；小鼠经口 LD_{50}：5mg/kg；兔经口 LD_{50}：10mg/kg；兔经皮 LD_{50}：15mg/kg；大鼠吸入 LC_{50}：31.5mg/m^3(4h)。

抑制胆碱酯酶活性，造成神经生理功能紊乱。

中毒表现　急性中毒：短期内接触(口服、吸入、皮肤、黏膜)大量引起急性中毒。表现有头痛、头昏、食欲减退、恶心、呕吐、腹痛、腹泻、流涎、瞳孔缩小、呼吸道分泌物增多、多汗、肌束震颤等。重者出现肺水肿、脑水肿、昏迷、呼吸麻痹。部分病例可有心、肝、肾损害。少数严重病例在意识恢复后数周或数月发生周围神经病。个别严重病例可发

生迟发性猝死。血胆碱酯酶活性降低。

慢性中毒：尚有争论。有神经衰弱综合征、多汗、肌束震颤等。血胆碱酯酶活性降低。

侵入途径　吸入、食入、经皮吸收。

职业接触限值

中国：PC－TWA：0.05mg/m^3[皮]；PC－STEL：0.1mg/m^3[皮]。

美国(ACGIH)：TLV－TWA：0.05mg/m^3[皮]。

环境危害　对水生生物有极高毒性，可能在水生环境中造成长期不利影响；有害空气污染物。

理化特性与用途

理化特性　纯品为无色无臭的液体，工业品为棕色并有蒜臭的液体。不溶于水，溶于醇类、醚类、酯类、酮类、芳烃等有机溶剂，不溶于石油醚、煤油。熔点6.0℃，沸点375℃，相对密度(水＝1)1.27，蒸气压0.08kPa(157℃)，辛醇/水分配系数3.83，闪点174℃。

主要用途　作农用杀虫剂、杀螨剂。

包装与储运

包装标志　有毒品

包装类别　Ⅱ类包装(含量＞4%)

安全储运　储存于阴凉、通风的库房。远离火种、热源。储存温度不超过35℃，相对湿度不超过80%。保持容器密封。应与强氧化剂、强酸、水等隔离储运。搬运时轻装轻卸，防止容器受损。

紧急处置信息

急救措施

吸入：立即脱离接触。如呼吸困难，给吸氧。如呼吸心跳停止，立即行心肺复苏术。就医。

眼睛接触：分开眼睑，用水冲洗。如有不适，就医。

皮肤接触：脱去污染衣物，用肥皂和水彻底冲洗(包括头发指甲)。就医。

食入：催吐，洗胃(可用碳酸氢钠溶液)，给服活性炭和泻剂。

解毒剂：抗胆碱药阿托品口服、肌注或静脉注射，胆碱酯酶复能剂氯解磷定肌注。

灭火方法　消防人员须穿全身防火防毒服，佩戴空气呼吸器，在上风向灭火。尽可能将容器从火场移至空旷处。喷水保持火场容器冷却，直至灭火结束。处在火场中的容器若已变色或从安全泄压装置中产生声音，必须马上撤离。

灭火剂：雾状水、泡沫、干粉、砂土。

泄漏应急处置　根据液体流动和蒸气扩散的影响区域划定警戒区，无关人员从侧风、上风向撤离至安全区。建议应急处理人员戴正压自给式呼吸器，穿防毒服，戴橡胶手套。穿上适当的防护服前严禁接触破裂的容器和泄漏物。尽可能切断泄漏源。防止泄漏物进入水体、下水道、地下室或限制性空间。小量泄漏：用干燥的砂土或其他不燃材料吸收或覆盖，收集于容器中。大量泄漏：构筑围堤或挖坑收容。用泵转移至槽车或专用收集器内。

168. 对羟基二苯胺

标　识

中文名称　对羟基二苯胺(122－37－2)

英文名称　4－(Phenylamino)phenol；4－Anilinophenol；*p*－Hydroxydiphenylamine

别名　4－(苯氨基)苯酚；4－羟基二苯胺

分子式　$C_{12}H_{11}NO$

CAS 号　122－37－2

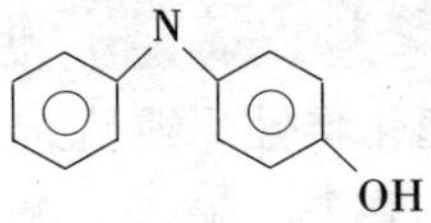

危害信息

燃烧与爆炸危险性　可燃。其粉体与空气混合能形成爆炸性混合物，遇明火高热有引起燃烧爆炸的危险。燃烧产生有毒的一氧化碳和氮氧化物气体。

毒性　大鼠经口 LD_{50}：3300mg/kg。

动物试验出现麻醉作用；为高铁血红蛋白形成剂。

侵入途径　吸入、食入、经皮吸收。

理化特性与用途

理化特性　结晶固体。熔点 70～73℃，沸点 330℃。辛醇/水分配系数 2.82。

主要用途　用作医药、染料、农药中间体，也是橡胶助剂的中间体。

包装与储运

安全储运　储存于阴凉、通风的库房。远离火种、热源。包装要求密封。应与氧化剂等隔离储运。搬运时轻装轻卸，防止包装受损。

紧急处置信息

急救措施

吸入：脱离接触。如呼吸困难，给吸氧。如呼吸心跳停止，立即行心肺复苏术。就医。

眼睛接触：分开眼睑，用流动清水或生理盐水冲洗。如有不适感，就医。

皮肤接触：立即脱去污染的衣着，用肥皂水和清水彻底冲洗。就医。

食入：催吐，就医。

高铁血红蛋白血症，可用美蓝、硫代硫酸钠、维生素 C 治疗。

灭火方法　消防人员须穿全身消防服，在上风向灭火。尽可能将容器从火场移至空旷处。喷水保持火场容器冷却，直至灭火结束。

灭火剂：雾状水、泡沫、二氧化碳、干粉、砂土。

泄漏应急处置　隔离泄漏污染区，限制出入。消除所有点火源。建议应急处理人员戴防尘口罩，穿防毒服。穿上适当的防护服前严禁接触破裂的容器和泄漏物。尽可能切断泄漏源。用塑料布覆盖泄漏物，减少飞散。勿使水进入包装容器内。用洁净的铲子收集泄漏物，置于干净、干燥、盖子较松的容器中，将容器移离泄漏区。

169. 对叔丁基酚

标　识

中文名称　对叔丁基酚

英文名称　*p* – *tert* – Butylphenol；4 – *tert* – Butylphenol；4 – (1,1 – Dimethylethyl) phenol；4 – Hydroxy – 1 – *tert* – butylbenzene

别名　对叔丁基苯酚；4 – 叔丁基苯酚

分子式　$C_{10}H_{14}O$

CAS 号　98 – 54 – 4

WGH 号　61701

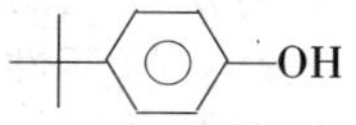

危害信息

危险性类别　第 6.1 类　毒害品

燃烧与爆炸危险性　可燃。粉体与空气可形成爆炸性混合物，遇明火、高热会发生粉尘爆炸。

活性反应　弱酸性，与氢氧化钠、氢氧化钾等强碱发生放热中和反应。与氧化剂反应，放出热量。与氢化物、氮化物、烷基金属化合物、硫化物等强还原剂发生反应，放出有毒和易燃易爆的氢气、硫化氢等。与稀硝酸可发生硝化反应。

禁忌物　碱类、强氧化剂、强还原剂。

毒性　大鼠经口 LD_{50}：3250 μL/kg；家兔经皮 LD_{50}：2520μL/kg；小鼠经口 LD_{50}：1030mg/kg；大鼠吸入 LCL_o：5600mg/m^3(4h)。

对眼、皮肤、黏膜有刺激作用；对皮肤有致敏性。皮肤接触可引起皮炎。反复接触可引起白斑病，白斑除发生于手背、腕部等皮肤暴露部位外，亦可出现于非暴露部位皮肤，有时呈对称性。动物实验证实本品经口或经呼吸道染毒均可引起皮肤白斑。

侵入途径　吸入、食入、经皮吸收。

环境危害　对水生生物是有毒的。在对人类重要的食物链中发生生物蓄积，特别是在鱼类中。

理化特性与用途

理化特性　白色针状结晶，有轻微的苯酚臭味。微溶于水，溶于乙醇、乙醚、丙酮和碱溶液。熔点 98 ~ 99℃，沸点 236 ~ 238℃，密度 0.91g/cm^3(114℃)，相对蒸气密度(空气 = 1)5.1，临界压力 3.34MPa，燃烧热 – 5659kJ/mol，辛醇/水分配系数 3.31，闪点 112.8℃，引燃温度 510℃，爆炸极限 0.8% ~ 5.8%。

主要用途　用于合成油溶性酚系树脂、增塑剂等；用作乙酸纤维素的增塑剂、抗氧剂及特种淀粉的中间体，石油及塑料的倾点下降物及乳胶分解剂、合成润滑剂、杀虫剂、工业香料。

包装与储运

包装标志　有毒品

包装类别　Ⅲ类

安全储运 储存于阴凉、通风的库房。远离火种、热源。储存温度不超过35℃，相对湿度不超过85%。密闭包装。应与还原剂、氧化剂、碱类、食用化学品等隔离储运。搬运时轻装轻卸，防止包装受损。

紧急处置信息

急救措施

吸入：脱离接触，休息。如有不适感，就医。

眼睛接触：分开眼睑，用流动清水或生理盐水冲洗。如有不适感，就医。

皮肤接触：脱去污染的衣着，用肥皂水和清水冲洗。如有不适感，就医。

食入：漱口，尽量饮水。就医。

灭火方法 消防人员必须穿耐酸碱防护服、防护靴，佩戴空气呼吸器，在上风向灭火。灭火剂：抗溶性泡沫、干粉、二氧化碳、砂土灭火。

泄漏应急处置 隔离泄漏污染区，限制出入。消除所有点火源。建议应急处理人员戴防尘口罩，穿防腐蚀、防毒服，戴橡胶手套。穿上适当的防护服前严禁接触破裂的容器和泄漏物。尽可能切断泄漏源。用塑料布覆盖泄漏物，减少飞散。勿使水进入包装容器内。用洁净的铲子收集泄漏物，置于干净、干燥、盖子较松的容器中，将容器移离泄漏区。

170. 对叔丁基邻苯二酚

标　识

中文名称 对叔丁基邻苯二酚

英文名称 4-(1,1-Dimethylethyl)-1,2-benzenediol; *p*-*tert*-Butyl catechol

别名 对叔丁基儿茶酚；4-(1,1-二甲基乙基)-1,2-苯二酚；TBC

分子式 $C_{10}H_{14}O_2$

CAS号 98-29-3

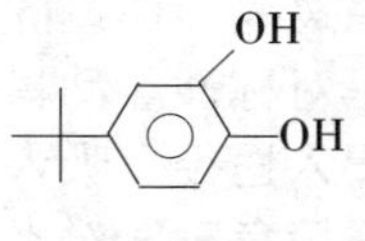

危害信息

燃烧与爆炸危险性 遇明火、高热可燃。粉体与空气可形成爆炸性混合物，当达到一定浓度时，遇火星会发生爆炸。

活性反应 弱酸性，与氢氧化钠、氢氧化钾等强碱发生放热中和反应，生成的酚盐受撞击易爆炸。能与氧化剂发生反应。与氢化物、氮化物、碱金属(锂、钠、钾等)、硫化物等强还原剂发生放热反应，产生易燃易爆或有毒气体，如氢气、硫化氢等。极易发生磺化反应，例如浓硫酸在室温下即可与其发生磺化反应，放出热量。与稀硝酸就能发生硝化反应，硝化酚受热或撞击极易发生爆炸。

禁忌物 强氧化剂、强还原剂、强碱、浓硫酸等。

毒性 大鼠经口 LD_{50}：2820mg/kg；家兔经皮 LD_{50}：0.63mL/kg。

未见职业性中毒报道。动物试验对皮肤有局部刺激作用和致白斑作用。大鼠经皮 LDL_o：2000mg/kg，出现睑下垂、嗜睡、活动全面抑制。

侵入途径 吸入、食入、经皮吸收。

理化特性与用途

理化特性 白色晶体。微溶于水，溶于乙醇、乙醚、丙酮、四氯化碳、苯等。熔点

53～56℃，沸点285℃，相对密度(水=1)1.049，饱和蒸气压0.133kPa(107℃)，临界温度502℃，临界压力3.77MPa，闪点129℃，引燃温度160℃，爆炸极限0.9%～5.8%，辛醇/水分配系数2.94。

主要用途 用作阻聚剂及抗氧剂

包装与储运

安全储运 储存于阴凉、通风的库房。包装密封。远离火种、热源，防止阳光直射。保持容器密封。应与氧化剂、碱类等隔离储运。搬运时轻装轻卸，防止容器或包装受损。

紧急处置信息

急救措施

吸入：迅速脱离现场至空气新鲜处。保持呼吸道通畅。如呼吸困难，给输氧。呼吸、心跳停止，立即进行心肺复苏术。就医。

眼接触：立即分开眼睑，用大量流动清水或生理盐水彻底冲洗10～15min。就医。

皮肤接触：立即脱去污染衣物，用大量流动清水彻底冲洗，冲洗后即用浸过30%～50%酒精棉花擦洗创面至无酚味为止(注意不能将患处浸泡于酒精溶液中)。如有条件可用数块浸有聚乙二醇(300或400)的海绵反复擦洗污染部位，至少20min。然后再用大量水冲洗10min以上。

食入：漱口，给服植物油15～30mL，催吐。对食入时间长者禁用植物油，可口服牛奶或蛋清。就医。

灭火方法 消防人员必须穿全身防火防毒服，佩戴空气呼吸器，在上风向灭火。尽可能将容器从火场移至空旷处。喷水保持火场容器冷却，直至灭火结束。

灭火剂：雾状水、泡沫、二氧化碳、干粉、砂土。

泄漏应急处置 隔离泄漏污染区，限制出入。消除所有点火源。建议应急处理人员戴防尘口罩，穿防毒服。穿上适当的防护服前严禁接触破裂的容器和泄漏物。尽可能切断泄漏源。用塑料布覆盖泄漏物，减少飞散。勿使水进入包装容器内。用洁净的铲子收集泄漏物，置于干净、干燥、盖子较松的容器中，将容器移离泄漏区。

171. 对硝基苯胺

标　识

中文名称 对硝基苯胺

英文名称 *p*－Nitroaniline；4－Nitroaniline；4－Nitrobenzeneamine

别名 4－硝基苯胺

分子式 $C_6H_6N_2O_2$

CAS号 100－01－6

WGH号 61777

UN号 1661

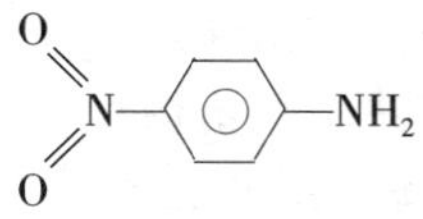

危害信息

危险性类别 第6.1类 毒害品

燃烧与爆炸危险性 遇明火、高热可燃。其粉体与空气混合能形成爆炸性混合物。受高热或燃烧发生分解放出有毒的氧化氮烟气。

活性反应 暴露在空气中或光照下会生成爆炸性物质。能与强氧化剂或强还原剂发生反应。与硝酸、硫酸、盐酸等发生放热中和反应，生成的盐在高温下易发生剧烈分解。

禁忌物 强氧化剂、强还原剂、酸类。

毒性 大鼠经口 LD_{50}：750mg/kg；小鼠经口 LD_{50}：810mg/kg；豚鼠经皮 LD_{50}：>500mg/kg。

可经呼吸道和皮肤进入体内，其毒性比苯胺大，是一种强烈的高铁血红蛋白形成剂。

中毒表现 急性中毒：中毒后出现头昏，头痛，乏力，恶心，胸闷，气短，心悸，颜面、口唇、四肢末端紫绀，以及溶血性贫血和肝损害。个别病例出现心肌损害。

慢性影响：长期接触引起肝损害。

侵入途径 吸入、食入、经皮吸收。

职业接触限值

中国：PC－TWA：3mg/m^3[皮]。

美国(ACGIH)：TLV－TWA：3mg/m^3[皮]。

环境危害 对水生生物有害，可能在水生环境中造成长期不利影响。

理化特性与用途

理化特性 黄色结晶或粉末。微溶于冷水，溶于沸水、乙醇、乙醚、苯和酸溶液。熔点146～148℃，沸点332℃，相对密度(水=1)1.42，相对蒸气密度(空气=1)4.77，蒸气压0.13kPa(142.4℃)，燃烧热－3191kJ/mol，临界压力4.42MPa，辛醇/水分配系数1.39，闪点199℃(闭杯)、165℃(开杯)，引燃温度180℃，爆炸极限1.5%～9.8%。

主要用途 用作染料和抗氧剂的中间体、腐蚀抑制剂、分析试剂。

包装与储运

包装标志 有毒品

包装类别 Ⅱ类

安全储运 储存于阴凉、通风的库房。远离火种、热源，避免阳光直射。储存温度不超过35℃，相对湿度不超过85%。密闭包装。切勿与氧化剂、酸类、食用化学品等混储混运。搬运时轻装轻卸，防止包装受损。

紧急处置信息

急救措施

吸入：脱离接触。如呼吸困难，给吸氧。如呼吸心跳停止，立即行心肺复苏术。就医。

眼睛接触：用大量生理盐水冲洗。就医。

皮肤接触：脱去污染的衣物，用3%～5%醋酸溶液或75%酒精清洗，再用大量肥皂水或清水冲洗。就医。

食入：催吐。就医。

高铁血红蛋白血症可用美蓝、硫代硫酸钠、维生素C治疗。必须注意，小剂量美蓝(1～2mg/kg)可治疗高铁血红蛋白血症，大剂量(10mg/kg)则促进高铁血红蛋白形成。如有低血压，采取仰卧垂头体位和静脉输液。

灭火方法 消防人员须佩戴空气呼吸器，穿全身消防服，在上风向灭火。

灭火剂：雾状水、抗溶性泡沫、干粉、二氧化碳。

泄漏应急处置 隔离泄漏污染区，限制出入。消除所有点火源。建议应急处理人员戴

防尘口罩，穿防毒服，戴橡胶手套。穿上适当的防护服前严禁接触破裂的容器和泄漏物。尽可能切断泄漏源。用塑料布覆盖泄漏物，减少飞散。勿使水进入包装容器内。用洁净的铲子收集泄漏物，置于干净、干燥、盖子较松的容器中，将容器移离泄漏区。

172. 对硝基苯酚

标识

中文名称 对硝基苯酚

英文名称 *p* – Nitrophenol；4 – Nitrophenol

别名 4 – 硝基苯酚；4 – 硝基 – 1 – 羟基苯

分子式 $C_6H_5NO_3$

CAS 号 100 – 02 – 7

WGH 号 61712

UN 号 1663

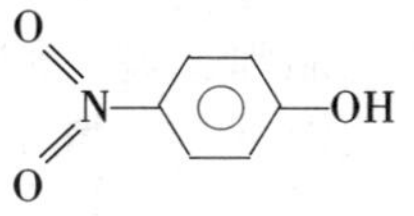

危害信息

危险性类别 第 6.1 类 毒害品

燃烧与爆炸危险性 可燃。其蒸气与空气混合能形成爆炸性混合物，遇明火、高热或与氧化剂接触有引起燃烧爆炸的危险。受高热或燃烧发生分解放出有毒且具腐蚀性的氧化氮气体。

活性反应 与亚磷酸二乙酯的混合物受热后会发生爆炸。与硝基酚、氢氧化钾的固体混合物极易发生爆燃。与氧化剂剧烈反应。

禁忌物 强氧化剂、强还原剂、强碱。

毒性 大鼠经口 LD_{50}：202mg/kg；小鼠经口 LD_{50}：282mg/kg；家兔经皮 LD_{50}：1024mg/kg。

本品能经皮肤、呼吸道和消化道吸收。动物试验可引起高铁血红蛋白血症。

侵入途径 吸入、食入、经皮吸收。

环境危害 对水生生物有毒的。有害空气污染物。

理化特性与用途

理化特性 无色至浅黄色结晶。溶于热水，易溶于乙醇、氯仿、乙醚和碱液。熔点 113 ~ 115℃，沸点 279℃（分解），相对密度（水 = 1）1.27，蒸气压 0.92kPa（16℃），燃烧热 – 2879.2kJ/mol，闪点 192℃，引燃温度 283℃，辛醇/水分配系数 1.91。

主要用途 用作农药、医药及染料的中间体，也用作酸碱指示剂。

包装与储运

包装标志 有毒品

包装类别 Ⅲ类

安全储运 储存于阴凉、通风的库房。远离火种、热源。储存温度不超过 35℃，相对湿度不超过 85%。密闭包装。应与氧化剂、还原剂、碱类、食用化学品等隔离储运。搬运时轻装轻卸，防止包装受损。

紧急处置信息

急救措施

吸入： 立即脱离接触。如呼吸困难，给吸氧。如呼吸心跳停止，立即行心肺复苏术。就医。

眼睛接触： 分开眼睑，用清水或生理盐水冲洗。如有不适感，就医。

皮肤接触： 立即脱去污染衣着，用肥皂水或清水彻底冲洗。就医。

食入： 催吐。就医

高铁血红蛋白血症，可用美蓝、硫代硫酸钠和维生素治疗。

灭火方法　消防人员必须穿全身防火防毒服，佩戴空气呼吸器，在上风向灭火。

灭火剂：雾状水、泡沫、二氧化碳、砂土。

泄漏应急处置　隔离泄漏污染区，限制出入。消除所有点火源。建议应急处理人员戴防尘口罩，穿防毒服，戴橡胶手套。穿上适当的防护服前严禁接触破裂的容器和泄漏物。尽可能切断泄漏源。用塑料布覆盖泄漏物，减少飞散。勿使水进入包装容器内。用洁净的铲子收集泄漏物，置于干净、干燥、盖子较松的容器中，将容器移离泄漏区。

173. 对硝基苯酚钠

标　识

中文名称　对硝基苯酚钠

英文名称　Sodium *p* – nitrophenolate; 4 – Nitrophenol, sodium salt

别名　对硝基酚钠；4 – 硝基酚钠；4 – 硝基苯酚钠盐

分子式　$C_6H_5NO_3 \cdot Na$

CAS 号　824 – 78 – 2

WGH 号　61713

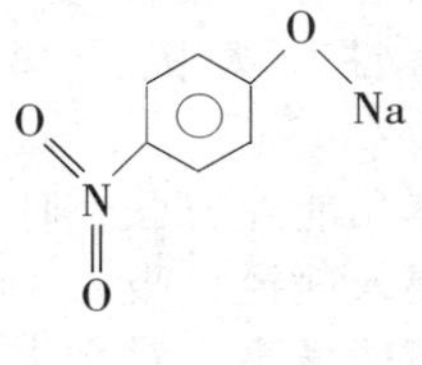

危害信息

危险性类别　第 6.1 类　毒害品

燃烧与爆炸危险性　可燃。其粉体与空气混合能形成爆炸性混合物。受高热分解放出有毒的氧化氮烟气。具有腐蚀性。

活性反应　与氧化剂剧烈反应。

禁忌物　强氧化剂、强碱。

毒性　大鼠经口 LD_{50}：320mg/kg；兔经皮 LD_{50}：>5g/kg。

中毒表现　本品可引起高铁血红蛋白血症。吸入或食入可引起头痛、倦睡、恶心和紫绀。可经无损皮肤吸收，出现与吸入相同的中毒症状。对肝、肾有损害。对眼有刺激。

侵入途径　吸入、食入、经皮吸收。

理化特性与用途

理化特性　橙黄色或淡黄色结晶。溶于水及多数有机溶剂。熔点 300℃，闪点 90℃(闭杯)，辛醇/水分配系数 –1.36，嗅阈值 0.24mg/L。

主要用途　用于制对氨基苯酚、农药对硫磷、甲基对硫磷以及作为医药、显影剂、染料中间体。

包装与储运

包装标志 有毒品

包装类别 Ⅲ类

安全储运 储存于阴凉、通风的库房。远离火种、热源。储存温度不超过35℃，相对湿度不超过85%。密闭包装。应与氧化剂、碱类、食用化学品等隔离储运。搬运时轻装轻卸，防止包装受损。

紧急处置信息

急救措施

吸入：立即脱离接触。如呼吸困难，给吸氧。如呼吸心跳停止，立即行心肺复苏术。就医。

皮肤接触：立即脱去污染衣着，用肥皂水或清水彻底冲洗。就医。

眼睛接触：分开眼睑，用清水或生理盐水冲洗。如有不适感，就医。

食入：催吐。就医。

高铁血红蛋白血症，可用美蓝、硫代硫酸钠和维生素治疗。

灭火方法 消防人员须佩戴防毒面具、穿全身消防服，在上风向灭火。切勿将水流直接射至熔融物，以免引起严重的流淌火灾或引起剧烈的沸溅。

灭火剂：雾状水、泡沫、干粉、二氧化碳、砂土。

泄漏应急处置 隔离泄漏污染区，限制出入。消除所有点火源。建议应急处理人员戴防尘口罩，穿防毒服。穿上适当的防护服前严禁接触破裂的容器和泄漏物。尽可能切断泄漏源。用塑料布覆盖泄漏物，减少飞散。勿使水进入包装容器内。用洁净的铲子收集泄漏物，置于干净、干燥、盖子较松的容器中，将容器移离泄漏区。

174. 对硝基苯甲酰胺

标　识

中文名称 对硝基苯甲酰胺

英文名称 *p* - Nitrobenzamide；4 - Nitrobenzamide

别名 4 - 硝基苯甲酰胺

分子式 $C_7H_6N_2O_3$

CAS 号 619 - 80 - 7

WGH 号 61743

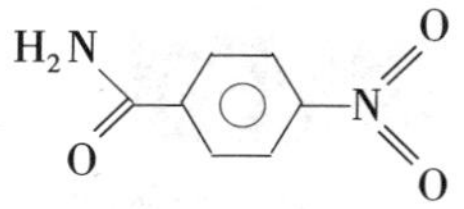

危害信息

危险性类别 第6.1类 有毒品

燃烧与爆炸危险性 可燃。其粉体与空气混合能形成爆炸性混合物。燃烧产生有毒的一氧化碳和氮氧化物气体。受热分解放出有毒的氧化氮烟气。

活性反应 与氧化剂反应。

禁忌物 强氧化剂、强碱、强还原剂。

毒性 大鼠经口 LD_{50}：476mg/kg。

对皮肤有轻度刺激性刺激性。动物试验出现嗜睡、肌无力、呼吸困难。

侵入途径 吸入、食入。

理化特性与用途

理化特性 针状结晶。微溶于水，溶于乙醇、乙醚。熔点 199 ~ 201℃，辛醇/水分配系数 0.82。

主要用途 用于有机合成。

包装与储运

包装标志 有毒品

包装类别 Ⅲ类

安全储运 储存于阴凉、通风的库房。远离火种、热源。储存温度不超过 35℃，相对湿度不超过 85%。保持容器密封。应与氧化剂、强碱隔离储运。搬运时轻装轻卸，防止包装受损。

紧急处置信息

急救措施

吸入：立即脱离接触。如呼吸困难，给吸氧。如呼吸心跳停止，立即行心肺复苏术。就医。

皮肤接触：脱去污染衣着，用肥皂水或清水彻底冲洗。如有不适感，就医。

眼睛接触：分开眼睑，用清水或生理盐水冲洗。如有不适感，就医。

食入：饮水，催吐。就医。

灭火方法 消防人员须穿全身防火防毒服，佩戴空气呼吸器，在上风向灭火。尽可能将容器从火场移至空旷处。喷水保持火场容器冷却，直至灭火结束。

灭火剂：泡沫、二氧化碳、干粉、砂土。

泄漏应急处置 隔离泄漏污染区，限制出入。消除所有点火源。建议应急处理人员戴防尘口罩，穿防毒服，戴橡胶手套。穿上适当的防护服前严禁接触破裂的容器和泄漏物。尽可能切断泄漏源。用塑料布覆盖泄漏物，减少飞散。勿使水进入包装容器内。用洁净的铲子收集泄漏物，置于干净、干燥、盖子较松的容器中，将容器移离泄漏区。

175. 对硝基氯苯

标　识

中文名称 对硝基氯苯

英文名称 1 - Chloro - 4 - nitrobenzene; *p* - Chloronitrobenzene

别名 4 - 硝基氯苯；1 - 氯 - 4 - 硝基苯

分子式 $C_6H_4ClNO_2$

CAS 号 100 - 00 - 5

WGH 号 61678

UN 号 1578

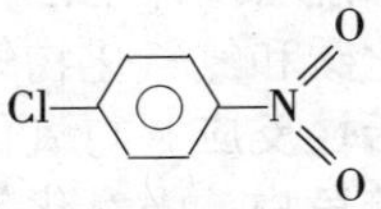

危害信息

危险性类别 第6.1类 毒害品

燃烧与爆炸危险性 遇明火、高热可燃。易升华，具有爆炸性。受高热分解，产生有毒的氮氧化物和氯化物气体。

活性反应 与氧化剂接触发生剧烈反应，有燃烧或爆炸危险。与氢氧化钾的混合物(1∶1.5摩尔比)极易发生爆燃。对硝基氯苯加入甲醇－甲醇钠的溶液中发生剧烈反应，最终会发生爆炸。

禁忌物 强氧化剂、强碱。

毒性 大鼠经口 LD_{50}：420mg/kg；大鼠经皮 LD_{50}：16000mg/kg；小鼠经口 LD_{50}：440mg/kg。

本品可经呼吸道和皮肤吸收。对黏膜和皮肤有刺激作用，引起高铁血红蛋白血症

中毒表现 急性中毒：经皮肤和呼吸道吸收，经16～72h潜伏期后出现中毒症状。可有头痛、头昏、乏力、皮肤黏膜 紫绀、手指麻木等症状。有眼和上呼吸道刺激症状。重者可出现胸闷、呼吸困难、心悸，甚至发生心律紊乱、昏迷、抽搐、呼吸麻痹，有时可引起溶血性贫血，肝损害。

慢性中毒：有头痛、乏力、失眠、记忆力减退等神经衰弱综合征表现；有慢性溶血时，可引起黄疸、贫血；还可引起中毒性肝炎。接触性皮炎多见于面、颈部，散在簇状红斑、丘疹，少数融合成片等。

侵入途径 吸入、食入、经皮吸收。

职业接触限值

中国：PC－TWA：0.6mg/m^3[皮]。

美国(ACGIH)：TLV－TWA：0.1ppm [皮]。

环境危害 对水生生物有毒，可能在水生环境中造成长期不利影响。

理化特性与用途

理化特性 浅黄色晶体。难溶于水，微溶于冷乙醇，溶于热乙醇、乙醚、丙酮和苯等有机溶剂。熔点82～84℃，沸点242℃，相对密度(水＝1)1.3，相对蒸气密度(空气＝1)5.44，蒸气压0.02kPa(30℃)，燃烧热－2909kJ/mol，临界温度478℃，临界压力398MPa，辛醇/水分配系数2.39，闪点127℃(闭杯)，引燃温度510℃。

主要用途 是制造染料(偶氮染料、硫化染料等)、医药(非那西丁、扑热息痛等)、农药(除草醚等)的重要中间体，也是生产橡胶防老剂4010等的原料。

包装与储运

包装标志 有毒品

包装类别 Ⅱ类

安全储运 储存于阴凉、通风的库房。包装密封。远离火种、热源。储存温度不超过35℃，相对湿度不超过80%。应与氧化剂、强碱、食用化学品等隔离储运。搬运时轻装轻卸，防止包装受损。

紧急处置信息

急救措施

吸入：立即脱离接触。如呼吸困难，给吸氧。如呼吸心跳停止，立即行心肺复苏术。就医。

眼睛接触：分开眼睑，用清水或生理盐水冲洗。如有不适感，就医。

皮肤接触：立即脱去污染衣着，用肥皂水或清水彻底冲洗。就医。

食入：催吐。就医。

高铁血红蛋白血症，可用美蓝、硫代硫酸钠和维生素治疗。

灭火方法　消防人员须佩戴空气呼吸器，穿全身消防服，在上风向灭火。

灭火剂：雾状水、泡沫、干粉、二氧化碳、砂土。

泄漏应急处置　隔离泄漏污染区，限制出入。建议应急处理人员戴防尘口罩，穿防毒服。穿上适当的防护服前严禁接触破裂的容器和泄漏物。尽可能切断泄漏源。用塑料布覆盖泄漏物，减少飞散。勿使水进入包装容器内。用洁净的铲子收集泄漏物，置于干净、干燥、盖子较松的容器中，将容器移离泄漏区。

176. 对溴苯甲醚

标　识

中文名称　对溴苯甲醚

英文名称　*p* – Bromoanisole；4 – Bromoanisole；1 – Bromo – 4 – methoxybenzene

别名　4 – 溴苯甲醚；对溴茴香醚；1 – 溴 – 4 – 甲氧基苯

分子式　C_7H_7BrO

CAS 号　104 – 92 – 7

WGH 号　61699

危害信息

危险性类别　第 6.1 类　有毒品

燃烧与爆炸危险性　可燃。其蒸气与空气混合能形成爆炸性混合物。燃烧产生有毒的一氧化碳和溴化氢气体。受热分解放出有毒气体。

活性反应　与强氧化剂反应。

禁忌物　强氧化剂、强酸。

毒性　大鼠经口 LD_{50}：3800mg/kg；小鼠经口 LD_{50}：2200mg/kg；小鼠吸入 LC_{50}：20mg/m^3。

吸入其蒸气对呼吸道有刺激性，可出现兴奋、共济失调等症状。受高热分解产生有毒气体。

侵入途径　吸入、食入。

理化特性与用途

理化特性　无色或淡黄色液体。不溶于水，溶于乙醇、乙醚、氯仿。熔点 9 ~ 13.5℃，沸点 215 ~ 223℃，相对密度(水 = 1)1.49，相对蒸气密度(空气 = 1)4.28，辛醇/水分配系数 3.05，闪点 94℃(闭杯)。

主要用途　用作溶剂及用于有机合成。

包装与储运

包装标志　有毒品

包装类别　Ⅲ类

安全储运　储存于阴凉、通风的库房。远离火种、热源。储存温度不超过35℃，相对湿度不超过85%。保持容器密封。应与氧化剂、强酸隔离储运。搬运时轻装轻卸，防止容器受损。

紧急处置信息

急救措施

吸入：立即脱离接触。如呼吸困难，给吸氧。如呼吸心跳停止，立即行心肺复苏术。就医。

眼睛接触：分开眼睑，用流动清水或生理盐水冲洗。如有不适感，就医。

皮肤接触：脱去污染的衣着，用肥皂水和清水冲洗。如有不适感，就医。

食入：尽量饮水，不要催吐。就医。

灭火方法　消防人员须穿全身防火防毒服，佩戴空气呼吸器在上风向灭火。尽可能将容器从火场移至空旷处。喷水保持火场容器冷却，直至灭火结束。处在火场中的容器若已变色或从安全泄压装置中产生声音，必须马上撤离。

灭火剂：雾状水、泡沫、干粉、二氧化碳、砂土。

泄漏应急处置　根据液体流动和蒸气扩散的影响区域划定警戒区，无关人员从侧风、上风向撤离至安全区。消除所有点火源。建议应急处理人员戴正压自给式呼吸器，穿一般作业工作服，戴橡胶耐油手套。尽可能切断泄漏源。防止泄漏物进入水体、下水道、地下室或限制性空间。小量泄漏：用干燥的砂土或其他不燃材料吸收或覆盖，收集于容器中。大量泄漏：构筑围堤或挖坑收容。用泵转移至槽车或专用收集器内。

177. 对溴苯肼

标　识

中文名称　对溴苯肼

英文名称　4 – Bromophenylhydrazine；*p* – Bromophenylhydrazine

别名　4 – 溴苯肼

分子式　$C_6H_7BrN_2$

CAS 号　589 – 21 – 9

WGH 号　61817

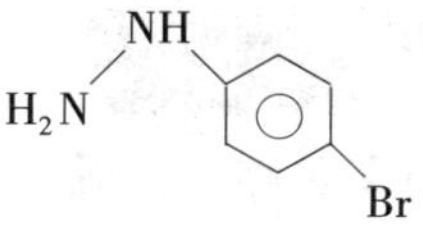

危害信息

危险性类别　第6.1类　有毒品

燃烧与爆炸危险性　可燃。其粉体与空气混合能形成爆炸性混合物。燃烧产生有毒的一氧化碳、氮氧化物和溴化氢气体。受热分解放出有毒气体。

禁忌物　强氧化剂、酸类。

毒性　大鼠经口 LD_{50}：600mg/kg。

本品受高热分解放出有毒气体，对人体有刺激作用和毒性。

侵入途径　吸入、食入。

理化特性与用途

理化特性　白色针状结晶。微溶于水，溶于乙醇、乙醚、氯仿、苯。熔点 106～107℃，辛醇/水分配系数 1.39。

主要用途　用于有机合成及糖类的检定。

包装与储运

包装标志　有毒品

包装类别　Ⅲ类

安全储运　储存于阴凉、通风的库房。远离火种、热源。储存温度不超过 35℃，相对湿度不超过 85%。保持容器密封。应与氧化剂、酸隔离储运。搬运时轻装轻卸，防止包装受损。

紧急处置信息

急救措施

吸入：立即脱离接触。如呼吸困难，给吸氧。如呼吸心跳停止，立即行心肺复苏术。就医。

眼睛接触：分开眼睑，用流动清水或生理盐水冲洗。如有不适感，就医。

皮肤接触：脱去污染的衣着，用肥皂水和清水冲洗。如有不适感，就医。

食入：饮水，催吐。就医。

灭火方法　消防人员须穿全身防火防毒服，佩戴空气呼吸器，在上风向灭火。尽可能将容器从火场移至空旷处。

灭火剂：雾状水、泡沫、二氧化碳、砂土。

泄漏应急处置　隔离泄漏污染区，限制出入。消除所有点火源。建议应急处理人员戴防尘口罩，穿一般作业工作服。尽可能切断泄漏源。用塑料布覆盖泄漏物，减少飞散。勿使水进入包装容器内。用洁净的铲子收集泄漏物，置于干净、干燥、盖子较松的容器中，将容器移离泄漏区。

178. 多烯基丁二酰亚胺

标　识

中文名称　多烯基丁二酰亚胺

英文名称　Polyisobutylene polysuccinimide；DispersantT155

别名　T155 分散剂

危害信息

燃烧与爆炸危险性　可燃，遇明火、高热可能引起燃烧。燃烧放出有毒的烟气。

侵入途径　吸入、食入。

理化特性与用途

理化特性　淡黄色油状液体，不易燃、不易爆、无腐蚀性。密度 0.9～0.93g/cm^3

(15.6℃)，运动黏度 300～400mm^2/s(100℃)，闪点≥160℃(开杯)，碱值≥10mgKOH/g。

主要用途 用于中、高档柴油机油。

包装与储运

安全储运 储存于阴凉、通风的库房。保持容器密封。远离火种、热源。应与氧化剂隔离储运。搬运时轻装轻卸，防止容器受损。

紧急处置信息

急救措施

吸入： 脱离接触。如有不适感，就医。

眼睛接触： 分开眼睑，用流动清水或生理盐水冲洗。如有不适感，就医。

皮肤接触： 脱去污染的衣着，用肥皂水和清水冲洗。如有不适感，就医。

食入： 漱口，饮水。就医。

灭火方法 消防人员须穿全身消防服，佩戴空气呼吸器，在上风向灭火。尽可能将容器从火场移至空旷处。喷水保持火场容器冷却，直至灭火结束。

灭火剂：雾状水、干粉、二氧化碳、泡沫。

泄漏应急处置 根据液体流动和蒸气扩散的影响区域划定警戒区，无关人员从侧风、上风向撤离至安全区。建议应急处理人员戴正压自给式呼吸器，穿防静电、防腐蚀服，戴橡胶手套。尽可能切断泄漏源。防止泄漏物进入水体、下水道、地下室或限制性空间。小量泄漏：用干燥的砂土或其他不燃材料吸收或覆盖，收集于容器中。大量泄漏：构筑围堤或挖坑收容。

179. 多亚乙基多胺

标　识

中文名称 多亚乙基多胺

英文名称 Polyethylene polymine

别名 聚亚乙基聚胺；多乙烯多胺

分子式 $\text{-[}CH_2CH_2NH\text{]-}_n$

CAS 号 68131－73－7

危害信息

危险性类别 第 8 类 腐蚀品

燃烧与爆炸危险性 可燃。其蒸气与空气混合能形成爆炸性混合物，遇明火、高热易燃烧或爆炸。燃烧产生有毒的一氧化碳和氮氧化物气体。在高温火场中，受热的容器或储罐有破裂和爆炸的危险。蒸气比空气重，能在较低处扩散到相当远的地方，遇火源会着火回燃和爆炸(闪爆)。

活性反应 与强氧化剂反应。

禁忌物 强酸、强氧化剂、水、二氧化碳。

毒性 食入和皮肤接触有害。可引起灼伤。对皮肤有致敏性。

侵入途径 吸入、食入。

环境危害 对水生生物有极高毒性，可能在水生环境中造成长期不利影响。

理化特性与用途

理化特性　黄色或橙红色透明黏稠液体，有氨味，极易吸收空气中的水分和二氧化碳。溶于水和大多数有机溶剂。熔点≤ -39℃，沸点≥206.7℃，相对密度(水=1)≥0.9542。

主要用途　主要用途为环氧树脂固化剂、合成离子交换树脂、涂料和助剂等的工业原料，石油工业中用于油气井酸化压裂工艺中盐酸、土酸及其他工业酸洗缓蚀剂。

包装与储运

包装标志　腐蚀品

包装类别　Ⅲ类

安全储运　储存于阴凉、通风的库房。远离火种、热源。密闭包装。应与氧化剂、酸碱隔离储运。搬运时轻装轻卸，防止容器受损。

紧急处置信息

急救措施

吸入：迅速脱离现场至空气新鲜处。保持呼吸道通畅。如呼吸困难，给输氧。呼吸、心跳停止，立即进行心肺复苏术。就医。

眼睛接触：立即分开眼睑，用大量流动清水或生理盐水彻底冲洗10～15min。就医。

皮肤接触：立即脱去污染的衣着，用大量流动清水彻底冲洗，冲洗时间一般要求20～30min。就医。

食入：用水漱口，禁止催吐。给饮牛奶或蛋清。就医。

灭火方法　消防人员须穿全身消防服，佩戴空气呼吸器，在上风向灭火。尽可能将容器从火场移至空旷处。喷水保持火场容器冷却，直至灭火结束。处在火场中的容器若发生异常变化或发出异常声音，须马上撤离。

灭火剂：抗溶性泡沫、二氧化碳、干粉、砂土。

泄漏应急处置　建议应急处理人员戴正压自给式呼吸器，穿防毒、防静电服，戴橡胶耐油手套。作业时使用的所有设备应接地。禁止接触或跨越泄漏物。尽可能切断泄漏源。防止泄漏物进入水体、下水道、地下室或限制性空间。小量泄漏：用砂土或其他不燃材料吸收。使用洁净的无火花工具收集吸收材料。大量泄漏：构筑围堤或挖坑收容。

180. 多元醇磷酸酯

标　识

中文名称　多元醇磷酸酯

英文名称　Polyhydric alcohol phosphate ester

别名　多羟基化合物磷酸混酯

危害信息

活性反应　与碱反应。

禁忌物　碱类。

侵入途径　吸入、食入。

理化特性与用途

理化特性 棕色膏状物或酱色黏稠液体。磷酸酯含量≥32%，pH 值 1.5～2.5（1% 水溶液），密度（1.3±0.05）g/cm^3（20℃）。

主要用途 可用于炼油厂、化肥厂、化工厂、空调系统和铜质换热器等循环冷却水中，作为阻垢剂和缓蚀剂。特别适用于油田注水操作过程中的阻垢剂。

包装与储运

安全储运 储存于阴凉、通风的库房。保持容器密封。远离火种、热源。应与氧化剂等隔离储运。搬运时轻装轻卸，防止容器受损。

紧急处置信息

急救措施

吸入： 脱离接触。如有不适感，就医。

眼睛接触： 分开眼睑，用流动清水或生理盐水冲洗。如有不适感，就医。

皮肤接触： 脱去污染的衣着，用肥皂水和清水冲洗。如有不适感，就医。

食入： 漱口，饮水。就医。

泄漏应急处置 消除所有点火源。根据液体流动和蒸气扩散的影响区域划定警戒区，无关人员从侧风、上风向撤离至安全区。建议应急处理人员戴正压自给式呼吸器，穿防静电、防腐蚀服，戴橡胶手套。尽可能切断泄漏源。防止泄漏物进入水体、下水道、地下室或限制性空间。小量泄漏：用干燥的砂土或其他不燃材料吸收或覆盖，收集于容器中。大量泄漏：构筑围堤或挖坑收容。

181. 1,2－二苯肼

标　识

中文名称 1,2－二苯肼

英文名称 1,2－Diphenylhydrazine；Hydrazobenzene；Symmetrical diphenyl hydrazine

别名 对称二苯肼

分子式 $C_{12}H_{12}N_2$

CAS 号 122－66－7

WGH 号 61819

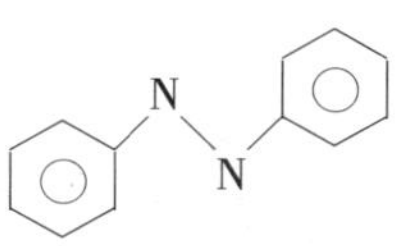

危害信息

危险性类别 第 6.1 类 有毒品

燃烧与爆炸危险性 可燃。其粉体与空气混合能形成爆炸性混合物。燃烧产生有毒的一氧化碳和氮氧化物气体。受热分解放出有毒的氧化氮烟气。

活性反应 与强氧化剂反应。

禁忌物 强氧化剂、酸类。

毒性 大鼠经口 LD_{50}：301mg/kg。

未见本品引起中毒报道。对动物有可疑致癌性。

欧盟指令 67/548/EEC 将本品列为第 2 类致癌物——可能为人类致癌物。

侵入途径　吸入、食入。

环境危害　对水生生物有极高毒性，可能在水生环境中造成长期不利影响；有害空气污染物。

理化特性与用途

理化特性　片状结晶。不溶于水、乙酸，微溶于苯，易溶于乙醇。熔点 131℃（分解），相对密度（水 =1）1.16，临界压力 3.09MPa，辛醇/水分配系数 2.94，闪点 230℃，引燃温度 531℃，爆炸极限 0.72% ~7.6%。

主要用途　用于阿拉伯醛糖和乳糖的测定

包装与储运

包装标志　有毒品

包装类别　Ⅲ类

安全储运　储存于阴凉、通风的库房。远离火种、热源。储存温度不超过 35℃，相对湿度不超过 85%。保持容器密封。应与氧化剂、强酸、酸酐、酰基氯等隔离储运。搬运时轻装轻卸，防止包装受损。

紧急处置信息

急救措施

吸入：脱离接触。如有不适感，就医。

眼睛接触：分开眼睑，用流动清水或生理盐水冲洗。如有不适感，就医。

皮肤接触：脱去污染的衣着，用肥皂水和清水冲洗。如有不适感，就医。

食入：漱口，饮水。就医。

灭火方法　消防人员须穿全身防火防毒服，佩戴空气呼吸器，在上风向灭火。尽可能将容器从火场移至空旷处。喷水保持火场容器冷却，直至灭火结束。

灭火剂：雾状水、泡沫、二氧化碳、砂土。

泄漏应急处置　隔离泄漏污染区，限制出入。消除所有点火源。建议应急处理人员戴防尘口罩，穿防毒服。穿上适当的防护服前严禁接触破裂的容器和泄漏物。尽可能切断泄漏源。用塑料布覆盖泄漏物，减少飞散。勿使水进入包装容器内。用洁净的铲子收集泄漏物，置于干净、干燥、盖子较松的容器中，将容器移离泄漏区。

182. 二苄基二硫

标　识

中文名称　二苄基二硫（150 -60 -7）

英文名称　Dibenzyl disulfide；Benzyl disulfide

别名　二苄基二硫醚；抗磨剂 T -302

分子式　$C_{14}H_{14}S_2$

CAS 号　150 -60 -7

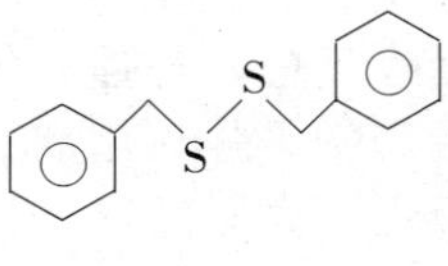

危害信息

燃烧与爆炸危险性 可燃。其粉体与空气混合能形成爆炸性混合物，当达到一定浓度时遇火星会爆炸。燃烧产生有毒的一氧化碳和氧化硫气体。

禁忌物 强氧化剂、酸类。

毒性 接触者有恶心、乏力、食欲下降，可以恢复。目前未见中毒报道。

侵入途径 吸入、食入。

理化特性与用途

理化特性 淡黄色片状结晶。微溶于水，溶于多数有机溶剂。熔点 68 ~ 72℃，沸点 270℃(分解)，相对密度(水 =1)1.3，辛醇/水分配系数 5.29，闪点 150℃。

主要用途 用作抗氧剂、稳定剂和石油添加剂。

包装与储运

安全储运 储存于阴凉、通风的库房。包装密封。远离火种、热源。应与强氧化剂、强还原剂、强碱等隔离储运。搬运时轻装轻卸，防止包装受损。

紧急处置信息

急救措施

吸入：脱离接触。如有不适感，就医。

眼睛接触：分开眼睑，用流动清水或生理盐水冲洗。如有不适感，就医。

皮肤接触：脱去污染的衣着，用肥皂水和清水冲洗。如有不适感，就医。

食入：漱口，饮水。就医。

灭火方法 消防人员须穿全身消防服，佩戴防毒面具，在上风向灭火。尽可能将容器从火场移至空旷处。喷水保持火场容器冷却，直至灭火结束。

灭火剂：雾状水、泡沫、二氧化碳、干粉、砂土。

泄漏应急处置 隔离泄漏污染区，限制出入。消除所有点火源。建议应急处理人员戴防尘口罩，穿一般作业工作服。尽可能切断泄漏源。用塑料布覆盖泄漏物，减少飞散。勿使水进入包装容器内。用洁净的铲子收集泄漏物，置于干净、干燥、盖子较松的容器中，将容器移离泄漏区。

183. 二丁基二硫代氨基甲酸钼

标　识

中文名称 二丁基二硫代氨基甲酸钼

英文名称 Molybdenum dibutyldithiocarbamate

别名 351 极压抗磨剂

CAS 号 68412 -26 -0

危害信息

燃烧与爆炸危险性 可燃。其粉体与空气混合能形成爆炸性混合物，遇明火、高热有引起燃烧爆炸的危险。燃烧产生有毒的一氧化碳、硫氧化物和氮氧化物气体。

禁忌物　强氧化剂。

理化特性与用途

理化特性　黄色粉末。不溶于水，微溶于芳烃。熔点≥260℃，相对密度(水 =1)1.59。

主要用途　主要用于润滑脂和工业润滑油中。

包装与储运

安全储运　储存于阴凉、通风的库房。远离火种、热源。保持容器密封。应与氧化剂、酸、酸性氯化物、酸酐隔离储运。搬运时轻装轻卸，防止包装受损。

紧急处置信息

急救措施

吸入：脱离接触。如有不适感，就医。

眼睛接触：分开眼睑，用流动清水或生理盐水冲洗。如有不适感，就医。

皮肤接触：脱去污染的衣着，用肥皂水和清水冲洗。如有不适感，就医。

食入：漱口，饮水。就医。

灭火方法　消防人员须穿全身消防服，戴空气呼吸器，在上风向灭火。尽可能将容器从火场移至空旷处。喷水保持火场容器冷却，直至灭火结束。

灭火剂：雾状水、泡沫、二氧化碳、干粉、砂土。

泄漏应急处置　隔离泄漏污染区，限制出入。建议应急处理人员戴防尘口罩，穿一般作业工作服。尽可能切断泄漏源。用塑料布覆盖泄漏物，减少飞散。勿使水进入包装容器内。用洁净的铲子收集泄漏物，置于干净、干燥、盖子较松的容器中，将容器移离泄漏区。

184. 二丁基二硫代氨基甲酸铅

标　识

中文名称　二丁基二硫代氨基甲酸铅

英文名称　Lead dibutyldithiocarbamate

别名　353 极压抗磨剂

危害信息

禁忌物　强氧化剂。

毒性　有机铅化合物能引起中枢神经系统损害。

侵入途径　吸入、食入。

理化特性与用途

理化特性　白色或奶油色固体粉末。熔点≥71 ~73℃。

主要用途　主要用于调制发动机油、工业齿轮油。

包装与储运

安全储运　储存于阴凉、通风的库房。远离火种、热源。保持容器密封。应与氧化剂、酸类隔离储运。搬运时轻装轻卸，防止包装受损。

紧急处置信息

急救措施

吸入：立即脱离接触。如呼吸困难，给吸氧。如呼吸心跳停止，立即行心肺复苏术。就医。

眼睛接触：分开眼睑，用流动清水或生理盐水冲洗。如有不适感，就医。

皮肤接触：脱去污染的衣着，用肥皂水和清水冲洗。如有不适感，就医。

食入：漱口，饮一杯水，催吐。就医。

驱铅治疗：选用适当的螯合剂。

泄漏应急处置　隔离泄漏污染区，限制出入。建议应急处理人员戴防尘口罩，穿一般作业工作服。尽可能切断泄漏源。用塑料布覆盖泄漏物，减少飞散。勿使水进入包装容器内。用洁净的铲子收集泄漏物，置于干净、干燥、盖子较松的容器中，将容器移离泄漏区。

185. 二丁基二硫代氨基甲酸锑

标　　识

中文名称　二丁基二硫代氨基甲酸锑

英文名称　Antiwear extreme pressure additive T352

别名　T352 极压抗磨剂

危害信息

禁忌物　强氧化剂。

毒性　锑化合物能引起化学性肺炎，心肌和肝脏损害。

侵入途径　吸入、食入。

理化特性与用途

理化特性　黄色结晶粉末。熔点≥72～74℃，失重温度范围 230～330℃。

主要用途　主要用于润滑脂中。

包装与储运

安全储运　储存于阴凉、通风的库房。远离火种、热源。保持容器密封。应与氧化剂、酸类隔离储运。搬运时轻装轻卸，防止包装受损。

紧急处置信息

急救措施

吸入：立即脱离接触。如呼吸困难，给吸氧。如呼吸心跳停止，立即行心肺复苏术。

眼睛接触：分开眼睑，用流动清水或生理盐水冲洗。如有不适感，就医。

皮肤接触：脱去污染的衣着，用肥皂水和清水冲洗。如有不适感，就医。

食入：漱口，饮一杯水，催吐。就医。

泄漏应急处置　隔离泄漏污染区，限制出入。建议应急处理人员戴防尘口罩，穿一般作业工作服。尽可能切断泄漏源。用塑料布覆盖泄漏物，减少飞散。勿使水进入包装容器内。用洁净的铲子收集泄漏物，置于干净、干燥、盖子较松的容器中，将容器移离泄漏区。

186. 二丁基萘磺酸钠

标　识

中文名称　二丁基萘磺酸钠

英文名称　Sodium dibutylnaphthalenesulphonate；Nekal

别名　拉开粉；渗透剂 BX

分子式　$C_8H_{23}SO_3Na$

CAS 号　25417－20－3

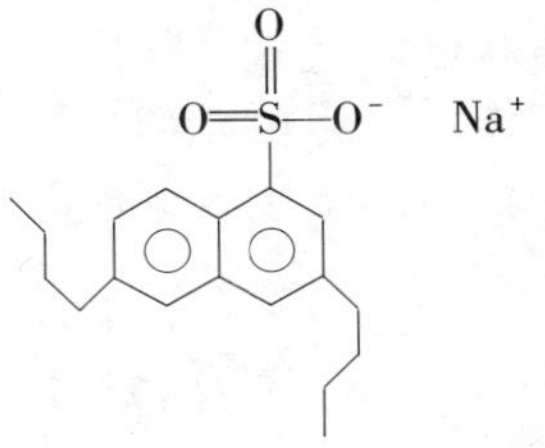

危害信息

燃烧与爆炸危险性　可燃。其粉体与空气混合能形成爆炸性混合物，遇明火高热有引起燃烧爆炸的危险。燃烧产生有毒的一氧化碳和硫氧化物气体。

活性反应　与强酸反应。

禁忌物　强酸。

毒性　大鼠经口 LD_{50}：1250mg/kg；小鼠经口 LD_{50}：1134mg/kg。

侵入途径　吸入、食入。

理化特性与用途

理化特性　白色固体粉末。易溶于水。pH 值 7～8.5(1%水溶液)。

主要用途　广泛应用纺织印染各道工序，主要应用作渗透剂及润湿剂和橡胶工业的乳化剂的软化剂，造纸工业湿润剂、色淀，工业的润湿剂及化肥农药工业的增效剂，亦用作油品乳化剂和分散剂、润湿剂等。

包装与储运

安全储运　储存于阴凉、通风的库房。包装密封。远离火种、热源。应与氧化剂隔离储运。搬运时轻装轻卸，防止包装受损。

紧急处置信息

急救措施

吸入：脱离接触。如有不适感，就医。

眼睛接触：分开眼睑，用流动清水或生理盐水冲洗。如有不适感，就医。

皮肤接触：脱去污染的衣着，用肥皂水和清水冲洗。如有不适感，就医。

食入：漱口，饮水。就医。

灭火方法　消防人员须穿全身消防服，在上风向灭火。尽可能将容器从火场移至空旷处。喷水保持火场容器冷却，直至灭火结束。

灭火剂：雾状水、抗溶性泡沫、二氧化碳、干粉、砂土。

泄漏应急处置　建议应急处理人员戴防尘口罩，穿防毒防酸碱服，戴橡胶耐酸碱手套。消除点火源。用洁净的铲子收集泄漏物，置于干净、干燥、盖子较松的容器中，将容器移离泄漏区。

187. 二芳基二硫代磷酸锌

标　　识

中文名称　二芳基二硫代磷酸锌

英文名称　Zinc diaryl dithiophosphate

别名　T－201

危害信息

燃烧与爆炸危险性　可燃。其粉体与空气混合能形成爆炸性混合物，遇明火高热有引起燃烧爆炸的危险。燃烧产生有毒的氮氧化物、硫氧化物等气体。

禁忌物　强氧化剂。

侵入途径　吸入、食入。

理化特性与用途

主要用途　作为抗磨剂广泛用于内燃机油，也用于液压油和其他产品，也是有效的抗氧剂。

包装与储运

安全储运　储存于阴凉、通风的库房。包装密封。远离火种、热源。应与氧化剂等隔离储运。

紧急处置信息

急救措施

吸入：脱离接触。如有不适感，就医。

眼睛接触：分开眼睑，用流动清水或生理盐水冲洗。如有不适感，就医。

皮肤接触：脱去污染的衣着，用肥皂水和清水冲洗。如有不适感，就医。

食入：漱口，饮水。就医。

灭火方法　消防人员须穿全身消防服，在上风向灭火。尽可能将容器从火场移至空旷处。喷水保持火场容器冷却，直至灭火结束。

灭火剂：雾状水、泡沫、二氧化碳、干粉、砂土。

泄漏应急处置　消除所有点火源。无关人员从侧风、上风向撤离至安全区。建议应急处理人员戴正压自给式呼吸器，穿防静电、防腐蚀服，戴橡胶手套。尽可能切断泄漏源。收集于适当的容器中。

188. 1,4－二氟苯

标　　识

中文名称　1,4－二氟苯

英文名称　1,4－Difluorobenzene；*p*－Difluorobenzene

别名　对二氟苯

分子式　$C_6H_4F_2$

CAS 号　540－36－3

WGH 号　32055；T31155［铁规］

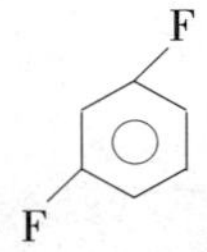

危害信息

危险性类别　第 3 类　易燃液体

燃烧与爆炸危险性　易燃。其蒸气与空气混合能形成爆炸性混合物，遇明火、高热易燃烧或爆炸。燃烧产生有毒的一氧化碳和氟化氢气体。在高温火场中，受热的容器或储罐有破裂和爆炸的危险。蒸气比空气重，能在较低处扩散到相当远的地方，遇火源会着火回燃和爆炸(闪爆)。

禁忌物　强氧化剂。

毒性　小鼠吸入 LC_{50}：55000mg/m^3(2h)。

吸入、口服或经皮肤吸收，对身体有害，有刺激作用。其毒性作用比氟苯低。

侵入途径　吸入、食入、经皮吸收。

理化特性与用途

理化特性　无色、有刺激性气味的液体。不溶于水，溶于乙醇等。熔点－13℃，沸点88.8℃，相对密度(水＝1)1.17，辛醇/水分配系数2.13，闪点－5℃。

主要用途　用作有机合成中间体。

包装与储运

包装标志　易燃液体；有毒品

包装类别　Ⅱ类

安全储运　储存于阴凉、通风的库房。远离火种、热源，避免阳光直射。储存温度不超过35℃，相对湿度不超过80%。保持容器密封。炎热季节早晚运输，应与氧化剂等隔离储运。禁止使用易产生火花的机械设备和工具。灌装时注意流速，防止静电积聚。搬运时轻装轻卸，防止容器受损。

紧急处置信息

急救措施

吸入：脱离接触。如呼吸困难，给吸氧。如呼吸心跳停止，立即行心肺复苏术就医。

眼睛接触：分开眼睑，用流动清水或生理盐水冲洗。如有不适感，就医。

皮肤接触：脱去污染的衣着，用肥皂水和清水冲洗。如有不适感，就医。

食入：尽量饮水，不要催吐。就医。

灭火方法　消防人员须穿全身防火防毒服，佩戴空气呼吸器，在上风向灭火。尽可能将容器从火场移至空旷处。喷水保持火场容器冷却，直至灭火结束。处在火场中的容器若发生异常变化或发出异常声音，须马上撤离。

灭火剂：泡沫、二氧化碳、干粉、砂土。

泄漏应急处置　消除所有点火源。根据液体流动和蒸气扩散的影响区域划定警戒区，无关人员从侧风、上风向撤离至安全区。建议应急处理人员戴正压自给式呼吸器，穿防静电服。作业时使用的所有设备应接地。禁止接触或跨越泄漏物。尽可能切断泄漏源。防止泄漏物进入水体、下水道、地下室或限制性空间。小量泄漏：用砂土或其他不燃材料吸收。使用洁净的无火花工具收集吸收材料。大量泄漏：构筑围堤或挖坑收容。用泡沫覆盖，减少蒸发。喷水雾能减少蒸发，但不能降低泄漏物在限制性空间内的易燃性。用防爆泵转移至槽车或专用收集器内。

189. 1,2－二氟苯

标　识

中文名称　1,2－二氟苯

英文名称　1,2－Difluorobenzene；*o*－Difluorobenzene

别名　邻二氟苯

分子式　$C_6H_4F_2$

CAS 号　367－11－3

WGH 号　32055；T31155［铁规］

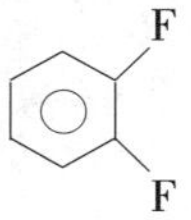

危害信息

危险性类别　第3类　易燃液体

燃烧与爆炸危险性　易燃。其蒸气与空气混合能形成爆炸性混合物，遇明火、高热易燃烧或爆炸。燃烧产生有毒的一氧化碳和氟化氢气体。在高温火场中，受热的容器或储罐有破裂和爆炸的危险。蒸气比空气重，能在较低处扩散到相当远的地方，遇火源会着火回燃和爆炸(闪爆)。

禁忌物　强氧化剂。

毒性　小鼠吸入 LC_{50}：55000mg/m^3(2h)。

吸入、口服或经皮肤吸收对身体有害，有刺激性。其毒性作用比氟苯低。

侵入途径　吸入、食入、经皮吸收。

理化特性与用途

理化特性　无色、有刺激性气味的液体。不溶于水，溶于乙醇等。熔点－34℃，沸点92℃，相对密度(水＝1)1.16，辛醇/水分配系数2.37，闪点2.22℃。

主要用途　用于有机合成

包装与储运

包装标志　易燃液体；有毒品

包装类别　Ⅱ类

安全储运　储存于阴凉、通风的库房。远离火种、热源，避免阳光直射。储存温度不超过35℃，相对湿度不超过80%。保持容器密封。炎热季节早晚运输，应与氧化剂等隔离储运。禁止使用易产生火花的机械设备和工具。灌装时注意流速，防止静电积聚。搬运时轻装轻卸，防止容器受损。

紧急处置信息

急救措施

吸入：脱离接触。如呼吸困难，给吸氧。如呼吸心跳停止，立即行心肺复苏术就医。

眼睛接触：分开眼睑，用流动清水或生理盐水冲洗。如有不适感，就医。

皮肤接触：脱去污染的衣着，用肥皂水和清水冲洗。如有不适感，就医。

食入：尽量饮水，不要催吐。就医。

灭火方法　消防人员须穿全身防火防毒服，佩戴空气呼吸器，在上风向灭火。尽可能将容器从火场移至空旷处。喷水保持火场容器冷却，直至灭火结束。处在火场中的容器若发生异常变化或发出异常声音，须马上撤离。

灭火剂：泡沫、二氧化碳、干粉、砂土。

泄漏应急处置　消除所有点火源。根据液体流动和蒸气扩散的影响区域划定警戒区，无关人员从侧风、上风向撤离至安全区。建议应急处理人员戴正压自给式呼吸器，穿防静电服。作业时使用的所有设备应接地。禁止接触或跨越泄漏物。尽可能切断泄漏源。防止泄漏物进入水体、下水道、地下室或限制性空间。小量泄漏：用砂土或其他不燃材料吸收。使用洁净的无火花工具收集吸收材料。大量泄漏：构筑围堤或挖坑收容。用泡沫覆盖，减少蒸发。喷水雾能减少蒸发，但不能降低泄漏物在限制性空间内的易燃性。用防爆泵转移至槽车或专用收集器内。

190. 二环己胺

标　识

中文名称　二环己胺

英文名称　Dicyclohexylamine；*N* – Cyclohexylcyclohexanamine

别名　*N* – 环己基环己胺

分子式　$C_{12}H_{23}N$

CAS 号　101 – 83 – 7

WGH 号　82512

UN 号　2565

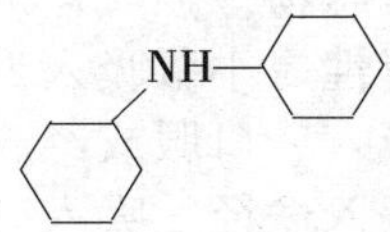

危害信息

危险性类别　第 8 类　腐蚀品

燃烧与爆炸危险性　可燃，其蒸气与空气混合能形成爆炸性混合物，遇明火、高热易燃烧爆炸，燃烧产生有毒的一氧化碳和氮氧化物气体。

活性反应　与氧化剂接触会引起着火和爆炸

禁忌物　氧化剂、强酸。

毒性　大鼠经口 LD_{50}：373mg/kg；小鼠经口 LD_{50}：500mg/kg；小鼠吸入 LC_{50}：1g/m^3。

本品对眼、皮肤和黏膜有强烈刺激性。可引起灼伤。对皮肤有致敏性。对人的可能经口致死剂量为 50 ~ 500mg/kg。

侵入途径　吸入、食入、经皮吸收。

环境危害　对水生生物有极高毒性，可能在水生环境中造成长期不利影响。

理化特性与用途

理化特性　无色透明液体，有胺味。微溶于水，溶于乙醇、乙醚、苯，混溶于环己胺。沸点 256℃，熔点 – 0. 1℃，相对密度(水 = 1)0. 9，相对蒸汽密度 6. 25，饱和蒸气压 1. 6kPa(37. 7℃)，临界温度 464℃，临界压力 2. 52MPa，闪点 105℃(闭杯)，引燃温度 255℃，爆炸极限 0. 9% ~6. 9%，辛醇/水分配系数 3. 5。

主要用途　用于制染料、橡胶促进剂、硝化纤维漆、杀虫剂、催化剂、防腐剂、气相缓蚀剂等。

包装与储运

包装标志　腐蚀品

包装类别　Ⅲ类

安全储运　储存于阴凉、通风的库房。远离火种、热源。保持容器密封。应与强氧化剂、酸、铅、铜合金等隔离储运。搬运时轻装轻卸，防止容器受损。

紧急处置信息

急救措施

吸入：脱离接触。如呼吸困难，给吸氧。如呼吸心跳停止，立即行心肺复苏术

眼和皮肤接触：用水彻底冲洗。

食入：给饮牛奶或水，成人不超过2杯。禁止催吐和洗胃，禁用泻剂。

灭火方法　消防人员须佩戴空气呼吸器，穿全身耐酸碱消防服在上风向灭火。尽可能将容器从火场移至空旷处。喷水保持火场容器冷却，直至灭火结束。

灭火剂：二氧化碳、抗溶性泡沫、砂土、干粉。

泄漏应急处置　消除所有点火源。根据液体流动和蒸气扩散的影响区域划定警戒区，无关人员从侧风、上风向撤离至安全区。建议应急处理人员戴正压自给式呼吸器，穿防静电、防腐蚀服，戴橡胶手套。尽可能切断泄漏源。防止泄漏物进入水体、下水道、地下室或限制性空间。小量泄漏：用干燥的砂土或其他不燃材料吸收或覆盖，收集于容器中。大量泄漏：构筑围堤或挖坑收容。

191. *N*,*N*－二环己基－2－苯并噻唑次磺酰胺

标　识

中文名称　*N*,*N*－二环己基－2－苯骈噻唑次磺酰胺

英文名称　*N*,*N*－Dicyclohexylbenzothiazole－2－sulphenamide；Accelerator（DZ）

别名　促进剂DCBS(DZ)

分子式　$C_{19}H_{26}N_2S_2$

CAS号　4979－32－2

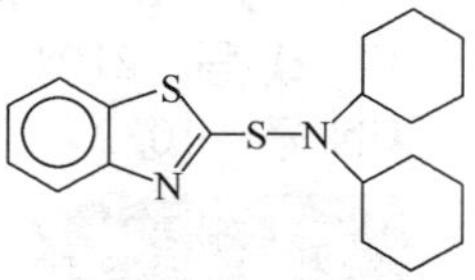

危害信息

燃烧与爆炸危险性　可燃。其粉体与空气混合能形成爆炸性混合物，遇明火高热有引起燃烧爆炸的危险。燃烧产生有毒的一氧化碳、二氧化硫和氮氧化物气体。

毒性　大鼠经口LD_{50}：6420mg/kg。

对眼和皮肤有刺激性。

侵入途径　吸入、食入。

理化特性与用途

理化特性　灰白色或淡黄色粉末。不溶于水，微溶于汽油，溶于乙醇、乙醚、丙酮、苯、甲苯、二氯甲烷、四氯化碳、乙酸乙酯。熔点99～104℃，沸点>300℃，相对密度(水=1)1.2，辛醇/水分配系数>4.8(25℃)。

主要用途　用作天然胶、顺丁胶、丁苯胶、异戊胶的后效性促进剂。

包装与储运

安全储运　储存于阴凉、通风的库房。包装密封。远离火种、热源，避光保存。应与氧化剂隔离储运。搬运时轻装轻卸，防止包装受损。

紧急处置信息

急救措施

吸入： 脱离接触，休息。如有不适感，就医。

眼睛接触： 分开眼睑，用流动清水或生理盐水冲洗。如有不适感，就医。

皮肤接触： 脱去污染的衣着，用肥皂水和清水冲洗。如有不适感，就医。

食入： 漱口，尽量饮水。就医。

灭火方法　消防人员须穿全身消防服，在上风向灭火。尽可能将容器从火场移至空旷处。喷水保持火场容器冷却，直至灭火结束。

灭火剂：雾状水、泡沫、二氧化碳、干粉、砂土。

泄漏应急处置　隔离泄漏污染区，限制出入。消除所有点火源。建议应急处理人员戴防尘口罩，穿一般作业工作服。尽可能切断泄漏源。用塑料布覆盖泄漏物，减少飞散。勿使水进入包装容器内。用洁净的铲子收集泄漏物，置于干净、干燥、盖子较松的容器中，将容器移离泄漏区。

192. 二　甲　胺

标　　识

中文名称　二甲胺

英文名称　Dimethylamine；*N* – Methyl methanamine

别名　*N* – 甲基甲胺

分子式　C_2H_7N

CAS 号　124 – 40 – 3

WGH 号　21044

UN 号　1032

危害信息

危险性类别　第 2.1 类　易燃气体

燃烧与爆炸危险性　易燃。与空气混合能形成爆炸性混合物，遇高热和明火能引起燃烧或爆炸。燃烧产生有毒的一氧化碳和氮氧化物气体。气体比空气重，能在较低处扩散到相当远的地方，遇火源会着火回燃和爆炸(闪爆)。

活性反应　与氧化剂发生反应。

禁忌物　酸类、强氧化剂、卤素。

毒性　大鼠经口 LD_{50}：698mg/kg；小鼠经口 LD_{50}：316mg/kg；小鼠吸入 LC_{50}：4725ppm(2h)。

本品有强烈刺激和腐蚀作用。

中毒表现　本品对眼和呼吸道有强烈的刺激作用，吸入后引起咳嗽、呼吸困难。重者发生肺水肿。皮肤接触液态二甲胺可引起坏死，眼睛接触可引起角膜损伤、混浊。

侵入途径 吸入、食入。

职业接触限值

中国：PC－TWA：5mg/m^3；PC－STEL：10mg/m^3。

美国(ACGIH)：TLV－TWA：5ppm；TLV－STEL：15ppm。

理化特性与用途

理化特性 无色气体，高浓度的带有氨味，低浓度的有烂鱼味。易溶于水，溶于乙醇、乙醚。熔点－92.2℃，沸点7.0℃，相对密度(水＝1)0.68，相对蒸气密度(空气＝1)1.6，蒸气压203kPa(25℃)，燃烧热－1743.5kJ/mol(液体)、－1768.9kJ/mol(气体)，临界温度164.5℃，临界压力5.31MPa，辛醇/水分配系数0.38，闪点－6.7℃(闭杯)，引燃温度400℃，爆炸极限2.8%～14.4%。

主要用途 用作生产药物、染料、农药、皮革去毛剂、橡胶硫化促进剂、火箭推进剂等的原料。

包装与储运

包装标志 易燃气体

安全储运 储存于阴凉、通风的库房或大型气柜。远离火源和热源。储存温度不超过30℃。储存时，应与氧化剂、酸、卤素等隔离。禁止使用铝、铜、锌及其合金所制的设备。禁止使用易产生火花的机械设备和工具。运输时防止雨淋、曝晒。搬运时轻装轻卸，须戴好钢瓶安全帽和防震橡皮圈，防止钢瓶撞击。

紧急处置信息

急救措施

吸入：迅速脱离现场至空气新鲜处。保持呼吸道通畅。如呼吸困难，给输氧。呼吸、心跳停止，立即进行心肺复苏术。就医。

眼睛接触：立即分开眼睑，用大量流动清水或生理盐水彻底冲洗10～15min。就医。

皮肤接触：立即脱去污染的衣着，用大量流动清水彻底冲洗，冲洗时间一般要求20～30min。就医。

食入：用水漱口，禁止催吐。给饮牛奶或蛋清。就医。

灭火方法 切断气源。若不能切断气源，则不允许熄灭泄漏处的火焰。消防人员须穿全身消防服，佩戴防毒面具，在上风向灭火。喷水保持火场容器冷却，直至灭火结束。尽可能将容器从火场移至空旷处。

灭火剂：雾状水、抗溶性泡沫、干粉、砂土。

泄漏应急处置 消除所有点火源。根据气体的影响区域划定警戒区，无关人员从侧风、上风向撤离至安全区。建议应急处理人员戴正压自给式呼吸器，穿防静电、防腐蚀、防毒服。如果是液化气体泄漏，还应注意防冻伤。作业时使用的所有设备应接地。禁止接触或跨越泄漏物。尽可能切断泄漏源。若可能翻转容器，使之逸出气体而非液体。喷雾状水抑制蒸气或改变蒸气云流向，避免水流接触泄漏物。禁止用水直接冲击泄漏物或泄漏源。构筑围堤或挖坑收容液体泄漏物。用硫酸氢钠($NaHSO_4$)中和。

193. 二 甲 酚

标 识

中文名称 二甲酚

英文名称 Dimethyl phenol；Xylenol

别名 二甲基苯酚；混合二甲酚

分子式 $C_8H_{10}O$

CAS 号 1300－71－6

WGH 号 61700

UN 号 2261

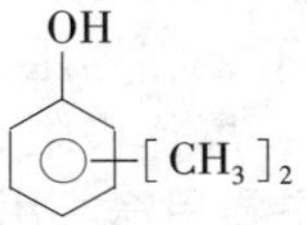

危害信息

危险性类别 第6.1类 毒害品

燃烧与爆炸危险性 可燃。粉体与空气可形成爆炸性混合物，遇明火、高热会发生粉尘爆炸。燃烧时散发出有毒气体。

活性反应 与碱发生放热中和反应。与浓硝酸、高锰酸钾等强氧化剂发生剧烈反应，甚至爆炸。

禁忌物 强氧化剂。

毒性 人(男性)经口 LDL_o：5000mg/kg。

毒性与苯酚相似。

中毒表现 本品蒸气能刺激眼睛、皮肤和呼吸系统。误服或经皮肤吸收能导致头痛、眩晕、恶心、呕吐、腹痛、衰竭、昏迷等症状。对皮肤可造成腐蚀性灼伤。

侵入途径 吸入、食入、经皮吸收。

环境危害 对水生生物有毒，可能在水生环境中造成长期不利影响。

理化特性与用途

理化特性 白色或浅黄褐色结晶固体或液体，是六种二甲酚异构体的混合物。微溶于水，能溶于碱溶液和大部分有机溶剂。熔点20～76℃，沸点203～225℃，相对密度(水=1)1.01～1.03(15℃/4℃)，相对蒸气密度(空气=1)4.2，临界压力5.71，临界温度449.7℃，燃烧热－4348kJ/mol，辛醇/水分配系数2.23～2.61，闪点61～95℃(闭杯)，引燃温度598.9℃，爆炸下限1.4%。

主要用途 用于制酚醛树脂、医药、农药、染料、杀虫剂等，也用作消毒剂、矿物浮选剂、杀菌剂等及用于提取各种二甲酚异构体。

包装与储运

包装标志 有毒品，腐蚀品[铁规]

包装类别 Ⅱ类

安全储运 储存于阴凉、干燥、通风良好的库房。远离火种、热源。储存温度不超过35℃，相对湿度不超过85%。防止阳光直射。密闭包装。应与氧化剂、碱类、食用化学品等隔离储运。搬运时轻装倾卸，防止包装或容器受损。

紧急处置信息

急救措施

吸入： 迅速脱离现场至空气新鲜处。保持呼吸道通畅。如呼吸困难，给输氧。呼吸、心跳停止，立即进行心肺复苏术。就医。

眼睛接触： 立即分开眼睑，用大量流动清水或生理盐水彻底冲洗 10 ~ 15min。就医。

皮肤接触： 立即脱去污染衣物，用大量流动清水彻底冲洗，冲洗后即用浸过 30% ~ 50% 酒精棉花擦洗创面至无酚味为止(注意不能将患处浸泡于酒精溶液中)。如有条件可用数块浸有聚乙二醇(300 或 400)的海绵反复擦洗污染部位，至少 20min。然后再用大量水冲洗 10min 以上。

食入： 漱口，给服植物油 15 ~ 30mL，催吐。对食入时间长者禁用植物油，可口服牛奶或蛋清。就医。

灭火方法 消防人员必须穿全身防火防毒服，佩戴空气呼吸器，在上风向灭火。尽可能将容器从火场移至空旷处。喷水冷却容器，直至灭火结束。

灭火剂：雾状水、抗溶性泡沫、干粉、二氧化碳、砂土。

泄漏应急处置 隔离泄漏污染区，限制出入。消除所有点火源。建议应急处理人员戴防尘口罩，穿防毒服。穿上适当的防护服前严禁接触破裂的容器和泄漏物。尽可能切断泄漏源。用塑料布覆盖泄漏物，减少飞散。勿使水进入包装容器内。用洁净的铲子收集泄漏物，置于干净、干燥、盖子较松的容器中，将容器移离泄漏区。

194. 二甲基吡啶氯化苄季铵盐

标　识

中文名称 二甲基吡啶氯化苄季铵盐

英文名称 Benzyl dimethylpyriding chloride；Pickling inhibitor

别名 季铵盐

分子式 $C_{14}H_{16}NCl$

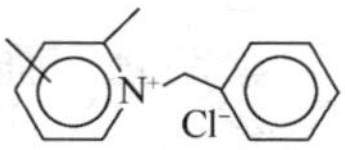

危害信息

活性反应 与强碱反应。

禁忌物 强碱。

侵入途径 吸入、食入。

理化特性与用途

理化特性 棕色至棕黑色油状液体，有刺激性气味。溶于水，溶液呈酸性。相对密度(水 = 1)0.965 ~ 0.975(20℃)。

主要用途 用于油气井酸化压裂工艺中盐酸、土酸及其他工业酸洗缓蚀剂。

包装与储运

安全储运 储存于阴凉、干燥、通风良好的库房。远离火种、热源。防止阳光直射。密闭包装。应与氧化剂、碱类、食用化学品等隔离储运。搬运时轻装倾卸，防止包装或容器受损。

紧急处置信息

急救措施

吸入：脱离接触。如有不适感，就医。

眼睛接触：分开眼睑，用流动清水或生理盐水冲洗。如有不适感，就医。

皮肤接触：脱去污染的衣着，用肥皂水和清水冲洗。如有不适感，就医。

食入：漱口，饮水。就医。

泄漏应急处置 隔离泄漏污染区，限制出入。建议应急处理人员戴空气呼吸器，穿防护服。穿上适当的防护服前严禁接触破裂的容器和泄漏物。尽可能切断泄漏源。勿使水进入包装容器内。用惰性材料吸收。用洁净的铲子收集，置于干净、干燥、盖子较松的容器中，将容器移离泄漏区。

195. N－(1,3 二甲基丁基)－N′－苯基－对苯二胺

标　识

中文名称 N－（1,3 二甲基丁基）－N′－苯基－对苯二胺

英文名称 N－1,3－Dimethylbutyl－N′－phenyl－p－phenylenediamine；Antioxidant 4020

别名 防老剂 4020；防老剂 DMPPD

分子式 $C_{18}H_{24}N_2$

CAS 号 793－24－8

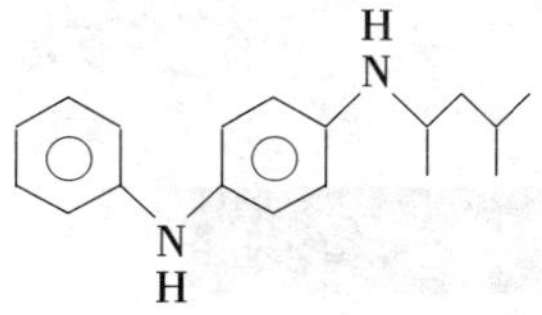

危害信息

燃烧与爆炸危险性 可燃。其粉体与空气混合能形成爆炸性混合物，遇明火高热有引起燃烧爆炸的危险。燃烧产生有毒的一氧化碳和氮氧化物气体。

活性反应 与强氧化剂接触发生反应。

禁忌物 强氧化剂。

毒性 大鼠经口 LD_{50}：3580mg/kg；家兔经皮 LD_{50}：>7940mg/kg。

对眼、上呼吸道和皮肤有刺激性。本品可引起变应性接触性皮炎。

侵入途径 吸入、食入、经皮吸收。

理化特性与用途

理化特性 灰色固体，暴露在空气中颜色变深。不溶于水，溶于丙酮、苯、甲苯。熔点 40～45℃，沸点 260℃，密度 0.986～1.0g/cm³，闪点 200℃（闭杯），引燃温度 500℃，辛醇/水分配系数 5.4。

主要用途 用作天然橡胶和合成橡胶的防老剂。

包装与储运

安全储运 储存于阴凉、通风的库房。包装容器密封。远离火种、热源。应与氧化剂等隔离储运。搬运时轻装轻卸，防止包装或容器受损。

紧急处置信息

急救措施

吸入： 脱离接触。如有不适感，就医。

眼睛接触： 分开眼睑，用流动清水或生理盐水冲洗。如有不适感，就医。

皮肤接触： 脱去污染的衣着，用肥皂水和清水冲洗。如有不适感，就医。

食入： 漱口，饮水。就医。

灭火方法 消防人员须穿全身消防服，戴空气呼吸器，在上风向灭火。尽可能将容器从火场移至空旷处。喷水保持火场容器冷却，直至灭火结束。

灭火剂：雾状水、泡沫、二氧化碳、干粉、砂土。

泄漏应急处置 隔离泄漏污染区，限制出入。建议应急处理人员戴防尘口罩，穿防毒防酸碱服，戴橡胶耐酸碱手套。穿上适当的防护服前严禁接触破裂的容器和泄漏物。尽可能切断泄漏源。用塑料布覆盖泄漏物，减少飞散。勿使水进入包装容器内。用洁净的铲子收集泄漏物，置于干净、干燥、盖子较松的容器中，将容器移离泄漏区。

196. 2,2－二甲基丁烷

标 识

中文名称 2,2－二甲基丁烷

英文名称 2,2－Dimethylbutane；Neohexane

别名 新己烷

分子式 C_6H_{14}

CAS 号 75－83－2

WGH 号 31005

UN 号 1208

危害信息

危险性类别 第3类 易燃液体

燃烧与爆炸危险性 极易燃。其蒸气与空气混合能形成爆炸性混合物，遇明火、高热极易燃烧或爆炸。燃烧产生有毒的一氧化碳气体。在高温火场中，受热的容器或储罐有破裂和爆炸的危险。蒸气比空气重，能在较低处扩散到相当远的地方，遇火源会着火回燃和爆炸(闪爆)。

活性反应 与强氧化剂反应。

禁忌物 强氧化剂、强酸、强碱、卤素。

中毒表现 高浓度吸入出现呼吸道刺激、轻度恶心、头痛、头晕等；极高浓度吸入可致昏迷甚至死亡。液体对眼和皮肤有刺激性。皮肤长期接触可致皮炎。

侵入途径 吸入、食入。

职业接触限值 美国(ACGIH)：TLV－TWA：500ppm；TLV－STEL：1000ppm。

理化特性与用途

理化特性 无色液体，常温下微有异臭味。不溶于水，溶于乙醇、乙醚、丙酮、苯，易溶于石油醚、四氯化碳。熔点－99.9℃，沸点49.7℃，相对密度(水＝1)0.649，相对蒸气密度（空气 = 1）3.0，蒸气压 36.9kPa（20℃），燃烧热 －4159.5kJ/mol，临界温度 216.2℃，临界压力 3.1MPa，辛醇/水分配系数 3.82，闪点 －47.8℃（闭杯），引燃温度 405℃，爆炸极限 1.2% ～7.0%。

主要用途 用作溶剂，航空汽油和车用汽油的添加剂，也用于有机合成及用作气相色谱对比样品。

包装与储运

包装标志 易燃液体

包装类别 Ⅱ类

安全储运 储存于阴凉、通风的库房。远离火种、热源，避免阳光直射。储存温度不超过 29℃。炎热季节早晚运输。应与氧化剂等隔离储运。禁止使用易产生火花的机械设备和工具。灌装时注意流速，防止静电积聚。搬运时轻装轻卸，防止容器受损。

紧急处置信息

急救措施

吸入：迅速脱离现场至空气新鲜处。保持呼吸道通畅。如呼吸困难，给输氧。呼吸、心跳停止，立即进行心肺复苏术。就医。

眼睛接触：立即分开眼睑，用流动清水或生理盐水彻底冲洗。就医。

皮肤接触：立即脱去污染的衣着，用肥皂水和清水彻底冲洗。就医。

食入：漱口，不要催吐。就医。

忌用肾上腺素类药。

灭火方法 消防人员须穿全身消防服，佩戴空气呼吸器，在上风向灭火。尽可能将容器从火场移至空旷处。喷水保持火场容器冷却，直至灭火结束。处在火场中的容器若发生异常变化或发出异常声音，须马上撤离。

灭火剂：泡沫、二氧化碳、干粉和砂土。用水灭火无效。

泄漏应急处置 消除所有点火源。根据液体流动和蒸气扩散的影响区域划定警戒区，无关人员从侧风、上风向撤离至安全区。建议应急处理人员戴正压自给式呼吸器，穿防静电服，戴橡胶耐油手套。作业时使用的所有设备应接地。禁止接触或跨越泄漏物。尽可能切断泄漏源。防止泄漏物进入水体、下水道、地下室或限制性空间。小量泄漏：用砂土或其他不燃材料吸收。使用洁净的无火花工具收集吸收材料。大量泄漏：构筑围堤或挖坑收容。用泡沫覆盖，减少蒸发。喷水雾能减少蒸发，但不能降低泄漏物在限制性空间内的易燃性。用防爆泵转移至槽车或专用收集器内。

197. 二甲基二硫

标　识

中文名称 二甲基二硫

英文名称 Dimethyldisulfide；Methyldisulfide

别名 二甲基二硫醚

分子式 $C_2H_6S_2$

CAS 号 624－92－0

WGH 号 32114；T31214［铁规］

UN 号 2381

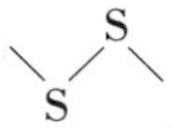

危害信息

危险性类别 第3类 易燃液体

燃烧与爆炸危险性 易燃。其蒸气与空气可形成爆炸性混合物，遇明火、高热极易燃烧爆炸。流速过快，容易产生和积聚静电。其蒸气比空气重，能在较低处扩散到相当远的地方，遇火源会着火回燃和爆炸(闪爆)。若遇高热，容器内压增大，有开裂和爆炸的危险。

活性反应 与氧化剂接触会发生剧烈反应，导致燃烧、爆炸，释放出有毒和刺激性的氧化硫气体。受热分解或与硝酸、浓硫酸反应释放出有毒烟气。

禁忌物 强氧化剂、强还原剂、强碱。

毒性 大鼠吸入 LC_{50}：15.85mg/m^3(2h)；小鼠吸入 LC_{50}：12.3mg/m^3(2h)。

本品遇高热或接触酸或酸雾能分解产生有毒的气体。误服或吸入本品可引起中毒。接触后可引起头痛、恶心和呕吐。

本品属剧毒化学品，已列入《剧毒化学品目录》(2002年版)。

侵入途径 吸入、食入。

环境危害 可能在水生环境中造成长期不利影响。

理化特性与用途

理化特性 无色或淡黄色透明液体，有恶臭。不溶于水，可混溶于乙醇、乙醚、四氯化碳、苯等。熔点 -85℃，沸点 110℃，相对密度(水=1)1.06，相对蒸气密度(空气=1)3.24，蒸气压 3.81kPa(25℃)，折射率 1.5219，闪点 24℃(闭杯)，爆炸极限 1.1%~16.0%，引燃温度 300℃，临界温度 340℃，临界压力 5.28kPa，辛醇/水分配系数 1.77。

主要用途 用作溶剂、结焦抑制剂、加氢催化剂的预硫化试剂、农药中间体。

包装与储运

包装标志 易燃液体

包装类别 Ⅱ类

安全储运 储存于阴凉、干燥、通风的专用库房。保持容器密封。远离火种、热源。避免受潮。储存温度不超过37℃。应与氧化剂、强酸、食用化学品等隔离储运。禁止使用易产生火花的机械设备和工具。搬运时轻装轻卸，防止容器受损。

紧急处置信息

急救措施

吸入： 迅速脱离现场至空气新鲜处。保持呼吸道通畅。如呼吸困难，给输氧。呼吸、心跳停止，立即进行心肺复苏术。就医。

眼睛接触： 立即分开眼睑，用流动清水或生理盐水彻底冲洗。就医。

皮肤接触： 立即脱去污染的衣着，用肥皂水和清水彻底冲洗。就医。

食入： 漱口，尽量饮水，不要催吐，给服活性炭悬液。就医。

灭火方法 消防人员必须穿全身防火防毒服，佩戴空气呼吸器，在上风向灭火。尽可能将容器从火场移至空旷处。喷水保持火场容器冷却，直至灭火结束。处在火场中的容器若发生异常变化或发出异常声音，必须马上撤离。

灭火剂：泡沫、二氧化碳、干粉、砂土。

泄漏应急处置 消除所有点火源。根据液体流动和蒸气扩散的影响区域划定警戒区，

无关人员从侧风、上风向撤离至安全区。建议应急处理人员戴正压自给式呼吸器，穿防静电服。作业时使用的所有设备应接地。禁止接触或跨越泄漏物。尽可能切断泄漏源。防止泄漏物进入水体、下水道、地下室或限制性空间。小量泄漏：用砂土或其他不燃材料吸收。使用洁净的无火花工具收集吸收材料。大量泄漏：构筑围堤或挖坑收容。用泡沫覆盖，减少蒸发。喷水雾能减少蒸发，但不能降低泄漏物在受限制空间内的易燃性。用防爆泵转移至槽车或专用收集器内。

198. N,N－二甲基甲酰胺

标　识

中文名称　*N*,*N*－二甲基甲酰胺

英文名称　*N*,*N*－Dimethylformamide；Dimethyl formamide

别名　二甲基甲酰胺；DMF

分子式　C_3H_7NO

CAS 号　68－12－2

WGH 号　33627；T32127［铁规］

UN 号　2265

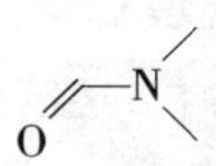

危害信息

危险性类别　第3类　易燃液体

燃烧与爆炸危险性　易燃。遇明火、高热或接触氧化剂，有燃烧爆炸危险。蒸气比空气重，能在较低处扩散到相当远的地方，遇火源会着火回燃和爆炸(闪爆)。

活性反应　与三氧化铬、高锰酸钾等氧化剂反应，易发生爆炸。能与碱金属(锂、钠、钾)、叠氮化物、氢化物(氢化钠、氢化铝锂)、溴、氯、四氯化碳、六氯环己烷、五氧化磷、三乙基铝、硝酸镁、硝酸酯发生反应。能与叠氮化锂形成爆炸性混合物。

禁忌物　强氧化剂、碱金属、叠氮化物、氢化物等。

毒性　大鼠经口 LD_{50}：2800mg/kg；小鼠经口 LD_{50}：2900mg/kg；小鼠吸入 LC_{50}：9400mg/m^3(2h)；家兔经皮 LD_{50}：4720mg/kg。

本品可经呼吸道、皮肤和胃肠道吸收。对皮肤、黏膜有刺激性，能引起中枢神经、肝、肾、胃损害。

欧盟指令67/548/EEC将本品列为第2类生殖毒物——可能对人类有发育毒性物质。

中毒表现　急性中毒：高浓度吸入或严重皮肤污染可引起急性中毒。吸入蒸气后，可产生眼和上呼吸道刺激症状。短期内大量接触，可出现头痛、头晕、焦虑、恶心、呕吐、上腹部剧痛、顽固性便秘等，中毒严重者伴消化道出血。肝、肾损害一般在中毒数日后出现，肝脏肿大，肝区痛，黄疸，肝、肾功能障碍。心血管系统可出现一过性损害。经皮肤吸收中毒者，皮肤出现水疱、水肿、粗糙，局部麻木、瘙痒、灼痛。溅入眼内可致角膜损伤。

慢性影响：有皮肤、黏膜刺激，神经衰弱综合征，血压偏低。还有恶心、呕吐、胸闷、食欲不振、胃痛、便秘、肝大和肝功能变化。

侵入途径　吸入、食入、经皮吸收。

职业接触限值

中国：PC－TWA：20mg/m^3［皮］。

美国(ACGIH)：TLV - TWA：10ppm[皮]。

环境危害 有害空气污染物。

理化特性与用途

理化特性 无色或淡黄色透明液体，有鱼腥味。混溶于水以及多数有机溶剂。熔点 -61℃，沸点 153℃，相对密度(水 = 1)0.95，相对蒸气密度(空气 = 1)2.51，临界压力 4.48MPa，临界温度 374℃，蒸气压 0.35kPa(20℃)，燃烧热 -1915kJ/mol，辛醇/水分配系数 0.87，闪点 58℃(开杯)，爆炸极限 2.2% ~15.2%，引燃温度 445℃。

主要用途 用作聚氨酯、聚丙烯腈、聚氯乙烯的溶剂以及丁二烯、乙炔的选择性溶剂，亦用作医药和杀虫脒农药的原料。

包装与储运

包装标志 易燃液体

包装类别 Ⅲ类

安全储运 储存于阴凉、通风的库房。保持容器密封。远离火种、热源。储存温度不超过 37℃。应与卤代烃、硝酸盐和硝酸酯、甲烷二异氰酸酯、四氯化铁、三氧化二磷、三乙基铝、氧化剂、酸类等隔离储运。搬运时轻装轻卸，防止容器受损。

紧急处置信息

急救措施

吸入： 迅速脱离现场至空气新鲜处。保持呼吸道通畅。如呼吸困难，给输氧。呼吸、心跳停止，立即进行心肺复苏术。就医。

眼睛接触： 立即分开眼睑，用大量流动清水或生理盐水彻底冲洗 10 ~ 15min。就医。

皮肤接触： 立即脱去污染的衣着，用大量流动清水彻底冲洗。就医。

食入： 漱口，饮水。就医。

灭火方法 消防人员必须穿全身防火防毒服，佩戴空气呼吸器，在上风向灭火。尽可能将容器从火场移至空旷处。喷水保持火场容器冷却，直至灭火结束。处在火场中的容器若发生异常变化或发出异常声音，必须马上撤离。

灭火剂：抗溶性泡沫、干粉、二氧化碳、砂土。

泄漏应急处置 消除所有点火源。根据液体流动和蒸气扩散的影响区域划定警戒区，无关人员从侧风、上风向撤离至安全区。建议应急处理人员戴正压自给式呼吸器，穿防静电服，戴橡胶手套。作业时使用的所有设备应接地。禁止接触或跨越泄漏物。尽可能切断泄漏源。防止泄漏物进入水体、下水道、地下室或限制性空间。小量泄漏：用砂土或其他不燃材料吸收。使用洁净的无火花工具收集吸收材料。大量泄漏：构筑围堤或挖坑收容。用砂土、惰性物质或蛭石吸收大量液体。用抗溶性泡沫覆盖，减少蒸发。喷水雾能减少蒸发，但不能降低泄漏物在限制性空间内的易燃性。用防爆泵转移至槽车或专用收集器内。

199. *N*,*N* - 二甲基十二胺

标　识

中文名称 *N*,*N* - 二甲基十二胺

英文名称　*N*,*N* - Dimethyl - 1 - dodecylamine；Dodecyldimethylamine

别名　*N*,*N* - 二甲基十二烷基胺

分子式　$C_{14}H_{31}N$

CAS 号　112 - 18 - 5

危害信息

危险性类别　第 8 类　腐蚀品

燃烧与爆炸危险性　可燃。其蒸气与空气混合能形成爆炸性混合物，遇明火、高热易燃烧或爆炸。燃烧产生有毒的一氧化碳和氮氧化物气体。在高温火场中，受热的容器或储罐有破裂和爆炸的危险。蒸气比空气重，能在较低处扩散到相当远的地方，遇火源会着火回燃和爆炸(闪爆)。

毒性　大鼠经口 LD_{50}：1450mg/kg。

对眼和皮肤有强烈刺激性。

侵入途径　吸入、食入。

理化特性与用途

理化特性　无色液体。不溶于水，易溶于醇类。熔点 -20℃，沸点 247℃、110 - 112℃(0.4kPa)，相对密度(水 = 1)0.775，相对蒸气密度(空气 = 1)7.36，蒸气压 0.002kPa(25℃)，折光率 1.4375，闪点 118℃，辛醇/水分配系数 5.44。

主要用途　是合成季铵盐型阳离子表面活性剂的中间体

包装与储运

包装标志　腐蚀品

包装类别　Ⅲ类

安全储运　储存于阴凉、通风的库房。远离火种、热源。保持容器密封。应与氧化剂隔离储运。搬运时轻装轻卸，防止容器受损。

紧急处置信息

急救措施

吸入：迅速脱离现场至空气新鲜处。保持呼吸道通畅。如呼吸困难，给输氧。呼吸、心跳停止，立即进行心肺复苏术。就医。

眼睛接触：立即分开眼睑，用大量流动清水或生理盐水彻底冲洗 10 ~ 15min。就医。

皮肤接触：立即脱去污染的衣着，用大量流动清水彻底冲洗。就医。

食入：用水漱口，禁止催吐。给饮牛奶或蛋清。就医。

灭火方法　消防人员须佩戴空气呼吸器，穿全身耐酸碱消防服，在上风向灭火。尽可能将容器从火场移至空旷处。喷水保持火场容器冷却，直至灭火结束。

灭火剂：雾状水、干沙、泡沫、干粉。

泄漏应急处置　消除所有点火源。根据液体流动和蒸气扩散的影响区域划定警戒区，无关人员从侧风、上风向撤离至安全区。建议应急处理人员戴正压自给式呼吸器，穿防静电、防腐蚀服，戴橡胶手套。尽可能切断泄漏源。防止泄漏物进入水体、下水道、地下室或限制性空间。小量泄漏：用干燥的砂土或其他不燃材料吸收或覆盖，收集于容器中。大量泄漏：构筑围堤或挖坑收容。

200. 2,2 - 二甲基戊烷

标　识

中文名称　2,2 - 二甲基戊烷

英文名称　2,2 - Dimethylpentane；Neoheptane

别名　新七烯

分子式　C_7H_{16}

CAS 号　590 - 35 - 2

WGH 号　32007；[铁规]

UN 号　1206

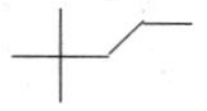

危害信息

危险性类别　第 3 类　易燃液体

燃烧与爆炸危险性　易燃。其蒸气与空气混合能形成爆炸性混合物，遇明火、高热易燃烧或爆炸。燃烧产生有毒的一氧化碳气体。在高温火场中，受热的容器或储罐有破裂和爆炸的危险。蒸气比空气重，能在较低处扩散到相当远的地方，遇火源会着火回燃和爆炸(闪爆)。

活性反应　与强氧化剂反应。

禁忌物　强氧化剂、强酸、强碱、卤素。

毒性　尚无人中毒报道，可能具有刺激性和麻醉作用。

侵入途径　吸入、食入。

环境危害　对水生生物有极高毒性，可能在水生环境中造成长期不利影响。

理化特性与用途

理化特性　无色液体。不溶于水，溶于乙醇、乙醚、丙酮、苯等。熔点 -123.8℃，沸点 79.2℃，相对密度(水 =1)0.674，蒸气压 99.04kPa(78℃)，燃烧热 -4802.4kJ/mol，临界压力 2.77MPa，辛醇/水分配系数 3.67，闪点 -9.44℃，引燃温度 337℃，爆炸极限 1.0% ~8.3%。

主要用途　用作化学试剂、有机合成中间体。

包装与储运

包装标志　易燃液体

包装类别　Ⅱ类

安全储运　储存于阴凉、通风的库房。保持容器密封。远离火种、热源，避免阳光直射。储存温度不超过 37℃。炎热季节早晚运输。应与氧化剂等隔离储运。禁止使用易产生火花的机械设备和工具。灌装时注意流速，防止静电积聚。搬运时轻装轻卸，防止容器受损。

紧急处置信息

急救措施

吸入：迅速脱离现场至空气新鲜处。保持呼吸道通畅。如呼吸困难，给输氧。呼吸、

心跳停止，立即进行心肺复苏术。就医。

眼睛接触：立即分开眼睑，用流动清水或生理盐水彻底冲洗。就医。

皮肤接触：立即脱去污染的衣着，用肥皂水和清水彻底冲洗。就医。

食入：漱口，不要催吐。就医。

忌用肾上腺素类药。

灭火方法　消防人员须穿全身防火防毒服，佩戴空气呼吸器，在上风向灭火。尽可能将容器从火场移至空旷处。喷水保持火场容器冷却，直至灭火结束。处在火场中的容器若发生异常变化或发出异常声音，须马上撤离。

灭火剂：泡沫、二氧化碳、干粉、砂土。

泄漏应急处置　消除所有点火源。根据液体流动和蒸气扩散的影响区域划定警戒区，无关人员从侧风、上风向撤离至安全区。建议应急处理人员戴正压自给式呼吸器，穿防静电服，戴橡胶耐油手套。作业时使用的所有设备应接地。禁止接触或跨越泄漏物。尽可能切断泄漏源。防止泄漏物进入水体、下水道、地下室或限制性空间。小量泄漏：用砂土或其他不燃材料吸收。使用洁净的无火花工具收集吸收材料。大量泄漏：构筑围堤或挖坑收容。用泡沫覆盖，减少蒸发。喷水雾能减少蒸发，但不能降低泄漏物在限制性空间内的易燃性。用防爆泵转移至槽车或专用收集器内。

201. 2,3－二甲基戊烷

标　　识

中文名称　2,3－二甲基戊烷

英文名称　2,3－Dimethylpentane；3,4－Dimethylpentane

别名　3,4－二甲基戊烷

分子式　C_7H_{16}

CAS 号　565－59－3

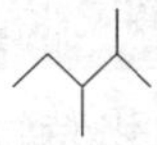

WGH 号　32007；T31107［铁规］

UN 号　1206

危害信息

危险性类别　第 3 类　易燃液体

燃烧与爆炸危险性　易燃。其蒸气与空气混合能形成爆炸性混合物，遇明火、高热极易燃烧或爆炸。燃烧产生有毒的一氧化碳气体。在高温火场中，受热的容器或储罐有破裂和爆炸的危险。蒸气比空气重，能在较低处扩散到相当远的地方，遇火源会着火回燃和爆炸(闪爆)。

活性反应　与强氧化剂反应。

禁忌物　强氧化剂、强酸、强碱、卤素。

毒性　对皮肤有刺激性。吸入蒸气引起倦睡和头昏。

侵入途径　吸入、食入。

环境危害　对水生生物有极高毒性，可能在水生环境中造成长期不利影响。

理化特性与用途

理化特性　无色液体。不溶于水，溶于乙醇、乙醚、苯。熔点－135℃，沸点 89.8℃，相对密度(水＝1)0.695，相对蒸气密度(空气＝1)3.45，蒸气压16.2kPa(37.7℃)，燃烧热－4802.4kJ/mol，辛醇/水分配系数3.63，闪点－6.67℃，引燃温度335℃，爆炸极限1.0%～7.0%。

主要用途 用作色谱分析标准物质以及用于有机合成。

包装与储运

包装标志 易燃液体

包装类别 Ⅱ类

安全储运 储存于阴凉、通风的库房。保持容器密封。远离火种、热源，避免阳光直射。储存温度不超过37℃。炎热季节早晚运输。应与氧化剂等隔离储运。禁止使用易产生火花的机械设备和工具。灌装时注意流速，防止静电积聚。搬运时轻装轻卸，防止容器受损。

紧急处置信息

急救措施

吸入：迅速脱离现场至空气新鲜处。保持呼吸道通畅。如呼吸困难，给输氧。呼吸、心跳停止，立即进行心肺复苏术。就医。

眼睛接触：立即分开眼睑，用流动清水或生理盐水彻底冲洗。就医。

皮肤接触：立即脱去污染的衣着，用肥皂水和清水彻底冲洗。就医。

食入：漱口，不要催吐。就医。

忌用肾上腺素类药。

灭火方法 消防人员须穿全身消防服，佩戴空气呼吸器，在上风向灭火。尽可能将容器从火场移至空旷处。喷水保持火场容器冷却，直至灭火结束。处在火场中的容器若发生异常变化或发出异常声音，须马上撤离。

灭火剂：泡沫、二氧化碳、干粉和砂土。用水灭火无效。

泄漏应急处置 消除所有点火源。根据液体流动和蒸气扩散的影响区域划定警戒区，无关人员从侧风、上风向撤离至安全区。建议应急处理人员戴正压自给式呼吸器，穿防静电服，戴橡胶耐油手套。作业时使用的所有设备应接地。禁止接触或跨越泄漏物。尽可能切断泄漏源。防止泄漏物进入水体、下水道、地下室或限制性空间。小量泄漏：用砂土或其他不燃材料吸收。使用洁净的无火花工具收集吸收材料。大量泄漏：构筑围堤或挖坑收容。用泡沫覆盖，减少蒸发。喷水雾能减少蒸发，但不能降低泄漏物在限制性空间内的易燃性。用防爆泵转移至槽车或专用收集器内。

202. 2,4－二甲基戊烷

标　识

中文名称 2,4－二甲基戊烷

英文名称 2,4－Dimethylpentane

分子式 C_7H_{16}

CAS号 108－08－7

WGH号 32007；T31107［铁规］

UN号 1206

危害信息

危险性类别 第3类 易燃液体

燃烧与爆炸危险性 易燃。其蒸气与空气混合能形成爆炸性混合物，遇明火、高热极易燃烧或爆炸。燃烧产生有毒的一氧化碳气体。在高温火场中，受热的容器或储罐有破裂和爆炸的危险。蒸气比空气重，能在较低处扩散到相当远的地方，遇火源会着火回燃和爆炸(闪爆)。

活性反应 与强氧化剂反应。

禁忌物 强氧化剂、强酸、强碱、卤素。

毒性 尚无人中毒报道，可能具有刺激性和麻醉作用。

侵入途径 吸入、食入。

环境危害 对水生生物有极高毒性，可能在水生环境中造成长期不利影响。

理化特性与用途

理化特性 无色液体。不溶于水，溶于乙醇、乙醚、苯。熔点－123.4℃，沸点80.5℃，相对密度(水＝1)0.673，相对蒸气密度(空气＝1)3.48，蒸气压22.7kPa(37.7℃)，燃烧热－4802.4kJ/mol，临界温度247.1℃，临界压力2.78MPa，辛醇/水分配系数3.63，闪点－12.22℃，引燃温度335℃，爆炸极限1.0%～7.0%。

主要用途 用于有机合成

包装与储运

包装标志 易燃液体

包装类别 Ⅱ类

安全储运 储存于阴凉、通风的库房。保持容器密封。远离火种、热源，避免阳光直射。储存温度不超过37℃。炎热季节早晚运输。应与氧化剂等隔离储运。禁止使用易产生火花的机械设备和工具。灌装时注意流速，防止静电积聚。搬运时轻装轻卸，防止容器受损。

紧急处置信息

急救措施

吸入：迅速脱离现场至空气新鲜处。保持呼吸道通畅。如呼吸困难，给输氧。呼吸、心跳停止，立即进行心肺复苏术。就医。

眼睛接触：立即分开眼睑，用流动清水或生理盐水彻底冲洗。就医。

皮肤接触：立即脱去污染的衣着，用肥皂水和清水彻底冲洗。就医。

食入：漱口，不要催吐。就医。

忌用肾上腺素类药。

灭火方法 消防人员须穿全身消防服，佩戴空气呼吸器，在上风向灭火。尽可能将容器从火场移至空旷处。喷水保持火场容器冷却，直至灭火结束。处在火场中的容器若发生异常变化或发出异常声音，须马上撤离。

灭火剂：泡沫、二氧化碳、干粉和砂土。用水灭火无效。

泄漏应急处置 消除所有点火源。根据液体流动和蒸气扩散的影响区域划定警戒区，无关人员从侧风、上风向撤离至安全区。建议应急处理人员戴正压自给式呼吸器，穿防静电服，戴橡胶耐油手套。作业时使用的所有设备应接地。禁止接触或跨越泄漏物。尽可能切断泄漏源。防止泄漏物进入水体、下水道、地下室或限制性空间。小量泄漏：用砂土或其他不燃材料吸收。使用洁净的无火花工具收集吸收材料。大量泄漏：构筑围堤或挖坑收容。用泡沫覆盖，减少蒸发。喷水雾能减少蒸发，但不能降低泄漏物在限制性空间内的易燃性。用防爆泵转移至槽车或专用收集器内。

203. 3,3－二甲基戊烷

标　识

中文名称　3,3－二甲基戊烷

英文名称　3,3－Dimethylpentane

别名　2,2－二乙基丙烷

分子式　C_7H_{16}

CAS 号　562－49－2

WGH 号　32007；T31107[铁规]

UN 号　1206

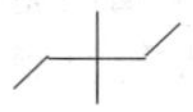

危害信息

危险性类别　第3类　易燃液体

燃烧与爆炸危险性　易燃。其蒸气与空气混合能形成爆炸性混合物，遇明火、高热易燃烧或爆炸。燃烧产生有毒的一氧化碳气体。在高温火场中，受热的容器或储罐有破裂和爆炸的危险。蒸气比空气重，能在较低处扩散到相当远的地方，遇火源会着火回燃和爆炸（闪爆）。

活性反应　与强氧化剂反应。

禁忌物　强氧化剂、强酸、强碱、卤素。

毒性　尚无人中毒报道，可能具有刺激性和麻醉作用。

侵入途径　吸入、食入。

环境危害　对水生生物有极高毒性，可能在水生环境中造成长期不利影响。

理化特性与用途

理化特性　无色液体。不溶于水，溶于乙醇、乙醚。熔点－135℃，沸点86～87℃，相对密度（水＝1）0.693，蒸气压19.1kPa（37.7℃），燃烧热－4794.5kJ/mol，临界压力2.95MPa，辛醇/水分配系数3.67，闪点－6.67℃，爆炸极限1.0%～7.0%。

主要用途　用作气相色谱对比样品以及用于有机合成。

包装与储运

包装标志　易燃液体

包装类别　Ⅱ类

安全储运　储存于阴凉、通风的库房。保持容器密封。远离火种、热源，避免阳光直射。储存温度不超过37℃。炎热季节早晚运输，应与氧化剂等隔离储运。禁止使用易产生火花的机械设备和工具。灌装时注意流速，防止静电积聚。搬运时轻装轻卸，防止容器受损。

紧急处置信息

急救措施

吸入：迅速脱离现场至空气新鲜处。保持呼吸道通畅。如呼吸困难，给输氧。呼吸、心跳停止，立即进行心肺复苏术。就医。

眼睛接触：立即分开眼睑，用流动清水或生理盐水彻底冲洗。就医。

皮肤接触：立即脱去污染的衣着，用肥皂水和清水彻底冲洗。就医。

食入：漱口，不要催吐。就医。

忌用肾上腺素类药。

灭火方法　消防人员须穿全身防火防毒服，佩戴空气呼吸器，在上风向灭火。尽可能将容器从火场移至空旷处。喷水保持火场容器冷却，直至灭火结束。处在火场中的容器若发生异常变化或发出异常声音，须马上撤离。

灭火剂：泡沫、二氧化碳、干粉、砂土。

泄漏应急处置　消除所有点火源。根据液体流动和蒸气扩散的影响区域划定警戒区，无关人员从侧风、上风向撤离至安全区。建议应急处理人员戴正压自给式呼吸器，穿防静电服，戴橡胶耐油手套。作业时使用的所有设备应接地。禁止接触或跨越泄漏物。尽可能切断泄漏源。防止泄漏物进入水体、下水道、地下室或限制性空间。小量泄漏：用砂土或其他不燃材料吸收。使用洁净的无火花工具收集吸收材料。大量泄漏：构筑围堤或挖坑收容。用泡沫覆盖，减少蒸发。喷水雾能减少蒸发，但不能降低泄漏物在限制性空间内的易燃性。用防爆泵转移至槽车或专用收集器内。

204. 二甲基亚砜

标　识

中文名称　二甲基亚砜

英文名称　Dimethylsulfoxide；Sulfinylbis－methane

别名　二甲亚砜；DMSO

分子式　C_2H_6OS

CAS 号　67－68－5

危害信息

燃烧与爆炸危险性　遇明火、高热可燃。蒸气与空气能形成爆炸性混合物。受热分解能产生有毒的硫化物烟气。蒸气比空气重，能在较低处扩散到相当远的地方，遇火源会着火回燃和爆炸(闪爆)。

活性反应　与硝酸、浓硫酸、五氟化碘、高锰酸钾等氧化剂接触会发生剧烈反应，甚至引起燃烧爆炸。与氢化钠反应易发生爆炸。与高氯酸反应形成的盐，干燥后易发生爆炸。与酰卤(乙酰氯、苯磺酰氯、苯甲酰氯、氰尿酰氯、亚硫酰氯)、芳卤(氯苯等)、氯化磷接触会发生剧烈分解。与溴甲烷混合易发生爆炸。与氟化银等氟化试剂剧烈反应。与硼化物、金属醇盐接触会发生反应。

禁忌物　强氧化剂、强还原剂、卤化物、强酸等。

毒性　大鼠经口 LD_{50}：14500mg/kg；小鼠经口 LD_{50}：7920mg/kg；大鼠经皮 LD_{50}：40000mg/kg。

本品引起的中毒少见。常见症状有恶心、头痛和呼吸有大蒜味。对眼和呼吸道有刺激性。对皮肤有原发性刺激作用，引起皮肤发红、痒、表皮脱落。对皮肤有致敏性，可引起荨麻疹。

侵入途径 吸入、食入、经皮吸收。

理化特性与用途

理化特性 无色无臭透明液体。混溶于水，溶于乙醇、丙酮、乙醚、苯、氯仿等。熔点18.5℃，沸点189℃，相对密度(水=1)1.10，相对蒸气密度(空气=1)2.7，蒸气压0.053kPa(20℃)，折射率1.4795，闪点95℃(开杯)、89℃(闭杯)，爆炸极限1.8%～63%，引燃温度215℃，燃烧热-1979KJ/mol。

主要用途 用作重整油芳烃抽提的溶剂，还可用作合成纤维的染色载体和纺丝溶剂，回收乙炔和二氧化硫的吸收剂，也用作防冻剂。

包装与储运

安全储运 储存于阴凉、通风的库房。保持容器密封。远离火种、热源，避免阳光直射。应与氧化剂隔离储运。搬运时轻装轻卸，防止容器受损。

紧急处置信息

急救措施

吸入： 迅速脱离现场至空气新鲜处。保持呼吸道通畅。如呼吸困难，给输氧。呼吸、心跳停止，立即进行心肺复苏术。就医。

眼睛接触： 立即分开眼睑，用流动清水或生理盐水彻底冲洗。就医。

皮肤接触： 立即脱去污染的衣着，用肥皂水和清水彻底冲洗。就医。

食入： 催吐。就医。

灭火方法 消防人员必须穿全身防火防毒服，佩戴空气呼吸器，在上风向灭火。尽可能将容器从火场移至空旷处。喷水保持火场容器冷却，直至灭火结束。处在火场中的容器若发生异常变化或发出异常声音，必须马上撤离。

灭火剂：抗溶性泡沫、干粉、二氧化碳、砂土。

泄漏应急处置 根据液体流动和蒸气扩散的影响区域划定警戒区，无关人员从侧风、上风向撤离至安全区。消除所有点火源。建议应急处理人员戴防毒面具，穿防毒服。穿上适当的防护服前严禁接触破裂的容器和泄漏物。尽可能切断泄漏源。防止泄漏物进入水体、下水道、地下室或限制性空间。小量泄漏：用干燥的砂土或其他不燃材料吸收或覆盖，收集于容器中。大量泄漏：构筑围堤或挖坑收容。用飞尘或石灰粉吸收大量液体。用泵转移至槽车或专用收集器内。

205. 二甲硫醚

标　识

中文名称 二甲硫醚

英文名称 Dimethyl sulfide；Methyl sulfide；Thiobismethane

别名 甲硫醚；二甲硫

分子式 C_2H_6S

CAS 号 75-18-3

WGH 号 31033

UN 号 1164

危害信息

危险性类别 第3类 易燃液体

燃烧与爆炸危险性 极易燃。蒸气与空气能形成爆炸性混合物，遇明火、高热易燃烧爆炸。蒸气比空气重，能在较低处扩散到相当远的地方，遇火源会着火回燃和爆炸(闪爆)。

活性反应 与氧化剂、酸、重氮化合物、卤代烃、异氰酸酯、酸酐、碱金属、氮化物、硫化物等发生反应，放出热量。与硝酸、1，4-二氧杂环己烷的混合物，即使在低温下也易发生延迟性爆炸。

禁忌物 强氧化剂、碱类、胺等。

毒性 大鼠经口 LD_{50}：3300mg/kg；小鼠经口 LD_{50}：3700mg/kg；大鼠吸入 LC_{50}：40250ppm；小鼠吸入 LC_{50}：31.62mg/m^3；家兔经皮 LD_{50}：>5000mg/kg。

蒸气对鼻、喉有刺激性，引起咳嗽和胸部不适。持续或高浓度吸入出现头痛、恶心和呕吐。液体或雾对眼有刺激性。可引起皮炎。

侵入途径 吸入、食入、经皮吸收。

理化特性与用途

理化特性 无色易挥发液体，有不愉快的气味。不溶于水，溶于乙醇、乙醚等多数有机溶剂。熔点-98.3℃，沸点37.3℃，相对密度(水=1)0.85，相对蒸气密度(空气=1)2.14，蒸气压53.2kPa(20℃)，临界温度229℃，临界压力5.69MPa，辛醇/水分配系数0.92，闪点-49℃，爆炸极限2.2%~19.7%，引燃温度206℃。

主要用途 用作生产二甲基亚砜的中间原料、多数无机物的溶剂、加氢催化剂的硫化试剂。

包装与储运

包装标志 易燃液体

包装类别 Ⅱ类

安全储运 储存于阴凉、通风的库房。远离火种、热源。储存温度不超过29℃。包装要求密封，不可与空气接触。应与氧化剂、酸类等隔离储运。夏季应早晚运输。搬运时轻装轻卸，防止容器受损。

紧急处置信息

急救措施

吸入：迅速脱离现场至空气新鲜处。保持呼吸道通畅。如呼吸困难，给输氧。呼吸、心跳停止，立即进行心肺复苏术。就医。

眼睛接触：立即分开眼睑，用流动清水或生理盐水彻底冲洗。就医。

皮肤接触：立即脱去污染的衣着，用肥皂水和清水彻底冲洗。就医。

食入：漱口，尽量饮水，催吐。就医。

灭火方法 消防人员必须穿全身防火防毒服，佩戴空气呼吸器，在上风向灭火。尽可能将容器从火场移至空旷处。喷水保持火场容器冷却，直至灭火结束。处在火场中的容器若发生异常变化或发出异常声音，必须马上撤离。

灭火剂：用泡沫、二氧化碳、干粉、砂土灭火。用水灭火无效。

泄漏应急处置 消除所有点火源。根据液体流动和蒸气扩散的影响区域划定警戒区，无关人员从侧风、上风向撤离至安全区。建议应急处理人员戴正压自给式呼吸器，穿防静电服，戴橡胶耐油手套。作业时使用的所有设备应接地。禁止接触或跨越泄漏物。尽可能切断泄漏源。防止泄漏物进入水体、下水道、地下室或限制性空间。小量泄漏：用砂土或其他不燃材料吸收。使用洁净的无火花工具收集吸收材料。大量泄漏：构筑围堤或挖坑收容。用泡沫覆盖，减少蒸发。喷水雾能减少蒸发，但不能降低泄漏物在限制性空间内的易燃性。用防爆泵转移至槽车或专用收集器内。

206. 二甲乙醚

标 识

中文名称 二甲乙醚

英文名称 1 - Ethoxy - 2 - methyl - Propane; Ethyl isobutyl ether

别名 1 - 乙氧基 - 2 - 甲基丙烷；乙基异丁基醚

分子式 $C_6H_{14}O$

CAS 号 627 - 02 - 1

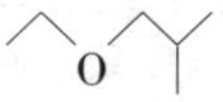

危害信息

燃烧与爆炸危险性 可燃。其蒸气与空气混合能形成爆炸性混合物，遇明火、高热易燃烧或爆炸。在高温火场中，受热的容器或储罐有破裂和爆炸的危险。

禁忌物 强氧化剂。

毒性 小鼠吸入 LC_{50}：153gm/m^3（15min），全身麻醉。

侵入途径 吸入、食入。

理化特性与用途

理化特性 液体。沸点 81℃，辛醇/水分配系数 1.96。

主要用途 可用于柴油的代用运输燃料。

包装与储运

安全储运 储存于阴凉、通风的库房。远离火种、热源。包装要求密封，不可与空气接触。应与氧化剂、酸类等隔离储运。夏季应早晚运输。搬运时轻装轻卸，防止容器受损。

紧急处置信息

急救措施

吸入：迅速脱离现场至空气新鲜处。保持呼吸道通畅。如呼吸困难，给输氧。呼吸、心跳停止，立即进行心肺复苏术。就医。

眼睛接触：立即分开眼睑，用流动清水或生理盐水彻底冲洗。就医。

皮肤接触：立即脱去污染的衣着，用肥皂水和清水彻底冲洗。就医。

食入：漱口，尽量饮水，催吐。就医。

灭火方法 消防人员须穿全身消防服，佩戴空气呼吸器，在上风向灭火。尽可能将容器从火场移至空旷处。喷水保持火场容器冷却，直至灭火结束。处在火场中的容器若发生

异常变化或发出异常声音，须马上撤离。

灭火剂：泡沫、二氧化碳、干粉、砂土。

泄漏应急处置　消除所有点火源。根据液体流动和蒸气扩散的影响区域划定警戒区，无关人员从侧风、上风向撤离至安全区。建议应急处理人员戴正压自给式呼吸器，穿防静电服，戴橡胶手套。尽可能切断泄漏源。防止泄漏物进入水体、下水道、地下室或限制性空间。小量泄漏：用干燥的砂土或其他不燃材料吸收或覆盖，收集于容器中。大量泄漏：构筑围堤或挖坑收容。

207. 二聚亚油酸

标　　识

中文名称　二聚亚油酸

英文名称　(Octadecadienoicacid)dipolymer; Fattyacids, C18 - unsatd, dimers; DimerAcid

别名　十八碳二烯酸二聚体；二聚酸

分子式　$C_{36}H_{64}O_4$

CAS 号　61788 - 89 - 4

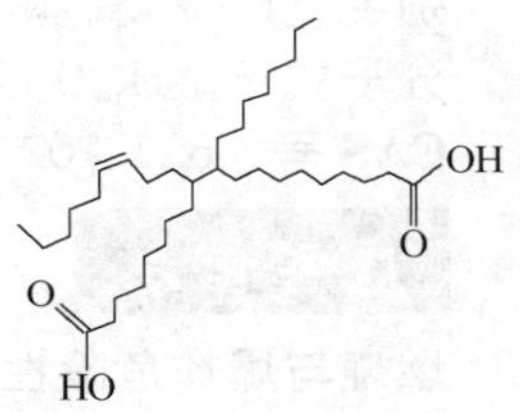

危害信息

燃烧与爆炸危险性　可燃。其蒸气与空气混合能形成爆炸性混合物，遇明火、高热易燃烧或爆炸，燃烧产生有毒的一氧化碳气体。在高温火场中，受热的容器或储罐有破裂和爆炸的危险。

毒性　小鼠经口 LD_{50}： >50gm/kg(亚油酸)。

亚油酸对人皮肤有刺激作用，摄入可引起恶心和呕吐。

侵入途径　吸入、食入。

理化特性与用途

理化特性　无色透明液体。溶于丙酮、乙醇、乙醚等多数有机溶剂。运动黏度 65 ~ 75mm^2/s(100℃)，相对密度(水 = 1)0.95，闪点 280 ~ 305℃。

主要用途　主要用作聚酰胺树脂、环氧树脂的改性剂和燃料油、润滑油、切削油的添加剂。

包装与储运

安全储运　储存于阴凉、通风的库房。远离火种、热源。保持容器密封。应与氧化剂、酸、碱等隔离储运。搬运时轻装轻卸，防止容器受损。

紧急处置信息

急救措施

吸入：脱离接触。如有不适感，就医。

眼睛接触：分开眼睑，用流动清水或生理盐水冲洗。如有不适感，就医。

皮肤接触：脱去污染的衣着，用肥皂水和清水冲洗。如有不适感，就医。

食入：漱口，尽量饮水，不要催吐。就医。

灭火方法　消防人员须穿全身消防服，佩戴空气呼吸器，在上风向灭火。尽可能将容

器从火场移至空旷处。喷水保持火场容器冷却，直至灭火结束。处在火场中的容器若发生异常变化或发出异常声音，须马上撤离。

灭火剂：泡沫、二氧化碳、干粉、砂土。

泄漏应急处置 消除所有点火源。根据液体流动和蒸气扩散的影响区域划定警戒区，无关人员从侧风、上风向撤离至安全区。建议应急处理人员戴正压自给式呼吸器，穿防静电、防腐蚀服，戴橡胶手套。尽可能切断泄漏源。防止泄漏物进入水体、下水道、地下室或限制性空间。小量泄漏：用干燥的砂土或其他不燃材料吸收或覆盖，收集于容器中。大量泄漏：构筑围堤或挖坑收容。

208. 2,2′－二硫代二苯并噻唑

标　识

中文名称 2,2′－二硫代二苯并噻唑

英文名称 2,2′－Dithiobisbenzothiazole；Di(benzothiazol－2－yl)disulphide

别名 促进剂 MBTS(DM)

分子式 $C_{14}H_8N_2S_4$

CAS 号 120－78－5

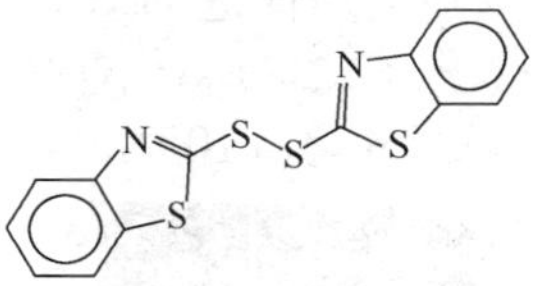

危害信息

燃烧与爆炸危险性 可燃。其粉体与空气混合能形成爆炸性混合物，遇明火高热有引起燃烧爆炸的危险。燃烧产生有毒的一氧化碳、氮氧化物和硫氧化物气体。

禁忌物 强氧化剂。

毒性 大鼠经口 LD_{50}：>12g/kg；小鼠经口 LD_{50}：7g/kg；家兔经皮 LD_{50}：>7940mg/kg。本品对皮肤有致敏性。

侵入途径 吸入、食入、经皮吸收。

环境危害 对水生生物有极高毒性，可能在水生环境中造成长期不利影响。

理化特性与用途

理化特性 白色或浅黄色粉末或粒状。不溶于水，微溶于苯、二氯甲烷、四氯化碳、汽油及碱。熔点 177～180℃，相对密度(水＝1)1.5，闪点 271℃，辛醇/水分配系数 4.5。

主要用途 用作天然胶、合成胶、再生胶通用型促进剂。

包装与储运

安全储运 储存于阴凉、通风的库房。包装或容器密封。远离火种、热源。应与氧化剂、酸隔离储运。搬运时轻装轻卸，防止包装或容器受损。

紧急处置信息

急救措施

吸入：脱离接触。如有不适感，就医。

眼睛接触：分开眼睑，用流动清水或生理盐水冲洗。如有不适感，就医。

皮肤接触：脱去污染的衣着，用肥皂水和清水冲洗。如有不适感，就医。

食入：漱口，尽量饮水，不要催吐。就医。

灭火方法　消防人员须穿全身消防服，佩戴空气呼吸器，在上风向灭火。尽可能将容器从火场移至空旷处。喷水保持火场容器冷却，直至灭火结束。

灭火剂：雾状水、泡沫、二氧化碳、干粉、砂土。

泄漏应急处置　隔离泄漏污染区，限制出入。消除所有点火源。建议应急处理人员戴防尘口罩，穿防毒服。穿上适当的防护服前严禁接触破裂的容器和泄漏物。尽可能切断泄漏源。用塑料布覆盖泄漏物，减少飞散。勿使水进入包装容器内。用洁净的铲子收集泄漏物，置于干净、干燥、盖子较松的容器中，将容器移离泄漏区。

209. 二硫化二异丙基黄原酸酯

标　　识

中文名称　二硫化二异丙基黄原酸酯

英文名称　Bis(isopropyl) thioperoxydicarbonate；Diisopropylxanthogen disulfide

别名　促进剂 DIP

分子式　$C_8H_{14}O_2S_4$

CAS 号　105－65－7

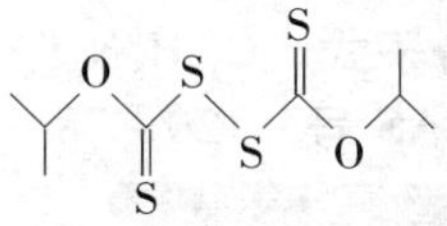

危害信息

燃烧与爆炸危险性　可燃。其粉体与空气混合能形成爆炸性混合物，遇明火高热有引起燃烧爆炸的危险。燃烧产生有毒的一氧化碳和硫氧化物气体。

活性反应　与强氧化剂反应。

禁忌物　与强氧化剂反应。

毒性　大鼠经口 LDL_o：1500mg/kg，出现呼吸困难和体重减轻。

侵入途径　吸入、食入。

理化特性与用途

理化特性　淡黄色至青绿色结晶颗粒。不溶于水，溶于乙醇、丙酮、苯、汽油等有机溶剂。熔点＞52℃。密度 1.28g/cm³。

主要用途　用作合成橡胶分子量调节剂、加工促进剂。亦用作润滑油添加剂、矿石浮选剂、杀菌剂、除草剂等。

包装与储运

安全储运　储存于阴凉、通风的库房。包装或容器密封。远离火种、热源。应与氧化剂、酸等隔离储运。搬运时轻装轻卸，防止包装或容器受损。

紧急处置信息

急救措施

吸入：脱离接触。如有不适感，就医。

眼睛接触：分开眼睑，用流动清水或生理盐水冲洗。如有不适感，就医。

皮肤接触： 脱去污染的衣着，用肥皂水和清水冲洗。如有不适感，就医。

食入： 漱口，饮水。就医。

灭火方法 消防人员须穿全身消防服，戴空气呼吸器，在上风向灭火。尽可能将容器从火场移至空旷处。喷水保持火场容器冷却，直至灭火结束。

灭火剂：雾状水、泡沫、二氧化碳、干粉、砂土。

泄漏应急处置 隔离泄漏污染区，限制出入。建议应急处理人员戴防尘口罩，穿防毒防酸碱服，戴橡胶耐酸碱手套。穿上适当的防护服前严禁接触破裂的容器和泄漏物。尽可能切断泄漏源。用塑料布覆盖泄漏物，减少飞散。勿使水进入包装容器内。用洁净的铲子收集泄漏物，置于干净、干燥、盖子较松的容器中，将容器移离泄漏区。

210. 二硫化钼

标　识

中文名称 二硫化钼

英文名称 Molybdenum disulfide；Molybdenum sulfide

分子式 MoS_2

CAS 号 1317－33－5

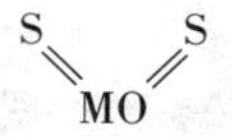

危害信息

燃烧与爆炸危险性 遇高温、明火可燃。受高温分解放出有毒气体。

活性反应 与强氧化剂发生剧烈反应。

禁忌物 强氧化剂。

毒性 大鼠吸入 LC_{50}：＞2820mg/m^3(4h)。

二硫化钼水溶性极低，毒性很小，不能在胃肠道吸收。大鼠每日经口 10～500mg/kg，数周无毒性。家兔吸入本品粉尘也无毒性表现。未见工业生产中本品急性中毒的报道。

侵入途径 吸入、食入。

职业接触限值

中国：PC－TWA：6mg/m^3[按 Mo 计]。

美国(ACGIH)：TLV－TWA：10mg/m^3[按 Mo 计]。

理化特性与用途

理化特性 有光泽的铅灰色粉末，触之有滑腻感。不溶于水、稀酸，溶于王水及浓硫酸。在真空中加热，1300℃稳定，1370℃开始分解。在空气中加热，315℃开始慢慢氧化，氧化速率随温度升高而增加。熔点 2375℃，相对密度(水＝1)4.5～5.06，相对蒸气密度(空气＝1)5.51，升华温度 450℃。

主要用途 是一种优异的固体润滑材料，广泛应用于航空航天、电子通讯汽车、工业机械等行业的润滑。对无氧酸稳定，可作化工、石油等行业管道、塔釜的防腐剂。

包装与储运

安全储运 储存于阴凉、通风的库房。保持容器密封，远离火种、热源。应与氧化剂隔离储运。搬运时轻装轻卸，防止包装或容器受损。运输时，防止雨淋、曝晒。

紧急处置信息

急救措施

吸入：脱离接触。如有不适感，就医。

眼睛接触：分开眼睑，用流动清水或生理盐水冲洗。如有不适感，就医。

皮肤接触：脱去污染的衣着，用清水冲洗。如有不适感，就医。

食入：漱口，饮水。就医。

灭火方法　喷水冷却容器，尽可能将容器从火场移至空旷处。消防人员必须穿全身防火防毒服，佩戴空气呼吸器，在上风向灭火。

泄漏应急处置　隔离泄漏污染区，限制出入。建议应急处理人员戴防尘口罩，穿防毒服。穿上适当的防护服前严禁接触破裂的容器和泄漏物。尽可能切断泄漏源。用塑料布覆盖泄漏物，减少飞散。勿使水进入包装容器内。用洁净的铲子收集泄漏物，置于干净、干燥、盖子较松的容器中，将容器移离泄漏区。

211. 二硫化钼锂基润滑脂

标　识

中文名称　二硫化钼锂基润滑脂

英文名称　Molybdenum disulfide lithium - based grease

危害信息

禁忌物　强氧化剂。

侵入途径　吸入、食入。

理化特性与用途

理化特性　灰色至黑灰色均匀软膏。滴点≥170~185℃。

主要用途　适用于工作 -20~120℃温度范围内的矿山、冶金、交通运输等高温、重负荷的各种较大型机械设备的润滑。

包装与储运

安全储运　储存于阴凉、通风的库房。包装密封。远离火种、热源。应与氧化剂隔离储运。搬运时轻装轻卸，防止包装受损。

紧急处置信息

急救措施

吸入：脱离接触。如有不适感，就医。

眼睛接触：分开眼睑，用流动清水或生理盐水冲洗。如有不适感，就医。

皮肤接触：脱去污染的衣着，用肥皂水和清水冲洗。如有不适感，就医。

食入：漱口，饮水，催吐。就医。

泄漏应急处置　消除所有点火源。根据液体流动和蒸气扩散的影响区域划定警戒区，无关人员从侧风、上风向撤离至安全区。建议应急处理人员戴正压自给式呼吸器，穿防护服，戴橡胶手套。穿上适当的防护服前严禁接触破裂的容器和泄漏物。尽可能切断泄漏源。用洁净的铲子收集于容器中，待处置。

212. 二硫化四甲基秋兰姆

标　识

中文名称　二硫化四甲基秋兰姆

英文名称　Disulfide, bis(dimethylthiocarbamoyl); Tetramethylthiuram disulfide; Thiram

别名　硫化促进剂 TMTD

分子式　$C_6H_{12}N_2S_4$

CAS 号　137－26－8

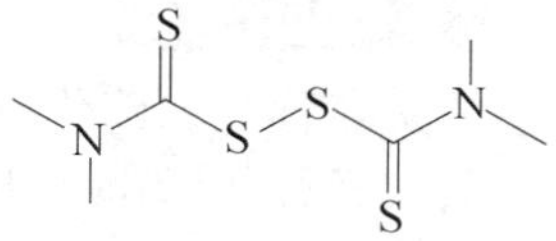

危害信息

燃烧与爆炸危险性　可燃。其粉体与空气混合能形成爆炸性混合物，遇明火高热有引起燃烧爆炸的危险。燃烧产生有毒的一氧化碳、氮氧化物和硫氧化物气体。

禁忌物　强氧化剂。

毒性　大鼠经口 LD_{50}：560mg/kg。大鼠吸入 LC_{50}：500mg/m^3（4h）。家兔经皮 LDL_o：1g/kg。

侵入途径　吸入、食入、经皮吸收。

职业接触限值

美国(ACGIH)：TLV－TWA：1mg/m^3。

环境危害　对水生生物有极高毒性，可能在水生环境中造成长期不利影响。

理化特性与用途

理化特性　白色或淡灰色结晶粉末。不溶于水，微溶于乙醇，溶于苯、丙酮、氯仿。熔点 155～156℃，沸点 129℃(2.6kPa)，相对密度(水＝1)1.29，闪点 139℃，辛醇/水分配系数 1.82。

主要用途　适用于天然胶、合成胶，乳胶，并可用作硫化剂。

包装与储运

安全储运　储存于阴凉、通风的库房。包装密封。远离火种、热源。应与氧化剂、强酸隔离储运。搬运时轻装轻卸，防止包装受损。

紧急处置信息

急救措施

吸入：脱离接触。如有不适感，就医。

眼睛接触：分开眼睑，用流动清水或生理盐水冲洗。如有不适感，就医。

皮肤接触：脱去污染的衣着，用肥皂水和清水冲洗。如有不适感，就医。

食入：漱口，饮一杯水，以手指探咽后部催吐。10d 内禁饮酒，禁食油脂。就医。

灭火方法：消防人员须穿全身消防服，佩戴空气呼吸器，在上风向灭火。尽可能将容器从火场移至空旷处。喷水保持火场容器冷却，直至灭火结束。

灭火剂：雾状水、泡沫、二氧化碳、干粉、砂土。

泄漏应急处置　隔离泄漏污染区，限制出入。消除所有点火源。建议应急处理人员戴防尘口罩，穿防毒服。穿上适当的防护服前严禁接触破裂的容器和泄漏物。尽可能切断泄漏源。用塑料布覆盖泄漏物，减少飞散。勿使水进入包装容器内。用洁净的铲子收集泄漏物，置于干净、干燥、盖子较松的容器中，将容器移离泄漏区。

213. 二硫化碳

标　识

中文名称　二硫化碳

英文名称　Carbon disulfide；Carbon bisulphide

分子式　CS_2

S═C═S

CAS 号　75 - 15 - 0

WGH 号　31050

UN 号　1131

危害信息

危险性类别　第 3 类　易燃液体

燃烧与爆炸危险性　极易燃。其蒸气能与空气形成范围广阔的爆炸性混合物，接触热、火星、火焰或氧化剂易燃烧爆炸。受热分解产生有毒的硫化物烟气。高速冲击、流动、激荡后可因产生静电火花放电引起燃烧爆炸。其蒸气比空气重，能在较低处扩散到相当远的地方，遇火源会着火回燃和爆炸(闪爆)。

活性反应　蒸气接触铝粉或氟气能发生燃烧。与氯、氧化氮、高锰酸钾反应会发生爆炸。与乙胺、乙二胺、吖丙啶剧烈反应。与锂、钠、钾、四氧化二氮的混合物受撞击后易发生爆炸。

禁忌物　强氧化剂、胺类、碱金属等。

毒性　大鼠经口 LD_{50}：3188mg/kg；大鼠吸入 LC_{50}：25000mg/m^3(2h)；人吸入 LCL_o：4000ppm(30min)。

职业性接触二硫化碳，主要通过呼吸道吸入其蒸气，在高浓度下也可经无损的皮肤吸收，口服时胃肠道也能吸收。二硫化碳损害中枢及周围神经系统，并可影响脂质代谢，引起动脉硬化，继发血管性损害。

中毒表现　急性中毒：轻度中毒表现为麻醉症状，出现头昏、头痛、眩晕、乏力、恶心、呕吐、步态蹒跚、欣快感、哭笑无常以及眼和上呼吸道黏膜刺激症状。重度中毒可呈短时间强烈兴奋状态，继之出现幻觉、谵妄、意识丧失、阵发性或强直性痉挛、体温下降、瞳孔对光反射迟钝或消失等急性中毒性脑病的临床表现，甚至呼吸衰竭死亡。急性中毒恢复后可能在一段时间内遗留头痛、失眠、多梦、乏力等神经衰弱综合征症状，个别伴有精神障碍。皮肤接触二硫化碳可引起局部红斑，甚至大疱。

慢性中毒：表现有神经衰弱综合征，植物神经功能紊乱，多发性周围神经病，中毒性脑病，中毒性神经病。眼底检查出现视网膜微动脉瘤。

侵入途径　吸入、食入、经皮吸收。

职业接触限值

中国：PC－TWA：5mg/m³[皮]；PC－STEL：10mg/m³[皮]。

美国(ACGIH)：TLV－TWA：10ppm[皮]。

环境危害　有害空气污染物。

理化特性与用途

理化特性　无色或淡黄色透明液体，有刺激性气味。易挥发。不溶于水，溶于乙醇、乙醚等多数有机溶剂。熔点－111.5℃，沸点46.3℃，相对密度(水＝1)1.26，相对蒸气密度(空气＝1)2.63，燃烧热－1029.4kJ/mol，临界压力7.39MPa，临界温度280℃，蒸气压47.9kPa(25℃)，辛醇/水分配系数1.94，闪点－30℃(闭杯)，爆炸极限1.0%～50.0%，引燃温度90℃。

主要用途　用作航空煤油的抗烧蚀添加剂，用于生产黏胶纤维、玻璃纸、农药、橡胶助剂、浮选剂等，也用作溶剂。

包装与储运

包装标志　易燃液体，有毒品

包装类别　Ⅰ类

安全储运　储存于阴凉、通风的库房。远离火种、热源，避免阳光直射。储存温度不超过29℃，相对湿度不超过80%。储罐须放置在水泥池内，罐内用水或惰性气体封闭。应与氧化剂、胺类、碱金属、食用化学品隔离储运。禁止使用易产生火花的机械设备和工具。罐装注意流速，防止静电积聚。

紧急处置信息

急救措施

吸入：迅速脱离现场至空气新鲜处。保持呼吸道通畅。如呼吸困难，给输氧。呼吸、心跳停止，立即进行心肺复苏术。就医。

眼睛接触：立即分开眼睑，用流动清水或生理盐水彻底冲洗。就医。

皮肤接触：立即脱去污染衣着，用大量流动清水彻底冲洗。就医。

食入：催吐。就医。

对烦躁不安者，可使用安定、苯巴比妥钠等镇静剂。积极防治脑水肿。

灭火方法　消防人员须佩戴空气呼吸器，穿全身消防服，在上风向灭火。喷水冷却容器，尽可能将容器从火场移至空旷处。处在火场中的容器若发生异常变化或发出异常声音，必须马上撤离。

用雾状水、泡沫、干粉、二氧化碳、砂土灭火。

泄漏应急处置　消除所有点火源。根据液体流动和蒸气扩散的影响区域划定警戒区，无关人员从侧风、上风向撤离至安全区。建议应急处理人员戴正压自给式呼吸器，穿防毒、防静电服，戴橡胶耐油手套。作业时使用的所有设备应接地。禁止接触或跨越泄漏物。尽可能切断泄漏源。防止泄漏物进入水体、下水道、地下室或限制性空间。小量泄漏：用砂土或其他不燃材料吸收。使用洁净的无火花工具收集吸收材料。大量泄漏：构筑围堤或挖坑收容。用砂土、惰性物质或蛭石吸收大量液体。用泡沫覆盖，减少蒸发。喷水雾能减少蒸发，但不能降低泄漏物在限制性空间内的易燃性。用防爆泵转移至槽车或专用收集器内。

214. 2,4－二氯苯氧乙酸正丁酯

标　识

中文名称　2,4－二氯苯氧乙酸正丁酯

英文名称　Butyl 2,4－dichlorophenoxyacetate；2,4－DB

别名　2,4－滴丁酯

分子式　$C_{12}H_{14}Cl_2O_3$

CAS 号　94－80－4

WGH 号　61890

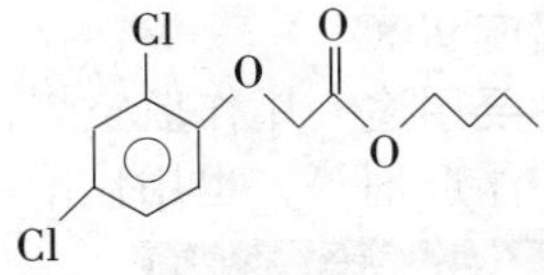

危害信息

危险性类别　第 6.1 类　有毒品

燃烧与爆炸危险性　可燃。其蒸气与空气混合能形成爆炸性混合物。燃烧产生有害的一氧化碳和氯化氢气体。在高温火场中，受热的容器或储罐有破裂和爆炸的危险。

活性反应　与氧化剂发生反应。

禁忌物　强碱、强氧化剂。

毒性　大鼠经口 LD_{50}：600mg/kg；小鼠经口 LD_{50}：425mg/kg；家兔经皮 LD_{50}：2244mg/kg。

中毒表现　口服中毒先为消化道症状，然后出现感觉异常、嗜睡、肌肉无力和肌纤维颤动，严重者出现抽搐、昏迷、大小便失禁和呼吸衰竭。本品易通过皮肤进入体内。本品常含杂质二噁英，可致亚急性中毒。

侵入途径　吸入、食入、经皮吸收。

理化特性与用途

理化特性　纯品为无色油状液体，原油为褐色液体。不溶于水，易溶于有机溶剂。熔点 9℃，沸点 169℃(0.27kPa)，相对密度(水＝1)1.2428，辛醇/水分配系数 4.38，闪点 ＞79℃(开杯)。

主要用途　用作农用除草剂。

包装与储运

包装标志　有毒品

包装类别　Ⅲ类

安全储运　储存于阴凉、通风的库房。远离火种、热源。储存温度不超过 32℃，相对湿度不超过 80%。保持容器密封。应与强氧化剂、强碱隔离储运。搬运时轻装轻卸，防止容器受损。

紧急处置信息

急救措施

吸入：迅速脱离现场至空气新鲜处。保持呼吸道通畅。如呼吸困难，给输氧。呼吸、心跳停止，立即进行心肺复苏术。就医。

眼睛接触： 立即分开眼睑，用流动清水或生理盐水彻底冲洗。就医。

皮肤接触： 立即脱去污染的衣着，用肥皂水和清水彻底冲洗。就医。

食入： 催吐，洗胃，给服活性炭，导泻。就医。

每10～30min给服10%硫酸亚铁10mL，连续3～4次，可部分破坏本毒物。

灭火方法 消防人员须穿全身消防服，佩戴防毒面具，在上风向灭火。尽可能将容器从火场移至空旷处。喷水保持火场容器冷却，直至灭火结束。处在火场中的容器若发生异常变化或发出异常声音，须马上撤离。

灭火剂：雾状水、泡沫、二氧化碳、干粉、砂土。

泄漏应急处置 消除点火源。根据液体流动和蒸气扩散的影响区域划定警戒区，无关人员从侧风、上风向撤离至安全区。建议应急处理人员戴正压自给式呼吸器，穿防毒服。穿上适当的防护服前严禁接触破裂的容器和泄漏物。尽可能切断泄漏源。防止泄漏物进入水体、下水道、地下室或密闭性空间。小量泄漏：用干燥的砂土或其他不燃材料吸收或覆盖，收集于容器中。大量泄漏：构筑围堤或挖坑收容。用泵转移至槽车或专用收集器内。

215. 1,2－二氯丙烷

标　识

中文名称 1,2－二氯丙烷

英文名称 1,2－Dichloropropane；Propylenechloride

别名 二氯化丙烯

分子式 $C_3H_6Cl_2$

CAS号 78－87－5

WGH号 32036；T31136［铁规］

UN号 1279

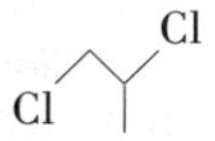

危害信息

危险性类别 第3类　易燃液体

燃烧与爆炸危险性 易燃。蒸气与空气混合能形成爆炸性混合物，遇热源或明火有燃烧爆炸的危险。高速冲击、流动、激荡后可因产生静电火花放电引起燃烧爆炸。蒸气比空气重，能在较低处扩散到相当远的地方，遇火源会着火回燃和爆炸(闪爆)。燃烧产物有毒，含有氯化氢和一氧化碳。在着火现场，受热的容器或储罐由于内压增大有开裂和爆炸的危险。

活性反应 能与强氧化剂、碱、强酸、铝、铝合金发生反应，在受限空间会导致燃烧和爆炸。

禁忌物 强氧化剂、酸类、碱类、活泼金属等。

毒性 大鼠经口 LD_{50}：1947mg/kg；大鼠吸入 LC_{50}：14000mg/m^3(8h)；小鼠经口 LD_{50}：860mg/kg；家兔经皮 LD_{50}：8750mg/kg。

急性毒作用主要表现为中枢神经系统抑制，眼和呼吸道刺激，并伴有肝功能损害。亚慢性毒性作用主要表现为肝功能、血液系统、肝和肾上腺损害。

侵入途径 吸入、食入、经皮吸收。

职业接触限值

中国：PC－TWA：350mg/m^3；PC－STEL：500mg/m^3。

美国(ACGIH)TLV－TWA：75ppm；TLV－STEL：110ppm。

环境危害 有害空气污染物。

理化特性与用途

理化特性 无色液体，有类似氯仿的气味。不溶于水，溶于多数有机溶剂。熔点－100℃，沸点96.4℃，相对密度(水＝1)1.16，相对蒸气密度(空气＝1)3.9，临界压力4.65MPa，临界温度305℃，蒸气压7.1kPa(25℃)，燃烧热－1920.83kJ/mol，辛醇/水分配系数1.98，闪点16℃(闭杯)，爆炸极限3.4%～14.5%，引燃温度557℃。

主要用途 用作脂肪、油、蜡、树脂和树胶的溶剂及用于有机合成等。

包装与储运

包装标志 易燃液体

包装类别 Ⅱ类

安全储运 储存于阴凉、通风的库房。保持容器密封。远离火种、热源，避免阳光直射。储存温度不超过37℃。应与氧化剂、酸类、碱类等隔离贮运。采用防爆型照明、通风设施。禁止使用易产生火花的机械设备和工具。搬运时轻装轻卸，防止容器受损。

紧急处置信息

急救措施

吸入：迅速脱离现场至空气新鲜处。保持呼吸道通畅。如呼吸困难，给输氧。呼吸、心跳停止，立即进行心肺复苏术。就医。

眼睛接触：立即分开眼睑，用流动清水或生理盐水彻底冲洗。就医。

皮肤接触：立即脱去污染的衣着，用肥皂水和清水彻底冲洗。就医。

食入：催吐，洗胃。忌服牛奶、油脂、酒精。

灭火方法 消防人员必须穿全身防火防毒服，佩戴空气呼吸器，在上风向灭火。尽可能将容器从火场移至空旷处。喷水保持火场容器冷却，直至灭火结束。处在火场中的容器若发生异常变化或发出异常声音，必须马上撤离。

灭火剂：抗溶性泡沫、二氧化碳、干粉、砂土。

泄漏应急处置 消除所有点火源。根据液体流动和蒸气扩散的影响区域划定警戒区，无关人员从侧风、上风向撤离至安全区。建议应急处理人员戴正压自给式呼吸器，穿防静电服。作业时使用的所有设备应接地。禁止接触或跨越泄漏物。尽可能切断泄漏源。防止泄漏物进入水体、下水道、地下室或限制性空间。小量泄漏：用砂土或其他不燃材料吸收。使用洁净的无火花工具收集吸收材料。大量泄漏：构筑围堤或挖坑收容。用泡沫覆盖，减少蒸发。喷水雾能减少蒸发，但不能降低泄漏物在受限制空间内的易燃性。用防爆泵转移至槽车或专用收集器内。

216. 二氯化硫

标　识

中文名称 二氯化硫

英文名称 Sulfurchloride；Sulfurdichloride；Dichlorosulfane

别名 二氯硫烷

分子式 Cl_2S

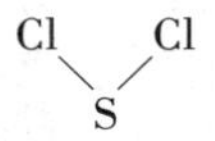

CAS 号 10545－99－0

WGH 号 81033

UN 号 1828

危害信息

危险性类别 第 8 类 腐蚀品

燃烧与爆炸危险性 可燃。遇明火、高热可燃。遇水或潮湿空气产生氯化氢和二氧化硫气体。在高温火场中，受热的容器和储罐有破裂和爆炸的危险。对很多金属尤其是在潮湿空气存在下有腐蚀性。

活性反应 对金属尤其在潮湿空气下有腐蚀性。

禁忌物 强氧化剂、强碱、水、铝、氨、钾、钠。

毒性 对眼和上呼吸道黏膜有强烈的刺激性，少数严重者可引起肺水肿。可致皮肤严重灼伤。

侵入途径 吸入、食入。

环境危害 对水生生物有极高毒性。

理化特性与用途

理化特性 红棕色液体，有刺激性臭味。可溶于己烷、四氯化碳、苯。熔点 －78℃，沸点 60℃（分解），相对密度（水＝1）1.64，相对蒸气密度（空气＝1）3.55，蒸气压 22.66kPa（20℃），临界压力 6.68MPa，闪点 118℃（开杯），引燃温度 234℃。

主要用途 用作试剂、橡胶硫化剂、有机化合物的氯化剂，并用于制造硫化油、溶解硫磺等。

包装与储运

包装标志 腐蚀品

包装类别 Ⅰ类

安全储运 储存于阴凉、通风的库房。远离火种、热源。储存温度不超过 30℃，相对湿度不超过 75%。保持容器密封。应与强碱隔离储运。搬运时轻装轻卸，防止容器受损。

紧急处置信息

急救措施

吸入： 迅速脱离现场至空气新鲜处。保持呼吸道通畅。如呼吸困难，给输氧。呼吸、心跳停止，立即进行心肺复苏术。就医。

眼睛接触： 立即分开眼睑，用大量流动清水或生理盐水彻底冲洗 10～15min。就医。

皮肤接触： 立即脱去污染的衣着，用大量流动清水彻底冲洗，冲洗时间一般要求 20～30min。就医。

食入： 用水漱口，禁止催吐。给饮牛奶或蛋清。就医。

灭火方法 消防人员须佩戴空气呼吸器，穿全身耐酸碱消防服，在上风向灭火。尽可能将容器从火场移至空旷处。喷水保持火场容器冷却，直至灭火结束。

灭火剂：二氧化碳、砂土。

泄漏应急处置 根据液体流动和蒸气扩散的影响区域划定警戒区，无关人员从侧风、上风向撤离至安全区。消除所有点火源。建议应急处理人员戴正压自给式呼吸器，穿防酸碱服，戴橡胶耐酸碱手套。穿上适当的防护服前严禁接触破裂的容器和泄漏物。尽可能切断泄漏源。勿使泄漏物与可燃物质(如木材、纸、油等)接触。防止泄漏物进入水体、下水道、地下室或限制性空间。小量泄漏：用干燥的砂土或其他不燃材料覆盖泄漏物，用洁净的无火花工具收集泄漏物，置于一盖子较松的塑料容器中，待处置。大量泄漏：构筑围堤或挖坑收容。用耐腐蚀泵转移至槽车或专用收集器内。

217. 二氯甲烷

标　识

中文名称　二氯甲烷

英文名称　Dichloromethane；Methylene chloride

别名　亚甲基二氯

分子式　CH_2Cl_2

CAS 号　75－09－2

WGH 号　61552

UN 号　1593

危害信息

危险性类别　第 6.1 类　毒害品

燃烧与爆炸危险性　易燃。蒸气与空气能形成爆炸性混合物，遇明火、高热能引起燃烧爆炸。蒸气比空气重，能在较低处扩散到相当远的地方，遇火源会着火回燃和爆炸(闪爆)。遇潮湿空气能水解生成微量的氯化氢，光照亦能促进水解而对金属的腐蚀性增强。

活性反应　与活泼金属(锂、钠、钾、铝、镁)、强碱(叔丁醇钾)、强氧化剂发生剧烈反应。与硝酸、四氧化二氮混合会发生爆炸。

禁忌物　碱金属、铝。

毒性　大鼠经口 LD_{50}：1600mg/kg；大鼠吸入 LC_{50}：76000mg/m^3(4h)；小鼠经口 LD_{50}：873mg/kg；人吸入 TCL_o：500ppm(8h)。

本品有麻醉作用，主要损害中枢神经和呼吸系统。

IARC 对本品的致癌性分类：G2B——可疑人类致癌物。

中毒表现　急性中毒：轻者可有眩晕、头痛、呕吐以及眼和上呼吸道黏膜刺激症状；较重者则出现易激动、步态不稳、共济失调、嗜睡，可引起化学性支气管炎；重者昏迷，可有肺水肿。可有明显的肝、肾损害。血中碳氧血红蛋白含量增高。

慢性影响：长期接触主要有头痛、乏力、眩晕、食欲减退、动作迟钝、嗜睡等。对皮肤有脱脂作用，引起干燥、脱屑和皲裂等。

侵入途径　吸入、食入、经皮吸收。

职业接触限值

中国：PC－TWA：200mg/m^3[G2B]。

美国(ACGIH)：TLV－TWA：50ppm。

环境危害　有害空气污染物。

理化特性与用途

理化特性　无色透明液体，有芳香气味。微溶于水，溶于乙醇、乙醚等有机溶剂。熔

点 -95℃，沸点 39.8℃，相对密度(水 =1)1.33，相对蒸气密度(空气 =1)2.93，临界压力 6.08MPa，临界温度 237℃，蒸气压 46.5kPa(20℃)，燃烧热 -604.9kJ/mol，辛醇/水分配系数 1.25，爆炸极限 12% ~25%，引燃温度 556℃。

主要用途 用作脂肪和油的萃取剂，用作醋酸纤维素成膜、三醋酸纤维素抽丝、气溶胶和抗菌素、纤维素等生产过程的溶剂，也用作冷冻剂、麻醉剂等。

包装与储运

包装标志 有毒品

包装类别 Ⅲ类

安全储运 储存于阴凉、干燥、通风的库房。保持容器密封。远离火种、热源，避免阳光直射。储存温度不超过 32℃，相对湿度不超过 80%。避免受潮。切勿与氧化剂、硝酸混储混运。搬运时轻装轻卸，防止容器受损。

紧急处置信息

急救措施

吸入：迅速脱离现场至空气新鲜处。保持呼吸道通畅。如呼吸困难，给输氧。呼吸、心跳停止，立即进行心肺复苏术。就医。

眼睛接触：立即分开眼睑，用流动清水或生理盐水彻底冲洗。就医。

皮肤接触：立即脱去污染的衣着，用肥皂水和清水彻底冲洗。就医。

食入：尽量饮水，给服活性炭悬液。忌服油脂、酒精。如吞服量较大，且在 30min 以内，可洗胃。就医。

忌用肾上腺素类药物。

灭火方法 尽可能将容器从火场移至空旷处。喷水冷却容器。消防人员须佩戴空气呼吸器，穿全身消防服，在上风向灭火。

灭火剂：雾状水、抗溶性泡沫、二氧化碳、砂土。

泄漏应急处置 消除所有火源。根据液体流动和蒸气扩散的影响区域划定警戒区，无关人员从侧风、上风向撤离至安全区。建议应急处理人员戴正压自给式呼吸器，穿防毒服，戴防化学品手套。尽可能切断泄漏源。防止泄漏物进入水体、下水道、地下室或限制性空间。小量泄漏：用砂土或其他不燃材料吸收。大量泄漏：构筑围堤或挖坑收容。用泡沫覆盖，减少蒸发。用砂土、惰性物质或蛭石吸收大量液体。用泵转移至槽车或专用收集器内。

218. 二氯乙醚

标　识

中文名称 二氯乙醚

英文名称 Bis(2 - chloroethyl) ether；*sym* - Dichloroethyl ether；Dichloroethyl ether

别名 双(2 - 氯乙基)醚；对称二氯二乙醚

分子式 $C_4H_8Cl_2O$

CAS 号 111 - 44 - 4

WGH 号 61594

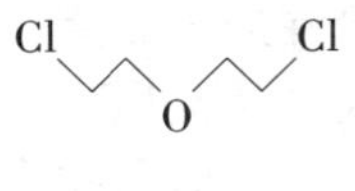

UN号　1916

危害信息

危险性类别　第6.1类　有毒品

燃烧与爆炸危险性　易燃。其蒸气与空气混合能形成爆炸性混合物。燃烧产生有毒的一氧化碳和氯化物气体。受热或遇水分解放热，放出有毒的腐蚀性烟气。

活性反应　与氧化剂反应。

禁忌物　强氧化剂、强酸、卤素、硫化物。

毒性　大鼠经口 LD_{50}：75mg/kg；小鼠经口 LD_{50}：209mg/kg；兔经口 LD_{50}：126mg/kg；兔经皮 LD_{50}：90mg/kg；大鼠吸入 LC_{50}：330mg/m^3(4h)。

接触本品对眼睛、呼吸道黏膜有明显刺激作用，并有难以忍受的感觉，发生咳嗽、恶心、呕吐。

侵入途径　吸入、食入、经皮吸收。

职业接触限值　美国(ACGIH)：TLV - TWA：5ppm[皮]；TLV - STEL：10ppm[皮]。

理化特性与用途

理化特性　带有辣味和水果味的无色透明液体。不溶于水，可混溶于乙醇、乙醚、多数有机溶剂。熔点 -52℃，沸点178.5℃，相对密度(水=1)1.22(20℃)，相对蒸气密度(空气=1)4.93，蒸气压0.1kPa(20℃)，辛醇/水分配系数1.29，闪点55℃(闭杯)，引燃温度368.89℃。

主要用途　用作溶剂、土壤熏蒸杀虫剂，也用于有机合成和制涂料。

包装与储运

包装标志　有毒品；易燃液体

包装类别　Ⅱ类

安全储运　储存于阴凉、通风的库房。远离火种、热源，避免阳光直射。储存温度不超过32℃，相对湿度不超过80%。保持容器密封，避免与空气接触。炎热季节早晚运输。应与氧化剂、酸等隔离储运。禁止使用易产生火花的机械设备和工具。灌装时注意流速，防止静电积聚。搬运时轻装轻卸，防止容器受损。

紧急处置信息

急救措施

吸入：迅速脱离现场至空气新鲜处。保持呼吸道通畅。如呼吸困难，给输氧。呼吸、心跳停止，立即进行心肺复苏术。就医。

眼睛接触：立即分开眼睑，用流动清水或生理盐水彻底冲洗。就医。

皮肤接触：立即脱去污染的衣着，用肥皂水和清水彻底冲洗。就医。

食入：饮一杯水，以手指探咽后壁催吐，禁用药物催吐。就医。

灭火方法　消防人员须穿全身防火防毒服，佩戴空气呼吸器，在上风向灭火。尽可能将容器从火场移至空旷处。喷水保持火场容器冷却，直至灭火结束。

灭火剂：二氧化碳、干粉、砂土。

泄漏应急处置　消除所有点火源。根据液体流动和蒸气扩散的影响区域划定警戒区，无关人员从侧风、上风向撤离至安全区。建议应急处理人员戴正压自给式呼吸器，穿防毒、防静电服，戴防化学品手套。穿上适当的防护服前严禁接触破裂的容器和泄漏物。尽可能切断泄漏源。防止泄漏物进入水体、下水道、地下室或限制性空间。小量泄漏：用干燥的砂土或其他不燃材料吸收或覆盖，收集于容器中。大量泄漏：构筑围堤或挖坑收容。用砂土、惰性物质或蛭石吸收大量液体。用泵转移至槽车或专用收集器内。

219. 1,1－二氯乙烷

标　识

中文名称　1，1－二氯乙烷

英文名称　1，1－Dichloroethane；Ethylidene dichloride；Ethylidene chloride

别名　亚乙基二氯

分子式　$C_2H_4Cl_2$

CAS 号　75－34－3

WGH 号　32035；T31135［铁规］

UN 号　2362

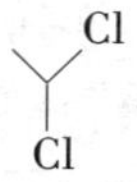

危害信息

危险性类别　第3类　易燃液体

燃烧与爆炸危险性　易燃。其蒸气与空气混合能形成爆炸性混合物，遇明火、高热易燃烧或爆炸。燃烧产生有毒的一氧化碳、氯化氢和光气。受高热分解产生有毒的腐蚀性烟气。在高温火场中，受热的容器或储罐有破裂和爆炸的危险。蒸气比空气重，能在较低处扩散到相当远的地方，遇火源会着火回燃和爆炸（闪爆）。

活性反应　与氧化剂反应。

禁忌物　强氧化剂、酸类、碱类。

毒性　大鼠经口 LD_{50}：725mg/kg；大鼠吸入 LC_{50}：13000ppm（4h），具有麻醉作用。迄今未见本品引起中毒的报道。

侵入途径　吸入、食入、经皮吸收。

职业接触限值　美国（ACGIH）：TLV－TWA：100ppm。

环境危害　对水生生物有害，可能在水生环境中造成长期不利影响。

理化特性与用途

理化特性　无色带有醚味的油状液体，有糖精甜味。不溶于水，溶于多数有机溶剂。熔点－97℃，沸点57.3℃，相对密度（水＝1）1.17，相对蒸气密度（空气＝1）3.92，蒸气压24.34kPa（20℃），燃烧热－1098.4kJ/mol，临界温度261.5℃，临界压力5.05MPa，辛醇/水分配系数1.8，闪点－7℃（闭杯）、14℃（开杯），引燃温度458℃，爆炸极限5.6%～11.4%。

主要用途　用作溶剂、熏蒸剂及制造1，1，1－三氯乙烷的中间体。

包装与储运

包装标志　易燃液体

包装类别　Ⅱ类

安全储运　储存于阴凉、通风的库房。保持容器密封。远离火种、热源，避免阳光直射。储存温度不超过37℃。炎热季节早晚运输。应与氧化剂、胺类、氨等隔离储运。禁止使用易产生火花的机械设备和工具。灌装时注意流速，防止静电积聚。搬运时轻装轻卸，防止容器受损。

紧急处置信息

急救措施

吸入：脱离接触。如有不适感，就医。

眼睛接触：分开眼睑，用流动清水或生理盐水冲洗。如有不适感，就医。

皮肤接触：脱去污染的衣着，用肥皂水和清水冲洗。如有不适感，就医。

食入：尽量饮水，不要催吐。忌给牛奶、油脂和酒类。就医。

拟交感神经药可致室性心律不齐，禁用。

灭火方法　消防人员须穿全身消防服，佩戴空气呼吸器，在上风向灭火。尽可能将容器从火场移至空旷处。喷水保持火场容器冷却，直至灭火结束。处在火场中的容器若发生异常变化或发出异常声音，须马上撤离。

灭火剂：泡沫、二氧化碳、干粉、砂土。用水灭火无效。

泄漏应急处置　消除所有点火源。根据液体流动和蒸气扩散的影响区域划定警戒区，无关人员从侧风、上风向撤离至安全区。建议应急处理人员戴正压自给式呼吸器，穿防静电服，戴橡胶耐油手套。作业时使用的所有设备应接地。禁止接触或跨越泄漏物。尽可能切断泄漏源。防止泄漏物进入水体、下水道、地下室或限制性空间。小量泄漏：用砂土或其他不燃材料吸收。使用洁净的无火花工具收集吸收材料。大量泄漏：构筑围堤或挖坑收容。用泡沫覆盖，减少蒸发。喷水雾能减少蒸发，但不能降低泄漏物在限制性空间内的易燃性。用防爆泵转移至槽车或专用收集器内。

220. 1,2－二氯乙烷

标　识

中文名称　1，2－二氯乙烷

英文名称　1，2－Dichloroethane；Ethylenedichloride

别名　二氯乙烷(对称)；二氯化乙烯

分子式　$C_2H_4Cl_2$

CAS 号　107－06－2

WGH 号　32035；T31135[铁规]

UN 号　1184

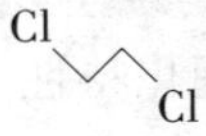

危害信息

危险性类别　第3类　易燃液体

燃烧与爆炸危险性　易燃。蒸气与空气能形成爆炸性混合物，遇明火、高热能引起燃烧爆炸。蒸气比空气重，能在较低处扩散到相当远的地方，遇火源会着火回燃和爆炸(闪爆)。燃烧产物有毒，含有氯化氢和一氧化碳。其分解产物有腐蚀性。

活性反应　能与强氧化剂、还原剂、胺、氮化物、重氮化合物、碱金属、环氧化物、铝、镁、钾、钠等发生反应。与液氨混合易发生爆炸。

禁忌物　强氧化剂、酸类、碱类。

毒性　大鼠经口 LD_{50}：670mg/kg；大鼠吸入 LC_{50}：1000ppm(7h)；家兔经皮 LD_{50}：2800mg/kg；人经口 LDL_o：714mg/kg；人吸入 TCL_o：4000ppm(1h)。

本品毒作用的主要靶器官是中枢神经系统及肝、肾。麻醉作用尤为突出。对皮肤、黏膜和呼吸道有刺激作用。

IARC 对本品的致癌性分类：G2B——可疑人类致癌物。

欧盟指令 67/548/EEC 将本品列为第 2 类致癌物——可能为人类致癌物。

中毒表现　急性中毒：短期接触较高浓度二氯乙烷后可引起接触反应，出现头晕、头痛、乏力等中枢神经系统症状，可伴恶心、呕吐或眼及上呼吸道刺激症状，脱离接触后短时间消失。轻度中毒出现步态蹒跚、轻度意识障碍、轻度中毒性肝病、轻度中毒性肾病。重度中毒出现中度或重度意识障碍、癫痫大发作样抽搐、脑局灶受损表现（如小脑性共济失调等）、中度或重度中毒性肝病。吸入高浓度尚可引起肺水肿。

慢性影响：长期接触可出现头痛、失眠、乏力、腹泻、咳嗽等，也可有肝损害、肾损害、肌肉震颤和眼球震颤。皮肤接触可引起干燥、皲裂和脱屑。

侵入途径　吸入、食入、经皮吸收。

职业接触限值

中国：PC－TWA：7mg/m^3[G2B]；PC－STEL：15mg/m^3[G2B]。

美国(ACGIH)：TLV－TWA：10ppm。

环境危害　有害空气污染物。

理化特性与用途

理化特性　无色或浅黄色透明液体，有类似氯仿的气味。难溶于水，可混溶于乙醇、乙醚、氯仿和多数普通溶剂。熔点－35.3℃，沸点 83.53℃，相对密度(水＝1)1.26，相对蒸气密度(空气＝1)3.42，临界压力 5.36MPa，临界温度 290℃，蒸气压 13.33kPa(29.4℃)，闪点 13℃，辛醇/水分配系数 1.48，爆炸极限 6.2%～16.0%，引燃温度 413℃。

主要用途　用作蜡、脂肪、橡胶等的溶剂及谷物杀虫剂。

包装与储运

包装标志　易燃液体，有毒品

包装类别　Ⅱ类

安全储运　储存于阴凉、通风的库房。远离火种、热源，防止阳光直射。储存温度不超过 37℃。保持容器密封。应与氧化剂等隔离储运。禁止使用易产生火花的机械设备和工具。灌装时注意流速，防止静电积聚。搬运时轻装轻卸，防止容器受损。

紧急处置信息

急救措施

吸入：迅速脱离现场至空气新鲜处。保持呼吸道通畅。如呼吸困难，给输氧。呼吸、心跳停止，立即进行心肺复苏术。就医。

眼睛接触：立即分开眼睑，用流动清水或生理盐水彻底冲洗。就医。

皮肤接触：立即脱去污染的衣着，用肥皂水和清水彻底冲洗。就医。

食入：不给任何饮品，禁止催吐。就医。

禁用肾上腺素类药。

灭火方法　消防人员必须穿全身防火防毒服，佩戴空气呼吸器，在上风向灭火。尽可

能将容器从火场移至空旷处。喷水保持火场容器冷却，直至灭火结束。处在火场中的容器若发生异常变化或发出异常声音，必须马上撤离。

灭火剂：抗溶性泡沫、二氧化碳、干粉、砂土。

泄漏应急处置　消除所有点火源。根据液体流动和蒸气扩散的影响区域划定警戒区，无关人员从侧风、上风向撤离至安全区。建议应急处理人员戴正压自给式呼吸器，穿防静电服，戴橡胶耐油手套。作业时使用的所有设备应接地。禁止接触或跨越泄漏物。尽可能切断泄漏源。防止泄漏物进入水体、下水道、地下室或限制性空间。小量泄漏：用砂土或其他不燃材料吸收。使用洁净的无火花工具收集吸收材料。大量泄漏：构筑围堤或挖坑收容。用泡沫覆盖，减少蒸发。喷水雾能减少蒸发，但不能降低泄漏物在限制性空间内的易燃性。用防爆泵转移至槽车或专用收集器内。

221. 二氯异丙醚

标　识

中文名称　二氯异丙醚

英文名称　Dichloroisopropylether；Bis(2 - chloro - 1 - methylethyl) ether；Nemamol

别名　双(2 - 氯 - 1 - 甲基乙基)醚

分子式　$C_6H_{12}Cl_2O$

CAS 号　108 - 60 - 1

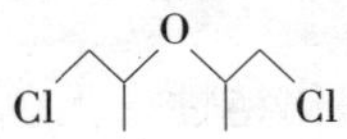

WGH 号　61080

UN 号　2490

危害信息

危险性类别　第 6.1 类　毒害品

燃烧与爆炸危险性　可燃。蒸气与空气能形成爆炸性混合物，遇明火、高热能引起燃烧爆炸。高速冲击、流动、激荡后可因产生静电火花放电引起燃烧爆炸。蒸气比空气重，能在较低处扩散到相当远的地方，遇火源会着火回燃和爆炸(闪爆)。在火场中，受热的容器或储罐由于内压增加有开裂和爆炸的危险。

活性反应　在空气中会缓慢氧化形成极不稳定的有机过氧化物，会导致爆炸。与氧化剂发生剧烈反应。

禁忌物　强氧化剂。

毒性　大鼠经口 LD_{50}：240mg/kg；小鼠经口 LD_{50}：296mg/kg；大鼠经皮：>2g/kg；大鼠吸入 LCL_o：700ppm(5h)。

高浓度蒸气对眼和呼吸道黏膜有刺激作用。可使大鼠发生肺、肝、肾损害。

侵入途径　吸入、食入、经皮吸收。

理化特性与用途

理化特性　无色至淡黄色液体。微溶于水，与乙醇、乙醚、丙酮等有机溶剂混溶。熔点 -97 ~ -102℃，沸点 187℃，相对密度(水 =1)1.103，相对蒸气密度(空气 =1)6，蒸气压 74.65Pa(20℃)，闪点 85℃(开杯)，辛醇/水分配系数 2.14 ~2.58。

主要用途　用作制造染料、树脂、药物的中间体，用于纺织品加工。

包装与储运

包装标志　有毒品

包装类别　Ⅱ类

安全储运　储存于阴凉、通风的库房。远离火种、热源。储存温度不超过35℃，相对湿度不超过85%。密闭包装。应与氧化剂、酸类、食用化学品等隔离储运。搬运时轻装轻卸，防止容器受损。

紧急处置信息

急救措施

吸入：迅速脱离现场至空气新鲜处。保持呼吸道通畅。如呼吸困难，给输氧。呼吸、心跳停止，立即进行心肺复苏术。就医。

眼睛接触：立即分开眼睑，用流动清水或生理盐水彻底冲洗。就医。

皮肤接触：立即脱去污染的衣着，用肥皂水和清水彻底冲洗。就医。

食入：漱口，尽量饮水，催吐。就医，对症治疗。

灭火方法　消防人员须佩戴防毒面具、穿全身消防服，在上风向灭火。尽可能将容器从火场移至空旷处。喷水保持火场容器冷却，直至灭火结束。处在火场中的容器若已变色或从安全泄压装置中产生声音，必须马上撤离。

灭火剂：雾状水、泡沫、干粉、二氧化碳、砂土。

泄漏应急处置　根据液体流动和蒸气扩散的影响区域划定警戒区，无关人员从侧风、上风向撤离至安全区。消除所有点火源。建议应急处理人员戴正压自给式呼吸器，穿防毒服，戴橡胶手套。穿上适当的防护服前严禁接触破裂的容器和泄漏物。尽可能切断泄漏源。防止泄漏物进入水体、下水道、地下室或限制性空间。小量泄漏：用干燥的砂土或其他不燃材料吸收或覆盖，收集于容器中。大量泄漏：构筑围堤或挖坑收容。用泵转移至槽车或专用收集器内。

222. 二氯异氰尿酸

标　识

中文名称　二氯异氰尿酸

英文名称　1,3 – Dichloro – *s* – triazine – 2,4,6 – trione；1,3 – Dichloroisocyanuric Acid

别名　二氯异三聚氰酸

分子式　$C_3HCl_2N_3O_3$

CAS号　2782 – 57 – 2

WGH号　51077

UN号　2465

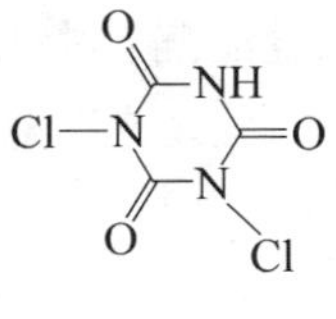

危害信息

危险性类别　第5.1类　氧化剂

燃烧与爆炸危险性　助燃。与可燃物接触易着火燃烧，燃烧产生有毒的一氧化碳、氮氧化物和氯化物。遇水产生有毒烟气。

活性反应　与易、可燃物反应，与还原剂发生剧烈反应。

禁忌物　易燃物、可燃物、还原剂、氮化物、水。

毒性　大鼠经口 LD_{50}：1173mg/kg；人经口 LDL_0：3570mg/kg。

粉尘能强烈刺激眼睛、皮肤和呼吸系统。对胃肠道有刺激作用。遇热释放出氯气和一氧化碳。

侵入途径　吸入、食入。

环境危害　对水生生物有极高毒性，可能在水生环境中造成长期不利影响。

理化特性与用途

理化特性　白色结晶性粉末或颗粒，具有强氯气味。易溶于水。熔点 225℃，沸点 418℃，密度 0.55g/cm³，辛醇/水分配系数 0.34，临界温度 680℃，临界压力 5.92。

主要用途　用作漂白剂、清洗剂、杀菌消毒剂，可替代次氯酸钙。

包装与储运

包装标志　氧化剂

包装类别　Ⅱ类

安全储运　储存于阴凉、通风的库房。远离火种、热源。储存温度不超过 30℃，相对湿度不超过 80%。保持容器密封，注意防潮。应与酸、可燃物、铵盐、尿素、还原剂等隔离储运。

紧急处置信息

急救措施

吸入： 迅速脱离现场至空气新鲜处。保持呼吸道通畅。如呼吸困难，给输氧。呼吸、心跳停止，立即进行心肺复苏术。就医。

眼睛接触： 立即分开眼睑，用流动清水或生理盐水彻底冲洗。就医。

皮肤接触： 立即脱去污染的衣着，用大量流动清水彻底冲洗。就医。

食入： 漱口，饮水。就医。

灭火方法　消防人员须穿全身消防服，戴空气呼吸器，在上风向灭火。尽可能将容器从火场移至空旷处。喷水保持火场容器冷却，直至灭火结束。切勿将水流直接射至熔融物，以免引起严重的流淌火灾或引起剧烈的沸溅。

本品不燃，根据着火原因选择适当灭火剂灭火。

泄漏应急处置　隔离泄漏污染区，限制出入。建议应急处理人员戴防尘口罩，穿防毒服，戴防化学品手套。勿使泄漏物与可燃物质(如木材、纸、油等)接触。穿上适当的防护服前严禁接触破裂的容器和泄漏物。尽可能切断泄漏源。勿使水进入包装容器内。小量泄漏：用洁净的铲子收集泄漏物，置于干净、干燥、盖子较松的容器中，将容器移离泄漏区。大量泄漏：泄漏物回收后，用水冲洗泄漏区。

223. 二　茂　铁

标　识

中文名称　二茂铁

英文名称　Ferrocene；Di(pi – cyclopentadienyl)iron

别名 双环戊二烯基铁；环戊二茂铁

分子式 $C_{10}H_{10}Fe$

CAS 号 102－54－5

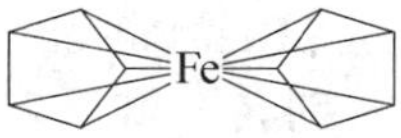

危害信息

燃烧与爆炸危险性 可燃。其粉体与空气混合能形成爆炸性混合物，遇明火高热有引起燃烧爆炸的危险。

毒性 大鼠经口 LD_{50}：1320mg/kg。小鼠经口 LD_{50}：832mg/kg。哺乳动物吸入 LC：>21700μg/m^3。

对眼、呼吸道和皮肤有刺激性。

侵入途径 吸入、食入。

职业接触限值 美国(ACGIH)：TLV－TWA：10mg/m^3。

理化特性与用途

理化特性 橙黄色粉末，有樟脑气味。不溶于水，易溶于苯、乙醚、汽油、柴油等有机溶剂。熔点 173～174℃，沸点 249℃，升华点 >100℃，密度 1.49g/cm^3(20℃)，蒸气压 4Pa(40℃)，引燃温度 >150℃，辛醇/水分配系数 3.28。

主要用途 用作节能消烟助燃添加剂，合成汽油、人造液化气的添加剂，汽油抗爆剂，聚合催化剂，以及硅树脂、橡胶的熟化剂。另外，二茂铁还可用作聚忆烯、聚丙烯、聚酯纤维的保护剂，改进塑料、橡胶、纤维的热稳定性。

包装与储运

安全储运 储存于阴凉、通风的专用库房。远离火种、热源。应与氧化剂隔离储运。

紧急处置信息

急救措施

吸入：脱离接触。如有不适感，就医。

眼睛接触：分开眼睑，用流动清水或生理盐水冲洗。如有不适感，就医。

皮肤接触：脱去污染的衣着，用肥皂水和清水冲洗。如有不适感，就医。

食入：漱口，饮水。就医。

灭火方法 消防人员须穿全身消防服，在上风向灭火。尽可能将容器从火场移至空旷处。喷水保持火场容器冷却，直至灭火结束。

灭火剂：雾状水、泡沫、二氧化碳、干粉、砂土。

泄漏应急处置 消除所有点火源。隔离泄漏污染区，限制出入。建议应急处理人员戴防尘口罩，穿防毒服，戴橡胶手套。作业时使用的所有设备应接地。禁止接触或跨越泄漏物。润湿泄漏物。严禁设法扫除干的泄漏物。

224. 二羟基聚氧化丙烯醚

标　　识

中文名称 二羟基聚氧化丙烯醚

英文名称　1,2 - Propandiol, polymer with methyl oxirane; Dihydroxy polyoxypropylene ether 210; Polyether 210

别名　聚醚 210；聚醚 220；聚醚 204

CAS 号　29434 - 03 - 5

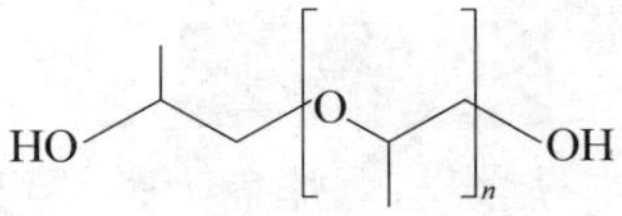

危害信息

燃烧与爆炸危险性　可燃。其蒸气与空气混合能形成爆炸性混合物，遇明火、高热引起燃烧或爆炸。燃烧时分解生成有毒的一氧化碳烟雾。在高温火场中，受热的容器或储罐有破裂和爆炸的危险。

禁忌物　强氧化剂。

侵入途径　吸入、食入。

理化特性与用途

理化特性　无色或淡黄色透明液体，有苦味。难溶于水，易溶于乙醇、苯等有机溶剂。pH 值 5.0 ~ 7.0，相对密度(水 = 1) 1.002 ~ 1.007。

主要用途　用于制聚氨酯耐磨橡胶、涂料、软质泡沫塑料、黏合剂等。

包装与储运

安全储运　储存于阴凉、通风的库房。保持容器密封。远离火种、热源。应与氧化剂、酸等隔离储运。搬运时轻装轻卸，防止容器受损。

紧急处置信息

急救措施

吸入：脱离接触。如有不适感，就医。

眼睛接触：分开眼睑，用流动清水或生理盐水冲洗。如有不适感，就医。

皮肤接触：脱去污染的衣着，用肥皂水和清水冲洗。如有不适感，就医。

食入：漱口，饮水。就医。

灭火方法　消防人员须穿全身消防服，佩戴空气呼吸器，在上风向灭火。尽可能将容器从火场移至空旷处。喷水保持火场容器冷却，直至灭火结束。处在火场中的容器若发生异常变化或发出异常声音，须马上撤离。

灭火剂：泡沫、二氧化碳、干粉、砂土。

泄漏应急处置　消除所有点火源。根据液体流动和蒸气扩散的影响区域划定警戒区，无关人员从侧风、上风向撤离至安全区。建议应急处理人员戴正压自给式呼吸器，穿防静电、防腐蚀服，戴橡胶手套。尽可能切断泄漏源。防止泄漏物进入水体、下水道、地下室或限制性空间。小量泄漏：用干燥的砂土或其他不燃材料吸收或覆盖，收集于容器中。大量泄漏：构筑围堤或挖坑收容。

225. 二壬基萘磺酸钡

标　识

中文名称　二壬基萘磺酸钡

英文名称 Barium bis(dinonylnaphthalenesulphonate); Bariumdi - nonyl naphthalene sulfonate; Antirust additive(T705)

别名 添加剂1215；防锈添加剂T705

分子式 $(C_{28}H_{44}O_3S)_2Ba$

CAS号 25619 - 56 - 1

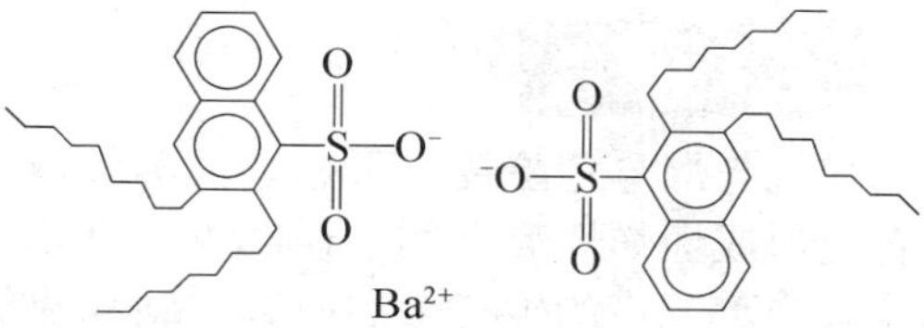

危害信息

燃烧与爆炸危险性 可燃，与空气混合能形成爆炸性混合物，遇明火高热有引起燃烧爆炸的危险。燃烧产生有毒的一氧化碳和硫氧化物气体。

禁忌物 强氧化剂。

毒性 钡化合物可引起进行性肌麻痹、低血钾和心肌损害。

侵入途径 吸入、食入。

理化特性与用途

理化特性 褐色黏稠膏状物。相对密度(水=1)≥1.0，闪点≥165℃(开杯)，总碱值≤1.5mgKOH/g。

主要用途 用作润滑油和润滑脂的防锈添加剂，亦可作发动机燃料的防锈添加剂。

包装与储运

安全储运 储存于阴凉、通风的专用库房。保持容器密封。远离火种、热源。应与氧化剂、酸、酸性氯化物、酸酐等隔离储运。搬运时轻装轻卸，防止包装受损。

紧急处置信息

急救措施

吸入： 脱离接触。如有不适感，就医。

眼睛接触： 分开眼睑，用流动清水或生理盐水冲洗。如有不适感，就医。

皮肤接触： 脱去污染的衣着，用肥皂水和清水冲洗。如有不适感，就医。

食入： 按钡盐中毒处理：口服硫酸钠5~10g，催吐，洗胃(洗胃液中加入5~10g硫酸钠)。监护心律和血清钾水平，补钾纠正低钾血症，注意防治肾衰。

灭火方法 消防人员须穿全身消防服，戴防护手套，在上风向灭火。尽可能将容器从火场移至空旷处。喷水保持火场容器冷却，直至灭火结束。

灭火剂：雾状水、泡沫、二氧化碳、干粉、砂土。

泄漏应急处置 消除所有点火源。无关人员从侧风、上风向撤离至安全区。建议应急处理人员戴正压自给式呼吸器，穿防护服，戴橡胶手套。尽可能切断泄漏源。用洁净的铲子收集，置于干净、干燥、盖子较松的容器中，将容器移离泄漏区。

226. 二壬基萘磺酸锌

标　识

中文名称 二壬基萘磺酸锌

英文名称　Zincbis(dinonylnaphthalenesulphonate)

分子式　$(C_{28}H_{44}O_3S)_2Zn$

CAS 号　28016 – 00 – 4

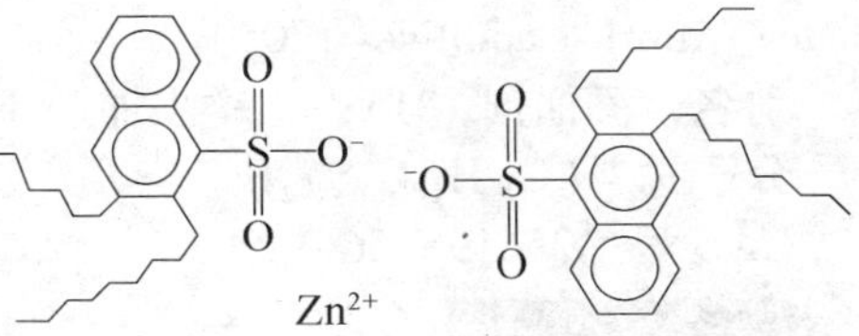

危害信息

燃烧与爆炸危险性　可燃。其蒸气与空气混合能形成爆炸性混合物，遇明火、高热易燃烧或爆炸。燃烧产生有毒的一氧化碳和硫氧化物气体。在高温火场中，受热的容器或储罐有破裂和爆炸的危险。

禁忌物　强氧化剂。

侵入途径　吸入、食入。

理化特性与用途

理化特性　闪点≥140℃(开杯)。

主要用途　用作液压油、齿轮油以及金属加工润滑油、切削油等油品的多效添加剂。

包装与储运

安全储运　储存于阴凉、通风、干燥的库房。保持容器密封。远离火种、热源。应与氧化剂、酸、酸性氯化物、酸酐等隔离储运。搬运时轻装轻卸，防止容器破损。

紧急处置信息

急救措施

吸入：脱离接触。如有不适感，就医。

眼睛接触：分开眼睑，用流动清水或生理盐水冲洗。如有不适感，就医。

皮肤接触：脱去污染的衣着，用肥皂水和清水冲洗。如有不适感，就医。

食入：漱口，尽量饮水，不要催吐。就医。

灭火方法　消防人员须穿全身消防服，佩戴空气呼吸器，在上风向灭火。尽可能将容器从火场移至空旷处。喷水保持火场容器冷却，直至灭火结束。

灭火剂：泡沫、二氧化碳、干粉、砂土。

泄漏应急处置　消除所有点火源。无关人员从侧风、上风向撤离至安全区。建议应急处理人员戴正压自给式呼吸器，穿防静电、防腐蚀服，戴橡胶手套。尽可能切断泄漏源。用洁净的铲子收集，置于干净、干燥、盖子较松的容器中，将容器移离泄漏区。

227. 2,6 – 二叔丁基苯酚

标　识

中文名称　2,6 – 二叔丁基苯酚

英文名称　2,6 – Di – *tert* – butyl phenol

别名　2,6 – 二叔丁基苯酚；T502 抗氧剂

分子式　$C_{14}H_{22}O$

CAS 号　128 – 39 – 2

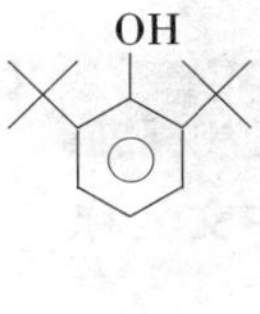

危害信息

燃烧与爆炸危险性　遇明火、高热可燃。粉体与空气可形成爆炸性混合物，当达到一定浓度时，遇明火会发生粉尘爆炸。

活性反应　弱酸性，与氢氧化钠、氢氧化钾等强碱发生放热中和反应，生成的酚盐受撞击易爆炸。能与氧化剂发生反应。与氢化物、氮化物、碱金属(锂、钠、钾等)、硫化物等强还原剂发生放热反应，产生易燃易爆或有毒气体，如氢气、硫化氢等。极易发生磺化反应，例如浓硫酸在室温下即可与其发生磺化反应，放出热量。与稀硝酸就能发生硝化反应，硝化酚受热或撞击极易发生爆炸。

禁忌物　强氧化剂、强还原剂、强碱等。

毒性　小鼠经口 LD_{50}：2995mg/kg；家兔经皮 LD_{50}：＞10000mg/kg。

大鼠和小鼠染毒后，血液内胆碱酯酶活性显著增加。用 6 只雌性大鼠进行亚慢性毒性实验，经口灌胃，剂量为 309mg/kg，6 天，毒性效应包括肝重量增加，肝功能异常。

侵入途径　吸入、食入、经皮吸收。

环境危害　污染海洋物质。

理化特性与用途

理化特性　白色或浅稻草色结晶。不溶于水，溶于乙醇、苯、乙醚、丙酮、四氯化碳等。熔点 36～37℃，沸点 253℃，相对密度(水＝1)0. 914，闪点 118℃(开杯)，辛醇/水分配系数 4. 92，蒸气压 0.97×10^{-3}kPa(25℃)。

主要用途　用作高分子抗氧剂、光稳定剂及除锈剂中间体。

包装与储运

安全储运　储存于阴凉、通风的库房。使用原装容器储存。保持容器密封。远离火种、热源。应与氧化剂、碱类物质等隔离储运。搬运时轻装轻卸，防止容器受损。

紧急处置信息

急救措施

吸入：迅速脱离现场至空气新鲜处。保持呼吸道通畅。如呼吸困难，给输氧。呼吸、心跳停止，立即进行心肺复苏术。就医。

眼睛接触：立即分开眼睑，用流动清水或生理盐水彻底冲洗。就医。

皮肤接触：立即脱去污染的衣着，用肥皂水和清水彻底冲洗。就医。

食入：漱口，饮水。就医。

灭火方法　消防人员必须穿全身防火防毒服，佩戴空气呼吸器，在上风向灭火。尽可能将容器从火场移至空旷处。喷水保持火场容器冷却，直至灭火结束。

灭火剂：雾状水、泡沫、二氧化碳、干粉、砂土。

泄漏应急处置　隔离泄漏污染区，限制出入。消除所有点火源。建议应急处理人员戴防尘口罩，穿防毒服。穿上适当的防护服前严禁接触破裂的容器和泄漏物。尽可能切断泄漏源。用塑料布覆盖泄漏物，减少飞散。勿使水进入包装容器内。用洁净的铲子收集泄漏物，置于干净、干燥、盖子较松的容器中，将容器移离泄漏区。

228. 2,6－二叔丁基对甲酚

标　识

中文名称　2,6－二叔丁基对甲酚

英文名称　2,6－Di－*tert*－butyl－*p*－cresol；2,6－Bis(1,1－dimethylethyl)－4－methyl phenol；Antioxidant264

别名　防老剂264；T501抗氧防胶剂

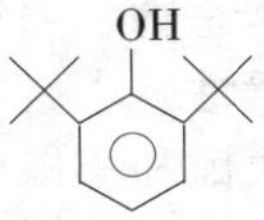

分子式　$C_{15}H_{24}O$

CAS号　128－37－0

危害信息

燃烧与爆炸危险性　遇明火、高热可燃。粉体与空气可形成爆炸性混合物，当达到一定浓度时，遇明火会发生粉尘爆炸。

活性反应　弱酸性，与氢氧化钠、氢氧化钾等强碱发生放热中和反应，生成的酚盐受撞击易爆炸。能与氧化剂发生反应。与氢化物、氮化物、碱金属(锂、钠、钾等)、硫化物等强还原剂发生放热反应，产生易燃易爆或有毒气体，如氢气、硫化氢等。极易发生磺化反应，例如浓硫酸在室温下即可与其发生磺化反应，放出热量。与稀硝酸就能发生硝化反应，硝化酚受热或撞击极易发生爆炸。

禁忌物　强氧化剂、强还原剂、强碱、浓硫酸等。

毒性　大鼠经口 LD_{50}:890mg/kg;小鼠经口 LD_{50}:1040mg/kg;人(女性)经口 TDL_{o}:80mg/kg。

本品易经消化道吸收引起中毒。粉尘具有刺激性。

中毒表现　口服中毒可出现头晕、头痛、腹部痉挛、呕吐、无力、欣快感、幻觉、构语障碍、思维迟钝、共济失调、意识障碍等。粉尘对眼、鼻和咽喉有刺激作用。

侵入途径　吸入、食入。

职业接触限值　美国(ACGIH)：TLV－TWA：$2mg/m^3$。

环境危害　对水生生物有害。

理化特性与用途

理化特性　白色或微黄色结晶。不溶于水，溶于苯、甲苯、乙醇、丙酮、醋酸乙酯和油脂。熔点70℃，沸点265℃，相对密度(水＝1)1.05，折射率1.4859(25℃)，闪点127℃，引燃温度470℃，相对蒸气密度(空气＝1)7.6，辛醇/水分配系数5.1。

主要用途　用作汽油、变压器油、透平油等的抗氧剂，也用作橡胶、塑料的防老剂。

包装与储运

安全储运　储存于阴凉、通风的库房。使用原装容器储存，保持容器密封。远离火种、热源。应与氧化剂、碱类物质等隔离储运。搬运时轻装轻卸，防止容器受损。

紧急处置信息

急救措施

吸入：迅速脱离现场至空气新鲜处。保持呼吸道通畅。如呼吸困难，给输氧。呼吸、

心跳停止，立即进行心肺复苏术。就医。

眼睛接触： 立即分开眼睑，用流动清水或生理盐水彻底冲洗。就医。

皮肤接触： 立即脱去污染的衣着，用肥皂水和清水彻底冲洗。就医。

食入： 漱口，饮水。就医。

灭火方法 消防人员必须穿全身防火防毒服，佩戴空气呼吸器，在上风向灭火。尽可能将容器从火场移至空旷处。喷水保持火场容器冷却，直至灭火结束。

灭火剂：雾状水、泡沫、二氧化碳、干粉、砂土。

泄漏应急处置 隔离泄漏污染区，限制出入。消除所有点火源。建议应急处理人员戴防尘口罩，穿防毒服。穿上适当的防护服前严禁接触破裂的容器和泄漏物。尽可能切断泄漏源。用塑料布覆盖泄漏物，减少飞散。勿使水进入包装容器内。用洁净的铲子收集泄漏物，置于干净、干燥、盖子较松的容器中，将容器移离泄漏区。

229. 2,6 - 二叔丁基 - α - 二甲氨基对甲酚

标　识

中文名称 2,6 - 二叔丁基 - α - 二甲氨基对甲酚

英文名称 2,6 - Di - *tert* - butyl - alpha - dimethylamino - *p* - cresol; Ethylantioxidant 703

别名 521 抗氧剂

分子式 $C_{17}H_{29}NO$

CAS 号 88 - 27 - 7

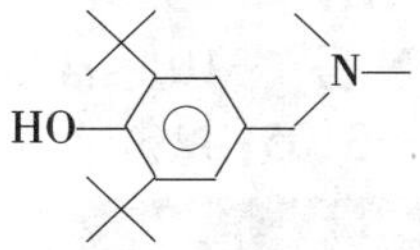

危害信息

燃烧与爆炸危险性 可燃。其粉体与空气混合能形成爆炸性混合物，遇明火高热有引起燃烧爆炸的危险。

禁忌物 强氧化剂。

侵入途径 吸入、食入。

理化特性与用途

理化特性 固体。熔点 93 ~ 94℃，沸点 172℃(3.99kPa)。

主要用途 用作工业润滑油、塑料、橡胶的抗氧剂。

包装与储运

安全储运 储存于阴凉、通风的库房。保持容器密封。远离火种、热源。应与氧化剂、碱类物质等隔离储运。搬运时轻装轻卸，防止容器受损。

紧急处置信息

急救措施

吸入： 脱离接触。如有不适感，就医。

眼睛接触： 分开眼睑，用流动清水或生理盐水冲洗。如有不适感，就医。

皮肤接触： 脱去污染的衣着，用肥皂水和清水冲洗。如有不适感，就医。

食入： 漱口，饮水。就医。

灭火方法 消防人员须穿全身消防服，戴空气呼吸器，在上风向灭火。尽可能将容器从火场移至空旷处。喷水保持火场容器冷却，直至灭火结束。

灭火剂：雾状水、泡沫、二氧化碳、干粉、砂土。

泄漏应急处置 隔离泄漏污染区，限制出入。建议应急处理人员戴防尘口罩，穿一般作业工作服。尽可能切断泄漏源。用塑料布覆盖泄漏物，减少飞散。勿使水进入包装容器内。用洁净的铲子收集泄漏物，置于干净、干燥、盖子较松的容器中，将容器移离泄漏区。

230. 1,1－二叔丁基过氧化环己烷

标　识

中文名称 1,1－二叔丁基过氧化环己烷

英文名称 Cyclohexylidenebis(*tert*－butyl)peroxide；1,1－Di－(*tert*－Butylperoxy)cyclohexane；1,1－Bis－(*tert*－Butylperoxy)cyclohexane

别名 1,1－双(过氧化叔丁基)环己烷；引发剂 DP－275B

分子式 $C_{14}H_{28}O_4$

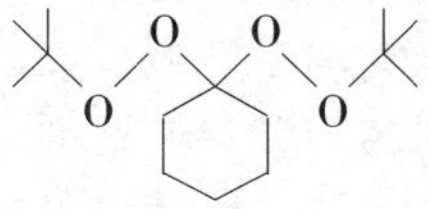

CAS 号 3006－86－8

WGH 号 52010

UN 号 3101[含量>80%]；3103[52%<含量<80%]；3105[42%<含量<52%]；3109[含量≤42%]

危害信息

危险性类别 第 5.2 类 有机过氧化物

燃烧与爆炸危险性 其蒸气与空气可形成爆炸性混合物。遇热源和明火有燃烧爆炸的危险。对撞击、摩擦敏感，易发生爆炸。

活性反应 遇高热、光照、摩擦、震动或杂质污染均会发生剧烈分解，甚至爆炸。接触还原剂、硫氰酸盐、有机物、可燃物或受金属离子杂质污染，会引起燃烧、爆炸。

禁忌物 强还原剂、强碱。

毒性 大鼠经口 LD_{50}：16653mg/kg；大鼠吸入 LCL_o：207.2mg/L(4h)。

蒸气对上呼吸道有刺激性。对眼睛有刺激作用，引起结膜炎。皮肤直接接触可引起皮炎。

侵入途径 吸入、食入、经皮吸收。

理化特性与用途

理化特性 无色或微黄色透明液体。不溶于水，溶于大部分有机溶剂。熔点 －5℃，沸点 52～54℃(0.013kPa)，相对密度(水=1)0.95，临界温度 465℃，临界压力 1.82MPa，辛醇/水分配系数 5.39，闪点 97℃，引燃温度 300℃，理论活性氧量 12.29%，自加速分解温度(SADT)70℃，活化能 148kJ/mol。

主要用途 用作苯乙烯聚合、乙烯低压聚合的引发剂，亦用作不饱和聚酯、硅橡胶的交联剂。

包装与储运

包装标志 有机过氧化物

安全储运 储存于阴凉、低温、通风的不燃材料结构的库房。储存温度不超过30℃，相对湿度不超过80%。大量储存的库房内必须有自动喷水装置。远离火种、热源，防止阳光直射。应与还原剂、促进剂、有机物、可燃物及强酸等隔离储运。搬运时轻装轻卸，防止摩擦、撞击造成着火、爆炸。

紧急处置信息

急救措施

吸入：脱离接触。如有不适感，就医。

眼睛接触：分开眼睑，用流动清水或生理盐水冲洗。如有不适感，就医。

皮肤接触：脱去污染的衣着，用肥皂水和清水冲洗。如有不适感，就医。

食入：漱口，饮水或给服活性炭悬液。就医。

灭火方法 消防人员须佩戴空气呼吸器，穿全身消防服，在上风向灭火。遇大火，消防人员须在有防护掩蔽处操作。尽可能将容器从火场移至空旷处。在物料附近着火，须用水保持容器冷却。处在火场中的容器若发生异常变化或发出异常声音，必须马上撤离。

用水、泡沫、干粉灭火。禁止用砂土压盖。

泄漏应急处置 隔离泄漏污染区，限制出入。消除所有点火源。建议应急处理人员戴呼吸器，穿防毒服，戴橡胶手套。勿使泄漏物与可燃物质(如木材、纸、油等)接触。穿上适当的防护服前严禁接触破裂的容器和泄漏物。用雾状水保持泄漏物湿润。尽可能切断泄漏源。小量泄漏：用惰性、湿润的不燃材料吸收泄漏物，用洁净的非火花工具收集于一盖子较松的塑料容器中，待处理。大量泄漏：用水润湿，并筑堤收容。防止泄漏物进入水体、下水道、地下室或限制性空间。在专家指导下清除。

231. 二叔丁基过氧化物

标 识

中文名称 二叔丁基过氧化物

英文名称 Di - *tert* - butylperoxide；*tert* - Butyl peroxide

别名 过氧化二叔丁酯；二(1,1 - 二甲基乙基)过氧化物；过氧化二叔丁烷；引发剂A；硫化剂DTBP

分子式 $C_8H_{18}O_2$

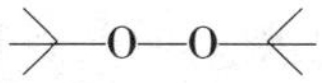

CAS号 110 - 05 - 4

WGH号 52026

UN号 3107[含量>52%]；3109[含量≤52%]

危害信息

危险性类别 第5.2类 有机过氧化物

燃烧与爆炸危险性 其蒸气与空气可形成爆炸性混合物，遇明火、高热能引起燃烧爆炸。对撞击、摩擦敏感，易发生爆炸。

活性反应 遇热、光照、摩擦、震动或杂质污染均会发生剧烈分解，甚至爆炸。强氧化剂，接触还原剂、硫氰酸盐、有机物、可燃物或受金属离子杂质污染，会引起燃烧、爆炸。

禁忌物 强还原剂、强碱。

毒性 大鼠经口 LD_{50}：6750mg/kg；小鼠经口 LD_{50}：216.4mg/kg；大鼠吸入 LC_{50}：4100ppm(4h)。

高浓度蒸气对眼和呼吸道有刺激性。对皮肤有轻度刺激性。口服刺激消化道。

侵入途径 吸入、食入、经皮吸收。

理化特性与用途

理化特性 无色或浅黄色透明液体。不溶于水，溶于苯乙烯、酮类及烃类等有机溶剂。熔点 -40℃，沸点 109 ~ 111℃，相对密度(水 = 1)0.791(25℃/25℃)，相对蒸气密度(空气 = 1)5.03，蒸气压 2.6kPa(20℃)，临界温度 274℃，临界压力 2.48MPa，辛醇/水分配系数 1 ~ 4，闪点 12℃(闭杯)，引燃温度 230℃，理论活性氧量 10.94%，活化能 146.9kJ/mol，分解温度 193℃(半衰期 1min)；126℃(半衰期 10h)。

主要用途 用作印染、油脂食品漂白剂，柴油和润滑油的添加剂，干性油的改性剂，不饱和聚酯和硅橡胶的交联剂，变压器油的降凝剂及聚苯乙烯、聚乙烯的聚合引发剂。

包装与储运

包装标志 有机过氧化物

安全储运 储存于阴凉、低温、通风的不燃材料结构的库房。大量储存的库房内必须有自动喷水装置。远离火种、热源，防止阳光直射。储存温度不超过 30℃，相对湿度不超过 80%。保持容器密封。应与还原剂、促进剂、有机物、可燃物及强酸等隔离储运。搬运时轻装轻卸，防止摩擦、撞击造成着火、爆炸。

紧急处置信息

急救措施

吸入：脱离接触。如有不适感，就医。

眼睛接触：分开眼睑，用流动清水或生理盐水冲洗。如有不适感，就医。

皮肤接触：脱去污染的衣着，用肥皂水和清水冲洗。如有不适感，就医。

食入：漱口，饮水或给服活性炭悬液。就医。

灭火方法 消防人员须佩戴空气呼吸器，穿全身消防服，在上风向灭火。遇大火，消防人员须在有防护掩蔽处操作。尽可能将容器从火场移至空旷处。在物料附近着火，须用水保持容器冷却。处在火场中的容器若发生异常变化或发出异常声音，必须马上撤离。

用水、泡沫、干粉灭火。禁止用砂土压盖。

泄漏应急处置 根据液体流动和蒸气扩散的影响区域划定警戒区，无关人员从侧风、上风向撤离至安全区。消除所有点火源。建议应急处理人员戴正压自给式呼吸器，穿一般作业工作服。勿使泄漏物与可燃物质(如木材、纸、油等)接触。尽可能切断泄漏源。防止泄漏物进入水体、下水道、地下室或限制性空间。小量泄漏：用惰性、湿润的不燃材料吸收泄漏物，用洁净的非火花工具收集于一盖子较松的塑料容器中，待处理。大量泄漏：构筑围堤或挖坑收容。在专家指导下清除。

232.（11Z）－11－二十烯酸

标　识

中文名称　（11Z）－11－二十烯酸
英文名称　11－Eicosenoic acid
别名　顺二十碳－11－烯酸；花生一烯酸
分子式　$C_{20}H_{38}O_2$
CAS 号　5561－99－9

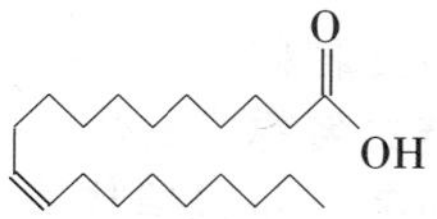

危害信息

燃烧与爆炸危险性　可燃。其蒸气与空气混合，能形成爆炸性混合物。燃烧产生有毒的一氧化碳气体。在高温火场中，受热的容器有破裂和爆炸的危险。

活性反应　与氧化剂反应。

禁忌物　氧化剂。

侵入途径　吸入、食入。

理化特性与用途

理化特性　淡黄色油状液体。不溶于水。熔点23℃～24℃，相对密度(水＝1)0.883，闪点110℃。

主要用途　用作洗涤剂、化妆品和高级润滑油的原料。

包装与储运

安全储运　储存于阴凉、通风的库房。远离火种、热源。保持容器密封。应与强氧化剂等隔离储运。禁止使用铝制设备。搬运时轻装轻卸，防止容器受损。

紧急处置信息

急救措施

吸入：迅速脱离现场至空气新鲜处。保持呼吸道通畅。如呼吸困难，给输氧。呼吸、心跳停止，立即进行心肺复苏术。就医。

眼睛接触：分开眼睑，用流动清水或生理盐水冲洗。如有不适感，就医。

皮肤接触：立即脱去污染的衣着，用肥皂水和清水彻底冲洗皮肤。如有不适感，就医。

食入：饮足量温水，催吐。就医。

灭火方法　消防人员必须佩戴空气呼吸器，穿全身防火防毒服，在上风向灭火。尽可能将容器从火场移至空旷处。喷水保持火场容器冷却，直至灭火结束。处在火场中的容器若发生异常变化或发出异常声音，须马上撤离。

灭火剂：雾状水、泡沫、干粉、二氧化碳。

泄漏应急处置　消除所有点火源。根据液体流动和蒸气扩散的影响区域划定警戒区，

无关人员从侧风、上风向撤离至安全区。建议应急处理人员戴正压自给式呼吸器，穿防静电服，戴橡胶手套。禁止接触或跨越泄漏物。尽可能切断泄漏源。防止泄漏物进入水体、下水道、地下室或密闭性空间。小量泄漏：用砂土或其他不燃材料吸收。大量泄漏：构筑围堤或挖坑收容。用泵转移至槽车或专用收集器内。

233. 2,4 – 二硝基苯胺

标　识

中文名称　2,4 – 二硝基苯胺

英文名称　2,4 – Dinitroaniline；2,4 – Dinitrobenzenamine

别名　间二硝基苯胺

分子式　$C_6H_5N_3O_4$

CAS 号　97 – 02 – 9

WGH 号　61778

UN 号　1596

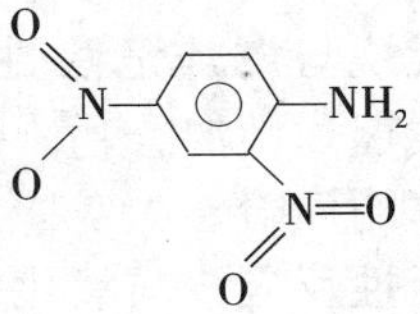

危害信息

危险性类别　第 6.1 类　毒害品

燃烧与爆炸危险性　缓慢受热后可燃。其粉体与空气混合能形成爆炸性混合物。受热分解放出有毒烟气。

活性反应　能与氧化剂反应。与木炭的混合物缓慢受热后会燃烧。

禁忌物　强氧化剂、强酸、酰基氯、酸酐。

毒性　大鼠经口 LD_{50}：285mg/kg；小鼠经口 LD_{50}：370mg/kg。

对眼睛、黏膜、呼吸道及皮肤有刺激作用。吸收进入体内引起高铁血红蛋白血症，出现紫绀。中毒表现有恶心、眩晕、头痛等。

侵入途径　吸入、食入、经皮吸收。

环境危害　对水生生物有毒，可能在水生环境中造成长期不利影响。

理化特性与用途

理化特性　黄色针状结晶。不溶于水，微溶于乙醇，溶于酸溶液。熔点 180℃，沸点 333.6℃，相对密度(水 =1)1.62，相对蒸气密度(空气 =1)6.31，闪点 223.9℃(闭杯)，辛醇/水分配系数 1.84。

主要用途　是偶氮染料中间体，也用作印刷油墨的调色剂和制取腐蚀抑制剂以及分析试剂。

包装与储运

包装标志　有毒品

包装类别　Ⅱ类

安全储运　储存于阴凉、通风的库房。远离火种、热源。储存温度不超过 35℃，相对湿度不超过 85%。密闭包装。切勿与氧化剂、酸类、食用化学品等混储混运。搬运时轻装轻卸，防止包装受损。

紧急处置信息

急救措施

吸入：迅速脱离现场至空气新鲜处。保持呼吸道通畅。如呼吸困难，给输氧。呼吸、心跳停止，立即进行心肺复苏术。就医。

眼睛接触：立即分开眼睑，用流动清水或生理盐水彻底冲洗。就医。

皮肤接触：脱去污染的衣物，用3%～5%醋酸溶液或75%酒精清洗，再用大量肥皂水或清水冲洗。就医。

食入：催吐。就医。

高铁血红蛋白血症可用美蓝、硫代硫酸钠、维生素C治疗。必须注意，小剂量美蓝(1～2mg/kg)可治疗高铁血红蛋白血症，大剂量(10mg/kg)则促进高铁血红蛋白形成。如有低血压，采取仰卧垂头体位和静脉输液。

灭火方法　消防人员须佩戴空气呼吸器，穿全身消防服，在上风向灭火。遇大火，消防人员须在有防护掩蔽处操作。尽可能将容器从火场移至空旷处。在物料附近着火，须用水保持容器冷却。处在火场中的容器若发生异常变化或发出异常声音，必须马上撤离。

用雾状水、泡沫、干粉灭火。禁止用砂土压盖。

泄漏应急处置　隔离泄漏污染区，限制出入。消除所有点火源。建议应急处理人员戴防尘口罩，穿防毒服，戴橡胶手套。穿上适当的防护服前严禁接触破裂的容器和泄漏物。尽可能切断泄漏源。用塑料布覆盖泄漏物，减少飞散。勿使水进入包装容器内。用洁净的铲子收集泄漏物，置于干净、干燥、盖子较松的容器中，将容器移离泄漏区。

234. 2,4－二硝基苯酚

标　　识

中文名称　2,4－二硝基苯酚

英文名称　2,4－Dinitrophenol

别名　2,4－二硝基酚

分子式　$C_6H_4N_2O_5$

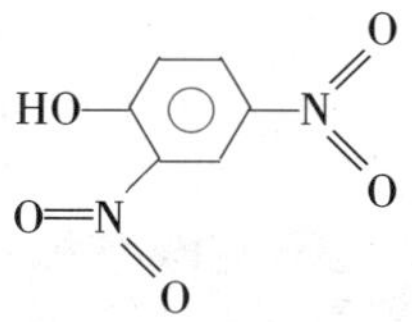

CAS号　51－28－5

WGH号　11052[含水<15%]；41010[含水≥15%]

UN号　0076[含水<15%]；1320[含水≥15%]

危害信息

危险性类别　第1类　爆炸品[含水<15%]；第4.1类易燃固体[含水≥15%]

燃烧与爆炸危险性　易燃。与氧化剂混合，能形成爆炸性混合物。遇明火、高热易引起燃烧。受高热分解产生有毒气体。

活性反应　与碱和氨反应会生成具有爆炸性的盐。能与重金属及其盐、强氧化剂、强碱、还原剂或可燃物反应。

禁忌物　强氧化剂、强碱、氨、重金属、还原剂、可燃物等。

毒性　大鼠经口 LD_{50}：30mg/kg；豚鼠经皮 LD_{50}：700mg/kg；人经口 LDL_o：36mg/kg。

本品可经皮肤、呼吸道和胃肠道吸收，经皮肤吸收迅速而完全。本类物质中毒，主要直接作用于能量代谢过程，使新陈代谢亢进，引起高热、中枢神经系统和实质脏器损害。本类物质致高铁血红蛋白的作用不明显。

本品属剧毒化学品，已列入《剧毒化学品目录》(2002年版)。

中毒表现 急性中毒：急性生产性中毒主要系经皮吸收和呼吸道吸收所致，尤以经皮吸收中毒多见。一般在接触后数小时内发病，出现皮肤潮红、口渴、大汗、严重头痛、全身无力、烦躁不安、心率和呼吸加快、高热(达40℃以上)、抽搐、肌肉强直，直至昏迷。可因呼吸和循环衰竭死亡。成人口服致死量约1g。口服中毒者除有上述表现外，恶心、呕吐、腹痛等消化道症状也较明显，重者可有肝功能异常和肾损害。实验室检查可见代谢性酸中毒和尿氨基酚排泄量增高。

慢性中毒：有肝、肾损害，白内障及周围神经炎。可使皮肤黄染，引起湿疹样皮炎，偶见剥脱性皮炎。

侵入途径 吸入、食入、经皮吸收。

环境危害 海洋污染物。对水生生物有极高毒性。危险空气污染物。

理化特性与用途

理化特性 淡黄色至黄色结晶。微溶于水，溶于乙醇、乙醚、苯和氯仿。熔点112～114℃，密度1.683g/cm^3(24℃)，相对蒸气密度(空气＝1)6.35，辛醇/水分配系数1.67，燃烧热－2710kJ/mol，闪点135℃。

主要用途 用于制染料、苦味酸和显像剂等。

包装与储运

包装标志 爆炸品(1.1D)，有毒品[含水＜15%]；易燃固体，有毒品[含水≥15%]

包装类别 Ⅰ类

安全储运 含水＜15%的2，4－二硝基苯酚：须储存于阴凉、通风良好的爆炸品专用仓库内。按爆炸品配装表分类划区储运。储存温度不超过32℃，相对湿度不超过80%。切勿与可燃物、氧化剂、金属粉末混储混运。远离火源和热源。禁止使用易产生火花的机械设备和工具。搬运时轻装轻卸，禁止震动、撞击和摩擦。

含水≥15%的2，4－二硝基苯酚：须储存于阴凉、通风仓库，平时勤检查，防止损漏。储存温度不宜超过35℃。切勿与氧化剂、碱类、金属粉末混储混运。远离火源和热源。搬运时轻装轻卸，防止容器受损。禁止使用易产生火花的机械设备和工具。

紧急处置信息

急救措施

吸入：迅速脱离现场至空气新鲜处。保持呼吸道通畅。如呼吸困难，给输氧。呼吸、心跳停止，立即进行心肺复苏术。就医。

眼睛接触：立即分开眼睑，用流动清水或生理盐水彻底冲洗。就医。

皮肤接触：立即脱去污染的衣着，用肥皂水和清水彻底冲洗。就医。

食入：立即催吐，用5%碳酸氢钠洗胃，并保留0.5～1L，硫酸镁或硫酸钠导泻。物理降温，忌用退热剂和阿托品。注意保护肾功、肝功。

灭火方法 遇大火，消防人员须在有防护掩蔽处操作。

灭火剂：雾状水、泡沫、二氧化碳。禁止用砂土压盖。

泄漏应急处置 隔离泄漏污染区，限制出入。消除所有点火源。建议应急处理人员戴防尘口罩，穿防毒、防静电服，戴橡胶手套。作业时使用的所有设备应接地。禁止接触或跨越泄漏物。润湿泄漏物，收集回收或废弃处置。严禁设法扫除干的泄漏物。

235. 2,4－二硝基氯苯

标　识

中文名称　2,4－二硝基氯苯

英文名称　1－Chloro－2,4－dinitrobenzene；2,4－Dinitrochlorobenzene

别名　2,4－二硝基氯苯

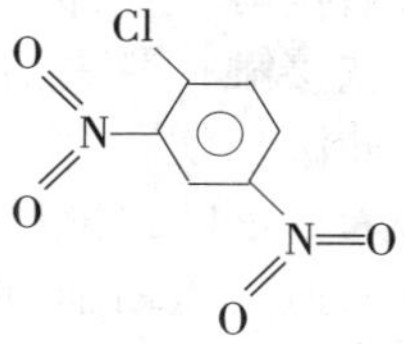

分子式　$C_6H_3ClN_2O_4$

CAS 号　97－00－7

WGH 号　61681

UN 号　1577

危害信息

危险性类别　第 6. 1 类　毒害品

燃烧与爆炸危险性　可燃。其粉体与空气混合能形成爆炸性混合物。在 150℃下受强烈震动能引起爆炸。

活性反应　与水合肼混合会发生剧烈反应，甚至爆炸。

禁忌物　强氧化剂、强还原剂、强碱。

毒性　大鼠经口 LD_{50}：640mg/kg；兔经皮 LD_{50}：130mg/kg。

本品不易挥发，产生高铁血红蛋白血症和全身毒作用弱，对皮肤有强刺激性及高度致敏性。可经皮吸收。

本品属剧毒化学品，已列入《剧毒化学品目录》(2002 年版)。

中毒表现　本品为皮肤致敏物，60%～80%的接触者发生皮炎，微量接触也能致病。表现为发痒、灼痛的丘疹、水疱，重者发生剥脱性皮炎。可引起其他过敏反应，如支气管哮喘等。本品全身性毒性微弱，偶见引起紫绀和全身中毒症状。有可能引起肝损害。

侵入途径　吸入、食入、经皮吸收。

职业接触限值　中国：PC－TWA：0. 6mg/m^3[皮]。

环境危害　海洋污染物。对水生生物有极高毒性。

理化特性与用途

理化特性　淡黄色晶体，有苦杏仁味。不溶于水，溶于苯、乙醚、二硫化碳，易溶于热乙醇。熔点 52～54℃，沸点 315℃(稍微分解)，相对密度(水＝1)1. 69，折射率 1. 5857 (60℃)，相对蒸气密度(空气＝1)6. 98，闪点 194℃(闭杯)，爆炸极限2. 0%～22%，辛醇/水分配系数 2. 17。

主要用途　主要用作染料、农药、医药等的中间体，可制取硫化染料、冰染染料以及糖精、二硝基苯胺、苦味酸等产品。

包装与储运

包装标志　有毒品

包装类别　Ⅱ类

安全储运　储存于阴凉、通风的库房。保持容器密封。远离火种、热源。储存温度不超过35℃，相对湿度不超过80%。应与氧化剂、强碱等隔离储运。搬运时轻装轻卸，防止容器受损。运输时，防止雨淋、曝晒。

紧急处置信息

急救措施

吸入：迅速脱离现场至空气新鲜处。保持呼吸道通畅。如呼吸困难，给输氧。呼吸、心跳停止，立即进行心肺复苏术。就医。

眼睛接触：立即分开眼睑，用流动清水或生理盐水彻底冲洗。就医。

皮肤接触：脱去污染的衣物，用3%～5%醋酸溶液或75%酒精清洗，再用大量肥皂水或清水冲洗。就医。

食入：催吐。就医。

高铁血红蛋白血症可用美蓝、硫代硫酸钠、维生素C治疗。必须注意，小剂量美蓝(1～2mg/kg)可治疗高铁血红蛋白血症，大剂量(10mg/kg)则促进高铁血红蛋白形成。如有低血压，采取仰卧垂头体位和静脉输液。

灭火方法　消防人员须在有防爆掩蔽处操作。遇大火须远离以防炸伤。在物料附近失火，须用水保持容器冷却。

灭火剂：雾状水、泡沫、二氧化碳、干粉。禁止用砂土压盖。

泄漏应急处置　隔离泄漏污染区，限制出入。消除所有点火源。建议应急处理人员戴防尘口罩，穿防毒服，戴橡胶手套。穿上适当的防护服前严禁接触破裂的容器和泄漏物。尽可能切断泄漏源。用塑料布覆盖泄漏物，减少飞散。勿使水进入包装容器内。用洁净的铲子收集泄漏物，置于干净、干燥、盖子较松的容器中，将容器移离泄漏区。

236. 2,2－二溴氰乙酰胺

标　　识

中文名称　2,2－二溴氰乙酰胺

英文名称　2,2－Dibromo－2－cyano－Acetamide；2,2－Dibromo－3－nitrilopropionamide；DBNPA

别名　2,2－二溴－3－次氮基丙酰胺

分子式　$C_3H_2Br_2N_2O$

CAS号　10222－01－2

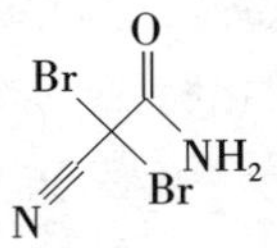

危害信息

危险性类别　第6类　有毒品

燃烧与爆炸危险性　不燃。无特殊燃烧爆炸特性。燃烧产生高毒的溴和氮氧化物气体。

禁忌物　强碱。

毒性　小鼠静脉内 LD_{50}：10mg/kg。

对眼和皮肤有刺激性。

侵入途径　吸入、食入。

环境危害　对水生生物是有害的。

理化特性与用途

理化特性　白色结晶体。微溶于水，溶于一般有机溶剂。其水溶液在酸性条件下较为稳定，在碱性条件下容易水解。熔点 123～126℃，沸点 358℃(190℃分解)，密度 2.375g/cm^3(21℃)，辛醇/水分配系数 0.82。

主要用途　主要用作杀菌灭藻剂，用来防止细菌和藻类在造纸工业用水、工业用冷却水、空调用水、金属加工用润滑油、水乳化液、纸浆、木材、胶合板和涂料，以及纤维中生长。

包装与储运

包装标志　有毒品

包装类别　Ⅲ类

安全储运　储存于阴凉、通风的库房。远离火种、热源，避光保存。储存温度不超过 35℃，相对湿度不超过 80%。保持容器密封。应与氧化剂、碱、还原剂等隔离储运。搬运时轻装轻卸，防止容器受损。

紧急处置信息

急救措施

吸入：迅速脱离现场至空气新鲜处。保持呼吸道通畅。如呼吸困难，给输氧。呼吸、心跳停止，立即进行心肺复苏术。就医。

眼睛接触：立即分开眼睑，用流动清水或生理盐水彻底冲洗。就医。

皮肤接触：立即脱去污染的衣着，用肥皂水和清水彻底冲洗。就医。

食入：漱口，饮水。就医。

灭火方法　消防人员须穿全身防火防毒服，佩戴空气呼吸器在上风向灭火。尽可能将容器从火场移至空旷处。喷水保持火场容器冷却，直至灭火结束。

灭火剂：本品不燃，根据着火原因选择适当灭火剂灭火。

泄漏应急处置　隔离泄漏污染区，限制出入。建议应急处理人员戴防尘口罩，穿防毒服。穿上适当的防护服前严禁接触破裂的容器和泄漏物。尽可能切断泄漏源。用塑料布覆盖泄漏物，减少飞散。勿使水进入包装容器内。用洁净的铲子收集泄漏物，置于干净、干燥、盖子较松的容器中，将容器移离泄漏区。

237. N,N′－二亚水杨－1,2－丙二胺

标　识

中文名称　N,N′－二亚水杨－1,2－丙二胺

英文名称　alpha，alpha’－Propylenedinitrilodi－o－cresol；N,N′－Disalicylidene－1,2－propylenediamine

别名　N,N′－二亚水杨基－1,2－二氨基丙烷；T1201 金属钝化剂

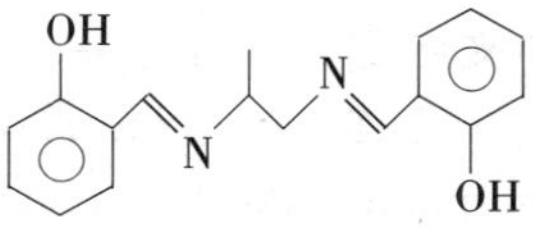

分子式　$C_{17}H_{18}N_2O_2$

CAS 号　94－91－7

UN 号

危害信息

燃烧与爆炸危险性　可燃。遇高热、明火或接触氧化剂，有燃烧爆炸危险。粉体与空气可形成爆炸性混合物，当达到一定的浓度时，遇火源会发生粉尘爆炸。

活性反应　与强氧化剂剧烈反应，放出热量。与酸发生放热中和反应。

禁忌物　强氧化剂、酸类。

毒性　大鼠经口 LD_{50}：4560mg/kg，出现嗜睡(活动全面抑制)，体重减轻或增加。

未见其他毒性资料。

侵入途径　吸入、食入。

理化特性与用途

理化特性　纯品为黄色结晶，熔点46℃；工业品为棕红色液体，密度≥1.05g/cm^3。辛醇/水分配系数3.654±0.478。

主要用途　用于车用汽油、喷气燃料、柴油及润滑油中作金属钝化剂。

包装与储运

安全储运　储存于阴凉、通风的库房。保持容器密封。远离火种、热源，避免阳光直射。应与氧化剂隔离储运。搬运时轻装轻卸，防止容器受损。

紧急处置信息

急救措施

吸入：脱离接触。如有不适感，就医。

眼睛接触：分开眼睑，用流动清水或生理盐水冲洗。如有不适感，就医。

皮肤接触：脱去污染的衣着，用肥皂水和清水冲洗。如有不适感，就医。

食入：催吐。就医。

灭火方法　消防人员必须穿全身防火防毒服，佩戴空气呼吸器，在上风向灭火。尽可能将容器从火场移至空旷处。喷水保持火场容器冷却，直至灭火结束。

灭火剂：泡沫、干粉、二氧化碳、砂土。

泄漏应急处置　隔离泄漏污染区，限制出入。消除所有点火源。建议应急处理人员戴防尘口罩，穿一般作业工作服。尽可能切断泄漏源。用塑料布覆盖泄漏物，减少飞散。勿使水进入包装容器内。用洁净的铲子收集泄漏物，置于干净、干燥、盖子较松的容器中，将容器移离泄漏区。

238. 二亚乙基三胺五亚甲基膦酸

标　识

中文名称　二亚乙基三胺五亚甲基膦酸

英文名称　(((Phosphonomethyl)imino)bis(ethane－2,1－diylnitrilobis(methylene)))tetrakisphosphonic acid；Diethylenetriamine penta (methylene phosphonic acid)

别名 二乙烯三胺五亚甲基膦酸

分子式 $C_9H_{28}N_3O_{15}P_5$

CAS 号 15827 - 60 - 8

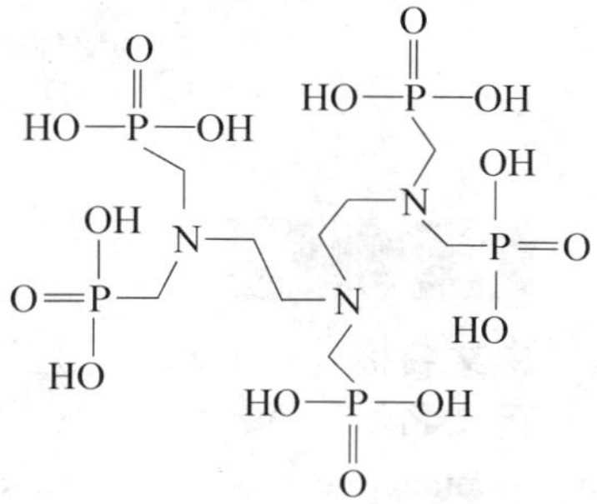

危害信息

燃烧与爆炸危险性 可燃。其蒸气与空气混合能形成爆炸性混合物，遇明火、高热易燃烧或爆炸。燃烧产生有毒的氮氧化物和磷氧化物气体。在高温火场中，受热的容器或储罐有破裂和爆炸的危险。

活性反应 与碱反应。

禁忌物 碱类。

毒性 大鼠经口 LD_{50}：10000 ~ 15000mg/kg。大鼠经皮 LD_{50}：>10000mg/kg。对眼和皮肤有刺激性。

侵入途径 吸入、食入、经皮吸收。

理化特性与用途

理化特性 棕黄色或棕红色黏稠液体(活性组分含量≥50%)。与水互溶。pH 值 1.4 ~ 1.7(1% 水溶液)，密度 1.25 ~ 1.45g/cm³(20℃)。

主要用途 用作过氧化物稳定剂、纺织印染用螯合剂、颜料的分散剂、氧脱木素稳定剂、化肥中微量元素携带剂、混凝土添加剂。此外，在造纸、电镀、金属酸洗和化妆品等方面也得到了广泛应用。还可作氧化性杀菌剂的稳定剂。

包装与储运

安全储运 储存于阴凉、通风的库房。保持容器密封。远离火种、热源。应与氧化剂、碱、碱等隔离储运。搬运时轻装轻卸，防止容器受损。

紧急处置信息

急救措施

吸入：脱离接触。如有不适感，就医。

眼睛接触：分开眼睑，用流动清水或生理盐水冲洗。如有不适感，就医。

皮肤接触：脱去污染的衣着，用肥皂水和清水冲洗。如有不适感，就医。

食入：催吐。就医。

灭火方法 消防人员须穿全身消防服，佩戴空气呼吸器，在上风向灭火。尽可能将容器从火场移至空旷处。喷水保持火场容器冷却，直至灭火结束。处在火场中的容器若发生异常变化或发出异常声音，须马上撤离。

灭火剂：抗溶性泡沫、二氧化碳、干粉、砂土。

泄漏应急处置 消除所有点火源。根据液体流动和蒸气扩散的影响区域划定警戒区，无关人员从侧风、上风向撤离至安全区。建议应急处理人员戴正压自给式呼吸器，穿防静电、防腐蚀服，戴橡胶手套。尽可能切断泄漏源。防止泄漏物进入水体、下水道、地下室或限制性空间。小量泄漏：用干燥的砂土或其他不燃材料吸收或覆盖，收集于容器中。大量泄漏：构筑围堤或挖坑收容。

239. 二亚乙基三胺五乙酸

标　识

中文名称　二亚乙基三胺五乙酸

英文名称　*N*, *N* - Bis (2 - (bis (carboxymethyl) amino) ethyl) - glycine; Diethylenetriaminepentaacetic acid; Pentetic acid

别名　二乙烯三胺五乙酸

分子式　$C_{14}H_{23}N_3O_{10}$

CAS 号　67 - 43 - 6

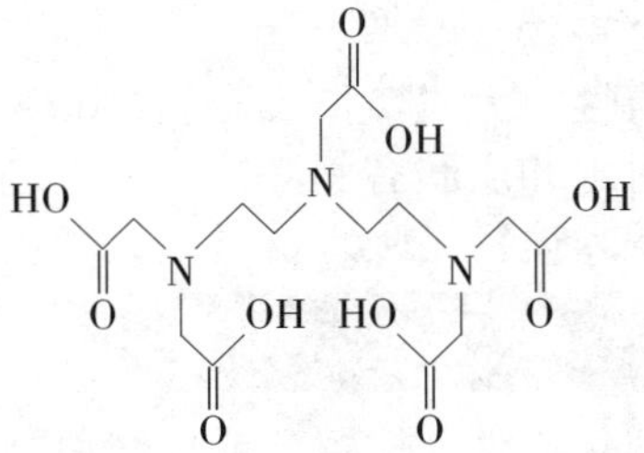

危害信息

燃烧与爆炸危险性　可燃。其粉体与空气混合能形成爆炸性混合物，遇明火高热有引起燃烧或爆炸的危险。燃烧产生氮氧化物气体。

毒性　大鼠腹腔内 LD_{50}: 587mg/kg。小鼠腹腔内 LD_{50}: 543mg/kg。

侵入途径　吸入、食入。

理化特性与用途

理化特性　白色结晶或结晶性粉末。微溶于冷水，溶于热水和碱溶液，不溶于乙醇、乙醚等有机溶剂。pH 值 2.1 ~2.3(饱和水溶液)，熔点 220℃，相对密度(水 =1)1.56，闪点 200℃，辛醇/水分配系数 -4.91。

主要用途　广泛应用于过氧化氢漂白稳定增效剂，软水剂，纺织印染工业助剂，食品添加剂，医药品稳定剂及感光行业络合剂。

包装与储运

安全储运　储存于阴凉、通风的库房。远离火种、热源。密闭包装。应与氧化剂、强碱、铜镍及其合金隔离储运。

紧急处置信息

急救措施

吸入: 脱离接触。如有不适感，就医。

眼睛接触: 分开眼睑，用流动清水或生理盐水冲洗。如有不适感，就医。

皮肤接触: 脱去污染的衣着，用肥皂水和清水冲洗。如有不适感，就医。

食入: 漱口，尽量饮水。就医。

灭火方法　消防人员须佩戴空气呼吸器，穿全身消防服在上风向灭火。尽可能将容器从火场移至空旷处。喷水保持火场容器冷却，直至灭火结束。

灭火剂：雾状水、干粉、抗溶性泡沫、二氧化碳。

泄漏应急处置　隔离泄漏污染区，限制出入。消除点火源。建议应急处理人员戴防尘口罩，穿防毒服，戴橡胶手套。穿上适当的防护服前严禁接触破裂的容器和泄漏物。尽可能切断泄漏源。用塑料布覆盖泄漏物，减少飞散。勿使水进入包装容器内。用洁净的铲子收集泄漏物，置于干净、干燥、盖子较松的容器中，将容器移离泄漏区。

240. 二氧化硫

标　识

中文名称　二氧化硫

英文名称　Sulfur dioxide

别名　亚硫酸酐

分子式　SO_2

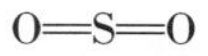

CAS 号　7446－09－5

WGH 号　23013

UN 号　1079

危害信息

危险性类别　第 2.3 类　有毒气体

燃烧与爆炸危险性　不燃。若遇高热，容器或储罐内压增大，有开裂和爆炸的危险。泄漏物质可导致中毒。

活性反应　和水反应生成亚硫酸。在潮湿的空气中，缓慢反应生成硫酸，具有腐蚀性。与氨气、胺、金属氢氧化物等碱性物质反应，放出一定的热量。具有还原性，可与有机色素发生脱色反应。氧化铯、氧化亚铁、氧化锡及二氧化铅在二氧化硫气体中加热时，均能着火燃烧成白炽状态。乙炔铯、乙炔钾及乙炔锂的氨络合物均能在未加热的二氧化硫中着火并燃至白炽化，乙炔二钠等乙炔的二元金属衍生物在二氧化硫中需加热才能着火。60℃以上与氯酸钾反应时，生成二氧化氯。二氧化硫的乙醇或乙醚溶液在室温下接触氯酸钾即发生爆炸。

禁忌物　强氧化剂、强还原剂。

毒性　大鼠吸入 LC_{50}：2520mg/m^3(1h)；小鼠吸入 LC_{50}：786mg/m^3(30min)。

本品易被湿润的黏膜表面吸收生成亚硫酸、硫酸，对眼及呼吸道黏膜有强烈的刺激作用，大量吸入可引起肺水肿、喉水肿、声带痉挛而致窒息。

中毒表现　急性中毒：轻度中毒时，发生流泪、畏光、咳嗽、咽喉灼痛等呼吸道及眼结膜刺激症状；严重中毒可在数小时内发生肺水肿，并可致呼吸中枢麻痹；极高浓度吸入立即引起喉痉挛、水肿，而致窒息。重度中毒可并发气胸、纵隔气肿。液态二氧化硫污染皮肤或溅入眼内，可造成皮肤灼伤和角膜上皮细胞坏死，形成白斑、疤痕。

慢性影响：长期低浓度接触，可有头痛、头昏、乏力等全身症状以及慢性鼻炎、咽喉炎、支气管炎、嗅觉及味觉减退等。少数工人有牙齿酸蚀症。

侵入途径　吸入。

职业接触限值

中国：PC－TWA：5mg/m^3；PC－STEL：10mg/m^3。

美国(ACGIH)：TLV－TWA：2ppm；TLV－STEL：5ppm。

环境危害　对水生生物是有毒的。

理化特性与用途

理化特性　无色有刺激性气味的气体。溶于水，溶于丙酮、乙醇、乙醚、甲酸等有机溶剂。熔点 -75.5℃，沸点 -10℃，相对密度(水 =1)1.4(-10℃)，相对蒸气密度(空气 =1)2.25，临界压力 7.87MPa，临界温度 157.8℃，蒸气压 330kPa(20℃)，辛醇/水分配系数 -2.20。

主要用途 用于生产三氧化硫、硫酸、亚硫酸盐、硫代硫酸盐，用作锦纶、染料、合成洗涤剂等有机合成工业的原料，还可以用作冷冻剂、防腐剂等。

包装与储运

包装标志 有毒气体，腐蚀品

安全储运 高压钢瓶装，储存于阴凉、通风的库房。远离高温、热源，避免容器受日光直晒或受热。储存温度不超过 30℃，相对湿度不超过 80%。应与易燃物、氧化剂、有机物、食用化学品等隔离储运。平时检查钢瓶是否漏气，搬运时钢瓶须戴安全帽及防震橡皮圈，防止撞击和剧烈震动，避免容器受损。

紧急处置信息

急救措施

吸入：迅速脱离现场至空气新鲜处。保持呼吸道通畅。如呼吸困难，给输氧。呼吸、心跳停止，立即进行心肺复苏术。就医。

眼睛接触：立即分开眼睑，用生理盐水或清水彻底冲洗眼结膜囊。

皮肤接触：用清水彻底冲洗被液体二氧化硫污染的皮肤。

注意防治肺水肿，早期、足量、短期应用糖皮质激素。

灭火方法 切断气源。喷水冷却容器，尽可能将容器从火场移至空旷处。消防人员必须佩戴空气呼吸器，穿全身防火防毒服，在上风向灭火。

泄漏应急处置 根据气体扩散的影响区域划定警戒区，无关人员从侧风、上风向撤离至安全区。建议应急处理人员穿内置正压自给式呼吸器的全封闭防化服。如果是液化气体泄漏，还应注意防冻伤。禁止接触或跨越泄漏物。尽可能切断泄漏源。防止气体通过下水道、通风系统和限制性空间扩散。若可能翻转容器，使之逸出气体而非液体。喷雾状水抑制蒸气或改变蒸气云流向，避免水流接触泄漏物。禁止用水直接冲击泄漏物或泄漏源。用碎石灰石($CaCO_3$)、苏打灰(Na_2CO_3)或石灰(CaO)中和。隔离泄漏区直至气体散尽。

241. 二氧化氯

标　识

中文名称 二氧化氯

英文名称 Chlorine dioxide; Chlorine oxide

别名 过氧化氯

分子式 ClO_2

CAS 号 10049 -04 -4

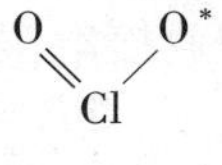

危害信息

燃烧与爆炸危险性 不燃，可助燃。与可燃物混合会发生爆炸，受撞击、摩擦、遇明火或其他点火源极易爆炸。具有腐蚀性。

活性反应 溶于水的二氧化氯分子不稳定，会释放出新生态氧原子。与一氧化碳、甲醇、乙醇、油品等接触会发生燃烧爆炸。接触硫、磷、汞、铁、铁锈等易发生爆炸。

禁忌物 强还原剂、活性金属粉末、易燃物、可燃物。

毒性 大鼠经口 LD_{50}：292mg/kg；小鼠经口 LD_{50}：>5g/kg；小鼠吸入 LC_{50}：>547g/m³。

本品具有强烈刺激性。

中毒表现 接触后主要引起眼和呼吸道刺激。吸入高浓度可发生肺水肿。能致死。对呼吸道能引起严重损伤浓度的本品气体，可能对皮肤有刺激性。皮肤接触或摄入本品的高浓度溶液，可引起强烈刺激和腐蚀。

长期接触可导致慢性支气管炎。

侵入途径 吸入、食入。

职业接触限值

中国：PC－TWA：0.3mg/m³；PC－STEL：0.8mg/m³。

美国(ACGIH)：TLV－TWA：0.1ppm；TLV－STEL：0.3ppm。

环境危害 对水生生物有极高毒性。

理化特性与用途

理化特性 室温为赤黄色气体，有刺激性气味。液态时呈红棕色，固态为赤黄色晶体。溶于水，同时分解。溶于碱液，生成亚氯酸盐和氯酸盐。熔点－59℃，沸点11℃，相对密度(水＝1)1.6(0℃，液体)，相对气体密度2.3，蒸气压101kPa(20℃)，爆炸下限>10%(空气中)。

主要用途 用作氧化剂、漂白剂、杀菌剂、脱臭剂等。

包装与储运

安全储运 储存于阴凉、通风的库房。保持容器密封，应与易燃物、还原剂隔离储运。采用钢瓶运输时，必须戴好钢瓶上的安全帽，搬运时轻装轻卸，防止容器受损。

紧急处置信息

急救措施

吸入：迅速脱离现场至空气新鲜处。保持呼吸道通畅。如呼吸困难，给输氧。呼吸、心跳停止，立即进行心肺复苏术。就医。

眼睛接触：立即分开眼睑，用大量流动清水或生理盐水彻底冲洗10～15min。就医。

皮肤接触：立即脱去污染的衣着，用大量流动清水彻底冲洗，冲洗时间一般要求20～30min。就医。

食入：用水漱口，禁止催吐。给饮牛奶或蛋清。就医。

灭火方法 消防人员必须穿全身消防服，佩戴空气呼吸器，在上风向灭火。迅速切断气源。用水喷淋保护切断气源的人员。尽可能将容器从火场移至空旷处。喷水保持火场容器冷却，直至灭火结束。

灭火剂：根据着火原因选择适当灭火剂灭火。

泄漏应急处置 根据气体的影响区域划定警戒区，无关人员从侧风、上风向撤离至安全区。建议应急处理人员戴正压自给式呼吸器，穿防腐、防毒服，戴防腐蚀手套。尽可能切断泄漏源。防止气体通过下水道、通风系统和限制性空间扩散。喷雾状水保护抢险人员。漏气容器要妥善处理，修复、检验后再用。

242. 二氧化碳

标　识

中文名称　二氧化碳

英文名称　Carbon dioxide；Carbonic anhydride

别名　碳酸酐；碳酸气；碳酐

分子式　CO_2

$O=C=O$

CAS 号　124－38－9

WGH 号　22019［压缩气体］；22020［液化气体］；92001［固体］

UN 号　1013［气体］；2187［冷冻液体］；1845［固体］

危害信息

危险性类别　第 2.2 类　不燃气体

燃烧与爆炸危险性　不燃。受热后，容器或储罐内压增大有开裂和爆炸的危险。

活性反应　与水反应生成碳酸。接触过氧化物、硝酸、浓硫酸等强氧化剂能导致燃烧或爆炸。悬浮在二氧化碳气体中的镁、锆、钛、铝、铬、锰等金属的粉末遇明火会燃烧，甚至爆炸。

禁忌物　强氧化剂、水。

毒性　小鼠吸入 TCL_o：20%；大鼠吸入 TCL_o：21%（1h）；家兔吸入 TCL_o：5%（5h）；人吸入 LCL_o：9%（5min）。

在低浓度时，对呼吸中枢呈兴奋作用，高浓度时则产生抑制甚至麻痹作用。中毒机制中还兼有缺氧的因素。

中毒表现　急性中毒：轻度中毒出现头晕、头痛、疲乏、恶心等，脱离接触后较快恢复。人进入高浓度二氧化碳环境，在几秒钟内迅速昏迷倒下，反射消失、瞳孔扩大或缩小、大小便失禁、呕吐等，更严重者出现呼吸、心跳停止及休克，甚至死亡。

慢性影响：经常接触较高浓度的二氧化碳者，可有头晕、头痛、失眠、易兴奋、无力等神经功能紊乱。但在生产中是否存在慢性中毒国内外均未见病例报道。

侵入途径　吸入。

职业接触限值

中国：PC－TWA：9000mg/m³；PC－STEL：18000mg/m³。

美国（ACGIH）：TLV－TWA：5000ppm；TLV－STEL：30000ppm。

理化特性与用途

理化特性　无色、无味气体。加压可液化。溶于水，部分生成碳酸。熔点－56.6℃（527kPa），沸点－78.5℃，相对密度（水＝1）1.56（－79℃），相对蒸气密度（空气＝1）1.53，临界温度 31.3℃，临界压力 7.39MPa，蒸气压 1013.25kPa（－39℃），辛醇/水分配系数 0.83。

主要用途　大量用作纯碱、小苏打、铅白、尿素和碳酸氢铵等的原料，还可用作试剂、灭火剂、保鲜制冷剂等，以及用于制作饮料。

包装与储运

包装标志　不燃气体

包装类别　Ⅲ类[固体]

安全储运　钢瓶装二氧化碳储存于阴凉、通风的库房。远离高温、热源，避免阳光直射。储存温度不超过30℃。干冰不能久储。

紧急处置信息

急救措施

吸入：迅速将患者抢救出现场，立即吸氧，呼吸心跳停止立即施行心肺复苏术。有条件者送高压氧舱治疗。采用对症及支持疗法，积极防治脑水肿。

灭火方法　喷水冷却容器，尽可能将容器从火场移至空旷处。处在火场中的容器若发生异常变化或发出异常声音，必须马上撤离。防止容器受热爆炸。

泄漏应急处置　大量泄漏：根据气体扩散的影响区域划定警戒区，无关人员从侧风、上风向撤离至安全区。建议应急处理人员戴正压自给式呼吸器，穿一般作业工作服。尽可能切断泄漏源。漏出气允许排入大气中。泄漏场所保持通风。

243. 1,4－二氧己环

标　识

中文名称　1,4－二氧己环

英文名称　1,4－Dioxane；*p*－Dioxane；1,4－Diethylenedioxide

别名　二噁烷；1，4－二氧杂环己烷

分子式　$C_4H_8O_2$

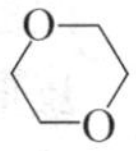

CAS号　123－91－1

WGH号　32098；T31198[铁规]

UN号　1165

危害信息

危险性类别　第3类　易燃液体

燃烧与爆炸危险性　易燃。其蒸气与空气混合能形成爆炸性混合物，遇明火、高热易燃烧或爆炸。燃烧产生有毒的一氧化碳气体。接触空气或在光照条件下可生成具有潜在爆炸危险性的过氧化物气体。在高温火场中，受热的容器或储罐有破裂和爆炸的危险。蒸气比空气重，能在较低处扩散到相当远的地方，遇火源会着火回燃和爆炸(闪爆)。

活性反应　与氧化剂反应。

禁忌物　强氧化剂、强还原剂、卤素。

毒性　大鼠经口 LD_{50}：4200mg/kg；小鼠经口 LD_{50}：5300mg/kg；大鼠吸入 LC_{50}：46000mg/m^3(2h)；兔经皮 LD_{50}：7904mg/kg。

IARC对本品的致癌性分类：G2B——可疑人类致癌物。

中毒表现　本品有麻醉和刺激作用，在体内有蓄积作用。接触大量蒸气引起眼和上呼吸道刺激，伴有头晕、头痛、嗜睡、恶心、呕吐等。可致肝、肾损害，甚至发生尿毒症。

侵入途径　吸入、食入、经皮吸收。

职业接触限值

中国：PC－TWA：70mg/m^3[皮][G2B]。

美国(ACGIH)：TLV－TWA：20ppm[皮]。

环境危害　有害空气污染物。

理化特性与用途

理化特性　无色，带有醚味的透明液体。与水混溶，可混溶于多数有机溶剂。熔点11.8℃，沸点101.3℃，相对密度(水＝1)1.04，相对蒸气密度(空气＝1)3.03，蒸气压4.1kPa(20℃)，燃烧热－2428.6kJ/mol，临界温度312℃，临界压力5.14MPa，辛醇/水分配系数－0.27，闪点12℃(闭杯)、18.3℃(开杯)，引燃温度180℃，爆炸极限2.0%～22.2%。

主要用途　用作溶剂、乳化剂、去垢剂。

包装与储运

包装标志　易燃液体

包装类别　Ⅱ类

安全储运　储存于阴凉、通风的库房。远离火种、热源，避免阳光直射。储存温度不超过37℃。炎热季节早晚运输。应与氧化剂等隔离储运。禁止使用易产生火花的机械设备和工具。灌装时注意流速，防止静电积聚。搬运时轻装轻卸，防止容器受损。

紧急处置信息

急救措施

吸入：迅速脱离现场至空气新鲜处。保持呼吸道通畅。如呼吸困难，给输氧。呼吸、心跳停止，立即进行心肺复苏术。就医。

眼睛接触：立即分开眼睑，用流动清水或生理盐水彻底冲洗。就医。

皮肤接触：立即脱去污染的衣着，用肥皂水和清水彻底冲洗。就医。

食入：尽量饮水，不要催吐，忌饮酒类。就医。

灭火方法　消防人员须穿全身消防服，佩戴空气呼吸器，在上风向灭火。尽可能将容器从火场移至空旷处。喷水保持火场容器冷却，直至灭火结束。处在火场中的容器若发生异常变化或发出异常声音，须马上撤离。

灭火剂：抗溶性泡沫、干粉、砂土。

泄漏应急处置　消除所有点火源。根据液体流动和蒸气扩散的影响区域划定警戒区，无关人员从侧风、上风向撤离至安全区。建议应急处理人员戴正压自给式呼吸器，穿防静电服，戴橡胶耐油手套。作业时使用的所有设备应接地。禁止接触或跨越泄漏物。尽可能切断泄漏源。防止泄漏物进入水体、下水道、地下室或限制性空间。小量泄漏：用砂土或其他不燃材料吸收。使用洁净的无火花工具收集吸收材料。大量泄漏：构筑围堤或挖坑收容。用砂土、惰性物质或蛭石吸收大量液体。用抗溶性泡沫覆盖，减少蒸发。喷水雾能减少蒸发，但不能降低泄漏物在限制性空间内的易燃性。用防爆泵转移至槽车或专用收集器内。喷雾状水驱散蒸气、稀释液体泄漏物。

244. 二 乙 胺

标 识

中文名称 二乙胺

英文名称 Diethylamine；*N* - Ethylethanamine

分子式 $C_4H_{11}N$

CAS 号 109 - 89 - 7

WGH 号 31046

UN 号 1154

危害信息

危险性类别 第 3 类 易燃液体

燃烧与爆炸危险性 极易燃。其蒸气与空气混合能形成爆炸性混合物，遇明火、高热极易燃烧或爆炸。燃烧产生有毒的一氧化碳和氮氧化物气体。在高温火场中，受热的容器或储罐有破裂和爆炸的危险。蒸气比空气重，能在较低处扩散到相当远的地方，遇火源会着火回燃和爆炸(闪爆)。

活性反应 与氧化剂反应。

禁忌物 强氧化剂、酸类、酸酐。

毒性 大鼠经口 LD_{50}：540mg/kg；大鼠吸入 LC_{50}：4000ppm（4h）；兔经皮 LD_{50}：580mg/kg。

本品具有强烈刺激性和腐蚀性。

中毒表现 吸入本品蒸气或雾，可引起喉头水肿、支气管炎、化学性肺炎、肺水肿；高浓度吸入可致死。蒸气对眼有刺激性，可致角膜水肿。液体或雾引起眼刺激或灼伤。长时间皮肤接触可致灼伤。口服灼伤消化道。

皮肤反复接触，可引起变应性皮炎。

侵入途径 吸入、食入、经皮吸收。

职业接触限值 美国(ACGIH)：TLV - TWA：5ppm[皮]；TLV - STEL：15ppm[皮]。

理化特性与用途

理化特性 水白色液体，有氨臭。熔点 -50℃，沸点 55.5℃，相对密度(水 =1)0.71，相对蒸气密度(空气 =1)2.53，蒸气压 25.9kPa(20℃)，燃烧热 -3001.7kJ/mol，临界温度 226.8℃，临界压力 3.758MPa，辛醇/水分配系数 0.58，闪点 < -26℃(闭杯)、-15℃(开杯)，引燃温度 312℃，爆炸极限 1.7% ~10.1%。

主要用途 用于有机合成和环氧树脂固化剂。

包装与储运

包装标志 易燃液体；有毒品；腐蚀品

包装类别 Ⅱ类

安全储运 储存于阴凉、通风的库房。远离火种、热源，避免阳光直射。储存温度不超过 32℃，相对湿度不超过 85%。保持容器密封。炎热季节早晚运输。应与氧化剂、强酸等隔离储运。避免使用铜制、铝制设备。禁止使用易产生火花的机械设备和工具。灌装时注意流速，防止静电积聚。搬运时轻装轻卸，防止容器受损。

紧急处置信息

急救措施

吸入：迅速脱离现场至空气新鲜处。保持呼吸道通畅。如呼吸困难，给输氧。呼吸、心跳停止，立即进行心肺复苏术。就医。

眼睛接触：立即分开眼睑，用大量流动清水或生理盐水彻底冲洗 10～15min。就医。

皮肤接触：立即脱去污染的衣着，用大量流动清水彻底冲洗，冲洗时间一般要求 20～30min。就医。

食入：用水漱口，禁止催吐。给饮牛奶或蛋清。就医。

灭火方法　消防人员须穿全身消防服，佩戴空气呼吸器，在上风向灭火。尽可能将容器从火场移至空旷处。喷水保持火场容器冷却，直至灭火结束。处在火场中的容器若发生异常变化或发出异常声音，须马上撤离。

灭火剂：抗溶性泡沫、二氧化碳、干粉和砂土。用水灭火无效。

泄漏应急处置　消除所有点火源。根据液体流动和蒸气扩散的影响区域划定警戒区，无关人员从侧风、上风向撤离至安全区。建议应急处理人员戴正压自给式呼吸器，穿防静电、防腐蚀、防毒服，戴橡胶耐油手套。作业时使用的所有设备应接地。禁止接触或跨越泄漏物。尽可能切断泄漏源。防止泄漏物进入水体、下水道、地下室或限制性空间。小量泄漏：用砂土或其他不燃材料吸收。使用洁净的无火花工具收集吸收材料。大量泄漏：构筑围堤或挖坑收容。用砂土、惰性物质或蛭石吸收大量液体。用硫酸氢钠（$NaHSO_4$）中和。用抗溶性泡沫覆盖，减少蒸发。喷水雾能减少蒸发，但不能降低泄漏物在限制性空间内的易燃性。用防爆、耐腐蚀泵转移至槽车或专用收集器内。喷雾状水驱散蒸气、稀释液体泄漏物。

245. 二乙醇胺

标　识

中文名称　二乙醇胺

英文名称　Diethanolamine；2,2′-Iminodiethanol；2,2′-Di(hydroxydiethyl)amine

别名　2,2′-二羟基二乙胺

分子式　$C_4H_{11}NO_2$

CAS 号　111-42-2

WGH 号　82507

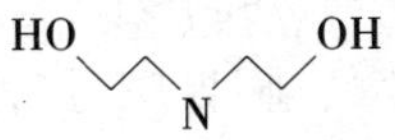

危害信息

危险性类别　第 8.2 类　碱性腐蚀品

燃烧与爆炸危险性　遇明火、高热可燃。受热分解放出有毒的氧化氮烟气。能腐蚀铜及铜的化合物。

活性反应　碱性，与酸发生放热中和反应。与氢化物等强还原剂反应会生成易燃易爆的氢气。与二氧化氮、硝酸、浓硫酸等强氧化剂发生剧烈反应。与酸酐、酚、过氧化物、环氧化合物、异氰酸酯反应。能腐蚀铜及铜合金、铝、锌、镀锌铁。

禁忌物 强氧化剂、酸类、铜、铝、锌等。

毒性 大鼠经口 LD_{50}：710mg/kg；小鼠经口 LD_{50}：3300mg/kg；家兔经皮 LD_{50}：12000mg/kg。

本品具有刺激性。可引起灼伤。

中毒表现 急性中毒：吸入本品蒸气或雾，刺激呼吸道。高浓度吸入出现咳嗽、头痛、恶心、呕吐、昏迷。蒸气对眼有强烈刺激性；液体或雾可致严重眼损害，甚至导致失明。长时间皮肤接触，可致灼伤。大量口服出现恶心、呕吐和腹痛。

慢性影响：长期反复接触可能引起肝、肾损害。

侵入途径 吸入、食入、经皮吸收。

职业接触限值 美国(ACGIH)：TLV－TWA：2mg/m^3[皮]。

理化特性与用途

理化特性 无色菱形结晶或黄色黏稠液体，略有氨的气味，易潮解。能与水、甲醇、丙酮混溶，微溶于苯、乙醚、四氯化碳、正庚烷。pH 值 11.0(1%溶液)，熔点 28℃，沸点 269℃，相对密度(水＝1)1.092，相对蒸气密度(空气＝1)3.65，蒸气压 0.67kPa(138℃)，燃烧热－2635kJ/mol，临界压力 4.71MPa，临界温度 433℃，辛醇/水分配系数－1.43，闪点 137℃(开杯)，爆炸极限 1.6%～9.8%，引燃温度 662.2℃。

主要用途 用于脱除天然气、炼厂气中的酸性气，用于制洗涤剂、擦光剂、润滑剂、软化剂、表面活性剂等，也可用于有机合成。

包装与储运

包装标志 腐蚀品

安全储运 储存于阴凉、干燥、通风的库房。保持容器密封。远离火种、热源。应与氧化剂、酸类等隔离储运。搬运时轻装轻卸，防止容器受损。

紧急处置信息

急救措施

吸入：迅速脱离现场至空气新鲜处。保持呼吸道通畅。如呼吸困难，给输氧。呼吸、心跳停止，立即进行心肺复苏术。就医。

眼睛接触：立即分开眼睑，用大量流动清水或生理盐水彻底冲洗 10～15min。就医。

皮肤接触：立即脱去污染的衣着，用大量流动清水彻底冲洗，冲洗时间一般要求 20～30min。就医。

食入：用水漱口，禁止催吐。给饮牛奶或蛋清。就医。

灭火方法 消防人员须佩戴空气呼吸器，穿全身消防服，在上风向灭火。喷水保持火场容器冷却，直至灭火结束。

灭火剂：水、干粉、二氧化碳、抗溶性泡沫。

泄漏应急处置 根据液体流动和蒸气扩散的影响区域划定警戒区，无关人员从侧风、上风向撤离至安全区。消除所有点火源。建议应急处理人员戴正压自给式呼吸器，穿防酸碱服，戴防化学品手套。穿上适当的防护服前严禁接触破裂的容器和泄漏物。尽可能切断泄漏源。防止泄漏物进入水体、下水道、地下室或限制性空间。小量泄漏：用干燥的砂土或其他不燃材料吸收或覆盖，收集于容器中。也可以用大量水冲洗，洗水稀释后放入废水系统。大量泄漏：构筑围堤或挖坑收容。用耐腐蚀泵转移至槽车或专用收集器内。

246. 二乙基四硫化物

标　识

中文名称　二乙基四硫化物
英文名称　Diethyl tetrasulfide
别名　二乙基四硫；对称乙基四硫
分子式　$C_4H_{10}S_4$

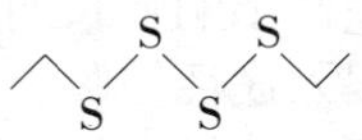

CAS 号　13730 - 34 - 2

危害信息

燃烧与爆炸危险性　可燃。其蒸气与空气混合能形成爆炸性混合物，遇明火、高热极易燃烧或爆炸。燃烧产生有毒的硫氧化物气体。在高温火场中，受热的容器或储罐有破裂和爆炸的危险。

禁忌物　强氧化剂。

侵入途径　吸入、食入。

理化特性与用途

理化特性　液体。具有洋葱香和葱蒜香等特征香味。

主要用途　用于制备其他重要的有机含硫化合物，如含硫香料二乙基二硫及乙基磺酸酐等。

包装与储运

安全储运　储存于阴凉、干燥、通风的库房。保持容器密封。远离火种、热源。应与氧化剂等隔离储运。搬运时轻装轻卸，防止容器受损。

紧急处置信息

急救措施

吸入：脱离接触。如有不适感，就医。

眼睛接触：分开眼睑，用流动清水或生理盐水冲洗。如有不适感，就医。

皮肤接触：脱去污染的衣着，用肥皂水和清水冲洗。如有不适感，就医。

食入：漱口，饮水。就医。

灭火方法　消防人员须穿全身消防服，佩戴空气呼吸器，在上风向灭火。尽可能将容器从火场移至空旷处。喷水保持火场容器冷却，直至灭火结束。处在火场中的容器若发生异常变化或发出异常声音，须马上撤离。

灭火剂：泡沫、二氧化碳、干粉和砂土。用水灭火无效。

泄漏应急处置　隔离泄漏污染区，限制出入。消除点火源。建议应急处理人员戴空气呼吸器，穿一般作业工作服，戴橡胶手套。尽可能切断泄漏源。勿使水进入包装容器内。少量泄漏，用沙土等惰性材料吸收，用洁净的铲子收集泄漏物，置于干净、干燥、盖子较松的容器中，将容器移离泄漏区。大量泄漏：构筑围堤或挖坑收容。用泵转移至槽车或专用收集器内。

247. 二乙烯基苯

标 识

中文名称 二乙烯基苯

英文名称 Divinylbenzene；Diethenylbenzene

别名 二乙烯苯

分子式 $C_{10}H_{10}$

CAS 号 1321－74－0

危害信息

燃烧与爆炸危险性 可燃。其蒸气与空气混合能形成爆炸性混合物，遇明火、高热易燃烧或爆炸。燃烧产生有毒的一氧化碳气体。

禁忌物 强酸、强氧化剂。

毒性 大鼠经口 LD_{50}：4550mg/kg。

中毒表现 未见人急性中毒报道。动物实验具有麻醉作用和轻度刺激作用。长期接触本品蒸气有头痛、上呼吸道刺激症状；皮肤脱脂、粗糙和皲裂。

侵入途径 吸入、食入。

职业接触限值

中国：PC－TWA：50mg/m^3。

美国(ACGIH)：TLV－TWA：10ppm。

理化特性与用途

理化特性 无色至浅稻草色液体。不溶于水，溶于甲醇、乙醚。熔点－67℃，沸点195℃，相对密度(水＝1)0.9，相对蒸气密度(空气＝1)4.48，蒸气压133Pa(32.7℃)，辛醇/水分配系数3.59，闪点64℃(闭杯)、76℃(开杯)，引燃温度500℃，爆炸极限1.1%～6.2%。

主要用途 用作树脂、油漆及特种橡胶的原料。

包装与储运

安全储运 储存于阴凉、通风的库房。保持容器密封。远离火种、热源。应与氧化剂等隔离储运。搬运时轻装轻卸，防止容器受损。

紧急处置信息

急救措施

吸入：迅速脱离现场至空气新鲜处。保持呼吸道通畅。如呼吸困难，给输氧。呼吸、心跳停止，立即进行心肺复苏术。就医。

眼睛接触：分开眼睑，用流动清水或生理盐水冲洗。如有不适感，就医。

皮肤接触：脱去污染的衣着，用肥皂水和清水冲洗。如有不适感，就医。

食入：漱口，给饮水，不要催吐。就医。

禁用肾上腺素类药。

灭火方法 消防人员须穿全身消防服，佩戴防毒面具，在上风向灭火。尽可能将容器从火场移至空旷处。喷水保持火场容器冷却，直至灭火结束。处在火场中的容器若发生异常变化或发出异常声音，须马上撤离。

灭火剂：雾状水、泡沫、二氧化碳、干粉、砂土。

泄漏应急处置 根据液体流动和蒸气扩散的影响区域划定警戒区，无关人员从侧风、上风向撤离至安全区。消除所有点火源。建议应急处理人员戴防毒面具，穿防毒服，戴橡胶手套。穿上适当的防护服前严禁接触破裂的容器和泄漏物。尽可能切断泄漏源。防止泄漏物进入水体、下水道、地下室或密闭性空间。小量泄漏：用干燥的砂土或其他不燃材料吸收或覆盖，收集于容器中。大量泄漏：构筑围堤或挖坑收容。用泵转移至槽车或专用收集器内。

248. 二乙烯基乙炔

标　识

中文名称 二乙烯基乙炔

英文名称 1,5 – Hexadien – 3 – yne；Divinyl acetylene

别名 1,5 – 己二烯 – 3 – 炔

分子式 C_6H_6

CAS 号 821 – 08 – 9

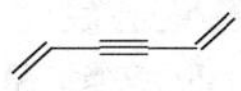

危害信息

危险性类别 第 3 类 易燃液体

燃烧与爆炸危险性 易燃。受撞击、摩擦、遇明火或其他点火源极易爆炸。蒸气比空气重，能在较低处扩散到相当远的地方，遇火源会着火回燃和爆炸(闪爆)。

活性反应 与强氧化剂、卤素等反应。

禁忌物 强氧化剂、卤素。

侵入途径 吸入、食入。

理化特性与用途

理化特性 液体。微溶于水。熔点 –88℃，沸点 83.5 ~ 85℃，相对密度(水 = 1)(水 = 1)0.79，相蒸气密度(空气 = 1)2.69，蒸气压 7.58kPa(20℃)，辛醇/水分配系数 2.30，闪点 –55.6℃，爆炸下限 1.5%。

主要用途 可用于配制防腐蚀漆。

包装与储运

包装标志 易燃液体

包装类别 Ⅰ类

安全储运 储存于阴凉、通风的库房。远离火种、热源。储存温度不超过 29℃。密封包装，绝对禁止接触空气。炎热季节早晚运输。应与氧化剂等隔离储运。禁止使用易产生火花的机械设备和工具。灌装时注意流速，防止静电积聚。搬运时轻装轻卸，禁止震动、撞击和摩擦。储存超过 3 个月，必须报废进行安全处置。

紧急处置信息

急救措施

吸入：脱离接触。如有不适感，就医。

眼睛接触：分开眼睑，用流动清水或生理盐水冲洗。如有不适感，就医。

皮肤接触：脱去污染的衣着，用肥皂水和清水冲洗。如有不适感，就医。

食入：漱口，尽量饮水，不要催吐。就医。

灭火方法　消防人员须在防爆掩蔽处操作。遇大火切勿轻易接近。在物料附近失火，须用水保持容器冷却。

用大量水灭火。禁止用砂土盖压。

泄漏应急处置　消除所有点火源。根据液体流动和蒸气扩散的影响区域划定警戒区，无关人员从侧风、上风向撤离至安全区。建议应急处理人员戴正压自给式呼吸器，穿防静电、防腐蚀服，戴橡胶手套。尽可能切断泄漏源。防止泄漏物进入水体、下水道、地下室或限制性空间。小量泄漏：用干燥的砂土或其他不燃材料吸收或覆盖，收集于容器中。大量泄漏：构筑围堤或挖坑收容。

249. 二异丙胺

标　识

中文名称　二异丙胺

英文名称　Diisopropylamine；*N*－(1－Methylethyl)－2－propanamine

分子式　$C_6H_{15}N$

CAS 号　108－18－9

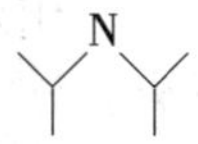

WGH 号　32170；T31270[铁规]

UN 号　1158

危害信息

危险性类别　第 3 类　易燃液体

燃烧与爆炸危险性　易燃。其蒸气与空气混合能形成爆炸性混合物，遇明火、高热易燃烧或爆炸。燃烧产生有毒的一氧化碳和氮氧化物气体。在高温火场中，受热的容器或储罐有破裂和爆炸的危险。蒸气比空气重，能在较低处扩散到相当远的地方，遇火源会着火回燃和爆炸(闪爆)。

活性反应　与氧化剂发生反应。

禁忌物　酸类、强氧化剂。

毒性　大鼠经口 LD_{50}：770mg/kg；小鼠经口 LD_{50}：2120mg/kg；大鼠吸入 LC_{50}：4800mg/m^3(2h)；家兔经皮 LD_{50}：＞10000mg/kg。

本品有强烈刺激性和腐蚀性。

中毒表现　对呼吸道有刺激性，吸入蒸气可引起肺水肿。蒸气对眼有刺激性；眼和皮肤接触液体可致灼伤。口服引起恶心、呕吐、腹泻、腹痛、虚弱和虚脱。皮肤反复接触可引起变应性皮炎。

侵入途径　吸入、食入、经皮吸收。

职业接触限值　美国(ACGIH)：TLV－TWA：5ppm[皮]。

理化特性与用途

理化特性　无色，带氨臭的挥发性液体。微溶于水，溶于多数有机溶剂。熔点－61℃，沸点84℃，相对密度(水＝1)0.72，相对蒸气密度(空气＝1)3.5，蒸气压9.3kPa(20℃)，燃烧热－4654.1kJ/mol，临界温度249℃，临界压力3.04MPa，辛醇/水分配系数1.64，闪点－6℃(开杯)、－10℃(闭杯)，引燃温度316℃，爆炸极限1.1%～7.1%。

主要用途　用于生产农药、医药、染料、矿物浮选剂、乳化剂以及精细化学品的中间体。

包装与储运

包装标志　易燃液体、腐蚀品

包装类别　Ⅱ类

安全储运　储存于阴凉、通风的库房。保持容器密封。远离火种、热源，避免阳光直射。储存温度不超过37℃。炎热季节早晚运输。应与氧化剂、强酸等隔离储运。禁止使用易产生火花的机械设备和工具。灌装时注意流速，防止静电积聚。搬运时轻装轻卸，防止容器受损。

紧急处置信息

急救措施

吸入：迅速脱离现场至空气新鲜处。保持呼吸道通畅。如呼吸困难，给输氧。呼吸、心跳停止，立即进行心肺复苏术。就医。

眼睛接触：立即分开眼睑，用大量流动清水或生理盐水彻底冲洗10～15min。就医。

皮肤接触：立即脱去污染的衣着，用大量流动清水彻底冲洗，冲洗时间一般要求20～30min。就医。

食入：用水漱口，禁止催吐。给饮牛奶或蛋清。就医。

灭火方法　消防人员须穿全身消防服，佩戴空气呼吸器，在上风向灭火。尽可能将容器从火场移至空旷处。喷水保持火场容器冷却，直至灭火结束。处在火场中的容器若发生异常变化或发出异常声音，须马上撤离。

灭火剂：雾状水、抗溶性泡沫、二氧化碳、干粉、砂土。

泄漏应急处置　消除所有点火源。根据液体流动和蒸气扩散的影响区域划定警戒区，无关人员从侧风、上风向撤离至安全区。建议应急处理人员戴正压自给式呼吸器，穿防静电、防腐蚀、防毒服，戴橡胶耐油手套。作业时使用的所有设备应接地。禁止接触或跨越泄漏物。尽可能切断泄漏源。防止泄漏物进入水体、下水道、地下室或限制性空间。小量泄漏：用砂土或其他不燃材料吸收。使用洁净的无火花工具收集吸收材料。大量泄漏：构筑围堤或挖坑收容。用抗溶性泡沫覆盖，减少蒸发。喷水雾能减少蒸发，但不能降低泄漏物在限制性空间内的易燃性。用防爆、耐腐蚀泵转移至槽车或专用收集器内。喷雾状水驱散蒸气、稀释液体泄漏物。

250. 二异丙醇胺

标　识

中文名称　二异丙醇胺

英文名称 Diisopropanolamine；1,1′-Iminodipropan-2-ol；DIPA

别名 1,1′-亚氨基二-2-丙醇

分子式 $C_6H_{15}NO_2$

CAS 号 110-97-4

WGH 号 82508

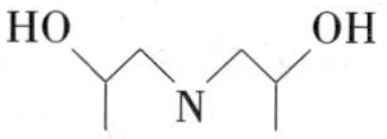

危害信息

危险性类别 第8.2类 碱性腐蚀品

燃烧与爆炸危险性 遇明火、高热可燃。其蒸气能与空气形成爆炸性混合物。燃烧产生有毒的氮氧化物气体。

活性反应 碱性，与酸发生放热中和反应。与氢化物等强还原剂反应会生成易燃易爆的氢气。与二氧化氮、硝酸、浓硫酸等强氧化剂发生剧烈反应。与酸酐、酚、过氧化物、环氧化合物、异氰酸酯反应。

禁忌物 强氧化剂、酸类。

毒性 大鼠经口 LD_{50}：4765mg/kg。

本品有强烈刺激性。

中毒表现 蒸气对鼻和呼吸道有刺激作用。对眼有强烈刺激性，接触后出现眼红肿、流泪、视觉模糊及角膜损伤，可引起永久性眼损害。皮肤接触可引起红肿，长时间接触引起强烈刺激，甚至造成灼伤。口服出现恶心、呕吐和腹痛。

侵入途径 吸入、食入、经皮吸收。

理化特性与用途

理化特性 白色结晶或固体粉末，有类似氨的气味。与水混溶，混溶于乙醇，微溶于甲苯，不溶于烃类。pH 值 8~10(1%溶液)，熔点 42℃，沸点 249℃，相对密度(水=1) 0.990，相对蒸气密度(空气=1)4.59，饱和蒸气压 0.003kPa(42℃)，闪点 126.7℃(开杯)，爆炸极限 1.2%~9.8%，引燃温度 374℃，辛醇/水分配系数 -0.82。

主要用途 用作天然气和石油炼制气中 CO_2 和 H_2S 酸性气体的吸收剂。在合成氨生产中用于除去合成气中的 CO_2。在金属加工中用于淬火。用作电泳涂料的中和剂。还可用作纤维助剂、鞣革剂、切削油和涂料等的乳化剂及分散剂的原料。

包装与储运

包装标志 腐蚀品

包装类别 Ⅲ类

安全储运 储存于阴凉、干燥、通风的库房。包装要求密封。远离火种、热源。应与氧化剂、酸类等隔离储运。避免使用铜制装备。搬运时轻装轻卸，防止包装受损。

紧急处置信息

急救措施

吸入： 迅速脱离现场至空气新鲜处。保持呼吸道通畅。如呼吸困难，给输氧。呼吸、心跳停止，立即进行心肺复苏术。就医。

眼睛接触： 立即分开眼睑，用大量流动清水或生理盐水彻底冲洗 10~15min。就医。

皮肤接触： 立即脱去污染的衣着，用大量流动清水彻底冲洗，冲洗时间一般要求 20~30min。就医。

食入： 用水漱口，禁止催吐。给饮牛奶或蛋清。就医。

灭火方法 消防人员须佩戴空气呼吸器，穿全身消防服，在上风向灭火。喷水保持火场容器冷却，直至灭火结束。

灭火剂：水、干粉、二氧化碳、抗溶性泡沫。

泄漏应急处置 隔离泄漏污染区，限制出入。消除所有点火源。建议应急处理人员戴防尘口罩，穿防酸碱服，戴防化学品手套。穿上适当的防护服前严禁接触破裂的容器和泄漏物。尽可能切断泄漏源。用塑料布覆盖泄漏物，减少飞散。勿使水进入包装容器内。用洁净的铲子收集泄漏物，置于干净、干燥、盖子较松的容器中，将容器移离泄漏区。

251. *N*,*N'* – 二异丙基对苯二胺

标　识

中文名称 *N*,*N'* – 二异丙基对苯二胺

英文名称 *N*,*N'* – Diisopropylbenzene – 1,4 – diamine; *p* – Phenylenediamine, *N*,*N'* – diisopropyl

分子式 $C_{12}H_{20}N_2$

CAS 号 67894 – 19 – 3

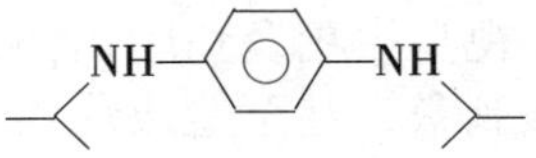

危害信息

燃烧与爆炸危险性 可燃。遇明火、高热可引起燃烧，燃烧产生有毒的一氧化碳和氮氧化物烟气。

活性反应 与氧化剂发生反应。与酸发生放热中和反应。

禁忌物 强氧化剂、酸类。

侵入途径 吸入、食入。

理化特性与用途

理化特性 沸点312℃，密度0.985g/cm^3，折射率1.568，蒸气压0.000072kPa(25℃)，闪点173.6℃。

包装与储运

安全储运 储存于阴凉、干燥、通风的库房。保持容器密封。远离火种、热源。应与氧化剂隔离储运。搬运时轻装轻卸，防止容器受损。

紧急处置信息

急救措施

吸入：立即脱离接触。如呼吸困难，给吸氧。如呼吸心跳停止，立即行心肺复苏术。就医。

眼睛接触：分开眼睑，用清水或生理盐水冲洗。如有不适感，就医。

皮肤接触：立即脱去污染衣着，用肥皂水或清水彻底冲洗。就医。

食入：漱口，饮一杯水，以手指探咽后部催吐。就医。

如有高铁血红蛋白血症，静脉注射亚甲蓝。

灭火方法 消防人员必须穿全身防火防毒服，佩戴空气呼吸器，在上风向灭火。尽可

能将容器从火场移至空旷处。喷水保持火场容器冷却，直至灭火结束。

灭火剂：雾状水、泡沫、二氧化碳、干粉、砂土。

泄漏应急处置　隔离泄漏污染区，限制出入。消除所有点火源。建议应急处理人员戴防尘口罩，穿防毒服。穿上适当的防护服前严禁接触破裂的容器和泄漏物。尽可能切断泄漏源。用塑料布覆盖泄漏物，减少飞散。勿使水进入包装容器内。用洁净的铲子收集泄漏物，置于干净、干燥、盖子较松的容器中，将容器移离泄漏区。

252. 二异丁烯

标　识

中文名称　二异丁烯

英文名称　2,4,4 – Trimethylpent – 1 – ene；Diisobutylene

别名　2,4,4 – 三甲基 – 1 – 戊烯；双异丁烯

分子式　C_8H_{16}

CAS 号　25167 – 70 – 8

WGH 号　32017；T31117[铁规]

UN 号　2050

危害信息

危险性类别　第 3 类　易燃液体

燃烧与爆炸危险性　易燃．其蒸气与空气混合能形成爆炸性混合物，遇明火、高热极易燃烧或爆炸。燃烧产生有毒的一氧化碳气体。高速冲击、流动、激荡后可因产生静电火花放电引起燃烧爆炸。在高温火场中，受热的容器或储罐有破裂和爆炸的危险。蒸气比空气重，能在较低处扩散到相当远的地方，遇火源会着火回燃和爆炸(闪爆)。

活性反应　与强氧化剂、卤素等反应。

禁忌物　强氧化剂、卤素。

毒性　大鼠经口 LD_{50}：>2500mg/kg。大鼠吸入 LC_{50}：30mg/L(4h)。小鼠吸入 LC_{50}：31.5mg/L(4h)。大鼠经皮 LD_{50}：>720mg/kg。

侵入途径　吸入、食入、经皮吸收。

理化特性与用途

理化特性　无色液体。不溶于水，溶于乙醚、苯、氯仿。熔点 –93.5℃，沸点 101℃，相对密度(水=1)0.715(20℃/4℃)，相对蒸气密度(空气=1)3.8，临界温度 286.7℃，临界压力 2.6MPa，燃烧热 –4937.68kJ/mol，闪点 –6℃，引燃温度 391℃，辛醇/水分配系数 4.55，爆炸极限 0.7% ~5.8% 。

主要用途　用作制取合成橡胶增黏剂、各种表面活性剂、酚树脂和环氧树脂的改性剂、紫外线吸收剂、阻聚剂、聚氯乙烯稳定剂、增塑剂等，也用作生产对辛基酚、异壬基醇等的有机合成中间体。

包装与储运

包装标志　易燃液体

包装类别 Ⅱ类

安全储运 储存于阴凉、通风的库房。远离火种、热源。储存温度不超过37℃。保持容器密封。炎热季节早晚运输，应与氧化剂、强酸、碱等隔离储运。禁止使用易产生火花的机械设备和工具。灌装时注意流速，防止静电积聚。搬运时轻装轻卸，防止容器受损。

紧急处置信息

急救措施

吸入：迅速脱离现场至空气新鲜处。保持呼吸道通畅。如呼吸困难，给输氧。呼吸、心跳停止，立即进行心肺复苏术。就医。

眼睛接触：立即分开眼睑，用流动清水或生理盐水彻底冲洗。就医。

皮肤接触：立即脱去污染的衣着，用肥皂水和清水彻底冲洗。就医。

食入：漱口，尽量饮水，不要催吐。就医。

灭火方法 消防人员须穿全身消防服，佩戴空气呼吸器，在上风向灭火。尽可能将容器从火场移至空旷处。喷水保持火场容器冷却，直至灭火结束。处在火场中的容器若发生异常变化或发出异常声音，须马上撤离。

灭火剂：泡沫、二氧化碳、干粉和砂土。用水灭火无效。

泄漏应急处置 消除所有点火源。根据液体流动和蒸气扩散的影响区域划定警戒区，无关人员从侧风、上风向撤离至安全区。建议应急处理人员戴正压自给式呼吸器，穿防静电、防腐蚀服，戴橡胶手套。尽可能切断泄漏源。防止泄漏物进入水体、下水道、地下室或限制性空间。小量泄漏：用干燥的砂土或其他不燃材料吸收或覆盖，收集于容器中。大量泄漏：构筑围堤或挖坑收容。

253. N,N′－二仲丁基对苯二胺

标　识

中文名称 N,N′－二仲丁基对苯二胺

英文名称 N,N′－Di－*sec*－butyl－p－phenyldiamine；N,N′－Bis(1－methylpropyl)－1,4－benzenediamine

别名 N,N′－二仲丁基－1,4－苯二胺

分子式 $C_{14}H_{24}N_2$

CAS号 101－96－2

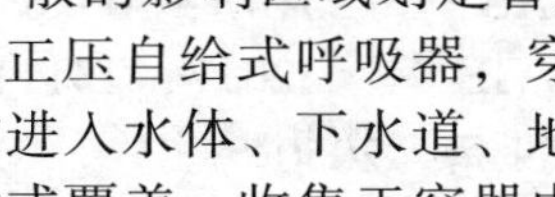

危害信息

燃烧与爆炸危险性 遇高热、明火可燃，燃烧产物含有一氧化碳、二氧化碳、氧化氮等气体。

活性反应 与氧化剂发生反应。长期暴露在空气或光照下，会发生缓慢氧化，生成胶质。与酸发生放热中和反应。与氢化钠等强还原剂反应会放出易燃易爆的氢气。能与异氰酸酯、过氧化物、卤代烃、酚、环氧化物、酸酐发生反应。

禁忌物 强氧化剂、强还原剂、强碱、酸类等。

毒性 大鼠经口 LD_{50}：148mg/kg；大鼠吸入 LCL_o：600mg/m^3(6h)；家兔经皮 LD_{50}：2806mg/kg。

一名成年人口服 1800mg，导致血管神经性水肿和急性肾衰竭；另一名成年人口服 3g (63mg/kg)，导致死亡。

侵入途径 吸入、食入、经皮吸收。

理化特性与用途

理化特性 琥珀色至红色液体。不溶于水，与烃类混溶，溶于汽油、无水乙醇、苯和稀无机酸，难溶于稀碱。熔点 18℃，沸点 98℃(26.6Pa)，相对密度(水 = 1)0.94(20℃)，闪点 132℃(闭杯)，引燃温度 329℃，辛醇/水分配系数 3.50。

主要用途 是性能优良的胺类抗氧剂，适合用作汽油添加剂。

包装与储运

安全储运 储存于阴凉、干燥、通风的库房。保持容器密封。远离火种、热源。应与氧化剂隔离储运。搬运时轻装轻卸，防止容器受损。

紧急处置信息

急救措施

吸入：立即脱离接触。如呼吸困难，给吸氧。如呼吸心跳停止，立即行心肺复苏术。就医。

眼睛接触：分开眼睑，用清水或生理盐水冲洗。如有不适感，就医。

皮肤接触：立即脱去污染衣着，用肥皂水或清水彻底冲洗。就医。

食入：不要催吐。就医。本品可引起高铁血红蛋白血症，静脉注射亚甲基蓝。

灭火方法 消防人员必须穿全身防火防毒服，佩戴空气呼吸器，在上风向灭火。尽可能将容器从火场移至空旷处。喷水保持火场容器冷却，直至灭火结束。

灭火剂：雾状水、泡沫、二氧化碳、干粉、砂土。

泄漏应急处置 隔离泄漏污染区，限制出入。消除所有点火源。建议应急处理人员戴空气呼吸器，穿防毒服，戴橡胶手套。穿上适当的防护服前严禁接触破裂的容器和泄漏物。尽可能切断泄漏源。勿使水进入包装容器内。少量泄漏，用惰性材料吸收，用洁净的铲子收集泄漏物，置于干净、干燥、盖子较松的容器中，将容器移离泄漏区。大量泄漏，构筑围堤或挖坑收容。

254. 发动机清洗剂

标 识

中文名称 发动机清洗剂

英文名称 Engine Flush

危害信息

危险性类别 第 3 类 易燃液体

燃烧与爆炸危险性 易燃，其蒸气与空气混合能形成爆炸性混合物，遇明火、高热易燃烧或爆炸。高速冲击、流动、激荡后可因产生静电火花放电引起燃烧爆炸。在高温火场中，受热的容器或储罐有破裂和爆炸的危险。

侵入途径 吸入、食入。

理化特性与用途

理化特性 因发动机清洗剂品种繁多，此处仅以 Pro – line 发动机内部清洗剂为例。棕色液体。密度 0.828g/cm^3(20℃)，闪点 60℃，倾点 –45℃。

主要用途 用于清洁和冲洗汽油和柴油发动机的系统。

包装与储运

包装标志 易燃液体

包装类别 Ⅲ类

安全储运 储存于阴凉、通风的库房。保持容器密封。远离火种、热源，避免阳光直射。库温不宜超过 37℃。应与氧化剂等隔离储运。炎热季节早晚运输。禁止使用易产生火花的机械设备和工具。防止静电积聚。搬运时轻装轻卸，防止容器受损。

紧急处置信息

急救措施

吸入：脱离接触。如有不适感，就医。

眼睛接触：分开眼睑，用流动清水或生理盐水冲洗。如有不适感，就医。

皮肤接触：脱去污染的衣着，用肥皂水和清水冲洗。如有不适感，就医。

食入：漱口，尽量饮水，不要催吐。就医。

灭火方法 消防人员须穿全身消防服，佩戴空气呼吸器，在上风向灭火。尽可能将容器从火场移至空旷处。喷水保持火场容器冷却，直至灭火结束。处在火场中的容器若发生异常变化或发出异常声音，须马上撤离。

灭火剂：泡沫、二氧化碳、干粉、砂土。

泄漏应急处置 消除所有点火源。根据液体流动和蒸气扩散的影响区域划定警戒区，无关人员从侧风、上风向撤离至安全区。建议应急处理人员戴正压自给式呼吸器，穿防静电、防腐蚀服，戴橡胶手套。穿上适当的防护服前严禁接触破裂的容器和泄漏物。尽可能切断泄漏源。防止泄漏物进入水体、下水道、地下室或限制性空间。小量泄漏：用干燥的砂土或其他不燃材料吸收或覆盖，收集于容器中。大量泄漏：构筑围堤或挖坑收容。用防爆、耐腐蚀泵转移至槽车或专用收集器内。喷雾状水驱散蒸气、稀释液体泄漏物。

255. 发汗脱蜡油

标　识

中文名称 发汗脱蜡油

英文名称 Sweat dewaxed oil

危害信息

燃烧与爆炸危险性 可燃。其蒸气与空气混合能形成爆炸性混合物，遇明火、高热易燃烧或爆炸。燃烧产生有毒的一氧化碳气体。在高温火场中，受热的容器或储罐有破裂和爆炸的危险。

活性反应 与强氧化剂反应。
禁忌物 强氧化剂。
侵入途径 吸入、食入。

理化特性与用途

理化特性 液体。
主要用途 用作重柴调和油的组分。

包装与储运

安全储运 储存于阴凉、通风的库房。保持容器密封。远离火种、热源。应与氧化剂等隔离储运。搬运时轻装轻卸，防止容器受损。

紧急处置信息

急救措施

吸入：脱离接触。如有不适感，就医。
眼睛接触：分开眼睑，用流动清水或生理盐水冲洗。如有不适感，就医。
皮肤接触：脱去污染的衣着，用肥皂水和清水冲洗。如有不适感，就医。
食入：漱口，饮水。就医。

灭火方法 消防人员须穿全身消防服，佩戴空气呼吸器，在上风向灭火。尽可能将容器从火场移至空旷处。喷水保持火场容器冷却，直至灭火结束。处在火场中的容器若发生异常变化或发出异常声音，须马上撤离。

灭火剂：泡沫、二氧化碳、干粉、砂土。

泄漏应急处置 消除所有点火源。根据液体流动和蒸气扩散的影响区域划定警戒区，无关人员从侧风、上风向撤离至安全区。建议应急处理人员戴正压自给式呼吸器，穿防静电服，戴橡胶耐油手套。作业时使用的所有设备应接地。禁止接触或跨越泄漏物。尽可能切断泄漏源。防止泄漏物进入水体、下水道、地下室或限制性空间。小量泄漏：用砂土或其他不燃材料吸收。使用洁净的无火花工具收集吸收材料。大量泄漏：构筑围堤或挖坑收容。用砂土、惰性物质或蛭石吸收大量液体。用泡沫覆盖，减少蒸发。喷水雾能减少蒸发，但不能降低泄漏物在限制性空间内的易燃性。用防爆泵转移至槽车或专用收集器内。

256. 发烟硫酸

标 识

中文名称 发烟硫酸
英文名称 Sulphuric acid, fuming; Oleum
分子式 $H_2SO_4 \cdot SO_3$
CAS 号 8014－95－7
WGH 号 81006
UN 号 1831

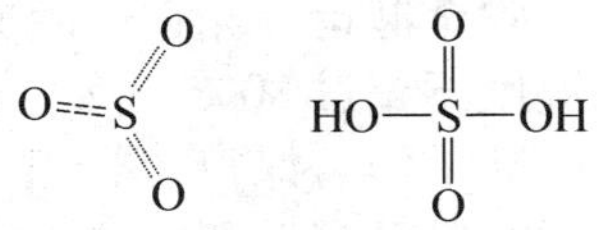

危害信息

危险性类别 第8.1类 酸性腐蚀品

燃烧与爆炸危险性 本品不燃，可助燃。遇易燃物、有机物会引起爆炸。能与普通金属发生反应，放出氢气而与空气形成爆炸性混合物。具有强腐蚀性。

活性反应 强氧化剂。在空气中挥发出有毒和刺激性的三氧化硫烟气。溶于水大量放热而导致爆沸，挥发出酸雾。与汽油、煤油、柴油、溶剂油、环氧丙烷、环氧乙烷、乙酸、乙酸酐、乙腈、丙烯醛、丙烯酸、丙烯腈、烯丙醇、烯丙基氯、甲乙酮、吡啶等有机物、碱、无机酸发生剧烈反应。接触木材、糖、衣物或其他有机物会使其脱水、炭化，放出的热量往往能引燃这些物质。与金属粉末、碳化物、溴酸盐、氯酸盐、雷酸盐、苦味酸盐接触会发生爆炸。与次氯酸盐反应会放出剧毒的氯气。

禁忌物 碱类、还原剂、可燃物、易燃物、金属粉末、高氯酸盐、硝酸盐、苦味酸盐等。

毒性 大鼠吸入 LC_{50}：347mg/m^3(1h)。

对皮肤、黏膜等组织有强烈的刺激和腐蚀作用。

IARC将“含硫酸的强无机酸酸雾(职业接触)”接触环境列为对人类致癌。

中毒表现 急性中毒：吸入硫酸雾可引起呼吸道刺激症状、化学性支气管炎、肺炎，重者发生肺水肿；高浓度引起喉痉挛或声门水肿而死亡。口服后引起消化道的灼伤以致溃疡形成；严重者可能有胃穿孔、腹膜炎、肾损害、休克等。皮肤灼伤轻者出现红斑，重者形成溃疡，愈后瘢痕收缩影响功能。溅入眼内可造成灼伤，甚至角膜穿孔、全眼炎以至失明。

慢性影响：牙齿酸蚀症、鼻黏膜萎缩、慢性支气管炎、肺气肿和肺硬化。

侵入途径 吸入、食入。

职业接触限值 中国：PC-TWA：1mg/m^3[G1]；PC-STEL：2mg/m^3[G1]。

环境危害 对水生生物是有害的。

理化特性与用途

理化特性 无色或棕色油状稠厚的发烟液体，有强刺激性臭味。与水混溶。其熔点、沸点、密度等皆因游离三氧化硫含量不同而异。常见产品为含游离三氧化硫20%的发烟硫酸。熔点-11℃，沸点166.6℃，相对密度(水=1)1.92。加热或减压时三氧化硫极易逸出。遇空气形成烟雾。有强烈的脱水性和磺化作用。氧化性比普通硫酸强。腐蚀性随游离三氧化硫含量的降低而增强。

主要用途 主要用作磺化剂和硝化反应中的脱水剂，并用于精炼石油产品。广泛用于制造染料、炸药、硝化纤维及药物等。

包装与储运

包装标志 腐蚀品，有毒品

包装类别 Ⅰ类

安全储运 储存于阴凉、通风、干燥的库房，避免阳光直射。储存温度在0~30℃，相对湿度不超过80%。库房四周涂防腐蚀材料。同时备有充足的水源。冬季必须根据气温做好防冻工作。保持容器密封。切勿与易燃物、碱类、活性金属粉末、还原剂等混储混运。搬运时要轻装轻卸，防止容器受损。

紧急处置信息

急救措施

吸入： 迅速脱离现场至空气新鲜处。保持呼吸道通畅。如呼吸困难，给输氧。呼吸、心跳停止，立即进行心肺复苏术。就医。

眼睛接触： 立即分开眼睑，用大量流动清水或生理盐水彻底冲洗 10 ~ 15min。就医。

皮肤接触： 立即脱去污染的衣着，用大量流动清水彻底冲洗，冲洗时间一般要求 20 ~ 30min。就医。

食入： 用水漱口，禁止催吐。给饮牛奶或蛋清。就医。

灭火方法 避免水流冲击物品，以免遇水会放出大量热量发生喷溅而灼伤皮肤。灭火时消防人员必须穿耐酸碱防护服、防护靴、并佩戴空气呼吸器灭火。

泄漏应急处置 根据液体流动和蒸气扩散的影响区域划定警戒区，无关人员从侧风、上风向撤离至安全区。建议应急处理人员戴正压自给式呼吸器，穿防酸碱服，戴橡胶耐酸碱手套。穿上适当的防护服前严禁接触破裂的容器和泄漏物。尽可能切断泄漏源。勿使泄漏物与可燃物质(如木材、纸、油等)接触。防止泄漏物进入水体、下水道、地下室或限制性空间。小量泄漏：用干燥的砂土或其他不燃材料覆盖泄漏物，用洁净的无火花工具收集泄漏物，置于一盖子较松的塑料容器中，待处置。大量泄漏：构筑围堤或挖坑收容。用砂土、惰性物质或蛭石吸收大量液体。用石灰(CaO)、碎石灰石($CaCO_3$)或碳酸氢钠($NaHCO_3$)中和。用耐腐蚀泵转移至槽车或专用收集器内。

257. 发烟硝酸

标　识

中文名称 发烟硝酸

英文名称 Fuming Nitric acid; Nitric acid(red fuming)

分子式 $HNO_3 + NO_2$

CAS 号 7697 - 37 - 2

WGH 号 81001

UN 号 2032

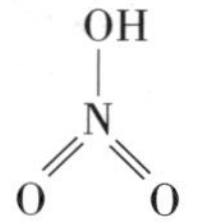

危害信息

危险性类别 第 8 类 腐蚀品

燃烧与爆炸危险性 本品不燃，可助燃。遇易燃物、有机物会引起爆炸。能与普通金属发生反应，放出氢气而与空气形成爆炸性混合物。具有强腐蚀性。

活性反应 强氧化剂。与还原剂、可燃物反应放热，可引起燃烧。与可燃的有机物、易氧化的物质，如醇类、松节油、木炭、硫化氢等发生爆炸性反应。与许多金属反应放出可与空气形成爆炸性混合物的氢气。遇水反应放出热和有毒、腐蚀性烟气。

禁忌物 还原剂、金属粉末、易燃物、碱类、碳化物、硫化氢等。

毒性 大鼠吸入 LC_{50}：67ppm(NO_2，4h)。

对皮肤黏膜有强烈刺激性和腐蚀性。硝酸蒸气中，除本身外，混有各种氮氧化物，氮氧化物急性中毒表现为呼吸道刺激，可引起肺水肿。

中毒表现　急性中毒：吸入较大量硝酸烟雾或蒸气时，引起眼和上呼吸道刺激症状，如流泪、咽喉刺激感、呛咳，并伴有头痛、头晕、胸闷等，重者发生肺水肿。口服引起腹部剧痛，严重者可有胃穿孔、腹膜炎、喉痉挛、肾损害、休克以及窒息。皮肤接触引起化学性灼伤和局部皮肤黄染。溅入眼内也可引起严重灼伤。

慢性影响：长期接触可引起慢性鼻炎、支气管炎、牙齿酸蚀症。

侵入途径　吸入、食入。

理化特性与用途

理化特性　淡黄色到红褐色透明液体。溶于水。相对密度(水=1)1.5027(25℃)，沸点83～122℃，熔点-42℃，相对蒸气密度(空气=1)2～3。

主要用途　可供制氮肥、王水、硝酸盐、硝化甘油、硝化纤维素、硝基苯、梯恩梯、苦味酸等。

包装与储运

包装标志　腐蚀品，氧化剂，有毒品

包装类别　Ⅰ类

安全储运　储存于阴凉、通风的库房。远离火种、热源。储存温度不超过25℃，相对湿度不超过80%。保持容器密封。应与还原剂、碱类、可燃物、金属、胺等隔离储运。搬运时轻装轻卸，防止容器受损。

紧急处置信息

急救措施

吸入：迅速脱离现场至空气新鲜处。保持呼吸道通畅。如呼吸困难，给输氧。呼吸、心跳停止，立即进行心肺复苏术。就医。

眼睛接触：立即分开眼睑，用大量流动清水或生理盐水彻底冲洗10～15min。就医。

皮肤接触：立即脱去污染的衣着，用大量流动清水彻底冲洗，冲洗时间一般要求20～30min。就医。

食入：用水漱口，禁止催吐。给饮牛奶或蛋清。就医。

灭火方法　消防人员须佩戴空气呼吸器，穿全身耐酸碱消防服在上风向灭火。尽可能将容器从火场移至空旷处。喷水保持火场容器冷却，直至灭火结束。切勿将水流直接射至熔融物，以免引起严重的流淌火灾或引起剧烈的沸溅。

灭火剂：雾状水、抗溶性泡沫、干粉、二氧化碳、砂土。

泄漏应急处置　消除所有点火源。根据液体流动和蒸气扩散的影响区域划定警戒区，无关人员从侧风、上风向撤离至安全区。建议应急处理人员戴正压自给式呼吸器，穿防静电、防腐蚀服，戴橡胶手套。尽可能切断泄漏源。防止泄漏物进入水体、下水道、地下室或限制性空间。小量泄漏：用干燥的砂土或其他不燃材料吸收或覆盖，收集于容器中。大量泄漏：构筑围堤或挖坑收容。

258. 凡士林原料油

标　识

中文名称　凡士林原料油

英文名称　Salve bases

危害信息

燃烧与爆炸危险性　可燃，遇明火、高热可引起燃烧。燃烧产生有毒的一氧化碳气体。在高温火场中，受热的容器或储罐有破裂和爆炸的危险。

活性反应　与强氧化剂反应。

禁忌物　强氧化剂

侵入途径　吸入、食入。

理化特性与用途

理化特性　原油减压蒸馏得到的五线馏分油。运动黏度 11～14mm^2/s(100℃)。

主要用途　适用于作为生产凡士林的原料。

包装与储运

安全储运　储存于阴凉、通风的库房。保持容器密封。远离火种、热源。应与氧化剂等隔离储运。搬运时轻装轻卸，防止容器受损。

紧急处置信息

急救措施

吸入：脱离接触。如有不适感，就医。

眼睛接触：分开眼睑，用流动清水或生理盐水冲洗。如有不适感，就医。

皮肤接触：脱去污染的衣着，用肥皂水和清水冲洗。如有不适感，就医。

食入：漱口，饮水。就医。

灭火方法　消防人员须穿全身消防服，佩戴空气呼吸器，在上风向灭火。尽可能将容器从火场移至空旷处。喷水保持火场容器冷却，直至灭火结束。处在火场中的容器若发生异常变化或发出异常声音，须马上撤离。

灭火剂：泡沫、二氧化碳、干粉、砂土。

泄漏应急处置　消除所有点火源。根据液体流动和蒸气扩散的影响区域划定警戒区，无关人员从侧风、上风向撤离至安全区。建议应急处理人员戴正压自给式呼吸器，穿防毒、防静电服，戴橡胶耐油手套。作业时使用的所有设备应接地。禁止接触或跨越泄漏物。尽可能切断泄漏源。防止泄漏物进入水体、下水道、地下室或限制性空间。小量泄漏：用砂土或其他不燃材料吸收。使用洁净的无火花工具收集吸收材料。大量泄漏：构筑围堤或挖坑收容。

259. 钒

标　识

中文名称　钒

英文名称　Vanadium

分子式　V

CAS 号　7440－62－2

危害信息

燃烧与爆炸危险性 可燃。其粉尘与空气能形成爆炸性混合物，遇火源易发生燃烧或爆炸。

活性反应 还原剂，粉尘能与氧气等氧化剂发生剧烈反应，甚至爆炸。与酸反应会放出易燃易爆的氢气。

禁忌物 强氧化剂、强酸。

毒性 金属钒无毒，须形成化合物才有毒性。

侵入途径 吸入、食入。

职业接触限值

中国：PC－TWA：1mg/m^3［钒铁合金尘］。

美国(ACGIH)：TLV－TWA：0.05mg/m^3。

理化特性与用途

理化特性 银白色金属。不溶于水、盐酸和稀硫酸，溶于氢氟酸、硝酸、王水及浓硫酸等。有延展性。耐腐蚀。在空气中不起变化。熔点 1910℃，沸点 3407℃，相对密度(水＝1)6.1，爆炸下限 220g/m^3，引燃温度 500℃(粉尘云)，最小点火能 60mJ，最大爆炸压力 0.4MPa。

主要用途 主要用于制合金钢和催化剂。

包装与储运

安全储运 储存于阴凉、通风的库房。保持容器密封，应与氧化剂隔离储运。搬运时轻装轻卸，防止容器受损。

紧急处置信息

急救措施

吸入：脱离接触。如有不适感，就医。

眼睛接触：分开眼睑，用流动清水或生理盐水冲洗。如有不适感，就医。

皮肤接触：脱去污染的衣着，用肥皂水和清水冲洗。如有不适感，就医。

食入：漱口，饮水。就医。

灭火方法 消防人员须佩戴防毒面具、穿全身消防服，在上风向灭火。尽可能将容器从火场移至空旷处。

灭火剂：干粉、二氧化碳、砂土灭火。

泄漏应急处置 隔离泄漏污染区，限制出入。建议应急处理人员戴防尘口罩，穿防毒服。穿上适当的防护服前严禁接触破裂的容器和泄漏物。尽可能切断泄漏源。用塑料布覆盖泄漏物，减少飞散。勿使水进入包装容器内。用洁净的铲子收集泄漏物，置于干净、干燥、盖子较松的容器中，将容器移离泄漏区。

260. 反丁烯二酸

标　识

中文名称 反丁烯二酸

英文名称 Fumaric acid; 2 – Butenedioic acid

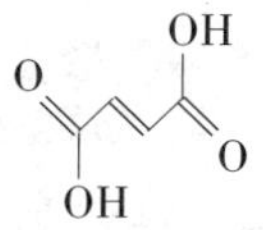

别名 富马酸；延胡索酸

分子式 $C_4H_4O_4$

CAS 号 110 – 17 – 8

危害信息

燃烧与爆炸危险性 可燃。其粉体与空气混合能形成爆炸性混合物，遇明火高热有引起燃烧爆炸的危险。燃烧产生有毒的一氧化碳气体。

活性反应 与强氧化剂接触发生反应。

禁忌物 碱类、强氧化剂、强还原剂、胺类。

毒性 大鼠经口 LD_{50}:6800mg/kg;小鼠经口 LD_{50}:5000mg/kg;大鼠吸入 TCL_o:110mg/m^3(4h)。本品具有轻微刺激作用。在工业使用中，未见职业性损害的报道。

侵入途径 吸入、食入。

理化特性与用途

理化特性 白色结晶粉末，有水果酸味。易熔于热水，溶于乙醇、浓硫酸，微溶于乙醚和苯。熔点 287℃，沸点 165℃(0.23kPa)，相对密度(水 = 1)1.635(20℃/4℃)，升华温度 200℃，燃烧热 – 1346.41kJ/mol，辛醇/水分配系数 0.46，引燃温度 740℃(粉尘)。

主要用途 主要用于制苹果酸、不饱和聚酯和醇酸树脂，医药上用于合成富马酸铁。

包装与储运

安全储运 储存于阴凉、通风的库房。保持容器密封。远离火种、热源。应与氧化剂、强还原剂、碱等隔离储运。搬运时轻装轻卸，防止容器受损。

紧急处置信息

急救措施

吸入： 脱离接触。如有不适感，就医。

眼睛接触： 分开眼睑，用流动清水或生理盐水冲洗。如有不适感，就医。

皮肤接触： 脱去污染的衣着，用肥皂水和清水冲洗。如有不适感，就医。

食入： 漱口，饮水。就医。

灭火方法 消防人员须佩戴防毒面具，穿全身消防服，在上风向灭火。尽可能将容器从火场移至空旷处。喷水保持火场容器冷却，直至灭火结束。

灭火剂：雾状水、泡沫、二氧化碳、干粉、砂土。

泄漏应急处置 隔离泄漏污染区，限制出入。消除所有点火源。建议应急处理人员戴防尘口罩，穿一般作业工作服。尽可能切断泄漏源。用塑料布覆盖泄漏物，减少飞散。勿使水进入包装容器内。用洁净的铲子收集泄漏物，置于干净、干燥、盖子较松的容器中，将容器移离泄漏区。

261. 芳烃抽余油

标　识

中文名称 芳烃抽余油

英文名称 Aromatic hydrocarbon raffinate oil

危害信息

危险性类别 第3类 易燃液体

燃烧与爆炸危险性 易燃。其蒸气与空气混合能形成爆炸性混合物，遇明火、高热易燃烧或爆炸。燃烧产生有毒的一氧化碳气体。在高温火场中，受热的容器或储罐有破裂和爆炸的危险。蒸气比空气重，能在较低处扩散到相当远的地方，遇火源会着火回燃和爆炸(闪爆)。

活性反应 与强氧化剂反应。

禁忌物 强氧化剂。

侵入途径 吸入、食入。

理化特性与用途

理化特性 指富含芳烃的催化重整产物(重整汽油)经萃取(抽提)芳烃后剩余的馏分油，其主要成分为 $C_6 \sim C_8$ 的烷烃及一定量的环烷烃。

主要用途 是良好的石油化工原料，可用于烃类裂解制乙烯。

包装与储运

包装标志 易燃液体

包装类别 Ⅲ类

安全储运 储存于阴凉、通风的库房。远离火种、热源，避免阳光直射。储存温度不超过37℃。炎热季节早晚运输。应与氧化剂等隔离储运。禁止使用易产生火花的机械设备和工具。灌装时注意流速，防止静电积聚。搬运时轻装轻卸，防止容器受损。

紧急处置信息

急救措施

吸入：脱离接触。如有不适感，就医。

眼睛接触：分开眼睑，用流动清水或生理盐水冲洗。如有不适感，就医。

皮肤接触：脱去污染的衣着，用肥皂水和清水冲洗。如有不适感，就医。

食入：漱口，尽量饮水，不要催吐。就医。

灭火方法 消防人员须穿全身消防服，佩戴空气呼吸器，在上风向灭火。尽可能将容器从火场移至空旷处。喷水保持火场容器冷却，直至灭火结束。处在火场中的容器若发生异常变化或发出异常声音，须马上撤离。

灭火剂：泡沫、二氧化碳、干粉、砂土。

泄漏应急处置 消除所有点火源。根据液体流动和蒸气扩散的影响区域划定警戒区，无关人员从侧风、上风向撤离至安全区。建议应急处理人员戴正压自给式呼吸器，穿防静电服，戴橡胶耐油手套。作业时使用的所有设备应接地。禁止接触或跨越泄漏物。尽可能切断泄漏源。防止泄漏物进入水体、下水道、地下室或限制性空间。小量泄漏：用砂土或其他不燃材料吸收。使用洁净的无火花工具收集吸收材料。大量泄漏：构筑围堤或挖坑收容。用砂土、惰性物质或蛭石吸收大量液体。用泡沫覆盖，减少蒸发。喷水雾能减少蒸发，但不能降低泄漏物在限制性空间内的易燃性。用防爆泵转移至槽车或专用收集器内。

262. 防 冻 油

标 识

中文名称 防冻油

英文名称 Anti – freezing oil

危害信息

燃烧与爆炸危险性 可燃。其蒸气与空气混合能形成爆炸性混合物，遇明火、高热易燃烧或爆炸。燃烧产生有毒的一氧化碳气体。在高温火场中，受热的容器或储罐有破裂和爆炸的危险。

禁忌物 强氧化剂。

侵入途径 吸入、食入。

理化特性与用途

理化特性 液体。凝点≤ –60℃，闪点≥140℃(开杯)，运动黏度 6 ~ 8mm^2/s(50℃)。

主要用途 适用于高寒地区稀释车轴油。

包装与储运

安全储运 储存于阴凉、通风的库房。保持容器密封。远离火种、热源。应与氧化剂等隔离储运。搬运时轻装轻卸，防止容器受损。

紧急处置信息

急救措施

吸入：脱离接触。如有不适感，就医。

眼睛接触：分开眼睑，用流动清水或生理盐水冲洗。如有不适感，就医。

皮肤接触：脱去污染的衣着，用肥皂水和清水冲洗。如有不适感，就医。

食入：漱口，尽量饮水，对于高黏度、低挥发性油脂类，通常不必催吐。就医。

灭火方法 消防人员须穿全身消防服，佩戴空气呼吸器，在上风向灭火。尽可能将容器从火场移至空旷处。喷水保持火场容器冷却，直至灭火结束。处在火场中的容器若发生异常变化或发出异常声音，须马上撤离。

灭火剂：泡沫、二氧化碳、干粉、砂土。

泄漏应急处置 消除所有点火源。根据液体流动和蒸气扩散的影响区域划定警戒区，无关人员从侧风、上风向撤离至安全区。建议应急处理人员戴正压自给式呼吸器，穿防静电、防腐蚀服，戴橡胶手套。穿上适当的防护服前严禁接触破裂的容器和泄漏物。尽可能切断泄漏源。防止泄漏物进入水体、下水道、地下室或限制性空间。小量泄漏：用干燥的砂土或其他不燃材料吸收或覆盖，收集于容器中。大量泄漏：构筑围堤或挖坑收容。用防爆、耐腐蚀泵转移至槽车或专用收集器内。喷雾状水驱散蒸气、稀释液体泄漏物。

263. 防锈乳化油

标　识

中文名称　防锈乳化油

英文名称　Antirust emulsified oil

危害信息

燃烧与爆炸危险性　可燃。其蒸气与空气混合能形成爆炸性混合物，遇明火、高热易燃烧或爆炸。在高温火场中，受热的容器或储罐有破裂和爆炸的危险。

禁忌物　强氧化剂。

侵入途径　吸入、食入。

理化特性与用途

理化特性　浅褐色半透明液体(15 ~ 35℃)。5%乳化液的 pH 值 7 ~ 9。

主要用途　在金属加工、切削等过程中用作冷却液，可满足金属加工工序间的防锈要求。

包装与储运

安全储运　储存于阴凉、通风的库房。保持容器密封。远离火种、热源。应与氧化剂隔离储运。搬运时轻装轻卸，防止容器受损。

紧急处置信息

急救措施

吸入：脱离接触。如有不适感，就医。

眼睛接触：分开眼睑，用流动清水或生理盐水冲洗。如有不适感，就医。

皮肤接触：脱去污染的衣着，用肥皂水和清水冲洗。如有不适感，就医。

食入：漱口，对于高黏度、低挥发性油脂类，通常不必催吐。就医。

灭火方法　消防人员须穿全身消防服，佩戴空气呼吸器，在上风向灭火。尽可能将容器从火场移至空旷处。喷水保持火场容器冷却，直至灭火结束。处在火场中的容器若发生异常变化或发出异常声音，须马上撤离。

灭火剂：泡沫、二氧化碳、干粉、砂土。

泄漏应急处置　消除所有点火源。根据液体流动和蒸气扩散的影响区域划定警戒区，无关人员从侧风、上风向撤离至安全区。建议应急处理人员戴正压自给式呼吸器，穿防静电、防腐蚀服，戴橡胶手套。穿上适当的防护服前严禁接触破裂的容器和泄漏物。尽可能切断泄漏源。防止泄漏物进入水体、下水道、地下室或限制性空间。小量泄漏：用干燥的砂土或其他不燃材料吸收或覆盖，收集于容器中。大量泄漏：构筑围堤或挖坑收容。用防爆、耐腐蚀泵转移至槽车或专用收集器内。喷雾状水驱散蒸气、稀释液体泄漏物。

264. 防 锈 油

标 识

中文名称 防锈油

英文名称 Antirust oil

危害信息

燃烧与爆炸危险性 可燃。其蒸气与空气混合能形成爆炸性混合物，遇明火、高热易燃烧或爆炸。在高温火场中，受热的容器或储罐有破裂和爆炸的危险。

侵入途径 吸入、食入。

理化特性与用途

理化特性 因防锈油品种很多，下面以662号防锈油为例。褐色液体。闪点≥180℃，运动黏度30±10mm^2/s(50℃)。

主要用途 适用于各种黑色金属制品的长期防锈封存，也适用于工艺间的油浸防锈。

包装与储运

安全储运 储存于阴凉、通风的库房。保持容器密封。远离火种、热源。应与氧化剂隔离储运。搬运时轻装轻卸，防止容器受损。

紧急处置信息

急救措施

吸入： 脱离接触。如有不适感，就医。

眼睛接触： 分开眼睑，用流动清水或生理盐水冲洗。如有不适感，就医。

皮肤接触： 脱去污染的衣着，用肥皂水和清水冲洗。如有不适感，就医。

食入： 漱口，饮水。就医。

灭火方法 消防人员须穿全身消防服，佩戴空气呼吸器，在上风向灭火。尽可能将容器从火场移至空旷处。喷水保持火场容器冷却，直至灭火结束。处在火场中的容器若发生异常变化或发出异常声音，须马上撤离。

灭火剂：泡沫、二氧化碳、干粉、砂土。

泄漏应急处置 消除所有点火源。根据液体流动和蒸气扩散的影响区域划定警戒区，无关人员从侧风、上风向撤离至安全区。建议应急处理人员戴正压自给式呼吸器，穿防静电、防腐蚀服，戴橡胶手套。穿上适当的防护服前严禁接触破裂的容器和泄漏物。尽可能切断泄漏源。防止泄漏物进入水体、下水道、地下室或限制性空间。小量泄漏：用干燥的砂土或其他不燃材料吸收或覆盖，收集于容器中。大量泄漏：构筑围堤或挖坑收容。用防爆、耐腐蚀泵转移至槽车或专用收集器内。喷雾状水驱散蒸气、稀释液体泄漏物。

265. 分子筛脱蜡原料油

标　识

中文名称　分子筛脱蜡原料油

英文名称　Raw oil for molecular sieve dewaxing

危害信息

燃烧与爆炸危险性　可燃。其蒸气与空气混合能形成爆炸性混合物，遇明火、高热易燃烧或爆炸。燃烧产生有毒的一氧化碳气体。在高温火场中，受热的容器或储罐有破裂和爆炸的危险。

活性反应　与强氧化剂反应。

禁忌物　强氧化剂。

侵入途径　吸入、食入。

理化特性与用途

理化特性　透明液体。初馏点≥183℃，98%馏出温度235～245℃。

主要用途　适用于作分子筛脱蜡的原料。

包装与储运

安全储运　储存于阴凉、通风的库房。保持容器密封。远离火种、热源。应与氧化剂等隔离储运。搬运时轻装轻卸，防止容器受损。

紧急处置信息

急救措施

吸入：脱离接触。如有不适感，就医。

眼睛接触：分开眼睑，用流动清水或生理盐水冲洗。如有不适感，就医。

皮肤接触：脱去污染的衣着，用肥皂水和清水冲洗。如有不适感，就医。

食入：漱口，尽量饮水，不要催吐。就医。

灭火方法　消防人员须穿全身消防服，佩戴空气呼吸器，在上风向灭火。尽可能将容器从火场移至空旷处。喷水保持火场容器冷却，直至灭火结束。处在火场中的容器若发生异常变化或发出异常声音，须马上撤离。

灭火剂：泡沫、二氧化碳、干粉、砂土。

泄漏应急处置　消除所有点火源。根据液体流动和蒸气扩散的影响区域划定警戒区，无关人员从侧风、上风向撤离至安全区。建议应急处理人员戴正压自给式呼吸器，穿防毒、防静电服，戴橡胶耐油手套。作业时使用的所有设备应接地。禁止接触或跨越泄漏物。尽可能切断泄漏源。防止泄漏物进入水体、下水道、地下室或限制性空间。小量泄漏：用砂土或其他不燃材料吸收。使用洁净的无火花工具收集吸收材料。大量泄漏：构筑围堤或挖坑收容。

266. 酚醛树脂

标　识

中文名称　酚醛树脂

英文名称　Phenoli cresin；Phenol formaldehyde resin

分子式　$\text{-}[C_6H_6O \cdot CH_2O]_x\text{-}$

CAS 号　9003－35－4

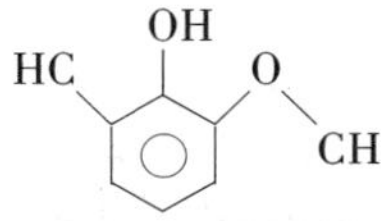

危害信息

燃烧与爆炸危险性　易燃，遇明火、高热可引起燃烧。燃烧产生有毒的气体。粉体可与空气形成爆炸性混合物，当达到一定浓度时，遇火会发生爆炸。

禁忌物　强氧化剂。

毒性　大鼠经口 LD_{50}：＞8000mg/kg；兔经皮 LD_{50}：＞8000mg/kg。

中毒表现　接触加工或使用本品过程中所形成的粉尘，可引起头痛、嗜睡、周身无力、呼吸道黏膜刺激症状、喘息性支气管炎和皮肤病，还可发生肾脏损害。空气环境分析发现苯酚、甲醛和氨。在缩聚过程中，可发生甲醛、酚、一氧化碳中毒。

侵入途径　吸入、食入、经皮吸收。

职业接触限值　中国：PC－TWA：6mg/m^3[总尘]。

理化特性与用途

理化特性　根据化学结构和分子量大小的不同，有液体或固体之分。热塑性酚醛树脂是浅色至暗褐色固体，溶于乙醇、丙酮等；热固性酚醛树脂不溶于溶剂。引燃温度 420℃（粉云），爆炸下限 20%。

主要用途　于制备涂料、胶黏剂、耐酸胶泥和酚醛塑料等。

包装与储运

安全储运　储存于阴凉、通风的库房。保持容器密封。远离火种、热源。应与强氧化剂等隔离储运。搬运时轻装轻卸，防止包装或容器受损。

紧急处置信息

急救措施

吸入：脱离接触。如有不适感，就医。

眼睛接触：分开眼睑，用流动清水或生理盐水冲洗。如有不适感，就医。

皮肤接触：脱去污染的衣着，用肥皂水和清水冲洗。如有不适感，就医。

食入：催吐。就医。

灭火方法　消防人员须穿全身消防服，佩戴空气呼吸器，在上风向灭火。尽可能将容器从火场移至空旷处。喷水保持火场容器冷却，直至灭火结束。

灭火剂：雾状水、泡沫、二氧化碳、干粉、砂土。

泄漏应急处置　消除所有点火源。液体泄漏：根据液体流动和蒸气扩散的影响区域划定警戒区，无关人员从侧风、上风向撤离至安全区。建议应急处理人员戴正压自给式呼吸器，穿一般作业工作服。穿上适当的防护服前严禁接触破裂的容器和泄漏物。尽可能切断泄漏源。防止进入下水道等限制性空间。小量泄漏，用干燥的砂土或类似的物质吸收。大量泄漏，构筑围堤或挖坑收容。用防爆泵转移至槽车或专用收集器内，回收或废弃处置。若是固体泄漏，用塑料布覆盖泄漏物，减少飞散。勿使水进入包装容器内。用洁净的铲子收集泄漏物，置于干净、干燥、盖子较松的容器中，将容器移离泄漏区。

267. 呋　喃

标　识

中文名称　呋喃

英文名称　Furan；Furfuran

别名　氧杂茂

分子式　C_4H_4O

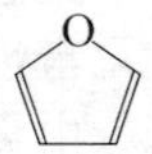

CAS 号　110－00－9

WGH 号　31040

UN 号　2389

危害信息

危险性类别　第 3 类　易燃液体

燃烧与爆炸危险性　极易燃。蒸气与空气能形成爆炸性混合物，遇明火、高热导致燃烧爆炸。蒸气比空气重，能在较低处扩散到相当远的地方，遇火源会着火回燃和爆炸（闪爆）。在火场中，受热的容器或储罐有爆炸危险。

活性反应　与酸接触会发生剧烈的放热反应。与氧化剂和有机过氧化物发生剧烈反应。

禁忌物　强氧化剂、酸类。

毒性　大鼠吸入 LC_{50}：3398ppm（1h）；小鼠吸入 LC_{50}：120mg/m^3（1h）；家兔经口 LDL_o：234mg/kg。

蒸气具有麻醉作用。过量接触可出现疲劳、头痛、血压降低、胃肠道充血、肝脏损害。长期接触呋喃化合物者，其手、足，尤其是足跖可出现黄褐色色素沉着。

IARC 对本品的致癌性分类：G2B——可疑人类致癌物。

欧盟指令 67/548/EEC 将本品列为第 2 类致癌物——可能为人类致癌物。

侵入途径　吸入、食入、经皮吸收。

职业接触限值　中国：PC－TWA：0.5mg/m^3[G2B]

环境危害　对水生生物有害，可能在水生环境中造成长期不利影响。

理化特性与用途

理化特性　无色易挥发液体，有特殊的气味。不溶于水，易溶于乙醇、乙醚、丙酮、苯等有机溶剂。熔点－85.6℃，沸点 31.4℃，相对密度（水＝1）0.94，相对蒸气密度（空气＝1）2.35，蒸气压 65.6kPa（20℃），临界压力 5.32MPa，燃烧热－2090.4kJ/mol，闪点－35℃（闭杯），爆炸极限 2.3%～14.3%，引燃温度 390℃，辛醇/水分配系数 1.34。

主要用途　用作有机合成原料或溶剂。

包装与储运

包装标志 易燃液体

包装类别 Ⅰ类

安全储运 通常商品中加有阻聚剂。储存于阴凉、通风的库房。远离火种、热源。储存温度不超过29℃。避光保存。包装要求密封，不可与空气接触。应与氧化剂、酸类等隔离储运。禁止使用易产生火花的机械设备和工具。搬运时轻装轻卸，防止容器受损。

紧急处置信息

急救措施

吸入：迅速脱离现场至空气新鲜处。保持呼吸道通畅。如呼吸困难，给输氧。呼吸、心跳停止，立即进行心肺复苏术。就医。

眼睛接触：立即分开眼睑，用流动清水或生理盐水彻底冲洗。就医。

皮肤接触：立即脱去污染的衣着，用肥皂水和清水彻底冲洗。就医。

食入：漱口，尽量饮水，催吐。就医。

灭火方法 消防人员必须穿全身防火防毒服，佩戴空气呼吸器，在上风向灭火。喷水冷却容器，尽可能将容器从火场移至空旷处。处在火场中的容器若发生异常变化或发出异常声音，必须马上撤离。

灭火剂：泡沫、干粉、二氧化碳、砂土。

泄漏应急处置 消除所有点火源。根据液体流动和蒸气扩散的影响区域划定警戒区，无关人员从侧风、上风向撤离至安全区。建议应急处理人员戴正压自给式呼吸器，穿防静电服。作业时使用的所有设备应接地。禁止接触或跨越泄漏物。尽可能切断泄漏源。防止泄漏物进入水体、下水道、地下室或限制性空间。小量泄漏：用砂土或其他不燃材料吸收。使用洁净的无火花工具收集吸收材料。大量泄漏：构筑围堤或挖坑收容。用泡沫覆盖，减少蒸发。喷水雾能减少蒸发，但不能降低泄漏物在限制性空间内的易燃性。用防爆泵转移至槽车或专用收集器内。

268. 氟　硅　酸

标　识

中文名称 氟硅酸

英文名称 Hexafluorosilicic acid；Fluorosilicic acid

别名 硅氟酸

分子式 H_2SiF_6

CAS 号 16961－83－4

WGH 号 81025

UN 号 1778

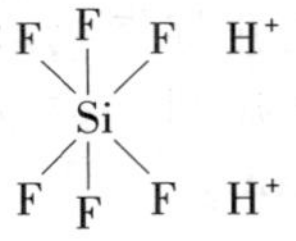

危害信息

危险性类别 第8类 腐蚀品

燃烧与爆炸危险性 不燃。受热分解放出有毒且具有腐蚀性的氟化氢气体。

禁忌物　易燃物或可燃物、碱类。

毒性　大鼠经口 LD_{50}：430mg/kg。

皮肤直接接触，引起发红，局部有烧灼感，重者有溃疡形成。对机体的作用似氢氟酸，但较弱。

侵入途径　吸入、食入。

职业接触限值

中国：PC－TWA：2mg/m^3[按 F 计]。

美国(ACGIH)：TLV－TWA：2.5mg/m^3[按 F 计]。

理化特性与用途

理化特性　无色透明的发烟液体，有刺激性气味。商品一般为水溶液。溶于水。熔点 －17～－20℃，沸点 105℃(分解)，相对密度(水＝1)1.2，蒸气压 3.19kPa(20℃)。

主要用途　用于制取氟硅酸盐及四氟化硅的原料，也应用于金属电镀、木材防腐、啤酒消毒等。

包装与储运

包装标志　腐蚀品

包装类别　Ⅱ类

安全储运　储存于阴凉、通风的库房。远离火种、热源。储存温度不超过 30℃，相对湿度不超过 80%。保持容器密封。应与金属、碱隔离储运。搬运时轻装轻卸，防止容器受损。

紧急处置信息

急救措施

吸入：立即脱离中毒现场，吸氧，保持呼吸道通畅。积极防治肺炎、肺水肿。

眼睛接触：立即分开眼睑，用大量流动清水或生理盐水彻底冲洗 10～15min。就医。

皮肤接触：立即脱去污染的衣着，用大量流动清水彻底冲洗。用葡萄糖酸钙溶液湿敷。就医。

食入：禁止催吐，谨慎洗胃，亦可用 0.5%～1% 葡萄糖酸钙溶液洗胃，洗胃后服用镁乳、牛奶或蛋清等保护胃黏膜。就医。

灭火方法　消防人员须佩戴空气呼吸器，穿全身耐酸碱消防服，在上风向灭火。尽可能将容器从火场移至空旷处。喷水保持火场容器冷却，直至灭火结束。

灭火剂：本品不燃，根据着火原因选择适当灭火剂灭火。

泄漏应急处置　根据液体流动和蒸气扩散的影响区域划定警戒区，无关人员从侧风、上风向撤离至安全区。建议应急处理人员戴正压自给式呼吸器，穿防腐蚀、防毒服，戴橡胶耐酸碱手套。穿上适当的防护服前严禁接触破裂的容器和泄漏物。尽可能切断泄漏源。防止泄漏物进入水体、下水道、地下室或限制性空间。小量泄漏：用干燥的砂土或其他不燃材料吸收或覆盖，收集于容器中。大量泄漏：构筑围堤或挖坑收容。用碎石灰石($CaCO_3$)、苏打灰(Na_2CO_3)或石灰(CaO)中和。用耐腐蚀泵转移至槽车或专用收集器内。

269. 氟硅酸钠

标　识

中文名称　氟硅酸钠

英文名称　Sodium hexafluorosilicate；Disodium hexafluorosilicate；Sodium fluorosilicate

别名　六氟硅酸钠

分子式　$F_6Si \cdot 2Na$

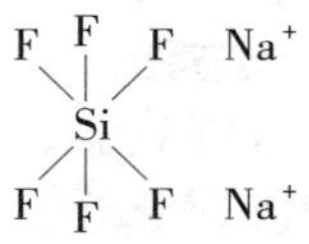

CAS 号　16893－85－9

WGH 号　61514

UN 号　2674

危害信息

危险性类别　第 6.1 类　毒害品

燃烧与爆炸危险性　不燃。

活性反应　与酸反应，释放出腐蚀性和刺激性的氟化氢和四氟化硅气体。

禁忌物　强酸

毒性　大鼠经口 LD_{50}：125mg/kg。

人口服中毒致死量约为 0.4～4g。口服后与胃酸作用产生氢氟酸，对胃黏膜有强烈的腐蚀作用。此外，吸收后可干扰多种酶的活性，且因氟离子大量增加导致低血钙，并因血钾增高致心律失常。对心肌有直接毒作用。生产中吸入粉尘亦可发生中毒。

中毒表现　口服后迅速出现恶心、呕吐、腹痛、腹泻等。有头痛、眩晕、烦躁、肌肉痉挛、共济失调、抽搐、意识障碍甚至昏迷。心脏损害较明显，可发生严重心律失常，为致死的主要原因之一。部分病人有急性肾功能衰竭。吸入中毒者可发生化学性支气管炎、肺炎和肺水肿。

侵入途径　吸入、食入。

职业接触限值

中国：PC－TWA：2mg/m^3[按 F 计]。

美国(ACGIH)：TLV－TWA：2.5mg/m^3[按 F 计]。

环境危害　海洋污染物

理化特性与用途

理化特性　白色结晶，无臭无味。有吸湿性。微溶于水，不溶于乙醇。相对密度(水＝1)2.68，300℃以上灼烧时分解，生成四氟化硅和氟化钠。

主要用途　用作搪瓷助熔剂、玻璃乳白剂、耐酸胶泥和耐酸混凝土的凝固剂，也可用作木材防腐剂。

包装与储运

包装标志　有毒品

包装类别　Ⅲ类

安全储运　储存于阴凉、通风、干燥的库房。保持容器密封。储存温度不超过 35℃，相对湿度不超过85%。应与酸类、食用化学品等隔离储运。搬运时轻装轻卸，防止包装或容器受损。

紧急处置信息

急救措施

吸入： 脱离中毒现场，吸氧，保持呼吸道通畅。积极防治肺炎、肺水肿。

眼睛接触： 立即分开眼睑，用流动清水或生理盐水彻底冲洗。就医。

皮肤接触： 立即脱去污染的衣着，用大量流动清水彻底冲洗。就医。

食入： 谨慎洗胃，亦可用0.5%～1%葡萄糖酸钙溶液洗胃，洗胃后服用镁乳、牛奶或蛋清等保护胃黏膜。就医。

灭火方法　灭火时尽可能将容器从火场移至空旷处。消防人员必须穿全身防火防毒服，佩戴空气呼吸器，在上风向灭火。

泄漏应急处置　隔离泄漏污染区，限制出入。建议应急处理人员戴防尘口罩，穿防毒服，戴橡胶手套。穿上适当的防护服前严禁接触破裂的容器和泄漏物。尽可能切断泄漏源。用塑料布覆盖泄漏物，减少飞散。勿使水进入包装容器内。用洁净的铲子收集泄漏物，置于干净、干燥、盖子较松的容器中，将容器移离泄漏区。

270. 氟　化　氢

标　　识

中文名称　氟化氢

英文名称　Hydrogen fluride

别名　无水氟化氢

分子式　FH

CAS 号　7664－39－3

WGH 号　81015

UN 号　1052

危害信息

危险性类别　第8类　腐蚀品

燃烧与爆炸危险性　不燃，无特殊燃爆特性。具有强腐蚀性。

活性反应　氟化氢为反应性极强的物质，能与各种物质发生反应，腐蚀性极强。

禁忌物　易燃物、可燃物，并与大部分物质禁配。

毒性　大鼠吸入 LC_{50}：1278ppm(1h)；小鼠吸入 LC_{50}：342ppm(1h)。

对呼吸道黏膜及皮肤有强烈的刺激和腐蚀作用。

中毒表现　急性中毒：吸入较高浓度氟化氢，可引起眼及呼吸道黏膜刺激症状，严重者可发生支气管炎、肺炎或肺水肿，甚至发生反射性窒息。眼接触局部剧烈疼痛，重者角膜损伤，甚至发生穿孔。氟化氢极易溶入水，其溶液即为氢氟酸。氢氟酸皮肤灼伤初期皮肤潮红、干燥。创面苍白，坏死，继而呈紫黑色或灰黑色。深部灼伤或处理不当时，可形成难以愈合的深溃疡，损及骨膜和骨质。本品灼伤疼痛剧烈。

慢性影响：眼和上呼吸道刺激症状，或有鼻衄，嗅觉减退。可有牙齿酸蚀症。骨骼 X

线异常与工业性氟病相比少见。

侵入途径　吸入。

职业接触限值

中国：MAC：2mg/m^3[按F计]。

美国(ACGIH)：TLV-TWA：0.5ppm[按F计]；TLV-C：2ppm[按F计]。

理化特性与用途

理化特性　无色气体，有刺激性气味。易溶于水、乙醇，微溶于乙醚。熔点-83.3℃，沸点19.4℃，相对密度(水=1)0.988，相对蒸气密度(空气=1)0.7，蒸气压53.33kPa(2.5℃)，临界温度188℃，临界压力6.48MPa，辛醇/水分配系数0.23。

灭火剂：用于蚀刻玻璃，以及制氟化合物。

包装与储运

包装标志　腐蚀品

包装类别　Ⅰ类

安全储运　储存于阴凉、通风的库房。远离火种、热源。储存温度不超过30℃，相对湿度不超过80%。保持容器密封，禁止接触湿气。应与水泥等含硅物质隔离储运。

紧急处置信息

急救措施

吸入：立即脱离现场，吸氧，保持呼吸道通畅。用2%~4%碳酸氢钠溶液洗鼻、漱口、雾化吸入。

眼睛接触：立即用大量清水或生理盐水冲洗至少15min。就医。

皮肤接触：立即用大量清水彻底冲洗，至少20~30min，可适当应用中和剂，如3%氢氧化钙溶液冲洗、浸泡或湿敷。

食入：立即给服6片葡萄糖酸钙或碳酸钙(事先化在水中)，不要催吐。就医。

根据临床表现和血钙情况，可适当补充钙剂。

灭火方法　消防人员须佩戴空气呼吸器，穿全身耐酸碱消防服，在上风向灭火。尽可能将容器从火场移至空旷处。喷水保持火场容器冷却，直至灭火结束。

灭火剂：本品不燃，根据着火原因选择适当灭火剂灭火。

泄漏应急处置　根据气体扩散的影响区域划定警戒区，无关人员从侧风、上风向撤离至安全区。建议应急处理人员戴正压自给式呼吸器，穿防腐蚀、防毒服，戴橡胶耐酸碱手套。禁止接触或跨越泄漏物。尽可能切断泄漏源。防止气体通过下水道、通风系统和限制性空间扩散。若可能翻转容器，使之逸出气体而非液体。喷雾状水稀释、溶解。高浓度泄漏区，喷氨水或其他稀碱液中和。用砂土、惰性物质或蛭石吸收大量液体。用石灰(CaO)、碎石灰石($CaCO_3$)或碳酸氢钠($NaHCO_3$)中和。隔离泄漏区直至气体散尽。

271. 氟里昂 -11

标　识

中文名称　氟里昂 -11

英文名称　Trichlorofluoromethane；Freon－11；CFC－11

别名　冷气虹－11

分子式　CCl_3F

CAS 号　75－69－4

WGH 号　22047

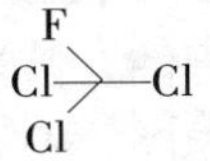

危害信息

危险性类别　第 2.2 类　不燃气体

燃烧与爆炸危险性　不燃。受高热分解，放出有毒的氟化物和氯化物气体。在着火现场，受热的容器和储罐由于内压增大，有开裂和爆炸的危险。

活性反应　溶于水时，会发生缓慢水解反应。与碱金属、碱土金属发生反应。与钡或锂剧烈反应。

禁忌物　强氧化剂、金属。

毒性　大鼠吸入 LC_{50}：13ppm(15min)；小鼠吸入 LC_{50}：10ppm(30min)。

吸入后引起心律失常、意识模糊、倦睡、神志不清。对眼有刺激性。与液体接触引起冻伤。

侵入途径　吸入、经皮吸收。

职业接触限值　美国(ACGIH)TLV－C：1000ppm。

环境危害　对臭氧层有严重的危害。

理化特性与用途

理化特性　无色液体或气体，有醚味。微溶于水，易溶于乙醇、乙醚等有机溶剂。熔点－111℃，沸点 23.7℃，相对密度(水＝1)1.49，相对蒸气密度(空气＝1)4.7，临界压力 4.38MPa，临界温度 198℃，饱和蒸气压 107.058kPa(25℃)，折射率 1.3865(18℃)，辛醇/水分配系数 2.53。

主要用途　用作制冷剂、灭火剂、气雾剂、干洗剂、喷射剂和聚氨基甲酸酯泡沫塑料的发泡剂。

包装与储运

包装标志　不燃气体

安全储运　储存于阴凉、通风的库房。远离火种、热源。储存温度不超过 30℃。应与氧化剂、易燃物等隔离储运。搬运时钢瓶须戴安全帽和防震橡皮圈，防止钢瓶碰撞。

紧急处置信息

急救措施

吸入：迅速脱离现场至空气新鲜处。保持呼吸道通畅。如呼吸困难，给输氧。呼吸、心跳停止，立即进行心肺复苏术。就医。

皮肤接触：如发生冻伤，用温水(38～42℃)复温，忌用热水或辐射热，不要揉搓。就医。

忌用肾上腺素。

灭火方法　切断气源。喷水冷却容器，可能的话将容器从火场移至空旷处。

泄漏应急处置　根据气体扩散的影响区域划定警戒区，无关人员从侧风、上风向撤离至安全区。建议应急处理人员戴正压自给式呼吸器，穿一般作业工作服。尽可能切断泄漏源。漏出气允许排入大气中。泄漏场所保持通风。构筑围堤或挖坑收容液体泄漏物。用砂土、惰性物质或蛭石收大量液体。

272. 氟里昂－12

标　识

中文名称　氟里昂－12

英文名称　Dichlorodifluoromethane；Freon－12；CFC－12

别名　二氯二氟甲烷；冷气虹－12

分子式　CCl_2F_2

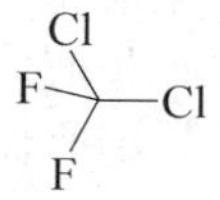

CAS 号　75－71－8

WGH 号　22045

UN 号　1028

危害信息

危险性类别　第 2.2 类　不燃气体

燃烧与爆炸危险性　不燃。受高热分解，放出有毒的氟化物和氯化物气体。

活性反应　与熔融的铝发生反应。

禁忌物　强氧化剂、金属。

毒性　小鼠吸入 LC_{50}：3348g/m^3(3h)。

人吸入 10% 浓度，可在几分钟内知觉丧失；更高浓度可导致突然死亡。本品是一种对心脏毒作用强烈而又迅速的物质。能引起动物心律不齐、室性心动过速、心动过缓、房室传导阻滞、急性心力衰竭、血压降低等心血管系统的改变。有大量吸入引起致命性心律紊乱、虚脱、心动骤停而死亡的病例报道。

侵入途径　吸入。

职业接触限值

中国：PC－TWA：5000mg/m^3。

美国(ACGIH)：TLV－TWA：1000ppm。

环境危害　对臭氧层有严重的危害

理化特性与用途

理化特性　无色无臭气体。不溶于水，溶于乙醇、乙醚、乙酸。熔点－158℃，沸点－29.8℃，相对密度(水＝1)1.46(－30℃)，相对蒸气密度(空气＝1)4.12，临界压力4.12MPa，临界温度 111.8℃，饱和蒸气压 646.61kPa(25℃)，辛醇/水分配系数 2.16。

主要用途　用作制冷剂、灭火剂、烟雾剂、止血剂、麻醉剂和 CFC－13 的原料，还可作气体介电质、聚氨酯泡沫塑料的发泡剂。

包装与储运

包装标志　不燃气体

安全储运　储存于阴凉、通风的库房。远离火种、热源。储存温度不超过 30℃。应与氧化剂、碱类等隔离储运。搬运时钢瓶须戴安全帽和防震橡皮圈，防止钢瓶碰撞。

紧急处置信息

急救措施

吸入：迅速脱离现场至空气新鲜处。保持呼吸道通畅。如呼吸困难，给输氧。呼吸、

心跳停止，立即进行心肺复苏术。就医。

皮肤接触：如发生冻伤，用温水(38～42℃)复温，忌用热水或辐射热，不要揉搓。忌用肾上腺素。

灭火方法　切断气源。喷水冷却容器，可能的话将容器从火场移至空旷处。

泄漏应急处置　根据气体的影响区域划定警戒区，无关人员从侧风、上风向撤离至安全区。建议应急处理人员戴正压自给式呼吸器，穿一般作业工作服。液化气体泄漏时穿防寒服。禁止接触或跨越泄漏物。尽可能切断泄漏源。喷雾状水抑制蒸气或改变蒸气云流向，避免水流接触泄漏物。禁止用水直接冲击泄漏物或泄漏源。若可能翻转容器，使之逸出气体而非液体。防止气体通过下水道、通风系统和限制性空间扩散。漏出气允许排入大气中。泄漏场所保持通风。

273. 氟里昂－13

标　识

中文名称　氟里昂－13

英文名称　Chlorotrifluoromethane；Freon－13；CFC－13

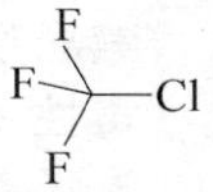

别名　一氯三氟甲烷

分子式　$CClF_3$

CAS 号　75－72－9

WGH 号　22040

UN 号　1022

危害信息

危险性类别　第 2.2 类　不燃气体

燃烧与爆炸危险性　不燃。在着火现场，气体遇高热发生热分解释放出高毒烟雾，同时受热容器或储罐由于内压增加有开裂和爆炸的危险。

活性反应　与熔融的铝发生反应。

禁忌物　强氧化剂。

毒性　接触后可有头痛、恶心和眩晕。

侵入途径　吸入。

环境危害　对臭氧层有严重的危害。

理化特性与用途

理化特性　常温常压下为无色无味气体。微溶于水。熔点－181℃，沸点－81.4℃，相对密度(水＝1)1.3，相对蒸气密度(空气＝1)3.6，临界压力 3.86MPa，临界温度 28.8℃，蒸气压 3263.47kPa(21℃)，辛醇/水分配系数 1.65。

主要用途　用作超低温制冷剂，与 CFC－22 组成的制冷系统用于－80～－120℃的超低温制冷装置；也用作泡沫塑料发泡剂、等离子蚀刻剂；也用于半导体装置。

包装与储运

包装标志　不燃气体

安全储运　储存于阴凉、通风的库房。远离火种、热源。储存温度不超过 30℃。应与氧化剂等隔离储运。搬运时钢瓶须戴安全帽和防震橡皮圈，防止钢瓶碰撞。

紧急处置信息

急救措施

吸入：迅速脱离现场至空气新鲜处。保持呼吸道通畅。如呼吸困难，给输氧。呼吸、心跳停止，立即进行心肺复苏术。就医。

皮肤：如发生冻伤，用温水(38～42℃)复温，忌用热水或辐射热，不要揉搓。

忌用肾上腺素。

灭火方法　切断气源。喷水冷却容器，可能的话将容器从火场移至空旷处。

泄漏应急处置　根据气体扩散的影响区域划定警戒区，无关人员从侧风、上风向撤离至安全区。建议应急处理人员戴正压自给式呼吸器，穿一般作业工作服。液化气体泄漏时穿防寒服。禁止接触或跨越泄漏物。尽可能切断泄漏源。喷雾状水抑制蒸气或改变蒸气云流向，避免水流接触泄漏物。禁止用水直接冲击泄漏物或泄漏源。若可能翻转容器，使之逸出气体而非液体。防止气体通过下水道、通风系统和限制性空间扩散。漏出气允许排入大气中。泄漏场所保持通风。

274. 氟里昂－22

标　识

中文名称　氟里昂－22

英文名称　Freon－22；Chlorodifluoromethane；HCFC－22

别名　制冷剂－F22；二氟一氯甲烷

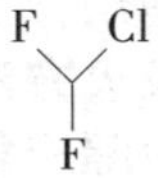

分子式　$CHClF_2$

CAS 号　75－45－6

WGH 号　22039

UN 号　1018

危害信息

危险性类别　第 2.2 类　不燃气体

燃烧与爆炸危险性　不燃。受高热或燃烧发生分解发出有毒气体。在着火现场，受热的容器或储罐内压增大，有爆炸危险。

活性反应　液态氟利昂－22 倒入水中会导致剧烈爆炸。与碱金属、碱土金属(铝粉、钠、钾、锌等)发生剧烈反应。

禁忌物　强氧化剂、金属、水。

毒性　小鼠吸入 LC_{50}：1380g/m^3(2h)。

动物试验显示，一氯二氟甲烷有麻醉作用和心脏毒性。

中毒表现　本品毒性低，但用其制备四氟乙烯所产生的裂解气和遗留残液成分中有的属高毒类，可引起急性中毒。中毒后轻者有咳嗽、胸闷、头晕、乏力、恶心等；较重者出现化学性肺炎或间质性肺水肿；严重者出现肺泡性肺水肿及心肌损害。后期有纤维增生征象。皮肤直接接触液态本品，可引起冻伤。

侵入途径　吸入。

职业接触限值

中国：PC - TWA：3500mg/m³。

美国(ACGIH)：TLV - TWA：1000ppm。

环境危害　该物质可能对环境有危害，对臭氧层的影响应给予特别注意。

理化特性与用途

理化特性　常温常压下为无色有芳香味的气体。微溶于水，溶于乙醚、丙酮、氯仿。熔点 -157℃，沸点 -40.8℃，相对密度(水 =1)1.21，相对蒸气密度(空气 =1)3.0，临界压力 4.91MPa，临界温度 96℃，饱和蒸气压 908kPa(20℃)，引燃温度 632℃，燃烧热 -65.7kJ/mol，辛醇/水分配系数 1.08。

主要用途　用作室内窗式空调和低温冷冻设备的制冷剂，亦可作气溶胶杀虫剂的发射剂。

包装与储运

包装标志　不燃气体

安全储运　储存于阴凉、通风的库房。远离火种、热源。储存温度不超过 30℃。应与氧化剂、易燃物等隔离储运。搬运时钢瓶须戴安全帽和防震橡皮圈，防止钢瓶碰撞。

紧急处置信息

急救措施

吸入：迅速脱离现场至空气新鲜处。保持呼吸道通畅。如呼吸困难，给输氧。呼吸、心跳停止，立即进行心肺复苏术。就医。

皮肤：如发生冻伤，用温水(38 ~42℃)复温，忌用热水或辐射热，不要揉搓。就医。忌用肾上腺素。

灭火方法　切断气源。喷水冷却容器，可能的话将容器从火场移至空旷处。

泄漏应急处置　根据气体扩散的影响区域划定警戒区，无关人员从侧风、上风向撤离至安全区。建议应急处理人员戴正压自给式呼吸器，穿一般作业工作服。液化气体泄漏时穿防寒服。禁止接触或跨越泄漏物。尽可能切断泄漏源。喷雾状水抑制蒸气或改变蒸气云流向，避免水流接触泄漏物。禁止用水直接冲击泄漏物或泄漏源。若可能翻转容器，使之逸出气体而非液体。防止气体通过下水道、通风系统和限制性空间扩散。漏出气允许排入大气中。泄漏场所保持通风。

275. 氟里昂 -23

标　识

中文名称　氟里昂 -23

英文名称　Trifluoromethane；Freon -23；Fluoroform；HFC -23

别名　氟仿；三氟甲烷

分子式　CHF_3

CAS 号　75 -46 -7

WGH 号　22032

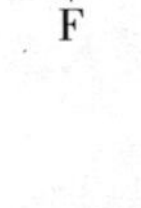

UN号 1984

危害信息

危险性类别 第2.2类 不燃气体

燃烧与爆炸危险性 不燃，受热分解释出有毒烟雾。

活性反应 液态氟利昂-23倒入水中会导致剧烈爆炸。与碱金属、碱土金属(铝粉、钠、钾、锌等)发生剧烈反应。苛刻条件下能与强氧化剂发生反应。

禁忌物 强氧化剂、金属、水。

毒性 接触后可引起头痛、恶心和呕吐，有麻醉作用。

侵入途径 吸入。

理化特性与用途

理化特性 常温常压下为无色无臭气体。微溶于水，溶于乙醇、丙酮。熔点-155～160℃，沸点-84.4℃，相对密度(水=1)1.44(15℃)，临界压力4.84MPa，临界温度33℃，饱和蒸气压4000kPa(20℃)，辛醇/水分配系数0.64。

主要用途 用作低温(-100℃)制冷剂，电子工业等离子体化学蚀刻剂及氟有机化合物的原料。

包装与储运

包装标志 不燃气体

安全储运 储存于阴凉、通风的库房。远离火种、热源。储存温度不超过30℃。应与氧化剂、易燃物等隔离储运。搬运时钢瓶须戴安全帽和防震橡皮圈，防止钢瓶碰撞。

紧急处置信息

急救措施

吸入：迅速脱离现场至空气新鲜处。保持呼吸道通畅。如呼吸困难，给输氧。呼吸、心跳停止，立即进行心肺复苏术。就医。

皮肤：如发生冻伤，用温水(38～42℃)复温，忌用热水或辐射热，不要揉搓。就医。

忌用肾上腺素。

灭火方法 切断气源。喷水冷却容器，可能的话将容器从火场移至空旷处。

泄漏应急处置 根据气体的影响区域划定警戒区，无关人员从侧风、上风向撤离至安全区。应急人员应戴正压自给式呼吸器。采取关闭阀门或堵漏等措施切断气源。漏出气允许排入大气中。泄漏场所保持通风。

276. 氟 橡 胶

标 识

中文名称 氟橡胶

英文名称 Fluororubber；Fluoroelastomer

危害信息

燃烧与爆炸危险性 难燃

禁忌物　强氧化剂

侵入途径　吸入、食入。

理化特性与用途

理化特性　根据不同品种，从无色或淡黄色透明液体到白色或琥珀色胶片。玻璃化温度从 0 ~ -65℃之间变化，脆化点 -20 ~ -60℃。

主要用途　适用于制造耐高温、耐油、耐化学品腐蚀的密封制品、胶带、胶管、胶布、隔膜、浸渍制品和防护用品等。

包装与储运

安全储运　储存于阴凉、通风的库房。包装密封。远离火种、热源。应与氧化剂等隔离储运。

紧急处置信息

急救措施

吸入：脱离接触。如有不适感，就医。

眼睛接触：分开眼睑，用流动清水或生理盐水冲洗。如有不适感，就医。

皮肤接触：脱去污染的衣着，用肥皂水和清水冲洗。如有不适感，就医。

食入：漱口，饮水。就医。

灭火方法　消防人员须穿全身消防服，在上风向灭火。尽可能将容器从火场移至空旷处。喷水保持火场容器冷却，直至灭火结束。

主要用途　根据着火原因选择适当灭火剂灭火。

泄漏应急处置　隔离泄漏污染区，限制出入。建议应急处理人员戴防尘口罩，穿防毒防酸碱服，戴橡胶耐酸碱手套。穿上适当的防护服前严禁接触破裂的容器和泄漏物。尽可能切断泄漏源。用塑料布覆盖泄漏物，减少飞散。勿使水进入包装容器内。用洁净的铲子收集泄漏物，置于干净、干燥、盖子较松的容器中，将容器移离泄漏区。

277. 氟　乙　酸

标　识

中文名称　氟乙酸

英文名称　Fluoroacetic acid；Fluoroethanoic acid

别名　氟醋酸

分子式　$C_2H_3FO_2$

CAS 号　144 -49 -0

WGH 号　61099

UN 号　2642

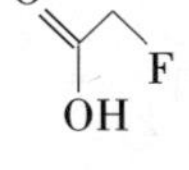

危害信息

危险性类别　第 6.1 类　有毒品

燃烧与爆炸危险性　难燃。受高热分解产生有毒的一氧化碳和氟化氢气体。

禁忌物　强氧化剂、碱类。

毒性　大鼠经口 LD_{50}：4.68mg/kg；小鼠经口 LD_{50}：7mg/kg。

本品属剧毒化学品，已列入《剧毒化学品目录》(2002 年版)。

中毒表现 急性中毒以中枢神经系统和心脏损害为主。口服中毒先有呕吐、大量流涎、麻木感、上腹痛、精神恍惚、恐惧感、肌肉震颤、视力障碍等；后出现癫痫样发作、呼吸抑制、心律紊乱和心搏骤停。患者可因心搏骤停、抽搐发作时窒息或呼吸衰竭而死亡。

侵入途径 吸入、食入、经皮吸收。

环境危害 对水生生物有极高毒性

理化特性与用途

理化特性 无色或白色结晶固体。溶于水、乙醇。熔点 33℃，沸点 165～168℃，相对密度(水=1)1.393，辛醇/水分配系数 0.03。

主要用途 用于制造农药、杀鼠药。

包装与储运

包装标志 有毒品；腐蚀品

包装类别 Ⅰ类

安全储运 储存于阴凉、通风的库房。远离火种、热源。储存温度不超过 32℃，相对湿度不超过 80%。保持容器密封。注意防潮。应与强氧化剂、强酸隔离储运。应严格执行剧毒化学品管理制度。

紧急处置信息

急救措施

吸入：迅速脱离现场至空气新鲜处。保持呼吸道通畅。如呼吸困难，给输氧。呼吸、心跳停止，立即进行心肺复苏术。就医。

眼睛接触：立即分开眼睑，用流动清水或生理盐水彻底冲洗。就医。

皮肤接触：立即脱去污染的衣着，用大量流动清水彻底冲洗。就医。

食入：立即催吐，及早洗胃，向胃内注入硫酸镁或硫酸钠 15～30g。就医。

尽早注射解毒剂：乙酰胺(解氟灵)、甘油－醋酸酯、乙醇。也可口服甘油醋酸酯 100mL 加在 500mL 水中。

灭火方法 消防人员须穿全身防火防毒服，佩戴空气呼吸器在上风向灭火。尽可能将容器从火场移至空旷处。喷水保持火场容器冷却，直至灭火结束。

灭火剂：雾状水、抗溶性泡沫、二氧化碳、砂土。

泄漏应急处置 隔离泄漏污染区，限制出入。建议应急处理人员戴防尘口罩，穿防毒服。穿上适当的防护服前严禁接触破裂的容器和泄漏物。尽可能切断泄漏源，戴橡胶耐酸碱手套。用塑料布覆盖泄漏物，减少飞散。勿使水进入包装容器内。用洁净的铲子收集泄漏物，置于干净、干燥、盖子较松的容器中，将容器移离泄漏区。

278. 氟　乙　烷

标　识

中文名称 氟乙烷

英文名称 Fluoroethane；Ethyl fluoride

别名 乙基氟；制冷剂 R－161

分子式　C_2H_5F

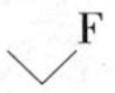

CAS 号　353－36－6

WGH 号　21027

UN 号　2453

危害信息

危险性类别　第 2.1 类　易燃气体

燃烧与爆炸危险性　易燃。与空气混合能形成爆炸性混合物，遇高热和明火能引起燃烧或爆炸。燃烧产生有毒的一氧化碳和氟化氢气体。气体比空气重，能在较低处扩散到相当远的地方，遇火源会着火回燃和爆炸(闪爆)。

活性反应　与氧化剂反应。

禁忌物　强氧化剂。

毒性　大鼠吸入 LCL_o：26pph(4h)。

本品有麻醉性。遇热分解，释放出剧毒的氟化氢气体。

侵入途径　吸入。

理化特性与用途

理化特性　无色易燃液化气体。微溶于水，溶于乙醇、乙醚。熔点－143.2℃，沸点－37.7℃，相对密度(水＝1)0.8158(－37.7℃)，相对蒸气密度(空气＝1)1.66，临界压力5.03MPa，辛醇/水分配系数1.26，闪点－91℃，爆炸极限5%～10%。

主要用途　用作制冷剂，发泡剂。

包装与储运

包装标志　易燃气体

安全储运　储存于阴凉、通风的库房或大型气柜。远离火源和热源。储存温度不超过30℃。储存时，应与氧化剂隔离。禁止使用易产生火花的机械设备和工具。运输时防止雨淋、曝晒。搬运时轻装轻卸，须戴好钢瓶安全帽和防震橡皮圈，防止钢瓶撞击。

紧急处置信息

急救措施

吸入：迅速脱离现场至空气新鲜处。保持呼吸道通畅。如呼吸困难，给输氧。呼吸、心跳停止，立即进行心肺复苏术。就医。

皮肤：如发生冻伤，用温水(38～42℃)复温，忌用热水或辐射热，不要揉搓。

忌用肾上腺素。

灭火方法　切断气源。若不能切断气源，则不允许熄灭泄漏处的火焰。消防人员须佩戴空气呼吸器，穿全身防火防毒服，在上风向灭火。喷水保持火场容器冷却，直至灭火结束。尽可能将容器从火场移至空旷处。

灭火剂：雾状水、泡沫、干粉。

泄漏应急处置　消除所有点火源。根据气体的影响区域划定警戒区，无关人员从侧风、上风向撤离至安全区。建议应急处理人员戴正压自给式呼吸器，穿防静电服。液化气体泄漏时穿防静电、防寒服。作业时使用的所有设备应接地。禁止接触或跨越泄漏物。尽可能切断泄漏源。喷雾状水抑制蒸气或改变蒸气云流向，避免水流接触泄漏物。禁止用水直接冲击泄漏物或泄漏源。防止气体通过下水道、通风系统和限制性空间扩散。隔离泄漏区直至气体散尽。

279. 氟 乙 烯

标 识

中文名称 氟乙烯

英文名称 Fluoroethene；Fluoroethylene；Vinyl fluoride

别名 乙烯基氟

分子式 C_2H_3F

CAS 号 75－02－5

WGH 号 21030

UN 号 1860

危害信息

危险性类别 第2.1类 易燃气体

燃烧与爆炸危险性 极易燃。与空气混合能形成爆炸性混合物，遇高热和明火能引起燃烧或爆炸。燃烧产生有毒的一氧化碳和氟化氢气体。气体比空气重，能在较低处扩散到相当远的地方，遇火源会着火回燃和爆炸(闪爆)。

活性反应 与氧化剂反应。

禁忌物 强氧化剂、强酸。

毒性 大鼠吸入 LC_{50}：1600g/m^3(4h)。

吸入本品蒸气出现头痛、头晕。接触液化气体可引起冻伤。

IARC 对本品的致癌性分类：G2A——可能人类致癌物。

侵入途径 吸入。

职业接触限值 美国(ACGIH)：TLV－TWA：1ppm。

理化特性与用途

理化特性 无色、无臭气体。不溶于水，溶于乙醇、乙醚、丙酮等。熔点－160.5℃，沸点－72.2℃，相对密度(水＝1)0.78(30℃)，相对蒸气密度(空气＝1)1.6，临界温度54.7℃，临界压力5.2MPa，辛醇/水分配系数1.19，闪点－120℃，引燃温度385℃，爆炸极限2.6%～21.7%。

主要用途 主要用于聚合制聚氟乙烯。

包装与储运

包装标志 易燃气体

安全储运 储存于阴凉、通风的库房或大型气柜。远离火源和热源。储存温度不超过30℃。储存时，应与氧化剂隔离。避免接触铜制、塑料设备。禁止使用易产生火花的机械设备和工具。运输时防止雨淋、曝晒。搬运时轻装轻卸，须戴好钢瓶安全帽和防震橡皮圈，防止钢瓶撞击。

紧急处置信息

急救措施

吸入：迅速脱离现场至空气新鲜处。保持呼吸道通畅。如呼吸困难，给输氧。呼吸、

心跳停止，立即进行心肺复苏术。就医。

皮肤： 如发生冻伤，用温水（38～42℃）复温，忌用热水或辐射热，不要揉搓。就医。

忌用肾上腺素。

灭火方法　切断气源。若不能切断气源，则不允许熄灭泄漏处的火焰。消防人员须佩戴空气呼吸器，穿全身防火防毒服，在上风向灭火。喷水保持火场容器冷却，直至灭火结束。尽可能将容器从火场移至空旷处。

灭火剂：雾状水、泡沫、干粉。

泄漏应急处置　消除所有点火源。根据气体的影响区域划定警戒区，无关人员从侧风、上风向撤离至安全区。建议应急处理人员戴正压自给式呼吸器，穿防静电服。液化气体泄漏时穿防静电、防寒服。作业时使用的所有设备应接地。禁止接触或跨越泄漏物。尽可能切断泄漏源。若可能翻转容器，使之逸出气体而非液体。喷雾状水抑制蒸气或改变蒸气云流向，避免水流接触泄漏物。禁止用水直接冲击泄漏物或泄漏源。防止气体通过下水道、通风系统和限制性空间扩散。隔离泄漏区直至气体散尽。

280. 腐殖酸－栲胶磺化交联木质素磺酸盐

标　识

中文名称　腐殖酸－栲胶磺化交联木质素磺酸盐

英文名称　Humate/tannin extract lingosulfonate

别名　褐煤栲胶改性木质素

危害信息

燃烧与爆炸危险性　可燃。其粉体与空气混合能形成爆炸性混合物，遇明火高热有引起燃烧爆炸的危险。燃烧产生酸性烟雾。

禁忌物　水。

侵入途径　吸入、食入。

理化特性与用途

理化特性　黑色粉末，易吸潮。易溶于水。pH 值 7～8。

主要用途　用作水基钻井液降黏剂。

包装与储运

安全储运　储存于阴凉、通风的库房。保持容器密封。远离火种、热源。应与氧化剂等隔离储运。搬运时轻装轻卸，防止容器受损。

紧急处置信息

急救措施

吸入： 脱离接触。如有不适感，就医。

眼睛接触： 分开眼睑，用流动清水或生理盐水冲洗。如有不适感，就医。

皮肤接触： 脱去污染的衣着，用肥皂水和清水冲洗。如有不适感，就医。

食入： 漱口，饮水。就医。

灭火方法　消防人员须穿全身消防服，戴空气呼吸器，在上风向灭火。尽可能将容器从火场移至空旷处。喷水保持火场容器冷却，直至灭火结束。

灭火剂：雾状水、抗溶性泡沫、二氧化碳、干粉、砂土。

泄漏应急处置　建议应急处理人员戴防尘口罩，戴橡胶手套。尽可能切断泄漏源。用塑料布覆盖泄漏物，减少飞散。勿使水进入包装容器内。用洁净的铲子收集泄漏物，置于干净、干燥、盖子较松的容器中，将容器移离泄漏区。

281. 干　气

标　识

中文名称　干气

英文名称　Dry gas；Refinery gas

别名　炼厂干气

危害信息

危险性类别　第2.1类　易燃气体

燃烧与爆炸危险性　极易燃。与空气混合能形成爆炸性混合物，遇火源有燃烧爆炸的危险。

活性反应　与硝酸、浓硫酸、高锰酸钾、重铬酸盐等强氧化剂发生剧烈反应，甚至发生燃烧爆炸。黄色氧化汞存在时，室温下接触氯气即会发生爆炸。与氯气的混合物中，氯气含量超过20%（*v/v*）即有爆炸性。

禁忌物　强氧化剂、强酸、强碱、卤素等。

毒性　吸入高浓度时，由于窒息和麻醉作用可引起人在短期内死亡，死因多为心脏停搏或呼吸麻痹。长期接触引起神经系统功能障碍，尤其是植物神经系统功能障碍。

侵入途径　吸入。

理化特性与用途

理化特性　常温常压下为无色气体，有特殊气味。以原油加工过程中的气体为原料，经分离、脱硫精制而成。主要成分为 C_1 和 C_2。相对密度（水=1）约0.58，相对蒸气密度（空气=1）>1。

主要用途　用作制氢、合成氨原料或工业瓦斯燃料、民用燃料，也可作化工原料。

包装与储运

包装标志　易燃气体

安全储运　储存于阴凉、通风的库房或大型气柜。远离火源和热源。储存温度不超过30℃。储存时，应与液氧、氯气、二氧化氯、五氟化溴、三氟化氮、二氟化氧等氧化剂隔离。禁止使用易产生火花的机械设备和工具。运输时防止雨淋、曝晒。搬运时轻装轻卸。

紧急处置信息

急救措施

吸入：迅速脱离现场至空气新鲜处。保持呼吸道通畅。如呼吸困难，给输氧。呼吸、

心跳停止，立即进行心肺复苏术。就医。

皮肤：如发生冻伤，用温水（38～42℃）复温，忌用热水或辐射热，不要揉搓。就医。

忌用肾上腺素

灭火方法　切断气源。若不能切断气源，则不允许熄灭泄漏处的火焰。消防人员必须穿全身消防服，佩戴空气呼吸器，在上风向灭火。

泄漏应急处置　消除所有点火源。根据气体扩散的影响区域划定警戒区，无关人员从侧风、上风向撤离至安全区。建议应急处理人员戴正压自给式呼吸器，穿防静电服。作业时使用的所有设备应接地。尽可能切断泄漏源。喷雾状水抑制蒸气或改变蒸气云流向。防止气体通过下水道、通风系统和限制性空间扩散。隔离泄漏区直至气体散尽。

282. 甘　油

标　识

中文名称　甘油

英文名称　1,2,3 – Propanetriol；Glycerol；Glycerin

别名　丙三醇

分子式　$C_3H_8O_3$

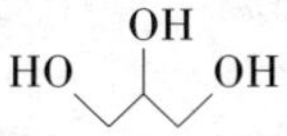

CAS 号　56 – 81 – 5

危害信息

燃烧与爆炸危险性　遇明火高热可燃，燃烧产生有毒的一氧化碳气体。

禁忌物　强氧化剂、强酸。

毒性　大鼠经口 LD_{50}：12600mg/kg；小鼠经口 LD_{50}：4090mg/kg；大鼠吸入 LC_{50}：>570mg/m^3(1h)；家兔经皮 LD_{50}：>10g/kg

中毒表现　接触时间长能引起头痛、恶心和呕吐。大量地经口或非肠道进入机体有全身毒作用。主要毒作用有溶血、血红蛋白尿、肾衰竭，这与其浓度和进入途径有关。

侵入途径　吸入、食入、经皮吸收。

职业接触限值　美国(ACGIH)：TLV – TWA：10mg/m^3。

理化特性与用途

理化特性　无色透明黏稠液体，具有吸湿性。溶于水、乙醇、丙酮，不溶于苯、氯仿、四氯化碳、二硫化碳、石油醚、油类。熔点 18℃，沸点 290℃（分解），相对密度（水 =1）1.26，相对蒸气密度（空气 =1）3.2，蒸气压 0.01Pa(25℃)，燃烧热 –1661.8kJ/mol，辛醇/水分配系数 –1.76，临界温度 450℃，临界压力 4.0MPa，闪点 176℃（闭杯），引燃温度 393℃，爆炸极限 2.6%～11.3%。

主要用途　用作基本有机化工原料，广泛用于医药食品、日用化学、纺织、造纸、油漆等行业。

包装与储运

安全储运　储存于阴凉、通风的库房。保持容器密封。远离火种、热源。应与氧化剂

等隔离储运。搬运时轻装轻卸，防止容器受损。

紧急处置信息

急救措施

吸入：脱离接触。如有不适感，就医。

眼睛接触：分开眼睑，用流动清水或生理盐水冲洗。如有不适感，就医。

皮肤接触：脱去污染的衣着，用肥皂水和清水冲洗。如有不适感，就医。

食入：漱口，饮水。就医。

灭火方法 消防人员须穿全身消防服，佩戴空气呼吸器，在上风向灭火。尽可能将容器从火场移至空旷处。喷水保持火场容器冷却，直至灭火结束。处在火场中的容器若发生异常变化或发出异常声音，须马上撤离。

灭火剂：水或雾状水、抗溶性泡沫、二氧化碳、干粉、砂土。

泄漏应急处置 根据液体流动和蒸气扩散的影响区域划定警戒区，无关人员从侧风、上风向撤离至安全区。消除所有点火源。建议应急处理人员戴防毒面具，穿一般作业工作服。尽可能切断泄漏源。防止泄漏物进入水体、下水道、地下室或密闭性空间。小量泄漏：用干燥的砂土或其他不燃材料吸收或覆盖，收集于容器中。大量泄漏：构筑围堤或挖坑收容。用泵转移至槽车或专用收集器内。

283. 高氮聚异丁烯基丁二酰亚胺

标　识

中文名称 高氮聚异丁烯基丁二酰亚胺

英文名称 polyisobutenyl succinimide with high nitrogen content

别名 154 分散剂

危害信息

燃烧与爆炸危险性 可燃。遇明火、高热可燃，燃烧产生有毒的一氧化碳和氮氧化物气体。

禁忌物 强氧化剂。

理化特性与用途

理化特性 淡黄色油状液体。密度 0.905 ~ 0.935g/cm^3，运动黏度 185 ~ 225mm^2/s（100℃）。

主要用途 用于调制各种汽油机油和柴油机油。

包装与储运

安全储运 储存于阴凉、通风的库房。保持容器密封。远离火种、热源。应与氧化剂等隔离储运，搬运时轻装轻卸，防止容器受损。

紧急处置信息

急救措施

吸入：脱离接触。如有不适感，就医。

眼睛接触： 分开眼睑，用流动清水或生理盐水冲洗。如有不适感，就医。

皮肤接触： 脱去污染的衣着，用肥皂水和清水冲洗。如有不适感，就医。

食入： 漱口，饮水。就医。

灭火方法　消防人员须穿全身消防服，佩戴空气呼吸器，在上风向灭火。尽可能将容器从火场移至空旷处。喷水保持火场容器冷却，直至灭火结束。

灭火剂：泡沫、二氧化碳、干粉、砂土。

泄漏应急处置　根据液体流动和蒸气扩散的影响区域划定警戒区，无关人员从侧风、上风向撤离至安全区。建议应急处理人员戴正压自给式呼吸器，穿防静电、防腐蚀服，戴橡胶手套。尽可能切断泄漏源。防止泄漏物进入水体、下水道、地下室或限制性空间。小量泄漏：用干燥的砂土或其他不燃材料吸收或覆盖，收集于容器中。大量泄漏：构筑围堤或挖坑收容。

284. 高硫石油焦

标　识

中文名称　高硫石油焦

英文名称　High Sulfur Petroleum Coke

危害信息

燃烧与爆炸危险性　易燃。其粉体与空气混合能形成爆炸性混合物，遇明火高热有引起燃烧爆炸的危险。

侵入途径　吸入、食入。

理化特性与用途

理化特性　黑色暗灰色固体。真密度 2.08 ~ 2.13g/cm^3，碳含量 90% ~ 97%，硫含量≤4%。

主要用途　用作锅炉燃料和水泥工业燃料。

包装与储运

安全储运　储存于阴凉、通风的库房。远离火种、热源。应与氧化剂、酸等隔离储运。

紧急处置信息

急救措施

吸入： 脱离接触。如有不适感，就医。

眼睛接触： 分开眼睑，用流动清水或生理盐水冲洗。如有不适感，就医。

皮肤接触： 脱去污染的衣着，用肥皂水和清水冲洗。如有不适感，就医。

食入： 漱口，饮水。就医。

灭火方法　消防人员须穿全身消防服，在上风向灭火。尽可能将容器从火场移至空旷处。喷水保持火场容器冷却，直至灭火结束。

灭火剂：雾状水、泡沫、二氧化碳、干粉、砂土。

泄漏应急处置　隔离泄漏污染区，限制出入。消除所有点火源。建议应急处理人员戴

防尘口罩，穿防静电服。禁止接触或跨越泄漏物。小量泄漏：用洁净的铲子收集泄漏物，置于干净、干燥、盖子较松的容器中，将容器移离泄漏区。大量泄漏：用水润湿，并筑堤收容。防止泄漏物进入水体、下水道、地下室或限制性空间。

285. 高 氯 酸

标 识

中文名称 高氯酸

英文名称 Perchlori cacid

别名 过氯酸

分子式 $HClO_4$

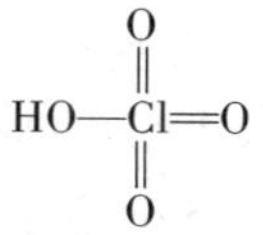

CAS 号 7601－90－3

WGH 号 11026［含量＞72%］；51015［50%＜含量≤72%］；810221802［含量≤50%］

UN 号 1873［50%＜含量≤72%］；1802［含量≤50%］

危害信息

危险性类别 第 1 类 爆炸品［含量＞72%］；第 5.1 类 氧化剂［50%＜含量≤72%］；第 8.1 类酸性腐蚀品［含量≤50%］

燃烧与爆炸危险性 强氧化剂。在室温下分解，加热则爆炸。具有强氧化作用和腐蚀性。

活性反应 与有机物、还原剂、易燃物如油品、氢气、金属粉末、硫、磷、醇、胺、肼、烃等接触或混合时有引起燃烧爆炸的危险。用水稀释时会放出大量的热量。

禁忌物 强酸、强碱、胺类、醇类、水、还原剂、易燃物等。

毒性 大鼠经口 LD_{50}：1100mg/kg。

本品有强烈腐蚀性。

中毒表现 吸入后，可引起呼吸困难、胸痛、气管－支气管炎、支气管痉挛、肺炎、肺水肿、低氧血症。口服后可引起消化道灼伤，但胃肠穿孔罕见，可遗留幽门狭窄。眼接触，可引起疼痛、肿胀、角膜腐蚀，甚至导致失明。皮肤接触可引起灼伤。

侵入途径 吸入、食入。

环境危害 对水生生物是有害的。

理化特性与用途

理化特性 无色透明的发烟液体，工业品为淡黄色透明液体。与水混溶。熔点－112℃，沸点 19℃（1.46kPa），约 90℃开始分解，相对密度（水＝1）1.768（22℃），相对蒸气密度（空气＝1）3.5，蒸气压 2.0kPa（14℃），临界压力 3.86MPa。

主要用途 用作氧化剂、催化剂、溶剂、炸药等，用于制备高氯酸盐，也用于电镀、人造金钢石提纯和医药等。

包装与储运

包装标志 爆炸品［含量＞72%］；氧化剂，腐蚀品［50%＜含量≤72%］；腐蚀品，氧化剂［含量≤50%］

包装类别　Ⅰ类

安全储运　储存于阴凉、通风的库房。远离火种、热源。储存温度不宜超过30℃。保持容器密封。应与可燃物、有机物、强脱水剂、氧化剂、还原剂等隔离储运。室内一切电线都须密封，防止被高氯酸蒸气所腐蚀。搬运时轻装轻卸，防止容器受损。禁止震动、撞击和摩擦。

紧急处置信息

急救措施

吸入：迅速脱离现场至空气新鲜处。保持呼吸道通畅。如呼吸困难，给输氧。呼吸、心跳停止，立即进行心肺复苏术。就医。

眼睛接触：立即分开眼睑，用大量流动清水或生理盐水彻底冲洗10~15min。就医。

皮肤接触：立即脱去污染的衣着，用大量流动清水彻底冲洗，冲洗时间一般要求20~30min。就医。

食入：用水漱口，禁止催吐。给饮牛奶或蛋清。就医。

灭火方法　考虑到火场中可能存在有机物会引起爆炸，不可轻易接近。消防人员必须穿特殊防护装备，在掩蔽处操作。

泄漏应急处置　根据液体流动和蒸气扩散的影响区域划定警戒区，无关人员从侧风、上风向撤离至安全区。建议应急处理人员戴正压自给式呼吸器，穿防腐蚀、防毒服，戴橡胶手套。勿使泄漏物与可燃物质（如木材、纸、油等）接触。穿上适当的防护服前严禁接触破裂的容器和泄漏物。喷雾状水抑制蒸气或改变蒸气云流向。防止泄漏物进入水体、下水道、地下室或限制性空间。小量泄漏：用大量水冲洗，洗水稀释后放入废水系统。大量泄漏：用碎石灰石（$CaCO_3$）、苏打灰（Na_2CO_3）或石灰（CaO）中和。在专家指导下清除。

286. 高氯酸铵

标　识

中文名称　高氯酸铵

英文名称　Ammonium perchlorate; Perchloric acid, ammonium salt

别名　过氯酸铵

分子式　H_4ClNO_4

CAS 号　7790-98-9

WGH 号　51017

UN 号　1442

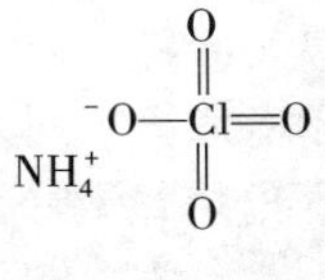

危害信息

危险性类别　第5.1类　氧化剂

燃烧与爆炸危险性　不燃，可助燃。与可燃物混合或急剧加热会发生爆炸。撞击、摩擦、振动有燃烧爆炸危险。受热分解放出有毒气体。

活性反应　与油品、溶剂油等易燃或可燃物、还原剂（硫磺、碳、硫化物、氮化物）、金属（铜、铝）的混合物具有撞击敏感性，易爆炸。高氯酸锂和高氯酸锌会加速高氯酸铵的分解。

禁忌物 强酸、强还原剂、铜、铝、卤素、易燃或可燃物。

毒性 大鼠经口 LD_{50}：3500mg/kg；小鼠经口 LD_{50}：1900mg/kg。

中毒表现 对皮肤和黏膜有强烈刺激性。大量吸入可引起化学性支气管炎，广泛性肺间质纤维化，限制性通气功能障碍，小气道弥散功能下降。

长期接触，X线呈现尘肺样变，出现不规则阴影及通气功能障碍。

侵入途径 吸入、食入。

环境危害 可能对环境有危害，对甲壳纲动物应给予特别注意。

理化特性与用途

理化特性 无色或白色结晶，有刺激性气味。有潮解性。易溶于水，溶于甲醇，微溶于乙醇、丙酮，不溶于醋酸乙酯、乙醚。熔点130℃(分解/爆炸)，相对密度(水=1)1.95，爆燃点380℃，爆热1114kJ/kg，辛醇/水分配系数－5.840。

主要用途 用作火箭推进剂，高氯酸铵炸药的配合剂，也可用于制造烟火、人工防冰雹的药剂，并用作分析试剂、氧化剂。

包装与储运

包装标志 氧化剂

包装类别 Ⅱ类

安全储运 储存于阴凉、干燥的库房。保持容器密封。远离高温、热源。储存温度不超过30℃，相对湿度不超过80%。切勿与易燃物、还原剂、酸类、卤素、金属氧化物等混储混运。搬运时轻装轻卸，严防震动、撞击和摩擦。

紧急处置信息

急救措施

吸入：迅速脱离现场至空气新鲜处。保持呼吸道通畅。如呼吸困难，给输氧。呼吸、心跳停止，立即进行心肺复苏术。就医。

眼睛接触：立即分开眼睑，用大量流动清水或生理盐水彻底冲洗10～15min。就医。

皮肤接触：立即脱去污染的衣着，用大量流动清水彻底冲洗。就医。

食入：用水漱口，禁止催吐。给饮牛奶或蛋清。就医。

灭火方法 在火场中与可燃物混合会爆炸。消防人员必须穿全身防火防毒服，佩戴空气呼吸器，在有防爆掩蔽处操作。

泄漏应急处置 隔离泄漏污染区，限制出入。建议应急处理人员戴防尘口罩，穿防毒服，戴橡胶手套。勿使泄漏物与可燃物质(如木材、纸、油等)接触。穿上适当的防护服前严禁接触破裂的容器和泄漏物。小量泄漏：用大量水冲洗，洗水稀释后放入废水系统。大量泄漏：在专家指导下清除。

287. 高锰酸钾

标　识

中文名称 高锰酸钾

英文名称 Potassium permanganate；Potassium hypermanganate；Purplesalt

别名 过锰酸钾；灰锰养

分子式　$KMnO_4$

CAS 号　7722 - 64 - 7

WGH 号　51048

UN 号　1490

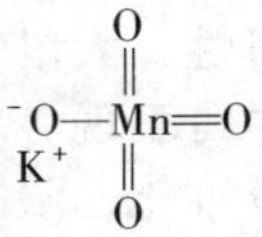

危害信息

危险性类别　第 5.1 类　氧化剂

燃烧与爆炸危险性　不燃，可助燃。与可燃物混合会发生爆炸。遇高热分解。

活性反应　高锰酸钾溶液与苯、二硫化碳、乙醇、原油、油品、甘油或其他有机物接触时，会发生爆炸。与浓过氧化氢接触会爆炸。高锰酸钾与乙酸或乙酸酐接触会发生爆炸。与还原剂、易燃物如硫、磷等接触或混合时，有燃烧爆炸危险。

禁忌物　强还原剂、活性金属粉末、卤素、易燃或可燃物。

毒性　大鼠经口 LD_{50}：750mg/kg；人经口 LDL_o：143mg/kg。

中毒表现　口服腐蚀口腔和消化道，出现口内烧灼感、上腹痛、恶心、呕吐、口咽肿胀等。口服剂量大者，口腔黏膜呈棕黑色、肿胀糜烂，剧烈腹痛，呕吐，血便，休克，因喉水肿发生窒息，严重者可因循环衰竭而死亡。

侵入途径　吸入、食入。

职业接触限值　中国：PC - TWA：0.15mg/m^3[按 MnO_2 计]。

环境危害　对水生生物有极高毒性，可能在水生环境中造成长期不利影响。

理化特性与用途

理化特性　深紫色粒状、针状或流沙状结晶，有金属光泽。溶于水呈深紫红色溶液，微溶于甲醇、丙酮和硫酸。熔点 200 ~ 300℃（分解），密度 2.703g/cm^3。

主要用途　用作氧化剂、消毒剂、漂白剂、毒气吸收剂、二氧化碳精制剂及水净化剂等。

包装与储运

包装标志　氧化剂

包装类别　Ⅱ类

安全储运　储存于阴凉、通风、干燥的库房内。保持容器密封。远离高温、热源，避免阳光直射。库温不超过 30℃，相对湿度不超过 80%。应与有机物、易燃物、还原剂、活泼金属粉末等隔离储运。避免存放在木质地板上。搬运时轻装轻卸，严防撞击、震动、摩擦。

紧急处置信息

急救措施

吸入：脱离现场至空气新鲜处。如有不适感，就医。

眼睛接触：立即分开眼睑，用流动清水或生理盐水彻底冲洗。就医。

皮肤接触：脱去污染的衣着，用流动清水冲洗。如有不适感，就医。

食入：大量饮水，不要催吐。可用清水洗胃，然后口服牛奶或蛋清以保护黏膜。就医。

灭火方法　消防人员须佩戴空气呼吸器，穿全身消防服，在上风向灭火。

泄漏应急处置　隔离泄漏污染区，限制出入。建议应急处理人员戴防尘口罩，穿防毒服，戴橡胶手套。勿使泄漏物与可燃物质（如木材、纸、油等）接触。穿上适当的防护服前严禁接触破裂的容器和泄漏物。尽可能切断泄漏源。勿使水进入包装容器内。小量泄漏：用洁净的铲子收集泄漏物，置于干净、干燥、盖子较松的容器中，将容器移离泄漏区。大量泄漏：泄漏物回收后，用水冲洗泄漏区。

288. 高密度喷气燃料

标　识

中文名称　高密度喷气燃料

英文名称　High - density jet fuel

UN 号　1863

危害信息

危险性类别　第 3 类　易燃液体

燃烧与爆炸危险性　易燃。其蒸气与空气混合能形成爆炸性混合物，遇明火、高热易燃烧或爆炸。在高温火场中，受热的容器或储罐有破裂和爆炸的危险。

活性反应　与强氧化剂接触发生反应。

禁忌物　强氧化剂。

理化特性与用途

理化特性　清澈透明液体。馏程 195～315℃，密度 0.835g/cm^3（20℃），闪点≥60℃（闭杯），运动黏度≤4.5mm^2/s（20℃）、≤60mm^2/s（－40℃），冰点≤－47℃，芳烃含量≤10%（m/m）。

主要用途　适用于高速航空涡轮发动机作燃料。

包装与储运

包装标志　易燃液体

包装类别　Ⅲ类

安全储运　储存于阴凉、通风的库房。远离火种、热源。储存温度不超过 37℃。保持容器密封。炎热季节早晚运输，应与氧化剂等隔离储运。禁止使用易产生火花的机械设备和工具。灌装时注意流速，防止静电积聚。搬运时轻装轻卸，防止容器受损。

紧急处置信息

急救措施

吸入：脱离接触。如有不适感，就医。

眼睛接触：分开眼睑，用流动清水或生理盐水冲洗。如有不适感，就医。

皮肤接触：脱去污染的衣着，用肥皂水和清水冲洗。如有不适感，就医。

食入：漱口，饮水。就医。

灭火方法　消防人员须穿全身消防服，佩戴空气呼吸器，在上风向灭火。尽可能将容器从火场移至空旷处。喷水保持火场容器冷却，直至灭火结束。处在火场中的容器若发生异常变化或发出异常声音，须马上撤离。

灭火剂：泡沫、二氧化碳、干粉、砂土。

泄漏应急处置　消除所有点火源。根据液体流动和蒸气扩散的影响区域划定警戒区，无关人员从侧风、上风向撤离至安全区。建议应急处理人员戴正压自给式呼吸器，穿防静

电、防腐蚀服，戴橡胶手套。尽可能切断泄漏源。防止泄漏物进入水体、下水道、地下室或限制性空间。小量泄漏：用干燥的砂土或其他不燃材料吸收或覆盖，收集于容器中。大量泄漏：构筑围堤或挖坑收容。

289. 高闪点喷气燃料

标　识

中文名称　高闪点喷气燃料

英文名称　High flash point jet fuel

UN 号　1863

危害信息

危险性类别　第 3 类　易燃液体

燃烧与爆炸危险性　易燃。其蒸气与空气混合能形成爆炸性混合物，遇明火、高热易燃烧或爆炸。在高温火场中，受热的容器或储罐有破裂和爆炸的危险。

活性反应　与强氧化剂接触发生反应。

禁忌物　强氧化剂。

毒性　吸入对呼吸道有刺激性，对中枢神经系统有抑制作用。食入刺激胃肠道。对眼有刺激性。可引起皮炎。

侵入途径　吸入、食入。

理化特性与用途

理化特性　清澈透明液体。分普通型和专用试验型。馏程：10% 回收温度≤205℃、终馏点≤300℃，闪点≥60℃（闭杯），密度 0.782～0.842g/cm^3（普通型）、0.812～0.842g/cm^3（专用试验型），冰点≤－46℃，黏度≤8.5mm^2/s（－20℃）。

主要用途　普通型高闪点喷气燃料适用于装有航空燃气涡轮发动机的陆基及舰载飞机和直升机；专用试验型高闪点喷气燃料适用于航空涡轮发动机部件、发动机和飞机的开发、试验和鉴定，也可用于地面涡轮发动机试验。

包装与储运

包装标志　易燃液体

包装类别　Ⅲ类

安全储运　储存于阴凉、通风的库房。远离火种、热源。储存温度不超过 37℃。保持容器密封。炎热季节早晚运输，应与氧化剂等隔离储运。禁止使用易产生火花的机械设备和工具。灌装时注意流速，防止静电积聚。搬运时轻装轻卸，防止容器受损。

紧急处置信息

急救措施

吸入：脱离接触。如有不适感，就医。

眼睛接触：分开眼睑，用流动清水或生理盐水冲洗。如有不适感，就医。

皮肤接触：脱去污染的衣着，用肥皂水和清水冲洗。如有不适感，就医。

食入：漱口，饮水。就医。

灭火方法 消防人员须穿全身消防服，佩戴空气呼吸器，在上风向灭火。尽可能将容器从火场移至空旷处。喷水保持火场容器冷却，直至灭火结束。处在火场中的容器若发生异常变化或发出异常声音，须马上撤离。

灭火剂：泡沫、二氧化碳、干粉、砂土。

泄漏应急处置 消除所有点火源。根据液体流动和蒸气扩散的影响区域划定警戒区，无关人员从侧风、上风向撤离至安全区。建议应急处理人员戴正压自给式呼吸器，穿防静电、防腐蚀服，戴橡胶手套。尽可能切断泄漏源。防止泄漏物进入水体、下水道、地下室或限制性空间。小量泄漏：用干燥的砂土或其他不燃材料吸收或覆盖，收集于容器中。大量泄漏：构筑围堤或挖坑收容。

290. 高铁酸钾

标　识

中文名称 高铁酸钾

英文名称 Potassium ferrate

分子式 K_2FeO_4

CAS 号 13718 -66 -6；39469 -86 -8

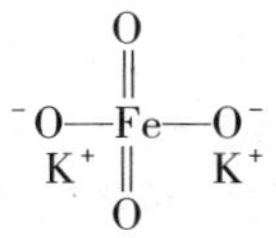

危害信息

危险性类别 第 5.1 类 氧化剂

燃烧与爆炸危险性 氧化剂，助燃。接触可燃物可引起燃烧。

活性反应 与还原剂反应。

禁忌物 还原剂。

侵入途径 吸入、食入。

理化特性与用途

理化特性 纯品为暗紫色有光泽粉末。极易溶于水而成浅紫红色溶液，静置后会分解放出氧气，并沉淀出水合三氧化二铁。熔点≥400℃（>198℃分解），密度 2.829g/cm^3。

主要用途 是一种新型非氮高效消毒剂，主要用于饮水处理；化工生产中用作磺酸、亚硝酸盐、亚铁氰化物和其他无机物的氧化剂；在炼锌时用于除锰、锑和砷；烟草工业中用于香烟过滤嘴等。

包装与储运

包装标志 氧化剂

包装类别 Ⅱ类

安全储运 储存于阴凉、干燥、通风的库房。远离火种、热源。储存温度不超过 30℃，相对湿度不超过 80%。保持容器密封，不可与空气接触。应与酸、可燃物、有机物、还原剂等隔离储运。

紧急处置信息

急救措施

吸入： 脱离接触。如有不适感，就医。

眼睛接触：分开眼睑，用流动清水或生理盐水冲洗。如有不适感，就医。

皮肤接触：脱去污染的衣着，用肥皂水和清水冲洗。如有不适感，就医。

食入：漱口，饮水。就医。

灭火方法　消防人员须穿全身消防服，在上风向灭火。尽可能将容器从火场移至空旷处。喷水保持火场容器冷却，直至灭火结束。切勿将水流直接射至熔融物，以免引起严重的流淌火灾或引起剧烈的沸溅。

泄漏应急处置　隔离泄漏污染区，限制出入。建议应急处理人员戴防尘口罩，穿防毒防酸碱服，戴橡胶耐酸碱手套。穿上适当的防护服前严禁接触破裂的容器和泄漏物。尽可能切断泄漏源。用塑料布覆盖泄漏物，减少飞散。勿使水进入包装容器内。用洁净的铲子收集泄漏物，置于干净、干燥、盖子较松的容器中，将容器移离泄漏区。

291. 铬　酸　钠

标　识

中文名称　铬酸钠

英文名称　Sodium chromate；Chromic acid，disodium salt

分子式　Na_2CrO_4

CAS 号　7775－11－3

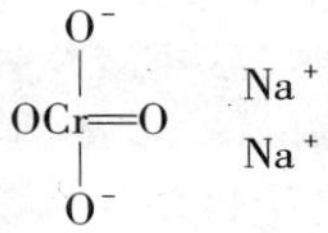

危害信息

危险性类别　第 6.1 类　有毒品

燃烧与爆炸危险性　助燃，与可燃物混合能形成爆炸性混合物。

活性反应　与有机物反应

禁忌物　还原剂、易燃物、可燃物。

毒性　大鼠经口 LD_{50}：136mg/kg；豚鼠经皮 LDL_o：206mg/kg。

铬酸盐制造业工人肺癌已列入《职业病目录》。

IARC 对本品的致癌性分类：G1——确认人类致癌物。

欧盟指令 67/548/EEC 将本品列为第 2 类致癌物——可能为人类致癌物。

欧盟指令 67/548/EEC 将本品列为第 2 类致突变物——可能为人类致突变物。

欧盟指令 67/548/EEC 将本品列为第 2 类生殖毒物——可能对人类生育力有损伤物质；可能对人类有发育毒性物质。

中毒表现　对眼、皮肤和黏膜具腐蚀性，可造成严重灼伤。吸入引起咽痛、咳嗽、气短，可致过敏性哮喘和肺炎。长期接触能引起鼻黏膜溃疡和鼻中隔穿孔。可引起肺癌。

侵入途径　吸入、食入、经皮吸收。

职业接触限值

中国：PC－TWA：0.05mg/m^3[按 Cr 计]。

美国(ACGIH)：TLV－TWA：0.01mg/m^3[按 Cr 计]。

环境危害　对水生生物有极高毒性，可能在水生环境中造成长期不利影响。

理化特性与用途

理化特性　黄色半透明三斜结晶或结晶性粉末。易溶于水，微溶于乙醇，溶于甲醇。pH 值碱性(水溶液)，熔点 792℃，相对密度(水＝1)2.72。

主要用途 主要用于制造化学试剂、铬盐产品及颜料等。

包装与储运

包装标志 有毒品

包装类别 Ⅲ类

安全储运 储存于阴凉、通风的库房。远离火种、热源。储存温度不超过35℃，相对湿度不超过80%。保持容器密封，注意防潮。应与强还原剂、强酸、可燃物等隔离储运。搬运时轻装轻卸，防止容器受损。

紧急处置信息

急救措施

吸入：迅速脱离现场至空气新鲜处。保持呼吸道通畅。如呼吸困难，给输氧。呼吸、心跳停止，立即进行心肺复苏术。就医。

眼睛接触：立即分开眼睑，用流动清水或生理盐水彻底冲洗。就医。

皮肤接触：立即脱去污染的衣着，用大量流动清水彻底冲洗。就医。

食入：用水漱口，禁止催吐。给饮牛奶或蛋清。就医。

灭火方法 消防人员须佩戴空气呼吸器，穿全身消防服，在上风向灭火。尽可能将容器从火场移至空旷处。喷水保持火场容器冷却，直至灭火结束。

灭火剂：本品不燃，根据着火原因选择适当灭火剂灭火。

泄漏应急处置 隔离泄漏污染区，限制出入。建议应急处理人员戴防尘口罩，穿防腐、防毒服。穿上适当的防护服前严禁接触破裂的容器和泄漏物。禁止接触或跨越泄漏物。用塑料布覆盖泄漏物，减少飞散，避免雨淋。用洁净的铲子收集泄漏物，置于干净、干燥、盖子较松的容器中，将容器移离泄漏区。

292. 3－庚烯

标　识

中文名称 3－庚烯

英文名称 (Z)－3－Heptene；*cis*－3－Heptene

分子式 C_7H_{14}

CAS号 7642－10－6

WGH号 32015；T31115［铁规］

UN号 2278

危害信息

危险性类别 第3类 易燃液体

燃烧与爆炸危险性 易燃。其蒸气与空气混合能形成爆炸性混合物，遇明火、高热易燃烧或爆炸。燃烧产生有毒的一氧化碳气体。在高温火场中，受热的容器或储罐有破裂和爆炸的危险。蒸气比空气重，能在较低处扩散到相当远的地方，遇火源会着火回燃和爆炸(闪爆)。

活性反应 与氧化剂、卤素反应。

禁忌物 强氧化剂、强酸、卤素、卤代烃。

毒性　未见人类中毒报道，动物试验本品有麻醉作用。

侵入途径　吸入、食入。

理化特性与用途

理化特性　无色挥发性液体。不溶于水，可混溶于乙醇、乙醚、丙酮、石油醚。熔点 -136.5℃，沸点 95.7℃，相对密度(水 = 1)0.703，临界压力 2.8，辛醇/水分配系数 3.56，闪点 -9℃，引燃温度 290℃，爆炸极限 1.0% ~7.8%。

主要用途　用作有机合成中间体、溶剂及植物生长抑制剂。

包装与储运

包装标志　易燃液体

包装类别　Ⅱ类

安全储运　储存于阴凉、通风的库房。保持容器密封。远离火种、热源，避免阳光直射。储存温度不超过 37℃。炎热季节早晚运输。应与氧化剂等隔离储运。禁止使用易产生火花的机械设备和工具。灌装时注意流速，防止静电积聚。搬运时轻装轻卸，防止容器受损。

紧急处置信息

急救措施

吸入：脱离接触。如有不适感，就医。

眼睛接触：分开眼睑，用流动清水或生理盐水冲洗。如有不适感，就医。

皮肤接触：脱去污染的衣着，用肥皂水和清水冲洗。如有不适感，就医。

食入：漱口，不要催吐。就医。

忌用肾上腺素类药

灭火方法　消防人员须穿全身消防服，佩戴空气呼吸器，在上风向灭火。尽可能将容器从火场移至空旷处。喷水保持火场容器冷却，直至灭火结束。处在火场中的容器若发生异常变化或发出异常声音，须马上撤离。

灭火剂：泡沫、二氧化碳、干粉、砂土。用水灭火无效。

泄漏应急处置　消除所有点火源。根据液体流动和蒸气扩散的影响区域划定警戒区，无关人员从侧风、上风向撤离至安全区。建议应急处理人员戴正压自给式呼吸器，穿防静电服，戴橡胶耐油手套。作业时使用的所有设备应接地。禁止接触或跨越泄漏物。尽可能切断泄漏源。防止泄漏物进入水体、下水道、地下室或限制性空间。小量泄漏：用砂土或其他不燃材料吸收。使用洁净的无火花工具收集吸收材料。大量泄漏：构筑围堤或挖坑收容。用泡沫覆盖，减少蒸发。喷水雾能减少蒸发，但不能降低泄漏物在限制性空间内的易燃性。用防爆泵转移至槽车或专用收集器内。

293. 1 - 庚烯

标　　识

中文名称　1 - 庚烯

英文名称　1 - Heptene；*n* - Heptene

别名　正庚烯

分子式 C_7H_{14}

CAS 号 592－76－7

WGH 号 32015；T31115[铁规]

UN 号 2278

危害信息

危险性类别 第3类 易燃液体

燃烧与爆炸危险性 易燃。其蒸气与空气混合能形成爆炸性混合物，遇明火、高热易燃烧或爆炸。燃烧产生有毒的一氧化碳气体。在高温火场中，受热的容器或储罐有破裂和爆炸的危险。高速冲击、流动、激荡后可因产生静电火花放电引起燃烧爆炸。蒸气比空气重，能在较低处扩散到相当远的地方，遇火源会着火回燃和爆炸(闪爆)。

活性反应 与氧化剂、卤素反应。

禁忌物 强氧化剂、强酸、卤素、卤代烃。

毒性 小鼠吸入 LCL_o：60000mg/m^3(2h)。

未见本品引起急慢性中毒的报道，动物有麻醉作用。

侵入途径 吸入、食入。

理化特性与用途

理化特性 无色透明液体。不溶于水，溶于乙醚、乙醇、丙酮等多数有机溶剂。熔点－119.7℃，沸点93.6℃，相对密度(水=1)0.697，相对蒸气密度(空气=1)3.39，蒸气压13.4kPa(37.7℃)，燃烧热－4653.1kJ/mol，临界压力2.81MPa，辛醇/水分配系数3.99，闪点0℃(闭杯)，引燃温度260℃，爆炸极限0.8%～8%。

主要用途 用作溶剂和有机合成中间体。

包装与储运

包装标志 易燃液体

包装类别 Ⅱ类

安全储运 储存于阴凉、通风的库房。保持容器密封。远离火种、热源，避免阳光直射。储存温度不超过37℃。炎热季节早晚运输。应与氧化剂等隔离储运。禁止使用易产生火花的机械设备和工具。灌装时注意流速，防止静电积聚。搬运时轻装轻卸，防止容器受损。

紧急处置信息

急救措施

吸入：脱离接触。如有不适感，就医。

眼睛接触：分开眼睑，用流动清水或生理盐水冲洗。如有不适感，就医。

皮肤接触：脱去污染的衣着，用肥皂水和清水冲洗。如有不适感，就医。

食入：漱口，不要催吐。就医。

忌用肾上腺素类药。

灭火方法 消防人员须穿全身消防服，佩戴空气呼吸器，在上风向灭火。尽可能将容器从火场移至空旷处。喷水保持火场容器冷却，直至灭火结束。处在火场中的容器若发生异常变化或发出异常声音，须马上撤离。

灭火剂：泡沫、二氧化碳、干粉、砂土。用水灭火无效。

泄漏应急处置 消除所有点火源。根据液体流动和蒸气扩散的影响区域划定警戒区，

无关人员从侧风、上风向撤离至安全区。建议应急处理人员戴正压自给式呼吸器，穿防静电服，戴橡胶耐油手套。作业时使用的所有设备应接地。禁止接触或跨越泄漏物。尽可能切断泄漏源。防止泄漏物进入水体、下水道、地下室或限制性空间。小量泄漏：用砂土或其他不燃材料吸收。使用洁净的无火花工具收集吸收材料。大量泄漏：构筑围堤或挖坑收容。用泡沫覆盖，减少蒸发。喷水雾能减少蒸发，但不能降低泄漏物在限制性空间内的易燃性。用防爆泵转移至槽车或专用收集器内。

294. 工业白油

标　识

中文名称　工业白油

英文名称　Technical white oil；White mineral oil

别名　白矿油；白蜡油

危害信息

燃烧与爆炸危险性　可燃。其蒸气与空气混合能形成爆炸性混合物，遇明火、高热易燃烧或爆炸。燃烧产生有毒的一氧化碳气体。在高温火场中，受热的容器或储罐有破裂和爆炸的危险。

禁忌物　强氧化剂。

侵入途径　吸入、食入。

理化特性与用途

理化特性　无色、无味、无荧光、透明的油状液体，无腐蚀性，无污染。运动黏度 $mm^2/s(40℃)$：6.1～7.5(7号)、9.0～11.0(10号)、13.5～16.5(15号)、28.8～35.2(32号)、61.2～74.8(68号)，闪点≥130℃(7号)、≥140℃(10号)、≥150℃(15号)、≥180℃(32号)、≥200℃(68号)，倾点≤-5℃(7、10号)、≤-10℃(15、32、68号)。

主要用途　适用作化纤、铝材加工，橡胶增塑、油田泥浆助剂等用油；也适用于作纺织机械，精密仪器的润滑用油以及压缩机密封用油。

包装与储运

安全储运　储存于阴凉、通风的库房。保持容器密封。远离火种、热源。应与氧化剂隔离储运。搬运时轻装轻卸，防止容器受损。

紧急处置信息

急救措施

吸入：脱离接触。如有不适感，就医。

眼睛接触：分开眼睑，用流动清水或生理盐水冲洗。如有不适感，就医。

皮肤接触：脱去污染的衣着，用肥皂水和清水冲洗。如有不适感，就医。

食入：漱口，尽量饮水，对于高黏度、低挥发性油脂类，通常不必催吐。就医。

灭火方法　消防人员须穿全身消防服，佩戴空气呼吸器，在上风向灭火。尽可能将容器从火场移至空旷处。喷水保持火场容器冷却，直至灭火结束。处在火场中的容器若发生异常变化或发出异常声音，须马上撤离。

灭火剂：泡沫、二氧化碳、干粉、砂土。

泄漏应急处置 消除所有点火源。根据液体流动和蒸气扩散的影响区域划定警戒区，无关人员从侧风、上风向撤离至安全区。建议应急处理人员戴正压自给式呼吸器，穿防静电、防腐蚀服，戴橡胶手套。穿上适当的防护服前严禁接触破裂的容器和泄漏物。尽可能切断泄漏源。防止泄漏物进入水体、下水道、地下室或限制性空间。小量泄漏：用干燥的砂土或其他不燃材料吸收或覆盖，收集于容器中。大量泄漏：构筑围堤或挖坑收容。用防爆、耐腐蚀泵转移至槽车或专用收集器内。喷雾状水驱散蒸气、稀释液体泄漏物。

295. 工业凡士林

标　识

中文名称 工业凡士林

英文名称 Industrial vaseline

危害信息

燃烧与爆炸危险性 可燃。遇明火、高热可引起燃烧，燃烧产生有毒的一氧化碳气体。

禁忌物 强氧化剂。

侵入途径 吸入、食入。

理化特性与用途

理化特性 淡褐色至深褐色均质无块软膏，具有一定的拉丝性，有臭味。不溶于水。滴熔点45～80℃，闪点≥190℃(开杯)，运动黏度mm^2/s(100℃)：10～20(1号)、15～30(2号)。

主要用途 适用于作机械零件、金属制品的防锈剂，以及橡胶的软化剂，也可在工作温度较低、负荷较小时，用于机械的减摩润滑。

包装与储运

安全储运 储存于阴凉、通风的库房。保持容器密封。远离火种、热源。应与氧化剂隔离储运。搬运时轻装轻卸，防止容器受损。

紧急处置信息

急救措施

吸入： 脱离接触。如有不适感，就医。

眼睛接触： 分开眼睑，用流动清水或生理盐水冲洗。如有不适感，就医。

皮肤接触： 脱去污染的衣着，用肥皂水和清水冲洗。如有不适感，就医。

食入： 漱口，尽量饮水，对于高黏度、低挥发性油脂类，通常不必催吐。就医。

灭火方法 消防人员须穿全身消防服，佩戴空气呼吸器，在上风向灭火。尽可能将容器从火场移至空旷处。喷水保持火场容器冷却，直至灭火结束。

灭火剂：泡沫、二氧化碳、干粉、砂土。

泄漏应急处置 消除所有点火源。根据液体流动和蒸气扩散的影响区域划定警戒区，无关人员从侧风、上风向撤离至安全区。建议应急处理人员戴正压自给式呼吸器，穿防静电、防腐蚀服，戴橡胶手套。穿上适当的防护服前严禁接触破裂的容器和泄漏物。尽可能切断泄漏源。用洁净的铲子收集于适当的容器中，回收或处置。

296. 工　业　酚

标　识

中文名称　工业酚

英文名称　Technical phenol；Phenol，industrial；Carbolic acid

别名　工业石炭酸

分子式　C_6H_5OH

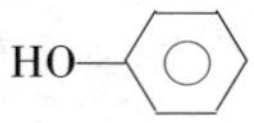

CAS 号　108－95－2

WGH 号　61067

UN 号　1671

危害信息

危险性类别　第6类　有毒品

燃烧与爆炸危险性　可燃。遇明火、高热可引起燃烧，燃烧产生有毒的一氧化碳气体。在高温火场中，受热的容器或储罐有破裂和爆炸的危险。

活性反应　与强氧化剂反应。

禁忌物　强氧化剂、强酸、强碱。

毒性　苯酚对皮肤、黏膜有强烈的腐蚀作用，可抑制中枢神经和损害肝、肾功能

中毒表现　急性中毒：吸入高浓度苯酚蒸气可致头痛、头晕、乏力、视物模糊、肺水肿等。误服引起消化道灼伤，出现烧灼痛，呼出气带酚味，呕吐物或大便可带血液，有胃肠穿孔的可能，可出现休克、肺水肿、肝或肾损害，出现急性肾功能衰竭，可死于呼吸衰竭。眼接触可致灼伤。可经灼伤皮肤吸收引起中毒，表现为心律失常、休克、代谢性酸中毒、肾损害等，甚至引起急性肾功能衰竭。有引起高铁血红蛋白血症的报道。

慢性中毒：可引起头痛、头晕、咳嗽、食欲减退、恶心、呕吐，严重者引起蛋白尿。可致皮炎。

侵入途径　吸入、食入、经皮吸收。

职业接触限值

中国：PC－TWA：10mg/m^3[皮]。

美国(ACGIH)：TLV－TWA：5ppm[皮]。

理化特性与用途

理化特性　淡黄色至棕褐色液体。苯酚含量较高，含油量低，当处于过饱和状态时，有苯酚结晶析出。馏程：175～205℃，馏出量≥90%。

主要用途　适用于作染料、医药、火药的中间体，还可制备酚醛树脂、双酚A、水杨酸、苦味酸、酚酞、乙酰替乙氧基苯胺等化工产品，也可用作溶剂、消毒剂等。

包装与储运

包装标志　有毒品

包装类别　Ⅱ类

安全储运　储存于阴凉、通风的库房。远离火种、热源。储存温度不超过35℃，相对湿度不超过85%。保持容器密封。应与强氧化剂、卤素、铅、镁、锌隔离储运。避免使用

铝制装置。搬运时轻装轻卸，防止容器受损。

紧急处置信息

急救措施

吸入：迅速脱离现场至空气新鲜处。保持呼吸道通畅。如呼吸困难，给输氧。呼吸、心跳停止，立即进行心肺复苏术。就医。

眼睛接触：立即分开眼睑，用大量流动清水或生理盐水彻底冲洗10~15min。就医。

皮肤接触：立即脱去污染衣物，用大量流动清水彻底冲洗，冲洗后即用浸过30%~50%酒精棉花擦洗创面至无酚味为止(注意不能将患处浸泡于酒精溶液中)。如有条件可用数块浸有聚乙二醇(300或400)的海绵反复擦洗污染部位，至少20min。然后再用大量水冲洗10min以上。

食入：漱口，给服植物油15~30mL，催吐。对食入时间长者禁用植物油，可口服牛奶或蛋清。就医。

灭火方法 消防人员须穿全身防火防毒服，佩戴空气呼吸器，在上风向灭火。尽可能将容器从火场移至空旷处。喷水保持火场容器冷却，直至灭火结束。

灭火剂：二氧化碳、干粉、泡沫。

泄漏应急处置 消除所有点火源。根据液体流动和蒸气扩散的影响区域划定警戒区，无关人员从侧风、上风向撤离至安全区。建议应急处理人员戴正压自给式呼吸器，穿防静电、防腐蚀服，戴橡胶手套。尽可能切断泄漏源。防止泄漏物进入水体、下水道、地下室或限制性空间。小量泄漏：用干燥的砂土或其他不燃材料吸收或覆盖，收集于容器中。大量泄漏：构筑围堤或挖坑收容。

297. 工业己烷

标 识

中文名称 工业己烷

英文名称 Commercial hexane

分子式 C_6H_{14}

WGH 号 31005

UN 号 1208

危害信息

危险性类别 第3类 易燃液体

燃烧与爆炸危险性 易燃。其蒸气与空气可形成爆炸性混合物，遇明火、高热极易燃烧爆炸。在火场中，受热的容器、储罐有爆炸危险。蒸气比空气重，能在较低处扩散到相当远的地方，遇火源会着火回燃和爆炸(闪爆)。

活性反应 与硝酸、浓硫酸、高锰酸钾、重铬酸盐、液氯等氧化剂发生剧烈反应，甚至发生燃烧爆炸。

禁忌物 强氧化剂、强酸、强碱、卤素等。

毒性 大鼠经口 LD_{50}：25g/kg；大鼠吸入 LC_{50}：48000ppm(4h)。

可经呼吸道、消化道和皮肤吸收，但职业中毒仅见于经呼吸道吸收者。本品有麻醉和刺激作用。长期接触可致周围神经炎。

中毒表现　急性中毒：吸入高浓度本品出现头痛、头晕、恶心、共济失调等，重者引起神志丧失甚至死亡。成人口服正己烷50ml 可致急性中毒死亡。对眼和上呼吸道有刺激性。

慢性中毒：长期接触出现头痛、头晕、乏力、胃纳减退；其后四肢远端逐渐发展成感觉异常，麻木，触、痛、震动和位置等感觉减退，尤以下肢为甚，上肢较少受累。进一步发展为下肢无力，肌肉疼痛，肌肉萎缩及运动障碍。神经－肌电图检查示感觉神经及运动神经传导速度减慢。

侵入途径　吸入、食入、经皮吸收。

职业接触限值

中国：PC－TWA：100mg/m^3[皮]；PC－STEL：180mg/m^3[皮]。

美国(ACGIH)：TLV－TWA：50ppm[皮]。

环境危害　对水生生物有毒，可能在水生环境中造成长期不利影响。有害空气污染物。

理化特性与用途

理化特性　无色易挥发液体，有微弱的特殊气味。以重整抽余油为原料，经精制、分馏制成，主要成分为 C_6 烷烃。不溶于水，混溶于醇、醚、氯仿、酮类等有机溶剂。馏程63～71℃，密度0.655～0.681g/cm^3，硫含量≤10mg/kg，苯含量≤0.1%(*m/m*)。

主要用途　可作为制备黏结剂、涂料、油墨、化学合成工艺的原料及包括植物油脂在内的各种萃取过程的溶剂。

包装与储运

包装标志　易燃液体

包装类别　Ⅱ类

安全储运　储存于阴凉、通风的库房。远离火种、热源，避免阳光直射，炎热季节采取通风降温。储存温度不超过37℃。搬运时轻装轻卸，防止容器受损。炎热季节早晚运输。应与氧化剂等隔离储运。禁止使用易产生火花的机械设备和工具。

紧急处置信息

急救措施

吸入：迅速脱离现场至空气新鲜处。保持呼吸道通畅。如呼吸困难，给输氧。呼吸、心跳停止，立即进行心肺复苏术。就医。

眼睛接触：立即分开眼睑，用流动清水或生理盐水彻底冲洗。就医。

皮肤接触：立即脱去污染的衣着，用肥皂水和清水彻底冲洗。就医。

食入：漱口，尽量饮水，不要催吐。成人吞入如超过100mL，应在防止吸入的前提下洗胃。就医。

灭火方法　消防人员必须穿全身消防服，佩戴空气呼吸器，在上风向灭火。尽可能将容器从火场移至空旷处。喷水保持火场容器冷却，直至灭火结束。处在火场中的容器若发生异常变化或发出异常声音，必须马上撤离。

灭火剂：泡沫、干粉、二氧化碳、砂土。

泄漏应急处置　消除所有点火源。根据液体流动和蒸气扩散的影响区域划定警戒区，无关人员从侧风、上风向撤离至安全区。建议应急处理人员戴正压自给式呼吸器，穿防静电服，戴橡胶耐油手套。作业时使用的所有设备应接地。禁止接触或跨越泄漏物。尽可能切断泄漏源。防止泄漏物进入水体、下水道、地下室或限制性空间。小量泄漏：用砂土或其他不燃材料吸收。使用洁净的无火花工具收集吸收材料。大量泄漏：构筑围堤或挖坑收

容。用砂土、惰性物质或蛭石吸收大量液体。用泡沫覆盖，减少蒸发。喷水雾能减少蒸发，但不能降低泄漏物在限制性空间内的易燃性。用防爆泵转移至槽车或专用收集器内。

298. 工业用裂解碳四

标　识

中文名称　工业用裂解碳四

英文名称　Pyrolysis C4 for industrial use

危害信息

危险性类别　第 2.1 类　易燃气体

燃烧与爆炸危险性　易燃。与空气混合能形成爆炸性混合物，遇高热和明火能引起燃烧或爆炸。

活性反应　与强氧化剂、强酸、强还原剂、卤素反应。

禁忌物　强氧化剂、强酸、强还原剂、卤素。

毒性　可能有麻醉和刺激作用。

侵入途径　吸入。

理化特性与用途

理化特性　C_3 组分含量≤0.5%（*m/m*），C_4 组分含量≥98.5%（*m/m*），C_5 组分含量≤1%（*m/m*）。

包装与储运

包装标志　易燃气体

安全储运　储存于阴凉、通风的专用库房内。钢瓶必须竖直存放，所有钢瓶必须接地，以避免由于静电发生火灾或爆炸事故。平时用肥皂水测定钢瓶阀门是否漏气，注意钢瓶是否有过高的温度。远离火种、热源。应与氧化剂及易燃材料隔离储运。搬运时应避免猛烈撞击，在钢瓶阀门下接安全阀。只允许稳定化(即含有抑制剂)的气体钢瓶装运。

紧急处置信息

急救措施

吸入：迅速脱离现场至空气新鲜处。保持呼吸道通畅。如呼吸困难，给输氧。呼吸、心跳停止，立即进行心肺复苏术。就医。

灭火方法　切断气源。若不能切断气源，则不允许熄灭泄漏处的火焰。消防人员须穿全身消防服，在上风向灭火。喷水保持火场容器冷却，直至灭火结束。尽可能将容器从火场移至空旷处。

灭火剂：雾状水、泡沫、干粉、砂土。

泄漏应急处置　消除所有点火源。根据气体扩散的影响区域划定警戒区，无关人员从侧风、上风向撤离至安全区。建议应急处理人员戴正压自给式呼吸器，穿防静电、防腐蚀服，戴橡胶手套。穿上适当的防护服前严禁接触破裂的容器和泄漏物。尽可能切断泄漏源。防止泄漏物进入水体、下水道、地下室或限制性空间。隔离泄漏区并进行通风，直至泄漏的气体散净。

299. 工业用液体氢氧化钠

标　识

中文名称　工业用液体氢氧化钠

英文名称　Liquid sodium hydroxide for industrial use

分子式　NaOH

CAS 号　1310－73－2

WGH 号　82001；T82001B[铁规]

UN 号　1824

危害信息

危险性类别　第 8 类　腐蚀品

燃烧与爆炸危险性　不燃。

活性反应　接触酸、可燃液体和有机卤化物，尤其是三氯乙烯，会引发燃烧和爆炸。接触硝基甲烷及类似的硝基化合物，形成对震动敏感的盐类。接触金属如铝、锡、铅和锌能引起腐蚀，放出可燃的氢气；对绝大多数金属有腐蚀作用。

禁忌物　酸类、有机卤化物、易可燃物、二氧化碳、金属等。

毒性　氢氧化钠有强烈刺激和腐蚀性。皮肤和眼直接接触可引起灼伤；误服可造成消化道灼伤，黏膜糜烂、出血和休克。

侵入途径　吸入、食入。

职业接触限值

中国：MAC：2mg/m^3。

美国(ACGIH)TLV－C：2mg/m^3。

理化特性与用途

理化特性　淡紫色液体。氢氧化钠含量≥46%，呈强碱性。易吸潮。溶于水、酒精、乙醚及甘油，不溶于丙酮。腐蚀性极强。50% 氢氧化钠溶液的性质：沸点 145℃，凝固点 4.4℃，pH 值 13.7，相对密度(水＝1)1.53(15.5℃)，饱和蒸气压 0.84kPa(40℃)。

主要用途　制皂工业皂化剂，印染工业脱蜡丝光剂和过量酸的中和剂，造纸工业蒸煮纸浆，皮革工业浸水剂，也可用作石油、油脂、化纤工业和其他化学工业的基本原料。

包装与储运

包装标志　腐蚀品

包装类别　Ⅱ类

安全储运　储存于干燥处，防止容器破损，防止受潮。远离高温、热源。储存温度不超过 30℃，相对湿度不超过 80%，防止受潮。应与易燃物、酸类、铝、铅、锡、锌及其合金、爆炸物、有机过氧化物、铵盐等隔离储运。

紧急处置信息

急救措施

吸入：迅速脱离现场至空气新鲜处。保持呼吸道通畅。如呼吸困难，给输氧。呼吸、

心跳停止，立即进行心肺复苏术。就医。

眼睛接触： 立即分开眼睑，用大量流动清水或生理盐水彻底冲洗 10 ~ 15min。就医。

皮肤接触： 立即脱去污染的衣着，用大量流动清水彻底冲洗，冲洗时间一般要求 20 ~ 30min。就医。

食入： 用水漱口，禁止催吐。给饮牛奶或蛋清。就医。

灭火方法 消防人员须佩戴空气呼吸器，穿全身耐酸碱消防服在上风向灭火。尽可能将容器从火场移至空旷处。喷水保持火场容器冷却，直至灭火结束。

灭火剂：本品不燃，根据着火原因选择适当灭火剂灭火。

泄漏应急处置 消除所有点火源。根据液体流动和蒸气扩散的影响区域划定警戒区，无关人员从侧风、上风向撤离至安全区。建议应急处理人员戴正压自给式呼吸器，穿防静电、防腐蚀服，戴橡胶手套。尽可能切断泄漏源。防止泄漏物进入水体、下水道、地下室或限制性空间。小量泄漏：用干燥的砂土或其他不燃材料吸收或覆盖，收集于容器中。大量泄漏：构筑围堤或挖坑收容。

300. 工　业　脂

标　识

中文名称 工业脂

英文名称 Industrial grease

别名 工业钙基脂

危害信息

燃烧与爆炸危险性 可燃。遇明火高热可引起燃烧。

禁忌物 强氧化剂。

侵入途径 吸入、食入。

理化特性与用途

理化特性 淡黄色至暗褐色均匀油膏。滴点≥85 ~ 95℃。使用温度范围 −10 ~ 60℃。

主要用途 适用于农业上轻负荷或中负荷的轴承、水泵、汽车底盘等的润滑，也适用于小型电动机及开放式的易于跟空气和水分接触的摩擦部位的润滑。

包装与储运

安全储运 储存于阴凉、通风的库房。保持容器密封。远离火种、热源。应与氧化剂等隔离储运。

紧急处置信息

急救措施

吸入： 脱离接触。如有不适感，就医。

眼睛接触： 分开眼睑，用流动清水或生理盐水冲洗。如有不适感，就医。

皮肤接触： 脱去污染的衣着，用肥皂水和清水冲洗。如有不适感，就医。

食入： 漱口，尽量饮水，对于高黏度、低挥发性油脂类，通常不必催吐。就医。

泄漏应急处置 隔离泄漏污染区，限制出入。消除所有点火源。建议应急处理人员穿防护服，戴橡胶手套。穿上适当的防护服前严禁接触破裂的容器和泄漏物。尽可能切断泄漏源。用塑料布覆盖泄漏物，减少飞散。勿使水进入包装容器内。用洁净的铲子收集泄漏物，置于干净、干燥、盖子较松的容器中，将容器移离泄漏区。

301. 汞

标　识

中文名称　汞
英文名称　Mercury
别名　水银
分子式　Hg
CAS 号　7439 – 97 – 6
WGH 号　83505
UN 号　2809

危害信息

危险性类别　第 8.3 类　其他腐蚀品

燃烧与爆炸危险性　不燃。

活性反应　与乙炔接触会形成极具爆炸性的乙炔汞。与氨接触能形成具有爆炸性的化合物。与二氧化氯等氧化剂接触，会形成爆炸性混合物。

禁忌物　乙炔、氨、氧化剂。

毒性　大鼠吸入 LCL_o：30mg/m^3；人（男性）经口 TDL_o：43mg/kg；人（男性）吸入 TCL_o：44.3mg/m^3(8h)。

金属汞主要以蒸气形式经由呼吸道侵入人体。汞损害的靶部位主要是肾、脑、肺、消化道(包括口腔)及皮肤。

中毒表现　急性中毒：短期内大量吸入汞蒸气后引起急性中毒，病人有头痛、头晕、乏力、多梦、睡眠障碍、易激动、手指震颤、发热等全身症状，并有明显口腔炎表现。可有食欲不振、恶心、腹痛、腹泻等。呼吸道刺激症状有咳嗽、咳痰、胸痛、胸闷等。严重者可发生化学性肺炎。可引起肾脏损伤。重度中毒出现急性肾功能衰竭、癫痫样发作、精神障碍。部分患者伴发皮疹，多呈现泛发性、对称性红斑、丘疹，并融合成片。

慢性中毒：系长期接触一定浓度汞蒸气引起。最早出现头痛、头晕、乏力、记忆减退等神经衰弱综合征，并有口腔炎。严重者可有明显的性格改变、汞毒性震颤、小脑共济失调、精神障碍等中毒性脑病表现。可伴有肾脏损害。

侵入途径　吸入、食入、经皮吸收。

职业接触限值

中国：PC – TWA：0.02mg/m^3[蒸气][皮]；PC – STEL：0.04mg/m^3[蒸气][皮]。

美国(ACGIH)：TLV – TWA：0.025mg/m^3[皮]。

环境危害　对水生生物有极高毒性，可能在水生环境中造成长期不利影响。汞元素有很强的物富集性，易在鱼类体内富集。

理化特性与用途

理化特性　银白色金属，常温下呈液态。不溶于水、盐酸、稀硫酸，溶于浓硝酸，易溶于王水及浓硫酸。导热性能不佳，导电性能较好。易与其他金属形成合金。在空气和水中稳定。熔点 -38.9℃，沸点 356.9℃，相对密度(水 =1)13.54，相对蒸气密度(空气 =1) 6.93，临界温度 1462℃，临界压力 160.8MPa。

主要用途 广泛用于温度计、气压计、扩散泵及其他仪器，用于制作日光灯、汞开关和其他电器设备，也用于农药、催化剂、防污涂料、电池等。用作氯碱工业中水银电解槽的汞电极。

包装与储运

包装标志 腐蚀品

包装类别 Ⅲ类

安全储运 储存于阴凉、通风的库房。储存温度不超过 35℃，相对湿度不超过 80%。密闭包装。应与易燃物、酸类、食用化学品等隔离储运。运输时，防止雨淋、曝晒。搬运时轻装轻卸，防止容器受损。

紧急处置信息

急救措施

吸入：迅速脱离现场至空气新鲜处。保持呼吸道通畅。如呼吸困难，给输氧。呼吸、心跳停止，立即进行心肺复苏术。就医。

眼睛接触：立即分开眼睑，用流动清水或生理盐水彻底冲洗。就医。

皮肤接触：立即脱去污染的衣着，用肥皂水和清水彻底冲洗。就医。

食入：立即催吐、洗胃、导泻，给服活性炭悬液。就医。

积极防治脑水肿，保护心、肝、肾功能。及早应用巯基络合剂二巯丙磺钠、二巯丁二钠等驱汞治疗。

灭火方法 消防人员须佩戴空气呼吸器，穿全身消防服，在上风向灭火。尽可能将容器从火场移至空旷处。

泄漏应急处置 根据液体流动和蒸气扩散的影响区域划定警戒区，无关人员从侧风、上风向撤离至安全区。建议应急处理人员戴防尘口罩，穿防腐、防毒服。禁止使用钢或铝制工具和设备。尽可能切断泄漏源。小量泄漏：用硫化钙或硫代硫酸钠冲洗。大量泄漏：构筑围堤或挖坑收容。用汞泄漏专用工具箱收集。

302. AM/AMPS 共聚物

标　识

中文名称 AM/AMPS 共聚物

英文名称 AM/AMPS copolymer

危害信息

燃烧与爆炸危险性 可燃。

禁忌物 强氧化剂。

侵入途径 吸入、食入。

理化特性与用途

理化特性　固体颗粒。易溶于水，水溶液为黏稠透明液体。pH 值 6 ~ 8。

主要用途　用作驱油剂，具有良好的热稳定性，强的耐热抗盐能力，可用于高矿化度和高温地层的驱油，也可用作耐温抗盐的堵水 - 调剖剂。

包装与储运

安全储运　储存于阴凉、通风的库房。远离火种、热源，避光保存。密闭包装。应与氧化剂隔离储运。

紧急处置信息

急救措施

吸入： 脱离接触。如有不适感，就医。

眼睛接触： 分开眼睑，用流动清水或生理盐水冲洗。如有不适感，就医。

皮肤接触： 脱去污染的衣着，用肥皂水和清水冲洗。如有不适感，就医。

食入： 漱口，饮水。就医。

泄漏应急处置　隔离泄漏污染区，限制出入。建议应急处理人员戴防尘口罩，穿防毒防酸碱服，戴橡胶耐酸碱手套。用洁净的铲子收集泄漏物，置于干净、干燥、盖子较松的容器中，将容器移离泄漏区。

303. 管道防腐沥青

标　　识

中文名称　管道防腐沥青

英文名称　Bitumen for pipeline coating

危害信息

燃烧与爆炸危险性　可燃。其粉体与空气混合能形成爆炸性混合物，遇明火高热有引起燃烧爆炸的危险。

毒性　沥青及其烟气对皮肤黏膜具有刺激性，有光毒作用。

中毒表现　沥青的主要皮肤损害有：光毒性皮炎，皮损限于面、颈部等暴露部分；黑变病，皮损常对称分布于暴露部位，呈片状，呈褐—深褐—褐黑色；职业性痤疮；疣状赘生物及事故引起的热烧伤。此外，尚有头昏、头胀，头痛、胸闷、乏力、恶心、食欲不振等全身症状和眼、鼻、咽部的刺激症状。

侵入途径　吸入、食入。

理化特性与用途

理化特性　黑色固体或半固体。溶于三氯乙烯。软化点（环球法）95 ~ 110℃（1 号）、125 ~ 140℃（2 号），闪点 ≥230℃（开杯）。

主要用途　用于管道输送介质温度 80℃ 的金属管道防腐的沥青。

包装与储运

安全储运　储存于阴凉、通风的库房。包装密封。远离火种、热源。应与氧化剂隔离储运。

紧急处置信息

急救措施

吸入：脱离接触。如有不适感，就医。

眼睛接触：分开眼睑，用流动清水或生理盐水冲洗。就医。

皮肤接触：皮肤热沥青烧伤立即用流动水冷却，不要强行剥离皮肤上的沥青。对于头、颈、躯干烧伤，用浸过冷水的毛巾覆盖并时时更换。如果沥青包裹了肢体，会妨碍血循环，应及时切开。在沥青上覆盖凡士林纱布，两天后揭下，并将能够分离的沥青除去，再盖再揭，反复进行可持续两周。就医。

食入：漱口，饮水。就医。

灭火方法　消防人员须穿全身消防服，戴空气呼吸器，在上风向灭火。尽可能将容器从火场移至空旷处。喷水保持火场容器冷却，直至灭火结束。

灭火剂：雾状水、泡沫、二氧化碳、干粉、砂土。

泄漏应急处置　隔离泄漏污染区，限制出入。消除所有点火源。建议应急处理人员戴防尘口罩，穿防静电服。禁止接触或跨越泄漏物。小量泄漏：用洁净的铲子收集泄漏物，置于干净、干燥、盖子较松的容器中，将容器移离泄漏区。大量泄漏：用水润湿，并筑堤收容。防止泄漏物进入水体、下水道、地下室或限制性空间。

304. 光　气

标　识

中文名称　光气

英文名称　Phosgene；Carbonyl chloride；Chloroformyl chloride

别名　碳酰氯

分子式　CCl_2O

CAS 号　75－44－5

WGH 号　23038

UN 号　1076

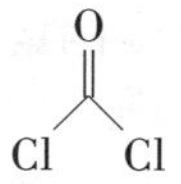

危害信息

危险性类别　第 2.3 类　有毒气体

燃烧与爆炸危险性　本品不燃。受热后容器内压增大，有开裂、爆炸的危险。泄漏物质可导致中毒。

活性反应　遇水或潮湿的空气会发生水解反应，生成腐蚀性的氢氯酸。痕量的金属盐存在时，与二异丙醚及其他醚发生剧烈反应，甚至爆炸。与强氧化剂、醇、胺、碱、碱金属发生剧烈反应。

禁忌物　水、醇类、碱类。

毒性　小鼠吸入 LC_{50}：12.35ppm(2h)；人(男性)吸入 LCL_0：360mg/m^3(30min)。

光气主要损害呼吸道，导致化学性支气管炎、肺炎、肺水肿。光气毒性比氯气大 10

倍，光气浓度 30～50mg/m³ 时，即可引起中毒；在 100～300mg/m³ 时，接触 15～30min，即可引起严重中毒，甚至死亡。

本品属剧毒化学品，已列入《剧毒化学品目录》(2002 年版)。

中毒表现　光气主要见到急性中毒，慢性中毒尚无报道。吸入光气后，一般有 2～24h 的潜伏期。吸入量越多则潜伏期越短，病情越重。

刺激反应出现一过性的眼和上呼吸道黏膜刺激症状，肺部无阳性体征，胸部 X 射线表现无异常改变。轻度中毒出现咳嗽、气短、胸闷或胸痛等，临床表现和胸部 X 射线检查符合支气管炎或支气管周围炎。中度中毒出现胸闷、气急、咳嗽、咳痰等，可有痰中带血，呼吸困难较明显，轻度紫绀，临床表现和胸部 X 射线检查符合急性支气管肺炎或急性间质性肺水肿。中毒患者出现下列情况之一者，方可诊断为重度中毒：①剧烈咳嗽、咯大量泡沫痰、呼吸窘迫、明显紫绀，临床表现和胸部 X 射线检查符合肺泡性肺水肿或成人呼吸窘迫综合征。②窒息。③并发气胸、纵隔气肿。④严重心肌损害。⑤休克。⑥昏迷。

侵入途径　吸入。

职业接触限值

中国：MAC：0.5mg/m³。

美国(ACGIH)：TLV－TWA：0.1ppm。

环境危害　有害空气污染物。

理化特性与用途

理化特性　无色至淡黄色气体，有强烈刺激性气味。易液化。微溶于水，并逐渐水解。易溶于苯、甲苯、四氯化碳、氯仿等有机溶剂。熔点 －118℃，沸点 8.2℃，相对密度(水＝1)1.4，相对蒸气密度(空气＝1)3.4，临界压力 5.67MPa，临界温度 182℃，蒸气压 161.6kPa(20℃)，辛醇/水分配系数 －0.71。

主要用途　广泛用于农药、医药、染料等工业作合成原料，亦用于制取高分子材料如聚氨酯、聚碳酸酯等。

包装与储运

包装标志　有毒气体，腐蚀品

安全储运　用特殊规定的容器盛装、储存，并配稀碱、稀氨喷淋吸收装置。储存于阴凉、干燥、通风良好的专用库房内，应严格执行剧毒化学品管理制度。远离火种、热源。储存温度不超过 30℃。应与醇类、碱类、食用化学品等隔离储存。搬运时轻装轻卸，防止钢瓶及附件受损。

紧急处置信息

急救措施　凡吸入光气者应迅速脱离现场到空气新鲜处，立即脱去污染的衣物，体表沾有液态光气，用水彻底冲洗。保持安静，绝对卧床休息，注意保暖。早期给氧，给予药物雾化吸入。密切观察至少 48h，注意病情变化。防治肺水肿应早期、足量、短程应用糖皮质激素，控制液体输入，可以应用消泡剂如二甲基硅油气雾剂吸入，合理给氧。注意保持呼吸道通畅。

灭火方法　切断气源。喷水冷却容器，尽可能将容器从火场移至空旷处。万一有光气漏逸，微量时可用水蒸气冲散，较大量时，可用液氨喷雾冲洗。消防人员必须佩戴空气呼吸器，穿全身防火防毒服，在上风向灭火。

泄漏应急处置　根据气体扩散的影响区域划定警戒区，无关人员从侧风、上风向撤离至安全区。建议应急处理人员穿内置正压自给式呼吸器的全封闭防化服。禁止接触或跨越泄漏物。尽可能切断泄漏源。防止气体通过下水道、通风系统和限制性空间扩散。高浓度泄漏区，喷氨水或其他稀碱液中和。构筑围堤或挖坑收容液体泄漏物。用石灰(CaO)、碎石灰石($CaCO_3$)或碳酸氢钠($NaHCO_3$)中和。用水慢慢稀释。隔离泄漏区直至气体散尽。

305. 硅 酸 钠

标 识

中文名称 硅酸钠

英文名称 Sodium silicate; Water glass

别名 水玻璃；泡花碱

分子式 $Na_2O \cdot nSiO_2$

CAS 号 1344－09－8

WGH 号 T82525［铁规］

UN 号 3253

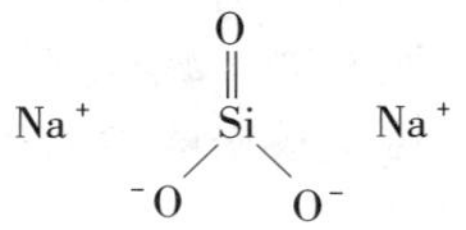

危害信息

危险性类别 第 8.2 类 酸性腐蚀品

燃烧与爆炸危险性 不燃。

活性反应 化学性质较稳定。可与强氧化剂如氟、二氟化氧、三氟化氯反应。

禁忌物 强氧化剂、强酸。

毒性 大鼠经口 LD_{50}：1960mg/kg。

家兔四肢浸泡于原液中，每天 4h，10d 后四肢皮肤充血肿胀，局部形成水疱及溃疡，不易愈合。

中毒表现 硅酸钠不易挥发，因此生产中侵入呼吸道的机会很少。但在熔化物流出时可因熔化的硅酸钠飞溅而造成皮肤热力学灼伤，尤其是溅入眼内可引起眼灼伤，导致角膜和眶内组织的损伤，严重时可引起视力丧失。大量误服时可造成消化道的碱灼伤。

长期与手部皮肤接触，可产生接触性皮炎。

侵入途径 吸入、食入。

理化特性与用途

理化特性 无色透明玻璃体。在空气中易吸潮，溶于水呈碱性。没有固定熔点，软化点 >100℃。液体硅酸钠为无色、略带色的透明或半透明黏稠状液体，硅酸钠的含量约为 25% ~50%，水含量约为 50% ~75%。水溶液的 pH 值为 11.2 ~11.8，沸点 101 ~102℃，熔点 －1℃，相对密度(水 =1)1.4。

主要用途 炼油工业中用于合成 USY、ZSM－5、β 沸石等分子筛，作为催化裂化催化剂的活性组分或加氢裂化催化剂基质的添加组分；纺织工业中用作助染剂、漂白剂和浆纱剂；也用作黏结剂、洗涤剂和肥皂的填料、土壤稳定剂、矿物浮选剂。

包装与储运

包装标志 腐蚀品

包装类别 Ⅲ类

安全储运　储存于阴凉、通风良好的库房。包装必须密封，切勿受潮。搬运时轻装轻卸，防止容器破损。应与强氧化剂、酸类等隔离储运。

紧急处置信息

急救措施

吸入：脱离接触，休息。如有不适感，就医。

眼睛接触：眼灼伤应立即在现场急救。首先用大量清水冲洗，再用5%硼酸溶液冲洗。早期可用0.5%氢化考的松溶液滴眼，眼部剧痛选用2%苯佐卡因或5%丁卡因等黏膜麻醉剂滴眼。

皮肤接触：立即用大量流动清水彻底冲洗。就医。

食入：不要催吐，给饮水或牛奶、蛋清。就医。

灭火方法　消防人员必须穿耐酸碱防护服、防护靴，并佩戴空气呼吸器灭火。

泄漏应急处置　隔离泄漏污染区，限制出入。建议应急处理人员戴防尘口罩，穿防腐、防毒服。穿上适当的防护服前严禁接触破裂的容器和泄漏物。尽可能切断泄漏源。用塑料布覆盖泄漏物，减少飞散。勿使水进入包装容器内。用洁净的铲子收集泄漏物，置于干净、干燥、盖子较松的容器中，将容器移离泄漏区。

306. 硅酸乙酯

标　识

中文名称　硅酸乙酯

英文名称　Silicic acid, tetraethyl ester; Tetraethoxy silane; Tetraethyl orthosilicate

别名　正硅酸乙酯；原硅酸乙酯；四乙氧基硅烷；硅酸四乙基酯

分子式　$C_8H_{20}O_4Si$

CAS 号　78－10－4

WGH 号　33609；T32109[铁规]

UN 号　1292

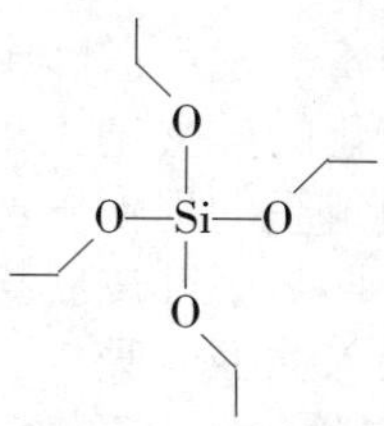

危害信息

危险性类别　第3类　易燃液体

燃烧与爆炸危险性　易燃。其蒸气与空气能形成爆炸性混合物，遇明火、高热能引起燃烧爆炸。受热分解放出有毒气体。蒸气比空气重，能在较低处扩散到相当远的地方，遇火源会着火回燃和爆炸(闪爆)。

活性反应　遇水发生缓慢水解反应生成二氧化硅和乙醇。与酸剧烈反应。与氧化性酸反应，放出大量热能引燃反应物。与碱金属、氢化物反应能放出易燃易爆的氢气。

禁忌物　强氧化剂、强酸、强碱。

毒性　大鼠经口 LD_{50}：6270mg/kg；小鼠吸入 LC_{50}：30g/m^3。

对皮肤有刺激作用。其蒸气或雾对眼睛、黏膜和呼吸道有刺激作用。接触后能引起头痛、恶心和呕吐。

侵入途径　吸入、食入。

职业接触限值　美国(ACGIH)：TLV－TWA：10ppm。

理化特性与用途

理化特性　无色液体。微溶于水，在水中缓慢水解；微溶于苯；溶于乙醇、乙醚。在潮湿空气中变混沌。静置后又澄清析出硅酸沉淀。熔点 -77℃，沸点 165～169℃，相对密度(水=1)0.93，相对蒸气密度(空气=1)7.22，蒸气压 0.13kPa(20℃)，折射率 1.3928，闪点 37.2℃(闭杯)、43℃(开杯)，爆炸极限 0.9%～5.75%，引燃温度 260℃，辛醇/水分配系数 0.04。

主要用途　用于制造耐化学品涂料和耐热涂料。也用作制备有机硅的溶剂。

包装与储运

包装标志　易燃液体

包装类别　Ⅲ类

安全储运　储存于阴凉、通风的库房。保持容器密封。远离火种、热源，避免阳光直射。储存温度不超过 37℃。应与氧化剂、食用化学品等隔离储运。禁止使用易产生火花的设备和工具。灌装时注意流速，防止静电积聚。搬运时轻装轻卸，防止容器受损。

紧急处置信息

急救措施

吸入：迅速脱离现场至空气新鲜处。保持呼吸道通畅。如呼吸困难，给输氧。呼吸、心跳停止，立即进行心肺复苏术。就医。

眼睛接触：立即分开眼睑，用流动清水或生理盐水彻底冲洗。就医。

皮肤接触：立即脱去污染的衣着，用流动清水彻底冲洗。就医。

食入：漱口，不要催吐。就医。

灭火方法　消防人员须佩戴防毒面具、穿全身消防服，在上风向灭火。尽可能将容器从火场移至空旷处。喷水保持火场容器冷却，直至灭火结束。处在火场中的容器若已变色或从安全泄压装置中产生声音，必须马上撤离。

灭火剂：二氧化碳、干粉、砂土。禁止用水和泡沫灭火。

泄漏应急处置　消除所有点火源。根据液体流动和蒸气扩散的影响区域划定警戒区，无关人员从侧风、上风向撤离至安全区。建议应急处理人员戴正压自给式呼吸器，穿防静电服，戴橡胶耐油手套。作业时使用的所有设备应接地。禁止接触或跨越泄漏物。尽可能切断泄漏源。防止泄漏物进入水体、下水道、地下室或限制性空间。小量泄漏：用砂土或其他不燃材料吸收。使用洁净的无火花工具收集吸收材料。大量泄漏：构筑围堤或挖坑收容。用泡沫覆盖，减少蒸发。喷水雾能减少蒸发，但不能降低泄漏物在限制性空间内的易燃性。用防爆泵转移至槽车或专用收集器内。

307. 硅　烷

标　识

中文名称　硅烷

英文名称　Silane；Silicon tetrahydride

别名　甲硅烷

分子式　H_4Si

CAS 号　7803 - 62 - 5

WGH 号　21050

UN 号　2203

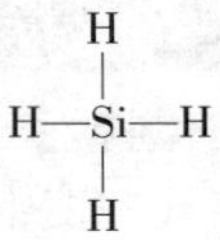

危害信息

危险性类别　第 2.1 类　易燃气体

燃烧与爆炸危险性　易燃。与空气能形成爆炸性混合物，在室温或稍高的温度下即可发生燃烧爆炸。暴露在空气中可自燃。

活性反应　遇水缓慢反应形成原硅酸和氢气。接触溴、氯会燃烧。痕量的卤素会导致硅烷的猛烈爆炸。与硝酸盐、氧化氮接触会发生剧烈爆炸。

禁忌物　强氧化剂、氧、碱、卤素。

毒性　大鼠吸入 LC_{50}：9600ppm(4h)。

吸入甲硅烷蒸气后，引起头痛、头晕、发热、恶心、多汗；严重者面色苍白、脉搏微弱、昏迷。

侵入途径　吸入。

职业接触限值　美国(ACGIH)：TLV - TWA：5ppm。

理化特性与用途

理化特性　无色气体，有恶臭。不溶于乙醇、乙醚、苯和氯仿等。易被氧化和水解。熔点 - 185℃，沸点 - 112℃，液体密度 0.68g/cm^3(- 182℃)，爆炸极限 1.37% ~ 100%，相对蒸气密度(空气 = 1)1.3。

主要用途　用于制半导体材料高纯度硅以及硅氧烷等衍生物。

包装与储运

包装标志　易燃气体

安全储运　储存于阴凉、通风的库房。远离火种、热源。储存温度不超过 30℃。平时用肥皂水检查钢瓶是否漏气。禁止使用易产生火花的设备和工具。应与氧化剂、碱类、卤素等隔离储运。搬运时钢瓶须戴好安全帽及防震橡皮圈。

紧急处置信息

急救措施

吸入：迅速脱离现场至空气新鲜处。保持呼吸道通畅。如呼吸困难，给输氧。呼吸、心跳停止，立即进行心肺复苏术。就医。

皮肤接触：如发生冻伤，用温水(38 ~ 42℃)复温，忌用热水或辐射热，不要揉搓。

灭火方法　消防人员须佩戴防毒面具、穿全身消防服，在上风向灭火。切断气源，若不能切断气源，则不允许熄灭泄漏处的火焰。尽可能将容器从火场移至空旷处。喷水保持火场容器冷却，直至灭火结束。

泄漏应急处置　消除所有点火源。根据气体的影响区域划定警戒区，无关人员从侧风、上风向撤离至安全区。建议应急处理人员戴正压自给式呼吸器，穿防静电服。作业时使用的所有设备应接地。禁止接触或跨越泄漏物。尽可能切断泄漏源。若可能翻转容器，使之逸出气体而非液体。喷雾状水抑制蒸气或改变蒸气云流向，避免水流接触泄漏物。禁止用水直接冲击泄漏物或泄漏源。防止气体通过下水道、通风系统和限制性空间扩散。隔离泄漏区直至气体散尽。

308. 硅 橡 胶

标 识

中文名称 硅橡胶

英文名称 Silicone rubber

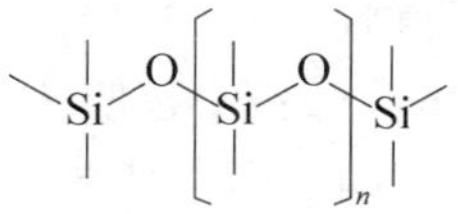

危害信息

燃烧与爆炸危险性 可燃。

禁忌物 强氧化剂。

侵入途径 吸入、食入。

理化特性与用途

理化特性 无色透明的高分子弹性体。

主要用途 用于制造耐高温绝缘密封、医用材料、高压电缆、黏合剂、精密模具、隔离胶等。

包装与储运

安全储运 储存于阴凉、通风的库房。远离火种、热源。应与氧化剂等隔离储运。

紧急处置信息

急救措施

吸入：脱离接触，休息。

眼和皮肤接触：用水冲洗。

食入：饮 1 杯水。通常不需要处理。

灭火方法 消防人员须穿全身消防服，戴空气呼吸器，在上风向灭火。尽可能将容器从火场移至空旷处。喷水保持火场容器冷却，直至灭火结束。

灭火剂：雾状水、泡沫、二氧化碳、干粉、砂土。

泄漏应急处置 隔离泄漏污染区，限制出入。建议应急处理人员戴防尘口罩，穿防毒防酸碱服，戴橡胶耐酸碱手套。穿上适当的防护服前严禁接触破裂的容器和泄漏物。尽可能切断泄漏源。用塑料布覆盖泄漏物，减少飞散。勿使水进入包装容器内。用洁净的铲子收集泄漏物，置于干净、干燥、盖子较松的容器中，将容器移离泄漏区。

309. 癸 醇

标 识

中文名称 癸醇

英文名称 1 - Decanol；Decyl alcohol

别名 1 - 癸醇

分子式　$C_{10}H_{22}O$

CAS 号　112－30－1

危害信息

燃烧与爆炸危险性　可燃。其蒸气与空气混合能。形成爆炸性混合物，遇明火、高热易燃烧或爆炸。燃烧产生有毒的一氧化碳气体。在高温火场中，受热的容器或储罐有破裂和爆炸的危险。

禁忌物　氧化剂。

毒性　大鼠经口 LD_{50}：4720mg/kg；小鼠经口 LD_{50}：6500mg/kg；家兔经皮 LD_{50}：3560mg/kg；小鼠吸入 LC_{50}：4000mg/m^3(2h)。

本品具有刺激和麻醉作用。

中毒表现　吸入、摄入或经皮肤吸收后对身体有害。有强烈刺激作用，接触后可引起烧灼感、咳嗽、喉炎、气短、头痛、恶心和呕吐。接触时间长能引起麻醉作用。

侵入途径　吸入、食入、经皮吸收。

理化特性与用途

理化特性　无色或淡黄色黏稠状液体，具甜玫瑰脂香。不溶于水，能与乙醇、乙醚、丙酮、苯、环己烷、氯仿等混溶。熔点 7℃，沸点 231℃，相对密度(水＝1)0.83，相对蒸气密度(空气＝1)5.5，蒸气压 1Pa(20℃)，临界温度 417℃，临界压力 2.31MPa，燃烧热－6613.6kJ/mol,辛醇/水分配系数 4.57，闪点 82℃(开杯)，引燃温度 288℃，爆炸极限 0.9%～5.7%。

主要用途　是制造表面活性剂、增塑剂、合成纤维、消泡剂、除草剂、润滑油添加剂和香料等的原料，也可用作橡胶、树脂、染料、油墨等的溶剂。

包装与储运

安全储运　储存于阴凉、通风的库房。保持容器密封。远离火种、热源。应与氧化剂、酸等隔离储运。搬运时轻装轻卸，防止容器受损。

紧急处置信息

急救措施

吸入：迅速脱离现场至空气新鲜处。保持呼吸道通畅。如呼吸困难，给输氧。呼吸、心跳停止，立即进行心肺复苏术。就医。

眼睛接触：立即分开眼睑，用流动清水或生理盐水彻底冲洗。就医。

皮肤接触：立即脱去污染的衣着，用肥皂水和清水彻底冲洗。就医。

食入：尽量饮水，给服活性炭悬液，忌药物催吐。就医，洗胃。

灭火方法　消防人员须穿全身消防服，佩戴空气呼吸器，在上风向灭火。尽可能将容器从火场移至空旷处。喷水保持火场容器冷却，直至灭火结束。处在火场中的容器若发生异常变化或发出异常声音，须马上撤离。

灭火剂：泡沫、二氧化碳、干粉、砂土。

泄漏应急处置　根据液体流动和蒸气扩散的影响区域划定警戒区，无关人员从侧风、上风向撤离至安全区。消除所有点火源。建议应急处理人员戴防毒面具，穿防毒服。穿上适当的防护服前严禁接触破裂的容器和泄漏物。尽可能切断泄漏源。防止泄漏物进入水体、下水道、地下室或密闭性空间。小量泄漏：用干燥的砂土或其他不燃材料吸收或覆盖，收集于容器中。大量泄漏：构筑围堤或挖坑收容。用泵转移至槽车或专用收集器内。

310. 癸　酸

标　识

中文名称　癸酸

英文名称　*n* – Capric acid；*n* – Decanoic acid

别名　正癸酸

分子式　$C_9H_{19}COOH$

CAS 号　334 – 48 – 5

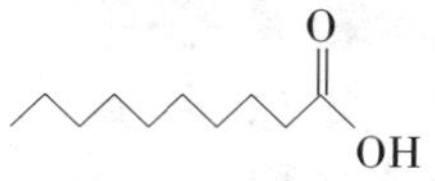

危害信息

燃烧与爆炸危险性　易燃。其粉体与空气混合能形成爆炸性混合物，遇明火高热有引起燃烧爆炸的危险。燃烧产生有毒的一氧化碳气体，并释放出腐蚀性烟雾。

活性反应　与强碱反应。

禁忌物　强碱。

毒性　大鼠经口 LD_{50}：>10g/kg；哺乳动物经皮 LD_{50}：>5g/kg。

大鼠吸入本品饱和蒸气 8h，未见死亡。

侵入途径　吸入、食入、经皮吸收。

理化特性与用途

理化特性　白色结晶，具有难闻的气味。不溶于水，溶于乙醇、乙醚、氯仿、苯、二硫化碳、丙酮、石油醚等大部分有机溶剂和稀硝酸。熔点 31.5℃，沸点 268 ~ 270℃，相对密度(水 = 1) 0.89 (40℃/4℃)，蒸气压 0.013kPa (79℃)，临界压力 2.1MPa，临界温度 448℃，闪点 >112℃，引燃温度 377℃，辛醇/水分配系数 4.09，爆炸极限 0.8% ~ 5.5%。

主要用途　主要用于制取癸酸酯类产品，其酯类用作香料，湿润剂，增塑剂和食品添加剂等。

包装与储运

安全储运　储存于阴凉、通风的库房。保持容器密封。远离火种、热源。应与氧化剂隔离储运。搬运时轻装轻卸，防止容器受损。

紧急处置信息

急救措施

吸入：脱离接触。如有不适感，就医。

眼睛接触：分开眼睑，用流动清水或生理盐水冲洗。如有不适感，就医。

皮肤接触：脱去污染的衣着，用肥皂水和清水冲洗。如有不适感，就医。

食入：漱口，饮水。就医。

灭火方法　消防人员须穿全身消防服，戴空气呼吸器，在上风向灭火。尽可能将容器从火场移至空旷处。喷水保持火场容器冷却，直至灭火结束。

灭火剂：雾状水、泡沫、二氧化碳、干粉、砂土。

泄漏应急处置　隔离泄漏污染区，限制出入。建议应急处理人员戴防尘口罩，穿防毒服，戴橡胶手套。穿上适当的防护服前严禁接触破裂的容器和泄漏物。尽可能切断泄漏源。小量泄漏：用干燥的砂土或其他不燃材料覆盖泄漏物，然后用塑料布覆盖，减少飞散、避免雨淋。用洁净的铲子收集泄漏物，置于干净、干燥、盖子较松的容器中，将容器移离泄漏区。

311. 癸　烷

标　识

中文名称　癸烷

英文名称　*n* - Decane

别名　正癸烷

分子式　$C_{10}H_{22}$

CAS 号　124 - 18 - 5

WGH 号　33506；T32006[铁规]

UN 号　2247

危害信息

危险性类别　第 3 类　易燃液体

燃烧与爆炸危险性　易燃。其蒸气与空气可形成爆炸性混合物，遇明火、高热能引起燃烧爆炸。在火场中，受热的容器、储罐有爆炸的危险。蒸气比空气重，能在较低处扩散到相当远的地方，遇火源会着火回燃和爆炸(闪爆)。

活性反应　与硝酸、浓硫酸、高锰酸钾、重铬酸盐、液氯等氧化剂导致反应，甚至导致燃烧爆炸。

禁忌物　强氧化剂、强酸、强碱、卤素等。

毒性　小鼠吸入 LC_{50}：72300mg/m^3(2h)；大鼠吸入 LC_{50} >1369ppm(8h)。

高浓度对中枢神经系统有抑制作用。

侵入途径　吸入、食入、经皮吸收。

环境危害　对水生生物有害的。

理化特性与用途

理化特性　无色透明液体。不溶于水，可混溶于乙醇、乙醚。熔点 -29.7℃，沸点 174.2℃，相对密度(水 =1)0.73，相对蒸气密度(空气 =1)4.9，临界压力 2.11MPa，临界温度 344.6℃，蒸气压 0.17kPa(25℃)，燃烧热 -6778.29kJ/mol，辛醇/水分配系数 5.01，闪点 46℃(闭杯)，爆炸极限 0.8% ~5.4%，自燃温度 210℃。

主要用途　用于有机合成，用作中沸点石油烃类溶剂，还可用作干洗溶剂、仪器清洗剂和印刷油墨的无臭溶剂。

包装与储运

包装标志　易燃液体

包装类别　Ⅲ类

安全储运　储存于阴凉、通风的库房。远离火种、热源，避免阳光曝晒。储存温度不超过37℃。保持容器密封。应与氧化剂隔离储运。禁止使用易产生火花的机械设备和工具。搬运时轻装轻卸，防止容器受损。

紧急处置信息

急救措施

吸入：迅速脱离现场至空气新鲜处。保持呼吸道通畅。如呼吸困难，给输氧。呼吸、心跳停止，立即进行心肺复苏术。就医。

眼睛接触：立即分开眼睑，用流动清水或生理盐水彻底冲洗。就医。

皮肤接触：立即脱去污染的衣着，用肥皂水和清水彻底冲洗。就医。

食入：漱口，不要催吐。就医。

忌用肾上腺素类药。

灭火方法　消防人员必须穿全身消防服，佩戴空气呼吸器，在上风向灭火。尽可能将容器从火场移至空旷处。喷水保持火场容器冷却，直至灭火结束。处在火场中的容器若发生异常变化或发出异常声音，必须马上撤离。

灭火剂：泡沫、干粉、二氧化碳、砂土。

泄漏应急处置　消除所有点火源。根据液体流动和蒸气扩散的影响区域划定警戒区，无关人员从侧风、上风向撤离至安全区。建议应急处理人员戴正压自给式呼吸器，穿防静电服，戴橡胶耐油手套。作业时使用的所有设备应接地。禁止接触或跨越泄漏物。尽可能切断泄漏源。防止泄漏物进入水体、下水道、地下室或限制性空间。小量泄漏：用砂土或其他不燃材料吸收。使用洁净的无火花工具收集吸收材料。大量泄漏：构筑围堤或挖坑收容。用泡沫覆盖，减少蒸发。喷水雾能减少蒸发，但不能降低泄漏物在限制性空间内的易燃性。用防爆泵转移至槽车或专用收集器内。

312. 1－癸烯

标　识

中文名称　1－癸烯

英文名称　1－Decene；*n*－Decylene；Decylene

别名　正癸烯

分子式　$C_{10}H_{20}$

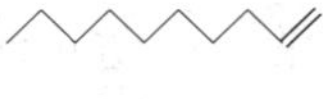

CAS号　872－05－9

WGH号　33515；T32015[铁规]

危害信息

危险性类别　第3类　易燃液体

燃烧与爆炸危险性　易燃。其蒸气与空气混合能形成爆炸性混合物，遇明火、高热易燃烧或爆炸。燃烧产生有毒的一氧化碳气体。高速冲击、流动、激荡后可因产生静电火花放电引起燃烧爆炸。在高温火场中，受热的容器或储罐有破裂和爆炸的危险。

活性反应　与氧化剂、卤素反应。

禁忌物　强氧化剂、强酸、卤素、卤代烃。

毒性　大鼠经口 LD_{50}：＞10000mg/kg；兔经皮 LD_{50}：＞10000mg/kg。

高浓度蒸气对眼、呼吸道有轻度刺激性，有弱麻醉作用。对皮肤有刺激性。

侵入途径　吸入、食入。

理化特性与用途

理化特性　无色液体。不溶于水，溶于乙醇、乙醚。熔点 -66.3℃，沸点 170.6℃，相对密度(水 =1)0.74，相对蒸气密度(空气 =1)4.84，蒸气压 0.23kPa(20℃)，燃烧热 -6223.9kJ/mol，临界温度 344℃，临界压力 2.17MPa，辛醇/水分配系数 5.7，闪点 47.8℃，引燃温度 235℃，爆炸极限 0.5% ~5.4%。

主要用途　用于香精、香料、药品、染料、油脂、树脂等的有机合成。

包装与储运

包装标志　易燃液体

包装类别　Ⅲ类

安全储运　储存于阴凉、通风的库房。保持容器密封。远离火种、热源，避免阳光直射。储存温度不超过 37℃。炎热季节早晚运输。应与氧化剂等隔离储运。禁止使用易产生火花的机械设备和工具。灌装时注意流速，防止静电积聚。搬运时轻装轻卸，防止容器受损。

紧急处置信息

急救措施

吸入：迅速脱离现场至空气新鲜处。保持呼吸道通畅。如呼吸困难，给输氧。呼吸、心跳停止，立即进行心肺复苏术。就医。

眼睛接触：立即分开眼睑，用流动清水或生理盐水彻底冲洗。就医。

皮肤接触：立即脱去污染的衣着，用肥皂水和清水彻底冲洗。就医。

食入：漱口，不要催吐。就医。

忌用肾上腺素类药。

灭火方法　消防人员须穿全身消防服，佩戴空气呼吸器，在上风向灭火。尽可能将容器从火场移至空旷处。喷水保持火场容器冷却，直至灭火结束。处在火场中的容器若发生异常变化或发出异常声音，须马上撤离。

灭火剂：泡沫、二氧化碳、干粉、砂土。

泄漏应急处置　消除所有点火源。根据液体流动和蒸气扩散的影响区域划定警戒区，无关人员从侧风、上风向撤离至安全区。建议应急处理人员戴正压自给式呼吸器，穿防静电服，戴橡胶耐油手套。作业时使用的所有设备应接地。禁止接触或跨越泄漏物。尽可能切断泄漏源。防止泄漏物进入水体、下水道、地下室或限制性空间。小量泄漏：用砂土或其他不燃材料吸收。使用洁净的无火花工具收集吸收材料。大量泄漏：构筑围堤或挖坑收容。用泡沫覆盖，减少蒸发。喷水雾能减少蒸发，但不能降低泄漏物在限制性空间内的易燃性。用防爆泵转移至槽车或专用收集器内。

313. 过磷酸钙

标　识

中文名称　过磷酸钙

英文名称　Calcium phosphate, monobasic; Calcium superphosphate

别名 普钙

分子式 $Ca(H_2PO_4)_2$

CAS 号 7758－23－8

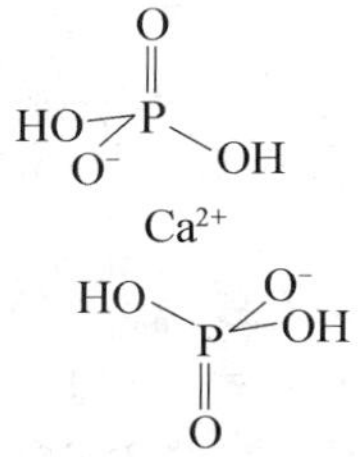

危害信息

燃烧与爆炸危险性 不燃，无特殊燃爆特性。

禁忌物 强酸。

毒性 大鼠经口 LD_{50}：3986mg/kg；小鼠经口 LD_{50}：15250mg/kg；家兔经皮 LD_{50}：>2g/kg。

中毒表现 接触者少数可出现皮疹，烧灼感和瘙痒，面部皮肤水肿，眼灼痛及流泪，停止接触后这些症状很快消失。本品粉尘落入眼内，引起结膜的剧烈刺激，眼睑水肿，角膜混浊，有时甚至角膜穿孔及虹膜脱出。据报道，接触者有前臂骨骼的改变，神经系统功能障碍，嗅阈改变，多汗，动脉压不稳定，女工有月经紊乱等。

侵入途径 吸入、食入、经皮吸收。

理化特性与用途

理化特性 三斜晶系结晶粉末或颗粒，具有强烈的酸味。溶于水、稀盐酸、硝酸、乙酸。相对密度(水＝1)2.22(18℃/4℃)。

主要用途 主要用作农作物的追肥、基肥或种肥施用。

包装与储运

安全储运 储存于阴凉、通风的库房。包装密封。远离火种、热源。应与酸等隔离储运。搬运时轻装轻卸，防止包装受损。

紧急处置信息

急救措施

吸入：迅速脱离现场至空气新鲜处。保持呼吸道通畅。如呼吸困难，给输氧。呼吸、心跳停止，立即进行心肺复苏术。就医。

眼睛接触：立即分开眼睑，用大量流动清水或生理盐水彻底冲洗。就医。

皮肤接触：立即脱去污染的衣着，用大量流动清水彻底冲洗。就医。

食入：漱口，就医。

灭火方法 消防人员须穿全身消防服，佩戴空气呼吸器，在上风向灭火。尽可能将容器从火场移至空旷处。喷水保持火场容器冷却，直至灭火结束。

灭火剂：本品不燃，根据着火原因选择适当灭火剂灭火。

泄漏应急处置 隔离泄漏污染区，限制出入。建议应急处理人员戴防尘口罩，穿防毒服。穿上适当的防护服前严禁接触破裂的容器和泄漏物。尽可能切断泄漏源。用塑料布覆盖泄漏物，减少飞散。勿使水进入包装容器内。用洁净的铲子收集泄漏物，置于干净、干燥、盖子较松的容器中，将容器移离泄漏区。

314. 过硫酸铵

标　识

中文名称 过硫酸铵

英文名称　Ammonium persulfate；Ammonium peroxodisulphate

别名　过二硫酸铵

分子式　$H_8N_2O_8S_2$

CAS 号　7727－54－0

WGH 号　51504

UN 号　1444

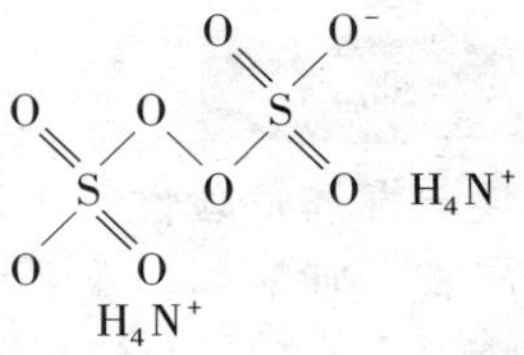

危害信息

危险性类别　第 5.1 类　氧化剂

燃烧与爆炸危险性　本品不燃。强氧化剂。受高热或撞击时即爆炸。

活性反应　强氧化剂，与还原剂、有机物、易燃物如硫、磷或金属粉末等混合可形成爆炸性混合物。与铝粉、水的混合物易发生爆炸。与过氧化钠的混合物在研钵中刚开始研磨就爆炸，该混合物加热至 75℃，或暴露于二氧化碳中、或滴入几滴水都会爆炸。溶于水后形成的酸性溶液能腐蚀铁。

禁忌物　强还原剂、活性金属粉末、易燃物等。

毒性　大鼠经口 LD_{50}：689mg/kg。

对皮肤黏膜有刺激性和腐蚀性。吸入后引起鼻炎、喉炎、气短和咳嗽等。眼、皮肤接触可引起强烈刺激、疼痛，甚至发生灼伤。口服引起腹痛、恶心和呕吐。

长期皮肤接触可引起变应性皮炎。

侵入途径　吸入、食入。

职业接触限值　美国(ACGIH)：TLV－TWA：0.1mg/m^3。

环境危害　该物质对水生生物有害。

理化特性与用途

理化特性　无色单斜结晶或白色结晶性粉末，有时略带浅绿色。有潮解性。易溶于水，水溶液呈酸性。熔点 120℃(分解)，相对密度(水＝1)1.98，相对蒸气密度(空气＝1)7.9。

主要用途　用作制造双氧水和过硫酸盐的原料，高分子聚合时的助聚剂，氯乙烯单体聚合的引发剂，小麦粉改质剂，油脂和肥皂的漂白剂。

包装与储运

包装标志　氧化剂

包装类别　Ⅲ类

安全储运　储存于阴凉、通风良好的库房。保持容器密封。储存温度不超过 30℃，相对湿度不超过 80%。防止容器受损、受潮。应与可燃物、有机物和易氧化物等隔离储运。搬运时轻装轻卸，禁止震动、撞击和摩擦，以防止爆炸事故发生。不得在仓间内开启容器。避免存放在木质地板上。

紧急处置信息

急救措施

吸入：迅速脱离现场至空气新鲜处。保持呼吸道通畅。如呼吸困难，给输氧。呼吸、心跳停止，立即进行心肺复苏术。就医。

眼睛接触：立即分开眼睑，用大量流动清水或生理盐水彻底冲洗。就医。

皮肤接触：立即脱去污染的衣着，用大量流动清水彻底冲洗。就医。

食入：用水漱口，禁止催吐。就医。

灭火方法　在火场中与可燃物混合会爆炸，消防人员须在有防爆掩蔽处操作。

泄漏应急处置　隔离泄漏污染区，限制出入。建议应急处理人员戴防尘口罩，穿防毒服，戴橡胶手套。勿使泄漏物与可燃物质(如木材、纸、油等)接触。穿上适当的防护服前严禁接触破裂的容器和泄漏物。尽可能切断泄漏源。勿使水进入包装容器内。小量泄漏：用洁净的铲子收集泄漏物，置于干净、干燥、盖子较松的容器中，将容器移离泄漏区。大量泄漏：泄漏物回收后，用水冲洗泄漏区。

315. 过硫酸钾

标　识

中文名称　过硫酸钾

英文名称　Potassium persulfate；Potassium peroxydisulfate

别名　过二硫酸钾

分子式　$K_2O_8S_2$

CAS 号　7727－21－1

WGH 号　51504

UN 号　1492

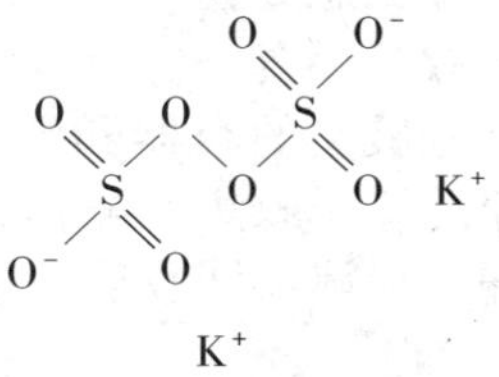

危害信息

危险性类别　第 5.1 类　氧化剂

燃烧与爆炸危险性　本品不燃。强氧化剂。受高热或暴露在火场中会发生爆炸性分解。急剧加热时可发生爆炸。

活性反应　强氧化剂，与有机物、还原剂、易燃物如油品、氢气、金属粉末、硫、磷、醇、胺、肼、烃等接触或混合时有引起燃烧爆炸的危险。与少量的氢氧化钾溶液混合时，释放出大量的热量和氧自由基，能引发烯烃聚合反应。

禁忌物　强还原剂、活性金属粉末、易燃物等。

毒性　大鼠经口 LD_{50}：802mg/kg。

吸入本品粉尘对鼻、喉和呼吸道有刺激性，引起咳嗽及胸部不适。对眼有强刺激性，可引起灼伤。对皮肤有强刺激性。吞咽刺激口腔及胃肠道，引起腹痛、恶心和呕吐。

过敏性体质者接触可发生皮疹。

侵入途径　吸入、食入。

职业接触限值　美国(ACGIH)：TLV－TWA：0.1mg/m^3。

理化特性与用途

理化特性　白色三斜结晶或白色片状结晶。溶于水，水溶液呈酸性。不溶于乙醇。相对密度(水＝1)2.48。在 100℃时完全分解，放出氧变成焦硫酸钾。

主要用途　用作电解法制过氧化氢的原料，氯乙烯树脂乳液聚合的促进剂，油脂和肥皂的漂白剂，合成橡胶乳液聚合的引发剂，染料及无机盐生产时的氧化剂。也可用于钢铁、医药工业。

包装与储运

包装标志　氧化剂

包装类别　Ⅲ类

安全储运　储存于阴凉、通风良好的库房。储存温度不超过30℃，相对湿度不超过80%。保持容器密封。防止容器受损、受潮。应与可燃物、有机物和还原剂等隔离储运。搬运时轻装轻卸，禁止震动、撞击和摩擦，以防止爆炸事故发生。不得在仓间内开启容器。避免存放在木质地板上。

紧急处置信息

急救措施

吸入：迅速脱离现场至空气新鲜处。保持呼吸道通畅。如呼吸困难，给输氧。呼吸、心跳停止，立即进行心肺复苏术。就医。

眼睛接触：立即分开眼睑，用大量流动清水或生理盐水彻底冲洗。就医。

皮肤接触：立即脱去污染的衣着，用大量流动清水彻底冲洗。就医。

食入：用水漱口，禁止催吐。就医。

灭火方法　在火场中与可燃物混合会爆炸，消防人员须在有防爆掩蔽处操作。

泄漏应急处置　隔离泄漏污染区，限制出入。建议应急处理人员戴防尘口罩，穿防毒服，戴橡胶手套。勿使泄漏物与可燃物质(如木材、纸、油等)接触。穿上适当的防护服前严禁接触破裂的容器和泄漏物。尽可能切断泄漏源。勿使水进入包装容器内。小量泄漏：用洁净的铲子收集泄漏物，置于干净、干燥、盖子较松的容器中，将容器移离泄漏区。大量泄漏：泄漏物回收后，用水冲洗泄漏区。

316. 过硫酸钠

标　识

中文名称　过硫酸钠

英文名称　Sodium persulfate; Sodium peroxydisulfate

别名　过二硫酸钠

分子式　$Na_2S_2O_8$

CAS 号　7775－27－1

WGH 号　51504

UN 号　1505

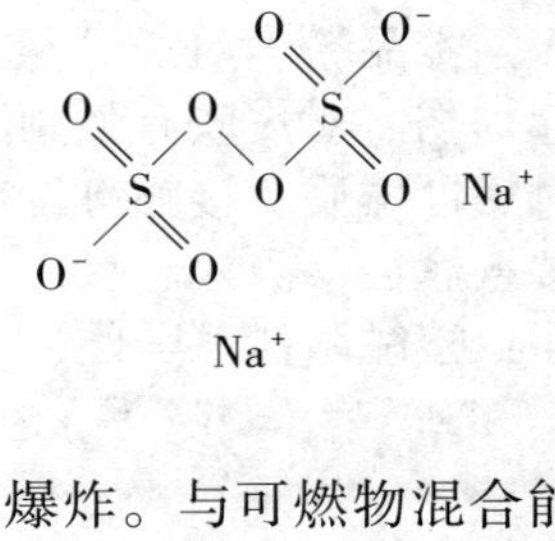

危害信息

危险性类别　第5.1类　氧化剂

燃烧与爆炸危险性　强氧化剂，助燃。受高热或撞击时即爆炸。与可燃物混合能形成爆炸性混合物。

活性反应　与还原剂发生反应。

禁忌物　强还原剂、活性金属粉末、醇类、强碱。

毒性　小鼠腹腔内 LD_{50}：226mg/kg。

本品对眼、上呼吸道和皮肤有刺激性。某些敏感个体接触本品后，可能发生皮疹和(或)哮喘。

侵入途径　吸入、食入。

职业接触限值 美国(ACGIH)：TLV－TWA：0.1mg/m^3。

理化特性与用途

理化特性 白色晶状粉末，无臭。溶于水，不溶于乙醇。熔点(分解)，相对密度(水=1)2.4。

主要用途 用作漂白剂、氧化剂、乳液聚合促进剂，也用于医药工业。

包装与储运

包装标志 氧化剂

包装类别 Ⅲ类

安全储运 储存于阴凉、通风的库房。远离火种、热源。储存温度不超过30℃，相对湿度不超过80%。保持容器密封，不可与空气接触。应与还原剂、可燃物、金属粉末、酸碱等隔离储运。

紧急处置信息

急救措施

吸入：迅速脱离现场至空气新鲜处。保持呼吸道通畅。如呼吸困难，给输氧。呼吸、心跳停止，立即进行心肺复苏术。就医。

眼睛接触：立即分开眼睑，用大量流动清水或生理盐水彻底冲洗。就医。

皮肤接触：立即脱去污染的衣着，用大量流动清水彻底冲洗。就医。

食入：用水漱口，禁止催吐。就医。

灭火方法 消防人员须穿全身消防服，佩戴空气呼吸器，在上风向灭火。尽可能将容器从火场移至空旷处。喷水保持火场容器冷却，直至灭火结束。在火场中与可燃物混合会爆炸。消防人员须在有防爆掩蔽处操作，禁止用砂土压盖。本品不燃，根据着火原因选择适当灭火剂灭火。

泄漏应急处置 隔离泄漏污染区，限制出入。建议应急处理人员戴防尘口罩，穿防毒服，戴橡胶手套。勿使泄漏物与可燃物质(如木材、纸、油等)接触。穿上适当的防护服前严禁接触破裂的容器和泄漏物。尽可能切断泄漏源。勿使水进入包装容器内。小量泄漏：用洁净的铲子收集泄漏物，置于干净、干燥、盖子较松的容器中，将容器移离泄漏区。大量泄漏：泄漏物回收后，用水冲洗泄漏区。

317. 过氧化苯甲酸叔丁酯

标　识

中文名称 过氧化苯甲酸叔丁酯

英文名称 Benzenecarboperoxoic acid，1,1－dimethylethyl ester；tert－Butyl peroxybenzoate

别名 叔丁基过苯甲酸酯；引发剂CP－02；引发剂C

分子式 $C_{11}H_{14}O_3$

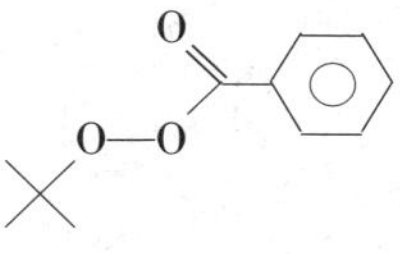

CAS号 614－45－9

WGH号 52076

UN号 3103[含量>77%]；3105[52%<含量≤77%]；

3106［含量≤52%］

危害信息

危险性类别　第5.2类　有机过氧化物

燃烧与爆炸危险性　其蒸气与空气可形成爆炸性混合物，遇明火、高热能引起燃烧爆炸。对撞击、摩擦较敏感，易引起燃烧或爆炸。

活性反应　与油品等易燃物、还原剂、胺等物品接触会发生剧烈反应，有燃烧爆炸的危险。痕量的金属离子杂质会导致其快速分解。

禁忌物　还原剂、易燃物。

毒性　大鼠经口 LD_{50}：1012mg/kg；小鼠经口 LD_{50}：914mg/kg。

对眼、黏膜和皮肤有刺激性。长时间吸入本品蒸气可引起头痛、咽喉刺激。溅入眼内可引起眼损害。

侵入途径　吸入、食入、经皮吸收。

环境危害　对水生生物是有毒的。

理化特性与用途

理化特性　无色至微黄色透明液体，略有芳香味。不溶于水，溶于多数有机溶剂。熔点8℃，沸点75～76℃(26.665Pa)，相对密度(水=1)1.040，相对蒸气密度(空气=1)6.7，蒸气压44Pa(50℃)，闪点93℃，引燃温度>380℃，辛醇/水分配系数2.89，理论活性氧量8.24%，活化能145.3kJ/mol，分解温度166℃(半衰期1min)；105℃(半衰期10h)，自动加速分解温度(SADT)60℃。

主要用途　用于乙烯、丙烯、苯乙烯、醋酸乙烯、邻苯二甲酸二烯丙酯等聚合的引发剂和聚酯树脂加热成型的固化引发剂，也可作聚酯、硅橡胶的交联剂。

包装与储运

包装标志　有机过氧化物

安全储运　储存于阴凉、低温、通风的不燃材料结构的库房，储存温度不超过30℃，相对湿度不超过80%。大量储存的库房内必须有自动喷水装置。远离火种、热源，防止阳光直射。应与还原剂、促进剂、有机物、可燃物及强酸等隔离储运。禁止使用易产生火花的机械设备和工具。禁止震动、撞击和摩擦。

紧急处置信息

急救措施

吸入：迅速脱离现场至空气新鲜处。保持呼吸道通畅。如呼吸困难，给输氧。呼吸、心跳停止，立即进行心肺复苏术。就医。

眼睛接触：立即分开眼睑，用大量流动清水或生理盐水彻底冲洗。就医。

皮肤接触：立即脱去污染的衣着，用大量流动清水彻底冲洗。就医。

食入：用水漱口，禁止催吐。就医。

灭火方法　消防人员须佩戴空气呼吸器，穿全身消防服，在上风向灭火。遇大火，消防人员须在有防护掩蔽处操作。尽可能将容器从火场移至空旷处。在物料附近着火，须用水保持容器冷却。处在火场中的容器若发生异常变化或发出异常声音，必须马上撤离

用水、泡沫、干粉灭火。禁止用砂土压盖。

泄漏应急处置　隔离泄漏污染区，限制出入。消除所有点火源。建议应急处理人员戴自给式呼吸器，穿防毒服，戴橡胶手套。勿使泄漏物与可燃物质(如木材、纸、油等)接触。

穿上适当的防护服前严禁接触破裂的容器和泄漏物。尽可能切断泄漏源。小量泄漏：用惰性、湿润的不燃材料吸收泄漏物，用洁净的非火花工具收集于一盖子较松的塑料容器中，待处理。大量泄漏：筑堤或挖坑收容。用泡沫覆盖。防止泄漏物进入水体、下水道、地下室或限制性空间。在专家指导下清除。

318. 过氧化二苯甲酰

标　识

中文名称　过氧化二苯甲酰

英文名称　Dibenzoyl peroxide；Benzoyl peroxide

别名　过氧化苯甲酰；引发剂 BPO

分子式　$C_{14}H_{10}O_4$

CAS 号　94－36－0

WGH 号　52045

UN 号　3102［含量＞77%］；3104［含量≤77%］

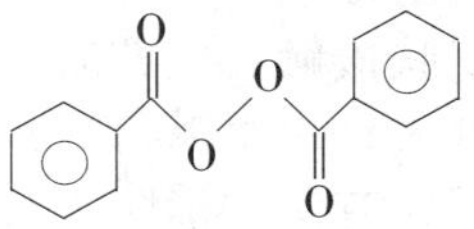

危害信息

危险性类别　第 5.2 类　有机过氧化物

燃烧与爆炸危险性　干燥状态下非常易燃，遇热、摩擦、震动或杂质污染均能引起爆炸性分解。急剧加热时可发生爆炸。

活性反应　强氧化剂，与还原剂接触会自燃。遇热、光照、摩擦、震动或杂质污染均能引起爆炸性分解。与聚合促进剂、有机物、酸、醇、胺、铜合金、铅、铁、易燃物如油品、硫、磷等接触或混合时，有引起燃烧爆炸的危险。与四氯化碳和乙烯的混合物受热后易发生爆炸。与甲基丙烯酸甲酯接触会发生燃烧。与木炭的混合物会剧烈反应，产生含有苯甲酸、苯、二氧化碳的白烟。痕量的金属离子杂质会引发其剧烈分解。

禁忌物　强还原剂、酸类、碱类、醇类。

毒性　大鼠经口 LD_{50}：7710mg/kg；小鼠经口 LD_{50}：5700mg/kg。

本品对上呼吸道有刺激性。对皮肤有强烈刺激及致敏作用。进入眼内可造成损害。

侵入途径　吸入、食入。

职业接触限值

中国：PC－TWA：5mg/m^3。

美国(ACGIH)：TLV－TWA：5mg/m^3。

理化特性与用途

理化特性　白色或淡黄色细粒，微有苦杏仁气味。不溶于水，微溶于乙醇，溶于乙醚、丙酮、氯仿和苯。熔点 103～105℃，沸点(爆炸性分解)，相对密度(水＝1)1.33，相对蒸气密度(空气＝1)8.4，临界压力 2.57MPa，燃烧热－6855.2kJ/mol，辛醇/水分配系数 3.46，闪点 40℃，引燃温度 80℃，理论活性氧量 6.62%，活化能 125.6kJ/mol，分解温度 130℃(半衰期 1min)；72℃(半衰期 10h)。

主要用途　用作丙烯酸、醋酸乙烯、甲基丙烯酸甲酯等的聚合引发剂，也可作为聚酯、环氧、离子交换等树脂生产的催化剂，硅、氟橡胶制品交联剂，还可用于油脂精制、面粉漂白、纤维脱色。

包装与储运

包装标志　有机过氧化物

安全储运　储存时以水作稳定剂。储存于阴凉、低温、通风的不燃材料结构的库房，储存温度不超过30℃，相对湿度不超过80%。大量储存的库房内必须有自动喷水装置。远离火种、热源，防止阳光直射。保护干的本品不受震动或摩擦。应与还原剂、促进剂、强酸、强碱、硫化物及聚合用助催化剂等隔离储运。储运过程中必须定时检查含水量，以保证它的稳定性。搬运时轻装轻卸，防止包装及容器损坏。

紧急处置信息

急救措施

吸入：迅速脱离现场至空气新鲜处。保持呼吸道通畅。如呼吸困难，给输氧。呼吸、心跳停止，立即进行心肺复苏术。就医。

眼睛接触：立即分开眼睑，用大量流动清水或生理盐水彻底冲洗。就医。

皮肤接触：立即脱去污染的衣着，用大量流动清水彻底冲洗。就医。

食入：用水漱口，禁止催吐。就医。

灭火方法　消防人员须佩戴空气呼吸器，穿全身消防服，在上风向灭火。遇大火，消防人员须在有防护掩蔽处操作。尽可能将容器从火场移至空旷处。在物料附近着火，须用水保持容器冷却。

用水、泡沫、干粉灭火。禁止用砂土压盖。

泄漏应急处置　隔离泄漏污染区，限制出入。消除所有点火源。建议应急处理人员戴防尘口罩，穿一般作业工作服，戴橡胶手套。勿使泄漏物与可燃物质（如木材、纸、油等）接触。用雾状水保持泄漏物湿润。尽可能切断泄漏源。小量泄漏：用惰性、湿润的不燃材料吸收泄漏物，用洁净的非火花工具收集于一盖子较松的塑料容器中，待处理。大量泄漏：用水润湿，并筑堤收容。防止泄漏物进入水体、下水道、地下室或限制性空间。在专家指导下清除。

319. 过氧化二碳酸二（2－乙基己基）酯

标　识

中文名称　过氧化二碳酸二(2－乙基己基)酯

英文名称　Bis－2－ethylhexyl peroxydicarbonate；Peroxydicarbonicacid，di(2－ethylhexyl)ester

别名　过氧化二(2－乙基己基)二碳酸酯；引发剂 EHP

分子式　$C_{18}H_{34}O_6$

CAS 号　16111－62－9

WGH 号　52089

UN 号　3113［含量>77%］；3115［含量≤77%］

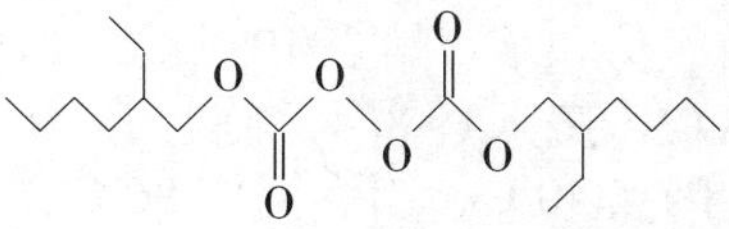

危害信息

危险性类别　第5.2类　有机过氧化物

燃烧与爆炸危险性 其蒸气与空气可形成爆炸性混合物。遇热源和明火有燃烧爆炸的危险。对撞击、摩擦较敏感。加热或卷入火时会剧烈分解，引起燃烧爆炸。

活性反应 与有机物、易燃物、还原剂接触会发生剧烈反应，有燃烧爆炸的危险。胺和一些金属能加速其分解反应。

禁忌物 强氧化剂、强还原剂、强酸、易燃物。

毒性 大鼠经口 LD_{50}：1020mg/kg。

本品对眼睛、皮肤和黏膜有刺激性。受热分释放出有腐蚀和刺激性的烟雾。

侵入途径 吸入、食入。

理化特性与用途

理化特性 无色透明液体。不溶于水。熔点＜－57℃，理论活性氧量4.62%，分解温度90℃(半衰期1min)、41℃(半衰期10h)，闪点62℃，辛醇/水分配系数7.26。

主要用途 用作乙烯、氯乙烯聚合的引发剂。

包装与储运

包装标志 有机过氧化物

包装类别 Ⅱ类

安全储运 储存于阴凉、低温、通风的不燃材料结构的库房，储存温度不宜超过过－20℃。远离火种、热源，防止阳光直射。应与还原剂、促进剂、有机物、可燃物及强酸等隔离储运。搬运时轻装轻卸，禁止震动、撞击和摩擦，以防止爆炸事故发生。

紧急处置信息

急救措施

吸入：迅速脱离现场至空气新鲜处。保持呼吸道通畅。如呼吸困难，给输氧。呼吸、心跳停止，立即进行心肺复苏术。就医。

眼睛接触：立即分开眼睑，用大量流动清水或生理盐水彻底冲洗。就医。

皮肤接触：立即脱去污染的衣着，用大量流动清水彻底冲洗。就医。

食入：用水漱口。就医。

灭火方法 消防人员须佩戴空气呼吸器，穿全身消防服，在上风向灭火。遇大火，消防人员须在有防护掩蔽处操作。尽可能将容器从火场移至空旷处。在物料附近着火，须用水保持容器冷却。处在火场中的容器若发生异常变化或发出异常声音，必须马上撤离

用水、泡沫、干粉灭火。禁止用砂土压盖。

泄漏应急处置 隔离泄漏污染区，限制出入。消除所有点火源。建议应急处理人员戴防尘口罩，穿防毒服，戴橡胶手套。勿使泄漏物与可燃物质(如木材、纸、油等)接触。穿上适当的防护服前严禁接触破裂的容器和泄漏物。用雾状水保持泄漏物湿润。尽可能切断泄漏源。小量泄漏：用惰性、湿润的不燃材料吸收泄漏物，用洁净的非火花工具收集于一盖子较松的塑料容器中，待处理。大量泄漏：筑堤或挖坑收容。防止泄漏物进入水体、下水道、地下室或限制性空间。在专家指导下清除。

320. 过氧化二碳酸二异丙酯

标　识

中文名称　过氧化二碳酸二异丙酯

英文名称　Bisisopropyl peroxydicarbonate；Peroxydicarbonic acid，diisopropyl ester

别名　引发剂 IPP

分子式　$C_8H_{14}O_6$

CAS 号　105 - 64 - 6

WGH 号　52086

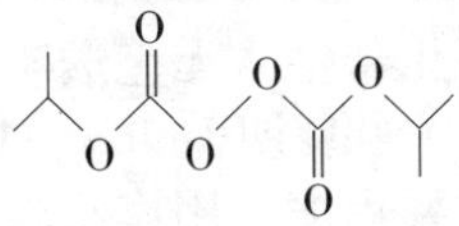

危害信息

危险性类别　第 5.2 类　有机过氧化物

燃烧与爆炸危险性　易燃。在正常环境温度下会爆炸。受撞击、摩擦，遇明火或其他点火源极易爆炸。

活性反应　与有机物、易燃物、还原剂、酸类接触会发生剧烈反应，有燃烧爆炸危险。

禁忌物　易燃物、还原剂、酸类。

毒性　大鼠经口 LD_{50}：2140mg/kg；家兔经皮 LD_{50}：2025mg/kg。

中毒表现　严重刺激眼睛。摄入和皮肤接触有中度毒性。皮肤长时间接触会有损害。吸入蒸气可致头痛，高浓度吸入可引起肺水肿。

侵入途径　吸入、食入、经皮吸收。

理化特性与用途

理化特性　白色结晶状固体。不溶于水，溶于脂肪烃、芳香烃、醚类、酯类及氯代烃等。熔点 8 ~ 10℃，相对密度（水 = 1）1.08（15.5℃/4℃），闪点 79℃，辛醇/水分配系数 2.63。

主要用途　用作氯乙烯及其他单体聚合或共聚的低温引发剂。

包装与储运

包装标志　有机过氧化物

包装类别　Ⅱ类

安全储运　储存于阴凉、低温、通风的不燃材料结构的库房，储存温度不超过 30℃，相对湿度不超过 80%，大量储存的库房内必须有自动喷水装置。远离火种、热源，防止阳光直射。应与还原剂、促进剂、有机物、可燃物及强酸等隔离储运。搬运时轻装轻卸，防止摩擦、撞击造成着火、爆炸。

紧急处置信息

急救措施

吸入：迅速脱离现场至空气新鲜处。保持呼吸道通畅。如呼吸困难，给输氧。呼吸、心跳停止，立即进行心肺复苏术。就医。

眼睛接触：立即分开眼睑，用大量流动清水或生理盐水彻底冲洗。就医。

皮肤接触：立即脱去污染的衣着，用大量流动清水彻底冲洗。就医。

食入：用水漱口，禁止催吐。就医。

灭火方法 消防人员须穿全身消防服，佩戴空气呼吸器灭火。遇大火，消防人员须在有防护掩蔽处操作。尽可能将容器从火场移至空旷处。喷水保持火场容器冷却，直至灭火结束。

灭火剂：雾状水、泡沫、干粉。禁止用砂土压盖。

泄漏应急处置 隔离泄漏污染区，限制出入。消除所有点火源。建议应急处理人员戴防尘口罩，穿一般作业工作服，戴橡胶手套。勿使泄漏物与可燃物质(如木材、纸、油等)接触。用雾状水保持泄漏物湿润。尽可能切断泄漏源。小量泄漏：用惰性、湿润的不燃材料吸收泄漏物，用洁净的非火花工具收集于一盖子较松的塑料容器中，待处理。大量泄漏：用水润湿，并筑堤收容。防止泄漏物进入水体、下水道、地下室或限制性空间。在专家指导下清除。

321. 过氧化二乙酰

标　识

中文名称 过氧化二乙酰

英文名称 Acetyl peroxide；Diacetyl peroxide

别名 过氧化乙酰

分子式 $C_4H_6O_4$

CAS 号 110－22－5

WGH 号 52037

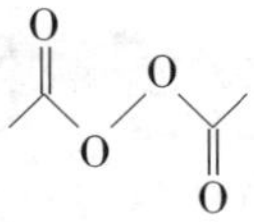

危害信息

危险性类别 第 5.2 类 有机过氧化物

燃烧与爆炸危险性 易燃。其粉体与空气混合能形成爆炸性混合物，受撞击、摩擦，遇明火或其他点火源极易爆炸。

毒性 对眼、呼吸道和皮肤有刺激性。食入刺激消化道。

侵入途径 吸入、食入。

理化特性与用途

理化特性 无色片状结晶，有刺激性气味。微溶于冷水，易溶于乙醇、乙醚。熔点30℃，沸点63℃(2.66kPa)，相对密度(水＝1)1.18，相对蒸气密度(空气＝1)4.07，饱和蒸气压0.67kPa(25℃)，临界温度315℃，临界压力3.95MPa，燃烧热－1896kJ/mol，闪点45℃(开杯)，辛醇/水分配系数0.52。

主要用途 用作聚合反应引发剂和催化剂。

包装与储运

包装标志 有机过氧化物

包装类别 Ⅱ类

安全储运 储存于阴凉、低温、通风的不燃材料结构的库房，储存温度不超过30℃，相对湿度不超过80%，大量储存的库房内必须有自动喷水装置。远离火种、热源，防止阳光直射。应与可燃物、强酸等隔离储运。禁止使用铜制装置。禁止使用易产生火花的机械设备和工具。禁止震动、撞击和摩擦。

紧急处置信息

急救措施

吸入：迅速脱离现场至空气新鲜处。保持呼吸道通畅。如呼吸困难，给输氧。呼吸、心跳停止，立即进行心肺复苏术。就医。

眼睛接触：立即分开眼睑，用大量流动清水或生理盐水彻底冲洗。就医。

皮肤接触：立即脱去污染的衣着，用大量流动清水彻底冲洗。就医。

食入：用水漱口，禁止催吐。就医。

灭火方法 消防人员须穿全身消防服，佩戴空气呼吸器灭火。在物料附近失火，须用水保持容器冷却。消防人员须在有防爆掩蔽处操作。

灭火剂：水、雾状水、抗溶性泡沫、干粉。禁止用砂土压盖。

泄漏应急处置 隔离泄漏污染区，限制出入。建议应急处理人员戴防尘口罩，穿防毒防酸碱服，戴橡胶耐酸碱手套。穿上适当的防护服前严禁接触破裂的容器和泄漏物。用雾状水保持泄漏物湿润。尽可能切断泄漏源。小量泄漏：用惰性、湿润的不燃材料吸收泄漏物，用洁净的非火花工具收集于一盖子较松的塑料容器中，待处理。大量泄漏：用水润湿，并筑堤收容。防止泄漏物进入水体、下水道、地下室或限制性空间。在专家指导下清除。

322. 过氧化二异丙苯

标 识

中文名称 过氧化二异丙苯

英文名称 Dicumyl peroxide；Curing agent DCP

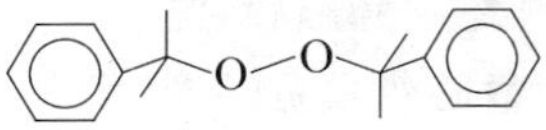

别名 硫化剂 DCP

分子式 $C_{18}H_{22}O_2$

CAS 号 80－43－3

WGH 号 52030

UN 号 3110(海，浓度＞52%)

危害信息

危险性类别 第 5.2 类 有机过氧化物

燃烧与爆炸危险性 易燃。强氧化剂。其粉体与空气可形成爆炸性混合物。遇热源和明火有燃烧爆炸的危险。对撞击、摩擦较敏感，加热或卷入火时会剧烈分解，引起燃烧爆炸。

活性反应 强氧化剂，与有机物、胺、铜合金、铅、铁、还原剂、易燃物如油品、硫、磷等接触或混合时有引起燃烧爆炸的危险。对撞击、摩擦较敏感。受热或处于火场时会剧烈分解，引起燃烧爆炸。痕量的金属离子杂质会导致其快速分解。

禁忌物 强还原剂。

毒性 大鼠经口 LD_{50}：3500mg/kg；小鼠经口 LD_{50}：5000mg/kg。

对眼、黏膜、呼吸道和皮肤有刺激性。

侵入途径 吸入、食入。

环境危害 对水生生物有毒，可能在水生环境中造成长期不利影响。

理化特性与用途

理化特性 白色结晶。见光逐渐变成微黄色。不溶于水，微溶于冷的乙醇，溶于乙醚、乙酸、苯和异丙苯等。熔点 38 ~41℃，沸点 130℃(分解)，相对密度(水 =1)1.082，相对蒸气密度(空气 =1)9.3，闪点 >110℃，引燃温度 >380℃，辛醇/水分配系数 5.5，自加速分解温度(SADT)75℃。分解温度 171℃(半衰期 1min)；117℃(半衰期 10h)。

主要用途 可作为单体聚合的引发剂，高分子材料的硫化剂、交联剂、固化剂等。

包装与储运

包装标志 有机过氧化物

安全储运 储存于阴凉、低温、通风的不燃材料结构的库房，储存温度不宜超过5℃，大量储存的库房内必须有自动喷水装置。远离火种、热源，防止阳光直射。应与还原剂、促进剂、有机物、可燃物及强酸等隔离储运。搬运时轻装轻卸，防止摩擦、撞击造成着火、爆炸。

紧急处置信息

急救措施

吸入：迅速脱离现场至空气新鲜处。保持呼吸道通畅。如呼吸困难，给输氧。呼吸、心跳停止，立即进行心肺复苏术。就医。

眼睛接触：立即分开眼睑，用大量流动清水或生理盐水彻底冲洗。就医。

皮肤接触：立即脱去污染的衣着，用大量流动清水彻底冲洗。就医。

食入：用水漱口，禁止催吐。就医。

灭火方法 消防人员须佩戴空气呼吸器，穿全身消防服，在上风向灭火。遇大火，消防人员须在有防护掩蔽处操作。尽可能将容器从火场移至空旷处。在物料附近着火，须用水保持容器冷却。

用水、泡沫、干粉灭火。禁止用砂土压盖。

泄漏应急处置 隔离泄漏污染区，限制出入。消除所有点火源。建议应急处理人员戴防尘口罩，穿防毒服，戴橡胶手套。勿使泄漏物与可燃物质(如木材、纸、油等)接触。穿上适当的防护服前严禁接触破裂的容器和泄漏物。用雾状水保持泄漏物湿润。尽可能切断泄漏源。小量泄漏：用惰性、湿润的不燃材料吸收泄漏物，用洁净的非火花工具收集于一盖子较松的塑料容器中，待处理。大量泄漏：用水润湿，并筑堤收容。防止泄漏物进入水体、下水道、地下室或限制性空间。在专家指导下清除。

323. 过氧化氢

标 识

中文名称 过氧化氢

英文名称 Hydrogen peroxide；Dioxowater

别名 双氧水

分子式 H_2O_2

CAS 号 7722 -84 -1

WGH 号 51001

HO—OH

UN号 2015［含量>60%］；2014［水溶液，20%≤含量≤60%］；2984［水溶液，8%≤含量<20%］。

危害信息

危险性类别 第5.1类 氧化剂

燃烧与爆炸危险性 本品不燃，可助燃。遇明火、易燃物、有机物易燃烧爆炸。浓过氧化氢溶液受撞击、高温、光照下易发生爆炸。浓度超过74%的过氧化氢，在具有适当的点火源或温度的密闭容器中，能产生气相爆炸。具有腐蚀性。

活性反应 含过氧键的强氧化剂。具有腐蚀性。与许多有机物如汽油、煤油、柴油、溶剂油、糖、淀粉、醇等物质能形成爆炸性混合物，撞击、受热或电火花作用下易发生爆炸。接触铁、铜、黄铜、青铜、铬、铅、锰、银及其他金属，尤其是在碱性条件下极易分解，甚至发生爆炸，放出大量的热量、氧和水蒸气。

禁忌物 强还原剂、活性金属粉末、易燃或可燃物。

毒性 大鼠经口 LD_{50}：376mg/kg(90%)；大鼠吸入 LC_{50}：2g/m^3(90%，4h)；儿童经口 LDL_o：12mL/kg(3%)。

本品具有刺激性和腐蚀性。

中毒表现 吸入本品蒸气或雾对呼吸道有强烈刺激性，一次大量吸入可引起肺炎或肺水肿。眼直接接触液体可致不可逆损伤甚至失明。口服中毒出现腹痛、胸口痛、呼吸困难、呕吐、一时性运动和感觉障碍、体温升高等。个别病例出现视力障碍、癫痫样痉挛、轻瘫

长期接触本品可致接触性皮炎。

侵入途径 吸入、食入。

职业接触限值

中国：PC-TWA：1.5mg/m^3。

美国(ACGIH)：TLV-TWA：1ppm。

环境危害 对水生生物是有毒的。

理化特性与用途

理化特性 无色透明液体，有微弱的特殊气味。溶于水、乙醇、乙醚，不溶于苯、石油醚。pH值4.6(35%溶液)，熔点-0.4℃，沸点150.2℃，相对密度(水=1)1.4425(25℃)，临界温度457℃，临界压力20.99MPa，相对蒸气密度(空气=1)1，蒸气压0.67kPa(30℃)，辛醇/水分配系数-1.36。

主要用途 用于化学工业、纺织工业、造纸工业、医药和环境保护等，可用作氧化剂、漂白剂、消毒剂、脱氯剂；还用于制造火箭燃料、有机或无机过氧化物、泡沫塑料等。

包装与储运

包装标志 氧化剂，腐蚀品(含量≥60%)；氧化剂(水溶液，8%≤含量<20%)。

包装类别 Ⅰ［含量>60%］；Ⅱ［20%≤含量≤60%］；Ⅲ［8%≤含量<20%］。

安全储运 储存于阴凉、通风的库房。远离高温、热源，防止阳光直射。储存温度不超过30℃，相对湿度不超过75%。保持容器密封。应与易燃物、还原剂、活泼金属粉末、有机物等隔离储运。夏季早晚运输。禁止撞击和震荡。

紧急处置信息

急救措施

吸入：迅速脱离现场至空气新鲜处。保持呼吸道通畅。如呼吸困难，给输氧。呼吸、

心跳停止，立即进行心肺复苏术。就医。

眼睛接触：立即分开眼睑，用大量流动清水或生理盐水彻底冲洗 10～15min。就医。

皮肤接触：立即脱去污染的衣着，用大量流动清水彻底冲洗。就医。

食入：用水漱口，禁止催吐。给饮牛奶或蛋清。就医。

灭火方法 尽可能将容器从火场移至空旷处。喷水保持火场容器冷却，直至灭火结束。处在火场中的容器若发生异常变化或发出异常声音，必须马上撤离。消防人员必须穿全身防火防毒服，在上风向灭火。

泄漏应急处置 根据液体流动和蒸气扩散的影响区域划定警戒区，无关人员从侧风、上风向撤离至安全区。建议应急处理人员戴正压自给式呼吸器，穿防腐蚀、防毒服，戴氯丁橡胶手套。远离易燃、可燃物(如木材、纸张、油品等)。尽可能切断泄漏源。防止泄漏物进入水体、下水道、地下室或限制性空间。小量泄漏：用砂土、蛭石或其他惰性材料吸收。也可以用大量水冲洗，洗水稀释后放入废水系统。大量泄漏：构筑围堤或挖坑收容。喷雾状水冷却和稀释蒸汽、保护现场人员。用泵转移至槽车或专用收集器内。

324. 过氧化氢异丙苯

标　识

中文名称 过氧化氢异丙苯

英文名称 Cumene hydroperoxide; alpha, alpha - Dimethylbenzylhydroperoxide; Cumyl hydroperoxide

别名 枯基过氧化氢；CHP

分子式 $C_9H_{12}O_2$

CAS 号 80－15－9

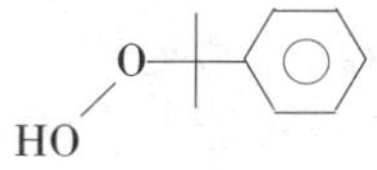

WGH 号 52020

UN 号 3107[含量＞90%]；3109[含量≤90%]

危害信息

危险性类别 第 5.2 类 有机过氧化物

燃烧与爆炸危险性 具有强氧化性。遇热、明火或与酸、碱接触剧烈反应会造成燃烧爆炸。对撞击、摩擦敏感，易发生爆炸。

活性反应 强氧化剂，与还原剂发生剧烈反应，甚至爆炸。接触碳、铜、铜合金、铅合金、无机酸会剧烈反应。与碘化钠混合，会发生爆炸性分解反应。能引燃有机易燃物。

禁忌物 强还原剂、强碱、无机酸。

毒性 大鼠经口 LD_{50}：382mg/kg；大鼠经皮 LD_{50}：500mg/kg；大鼠吸入 LC_{50}：220ppm (4h)。

吸入、摄入或经皮吸收后对身体有害。高浓度时，对眼睛、皮肤、黏膜和上呼吸道有强烈刺激作用。接触后可引起烧灼感、咳嗽、喉炎、头痛、恶心和呕吐。

侵入途径 吸入、食入、经皮吸收。

环境危害 对水生生物有毒，可能在水生环境中造成长期不利影响。

理化特性与用途

理化特性 无色至淡黄色透明液体。微溶于水，易溶于乙醇、丙酮、酯类、烃类。熔点－9℃，沸点53℃(0.013kPa)，相对密度(水＝1)1.0619(20℃)，相对蒸气密度(空气＝1)5.4，蒸气压0.032kPa(20℃)，燃烧热－4717.9kJ/mol，临界温度332℃，临界压力3.34MPa，闪点79℃(闭杯)，爆炸极限0.9%～6.5%，活性氧含量10.51%，活化能132.56kJ/mol，自动加速分解温度75℃。

主要用途　用作丁苯橡胶硫化剂，氯乙烯、丙烯酸的聚合引发剂，有机合成原料等。

包装与储运

包装标志　有机过氧化物

安全储运　储存于阴凉、低温、通风的不燃结构的库房，储存温度不超过30℃，相对湿度不超过80%，大量储存的库房内必须有自动喷水装置。远离火种、热源。保持容器密封。切勿与易燃物、还原剂、有机物、促进剂等混储混运。搬运时轻装轻卸，防止摩擦、撞击造成着火、爆炸。

紧急处置信息

急救措施

吸入：迅速脱离现场至空气新鲜处。保持呼吸道通畅。如呼吸困难，给输氧。呼吸、心跳停止，立即进行心肺复苏术。就医。

眼睛接触：立即分开眼睑，用大量流动清水或生理盐水彻底冲洗10～15min。就医。

皮肤接触：立即脱去污染的衣着，用大量流动清水彻底冲洗。就医。

食入：用水漱口，禁止催吐。给饮牛奶或蛋清。就医。

灭火方法　消防人员须佩戴空气呼吸器，穿全身消防服，在上风向灭火。遇大火，消防人员须在有防护掩蔽处操作。尽可能将容器从火场移至空旷处。在物料附近着火，须用水保持容器冷却。处在火场中的容器若发生异常变化或发出异常声音，必须马上撤离

用水、泡沫、干粉灭火。禁止用砂土压盖。

泄漏应急处置　隔离泄漏污染区，限制出入。消除所有点火源。建议应急处理人员戴自给式呼吸器，穿防毒服，戴橡胶手套。勿使泄漏物与可燃物质(如木材、纸、油等)接触。穿上适当的防护服前严禁接触破裂的容器和泄漏物。尽可能切断泄漏源。小量泄漏：用惰性、湿润的不燃材料吸收泄漏物，用洁净的非火花工具收集于一盖子较松的塑料容器中，待处理。大量泄漏：筑堤或挖坑收容。防止泄漏物进入水体、下水道、地下室或限制性空间。在专家指导下清除。

325. 过氧化双(3,5,5－三甲基己酰)

标　识

中文名称　过氧化双(3,5,5－三甲基己酰)

英文名称　Bis－(3,5,5－trimethyl hexanoyl)peroxide；Bis(3,5,5－trimethyl－1－oxo-hexyl)peroxide

别名　双(3,5,5－三甲基己酰)过氧化物；过氧化异壬酰；引发剂CP－10；引发剂K

分子式　$C_{18}H_{34}O_4$

CAS号　3851－87－4

WGH号　52042

UN号　3115[含量＞38%]；3119[含量≤38%]

危害信息

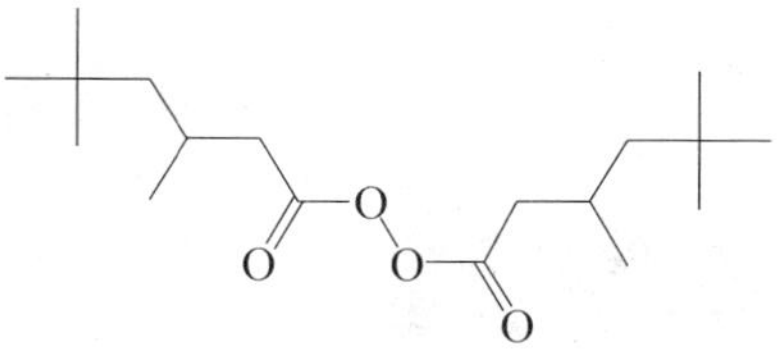

危险性类别　第5.2类　有机过氧化物

燃烧与爆炸危险性　其蒸气与空气可形成爆炸性混合物。遇热源和明火有燃烧爆炸的危险。对撞击、摩擦较敏感。加热或卷入火时会剧烈分解，引起燃烧爆炸。

活性反应　与强酸、强碱、硫化物、还原剂、聚合用助催化剂和促进剂如胺、金属环烷酸盐发生剧烈反应。痕量的金属离子杂质会使其快速分解。

禁忌物　还原剂、酸类、碱类。

毒性　大鼠经口 LD_{50}：10000mg/kg；大鼠吸入 LCL_o：>200mg/L(4h)

未见对人体危害资料。

侵入途径　吸入、食入、经皮吸收。

理化特性与用途

理化特性　无色透明液体，具有刺激性气味。不溶于水，易溶于丙酮、氯仿等。熔点<－70℃，沸点325℃，相对密度(水＝1)0.89～0.91，临界温度481℃，临界压力1.2MPa，辛醇/水分配系数7.04，理论活性氧量5.09%。分解温度115℃(半衰期1min)；59℃(半衰期10h)。

主要用途　用作乙烯基单体自由基聚合反应的引发剂。

包装与储运

包装标志　有机过氧化物

安全储运　储存于有冷藏装置、通风良好、散热良好的库房内。远离火种、热源。防止阳光直射。储存温度不宜超过0℃。应与还原剂、促进剂、有机物、易燃物、酸类及胺类物品等隔离储运。搬运时轻装轻卸，禁止震动、撞击和摩擦，以防止爆炸事故发生。不得在仓间内开启容器。

紧急处置信息

急救措施

吸入：脱离接触。如有不适感，就医。

眼睛接触：分开眼睑，用流动清水或生理盐水冲洗。如有不适感，就医。

皮肤接触：脱去污染的衣着，用肥皂水和清水冲洗。如有不适感，就医。

食入：漱口，饮水。就医。

灭火方法　消防人员须佩戴空气呼吸器，穿全身消防服，在上风向灭火。遇大火，消防人员须在有防护掩蔽处操作。尽可能将容器从火场移至空旷处。在物料附近着火，须用水保持容器冷却。处在火场中的容器若发生异常变化或发出异常声音，必须马上撤离

用水、泡沫、干粉灭火。禁止用砂土压盖。

泄漏应急处置　隔离泄漏污染区，限制出入。消除所有点火源。建议应急处理人员戴防尘口罩，穿防毒服，戴橡胶手套。勿使泄漏物与可燃物质(如木材、纸、油等)接触。穿上适当的防护服前严禁接触破裂的容器和泄漏物。尽可能切断泄漏源。小量泄漏：用惰性、湿润的不燃材料吸收泄漏物，用洁净的非火花工具收集于一盖子较松的塑料容器中，待处理。大量泄漏：筑堤或挖坑收容。防止泄漏物进入水体、下水道、地下室或限制性空间。在专家指导下清除。

326. 过氧化特戊酸叔丁酯

标识

中文名称 过氧化特戊酸叔丁酯

英文名称 *tert* - Butyl peroxypivalate; Peroxypivalic acid, *tert* - butylester

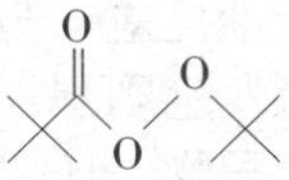

别名 引发剂 TBPV

分子式 $C_9H_{18}O_3$

CAS 号 927 - 07 - 1

WGH 号 52064

UN 号 3113[含量>67%]；3115[27%<含量≤67%]；3119[含量≤27%]

危害信息

危险性类别 第 5.2 类 有机过氧化物

燃烧与爆炸危险性 其蒸气与空气可形成爆炸性混合物，遇明火、高热能引起燃烧爆炸。对撞击、摩擦较敏感，易引起燃烧或爆炸。

活性反应 与聚合促进剂、有机物、酸、醇、胺、铜合金、铅、铁、易燃物如油品、硫、磷等接触或混合时，有引起燃烧爆炸的危险。痕量的金属离子杂质会引发其剧烈分解。

禁忌物 还原剂、酸类。

毒性 大鼠经口 LD_{50}：4300mg/kg。

吸入蒸气或误服有毒。对皮肤、眼睛和黏膜有刺激性。

侵入途径 吸入、食入、经皮吸收。

理化特性与用途

理化特性 无色透明油状液体。不溶于水和乙二醇，溶于大多数有机溶剂。熔点< -17℃，沸点 182℃，饱和蒸气压 0.11kPa(25℃)，相对密度(水 = 1)0.854，闪点 68 ~ 71℃，折射率 1.413，辛醇/水分配系数 2.81，理论活性氧量 9.18%，自加速分解温度(SADT)20℃，活化能 128kJ/mol，分解温度 110℃(半衰期 1min)；56℃(半衰期 10h)。

主要用途 用作氯乙烯、乙烯、乙酸乙烯酯等单体聚合的引发剂。也可与热稳定性较高的过氧化物配合，在高压聚合乙烯时用作引发剂。也用作不饱和聚酯的固化剂。也用于橡胶、油漆行业。

包装与储运

包装标志 有机过氧化物

安全储运 储存于有冷藏装置、通风良好、散热良好的库房内，有不燃地坪。远离火种、热源。防止阳光直射。置于有易于开启的、上加盖的深度冷冻箱内，保持温度 - 18 ~ - 1℃，避免受热或阳光直射。冷冻机与电器设备均须安装在室外。室内须装报警器，遇到温度失控时能自动报警。搬运时轻装轻卸，防止容器受损。应与还原剂、促进剂、有机物、可燃物、酸类及胺类物品等隔离储运。不得在仓间内开启容器。

紧急处置信息

急救措施

吸入： 迅速脱离现场至空气新鲜处。保持呼吸道通畅。如呼吸困难，给输氧。呼吸、

心跳停止，立即进行心肺复苏术。就医。

眼睛接触： 立即分开眼睑，用流动清水或生理盐水彻底冲洗。就医。

皮肤接触： 立即脱去污染的衣着，用肥皂水和清水彻底冲洗。就医。

食入： 漱口，饮一杯水。就医。

灭火方法 消防人员须佩戴空气呼吸器，穿全身消防服，在上风向灭火。遇大火，消防人员须在有防护掩蔽处操作。尽可能将容器从火场移至空旷处。在物料附近着火，须用水保持容器冷却。处在火场中的容器若发生异常变化或发出异常声音，必须马上撤离。

用水、泡沫、干粉灭火。禁止用砂土压盖。

泄漏应急处置 隔离泄漏污染区，限制出入。消除所有点火源。建议应急处理人员戴防尘口罩，穿防毒服，戴橡胶手套。勿使泄漏物与可燃物质(如木材、纸、油等)接触。穿上适当的防护服前严禁接触破裂的容器和泄漏物。尽可能切断泄漏源。小量泄漏：用惰性、湿润的不燃材料吸收泄漏物，用洁净的非火花工具收集于一盖子较松的塑料容器中，待处理。大量泄漏：筑堤或挖坑收容。防止泄漏物进入水体、下水道、地下室或限制性空间。在专家指导下清除。

327. 海藻酸钠

标　识

中文名称 海藻酸钠

英文名称 Alginic acid，sodium salt；Sodium alginate

别名 褐藻酸钠；褐藻胶

分子式 $(C_6H_7NaO_6)_x$

CAS 号 9005－38－3

危害信息

燃烧与爆炸危险性 可燃。其粉体与空气混合能形成爆炸性混合物，遇明火高热有引起燃烧爆炸的危险。燃烧产生有毒气体。

毒性 大鼠经口 LD_{50}： >5g/kg。

侵入途径 吸入、食入。

理化特性与用途

理化特性 无色或淡黄色细丝颗粒或粉末状固体，有吸湿性。溶于水，不溶于乙醇、乙醚和氯仿等有机溶剂。pH 值 6～7.5，熔点 >300℃。

主要用途 用作纺织品的上浆剂和印花浆，同时作为增稠剂、稳定剂、乳化剂大量应用于食品工业中，在石油行业中用作水基压裂液增稠剂。

包装与储运

安全储运 储存于阴凉、通风的库房。保持容器密封。远离火种、热源。应与氧化剂、酸碱隔离储运。

紧急处置信息

急救措施

吸入： 脱离接触。如有不适感，就医。

眼睛接触： 分开眼睑，用流动清水或生理盐水冲洗。如有不适感，就医。

皮肤接触： 脱去污染的衣着，用肥皂水和清水冲洗。如有不适感，就医。

食入： 漱口，饮水。如有不适感，就医。

灭火方法　消防人员须穿全身消防服，在上风向灭火。尽可能将容器从火场移至空旷处。喷水保持火场容器冷却，直至灭火结束。

灭火剂：雾状水、抗溶性泡沫、二氧化碳、干粉、砂土。

泄漏应急处置　隔离泄漏污染区，限制出入。建议应急处理人员戴防尘口罩，穿防毒防酸碱服，戴橡胶耐酸碱手套。用洁净的铲子收集泄漏物，置于干净、干燥、盖子较松的容器中，将容器移离泄漏区。

328. 氦　气

标　识

中文名称　氦气

英文名称　Helium

别名　氦

分子式　He

CAS 号　7440－59－7

WGH 号　22007［压缩气体］；22008［液化气体］

UN 号　1046［压缩气体］；1963［冷冻液体］

危害信息

危险性类别　第 2.2 类　不燃气体

燃烧与爆炸危险性　不燃。若遇高热，容器或储罐内压增大，有开裂和爆炸的危险。

活性反应　化学性质稳定，一般不与酸、碱、氧化剂、还原剂发生反应。

毒性　本品为惰性气体，高浓度时可使氧分压降低而有窒息危险。

中毒表现　当空气中氦浓度增高时，患者先出现呼吸加快、注意力不集中、共济失调；继之出现疲倦无力、烦躁不安、恶心、呕吐、昏迷、抽搐，以致死亡。

侵入途径　吸入。

理化特性与用途

理化特性　无色、无味的惰性气体。不溶于水和乙醇。熔点 －272.1℃，沸点 －268.9℃，相对密度（水＝1）0.15（－271℃），相对蒸气密度（空气＝1）0.14，临界压力 0.23MPa，临界温度 －267.9℃，蒸气压 202.64kPa（－268℃），辛醇/水分配系数 0.28～0.7。

主要用途　是低温工程中最理想的致冷剂；可用作压力容器和真空系统的检漏指示剂；可作为高级合金的焊接、切割以及冶炼钛、锆、硅等时的保护气体；同时在气冷或原子能反应堆中可用氦作为载热体；在火箭和导弹中作为燃料的压送剂；可用于充填高空气球和飞艇。

包装与储运

包装标志　不燃气体

安全储运　储存于通风良好的不燃材料结构的库房内。远离火种、热源。储存温度不超过30℃。搬运时要戴好钢瓶安全帽及防震橡皮圈，避免滚动和撞击，防止容器受损。液氦存放在特殊的绝热容器中，依靠液化气体的蒸发来保持低温，故不宜长期储存。

紧急处置信息

急救措施

吸入： 迅速脱离现场至空气新鲜处。保持呼吸道通畅。如呼吸困难，给输氧。呼吸、心跳停止，立即进行心肺复苏术。就医。

灭火方法　尽可能将容器从火场移至空旷处。喷水保持火场容器冷却，直至灭火结束。灭火时消防人员须佩戴空气呼吸器。

泄漏应急处置　大量泄漏：根据气体扩散的影响区域划定警戒区，无关人员从侧风、上风向撤离至安全区。建议应急处理人员戴正压自给式呼吸器，穿一般作业工作服。尽可能切断泄漏源。漏出气允许排入大气中。泄漏场所保持通风。

329. 航空汽油

标　识

中文名称　航空汽油

英文名称　Aviation gasoline

CAS 号　86290－81－5

WGH 号　32001；T31101[铁规]

UN 号　1203

危害信息

危险性类别　第3类　易燃液体

燃烧与爆炸危险性　极易燃。其蒸气与空气可形成爆炸性混合物，遇明火、高热极易燃烧或爆炸。与氧化剂接触发生强烈反应，甚至引起燃烧。高速冲击、流动、激荡后可因产生静电火花放电引起燃烧爆炸。液体比水轻，不溶于水，可随水漂流扩散到远处，遇明火即引起燃烧。在火场中，受热的容器储罐有爆炸危险。其蒸气比空气重，能在较低处扩散到相当远的地方，遇火源会着火回燃和爆炸(闪爆)。

活性反应　与硝酸、浓硫酸、高锰酸钾、重铬酸盐等强氧化剂发生剧烈反应，甚至导致燃烧爆炸。

禁忌物　强氧化剂。

毒性　主要以蒸气形态吸入，经皮肤吸收较少。汽油为麻醉性毒物。急性中毒主要引起中枢神经系统和呼吸系统损害；慢性中毒主要表现为神经衰弱综合征、植物神经功能紊乱、中毒性脑病、周围神经病，可引起肾脏损害。

IARC 对汽油的致癌性分类：G2B——可疑人类致癌物。

欧盟指令67/548/EEC将汽油列为第2类致癌物——可能为人类致癌物。

中毒表现　急性中毒：汽油蒸气吸入呼吸道后，轻度中毒出现头痛、头晕、恶心、呕吐、步态不稳、视力模糊、烦躁、哭笑无常、兴奋不安、轻度意识障碍等。重度中毒出现中度或重度意识障碍、化学性肺炎、反射性呼吸停止。汽油液体被吸入呼吸道后引起吸入性肺炎，出现剧烈咳嗽、胸痛、咯血、发热、呼吸困难、紫绀及肺部啰音等。如汽油液体进入消化道，表现为频繁呕吐，呕吐物除食物和汽油外可带新鲜血液，并伴有口腔、咽、胸骨后灼热感，腹痛、腹泻、肝脏肿大及压痛。皮肤浸泡或浸渍于汽油时间较长后，受浸皮肤出现水疱、表皮破碎脱落，呈浅Ⅱ度灼伤。个别敏感者可发生急性皮炎，出现红斑、水疱及瘙痒。

慢性中毒：表现为神经衰弱综合征、植物神经功能紊乱、周围神经病。严重中毒出现中毒性脑病，常见表现为表情淡漠，反应迟钝，记忆力、计算力丧失等；中毒性精神病；类精神分裂症；中毒性周围神经病所致肢体瘫痪。可引起肾脏损害，早期显示肾小管功能损伤，进而引起膜性肾小球肾炎，严重者可发生肾小球肾炎－肺出血综合征。长期接触汽油可引起血中白细胞等血细胞的减少，其原因是由于汽油内含较高芳香烃组分，尤其是苯，其临床表现同慢性苯中毒。皮肤损害可见皮肤干燥、皲裂、角化、毛囊炎、慢性湿疹、指甲变厚和凹陷。严重者可引起剥脱性皮炎。

侵入途径 吸入、食入、经皮吸收。

职业接触限值

中国：PC－TWA：300mg/m^3[溶剂汽油]。

美国(ACGIH)：TLV－TWA：300ppm；TLV－STEL：500ppm。

理化特性与用途

理化特性 无色到浅黄色的透明液体。不溶于水。馏程 40～180℃，结晶点≤－60℃，相对密度(水＝1)0.68～0.74，相对蒸气密度(空气＝1)3～4，蒸气压 38～48kPa(38℃)，闪点－37～－42℃，爆炸极限 1.4%～7.6%，引燃温度 439～471℃，辛醇/水分配系数 2～7。

主要用途 用作活塞式航空发动机的燃料。

包装与储运

包装标志 易燃液体

包装类别 Ⅱ类

安全储运 盛装时，切不可充满，要留出必要的安全空间。储存于阴凉、通风处，储存温度不宜超过 29℃。远离火种、热源。炎热季节应采取喷淋、通风等降温措施。应与氧化剂等隔离储运。罐储时要有防火防爆技术措施。充装时流速不超过 3 米/秒，且有接地装置，防止静电积聚。搬运时轻装轻卸，防止容器受损。

紧急处置信息

急救措施

吸入：立即脱离接触。如呼吸困难，给吸氧。如呼吸心跳停止，立即行心肺复苏术。就医。

眼睛接触：立即分开眼睑，用流动清水或生理盐水彻底冲洗。就医。

皮肤接触：立即脱去污染的衣着，用肥皂水和清水彻底冲洗。就医。

食入：漱口，尽量饮水，不要催吐。忌饮牛奶、油类和酒精。洗胃。就医。

灭火方法 消防人员必须穿全身消防服，佩戴空气呼吸器，在上风向灭火。喷水冷却燃烧罐和临近罐，直至灭火结束。处在火场中的储罐若发生异常变化或发出异常声音，必须马上撤离。

灭火剂：泡沫、干粉、二氧化碳。

泄漏应急处置 消除所有点火源。根据液体流动和蒸气扩散的影响区域划定警戒区，无关人员从侧风、上风向撤离至安全区。建议应急处理人员戴正压自给式呼吸器，穿防毒、防静电服，戴橡胶耐油手套。作业时使用的所有设备应接地。禁止接触或跨越泄漏物。尽可能切断泄漏源。防止泄漏物进入水体、下水道、地下室或限制性空间。小量泄漏：用砂土或其他不燃材料吸收。使用洁净的无火花工具收集吸收材料。大量泄漏：构筑围堤或挖坑收容。用泡沫覆盖，减少蒸发。喷水雾能减少蒸发，但不能降低泄漏物在限制性空间内的易燃性。用防爆泵转移至槽车或专用收集器内。

330. 航空润滑油

标　识

中文名称　航空润滑油

英文名称　Aviation lubricating oil；Aircraft oil

危害信息

燃烧与爆炸危险性　可燃。其蒸气与空气混合能形成爆炸性混合物，遇明火、高热易燃烧或爆炸。燃烧产生有毒的一氧化碳、硫化氢、硫氧化物气体。在高温火场中，受热的容器或储罐有破裂和爆炸的危险。蒸气比空气重，能在较低处扩散到相当远的地方，遇火源会着火回燃和爆炸(闪爆)。

禁忌物　强氧化剂。

侵入途径　吸入、食入。

理化特性与用途

理化特性　液体。具有良好的黏温性能、氧化稳定性及低温流动性。有多个牌号。20号航空润滑油：凝点≤－18℃，闪点≥230℃(闭杯)，密度≤0.895g/cm^3(20℃)，运动黏度20mm^2/s(100℃)。

主要用途　主要用于活塞式航空发动机的润滑系统作润滑剂。

包装与储运

安全储运　储存于阴凉、通风的库房。保持容器密封。远离火种、热源。应与氧化剂等隔离储运。搬运时轻装轻卸，防止容器受损。

紧急处置信息

急救措施

吸入：脱离接触。如有不适感，就医。

眼睛接触：分开眼睑，用流动清水或生理盐水冲洗。如有不适感，就医。

皮肤接触：脱去污染的衣着，用肥皂水和清水冲洗。如有不适感，就医。

食入：漱口，尽量饮水。对于高黏度、低挥发性油脂类，通常不必催吐。就医。

灭火方法　消防人员须穿全身消防服，佩戴空气呼吸器，在上风向灭火。尽可能将容器从火场移至空旷处。喷水保持火场容器冷却，直至灭火结束。处在火场中的容器若发生异常变化或发出异常声音，须马上撤离。

灭火剂：泡沫、二氧化碳、干粉、砂土。

泄漏应急处置　消除所有点火源。根据液体流动和蒸气扩散的影响区域划定警戒区，无关人员从侧风、上风向撤离至安全区。建议应急处理人员戴正压自给式呼吸器，穿防静

电、防腐蚀服，戴橡胶手套。穿上适当的防护服前严禁接触破裂的容器和泄漏物。尽可能切断泄漏源。防止泄漏物进入水体、下水道、地下室或限制性空间。小量泄漏：用干燥的砂土或其他不燃材料吸收或覆盖，收集于容器中。大量泄漏：构筑围堤或挖坑收容。用防爆、耐腐蚀泵转移至槽车或专用收集器内。喷雾状水驱散蒸气、稀释液体泄漏物。

331. 航空洗涤汽油

标识

中文名称 航空洗涤汽油

英文名称 Aviation gasoline for cleaning; Aviation wash gasoline

危害信息

危险性类别 第3类 易燃液体

燃烧与爆炸危险性 易燃。蒸气与空气能形成爆炸性混合物，遇明火、高热能引起燃烧爆炸。高速冲击、流动、激荡后可因产生静电火花放电引起燃烧爆炸。蒸气比空气重，能在较低处扩散到相当远的地方，遇火源会着火回燃和爆炸(闪爆)。

活性反应 与硝酸、浓硫酸、高锰酸钾、重铬酸盐等强氧化剂发生剧烈反应，甚至导致燃烧爆炸。

禁忌物 强氧化剂

毒性 主要以蒸气形态吸入，经皮肤吸收较少。汽油为麻醉性毒物。急性中毒主要引起中枢神经系统和呼吸系统损害；慢性中毒主要表现为神经衰弱综合征、植物神经功能紊乱、中毒性脑病、周围神经病，可引起肾脏损害。

IARC 对汽油的致癌性分类：G2B——可疑人类致癌物。

欧盟指令 67/548/EEC 将汽油列为第2类致癌物——可能为人类致癌物。

中毒表现 急性中毒：汽油蒸气吸入呼吸道后，轻度中毒出现头痛、头晕、恶心、呕吐、步态不稳、视力模糊、烦躁、哭笑无常、兴奋不安、轻度意识障碍等。重度中毒出现中度或重度意识障碍、化学性肺炎、反射性呼吸停止。汽油液体被吸入呼吸道后引起吸入性肺炎，出现剧烈咳嗽、胸痛、咯血、发热、呼吸困难、紫绀及肺部啰音等。如汽油液体进入消化道，表现为频繁呕吐，呕吐物除食物和汽油外可带新鲜血液，并伴有口腔、咽、胸骨后灼热感，腹痛、腹泻、肝脏肿大及压痛，血清 ALT 升高。皮肤浸泡或浸渍于汽油时间较长后，受浸皮肤出现水疱、表皮破碎脱落，呈浅Ⅱ度灼伤。个别敏感者可发生急性皮炎，出现红斑、水疱及瘙痒。

慢性中毒：表现为神经衰弱综合征、植物神经功能紊乱、周围神经病。严重中毒出现中毒性脑病，常见表现为表情淡漠，反应迟钝，记忆力、计算力丧失等；中毒性精神病；类精神分裂症；中毒性周围神经病所致肢体瘫痪。可引起肾脏损害，早期显示肾小管功能损伤，进而引起膜性肾小球肾炎，严重者可发生肾小球肾炎－肺出血综合征。长期接触汽油可引起血中白细胞等血细胞的减少，其原因是由于汽油内含较高芳香烃组分，尤其是苯，其临床表现同慢性苯中毒。皮肤损害可见皮肤干燥、皲裂、角化、毛囊炎、慢性湿疹、指甲变厚和凹陷。严重者可引起剥脱性皮炎。

侵入途径 吸入、食入、经皮吸收。

职业接触限值

中国：PC－TWA(mg/m^3)：300[溶剂汽油]。

美国(ACGIH)：TLV－TWA：300ppm；TLV－STEL：500ppm。

理化特性与用途

理化特性 无色透明易挥发液体。馏程 40～180℃。

主要用途 主要用于航空及机械加工工业中精密机件的清洗。

包装与储运

包装标志 易燃液体

包装类别 Ⅱ类

安全储运 盛装时，切不可充满，要留出必要的安全空间。储存于阴凉、通风处，储存温度不超过37℃。远离火种、热源，炎热季节应采取喷淋、通风等降温措施。应与氧化剂等隔离储运。罐储时要有防火防爆技术措施，且有接地装置，防止静电积聚。搬运时轻装轻卸，防止容器受损。

紧急处置信息

急救措施

吸入：立即脱离接触。如呼吸困难，给吸氧。如呼吸心跳停止，立即行心肺复苏术。就医。

眼睛接触：立即分开眼睑，用流动清水或生理盐水彻底冲洗。就医。

皮肤接触：立即脱去污染的衣着，用肥皂水和清水彻底冲洗。就医。

食入：漱口，尽量饮水，不要催吐。忌饮牛奶、油类和酒精。洗胃。就医。

灭火方法 消防人员必须穿全身消防服，佩戴空气呼吸器，在上风向灭火。喷水冷却燃烧罐和临近罐，直至灭火结束。处在火场中的储罐若发生异常变化或发出异常声音，必须马上撤离。

灭火剂：泡沫、干粉、二氧化碳。

泄漏应急处置 消除所有点火源。根据液体流动和蒸气扩散的影响区域划定警戒区，无关人员从侧风、上风向撤离至安全区。建议应急处理人员戴正压自给式呼吸器，穿防静电服，戴橡胶耐油手套。作业时使用的所有设备应接地。禁止接触或跨越泄漏物。尽可能切断泄漏源。防止泄漏物进入水体、下水道、地下室或限制性空间。小量泄漏：用砂土或其他不燃材料吸收。使用洁净的无火花工具收集吸收材料。大量泄漏：构筑围堤或挖坑收容。用砂土、惰性物质或蛭石吸收大量液体。用泡沫覆盖，减少蒸发。喷水雾能减少蒸发，但不能降低泄漏物在限制性空间内的易燃性。用防爆泵转移至槽车或专用收集器内。

332. 合成磺酸钡

标　识

中文名称 合成磺酸钡

英文名称 Synthetic barium sulfonate

别名 701B 防锈剂

危害信息

毒性 钡化合物可引起进行性肌麻痹、低血钾和心肌损害。

侵入途径 吸入、食入。

理化特性与用途

理化特性 棕色半透明黏稠状液体，溶于油类。

主要用途 适用于机械和军工油品作为防锈剂。

包装与储运

安全储运 储存于阴凉、通风的库房。保持容器密封。远离火种、热源。应与氧化剂隔离储运。搬运时轻装轻卸，防止容器受损。

紧急处置信息

急救措施

吸入：脱离接触。如有不适感，就医。

眼睛接触：分开眼睑，用流动清水或生理盐水冲洗。如有不适感，就医。

皮肤接触：脱去污染的衣着，用肥皂水和清水冲洗。如有不适感，就医。

食入：口服硫酸钠5～10g，催吐，洗胃(洗胃液中加入5～10g硫酸钠)。

监护心律和血清钾水平，补钾纠正低钾血症，注意防治肾衰。

泄漏应急处置 根据液体流动和蒸气扩散的影响区域划定警戒区，无关人员从侧风、上风向撤离至安全区。建议应急处理人员戴正压自给式呼吸器，穿防静电、防腐蚀服，戴橡胶手套。尽可能切断泄漏源。防止泄漏物进入水体、下水道、地下室或限制性空间。小量泄漏：用干燥的砂土或其他不燃材料吸收或覆盖，收集于容器中。大量泄漏：构筑围堤或挖坑收容。

333. 合成磺酸钙

标　识

中文名称 合成磺酸钙

英文名称 Synthetic calcium sulfonate；Cleaning agent 106

别名 T106

危害信息

燃烧与爆炸危险性 可燃，遇明火、高热可能引起燃烧或爆炸。在高温火场中，受热的容器或储罐有破裂和爆炸的危险。

毒性 大鼠经口 *LD*：>15g/kg，出现嗜睡。

侵入途径 吸入、食入。

理化特性与用途

理化特性 棕色透明稠黏液体。溶于石油和其他矿物油。密度1.12g/cm^3(15.6℃)，运动黏度130mm^2/s(100℃)，总碱值300mg KOH/g，硫含量1.25%～1.55%，闪点≥180℃(开杯)。

主要用途 具有优异的酸中和能力和较好的高温，防锈性能，可调制中高挡内燃机油及船用机油，尤宜适用于燃料中含硫较高的发动机油。

包装与储运

安全储运 储存于阴凉、通风的专用库房。保持容器密封。远离火种、热源。应与氧化剂隔离储运。搬运时轻装轻卸，防止容器破损。

紧急处置信息

急救措施

吸入：脱离接触。如有不适感，就医。

眼睛接触：分开眼睑，用流动清水或生理盐水冲洗。如有不适感，就医。

皮肤接触：脱去污染的衣着，用肥皂水和清水冲洗。如有不适感，就医。

食入：漱口，饮水。就医。

灭火方法 消防人员须穿全身消防服，佩戴空气呼吸器，在上风向灭火。尽可能将容器从火场移至空旷处。喷水保持火场容器冷却，直至灭火结束。处在火场中的容器若发生异常变化或发出异常声音，须马上撤离。

灭火剂：泡沫、二氧化碳、干粉、砂土。

泄漏应急处置 消除所有点火源。根据液体流动和蒸气扩散的影响区域划定警戒区，无关人员从侧风、上风向撤离至安全区。建议应急处理人员戴正压自给式呼吸器，穿防静电、防腐蚀服，戴橡胶手套。尽可能切断泄漏源。防止泄漏物进入水体、下水道、地下室或限制性空间。小量泄漏：用干燥的砂土或其他不燃材料吸收或覆盖，收集于容器中。大量泄漏：构筑围堤或挖坑收容。

334. 琥珀酸二烷酯磺酸钠

标　识

中文名称 琥珀酸二烷酯磺酸钠

英文名称 Sodium 1,4 - bis(2 - ethylhexyl) sulfosuccinate；Docusatesodium

别名 琥珀酸二异辛酯磺酸钠；表面活性剂 1292

分子式 $C_{20}H_{37}NaO_7S$

CAS 号 577 - 11 - 7

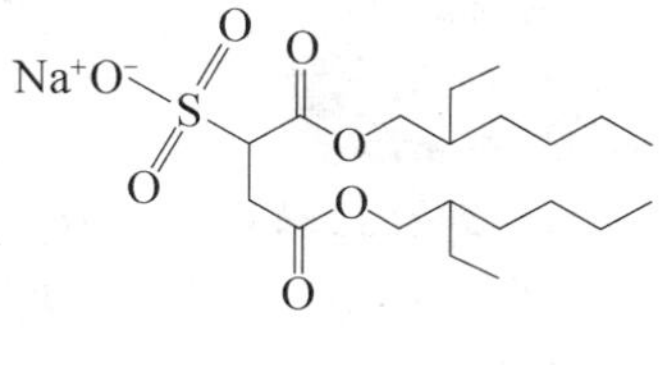

危害信息

燃烧与爆炸危险性 可燃。其粉体与空气混合能形成。

爆炸性混合物，遇明火高热有引起燃烧爆炸的危险。燃烧产生有毒的一氧化碳和氮氧化物气体。

毒性 大鼠经口 LD_{50}：1900mg/kg。小鼠经口 LD_{50}：2643mg/kg。

对眼和皮肤有刺激性。

侵入途径 吸入、食入。

理化特性与用途

理化特性 无色至浅黄色黏稠液体。易溶于水、低级醇、醚、酮等亲水性溶剂，亦可溶液苯、四氯化碳、煤油、石油系溶剂。pH 值 5 ~ 7(1% 水溶液)，熔点 173 ~ 179℃，密度 0.94 ~ 0.948g/cm³(20℃)，辛醇/水分配系数 6.10。

主要用途 广泛用于金属制品和设备的化学清洗。

包装与储运

安全储运 储存于阴凉、通风的库房。保持容器密封。远离火种、热源。应与氧化剂等隔离储运。搬运时轻装轻卸，防止容器受损。

紧急处置信息

急救措施

吸入： 脱离接触。如有不适感，就医。

眼睛接触： 分开眼睑，用流动清水或生理盐水冲洗。如有不适感，就医。

皮肤接触： 脱去污染的衣着，用肥皂水和清水冲洗。如有不适感，就医。

食入： 漱口，尽量饮水，不要催吐。就医。

灭火方法 消防人员须穿全身消防服，在上风向灭火。尽可能将容器从火场移至空旷处。喷水保持火场容器冷却，直至灭火结束。

灭火剂：雾状水、抗溶性泡沫、二氧化碳、干粉、砂土。

泄漏应急处置 消除所有点火源。根据液体流动和蒸气扩散的影响区域划定警戒区，无关人员从侧风、上风向撤离至安全区。建议应急处理人员戴正压自给式呼吸器，穿防静电、防腐蚀服，戴橡胶手套。尽可能切断泄漏源。防止泄漏物进入水体、下水道、地下室或限制性空间。小量泄漏：用干燥的砂土或其他不燃材料吸收或覆盖，收集于容器中。大量泄漏：构筑围堤或挖坑收容。

335. 化工轻油

标　识

中文名称 化工轻油

英文名称 Light oil for chemical industry

危害信息

燃烧与爆炸危险性 易燃。其蒸气与空气混合能形成爆炸性混合物，遇明火、高热易燃烧或爆炸。燃烧产生有毒的一氧化碳气体。在高温火场中，受热的容器或储罐有破裂和爆炸的危险。蒸气比空气重，能在较低处扩散到相当远的地方，遇火源会着火回燃和爆炸(闪爆)。

活性反应 与强氧化剂发生剧烈反应。

禁忌物 强氧化剂。

侵入途径 吸入、食入。

理化特性与用途

理化特性 无色透明液体。主要成分为烷烃、环烷烃。馏程：10% 馏出温度 ≤102℃，终馏点 ≤220℃；密度 0.7 ~ 0.76g/cm³(20℃)，烷烃和环烷烃的含量 ≥70%。

主要用途 适于用作化工原料。

包装与储运

安全储运 储存于阴凉、通风的库房。保持容器密封。远离火种、热源。应与氧化剂等隔离储运。搬运时轻装轻卸，防止容器受损。

紧急处置信息

急救措施

吸入：迅速脱离现场至空气新鲜处。保持呼吸道通畅。如呼吸困难，给输氧。呼吸、心跳停止，立即进行心肺复苏术。就医。

眼睛接触：立即分开眼睑，用流动清水或生理盐水彻底冲洗。就医。

皮肤接触：立即脱去污染的衣着，用肥皂水和清水彻底冲洗。就医。

食入：给饮水，禁止催吐。忌饮牛奶、油脂和酒精。就医。

灭火方法 消防人员须穿全身消防服，佩戴空气呼吸器，在上风向灭火。尽可能将容器从火场移至空旷处。喷水保持火场容器冷却，直至灭火结束。处在火场中的容器若发生异常变化或发出异常声音，须马上撤离。

灭火剂：泡沫、二氧化碳、干粉、砂土。用水灭火无效。

泄漏应急处置 消除所有点火源。根据液体流动和蒸气扩散的影响区域划定警戒区，无关人员从侧风、上风向撤离至安全区。建议应急处理人员戴正压自给式呼吸器，穿防静电服，戴橡胶耐油手套。作业时使用的所有设备应接地。禁止接触或跨越泄漏物。尽可能切断泄漏源。防止泄漏物进入水体、下水道、地下室或限制性空间。小量泄漏：用砂土或其他不燃材料吸收。使用洁净的无火花工具收集吸收材料。大量泄漏：构筑围堤或挖坑收容。用砂土、惰性物质或蛭石吸收大量液体。用泡沫覆盖，减少蒸发。喷水雾能减少蒸发，但不能降低泄漏物在限制性空间内的易燃性。用防爆泵转移至槽车或专用收集器内。

336. 化工专用溶剂油

标　识

中文名称 化工专用溶剂油

英文名称 Special solvent oil for chemical industry

危害信息

燃烧与爆炸危险性 易燃。其蒸气与空气混合能形成爆炸性混合物，遇明火、高热易燃烧或爆炸。燃烧产生有毒的一氧化碳气体。在高温火场中，受热的容器或储罐有破裂和爆炸的危险。

禁忌物 强氧化剂。

侵入途径 吸入、食入。

理化特性与用途

理化特性 无色透明液体。终馏点≤200℃。

主要用途 用于化工行业作为一般溶剂。

包装与储运

安全储运 储存于阴凉、通风的库房。保持容器密封。远离火种、热源。应与氧化剂等隔离储运。搬运时轻装轻卸，防止容器受损。

紧急处置信息

急救措施

吸入：迅速脱离现场至空气新鲜处。保持呼吸道通畅。如呼吸困难，给输氧。呼吸、心跳停止，立即进行心肺复苏术。就医。

眼睛接触：立即分开眼睑，用流动清水或生理盐水彻底冲洗。就医。

皮肤接触：立即脱去污染的衣着，用肥皂水和清水彻底冲洗。就医。

食入：漱口，尽量饮水，不要催吐。就医。

忌用肾上腺素类药。

灭火方法 消防人员须穿全身消防服，佩戴空气呼吸器，在上风向灭火。尽可能将容器从火场移至空旷处。喷水保持火场容器冷却，直至灭火结束。处在火场中的容器若发生异常变化或发出异常声音，须马上撤离。

灭火剂：泡沫、二氧化碳、干粉、砂土。

泄漏应急处置 消除所有点火源。根据液体流动和蒸气扩散的影响区域划定警戒区，无关人员从侧风、上风向撤离至安全区。建议应急处理人员戴正压自给式呼吸器，穿防静电、防腐蚀服，戴橡胶手套。穿上适当的防护服前严禁接触破裂的容器和泄漏物。尽可能切断泄漏源。防止泄漏物进入水体、下水道、地下室或限制性空间。小量泄漏：用干燥的砂土或其他不燃材料吸收或覆盖，收集于容器中。大量泄漏：构筑围堤或挖坑收容。用防爆、耐腐蚀泵转移至槽车或专用收集器内。喷雾状水驱散蒸气、稀释液体泄漏物。

337. 环 丙 烷

标 识

中文名称 环丙烷

英文名称 Cyclopropane；Trimethylene(cyclic)

别名 三亚甲基

分子式 C_3H_6

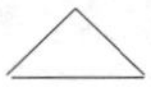

CAS 号 75－19－4

WGH 号 21014

UN 号 1027

危害信息

危险性类别 第 2.1 类 易燃气体

燃烧与爆炸危险性 易燃。与空气混合能形成爆炸性混合物，遇高热和明火能引起燃烧或爆炸。气体比空气重，能在较低处扩散到相当远的地方，遇火源会着火回燃和爆炸(闪爆)。

活性反应 与氧化剂反应。

禁忌物 强氧化剂、强酸、强碱、卤素。

毒性 小鼠吸入 LCL_o：282gm/m^3(2h)。

具有麻醉作用。吸入环丙烷可致死。尸解见肺充血和出血性水肿，气管充血，并较早发生细胞自溶现象。

侵入途径 吸入。

理化特性与用途

理化特性 无色气体，有石油醚样气味。微溶于水，易溶于乙醇、乙醚等多数有机溶剂。熔点 -127.4℃，沸点 -32.8℃，密度 0.874g/cm^3(-101℃)，相对蒸气密度(空气=1)1.88，燃烧热 -2076.3kJ/mol，临界温度 124.7℃，临界压力 5.49MPa，辛醇/水分配系数 1.72，闪点 -94℃，引燃温度 500℃，爆炸极限 2.4%～10.3%。

主要用途 工业上用于有机合成，医药上可作麻醉剂。

包装与储运

包装标志 易燃气体

安全储运 储存于阴凉、通风的库房或大型气柜。远离火源和热源。储存温度不超过30℃。储存时，应与氧化剂隔离。禁止使用易产生火花的机械设备和工具。运输时防止雨淋、曝晒。搬运时轻装轻卸，须戴好钢瓶安全帽和防震橡皮圈，防止钢瓶撞击。

紧急处置信息

急救措施

吸入：迅速脱离现场至空气新鲜处。保持呼吸道通畅。如呼吸困难，给输氧。呼吸、心跳停止，立即进行心肺复苏术。就医。

灭火方法 切断气源。若不能切断气源，则不允许熄灭泄漏处的火焰。消防人员须穿全身消防服，在上风向灭火。喷水保持火场容器冷却，直至灭火结束。尽可能将容器从火场移至空旷处。

灭火剂：雾状水、泡沫、干粉、二氧化碳。

泄漏应急处置 消除所有点火源。根据气体扩散的影响区域划定警戒区，无关人员从侧风、上风向撤离至安全区。建议应急处理人员戴正压自给式呼吸器，穿防静电服。液化气体泄漏时穿防静电、防寒服。作业时使用的所有设备应接地。禁止接触或跨越泄漏物。尽可能切断泄漏源。若可能翻转容器，使之逸出气体而非液体。喷雾状水抑制蒸气或改变蒸气云流向，避免水流接触泄漏物。禁止用水直接冲击泄漏物或泄漏源。防止气体通过下水道、通风系统和限制性空间扩散。隔离泄漏区直至气体散尽。

338. 环 丁 砜

标 识

中文名称 环丁砜

英文名称 Sulfolane；Tetramethylene sulfone；Tetrahydrothiophene 1,1 - dioxide

别名 四亚甲基砜；1,1 - 二氧化四氢噻吩

分子式 $C_4H_8O_2S$

CAS 号 126 - 33 - 0

危害信息

燃烧与爆炸危险性 遇明火、高热可燃。其蒸气和空气混合能生成爆炸性混合物。

活性反应 与硝酸、浓硫酸、氯磺酸、发烟硝酸等氧化剂接触，会发生剧烈反应，甚至引起燃烧爆炸。

禁忌物 强氧化剂。

毒性 大鼠经口 LD_{50}：1.54mL/kg；小鼠经口 LD_{50}：1900mg/kg；家兔经皮 LD_{50}：3.18mL/kg

对皮肤及黏膜有一定的腐蚀作用。

侵入途径 吸入、食入、经皮吸收。

理化特性与用途

理化特性 无色油状液体。与水、丙酮及甲苯混溶，与辛烷、烯烃及环烷烃部分混溶。熔点27.4～27.8℃，沸点285℃，相对密度(水=1)1.2606(30/4℃)，相对蒸气密度(空气=1)4.2，折射率1.481(30℃)，临界温度582℃，临界压力7.4MPa，引燃温度528℃，燃烧热-2626kJ/mol，闪点166℃(开杯)，辛醇/水分配系数-0.77。

主要用途 主要用于气-液萃取以及萃取芳烃的选择性溶剂，如天然气净化脱硫、重整生成油的芳烃抽提以及脱除氢气中的二氧化碳、硫化氢及有机硫等杂质，亦用作增塑剂。

包装与储运

安全储运 储存于阴凉、通风的库房。保持容器密封。远离火种、热源，避免阳光直射。应与氧化剂隔离储运。搬运时轻装轻卸，防止容器受损。

紧急处置信息

急救措施

吸入：迅速脱离现场至空气新鲜处。保持呼吸道通畅。如呼吸困难，给输氧。呼吸、心跳停止，立即进行心肺复苏术。就医。

眼睛接触：立即分开眼睑，用流动清水或生理盐水彻底冲洗。就医。

皮肤接触：立即脱去污染的衣着，用大量流动清水彻底冲洗。就医。

食入：漱口，尽量饮水，不要催吐。就医。

灭火方法 消防人员必须穿全身防火防毒服，佩戴空气呼吸器，在上风向灭火。尽可能将容器从火场移至空旷处。喷水保持火场容器冷却，直至灭火结束。处在火场中的容器若发生异常变化或发出异常声音，必须马上撤离。

灭火剂：抗溶性泡沫、干粉、二氧化碳、砂土。

泄漏应急处置 根据液体流动和蒸气扩散的影响区域划定警戒区，无关人员从侧风、上风向撤离至安全区。消除所有点火源。建议应急处理人员戴防毒面具，穿防毒服。尽可能切断泄漏源。防止泄漏物进入水体、下水道、地下室或限制性空间。小量泄漏：用大量水冲洗，洗水稀释后放入废水系统。大量泄漏：构筑围堤或挖坑收容。用泵转移至槽车或专用收集器内。

339. 环 庚 酮

标 识

中文名称 环庚酮

英文名称 Cycloheptanone；Suberone

别名 软木酮

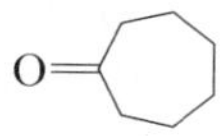

分子式 $C_7H_{12}O$

CAS 号 502－42－1

WGH 号 33590；T32090[铁规]

危害信息

危险性类别 第3类 易燃液体

燃烧与爆炸危险性 易燃。其蒸气与空气混合能形成爆炸性混合物，遇明火、高热易燃烧或爆炸。燃烧产生有毒的一氧化碳气体。在高温火场中，受热的容器或储罐有破裂和爆炸的危险。

活性反应 与氧化剂反应。

禁忌物 强氧化剂、强还原剂、强碱。

毒性 小鼠腹腔 LCL_o：750mg/kg。

对眼睛、呼吸道和皮肤有刺激作用。

侵入途径 吸入、食入。

理化特性与用途

理化特性 无色液体，有薄荷气味。不溶于水，溶于乙醇等多数有机溶剂。熔点25℃，沸点179℃，相对密度(水=1)0.951，辛醇/水分配系数1.62，闪点55.56℃。

主要用途 用作有机合成中间体，用于化学研究。

包装与储运

包装标志 易燃液体

包装类别 Ⅲ类

安全储运 储存于阴凉、通风的库房。保持容器密封。远离火种、热源，避免阳光直射。储存温度不超过37℃。炎热季节早晚运输。应与氧化剂、碱、强还原剂等隔离储运。禁止使用易产生火花的机械设备和工具。灌装时注意流速，防止静电积聚。搬运时轻装轻卸，防止容器受损。

紧急处置信息

急救措施

吸入： 脱离接触。如有不适感，就医。

眼睛接触： 分开眼睑，用流动清水或生理盐水冲洗。如有不适感，就医。

皮肤接触： 脱去污染的衣着，用肥皂水和清水冲洗。如有不适感，就医。

食入： 给饮水，不要催吐。就医。

灭火方法 消防人员须穿全身消防服，佩戴空气呼吸器，在上风向灭火。尽可能将容

器从火场移至空旷处。喷水保持火场容器冷却，直至灭火结束。处在火场中的容器若发生异常变化或发出异常声音，须马上撤离。

灭火剂：泡沫、二氧化碳、干粉、砂土。

泄漏应急处置 消除所有点火源。根据液体流动和蒸气扩散的影响区域划定警戒区，无关人员从侧风、上风向撤离至安全区。建议应急处理人员戴正压自给式呼吸器，穿防静电服，戴橡胶耐油手套。作业时使用的所有设备应接地。禁止接触或跨越泄漏物。尽可能切断泄漏源。防止泄漏物进入水体、下水道、地下室或限制性空间。小量泄漏：用砂土或其他不燃材料吸收。使用洁净的无火花工具收集吸收材料。大量泄漏：构筑围堤或挖坑收容。用泡沫覆盖，减少蒸发。喷水雾能减少蒸发，但不能降低泄漏物在限制性空间内的易燃性。用防爆泵转移至槽车或专用收集器内。

340. 环 己 胺

标 识

中文名称 环己胺

英文名称 Cyclohexylamine；Cyclohexanamine；Hexahydroaniline；Aminocyclohexane

别名 六氢化苯胺；氨基环己烷

分子式 $C_6H_{13}N$

CAS 号 108－91－8

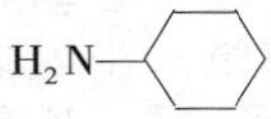

WGH 号 82021

UN 号 2357

危害信息

危险性类别 第 8.2 类 碱性腐蚀品

燃烧与爆炸危险性 遇明火、高热易燃。受热分解放出有毒烟气。其蒸气比空气重，能在较低处扩散到相当远的地方，遇火源会着火回燃和爆炸(闪爆)。

活性反应 与酸发生放热中和反应。与氧化剂、异氰酸酯、卤代烃、过氧化物、环氧化物、酸酐发生反应。与氢化物等强还原剂反应放出易燃易爆的氢气。

禁忌物 强氧化剂、酸类、强还原剂。

毒性 大鼠经口 LD_{50}：11mg/kg；大鼠吸入 LC_{50}：7500mg/m^3；小鼠经口 LD_{50}：224mg/kg；小鼠吸入 LC_{50}：1070mg/m^3；家兔经皮 LD_{50}：0.32mL/kg。

高浓度蒸气对眼和上呼吸道有刺激性。急性中毒可出现眩晕、烦躁、忧虑、恶心、言语不清、呕吐及瞳孔散大。直接接触其液体，可引起严重的皮肤刺激。对皮肤有致敏性。弱高铁血红蛋白形成剂。

侵入途径 吸入、食入、经皮吸收。

职业接触限值

中国：PC－TWA：10mg/m^3；PC－STEL：20mg/m^3。

美国(ACGIH)：TLV－TWA：10ppm。

环境危害 对水生生物是有害的。

理化特性与用途

理化特性 无色或浅黄色透明液体，有强烈氨味。与水及醇、酮、醚、酯、烃类等有机溶剂混溶。熔点 -17.7℃，沸点 134.5℃，相对密度(水=1)0.86，相对蒸气密度(空气=1)3.42，蒸气压 1.347kPa(25℃)，临界压力 4.2MPa，临界温度 342℃，辛醇/水分配系数 1.49，闪点 26℃(闭杯)，爆炸极限 1.5%~9.4%，引燃温度 293℃。

主要用途 主要用于制橡胶硫化促进剂、乳化剂、抗静电剂、金属缓蚀剂、塑料助剂、纺织品用化学助剂、石油产品添加剂，以及杀虫剂、杀菌剂等。

包装与储运

包装标志 腐蚀品，易燃液体

包装类别 Ⅱ类

安全储运 储存于阴凉、通风的库房。远离火种、热源。储存温度不超过 30℃。保持容器密封。应与氧化剂、酸类、强还原剂、食用化学品等隔离储运。搬运时轻装轻卸，防止容器受损。

紧急处置信息

急救措施

吸入：立即脱离接触。如呼吸困难，给吸氧。如呼吸心跳停止，立即行心肺复苏术。就医。

眼睛接触：分开眼睑，用清水或生理盐水冲洗。如有不适感，就医。

皮肤接触：立即脱去污染衣着，用大量流动清水彻底冲洗。就医。

食入：引水，禁止催吐。就医。

如发生高铁血红蛋白血症，静脉注射亚甲蓝。

灭火方法 消防人员必须穿全身防火防毒服，佩戴空气呼吸器，在上风向灭火。

灭火剂：雾状水、抗溶性泡沫、干粉、二氧化碳、砂土。

泄漏应急处置 消除所有点火源。根据液体流动和蒸气扩散的影响区域划定警戒区，无关人员从侧风、上风向撤离至安全区。建议应急处理人员戴正压自给式呼吸器，穿防静电、防腐蚀、防毒服，戴橡胶耐油手套。作业时使用的所有设备应接地。禁止接触或跨越泄漏物。尽可能切断泄漏源。防止泄漏物进入水体、下水道、地下室或限制性空间。小量泄漏：用砂土或其他不燃材料吸收。使用洁净的无火花工具收集吸收材料。大量泄漏：构筑围堤或挖坑收容。用抗溶性泡沫覆盖，减少蒸发。喷水雾能减少蒸发，但不能降低泄漏物在限制性空间内的易燃性。用防爆、耐腐蚀泵转移至槽车或专用收集器内。喷雾状水驱散蒸气、稀释液体泄漏物。

341. 环 己 醇

标 识

中文名称 环己醇

英文名称 Cyclohexanol；Hydroxy cyclohexane；Hexahydrophenol

别名 羟基环己烷；六氢苯酚

分子式 $C_6H_{11}OH$

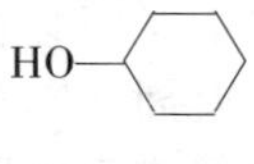

CAS 号 108-93-0

危害信息

燃烧与爆炸危险性　可燃。其蒸气与空气可形成爆炸性混合物，遇明火、高热能引起燃烧爆炸。在火场中，受热的容器或储罐由于内压增大有开裂和爆炸的危险。

活性反应　与碱金属、氮化物等强还原剂反应产生易燃或有毒气体。与含氧酸或羧酸反应生成酯和水。一定条件下，与氧化剂反应生成酮。能引发异氰酸酯或环氧化物的聚合反应。与硝酸剧烈反应。与强氧化剂剧烈反应，甚至导致燃烧爆炸。

禁忌物　强氧化剂、强酸。

毒性　大鼠经口 LD_{50}：1400mg/kg；小鼠腹腔内 LD_{50}：1352mg/kg；大鼠吸入 LC：>6500mg/m^3(1h)。

在正常生产条件下，由蒸气吸入引起急性中毒可能性小。本品在空气中浓度达40mg/m^{3}时，对人的眼、鼻、咽喉有刺激作用。液态的本品对皮肤有刺激作用，接触可引起皮炎，但经皮肤吸收很慢。经口摄入毒性小。

侵入途径　吸入、食入、经皮吸收。

职业接触限值

中国：PC－TWA：100mg/m^3[皮]。

美国(ACGIH)：TLV－TWA：50ppm[皮]。

理化特性与用途

理化特性　无色针状晶体或透明液体，有樟脑气味。有吸湿性。稍溶于水，与乙醇、乙酸乙酯、丙酮、氯仿和芳烃混溶。熔点 23～24℃，沸点 161℃，相对密度(水＝1)0.96，相对蒸气密度(空气＝1)3.5，临界温度 352℃，临界压力 4.4MPa，蒸气压 0.13kPa(20℃)，折射率 1.465(22℃)，爆炸极限 2.4%～12%，闪点 62.8℃(闭杯)、67.8℃(开杯)，引燃温度 300℃，燃烧热－3730kJ/mol，辛醇/水分配系数 1.23。

主要用途　用于制己二酸、增塑剂和洗涤剂等，也用作溶剂和乳化剂。

包装与储运

安全储运　储存于阴凉、通风的库房。远离火种、热源。密闭包装，应与氧化剂、酸类等隔离储运。搬运时轻装轻卸，防止容器受损。

紧急处置信息

急救措施

吸入：迅速脱离现场至空气新鲜处。保持呼吸道通畅。如呼吸困难，给输氧。呼吸、心跳停止，立即进行心肺复苏术。就医。

眼睛接触：立即分开眼睑，用流动清水或生理盐水彻底冲洗。就医。

皮肤接触：立即脱去污染的衣着，用肥皂水和清水彻底冲洗。就医。

食入：尽量饮水，给服活性炭悬液，忌药物催吐。就医。

灭火方法　消防人员须佩戴防毒面具、穿全身消防服，在上风向灭火。尽可能将容器从火场移至空旷处。喷水保持火场容器冷却，直至灭火结束。处在火场中的容器若已变色或从安全泄压装置中产生声音，必须马上撤离。

灭火剂：雾状水、抗溶性泡沫、干粉、二氧化碳、砂土。

泄漏应急处置　根据液体流动和蒸气扩散的影响区域划定警戒区，无关人员从侧风、上风向撤离至安全区。消除所有点火源。建议应急处理人员戴防毒面具，穿防毒服。穿上适当的防护服前严禁接触破裂的容器和泄漏物。尽可能切断泄漏源。防止泄漏物进入水体、下水道、地下室或限制性空间。小量泄漏：用干燥的砂土或其他不燃材料吸收或覆盖，收集于容器中。大量泄漏：构筑围堤或挖坑收容。用飞尘或石灰粉吸收大量液体。用泵转移至槽车或专用收集器内。

342. 环己基甲酸

标　识

中文名称　环己基甲酸

英文名称　Cyclohexane carboxylic acid；Cyclohexylformic acid；Hexahydrobenzoic acid

别名　环己甲酸；六氢化苯甲酸

分子式　$C_7H_{12}O_2$

CAS 号　98-89-5

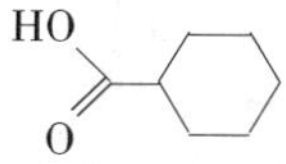

危害信息

燃烧与爆炸危险性　可燃，遇明火、高热，有引起燃烧的危险。

活性反应　酸性，与碱发生放热中和反应。与强氧化剂发生剧烈反应。

禁忌物　强氧化剂、强碱。

毒性　大鼠经口 LD_{50}：3265mg/kg。

未见人中毒报道。

侵入途径　吸入、食入。

理化特性与用途

理化特性　白色结晶固体。微溶于水，溶于乙醇、乙醚。熔点 30～32℃，沸点 232.5℃，相对密度(水=1)1.03，饱和蒸气压 0.005kPa(25℃)，折射率 1.453，闪点 > 112℃，辛醇/水分配系数 1.96。

主要用途　用于合成医药、农药、染料及其他有机化合物，也用作气相色谱分析固定液。

包装与储运

安全储运　储存于阴凉、通风的库房。保持容器密封，远离火种、热源。应与氧化剂隔离储运。搬运时轻装轻卸，防止容器受损。

紧急处置信息

急救措施

吸入：脱离接触。如有不适感，就医。

眼睛接触：分开眼睑，用流动清水或生理盐水冲洗。如有不适感，就医。

皮肤接触：脱去污染的衣着，用肥皂水和清水冲洗。如有不适感，就医。

食入：漱口，饮水。就医。

灭火方法　消防人员必须穿全身耐酸碱消防服，佩戴空气呼吸器灭火。尽可能将容器从火场移至空旷处。喷水保持火场容器冷却，直至灭火结束。

灭火剂：雾状水、抗溶性泡沫、干粉、二氧化碳、砂土。

泄漏应急处置　无关人员从侧风、上风向撤离至安全区。消除所有点火源。建议应急处理人员戴防尘口罩，穿防酸碱服，戴橡胶耐酸碱手套。穿上适当的防护服前严禁接触破裂的容器和泄漏物。尽可能切断泄漏源。用塑料布覆盖泄漏物，减少飞散。勿使水进入包装容器内。用洁净的铲子收集泄漏物，置于干净、干燥、盖子较松的容器中，将容器移离泄漏区。

343. 环　己　酮

标　识

中文名称　环己酮

英文名称　Cyclohexanone；Ketohexamethylene

分子式　$C_6H_{10}O$

CAS 号　108 – 94 – 1

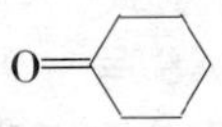

WGH 号　33590；T32090[铁规]

UN 号　1915

危害信息

危险性类别　第 3 类　易燃液体

燃烧与爆炸危险性　易燃。其蒸气与空气能形成爆炸性混合物，遇明火、高热能引起燃烧爆炸。蒸气比空气重，能在较低处扩散到相当远的地方，遇火源会着火回燃和爆炸(闪爆)。

活性反应　与强氧化剂和强还原剂发生剧烈反应，放出热量。与过氧化氢、硝酸混合发生剧烈反应，生成的固体产物若与未稀释的反应液接触，极易发生爆炸。

禁忌物　强氧化剂、强碱、强还原剂等。

毒性　大鼠经口 LD_{50}：1535mg/kg；大鼠吸入 LC_{50}：8000mg/m^3(4h)；小鼠吸入 LC_{50}：2375mg/m^3；小鼠经口 LD_{50}：1400mg/kg；家兔经皮 LD_{50}：948mg/kg。

本品可经呼吸道、消化道和皮肤吸收侵入人体，急性毒性为黏膜刺激和中枢神经系统抑制作用。

中毒表现　急性中毒：因气味强烈，在生产环境中一般不会大量吸入而引起急性中毒。发生意外事故过量接触后，可引起眼、鼻和上呼吸道刺激症状，并可有头晕和中枢神经系统抑制表现。口服中毒出现意识不清、烦躁不安、气促、呼出气中有环己酮气味、呕吐咖啡样或红色血样胃液、双上肢抽搐、大便潜血阳性等。有报道口服引起肝、肾功能衰竭。

慢性影响：长期反复接触可致皮炎。

侵入途径　吸入、食入、经皮吸收。

职业接触限值

中国：PC – TWA：50mg/m^3[皮]。

美国(ACGIH)：TLV – TWA：20ppm[皮]；TLV – STEL：50ppm[皮]。

理化特性与用途

理化特性　无色或浅黄色透明液体，有强烈的刺激性气味。微溶于水，混溶于乙醇、乙醚、丙酮、苯等多数有机溶剂。熔点 –32.1℃，沸点 155.6℃，相对密度(水 =1)0.95，相对蒸气密度(空气=1)3.4，临界压力3.8MPa，临界温度356℃，蒸气压0.5kPa(20℃)，燃烧热-3521.3kJ/mol，辛醇/水分配系数0.81，闪点44℃(闭杯)，爆炸极限1.1%～9.4%，引燃温度420℃。

主要用途 是生产己内酰胺和己二酸的原料，并用作油漆、油墨、纤维素、合成树脂、合成橡胶的溶剂和稀释剂。

包装与储运

包装标志 易燃液体

包装类别 Ⅲ类

安全储运 储存于阴凉、通风的库房。远离火种、热源。储存温度不超过37℃。保持容器密封。应与氧化剂、还原剂等隔离储运。禁止使用易产生火花的机械设备和工具。灌装时注意流速，防止静电积聚。搬运时轻装轻卸，防止容器受损。

紧急处置信息

急救措施

吸入：迅速脱离现场至空气新鲜处。保持呼吸道通畅。如呼吸困难，给输氧。呼吸、心跳停止，立即进行心肺复苏术。就医。

眼睛接触：立即分开眼睑，用流动清水或生理盐水彻底冲洗。就医。

皮肤接触：立即脱去污染的衣着，用肥皂水和清水彻底冲洗。就医。

食入：漱口，尽量饮水。就医。

灭火方法 消防人员必须穿全身防火防毒服，佩戴空气呼吸器，在上风向灭火。喷水冷却容器，尽可能将容器从火场移至空旷处。处在火场中的容器若发生异常变化或发出异常声音，必须马上撤离。

灭火剂：抗溶性泡沫、干粉、二氧化碳、砂土。

泄漏应急处置 消除所有点火源。根据液体流动和蒸气扩散的影响区域划定警戒区，无关人员从侧风、上风向撤离至安全区。建议应急处理人员戴正压自给式呼吸器，穿防毒、防静电服，戴橡胶耐油手套。作业时使用的所有设备应接地。禁止接触或跨越泄漏物。尽可能切断泄漏源。防止泄漏物进入水体、下水道、地下室或限制性空间。小量泄漏：用砂土或其他不燃材料吸收。使用洁净的无火花工具收集吸收材料。大量泄漏：构筑围堤或挖坑收容。用抗溶性泡沫覆盖，减少蒸发。喷水雾能减少蒸发，但不能降低泄漏物在限制性空间内的易燃性。用防爆泵转移至槽车或专用收集器内。

344. 环 己 烷

标 识

中文名称 环己烷

英文名称 Cyclohexane；Hexahydrobenzene

别名 六氢化苯

分子式 C_6H_{12}

CAS号 110-82-7

WGH号 31004

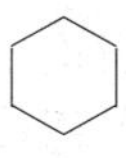

UN 号　1145

危害信息

危险性类别　第 3 类　易燃液体

燃烧与爆炸危险性　极易燃。其蒸气与空气可形成爆炸性混合物，遇明火、高热极易燃烧爆炸。在火场中，受热的容器、储罐有爆炸危险。蒸气比空气重，能在较低处扩散到相当远的地方，遇火源会着火回燃和爆炸(闪爆)。

活性反应　与硝酸、浓硫酸、高锰酸钾、重铬酸盐、液氯等氧化剂发生反应，甚至导致燃烧爆炸。

禁忌物　强氧化剂、强酸、强碱、卤素等。

毒性　大鼠经口 LD_{50}：12705mg/kg；小鼠经口 LD_{50}：813mg/kg；小鼠吸入 LC_{50}：70000mg/m^3(2h)；家兔经皮 LD_{50}：＞180000mg/kg。

本品有刺激和麻醉作用。

中毒表现　对眼和上呼吸道有轻度刺激作用。持续吸入可引起头晕、恶心、倦睡和其他一些麻醉症状。液体污染皮肤可引起痒感。

侵入途径　吸入、食入、经皮吸收。

职业接触限值

中国：PC－TWA：250mg/m^3。

美国(ACGIH)：TLV－TWA：100ppm。

环境危害　对水生生物有极高毒性，可能在水生环境中造成长期不利影响。

理化特性与用途

理化特性　无色易挥发液体，有刺激性气味。不溶于水，溶于乙醇、乙醚、苯、丙酮等多数有机溶剂。熔点 6.5℃，沸点 80.7℃，相对密度(水＝1)0.78，相对蒸气密度(空气＝1)2.90，临界压力 4.05MPa，临界温度 280.4℃，蒸气压 12.7kPa(20℃)，燃烧热－3919.6kJ/mol,临界温度 280.4℃，临界压力 4.05MPa，辛醇/水分配系数 3.44，闪点－18℃(闭杯)，爆炸极限 1.2%～8.4%，引燃温度 245℃。

主要用途　用作一般溶剂、色谱分析标准物质及用于有机合成。

包装与储运

包装标志　易燃液体

包装类别　Ⅱ类

安全储运　储存于阴凉、通风的库房。远离火种、热源，避免阳光直射。储存温度不超过 37℃。保持容器密封。应与氧化剂隔离储运。搬运时轻装轻卸，防止容器受损。禁止使用易产生火花的机械设备和工具，灌装时注意流速，防止静电积聚。炎热季节早晚运输。

紧急处置信息

急救措施

吸入：迅速脱离现场至空气新鲜处。保持呼吸道通畅。如呼吸困难，给输氧。呼吸、心跳停止，立即进行心肺复苏术。就医。

眼睛接触：立即分开眼睑，用流动清水或生理盐水彻底冲洗。就医。

皮肤接触：立即脱去污染的衣着，用肥皂水和清水彻底冲洗。就医。

食入：漱口，不要催吐，给服活性炭。就医。

忌用肾上腺素类药。

灭火方法 消防人员必须穿全身消防服，佩戴空气呼吸器，在上风向灭火。尽可能将容器从火场移至空旷处。喷水保持火场容器冷却，直至灭火结束。处在火场中的容器若发生异常变化或发出异常声音，必须马上撤离。

灭火剂：泡沫、干粉、二氧化碳、砂土。

泄漏应急处置 消除所有点火源。根据液体流动和蒸气扩散的影响区域划定警戒区，无关人员从侧风、上风向撤离至安全区。建议应急处理人员戴正压自给式呼吸器，穿防静电服，戴橡胶耐油手套。作业时使用的所有设备应接地。禁止接触或跨越泄漏物。尽可能切断泄漏源。防止泄漏物进入水体、下水道、地下室或限制性空间。小量泄漏：用砂土或其他不燃材料吸收。使用洁净的无火花工具收集吸收材料。大量泄漏：构筑围堤或挖坑收容。用砂土、惰性物质或蛭石吸收大量液体。用泡沫覆盖，减少蒸发。喷水雾能减少蒸发，但不能降低泄漏物在限制性空间内的易燃性。用防爆泵转移至槽车或专用收集器内。

345. 1,4－环己烷二甲醇

标　识

中文名称 1,4－环己烷二甲醇

英文名称 1,4－Cyclohexanedimethanol；Cyclohex－1,4－ylenedimethanol；1,4－Bis(hydroxymethyl)cyclohexane

别名 1,4－二羟甲基环己烷

分子式 $C_8H_{16}O_2$

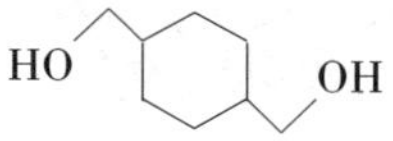

CAS 号 105－08－8

危害信息

燃烧与爆炸危险性 可燃。其粉体与空气混合能形成爆炸性混合物，遇明火高热有引起燃烧爆炸的危险。燃烧产生有毒的一氧化碳气体。在高温火场中，由于内压增加以及分解反应的发生，受热的容器和储罐有破裂和爆炸的危险。

活性反应 与强氧化剂反应。

禁忌物 强氧化剂。

毒性 大鼠经口 LD_{50}：3200mg/kg；小鼠经口 LD_{50}：1600mg/kg。

侵入途径 吸入、食入。

理化特性与用途

理化特性 白色蜡状固体。与水和低分子量醇混溶，溶于酮，几乎不溶于脂肪族烃和乙醚。熔点：43℃(顺式异构体)、70℃(反式异构体)，升华点160℃(101.325kPa)，沸点283℃，相对密度(水=1)1.020。蒸气压0.133kPa(96℃)，闪点165.6℃(开杯)，引燃温度315.6℃，辛醇/水分配系数0.36。

主要用途 主要用于制备聚酯纤维、聚酯电器用具、不饱和聚脂树脂、聚酯釉料、聚氨酯泡沫塑料，还可用于制备润滑剂和液压流体等。

包装与储运

安全储运　储存于阴凉、通风的库房。包装密封。远离火种、热源。应与氧化剂等隔离储运。搬运时轻装轻卸，防止包装或容器受损。

紧急处置信息

急救措施

吸入：脱离接触。如有不适感，就医。

眼睛接触：分开眼睑，用流动清水或生理盐水冲洗。如有不适感，就医。

皮肤接触：脱去污染的衣着，用肥皂水和清水冲洗。如有不适感，就医。

食入：漱口，饮水。就医。

灭火方法　消防人员须穿全身消防服，在上风向灭火。尽可能将容器从火场移至空旷处。喷水保持火场容器冷却，直至灭火结束。

灭火剂：雾状水、泡沫、二氧化碳、干粉、砂土。

泄漏应急处置　消除所有点火源。建议应急处理人员戴防尘口罩，穿防毒服。穿上适当的防护服前严禁接触破裂的容器和泄漏物。尽可能切断泄漏源。用塑料布覆盖泄漏物，减少飞散。勿使水进入包装容器内。用洁净的铲子收集泄漏物，置于干净、干燥、盖子较松的容器中，将容器移离泄漏区。

346. 环　己　烯

标　　识

中文名称　环己烯

英文名称　Cyclohexene；Tetrahydrobenzene

别名　四氢化苯

分子式　C_6H_{10}

CAS 号　110－83－8

WGH 号　32022；T31122［铁规］

UN 号　2256

危害信息

危险性类别　第3类　易燃液体

燃烧与爆炸危险性　易燃。其蒸气与空气混合能形成爆炸性混合物，遇明火、高热易燃烧或爆炸。燃烧产生有毒的一氧化碳气体。在高温火场中，受热的容器或储罐有破裂和爆炸的危险。蒸气比空气重，能在较低处扩散到相当远的地方，遇火源会着火回燃和爆炸（闪爆）。

活性反应　与氧化剂反应。

禁忌物　强氧化剂、强酸、卤素、卤代烃。

毒性　大鼠经口 LD_{50}：1300mg/kg；小鼠经口 LD_{50}：2300mg/kg；大鼠吸入 LC_{50}：50000mg/m^3。

本品有麻醉作用，吸入后引起恶心、呕吐、头痛和神志丧失。对眼和皮肤有刺激性。

侵入途径 吸入、食入、经皮吸收。

职业接触限值 美国(ACGIH)：TLV－TWA：300ppm。

理化特性与用途

理化特性 无色透明液体，有特殊刺激性气味。不溶于水，混溶于乙醇、乙醚、丙酮、苯、四氯化碳、石油醚等。熔点－104℃，沸点83℃，相对密度(水＝1)0.81，相对蒸气密度(空气＝1)2.8，蒸气压8.9(20℃)，燃烧热－3751.7kJ/mol，临界温度287.4℃，临界压力4.347MPa，辛醇/水分配系数2.86，闪点－11.7℃，引燃温度244℃，爆炸极限1.0%～5.0%。

主要用途 用于有机合成、油类萃取及用作溶剂。

包装与储运

包装标志 易燃液体

包装类别 Ⅱ类

安全储运 储存于阴凉、通风的库房。远离火种、热源，避免阳光直射。储存温度不超过37℃。炎热季节早晚运输。应与氧化剂等隔离储运。禁止使用易产生火花的机械设备和工具。灌装时注意流速，防止静电积聚。搬运时轻装轻卸，防止容器受损。

紧急处置信息

急救措施

吸入：迅速脱离现场至空气新鲜处。保持呼吸道通畅。如呼吸困难，给输氧。呼吸、心跳停止，立即进行心肺复苏术。就医。

眼睛接触：立即分开眼睑，用流动清水或生理盐水彻底冲洗。就医。

皮肤接触：立即脱去污染的衣着，用肥皂水和清水彻底冲洗。就医。

食入：漱口，不要催吐。就医。

忌用肾上腺素类药。

灭火方法 消防人员须穿全身消防服，佩戴空气呼吸器，在上风向灭火。尽可能将容器从火场移至空旷处。喷水保持火场容器冷却，直至灭火结束。处在火场中的容器若发生异常变化或发出异常声音，须马上撤离。

灭火剂：泡沫、二氧化碳、干粉和砂土。用水灭火无效。

泄漏应急处置 消除所有点火源。根据液体流动和蒸气扩散的影响区域划定警戒区，无关人员从侧风、上风向撤离至安全区。建议应急处理人员戴正压自给式呼吸器，穿防静电服，戴橡胶耐油手套。作业时使用的所有设备应接地。禁止接触或跨越泄漏物。尽可能切断泄漏源。防止泄漏物进入水体、下水道、地下室或限制性空间。小量泄漏：用砂土或其他不燃材料吸收。使用洁净的无火花工具收集吸收材料。大量泄漏：构筑围堤或挖坑收容。用泡沫覆盖，减少蒸发。喷水雾能减少蒸发，但不能降低泄漏物在限制性空间内的易燃性。用防爆泵转移至槽车或专用收集器内。

347. 环三次甲基三硝胺［含水≥15%］

标　　识

中文名称 环三次甲基三硝胺［含水≥15%］

英文名称　Cyclonite; Hexogen; Hexahydro－1,3,5－trinitro－*s*－triazine; Cyclotrimethylene－trinitramine

别名　黑索金

分子式　$C_3H_6N_6O_6$

CAS号　121－82－4

WGH号　11041

UN号　0072

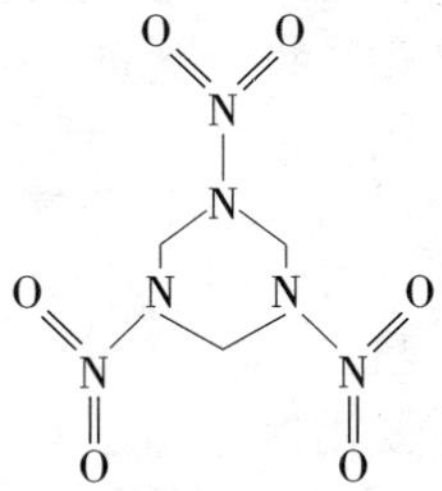

危害信息

危险性类别　第1类　爆炸品

燃烧与爆炸危险性　受撞击、摩擦、遇明火或其他点火源极易爆炸。燃烧产生有毒的一氧化碳和氮氧化物气体。

禁忌物　强酸、强碱。

毒性　大鼠经口 LD_{50}：100mg/kg；小鼠经口 LD_{50}：59mg/kg。

中毒表现　吸入中毒可发生癫痫样发作；误服可引起头晕、恶心、呕吐、流涎、多汗，重者发生抽搐。

侵入途径　吸入、食入、经皮吸收。

职业接触限值

中国：PC－TWA：1.5mg/m^3［皮］。

美国(ACGIH)：TLV－TWA：0.5mg/m^3［皮］。

环境危害　对水生生物是有毒的

理化特性与用途

理化特性　白色结晶粉末。不溶于水、乙醇、四氯化碳、二硫化碳，微溶于甲醇和乙醚，溶于丙酮、环己酮、环戊酮、浓硝酸等。熔点205.5℃，沸点276～280℃，密度1.816g/cm^3(20℃)，临界温度567℃，辛醇/水分配系数0.87。

主要用途　用于装填炮弹、鱼雷、水雷等。

包装与储运

包装标志　爆炸品

安全储运　储存于阴凉、通风的库房。远离火种、热源。储存温度不宜超过30℃。保持容器密封。应与其他爆炸品、胺、磷、酸碱、还原剂等隔离储运。搬运时轻装轻卸，防止容器受损。禁止震动、撞击和摩擦。

紧急处置信息

急救措施

吸入：迅速脱离现场至空气新鲜处。保持呼吸道通畅。如呼吸困难，给输氧。呼吸、心跳停止，立即进行心肺复苏术。就医。

眼睛接触：立即分开眼睑，用流动清水或生理盐水彻底冲洗。就医。

皮肤接触：立即脱去污染的衣着，用肥皂水和清水彻底冲洗。就医。

食入：漱口，给服活性炭悬液，不要催吐。就医。

灭火方法　消防人员须在防爆掩蔽处操作。遇大火切勿轻易接近。在物料附近失火，须用水保持容器冷却。

灭火剂：用大量水灭火。禁止用砂土盖压。

泄漏应急处置 隔离泄漏污染区，限制出入。建议应急处理人员戴防尘口罩，穿防毒防酸碱服，戴橡胶耐酸碱手套。穿上适当的防护服前严禁接触破裂的容器和泄漏物。尽可能切断泄漏源。用塑料布覆盖泄漏物，减少飞散。勿使水进入包装容器内。用洁净的铲子收集泄漏物，置于干净、干燥、盖子较松的容器中，将容器移离泄漏区。

348. 环十二醇

标识

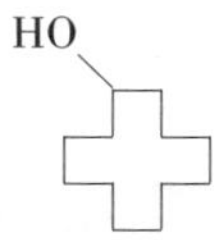

中文名称 环十二醇
英文名称 Cyclododecanol
分子式 $C_{12}H_{24}O$
CAS 号 1724－39－6

危害信息

燃烧与爆炸危险性 可燃。其粉体与空气混合能形成爆炸性混合物。燃烧产生有毒一氧化碳气体。

活性反应 与强氧化剂发生反应。

禁忌物 强氧化剂、酸类。

中毒表现 蒸气可灼伤眼睛，引起流泪；吸入可引起出血性肺炎。对中枢神经有抑制作用。

侵入途径 吸入、食入。

环境危害 对水生生物有毒，可能在水生环境中造成长期不利影响。

理化特性与用途

理化特性 白色固体。不溶于水。熔点 76～79℃，沸点 272.7℃，密度 0.91g/cm^3(80℃)，相对蒸气密度(空气＝1)6.4，饱和蒸气压 0.05Pa(25℃)，辛醇/水分配系数 4.58，闪点 138℃，引燃温度 380℃。

主要用途 用于制造十二碳二酸、环十二酮等。

包装与储运

包装标志 杂类
包装类别 Ⅲ类
安全储运 储存于阴凉、通风的库房。远离火种、热源。保持容器密封。应与强氧化剂、酸类等隔离储运。搬运时轻装轻卸，防止容器或包装受损。

紧急处置信息

急救措施

吸入： 迅速脱离现场至空气新鲜处。保持呼吸道通畅。如呼吸困难，给输氧。呼吸、心跳停止，立即进行心肺复苏术。就医。

眼睛接触： 分开眼睑，用流动清水或生理盐水冲洗。如有不适感，就医。

皮肤接触： 脱去污染的衣着，用肥皂水和清水彻底冲洗皮肤。如有不适感，就医。

食入： 饮水，口服活性炭。就医。

灭火方法　消防人员必须佩戴空气呼吸器，穿全身防火防毒服，在上风向灭火。尽可能将容器从火场移至空旷处。喷水保持火场容器冷却，直至灭火结束。

灭火剂：水、雾状水、泡沫、干粉、二氧化碳。

泄漏应急处置　隔离泄漏污染区，限制出入。消除所有点火源。建议应急处理人员戴防尘口罩，穿防毒服，戴橡胶手套。禁止接触或跨越泄漏物。用洁净的铲子收集泄漏物，置于干净、干燥、盖子较松的容器中，将容器移离泄漏区。防止泄漏物进入水体、下水道、地下室或受限空间。

349. 环烷酸钙

标　识

中文名称　环烷酸钙

英文名称　Naphthenic acid，calcium salt；Calcium naphthenate

分子式　$C_{22}H_{14}CaO_4$

CAS 号　61789 - 36 - 4

UN 号　3082(海)

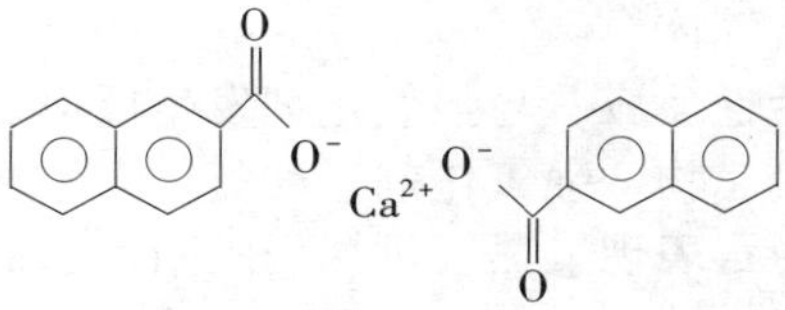

危害信息

燃烧与爆炸危险性　可燃，遇明火高热有引起燃烧爆炸的危险，燃烧产生有毒的一氧化碳气体。

毒性　大鼠经口 LD_{50}：>6g/kg，出现肌无力、腹泻。

侵入途径　吸入、食入。

环境危害　可能在环境中造成长期不利影响；可能是海洋污染物。

理化特性与用途

理化特性　浅色半固体易燃黏稠物。不溶于水，微溶于乙醇，溶于苯、乙酸乙酯、四氯化碳、乙醚和汽油。熔点 >100℃，相对密度(水 =1)0.91 ~0.97，闪点≥150℃。

主要用途　适用于作清漆催干剂、胶黏剂和织物防水剂，也用于制造色淀。

包装与储运

包装标志　杂类

包装类别　Ⅲ类

安全储运　储存于阴凉、通风的专用库房。远离火种、热源。应与氧化剂隔离储运。

紧急处置信息

急救措施

吸入： 脱离接触。如有不适感，就医。

眼睛接触： 分开眼睑，用流动清水或生理盐水冲洗。如有不适感，就医。

皮肤接触： 脱去污染的衣着，用肥皂水和清水冲洗。如有不适感，就医。

食入：漱口，饮水。就医。

灭火方法　消防人员须穿全身消防服，在上风向灭火。尽可能将容器从火场移至空旷处。喷水保持火场容器冷却，直至灭火结束。

灭火剂：雾状水、泡沫、二氧化碳、干粉、砂土。

泄漏应急处置　消除所有点火源。根据液体流动和蒸气扩散的影响区域划定警戒区，无关人员从侧风、上风向撤离至安全区。建议应急处理人员戴正压自给式呼吸器，穿防静电、防腐蚀服，戴橡胶手套。尽可能切断泄漏源。防止泄漏物进入水体、下水道、地下室或限制性空间。小量泄漏：用干燥的砂土或其他不燃材料吸收或覆盖，收集于容器中。大量泄漏：构筑围堤或挖坑收容。

350. 环烷酸镁

标　识

中文名称　环烷酸镁

英文名称　Naphthenic acid, magnesium salt; Magnesium naphthenate

CAS 号　68424－71－5

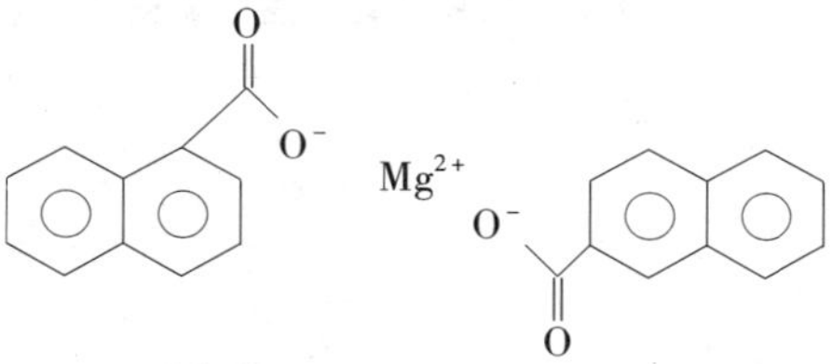

危害信息

危险性类别　第 3 类　易燃液体

燃烧与爆炸危险性　易燃。其蒸气与空气混合能形成爆炸性混合物，遇明火、高热易燃烧或爆炸。在高温火场中，受热的容器或储罐有破裂和爆炸的危险。

毒性　大鼠经口 LD_{50}：9140mg/kg；小鼠经口 LD_{50}：6450mg/kg。

急性经口染毒动物出现嗜睡或兴奋。大鼠经口 TDL_o：54900mg/kg（30d，间断），动物出现肝功损害、贫血、死亡。

侵入途径　吸入、食入。

理化特性与用途

理化特性　深棕色均匀透明油状液体。熔点≥100℃，闪点≥30℃（闭杯）。

主要用途　用于内燃机油和燃料油的清净分散剂和涂料中用作催化剂或稳定剂。

包装与储运

包装标志　易燃液体

包装类别　Ⅲ类

安全储运　储存于阴凉、通风的库房。保持容器密封。远离火种、热源。储存温度不超过 37℃。应与氧化剂隔离储运。禁止使用易产生火花的机械设备和工具。搬运时轻装轻卸，防止容器受损。

紧急处置信息

急救措施

吸入：脱离接触。如有不适感，就医。

眼睛接触：分开眼睑，用流动清水或生理盐水冲洗。如有不适感，就医。

皮肤接触：脱去污染的衣着，用肥皂水和清水冲洗。如有不适感，就医。

食入：漱口，饮水。就医。

灭火方法　消防人员须穿全身消防服，佩戴空气呼吸器，在上风向灭火。尽可能将容器从火场移至空旷处。喷水保持火场容器冷却，直至灭火结束。处在火场中的容器若发生异常变化或发出异常声音，须马上撤离。

灭火剂：泡沫、二氧化碳、干粉、砂土。

泄漏应急处置　消除所有点火源。根据液体流动和蒸气扩散的影响区域划定警戒区，无关人员从侧风、上风向撤离至安全区。建议应急处理人员戴正压自给式呼吸器，穿防静电、防腐蚀服，戴橡胶手套。尽可能切断泄漏源。防止泄漏物进入水体、下水道、地下室或限制性空间。小量泄漏：用干燥的砂土或其他不燃材料吸收或覆盖，收集于容器中。大量泄漏：构筑围堤或挖坑收容。

351. 环烷酸镍

标　识

中文名称　环烷酸镍

英文名称　Naphthenic acid, nickel salt; Nickel naphthenate

分子式　$C_{22}H_{14}NiO_4$

CAS 号　61788 - 71 - 4

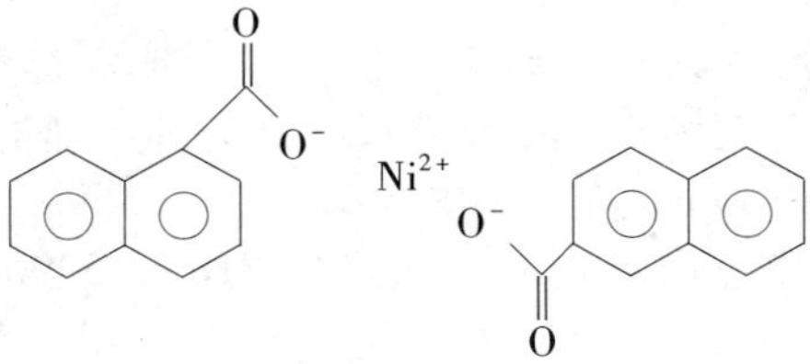

危害信息

危险性类别　第 3 类　易燃液体

燃烧与爆炸危险性　易燃。其蒸气与空气混合能形成爆炸性混合物，遇明火、高热易燃烧或爆炸。在高温火场中，受热的容器或储罐有破裂和爆炸的危险。

禁忌物　强氧化剂。

环境危害　有害空气污染物。

理化特性与用途

理化特性　绿色透明黏稠液体或紫色固体。不溶于水，溶乙醇、乙醚、苯、甲苯、松节油和松香水等有机溶剂。熔点 > 100℃，相对密度（水 = 1）0.91 ~ 0.97，闪点 ≥30℃（闭杯）。

主要用途 用作油漆催干剂，顺丁橡胶合成的催化剂。

包装与储运

包装标志 易燃液体

包装类别 Ⅲ类

安全储运 储存于阴凉、通风的库房。保持容器密封。远离火种、热源。储存温度不超过37℃。保持容器密封。应与氧化剂隔离储运。禁止使用易产生火花的机械设备和工具。搬运时轻装轻卸，防止容器受损。

紧急处置信息

急救措施

吸入：脱离接触。如有不适感，就医。

眼睛接触：分开眼睑，用流动清水或生理盐水冲洗。如有不适感，就医。

皮肤接触：脱去污染的衣着，用肥皂水和清水冲洗。如有不适感，就医。

食入：漱口，饮水。就医。

灭火方法 消防人员须穿全身消防服，佩戴空气呼吸器，在上风向灭火。尽可能将容器从火场移至空旷处。喷水保持火场容器冷却，直至灭火结束。处在火场中的容器若发生异常变化或发出异常声音，须马上撤离。

灭火剂：泡沫、二氧化碳、干粉、砂土。

泄漏应急处置 消除所有点火源。根据液体流动和蒸气扩散的影响区域划定警戒区，无关人员从侧风、上风向撤离至安全区。建议应急处理人员戴正压自给式呼吸器，穿防静电、防腐蚀服，戴橡胶手套。尽可能切断泄漏源。防止泄漏物进入水体、下水道、地下室或限制性空间。小量泄漏：用干燥的砂土或其他不燃材料吸收或覆盖，收集于容器中。大量泄漏：构筑围堤或挖坑收容。

352. 环烷酸铅

标　识

中文名称 环烷酸铅

英文名称 Lead naphthenates；Naphthenic acids，lead salts

别名 萘酸铅；石油酸铅

分子式 $C_{22}H_{14}O_4Pb$

CAS 号 61790－14－5

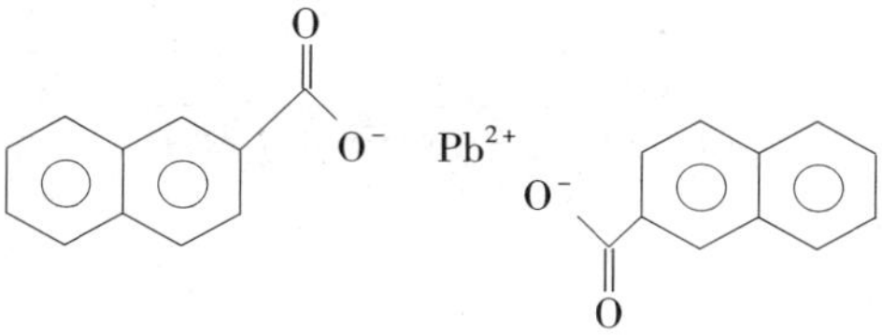

危害信息

燃烧与爆炸危险性 易燃。其蒸气与空气混合能形成爆炸性混合物，遇明火、高热易燃烧或爆炸。燃烧产生有毒的一氧化碳、氧化铅气体。在高温火场中，受热的容器或储罐有破裂和爆炸的危险。

活性反应　与氧化剂发生反应。

禁忌物　强氧化剂。

毒性　大鼠经口 LD_{50}：5100mg/kg。

长期反复接触铅化合物可对中枢神经系统和肾脏产生影响。

侵入途径　吸入、食入、经皮吸收。

环境危害　对水生生物有极高毒性，可能在水生环境中造成长期不利影响。

理化特性与用途

理化特性　黄色半透明糊状物。不溶于水，溶于乙醇、苯、甲苯、松节油和松香水。熔点接近 100℃，相对密度(水 =1)1.15。

主要用途　用作清漆的催干剂、扩散剂、木材防腐剂和杀虫剂，也用于配制润滑剂。

包装与储运

安全储运　储存于阴凉、通风的库房。保持容器密封。远离火种、热源。应与氧化剂、强酸等隔离储运。搬运时轻装轻卸，防止包装或容器受损。

紧急处置信息

急救措施

吸入：脱离接触。如有不适感，就医。

眼睛接触：分开眼睑，用流动清水或生理盐水冲洗。如有不适感，就医。

皮肤接触：脱去污染的衣着，用肥皂水和清水冲洗。如有不适感，就医。

食入：漱口，饮一杯水，催吐。就医。

驱铅治疗：选用适当的螯合剂。

灭火方法　消防人员须穿全身消防服，佩戴空气呼吸器，在上风向灭火。尽可能将容器从火场移至空旷处。喷水保持火场容器冷却，直至灭火结束。处在火场中的容器若发生异常变化或发出异常声音，须马上撤离。

灭火剂：泡沫、二氧化碳、干粉、砂土。

泄漏应急处置　消除所有点火源。根据液体流动和蒸气扩散的影响区域划定警戒区，无关人员从侧风、上风向撤离至安全区。建议应急处理人员戴正压自给式呼吸器，穿防静电服。作业时使用的所有设备应接地。禁止接触或跨越泄漏物。尽可能切断泄漏源。防止泄漏物进入水体、下水道、地下室或密闭性空间。小量泄漏：用砂土或其他不燃材料吸收。使用洁净的无火花工具收集吸收材料。大量泄漏：构筑围堤或挖坑收容。用泡沫覆盖，减少蒸发。喷水雾能减少蒸发，但不能降低泄漏物在受限制空间内的易燃性。用防爆泵转移至槽车或专用收集器内。

353. 环烷酸铜

标　识

中文名称　环烷酸铜

英文名称　Copper naphthenate; Naphthenic acid, copper salt

别名　萘酸铜

分子式　$C_{22}H_{14}CuO_4$

CAS 号　1338－02－9

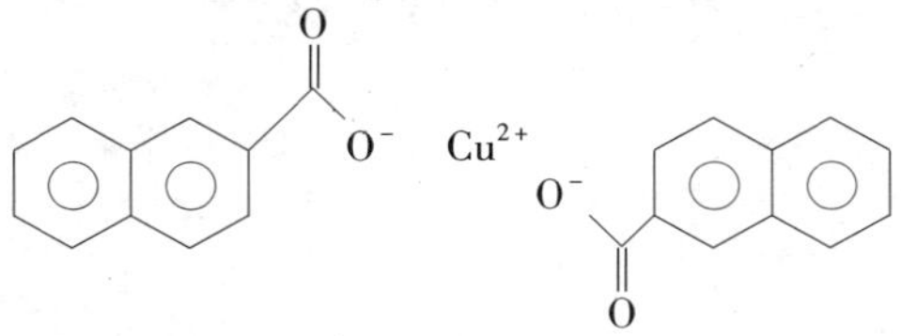

危害信息

燃烧与爆炸危险性　易燃。其蒸气与空气混合能。形成爆炸性混合物，遇明火、高热易燃烧或爆炸。在高温火场中，受热的容器或储罐有破裂和爆炸的危险。受高热分解放出有毒气体。

活性反应　与氧化剂反应。

禁忌物　强氧化剂。

毒性　大鼠经口 LD_{50}：2g/kg；小鼠经口 LD_{50}：1897mg/kg。

具刺激作用。目前，未见有对人体损害的报道。

侵入途径　吸入、食入。

理化特性与用途

理化特性　蓝绿色固体。不溶于水，微溶于乙醇，溶于苯、甲苯、汽油、矿物油、松节油和松香水。沸点 150～250℃，相对密度（水＝1）0.93～1.05，蒸气压 0.13Pa（100℃），燃烧热－16640.26kJ/mol，闪点 38℃（闭杯）。

主要用途　用作油漆、油墨的催干剂，马路彩砖的增强增光剂。

包装与储运

安全储运　储存于阴凉、通风的库房。保持容器密封。远离火种、热源。应与氧化剂等隔离储运。搬运时轻装轻卸，防止容器或包装受损。

紧急处置信息

急救措施

吸入：脱离接触。如有不适感，就医。

眼睛接触：分开眼睑，用流动清水或生理盐水冲洗。如有不适感，就医。

皮肤接触：脱去污染的衣着，用肥皂水和清水冲洗。如有不适感，就医。

食入：漱口，饮水。就医。

灭火方法　消防人员须穿全身消防服，佩戴防毒面具，在上风向灭火。尽可能将容器从火场移至空旷处。喷水保持火场容器冷却，直至灭火结束。

灭火剂：泡沫、二氧化碳、干粉、砂土。

泄漏应急处置　消除所有点火源。无关人员从侧风、上风向撤离至安全区。建议应急处理人员戴防尘口罩，穿防护服，戴橡胶手套。作业时使用的所有设备应接地。禁止接触或跨越泄漏物。尽可能切断泄漏源。防止泄漏物进入水体、下水道、地下室或密闭性空间。用塑料布覆盖泄漏物，减少飞散。勿使水进入包装容器内。用洁净的铲子收集泄漏物，置于干净、干燥、盖子较松的容器中，将容器移离泄漏区。

354. 环烷酸锌

标　识

中文名称　环烷酸锌

英文名称　Naphthenic acid, zinc salt; Zinc naphthenate

别名　萘酸锌；T704 防锈剂

分子式　$C_{22}H_{14}O_4Zn$

CAS 号　12001－85－3

WGH 号　41540

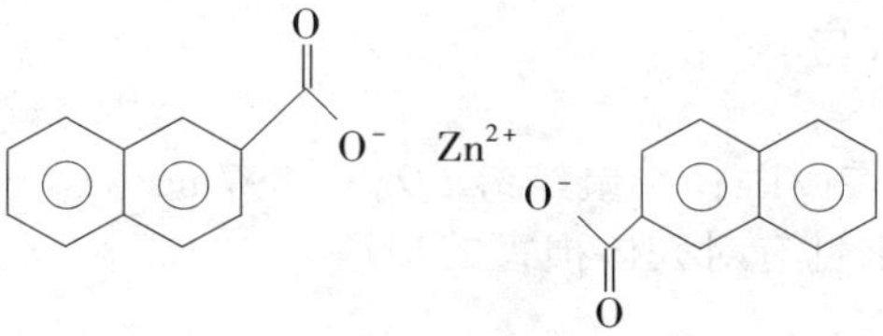

危害信息

危险性类别　第 4.1 类　易燃固体

燃烧与爆炸危险性　遇高热、明火及强氧化剂易引起燃烧。受高热分解放出有毒的气体。

活性反应　与强氧化剂剧烈反应，能导致燃烧、爆炸。

禁忌物　强氧化剂。

毒性　大鼠经口 LD_{50}：4920mg/kg；大鼠吸入 LC：>1170mg/m^3(8h)；小鼠经口 LD_{50}：2800mg/kg；家兔经皮 LD：>2000mg/kg。

具有刺激作用。目前未见有对人体损害的报道。

侵入途径　吸入、食入、经皮吸收。

理化特性与用途

理化特性　琥珀色黏稠液体或固体。液体含锌 8%～10%，固体含锌 16%。不溶于水，微溶于乙醇，溶于苯、甲苯、丙酮、松节油和松香水等。沸点 300～400℃，相对密度(水＝1)1.01，闪点 73℃，爆炸下限 1.0%。

主要用途　用于调制润滑防锈两用油和封存防锈油，用作油漆、油墨催干剂、木材防腐剂、织物防水剂、杀虫剂、杀菌剂等。

包装与储运

包装标志　易燃固体

安全储运　储存于阴凉、通风的库房。保持容器密封。远离火种、热源。防止阳光直射。储存温度不超过 35℃。应与酸类、氧化剂等隔离储运。搬运时轻装轻卸，防止容器受损。

紧急处置信息

急救措施

吸入：脱离接触。如有不适感，就医。

眼睛接触：分开眼睑，用流动清水或生理盐水冲洗。如有不适感，就医。

皮肤接触：脱去污染的衣着，用肥皂水和清水冲洗。如有不适感，就医。

食入：漱口，饮水。就医。

灭火方法 消防人员须佩戴空气呼吸器，穿全身消防服，在上风向灭火。尽可能将容器从火场移至空旷处。喷水保持火场容器冷却，直至灭火结束。

用雾状水、泡沫、干粉、二氧化碳、砂土灭火。

泄漏应急处置 隔离泄漏污染区，限制出入。消除所有点火源。建议应急处理人员戴防尘口罩，穿一般作业工作服。禁止接触或跨越泄漏物。小量泄漏：用洁净的铲子收集泄漏物，置于干净、干燥、盖子较松的容器中，将容器移离泄漏区。大量泄漏：用水润湿，并筑堤收容。防止泄漏物进入水体、下水道、地下室或限制性空间。

355. 1,3 – 环戊二烯

标　识

中文名称 1,3 – 环戊二烯

英文名称 1,3 – Cyclopentadiene

别名 环戊二烯；茂

分子式 C_5H_6

CAS 号 542 – 92 – 7

WGH 号 32021；T31121[铁规]

危害信息

危险性类别 第 3 类 易燃液体

燃烧与爆炸危险性 易燃。其蒸气与空气能形成爆炸性混合物，遇明火、高热能引起燃烧爆炸。高温时能强烈分解，因此在火场中，受热的容器或储罐有爆炸危险。高速冲击、流动、激荡后可因产生静电火花放电引起燃烧爆炸。蒸气比空气重，能在较低处扩散到相当远的地方，遇火源会着火回燃和爆炸(闪爆)。

活性反应 与四氢硼钠、氢化铝锂等强还原剂发生放热反应，释放出易燃易爆的氢气。与强氧化剂剧烈反应。与发烟硝酸、混有四氧化二氮的浓硫酸反应会发生爆炸。催化剂存在下，可与氢气发生加成反应，放出热量。

禁忌物 强氧化剂、酸类。

毒性 大鼠经口 LD_{50}：113mg/kg；大鼠吸入 LC_{50}：39000mg/m^3；小鼠经口 LD_{50}：800mg/kg；小鼠吸入 LC_{50}：14000mg/m^3；家兔经皮 LD_{50}：430mg/kg。

本品有麻醉作用，对皮肤及黏膜有强烈刺激作用。

中毒表现 高浓度吸入后，立即出现眼和上呼吸道黏膜刺激症状，伴头痛、头晕、全身无力。较重患者出现躁动、谵妄、昏迷。经抢救，意识恢复后，头痛、头晕、乏力等症状可延续 2 ~ 3 日。

侵入途径 吸入、食入、经皮吸收。

职业接触限值 美国(ACGIH)：TLV – TWA：75ppm。

理化特性与用途

理化特性 无色液体。不溶于水，溶于二硫化碳、苯胺、乙酸和液体石蜡，混溶于乙醇、乙醚、苯、四氯化碳。存放和受热易聚合，生成双环戊二烯。工业品通常以二聚体储运。熔点 -85℃，沸点 42.5℃，密度 0.8021g/cm^3，相对蒸气密度(空气=1)2.3，蒸气压 58.53kPa(25℃)，折射率 1.4463，闪点 25℃，引燃温度 640℃。

主要用途 用于合成橡胶、石油树脂、塑料、农药、医药、香料等领域。

包装与储运

包装标志 易燃液体

包装类别 Ⅲ类

安全储运 储存于阴凉、通风的库房。远离火种、热源，避免阳光直射。储存温度不超过 37℃。保持容器密封。炎热季节早晚运输。应与氧化剂、硝酸等隔离储运。搬运时轻装轻卸，防止容器受损。禁止使用易产生火花的机械设备和工具。灌装时注意流速，且应有接地装置，防止静电积聚。

紧急处置信息

急救措施

吸入：迅速脱离现场至空气新鲜处。保持呼吸道通畅。如呼吸困难，给输氧。呼吸、心跳停止，立即进行心肺复苏术。就医。

眼睛接触：立即分开眼睑，用流动清水或生理盐水彻底冲洗。就医。

皮肤接触：立即脱去污染的衣着，用肥皂水和清水彻底冲洗。就医。

食入：漱口，尽量饮水，不要催吐。就医。

忌用肾上腺素类药。

灭火方法 消防人员必须穿全身消防服，佩戴空气呼吸器，在上风向灭火。尽可能将容器从火场移至空旷处。喷水保持火场容器冷却，直至灭火结束。处在火场中的容器若发生异常变化或发出异常声音，必须马上撤离。

灭火剂：泡沫、二氧化碳、干粉、砂土。

泄漏应急处置 消除所有点火源。根据液体流动和蒸气扩散的影响区域划定警戒区，无关人员从侧风、上风向撤离至安全区。建议应急处理人员戴正压自给式呼吸器，穿防静电服，戴橡胶耐油手套。作业时使用的所有设备应接地。禁止接触或跨越泄漏物。尽可能切断泄漏源。防止泄漏物进入水体、下水道、地下室或限制性空间。小量泄漏：用砂土或其他不燃材料吸收。使用洁净的无火花工具收集吸收材料。大量泄漏：构筑围堤或挖坑收容。用泡沫覆盖，减少蒸发。喷水雾能减少蒸发，但不能降低泄漏物在限制性空间内的易燃性。用防爆泵转移至槽车或专用收集器内。

356. 环　戊　酮

标　识

中文名称 环戊酮

英文名称 Cyclopentanone；Ketocyclopentane

分子式 C_5H_8O

CAS 号 120-92-3

WGH 号 33590；T32090[铁规]

UN 号 2245

危害信息

危险性类别 第 3 类 易燃液体

燃烧与爆炸危险性 易燃。其蒸气与空气混合能形成爆炸性混合物，遇明火、高热易燃烧或爆炸。燃烧产生有毒的一氧化碳气体。在高温火场中，受热的容器或储罐有破裂和爆炸的危险。

活性反应 与氧化剂反应。

禁忌物 强氧化剂、强还原剂、强碱。

毒性 小鼠经口 LD_{50}：1820mg/kg；大鼠吸入 LC_{50}：19500mg/m^3。

高浓度吸入对中枢神经系统有抑制作用。对眼、皮肤有刺激性。

侵入途径 吸入、食入、经皮吸收。

理化特性与用途

理化特性 水白色液体，有醚样的气味。不溶于水，溶于乙醇、乙醚、丙酮等多数有机溶剂。熔点 -51.3℃，沸点 130.6℃，相对密度(水 =1)0.95，相对蒸气密度(空气 =1)2.3，蒸气压 1.52kPa(25℃)，临界压力 5.2MPa，辛醇/水分配系数 0.63，闪点 26℃、30.5℃(闭杯)，爆炸极限 1.7% ~10.4%。

主要用途 用作药品、生物制品、杀虫剂和合成橡胶的中间体。

包装与储运

包装标志 易燃液体

包装类别 Ⅲ类

安全储运 储存于阴凉、通风的库房。远离火种、热源，避免阳光直射。储存温度不超过 37℃。炎热季节早晚运输。应与氧化剂、碱、强还原剂等隔离储运。禁止使用易产生火花的机械设备和工具。灌装时注意流速，防止静电积聚。搬运时轻装轻卸，防止容器受损。

紧急处置信息

急救措施

吸入：迅速脱离现场至空气新鲜处。保持呼吸道通畅。如呼吸困难，给输氧。呼吸、心跳停止，立即进行心肺复苏术。就医。

眼睛接触：立即分开眼睑，用流动清水或生理盐水彻底冲洗。就医。

皮肤接触：立即脱去污染的衣着，用肥皂水和清水彻底冲洗。就医。

食入：给饮水，不要催吐。就医。

灭火方法 消防人员须穿全身消防服，佩戴空气呼吸器，在上风向灭火。尽可能将容器从火场移至空旷处。喷水保持火场容器冷却，直至灭火结束。处在火场中的容器若发生异常变化或发出异常声音，须马上撤离。

灭火剂：泡沫、二氧化碳、干粉、砂土。

泄漏应急处置 消除所有点火源。根据液体流动和蒸气扩散的影响区域划定警戒区，无关人员从侧风、上风向撤离至安全区。建议应急处理人员戴正压自给式呼吸器，穿防静电服，戴橡胶耐油手套。作业时使用的所有设备应接地。禁止接触或跨越泄漏物。尽可能切断泄漏源。防止泄漏物进入水体、下水道、地下室或限制性空间。小量泄漏：用砂土或其他不燃材料吸收。使用洁净的无火花工具收集吸收材料。大量泄漏：构筑围堤或挖坑收

容。用泡沫覆盖，减少蒸发。喷水雾能减少蒸发，但不能降低泄漏物在限制性空间内的易燃性。用防爆泵转移至槽车或专用收集器内。

357. 环　戊　烷

标　识

中文名称　环戊烷

英文名称　Cyclopentane

分子式　C_5H_{10}

CAS 号　287－92－3

WGH 号　31003

UN 号　1146

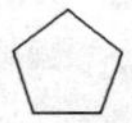

危害信息

危险性类别　第 3 类　易燃液体

燃烧与爆炸危险性　极易燃。其蒸气与空气可形成爆炸性混合物，遇明火、高热能引起燃烧爆炸。在火场中，受热的容器或储罐有爆炸危险。其蒸气比空气重，能在较低处扩散到相当远的地方，遇火源会着火回燃和爆炸(闪爆)。

活性反应　与硝酸、次氯酸钠、浓硫酸、氧气、臭氧、高锰酸钾、氯酸钾、二氧化氮、卤素(氟气、液氯、溴、碘)、氯磺酸等氧化剂发生反应，甚至导致燃烧爆炸。

禁忌物　强氧化剂、卤素、强酸、强碱等。

毒性　大鼠经口 LD_{50}：11400mg/kg；大鼠吸入 LC_{50}：106000mg/m^3；小鼠经口 LD_{50}：12800mg/kg；小鼠吸入 LC_{50}：72000mg/m^3。

本品属环烷烃类，环烷烃类有麻醉和中枢神经系统抑制作用。

中毒表现　急性中毒：吸入后可引起头痛、头晕、定向力障碍、兴奋、倦睡、共济失调和麻醉作用。蒸气对眼、鼻有刺激作用。口服致恶心、呕吐、黏膜出血、腹泻和中枢神经系统抑制等。

慢性影响：本品对皮肤有脱脂作用，长期接触引起皮肤干燥、发红等。

侵入途径　吸入、食入。

职业接触限值　美国(ACGIH)：TLV－TWA：600ppm。

环境危害　对水生生物有害，可能在水生环境中造成长期不利影响。

理化特性与用途

理化特性　无色透明液体，有苯样的气味。不溶于水，溶于乙醇、乙醚、丙酮、苯和氯仿等。熔点－94℃，沸点 49.3℃，密度 0.7640g/cm^3，相对蒸气密度(空气＝1)2.42，蒸气压 45kPa(20℃)，折射率 1.4068，闪点－37℃(闭杯)，爆炸极限 1.1%～8.7%，引燃温度 361℃，临界温度 238.6℃，临界压力 4.25MPa，辛醇/水分配系数 3.0。

主要用途　主要用作替代氟氯烃类制冷剂和发泡剂，作为不破坏大气臭氧层的新型制冷剂和发泡剂，也用作溶剂。

包装与储运

包装标志　易燃液体

包装类别　Ⅰ类

安全储运　储存于阴凉、通风的库房，避免阳光直射。远离火种、热源。炎热气候采取通风降温措施。库温不超过29℃。应与氧化剂等隔离储运。搬运时轻装轻卸，防止容器受损。夏令高温季节早晚运输。禁止使用易产生火花的机械设备和工具。灌装时注意流速，且应有接地装置，防止静电积聚。

紧急处置信息

急救措施

吸入：迅速脱离现场至空气新鲜处。保持呼吸道通畅。如呼吸困难，给输氧。呼吸、心跳停止，立即进行心肺复苏术。就医。

眼睛接触：立即分开眼睑，用流动清水或生理盐水彻底冲洗。就医。

皮肤接触：立即脱去污染的衣着，用肥皂水和清水彻底冲洗。就医。

食入：漱口，不要催吐，给服活性炭悬液。就医。

忌用肾上腺素类药。

灭火方法　消防人员必须穿全身消防服，佩戴空气呼吸器，在上风向灭火。喷水冷却容器，尽可能将容器从火场移至空旷处。处在火场中的容器若发生异常变化或发出异常声音，必须马上撤离。

用泡沫、二氧化碳、干粉、砂土灭火。用水灭火无效。

泄漏应急处置　消除所有点火源。根据液体流动和蒸气扩散的影响区域划定警戒区，无关人员从侧风、上风向撤离至安全区。建议应急处理人员戴正压自给式呼吸器，穿防静电服，戴橡胶耐油手套。作业时使用的所有设备应接地。禁止接触或跨越泄漏物。尽可能切断泄漏源。防止泄漏物进入水体、下水道、地下室或限制性空间。小量泄漏：用砂土或其他不燃材料吸收。使用洁净的无火花工具收集吸收材料。大量泄漏：构筑围堤或挖坑收容。用泡沫覆盖，减少蒸发。喷水雾能减少蒸发，但不能降低泄漏物在限制性空间内的易燃性。用防爆泵转移至槽车或专用收集器内。

358. 环氧丙烷

标　识

中文名称　环氧丙烷

英文名称　1,2 - Epoxypropane；Methyloxirane；Propylene oxide

别名　1,2 - 环氧丙烷；氧化丙烯

分子式　C_3H_6O

CAS 号　75 - 56 - 9

WGH 号　31032

UN 号　1280

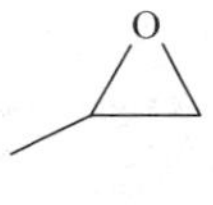

危害信息

危险性类别　第3类　易燃液体

燃烧与爆炸危险性　极易燃。与空气可形成爆炸性混合物，遇明火、高热有燃烧爆炸的危险。蒸气比空气重，能在较低处扩散到相当远的地方，遇火源会着火回燃和爆炸（闪

爆）。见光、受热或久储易聚合放热，容器或储罐有爆炸的危险。

活性反应 与氧化剂、强酸、格氏试剂和有机锂化合物剧烈反应，放出热量。将其加入环氧树脂中，会引发爆炸。胺、氢氧化钠能引发环氧丙烷的聚合反应，甚至导致燃烧爆炸。

禁忌物 酸类、碱类、强氧化剂。

毒性 大鼠经口 LD_{50}：380mg/kg；小鼠经口 LD_{50}：440mg/kg；大鼠吸入 LC_{50}：4000ppm(4h)；家兔经皮 LD_{50}：1245mg/kg；人(男性)吸入 TCL_o：1400g/m^3(10min)。

在工业生产中主要经呼吸道吸收。液态也可经皮肤吸收。是一种原发性刺激剂，轻度中枢神经系统抑制剂和原浆毒。

IARC 对本品的致癌性分类：G2B——可疑人类致癌物。

欧盟指令 67/548/EEC 将本品列为第 2 类致癌物——可能为人类致癌物；第 2 类致突变物——可能为人类致突变物。

中毒表现 接触高浓度蒸气，出现结膜充血、流泪、咽痛、咳嗽、呼吸因难；并伴有头胀、头晕、步态不稳、共济失调、恶心和呕吐。重者可见有烦躁不安、多语、谵妄，甚至昏迷。少数出现血压升高、心律不齐、心肌损害、中毒性肠麻痹、消化道出血以及肝、肾损害。液体可致角膜灼伤。皮肤接触有刺激作用，严重者可引起皮肤坏死。

侵入途径 吸入、食入、经皮吸收。

职业接触限值 中国：PC－TWA：5mg/m^3[敏][G2B]。

美国(ACGIH)：TLV－TWA：2ppm[敏]。

环境危害 有害空气污染物。

理化特性与用途

理化特性 无色透明的易挥发液体，有类似乙醚的气味。溶于水以及乙醇、乙醚等多数有机溶剂。熔点－112℃，沸点 34℃，相对密度(水＝1)0.83，相对蒸气密度(空气＝1)2.0，燃烧热－1755.8kJ/mol，临界温度 209.1℃，临界压力 4.92MPa，蒸气压 71.73kPa(25℃)，辛醇/水分配系数 0.03，闪点－37℃(闭杯)、－28.8℃(开杯)，爆炸极限2.3%～36.0%，引燃温度 449℃。

主要用途 主要用于生产聚氨酯用丙二醇和聚醚多元醇，还用于生产非离子表面活性剂、油田破乳剂、农药乳化剂等。

包装与储运

包装标志 易燃液体

包装类别 Ⅰ类

安全储运 储存于阴凉、通风的库房。远离火种、热源，储存温度不超过 29℃。保持容器密封。应与氧化剂、酸类、碱类等隔离储运。禁止使用易产生火花的机械设备和工具。灌装时注意流速，防止静电积聚。搬运时轻装轻卸，防止容器受损。

紧急处置信息

急救措施

吸入： 迅速脱离现场至空气新鲜处。保持呼吸道通畅。如呼吸困难，给输氧。呼吸、心跳停止，立即进行心肺复苏术。就医。

眼睛接触： 立即分开眼睑，用流动清水或生理盐水彻底冲洗。就医。

皮肤接触： 立即脱去污染的衣着，用肥皂水和清水彻底冲洗。就医。

食入： 漱口，尽量饮水。就医。

灭火方法　消防人员必须佩戴空气呼吸器，穿全身防火防毒服，在上风向灭火。尽可能将容器从火场移至空旷处。喷水保持火场容器冷却，直至灭火结束。处在火场中的容器若发生异常变化或发出异常声音，必须马上撤离。

灭火剂：雾状水、抗溶性泡沫、干粉、二氧化碳、砂土。

泄漏应急处置　消除所有点火源。根据液体流动和蒸气扩散的影响区域划定警戒区，无关人员从侧风、上风向撤离至安全区。建议应急处理人员戴正压自给式呼吸器，穿防毒、防静电服，戴橡胶耐油手套。作业时使用的所有设备应接地。禁止接触或跨越泄漏物。尽可能切断泄漏源。防止泄漏物进入水体、下水道、地下室或限制性空间。小量泄漏：用砂土或其他不燃材料吸收。使用洁净的无火花工具收集吸收材料。大量泄漏：构筑围堤或挖坑收容。用砂土、惰性物质或蛭石吸收大量液体。用抗溶性泡沫覆盖，减少蒸发。喷水雾能减少蒸发，但不能降低泄漏物在限制性空间内的易燃性。用防爆泵转移至槽车或专用收集器内。喷雾状水驱散蒸气、稀释液体泄漏物。

359. 1,2 – 环氧丁烷

标　识

中文名称　1,2 – 环氧丁烷

英文名称　1,2 – Epoxybutane；Ethyloxirane；1,2 – Butylene oxide

别名　氧化丁烯

分子式　C_4H_8O

CAS 号　106 – 88 – 7

WGH 号　32097；T31197[铁规]

UN 号　3022

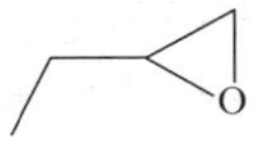

危害信息

危险性类别　第 3 类　易燃液体

燃烧与爆炸危险性　易燃。其蒸气与空气混合能形成爆炸性混合物，遇明火、高热易燃烧或爆炸。燃烧产生有毒的一氧化碳气体。在高温火场中，受热的容器或储罐有破裂和爆炸的危险。蒸气比空气重，能在较低处扩散到相当远的地方，遇火源会着火回燃和爆炸(闪爆)。

活性反应　与强氧化剂反应。

禁忌物　强氧化剂、卤素。

毒性　大鼠经口 LD_{50}：500mg/kg；大鼠吸入 LC_{50}：6300mg/m^3（4h）；兔经皮 LD_{50}：1743mg/kg。

IARC 对本品的致癌性分类：G2B——可疑人类致癌物。

中毒表现　本品对呼吸道有刺激性，可发生支气管炎和肺炎。对中枢神经系统有麻醉和抑制作用。眼接触可有眼痛、结膜刺激和暂时性角膜损害。皮肤一次接触呈轻度刺激；反复或长期接触，可引起水疱和坏死。

侵入途径　吸入、食入、经皮吸收。

环境危害　对水生生物有害，可能在水生环境中造成长期不利影响；有害空气污染物。

理化特性与用途

理化特性 无色液体，有醚样的气味。溶于水，可混溶于多数有机溶剂。熔点 -150℃，沸点 63.3℃，相对密度(水 = 1)0.83，相对蒸气密度(空气 = 1)2.2，蒸气压 18.62kPa(20℃)，燃烧热 -2552.3kJ/mol，临界压力 4.39MPa，辛醇/水分配系数 0.416，闪点 -22℃(闭杯)，引燃温度 439℃，爆炸极限 1.5% ~18.3%。

主要用途 用作溶剂、氯化溶剂的稳定剂、有机合成的中间体。

包装与储运

包装标志 易燃液体

包装类别 Ⅱ类

安全储运 储存于阴凉、通风的库房。保持容器密封。远离火种、热源，避免阳光直射。储存温度不超过 37℃。炎热季节早晚运输。应与氧化剂、酸等隔离储运。禁止使用易产生火花的机械设备和工具。灌装时注意流速，防止静电积聚。搬运时轻装轻卸，防止容器受损。

紧急处置信息

急救措施

吸入： 迅速脱离现场至空气新鲜处。保持呼吸道通畅。如呼吸困难，给输氧。呼吸、心跳停止，立即进行心肺复苏术。就医。

眼睛接触： 立即分开眼睑，用流动清水或生理盐水彻底冲洗。就医。

皮肤接触： 立即脱去污染的衣着，用大量流动清水彻底冲洗。就医。

食入： 漱口，尽量饮水。就医。

灭火方法 消防人员须穿全身消防服，佩戴空气呼吸器，在上风向灭火。尽可能将容器从火场移至空旷处。喷水保持火场容器冷却，直至灭火结束。处在火场中的容器若发生异常变化或发出异常声音，须马上撤离。

灭火剂：抗溶性泡沫、干粉、砂土。

泄漏应急处置 消除所有点火源。根据液体流动和蒸气扩散的影响区域划定警戒区，无关人员从侧风、上风向撤离至安全区。建议应急处理人员戴正压自给式呼吸器，穿防静电服，戴橡胶耐油手套。作业时使用的所有设备应接地。禁止接触或跨越泄漏物。尽可能切断泄漏源。防止泄漏物进入水体、下水道、地下室或限制性空间。小量泄漏：用砂土或其他不燃材料吸收。使用洁净的无火花工具收集吸收材料。大量泄漏：构筑围堤或挖坑收容。用抗溶性泡沫覆盖，减少蒸发。喷水雾能减少蒸发，但不能降低泄漏物在限制性空间内的易燃性。用防爆泵转移至槽车或专用收集器内。

360. 环氧环己烷

标　识

中文名称 环氧环己烷

英文名称 1,2 - Epoxycyclohexane; Cyclohexene oxide

别名 1,2 - 环氧环己烷；氧化环己烯

分子式 $C_6H_{10}O$

CAS 号 286－20－4

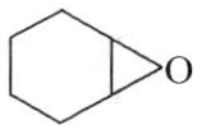

危害信息

危险性类别 第 3 类 易燃液体

燃烧与爆炸危险性 易燃。其蒸气与空气混合能形成爆炸性混合物，遇明火、高热易燃烧或爆炸。高速冲击、流动、激荡后可因产生静电火花放电引起燃烧爆炸。在高温火场中，受热的容器或储罐有破裂和爆炸的危险。蒸气比空气重，能在较低处扩散到相当远的地方，遇火源会着火回燃和爆炸(闪爆)。

活性反应 与强氧化剂反应。

禁忌物 氧化剂、酸类、碱类。

毒性 大鼠经口 LD_{50}：1090μL/kg；家兔经皮 LD_{50}：630 μL/kg。

对眼睛、呼吸道和皮肤有刺激作用。

侵入途径 吸入、食入、经皮吸收。

理化特性与用途

理化特性 无色液体。不溶于水，溶于乙醇、乙醚、丙酮、氯仿，易溶于苯。熔点－40℃，沸点 129～130℃，相对密度(水＝1)0.97，相对蒸气密度(空气＝1)3.4，蒸气压 2.0kPa(25℃)，闪点 27℃，引燃温度 335℃，燃烧热－3642kJ/mol，辛醇/水分配系数 1.66，爆炸极限 1.2%～6.5%。

主要用途 是农药杀螨剂的主要原料，也是表面活性剂、橡胶助剂的原料。

包装与储运

包装标志 易燃液体

包装类别 Ⅲ类

安全储运 储存于阴凉、通风的库房。远离火种、热源。储存温度不超过 37℃。保持容器密封。炎热季节早晚运输。应与氧化剂、强酸、碱等隔离储运。禁止使用易产生火花的机械设备和工具。灌装时注意流速，防止静电积聚。搬运时轻装轻卸，防止容器受损。

紧急处置信息

急救措施

吸入： 迅速脱离现场至空气新鲜处。保持呼吸道通畅。如呼吸困难，给输氧。呼吸、心跳停止，立即进行心肺复苏术。就医。

眼睛接触： 立即分开眼睑，用流动清水或生理盐水彻底冲洗。就医。

皮肤接触： 立即脱去污染的衣着，用肥皂水和清水彻底冲洗。就医。

食入： 漱口，尽量饮水，不要催吐。就医。

灭火方法 消防人员须穿全身消防服，佩戴空气呼吸器，在上风向灭火。尽可能将容器从火场移至空旷处。喷水保持火场容器冷却，直至灭火结束。处在火场中的容器若发生异常变化或发出异常声音，须马上撤离。

灭火剂：泡沫、二氧化碳、干粉、砂土。

泄漏应急处置 消除所有点火源。根据液体流动和蒸气扩散的影响区域划定警戒区，无关人员从侧风、上风向撤离至安全区。建议应急处理人员戴正压自给式呼吸器，穿防静电、防腐蚀服，戴橡胶手套。尽可能切断泄漏源。防止泄漏物进入水体、下水道、地下室或限制性空间。小量泄漏：用干燥的砂土或其他不燃材料吸收或覆盖，收集于容器中。大量泄漏：构筑围堤或挖坑收容。

361. 环氧氯丙烷

标　识

中文名称　环氧氯丙烷

英文名称　1 - Chloro - 2,3 - epoxypropane；Epichlorohydrin

别名　3 - 氯 - 1,2 - 环氧丙烷；表氯醇

分子式　C_3H_5ClO

CAS 号　106 - 89 - 8

WGH 号　61052

UN 号　2023

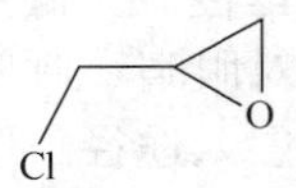

危害信息

危险性类别　第 6.1 类　毒害品

燃烧与爆炸危险性　易燃。其蒸气与空气能形成爆炸性混合物，遇明火、高热能引起分解爆炸和燃烧。在火场，由于发生剧烈分解，受热的容器或储罐有破裂或爆炸的危险。

活性反应　接触强酸、强碱、锌、铝、氯化铝、铁、氯化铁会发生放热聚合反应。在卤素离子催化下，与三氯乙烯反应会生成极易爆炸的二氯乙炔。接触苯胺会发生爆炸。与叔丁醇钾接触会着火。与硫酸或异丙胺接触发生剧烈反应。

禁忌物　强酸、强碱、胺类、锌、铝等。

毒性　大鼠经口 LD_{50}：90mg/kg；大鼠吸入 LC_{50}：250ppm（8h）；家兔经皮 LD_{50}：515mg/kg；人吸入 TCL_o：40ppm(2h)。

本品可经呼吸道、皮肤和消化道吸收。原液对皮肤有强烈刺激性和腐蚀性；液态挥发后蒸气对眼和呼吸道有强烈刺激性。

IARC 对本品的致癌性分类：G2A——可能人类致癌物。

欧盟指令 67/548/EEC 将本品列为第 2 类致癌物——可能为人类致癌物。

中毒表现　急性中毒：由于本品沸点高、挥发性低，故很少引起吸入性急性中毒。接触其蒸气后可产生眼、鼻、咽喉烧灼感，咳嗽，流涕，头痛，胸闷，恶心，呕吐等。皮肤直接接触本品可致灼伤，接触几天后出现红斑、水肿和丘疹，严重者出现水疱和溃疡。口服引起肝、肾损害，可致死

慢性影响：长期少量吸入可出现神经衰弱综合征和周围神经病变。

侵入途径　吸入、食入、经皮吸收。

职业接触限值　中国：PC - TWA：1mg/m^3[皮][G2A]；PC - STEL：2mg/m^3[皮][G2A]。

美国(ACGIH) 0.5ppm[皮]。

环境危害　海洋污染物；对水生生物是有毒的；有害空气污染物。

理化特性与用途

理化特性　无色透明油状液体，有氯仿样刺激气味。微溶于水，可混溶于醇、醚、四氯化碳、苯等有机溶剂。熔点 -48℃，沸点 116℃，相对密度(水 =1)1.18，相对蒸气密度

(空气＝1)3.29，蒸气压1.67kPa(20℃)，临界温度309℃，临界压力4.94MPa，燃烧热－1572kJ/mol，闪点31℃(闭杯)，爆炸极限3.8%～21%，引燃温度385℃，辛醇/水分配系数0.26。

主要用途 用于制造甘油、环氧树脂、氯醇橡胶、聚醚多元醇；是生产甘油衍生物、缩水甘油衍生物的重要原料，还用作纤维素酯、树脂和纤维素醚的溶剂。

包装与储运

包装标志 有毒品，易燃液体

包装类别 Ⅱ类

安全储运 储存于阴凉、通风的库房。保持容器密封。远离火种、热源。储存温度不超过32℃，相对湿度不超过80%。应与酸类、碱类、食用化学品等隔离储运。搬运时轻装轻卸，防止容器受损。

紧急处置信息

急救措施

吸入：立即脱离接触，采取半卧体位，休息，注意防治肺水肿。

眼睛接触：立即分开眼睑，用大量流动清水或生理盐水彻底冲洗10～15min。就医。

皮肤接触：立即用大量清水冲洗，出现红斑者可涂以紫草油，已出现水疱或溃疡者可用α－糜蛋白酶以生理盐水稀释后湿敷，而后再以凡士林或紫草油纱布换药处理。就医。

食入：漱口，尽量饮水，不要催吐。就医。

灭火方法 消防人员必须佩戴空气呼吸器，穿全身防火防毒服，在上风向灭火。尽可能将容器从火场移至空旷处。喷水保持火场容器冷却，直至灭火结束。处在火场中的容器若发生异常变化或发出异常声音，必须马上撤离。

灭火剂：雾状水、抗溶性泡沫、干粉、二氧化碳、砂土。

泄漏应急处置 消除所有点火源。根据液体流动和蒸气扩散的影响区域划定警戒区，无关人员从侧风、上风向撤离至安全区。建议应急处理人员戴防毒面具，穿防静电、防腐、防毒服。作业时使用的所有设备应接地。禁止接触或跨越泄漏物。尽可能切断泄漏源。防止泄漏物进入水体、下水道、地下室或限制性空间。小量泄漏：用砂土或其他不燃材料吸收。使用洁净的无火花工具收集吸收材料。大量泄漏：构筑围堤或挖坑收容。用飞尘或石灰粉吸收大量液体。用泡沫覆盖，减少蒸发。喷水雾能减少蒸发，但不能降低泄漏物在受限制空间内的易燃性。用防爆、耐腐蚀泵转移至槽车或专用收集器内。喷雾状水驱散蒸气、稀释液体泄漏物。

362. 环氧氯丙烷－多亚乙基多胺缩聚物

标　识

中文名称 环氧氯丙烷－多亚乙基多胺缩聚物

英文名称 Polyethylene polyamine－epichlorohydrin polymer；Polyethylene polyamine－epichlorohydrin condensate

危害信息

燃烧与爆炸危险性 本品是水溶液，不易燃。在受热使水分蒸发后的残留物可燃，燃烧能放出有毒的烟气。

侵入途径 吸入、食入。

理化特性与用途

理化特性 棕红色黏稠液体。溶于水。固体含量≥50%。

主要用途 主要用作采油和注水过程中的长效黏土稳定剂和污水处理中的絮凝聚，亦可用作阳离子型钻井液的防塌剂、钻井液的增粘剂、页岩防膨胀剂。

包装与储运

安全储运 储存于阴凉、通风的库房。保持容器密封。远离火种、热源。应与氧化剂等隔离储运。搬运时轻装轻卸，防止容器受损。

紧急处置信息

急救措施

吸入： 脱离接触。如有不适感，就医。

眼睛接触： 分开眼睑，用流动清水或生理盐水冲洗。如有不适感，就医。

皮肤接触： 脱去污染的衣着，用肥皂水和清水冲洗。如有不适感，就医。

食入： 漱口，饮水。就医

泄漏应急处置 隔离泄漏污染区，限制出入。建议应急处理人员戴防尘口罩，穿防毒防酸碱服，戴橡胶耐酸碱手套。大量泄漏：构筑围堤或挖坑收容。用飞尘或石灰粉吸收大量液体。用泡沫覆盖，减少蒸发。用防爆、耐腐蚀泵转移至槽车或专用收集器内。

363. 环氧氯丙烷-二甲胺缩聚物

标　　识

中文名称 环氧氯丙烷-二甲胺缩聚物

英文名称 Methanamine, *N*-methyl-, polymer with (chloromethyl) oxirane; Dimethylamine, epichlorhydrin polymer

别名 聚季铵盐

分子式 $\mathrm{-[C_3H_5ClO \cdot C_2H_7N]_{x}}$

CAS 号 25988-97-0

危害信息

燃烧与爆炸危险性 本品是水溶液，不易燃。在受热使水分蒸发后的残留物可燃，燃烧能放出有毒的烟气。

侵入途径 吸入、食入。

理化特性与用途

理化特性 浅黄色黏稠液体(水溶液)。固体含量≥60%，pH 值 7~8，相对密度(水=1)1.18~1.20。

主要用途 主要用作采油、注水作业的黏土防膨剂、增黏剂，适于各种接触产层的油水井作业，并可用作阳离子型钻井液的页岩抑制剂、无水处理絮凝聚。

包装与储运

安全储运 储存于阴凉、通风的库房。远离火种、热源。应与氧化剂等隔离储运。搬运时轻装轻卸，防止容器受损。

紧急处置信息

急救措施

吸入： 脱离接触。如有不适感，就医。

眼睛接触： 分开眼睑，用流动清水或生理盐水冲洗。如有不适感，就医。

皮肤接触： 脱去污染的衣着，用肥皂水和清水冲洗。如有不适感，就医。

食入： 漱口，尽量饮水，不要催吐。就医。

灭火方法 消防人员须穿全身消防服，佩戴空气呼吸器，在上风向灭火。尽可能将容器从火场移至空旷处。喷水保持火场容器冷却，直至灭火结束。处在火场中的容器若发生异常变化或发出异常声音，须马上撤离。

灭火剂：抗溶性泡沫、二氧化碳、干粉、砂土。

泄漏应急处置 隔离泄漏污染区，限制出入。建议应急处理人员戴自给式呼吸器，穿防毒防酸碱服，戴橡胶耐酸碱手套。本产品的泄漏，可使地面打滑，在清理过程中，应注意防滑。大量泄漏：构筑围堤或挖坑收容。用惰性材料吸收大量液体。用泡沫覆盖，减少蒸发。用泵转移至槽车或专用收集器内。

364. 环氧树脂

标　　识

中文名称 环氧树脂

英文名称 Epoxy resin

分子式 $-[C_{15}H_{16}O_2 \cdot C_3H_5ClO]_x-$

CAS 号 25068－38－6

危害信息

燃烧与爆炸危险性 可燃，遇明火、高热可能引起燃烧。燃烧或受高热分解放出有毒气体。

禁忌物 强氧化剂。

毒性 大鼠经口 LD_{50}：11400mg/kg。

中毒表现 制备和使用环氧树脂的工人，可有头痛、恶心、食欲不振、眼灼痛、眼睑水肿、上呼吸道刺激、皮肤病症等。本品的主要危害为引起过敏性皮肤病，其表现形式为瘙痒性红斑、丘疹、疱疹、湿疹性皮炎等。

侵入途径 吸入、食入。

理化特性与用途

理化特性 根据分子结构和分子量大小的不同，其物态可从无臭、无味的黄色透明液体至固体。溶于丙酮、环己酮、乙二醇、甲苯和苯乙烯等。熔点 145～155℃。

主要用途 用作金属涂料、金属黏合剂、玻璃纤维增强结构材料、防腐蚀材料、金属加工用模具等，在电器工业中用作绝缘材料。

包装与储运

安全储运 储存于阴凉、通风的库房。保持容器密封。远离火种、热源。应与强氧化剂等隔离储运。

紧急处置信息

急救措施

吸入：脱离接触。如有不适感，就医。

眼睛接触：分开眼睑，用流动清水或生理盐水冲洗。如有不适感，就医。

皮肤接触：脱去污染的衣着，用肥皂水和清水冲洗。如有不适感，就医。

食入：漱口，饮水。就医。

灭火方法 消防人员须穿全身消防服，佩戴防毒面具，在上风向灭火。尽可能将容器从火场移至空旷处。喷水保持火场容器冷却，直至灭火结束。

灭火剂：二氧化碳、干粉、泡沫、雾状水。

泄漏应急处置 消除所有点火源。液体泄漏，根据液体流动和蒸气扩散的影响区域划定警戒区，无关人员从侧风、上风向撤离至安全区。建议应急处理人员戴正压自给式呼吸器，穿一般作业工作服。穿上适当的防护服前严禁接触破裂的容器和泄漏物。尽可能切断泄漏源，防止进入下水道等限制性空间。小量泄漏，用干燥的砂土或类似的物质吸收。大量泄漏，构筑围堤或挖坑收容。用防爆泵转移至槽车或专用收集器内，回收或废弃处置。若是固体泄漏，用塑料布覆盖泄漏物，减少飞散。勿使水进入包装容器内。用洁净的铲子收集泄漏物，置于干净、干燥、盖子较松的容器中，将容器移离泄漏区。

365. 环氧乙烷

标　识

中文名称 环氧乙烷

英文名称 Ethylene oxide；Oxirane；Epoxy ethane；Oxane

别名 氧化乙烯；氧丙环；噁烷

分子式 C_2H_4O

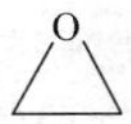

CAS 号 75－21－8

WGH 号 21039；T23057［铁规］

UN 号 1040

危害信息

危险性类别 第2.1类 易燃气体；第2.3类 有毒气体(危险货物)

燃烧与爆炸危险性 极易燃。能与空气形成范围广阔的爆炸性混合物，遇高热和明火有燃烧爆炸危险。比空气重，能在较低处扩散到相当远的地方，遇火源会着火回燃和爆炸(闪爆)。与空气的混合物快速压缩时，易发生爆炸。在火场，由于发生剧烈分解反应，受热的容器或储罐有破裂或爆炸的危险。

活性反应 与水缓慢反应生成乙二醇，常温下没有危险。能与强酸、醇、碱、胺、氧化剂等发生反应。生产和储存装置中应避免有铜、银、汞、镁、氨气、氧化剂、酸、有机碱、胺等物质存在。痕量乙炔也会生成乙炔基金属，导致环氧乙烷蒸气发生爆炸。与强碱、酸、胺、钾、金属氧化物(氧化铝、氧化铁、铁锈等)、卤化物(氯化铝、氯化铁、氯化锡)接触，会引发环氧乙烷剧烈地聚合，放出大量热量，甚至导致燃烧爆炸事故。

禁忌物 酸、醇、碱、胺、氧化剂、铜等。

毒性 大鼠经口 LD_{50}：72mg/kg；大鼠吸入 LC_{50}：2631.6mg/m^3(4h)；小鼠吸入 LC_{50}：1506.4mg/m^3(4h)；人吸入 *TCLo*：12500ppm(10s)。

在正常生产环境中本品多以气态形式经呼吸道吸收，液态可经皮肤和消化道吸收。是一种中枢神经抑制剂、刺激剂和原浆毒物。

IARC 对本品的分类：G1——确认人类致癌物。

欧盟指令 67/548/EEC 将本品列为第 2 类致癌物——可能为人类致癌物；第 2 类致突变物——可能为人类致突变物。

中毒表现 急性中毒：患者有剧烈的搏动性头痛、头晕、恶心、呕吐、咳嗽、胸闷、呼吸困难；重者全身肌肉颤动、出汗、神志不清，以致昏迷。X 线胸片显示支气管炎、支气管周围炎或肺炎。严重时也可出现肺水肿。可出现心肌损害和肝损害。皮肤接触迅速发生红肿，数小时后起疱，反复接触可致敏。皮肤直接接触液态本品可致冻伤。蒸气对眼有强烈刺激性，严重时发生角膜灼伤；液体溅入眼内，可致角膜灼伤

慢性影响：长期接触，可见有神经衰弱综合征、植物神经功能紊乱、周围神经损害、晶体混浊等。接触环氧乙烷女工自然流产率增高，有胚胎毒性。

侵入途径 吸入、食入、经皮吸收

职业接触限值

中国：PC－TWA：2mg/m^3[G1]。

美国(ACGIH)：TLV－TWA：1ppm。

环境危害 有害空气污染物。

理化特性与用途

理化特性 无色气体，有特殊气味。易溶于水以及乙醇、乙醚等多数有机溶剂。熔点－111.7℃，沸点 10.7℃，相对密度(水＝1)0.87(20℃)，相对蒸气密度(空气＝1)1.52，燃烧热－1306.1kJ/mol，临界压力 7.19MPa，临界温度 195.8℃，蒸气压 146kPa(20℃)，闪点－29℃(开杯)，爆炸极限 3.0%～100%，引燃温度 429℃。

主要用途 用于制造乙二醇、聚乙二醇、乙醇胺、乙二醇醚类、非离子表面活性剂等；在合成纤维工业中，可直接作为中间体代替乙二醇制造聚酯纤维和薄膜。

包装与储运

包装标志 有毒气体，易燃气体

安全储运 最好放在室外储罐内，应衬有绝缘材料，并须装置冷冻设备与自动喷水系统。存放地点须防止阳光直射，储槽周围须设有适当容量的围堤和排水系统。周围地坪不可有深坑或孔穴。室内只允许储存极少量环氧乙烷，而且须存放在不燃材料结构的库房。储存温度不超过 30℃。库内须设有防火花、连续排风装置，并禁绝火源。应与氧化剂、酸类、碱类、醇类、食用化学品等隔离储运。

紧急处置信息

急救措施

吸入：脱离现场后应绝对卧床休息，可用糖皮质激素、抗生素、解痉剂的混合液雾化吸入。积极防治脑水肿和肺水肿。

眼睛接触： 立即分开眼睑，用大量流动清水或生理盐水彻底冲洗10～15min。就医。

皮肤接触： 以大量清水冲洗后，外涂地塞米松霜、苯海拉明霜、紫草油或其他灼伤油。就医。

食入： 漱口，尽量饮水，催吐。就医。

解毒剂可用乙醇和4－甲基吡唑，并可给予维生素 $B_1$100mg 和维生素 $B_6$50mg 肌内注射，每6h 1 次，连用2～3 天。其他对症和支持疗法。

灭火方法 迅速切断气源。若不能立即切断气源，则不允许熄灭泄漏处的火焰。消防人员须佩戴空气呼吸器，穿全身消防服，在上风向灭火。喷水冷却容器，尽可能将容器从火场移至空旷处。

灭火剂：如果引燃了周围物质，应根据着火物质性质选用适当的灭火剂灭火。

泄漏应急处置 消除所有点火源。根据气体扩散的影响区域划定警戒区，无关人员从侧风、上风向撤离至安全区。建议应急处理人员戴正压自给式呼吸器，穿防静电服，戴橡胶手套。作业时使用的所有设备应接地。禁止接触或跨越泄漏物。尽可能切断泄漏源。喷雾状水抑制蒸气或改变蒸气云流向，避免水流接触泄漏物。禁止用水直接冲击泄漏物或泄漏源。防止气体通过下水道、通风系统和限制性空间扩散。隔离泄漏区直至气体散尽。

366. *N*－环己基－2－苯并噻唑次磺酰胺

标　识

中文名称 *N*－环己基－2－苯并噻唑次磺酰胺

英文名称 *N*－Cyclohexyl－2－benzothiazylsulfenamide；Accelerator CZ

别名 促进剂 CBS(CZ)

分子式 $C_{13}H_{16}N_2S_2$

CAS 号 95－33－0

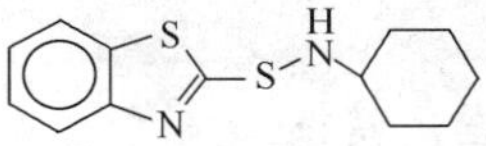

危害信息

燃烧与爆炸危险性 可燃。其粉体与空气混合能形成爆炸性混合物，遇明火高热有引起燃烧爆炸的危险。燃烧产生有毒的一氧化碳、二氧化硫和氮氧化物气体。

禁忌物 强氧化剂。

毒性 大鼠经口 LD_{50}：5300mg/kg，出现嗜睡；小鼠经口 LD_{50}：＞8g/kg；家兔经皮 LD_{50}：＞7940mg/kg。

对皮肤有致敏性。

侵入途径 吸入、食入、经皮吸收。

环境危害 对水生生物有极高毒性，可能在水生环境中造成长期不利影响。

理化特性与用途

理化特性 灰白色或淡黄色粉末。不溶于水，微溶于汽油，溶于苯、乙酸乙酯。熔点93～100℃，相对密度(水＝1)1.3，闪点177℃(开杯)，引燃温度339℃。

主要用途 适用于天然胶及合成胶和轮胎等橡胶制品。

包装与储运

安全储运 储存于阴凉、干燥、通风的库房。远离火种、热源。避免阳光直射。容器密封。应与氧化剂隔离储运。搬运时轻装轻卸，防止容器受损。

紧急处置信息

急救措施

吸入： 脱离接触。如有不适感，就医。

眼睛接触： 分开眼睑，用流动清水或生理盐水冲洗。如有不适感，就医。

皮肤接触： 脱去污染的衣着，用肥皂水和清水冲洗。如有不适感，就医。

食入： 漱口，饮水。就医。

灭火方法 消防人员须穿全身消防服，佩戴空气呼吸器，在上风向灭火。尽可能将容器从火场移至空旷处。喷水保持火场容器冷却，直至灭火结束。

灭火剂：雾状水、泡沫、二氧化碳、干粉、砂土。

泄漏应急处置 隔离泄漏污染区，限制出入。消除所有点火源。建议应急处理人员戴防尘口罩，穿防毒服。穿上适当的防护服前严禁接触破裂的容器和泄漏物。尽可能切断泄漏源。用塑料布覆盖泄漏物，减少飞散。勿使水进入包装容器内。用洁净的铲子收集泄漏物，置于干净、干燥、盖子较松的容器中，将容器移离泄漏区。

367. 黄矿物油

标　识

中文名称 黄矿物油

英文名称 Yellow mineral oil

危害信息

燃烧与爆炸危险性 可燃。其蒸气与空气混合能形成爆炸性混合物，遇明火、高热易燃烧或爆炸。燃烧产生有毒的一氧化碳气体。在高温火场中，受热的容器或储罐有破裂和爆炸的危险。

活性反应 与强氧化剂反应。

禁忌物 强氧化剂。

侵入途径 吸入、食入。

理化特性与用途

理化特性 浅黄色液体。凝固点≤0℃，闪点≥140℃(开杯)。

主要用途 适用于化工及机械工业润滑，用作橡胶和塑料制品的软化剂、化妆品的原料。

包装与储运

安全储运 储存于阴凉、通风的库房。远离火种、热源。保持容器密封。应与氧化剂等隔离储运。搬运时轻装轻卸，防止容器受损。

紧急处置信息

急救措施

吸入： 脱离接触。如有不适感，就医。

眼睛接触： 分开眼睑，用流动清水或生理盐水冲洗。如有不适感，就医。

皮肤接触： 脱去污染的衣着，用肥皂水和清水冲洗。如有不适感，就医。

食入： 漱口，尽量饮水，不要催吐。就医。

灭火方法　消防人员须穿全身消防服，佩戴空气呼吸器，在上风向灭火。尽可能将容器从火场移至空旷处。喷水保持火场容器冷却，直至灭火结束。处在火场中的容器若发生异常变化或发出异常声音，须马上撤离。

灭火剂：泡沫、二氧化碳、干粉、砂土。

泄漏应急处置　消除所有点火源。根据液体流动和蒸气扩散的影响区域划定警戒区，无关人员从侧风、上风向撤离至安全区。建议应急处理人员戴正压自给式呼吸器，穿防毒、防静电服。作业时使用的所有设备应接地。禁止接触或跨越泄漏物。尽可能切断泄漏源。防止泄漏物进入水体、下水道、地下室或密闭性空间。小量泄漏，用干燥的砂土或惰性物质吸收。大量泄漏，构筑围堤或挖坑收容。用泵移至槽车或专用收集器内，回收或废弃处置。

368. 黄　蜡　油

标　识

中文名称　黄蜡油

英文名称　Yellow wax

别名　黄蜡

危害信息

燃烧与爆炸危险性　可燃，遇明火、高热可能引起燃烧。在高温火场中会爆炸产生有毒的一氧化碳气体。

活性反应　与强氧化剂反应。

禁忌物　强氧化剂。

侵入途径　吸入、食入。

理化特性与用途

理化特性　常温下为黄色固体。熔点≥52℃(52 号)、≥54℃(54 号)。

主要用途　适用于生产过热汽缸油和降凝剂的原料。

包装与储运

安全储运　储存于阴凉、通风的库房。远离火种、热源。保持容器密封。应与氧化剂等隔离储运。搬运时轻装轻卸，防止容器受损。

紧急处置信息

急救措施

吸入： 脱离接触。如有不适感，就医。

眼睛接触： 分开眼睑，用流动清水或生理盐水冲洗。如有不适感，就医。

皮肤接触： 脱去污染的衣着，用肥皂水和清水冲洗。如有不适感，就医。

食入： 漱口，尽量饮水，不要催吐。

灭火方法 消防人员须穿全身消防服，在上风向灭火。尽可能将容器从火场移至空旷处。喷水保持火场容器冷却，直至灭火结束。

灭火剂：干粉、泡沫、雾状水。

泄漏应急处置 消除所有点火源。无关人员从侧风、上风向撤离至安全区。建议应急处理人员戴正压自给式呼吸器，穿防静电、防腐蚀服，戴橡胶手套。尽可能切断泄漏源。防止泄漏物进入水体、下水道、地下室或限制性空间。用洁净的铲子收集，置于适当的容器中回收或废弃处置。

369. 黄 原 胶

标 识

中文名称 黄原胶

英文名称 Xanthan gum

别名 黄胶、汉生胶、黄单细胞多糖

分子式 $\left[C_{35}H_{49}O_{29}\right]_n$

CAS 号 11138 -66 -2

危害信息

燃烧与爆炸危险性 可燃。其粉体与空气混合能形成爆炸性混合物，遇明火高热有引起燃烧爆炸的危险。燃烧产生一氧化碳气体。

侵入途径 吸入、食入。

理化特性与用途

理化特性 白色或浅黄色可以自由流动的粉末，可溶于热水或冷水，可与甲醇、乙醇、异丙醇、丙酮互溶。pH 值 5.4 ~8.6(1% 溶液)，密度 $1.5g/cm^3$(20℃)，引燃温度 >200℃。

主要用途 广泛应用于食品、石油、地矿、陶瓷、纺织、印染、医药、造纸、灭火、涂料、化妆品等行业，在石油行业中用作页岩抑制剂、泥浆增黏剂、水基压裂液增稠剂、乳化剂、悬浮剂和絮凝剂等。

包装与储运

安全储运 储存于阴凉、通风的库房。远离火种、热源。应与氧化剂、食用化学品隔离储运。

紧急处置信息

急救措施

吸入： 脱离接触。如有不适感，就医。

眼睛接触： 分开眼睑，用流动清水或生理盐水冲洗。如有不适感，就医。

皮肤接触： 脱去污染的衣着，用肥皂水和清水冲洗。如有不适感，就医。

食入： 漱口，饮水。就医。

灭火方法 消防人员须穿全身消防服，在上风向灭火。尽可能将容器从火场移至空旷处。喷水保持火场容器冷却，直至灭火结束。

灭火剂：雾状水、抗溶性泡沫、二氧化碳、干粉、砂土。

泄漏应急处置　隔离泄漏污染区，限制出入。建议应急处理人员戴防尘口罩，穿防毒防酸碱服，戴橡胶耐酸碱手套。用洁净的铲子收集泄漏物，置于干净、干燥、盖子较松的容器中，将容器移离泄漏区。

370. 磺化丙酮甲醛缩聚物

标　识

中文名称　磺化丙酮甲醛缩聚物

英文名称　Sulphonated acetone – formaldehyde polymer

别名　SAF

危害信息

燃烧与爆炸危险性　可燃。其粉体与空气混合能形成爆炸性混合物，遇明火高热有引起燃烧爆炸的危险。

活性反应　与强酸反应。

禁忌物　强酸、水。

侵入途径　吸入、食入。

理化特性与用途

理化特性　橘黄色自由流动粉末，易吸潮。易溶于水，水溶液呈弱碱性。pH 值 8 ~ 9（2% 水溶液）。

主要用途　用作油井水泥减阻剂，也用作混凝土减水剂。

包装与储运

安全储运　储存于阴凉、通风的库房。远离火种、热源。密闭包装，注意防潮。应与氧化剂等隔离储运。

紧急处置信息

急救措施

吸入：脱离接触。如有不适感，就医。

眼睛接触：分开眼睑，用流动清水或生理盐水冲洗。如有不适感，就医。

皮肤接触：脱去污染的衣着，用肥皂水和清水冲洗。如有不适感，就医。

食入：漱口，饮水。就医。

灭火方法　消防人员须穿全身消防服，在上风向灭火。尽可能将容器从火场移至空旷处。喷水保持火场容器冷却，直至灭火结束。

灭火剂：雾状水、抗溶性泡沫、二氧化碳、干粉、砂土。

泄漏应急处置　隔离泄漏污染区，限制出入。建议应急处理人员戴防尘口罩，穿一般作业工作服。尽可能切断泄漏源。用塑料布覆盖泄漏物，减少飞散。勿使水进入包装容器内。用洁净的铲子收集泄漏物，置于干净、干燥、盖子较松的容器中，将容器移离泄漏区。

371. 磺化单宁

标　识

中文名称 磺化单宁

英文名称 Sulfomethylated tannin；SMT

别名 M－SMT 降黏剂

CAS 号 68201－64－9

危害信息

燃烧与爆炸危险性 可燃。其粉体与空气混合能形成爆炸性混合物，遇明火高热有引起燃烧爆炸的危险。燃烧产生酸性烟雾。

禁忌物 氧化剂、水。

侵入途径 吸入、食入

理化特性与用途

理化特性 棕褐色粉末，易吸潮。溶于水，水溶液呈弱碱性。pH 值 7～9。有效成分≥80%。

主要用途 适用于各种水基钻井液，可用于高温深井的钻探，也可用作油井水泥缓凝剂和用于配制固井隔离液。

包装与储运

安全储运 储存于阴凉、通风、干燥的库房。远离火种、热源。密闭包装，注意防潮。应与氧化剂等隔离储运。

紧急处置信息

急救措施

吸入：脱离接触。如有不适感，就医。

眼睛接触：分开眼睑，用流动清水或生理盐水冲洗。如有不适感，就医。

皮肤接触：脱去污染的衣着，用肥皂水和清水冲洗。如有不适感，就医。

食入：漱口，饮水。就医。

灭火方法 消防人员须穿全身消防服，在上风向灭火。尽可能将容器从火场移至空旷处。喷水保持火场容器冷却，直至灭火结束。

灭火剂：雾状水、抗溶性泡沫、二氧化碳、干粉、砂土。

泄漏应急处置 消除点火源。撤离无关人员。建议应急处理人员戴防尘口罩，穿防毒防酸碱服，戴橡胶耐酸碱手套。用洁净的铲子收集泄漏物，置于干净、干燥、盖子较松的容器中，将容器移离泄漏区。

372. 磺化酚醛树脂

标　识

中文名称　磺化酚醛树脂

英文名称　Sulfonated phenolic resin；Sulfomethyl – phenolic resin（SMP）；Phenol，polymer with formaldehyde，sulfomethylated

别名　磺甲基酚醛树脂

分子式　$\left[C_6H_6O \cdot CH_2O\right]_x$

CAS 号　68442 – 15 – 9

危害信息

燃烧与爆炸危险性　不燃。其粉尘与空气形成的混合物能发生粉尘爆炸。燃烧产物含有毒的硫氧化物、氮氧化物气体。

活性反应　与强氧化剂反应。

禁忌物　强氧化剂。

侵入途径　吸入、食入。

理化特性与用途

理化特性　棕红色或淡黄色粉末。易溶于水。

主要用途　石油工业用作泥浆处理剂。

包装与储运

安全储运　储存于阴凉、干燥、通风的库房。包装密封。远离火种、热源。应与氧化剂等隔离储运。

紧急处置信息

急救措施

吸入：脱离接触。如有不适感，就医。

眼睛接触：分开眼睑，用流动清水或生理盐水冲洗。如有不适感，就医。

皮肤接触：脱去污染的衣着，用肥皂水和清水冲洗。如有不适感，就医。

食入：漱口，尽量饮水，不要催吐。就医。

灭火方法　消防人员须穿全身消防服，在上风向灭火。尽可能将容器从火场移至空旷处。喷水保持火场容器冷却，直至灭火结束。

本品不燃，根据着火原因选择适当灭火剂灭火。

泄漏应急处置　建议应急处理人员戴防尘口罩，穿防毒防酸碱服，戴橡胶耐酸碱手套。用洁净的铲子收集泄漏物，置于干净、干燥、盖子较松的容器中，将容器移离泄漏区。

373. 磺化沥青

标　识

中文名称　磺化沥青

英文名称　Sulfonated Asphalt；Sulfonated pitch

分子式　RSO_3Na

CAS 号　68201 - 32 - 1

危害信息

燃烧与爆炸危险性　可燃。其粉体与空气混合能形成爆炸性混合物，遇明火高热有引起燃烧爆炸的危险。燃烧产生有毒的一氧化碳气体。

活性反应　与强酸反应。

禁忌物　强酸、强氧化剂。

毒性　沥青及其烟气对皮肤黏膜具有刺激性，有光毒作用。

中毒表现　沥青的主要皮肤损害有：光毒性皮炎，皮损限于面、颈部等暴露部分；黑变病，皮损常对称分布于暴露部位，呈片状，呈褐 - 深褐 - 褐黑色；职业性痤疮；疣状赘生物及事故引起的热烧伤。此外，尚有头昏、头胀，头痛、胸闷、乏力、恶心、食欲不振等全身症状和眼 、鼻、咽部的刺激症状。

侵入途径　吸入、食入。

理化特性与用途

理化特性　黑色粉末，轻微的硫气味。部分溶于水。pH 值 8 ~ 9，相对密度(水 = 1) 0.9 ~ 0.96(25℃)。

主要用途　可用于水基钻井液和油基钻井液作为钻井液处理剂。

包装与储运

安全储运　储存于阴凉、通风、干燥的库房。包装密封。远离火种、热源。应与氧化剂等隔离储运。

紧急处置信息

急救措施

吸入：脱离接触。如有不适感，就医。

眼睛接触：分开眼睑，用流动清水或生理盐水冲洗。就医。

皮肤接触：皮肤热沥青烧伤立即用流动水冷却，不要强行剥离皮肤上的沥青。对于头、颈、躯干烧伤，用浸过冷水的毛巾覆盖并时时更换。如果沥青包裹了肢体，会妨碍血循环，应及时切开。在沥青上覆盖凡士林纱布，两天后揭下，并将能够分离的沥青除去，再盖再揭，反复进行可持续两周。

食入：漱口，饮水。就医。

灭火方法　消防人员须穿全身消防服，在上风向灭火。尽可能将容器从火场移至空旷处。喷水保持火场容器冷却，直至灭火结束。

灭火剂：雾状水、抗溶性泡沫、二氧化碳、干粉、砂土。

泄漏应急处置　隔离泄漏污染区，限制出入。建议应急处理人员戴防尘口罩，穿防毒防酸碱服，戴橡胶耐酸碱手套。用洁净的铲子收集泄漏物，置于干净、干燥、盖子较松的容器中，将容器移离泄漏区。

374. 磺化木质素

标　识

中文名称　磺化木质素

英文名称　Ligninsulfonate；Sodium lignosulfonate

别名　木质素磺酸盐

CAS 号　8061－51－6

危害信息

燃烧与爆炸危险性　可燃。其粉体与空气混合能形成爆炸性混合物，遇明火高热有引起燃烧爆炸的危险。燃烧产物中含有毒的一氧化碳和硫氧化物气体。

禁忌物　强氧化剂、酸。

毒性　大鼠经口 LD_{50}：＞40g/kg；小鼠经口 LD_{50}：6030mg/kg，中毒小鼠出现嗜睡、肌无力、昏迷；大鼠吸入 TCL_o：249mg/m^3（4h），出现贫血；大鼠经口 TDL_o：30g/kg（30 天，间断），肝功能发生改变；大鼠吸入 TCL_o：5.8mg/m^3（122 天，间断），呼吸系统和肝功能发生改变。

侵入途径　吸入、食入。

理化特性与用途

理化特性　黄褐色自由流动粉末，具有吸湿性。有良好的扩散性，易溶于水，但不溶于乙醇、丙酮及其他普通有机溶剂。pH 值 9.0～9.5。

主要用途　用于油田钻井泥浆、油井压裂、三次采油提高石油采收率等工艺过程。可用于工业水处理以及制革工业。电镀工业中应用使电镀表面更加光亮。还可作分散剂及用作混凝土减水剂、石膏板生产助剂、农药助剂、印染扩散剂、橡胶耐磨剂等。也可用作生产染料、香兰素、鞣剂的原料或中间体。

包装与储运

安全储运　储存于阴凉、通风的库房。包装密封。远离火种、热源。应与氧化剂、酸等隔离储运。搬运时轻装轻卸，防止容器受损。

紧急处置信息

急救措施

吸入：脱离接触。如有不适感，就医。

眼睛接触：分开眼睑，用流动清水或生理盐水冲洗。如有不适感，就医。

皮肤接触：脱去污染的衣着，用肥皂水和清水冲洗。如有不适感，就医。

食入：漱口，尽量饮水，不要催吐。就医。

灭火方法　消防人员须穿全身消防服，在上风向灭火。尽可能将容器从火场移至空旷处。喷水保持火场容器冷却，直至灭火结束。

灭火剂：雾状水、抗溶性泡沫、二氧化碳、干粉、砂土。

泄漏应急处置 消除点火源。隔离泄漏污染区，限制出入。建议应急处理人员戴防尘口罩，穿防毒防酸碱服，戴橡胶耐酸碱手套。用洁净的铲子收集泄漏物，置于干净、干燥、盖子较松的容器中，将容器移离泄漏区。

375. 磺化木质素酚醛树脂

标　识

中文名称 磺化木质素酚醛树脂

英文名称 Sulfonated lingo – sulfmethylated phenolic resin

危害信息

燃烧与爆炸危险性 可燃。其粉尘与空气形成的混合物能发生粉尘爆炸。燃烧产生有毒的一氧化碳和硫氧化物气体。

活性反应 与强酸反应。

禁忌物 强氧化剂、强酸。

毒性 粉尘对眼、上呼吸道有刺激性。

侵入途径 吸入、食入。

理化特性与用途

理化特性 棕褐色粉末，易吸潮。易溶于水，水溶液呈弱碱性。pH 值 9.0～9.5。

主要用途 用作水基钻井液体系的抗高温抗盐的降滤失剂。

包装与储运

安全储运 储存于阴凉、干燥、通风的库房。包装密封。远离火种、热源。防潮，防雨淋。应与氧化剂等隔离储运。

紧急处置信息

急救措施

吸入： 脱离接触。如有不适感，就医。

眼睛接触： 分开眼睑，用流动清水或生理盐水冲洗。如有不适感，就医。

皮肤接触： 脱去污染的衣着，用肥皂水和清水冲洗。如有不适感，就医。

食入： 漱口，饮水。就医。

灭火方法 消防人员须穿全身消防服，在上风向灭火。尽可能将容器从火场移至空旷处。喷水保持火场容器冷却，直至灭火结束。

灭火剂：雾状水、抗溶性泡沫、二氧化碳、干粉、砂土。

泄漏应急处置 建议应急处理人员戴防尘口罩，穿防毒防酸碱服，戴橡胶耐酸碱手套。用洁净的铲子收集泄漏物，置于干净、干燥、盖子较松的容器中，将容器移离泄漏区。

376. 磺甲基化聚丙烯酰胺

标　识

中文名称　磺甲基化聚丙烯酰胺

英文名称　Sulfomethylated polyacrylamide

危害信息

燃烧与爆炸危险性　可燃。其粉体与空气混合能形成爆炸性混合物，遇明火高热有引起燃烧爆炸的危险。

侵入途径　吸入、食入。

理化特性与用途

理化特性　白色或灰白色粉末。溶于水。有效物含量 85%，水含量 10%。

主要用途　用作油井水泥外加剂。

包装与储运

安全储运　储存于阴凉、干燥、通风的库房。包装密封。远离火种、热源。防潮，防雨淋，防曝晒。应与氧化剂隔离储运。

紧急处置信息

急救措施

吸入：脱离接触。如有不适感，就医。

眼睛接触：分开眼睑，用流动清水或生理盐水冲洗。如有不适感，就医。

皮肤接触：脱去污染的衣着，用肥皂水和清水冲洗。如有不适感，就医。

食入：漱口，尽量饮水，不要催吐。就医。

灭火方法　消防人员须穿全身消防服，在上风向灭火。尽可能将容器从火场移至空旷处。喷水保持火场容器冷却，直至灭火结束。

灭火剂：雾状水、抗溶性泡沫、二氧化碳、干粉、砂土。

泄漏应急处置　隔离泄漏污染区，限制出入。建议应急处理人员戴防尘口罩，穿一般作业工作服。尽可能切断泄漏源。用塑料布覆盖泄漏物，减少飞散。勿使水进入包装容器内。用洁净的铲子收集泄漏物，置于干净、干燥、盖子较松的容器中，将容器移离泄漏区。

377. 磺甲基化栲胶

标　识

中文名称　磺甲基化栲胶

英文名称　Sulfomethylated tannin extract

别名　SMT－88 钻井液降黏剂；磺甲基化单宁

危害信息

燃烧与爆炸危险性 可燃。其粉体与空气混合能形成爆炸性混合物，遇明火高热有引起燃烧爆炸的危险。燃烧产生酸性烟雾。

禁忌物 水 、强氧化剂。

侵入途径 吸入、食入。

理化特性与用途

理化特性 黑褐色粉末，易吸潮。溶于水，水溶液呈弱碱性。pH 值 7 ~9，有效成分≥80%，水分≤10%。

主要用途 适用于各种水基钻井液，可用于高温深井的钻探中，也可用作油井水泥的缓凝剂和用于配制隔离液。

包装与储运

安全储运 储存于阴凉、干燥、通风的库房。包装密封。远离火种、热源。防潮和雨淋。密闭包装，注意防潮。应与氧化剂等隔离储运。

紧急处置信息

急救措施

吸入：脱离接触。如有不适感，就医。

眼睛接触：分开眼睑，用流动清水或生理盐水冲洗。如有不适感，就医。

皮肤接触：脱去污染的衣着，用肥皂水和清水冲洗。如有不适感，就医。

食入：漱口，饮水。就医。

灭火方法 消防人员须穿全身消防服，在上风向灭火。尽可能将容器从火场移至空旷处。喷水保持火场容器冷却，直至灭火结束。

灭火剂：雾状水、抗溶性泡沫、二氧化碳、干粉、砂土。

泄漏应急处置 建议应急处理人员戴防尘口罩，穿防毒防酸碱服，戴橡胶耐酸碱手套。用洁净的铲子收集泄漏物，置于干净、干燥、盖子较松的容器中，将容器移离泄漏区。

378. 磺 酸 钠

标 识

中文名称 磺酸钠

英文名称 Synthetic sodium sulfonate

别名 T702A 防锈剂；合成磺酸钠

危害信息

燃烧与爆炸危险性 遇明火、高热可燃，燃烧产生有毒的烟气

禁忌物 强酸、强氧化剂。

侵入途径 吸入、食入

理化特性与用途

理化特性　以合成烷基苯磺酸为原料，用氢氧化钠皂化得到。棕红色黏稠液体。水溶性优于石油磺酸钠。pH 值 7 ~ 9。

主要用途　用于调制乳化切削油及防锈油。

包装与储运

安全储运　储存于阴凉、干燥、通风的库房。包装密封。远离火种、热源。应与氧化剂、食用化学品隔离储运。搬运时轻装轻卸，防止容器受损。

紧急处置信息

急救措施

吸入：脱离接触。如有不适感，就医。

眼睛接触：分开眼睑，用流动清水或生理盐水冲洗。如有不适感，就医。

皮肤接触：脱去污染的衣着，用流动清水冲洗。如有不适感，就医。

食入：漱口，饮水。就医。

泄漏应急处置　根据液体流动和蒸气扩散的影响区域划定警戒区，无关人员从侧风、上风向撤离至安全区。消除点火源。建议应急处理人员戴正压自给式呼吸器，穿防静电、防腐蚀服，戴橡胶手套。尽可能切断泄漏源。防止泄漏物进入水体、下水道、地下室或限制性空间。小量泄漏：用干燥的砂土或其他不燃材料吸收或覆盖，收集于容器中。大量泄漏：构筑围堤或挖坑收容。

379. 磺乙基淀粉

标　识

中文名称　磺乙基淀粉

英文名称　Sodium ethylene sulfonate starch；SES

危害信息

燃烧与爆炸危险性　可燃。其粉尘与空气形成的混合物能发生粉尘爆炸。燃烧产生有毒的一氧化碳和硫氧化物气体。

禁忌物　水 、强氧化剂。

侵入途径　吸入、食入。

理化特性与用途

理化特性　微黄色粉末，易吸潮。溶于水，水溶液呈弱碱性。有效物≥85% 。

主要用途　用于各种类型的水基钻井液体系，特别适用于饱和盐水泥浆。

包装与储运

安全储运　储存于阴凉、干燥、通风的库房。远离火种、热源。密闭包装，注意防潮。应与氧化剂等隔离储运。

紧急处置信息

急救措施

吸入：脱离接触。如有不适感，就医。

眼睛接触：分开眼睑，用流动清水或生理盐水冲洗。如有不适感，就医。

皮肤接触：脱去污染的衣着，用流动清水冲洗。如有不适感，就医。

食入：漱口，饮水。就医。

灭火方法 消防人员须穿全身消防服，在上风向灭火。尽可能将容器从火场移至空旷处。喷水保持火场容器冷却，直至灭火结束。

灭火剂：雾状水、抗溶性泡沫、二氧化碳、干粉、砂土。

泄漏应急处置 建议应急处理人员戴防尘口罩，戴橡胶耐酸碱手套。用洁净的铲子收集泄漏物，置于干净、干燥、盖子较松的容器中，将容器移离泄漏区。

380. 回 火 油

标 识

中文名称 回火油

英文名称 Tempering oil

危害信息

燃烧与爆炸危险性 可燃。其蒸气与空气混合能形成爆炸性混合物，遇明火、高热易燃烧或爆炸。燃烧产生有毒的一氧化碳气体。在高温火场中，受热的容器或储罐有破裂和爆炸的危险。

禁忌物 强氧化剂。

侵入途径 吸入、食入。

理化特性与用途

理化特性 液体。1 号回火油：运动黏度$\leqslant 30mm^2/s$(100℃)，闪点≥230℃(开杯)，燃点≥250℃。

主要用途 适用于使用温度150℃左右的低温回火工艺。

包装与储运

安全储运 储存于阴凉、通风的库房。容器密封。远离火种、热源。应与氧化剂隔离储运。搬运时轻装轻卸，防止容器受损。

紧急处置信息

急救措施

吸入：脱离接触。如有不适感，就医。

眼睛接触：分开眼睑，用流动清水或生理盐水冲洗。如有不适感，就医。

皮肤接触：脱去污染的衣着，用流动清水冲洗。如有不适感，就医。

食入：漱口，尽量饮水，对于高黏度、低挥发性油脂类，通常不必催吐。就医。

灭火方法　消防人员须穿全身消防服，佩戴空气呼吸器，在上风向灭火。尽可能将容器从火场移至空旷处。喷水保持火场容器冷却，直至灭火结束。处在火场中的容器若发生异常变化或发出异常声音，须马上撤离。

灭火剂：泡沫、二氧化碳、干粉、砂土。

泄漏应急处置　消除所有点火源。根据液体流动和蒸气扩散的影响区域划定警戒区，无关人员从侧风、上风向撤离至安全区。建议应急处理人员戴正压自给式呼吸器，穿防静电、防腐蚀服，戴橡胶手套。穿上适当的防护服前严禁接触破裂的容器和泄漏物。尽可能切断泄漏源。防止泄漏物进入水体、下水道、地下室或限制性空间。小量泄漏：用干燥的砂土或其他不燃材料吸收或覆盖，收集于容器中。大量泄漏：构筑围堤或挖坑收容。用防爆、耐腐蚀泵转移至槽车或专用收集器内。喷雾状水驱散蒸气、稀释液体泄漏物。

381. 2号混合苯

标　识

中文名称　2号混合苯

英文名称　No. 2 mixed benzene

危害信息

危险性类别　第3类　易燃液体

燃烧与爆炸危险性　易燃。其蒸气与空气混合能形成爆炸性混合物，遇明火、高热易燃烧或爆炸。高速冲击、流动、激荡后可因产生静电火花放电引起燃烧爆炸。在高温火场中，受热的容器或储罐有破裂和爆炸的危险。

活性反应　与强氧化剂反应。

禁忌物　强氧化剂、酸类、卤素等。

毒性

吸入高浓度芳香族烃类蒸气有麻醉作用。长期接触苯能损害造血系统，引起白细胞减少，血小板、红细胞减少，发生再生障碍性贫血。苯有致癌性，可引起白血病。

苯所致白血病已列入《职业病目录》，属职业性肿瘤。

IARC 对苯的分类：G1——确认人类致癌物。

欧盟指令 67/548/EEC 将苯列为第1类致癌物——已知人类致癌物；第2类致突变物——可能为人类致突变物。

侵入途径　吸入、食入、经皮吸收。

环境危害　对水生生物是有毒的。有害空气污染物。

理化特性与用途

理化特性　无色或淡色油状液体，易挥发。苯含量≥36%，三苯(苯、甲苯、二甲苯)≥60%，总芳烃≥65%。

主要用途　主要用于芳烃抽提工艺，是生产三苯的优质原料，也可作为高辛烷值汽油的掺合油。

包装与储运

包装标志　易燃液体

包装类别 Ⅱ类

安全储运 储存于阴凉、通风的库房。远离火种、热源。储存温度不超过37℃。保持容器密封。炎热季节早晚运输，应与氧化剂等隔离储运。禁止使用易产生火花的机械设备和工具。灌装时注意流速，防止静电积聚。搬运时轻装轻卸，防止容器受损。

紧急处置信息

急救措施

吸入：迅速脱离现场至空气新鲜处。保持呼吸道通畅。如呼吸困难，给输氧。呼吸、心跳停止，立即进行心肺复苏术。就医。

眼睛接触：立即分开眼睑，用流动清水或生理盐水彻底冲洗。就医。

皮肤接触：立即脱去污染的衣着，用肥皂水和清水彻底冲洗。就医。

食入：漱口，尽量饮水，不要催吐。就医。

忌用肾上腺素类药。

灭火方法 消防人员须穿全身消防服，佩戴空气呼吸器，在上风向灭火。尽可能将容器从火场移至空旷处。喷水保持火场容器冷却，直至灭火结束。处在火场中的容器若发生异常变化或发出异常声音，须马上撤离。

灭火剂：泡沫、二氧化碳、干粉、砂土。

泄漏应急处置 消除所有点火源。根据液体流动和蒸气扩散的影响区域划定警戒区，无关人员从侧风、上风向撤离至安全区。建议应急处理人员戴正压自给式呼吸器，穿防静电、防腐蚀服，戴橡胶手套。尽可能切断泄漏源。防止泄漏物进入水体、下水道、地下室或限制性空间。小量泄漏：用干燥的砂土或其他不燃材料吸收或覆盖，收集于容器中。大量泄漏：构筑围堤或挖坑收容。

382. 混合氯化二烷基二甲基铵

标　识

中文名称 混合氯化二烷基二甲基铵

英文名称 Decyldimethyloctylammonium chloride; *N*,*N* - dimethyl - *N* - octyl - 1 - Decanaminium chloride

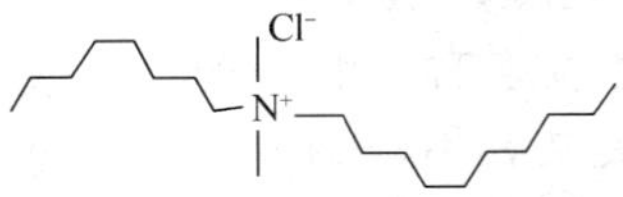

别名 氯化辛癸基二甲铵

分子式 $C_{20}H_{44}ClN$

CAS 号 32426 - 11 - 2

危害信息

燃烧与爆炸危险性 易燃。其蒸气与空气混合能形成爆炸性混合物，遇明火、高热易燃烧或爆炸。燃烧产生有毒的一氧化碳和氮氧化物气体。在高温火场中，受热的容器或储罐有破裂和爆炸的危险。

活性反应 与强氧化剂反应。

禁忌物 强氧化剂。

理化特性与用途

理化特性 无色或淡黄色透明液体。溶于水。活性物含量≥50%。pH 值 6.0 ~ 9.0（10% 水溶液），相对密度（水=1）0.92 ~ 0.93（20℃），闪点 43℃。

主要用途 用作清洁剂、消毒剂和抑菌杀菌剂。

包装与储运

安全储运 储存于阴凉、通风的库房。保持容器密封。远离火种、热源。应与氧化剂等隔离储运。搬运时轻装轻卸，防止容器受损。

紧急处置信息

急救措施

吸入： 脱离接触。如有不适感，就医。

眼睛接触： 分开眼睑，用流动清水或生理盐水冲洗。如有不适感，就医。

皮肤接触： 脱去污染的衣着，用流动清水冲洗。如有不适感，就医。

食入： 漱口，饮水。就医。

灭火方法 消防人员须穿全身消防服，佩戴空气呼吸器，在上风向灭火。尽可能将容器从火场移至空旷处。喷水保持火场容器冷却，直至灭火结束。处在火场中的容器若发生异常变化或发出异常声音，须马上撤离。

灭火剂：抗溶性泡沫、二氧化碳、干粉、砂土。

泄漏应急处置 消除所有点火源。根据液体流动和蒸气扩散的影响区域划定警戒区，无关人员从侧风、上风向撤离至安全区。建议应急处理人员戴正压自给式呼吸器，穿防静电、防腐蚀服，戴橡胶手套。尽可能切断泄漏源。防止泄漏物进入水体、下水道、地下室或限制性空间。小量泄漏：用干燥的砂土或其他不燃材料吸收或覆盖，收集于容器中。大量泄漏：构筑围堤或挖坑收容。

383. 混合碳四

标　识

中文名称 混合碳四

英文名称 Carbon four mixture；Mixed C4

危害信息

危险性类别 第 2.1 类　易燃气体

燃烧与爆炸危险性 易燃。与空气混合能形成爆炸性混合物，遇高热和明火能引起燃烧或爆炸。

活性反应 与强氧化剂、强酸、强还原剂、卤素反应。

禁忌物 强氧化剂、强酸、强还原剂、卤素。

毒性 可能有麻醉和刺激作用。

侵入途径 吸入。

理化特性与用途

理化特性 常温常压下为气体。主要成分：丁二烯≥51%（质量），丁烯≥35%质量），丁烷3.5%（质量），其他≤10.5%（质量）。

主要用途 混合碳四作为石脑油裂解产物，广泛应用在石油化工领域，可用于提取1,3－丁二烯、生产1－丁烯、甲基叔丁基醚、叔丁醇等。

包装与储运

包装标志 易燃气体

安全储运 储存于阴凉、通风的专用库房内。钢瓶必须竖直存放，所有钢瓶必须接地，以避免由于静电发生火灾或爆炸事故。平时用肥皂水测定钢瓶阀门是否漏气，注意钢瓶是否有过高的温度。远离火种、热源。应与氧化剂及易燃材料隔离储运。搬运时应避免猛烈撞击，在钢瓶阀门下接安全阀。只允许稳定化(即含有抑制剂)的气体钢瓶装运。

紧急处置信息

急救措施

吸入：迅速脱离现场至空气新鲜处。保持呼吸道通畅。如呼吸困难，给输氧。呼吸、心跳停止，立即进行心肺复苏术。就医。

灭火方法 切断气源。若不能切断气源，则不允许熄灭泄漏处的火焰。消防人员须穿全身消防服，在上风向灭火。喷水保持火场容器冷却，直至灭火结束。尽可能将容器从火场移至空旷处。

灭火剂：雾状水、泡沫、干粉、砂土。

泄漏应急处置 消除所有点火源。根据液体流动和蒸气扩散的影响区域划定警戒区，无关人员从侧风、上风向撤离至安全区。建议应急处理人员戴正压自给式呼吸器，穿防静电、防腐蚀服，戴橡胶手套。穿上适当的防护服前严禁接触破裂的容器和泄漏物。尽可能切断泄漏源。防止泄漏物进入水体、下水道、地下室或限制性空间。小量泄漏：用干燥的砂土或其他不燃材料吸收或覆盖，收集于容器中。大量泄漏：构筑围堤或挖坑收容。用防爆、耐腐蚀泵转移至槽车或专用收集器内。喷雾状水驱散蒸气、稀释液体泄漏物。

384. 混合碳五

标　识

中文名称 混合碳五

英文名称 Mixed C5

危害信息

危险性类别 第3类 易燃液体

燃烧与爆炸危险性 易燃。其蒸气与空气混合能形成爆炸性混合物，遇明火、高热易燃烧或爆炸。燃烧产生有毒的一氧化碳、硫化氢和磷氧化物气体。高速冲击、流动、激荡后可因产生静电火花放电引起燃烧爆炸。在高温火场中，受热的容器或储罐有破裂和爆炸的危险。蒸气比空气重，能在较低处扩散到相当远的地方，遇火源会着火回燃和爆炸(闪爆)。

活性反应 与强氧化剂反应。

禁忌物 强氧化剂、卤素、酸类。

毒性 可能有麻醉和刺激作用。

侵入途径 吸入、食入。

理化特性与用途

理化特性 透明液体。主要成分40% ~55%戊二烯(包括异戊二烯、环戊二烯和戊二烯),15% ~25%的单烯烃(包括1－戊烯、顺－2－戊烯、反－2－戊烯、2－甲基－1－丁烯和2－甲基－2－丁烯)。相对密度<0.65。

主要用途 用作化工原料和燃料。

包装与储运

包装标志 易燃液体

包装类别 Ⅰ类

安全储运 储存于低温通风的库房。远离火种、热源，避免阳光直射。密闭包装，不可与空气接触。应与氧化剂、酸类等隔离储运。禁止使用易产生火花的机械设备和工具。灌装时注意流速，要有接地装置，防止静电积聚。搬运时轻装轻卸，防止容器受损。

紧急处置信息

急救措施

吸入：迅速脱离现场至空气新鲜处。保持呼吸道通畅。如呼吸困难，给输氧。呼吸、心跳停止，立即进行心肺复苏术。就医。

眼睛接触：立即分开眼睑，用流动清水或生理盐水彻底冲洗。就医。

皮肤接触：立即脱去污染的衣着，用肥皂水和清水彻底冲洗。就医。

食入：漱口，尽量饮水，不要催吐。就医

忌用肾上腺素类药。

灭火方法 消防人员须穿全身消防服，佩戴空气呼吸器，在上风向灭火。尽可能将容器从火场移至空旷处。喷水保持火场容器冷却，直至灭火结束。处在火场中的容器若发生异常变化或发出异常声音，须马上撤离。

灭火剂：泡沫、二氧化碳、干粉、砂土。

泄漏应急处置 消除所有点火源。根据液体流动和蒸气扩散的影响区域划定警戒区，无关人员从侧风、上风向撤离至安全区。建议应急处理人员戴正压自给式呼吸器，穿防静电、防腐蚀服，戴橡胶手套。穿上适当的防护服前严禁接触破裂的容器和泄漏物。尽可能切断泄漏源。防止泄漏物进入水体、下水道、地下室或限制性空间。小量泄漏：用干燥的砂土或其他不燃材料吸收或覆盖，收集于容器中。大量泄漏：构筑围堤或挖坑收容。用防爆、耐腐蚀泵转移至槽车或专用收集器内。喷雾状水驱散蒸气、稀释液体泄漏物。

385. 混合碳九

标　识

中文名称 混合碳九

英文名称 Mixed C9

危害信息

危险性类别 第3类 易燃液体

燃烧与爆炸危险性 易燃。其蒸气与空气混合能形成爆炸性混合物，遇明火、高热易燃烧或爆炸。高速冲击、流动、激荡后可因产生静电火花放电引起燃烧爆炸。在高温火场中，受热的容器或储罐有破裂和爆炸的危险。蒸气比空气重，能在较低处扩散到相当远的地方，遇火源会着火回燃和爆炸(闪爆)。

活性反应 与强氧化剂反应。

禁忌物 强氧化剂。

毒性 可能有麻醉和刺激作用。

侵入途径 吸入、食入。

理化特性与用途

理化特性 混合碳九组成复杂，估计成分有环状烯烃、芳烃、多环烃和烷烃。芳烃总量≥50%，密度≥0.775。混合碳九分为化工原料型和燃料型。化工原料型的组成为：碳九以下馏分≤4%，碳九馏分≥45%，碳九以上馏分实测。燃料型的组成为：碳九及碳九以上馏分≥96%。

主要用途 混合碳九的主要用作生产苯、甲苯和二甲苯的原料，也用于生产石油树脂。

包装与储运

包装标志 易燃液体

包装类别 Ⅲ类

安全储运 储存于阴凉、通风的库房。远离火种、热源，避免阳光直射。库温不超过37℃。应与氧化剂等隔离储运。炎热季节早晚运输。禁止使用易产生火花的机械设备和工具。灌装时注意流速，防止静电积聚。搬运时轻装轻卸，防止容器受损。

紧急处置信息

急救措施

吸入：迅速脱离现场至空气新鲜处。保持呼吸道通畅。如呼吸困难，给输氧。呼吸、心跳停止，立即进行心肺复苏术。就医。

眼睛接触：立即分开眼睑，用流动清水或生理盐水彻底冲洗。就医。

皮肤接触：立即脱去污染的衣着，用肥皂水和清水彻底冲洗。就医。

食入：漱口，尽量饮水，不要催吐。就医

忌用肾上腺素类药。

灭火方法 消防人员须穿全身消防服，佩戴空气呼吸器，在上风向灭火。尽可能将容器从火场移至空旷处。喷水保持火场容器冷却，直至灭火结束。处在火场中的容器若发生异常变化或发出异常声音，须马上撤离。

灭火剂：泡沫、二氧化碳、干粉、砂土。

泄漏应急处置 消除所有点火源。根据液体流动和蒸气扩散的影响区域划定警戒区，无关人员从侧风、上风向撤离至安全区。建议应急处理人员戴正压自给式呼吸器，穿防静电、防腐蚀服，戴橡胶手套。穿上适当的防护服前严禁接触破裂的容器和泄漏物。尽可能切断泄漏源。防止泄漏物进入水体、下水道、地下室或限制性空间。小量泄漏：用干燥的砂土或其他不燃材料吸收或覆盖，收集于容器中。大量泄漏：构筑围堤或挖坑收容。用防爆、耐腐蚀泵转移至槽车或专用收集器内。喷雾状水驱散蒸气、稀释液体泄漏物。

386. 混合碳十

标　识

中文名称　混合碳十

英文名称　Mixed C10

危害信息

危险性类别　第3类　易燃液体

燃烧与爆炸危险性　易燃。其蒸气与空气混合能形成爆炸性混合物，遇明火、高热易燃烧或爆炸。高速冲击、流动、激荡后可因产生静电火花放电引起燃烧爆炸。在高温火场中，受热的容器或储罐有破裂和爆炸的危险。蒸气比空气重，能在较低处扩散到相当远的地方，遇火源会着火回燃和爆炸(闪爆)。

活性反应　与强氧化剂反应。

禁忌物　强氧化剂。

毒性　可能有麻醉和刺激作用。

侵入途径　吸入、食入。

理化特性与用途

理化特性　黄色液体。主要成分：四甲苯混合物和C10以上组分。相对密度约0.9，闪点45℃左右，凝点-30℃，馏程120~230℃。

主要用途　用于生产溶剂和树脂，以及用作燃料。

包装与储运

包装标志　易燃液体

包装类别　Ⅲ类

安全储运　储存于阴凉、通风的库房。远离火种、热源，避免阳光直射。库温不超过37℃。应与氧化剂等隔离储运。炎热季节早晚运输。禁止使用易产生火花的机械设备和工具。灌装时注意流速，防止静电积聚。搬运时轻装轻卸，防止容器受损。

紧急处置信息

急救措施

吸入：迅速脱离现场至空气新鲜处。保持呼吸道通畅。如呼吸困难，给输氧。呼吸、心跳停止，立即进行心肺复苏术。就医。

眼睛接触：立即分开眼睑，用流动清水或生理盐水彻底冲洗。就医。

皮肤接触：立即脱去污染的衣着，用肥皂水和清水彻底冲洗。就医。

食入：漱口，尽量饮水，不要催吐。就医

忌用肾上腺素类药。

灭火方法　消防人员须穿全身消防服，佩戴空气呼吸器，在上风向灭火。尽可能将容器从火场移至空旷处。喷水保持火场容器冷却，直至灭火结束。处在火场中的容器若发生异常变化或发出异常声音，须马上撤离。

灭火剂：泡沫、二氧化碳、干粉、砂土。

泄漏应急处置 消除所有点火源。根据液体流动和蒸气扩散的影响区域划定警戒区，无关人员从侧风、上风向撤离至安全区。建议应急处理人员戴正压自给式呼吸器，穿防静电、防腐蚀服，戴橡胶手套。穿上适当的防护服前严禁接触破裂的容器和泄漏物。尽可能切断泄漏源。防止泄漏物进入水体、下水道、地下室或限制性空间。小量泄漏：用干燥的砂土或其他不燃材料吸收或覆盖，收集于容器中。大量泄漏：构筑围堤或挖坑收容。用防爆、耐腐蚀泵转移至槽车或专用收集器内。喷雾状水驱散蒸气、稀释液体泄漏物。

387. 活性白土

标　识

中文名称 活性白土

英文名称 Activated clay；Bleaching clay

别名 活性漂土；白陶土

分子式 $Na_2O \cdot Al_2O_3 \cdot nH_2O$

CAS 号 70131－50－9

危害信息

燃烧与爆炸危险性 不燃。

侵入途径 吸入、食入。

理化特性与用途

理化特性 无臭、无味、无毒的白色或米色粉末或颗粒。呈分散状，有油腻感。不溶于水、有机溶剂及各种油类和脂类。几乎完全溶于热苛性钠溶液中。相对密度 2.3～2.5。

主要用途 用于动物油、植物油、矿物油等脱色及石油产品精制，也用作有机合成的催化剂。

包装与储运

安全储运 储存于阴凉、通风的库房。

紧急处置信息

急救措施

吸入：脱离接触。如有不适感，就医。

眼睛接触：分开眼睑，用流动清水或生理盐水冲洗。如有不适感，就医。

皮肤接触：脱去污染的衣着，用肥皂水和清水冲洗。如有不适感，就医。

食入：漱口，饮水。就医。

灭火方法 消防人员须穿全身消防服，在上风向灭火。尽可能将容器从火场移至空旷处。喷水保持火场容器冷却，直至灭火结束。

本品不燃，根据着火原因选择适当灭火剂灭火。

泄漏应急处置 隔离泄漏污染区，限制出入。建议应急处理人员戴防尘口罩，穿防毒防酸碱服，戴橡胶耐酸碱手套。穿上适当的防护服前严禁接触破裂的容器和泄漏物。尽可能切断泄漏源。用塑料布覆盖泄漏物，减少飞散。勿使水进入包装容器内。用洁净的铲子收集泄漏物，置于干净、干燥、盖子较松的容器中，将容器移离泄漏区。

388. 活　性　炭

标　识

中文名称　活性炭

英文名称　Activated charcoal；Activated carbon；Active carbon；Active charcoal

分子式　C

CAS 号　7440－44－0；64365－11－3

WGH 号　42521

UN 号　1362

危害信息

危险性类别　第 4.2 类　自燃物品

燃烧与爆炸危险性　可燃。能与空气形成爆炸性混合物，遇明火、高热发生粉尘爆炸。新制备的活性炭在空气中会发热或自燃。

活性反应　化学性质较稳定，一般条件下，不与酸、碱、氧化剂反应。能与二氧化氯、氟气、高氯酸铵、过氧化钠、三氟化氯等强氧化剂发生反应。

禁忌物　强氧化剂。

毒性　粉尘对眼睛有刺激作用。长期接触高浓度粉尘可引起尘肺，主要症状有咳嗽、气喘，胸部 X 光片可见肺阴影。

侵入途径　吸入、食入。

职业接触限值　中国：PC－TWA：$5mg/m^3$[总尘]。

理化特性与用途

理化特性　黑色粉末或颗粒。有多孔结构，比表面可达 $500\sim1000m^2/g$，对气体、蒸气或胶态固体有强大吸附能力。不溶于水和任何溶剂。熔点 >3500℃，沸点 >4000℃，相对密度 1.9～2.1，蒸气压 <0.013kPa（20℃），临界温度 6537℃，临界压力 223MPa，引燃温度 452～518℃。

主要用途　用于糖液、油脂、甘油、醇类、药剂等的脱色净化，溶剂的回收，气体吸收、分离和提纯，化学合成的催化剂和催化剂的载体等。

包装与储运

包装标志　自燃物品

包装类别　Ⅲ类

安全储运　储存于干燥、通风的库房。远离火种、热源。保持容器密封，防止受潮。切勿与氧化剂混储混运。如发现有发热现象应及时倒垛散热，防止发生事故。

紧急处置信息

急救措施

吸入：脱离接触。如有不适感，就医。

眼睛接触：分开眼睑，用流动清水或生理盐水冲洗。如有不适感，就医。

皮肤接触： 脱去污染的衣着，用肥皂水和清水冲洗。如有不适感，就医。

食入： 漱口，饮水。就医。

灭火方法 尽可能将容器从火场移至空旷处。消防人员须佩戴空气呼吸器，穿全身消防服，在上风向灭火。

灭火剂：雾状水、干粉、泡沫、二氧化碳、砂土。

泄漏应急处置 迅速建立警戒区，无关人员撤离至安全区。消除所有点火源。应急人员应戴全面罩防尘口罩，穿防静电服。避免扬尘，小心收集泄漏物。若大量泄漏，用塑料布、帆布覆盖，防止飞散。

389. 13 号机械油

标识

中文名称 13 号机械油

英文名称 Machine oil No. 13

别名 专用锭子油

危害信息

燃烧与爆炸危险性 可燃。其蒸气与空气混合能形成爆炸性混合物，遇明火、高热易燃烧或爆炸。燃烧产生有毒的一氧化碳气体。在高温火场中，受热的容器或储罐有破裂和爆炸的危险。

禁忌物 强氧化剂。

侵入途径 吸入、食入。

理化特性与用途

理化特性 液体。凝点≤－45℃，闪点≥163℃（开杯），运动黏度≤49mm²/s（20℃）、≤12.0～14.0mm²/s（50℃）。

主要用途 适用于对润滑油无特殊要求的全损耗润滑系统。

包装与储运

安全储运 储存于阴凉、通风的库房。保持容器密封。远离火种、热源。应与氧化剂等隔离储运。搬运时轻装轻卸，防止容器受损。

紧急处置信息

急救措施

吸入： 脱离接触。如有不适感，就医。

眼睛接触： 分开眼睑，用流动清水或生理盐水冲洗。如有不适感，就医。

皮肤接触： 脱去污染的衣着，用肥皂水和清水冲洗。如有不适感，就医。

食入： 漱口，尽量饮水，对于高黏度、低挥发性油脂类，通常不必催吐。就医。

灭火方法 消防人员须穿全身消防服，佩戴空气呼吸器，在上风向灭火。尽可能将容器从火场移至空旷处。喷水保持火场容器冷却，直至灭火结束。处在火场中的容器若发生异常变化或发出异常声音，须马上撤离。

灭火剂：泡沫、二氧化碳、干粉、砂土。

泄漏应急处置 消除所有点火源。根据液体流动和蒸气扩散的影响区域划定警戒区，无关人员从侧风、上风向撤离至安全区。建议应急处理人员戴正压自给式呼吸器，穿防静电、防腐蚀服，戴橡胶手套。穿上适当的防护服前严禁接触破裂的容器和泄漏物。尽可能切断泄漏源。防止泄漏物进入水体、下水道、地下室或限制性空间。小量泄漏：用干燥的砂土或其他不燃材料吸收或覆盖，收集于容器中。大量泄漏：构筑围堤或挖坑收容。用防爆、耐腐蚀泵转移至槽车或专用收集器内。喷雾状水驱散蒸气、稀释液体泄漏物。

390. 2－己醇

标　识

中文名称 2－己醇

英文名称 2－Hexanol；*sec*－Hexyl alcohol

别名 仲己醇

分子式 $C_6H_{14}O$

CAS 号 626－93－7

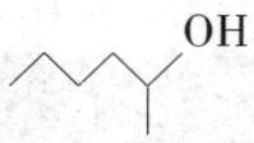

WGH 号 33554；T32054[铁规]

UN 号 2282

危害信息

危险性类别 第3类 易燃液体

燃烧与爆炸危险性 易燃。其蒸气与空气混合能形成爆炸性混合物，遇明火、高热易燃烧或爆炸。燃烧产生有毒的一氧化碳气体。在高温火场中，受热的容器或储罐有破裂和爆炸的危险。蒸气比空气重，能在较低处扩散到相当远的地方，遇火源会着火回燃和爆炸(闪爆)。

活性反应 与氧化剂反应。

禁忌物 强氧化剂、酸酐、酸类、酰基氯。

毒性 人吸入 TCL_o：270mg/m^3。

吸入高浓度时，可出现眼和呼吸道刺激症状及中枢神经系统抑制症状。

侵入途径 吸入、食入、经皮吸收。

理化特性与用途

理化特性 无色液体。不溶于水，可混溶于乙醇、乙醚。熔点－22.9℃，沸点136℃，相对密度(水＝1)0.81，相对蒸气密度(空气＝1)3.53，蒸气压0.13kPa(14.6℃)，临界压力3.38MPa，辛醇/水分配系数1.76，闪点41.7℃，引燃温度319℃，爆炸极限1.29%～8.03%。

主要用途 用作溶剂。

包装与储运

包装标志 易燃液体

包装类别 Ⅲ类

安全储运 储存于阴凉、通风的库房。远离火种、热源，避免阳光直射。储存温度不超过37℃。炎热季节早晚运输，应与酸类、酰基氯、强氧化剂、酸酐等隔离储运。禁止使用铝制设备。禁止使用易产生火花的机械设备和工具。搬运时轻装轻卸，防止容器受损。

紧急处置信息

急救措施

吸入：迅速脱离现场至空气新鲜处。保持呼吸道通畅。如呼吸困难，给输氧。呼吸、心跳停止，立即进行心肺复苏术。就医。

眼睛接触：立即分开眼睑，用流动清水或生理盐水彻底冲洗。就医。

皮肤接触：立即脱去污染的衣着，用肥皂水和清水彻底冲洗。就医。

食入：给饮水，不要催吐。就医。

灭火方法　消防人员须穿全身消防服，佩戴空气呼吸器，在上风向灭火。尽可能将容器从火场移至空旷处。喷水保持火场容器冷却，直至灭火结束。处在火场中的容器若发生异常变化或发出异常声音，须马上撤离。

灭火剂：抗溶性泡沫、二氧化碳、干粉、砂土。

泄漏应急处置　消除所有点火源。根据液体流动和蒸气扩散的影响区域划定警戒区，无关人员从侧风、上风向撤离至安全区。建议应急处理人员戴正压自给式呼吸器，穿防静电服。作业时使用的所有设备应接地。禁止接触或跨越泄漏物。尽可能切断泄漏源。防止泄漏物进入水体、下水道、地下室或限制性空间。小量泄漏：用砂土或其他不燃材料吸收。使用洁净的无火花工具收集吸收材料。大量泄漏：构筑围堤或挖坑收容。用泡沫覆盖，减少蒸发。喷水雾能减少蒸发，但不能降低泄漏物在限制性空间内的易燃性。用防爆泵转移至槽车或专用收集器内。

391. 1,6－己二胺

标　识

中文名称　1,6－己二胺

英文名称　1,6－Hexanediamine；Hexamethylenediamine；1,6－Diaminohexane

别名　六亚甲基二胺；1,6－二氨基己烷

分子式　$C_6H_{16}N_2$

CAS 号　124－09－4

WGH 号　82031

UN 号　2280[固体]；1783[溶液]

危害信息

危险性类别　第8.2类　碱性腐蚀品

燃烧与爆炸危险性　可燃。受热后挥发的蒸气与空气能形成爆炸性混合物，遇明火、高热能引起燃烧或爆炸。加热分解产生易燃的有毒气体。具有腐蚀性。

活性反应　与酸发生放热中和反应。与氧化剂、异氰酸酯、卤代烃发生反应

禁忌物　酸类、强氧化剂、卤代烃。

毒性　大鼠经口 LD_{50}：750mg/kg；大鼠吸入 LC：＞950mg/m^3(4h)；家兔经皮 LD_{50}：1110mg/kg。

本品有刺激和致敏作用。

中毒表现　对黏膜有明显刺激作用，可引起结膜炎、上呼吸道炎症等。吸入高浓度时，可引起剧烈头痛、头昏及失眠。溅入眼内可致灼伤，引起失明。皮肤接触可引起变态反应，发生皮炎和湿疹，多好发于手及面部。

侵入途径　吸入、食入、经皮吸收。

职业接触限值　美国(ACGIH)：TLV－TWA 0.5ppm。

环境危害　对水生生物是有毒的。

理化特性与用途

理化特性　白色片状结晶，有氨的气味。易溶于水，微溶于乙醇、乙醚和苯。熔点42℃，沸点205℃，相对密度(水=1)0.85，相对蒸气密度(空气=1)4.01，蒸气压2.00kPa(90℃)，燃烧热－3300.4kJ/mol，临界压力3.29MPa，辛醇/水分配系数0.35，闪点71℃(开杯)，引燃温度305℃，爆炸极限0.7%～6.3%。

主要用途　主要用于制尼龙66、尼龙610，也用于制亚己基二异氰酸酯，还用作脲醛树脂、环氧树脂固化剂，有机交联剂，有机合成和聚合反应的催化剂，纺织、造纸的漂白剂、稳定剂，橡胶硫化促进剂和腐蚀抑制剂等。

包装与储运

包装标志　腐蚀品

包装类别　Ⅲ类

安全储运　储存于阴凉、通风的库房。远离火种、热源。储存温度不超过30℃。密闭包装。应与氧化剂、酸类等隔离储运。搬运时轻装轻卸，防止容器受损。

紧急处置信息

急救措施

吸入：迅速脱离现场至空气新鲜处。保持呼吸道通畅。如呼吸困难，给输氧。呼吸、心跳停止，立即进行心肺复苏术。就医。

眼睛接触：立即分开眼睑，用大量流动清水或生理盐水彻底冲洗10～15min。就医。

皮肤接触：立即脱去污染的衣着，用大量流动清水彻底冲洗。就医。

食入：给饮牛奶或水，成人不超过2杯。禁止催吐和洗胃，禁用泻剂。就医。

灭火方法　消防人员须佩戴空气呼吸器，穿全身消防服，在上风向灭火。

灭火剂：雾状水、抗溶性泡沫、干粉、二氧化碳、砂土。

泄漏应急处置　隔离泄漏污染区，限制出入。消除所有点火源。建议应急处理人员戴防尘口罩，穿防酸碱服，戴橡胶手套。穿上适当的防护服前严禁接触破裂的容器和泄漏物。尽可能切断泄漏源。用塑料布覆盖泄漏物，减少飞散。勿使水进入包装容器内。用洁净的铲子收集泄漏物，置于干净、干燥、盖子较松的容器中，将容器移离泄漏区。

392. 己　二　腈

标　　识

中文名称　己二腈

英文名称　Adiponitrile；Hexanedinitrile；1,4－Dicyanobutane

别名　1,4－二氰基丁烷

分子式 $C_6H_8N_2$

CAS 号 111-69-3

WGH 号 61630

UN 号 2205

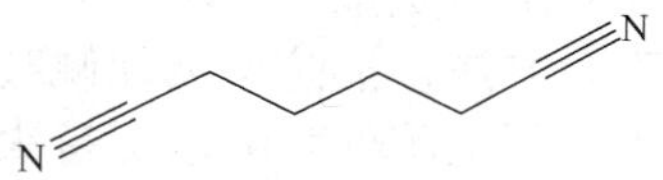

危害信息

危险性类别 第6.1类 毒害品

燃烧与爆炸危险性 可燃。蒸气与空气能形成爆炸性混合物。受高热或燃烧发生分解放出有毒气体。

活性反应 与强氧化剂发生剧烈反应。能与强酸、强碱、强还原剂发生反应。

禁忌物 强氧化剂、强还原剂、强碱、强酸。

毒性 大鼠经口 LD_{50}：155mg/kg；小鼠经口 LD_{50}：172mg/kg；大鼠吸入 LC_{50}：1710mg/m^3(4h)。

在室温下蒸气压低，吸入中毒的危险性不大。本品可经无损皮肤吸收。

中毒表现 有报道服数毫升本品，立即发生急性中毒。表现有乏力、呕吐、呼吸急促、心动过速、意识模糊和抽搐。

侵入途径 吸入、食入、经皮吸收。

职业接触限值 美国(ACGIH)：TLV-TWA：2ppm［皮］。

理化特性与用途

理化特性 无色油状液体，略有气味。微溶于水、四氯化碳、乙醚，溶于甲醇、乙醇和氯仿。熔点1~3℃，沸点295℃，相对密度(水=1)0.96，相对蒸气密度(空气=1)3.73，饱和蒸气压0.267kPa(100℃)，临界温度507℃，临界压力2.8MPa，折射率1.4377，闪点93℃(开杯)，爆炸极限1.7%~5.0%，引燃温度550℃，燃烧热4368.8kJ/mol，辛醇/水分配系数-0.32。

主要用途 主要用于制尼龙66和610的中间体己二胺，还用于制橡胶硫化促进剂、防锈剂和除草剂等。

包装与储运

包装标志 有毒品

包装类别 Ⅲ类

安全储运 储存于阴凉、通风的库房。远离火种、热源。储存温度不超过32℃，相对湿度不超过85%。密闭包装。应与氧化剂、还原剂、强酸、强碱等隔离储运。运输中防止雨淋、曝晒。搬运时轻装轻卸，防止容器破损。

紧急处置信息

急救措施

吸入：迅速脱离现场至空气新鲜处。保持呼吸道通畅。如呼吸困难，给输氧。呼吸、心跳停止，立即进行心肺复苏术。就医。

眼睛接触：立即分开眼睑，用流动清水或生理盐水彻底冲洗。就医。

皮肤接触：立即脱去污染的衣着，用肥皂水和清水彻底冲洗。就医。

食入：催吐，给服活性炭悬液。就医。

亚硝酸异戊酯吸入，接着静脉注射亚硝酸钠和硫代硫酸钠解毒剂。也可肌注4-二甲氨基酚加口服对氨基苯丙酮。

灭火方法　消防人员须佩戴防毒面具，穿全身消防服，在上风向灭火。尽可能将容器从火场移至空旷处。喷水保持火场容器冷却，直至灭火结束。处在火场中的容器若已变色或从安全泄压装置中产生声音，必须马上撤离。

灭火剂：水、雾状水、抗溶性泡沫、干粉、二氧化碳、砂土。

泄漏应急处置　根据液体流动和蒸气扩散的影响区域划定警戒区，无关人员从侧风、上风向撤离至安全区。消除所有点火源。建议应急处理人员戴正压自给式呼吸器，穿防毒服，戴橡胶耐油手套。穿上适当的防护服前严禁接触破裂的容器和泄漏物。尽可能切断泄漏源。防止泄漏物进入水体、下水道、地下室或限制性空间。小量泄漏：用干燥的砂土或其他不燃材料吸收或覆盖，收集于容器中。大量泄漏：构筑围堤或挖坑收容。用泵转移至槽车或专用收集器内。

393. 己　二　酸

标　识

中文名称　己二酸

英文名称　Hexanedioic acid；Adipic acid

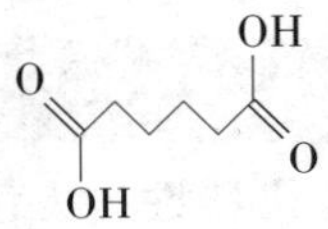

别名　肥酸

分子式　$C_6H_{10}O_4$

CAS 号　124－04－9

危害信息

燃烧与爆炸危险性　可燃。粉尘与空气混合能形成爆炸性混合物，遇明火、高热发生粉尘爆炸。

活性反应　与碱发生放热中和反应。与硫化物、氮化物、硫代硫酸盐反应，放出有毒或易燃气体。与碳酸盐或过碳酸反应生成二氧化碳，放出反应热。与强氧化剂剧烈反应。与强还原剂反应会放出氢气。

禁忌物　氧化剂、还原剂、碱。

毒性　大鼠经口 LD_{50}：>11g/kg；小鼠经口 LD_{50}：1900mg/kg。

对眼、上呼吸道和皮肤有刺激性。

侵入途径　吸入、食入。

职业接触限值　美国(ACGIH)：TLV－TWA：5mg/m^3。

理化特性与用途

理化特性　白色结晶粉末。微溶于水，易溶于乙醇、乙醚，溶于丙酮，微溶于环己烷，几乎不溶于苯、石油醚。pH 值 2.7(饱和水溶液)，熔点 152℃，沸点 338℃，相对密度(水=1)1.36(25℃/4℃)，相对蒸气密度(空气=1)5.04，饱和蒸气压 10 Pa(18.5℃)，爆炸极限 10～15mg/L(粉尘)、1.6%～9.6%，闪点 196℃(闭杯)，引燃温度 420℃，燃烧热 2800kJ/mol，辛醇/水分配系数 0.08。

主要用途　主要用作尼龙 66、工程塑料和医药的原料，也用于生产各种酯类产品。并用作增塑剂和高效润滑剂。

包装与储运

安全储运 储存于阴凉、通风的库房。保持容器密封，远离火种、热源。应与氧化剂、强碱等隔离储运。搬运时轻装轻卸，防止容器受损。

紧急处置信息

急救措施

吸入：脱离接触。如有不适感，就医。

眼睛接触：分开眼睑，用流动清水或生理盐水冲洗。如有不适感，就医。

皮肤接触：脱去污染的衣着，用肥皂水和清水冲洗。如有不适感，就医。

食入：漱口，尽量饮水，不要催吐。就医。

灭火方法 消防人员必须穿全身耐酸碱消防服，佩戴空气呼吸器灭火。切勿将水流直接射至熔融物，以免引起严重的流淌火灾或引起剧烈的沸溅。

灭火剂：雾状水、抗溶性泡沫、干粉、二氧化碳、砂土。

泄漏应急处置 隔离泄漏污染区，限制出入。消除所有点火源。建议应急处理人员戴防尘口罩，穿一般作业工作服。作业时使用的所有设备应接地。尽可能切断泄漏源。用干燥的砂土或其他不燃材料覆盖泄漏物，然后用塑料布覆盖，减少飞散、避免雨淋。用洁净的铲子收集泄漏物，置于干净、干燥、盖子较松的容器中，将容器移离泄漏区。

394. 己内酰胺

标　识

中文名称 己内酰胺

英文名称 ε - Caprolactam；Hexahydro - 2H - azepin - 2 - one；Hexanolactam

别名 己内酰胺

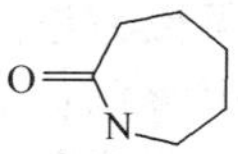

分子式 $C_6H_{11}NO$

CAS 号 105 - 60 - 2

危害信息

燃烧与爆炸危险性 遇明火、高热可燃。其粉体与空气混合能形成爆炸性混合物。燃烧产物中含有毒和刺激性的氮氧化物烟气。

活性反应 与强氧化剂反应，放出有毒和刺激性的烟气。强酸、强碱存在的条件下，发生水解反应。与氯代烃、硝基化合物、异氰酸酯发生反应。

禁忌物 强氧化剂、强碱。

毒性 大鼠经口 LD_{50}：1210mg/kg；大鼠吸入 LC_{50}：300mg/m^3（2h）；大鼠经皮 LD_{50}：>2mg/kg；小鼠经口 LD_{50}：930mg/kg；小鼠吸入 LC_{50}：450mg/m^3。

本品可经呼吸道、皮肤和胃肠道吸收，对眼、皮肤和呼吸道具有直接刺激作用。动物急性中毒所出现的惊厥、癫痫发作是由于本品对中枢神经抑制性递质——γ - 氨基丁酸的抑制作用。

中毒表现 急性中毒：短期接触大量本品后发生全身强直 - 痉挛性癫痫、皮炎、发热及血白细胞增多。

慢性影响：经常接触本品可致神经衰弱综合征。此外，尚可引起鼻出血、鼻干、上呼吸道炎症及胃灼热感等。本品能引起皮肤损害，接触者出现皮肤干燥，角质层增厚，皮肤皲裂、脱屑等，可发生全身性皮炎。

侵入途径　吸入、食入、经皮吸收。

职业接触限值　中国：PC－TWA：5mg/m^3。

美国(ACGIH)：TLV－TWA：5mg/m^3。

理化特性与用途

理化特性　白色片状结晶或结晶性粉末。易溶于水、乙醇、乙醚、苯、二甲基甲酰胺，溶于氯代烃、环己烯和石油馏分。熔点69.3℃，沸点267℃，相对密度(水＝1)1.02，相对蒸气密度(空气＝1)3.91，蒸气压0.67kPa(122℃)，临界温度506.9℃，临界压力4.63MPa，燃烧热3609.8kJ/mol，闪点125℃(开杯)，爆炸极限1.4%～8.0%，引燃温度375℃，辛醇/水分配系数－0.19。

主要用途　用于生产聚己内酰胺纤维和聚己内酰胺树脂和人造革等，也用作医药原料和溶剂。

包装与储运

安全储运　储存于阴凉、通风的库房。远离火种、热源。应与氧化剂、强酸、强碱等隔离储运。

紧急处置信息

急救措施

吸入：迅速脱离现场至空气新鲜处。保持呼吸道通畅。如呼吸困难，给输氧。呼吸、心跳停止，立即进行心肺复苏术。就医。

眼睛接触：立即分开眼睑，用流动清水或生理盐水彻底冲洗。就医。

皮肤接触：立即脱去污染的衣着，用大量流动清水彻底冲洗。就医。

食入：漱口，不要催吐。就医。

灭火方法　消防人员必须佩戴空气呼吸器，穿全身防火防毒服，在上风向灭火。

灭火剂：二氧化碳、雾状水、砂土。

泄漏应急处置　隔离泄漏污染区，限制出入。消除所有点火源。建议应急处理人员戴防尘口罩，穿防毒服。穿上适当的防护服前严禁接触破裂的容器和泄漏物。尽可能切断泄漏源。用塑料布覆盖泄漏物，减少飞散。勿使水进入包装容器内。用洁净的铲子收集泄漏物，置于干净、干燥、盖子较松的容器中，将容器移离泄漏区。

395. 己　醛

标　识

中文名称　己醛

英文名称　Hexaldehyde；Hexanal；*n*－Hexanal

别名　正己醛

分子式　$C_6H_{12}O$

CAS 号　66－25－1

WGH 号 33573；T32073[铁规]

UN 号 1207

危害信息

危险性类别 第3类 易燃液体

燃烧与爆炸危险性 易燃。其蒸气与空气混合能形成爆炸性混合物，遇明火、高热易燃烧或爆炸。燃烧产生有毒的一氧化碳气体。在高温火场中，受热的容器或储罐有破裂和爆炸的危险。

活性反应 与氧化剂反应。

禁忌物 强氧化剂、强还原剂、强碱。

毒性 大鼠经口 LD_{50}：4890mg/kg；小鼠经口 LD_{50}：8292mg/kg。

中毒表现 其蒸气或雾对眼睛、黏膜和上呼吸道有刺激作用，引起咳嗽、流泪、流涎；个别人有恶心、头痛、胸骨后疼痛和呼吸困难等。对皮肤有刺激性。

侵入途径 吸入、食入。

理化特性与用途

理化特性 无色透明液体，有刺激性气味。不溶于水，溶于苯、丙酮，易溶于乙醇、乙醚。熔点 -56.3℃，沸点 128 ~ 131℃，相对密度(水=1)0.83，相对蒸气密度(空气=1)3.45，蒸气压 1.33kPa(20℃)，燃烧热 -3946.3kJ/mol，临界压力 3.46MPa，辛醇/水分配系数 1.78，闪点 32℃(开杯)，引燃温度 197℃，爆炸极限 1.3% ~ 8.1%。

主要用途 用作增塑剂，以及用于橡胶、树脂、杀虫剂的有机合成。

包装与储运

包装标志 易燃液体

包装类别 Ⅲ类

安全储运 储存于阴凉、通风的库房。保持容器密封。远离火种、热源，避免阳光直射。储存温度不超过 37℃。炎热季节早晚运输，应与氧化剂、碱、强还原剂等隔离储运。禁止使用易产生火花的机械设备和工具。搬运时轻装轻卸，防止容器受损。

紧急处置信息

急救措施

吸入：迅速脱离现场至空气新鲜处。保持呼吸道通畅。如呼吸困难，给输氧。呼吸、心跳停止，立即进行心肺复苏术。就医。

眼睛接触：立即分开眼睑，用流动清水或生理盐水彻底冲洗。就医。

皮肤接触：立即脱去污染的衣着，用大量流动清水彻底冲洗。就医。

食入：给饮水，不要催吐。就医。

灭火方法 消防人员须穿全身消防服，佩戴空气呼吸器，在上风向灭火。尽可能将容器从火场移至空旷处。喷水保持火场容器冷却，直至灭火结束。处在火场中的容器若发生异常变化或发出异常声音，须马上撤离。

灭火剂：泡沫、二氧化碳、干粉、砂土。

泄漏应急处置 消除所有点火源。根据液体流动和蒸气扩散的影响区域划定警戒区，无关人员从侧风、上风向撤离至安全区。建议应急处理人员戴正压自给式呼吸器，穿防静电服，戴橡胶耐油手套。作业时使用的所有设备应接地。禁止接触或跨越泄漏物。尽可能切断泄漏源。防止泄漏物进入水体、下水道、地下室或限制性空间。小量泄漏：用砂土或其他不燃材料吸收。使用洁净的无火花工具收集吸收材料。大量泄漏：构筑围堤或挖坑收容。用泡沫覆盖，减少蒸发。喷水雾能减少蒸发，但不能降低泄漏物在限制性空间内的易燃性。用防爆泵转移至槽车或专用收集器内。

396. 己烷油

标识

中文名称　己烷油

英文名称　Hexane oil；Hexane

危害信息

危险性类别　第 3 类　易燃液体

燃烧与爆炸危险性　易燃，其蒸气与空气混合能形成爆炸性混合物，遇明火、高热易燃烧或爆炸。高速冲击、流动、激荡后可因产生静电火花放电引起燃烧爆炸。在高温火场中，受热的容器或储罐有破裂和爆炸的危险。蒸气比空气重，能在较低处扩散到相当远的地方，遇火源会着火回燃和爆炸(闪爆)。

禁忌物　强氧化剂。

毒性　大鼠经口 LD_{50}：25g/kg(正己烷)；大鼠吸入 LC_{50}：48000ppm(4h)(正己烷)。

正己烷可经呼吸道、消化道和皮肤吸收，但职业中毒仅见于经呼吸道吸收者。本品有麻醉和刺激作用。长期接触可致周围神经炎。

中毒表现　急性中毒：吸入高浓度正己烷出现头痛、头晕、恶心、共济失调等，重者引起神志丧失甚至死亡。成人口服正己烷 50mL 可致急性中毒死亡。对眼和上呼吸道有刺激性。

慢性中毒：长期接触出现头痛、头晕、乏力、胃纳减退；其后四肢远端逐渐发展成感觉异常，麻木，触、痛、震动和位置等感觉减退，尤以下肢为甚，上肢较少受累。进一步发展为下肢无力，肌肉疼痛，肌肉萎缩及运动障碍。神经－肌电图检查示感觉神经及运动神经传导速度减慢。

侵入途径　吸入、食入、经皮吸收。

职业接触限值

中国：PC－TWA：100mg/m^3[皮](正己烷)；PC－STEL：180mg/m^3[皮](正己烷)。

美国(ACGIH)：TLV－TWA：50ppm[皮](正己烷)。

环境危害　对水生生物有毒，可能在水生环境中造成长期不利影响。

理化特性与用途

理化特性　无色透明、易挥发性液体，有微弱的特殊气味。不溶于水，可溶于乙醇、丙酮、乙醚等有机溶剂。馏程 63～71℃，相对密度(水＝1)0.667。

主要用途　可作烯烃聚合专用溶剂，各种油脂、精油类的萃取用溶剂，精油稀释剂，精密仪器清洗剂(氟里昂替代物)，调配黏结剂、油漆、涂料和印刷油墨等。

包装与储运

包装标志　易燃液体

包装类别 Ⅰ类

安全储运 储存于阴凉、通风的库房。保持容器密封。远离火种、热源，避免阳光直射。库温不超过29℃。应与氧化剂隔离储运。通风设施。禁止使用易产生火花的机械设备和工具。灌装时注意流速，防止静电积聚。搬运时轻装轻卸，防止容器受损。

紧急处置信息

急救措施

吸入： 迅速脱离现场至空气新鲜处。保持呼吸道通畅。如呼吸困难，给输氧。呼吸、心跳停止，立即进行心肺复苏术。就医。

眼睛接触： 立即分开眼睑，用流动清水或生理盐水彻底冲洗。就医。

皮肤接触： 立即脱去污染的衣着，用肥皂水和清水彻底冲洗。就医。

食入： 漱口，尽量饮水，不要催吐。就医

成人吞入如超过100mL，应在防止吸入的前提下洗胃。

灭火方法 消防人员须穿全身消防服，佩戴空气呼吸器，在上风向灭火。尽可能将容器从火场移至空旷处。喷水保持火场容器冷却，直至灭火结束。处在火场中的容器若发生异常变化或发出异常声音，须马上撤离。

灭火剂：泡沫、二氧化碳、干粉、砂土。

泄漏应急处置 消除所有点火源。根据液体流动和蒸气扩散的影响区域划定警戒区，无关人员从侧风、上风向撤离至安全区。建议应急处理人员戴正压自给式呼吸器，穿防静电、防腐蚀服，戴橡胶手套。穿上适当的防护服前严禁接触破裂的容器和泄漏物。尽可能切断泄漏源。防止泄漏物进入水体、下水道、地下室或限制性空间。小量泄漏：用干燥的砂土或其他不燃材料吸收或覆盖，收集于容器中。大量泄漏：构筑围堤或挖坑收容。用防爆、耐腐蚀泵转移至槽车或专用收集器内。喷雾状水驱散蒸气、稀释液体泄漏物。

397. 1－己烯

标 识

中文名称 1－己烯

英文名称 1－Hexene；Butylethylene

别名 己烯；丁基乙烯

分子式 C_6H_{12}

CAS 号 592－41－6

WGH 号 31009

UN 号 2370

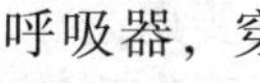

危害信息

危险性类别 第3类 易燃液体

燃烧与爆炸危险性 极易燃。蒸气与空气能形成爆炸性混合物，遇明火、高热能引起燃烧爆炸。若遇高热会发生聚合反应放出大量的热量，引起容器或储罐的破裂和爆炸事故。蒸气比空气重，能在较低处扩散到相当远的地方，遇火源会着火回燃和爆炸(闪爆)。

活性反应 与强氧化剂剧烈反应。与三氧化二氮、二氧化氮、五氧化二氮反应能生成

具有爆炸性的硝基、亚硝基或二硝基烷烃。与四氢硼钠、氢化铝锂等强还原剂发生放热反应，释放出易燃易爆的氢气。催化剂存在下，可与氢气发生加成反应，放出热量。

禁忌物　强氧化剂、酸类、卤代烃、卤素等。

毒性　大鼠经口 LD：>10000mg/kg；大鼠吸入 LC_{50}：32000ppm(4)；家兔经皮 LD_{50}：>10000mg/kg。

本品有刺激和麻醉作用。

中毒表现　吸入后引起头痛、咳嗽、呼吸困难；大量吸入出现中枢神经系统抑制、精神错乱、神志丧失。

侵入途径　吸入、食入、经皮吸收。

职业接触限值　美国(ACGIH)：TLV - TWA：50ppm。

环境危害　对水生生物是有毒的。

理化特性与用途

理化特性　无色易挥发液体。不溶于水，溶于乙醇、乙醚、苯、石油醚及丙酮等多数有机溶剂。熔点 -139.9℃，沸点64.5℃，相对密度(水=1)0.67，蒸气相对密度(水=1)3.0，临界温度243.5℃，临界压力3.14 MPa，蒸气压41.32kPa(38℃)，折射率1.3837，闪点 -26℃，引燃温度253℃，爆炸极限1.2% ~6.9%，辛醇/水分配系数3.39，燃烧热3981.9kJ/mol。

主要用途　用作聚乙烯的共聚单体以及制造染料、香料、洗涤剂、药剂及杀虫剂的原料，也可作为油料添加剂和高辛烷值燃料。

包装与储运

包装标志　易燃液体

包装类别　Ⅱ类

安全储运　储存于阴凉、通风的库房，远离火种、热源，避免阳光直射。储存温度不宜超过10℃。保持容器密封。炎热季节早晚运输。应与氧化剂、硝酸等隔离储运。搬运时轻装轻卸，防止容器受损。禁止使用易产生火花的机械设备和工具。灌装时注意流速，且应有接地装置，防止静电积聚。

紧急处置信息

急救措施

吸入：迅速脱离现场至空气新鲜处。保持呼吸道通畅。如呼吸困难，给输氧。呼吸、心跳停止，立即进行心肺复苏术。就医。

眼睛接触：立即分开眼睑，用流动清水或生理盐水彻底冲洗。就医。

皮肤接触：立即脱去污染的衣着，用肥皂水和清水彻底冲洗。就医。

食入：漱口，尽量饮水，不要催吐。就医。

忌用肾上腺素类药。

灭火方法　消防人员必须穿全身消防服，佩戴空气呼吸器，在上风向灭火。尽可能将容器从火场移至空旷处。喷水保持火场容器冷却，直至灭火结束。处在火场中的容器若发生异常变化或发出异常声音，必须马上撤离。

灭火剂：泡沫、二氧化碳、干粉、砂土。

泄漏应急处置　消除所有点火源。根据液体流动和蒸气扩散的影响区域划定警戒区，无关人员从侧风、上风向撤离至安全区。建议应急处理人员戴正压自给式呼吸器，穿防静电服，戴橡胶耐油手套。作业时使用的所有设备应接地。禁止接触或跨越泄漏物。尽可能切断泄漏源。防止泄漏物进入水体、下水道、地下室或限制性空间。小量泄漏：用砂土或其他不燃材料吸收。使用洁净的无火花工具收集吸收材料。大量泄漏：构筑围堤或挖坑收容。用砂土、惰性物质或蛭石吸收大量液体。用泡沫覆盖，减少蒸发。喷水雾能减少蒸发，但不能降低泄漏物在限制性空间内的易燃性。用防爆泵转移至槽车或专用收集器内。

398. 季戊四醇

标　识

中文名称　季戊四醇

英文名称　Pentaerythritol；2,2 – Bis(hydroxymethyl) – 1,3 – propanediol

别名　四羟甲基甲烷

分子式　$C_5H_{12}O_4$

CAS 号　115 – 77 – 5

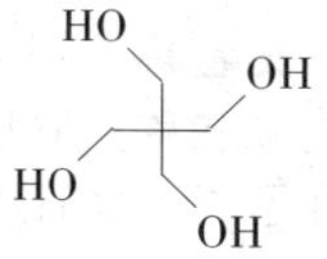

危害信息

燃烧与爆炸危险性　可燃。其粉体与空气混合能形成爆炸性混合物，遇明火高热有引起燃烧爆炸的危险。燃烧产生有毒的一氧化碳气体。

禁忌物　强氧化剂、强酸、酸酐。

毒性　大鼠经口 LD_{50}：19500mg/kg；小鼠经口 LD_{50}：18500mg/kg；大鼠吸入 *LC*：>11 gm/m^3(6h)。

中毒表现　人服用本品后，血糖随剂量增加而轻度增高，服用停止，恢复正常。大剂量摄入可引起腹泻。未见有皮肤刺激作用；对眼基本无刺激性。

侵入途径　吸入、食入。

职业接触限值　美国(ACGIH)：TLV – TWA：10mg/m^3。

理化特性与用途

理化特性　无色至白色粉末状结晶。溶于水，稍溶于乙醇，不溶于苯、乙醚、氯仿、石油醚。熔点 260℃，沸点 276℃(3.99kPa)，相对密度(水 = 1)1.399(25℃/4℃)，燃烧热 –2763.8kJ/mol，辛醇/水分配系数 –1.69，闪点 240℃，引燃温度 450℃(粉尘云)。

主要用途　主要用于醇酸树脂的生产，也用作制造油墨、润滑剂、增塑剂、表面活性剂、炸药和药物的原料。

包装与储运

安全储运　储存于阴凉、通风的库房。远离火种、热源。应与氧化剂、酸、酰基氯等隔离储运。搬运时轻装轻卸，防止容器受损。

紧急处置信息

急救措施

吸入：脱离接触。如有不适，就医。

眼和皮肤接触：用水冲洗。

食入：饮一杯水。如有不适，就医。

灭火方法　消防人员须穿全身消防服，戴空气呼吸器，在上风向灭火。尽可能将容器从火场移至空旷处。喷水保持火场容器冷却，直至灭火结束。

灭火剂：雾状水、泡沫、二氧化碳、干粉、砂土。

泄漏应急处置　隔离泄漏污染区，限制出入。消除所有点火源。建议应急处理人员戴防尘口罩，穿一般作业工作服。尽可能切断泄漏源。用塑料布覆盖泄漏物，减少飞散。勿使水进入包装容器内。用洁净的铲子收集泄漏物，置于干净、干燥、盖子较松的容器中，将容器移离泄漏区。

399. 甲　苯

标　识

中文名称　甲苯

英文名称　Toluene；Methylbenzene

分子式　C_7H_8

CAS 号　108－88－3

WGH 号　32052；T31152［铁规］

UN 号　1294

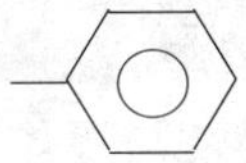

危害信息

危险性类别　第 3 类　易燃液体

燃烧与爆炸危险性　易燃。蒸气与空气能形成爆炸性混合物，遇明火、高热能引起燃烧爆炸。高速冲击、流动、激荡后可因产生静电火花放电引起燃烧爆炸。蒸气比空气重，能在较低处扩散到相当远的地方，遇火源会着火回燃和爆炸（闪爆）。

活性反应　与硝酸、浓硫酸、高锰酸钾、重铬酸盐、液氯等强氧化剂发生剧烈反应，甚至发生燃烧爆炸。烷基铝催化剂存在下，零下 70℃ 即能与烯丙基氯或其他卤代烃发生剧烈反应，甚至导致爆炸。能溶解或软化多种塑料、橡胶和涂料。

禁忌物　强氧化剂、酸类、卤素等。

毒性　大鼠经口 LD_{50}：636mg/kg；大鼠吸入 LC_{50}：49g/m^3（4h）；家兔经皮 LD_{50}：12124mg/kg；人经口 LDL_o：0.719mL/kg。

本品主要作用于中枢神经系统，有麻醉作用，对皮肤、黏膜有刺激作用，尚可能引起肝、肾、心脏损害。

中毒表现　急性中毒：短时间内吸入较高浓度本品表现为中枢神经系统麻醉作用，出现头晕、头痛、恶心、呕吐、胸闷、四肢无力、步态蹒跚、意识模糊。重症者可有躁动、抽搐、昏迷。呼吸道和眼结膜可有明显刺激症状。液体吸入肺内可引起肺炎、肺水肿和肺出血。可出现明显的心脏损害。

慢性影响：长期接触可发生神经衰弱综合征，肝肿大，女工月经异常等。皮肤干燥、皲裂、皮炎。

侵入途径　吸入、食入、经皮吸收

职业接触限值

中国：PC－TWA：50mg/m^3；PC－STEL：100mg/m^3。

美国（ACGIH）：TLV－TWA：50ppm［皮］。

环境危害　对水生生物是有毒的。有害空气污染物。

理化特性与用途

理化特性 无色透明液体，有芳香气味。不溶于水，与乙醇、乙醚、丙酮、氯仿等混溶。熔点 -94.9℃，沸点 110.6℃，相对密度(水 =1)0.87，相对蒸气密度(空气 =1)3.14，临界压力 4.11MPa，临界温度 318.6℃，蒸气压 4.89kPa(30℃)，闪点 4℃(闭杯)、16℃(开杯)，爆炸极限 1.1% ~7.1%，引燃温度 480℃，燃烧热 -3910.3kJ/mol，辛醇/水分配系数 2.73。

主要用途 用于掺合汽油组成及作为生产甲苯衍生物、炸药、染料中间体、药物等的主要原料。

包装与储运

包装标志 易燃液体，有毒品(铁)

包装类别 Ⅱ类

安全储运 储存于阴凉、通风的库房。保持容器密封。远离火种、热源，避免阳光直射。储存温度不超过 37℃。应与氧化剂、食用化学品等隔离储运。禁止使用易产生火花的机械设备和工具。灌装时注意流速，防止静电积聚。搬运时轻装轻卸，防止容器受损。炎热季节应早晚运输。

紧急处置信息

急救措施

吸入：迅速脱离现场至空气新鲜处。保持呼吸道通畅。如呼吸困难，给输氧。呼吸、心跳停止，立即进行心肺复苏术。就医。

眼睛接触：立即分开眼睑，用流动清水或生理盐水彻底冲洗。就医。

皮肤接触：立即脱去污染的衣着，用肥皂水和清水彻底冲洗。就医。

食入：漱口，尽量饮水，不要催吐。就医。

忌用肾上腺素，以免发生心室颤动。

灭火方法 消防人员必须穿全身防火防毒服，佩戴空气呼吸器，在上风向灭火。尽可能将容器从火场移至空旷处。喷水保持火场容器冷却，直至灭火结束。处在火场中的容器若发生异常变化或发出异常声音，必须马上撤离。

灭火剂：泡沫、干粉、二氧化碳、砂土。

泄漏应急处置 消除所有点火源。根据液体流动和蒸气扩散的影响区域划定警戒区，无关人员从侧风、上风向撤离至安全区。建议应急处理人员戴正压自给式呼吸器，穿防毒、防静电服，戴橡胶耐油手套。作业时使用的所有设备应接地。禁止接触或跨越泄漏物。尽可能切断泄漏源。防止泄漏物进入水体、下水道、地下室或限制性空间。小量泄漏：用砂土或其他不燃材料吸收。使用洁净的无火花工具收集吸收材料。大量泄漏：构筑围堤或挖坑收容。用砂土、惰性物质或蛭石吸收大量液体。用泡沫覆盖，减少蒸发。喷水雾能减少蒸发，但不能降低泄漏物在限制性空间内的易燃性。用防爆泵转移至槽车或专用收集器内。

400. 甲苯二异氰酸酯

标　识

中文名称 甲苯二异氰酸酯

英文名称　2,4 - Toluene diisocyanate；2,4 - Diisocyanato - 1 - methylbenzene；Toluene diisocyanate

别名　TDI

分子式　$C_9H_6N_2O_2$

CAS 号　584 - 84 - 9；26471 - 62 - 5

WGH 号　61111

UN 号　2078

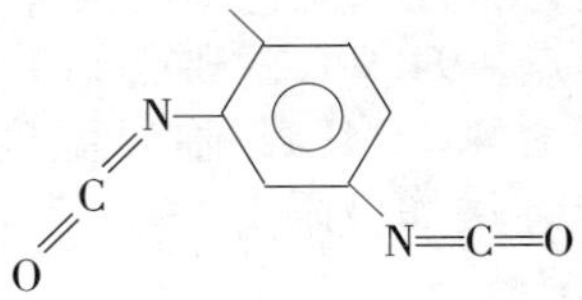

危害信息

危险性类别　第 6.1 类　毒害品

燃烧与爆炸危险性　可燃。其蒸气与空气能形成爆炸性混合物，遇明火、高热能引起燃烧或爆炸。加热或燃烧时可分解生成有毒气体。蒸气比空气重，能在较低处扩散到相当远的地方，遇火源会着火回燃和爆炸（闪爆）。在火场中，由于内压增大，受热的容器或储罐有开裂和爆炸的危险。

活性反应　遇水反应放出二氧化碳和热量，随温度升高或有酸、碱、痕量氯化亚铁等金属盐存在时，反应速度会迅速增加。遇强碱、烯丙基氯有爆聚的危险。与苯胺反应放出大量的热量，能导致未反应的甲苯二异氰酸酯分解或燃烧，产物中含有有毒的氧化氮气体。

禁忌物　强氧化剂、水、醇类、胺类、酸类、强碱。

毒性　大鼠经口 LD_{50}：5800mg/kg（TDI - 100）；大鼠吸入 LC_{50}：99.72mg/m^3（4h）（TDI - 100）。

呼吸道为职业中毒的主要途径，不能经完整的皮肤吸收。本品具有刺激和致敏作用。

IARC 对本品的致癌性分类：G2B——可疑人类致癌物。

属剧毒化学品，已列入《剧毒化学品目录》（2002 年版）。

中毒表现　急性中毒：高浓度接触直接损害呼吸道黏膜，发生喘息性支气管炎，表现有咽喉干燥、剧咳、胸痛、呼吸困难等。重者缺氧、紫绀、昏迷。可引起肺炎和肺水肿。蒸气或雾对眼有刺激性；液体溅入眼内，可能引起角膜损伤。口服能引起消化道的刺激和腐蚀。

支气管哮喘：部分工人一次或数次接触后可产生过敏，以后即使接触极微量，也能引起典型的哮喘发作，发作前可有一定潜伏期。周围血象中可有嗜酸粒细胞增多。少数发展为慢性支气管炎、肺气肿，甚至肺心病。

慢性影响：部分工人发生呼吸道慢性病变、慢性结膜炎、植物神经 - 血管调节障碍等。接触局部可发生皮炎，对皮肤有致敏性，可引起变应性皮炎。

侵入途径　吸入、食入。

职业接触限值

中国：PC - TWA：0.1mg/m^3［敏］［G2B］；PC - STEL：0.2mg/m^3［敏］［G2B］。

美国（ACGIH）：TLV - TWA：0.005ppm；STEL：0.02ppm。

环境危害　对水生生物有害，可能在水生环境中造成长期不利影响。

理化特性与用途

理化特性　无色或浅黄色透明液体或结晶，有刺激臭味。与丙酮、乙醚、二甘醇、四氯化碳、苯、氯苯、煤油、橄榄油混溶。熔点 19.5 ~ 21.5℃，沸点 251℃，相对密度（水 = 1）1.22，相对蒸气密度（空气 = 1）6.0，蒸气压 0.0013kPa（20℃），临界温度 488℃，临界压力 2.99MPa，燃烧热 -4162.4kJ/mol，辛醇/水分配系数 0.21，闪点 127℃（闭杯），引燃温度 620℃，爆炸极限 0.9% ~9.5%。

主要用途 用于生产聚氨酯软泡沫塑料、涂料、橡胶和胶黏剂等。

包装与储运

包装标志 剧毒品

包装类别 Ⅱ类

安全储运 储存于阴凉、干燥、通风良好的专用库房内。远离火种、热源。储存温度不超过 32℃，相对湿度不超过 80%。防止容器受损或受潮。保持容器密封。应与氧化剂、胺类、碱类、醇类等隔离储运。应严格执行剧毒化学品管理制度。搬运时轻装轻卸，防止容器受损。

紧急处置信息

急救措施

吸入：迅速脱离现场至空气新鲜处。保持呼吸道通畅。如呼吸困难，给输氧。呼吸、心跳停止，立即进行心肺复苏术。就医。

眼睛接触：立即分开眼睑，用流动清水或生理盐水彻底冲洗。就医。

皮肤接触：立即脱去污染的衣着，用肥皂水和清水彻底冲洗。就医。

食入：漱口，催吐，给服活性炭悬液和泻剂。就医。

灭火方法 消防人员须佩戴空气呼吸器，穿全身消防服，在上风向灭火。尽可能将容器从火场移至空旷处。喷水保持火场容器冷却，直至灭火结束。处在火场中的容器若发生异常变化或发出异常声音，必须马上撤离。

灭火剂：干粉、二氧化碳、砂土。禁止用水、泡沫和酸碱灭火剂灭火。

泄漏应急处置 根据液体流动和蒸气扩散的影响区域划定警戒区，无关人员从侧风、上风向撤离至安全区。消除点火源。建议应急处理人员戴正压自给式呼吸器，穿防毒服。作业时使用的所有设备应接地。穿上适当的防护服前严禁接触破裂的容器和泄漏物。尽可能切断泄漏源。防止泄漏物进入水体、下水道、地下室或限制性空间。严禁用水处理。小量泄漏：用干燥的砂土或其他不燃材料覆盖泄漏物。大量泄漏：构筑围堤或挖坑收容。用泵转移至槽车或专用收集器内。

401. 甲 草 胺

标 识

中文名称 甲草胺

英文名称 Alachlor; 2 – Chloro – *N* – (2,6 – diethylphenyl) – *N* – (methoxymethyl) acetamide

别名 *N* – (2,6 – 二乙基苯基) – *N* – 甲氧基甲基 – 氯乙酰胺；拉索

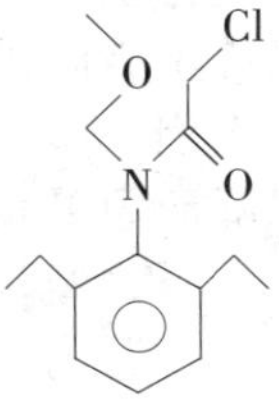

分子式 $C_{14}H_{20}ClNO_2$

CAS 号 15972 – 60 – 8

WGH 号 61900

危害信息

危险性类别　第 6.1 类　有毒品

燃烧与爆炸危险性　可燃。其粉体与空气混合能形成爆炸性混合物，遇明火高热有引起燃烧爆炸的危险。燃烧产生有毒的一氧化碳、氮氧化物和氯化氢气体。受热分解放出有毒气体。

禁忌物　强氧化剂、强酸、强碱。

毒性　大鼠经口 LD_{50}：930mg/kg；小鼠经口 LD_{50}：462mg/kg；大鼠吸入 LC_{50}：>23400mg/m^3(6h)；兔经皮 LD_{50}：3500mg/kg。

本品为低毒除草剂。吸入、摄入或经皮肤吸收后会中毒。有刺激作用。受热分解释出有毒的氯气和氮氧化物。

侵入途径　吸入、食入、经皮吸收。

环境危害　对水生生物有极高毒性，可能在水生环境中造成长期不利影响。

理化特性与用途

理化特性　无色至黄色结晶，无味。不溶于水。熔点 40℃，沸点 100℃(0.0027kPa)，相对密度(水 =1)1.133(25℃/15.6℃)，蒸气压 0.0027kPa(100℃)，辛醇/水分配系数 3.52，闪点 137℃(闭杯)。

主要用途　用作芽前和芽后早期除草剂，可防除棉花、玉米、油菜、花生、大豆和甘蔗中一年生禾本科杂草和许多阔叶杂草。

包装与储运

包装标志　有毒品

包装类别　Ⅲ类

安全储运　储存于阴凉、通风的库房。远离火种、热源。储存温度不超过 35℃，相对湿度不超过 80%。保持容器密封。应与强氧化剂、强碱强碱隔离储运。搬运时轻装轻卸，防止包装受损。

紧急处置信息

急救措施

吸入：迅速脱离现场至空气新鲜处。保持呼吸道通畅。如呼吸困难，给输氧。呼吸、心跳停止，立即进行心肺复苏术。就医。

眼睛接触：立即分开眼睑，用流动清水或生理盐水彻底冲洗。就医。

皮肤接触：立即脱去污染的衣着，用肥皂水和清水彻底冲洗。就医。

食入：漱口，饮水。就医。

灭火方法　消防人员须穿全身消防服，佩戴防毒面具，在上风向灭火。尽可能将容器从火场移至空旷处。喷水保持火场容器冷却，直至灭火结束。

灭火剂：雾状水、泡沫、二氧化碳、干粉、砂土。

泄漏应急处置　隔离泄漏污染区，限制出入。建议应急处理人员戴防尘口罩，穿一般作业工作服，戴橡胶手套。尽可能切断泄漏源。用塑料布覆盖泄漏物，减少飞散。勿使水进入包装容器内。用洁净的铲子收集泄漏物，置于干净、干燥、盖子较松的容器中，将容器移离泄漏区。

402. 甲 醇

标 识

中文名称 甲醇

英文名称 Methanol；Methyl alcohol；Wood alcohol；Wood spirit

别名 木醇；木精

分子式 CH_4O

CAS 号 67 - 56 - 1

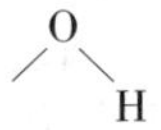

WGH 号 32058；T31158[铁规]

UN 号 1230

危害信息

危险性类别 第3类 易燃液体

燃烧与爆炸危险性 易燃。其蒸气与空气能形成爆炸性混合物，遇明火、高热能引起燃烧爆炸。蒸气比空气重，能在较低处扩散到相当远的地方，遇火源会着火回燃和爆炸(闪爆)。在火场中，受热的容器或储罐有爆炸危险。

活性反应 与无机含氧酸或羧酸反应生成酯和水。与氧化剂反应生成甲醛或甲酸。与碱金属、氮化物、强还原剂反应，放出有毒或易燃气体。能引发异氰酸酯的聚合，甚至导致爆炸。与溴发生剧烈的放热反应。受限空间中，与无水高氯酸铅等强氧化剂接触有爆炸危险。

禁忌物 酸类、强氧化剂、碱金属等。

毒性 大鼠经口 LD_{50}：5628mg/kg；家兔经皮 LD_{50}：15800mg/kg；大鼠吸入 LC_{50}：64000ppm(4h)；人经口 TDL_o：3429mg/kg；人吸入 TCL_o：86000mg/m^3。

甲醇易经胃肠道、呼吸道和皮肤吸收。甲醇经肝脏的醇脱氢酶氧化为甲醛，再经醛脱氢酶作用氧化为甲酸。甲醇本身具有麻醉作用，而甲醇引起的酸中毒和眼部损害主要与甲酸的蓄积有关。甲醇损害视神经。急性中毒者可发生脑水肿、脑出血、脑软化；大脑半球神经髓鞘广泛破坏。

中毒表现 急性中毒：大多数为饮用掺有甲醇的酒或饮料所致口服中毒。短期内吸入高浓度甲醇蒸气或容器破裂泄漏经皮肤吸收大量甲醇溶液亦可引起急性或亚急性中毒，通常有2~24h的潜伏期，少数长达2~3d。口服纯甲醇中毒症状出现较快，最短者仅40min。如同时饮酒或摄入乙醇，潜伏期可延长。中枢神经系统损害轻者表现为头痛、眩晕、乏力、嗜睡和轻度意识等，但很少产生乙醇中毒的欣快感。重者出现昏迷和癫痫样抽搐。少数严重口服中毒者在急性期或恢复期可有锥体外系损害或帕金森综合征的表现，有的有发音和吞咽困难及锥体束症状。眼部最初表现为眼前黑影、飞雪感、闪光感、视物模糊、眼球疼痛、羞明、幻视等。重者视力急剧下降，甚至失明。视神经损害严重者1~2个月左右可出现视神经萎缩。代谢性酸中毒为急性甲醇中毒特征性临床表现之一。吸入高浓度甲醇尚可引起眼和上呼吸道轻度刺激症状。口服中毒者恶心、呕吐和上腹部疼痛等胃肠道症状较明显，并发急性胰腺炎的比例较高，少数可伴有心、肝、肾损害。

慢性中毒：主要为神经系统症状，有头晕、无力、眩晕、震颤性麻痹及视神经损害。皮肤反复接触甲醇溶液，可引起局部脱脂和皮炎。

侵入途径　吸入、食入、经皮吸收。

职业接触限值

中国：PC－TWA：25mg/m^3［皮］；PC－STEL：50mg/m^3［皮］。

美国(ACGIH)：TLV－TWA：200ppm［皮］；TLV－STEL：250ppm［皮］。

环境危害　有害空气污染物。

理化特性与用途

理化特性　无色透明的易挥发液体，有刺激性气味。溶于水，可混溶于乙醇、乙醚、酮类、苯等有机溶剂。熔点－97.8℃，沸点64.7℃，相对密度(水＝1)0.79，相对蒸气密度(空气＝1)1.11，临界压力7.95MPa，临界温度240℃，蒸气压12.26kPa(20℃)，闪点12℃(闭杯)、12.2℃(开杯)，爆炸极限6.0%～36.5%，引燃温度464℃，辛醇/水分配系数－0.82～－0.77。

主要用途　主要用于制甲醛，在有机合成工业中用作甲基化剂和溶剂，是制造甲基叔丁基醚的原料，也可直接掺入汽油作为汽车燃料，还是制造某些农药、医药的原料。

包装与储运

包装标志　易燃液体，有毒品

包装类别　Ⅱ类

安全储运　储存于阴凉、通风的库房。远离火种、热源。储存温度不超过35℃，相对湿度不超过85%。保持容器密封。应与氧化剂、酸类、碱金属等隔离储运。禁止使用易产生火花的机械设备和工具。灌装时注意流速，防止静电积聚。搬运时轻装轻卸，防止容器受损。

紧急处置信息

急救措施　职业中毒者应立即移离现场，脱去污染的衣服，清洗被污染的部位。溅入眼内用清水冲洗。口服中毒者，视病情催吐、洗胃，洗胃可用1%碳酸氢钠溶液。重度中毒患者或血液甲醇浓度＞15.6mmol/L或甲酸浓度＞4.34mmol/L者或并发肾功能衰竭者，应及早采用血液透析或腹膜透析，尤以血液透析疗效为佳。当血液甲醇浓度＜7.8mmol/L(250mg/L)时，可停止透析。纠正酸中毒。对症和支持治疗。用纱布和眼罩遮盖双眼，避免光线直接刺激。可使用解毒剂乙醇、叶酸类和4－甲基吡唑。

灭火方法　消防人员必须穿全身防火防毒服，佩戴空气呼吸器，在上风向灭火。尽可能将容器从火场移至空旷处。喷水保持火场容器冷却，直至灭火结束。处在火场中的容器若发生异常变化或发出异常声音，必须马上撤离。

灭火剂：抗溶性泡沫、二氧化碳、干粉、砂土。

泄漏应急处置　消除所有点火源。根据液体流动和蒸气扩散的影响区域划定警戒区，无关人员从侧风、上风向撤离至安全区。建议应急处理人员戴正压自给式呼吸器，穿防毒、防静电服，戴橡胶手套。作业时使用的所有设备应接地。禁止接触或跨越泄漏物。尽可能切断泄漏源。防止泄漏物进入水体、下水道、地下室或限制性空间。小量泄漏：用砂土或其他不燃材料吸收。使用洁净的无火花工具收集吸收材料。大量泄漏：构筑围堤或挖坑收容。用抗溶性泡沫覆盖，减少蒸发。喷水雾能减少蒸发，但不能降低泄漏物在限制性空间内的易燃性。用防爆泵转移至槽车或专用收集器内。喷雾状水驱散蒸气、稀释液体泄漏物。

403. α－甲基苯乙烯

标 识

中文名称 α－甲基苯乙烯

英文名称 α－Methylstyrene；2－Phenyl propene；Isopropenylbenzene

别名 2－苯基丙烯；异丙烯基苯

分子式 C_9H_{10}

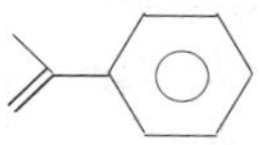

CAS 号 98－83－9

WGH 号 33544；T32044[铁规]

UN 号 2303

危害信息

危险性类别 第3类 易燃液体

燃烧与爆炸危险性 易燃。其蒸气与空气能形成爆炸性混合物，遇明火、高热能引起燃烧爆炸。高速冲击、流动、激荡后可因产生静电火花放电引起燃烧爆炸。蒸气比空气重，能在较低处扩散到相当远的地方，遇火源会着火回燃和爆炸(闪爆)。在火场中，由于内压增大，受热容器或储罐有开裂和爆炸的危险。

活性反应 长期暴露在空气中易氧化，形成不稳定的有机过氧化物，引发α－甲基苯乙烯的聚合，甚至导致爆炸。能与强氧化剂发生剧烈反应。

禁忌物 强氧化剂、酸类、卤代烃、卤素等。

毒性 大鼠经口 LD_{50}：4900mg/kg；小鼠经口 LD_{50}：4500mg/kg；大鼠吸入 LCL_o：3000ppm。

中毒表现 长期接触出现头痛、头晕、乏力、睡眠不佳；轻度眼和上呼吸道刺激症状。体征可见腱反射亢进，手震颤，皮肤皲裂、发红。对肝脏的影响少见；血液系统的影响也少见且微，易恢复。

侵入途径 吸入、食入、经皮吸收。

职业接触限值 美国(ACGIH)：TLV－TWA：50ppm；TLV－STEL：100ppm。

理化特性与用途

理化特性 无色或黄色透明液体，具有刺激性臭味。微溶于水，溶于大多数有机溶剂。熔点－23℃，沸点165.4℃，相对密度(水＝1)0.91，蒸气相对密度(水＝1)4.08，临界温度384℃，临界压力4.36MPa，蒸气压0.27kPa(20℃)，闪点54℃，爆炸极限0.9%～6.6%，引燃温度574℃，燃烧热－5087kJ/mol，辛醇/水分配系数3.38。

主要用途 广泛用于合成聚合物、香精香料、抗氧剂、橡胶防老剂、增塑剂和ABS、PS、不饱和聚酯树脂的改性等，也用作溶剂。

包装与储运

包装标志 易燃液体

包装类别 Ⅲ类

安全储运 储存于阴凉、通风的库房。保持容器密封。远离火种、热源，避光保存。储存温度不超过37℃。应与氧化剂等隔离储运。搬运时轻装轻卸，防止容器受损。禁止使用易产生火花的机械设备和工具。灌装时注意流速，防止静电积聚。

紧急处置信息

急救措施

吸入： 迅速脱离现场至空气新鲜处。保持呼吸道通畅。如呼吸困难，给输氧。呼吸、心跳停止，立即进行心肺复苏术。就医。

眼睛接触： 立即分开眼睑，用流动清水或生理盐水彻底冲洗。就医。

皮肤接触： 立即脱去污染的衣着，用肥皂水和清水彻底冲洗。就医。

食入： 漱口，饮水，如吞入量超过150mL，吐根糖浆催吐。就医。

忌用肾上腺素类药。

灭火方法　消防人员必须穿全身防火防毒服，佩戴空气呼吸器，在上风向灭火。尽可能将容器从火场移至空旷处。喷水保持火场容器冷却，直至灭火结束。处在火场中的容器若发生异常变化或发出异常声音，必须马上撤离。

灭火剂：泡沫、二氧化碳、干粉、砂土。

泄漏应急处置　消除所有点火源。根据液体流动和蒸气扩散的影响区域划定警戒区，无关人员从侧风、上风向撤离至安全区。建议应急处理人员戴正压自给式呼吸器，穿防静电服。作业时使用的所有设备应接地。禁止接触或跨越泄漏物。尽可能切断泄漏源。防止泄漏物进入水体、下水道、地下室或限制性空间。小量泄漏：用砂土或其他不燃材料吸收。使用洁净的无火花工具收集吸收材料。大量泄漏：构筑围堤或挖坑收容。用泡沫覆盖，减少蒸发。喷水雾能减少蒸发，但不能降低泄漏物在受限制空间内的易燃性。用防爆泵转移至槽车或专用收集器内。

404. 4－甲基苯乙烯［抑制了的］

标　识

中文名称　4－甲基苯乙烯［抑制了的］

英文名称　4－Methylstyrene；*p*－Methylstyrene；1－Ethenyl－4－methylbenzene

别名　对甲基苯乙烯

分子式　C_9H_{10}

CAS号　622－97－9

WGH号　33542；T32042［铁规］

UN号　2618

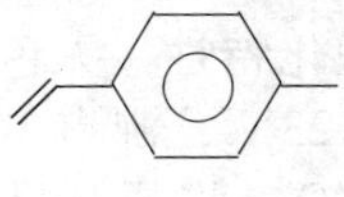

危害信息

危险性类别　第3类　易燃液体

燃烧与爆炸危险性　易燃。其蒸气与空气混合能形成爆炸性混合物，遇明火、高热易燃烧或爆炸。燃烧产生有毒的一氧化碳气体。在高温火场中，受热的容器或储罐有破裂和爆炸的危险。

活性反应　与氧化剂、过氧化物、强酸、铁或铝盐接触剧烈反应。能形成不稳定的过氧化物，并发生聚合。

禁忌物　强氧化剂、强酸、铁或铝盐。

毒性　大鼠经口 LD_{50}：2255mg/kg；小鼠经口 LD_{50}：1072mg/kg；兔经皮 LD_{50}：4485mg/kg。

未见人类中毒报道，动物试验出现呼吸抑制、抽搐和共济失调。

侵入途径　吸入、食入、经皮吸收。

职业接触限值　美国(ACGIH)：TLV - TWA：50ppm；TLV - STEL：100ppm

理化特性与用途

理化特性　无色或黄色液体。不溶于水，溶于乙醇、乙醚、苯。熔点 -34.2℃，沸点 172.8℃，相对密度(水 = 1)0.9173，相对蒸气密度(空气 = 1)4.1，蒸气压 < 0.13kPa (20℃)，燃烧热 -4822.9kJ/mol，临界温度 391.9℃，临界压力 3.36MPa，辛醇/水分配系数 3.35，闪点 46℃，引燃温度 515℃，爆炸极限 1.1% ~5.3%。

主要用途　用作聚合物单体及用于制造涂料。

包装与储运

包装标志　易燃液体

包装类别　Ⅲ类

安全储运　储存于阴凉、通风的库房。保持容器密封。远离火种、热源，避免阳光直射。储存温度不超过 37℃。炎热季节早晚运输。应与氧化剂、强酸等隔离储运。禁止使用易产生火花的机械设备和工具。灌装时注意流速，防止静电积聚。搬运时轻装轻卸，防止容器受损。

紧急处置信息

急救措施

吸入：迅速脱离现场至空气新鲜处。保持呼吸道通畅。如呼吸困难，给输氧。呼吸、心跳停止，立即进行心肺复苏术。就医。

眼睛接触：立即分开眼睑，用流动清水或生理盐水彻底冲洗。就医。

皮肤接触：立即脱去污染的衣着，用肥皂水和清水彻底冲洗。就医。

食入：漱口，饮水，如吞入量超过 150mL，吐根糖浆催吐。就医。

忌用肾上腺素类药。

灭火方法　消防人员须穿全身消防服，佩戴空气呼吸器，在上风向灭火。尽可能将容器从火场移至空旷处。喷水保持火场容器冷却，直至灭火结束。处在火场中的容器若发生异常变化或发出异常声音，须马上撤离。

灭火剂：泡沫、二氧化碳、干粉、砂土。用水灭火无效。遇大火，消防人员须在有防护掩蔽处操作。

泄漏应急处置　消除所有点火源。根据液体流动和蒸气扩散的影响区域划定警戒区，无关人员从侧风、上风向撤离至安全区。建议应急处理人员戴正压自给式呼吸器，穿防静电服。作业时使用的所有设备应接地。禁止接触或跨越泄漏物。尽可能切断泄漏源。防止泄漏物进入水体、下水道、地下室或限制性空间。小量泄漏：用砂土或其他不燃材料吸收。使用洁净的无火花工具收集吸收材料。大量泄漏：构筑围堤或挖坑收容。用砂土、惰性物质或蛭石吸收大量液体。用泡沫覆盖，减少蒸发。喷水雾能减少蒸发，但不能降低泄漏物在限制性空间内的易燃性。用防爆泵转移至槽车或专用收集器内。

405. 2 - 甲基吡啶

标　识

中文名称　2 - 甲基吡啶

英文名称　2 - Methylpyridine; 2 - Picoline

别名　α - 皮考林

分子式　C_6H_7N

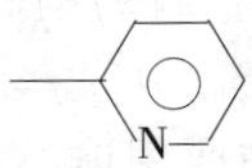

CAS 号　109 - 06 - 8

WGH 号　33614; T32114[铁规]

UN 号　2313

危害信息

危险性类别　第 3 类　易燃液体

燃烧与爆炸危险性　易燃。其蒸气与空气混合能形成爆炸性混合物，遇明火、高热易燃烧或爆炸。燃烧产生有毒的一氧化碳气体。在高温火场中，受热的容器或储罐有破裂和爆炸的危险。受热分解产生有毒的氧化氮气体。

活性反应　与强氧化剂接触能引起燃烧和爆炸。

禁忌物　强氧化剂、酸类、氯仿、酰基氯。

毒性　大鼠经口 LD_{50}: 790mg/kg; 小鼠经口 LD_{50}: 674mg/kg; 小鼠吸入 LC_{50}: 9000mg/m^3; 家兔经皮 LD_{50}: 0.41mL/kg。

中毒表现　接触本品可出现疲乏、全身无力、嗜睡等，重者出现神经系统症状，如步态不稳、短暂意识丧失等。

侵入途径　吸入、食入、经皮吸收。

理化特性与用途

理化特性　无色液体，有特殊气味。与水混溶，溶于多数有机溶剂。熔点 -70℃，沸点 128 ~ 129℃，相对密度(水 = 1) 0.95，相对蒸气密度(空气 = 1) 3.2，蒸气压 1.2kPa (20℃)，燃烧热 -3414.7kJ/mol，临界压力 4.6MPa，辛醇/水分配系数 1.11，闪点 39℃(开杯)，引燃温度 538℃，爆炸极限 1.4% ~8.6%。

主要用途　用于药品、染料、橡胶等化学品的合成，也用作溶剂、实验试剂。

包装与储运

包装标志　易燃液体，有毒品(铁)

包装类别　Ⅲ类

安全储运　储存于阴凉、通风的库房。远离火种、热源。储存温度不超过 35℃，相对湿度不超过 85%。保持容器密封。炎热季节早晚运输。应与强氧化剂等隔离储运。禁止使用易产生火花的机械设备和工具。搬运时轻装轻卸，防止容器受损。

紧急处置信息

急救措施

吸入: 迅速脱离现场至空气新鲜处。保持呼吸道通畅。如呼吸困难，给输氧。呼吸、心跳停止，立即进行心肺复苏术。就医。

眼睛接触： 立即分开眼睑，用流动清水或生理盐水彻底冲洗。就医。

皮肤接触： 立即脱去污染的衣着，用肥皂水和清水彻底冲洗。就医。

食入： 漱口，饮水，禁止催吐。就医。

灭火方法 消防人员须穿全身消防服，佩戴空气呼吸器，在上风向灭火。尽可能将容器从火场移至空旷处。喷水保持火场容器冷却，直至灭火结束。处在火场中的容器若发生异常变化或发出异常声音，须马上撤离。

灭火剂：抗溶性泡沫、二氧化碳、干粉、砂土。

泄漏应急处置 消除所有点火源。根据液体流动和蒸气扩散的影响区域划定警戒区，无关人员从侧风、上风向撤离至安全区。建议应急处理人员戴正压自给式呼吸器，穿防毒、防静电服，戴橡胶耐油手套。作业时使用的所有设备应接地。禁止接触或跨越泄漏物。尽可能切断泄漏源。防止泄漏物进入水体、下水道、地下室或限制性空间。小量泄漏：用砂土或其他不燃材料吸收。也可以用大量水冲洗，洗水稀释后放入废水系统。使用洁净的无火花工具收集吸收材料。大量泄漏：构筑围堤或挖坑收容。用泡沫覆盖，减少蒸发。喷水雾能减少蒸发，但不能降低泄漏物在限制性空间内的易燃性。用防爆泵转移至槽车或专用收集器内。

406. *N* – 甲基吡咯烷酮

标　识

中文名称 *N* – 甲基吡咯烷酮

英文名称 *N* – Methylpyrrolidone；1 – Methyl – 2 – pyrrolidone；1 – Methyl – 2 – pyrrolidinone

别名 1 – 甲基 – 2 – 吡咯烷酮

分子式 C_5H_9NO

CAS 号 872 – 50 – 4

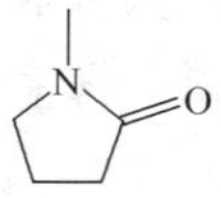

危害信息

燃烧与爆炸危险性 可燃。蒸气与空气可形成爆炸性混合物，遇明火、高热能引起燃烧爆炸。燃烧放出有毒气体。

活性反应 弱碱性，与强酸发生放热中和反应。与氢化物等强还原剂反应放出易燃易爆的氢气。与氧化剂发生剧烈反应。与异氰酸酯、卤代烃、过氧化物、环氧化物、酸酐、氢卤酸、氧化剂发生反应。

禁忌物 强氧化剂、强酸。

毒性 大鼠经口 LD_{50}：3914mg/kg；小鼠经口 LD_{50}：5130mg/kg。家兔经皮 LD_{50}：8000mg/kg。

对眼有强烈刺激性。可引起皮炎。

侵入途径 吸入、食入。

理化特性与用途

理化特性 无色透明液体，稍有胺的气味。与水、乙醇、乙醚、丙酮等混溶。pH = 7.7 ~ 8，熔点 – 24℃，沸点 202℃，相对密度（水 = 1）1.026，相对蒸气密度（空气 = 1）3.4，临界温度 451℃，临界压力 4.78MPa，蒸气压 66Pa（25℃），折射率 1.466（25℃），闪点

96℃(开杯)，爆炸极限 1.3% ~9.50%，引燃温度 270℃，燃烧热 3009.7kJ/mol，辛醇/水分配系数 -0.54。

主要用途 用作芳烃抽提、润滑油溶剂精制、乙炔提浓、丁二烯抽提和合成气脱硫等过程的萃取剂，也用作工业清洗剂、分散剂、润滑油抗冻剂。是农药、工程塑料、涂料、合成纤维、集成电路等生产过程使用的溶剂。

包装与储运

安全储运 储存于阴凉、通风的库房。保持容器密封。远离火种、热源。应与氧化剂隔离储运。搬运时轻装轻卸，防止容器受损。

紧急处置信息

急救措施

吸入：迅速脱离现场至空气新鲜处。保持呼吸道通畅。如呼吸困难，给输氧。呼吸、心跳停止，立即进行心肺复苏术。就医。

眼睛接触：立即分开眼睑，用流动清水或生理盐水彻底冲洗。就医。

皮肤接触：立即脱去污染的衣着，用大量流动清水彻底冲洗。就医。

食入：漱口，尽量饮水，不要催吐。就医。

灭火方法 消防人员须佩戴防毒面具、穿全身消防服，在上风向灭火。尽可能将容器从火场移至空旷处。喷水保持火场容器冷却，直至灭火结束。处在火场中的容器若已变色或从安全泄压装置中产生声音，必须马上撤离。

灭火剂：雾状水、泡沫、干粉、二氧化碳、砂土。

泄漏应急处置 根据液体流动和蒸气扩散的影响区域划定警戒区，无关人员从侧风、上风向撤离至安全区。消除所有点火源。建议应急处理人员戴正压自给式呼吸器，穿防毒服。穿上适当的防护服前严禁接触破裂的容器和泄漏物。尽可能切断泄漏源。防止泄漏物进入水体、下水道、地下室或限制性空间。小量泄漏：用干燥的砂土或其他不燃材料吸收或覆盖，收集于容器中。大量泄漏：构筑围堤或挖坑收容。用泵转移至槽车或专用收集器内。

407. 甲基丙烯酸

标　识

中文名称 甲基丙烯酸

英文名称 2 - Methyl - 2 - propenoic acid; Methacrylic acid

别名 α - 甲基丙烯酸

分子式 $C_4H_6O_2$

CAS 号 79 - 41 - 4

WGH 号 81618

UN 号 2531

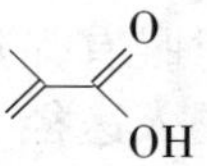

危害信息

危险性类别 第 8 类 腐蚀品

燃烧与爆炸危险性 可燃。其蒸气与空气混合能形成爆炸性混合物，遇明火、高热易燃烧或爆炸。燃烧产生有毒的一氧化碳气体。在高温火场中，受热的容器或储罐有破裂和爆炸的危险。

活性反应 与氧化剂接触会发生剧烈反应，形成不稳定的过氧化物；能猛烈聚合，尤其是当温度超过 120°F(49℃)时。

禁忌物 强氧化剂、氨、胺类、强碱。

毒性 大鼠经口 LD_{50}：1060mg/kg；小鼠经口 LD_{50}：1250mg/kg；兔经皮 LD_{50}：500mg/kg。

中毒表现 本品对鼻、喉有刺激性；高浓度接触可能引起肺部改变。对皮肤有刺激性，可致灼伤。眼接触可致灼伤，造成永久性损害。

慢性影响：可能引起肺、肝、肾损害。对皮肤有致敏性，致敏后，即使接触极低水平的本品，也能引起皮肤刺痒和皮疹。

侵入途径 吸入、食入、经皮吸收。

职业接触限值

中国：PC－TWA：70mg/m^3。

美国(ACGIH)：TLV－TWA：20ppm。

理化特性与用途

理化特性 无色结晶或透明液体，有刺激性气味。溶于水，溶于乙醇、乙醚等多数有机溶剂。熔点 16℃，沸点 160～163℃，相对密度(水＝1)1.02，相对蒸气密度(空气＝1)2.97，蒸气压 1.33kPa(60.6℃)，临界压力 4.7MPa，辛醇/水分配系数 0.93，闪点 77℃(开杯)，引燃温度 435℃，爆炸极限 1.6%～8.7%。

主要用途 用于有机合成及聚合物制备。

包装与储运

包装标志 腐蚀品

包装类别 Ⅱ类

安全储运 储存于阴凉、通风的库房。远离火种、热源。储存温度不超过 32℃，相对湿度不超过 80%。保持容器密封。应与强氧化剂、胺类、强碱等隔离储运。搬运时轻装轻卸，防止容器受损。

紧急处置信息

急救措施

吸入：迅速脱离现场至空气新鲜处。保持呼吸道通畅。如呼吸困难，给输氧。呼吸、心跳停止，立即进行心肺复苏术。就医。

眼睛接触：立即分开眼睑，用大量流动清水或生理盐水彻底冲洗 10～15min。就医。

皮肤接触：立即脱去污染的衣着，用大量流动清水彻底冲洗，冲洗时间一般要求 20～30min。就医。

食入：用水漱口，禁止催吐。给饮牛奶或蛋清。就医。

灭火方法 消防人员须佩戴空气呼吸器，穿全身耐酸碱消防服，在上风向灭火。尽可能将容器从火场移至空旷处。喷水保持火场容器冷却，直至灭火结束。处在火场中的容器若发生异常变化或发出异常声音，须马上撤离。

灭火剂：雾状水、抗溶性泡沫、干粉、二氧化碳。

泄漏应急处置 消除所有点火源。根据液体流动和蒸气扩散的影响区域划定警戒区，

无关人员从侧风、上风向撤离至安全区。建议应急处理人员戴正压自给式呼吸器，穿防静电、防腐服，戴橡胶耐酸碱手套。穿上适当的防护服前严禁接触破裂的容器和泄漏物。尽可能切断泄漏源。防止泄漏物进入水体、下水道、地下室或限制性空间。小量泄漏：用干燥的砂土或其他不燃材料吸收或覆盖，收集于容器中。大量泄漏：构筑围堤或挖坑收容。用石灰(CaO)、碎石灰石($CaCO_3$)或碳酸氢钠($NaHCO_3$)中和。用防爆、耐腐蚀泵转移至槽车或专用收集器内。

408. 甲基丙烯酸二甲基氨基乙酯

标　识

中文名称　甲基丙烯酸二甲基氨基乙酯

英文名称　2 – Dimethylaminoethyl methacrylate；*N*,*N* – Dimethylaminoethyl methacrylate

别名　DMAM

分子式　$C_8H_{15}NO_2$

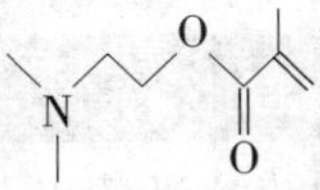

CAS 号　2867 – 47 – 2

WGH 号　61115

UN 号　2522

危害信息

危险性类别　第 6.1 类　有毒品

燃烧与爆炸危险性　可燃。其蒸气与空气混合能形成爆炸性混合物，遇明火、高热易燃烧或爆炸。燃烧产生有毒的一氧化碳和氮氧化物气体。在高温火场中，受热的容器或储罐有破裂和爆炸的危险。蒸气比空气重，能在较低处扩散到相当远的地方，遇火源会着火回燃和爆炸(闪爆)。

活性反应　与氧化剂发生反应。

禁忌物　强氧化剂、强还原剂、强酸、强碱。

毒性　大鼠经口 LD_{50}：1751mg/kg；大鼠吸入 LC_{50}：620mg/m^3(4h)。

对皮肤、眼睛和黏膜有刺激性。误服会刺激胃肠道；吸入可引起喉痉挛、炎症，化学性肺炎、肺水肿等。

侵入途径　吸入、食入。

理化特性与用途

理化特性　无色透明，有胺气味的液体。溶于水，溶于酯、酮、醇、醚、氯代烃等多种有机溶剂。熔点 –30℃，沸点 182 ~ 190℃，相对密度(水 = 1)0.933(25℃)，相对蒸气密度(空气 = 1)5.4，蒸气压 0.11kPa(25℃)，辛醇/水分配系数 1.13，闪点 68℃(闭杯)、74℃(开杯)，引燃温度 255℃，爆炸下限 1.2%。

主要用途　广泛应用于水处理、造纸、涂料、医药、油田化学品、粘合剂、纤维助剂和塑料橡胶改性等领域。

包装与储运

包装标志　有毒品

包装类别　Ⅱ类

安全储运　储存于阴凉、通风的库房。远离火种、热源。储存温度不超过32℃，相对湿度不超过80%。保持容器密封。应与强氧化剂、强碱强酸、胺等隔离储运。搬运时轻装轻卸，防止容器受损。

紧急处置信息

急救措施

吸入： 迅速脱离现场至空气新鲜处。保持呼吸道通畅。如呼吸困难，给输氧。呼吸、心跳停止，立即进行心肺复苏术。就医。

眼睛接触： 立即分开眼睑，用流动清水或生理盐水彻底冲洗。就医。

皮肤接触： 立即脱去污染的衣着，用肥皂水和清水彻底冲洗。就医。

食入： 漱口，尽量饮水，不要催吐。就医。

灭火方法　消防人员须穿全身消防服，佩戴空气呼吸器，在上风向灭火。尽可能将容器从火场移至空旷处。喷水保持火场容器冷却，直至灭火结束。处在火场中的容器若发生异常变化或发出异常声音，须马上撤离。

灭火剂：泡沫、二氧化碳、干粉、砂土。

泄漏应急处置　根据液体流动和蒸气扩散的影响区域划定警戒区，无关人员从侧风、上风向撤离至安全区。消除所有点火源。建议应急处理人员戴正压自给式呼吸器，穿防毒服。穿上适当的防护服前严禁接触破裂的容器和泄漏物。尽可能切断泄漏源。防止泄漏物进入水体、下水道、地下室或密闭性空间。小量泄漏：用干燥的砂土或其他不燃材料吸收或覆盖，收集于容器中。大量泄漏：构筑围堤或挖坑收容。用石灰粉等吸收大量液体。用泡沫覆盖，减少蒸发。用泵转移至槽车或专用收集器内。

409. 甲基丙烯酸甲酯

标　识

中文名称　甲基丙烯酸甲酯

英文名称　Methyl methacrylate; 2 – Methyl – 2 – propenoic acid, methyl ester; Methyl 2 – methylpropenate

别名　2 – 甲基 – 2 – 丙烯酸甲酯；异丁烯酸甲酯；牙托水

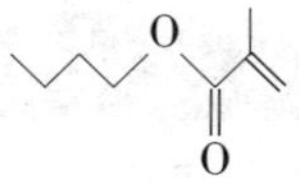

分子式　$C_5H_8O_2$

CAS 号　80 – 62 – 6

WGH 号　32149；T31249[铁规]

UN 号　1247

危害信息

危险性类别　第3类　易燃液体

燃烧与爆炸危险性　易燃。其蒸气与空气能形成爆炸性混合物，遇明火、高热能引起燃烧爆炸。蒸气比空气重，能在较低处扩散到相当远的地方，遇火源会着火回燃和爆炸（闪爆）。

活性反应　长期暴露在空气中易氧化，生成不稳定的有机过氧化物，而引发甲基丙烯酸甲酯单体的聚合或爆炸。与强酸、脂肪胺、硝酸盐、过氧化物和强氧化剂发生反应。

禁忌物　强氧化剂、强酸、强碱。

毒性　大鼠经口 LD_{50}：7872mg/kg；大鼠吸入 LC_{50}：78000mg/m^3(4h)；小鼠经口 LD_{50}：3625mg/kg；小鼠吸入 LC_{50}：18500mg/m^3（2h）；家兔经皮 LD_{50}：>5000mg/kg；人吸入 TCL_o：60mg/m^3。

本品有麻醉作用，有刺激性。本品对皮肤有致敏性。

中毒表现　急性中毒：表现有黏膜刺激症状、乏力、恶心、反复呕吐、头痛、头晕、胸闷，可有意识障碍。

慢性影响：长期接触可致萎缩性鼻炎、结膜炎和植物神经功能障碍。对皮肤有致敏性。

侵入途径　吸入、食入。

职业接触限值

中国：PC-TWA：100mg/m^3[敏]。

美国(ACGIH)：TLV-TWA：50ppm[敏]；TLV-STEL：100ppm[敏]。

环境危害　对水生生物是有害的。有害空气污染物。

理化特性与用途

理化特性　无色透明液体。微溶于水，溶于乙醇和乙醚等多数有机溶剂。熔点-48℃，沸点100.5℃，相对密度(水=1)0.94(20℃)，相对蒸气密度(空气=1)3.45，燃烧热-2642.9kJ/mol，临界温度294℃，临界压力3.3MPa，蒸气压3.9kPa(20℃)，辛醇/水分配系数1.38，闪点10℃，爆炸极限2.1%~12.5%，引燃温度421~435℃。

主要用途　用作聚合物的单体，主要用于制造有机玻璃，也用于生产模塑料、合成树脂和涂料等。

包装与储运

包装标志　易燃液体

包装类别　Ⅱ类

安全储运　通常商品加有阻聚剂。储存于阴凉、通风的库房。远离火种、热源。避光保存。储存温度不宜超过20℃。包装要求密封，不可与空气接触。不宜大量储存或久存。应与氧化剂、酸类、碱类、卤素等隔离储运。禁止使用易产生火花的机械设备和工具。灌装时注意流速，且应有接地装置，防止静电积聚。搬运时轻装轻卸，防止容器受损。

紧急处置信息

急救措施

吸入：迅速脱离现场至空气新鲜处。保持呼吸道通畅。如呼吸困难，给输氧。呼吸、心跳停止，立即进行心肺复苏术。就医。

眼睛接触：立即分开眼睑，用流动清水或生理盐水彻底冲洗。就医。

皮肤接触：立即脱去污染的衣着，用大量流动清水彻底冲洗。就医。

食入：漱口，尽量饮水，不要催吐。就医。

灭火方法　消防人员必须穿全身防火防毒服，佩戴空气呼吸器，在上风向灭火。遇大火，消防人员须在有防护掩蔽处操作。尽可能将容器从火场移至空旷处。喷水保持火场容器冷却，直至灭火结束。处在火场中的容器若发生异常变化或发出异常声音，须马上撤离。

灭火剂：泡沫、二氧化碳、干粉、砂土。

泄漏应急处置　消除所有点火源。根据液体流动和蒸气扩散的影响区域划定警戒区，

无关人员从侧风、上风向撤离至安全区。建议应急处理人员戴正压自给式呼吸器，穿防静电服，戴橡胶耐油手套。作业时使用的所有设备应接地。禁止接触或跨越泄漏物。尽可能切断泄漏源。防止泄漏物进入水体、下水道、地下室或限制性空间。小量泄漏：用砂土或其他不燃材料吸收。使用洁净的无火花工具收集吸收材料。大量泄漏：构筑围堤或挖坑收容。用砂土、惰性物质或蛭石吸收大量液体。用泡沫覆盖，减少蒸发。喷水雾能减少蒸发，但不能降低泄漏物在限制性空间内的易燃性。用防爆泵转移至槽车或专用收集器内。

410. 甲基丙烯酸正丁酯

标　识

中文名称　甲基丙烯酸正丁酯

英文名称　*n* - Butyl methacrylate；2 - Propenoic acid, 2 - methyl - , butyl ester；Butyl methacrylate

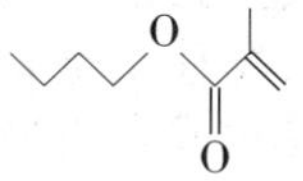

别名　异丁烯酸正丁酯

分子式　$C_8H_{14}O_2$

CAS 号　97 - 88 - 1

WGH 号　33601

UN 号　2227

危害信息

危险性类别　第 3 类　易燃液体

燃烧与爆炸危险性　易燃。其蒸气与空气混合能形成爆炸性混合物，遇明火、高热易燃烧或爆炸。燃烧产生有毒的一氧化碳气体。在高温火场中，受热的容器或储罐有破裂和爆炸的危险。

活性反应　与氧化剂发生反应。

禁忌物　强氧化剂、强酸、强碱。

毒性　大鼠经口 LD_{50}：16000mg/kg；小鼠经口 LD_{50}：12900mg/kg；大鼠吸入 LC_{50}：4910ppm(4h)；兔经皮 LD_{50}：11300mg/kg。

误服或吸入可引起局部刺激症状与全身性症状。高浓度时可引起肺水肿，肝、肾可有损害。对皮肤、黏膜有中等刺激作用。对皮肤有致敏性。

侵入途径　吸入、食入、经皮吸收。

理化特性与用途

理化特性　无色透明液体，具有甜味和酯气味。不溶于水，可混溶于乙醇、乙醚，溶于多数有机溶剂。熔点 -76.3 ~ -74.9℃，沸点 160 ~ 163℃，相对密度(水 = 1)0.9(20℃)，相对蒸气密度(空气 = 1)4.8，蒸气压 0.65kPa(20℃)，燃烧热 -4891.7kJ/mol，临界压力 2.6MPa，辛醇/水分配系数 2.88，闪点 46℃(闭杯)、54.4℃(开杯)、18.9℃(Cleveland 开杯)，引燃温度 294℃，爆炸极限 2% ~8%。

主要用途　用于有机合成，制造塑料、光学玻璃的粘结剂，纺织、皮革及造纸用助剂。

包装与储运

包装标志　易燃液体

包装类别 Ⅲ类

安全储运 储存于阴凉、通风的库房。远离火种、热源，避免阳光直射。储存温度不超过37℃。包装要求密封，不可与空气接触。炎热季节早晚运输。应与氧化剂、过氧化物、酸碱、胺等隔离储运。禁止使用易产生火花的机械设备和工具。灌装时注意流速，防止静电积聚。搬运时轻装轻卸，防止容器受损。

紧急处置信息

急救措施

吸入：迅速脱离现场至空气新鲜处。保持呼吸道通畅。如呼吸困难，给输氧。呼吸、心跳停止，立即进行心肺复苏术。就医。

眼睛接触：立即分开眼睑，用流动清水或生理盐水彻底冲洗。就医。

皮肤接触：立即脱去污染的衣着，用大量流动清水彻底冲洗。就医。

食入：漱口，尽量饮水，不要催吐。就医。

灭火方法 消防人员须穿全身消防服，佩戴空气呼吸器，在上风向灭火。尽可能将容器从火场移至空旷处。喷水保持火场容器冷却，直至灭火结束。处在火场中的容器若发生异常变化或发出异常声音，须马上撤离。

灭火剂：抗溶性泡沫、二氧化碳、干粉、砂土。

泄漏应急处置 消除所有点火源。根据液体流动和蒸气扩散的影响区域划定警戒区，无关人员从侧风、上风向撤离至安全区。建议应急处理人员戴正压自给式呼吸器，穿防静电服，戴橡胶耐油手套。作业时使用的所有设备应接地。禁止接触或跨越泄漏物。尽可能切断泄漏源。防止泄漏物进入水体、下水道、地下室或限制性空间。小量泄漏：用砂土或其他不燃材料吸收。使用洁净的无火花工具收集吸收材料。大量泄漏：构筑围堤或挖坑收容。用砂土、惰性物质或蛭石吸收大量液体。用泡沫覆盖，减少蒸发。喷水雾能减少蒸发，但不能降低泄漏物在限制性空间内的易燃性。用防爆泵转移至槽车或专用收集器内。

411. 3－甲基丁醛

标　识

中文名称 3－甲基丁醛

英文名称 3－Methylbutanal；3－Methyl butyraldehyde；Isovaleraldehyde

别名 异戊醛

分子式 $C_5H_{10}O$

CAS 号 590－86－3

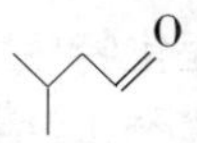

WGH 号 32069；T31169［铁规］

危害信息

危险性类别 第3类 易燃液体

燃烧与爆炸危险性 易燃。其蒸气与空气混合能形成爆炸性混合物，遇明火、高热易燃烧或爆炸。燃烧产生有毒的一氧化碳气体。在高温火场中，受热的容器或储罐有破裂和爆炸的危险。蒸气比空气重，能在较低处扩散到相当远的地方，遇火源会着火回燃和爆炸

(闪爆)。

活性反应　与氧化剂反应。

禁忌物　强氧化剂、强还原剂、强碱。

毒性　大鼠经口 LD_{50}：5600mg/kg；小鼠经口 LD_{50}：4750mg/kg；大鼠吸入 LC_{50}：42700mg/m^3(4h)；兔经皮 LD_{50}：3180mg/kg。

中毒表现　对眼、呼吸道和皮肤有刺激性。接触本品蒸气可引起胸部压迫感、上呼吸道刺激、眩晕、头痛、恶心、呕吐、疲倦无力等。

侵入途径　吸入、食入、经皮吸收。

理化特性与用途

理化特性　无色液体，有苹果香味。微溶于水，溶于乙醇、乙醚。熔点－51℃，沸点92.5℃，相对密度(水＝1)0.8，相对蒸气密度(空气＝1)2.96，蒸气压6.66kPa(25℃)，临界压力3.83MPa，辛醇/水分配系数1.23，闪点－5℃，引燃温度222℃，爆炸极限1.24%～12.9%。

主要用途　用作生产香精、香料和其他有机化学品的中间体。

包装与储运

包装标志　易燃液体

包装类别　Ⅱ类

安全储运　储存于阴凉、通风的库房。保持容器密封。远离火种、热源，避免阳光直射。储存温度不超过37℃。炎热季节早晚运输。应与氧化剂等隔离储运。禁止使用易产生火花的机械设备和工具。搬运时轻装轻卸，防止容器受损。

紧急处置信息

急救措施

吸入：迅速脱离现场至空气新鲜处。保持呼吸道通畅。如呼吸困难，给输氧。呼吸、心跳停止，立即进行心肺复苏术。就医。

眼睛接触：立即分开眼睑，用流动清水或生理盐水彻底冲洗。就医。

皮肤接触：立即脱去污染的衣着，用大量流动清水彻底冲洗。就医。

食入：漱口，尽量饮水。就医。

灭火方法　消防人员须穿全身消防服，佩戴空气呼吸器，在上风向灭火。尽可能将容器从火场移至空旷处。喷水保持火场容器冷却，直至灭火结束。处在火场中的容器若发生异常变化或发出异常声音，须马上撤离。

灭火剂：泡沫、二氧化碳、干粉、砂土。

泄漏应急处置　消除所有点火源。根据液体流动和蒸气扩散的影响区域划定警戒区，无关人员从侧风、上风向撤离至安全区。建议应急处理人员戴正压自给式呼吸器，穿防静电服，戴橡胶手套。作业时使用的所有设备应接地。禁止接触或跨越泄漏物。尽可能切断泄漏源。防止泄漏物进入水体、下水道、地下室或限制性空间。小量泄漏：用砂土或其他不燃材料吸收。使用洁净的无火花工具收集吸收材料。大量泄漏：构筑围堤或挖坑收容。用泡沫覆盖，减少蒸发。喷水雾能减少蒸发，但不能降低泄漏物在限制性空间内的易燃性。用防爆泵转移至槽车或专用收集器内。

412. 3－甲基丁酮

标　识

中文名称　3－甲基丁酮

英文名称　3－Methylbutanone；3－Methyl－2－butanone；Methyl isopropyl ketone

别名　3－甲基－2－丁酮；甲基异丙基(甲)酮

分子式　$C_5H_{10}O$

CAS 号　563－80－4

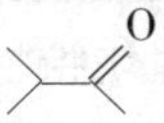

WGH 号　32074；T31174[铁规]

UN 号　2397

危害信息

危险性类别　第3类　易燃液体

燃烧与爆炸危险性　易燃。其蒸气与空气混合能形成爆炸性混合物，遇明火、高热易燃烧或爆炸。燃烧产生有毒的一氧化碳气体。在高温火场中，受热的容器或储罐有破裂和爆炸的危险。蒸气比空气重，能在较低处扩散到相当远的地方，遇火源会着火回燃和爆炸(闪爆)。

活性反应　与氧化剂反应。

禁忌物　强氧化剂、强还原剂、强碱。

毒性　大鼠经口 LD_{50}：3000mg/kg；小鼠经口 LD_{50}：2572mg/kg；兔经皮 LD_{50}：6350mg/kg。

本品属酮类，酮类物质有麻醉作用和刺激性。

侵入途径　吸入、食入。

职业接触限值　美国(ACGIH)：TLV－TWA：200ppm。

理化特性与用途

理化特性　无色液体，有丙酮气味。微溶于水，溶于多数有机溶剂。熔点－92℃，沸点93～95℃，相对密度(水＝1)0.81，相对蒸气密度(空气＝1)2.97，蒸气压5.5kPa(20℃)，临界压力3.8MPa，辛醇/水分配系数0.84，闪点6℃(闭杯)，引燃温度475℃，爆炸极限1.2%～8.0%。

主要用途　用作溶剂、脱蜡剂，也用于有机合成。

包装与储运

包装标志　易燃液体

包装类别　Ⅱ类

安全储运　储存于阴凉、通风的库房。保持容器密封。远离火种、热源，避免阳光直射。储存温度不超过37℃。炎热季节早晚运输。应与氧化剂、碱、强还原剂等隔离储运。禁止使用易产生火花的机械设备和工具。灌装时注意流速，防止静电积聚。搬运时轻装轻卸，防止容器受损。

紧急处置信息

急救措施

吸入：迅速脱离现场至空气新鲜处。保持呼吸道通畅。如呼吸困难，给输氧。呼吸、

心跳停止，立即进行心肺复苏术。就医。

眼睛接触：立即分开眼睑，用流动清水或生理盐水彻底冲洗。就医。

皮肤接触：立即脱去污染的衣着，用大量流动清水彻底冲洗。就医。

食入：给饮水，不要催吐。就医。

灭火方法 消防人员须穿全身消防服，佩戴空气呼吸器，在上风向灭火。尽可能将容器从火场移至空旷处。喷水保持火场容器冷却，直至灭火结束。处在火场中的容器若发生异常变化或发出异常声音，须马上撤离。

灭火剂：抗溶性泡沫、二氧化碳、干粉、砂土。

泄漏应急处置 消除所有点火源。根据液体流动和蒸气扩散的影响区域划定警戒区，无关人员从侧风、上风向撤离至安全区。建议应急处理人员戴正压自给式呼吸器，穿防静电服，戴橡胶手套。作业时使用的所有设备应接地。禁止接触或跨越泄漏物。尽可能切断泄漏源。防止泄漏物进入水体、下水道、地下室或限制性空间。小量泄漏：用砂土或其他不燃材料吸收。使用洁净的无火花工具收集吸收材料。大量泄漏：构筑围堤或挖坑收容。用泡沫覆盖，减少蒸发。喷水雾能减少蒸发，但不能降低泄漏物在限制性空间内的易燃性。用防爆泵转移至槽车或专用收集器内。

413. 甲基二乙醇胺

标 识

中文名称 甲基二乙醇胺

英文名称 *N* – Methyldiethanolamine；2,2′ – Methyliminodiethanol

别名 *N* – 甲基二乙醇胺；甲氨基二乙醇

分子式 $C_5H_{13}NO_2$

CAS 号 105 – 59 – 9

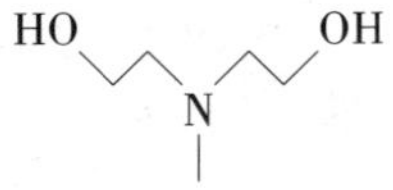

危害信息

燃烧与爆炸危险性 可燃。蒸气与空气可形成爆炸性混合物，遇明火、高热能引起燃烧爆炸。燃烧放出有毒气体。

活性反应 碱性，与酸发生放热中和反应。与氢化物等强还原剂反应放出易燃易爆的氢气。与氧化剂发生剧烈反应。与异氰酸酯、卤代烃、过氧化物、环氧化物、酸酐、氢卤酸、氧化剂发生反应。

禁忌物 强氧化剂、强酸。

毒性 大鼠经口 LD_{50}：1945mg/kg；兔经皮：5990μL/kg。

未见本品引起中毒的报道。

侵入途径 吸入、食入、经皮吸收。

理化特性与用途

理化特性 无色或微黄色油状液体。能与水、乙醇互溶，微溶于乙醚。熔点 –21℃，沸点 247℃，相对密度(水 = 1)1.042，相对蒸气密度(空气 = 1)4.0，黏度 101mPa. s，折射率 1.4694，闪点 126.7℃，爆炸极限 0.9% ~8.4%，引燃温度 265℃，辛醇/水分配系数 –1.5。

主要用途 用作酸性气体吸收剂、聚氨酯泡沫催化剂；也用作抗肿瘤药物盐酸氮芥等的中间体及用于制乳化剂。

包装与储运

安全储运 储存于阴凉、干燥、通风良好的库房。远离火种、热源。保持容器密闭。应与氧化剂、酸类等隔离储运。搬运时轻装轻卸，防止容器受损。

紧急处置信息

急救措施

吸入：脱离接触。如有不适感，就医。

眼睛接触：分开眼睑，用流动清水或生理盐水冲洗。如有不适感，就医。

皮肤接触：脱去污染的衣着，用肥皂水和清水冲洗。如有不适感，就医。

食入：给饮水，禁止催吐。就医。

灭火方法 消防人员须佩戴防毒面具、穿全身消防服，在上风向灭火。尽可能将容器从火场移至空旷处。喷水保持火场容器冷却，直至灭火结束。处在火场中的容器若已变色或从安全泄压装置中产生声音，必须马上撤离。

灭火剂：雾状水、泡沫、干粉、二氧化碳、砂土。

泄漏应急处置 根据液体流动和蒸气扩散的影响区域划定警戒区，无关人员从侧风、上风向撤离至安全区。消除所有点火源。建议应急处理人员戴正压自给式呼吸器，穿防酸碱服，戴防化学品手套。穿上适当的防护服前严禁接触破裂的容器和泄漏物。尽可能切断泄漏源。防止泄漏物进入水体、下水道、地下室或限制性空间。小量泄漏：用干燥的砂土或其他不燃材料吸收或覆盖，收集于容器中。也可以用大量水冲洗，洗水稀释后放入废水系统。大量泄漏：构筑围堤或挖坑收容。用耐腐蚀泵转移至槽车或专用收集器内。

414. 甲基硅油

标　识

中文名称 甲基硅油

英文名称 Dimethyl silicone oil 201；Methyl silicone oil；Anti－foaming agent 901

别名 聚二甲基硅氧烷；201 甲基硅油；901 抗泡沫剂；二甲基硅油

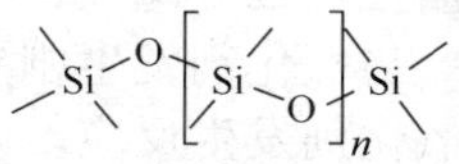

分子式 $C_3H_9OSi(C_2H_6OSi)_nC_3H_9Si$

CAS 号 9006－65－9

危害信息

燃烧与爆炸危险性 可燃。其蒸气与空气混合能形成爆炸性混合物，遇明火、高热易燃烧或爆炸。在高温火场中，受热的容器或储罐有破裂和爆炸的危险。

毒性

小鼠经口 LD_{50}：＞20g/kg。

侵入途径 吸入、食入。

理化特性与用途

理化特性 无色无臭透明黏稠液体。密度 0.93～0.97g/cm^3(25℃)，折射率 1.390～1.410，运动黏度 10～10000mm^2/s(25℃)，闪点≥155～≥300℃。

主要用途 工业部门用作润滑油、防振油、绝缘油、消泡剂、脱模剂等。

包装与储运

安全储运 储存于阴凉、通风的库房。保持容器密闭。远离火种、热源。应与氧化剂隔离储运。搬运时轻装轻卸，防止容器受损。

紧急处置信息

急救措施

吸入：脱离接触。如有不适感，就医。

眼睛接触：分开眼睑，用流动清水或生理盐水冲洗。如有不适感，就医。

皮肤接触：脱去污染的衣着，用肥皂水和清水冲洗。如有不适感，就医。

食入：漱口，尽量饮水，不要催吐。就医。

灭火方法 消防人员须穿全身消防服，佩戴空气呼吸器，在上风向灭火。尽可能将容器从火场移至空旷处。喷水保持火场容器冷却，直至灭火结束。处在火场中的容器若发生异常变化或发出异常声音，须马上撤离。

灭火剂：泡沫、二氧化碳、干粉、砂土。

泄漏应急处置 根据液体流动和蒸气扩散的影响区域划定警戒区，无关人员从侧风、上风向撤离至安全区。建议应急处理人员戴正压自给式呼吸器，穿防静电、防腐蚀服，戴橡胶手套。尽可能切断泄漏源。防止泄漏物进入水体、下水道、地下室或限制性空间。小量泄漏：用干燥的砂土或其他不燃材料吸收或覆盖，收集于容器中。大量泄漏：构筑围堤或挖坑收容。

415. 甲基环己烷

标　识

中文名称 甲基环己烷

英文名称 Methylcyclohexane；Hexahydrotoluene

别名 六氢化甲苯；环己基甲烷

分子式 C_7H_{14}

CAS 号 108－87－2

WGH 号 32012；T31112[铁规]

UN 号 2296

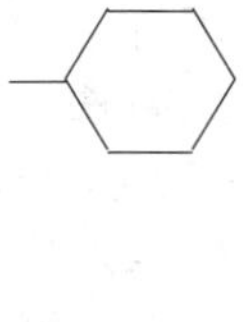

危害信息

危险性类别 第 3 类 易燃液体

燃烧与爆炸危险性 易燃。其蒸气与空气混合能形成爆炸性混合物，遇明火、高热易燃烧或爆炸。燃烧产生有毒的一氧化碳气体。高速冲击、流动、激荡后，可因产生静电火花放电引起燃烧爆炸。在高温火场中，受热的容器或储罐有破裂和爆炸的危险。蒸气比空气重，能在较低处扩散到相当远的地方，遇火源会着火回燃和爆炸(闪爆)。

活性反应 与氧化剂发生反应

禁忌物 强氧化剂、强酸、强碱、卤素。

毒性 大鼠经口 LD_{50}：>3200mg/kg；小鼠经口 LD_{50}：1.2g/kg；小鼠吸入 LC_{50}：36900mg/m^3(2h)；家兔经皮 LD：>86700mg/kg。

对眼和呼吸道黏膜有轻度刺激作用。皮肤接触可引起发红、干燥皲裂、溃疡等。至今无中毒报道。

动物实验本品毒性类似环己烷，有麻醉作用，但较强。

侵入途径 吸入、食入、经皮吸收。

理化特性与用途

理化特性 无色透明液体，有芳香味。不溶于水，溶于乙醇、乙醚、丙酮、苯、石油醚、四氯化碳等。熔点 -126.7℃，沸点 100.9℃，相对密度(水=1)0.77，相对蒸气密度(空气=1)3.4，蒸气压 5.73kPa(25℃)，燃烧热 -4565.3kJ/mol，临界温度 299.1℃，临界压力 3.471MPa，辛醇/水分配系数 3.61，闪点 -4℃(闭杯)、-3.5℃(开杯)，引燃温度 250℃，爆炸极限 1.2%～6.7%。

主要用途 用作溶剂、色谱分析标准物质，及作为校正温度计的标准，也用于有机合成。

包装与储运

包装标志 易燃液体

包装类别 Ⅲ类

安全储运 储存于阴凉、通风的库房。保持容器密闭。远离火种、热源，避免阳光直射。储存温度不超过 37℃。炎热季节早晚运输。应与氧化剂等隔离储运。禁止使用易产生火花的机械设备和工具。灌装时注意流速，防止静电积聚。搬运时轻装轻卸，防止容器受损。

紧急处置信息

急救措施

吸入： 脱离接触。如有不适感，就医。

眼睛接触： 分开眼睑，用流动清水或生理盐水冲洗。如有不适感，就医。

皮肤接触： 脱去污染的衣着，用肥皂水和清水冲洗。如有不适感，就医。

食入： 漱口，给饮水，不要催吐，忌饮牛奶、油脂和酒类。就医。

禁用肾上腺素类药。

灭火方法 消防人员须穿全身消防服，佩戴空气呼吸器，在上风向灭火。尽可能将容器从火场移至空旷处。喷水保持火场容器冷却，直至灭火结束。处在火场中的容器若发生异常变化或发出异常声音，须马上撤离。

灭火剂：泡沫、二氧化碳、干粉、砂土。用水灭火无效。

泄漏应急处置 消除所有点火源。根据液体流动和蒸气扩散的影响区域划定警戒区，无关人员从侧风、上风向撤离至安全区。建议应急处理人员戴正压自给式呼吸器，穿防静电服，戴橡胶耐油手套。作业时使用的所有设备应接地。禁止接触或跨越泄漏物。尽可能切断泄漏源。防止泄漏物进入水体、下水道、地下室或限制性空间。小量泄漏：用砂土或其他不燃材料吸收。使用洁净的无火花工具收集吸收材料。大量泄漏：构筑围堤或挖坑收

容。用泡沫覆盖，减少蒸发。喷水雾能减少蒸发，但不能降低泄漏物在限制性空间内的易燃性。用防爆泵转移至槽车或专用收集器内。

416. 甲基环戊二烯三羰基锰

标　识

中文名称　甲基环戊二烯三羰基锰

英文名称　Manganese, tricarbonyl methylcyclopentadienyl; Tricarbonyl(methylcyclopentadienyl)manganese; MMT

别名　2－甲基环戊二烯三羰基锰

分子式　$C_9H_7MnO_3$

CAS 号　12108－13－3

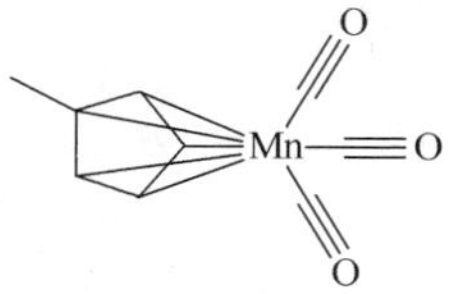

危害信息

危险性类别　第6类　有毒品

燃烧与爆炸危险性　可燃。其蒸气与空气混合能形成爆炸性混合物，遇明火、高热易燃烧或爆炸。在高温火场中，受热的容器或储罐有破裂和爆炸的危险。蒸气比空气重，能在较低处扩散到相当远的地方，遇火源会着火回燃和爆炸(闪爆)。

禁忌物　强氧化剂。

毒性　大鼠经口 LD_{50}：8mg/kg；小鼠经口 LD_{50}：34mg/kg；大鼠吸入 LC_{50}：76mg/m^3(4h)；小鼠吸入 LC_{50}：58600 μg/m^3(4h)；家兔经皮 LD_{50}：140mg/kg。

经口、吸入和经皮吸收均有高毒性。

中毒表现　本品对眼有中度刺激性。易经皮吸收引起中毒，曾有报道工人手和腕部皮肤接触本品液体5～15ml，3～5min内发生眼花、恶心和头痛。中毒者尚可出现头痛、呼吸困难、胸部紧束感等症状。

侵入途径　吸入、食入、经皮吸收。

职业接触限值　美国(ACGIH)：TLV－TWA：0.2mg/m^3[按Mn计][皮]。

环境危害　对水生生物是有毒的。

理化特性与用途

理化特性　深橙色透明液体。不溶于水，易溶于汽油、甲苯等多数有机溶剂。熔点2.2℃，沸点231.7℃，相对密度(水＝1)1.39，蒸气压6.2Pa(20℃)，闪点96℃(闭杯)，辛醇/水分配系数3.7。

主要用途　用作汽油抗爆剂。

包装与储运

包装标志　有毒品

包装类别　Ⅰ类

安全储运　储存于阴凉、通风的专用库房。保持容器密封。远离火种、热源。储存温度不超过32℃，相对湿度不超过85%。应与氧化剂隔离储运。搬运时轻装轻卸，防止容器破损。应严格执行剧毒化学品管理制度。

紧急处置信息

急救措施

吸入：迅速脱离现场至空气新鲜处。保持呼吸道通畅。如呼吸困难，给输氧。呼吸、心跳停止，立即进行心肺复苏术。就医。

眼睛接触：立即分开眼睑，用流动清水或生理盐水彻底冲洗。就医。

皮肤接触：立即脱去污染的衣着，用肥皂水和清水彻底冲洗。就医。

食入：漱口，饮一杯水，催吐。就医。

灭火方法　消防人员须穿全身防火防毒服，佩戴空气呼吸器，在上风向灭火。尽可能将容器从火场移至空旷处。喷水保持火场容器冷却，直至灭火结束。

灭火剂：干粉、雾状水、泡沫、二氧化碳，砂土。

泄漏应急处置　消除所有点火源。根据液体流动和蒸气扩散的影响区域划定警戒区，无关人员从侧风、上风向撤离至安全区。建议应急处理人员戴正压自给式呼吸器，穿防静电、防腐蚀服，戴橡胶手套。尽可能切断泄漏源。防止泄漏物进入水体、下水道、地下室或限制性空间。小量泄漏：用干燥的砂土或其他不燃材料吸收或覆盖，收集于容器中。大量泄漏：构筑围堤或挖坑收容。

417. 甲基环戊烷

标　　识

中文名称　甲基环戊烷

英文名称　Methylcyclopentane

分子式　C_6H_{12}

CAS 号　96－37－7

WGH 号　32011；T31111［铁规］

UN 号　2298

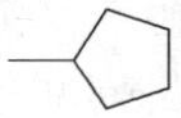

危害信息

危险性类别　第 3 类　易燃液体

燃烧与爆炸危险性　易燃。其蒸气与空气混合能形成爆炸性混合物，遇明火、高热易燃烧或爆炸。燃烧产生有毒的一氧化碳气体。高速冲击、流动、激荡后可因产生静电火花放电引起燃烧爆炸。在高温火场中，受热的容器或储罐有破裂和爆炸的危险。蒸气比空气重，能在较低处扩散到相当远的地方，遇火源会着火回燃和爆炸（闪爆）。

活性反应　与氧化剂反应。

禁忌物　强氧化剂、强酸、强碱、卤素。

毒性　小鼠吸入 LCL_o：95000mg/m^3。

其蒸气或雾对眼睛和上呼吸道有刺激性。对中枢神经系统有抑制作用。液体对眼和皮肤有刺激性。

侵入途径　吸入、食入、经皮吸收。

理化特性与用途

理化特性　无色液体，有汽油味。不溶于水，溶于乙醇、乙醚、苯、丙酮等多数有机溶剂。熔点 - 142.5℃，沸点 71.8℃，相对密度(水 = 1)0.75，相对蒸气密度(空气 = 1)2.9，蒸气压 18.4kPa(25℃)，燃烧热 - 3938.1kJ/mol，临界温度 259.6℃，临界压力 3.784MPa，辛醇/水分配系数 3.37，闪点 < - 7℃(闭杯)，引燃温度 258℃，爆炸极限 1.2% ~8.4%。

主要用途 用作溶剂及色谱分析标准物质，也用于有机合成。

包装与储运

包装标志 易燃液体

包装类别 Ⅱ类

安全储运 储存于阴凉、通风的库房。保持容器密闭。远离火种、热源，避免阳光直射。储存温度不超过 37℃。炎热季节早晚运输。应与氧化剂等隔离储运。禁止使用易产生火花的机械设备和工具。灌装时注意流速，防止静电积聚。搬运时轻装轻卸，防止容器受损。

紧急处置信息

急救措施

吸入： 迅速脱离现场至空气新鲜处。保持呼吸道通畅。如呼吸困难，给输氧。呼吸、心跳停止，立即进行心肺复苏术。就医。

眼睛接触： 立即分开眼睑，用流动清水或生理盐水彻底冲洗。就医。

皮肤接触： 立即脱去污染的衣着，用肥皂水和清水彻底冲洗。就医。

食入： 漱口，不要催吐。就医。

忌用肾上腺素类药。

灭火方法 消防人员须穿全身消防服，佩戴空气呼吸器，在上风向灭火。尽可能将容器从火场移至空旷处。喷水保持火场容器冷却，直至灭火结束。处在火场中的容器若发生异常变化或发出异常声音，须马上撤离。

灭火剂：泡沫、二氧化碳、干粉、砂土。用水灭火无效。

泄漏应急处置 消除所有点火源。根据液体流动和蒸气扩散的影响区域划定警戒区，无关人员从侧风、上风向撤离至安全区。建议应急处理人员戴正压自给式呼吸器，穿防静电服，戴橡胶耐油手套。作业时使用的所有设备应接地。禁止接触或跨越泄漏物。尽可能切断泄漏源。防止泄漏物进入水体、下水道、地下室或限制性空间。小量泄漏：用砂土或其他不燃材料吸收。使用洁净的无火花工具收集吸收材料。大量泄漏：构筑围堤或挖坑收容。用泡沫覆盖，减少蒸发。喷水雾能减少蒸发，但不能降低泄漏物在限制性空间内的易燃性。用防爆泵转移至槽车或专用收集器内。

418. *N* - 甲基甲酰胺

标 识

中文名称 *N* - 甲基甲酰胺

英文名称 *N* - Methylformamide；Methylformamide

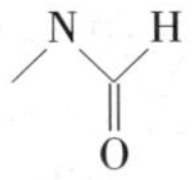

别名 甲基甲酰胺

分子式 C_2H_5NO

CAS 号　123－39－7

危害信息

燃烧与爆炸危险性　可燃。其蒸气与空气可形成爆炸性混合物，遇明火、高热能引起燃烧爆炸。燃烧放出有毒气体。在火场中，由于内压增大，受热的容器或储罐有开裂和爆炸的危险。

活性反应　与氧化剂发生反应。与苯磺酰氯剧烈反应。能与氯、溴、硝酸盐、硝酸、三乙基铝、高锰酸钾、铬酸、铬酐、氢化物等发生反应。

禁忌物　强氧化剂、碱类、酸类。

毒性　大鼠经口 LD_{50}：2700mg/kg；小鼠经口 LD_{50}：2600mg/kg。

本品的主要毒作用为肝脏损害。有致畸性和胚胎毒性。对眼有刺激性。

欧盟指令 67/548/EEC 将本品列为第 2 类生殖毒物——可能对人类有发育毒性物质。

侵入途径　吸入、食入。

理化特性与用途

理化特性　无色透明液体，有氨味。与水混溶，易溶于乙醇、氯仿、丙酮和乙酸乙酯。熔点－3.8℃，沸点 180～185℃，相对密度(水＝1)1.003，相对蒸气密度(空气＝1)2.04，饱和蒸气压 33.73Pa(25℃)，闪点 98℃(闭杯)，引燃温度 322℃，爆炸极限 3.6%～18.6%，辛醇/水分配系数－0.62。

主要用途　用作溶剂，用于有机合成。

包装与储运

安全储运　储存于阴凉、通风的库房。保持容器密封，远离火种、热源。应与氧化剂隔离储运。搬运时轻装轻卸，防止容器受损。

紧急处置信息

急救措施

吸入：迅速脱离现场至空气新鲜处。保持呼吸道通畅。如呼吸困难，给输氧。呼吸、心跳停止，立即进行心肺复苏术。就医。

眼睛接触：立即分开眼睑，用流动清水或生理盐水彻底冲洗。就医。

皮肤接触：立即脱去污染的衣着，用肥皂水和清水彻底冲洗。就医。

食入：漱口，尽量饮水，不要催吐。就医。

灭火方法　消防人员须佩戴防毒面具、穿全身消防服，在上风向灭火。尽可能将容器从火场移至空旷处。喷水保持火场容器冷却，直至灭火结束。处在火场中的容器若已变色或从安全泄压装置中产生声音，必须马上撤离。

灭火剂：水、雾状水、抗溶性泡沫、干粉、二氧化碳、砂土。

泄漏应急处置　根据液体流动和蒸气扩散的影响区域划定警戒区，无关人员从侧风、上风向撤离至安全区。消除所有点火源。建议应急处理人员戴防毒面具，穿防毒服。作业时使用的所有设备应接地。禁止接触或跨越泄漏物。尽可能切断泄漏源。防止泄漏物进入水体、下水道、地下室或限制性空间。小量泄漏：用砂土或其他不燃材料吸收。使用洁净的无火花工具收集吸收材料。大量泄漏：构筑围堤或挖坑收容。用抗溶性泡沫覆盖，减少蒸发。喷水雾能减少蒸发，但不能降低泄漏物在受限制空间内的易燃性。用防爆泵转移至槽车或专用收集器内。

419. 甲基叔丁基醚

标　识

中文名称　甲基叔丁基醚

英文名称　Methyl *tert* - butyl ether; *tert* - Butyl methyl ether; 2 - Methoxy - 2 - methyl - p ropane

别名　叔丁基甲醚；MTBE

分子式　$C_5H_{12}O$

CAS 号　1634 - 04 - 4

WGH 号　32084；T31184[铁规]

UN 号　2398

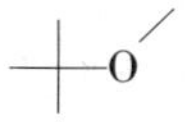

危害信息

危险性类别　第 3 类　易燃液体

燃烧与爆炸危险性　易燃。其蒸气与空气能形成爆炸性混合物，遇明火、高热或接触氧化剂，有燃烧爆炸危险。蒸气比空气重，能在较低处扩散到相当远的地方，遇火源会着火回燃和爆炸(闪爆)。

活性反应　与强酸、酸酐、强氧化剂发生剧烈反应。

禁忌物　强氧化剂、酸类。

毒性　大鼠经口 LD_{50}：4000mg/kg；大鼠吸入 LC_{50}：41000mg/m^3(4h)；小鼠经口 LD_{50}：5.96mL/kg；小鼠吸入 LC_{50}：28000mg/m^3(2h)；兔经皮 LD_{50}：>7500mg/kg。

主要经呼吸道和胃肠道吸收，在大鼠体内迅速代谢和排泄，主要代谢物为叔丁醚。

本品对中枢神经系统有抑制和麻醉作用，对眼和呼吸道黏膜有轻度刺激作用。曾有用本品作为溶石剂治疗胆石症，在治疗过程中有些患者出现了意识浑浊、嗜睡、昏迷和无尿等毒副作用。

侵入途径　吸入、食入、经皮吸收。

职业接触限值　美国(ACGIH)：TLV - TWA：50ppm。

环境危害　有害空气污染物。

理化特性与用途

理化特性　无色液体，有类似萜烯的臭味。微溶于水，与许多有机溶剂和汽油混溶。熔点 -108.6℃，沸点 55.2℃，相对密度(水=1)0.74，相对蒸气密度(空气=1)3.1，蒸气压 27kPa(20℃)，燃烧热 -3361kJ/mol，辛醇/水分配系数 0.94 ~ 1.24，闪点 -28℃(闭杯)，爆炸极限 1.6% ~15.1%，引燃温度 375℃。

主要用途　主要用作汽油添加剂，代替四乙基铅，提高辛烷值。

包装与储运

包装标志　易燃液体

包装类别　Ⅱ类

安全储运　储存于阴凉、通风的库房。保持容器密闭。远离火种、热源，避免阳光直射。储存温度不超过37℃。与强氧化剂、强还原剂隔离储运。避光保存，避免产生不稳定的过氧化物。禁止使用易产生火花的机械设备和工具。灌装时注意流速，防止静电积聚。搬运时轻装轻卸，防止容器受损。

紧急处置信息

急救措施

吸入：迅速脱离现场至空气新鲜处。保持呼吸道通畅。如呼吸困难，给输氧。呼吸、心跳停止，立即进行心肺复苏术。就医。

眼睛接触：分开眼睑，用流动清水或生理盐水冲洗。如有不适感，就医。

皮肤接触：脱去污染的衣着，用肥皂水和清水冲洗。如有不适感，就医。

食入：不要催吐，给服活性炭悬液。就医。

灭火方法　消防人员必须穿全身防火防毒服，佩戴空气呼吸器，在上风向灭火。尽可能将容器从火场移至空旷处。喷水保持火场容器冷却，直至灭火结束。处在火场中的容器若发生异常变化或发出异常声音，必须马上撤离。

灭火剂：用泡沫、干粉、二氧化碳、砂土灭火。

泄漏应急处置　消除所有点火源。根据液体流动和蒸气扩散的影响区域划定警戒区，无关人员从侧风、上风向撤离至安全区。建议应急处理人员戴正压自给式呼吸器，穿防静电服，戴橡胶耐油手套。作业时使用的所有设备应接地。禁止接触或跨越泄漏物。尽可能切断泄漏源。防止泄漏物进入水体、下水道、地下室或限制性空间。小量泄漏：用砂土或其他不燃材料吸收。使用洁净的无火花工具收集吸收材料。大量泄漏：构筑围堤或挖坑收容。用泡沫覆盖，减少蒸发。喷水雾能减少蒸发，但不能降低泄漏物在限制性空间内的易燃性。用防爆泵转移至槽车或专用收集器内。

420. 4－甲基－2－戊酮

标　识

中文名称　4－甲基－2－戊酮

英文名称　4－Methylpentan－2－one；Methyl isobutyl ketone

别名　甲基异丁基甲酮；异己酮

分子式　$C_6H_{12}O$

CAS 号　108－10－1

WGH 号　32075；T31175［铁规］

UN 号　1245

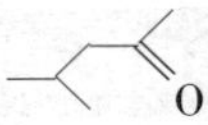

危害信息

危险性类别　第3类　易燃液体

燃烧与爆炸危险性　易燃。其蒸气与空气混合能形成爆炸性混合物，遇明火、高热易燃烧或爆炸。燃烧产生有毒的一氧化碳气体。在高温火场中，受热的容器或储罐有破裂和爆炸的危险。蒸气比空气重，能在较低处扩散到相当远的地方，遇火源会着火回燃和爆炸（闪爆）。

活性反应　与强氧化剂发生反应。

禁忌物　强氧化剂、强还原剂、强碱。

毒性　大鼠经口 LD_{50}：2080mg/kg；小鼠经口 LD_{50}：1900mg/kg；大鼠吸入 LC_{50}：100 g/m³；小鼠吸入 LC_{50}：1900mg/kg；家兔经皮 LD：>3g/kg。

本品具有麻醉和刺激作用。

中毒表现　人吸入4.1g/m³时引起中枢神经系统的抑制和麻醉；吸入0.41～2.05g/m³时，可引起胃肠道反应，如恶心、呕吐、食欲不振、腹泻，以及呼吸道刺激症状；低于84mg/m³时没有不适感。

侵入途径　吸入、食入、经皮吸收。

职业接触限值　美国(ACGIH)：TLV－TWA：50ppm；TLV－STEL：75ppm。

理化特性与用途

理化特性　无色透明液体，有令人愉快的气味。溶于水，易溶于多数有机溶剂。熔点－84.7℃，沸点114～117℃，相对密度(水＝1)0.8042(20℃)，相对蒸气密度(空气＝1)3.5，蒸气压2.1kPa(20℃)，临界温度298.3℃，临界压力3.27MPa，燃烧热－3740kJ/mol，辛醇/水分配系数1.31，闪点14℃(闭杯)，引燃温度448℃，爆炸极限1.4%～7.5%。

主要用途　用作喷漆、硝基纤维、某些纤维醚、樟脑、油脂、天然和合成橡胶的溶剂。

包装与储运

包装标志　易燃液体

包装类别　Ⅱ类

安全储运　储存于阴凉、通风的库房。远离火种、热源，避免阳光直射。保持容器密封，避免接触空气。储存温度不超过37℃。炎热季节早晚运输。应与氧化剂等隔离储运。禁止使用易产生火花的机械设备和工具。灌装时注意流速，防止静电积聚。搬运时轻装轻卸，防止容器受损。

紧急处置信息

急救措施

吸入：迅速脱离现场至空气新鲜处。保持呼吸道通畅。如呼吸困难，给输氧。呼吸、心跳停止，立即进行心肺复苏术。就医。

眼睛接触：立即分开眼睑，用流动清水或生理盐水彻底冲洗。就医。

皮肤接触：立即脱去污染的衣着，用肥皂水和清水彻底冲洗。就医。

食入：漱口，给服活性炭悬液，不要催吐，忌饮牛奶、油脂和酒类。就医。

灭火方法　消防人员须穿全身消防服，佩戴空气呼吸器，在上风向灭火。尽可能将容器从火场移至空旷处。喷水保持火场容器冷却，直至灭火结束。处在火场中的容器若发生异常变化或发出异常声音，须马上撤离。

灭火剂：泡沫、二氧化碳、干粉、砂土。

泄漏应急处置　消除所有点火源。根据液体流动和蒸气扩散的影响区域划定警戒区，无关人员从侧风、上风向撤离至安全区。建议应急处理人员戴正压自给式呼吸器，穿防静电服，戴橡胶耐油手套。作业时使用的所有设备应接地。禁止接触或跨越泄漏物。尽可能切断泄漏源。防止泄漏物进入水体、下水道、地下室或限制性空间。小量泄漏：用砂土或其他不燃材料吸收。使用洁净的无火花工具收集吸收材料。大量泄漏：构筑围堤或挖坑收容。用泡沫覆盖，减少蒸发。喷水雾能减少蒸发，但不能降低泄漏物在限制性空间内的易燃性。用防爆泵转移至槽车或专用收集器内。喷雾状水驱散蒸气、稀释液体泄漏物。

421. 2 - 甲基戊烷

标　　识

中文名称　2 - 甲基戊烷

英文名称　2 - Methylpentane；Isohexane

别名　异己烷

分子式　C_6H_{14}

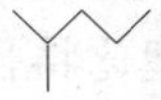

CAS 号　107 - 83 - 5

WGH 号　32005；T31105［铁规］

UN 号　1208

危害信息

危险性类别　第 3 类　易燃液体

燃烧与爆炸危险性　极易燃。其蒸气与空气混合能形成爆炸性混合物，遇明火、高热极易燃烧或爆炸。燃烧产生有毒的一氧化碳气体。在高温火场中，受热的容器或储罐有破裂和爆炸的危险。蒸气比空气重，能在较低处扩散到相当远的地方，遇火源会着火回燃和爆炸（闪爆）。

活性反应　与氧化剂反应。

禁忌物　强氧化剂、强酸、强碱、卤素。

毒性　尚无人中毒报道，可能具有刺激性和麻醉作用。

侵入途径　吸入、食入。

职业接触限值　美国（ACGIH）：TLV - TWA：500ppm；TLV - STEL：1000ppm。

理化特性与用途

理化特性　无色透明易挥发液体。不溶于水，溶于乙醇、乙醚、苯等多数有机溶剂。熔点 -153.7℃，沸点 60.3℃，相对密度（水 = 1）0.65，相对蒸气密度（空气 = 1）3.0，蒸气压 53.32kPa（41.6℃），燃烧热 -4153.7kJ/mol，临界温度 224.3℃，临界压力 3.10MPa，辛醇/水分配系数 3.21，闪点 -32℃（闭杯），引燃温度 264℃，爆炸极限 1.0% ~7.0%。

主要用途　用作溶剂、有机合成中间体、化学试剂。

包装与储运

包装标志　易燃液体

包装类别　Ⅱ类

安全储运　储存于阴凉、通风的库房。保持容器密闭。远离火种、热源，避免阳光直射。储存温度不超过 37℃。炎热季节早晚运输。应与氧化剂等隔离储运。禁止使用易产生火花的机械设备和工具。灌装时注意流速，防止静电积聚。搬运时轻装轻卸，防止容器受损。

紧急处置信息

急救措施

吸入： 脱离接触。如有不适感，就医。

眼睛接触： 分开眼睑，用流动清水或生理盐水冲洗。如有不适感，就医。

皮肤接触： 脱去污染的衣着，用肥皂水和清水冲洗。如有不适感，就医。

食入： 漱口，不要催吐。就医。

忌用肾上腺素类药。

灭火方法　消防人员须穿全身消防服，佩戴空气呼吸器，在上风向灭火。尽可能将容器从火场移至空旷处。喷水保持火场容器冷却，直至灭火结束。处在火场中的容器若发生异常变化或发出异常声音，须马上撤离。

灭火剂：泡沫、二氧化碳、干粉和砂土。用水灭火无效。

泄漏应急处置　消除所有点火源。根据液体流动和蒸气扩散的影响区域划定警戒区，无关人员从侧风、上风向撤离至安全区。建议应急处理人员戴正压自给式呼吸器，穿防静电服，戴橡胶耐油手套。作业时使用的所有设备应接地。禁止接触或跨越泄漏物。尽可能切断泄漏源。防止泄漏物进入水体、下水道、地下室或限制性空间。小量泄漏：用砂土或其他不燃材料吸收。使用洁净的无火花工具收集吸收材料。大量泄漏：构筑围堤或挖坑收容。用泡沫覆盖，减少蒸发。喷水雾能减少蒸发，但不能降低泄漏物在限制性空间内的易燃性。用防爆泵转移至槽车或专用收集器内。

422. 3 - 甲基戊烷

标　识

中文名称　3 - 甲基戊烷

英文名称　3 - Methylpentane；Diethylmethylmethane

分子式　C_6H_{14}

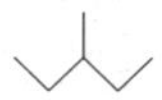

CAS 号　96 - 14 - 0

WGH 号　32005；T31105［铁规］

UN 号　1208

危害信息

危险性类别　第 3 类　易燃液体

燃烧与爆炸危险性　易燃。其蒸气与空气混合能形成爆炸性混合物，遇明火、高热易燃烧或爆炸。燃烧产生有毒的一氧化碳气体。在高温火场中，受热的容器或储罐有破裂和爆炸的危险。蒸气比空气重，能在较低处扩散到相当远的地方，遇火源会着火回燃和爆炸（闪爆）。

活性反应　与氧化剂反应。

禁忌物　强氧化剂、强酸、强碱、卤素。

毒性　本品属烷烃类，该类物质有麻醉作用。

侵入途径　吸入、食入。

理化特性与用途

理化特性 无色透明易挥发液体。不溶于水，微溶于乙醚、丙酮、苯，溶于乙醇。熔点 – 118℃，沸点 63. 3℃，相对密度(水 = 1)0. 66，相对蒸气密度(空气 = 1)2. 97，蒸气压 20. 5kPa(20℃)，临界温度 231. 2℃，临界压力 3. 12MPa，燃烧热 – 4155. 5kJ/mol，辛醇/水分配系数 3. 6，闪点 < – 20℃，引燃温度 278℃，爆炸极限 1. 2% ~ 7. 0%。

主要用途 用于有机合成及用作溶剂。

包装与储运

包装标志 易燃液体

包装类别 Ⅱ类

安全储运 储存于阴凉、通风的库房。保持容器密闭。远离火种、热源，避免阳光直射。储存温度不超过 37℃。炎热季节早晚运输。应与氧化剂等隔离储运。禁止使用易产生火花的机械设备和工具。灌装时注意流速，防止静电积聚。搬运时轻装轻卸，防止容器受损。

紧急处置信息

急救措施

吸入： 迅速脱离现场至空气新鲜处。保持呼吸道通畅。如呼吸困难，给输氧。呼吸、心跳停止，立即进行心肺复苏术。就医。

眼睛接触： 分开眼睑，用流动清水或生理盐水冲洗。如有不适感，就医。

皮肤接触： 脱去污染的衣着，用肥皂水和清水冲洗。如有不适感，就医。

食入： 漱口，不要催吐。就医。

忌用肾上腺素类药。

灭火方法 消防人员须穿全身消防服，佩戴空气呼吸器，在上风向灭火。尽可能将容器从火场移至空旷处。喷水保持火场容器冷却，直至灭火结束。处在火场中的容器若发生异常变化或发出异常声音，须马上撤离。

灭火剂：泡沫、二氧化碳、干粉、砂土。用水灭火无效。

泄漏应急处置 消除所有点火源。根据液体流动和蒸气扩散的影响区域划定警戒区，无关人员从侧风、上风向撤离至安全区。建议应急处理人员戴正压自给式呼吸器，穿防静电服，戴橡胶耐油手套。作业时使用的所有设备应接地。禁止接触或跨越泄漏物。尽可能切断泄漏源。防止泄漏物进入水体、下水道、地下室或限制性空间。小量泄漏：用砂土或其他不燃材料吸收。使用洁净的无火花工具收集吸收材料。大量泄漏：构筑围堤或挖坑收容。用泡沫覆盖，减少蒸发。喷水雾能减少蒸发，但不能降低泄漏物在限制性空间内的易燃性。用防爆泵转移至槽车或专用收集器内。

423. 1 – 甲基亚乙基 – 2 – 丙酮脎

标　识

中文名称 1 – 甲基亚乙基 – 2 – 丙酮脎

英文名称 Acetone azine；2-Propanone，(1-methylethylidene) hydrazone；Dimethyl ket azine

别名　四甲基(甲)酮连氮

分子式　$C_6H_{12}N_2$

CAS 号　627 – 70 – 3

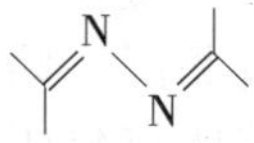

危害信息

危险性类别　第 3 类　易燃液体

燃烧与爆炸危险性　易燃。其蒸气与空气混合能形成爆炸性混合物，遇明火、高热易燃烧或爆炸。燃烧产生有毒的刺激性烟雾。在高温火场中，受热的容器或储罐有破裂和爆炸的危险。蒸气比空气重，能在较低处扩散到相当远的地方，遇火源会着火回燃和爆炸(闪爆)。

禁忌物　强氧化剂。

毒性　大鼠经口 LD_{50}：423mg/kg；大鼠经口 LC_{50}：245mg/kg；小鼠吸入 LD_{50}：725mg/m^3；小鼠吸入 LC_{50}：629mg/m^3。

中毒表现　本品液体对眼有刺激性，可引起轻度结膜红肿和其他暂时性眼部损害。对皮肤有轻度刺激性。吸入高浓度本品蒸气对呼吸道有刺激性，对中枢神经系统有抑制作用。

侵入途径　吸入、食入。

理化特性与用途

理化特性　液体。熔点 –125℃，沸点 133℃(101. 5kPa)，相对密度(水 =1)0. 842，辛醇/水分配系数 4. 36，闪点 31℃。

主要用途　用于有机合成。

包装与储运

包装标志　易燃液体

包装类别　Ⅲ类

安全储运　储存于阴凉、通风的库房。远离火种、热源。避免阳光直射。保持容器密封。储存温度不超过 37℃。炎热季节早晚运输。应与氧化剂等隔离储运。禁止使用易产生火花的机械设备和工具。灌装时注意流速，防止静电积聚。搬运时轻装轻卸，防止容器受损。

紧急处置信息

急救措施

吸入：迅速脱离现场至空气新鲜处。保持呼吸道通畅。如呼吸困难，给输氧。呼吸、心跳停止，立即进行心肺复苏术。就医。

眼睛接触：分开眼睑，用流动清水或生理盐水冲洗。如有不适感，就医。

皮肤接触：立即脱去污染的衣着，用肥皂水和清水彻底冲洗皮肤。如有不适感就医。

食入：饮足量温水，催吐。就医。

灭火方法　消防人员须穿全身消防服，佩戴防毒面具，在安全距离处，在上风向灭火。尽可能将容器从火场移至空旷处。喷水保持火场容器冷却，直至灭火结束。处在火场中的容器若发生异常变化或发出异常声音，须马上撤离。

灭火剂：泡沫、二氧化碳、干粉、砂土。

泄漏应急处置　消除所有点火源。根据液体流动和蒸气扩散的影响区域划定警戒区，

无关人员从侧风、上风向撤离至安全区。建议应急处理人员戴正压自给式呼吸器，穿防静电服，戴橡胶手套。作业时使用的所有设备应接地。禁止接触或跨越泄漏物。尽可能切断泄漏源。防止泄漏物进入水体、下水道、地下室或受限空间。小量泄漏：用砂土或其他不燃材料吸收。使用洁净的无火花工具收集吸收材料。大量泄漏：构筑围堤或挖坑收容。用泡沫覆盖，减少蒸发。喷水雾能减少蒸发，但不能降低泄漏物在受限制空间内的易燃性。用防爆泵转移至槽车或专用收集器内。

424. 甲　硫　醇

标　识

中文名称　甲硫醇

英文名称　Methanethiol；Methyl mercaptan

别名　巯基甲烷

分子式　CH_4S

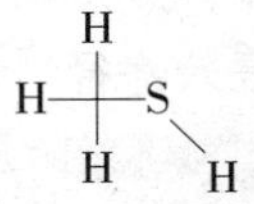

CAS 号　74 - 93 - 1

WGH 号　21047；T23058［铁规］

UN 号　1064

危害信息

危险性类别　第 2.1 类　易燃气体；根据《危险货物品名表》主危险性为有毒气体

燃烧与爆炸危险性　极易燃。与空气可形成爆炸性混合物，遇明火、高热能引起燃烧爆炸。受热、遇水及水蒸气能生成有毒、易燃气体。

活性反应　接触氧化剂会剧烈反应。与氧化汞(II)剧烈反应。

禁忌物　强氧化剂、酸类、卤素。

毒性　大鼠吸入 LC_{50}：675 ppm；小鼠吸入 LC_{50}：6530μg/m^3(2h)。

吸入后可引起头痛、恶心及不同程度的麻醉作用；高浓度吸入可引起呼吸麻痹而死亡。

侵入途径　吸入。

职业接触限值

中国：PC - TWA：1mg/m^3

美国(ACGIH)：TLV - TWA：0.5ppm

环境危害　海洋污染物；对水生生物有极高毒性，可能在水生环境中造成长期不利影响。

理化特性与用途

理化特性　常温下为无色有不愉快气味的气体。微溶于水，溶于乙醇、乙醚等。熔点 -123.1℃，沸点 6℃，相对密度(水 = 1)0.9，相对蒸气密度(空气 = 1)1.66，临界温度 197℃，临界压力 7.23MPa，蒸气压 133.32kPa(25℃)，闪点 < -17.8℃，爆炸极限 3.9% ~21.8%，引燃温度 325℃，辛醇/水分配系数 0.65。

主要用途　用作无臭气体增(臭)味剂。用于制造饲料添加剂蛋氨酸，农药倍硫磷、苄菊酯、丙虫磷、扑草净等。

包装与储运

包装标志 有毒气体，易燃气体

安全储运 储存于阴凉、通风的库房。远离火种、热源。储存温度不超过30℃。禁止使用易产生火花的设备和工具。应与氧化剂、酸类、卤素等隔离储运。搬运时钢瓶须戴好安全帽及防震橡皮圈。

紧急处置信息

急救措施

吸入： 迅速脱离现场至空气新鲜处。保持呼吸道通畅。如呼吸困难，给输氧。呼吸、心跳停止，立即进行心肺复苏术。就医。

灭火方法 切断气源。若不能切断气源，则不允许熄灭泄漏处的火焰。喷水冷却容器，可能的话将容器从火场移至空旷处。

泄漏应急处置 消除所有点火源。根据气体扩散的影响区域划定警戒区，无关人员从侧风、上风向撤离至安全区。建议应急处理人员戴正压自给式呼吸器，穿防静电服。作业时使用的所有设备应接地。禁止接触或跨越泄漏物。尽可能切断泄漏源。喷雾状水抑制蒸气或改变蒸气云流向，避免水流接触泄漏物。禁止用水直接冲击泄漏物或泄漏源。防止气体通过下水道、通风系统和限制性空间扩散。用砂土、惰性物质或蛭石吸收大量液体。隔离泄漏区直至气体散尽。可考虑引燃漏出气，以消除有毒气体的影响。

425. 甲 醚

标 识

中文名称 甲醚

英文名称 Methyl ether；Dimethyl ether；Oxybismethane

别名 二甲醚

分子式 C_2H_6O

CAS 号 115－10－6

WGH 号 21040

UN 号 1033

危害信息

危险性类别 第2.1类 易燃气体

燃烧与爆炸危险性 易燃。与空气可形成爆炸性混合物，遇明火、高热能引起燃烧爆炸。蒸气比空气重，能在较低处扩散到相当远的地方，遇火源会着火回燃和爆炸(闪爆)。在火场中，受热的容器或储罐由于内压增大有开裂和爆炸的危险。

活性反应 与氢化铝、氢化铝锂剧烈反应。与氧化剂剧烈反应。

禁忌物 强氧化剂、强酸、卤素。

毒性 大鼠吸入 LC_{50}：308g/m^3；小鼠吸入 LC_{50}：93000mg/m^3(15min)

对中枢神经系统有抑制作用，麻醉作用弱。吸入后可引起麻醉、窒息感。对皮肤有刺激作用，引起发红、水肿、起疱。皮肤直接与液态本品接触，可引起冻伤。

侵入途径 吸入。

理化特性与用途

理化特性　无色气体，易液化。溶于水、乙醇、乙醚、丙酮和苯等。熔点 -141.5℃，沸点 -24.8℃，相对密度(水 =1)0.61(液体)，相对蒸气密度(空气 =1)1.6，饱和蒸气压 533.2kPa(20℃)，临界温度 127℃，临界压力 5.33MPa，爆炸极限 3.4% ~27%，闪点 -41℃(闭杯)，引燃温度 350℃，燃烧热 1453kJ/mol，辛醇/水分配系数 0.10。

主要用途　用作有机合成的原料，也用作溶剂、气雾剂、制冷剂和麻醉剂。

包装与储运

包装标志　易燃气体

安全储运　储存于阴凉、通风的库房。远离火种、热源。储存温度不超过 30℃。禁止使用易产生火花的设备和工具。应与氧化剂、酸类、卤素等隔离储运。搬运时钢瓶须戴好安全帽及防震橡皮圈。

紧急处置信息

急救措施

吸入：迅速脱离现场至空气新鲜处。保持呼吸道通畅。如呼吸困难，给输氧。呼吸、心跳停止，立即进行心肺复苏术。就医。

皮肤接触：如发生冻伤，用温水(38 ~42℃)复温，忌用热水或辐射热，不要揉搓。就医。

灭火方法　切断气源。若不能切断气源，则不允许熄灭泄漏处的火焰。喷水冷却容器，可能的话将容器从火场移至空旷处。

泄漏应急处置　消除所有点火源。根据气体扩散的影响区域划定警戒区，无关人员从侧风、上风向撤离至安全区。建议应急处理人员戴正压自给式呼吸器，穿防静电服。作业时使用的所有设备应接地。禁止接触或跨越泄漏物。尽可能切断泄漏源。喷雾状水抑制蒸气或改变蒸气云流向，避免水流接触泄漏物。禁止用水直接冲击泄漏物或泄漏源。防止气体通过下水道、通风系统和限制性空间扩散。隔离泄漏区直至气体散尽。

426. 甲醛溶液

标　识

中文名称　甲醛溶液

英文名称　Formaldehyde solution；Formalin

别名　福尔马林；蚁醛溶液；甲醛水

分子式　CH_2O

CAS 号　50 -00 -0

WGH 号　83012；T32152[铁规](闪点≤61.5℃)

UN 号　2209[含甲醛不少于 25%]；1198[闪点≤61.5℃]

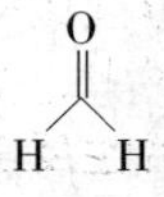

危害信息

危险性类别　第 8.3 类　其他腐蚀品

燃烧与爆炸危险性　易燃。蒸气与空气能形成爆炸性混合物，遇明火、高热及强氧化剂引起燃烧爆炸。见光、受热或久储易聚合引起燃烧爆炸。

活性反应 与过氧甲酸、硝基甲烷、碳酸镁发生剧烈反应。与氯化氢或其它氯化物反应，形成具有致癌作用的二氯甲醚。与胺、含氮化合物、碱金属、碱土金属、氮化物、硝基化合物、有机过氧化物、氧化剂、还原剂发生剧烈反应。与酚发生缩合反应，碱或氮化物存在下会导致剧烈发生。与二硫代氨基甲酸盐反应生成有毒或可燃烟气、二硫化碳。与碱金属或碱土金属反应放热，生成易燃易爆的氢气。与含氮化合物发生放热反应，释放出氮气。与胺发生放热反应。

禁忌物 强氧化剂、强酸、强碱。

毒性 甲醛对黏膜、上呼吸道、眼睛和皮肤有强烈刺激性。

IARC 对甲醛的致癌性分类：G1——确认人类致癌物。

中毒表现 急性中毒：吸入甲醛蒸气后，表现眼及呼吸道刺激症状，轻者可发生角膜、结膜炎、气管及支气管炎，并可有头痛、头晕、乏力等全身症状。严重者发生喉痉挛、喉头水肿，少数出现肺炎，偶见肺水肿。误服甲醛溶液后，腐蚀消化道，严重者发生食管和胃肠道黏膜糜烂、溃疡和穿孔，呼吸困难，并可有休克、昏迷、代谢性酸中毒和肝、肾功能损害。皮肤直接接触甲醛溶液可产生急性刺激性皮炎、变应性皮炎和荨麻疹。接触浓溶液可引起皮肤凝固性坏死。

慢性影响：长期接触低浓度甲醛的工人，有眼和咽喉部刺激症状。有的有头晕、乏力、食欲减退、视力下降等。还有发生职业性哮喘的报告。长期反复接触尚可引起皮肤干燥、皲裂、手掌过度角化、慢性湿疹，皮肤成鞣革状以及色素沉着等。

侵入途径 吸入、食入。

职业接触限值

中国：MAC：0.5mg/m^3[敏][G1]。

美国(ACGIH)：TLV－C：0.3ppm[敏]。

环境危害 对水生生物是有害的。

理化特性与用途

理化特性 无色溶液，有辛辣味。商品一般含甲醛 36.5%～37.4%，加有 10～15% 甲醇作阻聚剂。易溶于水，溶于乙醇、乙醚、丙酮等。pH 值 2.8～4(溶液)，沸点 98℃，相对密度(水＝1)1.083，相对蒸气密度(空气＝1)＞1，蒸气压 7.3kPa(37℃)，闪点 50℃(闭杯，含甲醇 15%)；83℃(闭杯，不含甲醇)，引燃温度 300℃，爆炸极限 7%～73%。

主要用途 是一种重要的有机原料，用于生产炸药、染料、医药、农药等；也作杀菌剂、消毒剂、还原剂等。

包装与储运

包装标志 腐蚀品[含甲醛不少于 25%，闪点＞61.5℃]，有毒品(铁)；易燃液体，腐蚀品[闪点≤61.5℃]

包装类别 Ⅲ类

安全储运 储存于阴凉、通风的库房。远离火种、热源。库温不超过 30℃。冬季应保持库温不低于 10℃。包装要求密封，不可与空气接触。应与氧化剂、酸类、碱类等隔离储运。搬运时轻装轻卸，防止容器受损。

紧急处置信息

急救措施

吸入：迅速脱离现场至空气新鲜处。保持呼吸道通畅。如呼吸困难，给输氧。呼吸、

心跳停止，立即进行心肺复苏术。就医。

眼睛接触：立即分开眼睑，用大量流动清水或生理盐水彻底冲洗 10～15min。就医。

皮肤接触：立即脱去污染的衣着，用大量流动清水彻底冲洗。就医。

食入：漱口，给饮牛奶、醋酸铵溶液，催吐。弱氨溶液洗胃使甲醛转化为相对惰性的五甲基四胺，仅在吞服本品后 15min 内有效。

灭火方法 消防人员必须穿全身防火防毒服，佩戴空气呼吸器，在上风向灭火。喷水冷却容器，尽可能将容器从火场移至空旷处。处在火场中的容器若发生异常变化或发出异常声音，必须马上撤离。

灭火剂：抗溶性泡沫、干粉、二氧化碳、砂土。

泄漏应急处置 根据液体流动和蒸气扩散的影响区域划定警戒区，无关人员从侧风、上风向撤离至安全区。消除所有点火源。建议应急处理人员戴正压自给式呼吸器，穿防腐、防毒服。作业时使用的所有设备应接地。禁止接触或跨越泄漏物。尽可能切断泄漏源。防止泄漏物进入水体、下水道、地下室或限制性空间。小量泄漏：用砂土或其他不燃材料吸收。使用洁净的无火花工具收集吸收材料。大量泄漏：构筑围堤或挖坑收容。用抗溶性泡沫覆盖，减少蒸发。喷水雾能减少蒸发，但不能降低泄漏物在受限制空间内的易燃性。用石灰粉吸收大量液体。用亚硫酸氢钠（$NaHSO_3$）中和。用耐腐蚀泵转移至槽车或专用收集器内。喷雾状水驱散蒸气、稀释液体泄漏物。

427. 甲 酸

标 识

中文名称 甲酸

英文名称 Formic acid；Methanoic acid

别名 蚁酸

分子式 CH_2O_2

CAS 号 64－18－6

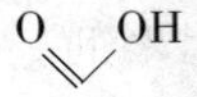

WGH 号 81101

UN 号 1779

危害信息

危险性类别 第 8.1 类 酸性腐蚀品

燃烧与爆炸危险性 可燃。其蒸气与空气能形成爆炸性混合物，遇明火、高热能引起燃烧爆炸。具有较强的腐蚀性。

活性反应 与碱发生放热中和反应。与活泼金属反应放出易燃易爆的氢气。与氰化物反应释放出剧毒的氰化氢气体。与碳酸盐反应放出二氧化碳和热量。用次氯酸钠溶液去除工业废液中的甲酸，易发生爆炸。与强氧化剂和强还原剂反应，放出热量。与硫醇、硫化物、氮化物、异氰酸酯、重氮化合物反应会放出有毒气体和热量，甚至会导致反应物燃烧。与硝酸产生高放热反应，并释放出大量气体。

禁忌物 强氧化剂、强碱、活性金属粉末。

毒性 大鼠经口 LD_{50}：1100mg/kg；大鼠吸入 LC_{50}：15000mg/m³（15min）；人吸入 *TLCo*：7.3mg/m³（8h）。

可经呼吸道、消化道和皮肤吸收。本品具有强烈刺激性和腐蚀性。人口服约30g，可引起肾功能衰竭或呼吸功能衰竭而死亡。

中毒表现　吸入甲酸蒸气可引起结膜炎、眼睑水肿、鼻炎、支气管炎，重者可引起急性化学性肺炎。浓甲酸口服后可腐蚀口腔及消化道黏膜，引起呕吐、腹泻及胃肠出血，甚至因急性肾功能衰竭或呼吸功能衰竭而致死。皮肤接触轻者表现为接触部位皮肤发红，重者可致皮肤灼伤，起水疱，甚至发生溃疡。

侵入途径　吸入、食入、经皮吸收。

职业接触限值

中国：PC－TWA：10mg/m^3；PC－STEL：20mg/m^3。

美国(ACGIH)：TLV－TWA：5ppm；TLV－STEL：10ppm。

环境危害　对水生生物是有害的。

理化特性与用途

理化特性　无色透明发烟液体，有强烈刺激性酸味。易溶于水、甲醇、乙醇、乙醚、丙酮等极性溶剂，部分溶于苯等非极性烃类溶剂。pH值2.2(1%溶液)，熔点8.4℃，沸点100.8℃，相对密度(水=1)1.23，相对蒸气密度(空气=1)1.59，临界压力8.63MPa，临界温度315℃，蒸气压5.33kPa(24℃)，燃烧热－254.4kJ/mol，辛醇/水分配系数－0.54，闪点69℃(闭杯)，爆炸极限12.0%～57.0%，引燃温度480～520℃。

主要用途　用于制造甲酸盐(酯)类、甲酰胺等，也用于高温气(油)井的酸化，还用于橡胶、医药、印染、制革等行业。

包装与储运

包装标志　腐蚀品，有毒品[铁规]

包装类别　Ⅱ类

安全储运　储存于阴凉、通风的库房，地坪须有防腐蚀涂料。远离火种、热源。储存温度不超过32℃，相对湿度不超过80%。冬季应保持库温高于8℃，以防凝固。保持容器密封。应与氧化剂、碱类、活泼金属粉末等隔离储运。搬运时轻装轻卸，防止容器受损，并严防因甲酸冰冻而造成破损。搬运时轻装轻卸，防止容器受损。

紧急处置信息

急救措施

吸入：迅速脱离现场至空气新鲜处。保持呼吸道通畅。如呼吸困难，给输氧。呼吸、心跳停止，立即进行心肺复苏术。就医。

眼睛接触：立即分开眼睑，用大量流动清水或生理盐水彻底冲洗10～15min。就医。

皮肤接触：立即脱去污染的衣着，用大量流动清水彻底冲洗，冲洗时间一般要求20～30min。就医。

食入：用水漱口，禁止催吐。给饮牛奶或蛋清。就医。

灭火方法　消防人员必须穿耐酸碱防护服、防护靴、并佩戴空气呼吸器，在上风向灭火。用水保持火场容器冷却，并用水喷淋保护堵漏人员。

灭火剂：雾状水、抗溶性泡沫、干粉、二氧化碳。

泄漏应急处置　根据液体流动和蒸气扩散的影响区域划定警戒区，无关人员从侧风、上风向撤离至安全区。消除所有点火源。建议应急处理人员戴正压自给式呼吸器，穿防腐蚀、防毒服，戴橡胶耐酸碱手套。穿上适当的防护服前严禁接触破裂的容器和泄漏物。尽可能切断泄漏源。防止泄漏物进入水体、下水道、地下室或限制性空间。小量泄漏：用干燥的砂土或其他不燃材料吸收或覆盖，收集于容器中。大量泄漏：构筑围堤或挖坑收容。用砂土、惰性物质或蛭石吸收大量液体。用石灰（CaO）、碎石灰石（$CaCO_3$）或碳酸氢钠（$NaHCO_3$）中和。用耐腐蚀泵转移至槽车或专用收集器内。

428. 甲 烷

标 识

中文名称 甲烷

英文名称 Methane；Marsh gas

别名 沼气

分子式 CH_4

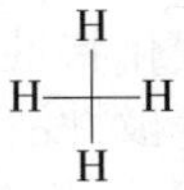

CAS 号 74－82－8

WGH 号 21007

UN 号 1971

危害信息

危险性类别 第 2.1 类 易燃气体

燃烧与爆炸危险性 易燃。与空气混合能形成爆炸性混合物，遇热源和明火有燃烧爆炸的危险。

活性反应 在一定条件下，能与氧气、臭氧、二氧化氮、卤素（氟气、液氯、溴、碘）等氧化剂发生剧烈反应，甚至导致燃烧或爆炸。黄色氧化汞催化剂存在时，室温下与液氯的反应即能导致爆炸。和氯气的混合物中氯气含量超过 20%（V/V）即有爆炸性。接触氟气会自燃。

禁忌物 强氧化剂、卤素、强酸、强碱等。

毒性 小鼠吸入 LC_{50}：50%（2h）。

甲烷对人基本无毒，只有在极高浓度时成为单纯性窒息剂。

中毒表现 空气中甲烷浓度过高，能使人窒息。当空气中甲烷达 25%～30% 时，可引起头痛、头晕、乏力、注意力不集中、呼吸和心跳加速、共济失调。若不及时脱离，可致窒息死亡。皮肤接触本品液化气可致冻伤。

侵入途径 吸入。

理化特性与用途

理化特性 无色、无臭、无味气体。微溶于水，溶于乙醇、乙醚、苯、甲苯等有机溶剂。熔点－182.5℃，沸点－161.4℃，相对密度（水＝1）0.42（－164℃），相对蒸气密度（空气＝1）0.6，燃烧热－890.8kJ/mol，临界压力 4.59MPa，临界温度－82.25℃，蒸气压 53.32kPa（－168.8℃），闪点－218℃，爆炸极限 5.0%～15%，引燃温度 537℃。

主要用途 广泛用作民用和锅炉燃料，用于制氢气、合成氨、炭黑、硝基甲烷、三氯甲烷等。

包装与储运

包装标志 易燃气体

安全储运 储存于阴凉、通风的库房或大型气柜。远离火种、热源。储存温度不超过

30℃。切勿与氧化剂混储混运。禁止使用易产生火花的机械设备和工具。液化甲烷必须在低温下装运，这种低温可通过液化气体的蒸发来保持或用甲烷专用罐车保温运输。

紧急处置信息

急救措施

吸入：迅速脱离现场至空气新鲜处。保持呼吸道通畅。如呼吸困难，给输氧。呼吸、心跳停止，立即进行心肺复苏术。就医。

皮肤接触：如发生冻伤，用温水(38～42℃)复温，忌用热水或辐射热，不要揉搓。

灭火方法 切断气源。若不能切断气源，则不允许熄灭泄漏处的火焰。消防人员必须穿全身消防服，佩戴空气呼吸器，在上风向灭火。喷水冷却容器，尽可能将容器从火场移至空旷处。

泄漏应急处置 消除所有点火源。根据气体扩散的影响区域划定警戒区，无关人员从侧风、上风向撤离至安全区。建议应急处理人员戴正压自给式呼吸器，穿防静电服。作业时使用的所有设备应接地。禁止接触或跨越泄漏物。尽可能切断泄漏源。若可能翻转容器，使之逸出气体而非液体。喷雾状水抑制蒸气或改变蒸气云流向，避免水流接触泄漏物。禁止用水直接冲击泄漏物或泄漏源。防止气体通过下水道、通风系统和限制性空间扩散。隔离泄漏区直至气体散尽。

429. 4 – 甲氧基苯酚

标　识

中文名称 4 – 甲氧基苯酚

英文名称 4 – Methoxyphenol；Mequinol；*p* – Methoxyphenol

别名 对羟基苯甲醚；氢醌单甲醚

分子式 $C_7H_8O_2$

CAS 号 150 – 76 – 5

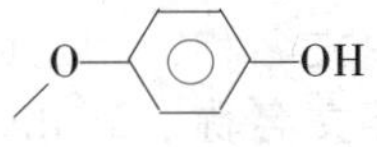

危害信息

燃烧与爆炸危险性 可燃。其粉体与空气混合能形成爆炸性混合物，遇明火高热有引起燃烧爆炸的危险。燃烧产生有毒的一氧化碳气体。

活性反应 与强氧化剂反应。

禁忌物 强氧化剂。

毒性 大鼠经口 LD_{50}：1600mg/kg。

食入有害，对眼有刺激性，对皮肤有致敏性。

侵入途径 吸入、食入。

职业接触限值 美国(ACGIH)：TLV – TWA：5mg/m^3。

理化特性与用途

理化特性 白色片状或蜡状结晶体。易溶于乙醇、乙醚、丙酮、苯和乙酸乙酯，微溶于水。熔点 55～57℃，沸点 243℃，相对密度(水＝1)1. 55，相对蒸气密度(空气＝1)4. 3，饱和蒸气压 0. 001kPa(25℃)，临界温度 485℃，临界压力 4. 97MPa，闪点 124℃(闭杯)、132℃(开杯)，引燃温度 421℃，爆炸极限 1. 3%～9. 6%，辛醇/水分配系数 1. 58。

主要用途 用作乙烯基型塑料单体的阻聚剂、紫外线抑制剂、染料中间体及用于合成食用油脂和化妆品的抗氧化剂 BHA(3－特丁基－4－羟基苯甲醚)等。

包装与储运

安全储运 储存于阴凉、通风的库房。远离火种、热源。保持容器密封。应与强氧化剂、强碱隔离储运。搬运时轻装轻卸，防止包装受损。

紧急处置信息

急救措施

吸入：脱离接触。如有不适感，就医。

眼睛接触：立即分开眼睑，用流动清水或生理盐水冲洗。如有不适感，就医。

皮肤接触：立即脱去污染的衣着，用流动清水冲洗。如有不适感，就医。

食入：漱口，尽量饮水，不要催吐。就医。

灭火方法 消防人员须穿全身消防服，在上风向灭火。尽可能将容器从火场移至空旷处。喷水保持火场容器冷却，直至灭火结束。

灭火剂：雾状水、抗溶性泡沫、二氧化碳、干粉、砂土。

泄漏应急处置 消除点火源。撤离无关人员。建议应急处理人员戴防尘口罩，穿防毒服。穿上适当的防护服前严禁接触破裂的容器和泄漏物。尽可能切断泄漏源。用塑料布覆盖泄漏物，减少飞散。勿使水进入包装容器内。用洁净的铲子收集泄漏物，置于干净、干燥、盖子较松的容器中，将容器移离泄漏区。

430. 甲 乙 酮

标 识

中文名称 甲乙酮

英文名称 Methyl ethyl ketone；2－Butanone；Butanone

别名 2－丁酮；甲基乙基(甲)酮；MEK

分子式 C_4H_8O

CAS 号 78－93－3

WGH 号 32073；T31173[铁规]

UN 号 1193

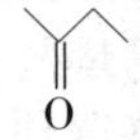

危害信息

危险性类别 第 3 类 易燃液体

燃烧与爆炸危险性 易燃。蒸气与空气能形成爆炸性混合物，遇明火、高热或接触氧化剂，有燃烧爆炸危险。蒸气比空气重，能在较低处扩散到相当远的地方，遇火源会着火回燃和爆炸(闪爆)。

活性反应 氢氧化钠存在的条件下，能与氯仿发生反应。与硝酸、高锰酸钾、浓硫酸、氯磺酸等强氧化剂剧烈反应。与2－丙醇的混合物长时间储存时，易形成爆炸性过氧化物。接触叔丁醇钾会自燃。硝酸存在时，与过氧化氢反应生成对热和撞击敏感的过氧化物，极易发生爆炸。

禁忌物 强氧化剂。

毒性 大鼠经口 LD_{50}：2737mg/kg；小鼠经口 LD_{50}：3000mg/kg；小鼠吸入 LC_{50}：32000mg/m^3(4h)；家兔经皮 LD_{50}：6480mg/kg；人吸入 TCL_o：100ppm(5min)。

高浓度接触，对眼、鼻和喉产生刺激。长时间接触，对中枢神经系统有抑制作用。溅入眼内，可引起疼痛和角膜损伤。急性长时间或反复接触，可出现以对称性的感觉障碍为主的周围神经病，可涉及到上肢和下肢。

侵入途径 吸入、食入、经皮吸收。

职业接触限值

中国：PC－TWA：300mg/m^3；PC－STEL：600mg/m^3。

美国(ACGIH)：TLV－TWA：200ppm；TLV－STEL：300ppm。

理化特性与用途

理化特性 无色液体，有类似丙酮的气味。溶于水，溶于乙醇、乙醚、丙酮、苯，可混溶于油类。熔点－86℃，沸点79.6℃，相对密度(水＝1)0.805，蒸气相对密度(水＝1)2.41，临界压力4.15MPa，临界温度262.5℃，蒸气压10.5kPa(20℃)，燃烧热－2261.36kJ/mol，辛醇/水分配系数0.29，闪点－9℃(闭杯)，爆炸极限1.8%～11.5%，引燃温度505℃。

主要用途 用作溶剂、脱蜡剂，及作为合成香料和医药的原料，也用于有机合成。

包装与储运

包装标志 易燃液体

包装类别 Ⅱ类

安全储运 储存于阴凉、通风的库房。远离火种、热源，避免阳光直射。储存温度不超过37℃。保持容器密封，不能与空气接触。应与氧化剂、酸类等隔离储运。禁止使用易产生火花的机械设备和工具。灌装时注意流速，防止静电积聚。搬运时轻装轻卸，防止容器受损。

紧急处置信息

急救措施

吸入：迅速脱离现场至空气新鲜处。保持呼吸道通畅。如呼吸困难，给输氧。呼吸、心跳停止，立即进行心肺复苏术。就医。

眼睛接触：立即分开眼睑，用流动清水或生理盐水彻底冲洗。就医。

皮肤接触：立即脱去污染的衣着，用肥皂水和清水彻底冲洗。就医。

食入：漱口，尽量饮水，不要催吐。就医。

灭火方法 消防人员必须穿全身防火防毒服，佩戴空气呼吸器，在上风向灭火。尽可能将容器从火场移至空旷处。喷水保持火场容器冷却，直至灭火结束。处在火场中的容器若发生异常变化或发出异常声音，必须马上撤离。

灭火剂：抗溶性泡沫、干粉、二氧化碳、砂土。

泄漏应急处置 消除所有点火源。根据液体流动和蒸气扩散的影响区域划定警戒区，无关人员从侧风、上风向撤离至安全区。建议应急处理人员戴正压自给式呼吸器，穿防静电服，戴橡胶耐油手套。作业时使用的所有设备应接地。禁止接触或跨越泄漏物。尽可能切断泄漏源。防止泄漏物进入水体、下水道、地下室或限制性空间。小量泄漏：用砂土或其他不燃材料吸收。使用洁净的无火花工具收集吸收材料。大量泄漏：构筑围堤或挖坑收容。用砂土、惰性物质和蛭石吸收大量液体。用抗溶性泡沫覆盖，减少蒸发。喷水雾能减少蒸发，但不能降低泄漏物在限制性空间内的易燃性。用防爆泵转移至槽车或专用收集器内。喷雾状水驱散蒸气、稀释液体泄漏物。

431. 间苯二酚

标 识

中文名称 间苯二酚

英文名称 *m* – Dihydroxybenzene；1,3 – Dihydroxybenzene；1,3 – Benzenediol；Resorcinol

别名 1,3 – 苯二酚；雷琐辛

分子式 $C_6H_6O_2$

CAS 号 108 – 46 – 3

WGH 号 61725

UN 号 2876

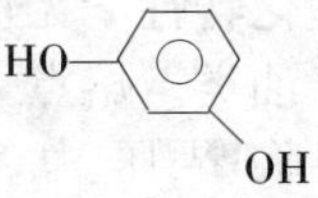

危害信息

危险性类别 第 6.1 类 毒害品

燃烧与爆炸危险性 可燃。粉体与空气可形成爆炸性混合物，遇明火、高热会发生粉尘爆炸。

活性反应 与碱发生放热中和反应。与强氧化剂、酸酐、还原剂发生剧烈反应。与浓硝酸发生剧烈反应，甚至爆炸。

禁忌物 强氧化剂、酸酐、还原剂、碱。

毒性 大鼠经口 LD_{50}：301mg/kg；小鼠经口 LD_{50}：200mg/kg；家兔经皮 LD_{50}：3360mg/kg。

主要经胃肠道和皮肤吸收。毒性与苯酚相似。

中毒表现 急性中毒：中毒表现与酚类似，引起头痛、头昏、烦躁、嗜睡、紫绀(由于高铁血红蛋白血症)、抽搐、心动过速、呼吸困难、体温及血压下降，甚至死亡。本品3% ~25% 的水溶液或油膏涂在皮肤上引起皮肤损害，并可吸收中毒引起死亡。

慢性影响：长期低浓度接触，可引起呼吸道刺激症状及皮肤损害。

侵入途径 吸入、食入、经皮吸收。

职业接触限值 中国：PC – TWA：20mg/m^3。

美国(ACGIH)：TLV – TWA：10ppm；TLV – STEL：20ppm。

环境危害 对水生生物有极高毒性。

理化特性与用途

理化特性 白色针状结晶，有不愉快的气味，置于空气中逐渐变红。溶于水、乙醇和乙醚，难溶于氯仿、四氯化碳和苯。pH 值 5.2(溶液)，熔点 110.7℃，沸点 280℃，相对密度(水 =1) 1.27，相对蒸气密度(空气 =1) 3.79，蒸气压 0.13kPa(108.4℃)，燃烧热 –2847.8kJ/mol，临界压力 7.49MPa，辛醇/水分配系数 0.8，闪点 127℃(闭杯)，引燃温度 608℃，爆炸极限 1.4% ~9.8%。

主要用途 用于制染料、药物、塑料、合成纤维等。

包装与储运

包装标志 有毒品

包装类别 Ⅲ类

安全储运 储存于阴凉、通风的库房。远离火种、热源。储存温度不超过35℃，相对湿度不超过85%。密闭包装。应与氧化剂、碱类、还原剂、食用化学品等隔离储运。搬运时轻装轻卸，防止包装受损。

紧急处置信息

急救措施

吸入：迅速脱离现场至空气新鲜处。保持呼吸道通畅。如呼吸困难，给输氧。呼吸、心跳停止，立即进行心肺复苏术。就医。

眼睛接触：立即分开眼睑，用大量流动清水或生理盐水彻底冲洗10~15min。就医。

皮肤接触：立即脱去污染衣物，用大量流动清水彻底冲洗，冲洗后即用浸过30%~50%酒精棉花擦洗创面至无酚味为止(注意不能将患处浸泡于酒精溶液中)。如有条件可用数块浸有聚乙二醇(300或400)的海绵反复擦洗污染部位，至少20min。然后再用大量水冲洗10min以上。

食入：漱口，给服植物油15~30mL，催吐。对食入时间长者禁用植物油，可口服牛奶或蛋清。就医。

灭火方法 消防人员必须穿耐酸碱防护服、防护靴，佩戴空气呼吸器，在上风向灭火。

灭火剂：雾状水、抗溶性泡沫、干粉、二氧化碳、砂土。

泄漏应急处置 隔离泄漏污染区，限制出入。消除所有点火源。建议应急处理人员戴防尘口罩，穿防护服，戴橡胶手套。尽可能切断泄漏源。用塑料布覆盖泄漏物，减少飞散。勿使水进入包装容器内。用洁净的铲子收集泄漏物，置于干净、干燥、盖子较松的容器中，将容器移离泄漏区。

432. 间苯二甲酸

标　识

中文名称 间苯二甲酸

英文名称 1,3-Benzenedicarboxylic acid; *m*-Phthalic acid

别名 1,3-苯二甲酸

分子式 $C_8H_6O_4$

CAS号 121-91-5

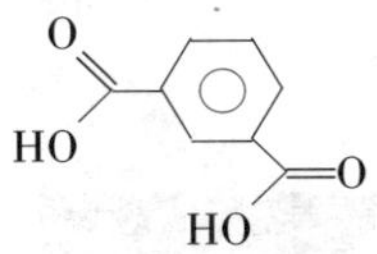

危害信息

燃烧与爆炸危险性 遇明火、高热可燃。粉末或粉尘能与空气形成爆炸性混合物，遇明火发生粉尘爆炸。

活性反应 与碱发生放热中和反应。吸水后腐蚀铁、钢、铝制容器。能与强氧化剂和强还原剂反应，放出一定的热量。

禁忌物 强氧化剂、碱类、强还原剂等。

毒性　大鼠经口 LD_{50}：10400mg/kg。

对眼和黏膜有刺激性，可致结膜炎和鼻炎。工人吸入其蒸气，出现咳嗽、声音嘶哑。对皮肤有刺激性。未见有全身毒性作用资料。

侵入途径　吸入、食入。

理化特性与用途

理化特性　无色结晶，具升华性。微溶于水，不溶于苯、甲苯和石油醚，溶于甲醇、乙醇、丙酮和冰醋酸。熔点 345 ~ 348℃，沸点升华，相对密度(水 = 1)1.54，临界温度 734℃，临界压力 3.95MPa，蒸气压 0.009kPa(100℃)，引燃温度 650℃，闪点 329℃，爆炸极限 1.3% ~7.7%，燃烧热 -3070kJ/mol(25℃)，辛醇/水分配系数 1.66。

主要用途　用于制醇酸树脂、不饱和聚酯树脂及其它高聚物和增塑剂。也用于制电影胶片成色剂、聚酯纤维染色改性剂及医药、染料、涂料等。

包装与储运

安全储运　储存于阴凉、干燥、通风良好的库房。远离火种、热源。密闭包装，应与氧化剂、碱类等隔离储运。搬运时轻装轻卸，防止包装受损。

紧急处置信息

急救措施

吸入：脱离接触。如有不适感，就医。

眼睛接触：分开眼睑，用流动清水或生理盐水冲洗。如有不适感，就医。

皮肤接触：脱去污染的衣着，用肥皂水和清水冲洗。如有不适感，就医。

食入：漱口，饮水。就医。

灭火方法　消防人员必须穿耐酸碱防护服、防护靴，佩戴空气呼吸器，在上风向灭火。尽可能将容器从火场移至空旷处。喷水冷却容器，直至灭火结束。

灭火剂：雾状水、泡沫、干粉、二氧化碳、砂土。

泄漏应急处置　隔离泄漏污染区，限制出入。消除所有点火源。建议应急处理人员戴防尘口罩，穿防毒服，戴橡胶手套。穿上适当的防护服前严禁接触破裂的容器和泄漏物。尽可能切断泄漏源。用塑料布覆盖泄漏物，减少飞散。勿使水进入包装容器内。用洁净的铲子收集泄漏物，置于干净、干燥、盖子较松的容器中，将容器移离泄漏区。

433. 间二甲苯

标　识

中文名称　间二甲苯

英文名称　*m* - Xylene；1,3 - Dimethyl benzene

别名　1,3 - 二甲基苯

分子式　C_8H_{10}

CAS 号　108 - 38 - 3

WGH 号　33535；T32035[铁规]

UN 号　1307

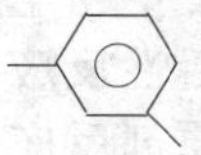

危害信息

危险性类别 第3类 易燃液体

燃烧与爆炸危险性 易燃。其蒸气与空气可形成爆炸性混合物，遇明火、高热能引起燃烧爆炸。高速冲击、流动、激荡后可因产生静电火花放电引起燃烧爆炸。蒸气比空气重，能在较低处扩散到相当远的地方，遇火源会着火回燃和爆炸(闪爆)。

活性反应 与硝酸、浓硫酸、高锰酸钾、重铬酸盐、液氯等强氧化剂发生剧烈反应，甚至导致燃烧爆炸。

禁忌物 强氧化剂、酸类、卤素等。

毒性 大鼠经口 LD_{50}：5000mg/kg；家兔经皮 LD_{50}：14100mg/kg。

本品对眼及上呼吸道有刺激作用，高浓度时对中枢神经系统有麻醉作用。

中毒表现 急性中毒：短期内吸入较高浓度本品可出现眼及上呼吸道明显的刺激症状、眼结膜充血、咽充血、头晕、头痛、恶心、呕吐、胸闷、四肢无力、意识模糊、步态蹒跚。重者可有躁动、抽搐或昏迷。有的有癔病样发作。

慢性影响：长期接触有神经衰弱综合征，女工有月经异常，工人常发生皮肤干燥、皲裂、皮炎。

侵入途径 吸入、食入、经皮吸收。

职业接触限值

中国：PC－TWA：50mg/m^3；PC－STEL：100mg/m^3。

美国(ACGIH)：TLV－TWA：100ppm；TLV－STEL：150ppm。

环境危害 对水生生物是有毒的。有害空气污染物。

理化特性与用途

理化特性 无色透明液体，有强烈芳香气味。不溶于水，溶于乙醇、乙醚、氯仿等多数有机溶剂。熔点－47.9℃，沸点139℃，相对密度(水＝1)0.86，相对蒸气密度(空气＝1)3.7，临界压力3.5MPa，临界温度346℃，蒸气压1.33kPa(28.3℃)，燃烧热－4830.7kJ/mol，辛醇/水分配系数3.2，闪点25℃(闭杯)，爆炸极限1.1%～7.0%，引燃温度527℃。

主要用途 用于生产间苯二甲酸、间甲基苯甲酸、间苯二甲腈等，也可用作溶剂、医药及染料中间体等。

包装与储运

包装标志 易燃液体，有毒品[铁规]

包装类别 Ⅲ类

安全储运 储存于阴凉、通风的库房。保持容器密闭。远离火种、热源，避免阳光曝晒。储存温度不超过37℃。应与氧化剂隔离储运。禁止使用易产生火花的机械设备和工具。灌装时注意流速，防止静电积聚。搬运时轻装轻卸，防止容器受损。

紧急处置信息

急救措施

吸入：迅速脱离现场至空气新鲜处。保持呼吸道通畅。如呼吸困难，给输氧。呼吸、心跳停止，立即进行心肺复苏术。就医。

眼睛接触：立即分开眼睑，用流动清水或生理盐水彻底冲洗。就医。

皮肤接触：立即脱去污染的衣着，用肥皂水和清水彻底冲洗。就医。

食入：漱口，尽量饮水，不要催吐。就医。

忌用肾上腺素，以免发生心室颤动。

灭火方法　消防人员必须穿全身防火防毒服，佩戴空气呼吸器，在上风向灭火。尽可能将容器从火场移至空旷处。喷水保持火场容器冷却，直至灭火结束。处在火场中的容器若发生异常变化或发出异常声音，必须马上撤离。

灭火剂：泡沫、干粉、二氧化碳、砂土。

泄漏应急处置　消除所有点火源。根据液体流动和蒸气扩散的影响区域划定警戒区，无关人员从侧风、上风向撤离至安全区。建议应急处理人员戴正压自给式呼吸器，穿防静电服，戴橡胶耐油手套。作业时使用的所有设备应接地。禁止接触或跨越泄漏物。尽可能切断泄漏源。防止泄漏物进入水体、下水道、地下室或限制性空间。小量泄漏：用砂土或其他不燃材料吸收。使用洁净的无火花工具收集吸收材料。大量泄漏：构筑围堤或挖坑收容。用泡沫覆盖，减少蒸发。喷水雾能减少蒸发，但不能降低泄漏物在限制性空间内的易燃性。用防爆泵转移至槽车或专用收集器内。

434. 间二氯苯

标　识

中文名称　间二氯苯

英文名称　*m* – Dichlorobenzene；1,3 – Dichlorobenzene

别名　间 – 二氯苯

分子式　$C_6H_4Cl_2$

CAS 号　541 – 73 – 1

WGH 号　61657

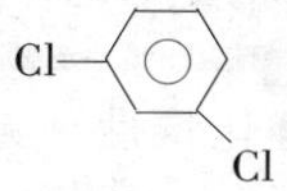

危害信息

危险性类别　第6.1类　毒害品

燃烧与爆炸危险性　可燃。其蒸气与空气能形成爆炸性混合物，遇明火、高热能引起燃烧爆炸。蒸气比空气重，能在较低处扩散到相当远的地方，遇火源会着火回燃和爆炸(闪爆)。燃烧产物中会含有剧毒和腐蚀性的光气和氯化氢。

活性反应　与氧化剂、铝及铝合金发生剧烈反应。

禁忌物　强氧化剂、铝。

毒性　大鼠经口 TDL_o：200mg/kg；小鼠腹腔内 LD_{50}：1062mg/kg。

本品具有刺激性。损害肝、肾。

中毒表现　急性中毒：吸入后引起头痛、倦睡、不安和呼吸道黏膜刺激。对眼和皮肤有强烈刺激性。口服出现胃黏膜刺激、恶心、呕吐、腹泻、腹绞痛和紫绀。

慢性影响：可能引起肝、肾损害。

侵入途径　吸入、食入、经皮吸收。

环境危害　对水生生物有毒，可能在水生环境中造成长期不利影响。具有很强的生物富集性，易在生物体内富集，特别是鱼类。

理化特性与用途

理化特性　无色液体，有芳香气味。不溶于水，溶于乙醇、乙醚等。熔点 –24.8℃，沸点173℃，密度1.2884g/cm³，相对蒸气密度(空气 =1)5.08，临界压力4.86MPa，临界温度415.3℃，蒸气压0.13kPa(12.1℃)，折射率1.54337(25℃)，闪点63℃。

主要用途　用作除草剂和杀虫剂的原料、医药和染料中间体。

包装与储运

包装标志　有毒品

包装类别　Ⅲ类

安全储运　储存于阴凉、通风的库房内。远离火种、热源。储存温度不超过32℃，相对湿度不超过85%。密闭包装。严禁使用铝制、电镀或镀锡的容器。应与氧化剂、食用化学品等隔离储运。搬运时轻装轻卸，防止容器受损。

紧急处置信息

急救措施

吸入：迅速脱离现场至空气新鲜处。保持呼吸道通畅。如呼吸困难，给输氧。呼吸、心跳停止，立即进行心肺复苏术。就医。

眼睛接触：立即分开眼睑，用流动清水或生理盐水彻底冲洗。就医。

皮肤接触：立即脱去污染的衣着，用肥皂水和清水彻底冲洗。就医。

食入：尽量饮水，给服活性炭悬液，不要催吐。忌服酒精。如吞服量较大，且在30min以内，可洗胃。

忌用肾上腺素类药物。

灭火方法　消防人员必须穿全身防火防毒服，佩戴空气呼吸器，在上风向灭火。尽可能将容器从火场移至空旷处。喷水保持火场容器冷却，直至灭火结束。处在火场中的容器若发生异常变化或发出异常声音，必须马上撤离。

灭火剂：泡沫、二氧化碳、干粉、砂土。

泄漏应急处置　根据液体流动和蒸气扩散的影响区域划定警戒区，无关人员从侧风、上风向撤离至安全区。消除所有点火源。建议应急处理人员戴正压自给式呼吸器，穿防毒服，戴橡胶耐油手套。穿上适当的防护服前严禁接触破裂的容器和泄漏物。尽可能切断泄漏源。防止泄漏物进入水体、下水道、地下室或限制性空间。小量泄漏：用干燥的砂土或其他不燃材料吸收或覆盖，收集于容器中。大量泄漏：构筑围堤或挖坑收容。用泵转移至槽车或专用收集器内。

435. 间　甲　酚

标　识

中文名称　间甲酚

英文名称　*m*－Cresol；3－Methylphenol

别名　3－甲基苯酚

分子式　C_7H_8O

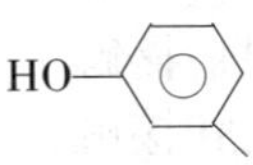

CAS 号　108－39－4

WGH 号　61073

UN 号　2076

危害信息

危险性类别　第6.1类　毒害品

燃烧与爆炸危险性　可燃。其蒸气与空气可形成爆炸性混合物，遇明火、高热会发生燃烧或爆炸。

活性反应　与强氧化剂和强碱发生剧烈反应。120℃时，浓度不大于0.3%的间甲酚溶液对铝及其合金会产生明显腐蚀。

禁忌物　强氧化剂、碱类。

毒性　大鼠经口 LD_{50}：242mg/kg；大鼠吸入 LC_{50}：＞710mg/m^3（1h）；大鼠经皮 LD_{50}：1000mg/kg；小鼠经口 LD_{50}：600mg/kg；家兔经皮 LD_{50}：620mg/kg。

急性中毒可由口服、皮肤吸收及呼吸道吸入蒸气引起。本品对皮肤、黏膜有强烈刺激腐蚀作用。引起多脏器损害

中毒表现　急性中毒：引起肌肉无力、胃肠道症状、中枢神经抑制、虚脱、体温下降和昏迷，并可引起肺水肿和肝、肾、胰等脏器损害，最终发生呼吸衰竭。灼伤面积30%的病例，即可引起中毒性脑病、肾病、心肌损害及溶血。

慢性影响：可引起消化道功能障碍，肝、肾损害和皮疹。

侵入途径　吸入、食入、经皮吸收。

职业接触限值　中国：PC－TWA：10mg/m^3[皮]。

美国(ACGIH)：TLV－TWA：5ppm[皮]。

环境危害　对水生生物是有毒的。有害空气污染物。

理化特性与用途

理化特性　无色或淡黄色透明液体，有芳香气味。微溶于水，溶于乙醇、乙醚、丙酮、苯、四氯化碳等。熔点12℃，沸点202.8℃，相对密度(水＝1)1.03，相对蒸气密度(空气＝1)3.72，临界压力4.56MPa，临界温度432℃，蒸气压0.13kPa(52℃)，燃烧热－3680kJ/mol，辛醇/水分配系数1.96，闪点86℃(闭杯)，爆炸极限1.1%～7.6%，引燃温度558℃。

主要用途　用于生产高效低毒农药、染料中间体、医药、香料和树脂等，也用作分析试剂。

包装与储运

包装标志　有毒品，腐蚀品

包装类别　Ⅱ类

安全储运　储存于阴凉、通风的库房。远离火种、热源。储存温度不超过35℃，相对湿度不超过85%。包装要求密封，不可与空气接触。应与氧化剂、碱类、食用化学品等隔离储运。

紧急处置信息

急救措施

吸入：迅速脱离现场至空气新鲜处。保持呼吸道通畅。如呼吸困难，给输氧。呼吸、心跳停止，立即进行心肺复苏术。就医。

眼睛接触：立即分开眼睑，用大量流动清水或生理盐水彻底冲洗10～15min。就医。

皮肤接触：立即脱去污染衣物，用大量流动清水彻底冲洗，冲洗后即用浸过30%～50%酒精棉花擦洗创面至无酚味为止(注意不能将患处浸泡于酒精溶液中)。如有条件可用数块浸有聚乙二醇(300或400)的海绵反复擦洗污染部位，至少20min。然后再用大量水冲洗10min以上。就医。

食入：漱口，给服植物油15～30 ml，催吐。对食入时间长者禁用植物油，可口服牛奶

或蛋清。就医。

灭火方法 消防人员必须穿全身防火防毒服，佩戴空气呼吸器，在上风向灭火。尽可能将容器从火场移至空旷处。喷水保持火场容器冷却，直至灭火结束。处在火场中的容器若发生异常变化或发出异常声音，必须马上撤离。

灭火剂：雾状水、抗溶性泡沫、干粉、二氧化碳、砂土。

泄漏应急处置 根据液体流动和蒸气扩散的影响区域划定警戒区，无关人员从侧风、上风向撤离至安全区。消除所有点火源。建议应急处理人员戴正压自给式呼吸器，穿防腐蚀、防毒服，戴橡胶手套。穿上适当的防护服前严禁接触破裂的容器和泄漏物。尽可能切断泄漏源。防止泄漏物进入水体、下水道、地下室或限制性空间。小量泄漏：用干燥的砂土或其他不燃材料吸收或覆盖，收集于容器中。大量泄漏：构筑围堤或挖坑收容。用泵转移至槽车或专用收集器内。

436. 间硝基苯胺

标　识

中文名称 间硝基苯胺

英文名称 *m* – Nitroaniline；3 – Nitroaniline；3 – Nitrobenzeneamine

别名 3 – 硝基苯胺

分子式 $C_6H_6N_2O_2$

CAS 号 99 – 09 – 2

WGH 号 61777

UN 号 1661

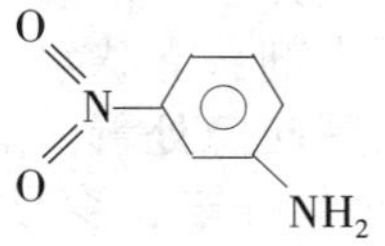

危害信息

危险性类别 第 6.1 类　毒害品

燃烧与爆炸危险性 遇明火、高热可燃。其粉体与空气混合能形成爆炸性混合物。受高热或燃烧发生分解放出有毒的氧化氮烟气。

活性反应 暴露在空气中或光照下会生成爆炸性物质。能与强氧化剂或强还原剂发生反应。与硝酸、硫酸、盐酸等发生放热中和反应，生成的盐在高温下易发生剧烈分解。

禁忌物 强氧化剂、强还原剂、酸类。

毒性 大鼠经口 LD_{50}：535mg/kg；小鼠经口 LD_{50}：308mg/kg

可经呼吸道和皮肤进入体内，其毒性比苯胺大，是一种强烈的高铁血红蛋白形成剂

中毒表现 急性中毒：中毒后出现头昏，头痛，乏力，恶心，胸闷，气短，心悸，颜面、口唇、四肢末端紫绀，以及溶血性贫血和肝损害。个别病例出现心肌损害。

慢性影响：长期接触引起肝损害。

侵入途径 吸入、食入、经皮吸收。

环境危害 对水生生物有害，可能在水生环境中造成长期不利影响。

理化特性与用途

理化特性 亮黄色针状结晶或粉末。微溶于水，溶于乙醇、乙醚、甲醇。熔点 112 ~ 114℃，沸点 306℃，相对密度(水 = 1)0.901(25℃/4℃)，蒸气压 0.13(119.3℃)，燃烧热 –3198.5kJ/mol，临界压力 4.42MPa，辛醇/水分配系数 1.37，闪点 199.2℃，引燃温

度 577℃。

主要用途　用作染料中间体及用于有机合成，用作冰染染料橙色基 R 和制取色酚 AS－BS

包装与储运

包装标志　有毒品

包装类别　Ⅱ类

安全储运　储存于阴凉、通风的库房。远离火种、热源，避免阳光直射。储存温度不超过 35℃，相对湿度不超过 85%。密闭包装，避免接触空气。切勿与氧化剂、酸类、食用化学品等混储混运。

紧急处置信息

急救措施

吸入：立即脱离接触。如呼吸困难，给吸氧。如呼吸心跳停止，立即行心肺复苏术。就医。

眼睛接触：分开眼睑，用清水或生理盐水冲洗。如有不适感，就医。

皮肤接触：立即脱去污染衣着，用肥皂水或清水彻底冲洗。就医。

食入：催吐。就医。

高铁血红蛋白血症，可用美蓝、硫代硫酸钠、维生素 C 治疗。必须注意，小剂量美蓝(1～2mg/kg)可治疗高铁血红蛋白血症，大剂量(10mg/kg)则促进高铁血红蛋白形成。如有低血压，采取仰卧垂头体位和静脉输液。

灭火方法　消防人员须佩戴空气呼吸器，穿全身消防服，在上风向灭火。

灭火剂：雾状水、抗溶性泡沫、干粉、二氧化碳。

泄漏应急处置　隔离泄漏污染区，限制出入。消除所有点火源。建议应急处理人员戴防尘口罩，穿防毒服，戴橡胶手套。穿上适当的防护服前严禁接触破裂的容器和泄漏物。尽可能切断泄漏源。用塑料布覆盖泄漏物，减少飞散。勿使水进入包装容器内。用洁净的铲子收集泄漏物，置于干净、干燥、盖子较松的容器中，将容器移离泄漏区。

437. 间硝基氯苯

标　　识

中文名称　间硝基氯苯

英文名称　1－Chloro－3－nitrobenzene；*m*－Chloronitrobenzene；3－Nitrochlorobenzene；

别名　1－氯－3－硝基苯；3－硝基氯苯

分子式　$C_6H_4ClNO_2$

CAS 号　121－73－3

WGH 号　61678

UN 号　1578

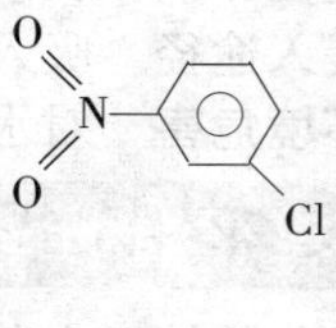

危害信息

危险性类别　第 6.1 类　毒害品

燃烧与爆炸危险性 遇明火、高热可燃。其粉体与空气混合能形成爆炸性混合物。受高热分解产生有毒的氮氧化物和氯化物气体。

活性反应 与氧化剂、强碱接触发生剧烈反应，有燃烧或爆炸危险。

禁忌物 强氧化剂、强碱。

毒性 大鼠经口 LD_{50}：420mg/kg；小鼠经口 LD_{50}：380mg/kg。

本品可经呼吸道和皮肤吸收，对黏膜和皮肤有刺激作用，引起高铁血红蛋白血症

中毒表现 急性中毒：经皮肤和呼吸道吸收，经 16 ~ 72h 潜伏期后出现中毒症状。可有头痛、头昏、乏力、皮肤黏膜紫绀、手指麻木等症状。有眼和上呼吸道刺激症状。重者可出现胸闷、呼吸困难、心悸，甚至发生心律紊乱、昏迷、抽搐、呼吸麻痹，有时可引起溶血性贫血，引起肝损害。

慢性中毒：有头痛、乏力、失眠、记忆力减退等神经衰弱综合征表现；有慢性溶血时，可引起黄疸、贫血；还可引起中毒性肝炎。接触性皮炎多见于面、颈部，散在簇状红斑、丘疹，少数融合成片等。

侵入途径 吸入、食入、经皮吸收。

环境危害 对水生生物是有害的。

理化特性与用途

理化特性 浅黄色晶体。微溶于水，溶于乙醇、乙醚、苯等有机溶剂。熔点 46℃，沸点 235 ~ 236℃，相对密度(水 = 1)1.534(20℃/4℃)，临界温度 469℃，临界压力 3.98MPa，闪点 103℃，引燃温度 260℃，辛醇/水分配系数 2.41，燃烧热 2820 kJ/mol。

主要用途 用作有机合成原料、染料中间体，亦用于医药工业。

包装与储运

包装标志 有毒品

包装类别 Ⅱ类

安全储运 储存于阴凉、通风的库房。保持容器密闭。远离火种、热源。储存温度不超过 35℃，相对湿度不超过 80%。应与氧化剂、强碱、食用化学品等隔离储运。

紧急处置信息

急救措施

吸入： 立即脱离接触。如呼吸困难，给吸氧。如呼吸心跳停止，立即行心肺复苏术。就医。

眼睛接触： 分开眼睑，用清水或生理盐水冲洗。如有不适感，就医。

皮肤接触： 立即脱去污染衣着，用肥皂水或清水彻底冲洗。就医。

食入： 催吐。就医。

高铁血红蛋白血症，可用美蓝、硫代硫酸钠、维生素 C 治疗。必须注意，小剂量美蓝(1 ~ 2mg/kg)可治疗高铁血红蛋白血症，大剂量(10mg/kg)则促进高铁血红蛋白形成。如有低血压，采取仰卧垂头体位和静脉输液。

灭火方法 消防人员须佩戴空气呼吸器，穿全身消防服，在上风向灭火。

灭火剂：雾状水、泡沫、干粉、二氧化碳、砂土。

泄漏应急处置 隔离泄漏污染区，限制出入。建议应急处理人员戴防尘口罩，穿防毒服，戴橡胶手套。穿上适当的防护服前严禁接触破裂的容器和泄漏物。尽可能切断泄漏源。用塑料布覆盖泄漏物，减少飞散。勿使水进入包装容器内。用洁净的铲子收集泄漏物，置于干净、干燥、盖子较松的容器中，将容器移离泄漏区。

438. 碱式碳酸锌

标　识

中文名称　碱式碳酸锌

英文名称　Zinc carbonate, basic; Basic zinc carbonate

分子式　$ZnCO_3 \cdot 2Zn(OH)_2 \cdot H_2O$

CAS 号　5970－47－8

危害信息

燃烧与爆炸危险性　不燃。在高温火场中分解放出有毒且具有腐蚀性的烟雾。

活性反应　与强酸反应。

禁忌物　强酸。

理化特性与用途

理化特性　白色细微粉末，无臭、无味。不溶于水和醇，微溶于氨，能溶于稀酸和氢氧化钠中。相对密度(水＝1)4.42～4.45。

主要用途　主要用作橡胶硫化促进剂、油田开采及化肥生产中的脱硫剂等。

包装与储运

安全储运　储存于阴凉、通风的库房。远离火种、热源。应与酸碱隔离储运。

紧急处置信息

急救措施

吸入：脱离接触。如有不适感，就医。

眼睛接触：分开眼睑，用流动清水或生理盐水冲洗。如有不适感，就医。

皮肤接触：脱去污染的衣着，用肥皂水和清水冲洗。如有不适感，就医。

食入：漱口，饮水。就医。

灭火方法　消防人员须穿全身消防服，戴空气呼吸器，在上风向灭火。尽可能将容器从火场移至空旷处。喷水保持火场容器冷却，直至灭火结束。

本品不燃，根据着火原因选择适当的灭火剂灭火。

泄漏应急处置　建议应急处理人员戴防尘口罩，穿防毒服。穿上适当的防护服前严禁接触破裂的容器和泄漏物。尽可能切断泄漏源。用塑料布覆盖泄漏物，减少飞散。勿使水进入包装容器内。用洁净的铲子收集泄漏物，置于干净、干燥、盖子较松的容器中，将容器移离泄漏区。

439. 建筑石油沥青

标　识

中文名称　建筑石油沥青

英文名称 Petroleum bitumen for building; Construction petroleum asphalt

CAS 号 8052－42－4

危害信息

燃烧与爆炸危险性 可燃。其蒸气与空气混合能形成爆炸性混合物，遇明火、高热易燃烧或爆炸。燃烧产生有毒的一氧化碳、硫化氢和硫氧化物气体。在高温火场中，受热的容器或储罐有破裂和爆炸的危险。

毒性 大鼠吸入 TCL_o：$100mg/m^3$（每天 6h，14 周，间断）。小鼠吸入 TCL_o：$35mg/m^3$（10d，间断），免疫学改变。

沥青及其烟气对皮肤黏膜具有刺激性，有光毒作用。

中毒表现 沥青的主要皮肤损害有：光毒性皮炎，皮损限于面、颈部等暴露部分；黑变病，皮损常对称分布于暴露部位，呈片状，呈褐－深褐－褐黑色；职业性痤疮；疣状赘生物及事故引起的热烧伤。此外，尚有头昏、头胀，头痛、胸闷、乏力、恶心、食欲不振等全身症状和眼、鼻、咽部的刺激症状。

侵入途径 吸入、食入。

职业接触限值 美国（ACGIH）：TLV－TWA：$0.5mg/m^3$。

理化特性与用途

理化特性 黑色固体或半固体物质。不溶于水。软化点 70～95℃，闪点≥230℃（开杯）。

主要用途 用于建筑工程中屋面工程，地下防水、防潮层，以及水利工程中大坝和沟、渠、池塘等的覆盖层。也可用于生产油毡纸、油纸和屋面接缝处密封料。

包装与储运

安全储运 储存于阴凉、通风的库房。远离火种、热源。应与氧化剂隔离储运。

紧急处置信息

急救措施

吸入： 如吸入沥青烟雾，脱离接触，对症处理。

眼睛接触： 立即分开眼睑，用流动清水或生理盐水彻底冲洗。就医。

皮肤接触： 皮肤热沥青烧伤立即用流动水冷却，不要强行剥离皮肤上的沥青。对于头、颈、躯干烧伤，用浸过冷水的毛巾覆盖并时时更换。如果沥青包裹了肢体，会妨碍血循环，应及时切开。在沥青上覆盖凡士林纱布，两天后揭下，并将能够分离的沥青除去，再盖再揭，反复进行可持续两周。

食入： 漱口，饮水。就医。

灭火方法 消防人员须穿全身消防服，佩戴空气呼吸器，在上风向灭火。尽可能将容器从火场移至空旷处。喷水保持火场容器冷却，直至灭火结束。

灭火剂：二氧化碳、干粉、砂土。不可用水。

泄漏应急处置 隔离泄漏污染区，限制出入。消除所有点火源。建议应急处理人员戴防尘口罩，穿防毒服。穿上适当的防护服前严禁接触破裂的容器和泄漏物。尽可能切断泄漏源。用塑料布覆盖泄漏物，减少飞散。勿使水进入包装容器内。用洁净的铲子收集泄漏物，置于干净、干燥、盖子较松的容器中，将容器移离泄漏区。

440. 金属清洗剂

标 识

中文名称 金属清洗剂

英文名称 Metal cleaner

危害信息

燃烧与爆炸危险性 可燃。其蒸气与空气混合能形成爆炸性混合物，遇明火、高热极易燃烧或爆炸。燃烧产生有毒的一氧化碳气体。在高温火场中，受热的容器或储罐有破裂和爆炸的危险。蒸气比空气重，能在较低处扩散到相当远的地方，遇火源会着火回燃和爆炸(闪爆)。

禁忌物 强酸。

侵入途径 吸入、食入。

理化特性与用途

理化特性 77－1型金属清洗剂：在15℃以上是棕黄色透明或半透明液体。pH值8.0～9.0。

主要用途 由非离子表面活性剂和阴离子表面活性剂组成。用于钢、铸铁、铜及铜合金、铝及铝合金等金属材料及零部件、精密零件、输油管道、车身、发动机、船底的清洗。

包装与储运

安全储运 储存于阴凉、通风的库房。保持容器密闭。远离火种、热源。应与氧化剂隔离储运。搬运时轻装轻卸，防止容器受损。

紧急处置信息

急救措施

吸入：脱离接触。如有不适感，就医。

眼睛接触：分开眼睑，用流动清水或生理盐水冲洗。如有不适感，就医。

皮肤接触：脱去污染的衣着，用肥皂水和清水冲洗。如有不适感，就医。

食入：漱口，饮水。就医。

灭火方法 消防人员须穿全身消防服，佩戴空气呼吸器，在上风向灭火。尽可能将容器从火场移至空旷处。喷水保持火场容器冷却，直至灭火结束。处在火场中的容器若发生异常变化或发出异常声音，须马上撤离。

灭火剂：泡沫、二氧化碳、干粉、砂土。

泄漏应急处置 根据液体流动和蒸气扩散的影响区域划定警戒区，无关人员从侧风、上风向撤离至安全区。建议应急处理人员戴正压自给式呼吸器，穿防静电、防腐蚀服，戴橡胶手套。穿上适当的防护服前严禁接触破裂的容器和泄漏物。尽可能切断泄漏源。防止泄漏物进入水体、下水道、地下室或限制性空间。小量泄漏：用干燥的砂土或其他不燃材料吸收或覆盖，收集于容器中。大量泄漏：构筑围堤或挖坑收容。用防爆、耐腐蚀泵转移至槽车或专用收集器内。喷雾状水驱散蒸气、稀释液体泄漏物。

441. 锦纶-66盐

标　识

中文名称　锦纶-66盐

英文名称　Adipic acid, compd. with 1,6-hexanediamine (1:1); Hexamethylenediamine adipate; Nylon 66 salt

别名　尼龙-66盐；己二酸己二胺盐

分子式　$C_6H_{16}N_2 \cdot C_6H_{10}O_4$

CAS号　3323-55-3

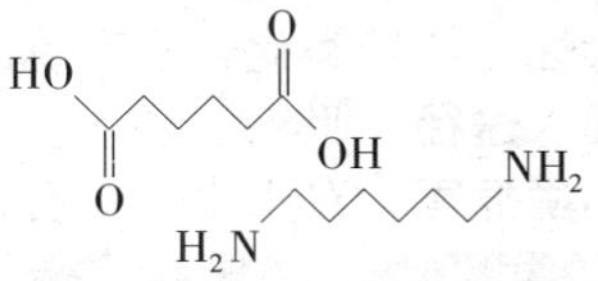

危害信息

燃烧与爆炸危险性　可燃。遇明火、高热可能引起燃烧，燃烧产生有毒的烟气。

禁忌物　强氧化剂。

理化特性与用途

理化特性　是己二酸和己二胺的化合物。无色粉状结晶体。溶于水，微溶于乙醇。熔点192℃。

主要用途　主要用作尼龙-66纤维和工程塑料的单体。

包装与储运

安全储运　储存于阴凉、通风的库房。远离火种、热源。应与氧化剂等隔离储运

紧急处置信息

急救措施

吸入：脱离接触。如有不适感，就医。

眼睛接触：分开眼睑，用流动清水或生理盐水冲洗。如有不适感，就医。

皮肤接触：脱去污染的衣着，用肥皂水和清水冲洗。如有不适感，就医。

食入：漱口，饮水。就医。

灭火方法　消防人员须穿全身消防服，戴空气呼吸器，在上风向灭火。

灭火剂：泡沫、二氧化碳、干粉、沙土。

泄漏应急处置　隔离泄漏污染区，限制出入。建议应急处理人员戴防尘口罩，穿防毒防酸碱服，戴橡胶耐酸碱手套。穿上适当的防护服前严禁接触破裂的容器和泄漏物。尽可能切断泄漏源。用塑料布覆盖泄漏物，减少飞散。勿使水进入包装容器内。用洁净的铲子收集泄漏物，置于干净、干燥、盖子较松的容器中，将容器移离泄漏区。

442. 精制碳五

标　识

中文名称　精制碳五

英文名称　Refined C_5

别名　加氢戊烯

危害信息

危险性类别　第3类　易燃液体

燃烧与爆炸危险性　易燃。其蒸气与空气混合能形成爆炸性混合物，遇明火、高热易燃烧爆炸。高速冲击、流动、激荡后可因产生静电火花放电引起燃烧爆炸。在高温火场中，受热的容器或储罐有破裂和爆炸的危险。

活性反应　与强氧化剂反应。

禁忌物　强氧化剂、卤素、酸类。

毒性　烯烃类化合物有麻醉作用。

侵入途径　吸入、食入。

环境危害　对水生生物有毒，可能在水生环境中造成长期不利影响。

理化特性与用途

理化特性　无色透明液体。C5总量≥97%，总硫≤5mg/kg。

主要用途　主要用于生产发泡剂、固化剂，作为车用燃料调和汽油提高辛烷值。

包装与储运

包装标志　易燃液体

包装类别　Ⅰ类

安全储运　储存于阴凉、通风的库房。保持容器密闭。远离火种、热源，避免阳光直射。炎热气候采取通风降温措施。库温不超过29℃。应与氧化剂等隔离储运。炎热季节早晚运输。禁止使用易产生火花的机械设备和工具。灌装时注意流速，且应有接地装置，防止静电积聚。搬运时轻装轻卸，防止容器受损。

紧急处置信息

急救措施

吸入：迅速脱离现场至空气新鲜处。保持呼吸道通畅。如呼吸困难，给输氧。呼吸、心跳停止，立即进行心肺复苏术。就医。

眼睛接触：分开眼睑，用流动清水或生理盐水冲洗。如有不适感，就医。

皮肤接触：脱去污染的衣着，用肥皂水和清水冲洗。如有不适感，就医。

食入：漱口，尽量饮水，不要催吐。就医。

忌用肾上腺素类药。

灭火方法　消防人员须穿全身消防服，佩戴空气呼吸器，在上风向灭火。尽可能将容器从火场移至空旷处。喷水保持火场容器冷却，直至灭火结束。处在火场中的容器若发生异常变化或发出异常声音，须马上撤离。

灭火剂：泡沫、二氧化碳、干粉、砂土。

泄漏应急处置　迅速撤离泄漏污染区人员至安全区，并进行隔离，严格限制出入。切断火源。建议应急处理人员戴正压自给式呼吸器，穿防毒服。尽可能切断泄漏源。防止流入下水道、排洪沟等限制性空间。小量泄漏：用活性炭或其它惰性材料吸收。也可以用不燃性分散剂制成的乳液刷洗，洗液稀释后放入废水系统。大量泄漏：构筑围堤或挖坑收容。用泡沫覆盖，降低蒸气灾害。用防爆泵转移至槽车或专用收集器内，回收或运至废物处理场所处置。

443. 聚 N,N－亚甲基双丙烯酰胺

标 识

中文名称 聚 N,N－亚甲基双丙烯酰胺

英文名称 Polyacrylamide－N,N－methylenediacrylamide

别名 亚甲基聚丙烯酰胺；MPAM

危害信息

燃烧与爆炸危险性 可燃。遇明火、高热可能引起燃烧，燃烧产生有毒的烟气。

禁忌物 强氧化剂、强酸。

侵入途径 吸入、食入。

理化特性与用途

理化特性 无色透明黏稠胶状体。因 N,N－亚甲基双丙烯酰胺含量较低，其主要性质与聚丙烯酰胺相似。

主要用途 用于低、中、高温度，中、低渗透率砂岩、灰岩油气层的中型规模的压裂酸化作业。

包装与储运

安全储运 储存于阴凉、通风的库房。远离火种、热源。应与氧化剂隔离储运。

紧急处置信息

急救措施

吸入：脱离接触。如有不适感，就医。

眼睛接触：分开眼睑，用流动清水或生理盐水冲洗。如有不适感，就医。

皮肤接触：脱去污染的衣着，用肥皂水和清水冲洗。如有不适感，就医。

食入：漱口，饮水。就医。

灭火方法 消防人员须穿全身消防服，佩戴空气呼吸器，在上风向灭火。尽可能将容器从火场移至空旷处。喷水保持火场容器冷却，直至灭火结束。

泄漏应急处置 根据液体流动和蒸气扩散的影响区域划定警戒区，无关人员从侧风、上风向撤离至安全区。建议应急处理人员戴防毒面具，穿防毒服。穿上适当的防护服前严禁接触破裂的容器和泄漏物。尽可能切断泄漏源。防止泄漏物进入水体、下水道、地下室或密闭性空间。小量泄漏：用干燥的砂土或其他不燃材料吸收或覆盖，收集于容器中。大量泄漏：构筑围堤或挖坑收容。用泵转移至槽车或专用收集器内。

444. 聚 α－2－烯烃

标 识

中文名称 聚 α－2－烯烃

英文名称　Pour point depressant(T803B)

别名　聚 α-2-烯烃降凝剂；803B 降凝剂

危害信息

燃烧与爆炸危险性　可燃。其蒸气与空气混合能形成爆炸性混合物，遇明火、高热易燃烧或爆炸。燃烧产生有毒的一氧化碳气体。在高温火场中，受热的容器或储罐有破裂和爆炸的危险。

禁忌物　强氧化剂。

侵入途径　吸入、食入。

理化特性与用途

理化特性　橙黄色透明黏稠液体。运动黏度≤2300mm^2/s（100℃），闪点≥120℃（开杯）。

主要用途　适用于不同脱蜡深度，不同黏度的基础油，以调制内燃机油、液压油、车辆油及其它润滑油品。

包装与储运

安全储运　储存于阴凉、通风的库房。保持容器密闭。远离火种、热源。应与氧化剂隔离储运。搬运时轻装轻卸，防止容器受损。

紧急处置信息

急救措施

吸入：脱离接触。如有不适感，就医。

眼睛接触：分开眼睑，用流动清水或生理盐水冲洗。如有不适感，就医。

皮肤接触：脱去污染的衣着，用肥皂水和清水冲洗。如有不适感，就医。

食入：漱口，尽量饮水，对于高黏度、低挥发性油脂类，通常不必催吐。就医。

灭火方法　消防人员须穿全身消防服，佩戴空气呼吸器，在上风向灭火。尽可能将容器从火场移至空旷处。喷水保持火场容器冷却，直至灭火结束。处在火场中的容器若发生异常变化或发出异常声音，须马上撤离。

灭火剂：泡沫、二氧化碳、干粉、砂土。

泄漏应急处置　根据液体流动和蒸气扩散的影响区域划定警戒区，无关人员从侧风、上风向撤离至安全区。建议应急处理人员戴正压自给式呼吸器，穿防静电、防腐蚀服，戴橡胶手套。尽可能切断泄漏源。防止泄漏物进入水体、下水道、地下室或限制性空间。小量泄漏：用干燥的砂土或其他不燃材料吸收或覆盖，收集于容器中。大量泄漏：构筑围堤或挖坑收容。

445. 聚 α-3-烯烃

标　识

中文名称　聚 α-3-烯烃

英文名称　Pour point depressant(T803C)

别名 聚 α－3－烯烃降凝剂；803C 降凝剂

危害信息

燃烧与爆炸危险性 可燃。其蒸气与空气混合能形成爆炸性混合物，遇明火、高热易燃烧或爆炸。燃烧产生有毒的一氧化碳气体。在高温火场中，受热的容器或储罐有破裂和爆炸的危险。

禁忌物 强氧化剂。

侵入途径 吸入、食入。

理化特性与用途

理化特性 橙黄色透明黏稠液体。运动黏度≤800mm^2/s（100℃），闪点≥120℃（开杯）。

主要用途 广泛应用于各类工业用油，内燃机油(单级或多级)中起降低油品凝固点的作用，从而保持油品在低温下的流动性。

包装与储运

安全储运 储存于阴凉、通风的库房。保持容器密闭。远离火种、热源。长期储存温度不超过45℃。应与氧化剂隔离储运。搬运时轻装轻卸，防止容器受损。

紧急处置信息

急救措施

吸入：脱离接触。如有不适感，就医。

眼睛接触：分开眼睑，用流动清水或生理盐水冲洗。如有不适感，就医。

皮肤接触：脱去污染的衣着，用肥皂水和清水冲洗。如有不适感，就医。

食入：漱口，尽量饮水，对于高黏度、低挥发性油脂类，通常不必催吐。就医。

灭火方法 消防人员须穿全身消防服，佩戴空气呼吸器，在上风向灭火。尽可能将容器从火场移至空旷处。喷水保持火场容器冷却，直至灭火结束。处在火场中的容器若发生异常变化或发出异常声音，须马上撤离。

灭火剂：泡沫、二氧化碳、干粉、砂土。

泄漏应急处置 根据液体流动和蒸气扩散的影响区域划定警戒区，无关人员从侧风、上风向撤离至安全区。建议应急处理人员戴正压自给式呼吸器，穿防静电、防腐蚀服，戴橡胶手套。尽可能切断泄漏源。防止泄漏物进入水体、下水道、地下室或限制性空间。小量泄漏：用干燥的砂土或其他不燃材料吸收或覆盖，收集于容器中。大量泄漏：构筑围堤或挖坑收容。

446. 聚 α－4－烯烃

标　识

中文名称 聚 α－4－烯烃

英文名称 Pour point depressant(T803D)

别名 T803D 降凝剂；聚 a－4－烯烃降凝剂

危害信息

燃烧与爆炸危险性　可燃。其蒸气与空气混合能形成爆炸性混合物，遇明火、高热易燃烧或爆炸。在高温火场中，受热的容器或储罐有破裂和爆炸的危险。

禁忌物　强氧化剂。

侵入途径　吸入、食入。

理化特性与用途

理化特性　橙黄色透明黏稠液体。运动黏度≤1500mm^2/s（100℃），闪点≥120℃（开杯）。

主要用途　广泛应用于各类工业用油，内燃机油（单级或多级）中起降低油品凝固点的作用，从而保持油品在低温下的流动性。

包装与储运

安全储运　储存于阴凉、通风的库房。保持容器密闭。远离火种、热源。应与氧化剂隔离储运。搬运时轻装轻卸，防止容器受损。

紧急处置信息

急救措施

吸入：脱离接触。如有不适感，就医。

眼睛接触：分开眼睑，用流动清水或生理盐水冲洗。如有不适感，就医。

皮肤接触：脱去污染的衣着，用肥皂水和清水冲洗。如有不适感，就医。

食入：漱口，尽量饮水，对于高黏度、低挥发性油脂类，通常不必催吐。就医。

灭火方法　消防人员须穿全身消防服，佩戴空气呼吸器，在上风向灭火。尽可能将容器从火场移至空旷处。喷水保持火场容器冷却，直至灭火结束。处在火场中的容器若发生异常变化或发出异常声音，须马上撤离。

灭火剂：泡沫、二氧化碳、干粉、砂土。

泄漏应急处置　消除所有点火源。根据液体流动和蒸气扩散的影响区域划定警戒区，无关人员从侧风、上风向撤离至安全区。建议应急处理人员戴正压自给式呼吸器，穿防静电、防腐蚀服，戴橡胶手套。穿上适当的防护服前严禁接触破裂的容器和泄漏物。尽可能切断泄漏源。防止泄漏物进入水体、下水道、地下室或限制性空间。小量泄漏：用干燥的砂土或其他不燃材料吸收或覆盖，收集于容器中。大量泄漏：构筑围堤或挖坑收容。用防爆、耐腐蚀泵转移至槽车或专用收集器内。喷雾状水驱散蒸气、稀释液体泄漏物。

447. 聚 α－烯烃合成油

标　识

中文名称　聚 α－烯烃合成油

英文名称　Poly alpha－olefin synthetic oil

别名　803A 降凝剂

危害信息

燃烧与爆炸危险性　可燃。其蒸气与空气混合能形成爆炸性混合物，遇明火、高热易

燃烧或爆炸。燃烧产生有毒的一氧化碳气体。在高温火场中，受热的容器或储罐有破裂和爆炸的危险。

活性反应 与强氧化剂、卤素反应。

禁忌物 强氧化剂、卤素。

侵入途径 吸入、食入。

理化特性与用途

理化特性 浅黄色透明液体。运动黏度(mm^2/s，100℃)：3～5(PAO－4)、7～9(PAO－8)、11～13(PAO－12)、≥20(PAO－20)，闪点(℃)：≥160(PAO－4)、≥230(PAO－8)、≥245(PAO－12)、≥260(PAO－20)，凝点(℃)：≤－55(PAO－4)、≤－50(PAO－8)、≤－45(PAO－12)、≤－30(PAO－20)。

主要用途 适宜于调制燃气轮机油，高低温航空润滑油，高低温润滑脂基础油，寒区及严寒区内燃机油，齿轮油，液压油，冷冻机油，自动传动液，高黏度航空润滑油，数控机床用油，空气压缩机油，长寿命润滑油，变压器油，绝缘油，高压开关油，金属加工液，导热油，食品及纺织机械用白油，塑料聚合溶剂，化妆及护肤用品。

包装与储运

安全储运 储存于阴凉、通风的库房。保持容器密闭。远离火种、热源。应与氧化剂等隔离储运。搬运时轻装轻卸，防止容器受损。

紧急处置信息

急救措施

吸入：脱离接触。如有不适感，就医。

眼睛接触：分开眼睑，用流动清水或生理盐水冲洗。如有不适感，就医。

皮肤接触：脱去污染的衣着，用肥皂水和清水冲洗。如有不适感，就医。

食入：漱口，尽量饮水，不要催吐。就医。

灭火方法 消防人员须穿全身消防服，佩戴空气呼吸器，在上风向灭火。尽可能将容器从火场移至空旷处。喷水保持火场容器冷却，直至灭火结束。处在火场中的容器若发生异常变化或发出异常声音，须马上撤离。

灭火剂：泡沫、二氧化碳、干粉、砂土。

泄漏应急处置 消除所有点火源。根据液体流动和蒸气扩散的影响区域划定警戒区，无关人员从侧风、上风向撤离至安全区。建议应急处理人员戴正压自给式呼吸器，穿防静电、防腐蚀服，戴橡胶手套。穿上适当的防护服前严禁接触破裂的容器和泄漏物。尽可能切断泄漏源。防止泄漏物进入水体、下水道、地下室或限制性空间。小量泄漏：用干燥的砂土或其他不燃材料吸收或覆盖，收集于容器中。大量泄漏：构筑围堤或挖坑收容。用防爆、耐腐蚀泵转移至槽车或专用收集器内。喷雾状水驱散蒸气、稀释液体泄漏物。

448. 聚氨酯弹性体

标　识

中文名称 聚氨酯弹性体

英文名称 PU Elastomers; Polyurethane elastomer

别名　聚氨酯橡胶

危害信息

燃烧与爆炸危险性　可燃。其粉体与空气混合能形成爆炸性混合物，遇明火高热有引起燃烧爆炸的危险。燃烧产生有毒的一氧化碳气体。

禁忌物　强氧化剂。

侵入途径　吸入、食入。

理化特性与用途

理化特性　淡黄色半透明固体。相对密度(水=1)1.2。

主要用途　广泛用于生产O形密封圈、传动带、无声齿轮等。也用于制造人造革和皮革涂料等。

包装与储运

安全储运　储存于阴凉、通风的库房。远离火种、热源。应与氧化剂等隔离储运。

紧急处置信息

急救措施

吸入：脱离接触。如有不适感，就医。

眼睛接触：分开眼睑，用流动清水或生理盐水冲洗。如有不适感，就医。

皮肤接触：脱去污染的衣着，用肥皂水和清水冲洗。如有不适感，就医。

食入：漱口，饮水。就医。

灭火方法　消防人员须穿全身消防服，在上风向灭火。尽可能将容器从火场移至空旷处。喷水保持火场容器冷却，直至灭火结束。

灭火剂：雾状水、泡沫、二氧化碳、干粉、砂土。

泄漏应急处置　隔离泄漏污染区，限制出入。建议应急处理人员戴防尘口罩，穿防毒防酸碱服，戴橡胶耐酸碱手套。穿上适当的防护服前严禁接触破裂的容器和泄漏物。尽可能切断泄漏源。用塑料布覆盖泄漏物，减少飞散。勿使水进入包装容器内。用洁净的铲子收集泄漏物，置于干净、干燥、盖子较松的容器中，将容器移离泄漏区。

449. 聚苯乙烯

标　　识

中文名称　聚苯乙烯

英文名称　Styrene polymer；Polystyrene；PS

别名　聚苯乙烯树脂

分子式　$\text{-}[C_8H_8]\text{-}_x$

CAS 号　9003－53－6

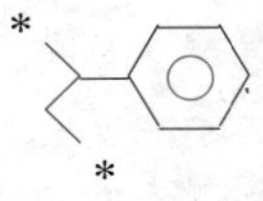

危害信息

燃烧与爆炸危险性　可燃。其粉体与空气混合能形成爆炸性混合物，遇明火高热有引起燃烧爆炸的危险。燃烧产生有毒的一氧化碳气体。

禁忌物 强氧化剂、烃类溶剂。

毒性 小鼠气管内 TDL_0：20mg/kg。

聚合物基本无毒。毒性与聚合物中未聚合的单体即苯乙烯的量有关，主要对呼吸道有较强刺激作用。接触本品的工人有咽炎、慢性扁桃体炎的表现，个别工人患皮炎。

侵入途径 吸入、食入。

理化特性与用途

理化特性 白色粉末、珠体或透明固体。不溶于水，溶于有机溶剂。玻璃化温度 95℃，熔点 240℃，相对密度(水 =1)1.04 ~1.13，闪点 345 ~360℃，引燃温度 427℃。

主要用途 用于制作各种仪表外壳、汽车灯罩、光学仪器零件、电讯零件、磁带盒、日常生活用具、玩具、低发泡制品以及各种容器等。

包装与储运

安全储运 储存于阴凉、通风的库房。远离火种、热源。应与强氧化剂等隔离储运。

紧急处置信息

急救措施

吸入：脱离接触。如有不适感，就医。

眼睛接触：分开眼睑，用流动清水或生理盐水冲洗。如有不适感，就医。

皮肤接触：脱去污染的衣着，用肥皂水和清水冲洗。如有不适感，就医。

食入：漱口，饮水。就医。

灭火方法 消防人员须穿全身消防服，佩戴空气呼吸器，在上风向灭火。尽可能将容器从火场移至空旷处。喷水保持火场容器冷却，直至灭火结束。

灭火剂：雾状水、泡沫、二氧化碳、干粉、砂土。

泄漏应急处置 隔离泄漏污染区，限制出入。消除所有点火源。建议应急处理人员戴防尘口罩，穿防毒服。穿上适当的防护服前严禁接触破裂的容器和泄漏物。尽可能切断泄漏源。用塑料布覆盖泄漏物，减少飞散。勿使水进入包装容器内。用洁净的铲子收集泄漏物，置于干净、干燥、盖子较松的容器中，将容器移离泄漏区。

450. 聚苯乙烯磺酸钠

标　识

中文名称 聚苯乙烯磺酸钠

英文名称 4 – Ethenyl – benzenesulfonic acid sodium salt homopolymer; Poly(sodium – *p* – styrenesulfonate)

别名 聚磺基苯乙烯

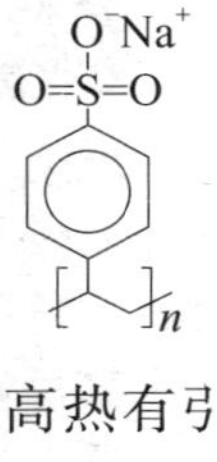

分子式 $(C_8H_7NaO_3S)n$

CAS 号 25704 – 18 – 1

危害信息

燃烧与爆炸危险性 易燃。其粉体与空气混合能形成爆炸性混合物，遇明火高热有引起燃烧爆炸的危险。燃烧产生有毒的一氧化碳和硫氧化物气体。

毒性　大鼠经口 LD_{50}：>8g/kg；小鼠经口 LD_{50}：>10g/kg。

对眼、呼吸道和皮肤有刺激性。食入对消化道有刺激性。

侵入途径　吸入、食入。

理化特性与用途

理化特性　白色或棕黄色粉末(相对分子质量 5000～100000)。溶于水，不溶于有机溶剂。pH 值 6.0(1%水溶液)，熔点 460℃，相对密度(水=1)0.801，闪点>93℃；水溶液：黄色黏稠液体，pH 值 4～8(10%水溶液)，密度 1.158g/mL(30%溶液，25℃)。

主要用途　主要用作水处理阻垢分散剂，也可用作絮凝聚。

包装与储运

安全储运　储存于阴凉、通风的库房。远离火种、热源。应与氧化剂等隔离储运。

紧急处置信息

急救措施

吸入：脱离接触。如有不适感，就医。

眼睛接触：分开眼睑，用流动清水或生理盐水冲洗。如有不适感，就医。

皮肤接触：脱去污染的衣着，用肥皂水和清水冲洗。如有不适感，就医。

食入：漱口，饮水。就医。

灭火方法　消防人员须穿全身消防服，在上风向灭火。尽可能将容器从火场移至空旷处。喷水保持火场容器冷却，直至灭火结束。

灭火剂：雾状水、抗溶性泡沫、二氧化碳、干粉、砂土。

泄漏应急处置　隔离泄漏污染区，限制出入。建议应急处理人员戴防尘口罩，穿防毒防酸碱服，戴橡胶耐酸碱手套。穿上适当的防护服前严禁接触破裂的容器和泄漏物。尽可能切断泄漏源。用塑料布覆盖泄漏物，减少飞散。勿使水进入包装容器内。用洁净的铲子收集泄漏物，置于干净、干燥、盖子较松的容器中，将容器移离泄漏区。

451. 聚苯乙烯焦油

标　识

中文名称　聚苯乙烯焦油

英文名称　Polystyrene－tar oil

别名　苯乙烯焦油

危害信息

燃烧与爆炸危险性　可燃。其蒸气与空气混合能形成爆炸性混合物，遇明火、高热易燃烧或爆炸。燃烧产生有毒的一氧化碳气体。在高温火场中，受热的容器或储罐有破裂和爆炸的危险。

禁忌物　强氧化剂。

侵入途径　吸入、食入。

理化特性与用途

理化特性 聚苯乙烯焦油的主要成分是苯乙烯的低聚物。常温下为高度黏稠的物质。

主要用途 用作燃料。

包装与储运

安全储运 储存于阴凉、通风的库房。保持容器密闭。远离火种、热源。应与氧化剂等隔离储运。

紧急处置信息

急救措施

吸入：脱离接触。如有不适感，就医。

眼睛接触：分开眼睑，用流动清水或生理盐水冲洗。如有不适感，就医。

皮肤接触：脱去污染的衣着，用肥皂水和清水冲洗。如有不适感，就医。

食入：漱口，饮水。就医。

灭火方法 消防人员须穿全身消防服，佩戴空气呼吸器，在上风向灭火。尽可能将容器从火场移至空旷处。喷水保持火场容器冷却，直至灭火结束。处在火场中的容器若发生异常变化或发出异常声音，须马上撤离。

灭火剂：抗溶性泡沫、二氧化碳、干粉、砂土。

泄漏应急处置 根据液体流动和蒸气扩散的影响区域划定警戒区，无关人员从侧风、上风向撤离至安全区。消除所有点火源。建议应急处理人员戴防毒面具，穿防毒服。穿上适当的防护服前严禁接触破裂的容器和泄漏物。尽可能切断泄漏源。防止泄漏物进入水体、下水道、地下室或密闭性空间。小量泄漏：用干燥的砂土或其他不燃材料吸收或覆盖，收集于容器中。大量泄漏：构筑围堤或挖坑收容。用泵转移至槽车或专用收集器内。

452. 聚苯乙烯油性剂

标　　识

中文名称 聚苯乙烯油性剂

英文名称 White lubricant for polystyrene

危害信息

燃烧与爆炸危险性 可燃。其蒸气与空气混合能形成爆炸性混合物，遇明火、高热易燃烧或爆炸。在高温火场中，受热的容器或储罐有破裂和爆炸的危险。

活性反应 与强氧化剂反应。

禁忌物 强氧化剂。

理化特性与用途

理化特性 无色透明液体，无臭、无味。运动黏度 36 ~ 75mm2/s(40℃)，倾点≤ -5℃，密度 0.8736 ~ 0.8781g/cm^3(20℃)，折射率 1.4730 ~ 1.4768。

主要用途 用作各种聚苯乙烯产品的内部润滑油，以及塑料、橡胶工业中的柔软剂、脱模剂及聚合物生产用压缩机的润滑剂等。

包装与储运

安全储运　储存于阴凉、通风的库房。保持容器密闭。远离火种、热源。应与氧化剂等隔离储运。搬运时轻装轻卸，防止容器受损。

紧急处置信息

急救措施

吸入：脱离接触。如有不适感，就医。

眼睛接触：分开眼睑，用流动清水或生理盐水冲洗。如有不适感，就医。

皮肤接触：脱去污染的衣着，用肥皂水和清水冲洗。如有不适感，就医。

食入：漱口，尽量饮水，不要催吐。就医。

灭火方法　消防人员须穿全身消防服，佩戴空气呼吸器，在上风向灭火。尽可能将容器从火场移至空旷处。喷水保持火场容器冷却，直至灭火结束。处在火场中的容器若发生异常变化或发出异常声音，须马上撤离。

灭火剂：泡沫、二氧化碳、干粉、砂土。

泄漏应急处置　根据液体流动和蒸气扩散的影响区域划定警戒区，无关人员从侧风、上风向撤离至安全区。消除所有点火源。建议应急处理人员戴防毒面具，穿防毒服。穿上适当的防护服前严禁接触破裂的容器和泄漏物。尽可能切断泄漏源。防止泄漏物进入水体、下水道、地下室或密闭性空间。小量泄漏：用干燥的砂土或其他不燃材料吸收或覆盖，收集于容器中。大量泄漏：构筑围堤或挖坑收容。用泵转移至槽车或专用收集器内。

453. 聚丙烯腈

标　　识

中文名称　聚丙烯腈

英文名称　Polyacrylonitrile

分子式　$\left[C_3H_3N\right]_x$

CAS 号　25014 - 41 - 9

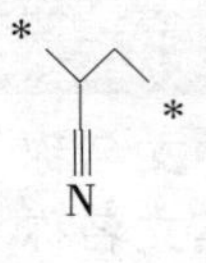

危害信息

燃烧与爆炸危险性　可燃。其粉体与空气混合能形成爆炸性混合物，遇明火高热有引起燃烧爆炸的危险。燃烧产生有毒的一氧化碳和氮氧化物气体。

活性反应　与强氧化剂反应。

禁忌物　强氧化剂。

毒性　大鼠经口 *LD*：>3g/kg。大鼠吸入 *LC*：>25g/m^3。

侵入途径　吸入、食入。

理化特性与用途

理化特性　白色粉末。不溶于水，溶于二甲基甲酰胺或硫氰酸盐等溶剂。熔点 317℃，相对密度(水 =1)1.18，玻璃化温度 85℃。

主要用途 主要用于制合成纤维(如腈纶)。

包装与储运

安全储运 储存于阴凉、通风的库房。远离火种、热源。应与氧化剂等隔离储运。

紧急处置信息

急救措施

吸入: 脱离接触。如有不适感,就医。

眼睛接触: 分开眼睑,用流动清水或生理盐水冲洗。如有不适感,就医。

皮肤接触: 脱去污染的衣着,用肥皂水和清水冲洗。如有不适感,就医。

食入: 漱口,饮水。就医。

灭火方法 消防人员须穿全身消防服,在上风向灭火。尽可能将容器从火场移至空旷处。喷水保持火场容器冷却,直至灭火结束。

灭火剂:雾状水、泡沫、二氧化碳、干粉、砂土。

泄漏应急处置 隔离泄漏污染区,限制出入。建议应急处理人员戴防尘口罩,穿防毒防酸碱服,戴橡胶耐酸碱手套。穿上适当的防护服前严禁接触破裂的容器和泄漏物。尽可能切断泄漏源。用塑料布覆盖泄漏物,减少飞散。勿使水进入包装容器内。用洁净的铲子收集泄漏物,置于干净、干燥、盖子较松的容器中,将容器移离泄漏区。

454. 聚丙烯酸

标　识

中文名称 聚丙烯酸

英文名称 2 - Propenoic acid, homopolymer; Polyacrylic Acid

分子式 $\left[C_3H_4O_2 \right]_n$

CAS 号 9003 - 01 - 4

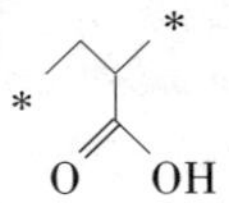

危害信息

燃烧与爆炸危险性 不可燃。产品本身不燃,但干燥后的残留物可燃。

毒性 大鼠经口 LD_{50}: 2500mg/kg; 小鼠经口 LD_{50}: 4600mg/kg。

侵入途径 吸入、食入。

理化特性与用途

理化特性 无色或淡黄色透明液体。易溶于水。固体含量≥30%,密度≥1.09g/cm^3 (20℃), pH≤ 3.0 (1%水溶液)。

主要用途 本品是一种常用的分散剂,除用于循环冷却水系统作阻垢分散剂使用外,还广泛应用于造纸和纺织、印染、陶瓷、涂料等行业。

包装与储运

安全储运 储存于阴凉、通风的库房。保持容器密闭。远离火种、热源。应与强氧化剂等隔离储运。搬运时轻装轻卸，防止容器受损。

紧急处置信息

急救措施

吸入： 脱离接触。如有不适感，就医。

眼睛接触： 分开眼睑，用流动清水或生理盐水冲洗。如有不适感，就医。

皮肤接触： 脱去污染的衣着，用肥皂水和清水冲洗。如有不适感，就医。

食入： 漱口，尽量饮水，不要催吐。

灭火方法 消防人员须穿全身防火防毒服，佩戴空气呼吸器在上风向灭火。尽可能将容器从火场移至空旷处。喷水保持火场容器冷却，直至灭火结束。

灭火剂：本品不燃。根据火灾原因选择适当的灭火剂。

泄漏应急处置 消除所有点火源。根据液体流动和蒸气扩散的影响区域划定警戒区，无关人员从侧风、上风向撤离至安全区。建议应急处理人员戴正压自给式呼吸器，穿防静电、防腐蚀服，戴橡胶手套。尽可能切断泄漏源。防止泄漏物进入水体、下水道、地下室或限制性空间。小量泄漏：用干燥的砂土或其他不燃材料吸收或覆盖，收集于容器中。大量泄漏：构筑围堤或挖坑收容。

455. 聚丙烯酸钠

标　识

中文名称 聚丙烯酸钠

英文名称 Sodium polyacrylic acid；Sodium polyacrylate

别名 PAAS

分子式 $-[C_3H_4O_2]-_x . xNa$

CAS 号 9003 - 04 - 7

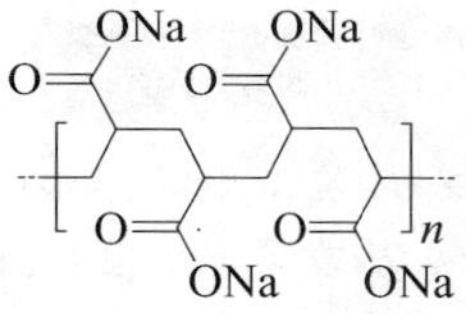

危害信息

燃烧与爆炸危险性 可燃。其粉体与空气混合能形成爆炸性混合物，遇明火高热有引起燃烧爆炸的危险，燃烧产物中含有毒的一氧化碳气体。

禁忌物 水。

毒性 大鼠经口 LD_{50}：>40g/kg。家兔经眼：2mg，中度刺激。

无人中毒资料。

侵入途径 吸入、食入。

理化特性与用途

理化特性 白色或浅蓝色粉末，无臭无味，吸湿性极强。溶于水，不溶于乙醇、丙酮等有机溶剂。相对密度(水 =1)1. 11，pH =8(1% 水溶液)。

主要用途 主要用作钻井液的降黏剂，兼有降低滤失量/改善泥饼质量的作用，具有一定的抗温抗盐能力，适用于水基钻井液体系。

包装与储运

安全储运 储存于阴凉、干燥、通风的库房。包装密封。远离火种、热源。应与氧化剂等隔离储运。

紧急处置信息

急救措施

吸入： 脱离接触。如有不适感，就医。

眼睛接触： 分开眼睑，用流动清水或生理盐水冲洗。如有不适感，就医。

皮肤接触： 脱去污染的衣着，用肥皂水和清水冲洗。如有不适感，就医。

食入： 漱口，尽量饮水，催吐。就医。

灭火方法 消防人员须穿全身消防服，在上风向灭火。尽可能将容器从火场移至空旷处。喷水保持火场容器冷却，直至灭火结束。

灭火剂：雾状水、抗溶性泡沫、二氧化碳、干粉、砂土。

泄漏应急处置 消除点火源。建议应急处理人员戴防尘口罩，穿防毒防酸碱服，戴橡胶耐酸碱手套。用洁净的铲子收集泄漏物，置于干净、干燥、盖子较松的容器中，将容器移离泄漏区。

456. 聚丙烯酸酯

标　　识

中文名称 聚丙烯酸酯

英文名称 Pour point depressant 814

别名 814 降凝剂

危害信息

燃烧与爆炸危险性 可燃。其蒸气与空气混合能形成爆炸性混合物，遇明火、高热易燃烧或爆炸。燃烧产生有毒的一氧化碳气体。在高温火场中，受热的容器或储罐有破裂和爆炸的危险。

侵入途径 吸入、食入。

理化特性与用途

理化特性 是甲基丙烯酸与高级醇进行酯化反应，生成甲基丙烯酸酯，然后进行聚合反应制得。浅黄色黏稠液体。运动黏度 2000 ~ 4000mm^2/s(100℃)。

主要用途 用于润滑油中作降凝剂。

包装与储运

安全储运 储存于阴凉、通风的库房。保持容器密闭。远离火种、热源。应与氧化剂隔离储运。搬运时轻装轻卸，防止容器受损。

紧急处置信息

急救措施

吸入： 脱离接触。如有不适感，就医。

眼睛接触： 分开眼睑，用流动清水或生理盐水冲洗。如有不适感，就医。

皮肤接触： 脱去污染的衣着，用肥皂水和清水冲洗。如有不适感，就医。

食入： 漱口，尽量饮水，催吐。就医。

灭火方法　消防人员须穿全身消防服，佩戴空气呼吸器，在上风向灭火。尽可能将容器从火场移至空旷处。喷水保持火场容器冷却，直至灭火结束。处在火场中的容器若发生异常变化或发出异常声音，须马上撤离。

灭火剂：泡沫、二氧化碳、干粉、砂土。

泄漏应急处置　根据液体流动和蒸气扩散的影响区域划定警戒区，无关人员从侧风、上风向撤离至安全区。建议应急处理人员戴正压自给式呼吸器，穿防静电、防腐蚀服，戴橡胶手套。尽可能切断泄漏源。防止泄漏物进入水体、下水道、地下室或限制性空间。小量泄漏：用干燥的砂土或其他不燃材料吸收或覆盖，收集于容器中。大量泄漏：构筑围堤或挖坑收容。

457. 聚丙烯酰胺

标　识

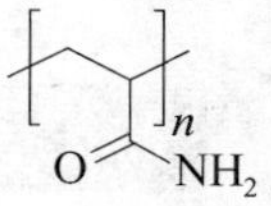

中文名称　聚丙烯酰胺

英文名称　2 – Propenamide，homopolymer；Polyacrylamide

别名　絮凝剂 3 号

分子式　$\text{[}C_3H_5NO\text{]}_x$

CAS 号　9003 – 05 – 8

危害信息

燃烧与爆炸危险性　可燃。其粉体与空气混合能形成爆炸性混合物，遇明火高热有引起燃烧爆炸的危险。燃烧产生有毒的一氧化碳和氮氧化物气体。

毒性　大鼠经口 LD_{50}：>1g/kg。小鼠经口 LD_{50}：12950mg/kg。

对眼、呼吸道和皮肤有刺激性。食入对消化道有刺激性。

侵入途径　吸入、食入。

理化特性与用途

理化特性　无色或微黄色结晶性粉末。溶于水，不溶于乙醇、丙酮。玻璃化温度153℃，软化温度210℃，相对密度(水 = 1)1.3。

主要用途　聚丙烯酰胺是重要的水溶性聚合物，在采油、选矿、洗煤、冶金、化工、造纸、纺织、制糖、医药、环保、建材、农业生产等部门都有广泛的使用。

包装与储运

安全储运　储存于阴凉、通风的库房。远离火种、热源。应与氧化剂等隔离储运。

紧急处置信息

急救措施

吸入： 脱离接触。如有不适感，就医。

眼睛接触： 分开眼睑，用流动清水或生理盐水冲洗。如有不适感，就医。

皮肤接触： 脱去污染的衣着，用肥皂水和清水冲洗。如有不适感，就医。

食入： 漱口，饮水。就医。

灭火方法　消防人员须穿全身消防服，在上风向灭火。尽可能将容器从火场移至空旷处。喷水保持火场容器冷却，直至灭火结束。

灭火剂：雾状水、抗溶性泡沫、二氧化碳、干粉、砂土。

泄漏应急处置　隔离泄漏污染区，限制出入。建议应急处理人员戴防尘口罩，穿防毒防酸碱服，戴橡胶耐酸碱手套。穿上适当的防护服前严禁接触破裂的容器和泄漏物。尽可能切断泄漏源。用塑料布覆盖泄漏物，减少飞散。勿使水进入包装容器内。用洁净的铲子收集泄漏物，置于干净、干燥、盖子较松的容器中，将容器移离泄漏区。

458. 聚醋酸乙烯酯

标　识

中文名称　聚醋酸乙烯酯

英文名称　Pour point depressant（T804）

别名　降凝剂 T804；柴油流动改进剂；1804 流动改进剂

危害信息

燃烧与爆炸危险性　可燃。其蒸气与空气混合能形成爆炸性混合物，遇明火、高热易燃烧或爆炸。燃烧产生有毒的一氧化碳气体。在高温火场中，受热的容器或储罐有破裂和爆炸的危险。

禁忌物　强氧化剂。

侵入途径　吸入、食入。

理化特性与用途

理化特性　橙黄色油状液体。密度 0.85 ~ 0.95g/cm^3（20℃），运动黏度 70 ~ 150mm^2/s（50℃），凝点≤6℃。

主要用途　用来降低柴油的凝固点，以提高使用性能。

包装与储运

安全储运　储存于阴凉、通风的库房。远离火种、热源。保持容器密封。应与氧化剂隔离储运。搬运时轻装轻卸，防止容器受损。

紧急处置信息

急救措施

吸入：脱离接触。如有不适感，就医。

眼睛接触：分开眼睑，用流动清水或生理盐水冲洗。如有不适感，就医。

皮肤接触：脱去污染的衣着，用肥皂水和清水冲洗。如有不适感，就医。

食入：漱口，尽量饮水，不要催吐。就医。

灭火方法　消防人员须穿全身消防服，佩戴空气呼吸器，在上风向灭火。尽可能将容器从火场移至空旷处。喷水保持火场容器冷却，直至灭火结束。处在火场中的容器若发生异常变化或发出异常声音，须马上撤离。

灭火剂：泡沫、二氧化碳、干粉、砂土。

泄漏应急处置　消除所有点火源。根据液体流动和蒸气扩散的影响区域划定警戒区，无关人员从侧风、上风向撤离至安全区。建议应急处理人员戴正压自给式呼吸器，穿防静电、防腐蚀服，戴橡胶手套。尽可能切断泄漏源。防止泄漏物进入水体、下水道、地下室或限制性空间。小量泄漏：用干燥的砂土或其他不燃材料吸收或覆盖，收集于容器中。大量泄漏：构筑围堤或挖坑收容。

459. 聚丁二烯

标　识

中文名称　聚丁二烯

英文名称　Polybutadiene；*cis* – 1,4 – Polybutadiene

别名　顺式 1,4 – 聚丁二烯

分子式　$\left[CH_2-CH=CH-CH_2 \right]_n$

CAS 号　9003 – 17 – 2

危害信息

燃烧与爆炸危险性　可燃。其蒸气与空气混合能形成爆炸性混合物，遇明火、高热易燃烧或爆炸。燃烧产生有毒的一氧化碳气体。在高温火场中，受热的容器或储罐有破裂和爆炸的危险。

活性反应　与强氧化剂反应。

禁忌物　强氧化剂。

理化特性与用途

理化特性　无色黏稠液体。相对分子质量 50000 ~ 450000。不溶于醇、醚，易溶于烃类，与矿物油混溶。

主要用途　低聚合度聚丁二烯在石油工业中作为油溶性高分子增黏降阻剂，用于极压裂液，具有减阻作用。

包装与储运

安全储运　储存于阴凉、通风的库房。保持容器密闭。远离火种、热源。应与氧化剂隔离储运。搬运时轻装轻卸，防止容器受损。

紧急处置信息

急救措施

吸入： 脱离接触。如有不适感，就医。

眼睛接触： 分开眼睑，用流动清水或生理盐水冲洗。如有不适感，就医。

皮肤接触： 脱去污染的衣着，用肥皂水和清水冲洗。如有不适感，就医。

食入： 漱口，饮水。就医。

灭火方法　消防人员须穿全身消防服，佩戴空气呼吸器，在上风向灭火。尽可能将容器从火场移至空旷处。喷水保持火场容器冷却，直至灭火结束。处在火场中的容器若发生异常变化或发出异常声音，须马上撤离。

灭火剂：泡沫、二氧化碳、干粉、砂土。

泄漏应急处置　根据液体流动和蒸气扩散的影响区域划定警戒区，无关人员从侧风、上风向撤离至安全区。消除点火源。建议应急处理人员戴防毒面具，穿防毒服。穿上适当的防护服前严禁接触破裂的容器和泄漏物。尽可能切断泄漏源。防止泄漏物进入水体、下水道、地下室或密闭性空间。小量泄漏：用干燥的砂土或其他不燃材料吸收或覆盖，收集于容器中。大量泄漏：构筑围堤或挖坑收容。

460. 聚丁烯胺

标　识

中文名称　聚丁烯胺

英文名称　Polybutene amine

危害信息

燃烧与爆炸危险性　可燃。其蒸气与空气混合能形成爆炸性混合物，遇明火、高热易燃烧或爆炸。在高温火场中，受热的容器或储罐有破裂和爆炸的危险。

禁忌物　强氧化剂。

理化特性与用途

理化特性　无色或淡黄色黏稠液体(70%芳烃溶液，杂质聚异丁烯5% ~10%)。不溶于水。密度0.81g/ml(15℃)，蒸气压<0.00133kPa，辛醇/水分配系数7.1，闪点>189℃，引燃温度>200℃。

主要用途　用作发动机进气活门抗沉积的燃料添加剂。

包装与储运

安全储运　储存于阴凉、通风的库房。保持容器密闭。远离火种、热源。应与氧化剂隔离储运。搬运时轻装轻卸，防止容器受损。

紧急处置信息

急救措施

吸入：脱离接触。如有不适感，就医。

眼睛接触：分开眼睑，用流动清水或生理盐水冲洗。如有不适感，就医。

皮肤接触：脱去污染的衣着，用肥皂水和清水冲洗。如有不适感，就医。

食入：漱口，饮水。就医。

灭火方法　消防人员须穿全身消防服，佩戴空气呼吸器，在上风向灭火。尽可能将容器从火场移至空旷处。喷水保持火场容器冷却，直至灭火结束。处在火场中的容器若发生异常变化或发出异常声音，须马上撤离。

灭火剂：泡沫、二氧化碳、干粉、砂土。

泄漏应急处置　消除所有点火源。根据液体流动和蒸气扩散的影响区域划定警戒区，无关人员从侧风、上风向撤离至安全区。建议应急处理人员戴正压自给式呼吸器，穿防静电、防腐蚀服，戴橡胶手套。穿上适当的防护服前严禁接触破裂的容器和泄漏物。尽可能切断泄漏源。防止泄漏物进入水体、下水道、地下室或限制性空间。小量泄漏：用干燥的砂土或其他不燃材料吸收或覆盖，收集于容器中。大量泄漏：构筑围堤或挖坑收容。用防

爆、耐腐蚀泵转移至槽车或专用收集器内。喷雾状水驱散蒸气、稀释液体泄漏物。

461. 聚对苯二甲酸丙二酯

标　识

中文名称　聚对苯二甲酸丙二酯

英文名称　Polytrimethylene terephthalate；PTT

别名　聚对苯二甲酸丙二醇酯

危害信息

燃烧与爆炸危险性　可燃，遇明火、高热可引起燃烧，燃烧产生有毒的烟气。

禁忌物　强氧化剂。

侵入途径　吸入、食入。

理化特性与用途

理化特性　白色至半透明固体。熔点 228℃，玻璃化温度 55℃，相对密度（水 = 1）1. 432（结晶）、1. 295（无定形）。

主要用途　主要应用于服饰材料、地毯材料、工程塑料、薄膜材料及其他领域。

包装与储运

安全储运　储存于阴凉、通风的库房。远离火种、热源。应与氧化剂等隔离储运。

紧急处置信息

急救措施

吸入：脱离接触，休息。

眼和皮肤接触：用水冲洗。

食入：饮 1 杯水。通常不需要处理。

灭火方法　消防人员须穿全身消防服，佩戴空气呼吸器，在上风向灭火。

灭火剂：泡沫、二氧化碳、干粉、砂土。

泄漏应急处置　隔离泄漏污染区，限制出入。建议应急处理人员戴防尘口罩，穿防毒防酸碱服，戴橡胶耐酸碱手套。用塑料布覆盖泄漏物，减少飞散。勿使水进入包装容器内。用洁净的铲子收集泄漏物，置于干净、干燥、盖子较松的容器中，将容器移离泄漏区。

462. 聚对苯二甲酸丁二酯

标　识

中文名称　聚对苯二甲酸丁二酯

英文名称　1,4 – Benzenedicarboxylic acid, polymer with 1,4 – butanediol；Poly（butylene terephthalate）；PBT

别名　聚对苯二甲酸丁二醇酯

分子式　$[(CH_2)_4OOCC_6H_4COO]n$

CAS 号　26062－94－2

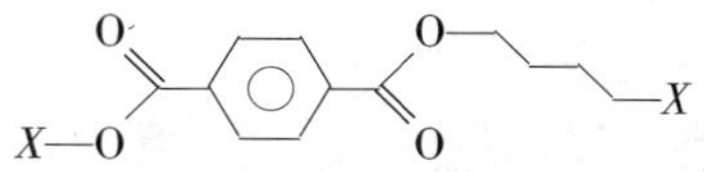

危害信息

燃烧与爆炸危险性　可燃。其粉体与空气混合能形成爆炸性混合物，遇明火高热有引起燃烧爆炸的危险。燃烧产生有毒的一氧化碳气体。

禁忌物　强氧化剂。

理化特性与用途

理化特性　乳白色半透明到不透明、结晶型热塑性聚酯。不溶于四氯化碳。相对密度(水＝1)1.31～1.55，熔点224～227℃，热变形温度58～66℃(1.82MPa)。

主要用途　用于制造电视、电器、仪表、机械等工业用的各种零部件及制长丝、薄膜等。

包装与储运

安全储运　储存于阴凉、通风的库房。远离火种、热源。应与氧化剂等隔离储运。

紧急处置信息

急救措施

吸入：脱离接触。如有不适感，就医。

眼睛接触：分开眼睑，用流动清水或生理盐水冲洗。如有不适感，就医。

皮肤接触：脱去污染的衣着，用肥皂水和清水冲洗。如有不适感，就医。

食入：漱口，饮水。就医。

灭火方法　消防人员须穿全身消防服，戴空气呼吸器，在上风向灭火。尽可能将容器从火场移至空旷处。喷水保持火场容器冷却，直至灭火结束。

灭火剂：雾状水、泡沫、二氧化碳、干粉、砂土。

泄漏应急处置　隔离泄漏污染区，限制出入。建议应急处理人员戴防尘口罩，穿防毒防酸碱服，戴橡胶耐酸碱手套。用塑料布覆盖泄漏物，减少飞散。勿使水进入包装容器内。用洁净的铲子收集泄漏物，置于干净、干燥、盖子较松的容器中，将容器移离泄漏区。

463. 聚对苯二甲酸乙二酯

标　识

中文名称　聚对苯二甲酸乙二酯

英文名称　Polyethylene terephthalate；PETP

别名　涤纶；聚酯

分子式　$-[C_8H_6O_4 \cdot C_2H_6O_2]-_x$

CAS 号　9003－68－3

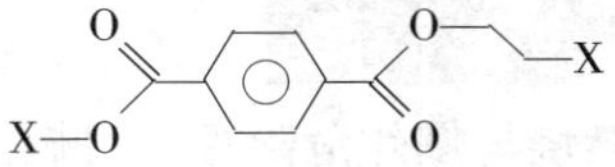

危害信息

燃烧与爆炸危险性　可燃。其粉体与空气混合能形成爆炸性混合物，遇明火高热有引起燃烧爆炸的危险。燃烧产生有毒的一氧化碳气体。

禁忌物　强氧化剂。

侵入途径　吸入、食入。

理化特性与用途

理化特性　乳白色或浅黄色、高度结晶的聚合物。相对密度(水 =1)1.37 ~1.38，熔点 250 ~265℃，玻璃化温度 69℃。

主要用途　主要用于抽丝制纤维、挤塑并双轴拉伸制薄膜和薄片、吹塑制饮料瓶；增强及合金化制品用作机械、电子零部件。

包装与储运

安全储运　储存于阴凉、通风的库房。远离火种、热源。应与氧化剂等隔离储运。

紧急处置信息

急救措施

吸入：脱离接触。如有不适感，就医。

眼睛接触：分开眼睑，用流动清水或生理盐水冲洗。如有不适感，就医。

皮肤接触：脱去污染的衣着，用肥皂水和清水冲洗。如有不适感，就医。

食入：漱口，饮水。就医。

灭火方法　消防人员须穿全身消防服，在上风向灭火。尽可能将容器从火场移至空旷处。喷水保持火场容器冷却，直至灭火结束。

灭火剂：雾状水、泡沫、二氧化碳、干粉、砂土。

泄漏应急处置　隔离泄漏污染区，限制出入。建议应急处理人员戴防尘口罩，穿防毒防酸碱服，戴橡胶耐酸碱手套。尽可能切断泄漏源。用塑料布覆盖泄漏物，减少飞散。勿使水进入包装容器内。用洁净的铲子收集泄漏物，置于干净、干燥、盖子较松的容器中，将容器移离泄漏区。

464. 聚二甲基硅油

标　识

中文名称　聚二甲基硅油

英文名称　Polydimethylsiloxane；Dimethylpolysiloxane；Dimethicone

别名　二甲基聚硅氧烷；二甲基硅油

分子式　$\left[C_2H_6OSi \right]_n$

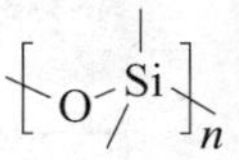

CAS 号　9016 -00 -6

危害信息

燃烧与爆炸危险性　可燃。其蒸气与空气混合能形成爆炸性混合物，遇明火、高热易燃烧或爆炸。燃烧产生有毒的气体。在高温火场中，受热的容器或储罐有破裂和爆炸的危险。

禁忌物　强氧化剂

毒性　大鼠腹腔内 *LD*：>2g/kg；大鼠皮下 *LD*：>2g/kg。

侵入途径 吸入、食入。

理化特性与用途

理化特性 无色透明黏稠液体。不溶于水，溶于四氯化碳、苯、氯仿等有机溶剂。相对密度(水 = 1)0.91 ~ 1.0，熔点 -50℃，闪点 >110℃，辛醇/水分配系数 2.6 ~ 4.25。

主要用途 广泛用作绝缘润滑、防震、防油尘、介电液和热载体。以及用作消泡、脱模剂、油漆及日化品添加剂。

包装与储运

安全储运 储存于阴凉、通风的库房。保持容器密闭。远离火种、热源。应与氧化剂隔离储运。搬运时轻装轻卸，防止容器受损。

紧急处置信息

急救措施

吸入：脱离接触。如有不适感，就医。

眼睛接触：分开眼睑，用流动清水或生理盐水冲洗。如有不适感，就医。

皮肤接触：脱去污染的衣着，用肥皂水和清水冲洗。如有不适感，就医。

食入：漱口，不要催吐。就医。

灭火方法 消防人员须穿全身消防服，佩戴空气呼吸器，在上风向灭火。尽可能将容器从火场移至空旷处。喷水保持火场容器冷却，直至灭火结束。处在火场中的容器若发生异常变化或发出异常声音须马上撤离。

灭火剂：泡沫、二氧化碳、干粉、砂土。

泄漏应急处置 根据液体流动和蒸气扩散的影响区域划定警戒区，无关人员从侧风、上风向撤离至安全区。消除所有点火源。建议应急处理人员戴防毒面具，穿防毒服。穿上适当的防护服前严禁接触破裂的容器和泄漏物。尽可能切断泄漏源。防止泄漏物进入水体、下水道、地下室或密闭性空间。小量泄漏：用干燥的砂土或其他不燃材料吸收或覆盖，收集于容器中。大量泄漏：构筑围堤或挖坑收容。用泵转移至槽车或专用收集器内。

465. 聚二烯丙基二甲基氯化铵

标　识

中文名称 聚二烯丙基二甲基氯化铵

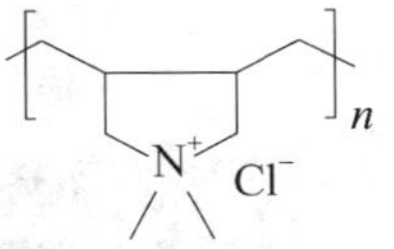

英文名称 Poly(diallyldimethylammonium chloride); *N*,*N* - Dimethyl - *N* - 2 - propenyl - 2 - propen - 1 - aminium chloride homopolymer

别名 聚季铵盐 -6；二甲基二烯丙基氯化铵的均聚物

分子式 $\left[C_8H_{16}NCl \right]_x$

CAS 号 26062 - 79 - 3

危害信息

燃烧与爆炸危险性 可燃。遇明火、高热可引起燃烧。燃烧产生氯化氢、氨、碳氧化物和氮氧化物等有毒气体。在高温火场中，受热的容器和储罐有破裂或爆炸的危险。

活性反应　与强氧化剂反应。

禁忌物　强氧化剂。

毒性　大鼠经口 LD_{50}：3g/kg；小鼠经口 LD_{50}：1720mg/kg。

动物急性经口染毒后出现嗜睡、抽搐和呼吸抑制。

侵入途径　吸入、食入。

理化特性与用途

理化特性　无色或淡黄色黏稠液体。易溶于水。固体含量≥40%，pH 值 2.5 ~ 7，相对密度(水 =1)1.08 ~ 1.09，熔点 -2.8 ~ 0℃，沸点 >100℃，闪点 >100℃(闭杯)。

主要用途　作为阳离子有机高分子絮凝聚，广泛应用于水处理行业。

包装与储运

安全储运　储存于阴凉、通风的库房。保持容器密闭。远离火种、热源。应与氧化剂等隔离储运。搬运时轻装轻卸，防止容器受损。

紧急处置信息

急救措施

吸入：脱离接触。如有不适感，就医。

眼睛接触：分开眼睑，用流动清水或生理盐水冲洗。如有不适感，就医。

皮肤接触：脱去污染的衣着，用肥皂水和清水冲洗。如有不适感，就医。

食入：漱口，饮水。就医。

灭火方法　消防人员须穿全身消防服，佩戴空气呼吸器，在上风向灭火。尽可能将容器从火场移至空旷处。喷水保持火场容器冷却，直至灭火结束。处在火场中的容器若发生异常变化或发出异常声音，须马上撤离。

灭火剂：抗溶性泡沫、二氧化碳、干粉、砂土。

泄漏应急处置　隔离泄漏污染区，限制出入。建议应急处理人员戴防自给式呼吸器，穿防护服。穿上适当的防护服前严禁接触破裂的容器和泄漏物。尽可能切断泄漏源。泄漏物造成地面打滑，应防止滑倒。筑堤收容或用惰性材料吸收。勿使水进入包装容器内。收集于适当的容器中，回收或废弃处置。

466. 聚合硫酸铁

标　识

中文名称　聚合硫酸铁

英文名称　Polyferric sulfate；Polymeric iron sulfate；PFS

别名　聚铁；聚合碱式硫酸铁

分子式　$[Fe_2(OH)_n(SO_4)_{3-n/2}]_m$

CAS 号　51434 - 22 - 1

危害信息

燃烧与爆炸危险性 不燃。
活性反应 与强碱反应。
禁忌物 碱类。
侵入途径 吸入、食入。

理化特性与用途

理化特性 黄色无定形固体，具有吸湿性。溶于水。pH = 2.0 ~ 3.0(1% 水溶液)。
主要用途 用作铁盐无机高分子絮凝剂，主要用于城镇生活饮用水、工业给水方面。

包装与储运

安全储运 储存于阴凉、干燥、通风的库房。远离火种、热源。包装密封，防止受潮。防止日晒、雨淋。

紧急处置信息

急救措施
吸入：脱离接触。如有不适感，就医。
眼睛接触：分开眼睑，用流动清水或生理盐水冲洗。如有不适感，就医。
皮肤接触：脱去污染的衣着，用肥皂水和清水冲洗。如有不适感，就医。
食入：漱口，饮水。就医。
灭火方法 消防人员须穿全身消防服，在上风向灭火。尽可能将容器从火场移至空旷处。喷水保持火场容器冷却，直至灭火结束。
灭火剂：本品不燃，根据火灾原因选择适当的灭火剂。
泄漏应急处置 隔离泄漏污染区，限制出入。建议应急处理人员戴防尘口罩，穿防毒防酸碱服，戴橡胶耐酸碱手套。穿上适当的防护服前严禁接触破裂的容器和泄漏物。尽可能切断泄漏源。用塑料布覆盖泄漏物，减少飞散。勿使水进入包装容器内。用洁净的铲子收集泄漏物，置于干净、干燥、盖子较松的容器中，将容器移离泄漏区。残留物用水冲洗。

467. 聚合氯化铝

标　识

中文名称 聚合氯化铝
英文名称 Polyaluminium chloride; Aluminum chloride, basic; Aluminum chlorohydrate
别名 碱式氯化铝；羟基氯化铝；净水剂
分子式 $Al_2Cl(OH)_5$
CAS 号 1327 - 41 - 9

危害信息

燃烧与爆炸危险性 不燃。没有特别的燃烧爆炸特性。
活性反应 与强碱反应。
禁忌物 碱类。

毒性　大鼠经口 LD_{50}：681mg/kg；小鼠经口 LD_{50}：316mg/kg。
对眼和皮肤有刺激性。食入对消化道有刺激性。

侵入途径　吸入、食入。

理化特性与用途

理化特性　无色或黄色固体，其溶液为无色或黄褐色透明液体。溶于水。pH 值 3.5～5.0(1% 水溶液)。

主要用途　用于净水，铸造，造纸，医药，制革等工业。

包装与储运

安全储运　储存于阴凉、干燥、通风的库房。远离火种、热源。应与强酸、强碱隔离储运。

紧急处置信息

急救措施

吸入： 脱离接触。如有不适感，就医。

眼睛接触： 分开眼睑，用流动清水或生理盐水冲洗。如有不适感，就医。

皮肤接触： 脱去污染的衣着，用肥皂水和清水冲洗。如有不适感，就医。

食入： 漱口，饮水。就医。

灭火方法　消防人员须穿全身消防服，在上风向灭火。尽可能将容器从火场移至空旷处。喷水保持火场容器冷却，直至灭火结束。

灭火剂：本品不燃，根据火灾原因选择适当的灭火剂。

泄漏应急处置　隔离泄漏污染区，限制出入。建议应急处理人员戴防尘口罩，穿防毒防酸碱服，戴橡胶耐酸碱手套。穿上适当的防护服前严禁接触破裂的容器和泄漏物。尽可能切断泄漏源。用塑料布覆盖泄漏物，减少飞散。勿使水进入包装容器内。用洁净的铲子收集泄漏物，置于干净、干燥、盖子较松的容器中，将容器移离泄漏区。残留物用水冲洗。

468. 聚环氧琥珀酸盐

标　识

中文名称　聚环氧琥珀酸盐

英文名称　Polyepoxysuccinate；Sodium polyepoxysuccinate

别名　PES

分子式　$HO{+}C_4H_2O_5M_2{+}_nH$

危害信息

燃烧与爆炸危险性　本品为水溶液，本身不可燃，但干燥后的残留物可燃。

活性反应　与强酸反应。

禁忌物　强酸。

侵入途径　吸入、食入。

理化特性与用途

理化特性 无色或琥珀透明液体。溶于水，不溶于 pH = 2.5 的酸化甲醇。固体含量≥40%，pH = 9 ~ 12(1% 水溶液)，密度≥1.3g/cm^3(20℃)。

主要用途 主要用于冷却水处理，既适用于低碱度及低硬度水处理，也适用于高碱度、高硬度、高温、高 PH 值条件的水处理。

包装与储运

安全储运 储存于阴凉、通风的库房。容器密闭。远离火种、热源。应与强氧化剂等隔离储运。搬运时轻装轻卸，防止容器受损。

紧急处置信息

急救措施

吸入： 脱离接触。如有不适感，就医。

眼睛接触： 分开眼睑，用流动清水或生理盐水冲洗。如有不适感，就医。

皮肤接触： 脱去污染的衣着，用肥皂水和清水冲洗。如有不适感，就医。

食入： 漱口，饮水。就医。

灭火方法 消防人员须穿全身消防服，佩戴空气呼吸器，在上风向灭火。尽可能将容器从火场移至空旷处。喷水保持火场容器冷却，直至灭火结束。处在火场中的容器若发生异常变化或发出异常声音，须马上撤离。

灭火剂：本品不燃，根据火灾原因选择适当的灭火剂。

泄漏应急处置 消除所有点火源。根据液体流动和蒸气扩散的影响区域划定警戒区，无关人员从侧风、上风向撤离至安全区。建议应急处理人员戴正压自给式呼吸器，穿防静电、防腐蚀服，戴橡胶手套。尽可能切断泄漏源。防止泄漏物进入水体、下水道、地下室或限制性空间。小量泄漏：用干燥的砂土或其他不燃材料吸收或覆盖，收集于容器中。大量泄漏：构筑围堤或挖坑收容。

469. 聚环氧氯丙烷吡啶季铵盐

标　识

中文名称 聚环氧氯丙烷吡啶季铵盐

英文名称 Polyepichlorohydrin pyridine

别名 阳离子反相破乳剂；PEC

危害信息

燃烧与爆炸危险性 不燃，无特殊燃爆特性。

禁忌物 强氧化剂。

侵入途径 吸入、食入。

理化特性与用途

理化特性 无色至淡黄色黏稠液体，有刺激性气味，有一定腐蚀性。固体含量 20% ~ 30%，pH 值 6 ~ 7，黏度 5 ~ 10mPa·s。

主要用途　具有较强的反相能力，适于作含油废水的絮凝剂。

紧急处置信息

急救措施

吸入：脱离接触。如有不适感，就医。

眼睛接触：分开眼睑，用流动清水或生理盐水冲洗。如有不适感，就医。

皮肤接触：脱去污染的衣着，用肥皂水和清水冲洗。如有不适感，就医。

食入：漱口，饮水。就医。

泄漏应急处置　消除所有点火源。根据液体流动和蒸气扩散的影响区域划定警戒区，无关人员从侧风、上风向撤离至安全区。建议应急处理人员戴正压自给式呼吸器，穿防静电、防腐蚀服，戴橡胶手套。尽可能切断泄漏源。防止泄漏物进入水体、下水道、地下室或限制性空间。小量泄漏：用干燥的砂土或其他不燃材料吸收或覆盖，收集于容器中。大量泄漏：构筑围堤或挖坑收容。

470. 聚环氧乙烷－环氧丙烷醚

标　识

中文名称　聚环氧乙烷－环氧丙烷醚

英文名称　Deemulsifier

别名　破乳剂

危害信息

燃烧与爆炸危险性　可燃。其蒸气与空气混合能形成爆炸性混合物，遇明火、高热易燃烧或爆炸。在高温火场中，受热的容器或储罐有破裂和爆炸的危险。

侵入途径　吸入、食入。

理化特性与用途

理化特性　浅棕色、半透明黏稠液体。呈微碱性。溶于水及其他溶剂。凝固点 20～40℃，pH＝5～7。

主要用途　用作石油破乳剂，油田原油的脱水、降黏等。

包装与储运

包装标志　易燃液体

包装类别　Ⅲ类

安全储运　储存于阴凉、通风的库房。远离火种、热源，避免阳光直射。储存温度不超过 37℃。炎热季节早晚运输，应与氧化剂等隔离储运。禁止使用易产生火花的机械设备和工具。搬运时轻装轻卸，防止容器受损。

紧急处置信息

急救措施

吸入：脱离接触。如有不适感，就医。

眼睛接触： 分开眼睑，用流动清水或生理盐水冲洗。如有不适感，就医。

皮肤接触： 脱去污染的衣着，用肥皂水和清水冲洗。如有不适感，就医。

食入： 漱口，尽量饮水，不要催吐。

灭火方法 消防人员须穿全身消防服，佩戴空气呼吸器，在上风向灭火。尽可能将容器从火场移至空旷处。喷水保持火场容器冷却，直至灭火结束。处在火场中的容器若发生异常变化或发出异常声音，须马上撤离。

灭火剂：抗溶性泡沫、二氧化碳、干粉、砂土。

泄漏应急处置 消除所有点火源。根据液体流动和蒸气扩散的影响区域划定警戒区，无关人员从侧风、上风向撤离至安全区。建议应急处理人员戴正压自给式呼吸器，穿防静电、防腐蚀服，戴橡胶手套。尽可能切断泄漏源。防止泄漏物进入水体、下水道、地下室或限制性空间。小量泄漏：用干燥的砂土或其他不燃材料吸收或覆盖，收集于容器中。大量泄漏：构筑围堤或挖坑收容。

471. 聚己内酰胺树脂

标　识

中文名称 聚己内酰胺树脂

英文名称 Polycaprolactam resin；Polyamide 6；Nylon 6

别名 尼龙-6；锦纶-6

分子式 $\left[C_6H_{11}NO\right]_n$

CAS 号 25038-54-4

危害信息

燃烧与爆炸危险性 可燃。其粉体与空气混合能形成爆炸性混合物，遇明火高热有引起燃烧爆炸的危险。燃烧或受热产生有毒的气体。

活性反应 与强氧化剂反应。

禁忌物 强氧化剂。

毒性 大鼠吸入 LC_{50}：11g/m^3(30min)。

粉尘对眼、呼吸道和皮肤有机械刺激作用。

侵入途径 吸入、食入。

理化特性与用途

理化特性 半透明至不透明微黄或乳白色热塑性树脂。相对密度(水=1)1.12~1.14，熔点 219~225℃，闪点 400℃。

主要用途 大量用于纺织工业制造纤维，广泛用于制造机械零部件、齿轮、外壳、耐油容器、管、电缆护套等。

包装与储运

安全储运 储存于阴凉、干燥、通风的库房。保持容器密闭。远离火种、热源。应与氧化剂等隔离储运。

紧急处置信息

急救措施

吸入：脱离接触。如有不适感，就医。

眼睛接触：分开眼睑，用流动清水或生理盐水冲洗。如有不适感，就医。

皮肤接触：脱去污染的衣着，用肥皂水和清水冲洗。如有不适感，就医。

食入：漱口，饮水。就医。

灭火方法　消防人员须穿全身消防服，戴空气呼吸器，在上风向灭火。尽可能将容器从火场移至空旷处。喷水保持火场容器冷却，直至灭火结束。

灭火剂：雾状水、泡沫、二氧化碳、干粉、砂土。

泄漏应急处置　隔离泄漏污染区，限制出入。建议应急处理人员戴防尘口罩，穿防毒防酸碱服，戴橡胶耐酸碱手套。穿上适当的防护服前严禁接触破裂的容器和泄漏物。尽可能切断泄漏源。用塑料布覆盖泄漏物，减少飞散。勿使水进入包装容器内。用洁净的铲子收集泄漏物，置于干净、干燥、盖子较松的容器中，将容器移离泄漏区。

472. 聚甲基丙烯酸

标　识

中文名称　聚甲基丙烯酸

英文名称　2 - Propenoic acid, 2 - methyl - , homopolymer; Polymethacrylic acid

别名　2 - 甲基 - 2 - 丙烯酸的均聚物

分子式　$\mathrm{-\!\!\!\![C_4H_6O_2]\!\!\!\!-_x}$

CAS 号　25087 - 26 - 7

危害信息

燃烧与爆炸危险性　可燃，遇明火、高热可引起燃烧。燃烧产生有毒的一氧化碳气体。

活性反应　与强碱反应。

禁忌物　强碱。

侵入途径　吸入、食入。

理化特性与用途

理化特性　工业上采用溶液聚合得到无色或淡黄色液体。相对分子质量 2000 ~ 5000，与水互溶，溶于乙醇、异丙醇等。聚甲基丙烯酸呈弱酸性，在 300℃ 以上易发生分解。

主要用途　用作水处理剂。

包装与储运

安全储运　储存于阴凉、通风的库房。保持容器密闭。远离火种、热源。应与强氧化剂等隔离储运。搬运时轻装轻卸，防止容器受损。

紧急处置信息

急救措施

吸入：脱离接触。如有不适感，就医。

眼睛接触：分开眼睑，用流动清水或生理盐水冲洗。如有不适感，就医。

皮肤接触：脱去污染的衣着，用肥皂水和清水冲洗。如有不适感，就医。

食入：漱口，尽量饮水，不要催吐。

灭火方法 消防人员须穿全身消防服，佩戴空气呼吸器，在上风向灭火。尽可能将容器从火场移至空旷处。喷水保持火场容器冷却，直至灭火结束。处在火场中的容器若发生异常变化或发出异常声音，须马上撤离。

灭火剂：抗溶性泡沫、二氧化碳、干粉、砂土。

泄漏应急处置 消除所有点火源。根据液体流动和蒸气扩散的影响区域划定警戒区，无关人员从侧风、上风向撤离至安全区。建议应急处理人员戴正压自给式呼吸器，穿防静电、防腐蚀服，戴橡胶手套。尽可能切断泄漏源。防止泄漏物进入水体、下水道、地下室或限制性空间。小量泄漏：用干燥的砂土或其他不燃材料吸收或覆盖，收集于容器中。大量泄漏：构筑围堤或挖坑收容。

473. 聚甲基丙烯酸酯

标 识

中文名称 聚甲基丙烯酸酯

英文名称 Viscosity increaser T-602

别名 602 黏度指数改进剂

危害信息

燃烧与爆炸危险性 可燃，遇明火、高热可引起燃烧或爆炸。在高温火场中，受热的容器或储罐有破裂和爆炸的危险。

禁忌物 强氧化剂。

理化特性与用途

理化特性 淡黄色黏稠状液体，是由甲基丙烯酸 C_{10} ~ C_{14} 烷基酯经聚合和调合而制成。闪点≥165℃（开杯），凝点≤-60℃，运动黏度 11.9 ~ 12.2mm^2/s（50℃），酸值（纯剂）≤0.2mgKOH/g。

主要用途 可用于调制航空液压油，液力传动油，低凝液压油和多级内燃机油。

包装与储运

安全储运 储存于阴凉、通风的库房。远离火种、热源。保持容器密封。应与氧化剂隔离储运。搬运时轻装轻卸，防止容器受损。

紧急处置信息

急救措施

吸入：脱离接触。如有不适感，就医。

眼睛接触：分开眼睑，用流动清水或生理盐水冲洗。如有不适感，就医。

皮肤接触：脱去污染的衣着，用肥皂水和清水冲洗。如有不适感，就医。

食入：漱口，尽量饮水，不要催吐。就医。

灭火方法　消防人员须穿全身消防服，佩戴空气呼吸器，在上风向灭火。尽可能将容器从火场移至空旷处。喷水保持火场容器冷却，直至灭火结束。处在火场中的容器若发生异常变化或发出异常声音，须马上撤离。

灭火剂：泡沫、二氧化碳、干粉、砂土。

泄漏应急处置　消除所有点火源。根据液体流动和蒸气扩散的影响区域划定警戒区，无关人员从侧风、上风向撤离至安全区。建议应急处理人员戴正压自给式呼吸器，穿防静电、防腐蚀服，戴橡胶手套。尽可能切断泄漏源。防止泄漏物进入水体、下水道、地下室或限制性空间。小量泄漏：用干燥的砂土或其他不燃材料吸收或覆盖，收集于容器中。大量泄漏：构筑围堤或挖坑收容。

474. 聚硫橡胶

标　识

中文名称　聚硫橡胶

英文名称　Polysulfide rubber；Thiokol

分子式　$\left[CH_2CH_2S_x \right]_n$

危害信息

燃烧与爆炸危险性　可燃。在高温火场中，由于内压增加以及分解反应的发生，受热的容器和储罐有破裂和爆炸的危险。燃烧产生有毒的一氧化碳、硫化氢以及硫氧化物气体。

禁忌物　强氧化剂。

理化特性与用途

理化特性　根据原料和配比不同，可得到各种坚韧的块状、粉状固体或黏稠液体，颜色为黄绿色、浅褐色或深褐色。不溶于水、油类和各种溶剂，在二硫化碳中稍溶胀。相对密度(水=1)1.32～1.41，玻璃化温度 -42～-45℃。

主要用途　可做建筑、土木、航空、航天、船舶、铁路、汽车等工业的密封剂，火箭固体燃料用黏合剂。

包装与储运

安全储运　储存于阴凉、干燥、通风的库房。远离火种、热源。应与氧化剂等隔离储运。运输过程应防雨、防潮、防火。

紧急处置信息

急救措施

吸入：脱离接触。如有不适感，就医。

眼睛接触：分开眼睑，用流动清水或生理盐水冲洗。如有不适感，就医。

皮肤接触：脱去污染的衣着，用肥皂水和清水冲洗。如有不适感，就医。

食入：漱口，尽量饮水。就医。

灭火方法　消防人员须穿全身消防服，戴空气呼吸器，在上风向灭火。尽可能将容器从火场移至空旷处。喷水保持火场容器冷却，直至灭火结束。

灭火剂：雾状水、泡沫、二氧化碳、干粉、砂土。

泄漏应急处置 隔离泄漏污染区，限制出入。建议应急处理人员戴防尘口罩，穿防毒防酸碱服，戴橡胶耐酸碱手套。穿上适当的防护服前严禁接触破裂的容器和泄漏物。尽可能切断泄漏源。用塑料布覆盖泄漏物，减少飞散。勿使水进入包装容器内。用洁净的铲子收集泄漏物，置于干净、干燥、盖子较松的容器中，将容器移离泄漏区。

475. 聚氯乙烯

标　识

中文名称 聚氯乙烯

英文名称 Polyvinylchloride；PVC

分子式 $-[C_2H_3Cl]-_x$

CAS 号 9002－86－2

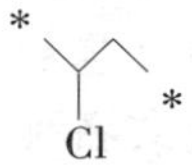

危害信息

燃烧与爆炸危险性 可燃。其粉体与空气混合能形成爆炸性混合物，遇明火高热有引起燃烧爆炸的危险。燃烧和受高热产生有毒的腐蚀性烟气。

活性反应 与氟接触发生剧烈反应。

禁忌物 强氧化剂。

毒性 大鼠气管内 TDL_0：50mg/kg。

长期吸入聚氯乙烯粉尘，可引起肺功能改变。

侵入途径 吸入、食入。

职业接触限值 中国：PC－TWA：5mg/m^3[总尘]。

理化特性与用途

理化特性 白色粉末或颗粒，或白色热塑性塑料固体。不溶于水、乙醇和汽油。低分子量聚氯乙烯溶于二丙酮、甲戊酮、甲基异丁基酮、甲乙酮、二氯甲烷和二恶烷等，高分子量聚氯乙烯溶于环己酮、甲基环己酮、硝基苯、四氢呋喃、异佛尔酮等。相对密度（水＝1）1.046～1.41，引燃温度 435℃。

主要用途 用于制造薄膜、人造革、电线套层等塑料软制品，也可制造板材、门窗、管道和阀门等塑料制品。

包装与储运

安全储运 储存于阴凉、通风的库房。包装密封。远离火种、热源。应与强氧化剂等隔离储运。运输过程应防雨淋。

紧急处置信息

急救措施

吸入：脱离接触。如有不适感，就医。

眼睛接触：分开眼睑，用流动清水或生理盐水冲洗。如有不适感，就医。

皮肤接触：脱去污染的衣着，用肥皂水和清水冲洗。如有不适感，就医。

食入：漱口，饮水。就医。

灭火方法 消防人员须穿全身防火防毒服，佩戴空气呼吸器，在上风向灭火。尽可能

将容器从火场移至空旷处。喷水保持火场容器冷却，直至灭火结束。

灭火剂：雾状水、泡沫、二氧化碳、干粉、砂土。

泄漏应急处置　隔离泄漏污染区，限制出入。消除所有点火源。建议应急处理人员戴防尘口罩，穿一般作业工作服。尽可能切断泄漏源。用塑料布覆盖泄漏物，减少飞散。勿使水进入包装容器内。用洁净的铲子收集泄漏物，置于干净、干燥、盖子较松的容器中，将容器移离泄漏区。

476. 聚醚多元醇 MN－3050

标　识

中文名称　聚醚多元醇 MN－3050

英文名称　Polyether polyol MN－3050

CAS 号　9082－00－2

危害信息

燃烧与爆炸危险性　可燃。其蒸气与空气混合能形成爆炸性混合物，遇明火、高热可能引起燃烧或爆炸。在高温火场中，受热的容器或储罐有破裂和爆炸的危险。

毒性　大鼠经口 LD_{50}：＞10g/kg。家兔经皮 LD_{50}：＞5g/kg。

侵入途径　吸入、食入、经皮吸收。

理化特性与用途

理化特性　无色透明黏稠液体。微溶于水，溶于大多数有机溶剂。pH 值 5～7，相对密度(水＝1)1.012，闪点 221℃，饱和蒸气压 0.00133kPa/25℃。

主要用途　适用于制造聚氨酯泡沫塑料，也可用于其他工业。

包装与储运

安全储运　储存于阴凉、干燥、通风的库房。远离火种、热源。应与氧化剂等隔离储运。搬运时轻装轻卸，防止容器受损。运输过程防雨淋。

紧急处置信息

急救措施

吸入：脱离接触。如有不适感，就医。

眼睛接触：分开眼睑，用流动清水或生理盐水冲洗。如有不适感，就医。

皮肤接触：脱去污染的衣着，用肥皂水和清水冲洗。如有不适感，就医。

食入：漱口，饮水。就医。

灭火方法　消防人员须穿全身消防服，佩戴空气呼吸器，在上风向灭火。尽可能将容器从火场移至空旷处。喷水保持火场容器冷却，直至灭火结束。处在火场中的容器若发生异常变化或发出异常声音，须马上撤离。

灭火剂：抗溶性泡沫、二氧化碳、干粉、砂土。

泄漏应急处置　消除所有点火源。根据液体流动和蒸气扩散的影响区域划定警戒区，无关人员从侧风、上风向撤离至安全区。建议应急处理人员戴正压自给式呼吸器，穿防静电、防腐蚀服，戴橡胶手套。尽可能切断泄漏源。防止泄漏物进入水体、下水道、地下室

或限制性空间。小量泄漏：用干燥的砂土或其他不燃材料吸收或覆盖，收集于容器中。大量泄漏：构筑围堤或挖坑收容。

477. 聚醚酰亚胺

标　识

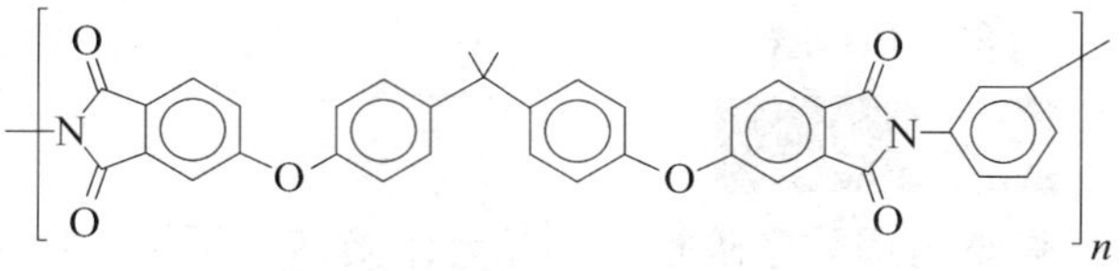

中文名称　聚醚酰亚胺

英文名称　Polyetherimide；PEI

别名　双酚 A 四酰亚胺

分子式　$\text{-}[C_{37}H_{24}O_6N_2]\text{-}_n$

CAS 号　61128－46－9

危害信息

燃烧与爆炸危险性　可燃，遇明火、高热可能引起燃烧。其粉体与空气混合能形成爆炸性混合物。燃烧产生有毒的一氧化碳和氮氧化物气体。

禁忌物　强氧化剂。

侵入途径　吸入、食入。

理化特性与用途

理化特性　透明无定形高性能聚合物。不溶于水。相对密度(水＝1)1.26～1.36，玻璃化温度216℃。

主要用途　用于汽车工业(发动机配件如温度传感器、燃料和空气处理器等)，电器及电子设备(电气联结器、印刷电路板、芯片外壳、防爆盒等)，产品包装，飞机内部设备，医药行业(外科器械、工具壳体、非植入器械)。

包装与储运

安全储运　储存于阴凉、通风的库房。远离火种、热源。保持容器密封。应与氧化剂隔离储运。

紧急处置信息

急救措施

吸入：脱离接触。如有不适感，就医。

眼睛接触：分开眼睑，用流动清水或生理盐水冲洗。如有不适感，就医。

皮肤接触：脱去污染的衣着，用肥皂水和清水冲洗。如有不适感，就医。

食入：漱口，饮水。就医。

灭火方法　消防人员须穿全身消防服，戴空气呼吸器，在上风向灭火。尽可能将容器从火场移至空旷处。喷水保持火场容器冷却，直至灭火结束。

灭火剂：雾状水、泡沫、二氧化碳、干粉、砂土。

泄漏应急处置　消除所有点火源。无关人员撤离至安全区。建议应急处理人员戴防尘口罩，穿防静电服，戴橡胶手套。尽可能切断泄漏源。防止泄漏物进入水体、下水道、地下室或限制性空间。用洁净的铲子收集于适当的容器中。

478. 聚羟甲基丙烯酰胺

标　识

中文名称　聚羟甲基丙烯酰胺

英文名称　Polyhydroxymethylacrylamide

别名　PHMA

危害信息

燃烧与爆炸危险性　本品是水溶液，不燃，但干燥后的残留物可燃。

侵入途径　吸入、食入。

理化特性与用途

理化特性　水溶液为无色透明胶状液。

主要用途　用于中、高温度，中、低渗透率砂岩、灰岩油气层的中型规模的压裂酸化作业。

包装与储运

安全储运　储存于阴凉、通风的库房。远离火种、热源。应与氧化剂隔离储运。搬运时轻装轻卸，防止容器受损。

紧急处置信息

急救措施

吸入： 脱离接触。如有不适感，就医。

眼睛接触： 分开眼睑，用流动清水或生理盐水冲洗。如有不适感，就医。

皮肤接触： 脱去污染的衣着，用肥皂水和清水冲洗。如有不适感，就医。

食入： 漱口，饮水。就医。

泄漏应急处置　根据液体流动和蒸气扩散的影响区域划定警戒区，无关人员从侧风、上风向撤离至安全区。消除所有点火源。建议应急处理人员戴防毒面具，穿防毒服。穿上适当的防护服前严禁接触破裂的容器和泄漏物。尽可能切断泄漏源。防止泄漏物进入水体、下水道、地下室或密闭性空间。小量泄漏：用干燥的砂土或其他不燃材料吸收或覆盖，收集于容器中。大量泄漏：构筑围堤或挖坑收容。用泵转移至槽车或专用收集器内。

479. 聚四氟乙烯

标　识

中文名称　聚四氟乙烯

英文名称　Tetrafluoroethene homopolymer；Polytetrafloroethylene；PTFE

别名　特氟隆

分子式 $+C_2F_4+_x$

CAS 号 9002-84-0

危害信息

燃烧与爆炸危险性 可燃。其蒸气或粉体与空气混合能形成爆炸性混合物，遇明火、高热易燃烧或爆炸。燃烧或受高热分解产生有毒的一氧化碳和氟化氢气体。

活性反应 与氟及钠钾合金接触发生反应。在适合的条件下，与硼、镁或钛发生危险反应。

禁忌物 强氧化剂、氟及钠钾合金。

中毒表现 本品基本无毒，但聚四氟乙烯的热解物组分，含量和毒性常随着加热温度的升高而增加和增高。吸入热分解产物可引起中毒。中毒轻者表现为发热和“感冒样”症状；重者出现呼吸道刺激症状，出现化学性支气管炎、肺炎，甚至发生肺水肿及心肌损害等。

长期低浓度接触其热解产物者，常出现头痛、头昏、失眠、恶梦、记忆力减退、乏力、腰酸背痛等。

侵入途径 吸入、食入。

理化特性与用途

理化特性 浅灰白色透明薄片，或软蜡状乳白色固体，或白色粉末。不溶于水。熔点327℃，相对密度(水=1)2.25，分解温度440℃。

主要用途 可制成棒、板、管材、薄膜及各种异型制品，用于航天、化工、电子、机械、医药等领域。

包装与储运

安全储运 储存于阴凉、通风的库房。远离火种、热源。应与强氧化剂等隔离储运

紧急处置信息

急救措施

吸入：如吸入本品热解产物，立即脱离接触。就医。

眼睛接触：分开眼睑，用流动清水或生理盐水冲洗。如有不适感，就医。

皮肤接触：脱去污染的衣着，用肥皂水和流动清水冲洗。如有不适感，就医。

食入：漱口，饮水。如有不适感，就医。

灭火方法 消防人员须穿全身消防服，佩戴空气呼吸器，在上风向灭火。尽可能将容器从火场移至空旷处。喷水保持火场容器冷却，直至灭火结束。

灭火剂：泡沫、二氧化碳、干粉、砂土。

泄漏应急处置 隔离泄漏污染区，限制出入。消除所有点火源。建议应急处理人员戴防尘口罩，穿防毒服。穿上适当的防护服前严禁接触破裂的容器和泄漏物。尽可能切断泄漏源。用塑料布覆盖泄漏物，减少飞散。勿使水进入包装容器内。用洁净的铲子收集泄漏物，置于干净、干燥、盖子较松的容器中，将容器移离泄漏区。

480. 聚酞菁钴

标　识

中文名称 聚酞菁钴

英文名称　Polyphthalocyanine cobalt；Cobalt polyphthalocyanine

危害信息

燃烧与爆炸危险性　可燃，其粉体与空气混合能形成爆炸性混合物，遇明火高热有引起燃烧爆炸的危险。

禁忌物　水。

毒性　钴及其化合物可引起心肌损害。

侵入途径　吸入、食入。

理化特性与用途

理化特性　深蓝色粉末，易吸潮。微溶于水。

主要用途　主要用于轻质油品及含硫污水等脱除硫醇，也可以作为催化剂，是一种抗氧剂，抗氧防胶剂。

包装与储运

安全储运　储存于阴凉、通风的库房。远离火种、热源。包装密封，注意防止受潮。应与氧化剂等隔离储运。

紧急处置信息

急救措施

吸入：脱离接触。如有不适感，就医。

眼睛接触：分开眼睑，用流动清水或生理盐水冲洗。如有不适感，就医。

皮肤接触：脱去污染的衣着，用肥皂水和流动清水冲洗。如有不适感，就医。

食入：漱口，饮水。就医。

灭火方法　消防人员须穿全身消防服，在上风向灭火。尽可能将容器从火场移至空旷处。喷水保持火场容器冷却，直至灭火结束。

灭火剂：雾状水、抗溶性泡沫、二氧化碳、干粉、砂土。

泄漏应急处置　隔离泄漏污染区，限制出入。建议应急处理人员戴防尘口罩，穿防毒防酸碱服，戴橡胶耐酸碱手套。穿上适当的防护服前严禁接触破裂的容器和泄漏物。尽可能切断泄漏源。用塑料布覆盖泄漏物，减少飞散。勿使水进入包装容器内。用洁净的铲子收集泄漏物，置于干净、干燥、盖子较松的容器中，将容器移离泄漏区。

481. 聚天冬氨酸

标　识

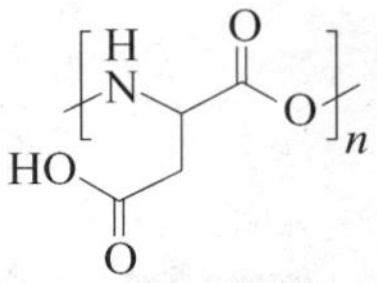

中文名称　聚天冬氨酸

英文名称　Polyaspartic acid；L－Aspartic acid，homopolymer

别名　PASP

分子式　$\{C_4H_5NO_3\}_n$

CAS 号　25608－40－6

危害信息

燃烧与爆炸危险性 可燃。其粉体与空气混合能形成爆炸性混合物，遇明火高热有引起燃烧爆炸的危险。燃烧产生有毒的一氧化碳和氮氧化物气体。

禁忌物 强酸。

侵入途径 吸入、食入。

理化特性与用途

理化特性 土黄色粉末或淡黄色透明水溶液。pH 值 9.5（水溶液）。

主要用途 广泛地用于水处理剂、化妆品、抑菌剂、分散剂、制革、水凝胶等领域。

包装与储运

安全储运 储存于阴凉、通风的库房。保持容器密封。远离火种、热源。应与强氧化剂等隔离储运。

紧急处置信息

急救措施

吸入： 脱离接触。如有不适感，就医。

眼睛接触： 分开眼睑，用流动清水或生理盐水冲洗。如有不适感，就医。

皮肤接触： 脱去污染的衣着，用肥皂水和清水冲洗。如有不适感，就医。

食入： 漱口，饮水。就医。

灭火方法 消防人员须穿全身消防服，戴空气呼吸器，在上风向灭火。尽可能将容器从火场移至空旷处。喷水保持火场容器冷却，直至灭火结束。

灭火剂：雾状水、泡沫、二氧化碳、干粉、砂土。

泄漏应急处置 隔离泄漏污染区，限制出入。建议应急处理人员戴防尘口罩，穿防毒防酸碱服，戴橡胶耐酸碱手套。穿上适当的防护服前严禁接触破裂的容器和泄漏物。尽可能切断泄漏源。用塑料布覆盖泄漏物，减少飞散。勿使水进入包装容器内。用洁净的铲子收集泄漏物，置于干净、干燥、盖子较松的容器中，将容器移离泄漏区。

482. 聚酰胺－66 树脂

标　识

中文名称 聚酰胺－66 树脂

英文名称 Poly(hexamethylene adipamide)；Nylon－66；Poly(imino(1,6－dioxo－1,6－hexanediyl)imino－1,6－hexanediyl)

别名 聚己二酸己二胺；尼龙－66；锦纶－66

分子式 $\left[C_{12}H_{22}N_2O_2 \right]_n$

CAS 号 32131－17－2

危害信息

燃烧与爆炸危险性 可燃。其粉体与空气混合能形成爆炸性混合物，遇明火、高热可燃烧、爆炸。燃烧或受热分解产生有毒的一氧化碳和氮氧化物气体。

活性反应　与强氧化剂反应。

禁忌物　强氧化剂。

侵入途径　吸入、食入。

理化特性与用途

理化特性　乳白色半透明高分子聚合物。不溶于一般溶剂，仅溶于间甲酚。相对密度(水 =1)1.15，熔点 250 ~260℃。

主要用途　用于纺各种锦纶丝，也可制作各种机械零件，可代替有色金属制作机器外壳。在医疗器械、体育用品上的应用也很广泛。

包装与储运

安全储运　储存于阴凉、通风的库房。包装密封。远离火种、热源。应与氧化剂等隔离储运。

紧急处置信息

急救措施

吸入：脱离接触。如有不适感，就医。

眼睛接触：分开眼睑，用流动清水或生理盐水冲洗。如有不适感，就医。

皮肤接触：脱去污染的衣着，用肥皂水和清水冲洗。如有不适感，就医。

食入：漱口，饮水。就医。

灭火方法　消防人员须佩戴防毒面具，穿全身消防服，在上风向灭火。尽可能将容器从火场移至空旷处。喷水保持火场容器冷却，直至灭火结束。

灭火剂：雾状水、泡沫、二氧化碳、干粉、砂土。

泄漏应急处置　隔离泄漏污染区，限制出入。建议应急处理人员戴防尘口罩，穿防毒防酸碱服，戴橡胶耐酸碱手套。穿上适当的防护服前严禁接触破裂的容器和泄漏物。尽可能切断泄漏源。用塑料布覆盖泄漏物，减少飞散。勿使水进入包装容器内。用洁净的铲子收集泄漏物，置于干净、干燥、盖子较松的容器中，将容器移离泄漏区。

483. 聚酰胺 -66 盐

标　识

中文名称　聚酰胺 -66 盐

英文名称　Adipic acid, compd. with 1,6 - hexanediamine (1:1); Hexamethylenediamine adipate; nylon 66 salt

别名　六亚甲基二胺己二酸盐；尼龙 -66 盐

分子式　$-\!\!\![NH(CH_2)_6NHCO(CH_2)_4CO]\!\!\!-_n$

CAS 号　3323 -53 -3

危害信息

燃烧与爆炸危险性　易燃。其粉体与空气混合能形成爆炸性混合物，遇明火高热有引起燃烧爆炸的危险。燃烧产生有毒的一氧化碳和氮氧化物气体。

毒性 大鼠经口 LD_{50}：5900mg/kg；小鼠经口 LD_{50}：1610mg/kg。

侵入途径 吸入、食入。

理化特性与用途

理化特性 无色结晶性粉末。能溶于水，微溶于乙醇。熔点 190～194℃。

主要用途 是生产聚酰胺 -66 的原料，也可通过连续缩聚进行纺丝。

包装与储运

安全储运 储存于阴凉、通风的库房。保持容器密封。远离火种、热源。应与氧化剂等隔离储运。

紧急处置信息

急救措施

吸入：脱离接触。如有不适感，就医。

眼睛接触：分开眼睑，用流动清水或生理盐水冲洗。如有不适感，就医。

皮肤接触：脱去污染的衣着，用肥皂水和清水冲洗。如有不适感，就医。

食入：漱口，饮水。就医。

灭火方法 消防人员须穿全身消防服，戴空气呼吸器，在上风向灭火。尽可能将容器从火场移至空旷处。喷水保持火场容器冷却，直至灭火结束。

灭火剂：雾状水、抗溶性泡沫、二氧化碳、干粉、砂土。

泄漏应急处置 隔离泄漏污染区，限制出入。建议应急处理人员戴防尘口罩，穿防毒防酸碱服，戴橡胶耐酸碱手套。穿上适当的防护服前严禁接触破裂的容器和泄漏物。尽可能切断泄漏源。用塑料布覆盖泄漏物，减少飞散。勿使水进入包装容器内。用洁净的铲子收集泄漏物，置于干净、干燥、盖子较松的容器中，将容器移离泄漏区。

484. 聚氧乙烯聚氧丙烯单丁基醚

标 识

中文名称 聚氧乙烯聚氧丙烯单丁基醚

英文名称 Glycols, polyethylenepolypropylene, monobutyl ether; Polyoxyethylene polyoxypropylene monobutyl ether

别名 消泡剂 XD－4000

分子式 $C_4H_{10}O\text{-}[C_3H_6OC_2H_4O]_x$

CAS 号 9038－95－3

危害信息

燃烧与爆炸危险性 可燃。其蒸气与空气混合能形成爆炸性混合物，遇明火、高热易燃烧或爆炸。在高温火场中，受热的容器或储罐有破裂和爆炸的危险。

毒性 大鼠经口 LD_{50}：12300μL/kg；家兔经皮 LD_{50}：＞20 mL/kg。

侵入途径 吸入、食入、经皮吸收。

理化特性与用途

理化特性 淡黄色透明黏稠液体。溶于水。相对密度(水=1)1.036(20℃)，pH 值 6.0~7.0，闪点 194~210℃(闭杯)。

主要用途 用于引进合成氨装置、中小型化肥生产脱碳系统的消泡；染料生产的重氮化过程中一氧化氮的消泡；还可用作合成润滑油的基础油、湿润剂、分散剂、破乳剂等。

包装与储运

安全储运 储存于阴凉、通风的库房。保持容器密闭。远离火种、热源。应与氧化剂、铝、强酸(盐)隔离储运。搬运时轻装轻卸，防止容器受损。

紧急处置信息

急救措施

吸入：脱离接触。如有不适感，就医。

眼睛接触：分开眼睑，用流动清水或生理盐水冲洗。如有不适感，就医。

皮肤接触：脱去污染的衣着，用肥皂水和清水冲洗。如有不适感，就医。

食入：漱口，尽量饮水，不要催吐。就医。

灭火方法 消防人员须穿全身消防服，佩戴空气呼吸器，在上风向灭火。尽可能将容器从火场移至空旷处。喷水保持火场容器冷却，直至灭火结束。处在火场中的容器若发生异常变化或发出异常声音，须马上撤离。

灭火剂：抗溶性泡沫、二氧化碳、干粉、砂土。

泄漏应急处置 根据液体流动和蒸气扩散的影响区域划定警戒区，无关人员从侧风、上风向撤离至安全区。建议应急处理人员戴防毒面具，穿防毒服。穿上适当的防护服前严禁接触破裂的容器和泄漏物。尽可能切断泄漏源。防止泄漏物进入水体、下水道、地下室或密闭性空间。小量泄漏：用干燥的砂土或其他不燃材料吸收或覆盖，收集于容器中。大量泄漏：筑堤或挖坑收容。

485. 聚氧乙烯醚丙三醇磷酸酯

标　识

中文名称 聚氧乙烯醚丙三醇磷酸酯

英文名称 Poly(oxy-1,2-ethanediyl), alpha, alpha', alpha"-1,2,3-propanetriyl-tris(omega-hydroxy-, phosphate; Polyoxyethylated glycerol phosphate

别名 丙三醇聚氧乙烯醚磷酸酯

CAS 号 69029-44-3

危害信息

燃烧与爆炸危险性 本品是水溶液，本身不可燃，但是，干燥后的残留物可燃。

活性反应 与碱反应。

禁忌物 碱类。

侵入途径 吸入、食入。

理化特性与用途

理化特性 透明液体，有机膦酸酯含量≥32%。pH 值≤2.5(1%水溶液)。

主要用途 适用于油田注水的阻垢，也可用于循环冷却水、低压锅炉水等系统中作阻垢剂，还可用作含磷聚氨酯阻燃剂的原料及表面活性剂。

包装与储运

安全储运 储存于阴凉、干燥、通风的库房。保持容器密闭。远离火种、热源。应与氧化剂、酸性物质、碱性物质等隔离储运。搬运时轻装轻卸，防止容器受损。

紧急处置信息

急救措施

吸入：脱离接触。如有不适感，就医。

眼睛接触：分开眼睑，用流动清水或生理盐水冲洗。如有不适感，就医。

皮肤接触：脱去污染的衣着，用肥皂水和清水冲洗。如有不适感，就医。

食入：漱口，饮水。就医。

灭火方法 消防人员须穿全身消防服，佩戴空气呼吸器，在上风向灭火。尽可能将容器从火场移至空旷处。喷水保持火场容器冷却，直至灭火结束。处在火场中的容器若发生异常变化或发出异常声音，须马上撤离。

灭火剂：本品不燃，根据火灾原因选择合适的灭火剂。

泄漏应急处置 消除所有点火源。根据液体流动和蒸气扩散的影响区域划定警戒区，无关人员从侧风、上风向撤离至安全区。建议应急处理人员戴正压自给式呼吸器，穿防静电、防腐蚀服，戴橡胶手套。尽可能切断泄漏源。防止泄漏物进入水体、下水道、地下室或限制性空间。小量泄漏：用干燥的砂土或其他不燃材料吸收或覆盖，收集于容器中。大量泄漏：构筑围堤或挖坑收容。

486. 聚氧乙烯氢化羊毛脂

标　识

中文名称 聚氧乙烯氢化羊毛脂

英文名称 POE hydrogenated lanolin ether；EHL－25

别名 氢化羊毛脂聚氧乙烯醚

危害信息

燃烧与爆炸危险性 可燃。其粉体与空气混合能形成爆炸性混合物，遇明火高热有引起燃烧爆炸的危险。

禁忌物 强氧化剂。

侵入途径 吸入、食入。

理化特性与用途

理化特性 白色或淡黄色固体。溶于水。pH 值 6～7.5。

主要用途 可作乳化剂、调理剂和稳定剂等。

包装与储运

安全储运　储存于阴凉、通风的库房。容器密闭。远离火种、热源。应与氧化剂等隔离储运。

紧急处置信息

急救措施

吸入：脱离接触。如有不适感，就医。

眼睛接触：分开眼睑，用流动清水或生理盐水冲洗。如有不适感，就医。

皮肤接触：脱去污染的衣着，用肥皂水和清水冲洗。如有不适感，就医。

食入：漱口，饮水。就医。

灭火方法　消防人员须穿全身消防服，在上风向灭火。尽可能将容器从火场移至空旷处。喷水保持火场容器冷却，直至灭火结束。

灭火剂：雾状水、抗溶性泡沫、二氧化碳、干粉、砂土。

泄漏应急处置　隔离泄漏污染区，限制出入。建议应急处理人员戴防尘口罩，穿防毒防酸碱服，戴橡胶耐酸碱手套。穿上适当的防护服前严禁接触破裂的容器和泄漏物。尽可能切断泄漏源。用塑料布覆盖泄漏物，减少飞散。勿使水进入包装容器内。用洁净的铲子收集泄漏物，置于干净、干燥、盖子较松的容器中，将容器移离泄漏区。

487. 聚乙二醇

标　识

中文名称　聚乙二醇

英文名称　Polyethylene glycol；PEG

别名　聚乙二醇醚；乙二醇聚氧乙烯醚

分子式　$HOCH_2(CH_2OCH_2)_nCH_2OH$

CAS 号　25322－68－3

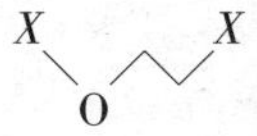

危害信息

燃烧与爆炸危险性　可燃，遇明火高热有引起燃烧爆炸的危险。燃烧产生有毒的一氧化碳气体。

活性反应　与强氧化剂接触能引起燃烧和爆炸。

禁忌物　硫酸、硝酸、腐蚀剂、脂肪胺、异氰酸酯。

毒性　大鼠经口 LD_{50}：28000mg/kg[分子量为 200 时]；小鼠经口 LD_{50}：34000mg/kg[分子量为 200 时]；兔经皮 LD_{50}：＞20000mg/kg[分子量为 200 时]。

本品蒸气压很低，常温下无吸入危害。在生产条件下未发现本品引起的毒性作用。

侵入途径　吸入、经皮吸收。

理化特性与用途

理化特性　透明黏稠液体或白色蜡状固体，具有吸湿性。溶于水，易溶于芳烃，微溶于脂肪烃。熔点 4～63℃，相对密度(水＝1)1.1～1.2，闪点 171～235℃，引燃温度 305～390℃。

主要用途 用于化妆品、制药、化纤、橡胶、造纸、油漆、电镀、农药、金属加工及食品加工等行业。

包装与储运

安全储运 储存于阴凉、通风的库房。保持容器密闭。远离火种、热源。应与氧化剂等隔离储运。避免使用铜制设备。搬运时轻装轻卸，防止容器受损。运输过程应防雨淋。

紧急处置信息

急救措施

吸入： 脱离接触。如有不适感，就医。

眼睛接触： 分开眼睑，用流动清水或生理盐水冲洗。如有不适感，就医。

皮肤接触： 脱去污染的衣着，用肥皂水和清水冲洗。如有不适感，就医。

食入： 漱口，给饮水，不要催吐。就医。

灭火方法 消防人员须穿全身消防服，佩戴空气呼吸器，在上风向灭火。尽可能将容器从火场移至空旷处。喷水保持火场容器冷却，直至灭火结束。处在火场中的容器若发生异常变化或发出异常声音，须马上撤离。

灭火剂：泡沫、二氧化碳、干粉、砂土。

泄漏应急处置 隔离泄漏污染区，限制出入。消除所有点火源。建议应急处理人员戴防毒面具，穿一般作业工作服。尽可能切断泄漏源。液体泄漏：用惰性吸收材料吸收或筑堤收容，收集于适当的容器中回收或处置。固体泄漏：用塑料布覆盖泄漏物，减少飞散。勿使水进入包装容器内。用洁净的铲子收集泄漏物，置于干净、干燥、盖子较松的容器中，将容器移离泄漏区。

488. 聚 乙 烯

标 识

中文名称 聚乙烯

英文名称 Polyethylene；Ethylene polymers

分子式 $\mathrm{-\!\!\!\left[CH_2CH_2\right]\!\!\!-}_n$

CAS 号 9002－88－4

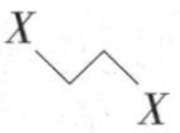

危害信息

燃烧与爆炸危险性 可燃。其粉体与空气混合能形成爆炸性混合物，遇明火、高热易燃烧爆炸。受热分解放出易燃的一氧化碳气体。

禁忌物 强氧化剂。

理化特性与用途

理化特性 乳白色颗粒。不溶于水和一般有机溶剂。相对密度(水＝1)0.916～0.93(低密度聚乙烯)、0.941～0.96(高密度聚乙烯)，熔点 120～145℃，闪点＞231℃，引燃温度 330～410℃。

主要用途 主要用于制造塑料制品，如包装薄膜、容器、管道、日用品、电视和雷达的高频电绝缘材料，也用于制纤维，及用作涂层等。

包装与储运

安全储运 储存于阴凉、通风的库房。远离火种、热源。应与氧化剂等隔离储运。

紧急处置信息

急救措施

吸入： 脱离接触。如有不适感，就医。

眼睛接触： 分开眼睑，用流动清水或生理盐水冲洗。如有不适感，就医。

皮肤接触： 脱去污染的衣着，用肥皂水和清水冲洗。如有不适感，就医。

食入： 漱口，饮水。就医。

灭火方法 消防人员须佩戴防毒面具，穿全身消防服，在上风向灭火。尽可能将容器从火场移至空旷处。喷水保持火场容器冷却，直至灭火结束。

灭火剂：雾状水、泡沫、二氧化碳、干粉、砂土。

泄漏应急处置 隔离泄漏污染区，限制出入。消除点火源。建议应急处理人员戴防尘口罩，穿防毒防酸碱服，戴橡胶耐酸碱手套。穿上适当的防护服前严禁接触破裂的容器和泄漏物。尽可能切断泄漏源。用塑料布覆盖泄漏物，减少飞散。勿使水进入包装容器内。用洁净的铲子收集泄漏物，置于干净、干燥、盖子较松的容器中，将容器移离泄漏区。

489. 聚乙烯吡咯烷酮

标　识

中文名称 聚乙烯吡咯烷酮

英文名称 Polyvinyl pyrrolidone；1 – Vinyl – 2 – pyrrolidone polymer；Povidone K30

别名 1 – 乙烯基 – 2 – 吡咯烷酮聚合物；聚维酮 K30；PVP

分子式 $\left[C_6H_9NO\right]_n$

CAS 号 9003 – 39 – 8

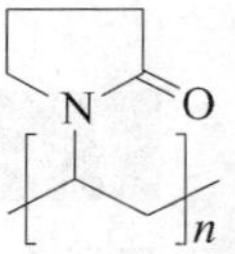

危害信息

燃烧与爆炸危险性 可燃。其粉体与空气混合能形成爆炸性混合物，遇明火高热有引起燃烧爆炸的危险。燃烧产生有毒的一氧化碳和氮氧化物气体。

毒性 大鼠经口 LD_{50}：100g/kg。小鼠经口 LD_{50}：＞40g/kg。

侵入途径 吸入、食入。

理化特性与用途

理化特性 白色粉末，无臭、无味。易溶于水、醇、胺及卤代烃，不溶于丙酮、乙醚。pH 值 5 ~ 8（10g/L 溶液，20℃），熔点 130℃，相对密度（水 = 1）1.1 ~ 1.3，闪点 > 215℃，引燃温度 425℃。

主要用途 广泛作为增稠剂、乳化剂、润滑剂和澄清剂使用，也作为消毒灭菌剂 PVP – I的络合体。

包装与储运

安全储运 储存于阴凉、通风的库房。包装密封。远离火种、热源。应与氧化剂、还原剂、酸碱、氯代有机物隔离储运。搬运时轻装轻卸，防止包装损坏。

紧急处置信息

急救措施

吸入：脱离接触。如有不适感，就医。

眼睛接触：分开眼睑，用流动清水或生理盐水冲洗。如有不适感，就医。

皮肤接触：脱去污染的衣着，用肥皂水和清水冲洗。如有不适感，就医。

食入：漱口，饮水。就医。

灭火方法 消防人员须穿全身消防服，戴空气呼吸器，在上风向灭火。尽可能将容器从火场移至空旷处。喷水保持火场容器冷却，直至灭火结束。

灭火剂：雾状水、抗溶性泡沫、二氧化碳、干粉、砂土。

泄漏应急处置 隔离泄漏污染区，限制出入。建议应急处理人员戴防尘口罩，穿防毒防酸碱服，戴橡胶耐酸碱手套。用洁净的铲子收集泄漏物，置于干净、干燥、盖子较松的容器中，将容器移离泄漏区。

490. 聚乙烯醇

标　识

中文名称 聚乙烯醇

英文名称 Polyvinyl alcohol；PVA

别名 PVA

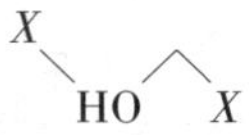

分子式 $\left[C_2H_4O\right]_x$

CAS 号 9002－89－5

危害信息

燃烧与爆炸危险性 可燃。其粉体与空气混合能形成爆炸性混合物，遇明火高热有引起燃烧爆炸的危险。燃烧产生有毒的一氧化碳气体。

活性反应 与强氧化剂接触能引起燃烧和爆炸。

禁忌物 强氧化剂。

毒性 大鼠经口 LD_{50}：＞20000mg/kg；小鼠经口 LD_{50}：14700mg/kg。

对眼睛和皮肤有刺激作用。

侵入途径 吸入、食入。

理化特性与用途

理化特性 白色无定形粉末。溶于冷水、热水，不溶于石油溶剂、动植物油、乙醚、丙酮和芳烃等。pH 值中性至弱酸性，熔点≥200℃，相对密度（水＝1）1.19～1.31，闪点79℃（开杯），分解温度227℃，引燃温度450℃（粉尘云）。

主要用途 主要作维纶原料，亦可制薄膜、皮革粘合剂、纸加工剂、织物整理剂、107乳胶等。

包装与储运

安全储运 储存于阴凉、通风的库房。远离火种、热源。应与强氧化剂等隔离储运。

紧急处置信息

急救措施

吸入：脱离接触。如有不适感，就医。

眼睛接触：分开眼睑，用流动清水或生理盐水冲洗。如有不适感，就医。

皮肤接触：脱去污染的衣着，用肥皂水和清水冲洗。如有不适感，就医。

食入：漱口，饮水。就医。

灭火方法 消防人员须佩戴防毒面具，穿全身消防服，在上风向灭火。尽可能将容器从火场移至空旷处。喷水保持火场容器冷却，直至灭火结束。

灭火剂：雾状水、泡沫、二氧化碳、干粉、砂土。

泄漏应急处置 隔离泄漏污染区，限制出入。消除所有点火源。建议应急处理人员戴防尘口罩，穿一般作业工作服。尽可能切断泄漏源。用塑料布覆盖泄漏物，减少飞散。勿使水进入包装容器内。用洁净的铲子收集泄漏物，置于干净、干燥、盖子较松的容器中，将容器移离泄漏区。

491. 聚乙烯－醋酸乙烯酯

标　识

中文名称 聚乙烯－醋酸乙烯酯

英文名称 Polyethylene－vinyl acetate; Ethylene vinyl acetate copolymer

别名 T－1804 流动改进剂；VAE

分子式 $-[CH_2CH_2]_x-[CH_2CH(O_2CCH_3)]_y-$

CAS 号 24937－78－8

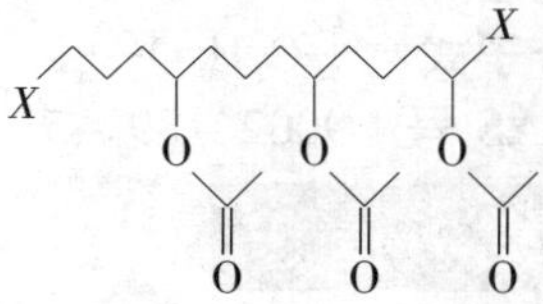

危害信息

燃烧与爆炸危险性 可燃，燃烧产生有毒的一氧化碳气体。

禁忌物 强氧化剂。

侵入途径 吸入、食入。

理化特性与用途

理化特性 橙黄色黏稠油状液体。以乙烯、醋酸乙烯酯为原料，在引发剂作用下进行聚合，经处理后，并用油稀释制得。密度 0.85～0.95g/cm^3(20℃)，凝点≤6℃，运动黏度 70～150 mm^2/s(50℃)。

主要用途 用作各种牌号的轻柴油的流动改性剂。

包装与储运

安全储运 储存于阴凉、通风的库房。保持容器密闭。远离火种、热源。应与氧化剂、胺类隔离储运。搬运时轻装轻卸，防止容器受损。

紧急处置信息

急救措施

吸入：脱离接触。如有不适感，就医。

眼睛接触： 分开眼睑，用流动清水或生理盐水冲洗。如有不适感，就医。

皮肤接触： 脱去污染的衣着，用肥皂水和清水冲洗。如有不适感，就医。

食入： 漱口，饮水。就医。

灭火方法 消防人员须穿全身消防服，佩戴空气呼吸器，在上风向灭火。尽可能将容器从火场移至空旷处。喷水保持火场容器冷却，直至灭火结束。

灭火剂：泡沫、二氧化碳、干粉、砂土。

泄漏应急处置 根据液体流动和蒸气扩散的影响区域划定警戒区，无关人员从侧风、上风向撤离至安全区。消除点火源。建议应急处理人员戴正压自给式呼吸器，穿防护服，戴橡胶手套。尽可能切断泄漏源。防止泄漏物进入水体、下水道、地下室或限制性空间。小量泄漏：用干燥的砂土或其他不燃材料吸收或覆盖，收集于容器中。大量泄漏：构筑围堤或挖坑收容。

492. 聚乙烯低聚物

标　识

中文名称 聚乙烯低聚物

英文名称 Low molecular weight polyethylene; polyethylene wax

别名 聚乙烯蜡；PE 蜡

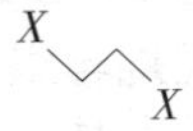

分子式 $-[CH_2CH_2]-_n$

CAS 号 9002-88-4

危害信息

燃烧与爆炸危险性 可燃。其粉体与空气混合能形成爆炸性混合物，遇明火高热有引起燃烧爆炸的危险。燃烧产物含有一氧化碳、甲醛。

禁忌物 强氧化剂、卤素。

侵入途径 吸入、食入。

理化特性与用途

理化特性 片状固体。常温下不溶于大多数溶剂，加热时溶于苯、甲苯和二甲苯类芳烃溶剂，以及三氯乙烯等氯代烃溶剂。一般低分子量聚乙烯分子量为500~5000，相对密度(水=1)0.920~0.98，软化点60~120℃，闪点>226℃。

主要用途 适用于电缆、日用化工轻工等行业，制作地板蜡、工艺蜡烛、蜡梗火柴、热熔黏合剂，还可作氧化聚乙烯、氯化聚乙烯的原料和铸铁模脱模剂等。

包装与储运

安全储运 储存于阴凉、通风的库房。远离火种、热源。应与氧化剂等隔离储运。

紧急处置信息

急救措施

吸入： 脱离接触。如有不适感，就医。

眼睛接触： 分开眼睑，用流动清水或生理盐水冲洗。如有不适感，就医。

皮肤接触： 脱去污染的衣着，用肥皂水和清水冲洗。如有不适感，就医。

食入： 漱口，饮水。就医。

灭火方法　消防人员须穿全身消防服，戴空气呼吸器，在上风向灭火。尽可能将容器从火场移至空旷处。喷水保持火场容器冷却，直至灭火结束。

灭火剂：雾状水、泡沫、二氧化碳、干粉、砂土。

泄漏应急处置　隔离泄漏污染区，限制出入。建议应急处理人员戴防尘口罩，穿防毒防酸碱服，戴橡胶耐酸碱手套。穿上适当的防护服前严禁接触破裂的容器和泄漏物。尽可能切断泄漏源。用塑料布覆盖泄漏物，减少飞散。勿使水进入包装容器内。用洁净的铲子收集泄漏物，置于干净、干燥、盖子较松的容器中，将容器移离泄漏区。

493. 聚乙烯基正丁基醚

标　识

中文名称　聚乙烯基正丁基醚

英文名称　Viscosity increaser T－601

别名　T－601 黏度指数改进剂；T－601 增黏剂

危害信息

燃烧与爆炸危险性　可燃。其蒸气与空气混合能形成爆炸性混合物，遇明火、高热易燃烧或爆炸。燃烧产生有毒的一氧化碳气体。在高温火场中，受热的容器或储罐有破裂和爆炸的危险。

禁忌物　强氧化剂。

侵入途径　吸入、食入。

理化特性与用途

理化特性　淡黄色黏稠液体。溶于油类。密度 0.91g/cm^3（20℃），闪点≥170℃（开杯），折射率 1.4550～1.4600（20℃），苯溶液中运动黏度 6.0～9.0mm^2/s（20℃）。

主要用途　具有优良的增粘性能和抗腐蚀性能，用于调制各类液压油、10$^{\#}$航空液压油、炮用液压油、8$^{\#}$液力传动油等。

包装与储运

安全储运　储存于阴凉、通风的库房。远离火种、热源。保持容器密封。应与氧化剂隔离储运。搬运时轻装轻卸，防止容器受损。

紧急处置信息

急救措施

吸入： 脱离接触。如有不适感，就医。

眼睛接触： 分开眼睑，用流动清水或生理盐水冲洗。如有不适感，就医。

皮肤接触： 脱去污染的衣着，用肥皂水和清水冲洗。如有不适感，就医。

食入： 漱口，饮水。就医。

灭火方法　消防人员须穿全身消防服，佩戴空气呼吸器，在上风向灭火。尽可能将容器从火场移至空旷处。喷水保持火场容器冷却，直至灭火结束。处在火场中的容器若发生

异常变化或发出异常声音，须马上撤离。

灭火剂：泡沫、二氧化碳、干粉、砂土。

泄漏应急处置 消除所有点火源。根据液体流动和蒸气扩散的影响区域划定警戒区，无关人员从侧风、上风向撤离至安全区。建议应急处理人员戴正压自给式呼吸器，穿防静电、防腐蚀服，戴橡胶手套。尽可能切断泄漏源。防止泄漏物进入水体、下水道、地下室或限制性空间。小量泄漏：用干燥的砂土或其他不燃材料吸收或覆盖，收集于容器中。大量泄漏：构筑围堤或挖坑收容。

494. 聚异丁烯

标 识

中文名称 聚异丁烯

英文名称 Polyisobutylene；T603 viscosity index improver

别名 T－603 黏度指数改进剂

分子式 $\text{-}[C_4H_8]\text{-}_x$

CAS 号 9003－27－4

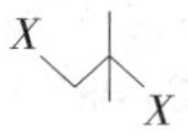

危害信息

燃烧与爆炸危险性 可燃，遇明火高热，可能引起燃烧爆炸。加热分解产生易燃气体。

禁忌物 强氧化剂。

毒性 未见本品引起急慢性中毒的报道。

侵入途径 吸入、食入。

理化特性与用途

理化特性 浅黄色黏稠状液体。溶于烃类。干剂含量≥25%，闪点≥180℃（开杯），运动黏度 300～450mm^2/s（100℃）。

主要用途 用于调制多级内燃机油，航空、潜艇液压油，冬夏用特种润滑油。

包装与储运

安全储运 储存于阴凉、通风的库房。保持容器密闭。防止水分和杂质混入。远离火种、热源。应与氧化剂等隔离储运。搬运时轻装轻卸，防止容器受损。

紧急处置信息

急救措施

吸入：脱离接触。如有不适感，就医。

眼睛接触：分开眼睑，用流动清水或生理盐水冲洗。如有不适感，就医。

皮肤接触：脱去污染的衣着，用肥皂水和清水冲洗。如有不适感，就医。

食入：漱口，饮水。就医。

灭火方法 消防人员须穿全身消防服，佩戴防毒面具，在上风向灭火。尽可能将容器从火场移至空旷处。喷水保持火场容器冷却，直至灭火结束。

灭火剂：泡沫、二氧化碳、干粉、砂土。

泄漏应急处置 隔离泄漏污染区，限制出入。消除所有点火源。建议应急处理人员戴

防尘口罩，穿一般作业工作服。尽可能切断泄漏源。用塑料布覆盖泄漏物，减少飞散。勿使水进入包装容器内。用洁净的铲子收集泄漏物，置于干净、干燥、盖子较松的容器中，将容器移离泄漏区。

495. 聚异丁烯丁二酰亚胺

标　识

中文名称　聚异丁烯丁二酰亚胺

英文名称　Polyisobutenyl succinimide；Dispersant T154

别名　分散剂 T154

危害信息

燃烧与爆炸危险性　可燃。其蒸气与空气混合能形成爆炸性混合物，遇明火、高热引起燃烧或爆炸。燃烧产生有毒的一氧化碳和氮氧化物气体。在高温火场中，受热的容器或储罐有破裂和爆炸的危险。

禁忌物　强氧化剂。

侵入途径　吸入、食入。

理化特性与用途

理化特性　浅黄色油状透明液体。不溶于水。密度 0.905 ~ 0.935g/cm^3(16.5℃)，运动黏度 185 ~ 225mm^2/s(100℃)，闪点 188℃。

主要用途　可用于调制中高档级内燃机润滑油，也可以作为生产乳化炸药用乳化剂。

包装与储运

安全储运　储存于阴凉、通风的库房。容器密封。远离火种、热源。应与氧化剂等隔离储运。搬运时轻装轻卸，防止容器受损。

紧急处置信息

急救措施

吸入：脱离接触。如有不适感，就医。

眼睛接触：分开眼睑，用流动清水或生理盐水冲洗。如有不适感，就医。

皮肤接触：脱去污染的衣着，用肥皂水和清水冲洗。如有不适感，就医。

食入：漱口，尽量饮水，不要催吐。就医。

灭火方法　消防人员须穿全身消防服，佩戴空气呼吸器，在上风向灭火。尽可能将容器从火场移至空旷处。喷水保持火场容器冷却，直至灭火结束。处在火场中的容器若发生异常变化或发出异常声音，须马上撤离。

灭火剂：泡沫、二氧化碳、干粉、砂土。

泄漏应急处置　消除所有点火源。根据液体流动和蒸气扩散的影响区域划定警戒区，无关人员从侧风、上风向撤离至安全区。建议应急处理人员戴正压自给式呼吸器，穿防静电、防腐蚀服，戴橡胶手套。尽可能切断泄漏源。防止泄漏物进入水体、下水道、地下室或限制性空间。小量泄漏：用干燥的砂土或其他不燃材料吸收或覆盖，收集于容器中。大量泄漏：构筑围堤或挖坑收容。

496. 聚异丁烯丁二酰亚胺(低氮)

标 识

中文名称 聚异丁烯丁二酰亚胺(低氮)

英文名称 Polyisobutylene succinimide；Dispersing agent（155）

别名 155 分散剂

危害信息

燃烧与爆炸危险性 可燃。遇明火、高热可燃，燃烧产生有毒的一氧化碳和氮氧化物气体。

禁忌物 强氧化剂。

侵入途径 吸入、食入。

理化特性与用途

理化特性 浅黄色透明油状液体。密度 0.9～0.93g/cm^3(15.6℃)，运动黏度 300～340mm^2/s(100℃)。

主要用途 可用于调制中高档级内燃机润滑油，也可以作为生产乳化炸药用乳化剂。

包装与储运

安全储运 储存于阴凉、通风的库房。远离火种、热源。保持容器密封。应与氧化剂隔离储运。搬运时轻装轻卸，防止容器受损。

紧急处置信息

急救措施

吸入：脱离接触。如有不适感，就医。

眼睛接触：分开眼睑，用流动清水或生理盐水冲洗。如有不适感，就医。

皮肤接触：脱去污染的衣着，用肥皂水和清水冲洗。如有不适感，就医。

食入：漱口，饮水。就医。

灭火方法 消防人员须穿全身消防服，佩戴空气呼吸器，在上风向灭火。尽可能将容器从火场移至空旷处。喷水保持火场容器冷却，直至灭火结束。

灭火剂：泡沫、二氧化碳、干粉、砂土。

泄漏应急处置 消除所有点火源。根据液体流动和蒸气扩散的影响区域划定警戒区，无关人员从侧风、上风向撤离至安全区。建议应急处理人员戴正压自给式呼吸器，穿防静电、防腐蚀服，戴橡胶手套。尽可能切断泄漏源。防止泄漏物进入水体、下水道、地下室或限制性空间。小量泄漏：用干燥的砂土或其他不燃材料吸收或覆盖，收集于容器中。大量泄漏：构筑围堤或挖坑收容。

497. 聚异戊二烯

标 识

中文名称 聚异戊二烯

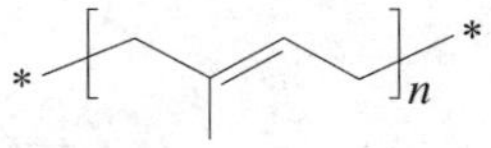

英文名称　Polyisoprene

别名　顺式1,4-聚异戊二烯

分子式　$\left[C_5H_8 \right]_x$

CAS 号　9003-31-0

危害信息

燃烧与爆炸危险性　可燃。其蒸气与空气混合能形成爆炸性混合物，遇明火、高热有燃烧或爆炸危险。在高温火场中，受热的容器或储罐有破裂和爆炸的危险。

活性反应　与强氧化剂反应。

禁忌物　强氧化剂。

侵入途径　吸入、食入。

理化特性与用途

理化特性　无色黏稠液体。相对分子质量100000～20000000。不溶于醇、醚，易溶于烃类，与矿物油混溶。

用作油溶性高分子增稠减阻剂。

包装与储运

安全储运　储存于阴凉、通风的库房。容器密封。远离火种、热源。应与氧化剂隔离储运。搬运时轻装轻卸，防止容器受损。

紧急处置信息

急救措施

吸入：脱离接触。如有不适感，就医。

眼睛接触：分开眼睑，用流动清水或生理盐水冲洗。如有不适感，就医。

皮肤接触：脱去污染的衣着，用肥皂水和清水冲洗。如有不适感，就医。

食入：漱口，尽量饮水。就医。

灭火方法　消防人员须穿全身消防服，佩戴空气呼吸器，在上风向灭火。尽可能将容器从火场移至空旷处。喷水保持火场容器冷却，直至灭火结束。处在火场中的容器若发生异常变化或发出异常声音，须马上撤离。

灭火剂：泡沫、二氧化碳、干粉、砂土。

泄漏应急处置　根据液体流动和蒸气扩散的影响区域划定警戒区，无关人员从侧风、上风向撤离至安全区。消除点火源。建议应急处理人员戴防毒面具，穿防毒服。穿上适当的防护服前严禁接触破裂的容器和泄漏物。尽可能切断泄漏源。防止泄漏物进入水体、下水道、地下室或密闭性空间。小量泄漏：用干燥的砂土或其他不燃材料吸收或覆盖，收集于容器中。大量泄漏：构筑围堤或挖坑收容。用泵转移至槽车或专用收集器内。

498. 军舰用燃料油

标　识

中文名称　军舰用燃料油

英文名称　Navel vessel fuel

别名　海军燃料油

危害信息

燃烧与爆炸危险性 可燃。其蒸气与空气混合能形成爆炸性混合物，遇明火、高热可引起燃烧或爆炸。在高温火场中，受热的容器或储罐有破裂和爆炸的危险。

活性反应 与强氧化剂反应。

禁忌物 强氧化剂。

侵入途径 吸入、食入。

理化特性与用途

理化特性 深褐色黏稠状可燃液体。不溶于水。运动黏度 12～15mm²/s(50℃，逆流法)，闪点≥80℃(闭杯)，密度≤0.97g/cm³(20℃)，凝点≤0℃，硫含量≤0.8%。

主要用途 用于军舰用锅炉作燃料。

包装与储运

安全储运 储存于阴凉、通风的库房。保持容器密闭。远离火种、热源。应与氧化剂等隔离储运。搬运时轻装轻卸，防止容器受损。

紧急处置信息

急救措施

吸入：脱离接触。如有不适感，就医。

眼睛接触：分开眼睑，用流动清水或生理盐水冲洗。如有不适感，就医。

皮肤接触：脱去污染的衣着，用肥皂水和清水冲洗。如有不适感，就医。

食入：漱口，尽量饮水，不要催吐。就医。

灭火方法 消防人员须穿全身消防服，佩戴空气呼吸器，在上风向灭火。尽可能将容器从火场移至空旷处。喷水保持火场容器冷却，直至灭火结束。处在火场中的容器若发生异常变化或发出异常声音，须马上撤离。

灭火剂：泡沫、二氧化碳、干粉、砂土。

泄漏应急处置 消除所有点火源。根据液体流动和蒸气扩散的影响区域划定警戒区，无关人员从侧风、上风向撤离至安全区。建议应急处理人员戴正压自给式呼吸器，穿防静电、防腐蚀服，戴橡胶手套。尽可能切断泄漏源。防止泄漏物进入水体、下水道、地下室或限制性空间。小量泄漏：用干燥的砂土或其他不燃材料吸收或覆盖，收集于容器中。大量泄漏：构筑围堤或挖坑收容。

499. 军用柴油

标 识

中文名称 军用柴油

英文名称 Military diesel fuels; Diesel oil, military

别名 军柴

WGH 号 T32150［铁规］

UN 号 1202

危害信息

危险性类别　第 3 类　易燃液体

燃烧与爆炸危险性　易燃。蒸气与空气能形成爆炸性混合物，遇明火、高热能引起燃烧爆炸。高速冲击、流动、激荡后可因产生静电火花放电引起燃烧爆炸。蒸气比空气重，能在较低处扩散到相当远的地方，遇火源会着火回燃和爆炸(闪爆)。

活性反应　与硝酸、浓硫酸、高锰酸钾、重铬酸盐等强氧化剂发生剧烈反应，甚至导致燃烧爆炸。

禁忌物　强氧化剂。

毒性　柴油沸点高，蒸气吸入机会少。可经皮肤吸收。对中枢神经系统有抑制作用。

中毒表现　急性中毒：吸入高浓度柴油蒸气 2min 即可出现头晕、胸闷和无力，5min 后昏迷。短期内吸入大量柴油雾滴可引起化学性肺炎。有报道皮肤接触柴油后数周引起急性肾功能衰竭，经治疗后恢复。废气可引起眼、鼻刺激症状，头晕及头痛。

慢性影响：皮肤接触柴油可出现红斑、丘疹和水疱。长期接触柴油后，皮疹可转为慢性。

侵入途径　吸入、食入、经皮吸收。

职业接触限值　美国(ACGIH)：TLV－TWA：100mg/m^3[柴油机燃料，按总烃计][皮]。

理化特性与用途

理化特性　淡黄色透明液体。馏程 200～335℃(10%～90%的馏出温度)，凝点≤－10～≤－50℃，闪点≥50～≥66℃(闭杯)，运动黏度≥3.0～≥3.5(mm^2/s，20℃)。

主要用途　用作坦克、装甲车、汽车、潜艇和舰艇等高速柴油发动机的燃料。

包装与储运

包装标志　易燃液体

包装类别　Ⅲ类

安全储运　盛装时，切不可充满，要留出必要的安全空间。储存于阴凉、通风处，储存温度不超过 37℃。远离火种、热源，炎热季节应采取喷淋、通风等降温措施。应与氧化剂等隔离储运。罐储时要有防火防爆技术措施，且有接地装置，防止静电积聚。搬运时轻装轻卸，防止容器受损。

紧急处置信息

急救措施

吸入：迅速脱离现场至空气新鲜处。保持呼吸道通畅。如呼吸困难，给输氧。呼吸、心跳停止，立即进行心肺复苏术。就医。

眼睛接触：立即分开眼睑，用流动清水或生理盐水彻底冲洗。就医。

皮肤接触：立即脱去污染的衣着，用肥皂水和清水彻底冲洗。就医。

食入：漱口，不要催吐，洗胃。就医。

禁用肾上腺素类药。

灭火方法　消防人员必须穿全身消防服，佩戴空气呼吸器，在上风向灭火。喷水冷却燃烧罐和临近罐，直至灭火结束。处在火场中的储罐若发生异常变化或发出异常声音，必须马上撤离。

灭火剂：泡沫、干粉、二氧化碳。

泄漏应急处置　根据液体流动和蒸气扩散的影响区域划定警戒区，无关人员从侧风、上风向撤离至安全区。消除所有点火源。建议应急处理人员戴防毒面具，穿防静电服。尽可能切断泄漏源。防止泄漏物进入水体、下水道、地下室或限制性空间。小量泄漏：用活性炭或其他惰性材料吸收。大量泄漏：构筑围堤或挖坑收容。用泵转移至槽车或专用收集器内。

500. 糠 醇

标 识

中文名称 糠醇

英文名称 Furfuryl alcohol；2 - Furanmethanol；2 - Furancarbinol

别名 呋喃甲醇

分子式 $C_5H_6O_2$

CAS 号 98 - 00 - 0

WGH 号 61590

UN 号 2874

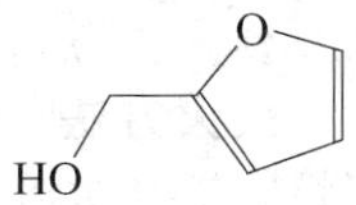

危害信息

危险性类别 第 6.1 类 毒害品

燃烧与爆炸危险性 可燃，蒸气与空气能形成爆炸性混合物，遇明火、高热易燃烧爆炸。蒸气比空气重，能在较低处扩散到相当远的地方，遇火源会着火回燃和爆炸(闪爆)。在火场中，受热的容器或储罐由于内压增大有开裂和爆炸的危险。

活性反应 与氯或次氯酸反应，生成的次氯酸烃基酯低温易发生分解；碱催化条件下，与异氰酸酯的反应必须在惰性溶剂中进行，否则会发生爆炸。与浓硫酸、浓过氧化氢等强氧化剂混合会发生爆炸。与乙酰溴剧烈反应，生成酯。

禁忌物 强氧化剂。

毒性 大鼠经口 LD_{50}：177mg/kg；大鼠经皮 LD_{50}：3825mg/kg；小鼠经口 LD_{50}：160mg/kg；大鼠吸入 LC_{50}：233ppm(4h)。

本品有刺激性，对中枢神经系统有抑制作用。

中毒表现 高浓度持续吸入引起咳嗽、气短和胸部紧束感。极高浓度可引起死亡。蒸气对眼有刺激性，液体可引起眼部炎症和角膜混浊。皮肤接触其液体，引起皮肤干燥和刺激。口服出现头痛、恶心，口腔和胃刺激。

侵入途径 吸入、食入、经皮吸收。

理化特性与用途

理化特性 无色至浅黄色易流动液体，具有特殊的气味和苦辣滋味。能与水混溶，但在水中不稳定。易溶于乙醇、乙醚、丙酮、乙酸乙酯、苯和氯仿，不溶于石油烃。熔点 -14.6℃，沸点 171℃，相对密度(水 = 1) 1.1296(20℃)，相对蒸气密度(空气 = 1) 3.37，蒸气压 0.13kPa(31.8℃)，折射率 1.485 ~ 1.488，闪点 65℃(闭杯)、75℃(开杯)，爆炸极限 1.8% ~16.3%，引燃温度 491℃。辛醇/水分配系数 0.28，燃烧热 -2548kJ/mol。

主要用途 用于有机合成、合成纤维、橡胶、农药等，也用于制造树脂、火箭燃料和用作溶剂。

包装与储运

包装标志 有毒品

包装类别 Ⅲ类

安全储运 储存于阴凉、通风的库房。远离火种、热源。储存温度不超过35℃，相对湿度不超过85%。应与氧化剂、无机强酸、次卤酸、食用化学品等隔离储运。搬运时轻装轻卸，防止容器受损。

紧急处置信息

急救措施

吸入：迅速脱离现场至空气新鲜处。保持呼吸道通畅。如呼吸困难，给输氧。呼吸、心跳停止，立即进行心肺复苏术。就医。

眼睛接触：立即分开眼睑，用流动清水或生理盐水彻底冲洗。就医。

皮肤接触：立即脱去污染的衣着，用肥皂水和清水彻底冲洗。就医。

食入：漱口，给服活性炭悬液。就医。

灭火方法 消防人员必须穿全身防火防毒服，佩戴空气呼吸器，在上风向灭火。尽可能将容器从火场移至空旷处。喷水保持火场容器冷却，直至灭火结束。处在火场中的容器若发生异常变化或发出异常声音，必须马上撤离。

灭火剂：雾状水、抗溶性泡沫、二氧化碳、干粉、砂土。

泄漏应急处置 根据液体流动和蒸气扩散的影响区域划定警戒区，无关人员从侧风、上风向撤离至安全区。消除所有点火源。建议应急处理人员戴正压自给式呼吸器，穿防毒服。穿上适当的防护服前严禁接触破裂的容器和泄漏物。尽可能切断泄漏源。防止泄漏物进入水体、下水道、地下室或限制性空间。小量泄漏：用干燥的砂土或其他不燃材料吸收或覆盖，收集于容器中。大量泄漏：构筑围堤或挖坑收容。用泵转移至槽车或专用收集器内。

501. 糠 醛

标 识

中文名称 糠醛

英文名称 Furfural；2-Furaldehyde

别名 呋喃甲醛

分子式 $C_5H_4O_2$

CAS 号 98-01-1

WGH 号 33581；T32081[铁规]

UN 号 1199

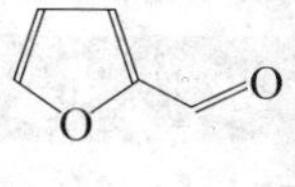

危害信息

危险性类别 第3类 易燃液体；第6.1类毒害品(危险货物)

燃烧与爆炸危险性 易燃。蒸气与空气能形成爆炸性混合物，遇明火、高热或接触氧化剂，有燃烧爆炸危险。受高热或燃烧发生分解放出有毒气体。蒸气比空气重，能从较低处扩散到相当远的地方，遇火源会着火回燃和爆炸(闪爆)。

活性反应 与强氧化剂发生剧烈反应。接触强酸、强碱会发生树脂化反应而导致猛烈爆炸。与酚、胺、脲发生缩合反应，生成树脂。

禁忌物 强氧化剂、强碱

毒性 大鼠经口 LD_{50}：65mg/kg；小鼠经口 LD_{50}：400mg/kg；大鼠吸入 LC_{50}：175ppm（6h）；人吸入 TCL_o：0.31mg/m^3。

蒸气有强烈刺激性，并有麻醉作用。

中毒表现 急性中毒：吸入高浓度蒸气，可产生眼和上呼吸道刺激症状，表现为结膜炎和上呼吸道炎，重者可发生化学性支气管炎，甚至肺水肿。皮肤和眼直接接触其液体可致灼伤。

慢性影响：长期接触糠醛的工人可出现湿疹、皮炎、慢性鼻炎、嗅觉减退等。

侵入途径 吸入、食入、经皮吸收。

职业接触限值 中国：PC-TWA：5mg/m^3[皮]。

美国(ACGIH)：TLV-TWA：2ppm[皮]。

环境危害 对水生生物有毒。

理化特性与用途

理化特性 无色至黄色透明油状液体，具有苦杏仁味，暴露在空气中颜色很快变为红棕色。微溶于冷水，溶于热水，易溶于乙醇、乙醚、丙酮、氯仿、苯，不溶于脂肪烃及甘油。熔点-36.8℃，沸点161.8℃，相对密度(水=1)1.16，相对蒸气密度(空气=1)3.31，蒸气压0.27kPa(20℃)，临界压力5.5MPa，临界温度397℃，辛醇/水分配系数0.41，闪点60℃(闭杯)，爆炸极限2.1%~19.3%，引燃温度315℃。

主要用途 常用作润滑油精制溶剂，也用于制取糠醇、糠酸、四氢呋喃、γ-戊内酯、吡咯、四氢吡咯等。

包装与储运

包装标志 有毒品，易燃液体

包装类别 Ⅱ类

安全储运 储存于阴凉、通风的库房。远离火种、热源。储存温度不超过35℃，相对湿度不超过85%。应与氧化剂、酸类、碱类、食用化学品等隔离储运。不宜大量储存或久存，防止聚合变质。禁止使用易产生火花的机械设备和工具。搬运时轻装轻卸，防止容器受损。

紧急处置信息

急救措施

吸入：迅速脱离现场至空气新鲜处。保持呼吸道通畅。如呼吸困难，给输氧。呼吸、心跳停止，立即进行心肺复苏术。就医。

眼睛接触：立即分开眼睑，用大量流动清水或生理盐水彻底冲洗10~15min。就医。

皮肤接触：立即脱去污染的衣着，用大量流动清水彻底冲洗，冲洗时间一般要求20~30min。就医。

食入：用水漱口，禁止催吐。给饮牛奶或蛋清。就医。

灭火方法 消防人员必须穿全身防火防毒服，佩戴空气呼吸器，在上风向灭火。尽可能将容器从火场移至空旷处。喷水保持火场容器冷却，直至灭火结束。处在火场中的容器若发生异常变化或发出异常声音，必须马上撤离。

灭火剂：抗溶性泡沫、干粉、二氧化碳、砂土。

泄漏应急处置 消除所有点火源。根据液体流动和蒸气扩散的影响区域划定警戒区，无关人员从侧风、上风向撤离至安全区。建议应急处理人员戴正压自给式呼吸器，穿防静电、防腐蚀、防毒服，戴橡胶耐油手套。作业时使用的所有设备应接地。禁止接触或跨越泄漏物。尽可能切断泄漏源。防止泄漏物进入水体、下水道、地下室或限制性空间。小量泄漏：用砂土或其他不燃材料吸收。使用洁净的无火花工具收集吸收材料。大量泄漏：构筑围堤或挖坑收容。用砂土、惰性物质或蛭石吸收大量液体。用硫酸氢钠（$NaHSO_4$）中和。用泡沫覆盖，减少蒸发。喷水雾能减少蒸发，但不能降低泄漏物在限制性空间内的易燃性。用防爆、耐腐蚀泵转移至槽车或专用收集器内。喷雾状水驱散蒸气、稀释液体泄漏物。

502. 颗粒白土

标　识

中文名称　颗粒白土

英文名称　Granular clay; Granule Bentonite

分子式　$Na_2O \cdot Al_2O_3 \cdot nH_2O$

CAS 号　1302－42－7

危害信息

燃烧与爆炸危险性　不燃，遇高热分解放出有毒且具有腐蚀性的烟雾。

毒性　本品具有刺激性。

侵入途径　吸入、食入。

理化特性与用途

理化特性　乳白色粉状颗粒，无味。溶于水。熔点 1650℃，密度 1.5g/cm^3。

主要用途　广泛用于石化行业芳烃提纯、航空煤油精炼，也用于润滑油、基础油、柴油等油品的精制，脱除油品中残余的烯烃。

包装与储运

安全储运　储存于阴凉、通风的库房。防潮、防曝晒。应与酸等隔离储运。轻装轻卸，防止包装受损。

紧急处置信息

急救措施

吸入：脱离接触。如有不适感，就医。

眼睛接触：分开眼睑，用流动清水或生理盐水冲洗。如有不适感，就医。

皮肤接触：脱去污染的衣着，用肥皂水和清水冲洗。如有不适感，就医。

食入：漱口，饮水。就医。

灭火方法　消防人员须穿全身消防服，在上风向灭火。尽可能将容器从火场移至空旷处。喷水保持火场容器冷却，直至灭火结束。

灭火剂：本品不燃，根据着火原因选择适当灭火剂灭火。

泄漏应急处置　隔离泄漏污染区，限制出入。建议应急处理人员戴防尘口罩，穿防毒防酸碱服，戴橡胶耐酸碱手套。穿上适当的防护服前严禁接触破裂的容器和泄漏物。尽可能切断泄漏源。用塑料布覆盖泄漏物，减少飞散。勿使水进入包装容器内。用洁净的铲子收集泄漏物，置于干净、干燥、盖子较松的容器中，将容器移离泄漏区。

503. 可发性聚苯乙烯

标　识

中文名称　可发性聚苯乙烯

英文名称　Expandable polystyrene；EPS

别名　发泡级聚苯乙烯

分子式　$\text{-}[C_8H_8]\text{-}_n$

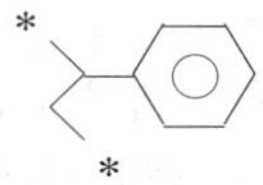

CAS 号　9003－53－6

WGH 号　41057

UN 号　2211

危害信息

危险性类别　第4.1类　易燃固体；第9类　杂类(危险货物品名表)。

燃烧与爆炸危险性　可燃。其粉体与空气混合能形成爆炸性混合物，遇明火高热有引起燃烧爆炸的危险。加热分解产生易燃的一氧化碳气体。

禁忌物　强氧化剂、烃类溶剂。

环境危害　对水生生物有害，可能在水生环境中造成长期不利影响。

理化特性与用途

理化特性　无色透明或乳白色小颗粒。主要成分为聚苯乙烯：约占92%～95%；发泡剂(C4、C5、C6)：约占4%～8%；水分含量≤0.5%；游离单体含量：0.1%～0.4%，随品种不同而有差异；阻燃型EPS还含有阻燃剂(卤素化合物，主要是溴化物)，绝不含氟氯碳化合物。不溶于水。相对密度：约1.03～1.06，引燃温度426℃。

主要用途　用作建筑上保温及隔热材料和仪器、仪表的防振包装等。

包装与储运

包装标志　杂类

包装类别　Ⅲ类

安全储运　储存于阴凉、通风的库房。远离火种、热源。储存温度不超过35℃。保持容器密封。应与氧化剂等隔离储运。

紧急处置信息

急救措施

吸入：脱离接触。如有不适感，就医。

眼睛接触：分开眼睑，用流动清水或生理盐水冲洗。如有不适感，就医。

皮肤接触：脱去污染的衣着，用肥皂水和清水冲洗。如有不适感，就医。

食入：漱口，饮水。就医。

灭火方法　消防人员须佩戴防毒面具，穿全身消防服，在上风向灭火。尽可能将容器从火场移至空旷处。喷水保持火场容器冷却，直至灭火结束。

灭火剂：雾状水、泡沫、二氧化碳、干粉、砂土。

泄漏应急处置 隔离泄漏污染区，限制出入。建议应急处理人员戴防尘口罩，穿防毒防酸碱服，戴橡胶耐酸碱手套。穿上适当的防护服前严禁接触破裂的容器和泄漏物。尽可能切断泄漏源。用塑料布覆盖泄漏物，减少飞散。勿使水进入包装容器内。用洁净的铲子收集泄漏物，置于干净、干燥、盖子较松的容器中，将容器移离泄漏区。

504. 空白汽油

标　识

中文名称 空白汽油

英文名称 Blank gasoline

危害信息

危险性类别 第 3 类 易燃液体

燃烧与爆炸危险性 易燃。其蒸气与空气混合能形成爆炸性混合物，遇明火、高热易燃烧或爆炸。在高温火场中，受热的容器或储罐有破裂和爆炸的危险。

禁忌物 强氧化剂

毒性 主要以蒸气形态吸入，经皮肤吸收较少。汽油为麻醉性毒物。急性中毒主要引起中枢神经系统和呼吸系统损害；慢性中毒主要表现为神经衰弱综合征、植物神经功能紊乱、中毒性脑病、周围神经病，可引起肾脏损害。

IARC 对汽油的致癌性分类：G2B——可疑人类致癌物。

欧盟指令 67/548/EEC 将汽油列为第 2 类致癌物——可能为人类致癌物。

中毒表现 急性中毒：汽油蒸气吸入呼吸道后，轻度中毒出现头痛、头晕、恶心、呕吐、步态不稳、视力模糊、烦躁、哭笑无常、兴奋不安、轻度意识障碍等。重度中毒出现中度或重度意识障碍、化学性肺炎、反射性呼吸停止。汽油液体被吸入呼吸道后引起吸入性肺炎，出现剧烈咳嗽、胸痛、咯血、发热、呼吸困难、紫绀及肺部啰音等。如汽油液体进入消化道，表现为频繁呕吐，呕吐物除食物和汽油外可带新鲜血液，并伴有口腔、咽、胸骨后灼热感，腹痛、腹泻、肝脏肿大及压痛。皮肤浸泡或浸渍于汽油时间较长后，受浸皮肤出现水疱、表皮破碎脱落，呈浅Ⅱ度灼伤。个别敏感者可发生急性皮炎，出现红斑、水疱及瘙痒。

慢性中毒：表现为神经衰弱综合征、植物神经功能紊乱、周围神经病。严重中毒出现中毒性脑病，常见表现为表情淡漠，反应迟钝，记忆力、计算力丧失等；中毒性精神病；类精神分裂症；中毒性周围神经病所致肢体瘫痪。可引起肾脏损害，早期显示肾小管功能损伤，进而引起膜性肾小球肾炎，严重者可发生肾小球肾炎 - 肺出血综合征。长期接触汽油可引起血中白细胞等血细胞的减少，其原因是由于汽油内含较高芳香烃组分，尤其是苯，其临床表现同慢性苯中毒。皮肤损害可见皮肤干燥、皲裂、角化、毛囊炎、慢性湿疹、指甲变厚和凹陷。严重者可引起剥脱性皮炎。

侵入途径 吸入、食入、经皮吸收。

职业接触限值

中国：PC - TWA：300mg/m^3[溶剂汽油]。

美国(ACGIH)：TLV - TWA：300ppm；TLV - STEL：500ppm。

理化特性与用途

理化特性 原油经蒸馏所得的直馏馏分或经加氢裂化而得。无色透明液体。馏程35～190℃。

主要用途 用作溶剂，用于机械零件清洗。

包装与储运

包装标志 易燃液体

包装类别 Ⅰ类

安全储运 盛装时，切不可充满，要留出必要的安全空间。储存于阴凉、通风处，储存温度不超过29℃。远离火种、热源，炎热季节应采取喷淋、通风等降温措施。应与氧化剂等隔离储运。罐储时要有防火防爆技术措施。充装时流速不超过3米/秒，且有接地装置，防止静电积聚。搬运时轻装轻卸，防止容器受损。

紧急处置信息

急救措施

吸入： 迅速脱离现场至空气新鲜处。保持呼吸道通畅。如呼吸困难，给输氧。呼吸、心跳停止，立即进行心肺复苏术。就医。

眼睛接触： 立即分开眼睑，用流动清水或生理盐水彻底冲洗。就医。

皮肤接触： 立即脱去污染的衣着，用肥皂水和清水彻底冲洗。就医。

食入： 漱口，尽量饮水，不要催吐。就医。

忌用肾上腺素类药。

灭火方法 消防人员须穿全身消防服，佩戴空气呼吸器，在上风向灭火。尽可能将容器从火场移至空旷处。喷水保持火场容器冷却，直至灭火结束。处在火场中的容器若发生异常变化或发出异常声音，须马上撤离。

灭火剂：泡沫、二氧化碳、干粉、砂土。

泄漏应急处置 消除所有点火源。根据液体流动和蒸气扩散的影响区域划定警戒区，无关人员从侧风、上风向撤离至安全区。建议应急处理人员戴正压自给式呼吸器，穿防静电、防腐蚀服，戴橡胶手套。穿上适当的防护服前严禁接触破裂的容器和泄漏物。尽可能切断泄漏源。防止泄漏物进入水体、下水道、地下室或限制性空间。小量泄漏：用干燥的砂土或其他不燃材料吸收或覆盖，收集于容器中。大量泄漏：构筑围堤或挖坑收容。用防爆、耐腐蚀泵转移至槽车或专用收集器内。喷雾状水驱散蒸气、稀释液体泄漏物。

505. 空气压缩机油

标　识

中文名称 空气压缩机油

英文名称 Air compressor oil

别名 空压机油；压缩机油

危害信息

燃烧与爆炸危险性 可燃。其蒸气与空气混合能形成爆炸性混合物，遇明火、高热可能引起燃烧或爆炸。燃烧产生有毒的一氧化碳气体。在高温火场中，受热的容器或储罐有破裂和爆炸的危险。

禁忌物　强氧化剂。

侵入途径　吸入、食入、经皮吸收。

理化特性与用途

理化特性　淡黄色液体，有烃气味。L－DAB(32)：倾点≤－9℃，闪点≥175℃，运动黏度28.8～35.2mm^2/s(40℃)；L－DAB(150)：倾点≤－3℃，闪点≥215℃，运动黏度135～165mm^2/s(40℃)。

主要用途　适用于中负荷的空气压缩机(往复式或回转滴油式)的润滑。

包装与储运

安全储运　储存于阴凉、通风的库房。保持容器密闭。远离火种、热源。应与氧化剂等隔离储运。搬运时轻装轻卸，防止容器受损。

紧急处置信息

急救措施

吸入：脱离接触。如有不适感，就医。

眼睛接触：分开眼睑，用流动清水或生理盐水冲洗。如有不适感，就医。

皮肤接触：脱去污染的衣着，用肥皂水和清水冲洗。如有不适感，就医。

食入：漱口，尽量饮水，对于高黏度、低挥发性油脂类，通常不必催吐。就医。

灭火方法　消防人员须穿全身消防服，佩戴空气呼吸器，在上风向灭火。尽可能将容器从火场移至空旷处。喷水保持火场容器冷却，直至灭火结束。处在火场中的容器若发生异常变化或发出异常声音，须马上撤离。

灭火剂：泡沫、二氧化碳、干粉、砂土。

泄漏应急处置　消除所有点火源。根据液体流动和蒸气扩散的影响区域划定警戒区，无关人员从侧风、上风向撤离至安全区。建议应急处理人员戴正压自给式呼吸器，穿防静电、防腐蚀服，戴橡胶手套。穿上适当的防护服前严禁接触破裂的容器和泄漏物。尽可能切断泄漏源。防止泄漏物进入水体、下水道、地下室或限制性空间。小量泄漏：用干燥的砂土或其他不燃材料吸收或覆盖，收集于容器中。大量泄漏：构筑围堤或挖坑收容。用防爆、耐腐蚀泵转移至槽车或专用收集器内。喷雾状水驱散蒸气、稀释液体泄漏物。

506. 宽馏分喷气燃料

标　识

中文名称　宽馏分喷气燃料

英文名称　Wide cut jet fuel; Wide-boiling cut jet fuel

UN 号　1863

危害信息

危险性类别　第3类　易燃液体

燃烧与爆炸危险性　易燃。其蒸气与空气混合能形成爆炸性混合物，遇明火、高热易燃烧或爆炸。在高温火场中，受热的容器或储罐有破裂和爆炸的危险。

活性反应 与强氧化剂接触发生反应。

禁忌物 强氧化剂。

毒性 吸入对呼吸道有刺激性，对中枢神经系统有抑制作用。食入刺激胃肠道。对眼有刺激性。可引起皮炎。

侵入途径 吸入、食入。

理化特性与用途

理化特性 无色透明液体。馏程20%馏出温度≤145℃，终馏点≤270℃，密度0.751～0.802g/cm^3(20℃)，蒸气压≤21kPa(37.8℃)，冰点≤－50℃。

主要用途 用于航空涡轮发动机作燃料。

包装与储运

包装标志 易燃液体

包装类别 Ⅲ类

安全储运 储存于阴凉、通风的库房。保持容器密闭。远离火种、热源，避免阳光直射。储存温度不超过37℃。炎热季节早晚运输，应与氧化剂等隔离储运。禁止使用易产生火花的机械设备和工具。灌装时注意流速，防止静电积聚。搬运时轻装轻卸，防止容器受损。

紧急处置信息

急救措施

吸入：脱离接触。如有不适感，就医。

眼睛接触：分开眼睑，用流动清水或生理盐水冲洗。如有不适感，就医。

皮肤接触：脱去污染的衣着，用肥皂水和清水冲洗。如有不适感，就医。

食入：漱口，尽量饮水，禁止催吐，禁饮牛奶、油脂和酒精。就医。

灭火方法 消防人员须穿全身消防服，佩戴空气呼吸器，在上风向灭火。尽可能将容器从火场移至空旷处。喷水保持火场容器冷却，直至灭火结束。处在火场中的容器若发生异常变化或发出异常声音，须马上撤离。

灭火剂：泡沫、二氧化碳、干粉、砂土。

泄漏应急处置 消除所有点火源。根据液体流动和蒸气扩散的影响区域划定警戒区，无关人员从侧风、上风向撤离至安全区。建议应急处理人员戴正压自给式呼吸器，穿防静电、防腐蚀服，戴橡胶手套。尽可能切断泄漏源。防止泄漏物进入水体、下水道、地下室或限制性空间。小量泄漏：用干燥的砂土或其他不燃材料吸收或覆盖，收集于容器中。大量泄漏：构筑围堤或挖坑收容。

507. 蜡 膏

标 识

中文名称 蜡膏

英文名称 Paraffin jelly；Petroleum jelly；Petrolatum

CAS 号 8009－03－8

危害信息

燃烧与爆炸危险性　可燃，燃烧产生有毒的一氧化碳气体。

禁忌物　强氧化剂。

毒性　大鼠腹腔内 LD_{50}：>50g/kg。

欧盟指令 67/548/EEC 将本品列为第 2 类致癌物——可能为人类致癌物。

侵入途径　吸入、食入。

理化特性与用途

理化特性　浅白色膏体。不溶于水、甘油、乙醇，溶于苯、氯仿、乙醚、石油醚、二硫化碳、油类。熔点 50～60℃，相对密度(水=1)0.84，闪点 185℃，辛醇/水分配系数 6。

主要用途　适用于制作纯地蜡、特种蜡或用作生产凡士林的原料。

包装与储运

安全储运　储存于阴凉、通风的库房。容器密闭。远离火种、热源。应与氧化剂等隔离储运。

紧急处置信息

急救措施

吸入：脱离接触。如有不适感，就医。

眼睛接触：分开眼睑，用流动清水或生理盐水冲洗。如有不适感，就医。

皮肤接触：脱去污染的衣着，用肥皂水和清水冲洗。如有不适感，就医。

食入：漱口，尽量饮水，对于高黏度、低挥发性油脂类，通常不必催吐。就医。

灭火方法　消防人员须穿全身消防服，在上风向灭火。尽可能将容器从火场移至空旷处。喷水保持火场容器冷却，直至灭火结束。

灭火剂：雾状水、泡沫、二氧化碳、干粉、砂土。

泄漏应急处置　消除所有点火源。无关人员从侧风、上风向撤离至安全区。建议应急处理人员戴正压自给式呼吸器，穿防静电、防腐蚀服，戴橡胶手套。尽可能切断泄漏源。防止泄漏物进入水体、下水道、地下室或限制性空间。用洁净的铲子收集，置于适当的容器中，回收或处置。

508. 冷榨脱蜡油

标　识

中文名称　冷榨脱蜡油

英文名称　Cold pressing dewaxed oil

别名　压榨油

危害信息

燃烧与爆炸危险性　可燃。其蒸气与空气混合能形成爆炸性混合物，遇明火、高热可引起燃烧爆炸。在高温火场中，受热的容器或储罐有破裂和爆炸的危险。

活性反应　与强氧化剂反应。

禁忌物 强氧化剂。

侵入途径 吸入、食入、经皮吸收。

理化特性与用途

理化特性 液体。凝点 0～15℃，熔点 31℃。

主要用途 可用作柴油或轻质润滑油的调和组分。

包装与储运

安全储运 储存于阴凉、通风的库房。保持容器密闭。远离火种、热源。应与强氧化剂等隔离储运。搬运时轻装轻卸，防止容器受损。

紧急处置信息

急救措施

吸入：脱离接触。如有不适感，就医。

眼睛接触：分开眼睑，用流动清水或生理盐水冲洗。如有不适感，就医。

皮肤接触：脱去污染的衣着，用肥皂水和清水冲洗。如有不适感，就医。

食入：漱口，尽量饮水。就医。

灭火方法 消防人员须穿全身消防服，佩戴空气呼吸器，在上风向灭火。尽可能将容器从火场移至空旷处。喷水保持火场容器冷却，直至灭火结束。处在火场中的容器若发生异常变化或发出异常声音，须马上撤离。

灭火剂：泡沫、二氧化碳、干粉、砂土。

泄漏应急处置 消除所有点火源。根据液体流动和蒸气扩散的影响区域划定警戒区，无关人员从侧风、上风向撤离至安全区。建议应急处理人员戴正压自给式呼吸器，穿防静电、防腐蚀服，戴橡胶手套。尽可能切断泄漏源。防止泄漏物进入水体、下水道、地下室或限制性空间。小量泄漏：用干燥的砂土或其他不燃材料吸收或覆盖，收集于容器中。大量泄漏：构筑围堤或挖坑收容。

509. 连二亚硫酸钠

标　识

中文名称 连二亚硫酸钠

英文名称 Sodium dithionite；Sodium hydrosulfite

别名 保险粉

分子式 $Na_2S_2O_4$

CAS 号 7775－14－6

WGH 号 42012

UN 号 1384

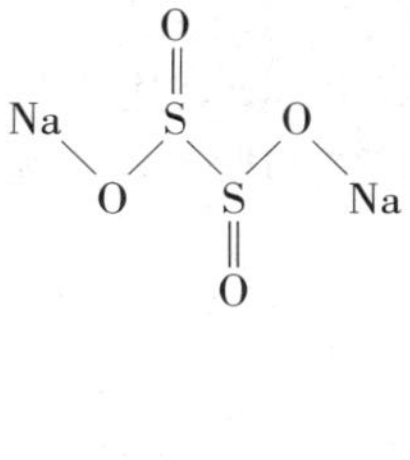

危害信息

危险性类别 第 4.2 类 自燃物品

燃烧与爆炸危险性 受热或接触明火可燃，空气中加热至 250℃以上能自燃。受高热或燃烧发生分解放出有毒且易燃的二氧化硫气体。

活性反应 强还原剂，暴露在空气中会被氧气氧化，放出热量。与酸或氧化剂反应，释放出大量的热而引起剧烈燃烧或爆炸，并放出有毒和刺激性的二氧化硫烟气。接触少量水时，放出大量的热量会使未溶解的连二亚硫酸钠发生分解，释放出有毒和刺激性的二氧化硫、硫化氢气体。

禁忌物 强氧化剂、酸类、易燃物等。

毒性 本品有致敏性和刺激性。大量口服可引起剧烈腹绞痛、腹泻、循环衰竭、中枢神经系统抑制，可致死亡。估计对人的致死剂量为30g。

侵入途径 吸入、食入。

理化特性与用途

理化特性 白色结晶粉末，有时略带黄色或灰色。具有特殊臭味和强还原性。极易溶于水，不溶于乙醇。熔点52～55℃（分解），沸点130℃（分解），相对密度（水=1）2.1～2.2，引燃温度250℃。仅在干燥状态下和弱碱水溶液中稳定。在潮湿空气中极不稳定，易氧化分解。85℃以上热分解。加热到190℃可发生爆炸分解。

主要用途 用作棉织物的助染剂和丝毛织物的漂白剂，造纸和食品工业的漂白剂，金银回收等。实验室作吸氧剂。

包装与储运

包装标志 自燃物品

包装类别 Ⅱ类

安全储运 储存于阴凉、干燥、通风的库房，禁止露天堆放。相对湿度不超过80%。避光、防潮、防湿。切勿与氧化剂、酸类、易燃物等混储混运。远离火种、热源，防止容器破损。如发现容器渗漏不可储运以防受潮物品发热爆炸。雨天禁止运输。

紧急处置信息

急救措施

吸入：迅速脱离现场至空气新鲜处。保持呼吸道通畅。如呼吸困难，给输氧。呼吸、心跳停止，立即进行心肺复苏术。就医。

眼睛接触：分开眼睑，用流动清水或生理盐水冲洗。如有不适感，就医。

皮肤接触：脱去污染的衣着，用肥皂水和清水冲洗。如有不适感，就医。

食入：漱口，催吐，尽快洗胃。就医。

灭火方法 尽可能将容器从火场移至空旷处。

用干粉、二氧化碳、砂土灭火。禁止用水、泡沫灭火。

泄漏应急处置 严禁用水处理。隔离泄漏污染区，限制出入。消除所有点火源。建议应急处理人员戴防尘口罩，穿防毒、防静电服，戴乳胶手套。禁止接触或跨越泄漏物。保持泄漏物干燥。用干燥的砂土或其他不燃材料覆盖泄漏物，然后用塑料布覆盖，减少飞散、避免雨淋。用洁净的无火花工具收集泄漏物，置于一盖子较松的塑料容器中，待处置。

510. 联　　苯

标　　识

中文名称 联苯

英文名称　Biphenyl；Diphenyl；1,1′-Biphenyl

别名　1,1′-联苯；苯基苯

分子式　$C_{12}H_{10}$

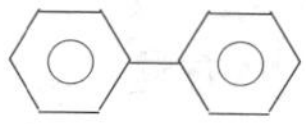

CAS 号　92-52-4

WGH 号　T91020[铁规]

UN 号　3077

危害信息

燃烧与爆炸危险性　可燃。其蒸气与空气混合能形成爆炸性混合物，遇明火、高热能引起燃烧爆炸。

活性反应　与氧化剂发生放热反应。

禁忌物　强氧化剂、酸类、卤素。

毒性　大鼠经口 LD_{50}：2140mg/kg；小鼠经口 LD_{50}：1900mg/kg；家兔经皮 LD_{50}：>5010mg/kg；大鼠吸入 LC：>200mg/m^3。

对皮肤、黏膜有轻度刺激作用。高浓度吸入，主要损害神经系统和肝脏。

中毒表现　急性中毒：主要表现为神经系统和消化系统症状，有头痛、头晕、嗜睡、恶心、呕吐等，可有肝功能损害。高浓度对呼吸道和眼有明显的刺激作用。

慢性中毒：长期接触可引起头痛、乏力、腹痛、恶心、消化不良及肝功能障碍，可出现多发性神经病症状。

职业接触限值

中国：PC-TWA：1.5mg/m^3。

美国(ACGIH)：TLV-TWA：0.2ppm。

环境危害　对水生生物有极高毒性，可能在水生环境中造成长期不利影响。具有很强的生物富集性，易在生物体内富集，特别是在鱼体内。有害空气污染物。

理化特性与用途

理化特性　无色或淡黄色片状结晶。不溶于水，溶于乙醇、乙醚，易溶于苯、四氯化碳、二硫化碳、甲醇等。对热稳定。熔点 69~70℃，沸点 256℃，相对密度(水=1)1.04，相对蒸气密度(空气=1)5.3，临界温度 515.7℃，临界压力 4.05MPa，蒸气压 1.191Pa(25℃)，折射率 1.588(77℃)，闪点 113℃(闭杯)，爆炸极限 0.6%(111℃)~5.8%(166℃)，引燃温度 540℃，辛醇/水分配系数 3.16/4.09。

主要用途　用作热交换剂，杀真菌剂，并用于有机合成。

包装与储运

包装标志　杂类

包装类别　Ⅲ类

安全储运　储存于阴凉、通风良好的库房。远离火种、热源。密闭包装。应与氧化剂隔离储运。运输时，防止雨淋、曝晒。搬运时轻装轻卸，防止容器受损。

紧急处置信息

急救措施

吸入：迅速脱离现场至空气新鲜处。保持呼吸道通畅。如呼吸困难，给输氧。呼吸、心跳停止，立即进行心肺复苏术。就医。

眼睛接触： 立即分开眼睑，用流动清水或生理盐水彻底冲洗。就医。

皮肤接触： 立即脱去污染的衣着，用肥皂水和清水彻底冲洗。就医。

食入： 漱口，饮水。就医。

灭火方法　消防人员须佩戴防毒面具、穿全身消防服，在上风向灭火。尽可能将容器从火场移至空旷处。喷水保持火场容器冷却，直至灭火结束。

灭火剂：雾状水、泡沫、干粉、二氧化碳、砂土。

泄漏应急处置　隔离泄漏污染区，限制出入。消除所有点火源。建议应急处理人员戴防尘口罩，穿防毒服。穿上适当的防护服前严禁接触破裂的容器和泄漏物。尽可能切断泄漏源。用塑料布覆盖泄漏物，减少飞散。勿使水进入包装容器内。用洁净的铲子收集泄漏物，置于干净、干燥、盖子较松的容器中，将容器移离泄漏区。

511. 联苯－联苯醚

标　识

中文名称　联苯－联苯醚

英文名称　1,1′-Biphenyl, mixt 1,1′-oxybis(benzene); Diphenyl/diphenyl oxide mixture; Dowtherm A

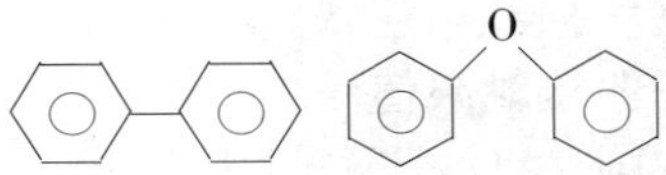

别名　导生 A

分子式　$C_{12}H_{10}O \cdot C_{12}H_{10}$

CAS 号　8004－13－5

危害信息

燃烧与爆炸危险性　遇明火高热可燃。蒸气与空气混合能形成爆炸性混合物。

活性反应　与氧化剂发生放热反应。与氯磺酸发生剧烈反应。

禁忌物　强氧化剂

毒性　大鼠经口 LD_{50}：2460mg/kg。

对眼、鼻、喉有刺激性。

侵入途径　吸入、食入。

环境危害　对水生生物有极高毒性，可能在水生环境中造成长期不利影响。有很强的生物富集性，易在动植物中富集。

理化特性与用途

理化特性　26.5% 联苯与 73.5% 联苯醚的混合物。无色至稻草黄色液体，有特殊的刺激性气味。不溶于水，易溶于乙醚、乙醇等。熔点 12.2℃，沸点 257℃，相对密度(水＝1) 1.06，相对蒸气密度(空气＝1) 11.2，闪点 123℃，引燃温度 621℃，爆炸极限 0.6% (121℃)～6.2% (160℃)。

主要用途　主要在合成橡胶、人造纤维、塑料和颜料制造中用作 380℃以下的液相和蒸气相的热载体。

包装与储运

安全储运　储存于阴凉、通风良好的库房。远离火种、热源。密闭包装，应与氧化剂隔离储运。运输时，防止雨淋、曝晒。搬运时轻装轻卸，防止容器受损。

紧急处置信息

急救措施

吸入：脱离现场至空气新鲜处。如有不适，就医。

眼睛接触：分开眼睑，用流动清水或生理盐水冲洗。如有不适，就医。

皮肤接触：脱去污染的衣着，用肥皂水和清水冲洗。如有不适，就医。

食入：漱口，尽量饮水，不要催吐。就医。

灭火方法 消防人员须佩戴防毒面具、穿全身消防服，在上风向灭火。尽可能将容器从火场移至空旷处。喷水保持火场容器冷却，直至灭火结束。处在火场中的容器若已变色或从安全泄压装置中产生声音，必须马上撤离。

灭火剂：雾状水、泡沫、干粉、二氧化碳、砂土。

泄漏应急处置 根据液体流动和蒸气扩散的影响区域划定警戒区，无关人员从侧风、上风向撤离至安全区。消除所有点火源。建议应急处理人员戴防毒面具，穿一般作业工作服。尽可能切断泄漏源。防止泄漏物进入水体、下水道、地下室或限制性空间。小量泄漏：用干燥的砂土或其他不燃材料吸收或覆盖，收集于容器中。大量泄漏：构筑围堤或挖坑收容。用泵转移至槽车或专用收集器内。

512. 联　苯　醚

标　识

中文名称 联苯醚

英文名称 Diphenyl ether；Diphenyl oxide；1,1′-Oxybisbenzene

别名 联苯醚

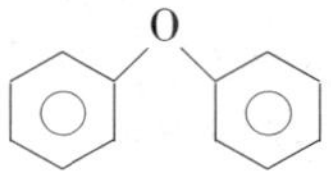

分子式 $C_{12}H_{10}O$

CAS 号 101－84－8

危害信息

燃烧与爆炸危险性 可燃。其粉体或蒸气与空气能形成爆炸性混合物。在火场中，由于内压增大，受热的容器或储罐有开裂或爆炸的危险。

活性反应 与氧化剂发生放热反应。与氯磺酸发生剧烈反应。

禁忌物 强氧化剂。

毒性 大鼠经口 LD_{50}：3.99g/kg。

除难闻的气味外，未见对人有明显的危害，但其气味难闻，使人感到恶心。长期接触可引起皮炎。

侵入途径 吸入、食入、经皮吸收。

职业接触限值 中国：PC－TWA：7mg/m^3；PC－STEL：14mg/m^3。

美国(ACGIH)：TLV－TWA：1ppm；TLV－STEL：2ppm。

环境危害 对水生生物有极高毒性。具有很强的生物富集性，易在生物体内富集，特别是在鱼体内。

理化特性与用途

理化特性 无色结晶或淡黄色液体，具有桉叶油气味。不溶于水，溶于乙醇、乙醚、苯、冰醋酸等。熔点28℃，沸点257℃，相对密度(水=1)1.08，相对蒸气密度(空气=1)5.9，临界温度490℃，临界压力3.13MPa，蒸气压2.7Pa(25℃)，折射率1.580，闪点115℃(闭杯)、96℃(开杯)，爆炸极限0.8%~1.5%，引燃温度610℃，辛醇/水分配系数4.21。

主要用途　用作传热介质及合成树脂和其他有机合成的原料，也用于香料工业。

包装与储运

安全储运　储存于阴凉、通风良好的库房。远离火种、热源。密闭包装。应与氧化剂隔离储运。运输时，防止雨淋、曝晒。搬运时轻装轻卸，防止容器受损。

紧急处置信息

急救措施

吸入：脱离接触。如有不适感，就医。

眼睛接触：分开眼睑，用流动清水或生理盐水冲洗。如有不适感，就医。

皮肤接触：脱去污染的衣着，用肥皂水和清水冲洗。如有不适感，就医。

食入：漱口，给服活性炭悬液，不要催吐。就医。

灭火方法　消防人员须佩戴防毒面具、穿全身消防服，在上风向灭火。尽可能将容器从火场移至空旷处。喷水保持火场容器冷却，直至灭火结束。处在火场中的容器若已变色或从安全泄压装置中产生声音，必须马上撤离。

灭火剂：雾状水、泡沫、干粉、二氧化碳、砂土。

泄漏应急处置　液体泄漏：根据液体流动和蒸气扩散的影响区域划定警戒区，无关人员从侧风、上风向撤离至安全区。消除所有点火源。建议应急处理人员戴防毒面具，穿一般作业工作服。尽可能切断泄漏源。防止泄漏物进入水体、下水道、地下室或限制性空间。小量泄漏：用干燥的砂土或其他不燃材料吸收或覆盖，收集于容器中。大量泄漏：构筑围堤或挖坑收容。用泵转移至槽车或专用收集器内。固体泄漏：隔离泄漏污染区，限制出入。消除所有点火源。建议应急处理人员戴防尘口罩，穿防毒服。尽可能切断泄漏源。用塑料布覆盖泄漏物，减少飞散。用洁净的铲子收集泄漏物，置于干净、干燥、盖子较松的容器中，将容器移离泄漏区。

513. 两性酚醛树脂

标　识

中文名称　两性酚醛树脂

英文名称　Amphoteric phenolic resin

危害信息

燃烧与爆炸危险性　可燃。其粉体与空气混合能形成爆炸性混合物，遇明火高热有引起燃烧爆炸的危险。

活性反应　与强氧化剂反应。

禁忌物　强氧化剂。

侵入途径　吸入、食入、经皮吸收。

理化特性与用途

理化特性 黑褐色粉末，易吸潮。易溶于水，水溶液呈弱碱性。

主要用途 主要用作降低泥浆的高温高压滤失量，抑制黏土分散和控制地层造浆等，适用于各种水基泥浆体系。

包装与储运

安全储运 储存于阴凉、干燥、通风的库房。包装应密封。远离火种、热源。防止受潮、雨淋。应与氧化剂等隔离储运。轻装轻卸，防止包装受损。

紧急处置信息

急救措施

吸入：脱离接触。如有不适感，就医。

眼睛接触：分开眼睑，用流动清水或生理盐水冲洗。如有不适感，就医。

皮肤接触：脱去污染的衣着，用肥皂水和清水冲洗。如有不适感，就医。

食入：漱口，饮水。就医。

灭火方法 消防人员须穿全身消防服，在上风向灭火。尽可能将容器从火场移至空旷处。喷水保持火场容器冷却，直至灭火结束。

灭火剂：雾状水、抗溶性泡沫、二氧化碳、干粉、砂土。用水灭火无效。

泄漏应急处置 建议应急处理人员戴防尘口罩，穿防毒防酸碱服，戴橡胶耐酸碱手套。用洁净的铲子收集泄漏物，置于干净、干燥、盖子较松的容器中，将容器移离泄漏区。

514. 裂化原料油

标　识

中文名称 裂化原料油

英文名称 Cracking stock oil

危害信息

燃烧与爆炸危险性 可燃。其蒸气与空气混合能形成爆炸性混合物，遇明火、高热有引起燃烧或爆炸的危险。燃烧产生有毒的一氧化碳气体。在高温火场中，受热的容器或储罐有破裂和爆炸的危险。

活性反应 与强氧化剂反应。

禁忌物 强氧化剂。

侵入途径 吸入、食入、经皮吸收。

理化特性与用途

理化特性 液体。原油经常减压蒸馏切取减四线所得的蜡油即为产品。馏程：90%馏出温度≤570℃，含油量≤30%。

主要用途 用作裂化原料。

包装与储运

安全储运 储存于阴凉、通风的库房。保持容器密闭。远离火种、热源，避免阳光直射。应与氧化剂等隔离储运。搬运时轻装轻卸，防止容器受损。

紧急处置信息

急救措施

吸入： 脱离接触。如有不适感，就医。

眼睛接触： 分开眼睑，用流动清水或生理盐水冲洗。如有不适感，就医。

皮肤接触： 脱去污染的衣着，用肥皂水和清水冲洗。如有不适感，就医。

食入： 漱口，尽量饮水，不要催吐。就医。

忌用肾上腺素类药。

灭火方法　消防人员须穿全身消防服，佩戴空气呼吸器，在上风向灭火。尽可能将容器从火场移至空旷处。喷水保持火场容器冷却，直至灭火结束。处在火场中的容器若发生异常变化或发出异常声音，须马上撤离。

灭火剂：泡沫、二氧化碳、干粉、砂土。

泄漏应急处置　根据液体流动和蒸气扩散的影响区域划定警戒区，无关人员从侧风、上风向撤离至安全区。消除所有点火源。建议应急处理人员戴防毒面具，穿防毒服。穿上适当的防护服前严禁接触破裂的容器和泄漏物。尽可能切断泄漏源。防止泄漏物进入水体、下水道、地下室或密闭性空间。小量泄漏：用干燥的砂土或其他不燃材料吸收或覆盖，收集于容器中。大量泄漏：构筑围堤或挖坑收容。用泵转移至槽车或专用收集器内。

515. 裂解碳四抽余油

标　　识

中文名称　裂解碳四抽余油

英文名称　Pyrolysis C_4 raffinate oil

危害信息

危险性类别　第 2.1 类　易燃气体

燃烧与爆炸危险性　易燃，与空气混合能形成爆炸性混合物，遇高热和明火能引起燃烧或爆炸。

活性反应　与强氧化剂、卤素反应。

禁忌物　强氧化剂、卤素。

毒性　吸入脂肪族烃类气体或蒸气有麻醉作用。

侵入途径　吸入、食入。

理化特性与用途

理化特性　气体。主要组分是丁烷、1－丁烯、2－丁烯、异丁烯等，碳四总量不小于 98.0%。

主要用途　裂解碳四抽余油可用作轻质燃料，也可经分离制取丁烷气和丁烯等。

包装与储运

包装标志　易燃气体

安全储运 储存于阴凉、通风的库房或大型气柜。远离火源和热源。储存温度不超过30℃。储存时，应与强氧化剂、强还原剂、卤素、卤代烃等隔离。禁止使用易产生火花的机械设备和工具。运输时防止雨淋、曝晒。搬运时轻装轻卸。

紧急处置信息

急救措施

吸入：迅速脱离现场至空气新鲜处。保持呼吸道通畅。如呼吸困难，给输氧。呼吸、心跳停止，立即进行心肺复苏术。就医。

眼睛接触：分开眼睑，用流动清水或生理盐水冲洗。就医。

皮肤接触：脱去污染的衣着，用肥皂水和清水冲洗。就医。

食入：漱口，不要催吐，禁饮牛奶、油脂和酒精。就医。

灭火方法 切断气源。若不能切断气源，则不允许熄灭泄漏处的火焰。消防人员须穿全身消防服，在上风向灭火。喷水保持火场容器冷却，直至灭火结束。尽可能将容器从火场移至空旷处。

灭火剂：雾状水、泡沫、干粉、砂土。

泄漏应急处置 消除所有点火源。根据液体流动和蒸气扩散的影响区域划定警戒区，无关人员从侧风、上风向撤离至安全区。建议应急处理人员戴正压自给式呼吸器，穿防静电、防腐蚀服，戴橡胶手套。尽可能切断泄漏源。防止泄漏物进入水体、下水道、地下室或限制性空间。小量泄漏：用干燥的砂土或其他不燃材料吸收或覆盖，收集于容器中。大量泄漏：构筑围堤或挖坑收容。

516. 裂解碳五

标　识

中文名称 裂解碳五

英文名称 Pyrolytic C_5；Cracked C_5 fraction

别名 臭碳五

危害信息

危险性类别 第3类 易燃液体

燃烧与爆炸危险性 易燃。其蒸气与空气混合能形成爆炸性混合物，遇明火、高热易燃烧爆炸。高速冲击、流动、激荡后可因产生静电火花放电引起燃烧爆炸。在高温火场中，受热的容器或储罐有破裂和爆炸的危险。蒸气比空气重，能在较低处扩散到相当远的地方，遇火源会着火回燃和爆炸(闪爆)。

活性反应 与强氧化剂反应。

禁忌物 强氧化剂、卤素、酸类。

毒性 脂肪族烃类和脂环族烃类化合物有麻醉作用和中枢神经系统抑制作用。对眼和呼吸道黏膜有刺激性。

侵入途径 吸入、食入。

环境危害 对水生生物有毒，可能在水生环境中造成长期不利影响。

理化特性与用途

理化特性　主要成分是环戊二烯、异戊二烯、异戊烷和间戊二烯等。密度≤0.750g/cm^3(20℃)，硫含量≤0.01%。

主要用途　主要用于生产碳五石油树脂，也可通过萃取或吸附分离制取异戊烷、环戊二烯。裂解碳五馏分经加氢后可用作汽油调和组分。

包装与储运

包装标志　易燃液体

包装类别　Ⅰ类

安全储运　储存于低温通风的库房，避免阳光直射。远离火种、热源。库温不超过29℃。包装要求密封，不可与空气接触。应与氧化剂、酸类等隔离储运。防止聚合。炎热季节早晚运输。禁止使用易产生火花的机械设备和工具。灌装时注意流速，要有接地装置，防止静电积聚。搬运时轻装轻卸，防止容器受损。

紧急处置信息

急救措施

吸入：迅速脱离现场至空气新鲜处。保持呼吸道通畅。如呼吸困难，给输氧。呼吸、心跳停止，立即进行心肺复苏术。就医。

眼睛接触：立即分开眼睑，用流动清水或生理盐水彻底冲洗。就医。

皮肤接触：立即脱去污染的衣着，用肥皂水和清水彻底冲洗。就医。

食入：漱口，尽量饮水，不要催吐。就医。

忌用肾上腺素类药。

灭火方法　消防人员须穿全身消防服，佩戴空气呼吸器，在上风向灭火。尽可能将容器从火场移至空旷处。喷水保持火场容器冷却，直至灭火结束。处在火场中的容器若发生异常变化或发出异常声音，须马上撤离。

灭火剂：泡沫、二氧化碳、干粉、砂土。

泄漏应急处置　迅速撤离泄漏污染区人员至安全区，并进行隔离，严格限制出入。切断火源。建议应急处理人员戴正压自给式呼吸器，穿防毒服。尽可能切断泄漏源。防止流入下水道、排洪沟等限制性空间。小量泄漏：用活性炭或其他惰性材料吸收。也可以用不燃性分散剂制成的乳液刷洗，洗液稀释后放入废水系统。大量泄漏：构筑围堤或挖坑收容。用泡沫覆盖，降低蒸气灾害。用防爆泵转移至槽车或专用收集器内，回收或运至废物处理场所处置。

517. 邻苯二胺

标　识

中文名称　邻苯二胺

英文名称　1,2-Benzenediamine；*o*-Phenylenediamine；*o*-Diaminobenzene；1,2-Diaminobenzene；

别名　邻二氨基苯；1,2－二氨基苯

分子式 $C_6H_8N_2$
CAS 号 95－54－5
WGH 号 61789
UN 号 1673

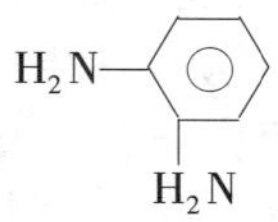

危害信息

危险性类别 第6.1类 毒害品

燃烧与爆炸危险性 遇明火、高热可燃。其粉体与空气混合，能形成爆炸性混合物。受热分解放出有毒的氧化氮烟气。

活性反应 弱碱性，与酸发生放热中和反应，形成盐。与异氰酸酯、卤代烃、过氧化物、环氧化物、酸酐、氢卤酸、氧化剂发生反应。

禁忌物 强酸、强氧化剂、酸酐、卤代烃。

毒性 大鼠经口 LD_{50}：510mg/kg；小鼠经口 LD_{50}：366mg/kg；大鼠吸入 LC_{50}：1873mg/m³。

本品为皮肤和呼吸道的致敏原，皮肤接触能引起变应性皮炎；吸入其粉尘，能引起过敏性鼻炎和支气管哮喘。经口进入可引起中毒，毒性与苯胺相近，表现为高铁血红蛋白血症。

侵入途径 吸入、食入、经皮吸收。

职业接触限值 美国(ACGIH)：TLV－TWA：0.1mg/m³。

环境危害 对水生生物有极高毒性，可能在水生环境中造成长期不利影响。

理化特性与用途

理化特性 无色单斜晶体，在空气中和日光下颜色变深。微溶于冷水，溶于热水，易溶于乙醇、乙醚和氯仿。熔点102～104℃，沸点252～258℃，相对密度(水＝1)1.03，相对蒸气密度(空气＝1)3.7，蒸气压0.0013(20℃)，临界压力5.18MPa，燃烧热－3511kJ/mol，辛醇/水分配系数0.15，闪点156℃(闭杯)，引燃温度540℃，爆炸极限1.5%～9.8%。

主要用途 是制多菌灵、托布津等农药及还原染料、阳离子染料、毛皮染料的原料，也用于制显影剂等。

包装与储运

包装标志 有毒品

包装类别 Ⅲ类

安全储运 储存于阴凉、通风的库房。远离火种、热源。储存温度不超过35℃，相对湿度不超过85%。密闭包装。应与氧化剂、酸类、食用化学品等隔离储运。搬运时轻装轻卸，防止容器受损。

紧急处置信息

急救措施

吸入：立即脱离接触。如呼吸困难，给吸氧。如呼吸心跳停止，立即行心肺复苏术。就医。

眼睛接触：分开眼睑，用清水或生理盐水冲洗。如有不适感，就医。

皮肤接触：立即脱去污染衣着，用肥皂水或清水彻底冲洗。就医。

食入：催吐。就医

高铁血红蛋白血症，可用美蓝、硫代硫酸钠和维生素治疗。

灭火方法　消防人员须佩戴空气呼吸器，穿全身消防服，在上风向灭火。

灭火剂：雾状水、抗溶性泡沫、干粉、二氧化碳、砂土。

泄漏应急处置　隔离泄漏污染区，限制出入。消除所有点火源。建议应急处理人员戴防尘口罩，穿防毒服，戴橡胶手套。穿上适当的防护服前严禁接触破裂的容器和泄漏物。尽可能切断泄漏源。用塑料布覆盖泄漏物，减少飞散。勿使水进入包装容器内。用洁净的铲子收集泄漏物，置于干净、干燥、盖子较松的容器中，将容器移离泄漏区。

518. 邻苯二酚

标　识

中文名称　邻苯二酚

英文名称　1,2-Benzenediol；Catechol；Pyrocatechol

别名　1,2－苯二酚；儿茶酚

分子式　$C_6H_6O_2$

CAS 号　120－80－9

WGH 号　61725

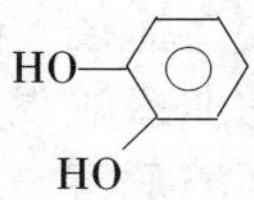

危害信息

危险性类别　第6.1类　毒害品

燃烧与爆炸危险性　可燃。粉体与空气可形成爆炸性混合物，当达到一定浓度时，遇明火、高热会发生粉尘爆炸。

活性反应　与碱发生放热中和反应。与强氧化剂、酸酐、还原剂发生剧烈反应。与浓硝酸发生剧烈反应，甚至爆炸。

禁忌物　强氧化剂、酸酐、还原剂、碱。

毒性　大鼠经口 LD_{50}：260mg/kg；家兔经皮 LD_{50}：800mg/kg。

除吸入途径外，邻苯二酚毒性比苯酚大。

IARC 对本品的致癌性分类：G2B——可疑人类致癌物。

中毒表现　急性中毒：职业性急性中毒少见。少数经皮吸收引起中毒的表现与苯酚中毒相似，但抽搐比较激烈。口服中毒表现与苯酚相同。

慢性影响：有报道，邻苯二酚合成车间工人接触后发生呼吸道刺激症状、皮疹、血压升高及体温不稳定。

侵入途径　吸入、食入、经皮吸收。

职业接触限值　美国(ACGIH)：TLV－TWA：5ppm[皮]。

环境危害　对水生生物是有毒的。有害空气污染物。

理化特性与用途

理化特性　无色结晶，在空气中或见光变色，能升华。溶于水、乙醇、乙醚、苯、氯仿，易溶于吡啶、碱水溶液。熔点105℃，沸点245～246℃，相对密度(水＝1)1.34，相对蒸气密度(空气＝1)3.79，蒸气压1.33kPa(118.3℃)，燃烧热－2854.9kJ/mol，临界压力7.49MPa，辛醇/水分配系数0.88，闪点127℃(闭杯)，引燃温度510℃，爆炸极限

1.6% ~9.8%。

主要用途 主要用于感光材料显影剂、抗氧剂、紫外线稳定剂、阻聚剂等，也是合成鞣酸、杀虫剂、香料以及某些药物的原料。

包装与储运

包装标志 有毒品

包装类别 Ⅲ类

安全储运 储存于阴凉、通风的库房。远离火种、热源。储存温度不超过35℃，相对湿度不超过85%。密闭包装。应与氧化剂、碱类、还原剂、食用化学品等隔离储运。

紧急处置信息

急救措施

吸入：迅速脱离现场至空气新鲜处。保持呼吸道通畅。如呼吸困难，给输氧。呼吸、心跳停止，立即进行心肺复苏术。就医。

眼睛接触：立即分开眼睑，用大量流动清水或生理盐水彻底冲洗10~15min。就医。

皮肤接触：立即脱去污染衣物，用大量流动清水彻底冲洗，冲洗后即用浸过30% ~50%酒精棉花擦洗创面至无酚味为止(注意不能将患处浸泡于酒精溶液中)。如有条件可用数块浸有聚乙二醇(300或400)的海绵反复擦洗污染部位，至少20min。然后再用大量水冲洗10min以上。就医。

食入：漱口，给服植物油15~30mL，催吐。对食入时间长者禁用植物油，可口服牛奶或蛋清。就医。

灭火方法 消防人员必须穿耐酸碱防护服、防护靴、佩戴空气呼吸器，在上风向灭火。

灭火剂：雾状水、抗溶性泡沫、干粉、二氧化碳、砂土。

泄漏应急处置 隔离泄漏污染区，限制出入。消除所有点火源。建议应急处理人员戴防尘口罩，穿防毒服，戴橡胶手套。穿上适当的防护服前严禁接触破裂的容器和泄漏物。尽可能切断泄漏源。用塑料布覆盖泄漏物，减少飞散。勿使水进入包装容器内。用洁净的铲子收集泄漏物，置于干净、干燥、盖子较松的容器中，将容器移离泄漏区。

519. 邻苯二甲酸二辛酯

标 识

中文名称 邻苯二甲酸二辛酯

英文名称 Di (2-ethylhexyl) phthalate; Dioctyl phthalate; DOP

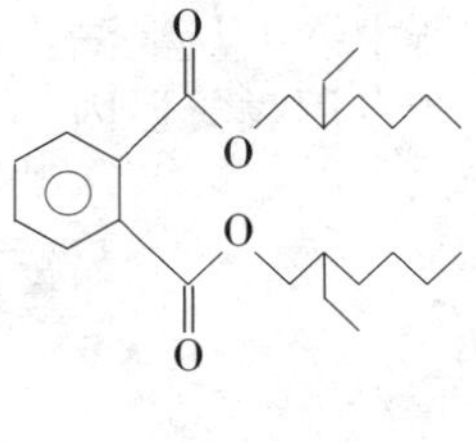

别名 苯二甲酸二(2-乙基己)酯

分子式 $C_{24}H_{38}O_4$

CAS号 117-81-7

危害信息

燃烧与爆炸危险性 可燃。其蒸气与空气混合能形成爆炸性混合物，遇高热和明火能引起燃烧或爆炸。燃烧产生有毒的一氧化碳气体。在高温火场中，受热的容器或储罐有破裂和爆炸的危险。

活性反应 与氧化剂发生反应。

禁忌物 强氧化剂。

毒性 大鼠经口 LD_{50}：47000mg/kg；小鼠经口 LD_{50}(mg/kg)：6500；豚鼠经皮 LD_{50}：>5g/kg。

摄入有毒。对眼睛和皮肤有刺激作用。受热分解释出腐蚀性、刺激性的烟雾。

侵入途径 吸入、食入。

理化特性与用途

理化特性 无色透明液体，有特殊气味。不溶于水，溶于大多数有机溶剂和烃类。熔点 -50℃，沸点 385℃，相对密度(水=1)0.986(20℃/20℃)，相对蒸气密度(空气=1)13.45，蒸气压 0.001kPa(20℃)，辛醇/水分配系数 7.6，燃烧热 -352kJ/mol，闪点 215℃(开杯)，引燃温度 350℃，爆炸下限 0.1%。

主要用途 用作塑料的主增塑剂，广泛用于聚氯乙烯制品中。

包装与储运

安全储运 储存于阴凉、通风的库房。容器密闭。远离火种、热源。应与氧化剂等隔离储运。搬运时轻装轻卸，防止容器受损。

紧急处置信息

急救措施

吸入：迅速脱离现场至空气新鲜处。保持呼吸道通畅。如呼吸困难，给输氧。呼吸、心跳停止，立即进行心肺复苏术。就医。

眼睛接触：分开眼睑，用流动清水或生理盐水冲洗。如有不适感，就医。

皮肤接触：脱去污染的衣着，用肥皂水和清水冲洗。如有不适感，就医。

食入：漱口，饮水。就医。

灭火方法 消防人员须穿全身消防服，佩戴空气呼吸器，在上风向灭火。尽可能将容器从火场移至空旷处。喷水保持火场容器冷却，直至灭火结束。处在火场中的容器若发生异常变化或发出异常声音，须马上撤离。

灭火剂：雾状水、泡沫、二氧化碳、干粉、砂土。

泄漏应急处置 根据液体流动和蒸气扩散的影响区域划定警戒区，无关人员从侧风、上风向撤离至安全区。消除所有点火源。建议应急处理人员戴防毒面具，穿防毒服。穿上适当的防护服前严禁接触破裂的容器和泄漏物。尽可能切断泄漏源。防止泄漏物进入水体、下水道、地下室或密闭性空间。小量泄漏：用干燥的砂土或其他不燃材料吸收或覆盖，收集于容器中。大量泄漏：构筑围堤或挖坑收容。用飞尘或石灰粉吸收大量液体。用泵转移至槽车或专用收集器内。

520. 邻苯二甲酸二异癸酯

标　识

中文名称 邻苯二甲酸二异癸酯

英文名称 Diisodecyl phthalate; Phthalic acid, diisodecyl ester

别名 1,2－苯二甲酸二异癸酯；酞酸二异癸酯

分子式 $C_{28}H_{46}O_4$

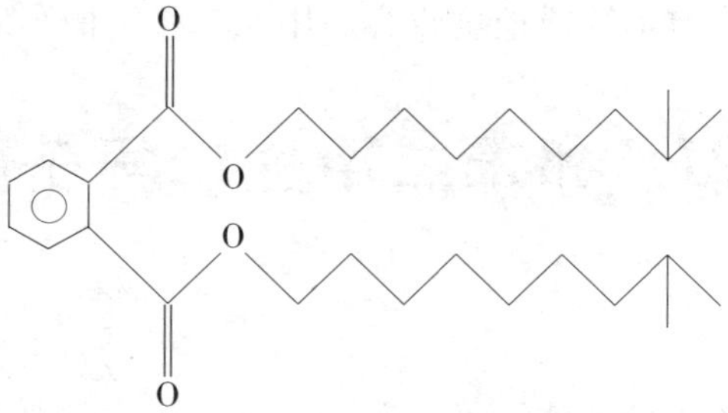

CAS 号 26761－40－0

危害信息

燃烧与爆炸危险性 可燃。蒸气与空气混合能形成爆炸性混合物，遇明火高热能引起燃烧爆炸。在高温火场中，受热的容器或储罐有破裂和爆炸的危险。

禁忌物 强氧化剂。

毒性 大鼠经口 LD_{50}：64000mg/kg；家兔经皮 LD_{50}：＞3160mg/kg。

对眼和皮肤有刺激性。食入引起眩晕、恶心、呕吐。

侵入途径 吸入、食入、经皮吸收。

理化特性与用途

理化特性 无色透明油状液体。不溶于水，不溶于甘油、乙二醇和某些胺类，溶于大多数有机溶剂。熔点－50℃，沸点250～257℃(0.5kPa)，相对密度(水＝1)0.966(20℃/20℃)，相对蒸气密度(空气＝1)15.4，蒸气压147Pa(200℃)，燃烧热－17242.6kJ/mol，辛醇/水分配系数4.9，闪点232℃(开杯)、229℃(闭杯)，引燃温度402℃。

主要用途 用作乙烯基树脂、纤维素树脂的主增塑剂，也可用作合成橡胶的增塑剂。

包装与储运

安全储运 储存于阴凉、通风的库房。容器密闭。远离火种、热源。应与强氧化剂等隔离储运。搬运时轻装轻卸，防止容器受损。

紧急处置信息

急救措施

吸入：迅速脱离现场至空气新鲜处。保持呼吸道通畅。如呼吸困难，给输氧。呼吸、心跳停止，立即进行心肺复苏术。就医。

眼睛接触：分开眼睑，用流动清水或生理盐水冲洗。如有不适感，就医。

皮肤接触：脱去污染的衣着，用肥皂水和清水冲洗。如有不适感，就医。

食入：漱口，饮水。就医。

灭火方法 消防人员须穿全身消防服，佩戴空气呼吸器，在上风向灭火。尽可能将容器从火场移至空旷处。喷水保持火场容器冷却，直至灭火结束。处在火场中的容器若发生异常变化或发出异常声音，须马上撤离。

灭火剂：雾状水、泡沫、二氧化碳、干粉、砂土。

泄漏应急处置 根据液体流动和蒸气扩散的影响区域划定警戒区，无关人员从侧风、上风向撤离至安全区。消除所有点火源。建议应急处理人员戴防毒面具，穿防毒服。穿上

适当的防护服前严禁接触破裂的容器和泄漏物。尽可能切断泄漏源。防止泄漏物进入水体、下水道、地下室或密闭性空间。小量泄漏：用干燥的砂土或其他不燃材料吸收或覆盖，收集于容器中。大量泄漏：构筑围堤或挖坑收容。用泵转移至槽车或专用收集器内。

521. 邻苯二甲酸二异壬酯

标　识

中文名称　邻苯二甲酸二异壬酯

英文名称　1,2-Benzenedicarboxylic acid, diisononyl ester; Bis(7-methyloctyl) phthalate

别名　DINP

分子式　$C_{26}H_{42}O_4$

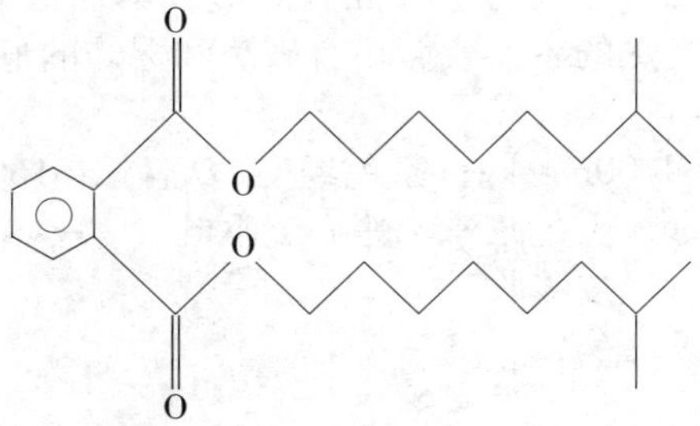

CAS 号　28553－12－0

危害信息

燃烧与爆炸危险性　可燃。其蒸气与空气混合能形成爆炸性混合物，遇明火、高热能引起燃烧或爆炸。在高温火场中，受热的容器或储罐有破裂和爆炸的危险。受热分解产生有毒的一氧化碳气体。

活性反应　与强氧化剂接触发生反应。

禁忌物　强氧化剂。

毒性　大鼠经口 LD_{50}：＞40000mg/kg；大鼠吸入 LC_{50}：＞4.4mg/L(4h)。

邻苯二甲酸酯类毒性低。对眼和上呼吸道有刺激性，有麻醉作用。对实验动物有轻度肝毒性。

侵入途径　吸入、食入、经皮吸收。

理化特性与用途

理化特性　无色或淡黄色油状液体。不溶于水，溶于脂肪族和芳香族烃类。熔点－43℃，沸点 244～245℃(0.7kPa)，相对密度(水＝1)0.975，相对蒸气密度(空气＝1)14.5，蒸气压＜0.01Pa(20℃)，闪点 221℃(闭杯)，引燃温度 380℃，辛醇/水分配系数 8.8，爆炸极限 0.4%～2.9%。

主要用途　是一种主增塑剂，适用于各种软硬塑料制品，可以和其他增塑剂混用而不影响本身特性。

包装与储运

安全储运　储存于阴凉、通风的库房。容器密闭。远离火种、热源。应与强氧化剂等隔离储运。搬运时轻装轻卸，防止容器受损。

紧急处置信息

急救措施

吸入：迅速脱离现场至空气新鲜处。保持呼吸道通畅。如呼吸困难，给输氧。呼吸、心跳停止，立即进行心肺复苏术。就医。

眼睛接触：分开眼睑，用流动清水或生理盐水冲洗。如有不适感，就医。

皮肤接触：脱去污染的衣着，用肥皂水和清水冲洗。如有不适感，就医。

食入：漱口，尽量饮水，不要催吐。就医。

灭火方法 消防人员须穿全身消防服，佩戴空气呼吸器，在上风向灭火。尽可能将容器从火场移至空旷处。喷水保持火场容器冷却，直至灭火结束。处在火场中的容器若发生异常变化或发出异常声音，须马上撤离。

灭火剂：泡沫、二氧化碳、干粉、砂土。

泄漏应急处置 消除所有点火源。根据液体流动和蒸气扩散的影响区域划定警戒区，无关人员从侧风、上风向撤离至安全区。建议应急处理人员戴正压自给式呼吸器，穿防静电、防腐蚀服，戴橡胶手套。尽可能切断泄漏源。防止泄漏物进入水体、下水道、地下室或限制性空间。小量泄漏：用干燥的砂土或其他不燃材料吸收或覆盖，收集于容器中。大量泄漏：构筑围堤或挖坑收容。

522. 邻苯二甲酸二异辛酯

标　识

中文名称 邻苯二甲酸二异辛酯

英文名称 1,2-Benzenedicarboxylic acid, diisooctyl ester; Diisooctyl phthalate

别名 邻酞酸二异辛酯

分子式 $C_{24}H_{38}O_4$

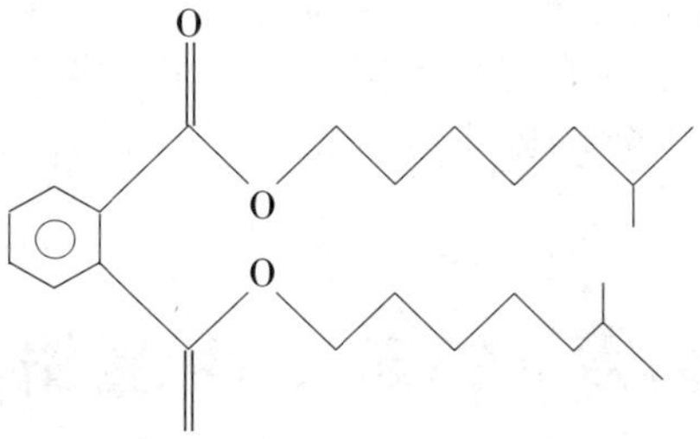

CAS 号 27554－26－3

危害信息

燃烧与爆炸危险性 可燃。其蒸气与空气混合能形成爆炸性混合物，遇明火、高热可引起燃烧或爆炸。燃烧产生有毒的一氧化碳气体。在高温火场中，受热的容器或储罐有破裂和爆炸的危险。

活性反应 与强氧化剂接触发生反应。

禁忌物 强氧化剂。

毒性　大鼠经口 LD_{50}：22g/kg。小鼠经口 LD_{50}：2769mg/kg。家兔经皮 LD_{50}：12.6mL/kg。

邻苯二甲酸酯类毒性低。对眼和上呼吸道有刺激性，有麻醉作用。对实验动物有轻度肝毒性。

侵入途径　吸入、食入、经皮吸收。

理化特性与用途

理化特性　无色黏稠液体。几乎不溶于水，溶于汽油、矿物油，难溶于甘油、乙二醇。熔点 -45℃，沸点 370℃(0.53 千帕)，相对密度(水 =1)0.99，相对蒸气密度(空气 =1)13.5，闪点 227℃(闭杯)，引燃温度 393℃，辛醇/水分配系数 3 ~4，爆炸极限 0.3% ~5.3%。

主要用途　用作气相色谱固定液、韧化剂、溶剂及增塑剂。

包装与储运

安全储运　储存于阴凉、通风的库房。容器密闭。远离火种、热源。应与强氧化剂等隔离储运。搬运时轻装轻卸，防止容器受损。

紧急处置信息

急救措施

吸入：迅速脱离现场至空气新鲜处。保持呼吸道通畅。如呼吸困难，给输氧。呼吸、心跳停止，立即进行心肺复苏术。就医。

眼睛接触：分开眼睑，用流动清水或生理盐水冲洗。如有不适感，就医。

皮肤接触：脱去污染的衣着，用肥皂水和清水冲洗。如有不适感，就医。

食入：漱口，尽量饮水。就医。

灭火方法　消防人员须穿全身消防服，佩戴空气呼吸器，在上风向灭火。尽可能将容器从火场移至空旷处。喷水保持火场容器冷却，直至灭火结束。处在火场中的容器若发生异常变化或发出异常声音，须马上撤离。

灭火剂：泡沫、二氧化碳、干粉、砂土。

泄漏应急处置　消除所有点火源。根据液体流动和蒸气扩散的影响区域划定警戒区，无关人员从侧风、上风向撤离至安全区。建议应急处理人员戴正压自给式呼吸器，穿防静电、防腐蚀服，戴橡胶手套。尽可能切断泄漏源。防止泄漏物进入水体、下水道、地下室或限制性空间。小量泄漏：用干燥的砂土或其他不燃材料吸收或覆盖，收集于容器中。大量泄漏：构筑围堤或挖坑收容。

523. 邻苯二甲酸酐

标　识

中文名称　邻苯二甲酸酐

英文名称　Phthalic anhydride; *o*-Phthalic anhydride; 1,3-Isobenzofurandione

别名　苯酐；酞酐

分子式　$C_8H_4O_3$

CAS 号　85 -44 -9

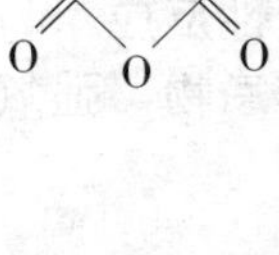

WGH 号 81631

UN 号 2214

危害信息

危险性类别 第8.1类 酸性腐蚀品

燃烧与爆炸危险性 遇明火、高热可燃。

活性反应 与水缓慢反应生成邻苯二甲酸，放出一定的热量；升高温度或酸存在时，会使反应速度急剧增加。能与强氧化剂、醇、胺或碱反应。80～100℃时，与混酸(发烟硝酸和硫酸)发生硝化反应，会发生剧烈的延迟性分解反应。与亚硝酸钠混合，受热时发生剧烈爆炸，并生成邻苯二甲酸酯。与无水氧化铜的混合物受热后发生猛烈爆炸。

禁忌物 强氧化剂、强还原剂、强酸、强碱。

毒性 大鼠经口 LD_{50}：1530mg/kg；大鼠吸入 LC_{50}：>210mg/m^3(1h)；小鼠经口 LD_{50}：1500mg/kg；家兔经皮 LD_{50}：>10000mg/kg。

本品有刺激和致敏作用。

中毒表现 急性中毒：短时间吸入大量粉尘可引起急性中毒，潜伏期约8～12h。有咽部异物感、刺痛，手指末端粗糙感，咳嗽，痰多而黏稠，血性鼻涕，脐周阵发性疼痛，并伴有头昏、乏力、嗜睡等全身症状；可有胸闷、胸痛，腹泻或便秘，视力模糊等症状。

可引起结膜刺激，浓度过高时，可引起角膜化学性灼伤。对皮肤有刺激性，可致湿疹，个别发生荨麻疹。可致皮肤灼伤。

慢性影响：长期接触可有眼和上呼吸道慢性刺激症状，支气管炎和肺气肿改变。个别人有支气管哮喘发作。血压可稍降低，常有头痛、乏力、腹痛、食欲减退、眼刺痛、干咳和胸痛等。

侵入途径 吸入、食入、经皮吸收。

职业接触限值

中国：MAC：1mg/m^3[敏]。

美国(ACGIH)：TLV－TWA：1ppm[敏]。

环境危害 有害空气污染物。

理化特性与用途

理化特性 白色针状结晶或结晶性粉末。微溶于热水和乙醚，溶于乙醇、苯和吡啶。熔点131.2℃，沸点295℃(升华)，相对密度(水=1)1.53，相对蒸气密度(空气=1)5.1，蒸气压0.13kPa(96.5℃)，临界压力4.72MPa，燃烧热－3255kJ/mol，辛醇/水分配系数1.6，闪点152℃(闭杯)，爆炸极限1.7%～10.4%，引燃温度570℃。

主要用途 用于生产增塑剂、不饱和聚酯、醇酸树脂等。也是生产染料和颜料、涂料等的重要原料。

包装与储运

包装标志 腐蚀品

包装类别 Ⅲ类

安全储运 储存于阴凉、干燥、通风良好的库房。远离火种、热源。储存温度不超过32℃，相对湿度不超过80%。包装必须密封，切勿受潮。应与氧化剂、还原剂、酸类、碱类等隔离储运。不能储存过久，以免受潮变质。

紧急处置信息

急救措施

吸入： 迅速脱离现场至空气新鲜处。保持呼吸道通畅。如呼吸困难，给输氧。呼吸、心跳停止，立即进行心肺复苏术。就医。

眼睛接触： 立即分开眼睑，用大量流动清水或生理盐水彻底冲洗 10 ~ 15min。就医。

皮肤接触： 立即脱去污染的衣着，用大量流动清水彻底冲洗，冲洗时间一般要求 20 ~ 30min。就医。

食入： 用水漱口，禁止催吐。给饮牛奶或蛋清。就医。

灭火方法　消防人员必须穿耐酸碱防护服、防护靴、并佩戴空气呼吸器灭火。用抗溶性泡沫、干粉、二氧化碳灭火。切勿将水流直接射至熔融物，以免引起严重的流淌火灾或引起剧烈的沸溅。

泄漏应急处置　隔离泄漏污染区，限制出入。建议应急处理人员戴防尘口罩，穿防酸碱服，戴橡胶耐酸碱手套。作业时使用的所有设备应接地。穿上适当的防护服前严禁接触破裂的容器和泄漏物。尽可能切断泄漏源。用干燥的砂土或其他不燃材料覆盖泄漏物，然后用塑料布覆盖，减少飞散、避免雨淋。用洁净的铲子收集泄漏物，置于干净、干燥、盖子较松的容器中，将容器移离泄漏区。

524: 邻二甲苯

标　识

中文名称　邻二甲苯

英文名称　1,2-Dimethyl benzene；*o*-Xylene

别名　1,2 – 二甲苯

分子式　C_8H_{10}

CAS 号　95 – 47 – 6

WGH 号　33535；T32035[铁规]

UN 号　1307

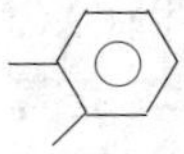

危害信息

危险性类别　第 3 类　易燃液体

燃烧与爆炸危险性　易燃。蒸气与空气能形成爆炸性混合物，遇明火、高热能引起燃烧爆炸。高速冲击、流动、激荡后可因产生静电火花放电引起燃烧爆炸。蒸气比空气重，能在较低处扩散到相当远的地方，遇火源会着火回燃和爆炸(闪爆)。

活性反应　与硝酸、浓硫酸、高锰酸钾、重铬酸盐、液氯等强氧化剂发生剧烈反应，甚至导致燃烧爆炸。

禁忌物　强氧化剂、酸类、卤素等。

毒性　小鼠腹腔内注射 LD_{50}：1364mg/kg；大鼠吸入 LCL_o：6125ppm(12h)。

本品对眼及上呼吸道有刺激作用，高浓度时对中枢神经系统有麻醉作用。

中毒表现　急性中毒：短期内吸入较高浓度本品可出现眼及上呼吸道明显的刺激症状、眼结膜充血、咽充血、头晕、头痛、恶心、呕吐、胸闷、四肢无力、意识模糊、步态蹒跚。重者可有躁动、抽搐或昏迷。有的有癔病样发作。

慢性影响：长期接触有神经衰弱综合征，女工有月经异常，工人常发生皮肤干燥、皲裂、皮炎。

侵入途径　吸入、食入、经皮吸收。

职业接触限值　中国：PC－TWA：50mg/m³；PC－STEL：100mg/m³。

美国(ACGIH)：TLV－TWA：100ppm；TLV－STEL：150ppm。

环境危害　对水生生物是有毒的。有害空气污染物。

理化特性与用途

理化特性　无色透明液体，有芳香气味。不溶于水，与乙醇、乙醚、丙酮和苯等多数溶剂混溶。熔点－25℃，沸点144.4℃，相对密度(水＝1)0.88，相对蒸气密度(空气＝1)3.66，临界压力3.70MPa，临界温度359℃，蒸气压1.33kPa(32℃)，燃烧热－4845.3kJ/mol，闪点16℃(闭杯)，爆炸极限0.9%～7.0%，引燃温度463℃，辛醇/水分配系数3.12。

主要用途　用于生产邻苯二甲酸，还用于生产染料、杀虫剂和药物等，也用作溶剂。

包装与储运

包装标志　易燃液体，有毒品[铁规]

包装类别　Ⅲ类

安全储运　储存于阴凉、通风的库房。保持容器密闭。远离火种、热源，避免阳光曝晒。储存温度不超过37℃。应与氧化剂隔离储运。禁止使用易产生火花的机械设备和工具。灌装时注意流速，防止静电积聚。搬运时轻装轻卸，防止容器受损。

紧急处置信息

急救措施

吸入：迅速脱离现场至空气新鲜处。保持呼吸道通畅。如呼吸困难，给输氧。呼吸、心跳停止，立即进行心肺复苏术。就医。

眼睛接触：立即分开眼睑，用流动清水或生理盐水彻底冲洗。就医。

皮肤接触：立即脱去污染的衣着，用肥皂水和清水彻底冲洗。就医。

食入：漱口，尽量饮水，不要催吐。就医。

忌用肾上腺素，以免发生心室颤动。

灭火方法　消防人员必须穿全身防火防毒服，佩戴空气呼吸器，在上风向灭火。尽可能将容器从火场移至空旷处。喷水保持火场容器冷却，直至灭火结束。处在火场中的容器若发生异常变化或发出异常声音，必须马上撤离。

灭火剂：泡沫、干粉、二氧化碳、砂土。

泄漏应急处置　消除所有点火源。根据液体流动和蒸气扩散的影响区域划定警戒区，无关人员从侧风、上风向撤离至安全区。建议应急处理人员戴正压自给式呼吸器，穿防静电服，戴橡胶耐油手套。作业时使用的所有设备应接地。禁止接触或跨越泄漏物。尽可能切断泄漏源。防止泄漏物进入水体、下水道、地下室或限制性空间。小量泄漏：用砂土或其他不燃材料吸收。使用洁净的无火花工具收集吸收材料。大量泄漏：构筑围堤或挖坑收容。用泡沫覆盖，减少蒸发。喷水雾能减少蒸发，但不能降低泄漏物在限制性空间内的易燃性。用防爆泵转移至槽车或专用收集器内。

525. 邻二氯苯

标　识

中文名称　邻二氯苯

英文名称　*o*-Dichlorobenzene；1,2-Dichlorobenzene

别名　1,2 – 二氯苯

分子式　$C_6H_4Cl_2$

CAS 号　95 – 50 – 1

WGH 号　61657

UN 号　1591

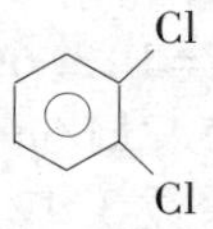

危害信息

危险性类别　第 6.1 类　毒害品

燃烧与爆炸危险性　可燃。蒸气与空气能形成爆炸性混合物，遇明火、高热能引起燃烧爆炸。蒸气比空气重，能在较低处扩散到相当远的地方，遇火源会着火回燃和爆炸（闪爆）。燃烧产物中会含有剧毒和腐蚀性的光气和氯化氢。

活性反应　与氧化剂、铝及铝合金发生剧烈反应。

禁忌物　强氧化剂、铝。

毒性　大鼠经口 LD_{50}：500mg/kg；大鼠吸入 LCL_o：821ppm（7h）；小鼠经口 LD_{50}：4386mg/kg；家兔经皮 LD_{50}：＞10000mg/kg。

可经呼吸道、消化道吸收，其代谢产物 3，4 – 二氯酚，主要损害肝脏，其次是肾脏。

中毒表现　吸入本品后，出现呼吸道刺激、头痛、头晕、焦虑、麻醉作用，以致意识不清。可引起溶血性贫血和严重贫血。液体及高浓度蒸气对眼有刺激性。口服引起胃肠道反应。皮肤接触可引起红斑、水肿。

侵入途径　吸入、食入、经皮吸收。

职业接触限值

中国：PC – TWA：50mg/m^3；PC – STEL（mg/m^3）：100mg/m^3。

美国（ACGIH）：TLV – TWA：25ppm；TLV – STEL：50ppm。

环境危害　对水生生物有极高毒性，可能在水生环境中造成长期不利影响；该化学品可能在鱼体内发生生物蓄积。

理化特性与用途

理化特性　无色易挥发的液体，有芳香气味。不溶于水，溶于乙醇、乙醚和苯等有机溶剂。熔点 – 17.5℃，沸点 180.4℃，相对密度（水 = 1）1.30，相对蒸气密度（空气 = 1）5.05，临界压力 4.03MPa，临界温度 417.2℃，蒸气压 0.133kPa（20℃），闪点 66℃（闭杯）、68℃（开杯），爆炸极限 2.2% ~ 9.2%，引燃温度 648℃，燃烧热 – 2725.38kJ/mol，辛醇/水分配系数 3.43。

主要用途　主要用作溶剂，也用作热交换剂，用于制油漆、染料、杀虫剂、消毒剂等。

包装与储运

包装标志　有毒品

包装类别 Ⅲ类

安全储运 储存于阴凉、通风的库房内。远离火种、热源。储存温度不超过32℃，相对湿度不超过85%。密闭包装。严禁使用铝制、电镀或镀锡的容器。应与氧化剂、食用化学品等隔离储运。搬运时轻装轻卸，防止容器受损。

紧急处置信息

急救措施

吸入：迅速脱离现场至空气新鲜处。保持呼吸道通畅。如呼吸困难，给输氧。呼吸、心跳停止，立即进行心肺复苏术。就医。

眼睛接触：立即分开眼睑，用流动清水或生理盐水彻底冲洗。就医。

皮肤接触：立即脱去污染的衣着，用肥皂水和清水彻底冲洗。就医。

食入：尽量饮水，给服活性炭悬液，不要催吐。忌服酒精。如吞服量较大，且在30min以内，可洗胃。

忌用肾上腺素类药物。

灭火方法 消防人员必须穿全身防火防毒服，佩戴空气呼吸器，在上风向灭火。尽可能将容器从火场移至空旷处。喷水保持火场容器冷却，直至灭火结束。处在火场中的容器若发生异常变化或发出异常声音，必须马上撤离。

灭火剂：泡沫、二氧化碳、干粉、砂土。

泄漏应急处置 根据液体流动和蒸气扩散的影响区域划定警戒区，无关人员从侧风、上风向撤离至安全区。建议应急处理人员戴正压自给式呼吸器，穿防毒服，戴橡胶耐油手套。穿上适当的防护服前严禁接触破裂的容器和泄漏物。尽可能切断泄漏源。防止泄漏物进入水体、下水道、地下室或限制性空间。小量泄漏：用干燥的砂土或其他不燃材料吸收或覆盖，收集于容器中。大量泄漏：构筑围堤或挖坑收容。用砂土、惰性物质或蛭石吸收大量液体。用泵转移至槽车或专用收集器内。

526. 邻甲苯胺

标　识

中文名称 邻甲苯胺

英文名称 2-Methylbenzenamine；*o*-Toluidine；1-Amino-2-methylbenzene；2-Toluidine

别名 2-甲基苯胺；邻氨基甲苯；2-氨基甲苯

分子式 C_7H_9N

CAS号 95-53-4

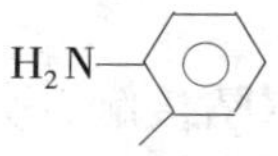

WGH号 61750

UN号 1708

危害信息

危险性类别 第6.1类 毒害品。

燃烧与爆炸危险性 遇明火、高热可燃。受高热或燃烧发生分解放出有毒的气体。

活性反应 与酸发生放热中和反应。与异氰酸酯、卤代烃、过氧化物、环氧化物、酸酐、氢卤酸、氧化剂发生反应。与氢化物等强还原剂反应能生成易燃易爆的氢气。与发烟硝酸反应会自燃。

禁忌物 强氧化剂、酸类、卤代烃。

毒性 大鼠经口 LD_{50}：670mg/kg；小鼠经口 LD_{50}：520mg/kg；大鼠吸入 LC_{50}：862ppm (4h)；家兔经皮 LD_{50}：3.25mL/kg；人(男性)吸入 TCL_o：25mg/m^3。

易经皮肤吸收，也可经呼吸道吸收。本品是强烈的高铁血红蛋白形成剂，并能刺激膀胱、尿道，能致血尿。

IARC 对本品的致癌性分类：G2A——可能人类致癌物。

欧盟指令 67/548/EEC 将本品列为第 2 类致癌物——可能为人类致癌物。

中毒表现 急性中毒：多由皮肤污染而吸收引起。自觉脸部灼热、剧烈头痛、头晕、呼吸困难，呈现紫绀症。以后出现血尿、尿闭、精神障碍、肌肉抽搐。严重者可有肝脏损害。

慢性影响：可引起膀胱刺激症状。

侵入途径 吸入、食入、经皮吸收。

职业接触限值 美国(ACGIH)：TLV－TWA：2ppm[皮]。

环境危害 对水生生物有极高毒性；有害空气污染物。

理化特性与用途

理化特性 无色或浅黄色油状液体，暴露在空气和日光中变成红棕色。微溶于水，溶于乙醇和乙醚等。熔点－16.3℃，沸点 200.3℃，相对密度(水＝1)1.008，相对蒸气密度(空气＝1) 3.69，蒸气压 0.13kPa(44℃)，燃烧热－4054.3kJ/mol，临界温度 421℃，临界压力 3.75MPa，辛醇/水分配系数 1.32，闪点 85℃(闭杯)，爆炸极限 1.5%～7.6%，引燃温度 481.67℃。

主要用途 用作染料中间体；用于有机合成，合成糖精等。

包装与储运

包装标志 有毒品

包装类别 Ⅱ类

安全储运 储存于阴凉、通风的库房。远离火种、热源。储存温度不超过 35℃，相对湿度不超过 85%。包装要求密封。应与氧化剂、酸类、食用化学品等隔离储运。搬运时轻装轻卸，防止容器受损。

紧急处置信息

急救措施

吸入：立即脱离接触。如呼吸困难，给吸氧。如呼吸心跳停止，立即行心肺复苏术。就医。

眼睛接触：分开眼睑，用清水或生理盐水冲洗。如有不适感，就医。

皮肤接触：立即脱去污染衣着，用肥皂水或清水彻底冲洗。就医。

食入：催吐。就医。

高铁血红蛋白血症，可用美蓝、硫代硫酸钠、维生素 C 治疗。必须注意，小剂量美蓝(1～2mg/kg)可治疗高铁血红蛋白血症，大剂量(10mg/kg)则促进高铁血红蛋白形成。如有低血压，采取仰卧垂头体位和静脉输液。

灭火方法 消防人员须佩戴空气呼吸器，穿全身消防服，在上风向灭火。尽可能将容器从火场移至空旷处。喷水保持火场容器冷却，直至灭火结束。

灭火剂：雾状水、抗溶性泡沫、干粉、二氧化碳、砂土。

泄漏应急处置 根据液体流动和蒸气扩散的影响区域划定警戒区，无关人员从侧风、上风向撤离至安全区。消除所有点火源。建议应急处理人员戴正压自给式呼吸器，穿防毒服，戴橡胶耐油手套。穿上适当的防护服前严禁接触破裂的容器和泄漏物。尽可能切断泄漏源。防止泄漏物进入水体、下水道、地下室或限制性空间。小量泄漏：用干燥的砂土或其他不燃材料吸收或覆盖，收集于容器中。大量泄漏：构筑围堤或挖坑收容。用泵转移至槽车或专用收集器内。

527. 邻 甲 酚

标 识

中文名称 邻甲酚
英文名称 *o*-Cresol；2-Methylphenol
别名 2－甲基苯酚；邻甲基苯酚
分子式 C_7H_8O
CAS 号 95－48－7
WGH 号 61073
UN 号 2076

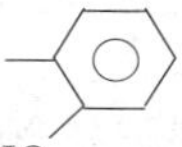

危害信息

危险性类别 第 6.1 类 毒害品

燃烧与爆炸危险性 可燃。粉体与空气可形成爆炸性混合物，当达到一定浓度时，遇明火、高热会发生粉尘爆炸。受高热或燃烧发生分解放出有毒的腐蚀性气体。

活性反应 与强氧化剂和强碱发生剧烈反应。接触硝酸、发烟硫酸、氯磺酸发生剧烈反应，会导致受限空间的温度和压力升高。

禁忌物 强氧化剂、碱类。

毒性 大鼠经口 LD_{50}：121mg/kg；大鼠吸入 LC_{50}：>1220mg/m^3(1h)；大鼠经皮 LD_{50}：620mg/kg；小鼠经口 LD_{50}：344mg/kg；小鼠吸入 LC_{50}：179mg/m^3(2h)；家兔经皮 LD_{50}：890mg/kg。

急性中毒可由口服、皮肤吸收及呼吸道吸入蒸气引起。本品对皮肤、黏膜有强烈刺激和腐蚀作用。引起多脏器损害。

中毒表现 急性中毒：引起肌肉无力、胃肠道症状、中枢神经抑制、虚脱、体温下降和昏迷，并可引起肺水肿和肝、肾、胰等脏器损害，最终发生呼吸衰竭。灼伤面积 30% 的病例，即可引起中毒性脑病、肾病、心肌损害及溶血。

慢性影响：可引起消化道功能障碍，肝、肾损害和皮疹。

侵入途径 吸入、食入、经皮吸收。

职业接触限值 中国：PC－TWA：10mg/m^3[皮]。

美国(ACGIH)：TLV－TWA：5ppm[皮]。

环境危害 对水生生物是有毒的。有害空气污染物。

理化特性与用途

理化特性 白色结晶，有芳香气味。微溶于水，溶于乙醇、乙醚、氯仿等。熔点

29.8～31℃，沸点 191～192℃，相对密度(水=1)1.05，相对蒸气密度(空气=1)3.72，临界压力 5.01MPa，临界温度 424.5℃，蒸气压 0.13kPa(38.2℃)，燃烧热 -3689.8kJ/mol，辛醇/水分配系数 1.95，闪点 81℃(闭杯)，爆炸极限 1.4%～7.6%，引燃温度 598℃。

主要用途　是农药和除草剂的重要中间体；也用于合成香豆素；还可用作消毒剂、防腐剂、癸二酸生产中的稀释剂等。

包装与储运

包装标志　有毒品，腐蚀品

包装类别　Ⅱ类

安全储运　储存于阴凉、通风的库房。远离火种、热源。储存温度不超过 35℃，相对湿度不超过 85%。包装要求密封，不可与空气接触。应与氧化剂、碱类、食用化学品等隔离储运。

紧急处置信息

急救措施

吸入：迅速脱离现场至空气新鲜处。保持呼吸道通畅。如呼吸困难，给输氧。呼吸、心跳停止，立即进行心肺复苏术。就医。

眼睛接触：立即分开眼睑，用大量流动清水或生理盐水彻底冲洗 10～15min。就医。

皮肤接触：立即脱去污染衣物，用大量流动清水彻底冲洗，冲洗后即用浸过 30%～50% 酒精棉花擦洗创面至无酚味为止(注意不能将患处浸泡于酒精溶液中)。如有条件可用数块浸有聚乙二醇(300 或 400)的海绵反复擦洗污染部位，至少 20min。然后再用大量水冲洗 10min 以上。

食入：漱口，给服植物油 15～30mL，催吐。对食入时间长者禁用植物油，可口服牛奶或蛋清。就医。

灭火方法　消防人员须佩戴空气呼吸器，穿全身消防服，在上风向灭火。

灭火剂：雾状水、抗溶性泡沫、干粉、二氧化碳、砂土。

泄漏应急处置　隔离泄漏污染区，限制出入。消除所有点火源。建议应急处理人员戴防尘口罩，穿防毒服，戴橡胶手套。穿上适当的防护服前严禁接触破裂的容器和泄漏物。尽可能切断泄漏源。用塑料布覆盖泄漏物，减少飞散。勿使水进入包装容器内。用洁净的铲子收集泄漏物，置于干净、干燥、盖子较松的容器中，将容器移离泄漏区。

528. 邻硝基苯胺

标　识

中文名称　邻硝基苯胺

英文名称　*o*-Nitroaniline；2-Nitroaniline；2-Nitrobenzeneamine

别名　2-硝基苯胺

分子式　$C_6H_6N_2O_2$

CAS 号　88-74-4

WGH 号　61777

UN 号　1661

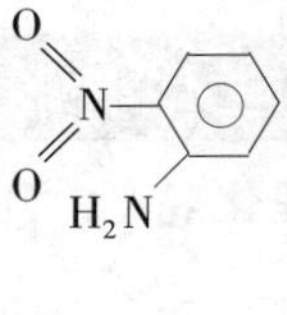

危害信息

危险性类别 第6.1类 毒害品

燃烧与爆炸危险性 遇明火、高热可燃。其粉体与空气混合能形成爆炸性混合物。受高热或燃烧发生分解放出有毒的氧化氮烟气。

活性反应 能与强氧化剂或强还原剂发生反应。与硝酸、硫酸、盐酸等发生放热中和反应，生成的盐高温下易发生剧烈分解。

禁忌物 强氧化剂、强还原剂、酸类。

毒性 大鼠经口 LD_{50}：1600mg/kg；大鼠吸入 LC_{50}：>2529mg/m^3（4h）；小鼠经口 LD_{50}：1070mg/kg。

可经呼吸道和皮肤进入体内，其毒性比苯胺大，是一种强烈的高铁血红蛋白形成剂。

中毒表现 急性中毒：中毒后出现头昏，头痛，乏力，恶心，胸闷，气短，心悸，颜面、口唇、四肢末端紫绀，以及溶血性贫血和肝损害。个别病例出现心肌损害。

慢性影响：长期接触引起肝损害。

侵入途径 吸入、食入、经皮吸收。

环境危害 对水生生物有害，可能在水生环境中造成长期不利影响。

理化特性与用途

理化特性 橙黄色针状结晶。微溶于冷水，溶于热水、乙醇，易溶于乙醚、丙酮和苯。熔点69～71℃，沸点284.5℃，相对密度(水=1)1.44 相对蒸气密度(空气=1)4.77，燃烧热-3201.1kJ/mol，临界压力4.42MPa，辛醇/水分配系数1.44～1.83，引燃温度521℃。

主要用途 是生产染料、橡胶防老剂和农药多菌灵的原料。

包装与储运

包装标志 有毒品

包装类别 Ⅱ类

安全储运 储存于阴凉、通风的库房。远离火种、热源，避免阳光直射。储存温度不超过35℃，相对湿度不超过85%。密闭包装。切勿与氧化剂、酸类、食用化学品等混储混运。

紧急处置信息

急救措施

吸入：立即脱离接触。如呼吸困难，给吸氧。如呼吸心跳停止，立即行心肺复苏术。就医。

眼睛接触：分开眼睑，用清水或生理盐水冲洗。如有不适感，就医。

皮肤接触：立即脱去污染衣着，用肥皂水或清水彻底冲洗。就医。

食入：催吐。就医

高铁血红蛋白血症，可用美蓝、硫代硫酸钠、维生素C治疗。必须注意，小剂量美蓝(1～2mg/kg)可治疗高铁血红蛋白血症，大剂量(10mg/kg)则促进高铁血红蛋白形成。如有低血压，采取仰卧垂头体位和静脉输液。

灭火方法 消防人员须佩戴空气呼吸器，穿全身消防服，在上风向灭火。

灭火剂：雾状水、抗溶性泡沫、干粉、二氧化碳。

泄漏应急处置 隔离泄漏污染区，限制出入。消除所有点火源。建议应急处理人员戴防尘口罩，穿防毒服，戴橡胶手套。穿上适当的防护服前严禁接触破裂的容器和泄漏物。

尽可能切断泄漏源。用塑料布覆盖泄漏物，减少飞散。勿使水进入包装容器内。用洁净的铲子收集泄漏物，置于干净、干燥、盖子较松的容器中，将容器移离泄漏区。

529. 邻硝基氯苯

标　识

中文名称　邻硝基氯苯

英文名称　1-Chloro-2-nitrobenzene；*o*-Chloronitrobenzene；2-Nitrochlorobenzene；

别名　2－硝基氯苯；邻氯硝基苯

分子式　$C_6H_4ClNO_2$

CAS 号　88－73－3

WGH 号　61678

UN 号　1578

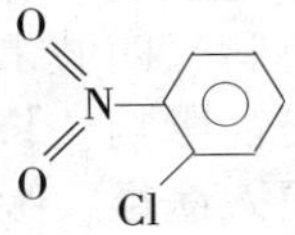

危害信息

危险性类别　第 6.1 类　毒害品

燃烧与爆炸危险性　遇明火、高热可燃。其粉体与空气混合能形成爆炸性混合物。受高热分解放出有毒的气体。

活性反应　与强氧化剂和强碱接触发生剧烈反应，有燃烧或爆炸危险。

禁忌物　强氧化剂、强碱。

毒性　大鼠经口 LD_{50}：268mg/kg；小鼠经口 LD_{50}：135mg/kg；家兔经口 LD_{50}：280mg/kg；家兔经皮 LD_{50}：400mg/kg。

本品可经呼吸道和皮肤吸收，对黏膜和皮肤有刺激作用，引起高铁血红蛋白血症。

中毒表现　急性中毒：经皮肤和呼吸道吸收，经 16～72h 潜伏期后出现中毒症状。可有头痛、头昏、乏力、皮肤黏膜紫绀、手指麻木等症状。有眼和上呼吸道刺激症状。重者可出现胸闷、呼吸困难、心悸，甚至发生心律紊乱、昏迷、抽搐、呼吸麻痹，有时可引起溶血性贫血，引起肝损害。

慢性中毒：有头痛、乏力、失眠、记忆力减退等神经衰弱综合征表现；有慢性溶血时，可引起黄疸、贫血；还可引起中毒性肝炎。接触性皮炎多见于面、颈部，散在簇状红斑、丘疹，少数融合成片等。

侵入途径　吸入、食入、经皮吸收。

环境危害　对水生生物有毒，可能在水生环境中造成长期不利影响。

理化特性与用途

理化特性　淡黄色结晶。微溶于水，溶于乙醇、乙醚、丙酮、苯等有机溶剂。熔点 31～33℃，沸点 245～246℃，相对密度(水＝1)1.348，相对蒸气密度(空气＝1)5.4，蒸气压 1.07kPa(119℃)，燃烧热－2925kJ/mol，临界温度 484℃，临界压力 3.98MPa，闪点 126℃(闭杯)，引燃温度 470℃，辛醇/水分配系数 2.24，爆炸极限 1.4%～8.7%。

主要用途　用作农药、染料、医药中间体，亦是橡胶助剂的原料。

包装与储运

包装标志　有毒品

包装类别　Ⅱ类

安全储运　储存于阴凉、通风的库房。包装密封。远离火种、热源。储存温度不超过35℃，相对湿度不超过80%。应与氧化剂、强碱等隔离储运。搬运时轻装轻卸，防止包装损坏。

紧急处置信息

急救措施

吸入：立即脱离接触。如呼吸困难，给吸氧。如呼吸心跳停止，立即行心肺复苏术。就医。

眼睛接触：分开眼睑，用清水或生理盐水冲洗。如有不适感，就医。

皮肤接触：立即脱去污染衣着，用肥皂水或清水彻底冲洗。就医。

食入：催吐。就医。

高铁血红蛋白血症，可用美蓝、硫代硫酸钠、维生素C治疗。必须注意，小剂量美蓝(1~2mg/kg)可治疗高铁血红蛋白血症，大剂量(10mg/kg)则促进高铁血红蛋白形成。如有低血压，采取仰卧垂头体位和静脉输液。

灭火方法　消防人员须佩戴空气呼吸器，穿全身消防服，在上风向灭火。

灭火剂：雾状水、泡沫、干粉、二氧化碳、砂土。

泄漏应急处置　隔离泄漏污染区，限制出入。建议应急处理人员戴防尘口罩，穿防毒服。穿上适当的防护服前严禁接触破裂的容器和泄漏物。尽可能切断泄漏源。用塑料布覆盖泄漏物，减少飞散。勿使水进入包装容器内。用洁净的铲子收集泄漏物，置于干净、干燥、盖子较松的容器中，将容器移离泄漏区。

530. 磷　酸

标　识

中文名称　磷酸

英文名称　Phosphoric acid；Ortho-phosphoric acid

别名　正磷酸

分子式　H_3PO_4

CAS 号　7664-38-2

WGH 号　81501

UN 号　1805

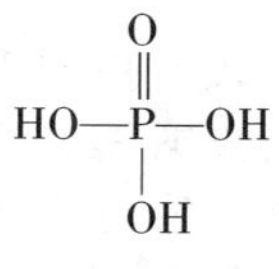

危害信息

危险性类别　第8.1类　酸性腐蚀品

燃烧与爆炸危险性　本品不燃。能与活泼金属反应，生成氢气而引起燃烧或爆炸。受热分解产生剧毒的氧化磷烟气。有腐蚀性。

活性反应　与碱发生放热中和反应。与氰化物反应能释放出剧毒的氰化氢气体。能与硝基甲烷形成爆炸性混合物。与硫化物、硫醇、异氰酸酯、腈、氮化物等其他强还原剂发生剧烈反应，放出易燃或有毒气体。磷酸中混有痕量的氯离子时，会加速磷酸对工艺过程中的设备、管线和储罐的腐蚀，释放出易燃易爆的氢气，导致火灾和爆炸事故。

禁忌物　强碱、可燃物、易燃物、活性金属粉末。

毒性　大鼠经口 LD_{50}：1530mg/kg；大鼠吸入 LC_{50}：>850mg/m^3(1h)。

本品有刺激性和腐蚀性。

中毒表现　蒸气或雾对眼、鼻、喉有刺激性。口服液体可引起恶心、呕吐、腹痛、血便或休克。皮肤或眼接触可致灼伤。

慢性影响：鼻黏膜萎缩、鼻中隔穿孔。长期反复皮肤接触，可引起皮肤刺激。

侵入途径　吸入、食入。

职业接触限值　中国：PC－TWA：1mg/m^3；PC－STEL：3mg/m^3。

美国(ACGIH)：TLV－TWA：1mg/m^3；TLV－STEL 3mg/m^3。

环境危害　对水生生物是有毒的。

理化特性与用途

理化特性　纯品为无色结晶，有酸味。工业品为无色透明或略带浅色的稠状液体。溶于水和乙醇。相对密度(水＝1)1.87(纯品)，相对蒸气密度3.38，熔点42.4℃(纯品)，沸点260℃，饱和蒸气压0.0038kPa，临界压力5.07MPa，辛醇/水分配系数－0.77。

主要用途　在炼油工业上用作烯烃叠合催化剂。用于制磷酸盐、甘油磷酸酯、磷酸铵肥料等，也用于电镀、抛光业。

包装与储运

包装标志　腐蚀品

包装类别　Ⅲ类

安全储运　储存于阴凉、通风的库房。防止受潮和日光直射。储存温度不超过30℃，相对湿度不超过80%。应与易(可)燃物、碱类、活性金属粉末隔离贮运。搬运时要轻装轻卸，防止容器受损。

紧急处置信息

急救措施

吸入：迅速脱离现场至空气新鲜处。保持呼吸道通畅。如呼吸困难，给输氧。呼吸、心跳停止，立即进行心肺复苏术。就医。

眼睛接触：立即分开眼睑，用大量流动清水或生理盐水彻底冲洗10～15min。就医。

皮肤接触：立即脱去污染的衣着，用大量流动清水彻底冲洗，冲洗时间一般要求20～30min。就医。

食入：用水漱口，禁止催吐。给饮牛奶或蛋清。就医。

灭火方法　消防人员必须穿耐酸碱防护服、防护靴、并佩戴空气呼吸器灭火。用水保持火场中容器冷却。

本品不燃，根据火灾原因选择适当的灭火剂。

泄漏应急处置　隔离泄漏污染区，限制出入。建议应急处理人员戴防尘口罩，穿防酸碱服，戴橡胶耐酸碱手套。穿上适当的防护服前严禁接触破裂的容器和泄漏物。尽可能切断泄漏源。用塑料布覆盖泄漏物，减少飞散。勿使水进入包装容器内。用洁净的铲子收集泄漏物，置于干净、干燥、盖子较松的容器中，将容器移离泄漏区。

531. 磷酸三丁酯

标　识

中文名称　磷酸三丁酯

英文名称 Tributyl phosphate; Phosphoric acid tributyl ester

别名 TBP

分子式 $C_{12}H_{27}O_4P$

CAS 号 126－73－8

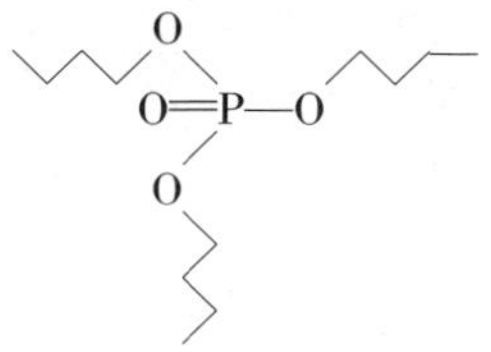

危害信息

燃烧与爆炸危险性 可燃。受热分解产生有毒的氧化磷气体。

活性反应 与强氧化剂接触剧烈反应。

禁忌物 强氧化剂、强酸、强碱。

毒性 大鼠经口 LD_{50}：3000mg/kg；小鼠经口 LD_{50}：1189mg/kg；大鼠吸入 LC_{50}：28000mg/m^3(1h)；家兔经皮 LD_{50}：＞3100mg/kg。

本品体外对人红细胞、血浆中胆碱酯酶有轻度抑制作用。具有刺激性。

中毒表现 人经口约100mL，可引起呼吸困难、抽搐、麻痹、昏睡等症状。对皮肤有刺激作用。蒸气和雾对眼睛、黏膜和上呼吸道有刺激作用。

侵入途径 吸入、食入、经皮吸收。

职业接触限值 美国(ACGIH)：TLV－TWA：0.2ppm。

理化特性与用途

理化特性 无色至淡黄色液体，无味。微溶于水，溶于多数有机溶剂。熔点＜－80℃，沸点289℃，相对密度(水＝1)0.98，相对蒸气密度(空气＝1)9.2，蒸气压0.15Pa(25℃)，燃烧热－7978.8kJ/mol，辛醇/水分配系数4，闪点146℃(开杯)，引燃温度＞482℃。

主要用途 用作金属络合物的萃取剂，硝酸纤维素、醋酸纤维素、氯化橡胶和聚氯乙烯的增塑剂，涂料、油墨和黏合剂的溶剂。

包装与储运

安全储运 储存于阴凉、通风的库房。容器密闭。远离火种、热源。应与氧化剂等隔离储运。搬运时轻装轻卸，防止容器受损。

紧急处置信息

急救措施

吸入：迅速脱离现场至空气新鲜处。保持呼吸道通畅。如呼吸困难，给输氧。呼吸、心跳停止，立即进行心肺复苏术。就医。

眼睛接触：立即分开眼睑，用流动清水或生理盐水彻底冲洗。就医。

皮肤接触：立即脱去污染的衣着，用肥皂水和清水彻底冲洗。就医。

食入：漱口，饮水。就医。

灭火方法 消防人员须穿全身消防服，佩戴空气呼吸器，在上风向灭火。尽可能将容器从火场移至空旷处。喷水保持火场容器冷却，直至灭火结束。处在火场中的容器若发生异常变化或发出异常声音，须马上撤离。

灭火剂：雾状水、泡沫、二氧化碳、干粉、砂土。

泄漏应急处置 根据液体流动和蒸气扩散的影响区域划定警戒区，无关人员从侧风、上风向撤离至安全区。消除所有点火源。建议应急处理人员戴正压自给式呼吸器，穿防毒服。穿上适当的防护服前严禁接触破裂的容器和泄漏物。尽可能切断泄漏源。防止泄漏物进入水体、下水道、地下室或密闭性空间。小量泄漏：用干燥的砂土或其他不燃材料吸收或覆盖，收集于容器中。大量泄漏：构筑围堤或挖坑收容。用泵转移至槽车或专用收集器内。

532. 磷酸三甲酚酯

标　识

中文名称　磷酸三甲酚酯

英文名称　Tricresyl phosphate；Tris(methylphenyl) phosphate；Tritolyl phosphate

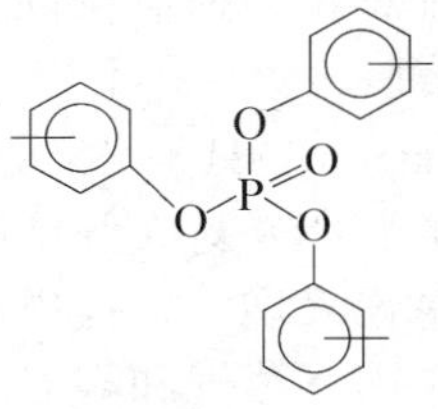

别名　磷酸三甲苯酯；T306 极压抗磨剂；增塑剂 TCP

分子式　$C_{21}H_{21}O_4P$

CAS 号　1330－78－5

WGH 号　61112

UN 号　2574

危害信息

危险性类别　第 6.1 类　毒害品

燃烧与爆炸危险性　可燃。受热分解产生剧毒的氧化磷烟气。

活性反应　与氢化物等强还原剂反应生成剧毒和易燃的磷化氢。与氧化剂发生反应，释放出有毒的氧化磷烟气。

禁忌物　强氧化剂、强酸。

毒性　大鼠经口 LD_{50}：3000mg/kg；小鼠经口 LD_{50}：3900mg/kg；人经口 LDL_o：1800mg/kg。

磷酸三甲酚酯有邻位、间位和对位三种异构体，间位和对位异构体毒性不大，引起中毒多为邻位异构体(TOCP)。TOCP 可引起中毒性神经病，对体内假性胆碱酯酶有抑制作用，但不抑制真性胆碱酯酶。

中毒表现　急性中毒：大量口服 TOCP 先出现恶心、呕吐、腹泻，后出现肌肉疼痛，继之迅即出现肢体发麻和肌无力，可引起足、腕下垂。损害以运动神经为主。重者可有咽喉肌肉、眼肌和呼吸肌麻痹。可因呼吸麻痹而致死。亦可经皮肤、呼吸道吸收。工业生产中因意外吸入热蒸气所致急性中毒，亦有所见。

慢性中毒：长期小量接触 TOCP，可出现与急性中毒相同的神经系统损害。

侵入途径　吸入、食入、经皮吸收。

职业接触限值　中国：PC－TWA：0.3mg/m^3[皮]。

环境危害　严重海洋污染物。对水生生物有害，可能在水生环境中造成长期不利影响。

理化特性与用途

理化特性　无色或淡黄色透明油状液体。不溶于水，溶于乙醇、苯等多数有机溶剂。熔点－33℃，沸点 420℃，相对密度(水＝1)1.16，相对蒸气密度(空气＝1)12.7，蒸气压 1.33kPa(265℃)，辛醇/水分配系数 5.11，闪点 210℃，引燃温度 385℃，爆炸极限 0.4%(计算值)～1.4%(估算值)。

主要用途　可作为增塑剂、润滑油抗磨和抗燃添加剂，也用于含铅汽油中作为气缸沉积物改进剂。

包装与储运

包装标志　有毒品

包装类别　Ⅱ类

安全储运　储存于阴凉、通风的库房。远离火种、热源。储存温度不超过35℃，相对湿度不超过85%。应与氧化剂、食用化学品等隔离储运。保持容器密闭。搬运时轻装轻卸，防止容器受损。

紧急处置信息

急救措施

吸入：迅速脱离现场至空气新鲜处。保持呼吸道通畅。如呼吸困难，给输氧。呼吸、心跳停止，立即进行心肺复苏术。就医。

眼睛接触：立即分开眼睑，用流动清水或生理盐水彻底冲洗。就医。

皮肤接触：立即脱去污染的衣着，用肥皂水和清水彻底冲洗。就医。

食入：及时催吐，洗胃，给服活性炭悬液，给硫酸镁泻剂。

阿托品和胆碱酯酶复能剂治疗无效。连续45天口服维生素B_1和肌注维生素B_{12}，30天渐减糖皮质激素口服。

灭火方法　消防人员必须穿全身防火防毒服，佩戴空气呼吸器，在上风向灭火。尽可能将容器从火场移至空旷处。喷水保持火场容器冷却，直至灭火结束。

灭火剂：雾状水、泡沫、二氧化碳、干粉、砂土。

泄漏应急处置　根据液体流动和蒸气扩散的影响区域划定警戒区，无关人员从侧风、上风向撤离至安全区。建议应急处理人员戴正压自给式呼吸器，穿防毒服，戴防化学品手套。穿上适当的防护服前严禁接触破裂的容器和泄漏物。尽可能切断泄漏源。防止泄漏物进入水体、下水道、地下室或限制性空间。喷雾状水抑制蒸气或改变蒸气云流向。小量泄漏：用干燥的砂土或其他不燃材料吸收或覆盖，收集于容器中。大量泄漏：构筑围堤或挖坑收容。用砂土、惰性物质或蛭石吸收大量液体。用泵转移至槽车或专用收集器内。

533. 磷酸三辛酯

标　识

中文名称　磷酸三辛酯

英文名称　Tri (2-ethylhexyl) phosphate; Trioctyl phosphate

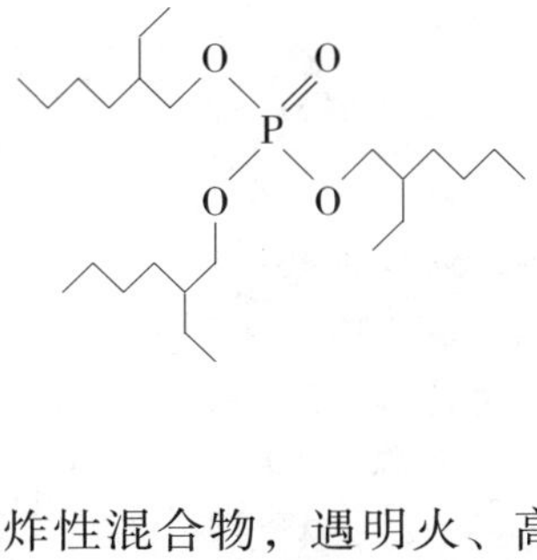

别名　磷酸三(2-乙基己)酯；TOP

分子式　$C_{24}H_{51}O_4P$

CAS号　78-42-2

危害信息

燃烧与爆炸危险性　可燃。其蒸气与空气混合能形成爆炸性混合物，遇明火、高热可引起燃烧或爆炸。燃烧产生有毒的一氧化碳气体。在高温火场中，受热的容器或储罐有破裂和爆炸的危险。

活性反应 与强氧化剂反应。

禁忌物 强氧化剂。

毒性 大鼠经口 LD_{50}：37g/kg；小鼠经口 LD_{50}：12800mg/kg；豚鼠吸入 LC_{50}：450mg/m^3(30min)；家兔经皮 LD_{50}：20g/kg；小鼠经口 TDL_o：10080mg/kg(14d，连续)，出现嗜睡。

侵入途径 吸入、食入、经皮吸收。

理化特性与用途

理化特性 无色透明油状液体。微溶于水，溶于乙醇、乙醚、丙酮。熔点－74℃，沸点406℃、215(0.532kPa)，相对密度(水＝1)0.92(20℃)，相对蒸气密度(空气＝1)14.95，蒸气压0.0133kPa(150℃)，闪点170℃，引燃温度370℃，辛醇/水分配系数9.49。

主要用途 主要用作蒽醌法双氧水生产工艺中的工作溶剂，也可用于聚氯乙烯塑料，合成橡胶的耐寒阻燃增塑剂。

包装与储运

安全储运 储存于阴凉、通风的库房。保持容器密闭。远离火种、热源。应与氧化剂、食用化学品隔离储运。搬运时轻装轻卸，防止容器受损。

紧急处置信息

急救措施

吸入：脱离接触。如有不适感，就医。

眼睛接触：分开眼睑，用流动清水或生理盐水冲洗。如有不适感，就医。

皮肤接触：脱去污染的衣着，用肥皂水和清水冲洗。如有不适感，就医。

食入：漱口，饮水。就医。

灭火方法 消防人员须穿全身消防服，佩戴空气呼吸器，在上风向灭火。尽可能将容器从火场移至空旷处。喷水保持火场容器冷却，直至灭火结束。处在火场中的容器若发生异常变化或发出异常声音，须马上撤离。

灭火剂：泡沫、二氧化碳、干粉、砂土。

泄漏应急处置 根据液体流动和蒸气扩散的影响区域划定警戒区，无关人员从侧风、上风向撤离至安全区。消除所有点火源。建议应急处理人员戴防毒面具，穿防毒服。穿上适当的防护服前严禁接触破裂的容器和泄漏物。尽可能切断泄漏源。防止泄漏物进入水体、下水道、地下室或密闭性空间。小量泄漏：用干燥的砂土或其他不燃材料吸收或覆盖，收集于容器中。大量泄漏：构筑围堤或挖坑收容。用泵转移至槽车或专用收集器内。

534. 2－膦酸丁烷－1,2,4－三羧酸

标　识

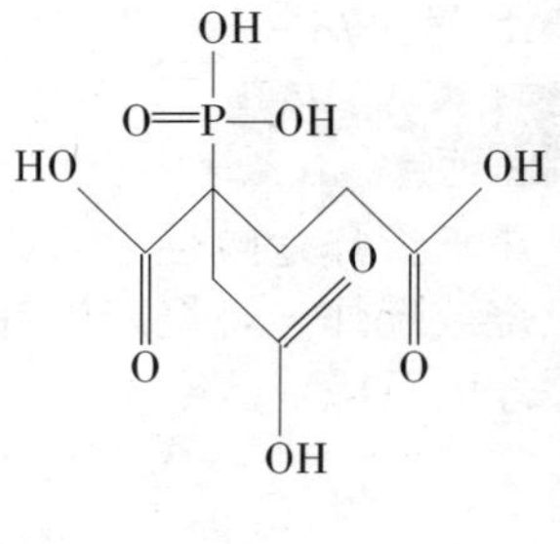

中文名称 2－膦酸丁烷－1,2,4－三羧酸

英文名称 2-Phosphonobutane-1,2,4-tricarboxylic acid

别名 2－膦酰基丁烷－1,2,4－三羧酸；PBTCA

分子式 $C_7H_{11}O_9P$

CAS 号 37971－36－1

危害信息

危险性类别 第8类 腐蚀品

燃烧与爆炸危险性 可燃。其粉体与空气混合能形成爆炸性混合物，遇明火高热有引起燃烧爆炸的危险。燃烧产生有毒的一氧化碳和磷氧化物气体。

活性反应 与碱反应。

禁忌物 碱类。

毒性 大鼠经口 LD_{50}：>4000mg/kg；大鼠吸入 LC_{50}：>1979mg/m^3；大鼠经皮 LD_{50}：>4000mg/kg。

侵入途径 吸入、食入、经皮吸收。

环境危害 对水生生物是有毒的。

理化特性与用途

理化特性 纯品为白色玻璃状晶体，工业品通常为淡黄色黏稠液体，活性组分含量≥50%。pH 值≤2.0(1%水溶液)，密度≥1.25g/cm^3(20℃)。

主要用途 是良好的缓蚀阻垢剂，广泛应用于循环冷却水系统和油田注水系统的防垢处理。

包装与储运

包装标志 腐蚀品

包装类别 Ⅲ类

安全储运 储存于阴凉、通风的库房。远离火种、热源。储存温度不超过32℃，相对湿度不超过80%。保持容器密封。应与氧化剂、碱、金属粉末、酸等隔离储运。

紧急处置信息

急救措施

吸入：迅速脱离现场至空气新鲜处。保持呼吸道通畅。如呼吸困难，给输氧。呼吸、心跳停止，立即进行心肺复苏术。就医。

眼睛接触：立即分开眼睑，用大量流动清水或生理盐水彻底冲洗10~15min。就医。

皮肤接触：立即脱去污染的衣着，用大量流动清水彻底冲洗，冲洗时间一般要求20~30min。就医。

食入：用水漱口，禁止催吐。给饮牛奶或蛋清。就医。

灭火方法 消防人员须佩戴空气呼吸器，穿全身耐酸碱消防服在上风向灭火。尽可能将容器从火场移至空旷处。喷水保持火场容器冷却，直至灭火结束。

灭火剂：雾状水、抗溶性泡沫、干粉、二氧化碳、砂土。

泄漏应急处置 隔离泄漏污染区，限制出入。建议应急处理人员戴防尘口罩，穿防毒防酸碱服，戴橡胶耐酸碱手套。穿上适当的防护服前严禁接触破裂的容器和泄漏物。尽可能切断泄漏源。用塑料布覆盖泄漏物，减少飞散。勿使水进入包装容器内。用洁净的铲子收集泄漏物，置于干净、干燥、盖子较松的容器中，将容器移离泄漏区。

535. 氯代环己烷

标　识

中文名称 氯代环己烷

英文名称　Chlorocyclohexane；Cyclohexyl chloride

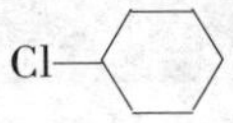

别名　环己基氯

分子式　$C_6H_{11}Cl$

CAS 号　542 – 18 – 7

危害信息

危险性类别　第 3 类　易燃液体

燃烧与爆炸危险性　易燃。其蒸气与空气混合，能形成爆炸性混合物。在高温火场中，受热的容器有破裂和爆炸的危险。蒸气比空气重，能在较低处扩散到相当远的地方，遇火源会着火回燃和爆炸(闪爆)。

活性反应　与氧化剂剧烈反应。

禁忌物　氧化剂、强碱。

毒性　大鼠吸入 LCL_o：40000mg/m^3(2h)。

侵入途径　吸入、食入。

理化特性与用途

理化特性　无色透明液体，有窒息性气味。不溶于水，易溶于氯仿，混溶于乙醇、乙醚、丙酮、苯等。熔点 –44℃，沸点 142℃，相对密度(水 =1)1.0(20℃/4℃)，相对蒸气密度(空气 =1)4.08，饱和蒸气压 0.6kPa(25℃)，辛醇/水分配系数 3.36，闪点 28℃，引燃温度 290℃，爆炸下限 1%，爆炸上限 7.5%。

主要用途　用于有机合成，生产农药、橡胶防焦剂、医药等。

包装与储运

包装类别　易燃液体

安全储运　储存于阴凉、通风的库房。远离火种、热源。避免阳光直射。储存温度不超过 37℃。保持容器密封。炎热季节早晚运输。应与氧化剂、酸类等隔离储运。禁止使用易产生火花的机械设备和工具。罐装时注意流速，防止静电积聚。搬运时轻装轻卸，防止容器受损。

紧急处置信息

急救措施

吸入：迅速脱离现场至空气新鲜处。保持呼吸道通畅。如呼吸困难，给输氧。呼吸、心跳停止，立即进行心肺复苏术。就医。

眼睛接触：分开眼睑，用流动清水或生理盐水冲洗。如有不适感，就医。

皮肤接触：立即脱去污染的衣着，用肥皂水和清水彻底冲洗皮肤。如有不适感，就医。

食入：饮足量温水，催吐。就医。

灭火方法　消防人员必须佩戴空气呼吸器，穿全身防火防毒服，在上风向灭火。尽可能将容器从火场移至空旷处。喷水保持火场容器冷却，直至灭火结束。处在火场中的容器若发生异常变化或发出异常声音，须马上撤离。

灭火剂：雾状水、泡沫、干粉、二氧化碳。

泄漏应急处置　消除所有点火源。根据液体流动和蒸气扩散的影响区域划定警戒区，无关人员从侧风、上风向撤离至安全区。建议应急处理人员戴正压自给式呼吸器，穿防静电服，戴橡胶手套。禁止接触或跨越泄漏物。尽可能切断泄漏源。防止泄漏物进入水体、下水道、地下室或受限空间。小量泄漏：用砂土或其他不燃材料吸收。大量泄漏：构筑围堤或挖坑收容。用防爆泵转移至槽车或专用收集器内。

536. 硫代磷酸胺盐

标　识

中文名称　硫代磷酸胺盐

英文名称　Extreme pressure wear preventive additive T307；SPN-4

别名　T307 极压抗磨剂；硫磷酸复脂胺盐

危害信息

燃烧与爆炸危险性　可燃。燃烧产生有毒的磷氧化物、硫氧化物和氮氧化物气体。

禁忌物　强氧化剂。

侵入途径　吸入、食入。

理化特性与用途

理化特性　橘黄色油状液体。溶于油类。闪点≥115℃(开杯)。

主要用途　用于调制中、重负荷车辆齿轮油和中、重负荷工业齿轮油等油品。

包装与储运

安全储运　储存于阴凉、通风的库房。远离火种、热源。应与氧化剂等隔离储运。搬运时轻装轻卸，防止容器受损。

紧急处置信息

急救措施

吸入：脱离接触。如有不适感，就医。

眼睛接触：分开眼睑，用流动清水或生理盐水冲洗。如有不适感，就医。

皮肤接触：脱去污染的衣着，用肥皂水和清水冲洗。如有不适感，就医。

食入：漱口，尽量饮水，不要催吐。就医。

灭火方法　消防人员须穿全身消防服，在上风向灭火。尽可能将容器从火场移至空旷处。喷水保持火场容器冷却，直至灭火结束。

灭火剂：雾状水、泡沫、二氧化碳、干粉、砂土。

泄漏应急处置　根据液体流动和蒸气扩散的影响区域划定警戒区，无关人员从侧风、上风向撤离至安全区。建议应急处理人员戴正压自给式呼吸器，穿防静电、防腐蚀服，戴橡胶手套。尽可能切断泄漏源。防止泄漏物进入水体、下水道、地下室或限制性空间。小量泄漏：用干燥的砂土或其他不燃材料吸收或覆盖，收集于容器中。大量泄漏：构筑围堤或挖坑收容。

537. 硫代磷酸苯酯

标　识

中文名称　硫代磷酸三苯酯

英文名称　*O*,*O*,*O*-Triphenyl phosphorothioate; Antiwear extreme pressure additive T309

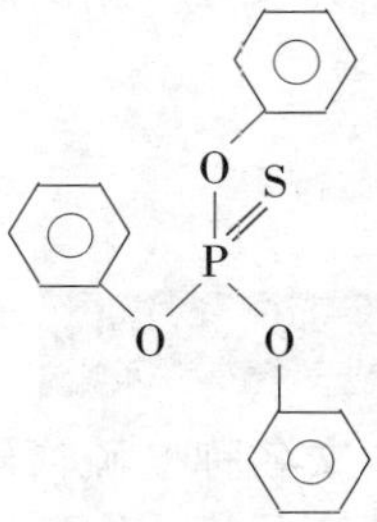

别名　T309 极压抗磨剂

分子式　$C_{18}H_{15}O_3PS$

CAS 号　597-82-0

危害信息

燃烧与爆炸危险性　不燃。

禁忌物　强氧化剂。

侵入途径　吸入、食入。

环境危害　对水生生物有害，可能在水生环境中造成长期不利影响。

理化特性与用途

理化特性　白色结晶颗粒或白色或淡黄色粉末。可溶于大多数有机溶剂，不溶于水。熔点 55℃。

用于各种润滑油、润滑脂中，提高其耐磨性，防止氧化，使其具有优良的极压抗磨性能。用作树脂、橡胶、塑料的阻燃剂或阻燃助剂，亦可用作纤维的稳定剂和阻燃剂。

包装与储运

安全储运　储存于阴凉、通风的库房。远离火种、热源。应与氧化剂等隔离储运。

紧急处置信息

急救措施

吸入：脱离接触。如有不适感，就医。

眼睛接触：分开眼睑，用流动清水或生理盐水冲洗。如有不适感，就医。

皮肤接触：脱去污染的衣着，用肥皂水和清水冲洗。如有不适感，就医。

食入：漱口，饮水。就医。

灭火方法　消防人员须穿全身消防服，在上风向灭火。尽可能将容器从火场移至空旷处。喷水保持火场容器冷却，直至灭火结束。

本品不燃，根据着火原因选择适当灭火剂灭火。

泄漏应急处置　隔离泄漏污染区，限制出入。建议应急处理人员戴防尘口罩，穿一般作业工作服。尽可能切断泄漏源。用塑料布覆盖泄漏物，减少飞散。勿使水进入包装容器内。用洁净的铲子收集泄漏物，置于干净、干燥、盖子较松的容器中，将容器移离泄漏区。

538. 硫代硫酸钠

标　识

中文名称　硫代硫酸钠

英文名称　Sodium Thiosulfate; Thiosulfuric acid, disodium salt

别名　大苏打；海波

分子式 $Na_2S_2O_3$

CAS 号 7772－98－7

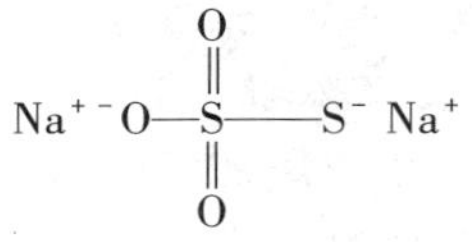

危害信息

燃烧与爆炸危险性 不燃。在火中能释放出有毒或刺激性烟雾和气体。

活性反应 与强氧化剂、强酸反应。

禁忌物 强氧化剂、酸类。

毒性 大鼠经口 LD_{50}：>5000mg/kg。

本品毒性低。固体有轻度刺激性。不易经消化道吸收，大量口服引起胃肠炎和腹泻。

作为特殊解毒剂用于治疗氰化物及腈类中毒，金属中毒；有脱敏作用，用于治疗皮肤瘙痒症、慢性荨麻疹、药疹、疥疮、慢性皮炎等。静脉注射过快引起血压下降。

侵入途径 吸入、食入

理化特性与用途

理化特性 无色透明单斜晶体。易溶于水，不溶于乙醇。熔点 48.5℃，沸点 >100℃，相对密度(水=1)1.667，辛醇/水分配系数 －4.35(计算值)。

主要用途 用作照相定影剂、去氯剂和分析试剂，并用于铬鞣皮革、从矿石中萃取银等。

包装与储运

安全储运 储存于阴凉、通风的库房。远离火种、热源。应与氧化剂等隔离储运。

紧急处置信息

急救措施

吸入： 脱离接触。如有不适感，就医。

眼睛接触： 分开眼睑，用流动清水或生理盐水冲洗。如有不适感，就医。

皮肤接触： 脱去污染的衣着，用肥皂水和清水冲洗。如有不适感，就医。

食入： 漱口，饮水。就医。

灭火方法 消防人员须穿全身消防服，戴空气呼吸器，在上风向灭火。

灭火剂：本品不燃，根据火灾原因，选择适当的灭火剂。

泄漏应急处置 隔离泄漏污染区，限制出入。建议应急处理人员戴防尘口罩，戴橡胶手套。尽可能切断泄漏源。用塑料布覆盖泄漏物，减少飞散。勿使水进入包装容器内。用洁净的铲子收集泄漏物，置于干净、干燥、盖子较松的容器中，将容器移离泄漏区。

539. 硫化鲸鱼油

标　　识

中文名称 硫化鲸鱼油

英文名称 Sulfurized sperm oil

别名 401 油性剂

危害信息

燃烧与爆炸危险性　可燃。遇明火、高热可燃，燃烧产生有毒的硫氧化物气体。

禁忌物　强氧化剂。

侵入途径　吸入、食入。

理化特性与用途

理化特性　硫含量5% ~6%，运动黏度≤80mm²/s(100℃)，酸值≤5mgKOH/g。

主要用途　用于调制导轨油、液压导轨油、主轴油、轧钢机油和某些高级切削油。

包装与储运

安全储运　储存于阴凉、通风的库房。远离火种、热源。保持容器密封。应与氧化剂隔离储运。搬运时轻装轻卸，防止容器受损。

紧急处置信息

急救措施

吸入：脱离接触。如有不适感，就医。

眼睛接触：分开眼睑，用流动清水或生理盐水冲洗。如有不适感，就医。

皮肤接触：脱去污染的衣着，用肥皂水和清水冲洗。如有不适感，就医。

食入：漱口，饮水。就医。

灭火方法　消防人员须穿全身消防服，佩戴空气呼吸器，在上风向灭火。尽可能将容器从火场移至空旷处。喷水保持火场容器冷却，直至灭火结束。处在火场中的容器若发生异常变化或发出异常声音，须马上撤离。

灭火剂：泡沫、二氧化碳、干粉、砂土。

泄漏应急处置　消除所有点火源。根据液体流动和蒸气扩散的影响区域划定警戒区，无关人员从侧风、上风向撤离至安全区。建议应急处理人员戴正压自给式呼吸器，穿防静电、防腐蚀服，戴橡胶手套。尽可能切断泄漏源。防止泄漏物进入水体、下水道、地下室或限制性空间。小量泄漏：用干燥的砂土或其他不燃材料吸收或覆盖，收集于容器中。大量泄漏：构筑围堤或挖坑收容。

540. 硫化棉籽油

标　识

中文名称　硫化棉籽油

英文名称　Sulfurized cottonseed oil

别名　404 油性剂

危害信息

燃烧与爆炸危险性　可燃。遇明火、高热可燃，燃烧产生有毒的烟气。在高温火场中，受热的容器或储罐有破裂和爆炸的危险。

禁忌物　强氧化剂。

中毒表现　急性棉籽油中毒表现为，恶心呕吐、腹胀、腹痛、便秘、头晕、四肢麻木、周身乏力、嗜睡、烦躁、心动过缓、血压下降，进一步可发展为肺水肿、黄疸、肝昏迷、肾功能损害，最后可因呼吸循环衰竭而危及生命。

由于食用粗制棉籽油中毒多是渐进、积蓄过程，最常见的中毒表现有疲劳乏力、发热（多为中、低度中毒）、皮肤发红、无汗或少汗、皮肤瘙痒如针刺、呼吸急促、胸闷等。女性可伴有月经失调、闭经，男性可发生不育症。

侵入途径　吸入、食入。

理化特性与用途

理化特性　液体。硫含量4.5%～5.5%。

主要用途　用于调制导轨油和织布机油。

包装与储运

安全储运　储存于阴凉、通风的库房。容器密闭。远离火种、热源。应与氧化剂等隔离储运。搬运时轻装轻卸，防止容器受损。

紧急处置信息

急救措施

吸入：脱离接触。如有不适感，就医。

眼睛接触：分开眼睑，用流动清水或生理盐水冲洗。如有不适感，就医。

皮肤接触：脱去污染的衣着，用肥皂水和清水冲洗。如有不适感，就医。

食入：漱口，饮水，催吐。就医。

灭火方法　消防人员须穿全身消防服，佩戴空气呼吸器，在上风向灭火。尽可能将容器从火场移至空旷处。喷水保持火场容器冷却，直至灭火结束。处在火场中的容器若发生异常变化或发出异常声音，须马上撤离。

灭火剂：泡沫、二氧化碳、干粉、砂土。

泄漏应急处置　消除所有点火源。根据液体流动和蒸气扩散的影响区域划定警戒区，无关人员从侧风、上风向撤离至安全区。建议应急处理人员戴正压自给式呼吸器，穿防静电、防腐蚀服，戴橡胶手套。尽可能切断泄漏源。防止泄漏物进入水体、下水道、地下室或限制性空间。小量泄漏：用干燥的砂土或其他不燃材料吸收或覆盖，收集于容器中。大量泄漏：构筑围堤或挖坑收容。

541. 硫　化　钠

标　识

中文名称　硫化钠

英文名称　Sodium sulfide; Disodium sulfide

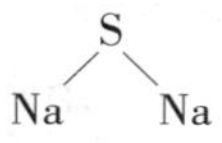

别名　硫化碱；臭碱

分子式　Na_2S

CAS 号　1313－82－2

WGH 号　42009（无水硫化钠，或硫化钠，含结晶水低于30%）；82011（水合硫化钠，

含水不低于30%）

UN号　1385（无水硫化钠，或硫化钠，含结晶水低于30%）；1849（水合硫化钠，含水不低于30%）

危害信息

危险性类别　第4.2类　自燃物品（无水硫化钠，或硫化钠，含结晶水低于30%）；第8.2类　腐蚀品（水合硫化钠，含水不低于30%）

燃烧与爆炸危险性　空气中易缓慢氧化，能自燃。遇明火、高热会引起燃烧爆炸，撞击、摩擦、振动有燃烧爆炸危险，受高热或燃烧发生分解放出硫化氢有毒气体，其水溶液有腐蚀性，100℃时开始蒸发，蒸气可侵蚀玻璃。

活性反应　晶体硫化钠与空气中的二氧化碳反应，缓慢挥发出有毒的硫化氢。与酸反应会放出有毒和易燃的硫化氢气体。与重氮盐、木炭、强氧化剂发生剧烈反应。

禁忌物　重氮盐、木炭、强氧化剂、二氧化碳、强酸等。

毒性　大鼠经口 LD_{50}：208mg/kg；小鼠经口 LD_{50}：205mg/kg；人吸入 TCL_o：50mg/m^3。

本品在胃肠道中能分解出硫化氢，口服后能引起硫化氢中毒。对皮肤和眼睛有腐蚀作用。

侵入途径　吸入、食入。

理化特性与用途

理化特性　白色或浅黄色结晶。吸湿性较强。易溶于水，水溶液呈碱性。不溶于乙醚，微溶于乙醇。熔点（分解）920～950℃，密度1.86g/cm^3，引燃温度>480℃，辛醇/水分配系数-3.5。

主要用途　用于聚苯硫醚（PPS）树脂的合成，还可用于橡胶助剂、染料中间体、医药中间体和食品添加剂的生产。

包装与储运

包装标志　自燃物品（无水硫化钠，或硫化钠，含结晶水低于30%）；腐蚀品（水合硫化钠，含水不低于30%）

包装类别　Ⅱ类

安全储运　储存于阴凉、通风、干燥的库房。库内相对湿度不宜大于85%。防潮、防氧化。防止容器破损。切勿与氧化剂、有机物、酸类物品混储混运。不宜久存，以免变质。

紧急处置信息

急救措施

吸入：迅速脱离现场至空气新鲜处。保持呼吸道通畅。如呼吸困难，给输氧。呼吸、心跳停止，立即进行心肺复苏术。就医。

眼睛接触：立即分开眼睑，用大量流动清水或生理盐水彻底冲洗10～15min。就医。

皮肤接触：立即脱去污染的衣着，用大量流动清水彻底冲洗，冲洗时间一般要求20～30min。就医。

食入：用水漱口，禁止催吐。给饮牛奶或蛋清。就医。

灭火方法　消防人员必须穿耐酸碱防护服、防护靴、并佩戴空气呼吸器灭火。

灭火剂：雾状水、干粉、二氧化碳、砂土。

泄漏应急处置　隔离泄漏污染区，限制出入。消除所有点火源。建议应急处理人员戴

防尘口罩，穿防酸碱服，戴橡胶耐酸碱手套。穿上适当的防护服前严禁接触破裂的容器和泄漏物。尽可能切断泄漏源。用塑料布覆盖泄漏物，减少飞散。勿使水进入包装容器内。用洁净的铲子收集泄漏物，置于干净、干燥、盖子较松的容器中，将容器移离泄漏区。

542. 硫化切削油

标　识

中文名称　硫化切削油

英文名称　Sulfurized cutting oil；Cutting oil，sulfide

危害信息

燃烧与爆炸危险性　可燃。其蒸气与空气混合能形成爆炸性混合物，遇明火、高热可能引起燃烧或爆炸。燃烧产生有毒的硫氧化物气体。在高温火场中，受热的容器或储罐有破裂和爆炸的危险。

禁忌物　强氧化剂。

侵入途径　吸入、食入。

理化特性与用途

理化特性　深褐色黏稠液体。运动黏度 20～25mm^2/s(50℃)，硫含量≥1.7%，闪点≥140℃。

主要用途　适用于高负荷、低转速的金属切削加工操作，如插齿、滚齿等工序及切削面小的操作。

包装与储运

安全储运　储存于阴凉、通风的库房。容器密封。远离火种、热源。应与氧化剂隔离储运。搬运时轻装轻卸，防止容器受损。

紧急处置信息

急救措施

吸入：脱离接触。如有不适感，就医。

眼睛接触：分开眼睑，用流动清水或生理盐水冲洗。如有不适感，就医。

皮肤接触：脱去污染的衣着，用肥皂水和清水冲洗。如有不适感，就医。

食入：漱口，饮水。就医。

灭火方法　消防人员须穿全身消防服，佩戴空气呼吸器，在上风向灭火。尽可能将容器从火场移至空旷处。喷水保持火场容器冷却，直至灭火结束。处在火场中的容器若发生异常变化或发出异常声音，须马上撤离。

灭火剂：泡沫、二氧化碳、干粉、砂土。

泄漏应急处置　消除所有点火源。根据液体流动和蒸气扩散的影响区域划定警戒区，无关人员从侧风、上风向撤离至安全区。建议应急处理人员戴正压自给式呼吸器，穿防静电、防腐蚀服，戴橡胶手套。穿上适当的防护服前严禁接触破裂的容器和泄漏物。尽可能切断泄漏源。防止泄漏物进入水体、下水道、地下室或限制性空间。小量泄漏：用干燥的砂土或其他不燃材料吸收或覆盖，收集于容器中。大量泄漏：构筑围堤或挖坑收容。用防

爆、耐腐蚀泵转移至槽车或专用收集器内。喷雾状水驱散蒸气、稀释液体泄漏物。

543. 硫　化　氢

标　识

中文名称　硫化氢

英文名称　Hydrogen sulfide；sulfane

分子式　H_2S

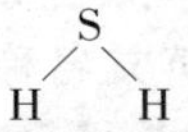

CAS 号　7783－06－4

WGH 号　21006；T23055[铁规]

UN 号　1053

危害信息

危险性类别　第 2.1 类　易燃气体；第 2.3 类有毒气体(危险货物)

燃烧与爆炸危险性　极易燃。与空气混合能形成爆炸性混合物，遇明火、高热能引起燃烧爆炸。气体比空气重，能在较低处扩散到相当远的地方，遇火源会着火回燃。在高温火场，受热后容器或储罐内压增大，泄漏物质可导致中毒。

活性反应　还原剂，流过生锈的铁管时，能自燃。与碱发生放热中和反应。280～360℃下，硫化氢和氧气接近反应计量关系的混合物会出现自热现象，导致自发性爆燃。在空气中，硫化氢接触氧化钙或氧化钡和氧化汞或氧化镍的混合物会发生爆炸。过氧化钡、三氧化铬、氧化铜、二氧化铅、二氧化锰、氧化镍、氧化银、过氧化钠和氧化铊能迅速氧化硫化氢。

禁忌物　强氧化剂、碱类。

毒性　大鼠吸入 LC_{50}：444ppm；小鼠吸入 LC_{50}：634ppm(1h)；人吸入 LCL_o：800ppm(5min)。

硫化氢是窒息性气体，是一种强烈的神经毒物。硫化氢进入体内后与细胞内线粒体中的细胞色素氧化酶结合，使其失去传递电子的能力，造成细胞缺氧。硫化氢接触湿润黏膜，与液体中的钠离子反应生成硫化钠，对眼和呼吸道产生刺激和腐蚀作用。急性中毒出现中枢神经系统和呼吸系统损害为主的临床表现，在中、重度中毒，常可伴心脏或肝脏的损害，特别是心脏的损害。吸入极高浓度($1000mg/m^3$ 以上)可因呼吸麻痹出现“闪电型死亡”。

人的嗅觉阈为 0.012～0.03mg/m^3，但在高浓度时很快发生嗅觉疲劳，因此不能依靠其臭味的大小来判断有无危险浓度的存在。

中毒表现　急性中毒：接触反应表现为接触后出现眼刺痛、羞明、流泪、结膜充血、咽部灼热感、咳嗽等眼和上呼吸道刺激表现，或有头痛、头晕、乏力、恶心等神经系统症状，脱离接触后在短时间内消失。具有下列情况之一者为急性轻度中毒：出现明显的头痛、头晕、乏力等症状，并出现轻度至中度意识障碍；出现急性气管－支气管炎或支气管周围炎。具有下列情况之一者为中度中毒：意识障碍表现为浅至中度昏迷；出现急性支气管肺炎。具有下列情况之一者为重度中毒：意识障碍程度达深昏迷或呈植物状态；肺水肿；多脏器衰竭；猝死。高浓度($1000mg/m^3$ 以上)接触硫化氢时可在数秒钟内突然昏迷，呼吸和心跳骤停，发生闪电型死亡。严重中毒可留有神经、精神后遗症。

慢性影响：长期接触低浓度的硫化氢，可引起神经衰弱综合征和植物神经功能紊乱等。

侵入途径　吸入。

职业接触限值 中国：MAC：10mg/m³。

美国(ACGIH)：TLV－TWA：10ppm；TLV－STEL：15ppm。

环境危害 对水生生物有极高毒性；危险空气污染。

理化特性与用途

理化特性 无色、有特殊臭味(臭蛋味)的气体。溶于水、乙醇、甘油、二硫化碳。pH值4.5(1%水溶液)，熔点－85.5℃，沸点－60.3℃，相对密度(水＝1)1.54，相对蒸气密度(空气＝1)1.19，临界压力9.01MPa，临界温度100.4℃，蒸气压2026.5kPa(25.5℃)，辛醇/水分配系数0.23，闪点－82.4℃，爆炸极限4.0%～46.0%，自燃温度260℃。

主要用途 是天然气溶剂脱硫及石油加工过程中回收的酸性气体，主要用于制取硫磺，也用于制造硫酸、金属硫化物，分离和鉴定金属离子。

包装与储运

包装标志 有毒气体，易燃气体

安全储运 用耐压、防腐蚀的钢瓶装，储存于阴凉、通风的低温库房。远离火种、热源，防止日光曝晒和产生静电。储存温度不超过30℃。应与氧化剂、碱类等隔离储运。禁止使用易产生火花的工具。搬运时轻装轻卸，防止钢瓶受损泄漏。

紧急处置信息

急救措施

吸入：迅速脱离现场，吸氧、保持安静、卧床休息，严密观察，注意病情变化。救助者应注意自身防护。积极防治脑水肿、肺水肿，早期、足量、短程使用肾上腺糖皮质激素。对中、重度中毒，有条件者应尽快安排高压氧治疗。对呼吸、心跳骤停者，立即进行心、肺复苏。应避免采用口对口人工呼吸以防止救助者发生中毒。

眼睛接触：先用清水或生理盐水彻底冲洗眼睛，局部用红霉素眼药膏和氯霉素眼药水，每2小时1次，预防和控制感染，同时局部滴鱼肝油以促进上皮生长，防止结膜粘连 。

灭火方法 迅速切断气源。若不能立即切断气源，则不允许熄灭泄漏处的火焰。消防人员须佩戴空气呼吸器，穿全身防火防毒服，在上风向灭火。喷水冷却容器。如果引燃了周围物质，应根据着火物质性质选用适当的灭火剂灭火。

泄漏应急处置 消除所有点火源。根据气体扩散的影响区域划定警戒区，无关人员从侧风、上风向撤离至安全区。建议应急处理人员戴正压自给式呼吸器，穿内置正压自给式呼吸器的全封闭防化服，戴防化学品手套。如果是液化气体泄漏，还应注意防冻伤。作业时使用的所有设备应接地。禁止接触或跨越泄漏物。尽可能切断泄漏源。若可能翻转容器，使之逸出气体而非液体。喷雾状水抑制蒸气或改变蒸气云流向，避免水流接触泄漏物。禁止用水直接冲击泄漏物或泄漏源。防止气体通过下水道、通风系统和限制性空间扩散。隔离泄漏区直至气体散尽。可考虑引燃漏出气，以消除有毒气体的影响。

544. 硫化烷基酚钙

标　识

中文名称 硫化烷基酚钙

英文名称 Sulfurized calcium alkyl phenate

危害信息

燃烧与爆炸危险性 可燃，遇明火、高热可能引起燃烧。燃烧产生有毒且具有刺激性的烟雾。在高温火场中，受热的容器或储罐有破裂和爆炸的危险。

禁忌物 强氧化剂。

侵入途径 吸入、食入。

理化特性与用途

理化特性 深红色液体。闪点≥170℃（开杯），硫含量：2.3% ~2.7%（T115A）、2.9% ~3.8%（T115B）。

主要用途 用于调制中、高档内燃机油和中、高碱值船用汽缸油。其中，T115A 主要用于要求清净性高的汽油机油。

包装与储运

安全储运 储存于阴凉、通风的库房。容器密封。远离火种、热源。应与氧化剂等隔离储运。搬运时轻装轻卸，防止容器受损。

紧急处置信息

急救措施

吸入：脱离接触。如有不适感，就医。

眼睛接触：分开眼睑，用流动清水或生理盐水冲洗。如有不适感，就医。

皮肤接触：脱去污染的衣着，用肥皂水和清水冲洗。如有不适感，就医。

食入：漱口，饮水。就医。

灭火方法 消防人员须穿全身消防服，佩戴空气呼吸器，在上风向灭火。尽可能将容器从火场移至空旷处。喷水保持火场容器冷却，直至灭火结束。处在火场中的容器若发生异常变化或发出异常声音，须马上撤离。

灭火剂：泡沫、二氧化碳、干粉、砂土。

泄漏应急处置 消除所有点火源。根据液体流动和蒸气扩散的影响区域划定警戒区，无关人员从侧风、上风向撤离至安全区。建议应急处理人员戴正压自给式呼吸器，穿防静电、防腐蚀服，戴橡胶手套。穿上适当的防护服前严禁接触破裂的容器和泄漏物。尽可能切断泄漏源。防止泄漏物进入水体、下水道、地下室或限制性空间。小量泄漏：用干燥的砂土或其他不燃材料吸收或覆盖，收集于容器中。大量泄漏：构筑围堤或挖坑收容。用防爆、耐腐蚀泵转移至槽车或专用收集器内。喷雾状水驱散蒸气、稀释液体泄漏物。

545. 硫化烯烃棉籽油

标　识

中文名称 硫化烯烃棉籽油

英文名称 Sulfurized olefin cottonseed oil

别名 405 油性剂

危害信息

燃烧与爆炸危险性 可燃，遇明火、高热能引起燃烧。燃烧产生有毒的硫氧化物气体。在高温火场中，受热的容器或储罐有破裂和爆炸的危险。

禁忌物 强氧化剂。

中毒表现 急性棉籽油中毒表现为，恶心呕吐、腹胀、腹痛、便秘、头晕、四肢麻木、周身乏力、嗜睡、烦躁、心动过缓、血压下降，进一步可发展为肺水肿、黄疸、肝昏迷、肾功能损害，最后可因呼吸循环衰竭而危及生命。

由于食用粗制棉籽油中毒多是渐进、积蓄过程，最常见的中毒表现有疲劳乏力、发热(多为中、低度中毒)、皮肤发红、无汗或少汗、皮肤瘙痒如针刺、呼吸急促、胸闷等。女性可伴有月经失调、闭经，男性可发生不育症。

侵入途径 吸入、食入。

理化特性与用途

理化特性 深红至棕色透明黏稠液体。溶于油类。运动黏度 20 ~ 28mm^2/s(100℃)，闪点≥140℃(开杯)，酸值≤5mgKOH/g，硫含量≤7.8% ~8.5%。

主要用途 用于调制导轨油、液压导轨油、工业齿轮油。

包装与储运

安全储运 储存于阴凉、通风的库房。容器密闭。远离火种、热源。应与氧化剂隔离储运。搬运时轻装轻卸，防止容器受损。

紧急处置信息

急救措施

吸入：脱离接触。如有不适感，就医。

眼睛接触：分开眼睑，用流动清水或生理盐水冲洗。如有不适感，就医。

皮肤接触：脱去污染的衣着，用肥皂水和清水冲洗。如有不适感，就医。

食入：漱口，饮水，催吐。就医。

灭火方法 消防人员须穿全身消防服，佩戴空气呼吸器，在上风向灭火。尽可能将容器从火场移至空旷处。喷水保持火场容器冷却，直至灭火结束。处在火场中的容器若发生异常变化或发出异常声音，须马上撤离。

灭火剂：泡沫、二氧化碳、干粉、砂土。

泄漏应急处置 消除所有点火源。根据液体流动和蒸气扩散的影响区域划定警戒区，无关人员从侧风、上风向撤离至安全区。建议应急处理人员戴正压自给式呼吸器，穿防静电、防腐蚀服，戴橡胶手套。尽可能切断泄漏源。防止泄漏物进入水体、下水道、地下室或限制性空间。小量泄漏：用干燥的砂土或其他不燃材料吸收或覆盖，收集于容器中。大量泄漏：构筑围堤或挖坑收容。

546. 硫化亚铁

标　识

中文名称 硫化亚铁

英文名称 Ferrous sulfide；Sulfanylideneiron

别名 硫化铁(Ⅱ)

分子式 FeS

Fe ═S

CAS 号 1317－37－9

危害信息

燃烧与爆炸危险性 粉末状的硫化亚铁在空气中会发生自燃。受高热分解放出有毒的硫化氢气体。

活性反应 潮湿的硫化亚铁在空气中易被氧化，放出的热量能使其达到炽热状态。粉末状硫化亚铁更容易被空气氧化。石油化工生产工艺中的管线、设备、装置由于硫腐蚀产生含硫化氢、挥发性有机硫化物杂质的硫化亚铁具有自燃性，如果不经吹扫或清洗，直接暴露于空气中，会引发火灾和爆炸事故。和锂加热至高于260℃可发生剧烈反应。与过氧化物发生剧烈反应。

禁忌物 强氧化剂、强碱。

毒性 具有刺激作用。误服可引起胃肠刺激症状。长期吸入粉尘，可引起肺铁末沉着症。

侵入途径 吸入、食入。

理化特性与用途

理化特性 黑棕色六方晶系结晶性粉末或块状物。几乎不溶于冷水，不溶于氨，溶于酸释放出硫化氢，在热水中分解。熔点1194℃，相对密度(水＝1)4.84。

主要用途 涂料工业中用作颜料；用于发生硫化氢气体及制造其他硫化物；造纸工业用于生产亚硫酸盐溶液。

包装与储运

安全储运 储存于阴凉、通风的库房。远离火种、热源。保持容器密封。避免接触空气。应与氧化剂、碱类隔离储运。储区应备有泄漏应急处理设备。

紧急处置信息

急救措施

吸入：脱离接触。如有不适感，就医。

眼睛接触：分开眼睑，用流动清水或生理盐水冲洗。如有不适感，就医。

皮肤接触：脱去污染的衣着，用肥皂水和清水冲洗。如有不适感，就医。

食入：漱口，饮水。就医。

灭火方法 消防人员须佩戴空气呼吸器，穿全身消防服，在上风向灭火。

灭火剂：水、二氧化碳、干粉、砂土。

泄漏应急处置 隔离泄漏污染区，限制出入。消除所有点火源。建议应急处理人员戴防尘口罩，穿防毒服。禁止接触或跨越泄漏物。尽可能切断泄漏源。用干燥的砂土或其他不燃材料覆盖泄漏物，然后用塑料布覆盖，减少飞散、避免雨淋。用洁净的无火花工具收集泄漏物，置于一盖子较松的塑料容器中，待处置。

547. 硫化异丁烯

标　识

中文名称　硫化异丁烯

英文名称　SulfurizedisobuteneI；Isobutenyl sulfide

别名　硫烯；T321 极压抗磨剂

危害信息

燃烧与爆炸危险性　可燃。蒸气与空气可形成爆炸性混合物，遇明火、高热能引起燃烧爆炸。

活性反应　与氧化剂发生放热反应。

禁忌物　强氧化剂、强酸。

毒性　小鼠皮下 LDL_o：250mg/kg。

未见本品引起中毒的报道。

侵入途径　吸入、食入。

理化特性与用途

理化特性　桔黄色或琥珀色透明液体。密度 1.05～1.20g/cm^3，闪点≥110℃（开杯），运动黏度 5～11mm^2/s（100℃）。

主要用途　用于调配中高档齿轮油和金属加工油。

包装与储运

安全储运　储存于阴凉、通风的库房。保持容器密封，远离火种、热源。应与氧化剂隔离储运。搬运时轻装轻卸，防止容器受损。

紧急处置信息

急救措施

吸入：脱离接触。如有不适感，就医。

眼睛接触：分开眼睑，用流动清水或生理盐水冲洗。如有不适感，就医。

皮肤接触：脱去污染的衣着，用肥皂水和清水冲洗。如有不适感，就医。

食入：漱口，饮水。就医。

灭火方法　消防人员须佩戴防毒面具、穿全身消防服，在上风向灭火。尽可能将容器从火场移至空旷处。喷水保持火场容器冷却，直至灭火结束。处在火场中的容器若已变色或从安全泄压装置中产生声音，必须马上撤离。

灭火剂：雾状水、泡沫、干粉、二氧化碳、砂土。

泄漏应急处置　根据液体流动和蒸气扩散的影响区域划定警戒区，无关人员从侧风、上风向撤离至安全区。消除所有点火源。建议应急处理人员戴防毒面具，穿一般作业工作服。尽可能切断泄漏源。防止泄漏物进入水体、下水道、地下室或限制性空间。小量泄漏：用干燥的砂土或其他不燃材料吸收或覆盖，收集于容器中。大量泄漏：构筑围堤或挖坑收容。用泵转移至槽车或专用收集器内。

548. 硫　磺

标　识

中文名称　硫磺
英文名称　Sulfur；Sulphur
别名　硫黄
分子式　S
CAS 号　7704 - 34 - 9
WGH 号　41501
UN 号　1350；2448[熔融的]

危害信息

危险性类别　第 4.1 类　易燃固体

燃烧与爆炸危险性　易燃。粉尘或蒸气与空气或其他氧化剂混合能形成爆炸性混合物。遇高热、明火及强氧化剂易引起燃烧。硫磺为电的不良导体，在储运过程中易产生静电荷，可导致硫尘起火或爆炸。

活性反应　还原剂，能与强氧化剂发生剧烈反应，导致燃烧或爆炸。接触二氧化氯会自燃，甚至爆炸。与铁反应生成自燃性的硫化亚铁。熔融的硫磺接触油品等烃类物质后，会生成硫化氢和二硫化碳，极易发生爆炸。能与氨气反应，生成爆炸性的氮化硫。与三氧化铬的混合物受热后能燃烧，甚至发生爆炸。与硝酸铵、金属粉末或高氯酸盐的混合物受撞击后易爆炸。

禁忌物　强氧化剂、卤素、金属粉末。

毒性　大鼠经口 *LD*：> 8437mg/kg；家兔经口 LDL_o：175mg/kg；人经口 LDL_o：0.17g/kg。

中毒表现　因其能在肠内部分转化为硫化氢而被吸收，故大量口服可致硫化氢中毒。急性硫化氢中毒的全身毒作用表现为中枢神经系统症状，有头痛、头晕、乏力、呕吐、共济失调、昏迷等。本品可引起眼结膜炎、皮肤湿疹。对皮肤有弱刺激性。生产中长期吸入硫粉尘一般无明显毒性作用。

侵入途径　吸入、食入、经皮吸收。

理化特性与用途

理化特性　淡黄色脆性结晶或粉末，有特殊臭味。不溶于水，微溶于乙醇、乙醚，易溶于二硫化碳、四氯化碳和苯。熔点 107℃（γ - 硫）、115℃（β - 硫）、120℃（无定形硫），沸点 444.6℃，相对密度（水 = 1）1.92 ~ 2.07，临界压力 11.75MPa，临界温度 1040℃，蒸气压 0.13kPa（183.8℃），闪点 160℃（闭杯），爆炸极限 35 ~ 1400g/cm^3，自燃温度 232℃。

主要用途　用于制造硫酸、杀虫剂、硫化染料、医用硫磺软膏以及橡胶硫化剂等；也可用来生产硫肥、高能钠硫蓄电池、造纸和食品生产中用的熏蒸剂等。

包装与储运

包装标志　易燃固体
包装类别　Ⅲ类

安全储运 储存于阴凉、通风的库房。远离火种、热源。储存温度不超过35℃。密闭包装。应与有机物、卤素、金属粉末、酸类及氧化剂等隔离储运。采用防爆型照明、通风设施。禁止使用易产生火花的机械设备和工具，防止粉尘在空气中着火、爆炸，防止静电荷的产生。

紧急处置信息

急救措施

吸入： 脱离接触。如有不适感，就医。

眼睛接触： 分开眼睑，用流动清水或生理盐水冲洗。如有不适感，就医。

皮肤接触： 脱去污染的衣着，用肥皂水和清水冲洗。如有不适感，就医。

食入： 漱口，饮水。就医。

如出现硫化氢中毒症状，按硫化氢中毒处理。

灭火方法 遇小火用砂土闷熄。遇大火可用雾状水灭火。切勿将水流直接射至熔融物，以免引起严重的流淌火灾或引起剧烈的沸溅。消防人员须戴好空气呼吸器，穿全身防火防毒服，在安全距离以外，在上风向灭火。

泄漏应急处置 隔离泄漏污染区，限制出入。消除所有点火源。建议应急处理人员戴防尘口罩，穿防静电服。禁止接触或跨越泄漏物。小量泄漏：用洁净的铲子收集泄漏物，置于干净、干燥、盖子较松的容器中，将容器移离泄漏区。大量泄漏：用水润湿，并筑堤收容。防止泄漏物进入水体、下水道、地下室或限制性空间。

549. 硫磷伯仲醇基锌盐

标　识

中文名称 硫磷伯仲醇基锌盐

英文名称 Zinc primary-secondary alcohol thiophosphate; Antioxidation-anticorrosive additive T204

别名 T204 抗氧抗腐蚀剂

危害信息

燃烧与爆炸危险性 可燃。其蒸气与空气混合能形成爆炸性混合物，遇明火、高热可引起燃烧或爆炸。燃烧产生有毒的磷氧化物、硫氧化物。在高温火场中，受热的容器或储罐有破裂和爆炸的危险。

禁忌物 强氧化剂。

侵入途径 吸入、食入。

理化特性与用途

理化特性 浅黄至棕红色透明液体。用于油脂类。密度 1.05 ~ 1.15g/cm^3 (15.6℃)，pH 值≥5.5，闪点≥100℃(开杯)，热分解温度≥200℃。

主要用途 用于调制中、高档汽油机油及抗磨液压油等工业用油。

包装与储运

安全储运 储存于阴凉、通风的库房。保持容器密闭。远离火种、热源。应与氧化剂隔离储运。搬运时轻装轻卸，防止容器受损。

紧急处置信息

急救措施

吸入：脱离接触。如有不适感，就医。

眼睛接触：分开眼睑，用流动清水或生理盐水冲洗。如有不适感，就医。

皮肤接触：脱去污染的衣着，用肥皂水和清水冲洗。如有不适感，就医。

食入：漱口，尽量饮水，不要催吐。就医。

灭火方法　消防人员须穿全身消防服，佩戴空气呼吸器，在上风向灭火。尽可能将容器从火场移至空旷处。喷水保持火场容器冷却，直至灭火结束。处在火场中的容器若发生异常变化或发出异常声音，须马上撤离。

灭火剂：泡沫、二氧化碳、干粉、砂土。

泄漏应急处置　根据液体流动和蒸气扩散的影响区域划定警戒区，无关人员从侧风、上风向撤离至安全区。建议应急处理人员戴正压自给式呼吸器，穿防静电、防腐蚀服，戴橡胶手套。尽可能切断泄漏源。防止泄漏物进入水体、下水道、地下室或限制性空间。小量泄漏：用干燥的砂土或其他不燃材料吸收或覆盖，收集于容器中。大量泄漏：构筑围堤或挖坑收容。

550. 硫磷丁辛基锌盐

标　识

中文名称　硫磷丁辛基锌盐

英文名称　Zinc butyl octyl dithiophosphate；Antioxidation-anticorrosive additive T202

别名　T202 抗氧抗腐蚀剂

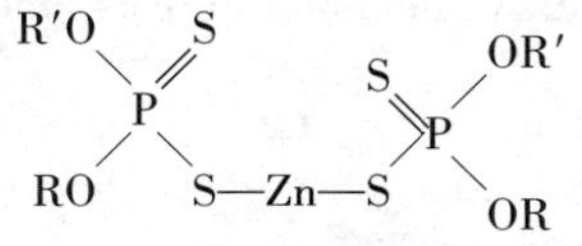

$R = C_4H_9—$，$R' = C_8H_{17}—$

危害信息

燃烧与爆炸危险性　可燃，遇明火、高热可引起燃烧，燃烧产生有毒的烟气。在高温火场中，受热的容器或储罐有破裂和爆炸的危险。

禁忌物　强氧化剂。

侵入途径　吸入、食入。

理化特性与用途

理化特性　浅黄色或琥珀色油状黏稠液体，有轻微醇味。溶于油类。pH 值≥5.0，密度 1.08～1.13g/cm³（20℃），闪点≥180℃，运动黏度 50mm²/s（50℃），热分解温度≥220℃。

主要用途　与清净剂、分散剂复合使用，用于不同级别的内燃机油、液压油、齿轮油、导轨油、压缩机油、金属加工油。

包装与储运

安全储运 储存于阴凉、通风的库房。容器密封。远离火种、热源。应与氧化剂隔离储运。搬运时轻装轻卸，防止容器受损。

紧急处置信息

急救措施

吸入：脱离接触。如有不适感，就医。

眼睛接触：分开眼睑，用流动清水或生理盐水冲洗。如有不适感，就医。

皮肤接触：脱去污染的衣着，用肥皂水和清水冲洗。如有不适感，就医。

食入：漱口，饮水。就医。

灭火方法 消防人员须穿全身消防服，佩戴空气呼吸器，在上风向灭火。尽可能将容器从火场移至空旷处。喷水保持火场容器冷却，直至灭火结束。处在火场中的容器若发生异常变化或发出异常声音，须马上撤离。

灭火剂：泡沫、二氧化碳、干粉、砂土。

泄漏应急处置 根据液体流动和蒸气扩散的影响区域划定警戒区，无关人员从侧风、上风向撤离至安全区。建议应急处理人员戴正压自给式呼吸器，穿防静电、防腐蚀服，戴橡胶手套。尽可能切断泄漏源。防止泄漏物进入水体、下水道、地下室或限制性空间。小量泄漏：用干燥的砂土或其他不燃材料吸收或覆盖，收集于容器中。大量泄漏：构筑围堤或挖坑收容。

551. 硫磷化聚异丁烯钡盐

标　识

中文名称 硫磷化聚异丁烯钡盐

英文名称 Barium salt of phosphosulfurized polyisobutylene

别名 T108 清净剂

危害信息

燃烧与爆炸危险性 可燃，遇明火高热有引起燃烧爆炸的危险。燃烧产生有害的一氧化碳、硫化物、氧化磷和氧化钡。

禁忌物 强氧化剂。

毒性 毒性很低，生产中不致引起急性中毒。

侵入途径 吸入、食入。

理化特性与用途

理化特性 棕色透明液体，呈碱性。油溶性好。凝点 -12℃，相对密度(水 =1)0.91 ~ 0.94，闪点≥180℃。

主要用途 适用于调制内燃机润滑油。

包装与储运

安全储运 储存于阴凉、通风的库房。容器密闭。远离火种、热源。与氧化剂等隔离储运。搬运时轻装轻卸，防止容器受损。

紧急处置信息

急救措施

吸入： 脱离接触。如有不适感，就医。

眼睛接触： 分开眼睑，用流动清水或生理盐水冲洗。如有不适感，就医。

皮肤接触： 脱去污染的衣着，用肥皂水和清水冲洗。如有不适感，就医。

食入： 漱口，饮水。就医。

灭火方法 消防人员须穿全身消防服，佩戴防毒面具，在上风向灭火。尽可能将容器从火场移至空旷处。喷水保持火场容器冷却，直至灭火结束。

灭火剂：雾状水、泡沫、二氧化碳、干粉、砂土。

泄漏应急处置 隔离泄漏污染区，限制出入。消除所有点火源。建议应急处理人员戴防尘口罩，穿一般作业工作服。尽可能切断泄漏源。防止泄漏物进入水体、下水道、地下室或密闭性空间。小量泄漏：用干燥的砂土或其他不燃材料吸收或覆盖，收集于容器中。大量泄漏：构筑围堤或挖坑收容。用泵转移至槽车或专用收集器内。

552. 硫磷双辛基碱性锌盐

标　识

中文名称 硫磷双辛基碱性锌盐

英文名称 Zinc bis (*O*, *O*-diisooctyl) bis (dithiophosphate) ; Antioxidation-anticorrosive additive T203

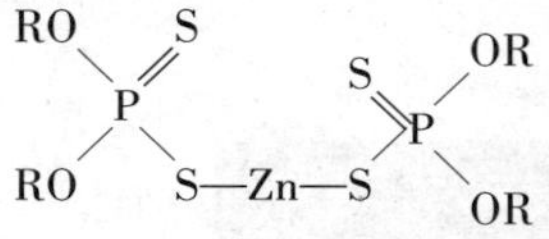

R = C_8H_{17}—

别名 T203 抗氧抗腐蚀剂

分子式 $C_{32}H_{68}O_4P_2S_4Zn$

CAS 号 28629 - 66 - 5

危害信息

燃烧与爆炸危险性 可燃。遇明火、高热可引起燃烧，燃烧产生有毒的烟气。

毒性 大鼠经口 LD_{50}：3200mg/kg；大鼠吸入 LC_{50}：>0.52mg/L(6h)；家兔经皮 LD_{50}：>3000mg/kg。

对眼和皮肤有刺激性。

侵入途径 吸入、食入。

理化特性与用途

理化特性 浅黄至棕红色透明液体。不溶于水，溶于烃类溶剂及油脂。密度 1.06 ~ 1.15g/cm³(20℃)，闪点≥180℃(开杯)，热分解温度≥230℃，pH 值≥6。

主要用途 用于调制中、高档柴油机油、中速船用油及抗磨液压油。

包装与储运

安全储运 储存于阴凉、通风的库房。容器密闭。远离火种、热源。应与氧化剂隔离储运。搬运时轻装轻卸，防止容器受损。

紧急处置信息

急救措施

吸入： 脱离接触。如有不适感，就医。

眼睛接触： 分开眼睑，用流动清水或生理盐水冲洗。如有不适感，就医。

皮肤接触： 脱去污染的衣着，用流动清水冲洗。如有不适感，就医。

食入： 漱口，饮水。就医。

灭火方法　消防人员须穿全身消防服，在上风向灭火。尽可能将容器从火场移至空旷处。喷水保持火场容器冷却，直至灭火结束。

灭火剂：雾状水、泡沫、二氧化碳、干粉、砂土。

泄漏应急处置　根据液体流动和蒸气扩散的影响区域划定警戒区，无关人员从侧风、上风向撤离至安全区。建议应急处理人员戴正压自给式呼吸器，穿防静电、防腐蚀服，戴橡胶手套。尽可能切断泄漏源。防止泄漏物进入水体、下水道、地下室或限制性空间。小量泄漏：用干燥的砂土或其他不燃材料吸收或覆盖，收集于容器中。大量泄漏：构筑围堤或挖坑收容。

553. 硫磷酸含氮衍生物

标　识

中文名称　硫磷酸含氮衍生物

英文名称　Extreme pressure wear preventiveadditive T305；SPN－10

别名　*N*,*N*－双(*O*,*O*－二烷基二硫代磷酸－5－亚甲基)十八胺；T305 极压抗磨剂

危害信息

燃烧与爆炸危险性　可燃。其蒸气与空气混合能形成爆炸性混合物，遇明火、高热可能引起燃烧或爆炸。燃烧产生有毒的硫氧化物、磷氧化物和氮氧化物气体。在高温火场中，受热的容器或储罐有破裂和爆炸的危险。

禁忌物　强氧化剂。

侵入途径　吸入、食入。

理化特性与用途

理化特性　棕红色油状液体。溶于油类。闪点≥110℃。

主要用途　用于调制中、重负荷车辆齿轮油和中、重负荷工业齿轮油。

包装与储运

安全储运　储存于阴凉、通风的库房。容器密闭。远离火种、热源。应与氧化剂等隔离储运。搬运时轻装轻卸，防止容器受损。

紧急处置信息

急救措施

吸入： 脱离接触。如有不适感，就医。

眼睛接触： 分开眼睑，用流动清水或生理盐水冲洗。如有不适感，就医。

皮肤接触：脱去污染的衣着，用流动清水冲洗。如有不适感，就医。

食入：漱口，饮水。就医。

灭火方法 消防人员须穿全身消防服，在上风向灭火。尽可能将容器从火场移至空旷处。喷水保持火场容器冷却，直至灭火结束。

灭火剂：雾状水、泡沫、二氧化碳、干粉、砂土。

泄漏应急处置 根据液体流动和蒸气扩散的影响区域划定警戒区，无关人员从侧风、上风向撤离至安全区。建议应急处理人员戴正压自给式呼吸器，穿防静电、防腐蚀服，戴橡胶手套。尽可能切断泄漏源。防止泄漏物进入水体、下水道、地下室或限制性空间。小量泄漏：用干燥的砂土或其他不燃材料吸收或覆盖，收集于容器中。大量泄漏：构筑围堤或挖坑收容。

554. 硫磷烷基酚锌盐

标　识

中文名称 硫磷烷基酚锌盐

英文名称 Antioxidation-anticorrosive additive T201

别名 抗氧抗腐蚀剂 T201

危害信息

燃烧与爆炸危险性 可燃。遇明火、高热可能引起燃烧或爆炸，燃烧产生有毒的硫氧化物、磷氧化物气体。在高温火场中，受热的容器或储罐有破裂和爆炸的危险。

禁忌物 强氧化剂。

侵入途径 吸入、食入。

理化特性与用途

理化特性 棕褐色液体。运动黏度 $10mm^2/s$(100℃)，闪点≥140℃(开杯)。

主要用途 具有抗氧化、抗腐蚀和极压抗磨性，主要用于调配内燃机油。

包装与储运

安全储运 储存于阴凉、通风的库房。容器密闭。远离火种、热源。应与氧化剂隔离储运。搬运时轻装轻卸，防止容器受损。

紧急处置信息

急救措施

吸入：脱离接触。如有不适感，就医。

眼睛接触：分开眼睑，用流动清水或生理盐水冲洗。如有不适感，就医。

皮肤接触：脱去污染的衣着，用流动清水冲洗。如有不适感，就医。

食入：漱口，饮水。就医。

灭火方法 消防人员须穿全身消防服，佩戴空气呼吸器，在上风向灭火。尽可能将容器从火场移至空旷处。喷水保持火场容器冷却，直至灭火结束。处在火场中的容器若发生异常变化或发出异常声音，须马上撤离。

灭火剂：泡沫、二氧化碳、干粉、砂土。

泄漏应急处置 消除火源。无关人员从侧风、上风向撤离至安全区。建议应急处理人员戴正压自给式呼吸器，戴橡胶手套。尽可能切断泄漏源。防止泄漏物进入水体、下水道、地下室或限制性空间。小量泄漏：用干燥的砂土或其他不燃材料吸收或覆盖，收集于容器中。大量泄漏：构筑围堤或挖坑收容。

555. 硫磷仲醇基锌盐

标 识

中文名称 硫磷仲醇基锌盐

英文名称 Sulfur phosphoros disubstituted carbinol zinc salt；Antioxidation-anticorrosive additive T205

别名 T205 抗氧抗腐蚀剂

危害信息

燃烧与爆炸危险性 可燃。遇明火、高热可能引起燃烧或爆炸，燃烧产生有毒的硫氧化物、磷氧化物气体。在高温火场中，受热的容器或储罐有破裂和爆炸的危险。

禁忌物 强氧化剂。

侵入途径 吸入、食入。

理化特性与用途

理化特性 以混合仲醇为原料合成的产品。密度≥1.10g/cm^3（20℃），运动黏度 8～10mm^2/s（100℃），闪点≥100℃（开杯），pH 值≥5.5（20℃）。

主要用途 具有良好的抗磨和抗氧化性能，适用于调配高档汽油和机油。

包装与储运

安全储运 储存于阴凉、通风的库房。容器密闭。远离火种、热源。应与氧化剂隔离储运。搬运时轻装轻卸，防止容器受损。

紧急处置信息

急救措施

吸入： 脱离接触。如有不适感，就医。

眼睛接触： 分开眼睑，用流动清水或生理盐水冲洗。如有不适感，就医。

皮肤接触： 脱去污染的衣着，用流动清水冲洗。如有不适感，就医。

食入： 漱口，饮水。就医。

灭火方法 消防人员须穿全身消防服，佩戴空气呼吸器，在上风向灭火。尽可能将容器从火场移至空旷处。喷水保持火场容器冷却，直至灭火结束。处在火场中的容器若发生异常变化或发出异常声音，须马上撤离。

灭火剂：泡沫、二氧化碳、干粉、砂土。

泄漏应急处置 消除火源。无关人员从侧风、上风向撤离至安全区。建议应急处理人员戴正压自给式呼吸器，戴橡胶手套。尽可能切断泄漏源。防止泄漏物进入水体、下水道、地下室或限制性空间。小量泄漏：用干燥的砂土或其他不燃材料吸收或覆盖，收集于容器中。大量泄漏：构筑围堤或挖坑收容。

556. 硫　脲

标　识

中文名称　硫脲

英文名称　Thiourea；Thiocarbamide；Thiocarbonic diamide

别名　硫代尿素

分子式　CH_4N_2S

CAS 号　62－56－6

WGH 号　61908；61821 [铁规]

UN 号　2811

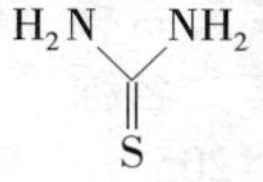

危害信息

危险性类别　第6.1类　毒害品

燃烧与爆炸危险性　遇明火、高热可燃。其粉体与空气混合能形成爆炸性混合物。受热分解，放出氮、硫的氧化物等毒性气体。

活性反应　受热分解，释放出氧化氮、氧化硫等有毒和刺激性气体。与丙烯醛发生剧烈的聚合反应，放出大量的热。遇过氧化氢、硝酸会发生剧烈的分解反应。与氯酸钾的混合物经研磨或受撞击会引发爆炸。

禁忌物　强酸、强氧化剂。

毒性　大鼠经口 LD_{50}：125mg/kg。

大鼠急性中毒表现为无力、虚弱，对声音刺激反应消失。亚急性毒性试验表明有蓄积作用，可见中枢神经系统机能抑制，血液系统亦有改变。

中毒表现　一次作用时毒性小，反复作用时可抑制甲状腺和造血器官的机能。可引起变态反应。可经皮肤吸收。本品粉尘对眼和上呼吸道有刺激性，吸入后引起咳嗽、胸部不适。口服刺激胃肠道。

慢性影响：长期接触出现头痛、嗜睡、无力、面色苍白、面部虚肿、基础代谢降低、血压下降、脉搏变慢、白细胞减少等。对皮肤有损害，出现皮肤瘙痒、手掌出汗、皮炎、皲裂等。

侵入途径　吸入、食入、经皮吸收。

环境危害　对水生生物有毒，可能在水生环境中造成长期不利影响。

理化特性与用途

理化特性　白色有光泽斜方或针状结晶，味苦。溶于冷水和乙醇，微溶于乙醚。熔点174～177℃，沸点263℃(分解)，相对密度(水＝1)1.41，相对蒸气密度(空气＝1)2.6，临界温度581℃，临界压力8.23MPa，燃烧热－1489kJ/mol，辛醇/水分配系数－1.02～－1.08，闪点＞182℃，引燃温度440℃。

主要用途　用于有机合成，也用作药品、橡胶促进剂、镀金材料等。

包装与储运

包装标志　有毒品

包装类别 Ⅲ类

安全储运 储存于阴凉、通风的库房。远离火种、热源。储存温度不超过35℃，相对湿度不超过85%。密闭包装。应与氧化剂、酸类、食用化学品等隔离储运。

紧急处置信息

急救措施

吸入：迅速脱离现场至空气新鲜处。保持呼吸道通畅。如呼吸困难，给输氧。呼吸、心跳停止，立即进行心肺复苏术。就医。

眼睛接触：立即分开眼睑，用流动清水或生理盐水彻底冲洗。就医。

皮肤接触：立即脱去污染的衣着，用肥皂水和清水彻底冲洗。就医。

食入：漱口，饮水。就医。

灭火方法 消防人员必须穿全身防火防毒服，佩戴空气呼吸器，在上风向灭火。

灭火剂：水、抗溶性泡沫、二氧化碳、砂土。

泄漏应急处置 隔离泄漏污染区，限制出入。消除所有点火源。建议应急处理人员戴防尘口罩，穿防毒服，戴橡胶手套。穿上适当的防护服前严禁接触破裂的容器和泄漏物。尽可能切断泄漏源。用塑料布覆盖泄漏物，减少飞散。勿使水进入包装容器内。用洁净的铲子收集泄漏物，置于干净、干燥、盖子较松的容器中，将容器移离泄漏区。

557. 硫氰酸钠

标 识

中文名称 硫氰酸钠

英文名称 Sodium thiocyanate; Thiocyanic acid, sodium salt

$N\equiv\!-S^{-}\ Na^{+}$

别名 硫氰化钠

分子式 NaSCN

CAS 号 540-72-7

危害信息

燃烧与爆炸危险性 不燃，无特殊燃爆特性。受热分解放出氮、硫的氧化物等毒性气体。

禁忌物 酸类、强碱。

毒性 大鼠经口 LD_{50}：764mg/kg；小鼠经口 LD_{50}：362mg/kg。

中毒表现 职业中毒少见。主要由误服引起。大剂量致急性中毒时，引起恶心、呕吐、腹痛、腹泻等胃肠道功能紊乱，血压波动，心率减慢。可出现黄视症。重度中毒可致肾功能明显损害。

慢性作用，可抑制甲状腺机能。可使妇女经期延长而量多。

侵入途径 吸入、食入。

理化特性与用途

理化特性 白色晶体，易潮解。易溶于水、溶于乙醇。pH 值 5.5~7.5(5%水溶液，20℃)，熔点287℃，沸点368℃(分解)，密度1.7g/cm^3，辛醇/水分配系数-2.52。

主要用途 主要用于医药、农药、染色、染料、电镀、化纤、食品等，并用作化学试剂和聚丙烯腈的溶剂。

包装与储运

安全储运　储存于阴凉、通风的库房。包装密封。远离火种、热源。应与强氧化剂、强酸强碱等隔离储运。

紧急处置信息

急救措施

吸入：脱离接触。如有不适感，就医。

眼睛接触：分开眼睑，用流动清水或生理盐水冲洗。如有不适感，就医。

皮肤接触：脱去污染的衣着，用肥皂水和清水冲洗。如有不适感，就医。

食入：饮水，给服活性炭悬液。就医。

灭火方法　消防人员须穿全身消防服，佩戴空气呼吸器，在上风向灭火。尽可能将容器从火场移至空旷处。喷水保持火场容器冷却，直至灭火结束。

本品不燃，根据着火原因选择适当灭火剂灭火。

泄漏应急处置　隔离泄漏污染区，限制出入。建议应急处理人员戴防尘口罩，穿防毒服，戴橡胶手套。穿上适当的防护服前严禁接触破裂的容器和泄漏物。尽可能切断泄漏源。用塑料布覆盖泄漏物，减少飞散。勿使水进入包装容器内。用洁净的铲子收集泄漏物，置于干净、干燥、盖子较松的容器中，将容器移离泄漏区。

558. 硫　酸

标　识

中文名称　硫酸

英文名称　Sulphuric acid；Sulfuric acid

别名　镪水；滗水

分子式　H_2SO_4

CAS 号　7664－93－9

WGH 号　81007

UN 号　1830

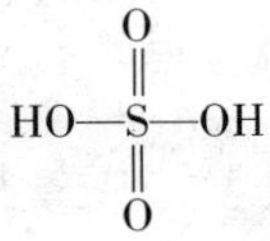

危害信息

危险性类别　第 8.1 类　酸性腐蚀品

燃烧与爆炸危险性　不燃。与可燃物接触易着火燃烧。有强腐蚀性。

活性反应　强酸性，与碱发生中和反应，放出大量的热量。浓硫酸具有强氧化性，接触还原剂、可燃物、易燃物或碱均会发生剧烈反应，有燃烧和爆炸危险。浓硫酸可催化烷基化反应。烯丙基氯接触浓硫酸会发生剧烈的聚合反应，释放出大量的热量。溶于水或用水稀释时，会放出大量的热量，可能造成爆沸或可燃物的燃烧。浓硫酸和次氯酸钠反应，放出大量的热和剧毒的氯气。浓硫酸接触金属粉末、氯化物、溴化物、碳化物、苦味酸盐会发生剧烈反应，甚至导致爆炸。浓硫酸和丙烯腈的混合物应该保持冷冻状态，否则，温度升高会发生强放热反应。与活泼金属反应，释放出易燃易爆的氢气而引起燃烧或爆炸。

禁忌物　碱类、还原剂、可燃物、易燃物、金属粉末、高氯酸盐、硝酸盐、苦味酸盐等。

毒性　大鼠经口 LD_{50}：350mg/kg；大鼠吸入 LC_{50}：510mg/m³(2h)。

对皮肤、黏膜等组织有强烈的刺激和腐蚀作用

IARC 将"含硫酸的强无机酸酸雾(职业接触)"接触环境列为对人类致癌

中毒表现　急性中毒：吸入硫酸雾可引起呼吸道刺激症状、化学性支气管炎、肺炎，重者发生肺水肿；高浓度引起喉痉挛或声门水肿而死亡。口服后引起消化道的灼伤以致溃疡形成；严重者可能有胃穿孔、腹膜炎、肾损害、休克等。皮肤灼伤轻者出现红斑，重者形成溃疡，愈后瘢痕收缩影响功能。溅入眼内可造成灼伤，甚至角膜穿孔、全眼炎以至失明。

慢性影响：牙齿酸蚀症、鼻黏膜萎缩、慢性支气管炎、肺气肿和肺硬化。

侵入途径　吸入、食入。

职业接触限值　中国：PC－TWA：1mg/m³[G1]；PC－STEL：2mg/m³[G1]。

美国(ACGIH)：TLV－TWA：0.2mg/m³。

环境危害　对水生生物是有害的。

理化特性与用途

理化特性　纯品为无色油状液体，工业品呈黄、棕等色。与水和乙醇混溶。熔点 10～10.49℃，沸点 290℃；相对密度(水＝1)1.84，相对蒸气密度(空气＝1)3.4，蒸气压 0.13kPa(145.8℃)，临界压力 6.4MPa，辛醇/水分配系数－2.2。

主要用途　炼油厂将其用于油品精制和作为烷基化装置的催化剂等。用于制造硫酸铵、硫酸铝等。有机合成中用作脱水剂和磺化剂。金属、搪瓷等工业中用作酸洗剂。黏胶纤维工业中用于配制凝固浴。

包装与储运

包装标志　腐蚀品

包装类别　Ⅱ类

安全储运　应单独储存于阴凉、通风的地方，并有耐酸地坪。远离高温、热源，避免阳光直射。储存温度不超过 30℃，相对湿度不超过 80%。储槽应有足够的通气孔，四周有"堤坝"围住，以防储罐泄漏。应与易燃物、还原剂、碱类、碱金属、食用化学品等隔离储运。搬运时要轻装轻卸，防止容器受损。

紧急处置信息

急救措施

吸入：迅速脱离现场至空气新鲜处。保持呼吸道通畅。如呼吸困难，给输氧。呼吸、心跳停止，立即进行心肺复苏术。就医。

眼睛接触：立即分开眼睑，用大量流动清水或生理盐水彻底冲洗 10～15min。就医。

皮肤接触：立即脱去污染的衣着，用大量流动清水彻底冲洗，冲洗时间一般要求 20～30min。就医。

食入：用水漱口，禁止催吐。给饮牛奶或蛋清。就医。

灭火方法　消防人员必须穿耐酸碱防护服、防护靴、并佩戴空气呼吸器灭火。避免水流冲击物品，以免遇水会放出大量热量发生喷溅而灼伤皮肤。

泄漏应急处置　根据液体流动和蒸气扩散的影响区域划定警戒区，无关人员从侧风、上风向撤离至安全区。建议应急处理人员戴正压自给式呼吸器，穿防酸碱服，戴橡胶耐酸碱手套。穿上适当的防护服前严禁接触破裂的容器和泄漏物。尽可能切断泄漏源。勿使泄

漏物与可燃物质（如木材、纸、油等）接触。防止泄漏物进入水体、下水道、地下室或限制性空间。小量泄漏：用干燥的砂土或其他不燃材料覆盖泄漏物，用洁净的无火花工具收集泄漏物，置于一盖子较松的塑料容器中，待处置。大量泄漏：构筑围堤或挖坑收容。用砂土、惰性物质或蛭石吸收大量液体。用石灰（CaO）、碎石灰石（$CaCO_3$）或碳酸氢钠（$NaHCO_3$）中和。用耐腐蚀泵转移至槽车或专用收集器内。

559. 硫　酸　铵

标　　识

中文名称　硫酸铵

英文名称　Ammonium sulfate；Sulfuric acid diammonium salt

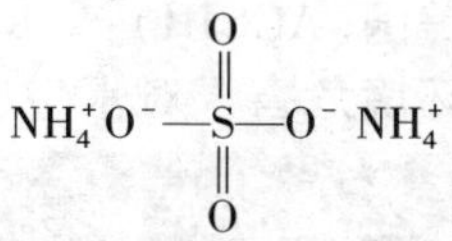

别名　硫铵

分子式　$(NH_4)_2SO_4$

CAS 号　7783－20－2

危害信息

燃烧与爆炸危险性　不燃，无特殊燃爆特性。受热分解产生有毒烟气。

禁忌物　强酸、强碱。

毒性　大鼠经口 LD_{50}：2840mg/kg；小鼠经口 LD_{50}：640mg/kg。

对眼睛、黏膜和皮肤有刺激作用。

侵入途径　吸入、食入。

理化特性与用途

理化特性　纯品为无色斜方晶体，工业品为白色至淡黄色结晶体。溶于水，不溶于丙酮、乙醇、氨。pH 值 5～6（5% 水溶液），熔点 235～280℃（分解），相对密度（水＝1）1.769（50℃）。

主要用途　用于制肥料、氢氧化铵、电池充填、防火化合物等。

包装与储运

安全储运　储存于阴凉、通风的库房。远离火种、热源。应与强氧化剂、强碱等隔离储运。

紧急处置信息

急救措施

吸入：脱离接触。如有不适感，就医。

眼睛接触：分开眼睑，用流动清水或生理盐水冲洗。如有不适感，就医。

皮肤接触：脱去污染的衣着，用肥皂水和清水冲洗。如有不适感，就医。

食入：漱口，饮水。就医。

灭火方法　消防人员须穿全身防火防毒服，佩戴空气呼吸器在上风向灭火。尽可能将容器从火场移至空旷处。喷水保持火场容器冷却，直至灭火结束。

本品不燃，根据着火原因选择适当灭火剂灭火。

泄漏应急处置　隔离泄漏污染区，限制出入。建议应急处理人员戴防尘口罩，穿防毒

服。穿上适当的防护服前严禁接触破裂的容器和泄漏物。尽可能切断泄漏源。用塑料布覆盖泄漏物，减少飞散。勿使水进入包装容器内。用洁净的铲子收集泄漏物，置于干净、干燥、盖子较松的容器中，将容器移离泄漏区。

560. 硫酸二甲酯

标　识

中文名称　硫酸二甲酯

英文名称　Dimethyl sulfate；Methyl sulfate

别名　硫酸甲酯

分子式　$C_2H_6SO_4$

CAS 号　77－78－1

WGH 号　61116

UN 号　1595

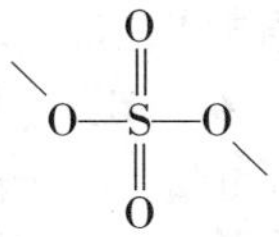

危害信息

危险性类别　第 6.1 类　有毒品

燃烧与爆炸危险性　可燃。蒸气与空气混合能形成爆炸性混合物，遇明火、高热引起燃烧或爆炸。燃烧产生有毒的一氧化碳和硫氧化物气体。在高温火场中，受热的容器或储罐有破裂和爆炸的危险。

活性反应　与氧化剂发生反应，与氨水强烈反应。

禁忌物　强氧化剂、强碱、氨水。

毒性　大鼠经口 LD_{50}：205mg/kg；小鼠经口 LD_{50}：140mg/kg；大鼠吸入 LC_{50}：45mg/m^3(4h)。

本品对黏膜和皮肤有强烈的刺激作用。

本品属剧毒化学品，已列入《剧毒化学品目录》(2002 年版)。

IARC 对本品的致癌性分类：G2A——可能人类致癌物。

欧盟指令 67/548/EEC 将本品列为第 2 类致癌物——可能为人类致癌物。

中毒表现　急性中毒：短期内大量吸入，初始仅有眼和上呼吸道刺激症状。经数小时至 24 小时，刺激症状加重，可有畏光，流泪，结膜充血，眼睑水肿或痉挛，咳嗽，胸闷，气急，紫绀；可发生喉头水肿或支气管黏膜脱落致窒息，肺水肿，成人呼吸窘迫征；并可并发皮下气肿、气胸、纵隔气肿。误服灼伤消化道；可致眼、皮肤灼伤。

慢性影响：长期接触低浓度，可有眼和上呼吸道刺激。

侵入途径　吸入、食入、经皮吸收。

职业接触限值

中国：PC－TWA：0.5mg/m^3[皮][G2A]。

美国(ACGIH)：TLV－TWA：0.1mg/m^3[皮]。

理化特性与用途

理化特性　无色或浅黄色透明液体，微带洋葱臭味。微溶于水，溶于乙醇、乙醚、丙酮等。pH＜7(1%溶液)，熔点－31.8℃，沸点 188℃(分解)，相对密度(水＝1)1.33(20℃)，相对蒸气密度(空气＝1)4.35，蒸气压 2.0kPa(76℃)，临界压力 7.01MPa，辛醇/

水分配系数 0.16，闪点 83℃（开杯）、83.3℃（闭杯），引燃温度 188℃，爆炸极限 3.6% ~23.3%。

主要用途　用于制造染料及作为胺类和醇类的甲基化剂。

包装与储运

包装标志　有毒品，腐蚀品

包装类别　Ⅰ类

安全储运　储存于阴凉、通风的库房。远离火种、热源。储存温度不超过 32℃，相对湿度不超过 80%。保持容器密封。应与氧化剂、氨等隔离储运。禁止使用铝制设备。搬运时轻装轻卸，防止容器受损。应严格执行剧毒化学品管理制度。

紧急处置信息

急救措施

吸入：迅速脱离现场至空气新鲜处。保持呼吸道通畅。如呼吸困难，给输氧。呼吸、心跳停止，立即进行心肺复苏术。就医。

眼睛接触：立即分开眼睑，用大量流动清水或生理盐水彻底冲洗 10 ~15min。就医。

皮肤接触：立即脱去污染的衣着，用大量流动清水彻底冲洗，冲洗时间一般要求 20 ~30min。就医。

食入：用水漱口，禁止催吐。给饮牛奶或蛋清。就医。

灭火方法　消防人员须穿全身消防服，佩戴空气呼吸器，在上风向灭火。尽可能将容器从火场移至空旷处。喷水保持火场容器冷却，直至灭火结束。处在火场中的容器若发生异常变化或发出异常声音，须马上撤离。

灭火剂：泡沫、二氧化碳、干粉、砂土。

泄漏应急处置　根据液体流动和蒸气扩散的影响区域划定警戒区，无关人员从侧风、上风向撤离至安全区。建议应急处理人员戴正压自给式呼吸器，穿防毒服，戴橡胶手套。作业时使用的所有设备应接地。穿上适当的防护服前严禁接触破裂的容器和泄漏物。尽可能切断泄漏源。防止泄漏物进入水体、下水道、地下室或限制性空间。严禁用水处理。小量泄漏：用干燥的砂土或其他不燃材料覆盖泄漏物。大量泄漏：构筑围堤或挖坑收容。用碎石灰石（$CaCO_3$）、苏打灰（Na_2CO_3）或石灰（CaO）中和。用泵转移至槽车或专用收集器内。

561. 硫酸铬钾

标　　识

中文名称　硫酸铬钾

英文名称　Chromium（Ⅲ）potassium sulfate（1∶1∶2），dodecahydrate；Potassium chromium sulfate；Chrome alum

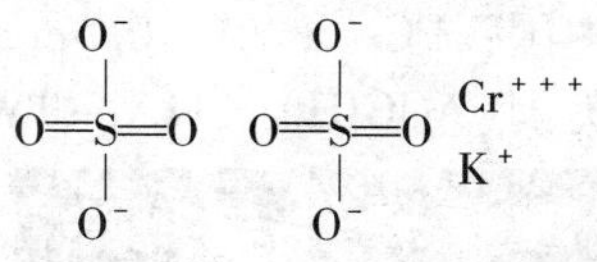

别名　钾铬矾；铬明矾；十二水合硫酸铬钾

分子式　$KCr(SO_4)_2 \cdot 12H_2O$

CAS 号　7788 -99 -0

危害信息

燃烧与爆炸危险性 不燃，遇热分解放出有毒的硫氧化物气体。
毒性 大鼠静脉内 LD_{50}：112mg/kg；大鼠皮下 TDL_o：135mg/kg，注射部位发生肿瘤。
侵入途径 吸入、食入。
职业接触限值 美国(ACGIH)：TLV－TWA：0.5mg/m^3[按 Cr 计]。
环境危害 对水生生物是有害的。

理化特性与用途

理化特性 深紫色立方晶体。易溶于水。熔点 89℃，沸点 400℃，相对密度(水＝1)1.83(25℃)。
主要用途 用于采油压裂液的交联剂，用作制革鞣剂、印染媒染剂及照相定影剂等。

包装与储运

安全储运 储存于阴凉、通风的库房。远离火种、热源。密闭包装。应与氧化剂隔离储运。

紧急处置信息

急救措施
吸入：脱离接触。如有不适感，就医。
眼睛接触：分开眼睑，用流动清水或生理盐水冲洗。如有不适感，就医。
皮肤接触：脱去污染的衣着，用肥皂水和清水冲洗。如有不适感，就医。
食入：漱口，饮水。就医。
灭火方法 消防人员须穿全身防火防毒服，佩戴空气呼吸器在上风向灭火。尽可能将容器从火场移至空旷处。喷水保持火场容器冷却，直至灭火结束。
本品不燃，根据着火原因选择适当灭火剂灭火。
泄漏应急处置 建议应急处理人员戴防尘口罩，穿防毒防酸碱服，戴橡胶耐酸碱手套。用洁净的铲子收集泄漏物，置于干净、干燥、盖子较松的容器中，将容器移离泄漏区。

562. 硫 酸 铝

标 识

中文名称 硫酸铝
英文名称 Aluminum sulfate anhydrous；Aluminum sulfate；Alum
分子式 $Al_2(SO_4)_3$

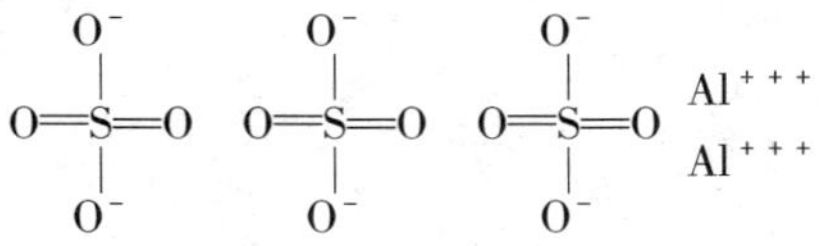

CAS 号 10043－01－3

危害信息

燃烧与爆炸危险性 不燃，无特殊燃爆特性。

毒性　小鼠经口 LD_{50}：6207mg/kg。

对眼睛、黏膜有一定的刺激作用。误服大量硫酸铝对口腔和胃产生刺激作用。

侵入途径　吸入、食入。

职业接触限值　美国(ACGIH)：TLV－TWA：2mg/m^3[按 Al 计]。

理化特性与用途

理化特性　白色有光泽的结晶、颗粒或粉末。溶于水，不溶于乙醇等。pH 值＞2.9(水溶液)，熔点 770℃(分解)，相对密度(水＝1)2.71。

主要用途　用于造纸、净水，用作媒染剂、鞣革剂、医药收敛剂、木材防腐剂、泡沫灭火剂等。

包装与储运

安全储运　储存于阴凉、通风的库房。远离火种、热源。应与强氧化剂等隔离储运，在潮湿环境下避免接触铝、锌等金属。

紧急处置信息

急救措施

吸入：脱离接触。如有不适感，就医。

眼睛接触：分开眼睑，用流动清水或生理盐水冲洗。如有不适感，就医。

皮肤接触：脱去污染的衣着，用流动清水冲洗。如有不适感，就医。

食入：漱口，饮水。就医。

灭火方法　消防人员须穿全身消防服，佩戴空气呼吸器，在上风向灭火。尽可能将容器从火场移至空旷处。喷水保持火场容器冷却，直至灭火结束。

本品不燃，根据着火原因选择适当灭火剂灭火。

泄漏应急处置　隔离泄漏污染区，限制出入。建议应急处理人员戴防尘口罩，穿防毒服。穿上适当的防护服前严禁接触破裂的容器和泄漏物。尽可能切断泄漏源。用塑料布覆盖泄漏物，减少飞散。勿使水进入包装容器内。用洁净的铲子收集泄漏物，置于干净、干燥、盖子较松的容器中，将容器移离泄漏区。

563. 硫酸铝钾

标　识

中文名称　硫酸铝钾

英文名称　Potassium aluminum sulfate dodecahydrate；Potash alum dodecahydrate

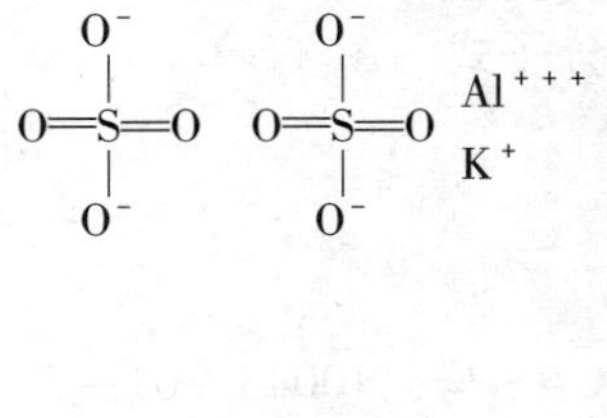

别名　钾明矾；明矾

分子式　$AlK(SO_4)_2 \cdot 12H_2O$

CAS 号　10043－67－1

危害信息

燃烧与爆炸危险性　不燃，受热分解放出有毒的硫氧化物气体。

活性反应 与强碱反应。

禁忌物 碱类。

毒性 大鼠经口 TDL_o：4355mg/kg(26 周，间断)，经典条件反射改变，磷酸酯酶改变。

对眼、呼吸道和皮肤有刺激性。大量食入有害。

侵入途径 吸入、食入。

理化特性与用途

理化特性 无色透明呈立方八面结晶或单斜立方结晶。溶于冷水，易溶于热水，溶于稀酸。不溶于乙醇、丙酮。pH 值 3～3.5(10% 水溶液)，熔点 92.5℃，沸点 200℃(失水)，相对密度(水＝1)1.757，相对蒸气密度(空气＝1)16.4。

主要用途 用作坚膜剂，净水剂，媒染剂，上胶剂，鞣革剂以及食品添加剂等。

包装与储运

安全储运 储存于阴凉、通风的库房。远离火种、热源。应与氧化剂、碱等隔离储运。

紧急处置信息

急救措施

吸入：脱离接触。如有不适感，就医。

眼睛接触：分开眼睑，用流动清水或生理盐水冲洗。如有不适感，就医。

皮肤接触：脱去污染的衣着，用流动清水冲洗。如有不适感，就医。

食入：漱口，饮水，催吐。就医。

灭火方法 消防人员须穿全身消防服，在上风向灭火。尽可能将容器从火场移至空旷处。喷水保持火场容器冷却，直至灭火结束。

本品不燃，根据着火原因选择适当灭火剂灭火。

泄漏应急处置 隔离泄漏污染区，限制出入。建议应急处理人员戴防尘口罩，穿防毒防酸碱服，戴橡胶耐酸碱手套。穿上适当的防护服前严禁接触破裂的容器和泄漏物。尽可能切断泄漏源。用塑料布覆盖泄漏物，减少飞散。勿使水进入包装容器内。用洁净的铲子收集泄漏物，置于干净、干燥、盖子较松的容器中，将容器移离泄漏区。

564. 硫 酸 铜

标 识

中文名称 硫酸铜

英文名称 Copper sulfate pentahydrate；Cupric sulfate (pentahydrate)；Blue vitriol

别名 蓝矾；胆矾

分子式 $CuSO_4 \cdot 5H_2O$

CAS 号 7758－98－7

WGH 号 61519

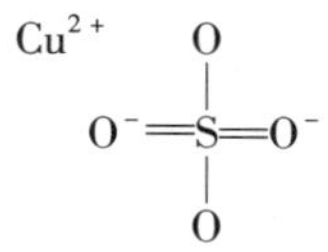

危害信息

危险性类别 第6.1类 有毒品

燃烧与爆炸危险性 不燃，无特殊燃爆特性。

毒性 大鼠经口 LD_{50}：300mg/kg；小鼠经口 LD_{50}：87mg/kg；人经口 LDL_o：50mg/kg。

中毒表现 本品对胃肠道有强烈刺激作用，误服引起恶心、呕吐、口内有铜性味、胃烧灼感。严重者有腹绞痛、呕血、黑便。可造成严重肾损害和溶血，出现黄疸、贫血、肝大、血红蛋白尿、急性肾功能衰竭。对眼和皮肤有刺激性。

长期接触可发生接触性皮炎和鼻、眼刺激，并出现胃肠道症状。

侵入途径 吸入、食入。

环境危害 对水生生物有极高毒性，可能在水生环境中造成长期不利影响。

理化特性与用途

理化特性 亮蓝色不对称三斜晶系结晶或粉末。易溶于水，微溶于甲醇，不溶于无水乙醇。pH值3.5～4.5(5%水溶液)，熔点110℃，相对密度(水=1)2.286(15.6℃/4℃)。

主要用途 主要用作纺织品媒染剂、农业杀虫剂、水的杀菌剂、防腐剂，也用于鞣革、铜电镀、选矿等。

包装与储运

包装标志 有毒品

包装类别 Ⅲ类

安全储运 储存于阴凉、通风的库房。远离火种、热源。储存温度不超过35℃，相对湿度不超过85%。保持容器密封，注意防潮。应与强碱、醇等隔离储运。

紧急处置信息

急救措施

吸入：脱离接触。如有不适感，就医。

眼睛接触：分开眼睑，用流动清水或生理盐水冲洗。如有不适感，就医。

皮肤接触：脱去污染的衣着，用肥皂水和清水冲洗。如有不适感，就医。

食入：如无自发呕吐，则用清水、牛奶、碳酸氢钠溶液或0.1%亚铁氰化钾溶液洗胃(使生成不溶的亚铁氰化铜)。就医。

促排可用二巯基丙醇、青霉胺或 $CaNa_2EDTA$。

灭火方法 消防人员须穿全身防火防毒服，佩戴空气呼吸器在上风向灭火。尽可能将容器从火场移至空旷处。喷水保持火场容器冷却，直至灭火结束。

本品不燃，根据着火原因选择适当灭火剂灭火。

泄漏应急处置 隔离泄漏污染区，限制出入。建议应急处理人员戴防尘口罩，穿一般作业工作服。尽可能切断泄漏源。用塑料布覆盖泄漏物，减少飞散，避免雨淋。勿使水进入包装容器内。用洁净的铲子收集泄漏物，置于干净、干燥、盖子较松的容器中，将容器移离泄漏区。

565. 硫酸锌(七水化合物)

标　　识

中文名称　硫酸锌(七水化合物)

英文名称　Zinc sulfate, heptahydrate; Zinc vitriol

别名　锌矾；皓矾

分子式　$ZnSO_4 \cdot 7H_2O$

CAS 号　7446－20－0

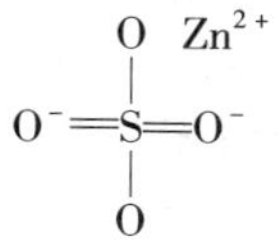

危害信息

燃烧与爆炸危险性　不燃，无特殊燃爆特性

毒性　大鼠经口 LD_{50}：1260mg/kg；小鼠经口 LD_{50}：200mg/kg。

中毒表现　本品对眼有中等度刺激性，对皮肤无刺激性。误服可引起恶心、呕吐、腹痛、腹泻等急性胃肠炎症状，严重时发生脱水、休克，甚至可致死亡。

侵入途径　吸入、食入。

环境危害　对水生生物有极高毒性，可能在水生环境中造成长期不利影响。

理化特性与用途

理化特性　无色斜方晶系棱柱状结晶。易溶于水，微溶于乙醇和甘油。pH 值 4.5(水溶液)，熔点 100℃，密度 1.97g/cm^3，分解温度 >500℃。

主要用途　用作媒染剂，木材防腐剂，造纸工业漂白剂，还用于医药，人造纤维，电解，电镀，农药及生产锌盐等。

包装与储运

安全储运　储存于阴凉、通风的库房。远离火种、热源。

紧急处置信息

急救措施

吸入：脱离接触。如有不适感，就医。

眼睛接触：分开眼睑，用流动清水或生理盐水冲洗。如有不适感，就医。

皮肤接触：脱去污染的衣着，用肥皂水和清水冲洗。如有不适感，就医。

食入：漱口，给服活性炭和泻剂。就医。

促排用 EDTA 钙钠。

灭火方法　消防人员须佩戴空气呼吸器，穿全身消防服在上风向灭火。尽可能将容器从火场移至空旷处。喷水保持火场容器冷却，直至灭火结束。

本品不燃，根据着火原因选择适当灭火剂灭火。

泄漏应急处置　隔离泄漏污染区，限制出入。建议应急处理人员戴防尘口罩，穿防毒服。穿上适当的防护服前严禁接触破裂的容器和泄漏物。尽可能切断泄漏源。用塑料布覆盖泄漏物，减少飞散。勿使水进入包装容器内。用洁净的铲子收集泄漏物，置于干净、干燥、盖子较松的容器中，将容器移离泄漏区。

566. 硫酸亚铊

标　识

中文名称　硫酸亚铊

英文名称　Dithallium sulfate；Thallous sulfate

别名　硫酸铊

分子式　Tl_2SO_4

CAS 号　7446－18－6

WGH 号　61023

UN 号　1707

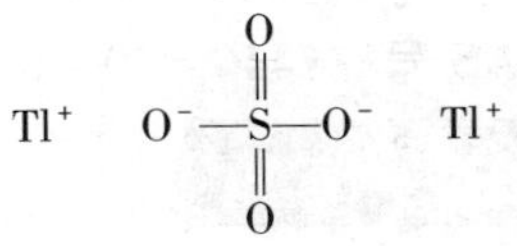

危害信息

危险性类别　第 6.1 类　有毒品

燃烧与爆炸危险性　不燃，无特殊燃爆特性。

毒性　大鼠经口 LD_{50}：16mg/kg；小鼠经口 LD_{50}：23.5mg/kg；大鼠经皮 LD_{50}：550mg/kg。

粉尘对眼睛、黏膜有刺激作用。吸入、摄入或经皮吸收后均可引起中毒。为强烈的神经毒物，并引起严重的心、肝、肾损害。

本品属剧毒化学品，已列入《剧毒化学品目录》(2002 年版)。

中毒表现　中毒时主要产生神经和消化系统损伤的表现，进而出现局限的肢体麻痹、震颤、呼吸困难、呕吐及出血性腹泻，少尿或无尿，最后死于呼吸和循环衰竭。脱发是其中毒的特征表现，可累及全身毛发，但眉毛内侧 1/3 不受累。

侵入途径　吸入、食入、经皮吸收。

职业接触限值　中国：PC－TWA：0.05mg/m^3[按 Tl 计][皮]；PC－STEL：0.1mg/m^3[按 Tl 计][皮]。

环境危害　对水生生物有毒，可能在水生环境中造成长期不利影响。

理化特性与用途

理化特性　无色或白色斜方晶系结晶，或无色致密粉末，无味。溶于水，易溶于硫酸。熔点 632℃，相对密度(水＝1)6.77。

主要用途　用作杀鼠剂、分析试剂。

包装与储运

包装标志　有毒品

包装类别　Ⅱ类

安全储运　储存于阴凉、通风的库房。远离火种、热源。储存温度不超过 35℃，相对湿度不超过 85%。保持容器密封。应与强氧化剂隔离储运。搬运时轻装轻卸，防止容器受损。应严格执行剧毒化学品管理制度。

紧急处置信息

急救措施

吸入：迅速脱离现场至空气新鲜处。保持呼吸道通畅。如呼吸困难，给输氧。呼吸心跳停止，立即进行心肺复苏术。就医。

眼睛接触： 立即分开眼睑，用流动清水或生理盐水彻底冲洗。就医。

皮肤接触： 立即脱去污染的衣着，用大量流动清水彻底冲洗。就医。

食入： 立即催吐、洗胃用1%碘化钠或碘化钾形成难溶的碘化铊，给服活性炭悬液，导泻用硫酸镁或30ml 篦麻油。就医。

解毒剂：普鲁士蓝每日250mg/kg 分4 次服用，直至24h 尿铊小于0.5mg。

针对钙代谢紊乱，补充钙制剂。

灭火方法 消防人员须穿全身防火防毒服，佩戴空气呼吸器在上风向灭火。尽可能将容器从火场移至空旷处。喷水保持火场容器冷却，直至灭火结束。

本品不燃，根据着火原因选择适当灭火剂灭火。

泄漏应急处置 隔离泄漏污染区，限制出入。建议应急处理人员戴防尘口罩，穿防毒服。穿上适当的防护服前严禁接触破裂的容器和泄漏物。尽可能切断泄漏源。用塑料布覆盖泄漏物，减少飞散。勿使水进入包装容器内。用洁净的铲子收集泄漏物，置于干净、干燥、盖子较松的容器中，将容器移离泄漏区。

567. 六氯乙烷

标　识

中文名称 六氯乙烷

英文名称 Hexachloroethane；Perchloroethane

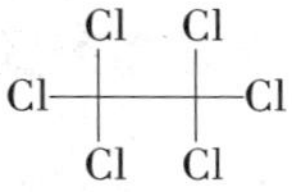

别名 全氯乙烷

分子式 C_2Cl_6

CAS 号 67－72－1

WGH 号 61558

危害信息

危险性类别 第6.1类 有毒品

燃烧与爆炸危险性 不燃，无特殊燃爆特性。高热时能分解出剧毒的光气。

禁忌物 强氧化剂、金属、强碱等。

毒性 大鼠经口 LD_{50}：4460mg/kg；兔经皮 LD_{50}：32000mg/kg。

IARC 对本品的致癌性分类：G2B——可疑人类致癌物。

中毒表现 本品对中枢神经系统具有麻醉作用，对肝、肾有损害；对皮肤黏膜有轻度刺激作用。误服出现眩晕、呕吐、肝区痛、血中胆红素增高、心率减慢、肾炎及无尿。动物实验见软弱无力、嗜睡、步态不稳、后肢轻瘫；亦可见痉挛、心率加快、昏睡、腹泻、食欲减退等。

侵入途径 吸入、食入、经皮吸收。

职业接触限值 中国：PC－TWA：10mg/m^3[皮]。

美国(ACGIH)：TLV－TWA：1ppm[皮]。

环境危害 对水生生物有害；有害空气污染物。

理化特性与用途

理化特性 无色结晶，有樟脑样气味。不溶于水，溶于乙醇、乙醚、苯、氯仿、油类等多数有机溶剂。升华点 183 ~ 185℃，相对密度(水 = 1)2.09，相对蒸气密度(空气 = 1)8.16，蒸气压 0.13kPa(32.7℃)，临界压力 3.34MPa，辛醇/水分配系数 3.82 ~ 4.19。

主要用途 用于有机合成、医药工业等。也用作溶剂。

包装与储运

包装标志 有毒品

包装类别 Ⅱ类

安全储运 储存于阴凉、通风的库房。远离火种、热源。储存温度不超过 35℃，相对湿度不超过 80%。保持容器密封。应与强氧化剂、强碱隔离储运。

紧急处置信息

急救措施

吸入：迅速脱离现场至空气新鲜处。保持呼吸道通畅。如呼吸困难，给输氧。呼吸、心跳停止，立即进行心肺复苏术。就医。

眼睛接触：立即分开眼睑，用流动清水或生理盐水彻底冲洗。就医。

皮肤接触：立即脱去污染的衣着，用肥皂水和清水彻底冲洗。就医。

食入：漱口，不要催吐，给服活性炭。洗胃。忌给牛奶、油脂和酒类。就医。

拟交感神经药可致室性心律不齐，禁用。

灭火方法 消防人员须穿全身消防服，佩戴防毒面具，在上风向灭火。尽可能将容器从火场移至空旷处。喷水保持火场容器冷却，直至灭火结束。

灭火剂：雾状水、泡沫、二氧化碳、砂土。

泄漏应急处置 隔离泄漏污染区，限制出入。建议应急处理人员戴防尘口罩，穿防毒服，戴防化学品手套。穿上适当的防护服前严禁接触破裂的容器和泄漏物。尽可能切断泄漏源。用塑料布覆盖泄漏物，减少飞散。勿使水进入包装容器内。用洁净的铲子收集泄漏物，置于干净、干燥、盖子较松的容器中，将容器移离泄漏区。

568. 六羟基聚氧化丙烯醚

标 识

中文名称 六羟基聚氧化丙烯醚

英文名称 Polyether polyol 635

别名 聚醚 635

危害信息

燃烧与爆炸危险性 可燃，遇明火、高热能引起燃烧或爆炸。在高温火场中，受热的容器或储罐有破裂和爆炸的危险。

活性反应 与强酸、强氧化剂反应。

禁忌物 强酸、强氧化剂。

侵入途径 吸入、食入。

理化特性与用途

理化特性 淡黄至黄色透明液体，味苦。溶于水和乙醇。pH 值 9 ~ 11。

主要用途 用于制备硬质聚氨酯泡沫，广泛应用于冰箱、冷藏车、冷库、隔热板、热力管线、建筑等领域，也是配制组合聚醚的重要原料。

包装与储运

安全储运 储存于阴凉、通风的库房。容器密闭。远离火种、热源。应与氧化剂等隔离储运。搬运时轻装轻卸，防止容器受损。

紧急处置信息

急救措施

吸入：脱离接触。如有不适感，就医。

眼睛接触：分开眼睑，用流动清水或生理盐水冲洗。如有不适感，就医。

皮肤接触：脱去污染的衣着，用肥皂水和清水冲洗。如有不适感，就医。

食入：漱口，饮水。就医。

灭火方法 消防人员须穿全身消防服，佩戴空气呼吸器，在上风向灭火。尽可能将容器从火场移至空旷处。喷水保持火场容器冷却，直至灭火结束。处在火场中的容器若发生异常变化或发出异常声音，须马上撤离。

灭火剂：抗溶性泡沫、二氧化碳、干粉、砂土。

泄漏应急处置 消除所有点火源。根据液体流动和蒸气扩散的影响区域划定警戒区，无关人员从侧风、上风向撤离至安全区。建议应急处理人员戴正压自给式呼吸器，穿防静电、防腐蚀服，戴橡胶手套。尽可能切断泄漏源。防止泄漏物进入水体、下水道、地下室或限制性空间。小量泄漏：用干燥的砂土或其他不燃材料吸收或覆盖，收集于容器中。大量泄漏：构筑围堤或挖坑收容。

569. 六亚甲基二胺四亚甲基膦酸

标 识

中文名称 六亚甲基二胺四亚甲基膦酸

英文名称 Hexamethylenediaminetetra(methylenephosphonic acid); (Hexane-1,6-diylbis(nitrilobis(methylene)))tetrakisphosphonic acid

别名 己二胺四亚甲基膦酸

分子式 $C_{10}H_{28}N_2O_{12}P_4$

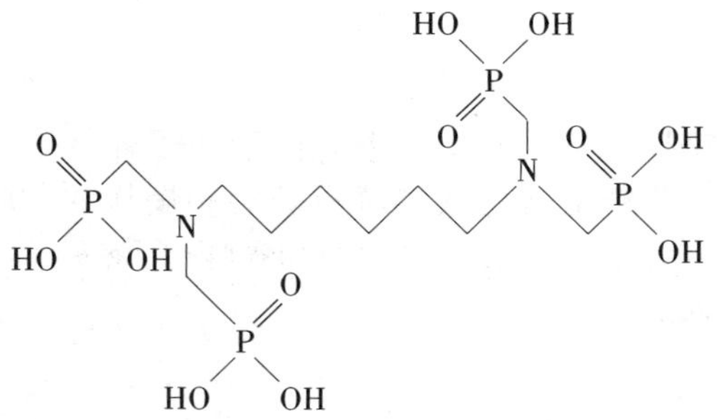

CAS 号　23605－74－5

危害信息

活性反应　与碱反应。

禁忌物　碱类。

毒性　大鼠经口 *LDLo*：10g/kg。家兔经皮 LD_{50}：＞7940mg/kg。

侵入途径　吸入、食入、经皮吸收。

理化特性与用途

理化特性　白色结晶性粉末。微溶于水，能与强碱形成易溶于水的盐。pH 值 2.0(1%水溶液)。

主要用途　适用于油田的挤压处理中，也可用于锅炉水处理。

包装与储运

安全储运　储存于阴凉、通风的库房。保持容器密封。远离火种、热源。应与氧化剂、碱、金属粉末等隔离储运。

紧急处置信息

急救措施

吸入：脱离接触。如有不适感，就医。

眼睛接触：分开眼睑，用流动清水或生理盐水冲洗。如有不适感，就医。

皮肤接触：脱去污染的衣着，用肥皂水和清水冲洗。如有不适感，就医。

食入：漱口，饮水。就医。

泄漏应急处置　隔离泄漏污染区，限制出入。建议应急处理人员戴防尘口罩，穿防毒防酸碱服，戴橡胶耐酸碱手套。穿上适当的防护服前严禁接触破裂的容器和泄漏物。尽可能切断泄漏源。用塑料布覆盖泄漏物，减少飞散。勿使水进入包装容器内。用洁净的铲子收集泄漏物，置于干净、干燥、盖子较松的容器中，将容器移离泄漏区。

570. 铝板、箔冷轧制基础油

标　识

中文名称　铝板、箔冷轧制基础油

英文名称　Aluminum board cold-hammering base oil

别名　铝箔油

危害信息

燃烧与爆炸危险性　可燃。蒸气与空气混合能形成爆炸性混合物，遇明火、高热易燃烧或爆炸。在高温火场中，受热的容器或储罐有破裂和爆炸的危险。蒸气比空气重，能在较低处扩散到相当远的地方，遇火源会着火回燃和爆炸(闪爆)。

侵入途径　吸入、食入。

理化特性与用途

理化特性 无色透明液体，具有优良的化学稳定性和热稳定性。溶于苯、石油醚、四氯化碳、氯仿等有机溶剂。有 GL 系列、ZL 系列和 L 系列品种。L1：馏程 200 ~ 260℃，闪点≥80℃，密度 0.78 ~ 0.81g/cm^3(20℃)，运动黏度 1.4 ~ 1.9mm^2/s(40℃)。

主要用途 主要用于有色金属及其合金高速轧制过程的工艺润滑。

包装与储运

安全储运 储存于阴凉、通风的库房。保持容器密闭。远离火种、热源。应与氧化剂隔离储运。搬运时轻装轻卸，防止容器受损。

紧急处置信息

急救措施

吸入：脱离接触。如有不适感，就医。

眼睛接触：分开眼睑，用流动清水或生理盐水冲洗。如有不适感，就医。

皮肤接触：脱去污染的衣着，用肥皂水和清水冲洗。如有不适感，就医。

食入：漱口，饮水。就医。

灭火方法 消防人员须穿全身消防服，佩戴空气呼吸器，在上风向灭火。尽可能将容器从火场移至空旷处。喷水保持火场容器冷却，直至灭火结束。处在火场中的容器若发生异常变化或发出异常声音，须马上撤离。

灭火剂：泡沫、二氧化碳、干粉、砂土。

泄漏应急处置 消除所有点火源。根据液体流动和蒸气扩散的影响区域划定警戒区，无关人员从侧风、上风向撤离至安全区。建议应急处理人员戴正压自给式呼吸器，穿防静电、防腐蚀服，戴橡胶手套。穿上适当的防护服前严禁接触破裂的容器和泄漏物。尽可能切断泄漏源。防止泄漏物进入水体、下水道、地下室或限制性空间。小量泄漏：用干燥的砂土或其他不燃材料吸收或覆盖，收集于容器中。大量泄漏：构筑围堤或挖坑收容。用防爆、耐腐蚀泵转移至槽车或专用收集器内。喷雾状水驱散蒸气、稀释液体泄漏物。

571. 铝基润滑脂

标　识

中文名称 铝基润滑脂

英文名称 Aluminium-based grease；Aluminum soap grease

别名 铝基脂

危害信息

燃烧与爆炸危险性 遇明火、高热可燃，燃烧产生有毒分烟气。

禁忌物 强氧化剂。

侵入途径 吸入、食入。

理化特性与用途

理化特性 淡黄色到暗褐色的光滑透明油膏。不溶于水。滴点≥75℃，软化点

70～80℃。

主要用途　适用于航运机器摩擦部分润滑及金属表面防蚀。

包装与储运

安全储运　储存于阴凉、通风的库房。远离火种、热源。应与氧化剂等隔离储运。

紧急处置信息

急救措施

吸入：脱离接触。如有不适感，就医。

眼睛接触：分开眼睑，用流动清水或生理盐水冲洗。如有不适感，就医。

皮肤接触：脱去污染的衣着，用肥皂水和清水冲洗。如有不适感，就医。

食入：漱口，饮水。就医。

灭火方法　消防人员须穿全身消防服，佩戴空气呼吸器，在上风向灭火。

灭火剂：泡沫、二氧化碳、干粉、砂土。

泄漏应急处置　隔离泄漏污染区，限制出入。消除所有点火源。建议应急处理人员戴防尘口罩，穿防毒服。穿上适当的防护服前严禁接触破裂的容器和泄漏物。尽可能切断泄漏源。用塑料布覆盖泄漏物，减少飞散。勿使水进入包装容器内。用洁净的铲子收集泄漏物，置于干净、干燥、盖子较松的容器中，将容器移离泄漏区。

572. 铝　酸　钠

标　　识

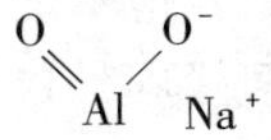

中文名称　铝酸钠

英文名称　Aluminium sodium dioxide; Sodium aluminate

别名　偏铝酸钠

分子式　$NaAlO_2$

CAS 号　1302－42－7

危害信息

燃烧与爆炸危险性　不燃。对铝、锡和锌有腐蚀性。

活性反应　与强酸反应。

禁忌物　水、强酸。

毒性　对眼和皮肤有中度刺激性。

侵入途径　吸入、食入。

理化特性与用途

理化特性　白色无定形结晶粉末，易吸潮。易溶于水，不溶于乙醇。pH 值 12.3(水溶液)，熔点 1650℃，相对密度(水＝1)1.58。

主要用途　用于油田化学品的酸化压裂液增稠剂、堵水－调剖剂的交联剂，也用于净水剂、造纸填料、催化剂等。

包装与储运

安全储运　储存于阴凉、通风的库房。远离火种、热源。密闭包装。应与酸、铵盐、铝锌及其合金隔离储运。

紧急处置信息

急救措施

吸入：脱离接触。如有不适感，就医。

眼睛接触：立即分开眼睑，用流动清水或生理盐水冲洗。如有不适感，就医。

皮肤接触：立即脱去污染的衣着，用肥皂水和清水冲洗。如有不适感，就医。

食入：漱口，饮水。就医。

灭火方法　消防人员须佩戴空气呼吸器，穿全身耐酸碱消防服在上风向灭火。尽可能将容器从火场移至空旷处，喷水保持火场容器冷却直至灭火结束。

灭火剂：本品不燃，根据着火原因选择适当灭火剂灭火。

泄漏应急处置　建议应急处理人员戴防尘口罩，穿防毒防酸碱服，戴橡胶耐酸碱手套。用洁净的铲子收集泄漏物，置于干净、干燥、盖子较松的容器中，将容器移离泄漏区。

573. 氯　苯

标　识

中文名称　氯苯

英文名称　Chlorobenzene；Monochlorobenzene

别名　一氯代苯；苯基氯

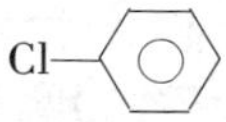

分子式　C_6H_5Cl

CAS 号　108－90－7

WGH 号　33546；T32046[铁规]

UN 号　1134

危害信息

危险性类别　第 3 类　易燃液体

燃烧与爆炸危险性　易燃。蒸气与空气能形成爆炸性混合物，遇明火、高热能引起燃烧爆炸。蒸气比空气重，能在较低处扩散到相当远的地方，遇火源会着火回燃和爆炸（闪爆）。燃烧产生含有剧毒和腐蚀性的光气和氯化氢的烟气。

活性反应　与氧化剂剧烈反应。与金属钠的粉末发生反应，会导致爆炸。与三氯化磷和金属钠的混合物反应会发生爆炸。与二甲亚砜剧烈反应。与高氯酸银反应，生成撞击敏感性的物质。

禁忌物　强氧化剂、金属钠粉末、二甲亚砜、高氯酸银等。

毒性　大鼠经口 LD_{50}：1110mg/kg；大鼠吸入 LC_{50}：2965ppm；小鼠经口 LD_{50}：2300mg/kg；家兔经皮 LD：＞2200mg/kg。

本品主要经呼吸道吸收，也可经胃肠道和皮肤吸收，对中枢神经系统有抑制和麻醉作用，对皮肤和黏膜有刺激作用。对肝、肾有损害。

中毒表现　急性中毒：主要发生于密闭空间，特别是氯苯浓度很高的情况下，表现为眼和鼻黏膜刺激症状，并有头昏、乏力、恶心、口干、口唇麻木、嗜睡等。脱离接触，呼吸新鲜空气后可很快恢复。

慢性影响：常有眼痛、流泪、结膜充血；早期有头痛、失眠、记忆力减退等神经衰弱症状；重者引起中毒性肝炎，个别可发生肾脏损害。皮肤接触液体氯苯，有轻度刺激，反复接触则可出现红斑或浅表性坏死。

侵入途径　吸入、食入、经皮吸收。

职业接触限值　中国：PC－TWA：50mg/m^3。

美国(ACGIH)：TLV－TWA：10ppm。

环境危害　对水生生物有毒，可能在水生环境中造成长期不利影响。有害空气污染物。

理化特性与用途

理化特性　无色或微带黄色的透明液体，具有不愉快的苦杏仁味。不溶于水，溶于乙醇、乙醚、氯仿、二硫化碳、苯等多数有机溶剂。熔点－45℃，沸点132℃，相对密度(水＝1)1.11，相对蒸气密度(空气＝1)3.88，临界压力4.52MPa，临界温度359.2℃，蒸气压1.17kPa(20℃)，燃烧热－3100kJ/mol，辛醇/水分配系数2.18～2.89，闪点27℃(闭杯)，爆炸极限1.3%～11%，引燃温度590℃。

主要用途　用于染料、农药及有机合成等工业，是生产苯酚、苯胺、硝基氯苯等的原料

包装与储运

包装标志　易燃液体

包装类别　Ⅲ类

安全储运　储存于阴凉、通风的库房。远离火种、热源，避免阳光曝晒。储存温度不超过37℃。保持容器密封。应与氧化剂等隔离储运。禁止使用易产生火花的机械设备和工具。灌装时注意流速，防止静电积聚。搬运时轻装轻卸，防止容器受损。

紧急处置信息

急救措施

吸入：迅速脱离现场至空气新鲜处。保持呼吸道通畅。如呼吸困难，给输氧。呼吸、心跳停止，立即进行心肺复苏术。就医。

眼睛接触：立即分开眼睑，用流动清水或生理盐水彻底冲洗。就医。

皮肤接触：立即脱去污染的衣着，用肥皂水和清水彻底冲洗。就医。

食入：漱口，尽量饮水，不要催吐。就医，洗胃。

灭火方法　消防人员必须穿全身防火防毒服，佩戴空气呼吸器，在上风向灭火。尽可能将容器从火场移至空旷处。喷水保持火场容器冷却，直至灭火结束。处在火场中的容器若发生异常变化或发出异常声音，必须马上撤离。

灭火剂：泡沫、二氧化碳、干粉、砂土。

泄漏应急处置　消除所有点火源。根据液体流动和蒸气扩散的影响区域划定警戒区，无关人员从侧风、上风向撤离至安全区。建议应急处理人员戴正压自给式呼吸器，穿防静电服。作业时使用的所有设备应接地。禁止接触或跨越泄漏物。尽可能切断泄漏源。防止泄漏物进入水体、下水道、地下室或限制性空间。小量泄漏：用砂土或其他不燃材料吸收。使用洁净的无火花工具收集吸收材料。大量泄漏：构筑围堤或挖坑收容。用砂土、惰性物质或蛭石吸收大量液体。用泡沫覆盖，减少蒸发。喷水雾能减少蒸发，但不能降低泄漏物在限制性空间内的易燃性。用防爆泵转移至槽车或专用收集器内。

574. 1－氯丙烷

标　识

中文名称　1－氯丙烷

英文名称　1-Chloropropane；*n*-Propyl chloride

别名　丙基氯

分子式　C_3H_7Cl

CAS 号　540－54－5

WGH 号　31019

UN 号　1278

危害信息

危险性类别　第3类　易燃液体

燃烧与爆炸危险性　极易燃。其蒸气与空气能形成爆炸性混合物，遇明火、高热或接触氧化剂，有燃烧爆炸危险。蒸气比空气重，能在较低处扩散到相当远的地方，遇火源会着火回燃和爆炸(闪爆)。燃烧产物有毒，含有氯化氢和一氧化碳。

活性反应　与强氧化剂、强还原剂、胺、氮化物、重氮化合物、碱金属和环氧化合物反应，在有限空间会导致燃烧和爆炸。

禁忌物　强氧化剂、强碱。

毒性　大鼠经口 LD_{50}：＞2000mg/kg；小鼠吸入 TCL_o：8100mg/m^3(2h)；豚鼠经口 LD_{50}：10000mg/kg。

高浓度下抑制中枢神经系统。长期过量接触对肝、肾有损害。

侵入途径　吸入、食入、经皮吸收。

理化特性与用途

理化特性　无色液体，有类似氯仿的气味。难溶于水，溶于乙醇、乙醚、氯仿、苯。熔点－122.8℃，沸点46.6℃，相对密度(水＝1)0.89，相对蒸气密度(空气＝1)2.71，临界压力4.58MPa，临界温度230℃，蒸气压45.9kPa(25℃)，辛醇/水分配系数2.04，燃烧热－1999.3kJ/mol，闪点＜－32℃，爆炸极限2.6%～11.1%，自燃温度520℃。

主要用途　用作有机合成中间体及溶剂。

包装与储运

包装标志　易燃液体

包装类别　Ⅱ类

安全储运　储存于阴凉、通风的库房。远离火种、热源。储存温度不超过29℃。保持容器密封。应与氧化剂等隔离储运。禁止使用易产生火花的机械设备和工具。搬运时轻装轻卸，防止容器受损。充装要控制流速，防止静电积聚。

紧急处置信息

急救措施

吸入：迅速脱离现场至空气新鲜处。保持呼吸道通畅。如呼吸困难，给输氧。呼吸、

心跳停止，立即进行心肺复苏术。就医。

眼睛接触： 立即分开眼睑，用流动清水或生理盐水彻底冲洗。就医。

皮肤接触： 立即脱去污染的衣着，用肥皂水和清水彻底冲洗。就医。

食入： 尽量饮水，给服活性炭悬液。忌服油脂、酒精。就医。

灭火方法　消防人员必须穿全身防火防毒服，佩戴空气呼吸器，在上风向灭火。尽可能将容器从火场移至空旷处。喷水保持火场容器冷却，直至灭火结束。处在火场中的容器若发生异常变化或发出异常声音，必须马上撤离。

灭火剂：抗溶性泡沫、二氧化碳、干粉、砂土。

泄漏应急处置　消除所有点火源。根据液体流动和蒸气扩散的影响区域划定警戒区，无关人员从侧风、上风向撤离至安全区。建议应急处理人员戴正压自给式呼吸器，穿防静电服。作业时使用的所有设备应接地。禁止接触或跨越泄漏物。尽可能切断泄漏源。防止泄漏物进入水体、下水道、地下室或限制性空间。小量泄漏：用砂土或其他不燃材料吸收。使用洁净的无火花工具收集吸收材料。大量泄漏：构筑围堤或挖坑收容。用抗溶性泡沫覆盖，减少蒸发。喷水雾能减少蒸发，但不能降低泄漏物在限制性空间内的易燃性。用防爆泵转移至槽车或专用收集器内。

575. 2－氯丙烷

标　识

中文名称　2－氯丙烷

英文名称　2－Chloropropane；Isopropyl chloride

别名　异丙基氯

分子式　C_3H_7Cl

CAS 号　75－29－6

WGH 号　31020

UN 号　2356

危害信息

危险性类别　第3类　易燃液体

燃烧与爆炸危险性　易燃。其蒸气与空气可形成爆炸性混合物，遇明火、高热或与氧化剂接触，有引起燃烧爆炸的危险。受高热分解产生有毒的氯化物气体。其蒸气比空气重，能在较低处扩散到相当远的地方，遇火源会着火回燃和爆炸(闪爆)。

活性反应　与硝酸、浓硫酸、高锰酸钾、次氯酸钠等氧化剂发生剧烈反应。与胺、氮化物、重氮化合物、环氧化合物反应。与锂、钠、钾等碱金属剧烈反应生成易燃气体。

禁忌物　强氧化剂、强碱等。

毒性　大鼠经口 LD_{50}：5000mg/kg；大鼠吸入 LC_{50}：120000mg/m^3；小鼠经口 LD_{50}：1300mg/kg。

本品具有很强的麻醉作用；对肝和肾脏有损害；对皮肤和黏膜有轻度刺激作用。曾经试用于麻醉，因为引起心律不齐和呕吐而停用。未见有本品详细的急慢性中毒的临床资料。

侵入途径　吸入、食入、经皮吸收。

理化特性与用途

理化特性　无色液体。难溶于水，易溶于甲醇、乙醇、乙醚和苯等。熔点 －117.2℃，沸点 35.7℃，相对密度（水 ＝1）0.86（20℃），相对蒸气密度（空气 ＝1）2.71，蒸气压 68.7kPa（25.5℃），燃烧热 －2014.8kJ/mol，临界压力 4.72MPa，临界温度 212℃，辛醇/水分配系数 1.9，闪点 －32℃（闭杯），爆炸极限 2.8%～10.7%，引燃温度 593℃。

主要用途　常用作脂肪和油的溶剂，也用于有机合成。

包装与储运

包装标志　易燃液体

包装类别　Ⅰ类

安全储运　储存于阴凉、通风的库房。远离火种、热源，避免阳光直射。储存温度不超过 29℃。切勿与氧化剂混储混运。搬运时轻装轻卸，防止容器受损。通风设施。禁止使用易产生火花的机械设备和工具。充装要控制流速，防止静电积聚。

紧急处置信息

急救措施

吸入：迅速脱离现场至空气新鲜处。保持呼吸道通畅。如呼吸困难，给输氧。呼吸、心跳停止，立即进行心肺复苏术。就医。

眼睛接触：立即分开眼睑，用流动清水或生理盐水彻底冲洗。就医。

皮肤接触：立即脱去污染的衣着，用肥皂水和清水彻底冲洗。就医。

食入：尽量饮水，给服活性炭悬液。忌服油脂、酒精。就医。

灭火方法　消防人员必须穿全身防火防毒服，佩戴空气呼吸器，在上风向灭火。喷水冷却容器，尽可能将容器从火场移至空旷处。处在火场中的容器若发生异常变化或发出异常声音，必须马上撤离。

灭火剂：泡沫、二氧化碳、干粉、砂土。用水灭火无效。

泄漏应急处置　消除所有点火源。根据液体流动和蒸气扩散的影响区域划定警戒区，无关人员从侧风、上风向撤离至安全区。建议应急处理人员戴正压自给式呼吸器，穿防静电服。作业时使用的所有设备应接地。禁止接触或跨越泄漏物。尽可能切断泄漏源。防止泄漏物进入水体、下水道、地下室或限制性空间。小量泄漏：用砂土或其他不燃材料吸收。使用洁净的无火花工具收集吸收材料。大量泄漏：构筑围堤或挖坑收容。用抗溶性泡沫覆盖，减少蒸发。喷水雾能减少蒸发，但不能降低泄漏物在限制性空间内的易燃性。用防爆泵转移至槽车或专用收集器内。

576. 2－氯丙烯

标　识

中文名称　2－氯丙烯

英文名称　2－Chloropropylene；Isopropenyl chloride

别名　异丙烯基氯

分子式　C_3H_5Cl

CAS 号　557－98－2

WGH 号　31021

UN 号　2456

危害信息

危险性类别　第 3 类　易燃液体

燃烧与爆炸危险性　极易燃，其蒸气与空气能形成爆炸性混合物，遇明火、高热能引起燃烧爆炸。本品遇火焰或受热会发生分解，产生剧毒的光气和腐蚀性的氯化氢气体。在火场高温下，能发生聚合放热，使容器或储罐破裂或发生爆炸。蒸气比空气重，能在较低处扩散到相当远的地方，遇火源会着火回燃和爆炸(闪爆)。对很多金属尤其是潮湿空气存在下有腐蚀性。

活性反应　与氧化剂剧烈反应，有燃烧和爆炸危险。在无水三氯化铝、三氟化硼、浓硫酸等 Lewis 酸催化剂存在下，易发生剧烈的聚合反应，放出大量的热量。遇铝、镁、锌、镀锌金属易发生放热聚合反应。与酸(硝酸、发烟硫酸、氯磺酸)、强碱(氢氧化钠、氢氧化钾)、乙二胺发生剧烈反应。

禁忌物　强氧化剂、酸类、碱类。

毒性　小鼠吸入 LC_{50}：267000mg/m^3。

本品具有刺激性，对中枢神经系统有抑制作用。

中毒表现　低浓度接触出现呼吸道刺激和中枢神经系统抑制。高浓度吸入引起呼吸困难、胸骨下疼痛、极端呼吸窘迫。头痛严重，可迅速昏迷。对眼有刺激性。对皮肤有强烈刺激性，可引起皮炎。口服损害胃肠道，出现中枢神经系统抑制。经任何途径吸收，均可损害肝、肾和心脏。

侵入途径　吸入、食入、经皮吸收。

理化特性与用途

理化特性　无色液体。不溶于水，溶于乙醇、乙醚、苯、氯仿等多数有机溶剂。熔点 －137 ～ －138.6℃，沸点 22.6℃，相对密度(水＝1)0.90，相对蒸气密度(空气＝1)2.63，蒸气压 109.2kPa(25℃)，临界温度 200℃，临界压力 4.71MPa，辛醇/水分配系数 2.0，闪点 －34℃，爆炸极限 4.5%～16.0%。

主要用途　用作冷冻剂，亦用于有机合成。

包装与储运

包装标志　易燃液体，有毒品[铁规]

包装类别　Ⅰ类

安全储运　储存于阴凉、通风的库房。远离火种、热源。储存温度不超过 37℃。包装要求密封，不可与空气接触。应与氧化剂等隔离储运。禁止使用易产生火花的机械设备和工具。灌装时注意流速，防止静电积聚。搬运时轻装轻卸，防止容器受损。

紧急处置信息

急救措施

吸入：迅速脱离现场至空气新鲜处。保持呼吸道通畅。如呼吸困难，给输氧。呼吸、心跳停止，立即进行心肺复苏术。就医。

眼睛接触：立即分开眼睑，用流动清水或生理盐水彻底冲洗。就医。

皮肤接触：立即脱去污染的衣着，用肥皂水和清水彻底冲洗。就医。

食入：尽量饮水，给服活性炭悬液。就医。

灭火方法　消防人员必须穿全身防火防毒服，佩戴空气呼吸器，在上风向灭火。尽可能将容器从火场移至空旷处。喷水保持火场容器冷却，直至灭火结束。处在火场中的容器若发生异常变化或发出异常声音，必须马上撤离。

灭火剂：泡沫、二氧化碳、干粉、砂土。

泄漏应急处置　消除所有点火源。根据液体流动和蒸气扩散的影响区域划定警戒区，无关人员从侧风、上风向撤离至安全区。建议应急处理人员戴正压自给式呼吸器，穿防毒、防静电服。作业时使用的所有设备应接地。禁止接触或跨越泄漏物。尽可能切断泄漏源。防止泄漏物进入水体、下水道、地下室或限制性空间。小量泄漏：用砂土或其他不燃材料吸收。使用洁净的无火花工具收集吸收材料。大量泄漏：构筑围堤或挖坑收容。用泡沫覆盖，减少蒸发。喷水雾能减少蒸发，但不能降低泄漏物在限制性空间内的易燃性。用防爆泵转移至槽车或专用收集器内。

577. 3－氯丙烯

标　识

中文名称　3－氯丙烯

英文名称　3－Chloropropene；Allyl chloride

别名　烯丙基氯

分子式　C_3H_5Cl

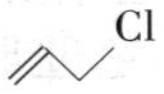

CAS 号　107－05－1

WGH 号　31021

UN 号　1100

危害信息

危险性类别　第3类　易燃液体

燃烧与爆炸危险性　极易燃。其蒸气与空气能形成爆炸性混合物，遇明火、高热能引起燃烧爆炸。蒸气比空气重，能在较低处扩散到相当远的地方，遇火源会着火回燃和爆炸(闪爆)。在火场高温下，能发生聚合放热使容器或储罐破裂或发生爆炸。

活性反应　与氧化剂剧烈反应，有燃烧和爆炸危险。在无水三氯化铝、三氟化硼等Lewis酸催化剂存在下，易发生剧烈的聚合反应，放出大量的热量。遇铝、镁、锌、镀锌金属易发生放热聚合反应。与酸(硝酸、发烟硫酸、氯磺酸)、强碱(氢氧化钠、氢氧化钾)、乙二胺发生剧烈反应。

禁忌物　强氧化剂、酸类、碱类。

毒性　大鼠经口 LD_{50}：450mg/kg；大鼠吸入 LC_{50}：11000mg/m^3(2h)；小鼠经口 LD_{50}：425 mg/kg；小鼠吸入 LC_{50}：11500mg/m^3(2h)；家兔经皮 LD_{50}：2066mg/kg。

本品可经呼吸道、消化道及皮肤吸收。高浓度对眼和呼吸道黏膜有刺激作用，有轻度麻醉作用。慢性毒作用主要损害周围神经系统。

中毒表现　急性中毒：高浓度对皮肤黏膜具有刺激性，并有轻度麻醉作用。接触者觉咽干、鼻子发呛、胸闷，可出现头晕、头沉、嗜睡、全身无力等。脱离接触，一般很快恢复。尚未见到症状更加严重的中毒病例。溅入眼内，出现流泪、疼痛等严重眼刺激症状。

慢性中毒：长期接触引起中毒性多发性神经炎。出现手足麻木，小腿酸痛力弱，四肢对称性手套袜套样分布痛觉、触觉障碍，音叉振动觉障碍。跟腱反射减弱或消失。神经－肌电图示神经原性损害。

侵入途径　吸入、食入、经皮吸收。

职业接触限值

中国：PC－TWA：2mg/m^3；PC－STEL：4mg/m^3。

美国(ACGIH)：TLV－TWA：1ppm；TLV－STEL：2ppm。

环境危害　对水生生物有极高毒性；有害空气污染物。

理化特性与用途

理化特性　无色透明液体，有刺激性臭味。不溶于水，与乙醇、乙醚、氯仿、石油醚等有机溶剂混溶。熔点－134.5℃，沸点44～45℃，相对密度(水＝1)0.94，相对蒸气密度(空气＝1)2.64，临界温度241℃，临界压力4.76MPa，蒸气压48.89kPa(25℃)，闪点－31.7℃(闭杯)、－28.9℃(开杯)，燃烧热－1842.5kJ/mol，辛醇/水分配系数1.45～1.93，爆炸极限2.9%～11.2%，引燃温度392℃。

主要用途　用作药品、杀虫剂、塑料等的中间体。

包装与储运

包装标志　易燃液体，有毒品

包装类别　Ⅰ类

安全储运　储存于阴凉、通风的库房。远离火种、热源。储存温度不超过29℃，相对湿度不超过80%。包装要求密封，不可与空气接触。应与氧化剂等隔离储运。禁止使用易产生火花的机械设备和工具。灌装时注意流速，防止静电积聚。搬运时轻装轻卸，防止容器受损。

紧急处置信息

急救措施

吸入：迅速脱离现场至空气新鲜处。保持呼吸道通畅。如呼吸困难，给输氧。呼吸、心跳停止，立即进行心肺复苏术。就医。

眼睛接触：立即分开眼睑，用流动清水或生理盐水彻底冲洗。就医。

皮肤接触：立即脱去污染的衣着，用肥皂水和清水彻底冲洗。就医。

食入：尽量饮水，给服活性炭悬液。就医。

灭火方法　消防人员必须穿全身防火防毒服，佩戴空气呼吸器，在上风向灭火。尽可能将容器从火场移至空旷处。喷水保持火场容器冷却，直至灭火结束。处在火场中的容器若发生异常变化或发出异常声音，必须马上撤离。

灭火剂：泡沫、二氧化碳、干粉、砂土。

泄漏应急处置　消除所有点火源。根据液体流动和蒸气扩散的影响区域划定警戒区，无关人员从侧风、上风向撤离至安全区。建议应急处理人员戴正压自给式呼吸器，穿防毒、防静电服。作业时使用的所有设备应接地。禁止接触或跨越泄漏物。尽可能切断泄漏源。防止泄漏物进入水体、下水道、地下室或限制性空间。小量泄漏：用砂土或其他不燃材料吸收。使用洁净的无火花工具收集吸收材料。大量泄漏：构筑围堤或挖坑收容。用泡沫覆盖，减少蒸发。喷水雾能减少蒸发，但不能降低泄漏物在限制性空间内的易燃性。用防爆泵转移至槽车或专用收集器内。喷雾状水驱散蒸气、稀释液体泄漏物。

578. 氯代正丁烷

标　　识

中文名称　氯代正丁烷

英文名称　1 - Chlorobutane；n - Butyl chloride

别名　1 - 氯丁烷；正丁基氯

分子式　C_4H_9Cl

CAS 号　109 - 69 - 3

WGH 号　32033；T31133[铁规]

UN 号　1127

危害信息

危险性类别　第 3 类　易燃液体

燃烧与爆炸危险性　易燃。其蒸气与空气混合能形成爆炸性混合物，遇明火、高热易燃烧或爆炸。燃烧产生有毒的一氧化碳和氯化氢气体。受高热分解产生有毒的腐蚀性烟气。蒸气比空气重，能在较低处扩散到相当远的地方，遇火源会着火回燃和爆炸(闪爆)。

活性反应　与氧化剂发生反应。

禁忌物　强氧化剂、强碱。

毒性　大鼠经口 LD_{50}：2670mg/kg；小鼠经口 LD_{50}：5600mg/kg；大鼠吸入 LCL_o：8000ppm(4h)；家兔经皮 LDL_o：20g/kg。

本品加热分解时，可产生光气，应注意。吸入或口服对身体有害。

侵入途径　吸入、食入、经皮吸收。

理化特性与用途

理化特性　无色液体，有刺激性气味。不溶于水，可混溶于乙醇、乙醚等多数有机溶剂。熔点 -123.1℃，沸点 78.5℃，相对密度(水 =1)0.89，相对蒸气密度(空气 =1)3.20，蒸气压 10.7kPa(20℃)，燃烧热 -2696.7kJ/mol，临界温度 269℃，临界压力 3.68MPa，辛醇/水分配系数 2.39，闪点 -9℃(闭杯)，引燃温度 460℃，爆炸极限 1.9% ~10.1%。

主要用途　用于有机合成及用作溶剂。

包装与储运

包装标志　易燃液体

包装类别　Ⅱ类

安全储运　储存于阴凉、通风的库房。远离火种、热源，避免阳光直射。储存温度不超过 37℃。炎热季节早晚运输，应与氧化剂等隔离储运。禁止使用易产生火花的机械设备和工具。灌装时注意流速，防止静电积聚。搬运时轻装轻卸，防止容器受损。

紧急处置信息

急救措施

吸入：迅速脱离现场至空气新鲜处。保持呼吸道通畅。如呼吸困难，给输氧。呼吸、

心跳停止，立即进行心肺复苏术。就医。

眼睛接触：立即分开眼睑，用流动清水或生理盐水彻底冲洗。就医。

皮肤接触：立即脱去污染的衣着，用肥皂水和清水彻底冲洗。就医。

食入：漱口，给服活性炭悬液，不要催吐，忌饮牛奶、油脂和酒类。就医。

禁用肾上腺素类药。

灭火方法　消防人员须穿全身消防服，佩戴空气呼吸器，在上风向灭火。尽可能将容器从火场移至空旷处。喷水保持火场容器冷却，直至灭火结束。处在火场中的容器若发生异常变化或发出异常声音，须马上撤离。

灭火剂：泡沫、二氧化碳、干粉、砂土。用水灭火无效。

泄漏应急处置　消除所有点火源。根据液体流动和蒸气扩散的影响区域划定警戒区，无关人员从侧风、上风向撤离至安全区。建议应急处理人员戴正压自给式呼吸器，穿防静电服。作业时使用的所有设备应接地。禁止接触或跨越泄漏物。尽可能切断泄漏源。防止泄漏物进入水体、下水道、地下室或限制性空间。小量泄漏：用砂土或其他不燃材料吸收。使用洁净的无火花工具收集吸收材料。大量泄漏：构筑围堤或挖坑收容。用砂土、惰性物质或蛭石吸收大量液体。用泡沫覆盖，减少蒸发。喷水雾能减少蒸发，但不能降低泄漏物在限制性空间内的易燃性。用防爆泵转移至槽车或专用收集器内。

579. 2-氯-1,3-丁二烯

标　识

中文名称　2-氯-1，3-丁二烯

英文名称　Chloroprene；2-Chloro-1，3-butadiene

别名　氯丁二烯

分子式　C_4H_5Cl

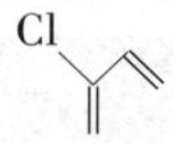

CAS 号　126-99-8

WGH 号　31013

UN 号　1991

危害信息

危险性类别　第3类　易燃液体

燃烧与爆炸危险性　极易燃。其蒸气与空气能形成爆炸性混合物，遇明火、高热和强氧化剂能引起燃烧爆炸。蒸气比空气重，能在较低处扩散到相当远的地方，遇火源会着火回燃和爆炸(闪爆)。在着火现场，由于聚合反应的发生，受热的容器或储罐有破裂或爆炸的危险。

活性反应　暴露于空气中，会被空气氧化，生成的有机过氧化物能引发2-氯-1，3-丁二烯的放热性聚合反应。与强氧化剂发生剧烈反应，可引起燃烧或爆炸。

禁忌物　强氧化剂、酸类。

毒性　大鼠经口 LD_{50}：450mg/kg；大鼠吸入 LC_{50}：11800mg/m^3(4h)；小鼠经口 LD_{50}：146 mg/kg；小鼠吸入 LC_{50}：2300mg/m^3。

氯丁二烯可经呼吸道、消化道和皮肤吸收。急性中毒以中枢神经系统抑制和呼吸道刺激作用的表现为主。慢性中毒以肝脏损害和神经衰弱综合征为主，多数病例尚有脱发。

IARC 对本品的致癌性分类：G2B——可疑人类致癌物。

欧盟指令 67/548/EEC 将本品列为第 2 类致癌物——可能为人类致癌物。

中毒表现　急性中毒：短期吸入高浓度蒸气出现流泪、咽干痛、胸闷、呼吸困难；结膜及咽部充血；肺部散在罗音；并有头昏、头痛、乏力、四肢麻木、步态不稳、恶心、呕吐、昏迷、抽搐等。个别发生急性肺水肿而死亡。急性期后可出现肝、肾损害及脱发。

慢性中毒：长期密切接触可引起神经衰弱综合征、中毒性肝病。重者出现肝硬变。多数患者有脱发，可伴有眉毛、腋毛、睫毛脱落，指甲变灰褐色。

侵入途径　吸入、食入、经皮吸收。

职业接触限值

中国：PC－TWA：4mg/m^3［皮］［G2B］。

美国(ACGIH)：TLV－TWA：10ppm［皮］。

环境危害　该物质可能对环境有危害，对水体要给予特别注意。有害空气污染物。

理化特性与用途

理化特性　无色液体，有辛辣气味。微溶于水，溶于乙醇、乙醚等多数有机溶剂。熔点－130℃，沸点 59.4℃，相对密度(水＝1)0.96，相对蒸气密度(空气＝1)3.0，蒸气压 23.2kPa(20℃)，临界温度 261.7℃，临界压力 4.26MPa，辛醇/水分配系数 2.53，闪点－20℃(开杯)，引燃温度 320℃，爆炸极限 4.0%～20.0%。

主要用途　重要有机化工原料，用作有机合成中间体、氯丁橡胶的单体等。

包装与储运

包装标志　易燃液体，有毒品

包装类别　Ⅰ类

安全储运　通常商品加有阻聚剂。储存于阴凉、通风的库房。远离火种、热源，防止阳光直射。储存温度不超过 29℃，相对湿度不超过 80%。包装要求密封，不可与空气接触。应与氧化剂、酸类、食用化学品等隔离储运。禁止使用易产生火花的机械设备和工具。灌装时注意流速，防止静电积聚。搬运时轻装轻卸，防止容器受损。

紧急处置信息

急救措施

吸入：迅速脱离现场至空气新鲜处。保持呼吸道通畅。如呼吸困难，给输氧。呼吸、心跳停止，立即进行心肺复苏术。就医。

眼睛接触：立即分开眼睑，用流动清水或生理盐水彻底冲洗。就医。

皮肤接触：立即脱去污染的衣着，用肥皂水和清水彻底冲洗。就医。

食入：尽量饮水，给服活性炭悬液。忌服油脂、酒精。就医。

灭火方法　消防人员必须穿全身防火防毒服，佩戴空气呼吸器，在上风向灭火。尽可能将容器从火场移至空旷处。喷水保持火场容器冷却，直至灭火结束。处在火场中的容器若发生异常变化或发出异常声音，必须马上撤离。

灭火剂：泡沫、二氧化碳、干粉、砂土。

泄漏应急处置　消除所有点火源。根据液体流动和蒸气扩散的影响区域划定警戒区，无关人员从侧风、上风向撤离至安全区。建议应急处理人员戴正压自给式呼吸器，穿防毒、防静电服，戴橡胶耐油手套。作业时使用的所有设备应接地。禁止接触或跨越泄漏物。尽可能切断泄漏源。防止泄漏物进入水体、下水道、地下室或限制性空间。小量泄漏：用砂土或其他不燃材料吸收。使用洁净的无火花工具收集吸收材料。大量泄漏：构筑围堤或挖坑收容。用砂土、惰性物质或蛭石吸收大量液体。用泡沫覆盖，减少蒸发。喷水雾能减少蒸发，但不能降低泄漏物在限制性空间内的易燃性。用防爆泵转移至槽车或专用收集器内。

580. 2 – 氯丁烷

标　识

中文名称　2 – 氯丁烷

英文名称　2 – Chlorobutane；*sec* – Butyl chloride

别名　仲丁基氯；氯代仲丁烷

分子式　C_4H_9Cl

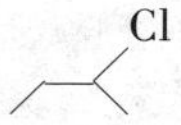

CAS 号　78 – 86 – 4

WGH 号　32033；T31133[铁规]

UN 号　1127

危害信息

危险性类别　第 3 类　易燃液体

燃烧与爆炸危险性　易燃。其蒸气与空气混合能形成爆炸性混合物，遇明火、高热易燃烧或爆炸。燃烧产生有毒的一氧化碳和氯化氢气体。在高温火场中，受热的容器或储罐有破裂和爆炸的危险。受高热分解产生有毒的腐蚀性烟气。蒸气比空气重，能在较低处扩散到相当远的地方，遇火源会着火回燃和爆炸(闪爆)。

活性反应　与氧化剂反应。

禁忌物　强氧化剂、强碱。

毒性　大鼠经口 LD_{50}：17400mg/kg；兔经皮 LD_{50}：17400mg/kg。

未见本品人类中毒报道，可能具有麻醉作用和刺激性。

侵入途径　吸入、食入。

理化特性与用途

理化特性　无色透明液体，有类似醚的气味。微溶于水，可混溶于乙醇、乙醚、氯仿等多数有机溶剂。熔点 –130 ~ –140℃，沸点 68 ~ 70℃，相对密度(水 = 1)0. 87，相对蒸气密度(空气 = 1)3. 2，蒸气压 10. 65kPa(78. 4℃)，临界温度 247. 5℃，临界压力 3. 9MPa，辛醇/水分配系数 2. 33，闪点 –15℃，爆炸极限 1. 8% ~10. 1% 。

主要用途　用于有机合成，及用作溶剂。

包装与储运

包装标志　易燃液体

包装类别　Ⅱ类

安全储运　储存于阴凉、通风的库房。保持容器密闭。远离火种、热源，避免阳光直射。储存温度不超过 37℃。炎热季节早晚运输，应与强氧化剂、酸等隔离储运。禁止使用易产生火花的机械设备和工具。灌装时注意流速，防止静电积聚。搬运时轻装轻卸，防止容器受损。

紧急处置信息

急救措施

吸入：迅速脱离现场至空气新鲜处。保持呼吸道通畅。如呼吸困难，给输氧。呼吸、心跳停止，立即进行心肺复苏术。就医。

眼睛接触：立即分开眼睑，用流动清水或生理盐水彻底冲洗。就医。

皮肤接触：立即脱去污染的衣着，用大量流动清水彻底冲洗。就医。

食入：尽量饮水，给服活性炭悬液。忌服油脂、酒精。就医。

忌用肾上腺素类药物。

灭火方法 消防人员须穿全身消防服，佩戴空气呼吸器，在上风向灭火。尽可能将容器从火场移至空旷处。喷水保持火场容器冷却，直至灭火结束。处在火场中的容器若发生异常变化或发出异常声音，须马上撤离。

灭火剂：泡沫、二氧化碳、干粉、砂土。用水灭火无效。

泄漏应急处置 消除所有点火源。根据液体流动和蒸气扩散的影响区域划定警戒区，无关人员从侧风、上风向撤离至安全区。建议应急处理人员戴正压自给式呼吸器，穿防毒、防静电服。作业时使用的所有设备应接地。禁止接触或跨越泄漏物。尽可能切断泄漏源。防止泄漏物进入水体、下水道、地下室或限制性空间。小量泄漏：用砂土或其他不燃材料吸收。使用洁净的无火花工具收集吸收材料。大量泄漏：构筑围堤或挖坑收容。用泡沫覆盖，减少蒸发。喷水雾能减少蒸发，但不能降低泄漏物在限制性空间内的易燃性。用防爆泵转移至槽车或专用收集器内。

581. 氯丁橡胶

标识

中文名称 氯丁橡胶

英文名称 2 - Chloro - 1，3 - butadiene homopolymer；Chloroprene rubber；CR

别名 氯丁二烯橡胶

分子式 $\text{+}CH_2CH=C(Cl)CH_2\text{+}_n$

CAS 号 9010 - 98 - 4

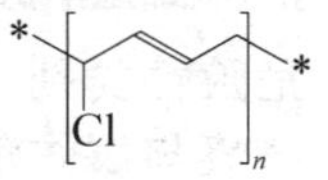

危害信息

燃烧与爆炸危险性 可燃。其粉体与空气混合能形成爆炸性混合物，遇明火高热有引起燃烧爆炸的危险。燃烧产生有毒的气体。

禁忌物 强氧化剂。

侵入途径 吸入、食入。

理化特性与用途

理化特性 乳白色至米黄色或浅棕色片状或块状弹性体。不溶于水。相对密度(水=1) 1.15～1.25，玻璃化温度 -45～-48℃，熔点 80℃。

主要用途 用于制造运输带、胶管、印刷胶辊、电缆等橡胶制品，胶黏剂，防腐漆等。

包装与储运

安全储运　储存于阴凉、通风的库房。远离火种、热源。应与氧化剂等隔离储运。

紧急处置信息

急救措施

吸入：脱离接触。如有不适感，就医。

眼睛接触：分开眼睑，用流动清水或生理盐水冲洗。如有不适感，就医。

皮肤接触：脱去污染的衣着，用肥皂水和清水冲洗。如有不适感，就医。

食入：漱口，饮水。就医。

灭火方法　消防人员须穿全身消防服，在上风向灭火。尽可能将容器从火场移至空旷处。喷水保持火场容器冷却，直至灭火结束。

灭火剂：雾状水、泡沫、二氧化碳、干粉、砂土。

泄漏应急处置　隔离泄漏污染区，限制出入。建议应急处理人员戴防尘口罩，穿防毒防酸碱服，戴橡胶耐酸碱手套。穿上适当的防护服前严禁接触破裂的容器和泄漏物。尽可能切断泄漏源。用塑料布覆盖泄漏物，减少飞散。勿使水进入包装容器内。用洁净的铲子收集泄漏物，置于干净、干燥、盖子较松的容器中，将容器移离泄漏区。

582. 氯　化　钡

标　　识

中文名称　氯化钡

英文名称　Barium chloride

分子式　$BaCl_2$

CAS 号　10361 - 37 - 2

WGH 号　61021

UN 号　1564

Cl—Ba—Cl

危害信息

危险性类别　第 6.1 类　毒害品

燃烧与爆炸危险性　不燃。

活性反应　遇强酸会放出刺激性、腐蚀性的氯化氢气体。

禁忌物　强氧化剂、酸类。

毒性　大鼠经口 LD_{50}：118mg/kg。

本品可经消化道、呼吸道进入体内。钡是一种肌肉毒，可对骨骼肌、平滑肌、心肌等产生刺激和兴奋作用。钡对中枢神经系统也有作用，先是短暂兴奋，迅速转入抑制。钡中毒时血清钾含量降低，从而产生钡中毒的临床症状，即低钾血症。

中毒表现　口服后急性中毒表现为恶心、呕吐、腹痛、腹泻、脉缓、进行性肌麻痹、心律紊乱、血钾明显降低等。可因心律紊乱和呼吸肌麻痹而死亡。吸入烟尘可引起中毒，但消化道症状不明显。接触高温本品溶液造成皮肤灼伤可同时吸收中毒。

慢性影响：长期接触钡化合物的工人，可有无力、气促、流涎、口腔黏膜肿胀糜烂、鼻炎、结膜炎、腹泻、心动过速、血压增高、脱发等。

侵入途径　吸入、食入。

职业接触限值　中国：PC－TWA：0.5mg/m^3；PC－STEL：1.5mg/m^3。

环境危害　钡的化合物可能是(严重)海洋污染物；该物质对水生生物有害。

理化特性与用途

理化特性　无色结晶或白色粉末，无臭。溶于水，不溶于丙酮、乙醇，微溶于盐酸、硫酸。熔点963℃，沸点1560℃，相对密度(水＝1)3.86。

主要用途　用作脱水剂和分析试剂，机械加工中作热处理剂；是制造有机颜料和钡颜料的主要原料；用于精制电解法制烧碱的盐水和锅炉用水；纺织工业和皮革工业用作媒染剂和人造丝消光剂。

包装与储运

包装标志　有毒品

包装类别　Ⅱ类

安全储运　储存于阴凉、通风的库房。储存温度不超过35℃，相对湿度不超过85%。密闭包装。应与食用化学品等隔离储运。

紧急处置信息

急救措施

吸入：吸入高浓度钡化合物烟尘者，应及早撤离现场，擤鼻子，清理呼吸道，反复漱口，并立即口服硫酸钠20～30g。就医。

眼睛接触：立即分开眼睑，用流动清水或生理盐水彻底冲洗。就医。

皮肤接触：立即脱去污染的衣着，用流动清水彻底冲洗。就医。

食入：漱口，催吐。就医。

口服产生急性中毒时，应先用温水或者5%硫酸钠洗胃，然后再服硫酸钠20～30g，使与胃肠道内尚未吸收的可溶性钡盐结合为无毒的硫酸钡，同时还能导泻，加速钡的排出。硫酸镁因含镁离子，有抑制呼吸作用，不宜使用。洗胃和导泻后，可再用1%硫酸钠500～1000mL，静脉点滴或10%硫酸钠200mL，缓慢静脉滴入，连用2～3d，以促使体内的钡结合后由尿排出。有低血钾者应补充钾盐。

目前尚无钡离子络合解毒药物，硫酸盐能减低血中钡离子的浓度、抑制钡的毒性作用，可采用。

灭火方法　消防人员须佩戴空气呼吸器，穿全身消防服，在上风向灭火。避免用大量水灭火，防止毒物扩散。

泄漏应急处置　隔离泄漏污染区，限制出入。建议应急处理人员戴防尘口罩，穿防毒服，戴橡胶手套。穿上适当的防护服前严禁接触破裂的容器和泄漏物。尽可能切断泄漏源。用塑料布覆盖泄漏物，减少飞散。勿使水进入包装容器内。用洁净的铲子收集泄漏物，置于干净、干燥、盖子较松的容器中，将容器移离泄漏区。

583. 氯 化 汞

标 识

中文名称 氯化汞

英文名称 Mercuric chloride; Mercury dichloride

别名 氯化高汞；二氯化汞；升汞

分子式 $HgCl_2$

CAS 号 7487-94-7

WGH 号 61030

UN 号 1624

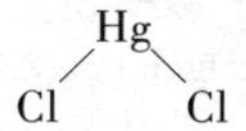

危害信息

危险性类别 第6.1类 有毒品

燃烧与爆炸危险性 不燃，无特殊燃爆特性。

活性反应 与钾和钠等接触发生剧烈反应。

禁忌物 活泼金属。

毒性 大鼠经口 LD_{50}：1mg/kg；小鼠经口 LD_{50}：6mg/kg；家兔经皮 LD_{50}：41mg/kg；小鼠吸入 LCL_o：300mg/m^3(10min)。

汞离子可使含巯基的酶丧失活性，失去功能；还能与酶中的氨基、二巯基、羧基、羟基以及细胞内的磷酰基结合，引起相应的损害。

本品属剧毒化学品，已列入《剧毒化学品目录》(2002年版)。

中毒表现 急性中毒：有头痛、头晕、乏力、失眠、多梦、口腔炎、发热等全身症状。可有食欲不振、恶心、腹痛、腹泻等。部分患者皮肤出现红色斑丘疹。严重者发生间质性肺炎及肾损害。口服可发生急性腐蚀性胃肠炎，严重者昏迷、休克，甚至发生坏死性肾病致急性肾功能衰竭。对眼有刺激性。可致皮炎。

慢性中毒：表现有神经衰弱综合征；易兴奋症；精神情绪障碍，如胆怯、害羞、易怒、爱哭等；汞毒性震颤；口腔炎。少数病例有肝、肾损伤。

侵入途径 吸入、食入、经皮吸收。

职业接触限值 中国：PC-TWA：0.025mg/m^3。

美国(ACGIH)：TLV-TWA：0.025mg/m^3[按Hg计][皮]。

环境危害 对水生生物有极高毒性，可能在水生环境中造成长期不利影响；汞易在人类重要的食物链中发生生物蓄积，尤其是在水生生物中。

理化特性与用途

理化特性 无色或白色结晶性粉末，常温下微量挥发。溶于水、乙醇、乙醚、甲醇、丙酮、乙酸乙酯，不溶于二硫化碳、吡啶。熔点276~277℃，沸点302℃，相对密度(水=1)5.44，相对蒸气密度(空气=1)9.8(300℃)，蒸气压0.13kPa(136.2℃)，辛醇/水分配系数-0.22。

主要用途 用作有机合成的催化剂、防腐剂、消毒剂和分析试剂。

包装与储运

包装标志 有毒品

包装类别 Ⅱ类

安全储运 储存于阴凉、通风的库房。远离火种、热源。储存温度不超过35℃，相对湿度不超过80%。保持容器密封。应与磷、砷、碱金属硫化物、亚硫酸盐、磷酸盐、草酸、氨等隔离储运。搬运时轻装轻卸，防止容器受损。应严格执行剧毒化学品管理制度。

紧急处置信息

急救措施

吸入：迅速脱离现场至空气新鲜处。保持呼吸道通畅。如呼吸困难，给输氧。呼吸、心跳停止，立即进行心肺复苏术。就医。

眼睛接触：立即分开眼睑，用流动清水或生理盐水彻底冲洗。就医。

皮肤接触：立即脱去污染的衣着，用流动清水彻底冲洗。就医。

食入：立即催吐、洗胃、给服活性炭悬液，导泻。就医。

及早应用巯基络合剂二巯丙磺酸钠、二巯丁二酸钠等驱汞治疗。

灭火方法 消防人员须穿全身防火防毒服，佩戴空气呼吸器在上风向灭火。尽可能将容器从火场移至空旷处。喷水保持火场容器冷却，直至灭火结束。

本品不燃，根据着火原因选择适当灭火剂灭火。

泄漏应急处置 隔离泄漏污染区，限制出入。建议应急处理人员戴防尘口罩，穿防毒服，戴橡胶手套。穿上适当的防护服前严禁接触破裂的容器和泄漏物。尽可能切断泄漏源。用塑料布覆盖泄漏物，减少飞散。勿使水进入包装容器内。用洁净的铲子收集泄漏物，置于干净、干燥、盖子较松的容器中，将容器移离泄漏区。

584. 氯 化 镧

标 识

中文名称 氯化镧

英文名称 Lanthanum chloride

分子式 Cl_3La

CAS 号 10099-58-8

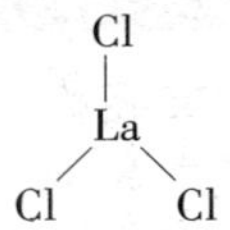

危害信息

燃烧与爆炸危险性 不燃

活性反应 水溶液显酸性，能与碱发生放热中和反应。一般情况下，本品化学性质稳定，既不与氧化剂也不与还原剂反应。

禁忌物 水。

毒性 大鼠经口 LD_{50}：2370mg(La)/kg。

对人的毒性资料少见。人吸入镧及其化合物烟尘出现头痛和恶心等症状。动物试验观察到，大鼠急性镧中毒的症状有立即排便、运动失调、呼吸困难，继而活动减少，常因呼吸衰竭或心力衰竭而死亡。慢性中毒有食欲减退、体重减轻、眼损伤，尿中出现尿胆原和尿胆素，血糖降低。肝、肾功能可出现障碍，凝血时间和凝血酶原时间延长。氯化镧对眼和呼吸道有刺激性，试验动物出现眼刺激症状，化学性支气管炎，化学性肺炎。

侵入途径 吸入、食入。

理化特性与用途

理化特性 白色粉状结晶，有强吸湿性。溶于水。熔点860℃，沸点>1000℃，相对密度(水=1)3.842。

主要用途 主要用于制备石油裂化催化剂，也可作提取单一稀土产品或冶炼富镧混合稀土金属的原料。

包装与储运

安全储运 储存于阴凉、通风的库房。保持容器密封，远离火种、热源。

紧急处置信息

急救措施

吸入：脱离接触。如有不适感，就医。

眼睛接触：分开眼睑，用流动清水或生理盐水冲洗。如有不适感，就医。

皮肤接触：脱去污染的衣着，用肥皂水和清水冲洗。如有不适感，就医。

食入：漱口，饮水。就医

灭火方法 消防人员须佩戴防毒面具、穿全身消防服，在上风向灭火。尽可能将容器从火场移至空旷处。

泄漏应急处置 隔离泄漏污染区，限制出入。建议应急处理人员戴防尘口罩，戴橡胶手套。穿上适当的防护服前严禁接触破裂的容器和泄漏物。尽可能切断泄漏源。用塑料布覆盖泄漏物，减少飞散。勿使水进入包装容器内。用洁净的铲子收集泄漏物，置于干净、干燥、盖子较松的容器中，将容器移离泄漏区。

585. 氯 化 锰

标 识

中文名称 氯化锰

英文名称 manganese chloride

别名 无水氯化锰；二氯化锰

分子式 $MnCl_2$

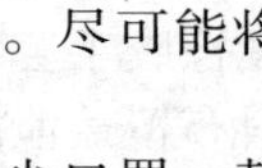

CAS 号 7773-01-5

WGH 号

UN 号

危害信息

燃烧与爆炸危险性 不燃，无特殊燃爆特性。

禁忌物 强酸、水蒸气、钾、钠、锌。

毒性 小鼠经口 LD_{50}：1715mg/kg。

中毒表现 吸入高浓度氯化锰，可引起呼吸困难、意识模糊。慢性中毒，初期表现为神经衰弱综合征和植物神经功能障碍，发展出现明显锥体外系损害为主的神经体征。

侵入途径 吸入、食入。

职业接触限值 中国 PC－TWA：0.15mg/m^3[按 MnO_2 计]。

美国(ACGIH)：TLV－TWA：0.2mg/m^3[按锰计]。

环境危害 对水生生物有毒，可能在水生环境中造成长期不利影响。

理化特性与用途

理化特性 玫瑰色立方结晶或粉红色三角结晶或粉末，稍有潮解性。溶于水、吡啶、乙醇，不溶于乙醚。熔点 650℃，沸点 1190℃，相对密度 2.977(25℃/4℃)，蒸气压 1.01kPa(826.85℃)。

主要用途 用于制油漆催干剂、染料和颜料、医药、饲料辅助剂等，并用作催化剂和分析试剂。

包装与储运

安全储运 储存于阴凉、通风的库房。远离火种、热源。包装必须密封，切勿受潮。应与酸类、钾、钠、锌等隔离储运。搬运时轻装轻卸，防止容器受损。

紧急处置信息

急救措施

吸入：迅速脱离现场至空气新鲜处。保持呼吸道通畅。如呼吸困难，给输氧。呼吸、心跳停止，立即进行心肺复苏术。就医。

眼睛接触：提起眼睑，用流动清水或生理盐水冲洗。如有不适感，就医。

皮肤接触：立即脱去污染的衣着，用大量流动清水冲洗。如有不适感，就医。

食入：饮足量温水，催吐。就医。

灭火方法 消防人员必须穿全身防火防毒服，在上风向灭火。灭火时尽可能将容器从火场移至空旷处。本品不燃。根据着火原因选择适当灭火剂灭火。

泄漏应急处置 隔离泄漏污染区，限制出入。建议应急处理人员戴防尘口罩，穿防毒服。穿上适当的防护服前严禁接触破裂的容器和泄漏物。尽可能切断泄漏源。用塑料布覆盖泄漏物，减少飞散。勿使水进入包装容器内。用洁净的铲子收集泄漏物，置于干净、干燥、盖子较松的容器中，将容器移离泄漏区。

586. 氯 化 镍

标 识

中文名称 氯化镍

英文名称 Nickel chloride；Nickel(Ⅱ)chloride；Nickelous chloride

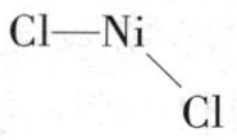

别名　氯化亚镍

分子式　$NiCl_2$

CAS 号　7718－54－9

危害信息

燃烧与爆炸危险性　不燃。受高热分解放出有毒的气体。

活性反应　水溶液呈酸性，能与碱发生中和反应，放出少量的热。遇强酸会释放出刺激性、腐蚀性的氯化氢气体。

禁忌物　过氧化物、钾。

毒性　大鼠经口 LD_{50}：105mg/kg；小鼠经口 LD_{50}：369mg/kg。

镍化合物具有刺激性和致敏性。

IARC 将镍化合物列为确认人类致癌物(G1)。

中毒表现　接触镍盐，可发生接触性皮炎或过敏性湿疹。吸入高浓度镍化合物后，可发生急性支气管炎或支气管肺炎。长期接触可发生呼吸道的慢性炎症。呼吸道对镍过敏者，可发生支气管哮喘或肺的嗜酸粒细胞增多症。

侵入途径　吸入、食入。

职业接触限值　中国：PC－TWA：0.5mg/m^3[按 Ni 计][G1]。

环境危害　对水生生物有极高毒性，可能在水生环境中造成长期不利影响。

理化特性与用途

理化特性　黄色鳞状晶体。有潮解性。溶于水、乙醇、乙二醇和氨水，不溶于氨。pH 值 4(水溶液)，熔点 1001℃，在 973℃升华，相对密度(水＝1)3.55。

主要用途　用作制加氢裂化系列催化剂的原料。用于镀镍、制隐显墨水，用作氨吸收剂、化学试剂等。

包装与储运

安全储运　储存于阴凉、通风的库房。密闭包装。应与重金属及其盐、食用化学品等隔离储运。

紧急处置信息

急救措施

吸入：迅速脱离现场至空气新鲜处。保持呼吸道通畅。如呼吸困难，给输氧。呼吸、心跳停止，立即进行心肺复苏术。就医。

眼睛接触：立即分开眼睑，用流动清水或生理盐水彻底冲洗。就医。

皮肤接触：立即脱去污染的衣着，用流动清水彻底冲洗。就医。

食入：漱口，催吐。就医。

驱镍治疗用二乙基二硫代氨基甲酸钠。

灭火方法　消防人员必须穿全身防火防毒服，佩戴空气呼吸器，在上风向灭火。尽可能将容器从火场移至空旷处。

泄漏应急处置　隔离泄漏污染区，限制出入。建议应急处理人员戴防尘口罩，穿防毒服，戴橡胶手套。穿上适当的防护服前严禁接触破裂的容器和泄漏物。尽可能切断泄漏源。用塑料布覆盖泄漏物，减少飞散。勿使水进入包装容器内。用洁净的铲子收集泄漏物，置于干净、干燥、盖子较松的容器中，将容器移离泄漏区。

587. 氯 化 氢

标 识

中文名称 氯化氢

英文名称 Hydrogen chloride

分子式 HCl

CAS 号 7647－01－0

H—Cl

WGH 号 22022

UN 号 1050

危害信息

危险性类别 第2.2类 不燃气体；根据《危险货物品名表》分类主危险性为有毒气体

燃烧与爆炸危险性 不燃。能与一些活性金属粉末发生反应，放出氢气。

活性反应 在潮湿空气中冒烟并放出热量，形成酸雾。与碱发生放热中和反应。与碳酸盐或碳酸反应生成二氧化碳。与硫化物、氮化物、溴化物反应形成有毒气体。与活泼金属反应放出易燃易爆的氢气。遇氰化钠、氰化钾等氰化物能产生剧毒的氰化氢气体。能与乙酸酐、2－氨基乙醇、氨水、磷化钙、氯磺酸、乙二胺、乙胺、烯烃、环氧丙烷发生剧烈反应。与高锰酸钾、二氧化锰等强氧化剂反应，会释放出剧毒的氯气。

禁忌物 碱类、活性金属粉末。

毒性 大鼠吸入 LC_{50}：3124ppm(1h)；小鼠吸入 LC_{50}：1108ppm(1h)。

与空气中水蒸气作用生成盐酸雾，对眼和呼吸道黏膜有较强的刺激作用。

中毒表现 急性中毒：出现头痛、头昏、恶心、眼痛、咳嗽、痰中带血、声音嘶哑、呼吸困难、胸闷、胸痛等。重者发生肺炎、肺水肿、肺不张。眼角膜可见溃疡或混浊。皮肤直接接触可出现大量粟粒样红色小丘疹而呈潮红痛热。

慢性影响：长期较高浓度接触，可引起慢性支气管炎、胃肠功能障碍及牙齿酸蚀症。

侵入途径 吸入。

职业接触限值

中国：MAC：7.5mg/m^3。

美国(ACGIH)：TLV－C：2ppm。

环境危害 有害空气污染物。

理化特性与用途

理化特性 无色气体，有刺激性气味。易溶于水，溶于乙醇和乙醚等。熔点－114.2℃，沸点－85.0℃，相对密度(水＝1)1.19，相对蒸气密度(空气＝1)1.27，饱和蒸气压4225.6kPa(25℃)，临界温度51.54℃，临界压力8.26MPa。

主要用途 用于制盐酸和氯化物，并用作有机化学的缩合剂。

包装与储运

包装标志 有毒气体，腐蚀品

安全储运 储存于阴凉、通风的库房。远离火种、热源。储存温度不超过30℃，相对湿度不超过 80%。应与碱类、活性金属粉末等隔离储运。搬运时钢瓶须戴安全帽和防震橡皮圈，防止钢瓶碰撞。

紧急处置信息

急救措施

吸入：迅速脱离现场至空气新鲜处。保持呼吸道通畅。如呼吸困难，给输氧。呼吸、心跳停止，立即进行心肺复苏术。就医。

眼睛接触：立即分开眼睑，用流动清水或生理盐水彻底冲洗。就医。

皮肤接触：立即脱去污染的衣着，用流动清水彻底冲洗。就医。

灭火方法　消防人员必须佩戴空气呼吸器，穿全身防火防毒服，在上风向灭火。喷水冷却容器，可能的话将容器从火场移至空旷处。

泄漏应急处置　根据气体扩散的影响区域划定警戒区，无关人员从侧风、上风向撤离至安全区。建议应急处理人员穿内置正压自给式呼吸器的全封闭防化服，戴橡胶手套。禁止接触或跨越泄漏物。尽可能切断泄漏源。防止气体通过下水道、通风系统和限制性空间扩散。喷氨水或其他稀碱液中和、稀释，构筑围堤或挖坑收容产生的废水。隔离泄漏区直至气体散尽。

588. 氯化石蜡

标　识

中文名称　氯化石蜡

英文名称　Chlorinated paraffins; Chlorinated wax; Paraffin waxes and hydrocarbon waxes, chlorinated

别名　T301 极压抗磨剂；氯烃 -42；氯烃 -52

CAS 号　63449 -39 -8；106232 -86 -4

UN 号　3082(海)

危害信息

燃烧与爆炸危险性　可燃，遇明火、高热可引起燃烧，燃烧产生有毒的烟雾。

活性反应　与硝酸、浓硫酸、高锰酸钾、次氯酸钠等强氧化剂剧烈反应。与氢氧化钠、氢氧化钙、胺、氮化物、重氮化合物、环氧化合物反应。与锂、钠、钾等碱金属剧烈反应生成易燃气体。

禁忌物　强氧化剂、强碱、胺类、碱金属等。

毒性　大鼠经口 LD_{50}:21500μL/kg;小鼠经口 LD_{50}:21800mg/kg;家兔经皮 LD_{50}: >10mL/kg。未见职业中毒报道。

侵入途径　吸入、食入、经皮吸收。

环境危害　海洋污染物。对水生生物是有害的。

理化特性与用途

理化特性　饱和的 C10 ~30 直链正构石蜡烃的氯化衍生物。按氯含量可分为 42%、48%、50% ~52%、65% ~70% 四个品牌，前三者为淡黄色、黄色黏稠油状液体，后者为树脂状固体或白色粉末。能溶于多种有机溶剂，不溶于水和乙醇。相对密度(水=1)1.17～1.65(25℃)，闪点>200℃。

主要用途　主要用作润滑油的添加剂，聚氯乙烯制品的辅助增塑剂，在塑料、涂料、油漆等中作阻燃剂，在金属冷加工中作润滑冷却液。

包装与储运

包装标志　杂类

包装类别　Ⅲ类

安全储运　储存于阴凉、干燥、通风的库房。保持容器密封。远离火种、热源。应与氧化剂、碱类等隔离储运。防止水分混入。搬运时轻装轻卸，防止容器受损。

紧急处置信息

急救措施

吸入：脱离接触。如有不适感，就医。

眼睛接触：分开眼睑，用流动清水或生理盐水冲洗。如有不适感，就医。

皮肤接触：脱去污染的衣着，用肥皂水和清水冲洗。如有不适感，就医。

食入：漱口，饮水。就医。

灭火方法　消防人员须佩戴空气呼吸器，穿全身消防服，在上风向灭火。尽可能将容器从火场移至空旷处。喷水保持火场容器冷却，直至灭火结束。

泄漏应急处置　液体泄漏：根据液体流动和蒸气扩散的影响区域划定警戒区，无关人员从侧风、上风向撤离至安全区。建议应急处理人员戴防毒面具，穿一般作业工作服。尽可能切断泄漏源。防止泄漏物进入水体、下水道、地下室或限制性空间。小量泄漏：用干燥的砂土或其他不燃材料吸收或覆盖，收集于容器中。大量泄漏：构筑围堤或挖坑收容。用泵转移至槽车或专用收集器内。固体泄漏：建议应急处理人员戴防尘口罩，穿一般工作服。防止起尘。用洁净的铲子收集于适当的容器中，回收或废弃处置。

589. 氯　化　铈

标　　识

中文名称　氯化铈

英文名称　Cerium chloride；Cerous chloride

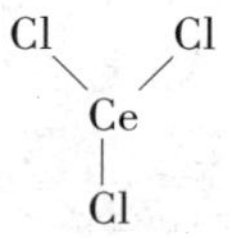

别名　三氯化铈

分子式　$CeCl_3$

CAS 号　7790-86-5

危害信息

燃烧与爆炸危险性　不燃。受高热分解放出有毒气体。

活性反应　水溶液显酸性，能与碱发生放热中和反应。一般情况下，本品化学性质稳定，既不与氧化剂也不与还原剂反应。

禁忌物　水。

毒性 大鼠经口 LD_{50}：2111mg/kg；小鼠经口 LD_{50}：5277mg/kg。

未见职业性中毒病例报道。但高浓度铈及其化合物对肝脏有毒性作用。

侵入途径 吸入、食入。

理化特性与用途

理化特性 白色结晶粉末。易潮解。溶于水，溶于乙醇、丙酮、酸。熔点848℃，沸点1727℃，相对密度(水=1)3.92。

主要用途 用作石油催化剂、铈盐原料，也用于制金属铈。

包装与储运

安全储运 储存于阴凉、通风的库房。应与氧化剂隔离储运。

紧急处置信息

急救措施

吸入：脱离接触。如有不适感，就医。

眼睛接触：分开眼睑，用流动清水或生理盐水冲洗。如有不适感，就医。

皮肤接触：脱去污染的衣着，用肥皂水和清水冲洗。如有不适感，就医。

食入：漱口，饮水。就医。

灭火方法 消防人员须佩戴防毒面具、穿全身消防服，在上风向灭火。尽可能将容器从火场移至空旷处。

泄漏应急处置 隔离泄漏污染区，限制出入。建议应急处理人员戴防尘口罩，穿一般作业工作服。尽可能切断泄漏源。用塑料布覆盖泄漏物，减少飞散。勿使水进入包装容器内。用洁净的铲子收集泄漏物，置于干净、干燥、盖子较松的容器中，将容器移离泄漏区。

590. 氯化双十八烷基二甲基铵

标　识

中文名称 氯化双十八烷基二甲基铵

英文名称 *N*,*N* - Dioctadecyl - *N*,*N* - dimethylammonium chloride；Distearyldimethylammonium chloride

别名 双十八烷基二甲基氯化铵

分子式 $C_{38}H_{80}ClN$

CAS 号 107 - 64 - 2

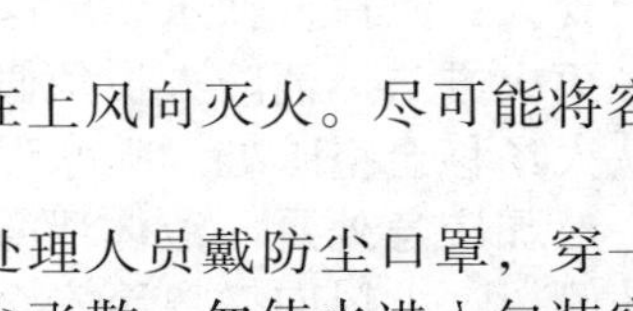

危害信息

燃烧与爆炸危险性 可燃，遇明火高热有引起燃烧爆炸的危险。燃烧产生有毒的一氧化碳和氮氧化物气体。

毒性 大鼠经口 LD_{50}：11300mg/kg。

对眼、呼吸道和皮肤有刺激性。可引起眼灼伤。食入引起咽喉和胸部烧灼感。

侵入途径 吸入、食入。

环境危害 对水生生物有极高毒性，可能在水生环境中造成长期不利影响。

理化特性与用途

理化特性 无色或淡黄色膏状物或固体。几乎不溶于水，溶于异丙醇。pH 值(5% 异丙醇)6 ~ 9，熔点 67℃，相对密度(水 = 1)0. 85 ~ 0. 87(37. 8℃)，闪点 > 100℃(闭杯)，辛醇/水分配系数 3. 8。

主要用途 用作织物的柔软调整剂和抗静电剂，膨润土的改性剂，沥青乳化剂，矿物浮选剂，糖用脱色剂，润滑剂和防腐剂等。在工业水处理中用作杀菌剂和黏泥防止剂。

包装与储运

安全储运 储存于阴凉、通风的库房。远离火种、热源。应与氧化剂等隔离储运。搬运时轻装轻卸，防止包装受损。

紧急处置信息

急救措施

吸入： 迅速脱离现场至空气新鲜处。保持呼吸道通畅。如呼吸困难，给输氧。呼吸、心跳停止，立即进行心肺复苏术。就医。

眼睛接触： 立即分开眼睑，用大量流动清水或生理盐水彻底冲洗 10 ~ 15min。就医。

皮肤接触： 立即脱去污染的衣着，用大量流动清水彻底冲洗，冲洗时间一般要求 20 ~ 30min。就医。

食入： 用水漱口，禁止催吐。给饮牛奶或蛋清。就医。

灭火方法 消防人员须穿全身消防服，在上风向灭火。尽可能将容器从火场移至空旷处。喷水保持火场容器冷却，直至灭火结束。

灭火剂：雾状水、泡沫、二氧化碳、干粉、砂土。

泄漏应急处置 隔离泄漏污染区，限制出入。建议应急处理人员戴防尘口罩，穿防毒防酸碱服，戴橡胶耐酸碱手套。穿上适当的防护服前严禁接触破裂的容器和泄漏物。尽可能切断泄漏源。用塑料布覆盖泄漏物，减少飞散。勿使水进入包装容器内。用洁净的铲子收集泄漏物，置于干净、干燥、盖子较松的容器中，将容器移离泄漏区。

591. 氯化双十二烷基二甲基铵

标 识

中文名称 氯化双十二烷基二甲基铵

英文名称 Didodecyl dimethyl ammonium chloride; Dilauryl dimethyl ammonium chloride

别名 双十二烷基二甲基氯化铵；氯化双月桂基二甲基铵；D1221；DDDMAC

分子式 $C_{26}H_{56}ClN$

CAS 号 3401 - 74 - 9

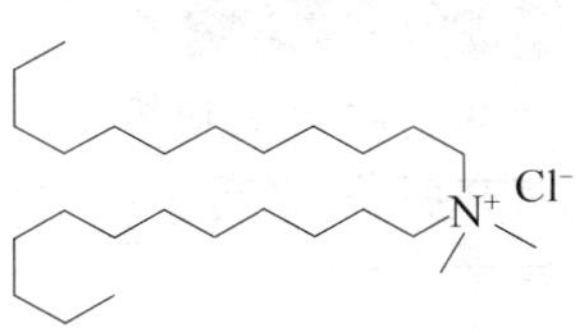

危害信息

危险性类别 第 6 类 有毒品

燃烧与爆炸危险性 可燃，遇明火高热有引起燃烧爆炸的危险。燃烧产生有毒的一氧化碳和氮氧化物气体。

毒性　小鼠经口 LD_{50}：2g/kg。

对眼和皮肤有刺激性。

侵入途径　吸入、食入。

环境危害　对水生生物有极高毒性。

理化特性与用途

理化特性　白色或微黄色膏体，微溶于水，易溶于极性溶剂。有效成分含量50%、75%和90%三种。pH 值5～7.5。

主要用途　季铵盐型阳离子表面活性剂，可用作沥青乳化剂、矿物浮选剂、杀菌消毒剂、乳化剂、三次采油助剂等。

包装与储运

包装标志　有毒品

包装类别　Ⅲ类

安全储运　储存于阴凉、通风的库房。远离火种、热源。储存温度不超过35℃，相对湿度不超过80%。保持容器密封。应与强氧化剂、强碱隔离储运。搬运时轻装轻卸，防止容器受损。

紧急处置信息

急救措施

吸入：脱离接触。如有不适感，就医。

眼睛接触：分开眼睑，用流动清水或生理盐水冲洗。如有不适感，就医。

皮肤接触：脱去污染的衣着，用流动清水冲洗。如有不适感，就医。

食入：漱口，饮水。就医。

泄漏应急处置　消除所有点火源。根据液体流动和蒸气扩散的影响区域划定警戒区，无关人员从侧风、上风向撤离至安全区。建议应急处理人员戴正压自给式呼吸器，穿防静电、防腐蚀服，戴橡胶手套。尽可能切断泄漏源。防止泄漏物进入水体、下水道、地下室或限制性空间。小量泄漏：用干燥的砂土或其他不燃材料吸收或覆盖，收集于容器中。大量泄漏：构筑围堤或挖坑收容。

592. 氯　化　铜

标　　识

中文名称　氯化铜

英文名称　Copper chloride；Cupric chloride；Copper dichloride

分子式　$CuCl_2$

CAS 号　7447－39－4

WGH 号　83503

UN 号　2802

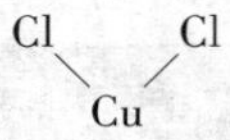

危害信息

危险性类别 第8.3类 其他腐蚀品

燃烧与爆炸危险性 不燃。具有腐蚀性。

活性反应 水溶液呈酸性，能与碱发生中和反应，放出少量的热。无水氯化铜在空气中易吸水，生成二水合氯化铜，能腐蚀金属。与烯丙基氯、烯丙醇、环氧乙烷、有机过氧化物接触会发生反应。

禁忌物 钠、钾。

毒性 大鼠经口 LD_{50}：584mg/kg；小鼠经口 LD_{50}：233mg/kg。

中毒表现 口服铜盐引起急性中毒，口服后立即出现剧烈呕吐，呕吐物呈蓝色或绿色；口腔黏膜蓝染；口腔、食管和胃部烧灼感，口内金属味，恶心，剧烈腹痛，腹泻，有时出现呕血和黑便。反复呕吐和腹泻引起脱水造成休克。可因溶血和肝细胞的损害而出现黄疸、贫血和血红蛋白尿。部分病人发生肾小管坏死。铜盐对皮肤黏膜有刺激作用，接触高浓度铜化合物溶液可致皮肤坏死。溅入眼内可致结膜炎、角膜溃疡和浑浊。

侵入途径 吸入、食入。

环境危害 严重海洋污染物。对水生生物有害，可能在水生环境中造成长期不利影响。

理化特性与用途

理化特性 黄棕色单斜结晶或粉末，有吸湿性。微溶于乙醚、丙酮、醋酸乙酯，易溶于水、甲醇、乙醇、氨水。熔点620℃，沸点993℃（分解成氯化亚铜），相对密度（水=1）3.386（25℃/4℃）。

主要用途 用作催化剂、媒染剂等。也用于石油馏分的脱臭和脱硫、金属提炼以及制玻璃、陶瓷、烟火等。

包装与储运

包装标志 腐蚀品

包装类别 Ⅲ类

安全储运 储存于阴凉、通风的库房。密闭包装，防止破损，避免受潮变质。应与食用化学品等隔离储运。储区应备有合适的材料收容泄漏物。

紧急处置信息

急救措施

吸入：迅速脱离现场至空气新鲜处。保持呼吸道通畅。如呼吸困难，给输氧。呼吸、心跳停止，立即进行心肺复苏术。就医。

眼睛接触：立即分开眼睑，用大量流动清水或生理盐水彻底冲洗10~15min。就医。

皮肤接触：立即脱去污染的衣着，用大量流动清水彻底冲洗，冲洗时间一般要求20~30min。就医。

食入：立即用0.1%亚铁氰化钾洗胃，形成不溶的亚铁氰化铜。或用碳酸氢钠洗胃，并给予牛奶、蛋清保护胃黏膜。

灭火方法 消防人员必须穿全身防火防毒服，佩戴空气呼吸器，在上风向灭火。尽可能将容器从火场移至空旷处。

本品不燃，根据火灾原因选择适当的灭火剂。

泄漏应急处置 隔离泄漏污染区，限制出入。建议应急处理人员戴防尘口罩，穿防腐、防毒服，戴橡胶手套。穿上适当的防护服前严禁接触破裂的容器和泄漏物。尽可能切断泄漏源。用塑料布覆盖泄漏物，减少飞散。勿使水进入包装容器内。用洁净的铲子收集泄漏物，置于干净、干燥、盖子较松的容器中，将容器移离泄漏区。

593. 氯　化　锌

标　识

中文名称　氯化锌

英文名称　Zinc chloride；Zinc dichloride

别名　锌氯粉

分子式　$ZnCl_2$

CAS 号　7646 - 85 - 7

WGH 号　83504

UN 号　2331

Cl—Zn—Cl

危害信息

危险性类别　第 8 类　腐蚀品

燃烧与爆炸危险性　不燃，无特殊燃爆特性。受高热分解产生有毒的腐蚀性烟气。遇水分解放出白色烟雾。

禁忌物　强氧化剂。

毒性　大鼠经口 LD_{50}：350mg/kg；小鼠经口 LD_{50}：329mg/kg；大鼠吸入 LCL_{o}：1960mg/m^3(10min)。

本品有刺激和腐蚀作用。

中毒表现　吸入氯化锌烟雾可引起支气管肺炎。高浓度吸入可致死。患者表现有呼吸困难、胸部紧束感、胸骨后疼痛、咳嗽等。眼睛接触可致结膜炎或灼伤。可引起皮肤刺激和烧灼，皮肤上出现“鸟眼”型溃疡。口服腐蚀口腔和消化道，严重者可致死。

侵入途径　吸入、食入。

职业接触限值　中国：PC - TWA：1mg/m^3(烟)；PC - STEL：2mg/m^3(烟)。

美国(ACGIH)：TLV - TWA：1mg/m^3(烟)；TLV - STEL 2mg/m^3(烟)。

环境危害　对水生生物有极高毒性，可能在水生环境中造成长期不利影响。

理化特性与用途

理化特性　白色六方晶系粒状结晶或粉末，易潮解。易溶于水，溶于甲醇、乙醇、甘油、丙酮、乙醚，不溶于液氨。pH 值 4(水溶液)，熔点 290℃，沸点 732℃，相对密度(水 = 1)2.9(25/4℃)，相对蒸气密度(空气 = 1)4.7，蒸气压 0.13kPa(428℃)。

主要用途　用作脱水剂，催化剂，媒染剂，上浆剂，增重剂，防腐剂，还用于电镀，染料，医药，农药等工业。

包装与储运

包装标志　腐蚀品

包装类别　Ⅲ类

安全储运　储存于阴凉、通风的库房。远离火种、热源。保持容器密封。应与氧化剂、碱金属、酸等隔离储运。

紧急处置信息

急救措施

吸入： 迅速脱离现场至空气新鲜处。保持呼吸道通畅。如呼吸困难，给输氧。呼吸、心跳停止，立即进行心肺复苏术。就医。

眼睛接触： 立即分开眼睑，用大量流动清水或生理盐水彻底冲洗 10 ~ 15min。就医。

皮肤接触： 立即脱去污染的衣着，用大量流动清水彻底冲洗。就医。

食入： 漱口，不要催吐，给服活性炭和泻剂。就医。

灭火方法　消防人员须佩戴空气呼吸器，穿全身消防服在上风向灭火。尽可能将容器从火场移至空旷处。喷水保持火场容器冷却，直至灭火结束。

本品不燃，根据着火原因选择适当灭火剂灭火。

泄漏应急处置　隔离泄漏污染区，限制出入。建议应急处理人员戴防尘口罩，穿防酸碱服，戴橡胶手套。穿上适当的防护服前严禁接触破裂的容器和泄漏物。尽可能切断泄漏源。用塑料布覆盖泄漏物，减少飞散。勿使水进入包装容器内。用洁净的铲子收集泄漏物，置于干净、干燥、盖子较松的容器中，将容器移离泄漏区。

594. 氯磺化聚乙烯

标　识

中文名称　氯磺化聚乙烯

英文名称　Polyethylene；chlorosulfonated

别名　海伯隆

CAS 号　68037 – 39 – 8

危害信息

燃烧与爆炸危险性　可燃，遇明火高热有引起燃烧爆炸的危险，燃烧产生有毒的一氧化碳、硫氧化物气体。

侵入途径　吸入、食入。

理化特性与用途

理化特性　白色或淡黄色块状物。易溶于芳香烃及氯代烃，不溶于酸、脂肪烃、一元醇及二元醇，微溶于酮、酯、环醚。相对密度(水 =1)1.1。

主要用途　用于电线电缆包层、设备防腐、汽车零部件制造等。

包装与储运

安全储运　储存于阴凉、通风的库房。远离火种、热源。应与氧化剂等隔离储运。

紧急处置信息

急救措施

吸入： 脱离接触。如有不适感，就医。

眼睛接触： 分开眼睑，用流动清水或生理盐水冲洗。如有不适感，就医。

皮肤接触： 脱去污染的衣着，用肥皂水和清水冲洗。如有不适感，就医。

食入： 漱口，饮水。就医。

灭火方法　消防人员须穿全身消防服，在上风向灭火。尽可能将容器从火场移至空旷处。喷水保持火场容器冷却，直至灭火结束。

灭火剂：雾状水、泡沫、二氧化碳、干粉、砂土。

泄漏应急处置　隔离泄漏污染区，限制出入。建议应急处理人员戴防尘口罩，穿防毒防酸碱服，戴橡胶耐酸碱手套。穿上适当的防护服前严禁接触破裂的容器和泄漏物。尽可能切断泄漏源。用塑料布覆盖泄漏物，减少飞散。勿使水进入包装容器内。用洁净的铲子收集泄漏物，置于干净、干燥、盖子较松的容器中，将容器移离泄漏区。

595. 1－氯己烷

标　识

中文名称　1－氯己烷

英文名称　1－Chlorohexane；*n*-Hexyl chloride；Hexyl chloride

别名　己基氯；氯代正己烷

分子式　$C_6H_{13}Cl$

CAS 号　544－10－5

WGH 号　33526；T32026［铁规］

危害信息

危险性类别　第 3 类　易燃液体

燃烧与爆炸危险性　易燃。其蒸气与空气混合能形成爆炸性混合物，遇明火、高热易燃烧或爆炸。燃烧产生有毒的一氧化碳和氯化氢气体。在高温火场中，受热的容器或储罐有破裂和爆炸的危险。受热分解能放出剧毒的光气。

活性反应　与氧化剂反应。

禁忌物　强氧化剂、强碱。

毒性　本品属脂肪族卤代烃类，该类物质具有麻醉和刺激作用。

侵入途径　吸入、食入。

理化特性与用途

理化特性　无色液体，有芳香气味。不溶于水，溶于甲醇、乙醇、苯、油类等多数有机溶剂。熔点－94℃，沸点 133～135℃，相对密度（水＝1）0.88，相对蒸气密度（空气＝1）4.2，辛醇/水分配系数 3.54，闪点 26.7℃、29℃（闭杯），引燃温度 225℃，爆炸极限1%～9.6%。

主要用途　用作溶剂、有机合成中间体。

包装与储运

包装标志　易燃液体

包装类别　Ⅲ类

安全储运 储存于阴凉、通风的库房。保持容器密闭。远离火种、热源，避免阳光直射。储存温度不超过37℃。炎热季节早晚运输。应与氧化剂、酸等隔离储运。禁止使用易产生火花的机械设备和工具。灌装时注意流速，防止静电积聚。搬运时轻装轻卸，防止容器受损。

紧急处置信息

急救措施

吸入：迅速脱离现场至空气新鲜处。保持呼吸道通畅。如呼吸困难，给输氧。呼吸、心跳停止，立即进行心肺复苏术。就医。

眼睛接触：立即分开眼睑，用流动清水或生理盐水彻底冲洗。就医。

皮肤接触：立即脱去污染的衣着，用肥皂水和清水彻底冲洗。就医。

食入：漱口，不要催吐。忌给牛奶、油脂和酒类。就医。

拟交感神经药可致室性心律不齐，禁用。

灭火方法 消防人员须穿全身消防服，佩戴空气呼吸器，在上风向灭火。尽可能将容器从火场移至空旷处。喷水保持火场容器冷却，直至灭火结束。处在火场中的容器若发生异常变化或发出异常声音，须马上撤离。

灭火剂：泡沫、二氧化碳、干粉、砂土。

泄漏应急处置 消除所有点火源。根据液体流动和蒸气扩散的影响区域划定警戒区，无关人员从侧风、上风向撤离至安全区。建议应急处理人员戴正压自给式呼吸器，穿防静电服。尽可能切断泄漏源。防止泄漏物进入水体、下水道、地下室或限制性空间。小量泄漏：用活性炭或其他惰性材料吸收。大量泄漏：构筑围堤或挖坑收容。用泡沫覆盖，减少蒸发。用防爆泵转移至槽车或专用收集器内。

596. 氯甲酸烯丙酯

标 识

中文名称 氯甲酸烯丙酯

英文名称 Allyl chloroformate；Chloroformic acid allyl ester

分子式 $C_4H_5ClO_2$

CAS 号 2937-50-0

WGH 号 83006

UN 号 1722

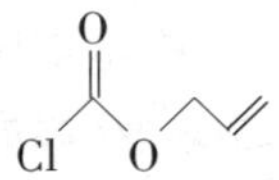

危害信息

危险性类别 第8类 腐蚀品；第6.1类 有毒品(危险货物)

燃烧与爆炸危险性 易燃。其蒸气与空气混合能形成爆炸性混合物，遇明火、高热易燃烧或爆炸。燃烧产生有毒的一氧化碳、氯化氢和光气。遇高热分解释出高毒气体。在高温火场中，受热的容器或储罐有破裂和爆炸的危险。蒸气比空气重，能在较低处扩散到相当远的地方，遇火源会着火回燃和爆炸(闪爆)。遇潮时对多数金属有腐蚀性。

活性反应 与氧化剂接触能引起燃烧和爆炸，与酸、碱和胺接触发生反应。

禁忌物 强氧化剂、酸类、碱类、水、胺类、醇类等。

毒性 大鼠经口 LD_{50}：244mg/kg；小鼠经口 LD_{50}：210mg/kg；大鼠吸入 LC_{50}：32.4mg/m^3；小鼠吸入 LC_{50}：23.1mg/m^3。

中毒表现 对眼睛、皮肤和黏膜有强烈刺激性，有腐蚀性。吸入，可引起喉、支气管炎症、痉挛，化学性肺炎、肺水肿等。接触有头痛、恶心、呕吐、喉炎、咳嗽等症状。

侵入途径 吸入、食入。

理化特性与用途

理化特性 本品为无色透明液体，有刺激性气味，易潮解，长期放置缓慢分解。不溶于水。溶于氯仿、乙醚、苯等。熔点 -80℃，沸点 110℃，相对密度(水 =1)1.1394(20℃/4℃)，相对蒸气密度(空气 =1)4.2，蒸气压 2.67kPa(25℃)，辛醇/水分配系数 0.98，燃烧热 -2169.7kJ/mol，闪点 31℃(闭杯)，临界温度 301℃，临界压力 3.95MPa。

主要用途 用于医药、生物农药合成。

包装与储运

包装标志 有毒品，易燃液体，腐蚀品

包装类别 Ⅰ类

安全储运 储存于阴凉、通风的库房。远离火种、热源。储存温度不超过 30℃，相对湿度不超过 80%。保持容器密封。炎热季节早晚运输，应与氧化剂、醇、强酸、强碱、胺等隔离储运。禁止使用易产生火花的机械设备和工具。灌装时注意流速，防止静电积聚。搬运时轻装轻卸，防止容器受损。

紧急处置信息

急救措施

吸入：迅速脱离现场至空气新鲜处。保持呼吸道通畅。如呼吸困难，给输氧。呼吸、心跳停止，立即进行心肺复苏术。就医。

眼睛接触：立即分开眼睑，用大量流动清水或生理盐水彻底冲洗 10 ~ 15min。就医。

皮肤接触：立即脱去污染的衣着，用大量流动清水彻底冲洗，冲洗时间一般要求 20 ~ 30min。就医。

食入：用水漱口，禁止催吐。给饮牛奶或蛋清。就医。

灭火方法 消防人员须穿全身消防服，佩戴空气呼吸器，在上风向灭火。尽可能将容器从火场移至空旷处。喷水保持火场容器冷却，直至灭火结束。处在火场中的容器若发生异常变化或发出异常声音，须马上撤离。

灭火剂：二氧化碳、干粉、砂土。不宜用水灭火。

泄漏应急处置 消除所有点火源。根据液体流动和蒸气扩散的影响区域划定警戒区，无关人员从侧风、上风向撤离至安全区。建议应急处理人员戴正压自给式呼吸器，穿防静电、防腐、防毒服，戴耐腐蚀橡胶手套。作业时使用的所有设备应接地。穿上适当的防护服前严禁接触破裂的容器和泄漏物。尽可能切断泄漏源。防止泄漏物进入水体、下水道、地下室或密闭性空间。严禁用水处理。小量泄漏：用干燥的砂土或其他不燃材料覆盖泄漏物。大量泄漏：构筑围堤或挖坑收容。用防爆、耐腐蚀泵转移至槽车或专用收集器内。

597. 氯 甲 烷

标 识

中文名称 氯甲烷

英文名称 Chloromethane；Methyl chloride；Refrigerant gas R 40

别名 甲基氯；制冷剂 R－40

分子式 CH_3Cl

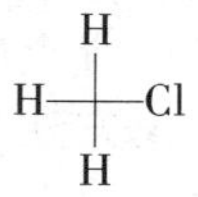

CAS 号 74－87－3

WGH 号 23040

UN 号 1063

危害信息

危险性类别 第 2.3 类 有毒气体；第 2.1 类 易燃气体(危险货物)

燃烧与爆炸危险性 易燃，与空气混合能形成爆炸性混合物。燃烧产生有毒的一氧化碳、氯化氢和光气。

活性反应 与铝接触在空气中能形成自燃的物质。与镁、钠和钾金属接触会发生剧烈反应。

禁忌物 强氧化剂、镁、钠和钾及其合金。

毒性 大鼠经口 LD_{50}：1800mg/kg；大鼠吸入 LC_{50}：5300mg/m^3(4h)；人吸入 LCL_o：2000ppm(2h)。

本品有刺激和麻醉作用，严重损伤中枢神经系统，亦能损害肝、肾和睾丸。

中毒表现 急性中毒：轻度者有头痛、眩晕、恶心、呕吐、视力模糊、步态蹒跚、精神错乱等。严重中毒时，可出现谵妄、躁动、抽搐、震颤、视力障碍、昏迷，呼气中有酮体味。尿中检出甲酸盐和酮体有助于诊断。皮肤接触可因氯甲烷在体表迅速蒸发而致冻伤。

慢性影响：低浓度长期接触，可发生困倦、嗜睡、头痛、感觉异常、情绪不稳等症状，较重者有步态蹒跚、视力障碍及震颤等症状。

侵入途径 吸入。

职业接触限值

中国：PC－TWA：60mg/m^3[皮]；PC－STEL：120mg/m^3[皮]。

美国(ACGIH)：TLV－TWA：50ppm[皮]；TLV－STEL：100ppm[皮]。

理化特性与用途

理化特性 无色气体，有醚样的微甜气味。微溶于水，溶于乙醇、氯仿、苯、四氯化碳、冰醋酸等。熔点－97.5℃，沸点－23.7℃，相对密度(水＝1)0.92，相对蒸气密度(空气＝1)1.8，蒸气压 506.62kPa(22℃)，燃烧热－620.27kJ/mol，临界温度 143.8℃，临界压力 6.68MPa，辛醇/水分配系数 0.91，闪点－46℃，引燃温度 632℃，爆炸极限 8.1%～17.4%。

主要用途 用作致冷剂、甲基化剂，还用于有机合成。

包装与储运

包装标志 易燃气体

安全储运　储存于阴凉、通风的库房或大型气柜。远离火源和热源。储存温度不超过30℃。储存时，应与氧化剂隔离。禁止使用易产生火花的机械设备和工具。运输时防止雨淋、曝晒。搬运时轻装轻卸，须戴好钢瓶安全帽和防震橡皮圈，防止钢瓶撞击。

紧急处置信息

急救措施

吸入：迅速脱离现场至空气新鲜处。保持呼吸道通畅。如呼吸困难，给输氧。呼吸、心跳停止，立即进行心肺复苏术。就医。

皮肤接触：如发生冻伤，用温水(38～42℃)复温，忌用热水或辐射热，不要揉搓。

忌用肾上腺素。

灭火方法　切断气源。若不能切断气源，则不允许熄灭泄漏处的火焰。消防人员须穿全身消防服，在上风向灭火。喷水保持火场容器冷却，直至灭火结束。尽可能将容器从火场移至空旷处。

灭火剂：雾状水、泡沫、二氧化碳。

泄漏应急处置　消除所有点火源。根据气体扩散的影响区域划定警戒区，无关人员从侧风、上风向撤离至安全区。建议应急处理人员穿内置正压自给式呼吸器的全封闭防化服。如果是液化气体泄漏，还应注意防冻伤。作业时使用的所有设备应接地。禁止接触或跨越泄漏物。尽可能切断泄漏源。若可能翻转容器，使之逸出气体而非液体。喷雾状水抑制蒸气或改变蒸气云流向，避免水流接触泄漏物。禁止用水直接冲击泄漏物或泄漏源。防止气体通过下水道、通风系统和限制性空间扩散。隔离泄漏区直至气体散尽。

598. 氯氧化锆

标　识

中文名称　氯氧化锆

英文名称　Zirconium dichloride oxide; Zirconyl chloride; Zirconium oxychloride

别名　二氯氧化锆

分子式　$ZrOCl_2 \cdot 8H_2O$

CAS 号　7699－43－6

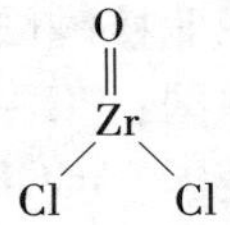

危害信息

危险性类别　第8类　腐蚀品

燃烧与爆炸危险性　不燃，受热分解放出有毒且具有腐蚀性的氯化物气体。

禁忌物　强碱。

毒性　大鼠经口 LD_{50}：2950mg/kg；小鼠经口 LD_{50}：1227mg/kg。

本品低毒。吸入可引起支气管炎。工业上尚未见有锆中毒的报道。

侵入途径　吸入、食入。

职业接触限值　中国：PC－TWA：5mg/m³［按 Zr 计］；PC－STEL：10/m³［按 Zr 计］。

理化特性与用途

理化特性　白色或微黄色针状结晶，为酸性化合物。溶于水、甲醇、乙醇和醚，微溶于氢氟酸和盐酸。不溶于其他有机溶剂。pH≤1(5%水溶液)，相对密度(水=1)1.91，分解温度>150℃。

主要用途 是制造其他锆产品的主要原料。用于纺织、皮革、橡胶添加剂、金属表面处理剂、涂料干燥剂、耐火材料、陶瓷、催化剂、防火剂等。

包装与储运

包装标志 腐蚀品

包装类别 Ⅲ类

安全储运 储存于阴凉、通风的库房。远离火种、热源。密闭包装。应与氧化剂隔离储运。

紧急处置信息

急救措施

吸入：迅速脱离现场至空气新鲜处。保持呼吸道通畅。如呼吸困难，给输氧。呼吸、心跳停止，立即进行心肺复苏术。就医。

眼睛接触：立即分开眼睑，用大量流动清水或生理盐水彻底冲洗10~15min。就医。

皮肤接触：立即脱去污染的衣着，用大量流动清水彻底冲洗。就医。

食入：用水漱口，禁止催吐。就医。

灭火方法 消防人员须佩戴空气呼吸器，穿全身耐酸碱消防服在上风向灭火。尽可能将容器从火场移至空旷处。喷水保持火场容器冷却，直至灭火结束。

本品不燃，根据着火原因选择适当灭火剂灭火。

泄漏应急处置 建议应急处理人员戴防尘口罩，穿防毒防酸碱服，戴橡胶耐酸碱手套。用洁净的铲子收集泄漏物，置于干净、干燥、盖子较松的容器中，将容器移离泄漏区。

599. 氯 乙 醇

标 识

中文名称 氯乙醇

英文名称 2-Chloroethanol；Ethylene chlorohydrin

别名 2-氯乙醇

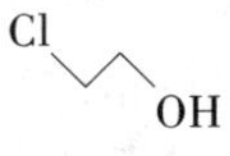

分子式 C_2H_5ClO

CAS号 107-07-3

WGH号 61583

UN号 1135

危害信息

危险性类别 第6.1类 毒害品

燃烧与爆炸危险性 易燃。蒸气与空气能形成爆炸性混合物，遇明火、高热会引起燃烧爆炸并分解出剧毒的光气。蒸气比空气重，能在较低处扩散到相当远的地方，遇火源会着火回燃和爆炸(闪爆)。在火场中，受热的容器或储罐由于内压增大，有开裂和爆炸的危险。遇水或水蒸气反应放热并产生有毒的腐蚀性气体。

活性反应　与氧化剂、氯磺酸、乙二胺、碱金属、强还原剂发生反应，释放出有毒或易燃气体。

禁忌物　强氧化剂、碱金属、强还原剂等。

毒性　大鼠经口 LD_{50}：71mg/kg；大鼠吸入 LC_{50}：290mg/m^3；小鼠经口 LD_{50}：81mg/kg；小鼠吸入 LC_{50}：385mg/m^3；家兔经皮：LD_{50}：67mg/kg；人(男性)吸入 LCL_o：305ppm(2h)。

本品可经呼吸道、胃肠道和皮肤吸收进入人体。本品毒性可能与其中间代谢产物氯乙醛有关。

本品属剧毒化学品，已列入《剧毒化学品目录》(2002 版)。

中毒表现　急性中毒：高浓度蒸气对眼、上呼吸道有刺激性。高浓度吸入出现头痛、头晕、嗜睡、恶心、呕吐，继之乏力、呼吸困难、紫绀、共济失调、抽搐、昏迷。重者除发生脑水肿外，还可出现肺水肿和心、肝、肾损害。可因循环和呼吸衰竭而死亡。皮肤接触，可出现皮肤红斑；可经皮吸收引起中毒。口服可致死。

慢性影响：长期接触可出现头痛、头晕、乏力、黏膜刺激、食欲减退等症状。

侵入途径　吸入、食入、经皮吸收。

职业接触限值　中国：MAC：2mg/m^3[皮]。

美国(ACGIH)：TLV－C：1ppm[皮]。

环境危害　对水生生物是有害的。

理化特性与用途

理化特性　无色液体，微具醚味。混溶于水、乙醇、丙酮等。熔点－67.5℃，沸点128～130℃，相对密度(水＝1)1.20，蒸气相对密度(水＝1)2.78，蒸气压0.65kPa(20℃)，燃烧热－1214.09kJ/mol，辛醇/水分配系数－0.06，闪点40℃(开杯)、60℃(闭杯)，爆炸极限4.9%～15.9%，引燃温度425℃。

主要用途　用于制造乙二醇、环氧乙烷、有机合成的中间体，也用于制备溶纤素、芥子气、医药、染料、农药和聚硫橡胶等。

包装与储运

包装标志　剧毒品，易燃液体

包装类别　Ⅰ类

安全储运　储存于阴凉、干燥、通风的专用库房内。远离火种、热源。储存温度不超过35℃，相对湿度不超过80%。应与氧化剂、碱金属、强还原剂、食用化学品等隔离储运。保持密闭容器。搬运时轻装轻卸，防止包装受损而导致泄漏。禁止使用易产生火花的机械设备和工具。搬运时轻装轻卸，防止容器受损。

紧急处置信息

急救措施

吸入：迅速脱离现场至空气新鲜处。保持呼吸道通畅。如呼吸困难，给输氧。呼吸、心跳停止，立即进行心肺复苏术。就医。

眼睛接触：立即分开眼睑，用流动清水或生理盐水彻底冲洗。就医。

皮肤接触：立即脱去污染的衣着，用肥皂水和清水彻底冲洗。就医。

食入：催吐，洗胃。就医。

乙醇对本品有解毒作用。

灭火方法　消防人员必须穿全身防火防毒服，佩戴空气呼吸器，在上风向灭火。尽可能将容器从火场移至空旷处。喷水保持火场容器冷却，直至灭火结束。处在火场中的容器若发生异常变化或发出异常声音，必须马上撤离。

灭火剂：抗溶性泡沫、二氧化碳、干粉、砂土。

泄漏应急处置　消除所有点火源。根据液体流动和蒸气扩散的影响区域划定警戒区，无关人员从侧风、上风向撤离至安全区。建议应急处理人员戴正压自给式呼吸器，穿防毒、防静电服，戴防化学品手套。作业时使用的所有设备应接地。禁止接触或跨越泄漏物。尽可能切断泄漏源。防止泄漏物进入水体、下水道、地下室或限制性空间。小量泄漏：用砂土或其他不燃材料吸收。使用洁净的无火花工具收集吸收材料。大量泄漏：构筑围堤或挖坑收容。用泡沫覆盖，减少蒸发。喷水雾能减少蒸发，但不能降低泄漏物在受限制空间内的易燃性。用防爆泵转移至槽车或专用收集器内。喷雾状水驱散蒸气、稀释液体泄漏物。

600. 氯　乙　酸

标　识

中文名称　氯乙酸

英文名称　Chloroacetic acid；Monochloroacetic acid

别名　氯醋酸；一氯乙酸

分子式　$C_2H_3ClO_2$

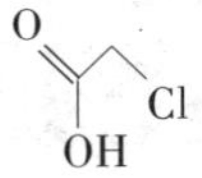

CAS 号　79－11－8

WGH 号　81603；T61159A（固体）[铁规]；T61159B(液体或熔融的)[铁规]

UN 号　1750[溶液]；1751[固体]；3250[熔融的]

危害信息

危险性类别　第 8.1 类　酸性腐蚀品；6.1 类　毒害品

燃烧与爆炸危险性　粉体与空气混合形成爆炸性混合物。遇明火、高热可燃，释放出含氯化氢、光气和一氧化碳的有毒气体。遇潮时对大多数金属有强腐蚀性。

活性反应　对铁、锌、铝等活泼金属有腐蚀性。与碱发生放热中和反应。与氰化物反应会释放出剧毒的氰化氢气体。与硫醇、硫化物、氮化物、异氰酸酯、重氮化合物反应会放出有毒气体和热量，甚至会导致反应物燃烧。与碳酸盐反应放出二氧化碳和热量。能与强氧化剂和强还原剂发生反应，放出热量。

禁忌物　强氧化剂、强碱、强还原剂等。

毒性　大鼠经口 LD_{50}：55mg/kg；大鼠吸入 LC_{50}：180mg/m^3。

本品可经皮肤、呼吸道、消化道吸收。经皮吸收可引起中毒死亡，其毒作用机理可能与重要的酶类的 SH 基反应有关。

本品属剧毒化学品，已列入《剧毒化学品目录》(2002 年版)。

中毒表现　氯乙酸经皮吸收后引起中毒，甚至导致死亡。皮肤接触后，出现水疱伴有剧痛，随后水疱吸收，出现角化过度，经 3～4 次脱皮后始愈。中毒者早期可有呕吐、腹泻、视力模糊、定向力障碍等症状，随后出现烦躁、抽搐、昏迷、血压下降；检查可见深浅反射消失，呼吸困难，心电图示心肌损害。还可出现低血钾和严重的酸中毒及进行性的肾功能衰竭。接触氯乙酸烟雾，可有眼部疼痛、流泪、羞明、结膜充血等症状及上呼吸道刺激症状。眼部直接接触本品酸雾，即刻引起严重刺激症状及角膜损伤。

侵入途径 吸入、食入、经皮吸收。

职业接触限值 中国：MAC：$2mg/m^3$[皮]。

环境危害 对水生生物有极高毒性；有害空气污染物。

理化特性与用途

理化特性 无色或淡黄色结晶，有潮解性。溶于水、乙醇、乙醚、氯仿、二硫化碳。熔点50～63℃，沸点189℃，相对密度(水=1)1.404(40℃)，相对蒸气密度(空气=1)3.26，蒸气压0.67kPa(71.5℃)，临界温度413℃，临界压力5.78MPa，辛醇/水分配系数0.22，闪点126℃(闭杯)，爆炸下限8.0%，引燃温度>500℃。

主要用途 用作农药、医药和染料的中间体，用于生产羧甲基纤维素、有色金属浮选剂等。

包装与储运

包装标志 剧毒品，腐蚀品

包装类别 Ⅱ类

安全储运 储存于阴凉、通风的专用库房内。远离火种、热源。储存温度不超过32℃，相对湿度不超过80%。密闭包装。应与氧化剂、碱类、食用化学品等隔离储运。应严格执行剧毒化学品管理制度。

紧急处置信息

急救措施

吸入：迅速脱离现场至空气新鲜处。保持呼吸道通畅。如呼吸困难，给输氧。呼吸、心跳停止，立即进行心肺复苏术。就医。

眼睛接触：立即分开眼睑，用大量流动清水或生理盐水彻底冲洗10～15min。就医。

皮肤接触：立即脱去污染的衣着，用大量流动清水彻底冲洗，冲洗时间一般要求20～30min。就医。

食入：漱口，尽量饮水，不要催吐，及早洗胃。就医。

解毒剂：乙酰胺(解氟灵)，甘油-醋酸酯，乙醇。

灭火方法 消防人员必须穿耐酸碱防护服、防护靴，佩戴空气呼吸器，在上风向灭火。灭火剂：雾状水、抗溶性泡沫、干粉、二氧化碳、砂土。

泄漏应急处置 隔离泄漏污染区，限制出入。消除所有点火源。建议应急处理人员戴防尘口罩，穿防酸碱服，戴橡胶耐酸碱手套。穿上适当的防护服前严禁接触破裂的容器和泄漏物。尽可能切断泄漏源。用塑料布覆盖泄漏物，减少飞散。勿使水进入包装容器内。用洁净的铲子收集泄漏物，置于干净、干燥、盖子较松的容器中，将容器移离泄漏区。

601. 氯 乙 烷

标 识

中文名称 氯乙烷

英文名称　Chloroethane；Ethyl chloride

别名　乙基氯

分子式　C_2H_5Cl

CAS 号　75－00－3

WGH 号　21036

UN 号　1037

危害信息

危险性类别　第 2.1 类　易燃气体

燃烧与爆炸危险性　极易燃。与空气混合能形成爆炸性混合物，遇高热、明火有燃烧爆炸危险。气体比空气重，能在较低处扩散到相当远的地方，遇火源会着火回燃和爆炸(闪爆)。燃烧产物有毒，含有氯化氢和一氧化碳。

活性反应　在碱性条件下，能发生水解反应。与水或水蒸汽接触发生反应，释放出有毒和腐蚀性的烟雾。与氧化剂剧烈反应。与钠、钙、铝粉、锌、镁等活泼金属发生剧烈反应。与钾的混合物对振动或撞击敏感，易发生爆炸。

禁忌物　强氧化剂、钾、钠及其合金。

毒性　大鼠吸入 LC_{50}：152000mg/m^3(2h)；小鼠吸入 LC_{50}：146000mg/m^3(2h)。

本品有麻醉作用，高浓度损害心、肝、肾。

中毒表现　吸入 2%～4% 浓度时可引起运动失调、轻微痛觉消失，并很快出现知觉消失，但其刺激作用非常轻微；4% 浓度对眼睛有轻微刺激；高浓度接触，可引起麻醉症状，出现明显的中枢抑制，有时也出现循环和呼吸抑制，偶尔可损害心、肝、肾。皮肤接触本品液体可造成冻伤。

侵入途径　吸入。

职业接触限值　美国(ACGIH)：TLV－TWA：100ppm[皮]。

环境危害　对水生生物有害，可能在水生环境中造成长期不利影响。有害空气污染物。

理化特性与用途

理化特性　无色气体，有类似醚的气味。微溶于水，混溶于多数有机溶剂。熔点－138.7℃，沸点 12.5℃，相对气体密度 2.22，相对密度(水＝1)0.918，临界压力 5.23MPa，临界温度 187.2℃，蒸气压 134.656kPa(20℃)，闪点－50℃(闭杯)，爆炸极限 3.6%～14.8%，引燃温度 519℃，辛醇/水分配系数 1.43，燃烧热－1323.8kJ/mol。

主要用途　用作生产四乙基铅、乙基纤维素和乙基咔唑等，还可用作溶剂、有机合成的乙基化剂、冷冻剂、农用杀虫剂和局部麻醉剂等。

包装与储运

包装标志　易燃气体

安全储运　储存于阴凉、通风的库房。远离火种、热源。储存温度不超过 30℃。应与氧化剂隔离储运。平时用肥皂水检查钢瓶是否泄漏。搬运时须戴好安全帽和防震橡皮圈。不可使钢瓶跌倒、撞击、受热。可用冷盐水(夹套)低温储运。

紧急处置信息

急救措施

吸入：迅速脱离现场至空气新鲜处。保持呼吸道通畅。如呼吸困难，给输氧。呼吸、

心跳停止，立即进行心肺复苏术。就医。

皮肤接触： 如发生冻伤，用温水(38～42℃)复温，忌用热水或辐射热，不要揉搓。

禁用肾上腺素类药。

灭火方法　切断气源。若不能切断气源，则不允许熄灭泄漏处的火焰。喷水冷却容器，尽可能将容器从火场移至空旷处。消防人员必须穿全身防火防毒服，佩戴空气呼吸器，在上风向灭火。

灭火剂：雾状水、抗溶性泡沫、干粉、二氧化碳。

泄漏应急处置　消除所有点火源。根据气体扩散的影响区域划定警戒区，无关人员从侧风、上风向撤离至安全区。建议应急处理人员戴正压自给式呼吸器，穿防静电服。作业时使用的所有设备应接地。禁止接触或跨越泄漏物。尽可能切断泄漏源。喷雾状水抑制蒸气或改变蒸气云流向，避免水流接触泄漏物。禁止用水直接冲击泄漏物或泄漏源。防止气体通过下水道、通风系统和限制性空间扩散。隔离泄漏区直至气体散尽。

602. 氯　乙　烯

标　识

中文名称　氯乙烯

英文名称　Chloroethylene；Vinyl chloride

别名　乙烯基氯

分子式　C_2H_3Cl

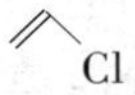

CAS 号　75－01－4

WGH 号　21037

UN 号　1086

危害信息

危险性类别　第2.1类　易燃气体

燃烧与爆炸危险性　极易燃。与空气混合能形成爆炸性混合物，遇热源和明火有燃烧爆炸的危险。比空气重，能在较低处扩散到相当远的地方，遇火源会着火回燃和爆炸(闪爆)。燃烧产物含有光气、氯化氢、一氧化碳等有毒气体。

活性反应　能与热水或蒸汽反应生成有毒烟气。接触空气会缓慢氧化生成有机过氧化物，引发氯乙烯的放热聚合反应，导致氯乙烯单体的燃烧和爆炸。氧化氮气体、氧气等氧化剂均能引发氯乙烯的聚合反应。

禁忌物　强氧化剂。

毒性　大鼠经口 LD_{50}：500mg/kg；大鼠吸入 LC_{50}：180000ppm(15min)。

氯乙烯经呼吸道进入体内，液体污染皮肤也可吸收一部分。急性毒性表现为麻醉作用；长期接触可引起氯乙烯病；本品为致癌物，可致肝血管肉瘤。

氯乙烯所致肝血管肉瘤已列入《职业病目录》，属职业性肿瘤。

IARC 对本品的致癌性分类：G1——确认人类致癌物。

欧盟指令 67/548/EEC 将本品列为第1类致癌物——已知人类致癌物。

中毒表现　急性中毒：轻度中毒时病人出现眩晕、胸闷、嗜睡、步态蹒跚等；严重中毒可发生昏迷、抽搐、呼吸循环衰竭，甚至造成死亡。皮肤接触氯乙烯液体可致冻伤，出现局部麻木，继之出现红斑、水肿，以至坏死。眼部接触有明显刺激症状。

慢性中毒：表现为神经衰弱综合征、肝肿大、肝功能异常、消化功能障碍、雷诺氏现象及肢端溶骨症。重度中毒可引起肝硬化。皮肤经常接触，见干燥、皲裂，或引起丘疹、粉刺、手掌皮肤角化、指甲变薄等；有时偶见秃发。少数人出现硬皮病样改变。肝血管肉瘤系氯乙烯所致的一种恶性程度很高的职业性肿瘤，本症主要见于清釜工。

侵入途径 吸入、食入、经皮吸收。

职业接触限值 中国：PC－TWA：10mg/m^3[G1]。

美国(ACGIH)：TLV－TWA：1ppm。

环境危害 有害空气污染物。

理化特性与用途

理化特性 无色、有醚样气味的气体。难溶于水，溶于乙醇、乙醚、丙酮和苯等多数有机溶剂。熔点－153.8℃，沸点－13.4℃，相对密度(水＝1)(水＝1)0.91，相对蒸气密度(空气＝1)2.2，临界压力5.57MPa，临界温度151.5℃，蒸气压346.53kPa(25℃)，闪点－78℃(闭杯)，爆炸极限3.6%～33.0%，引燃温度472℃，燃烧热－1198kJ/mol，辛醇/水分配系数1.62。

主要用途 用作塑料原料及用于有机合成，也用作冷冻剂等。

包装与储运

包装标志 易燃气体

安全储运 储存于阴凉、通风的库房。远离火种、热源。储存温度不超过30℃。平时用肥皂水检查钢瓶是否漏气。应与氧化剂等隔离储运。禁止使用易产生火花的机械设备和工具。搬运时钢瓶须戴好安全帽及防震橡皮圈。

紧急处置信息

急救措施

吸入：迅速脱离现场至空气新鲜处。保持呼吸道通畅。如呼吸困难，给输氧。呼吸、心跳停止，立即进行心肺复苏术。就医。

皮肤接触：如发生冻伤，用温水(38～42℃)复温，忌用热水或辐射热，不要揉搓。

忌用肾上腺素类药物。

灭火方法 切断气源。若不能切断气源，则不允许熄灭泄漏处的火焰。喷水冷却容器，尽可能将容器从火场移至空旷处。消防人员必须穿全身防火防毒服，佩戴空气呼吸器，在上风向灭火。

泄漏应急处置 消除所有点火源。根据气体扩散的影响区域划定警戒区，无关人员从侧风、上风向撤离至安全区。建议应急处理人员戴正压自给式呼吸器，穿防静电服。液化气体泄漏时穿防静电、防寒服，戴防化学品手套。作业时使用的所有设备应接地。禁止接触或跨越泄漏物。尽可能切断泄漏源。若可能翻转容器，使之逸出气体而非液体。喷雾状水抑制蒸气或改变蒸气云流向，避免水流接触泄漏物。禁止用水直接冲击泄漏物或泄漏源。防止气体通过下水道、通风系统和限制性空间扩散。隔离泄漏区直至气体散尽。

603. 马来酸酐－苯乙烯磺酸共聚物

标　识

中文名称　马来酸酐－苯乙烯磺酸共聚物

英文名称　Styrene sulfonic acid/maleic anhydride copolymer

CAS 号　73282－68－5

危害信息

燃烧与爆炸危险性　可燃，遇明火高热有引起燃烧爆炸的危险，燃烧产生刺激性的含硫化合物。具有腐蚀性。

活性反应　与强氧化剂反应。

禁忌物　强氧化剂、水。

毒性　对眼、呼吸道和皮肤有刺激性。

侵入途径　吸入、食入。

理化特性与用途

理化特性　黄褐色粉末，易吸潮。溶于水。pH 值 6.5～7.5。

主要用途　适用于各种水基钻井体系，也可用于油井水泥分散剂和高效的水处理阻垢剂。

包装与储运

安全储运　储存于阴凉、干燥、通风的库房。远离火种、热源。容器密闭，防止受潮和雨淋。应与氧化剂等隔离储运。

紧急处置信息

急救措施

吸入：脱离接触。如有不适感，就医。

眼睛接触：分开眼睑，用流动清水或生理盐水冲洗。如有不适感，就医。

皮肤接触：脱去污染的衣着，用肥皂水和清水冲洗。如有不适感，就医。

食入：漱口，饮水。就医。

灭火方法　消防人员须穿全身消防服，佩戴空气呼吸器，在上风向灭火。尽可能将容器从火场移至空旷处。喷水保持火场容器冷却，直至灭火结束。

灭火剂：雾状水、抗溶性泡沫、二氧化碳、干粉、砂土。

泄漏应急处置　隔离泄漏污染区，限制出入。建议应急处理人员戴防尘口罩，穿防酸碱服，戴橡胶耐酸碱手套。穿上适当的防护服前严禁接触破裂的容器和泄漏物。尽可能切断泄漏源。用塑料布覆盖泄漏物，减少飞散。勿使水进入包装容器内。用洁净的铲子收集泄漏物，置于干净、干燥、盖子较松的容器中，将容器移离泄漏区。

604. 马来酸酐－丙烯酸共聚物

标 识

中文名称 马来酸酐－丙烯酸共聚物

英文名称 Acrylic acid－maleic anhydride copolymer; Acrylic acid, polymer with maleic anhydride

分子式 $(C_4H_2O_3 \cdot C_3H_4O_2)_x$

CAS 号 26677－99－6

危害信息

燃烧与爆炸危险性 可燃，遇明火高热有引起燃烧爆炸的危险。

活性反应 与强氧化剂、强碱反应。

禁忌物 强氧化剂、强碱、水。

毒性 小鼠腹腔内 *LD*：>800mg/kg；小鼠静脉内 LD_{50}：110mg/kg。

侵入途径 吸入、食入。

理化特性与用途

理化特性 黑褐色粉末，极易吸潮。溶于水，水溶液呈酸性。

主要用途 作为钻井液降黏剂，主要用于海水钻井液体系。

包装与储运

安全储运 储存于阴凉、干燥、通风的库房。远离火种、热源。容器密闭，防止受潮和雨淋。应与氧化剂等隔离储运。

紧急处置信息

急救措施

吸入：脱离接触。如有不适感，就医。

眼睛接触：分开眼睑，用流动清水或生理盐水冲洗。如有不适感，就医。

皮肤接触：脱去污染的衣着，用肥皂水和清水冲洗。如有不适感，就医。

食入：漱口，饮水。就医。

灭火方法 消防人员须佩戴空气呼吸器，穿全身耐酸碱消防服在上风向灭火。尽可能将容器从火场移至空旷处。喷水保持火场容器冷却，直至灭火结束。

灭火剂：雾状水、抗溶性泡沫、干粉、二氧化碳、砂土。

泄漏应急处置 隔离泄漏污染区，限制出入。建议应急处理人员戴防尘口罩，穿防酸碱服，戴橡胶耐酸碱手套。穿上适当的防护服前严禁接触破裂的容器和泄漏物。尽可能切断泄漏源。用塑料布覆盖泄漏物，减少飞散。勿使水进入包装容器内。用洁净的铲子收集泄漏物，置于干净、干燥、盖子较松的容器中，将容器移离泄漏区。

605. 马来酸酐－乙酸乙烯酯共聚物

标 识

中文名称 马来酸酐－乙酸乙烯酯共聚物

英文名称 maleic anhydride – vinyl acetata copolymer

危害信息

燃烧与爆炸危险性 可燃，遇明火高热有引起燃烧爆炸的危险。

活性反应 与强氧化剂反应。

禁忌物 强氧化剂、水。

侵入途径 吸入、食入。

理化特性与用途

理化特性 棕黄色粉末，易吸潮。易溶于水，水溶液为中性。pH 值 6～7。

主要用途 用作钻井液处理剂，适用于淡水泥浆、盐水泥浆和饱和泥浆体系。

包装与储运

安全储运 储存于阴凉、干燥、通风的库房。远离火种、热源。容器密闭，防止受潮和雨淋。应与氧化剂等隔离储运。

紧急处置信息

急救措施

吸入：脱离接触。如有不适感，就医。

眼睛接触：分开眼睑，用流动清水或生理盐水冲洗。如有不适感，就医。

皮肤接触：脱去污染的衣着，用肥皂水和清水冲洗。如有不适感，就医。

食入：漱口，饮水。就医。

灭火方法 消防人员须佩戴空气呼吸器，穿全身耐酸碱消防服在上风向灭火。尽可能将容器从火场移至空旷处。喷水保持火场容器冷却，直至灭火结束。

灭火剂：雾状水、抗溶性泡沫、干粉、二氧化碳、砂土。

泄漏应急处置 隔离泄漏污染区，限制出入。建议应急处理人员戴防尘口罩，穿防酸碱服，戴橡胶耐酸碱手套。穿上适当的防护服前严禁接触破裂的容器和泄漏物。尽可能切断泄漏源。用塑料布覆盖泄漏物，减少飞散。勿使水进入包装容器内。用洁净的铲子收集泄漏物，置于干净、干燥、盖子较松的容器中，将容器移离泄漏区。

606. 马 钱 子 碱

标 识

中文名称 马钱子碱

英文名称 Strychnidin－10－one；Strychnine；Vauqueline

别名 士的宁；毒鼠碱

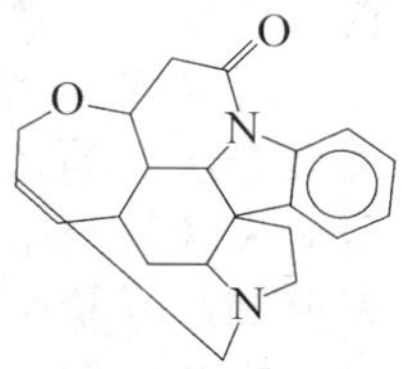

分子式　$C_{21}H_{22}N_2O_2$

CAS 号　57－24－9

WGH 号　61121

UN 号　1692

危害信息

危险性类别　第 6 类　有毒品

燃烧与爆炸危险性　可燃。其粉体与空气混合能形成爆炸性混合物，遇明火高热可燃烧爆炸。受高热分解放出有毒的一氧化碳和氮氧化物气体。

禁忌物　强氧化剂。

毒性　大鼠经口 LD_{50}：2350 μg/kg；小鼠经口 LD_{50}：2mg/kg；家兔经皮 LD_{50}：＞2000mg/kg；人经口 LDL_o：30mg/kg。

主要对中枢神经系统有兴奋作用。其毒作用常为迟发性的。

本品属剧毒化学品，已列入《剧毒化学品目录》(2002 版)。

中毒表现　急性中毒的主要临床特征为反射亢进、肌痉挛、抽搐。急性口服中毒常于摄食后 15～30min 开始发病。可无前驱症状而发作剧烈抽搐；亦可有前驱症状如不安、忧虑、感觉(听、视、触觉等)过敏、反射亢进、面及腿部肌强直，罕见呕吐。轻度刺激即可诱发剧烈的全身性抽搐，一般持续 0.5～2min，开始为阵挛性，迅速进入强直期，呈全身性癫痫样发作。因呼吸肌痉挛而出现深度发绀。发作间歇肌肉完全松弛。可在发作一致数次后恢复或死于呼吸停止。

侵入途径　吸入、食入、经皮吸收。

职业接触限值　美国(ACGIH)：TLV－TWA：0.15mg/m^3。

环境危害　对水生生物有极高毒性，可能在水生环境中造成长期不利影响。

理化特性与用途

理化特性　无色粉末。难溶于水，不溶于乙醇、乙醚、微溶于苯、氯仿。pH 值 9.5(饱和水溶液)，熔点 268～290℃，沸点 270℃(0.67kPa)，相对密度(水＝1)1.36(20℃/4℃)，相对蒸气密度 11.0，闪点 292℃，辛醇/水分配系数值 1.93。

主要用途　中枢神经兴奋剂，主要用于偏瘫、瘫痪及因注射链霉素引起的骨骼肌松弛、弱视症等；也用作啮齿动物的毒饵。

包装与储运

包装标志　剧毒品

包装类别　Ⅰ类

安全储运　储存于阴凉、通风的库房。远离火种、热源。储存温度不超过 35℃，相对湿度不超过 80%。保持容器密封。应与强氧化剂、强碱隔离储运。应严格执行剧毒化学品管理制度。

紧急处置信息

急救措施

吸入：迅速脱离现场至空气新鲜处。保持呼吸道通畅。如呼吸困难，给输氧。呼吸、心跳停止，立即进行心肺复苏术。就医。

眼睛接触：立即分开眼睑，用流动清水或生理盐水彻底冲洗。就医。

皮肤接触：立即脱去污染的衣着，用流动清水彻底冲洗。就医。

食入： 禁用药物催吐，给服活性炭悬液，给服0.4%碘酊。就医。

使患者处安静暗室中，静注安定和肌肉弛缓剂，吸氧。

灭火方法 消防人员须穿全身防火防毒服，佩戴空气呼吸器，在上风向灭火。尽可能将容器从火场移至空旷处。喷水保持火场容器冷却，直至灭火结束。

灭火剂：雾状水、泡沫、干粉、二氧化碳、砂土。

泄漏应急处置 隔离泄漏污染区，限制出入。建议应急处理人员戴防尘口罩，穿防毒防酸碱服，戴橡胶耐酸碱手套。穿上适当的防护服前严禁接触破裂的容器和泄漏物。尽可能切断泄漏源。用塑料布覆盖泄漏物，减少飞散。勿使水进入包装容器内。用洁净的铲子收集泄漏物，置于干净、干燥、盖子较松的容器中，将容器移离泄漏区。

607. 吗 啉

标 识

中文名称 吗啉

英文名称 Morpholine；Tetrahydro－1,4－oxazine

别名 1,4－氧氮杂环己烷

分子式 C_4H_9NO

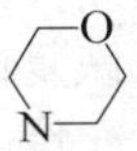

CAS 号 110－91－8

WGH 号 33617；T82037［铁规］

UN 号 2054

危害信息

危险性类别 第3类 易燃液体；第8类 腐蚀品(危险货物)

燃烧与爆炸危险性 易燃。蒸气与空气能形成爆炸性混合物，遇明火、高热能引起燃烧爆炸。受热分解放出有毒的氧化氮烟气。蒸气比空气重，能在较低处扩散到相当远的地方，遇火源会着火回燃和爆炸(闪爆)。

活性反应 与酸发生放热中和反应，生成盐和水。与异氰酸酯、卤代烃、过氧化物、酚、环氧化物、酸酐、氢卤酸、氧化剂发生反应。与氢化物等强还原剂反应能生成易燃易爆的氢气。

禁忌物 强酸、强氧化剂、强还原剂。

毒性 大鼠经口 LD_{50}：1450mg/kg；小鼠经口 LD_{50}：525mg/kg；小鼠吸入 LC_{50}：1320mg/m^3(2h)。

可经呼吸道、消化道和皮肤吸收。有刺激性和全身毒作用。

中毒表现 吸入本品蒸气或雾强烈刺激呼吸道黏膜，可引起支气管炎、肺炎、肺水肿。高浓度吸入可致死。蒸气、雾或液体对眼有强烈刺激性，严重者可导致失明。皮肤接触可发生灼伤。吞咽本品液体可灼伤消化道，大量吞咽可致死。

侵入途径 吸入、食入、经皮吸收。

职业接触限值

中国：PC－TWA：60mg/m^3［皮］。

美国(ACGIH)：TLV－TWA：20ppm (皮)。

理化特性与用途

理化特性　无色或淡黄色油状吸湿性液体，有氨味。与水、丙酮、苯、乙醚、乙醇、乙二醇、亚麻子油、松节油、蓖麻油等混溶。熔点 -5℃，沸点 128.9℃，相对密度(水=1)1.0，相对蒸气密度(空气=1)3.0，燃烧热 -2673kJ/mol，临界温度 344℃，临界压力 5.3MPa，蒸气压 1.06kPa(20℃)，闪点 38℃(开杯)、35℃(闭杯)，爆炸极限 1.4%～11.2%，引燃温度 310℃。

主要用途　用作染料、树脂、蜡和芳烃抽提等的溶剂；还用作金属缓蚀剂和防锈剂；用于制造橡胶硫化促进剂、表面活性剂、纺织印染助剂、医药和农药等。

包装与储运

包装标志　腐蚀品，易燃液体

包装类别　Ⅰ类

安全储运　储存于阴凉、通风的库房。远离火种、热源。储存温度不超过 30℃，相对湿度不超过 80%。保持容器密封。采用防爆型照明、通风设施。禁止使用易产生火花的机械设备和工具。灌装时注意流速，防止静电积聚。应与氧化剂等隔离储运。搬运时轻装轻卸，防止容器受损。

紧急处置信息

急救措施

吸入：迅速脱离现场至空气新鲜处。保持呼吸道通畅。如呼吸困难，给输氧。呼吸、心跳停止，立即进行心肺复苏术。就医。

眼睛接触：立即分开眼睑，用大量流动清水或生理盐水彻底冲洗 10～15min。就医。

皮肤接触：立即脱去污染的衣着，用大量流动清水彻底冲洗，冲洗时间一般要求 20～30min。就医。

食入：用水漱口，禁止催吐。给饮牛奶或蛋清。就医。

灭火方法　消防人员须穿全身防火防腐蚀服，佩戴空气呼吸器，在上风向灭火。尽可能将容器从火场移至空旷处。喷水保持火场容器冷却，直至灭火结束。

灭火剂：抗溶性泡沫、干粉、二氧化碳、砂土。

泄漏应急处置　消除所有点火源。根据液体流动和蒸气扩散的影响区域划定警戒区，无关人员从侧风、上风向撤离至安全区。建议应急处理人员戴正压自给式呼吸器，穿防静电、防腐蚀、防毒服，戴橡胶耐油手套。作业时使用的所有设备应接地。禁止接触或跨越泄漏物。尽可能切断泄漏源。防止泄漏物进入水体、下水道、地下室或限制性空间。小量泄漏：用砂土或其他不燃材料吸收。使用洁净的无火花工具收集吸收材料。大量泄漏：构筑围堤或挖坑收容。用砂土、惰性物质或蛭石吸收大量液体。用抗溶性泡沫覆盖，减少蒸发。喷水雾能减少蒸发，但不能降低泄漏物在限制性空间内的易燃性。用防爆、耐腐蚀泵转移至槽车或专用收集器内。喷雾状水驱散蒸气、稀释液体泄漏物。

608. 煤　　油

标　　识

中文名称　煤油

英文名称　Kerosene；Kerosine，petroleum；Lamp oil

别名　灯用煤油；灯油

CAS 号　8008－20－6

WGH 号　33501；T32001［铁规］

UN 号　1223

危害信息

危险性类别　第3类　易燃液体

燃烧与爆炸危险性　易燃。蒸气与空气能形成爆炸性混合物，遇明火、高热会引起燃烧爆炸。高速冲击、流动、激荡后可因产生静电火花放电引起燃烧爆炸。蒸气比空气重，能在较低处扩散到相当远的地方，遇火源会着火回燃和爆炸（闪爆）。

活性反应　与硝酸、浓硫酸、高锰酸钾、重铬酸盐等强氧化剂发生剧烈反应，甚至导致燃烧爆炸。

禁忌物　强氧化剂、强酸、强碱、卤素等。

毒性　大鼠经口 LD_{50}：＞5000mg/kg；大鼠吸入 LC_{50}：＞5000mg/m^3（4h）；人经口 TCL_o：5.7mg/kg。

本品可经呼吸道、消化道进入人体，经皮进入人体很少。主要危害呼吸系统、中枢神经系统和胃肠道。

中毒表现　急性中毒：吸入高浓度蒸气，常先有兴奋，后转入抑制，表现为乏力、头痛、酩酊感、神志恍惚、肌肉震颤、共济运动失调；严重者出现定向力障碍、谵妄、意识模糊等；蒸气可引起眼及呼吸道刺激症状，重者出现化学性肺炎。吸入液体可引起吸入性肺炎，严重时可发生肺水肿。如处理不当可发展为肺脓疡，甚至因呼吸衰竭而死亡。摄入引起口腔、咽喉和胃肠道刺激症状，可出现与吸入中毒相同的中枢神经系统症状。

慢性影响：以神经衰弱综合征为主要表现，还有眼及呼吸道刺激症状，接触性皮炎，皮肤干燥等。

侵入途径　吸入、食入、经皮吸收。

职业接触限值　美国（ACGIH）：TLV－TWA：200mg/m^3［按总烃蒸气计］［皮］。

理化特性与用途

理化特性　无色透明液体，含有杂质时呈淡黄色，略具臭味。含有烷烃28%～48%，芳烃20%～50%，不饱和烃1%～6%，环烃17%～44%。不溶于水，易溶于醇和其他有机溶剂。熔点＜－15℃，沸点150～300℃，相对密度（水＝1）0.8～0.81，相对蒸气密度（空气＝1）4.5，蒸气压0.1kPa（20℃），闪点≥38℃，引燃温度210℃，爆炸极限0.7%～5%。

主要用途　用于点灯照明和各种煤油燃烧器用燃料，也可作为清洗机件的溶剂。

包装与储运

包装标志　易燃液体

包装类别　Ⅲ类

安全储运　盛装时，切不可充满，要留出必要的安全空间。储存于阴凉、通风处，储存温度不超过37℃。远离火种、热源。应与氧化剂、食用化学品等隔离储运。禁止使用易产生火花的机械设备和工具。罐储时要有防火防爆技术措施。搬运时轻装轻卸，防止容器受损。

紧急处置信息

急救措施

吸入：迅速脱离现场至空气新鲜处。保持呼吸道通畅。如呼吸困难，给输氧。呼吸、

心跳停止，立即进行心肺复苏术。就医。

眼睛接触： 立即分开眼睑，用流动清水或生理盐水彻底冲洗。就医。

皮肤接触： 立即脱去污染的衣着，用肥皂水和清水彻底冲洗。就医。

食入： 漱口，不要催吐，洗胃。就医。

禁用肾上腺素类药。

灭火方法 消防人员必须穿全身消防服，佩戴空气呼吸器，在上风向灭火。喷水冷却燃烧罐和临近罐，直至灭火结束。处在火场中的储罐若发生异常变化或发出异常声音，必须马上撤离。

灭火剂：泡沫、干粉、二氧化碳。

泄漏应急处置 消除所有点火源。根据液体流动和蒸气扩散的影响区域划定警戒区，无关人员从侧风、上风向撤离至安全区。建议应急处理人员戴正压自给式呼吸器，穿防静电服。作业时使用的所有设备应接地。禁止接触或跨越泄漏物。尽可能切断泄漏源。防止泄漏物进入水体、下水道、地下室或限制性空间。小量泄漏：用砂土或其他不燃材料吸收。使用洁净的无火花工具收集吸收材料。大量泄漏：构筑围堤或挖坑收容。用泡沫覆盖，减少蒸发。喷水雾能减少蒸发，但不能降低泄漏物在受限制空间内的易燃性。用防爆泵转移至槽车或专用收集器内。

609. 咪唑啉聚氧乙烯醚

标　识

中文名称 咪唑啉聚氧乙烯醚

英文名称 Heptadecenyl imidazoline polyoxyethylene ether

危害信息

燃烧与爆炸危险性 可燃，遇明火、高热可能引起燃烧。在高温火场中，受热的容器或储罐有破裂和爆炸的危险。

禁忌物 强氧化剂。

侵入途径 吸入、食入。

理化特性与用途

理化特性 棕红色液体。溶于水。活性物含量≥20%。pH 值 6~8(1%水溶液)。

主要用途 主要用于油田油井、集输管线作为缓蚀剂，也可用于污水处理及注水系统的缓蚀剂。

包装与储运

安全储运 储存于阴凉、干燥、通风的库房。远离火种、热源。应与氧化剂等隔离储运。搬运时轻装轻卸，防止容器受损。

紧急处置信息

急救措施

吸入： 脱离接触。如有不适感，就医。

眼睛接触： 分开眼睑，用流动清水或生理盐水冲洗。如有不适感，就医。

皮肤接触： 脱去污染的衣着，用肥皂水和清水冲洗。如有不适感，就医。

食入： 漱口，饮水。就医。

灭火方法　消防人员须穿全身消防服，佩戴空气呼吸器，在上风向灭火。尽可能将容器从火场移至空旷处。喷水保持火场容器冷却，直至灭火结束。处在火场中的容器若发生异常变化或发出异常声音，须马上撤离。

灭火剂：抗溶性泡沫、二氧化碳、干粉、砂土。

泄漏应急处置　消除所有点火源。根据液体流动和蒸气扩散的影响区域划定警戒区，无关人员从侧风、上风向撤离至安全区。建议应急处理人员戴正压自给式呼吸器，穿防静电、防腐蚀服，戴橡胶手套。尽可能切断泄漏源。防止泄漏物进入水体、下水道、地下室或限制性空间。小量泄漏：用干燥的砂土或其他不燃材料吸收或覆盖，收集于容器中。大量泄漏：构筑围堤或挖坑收容。

610. 咪唑啉乙酸盐

标　识

中文名称　咪唑啉乙酸盐

英文名称　Alkyl-imidazoline acetate

危害信息

燃烧与爆炸危险性　本品是水溶液，不可燃。但干燥后的残留物可燃。

禁忌物　强氧化剂。

侵入途径　吸入、食入。

理化特性与用途

理化特性　乳白色黏稠状液体。活性物质含量≥35%，pH 值 7 ~ 9(1% 水溶液)，相对密度(水 = 1)0.95 ~ 1.05。

主要用途　本品具有良好的缓蚀作用和杀菌作用，适合于油田集输系统及无水处理用。

包装与储运

安全储运　储存于阴凉、通风的库房。远离火种、热源。应与氧化剂等隔离储运。搬运时轻装轻卸，防止容器受损。

紧急处置信息

急救措施

吸入： 脱离接触。如有不适感，就医。

眼睛接触： 分开眼睑，用流动清水或生理盐水冲洗。如有不适感，就医。

皮肤接触： 脱去污染的衣着，用肥皂水和清水冲洗。如有不适感，就医。

食入： 漱口，饮水。就医。

灭火方法　消防人员须穿全身消防服，佩戴空气呼吸器，在上风向灭火。尽可能将容器从火场移至空旷处。喷水保持火场容器冷却，直至灭火结束。处在火场中的容器若发生

异常变化或发出异常声音，须马上撤离。

灭火剂：抗溶性泡沫、二氧化碳、干粉、砂土。

泄漏应急处置　消除所有点火源。根据液体流动和蒸气扩散的影响区域划定警戒区，无关人员从侧风、上风向撤离至安全区。建议应急处理人员戴正压自给式呼吸器，穿防静电、防腐蚀服，戴橡胶手套。尽可能切断泄漏源。防止泄漏物进入水体、下水道、地下室或限制性空间。小量泄漏：用干燥的砂土或其他不燃材料吸收或覆盖，收集于容器中。大量泄漏：构筑围堤或挖坑收容。

611. 棉　籽　油

标　识

中文名称　棉籽油

英文名称　Cottonseed oil

别名　棉油

CAS 号　8001－29－4

危害信息

燃烧与爆炸危险性　可燃。其蒸气与空气混合易形成爆炸性混合物，遇明火、高热极易燃烧爆炸。在高温火场中，受热的容器或储罐有破裂和爆炸的危险。

活性反应　与强氧化剂反应。

禁忌物　强氧化剂。

毒性　大鼠经口 LD_{50}：>90mL/kg。

食用粗制棉籽油可引起中毒，毒性物质为游离棉酚。

中毒表现　急性棉籽油中毒表现为，恶心呕吐、腹胀、腹痛、便秘、头晕、四肢麻木、周身乏力、嗜睡、烦躁、心动过缓、血压下降，进一步可发展为肺水肿、黄疸、肝昏迷、肾功能损害，最后可因呼吸循环衰竭而危及生命。

由于食用粗制棉籽油中毒多是渐进、积蓄过程，最常见的中毒表现有疲劳乏力、发热（多为中、低度中毒）、皮肤发红、无汗或少汗、皮肤瘙痒如针刺、呼吸急促、胸闷等。女性可伴有月经失调、闭经，男性可发生不育症。

侵入途径　吸入、食入。

理化特性与用途

理化特性　淡黄色油状液体，含有棕榈酸21.6%～24.8%，硬脂酸1.9%～2.4%，花生酸0%～0.1%，油酸18.0%～30.7%，亚油酸44.9%～55.0%。不溶于水，微溶于乙醇，溶于苯，混溶于氯仿、乙醚、二硫化碳、石油醚和己烷。相对密度（水＝1）0.923～0.926（15℃），凝固点4～6℃，闪点252℃（开杯），引燃温度343℃，燃烧热－36.8kJ/g。

工业上用于生产肥皂、甘油、油墨、润滑油及农药溶剂，油田化学品中主要用作润滑解卡剂。

包装与储运

安全储运　储存于阴凉、通风的库房。容器密闭。远离火种、热源。应与氧化剂等隔离储运。搬运时轻装轻卸，防止容器受损。

紧急处置信息

急救措施

吸入：脱离接触。如有不适感，就医。

眼睛接触：分开眼睑，用流动清水或生理盐水冲洗。如有不适感，就医。

皮肤接触：脱去污染的衣着，用肥皂水和清水冲洗。如有不适感，就医。

食入：漱口，饮水，催吐。就医。

灭火方法　消防人员须穿全身消防服，佩戴空气呼吸器，在上风向灭火。尽可能将容器从火场移至空旷处。喷水保持火场容器冷却，直至灭火结束。处在火场中的容器若发生异常变化或发出异常声音，须马上撤离。

灭火剂：泡沫、二氧化碳、干粉、砂土。

泄漏应急处置　消除所有点火源。根据液体流动和蒸气扩散的影响区域划定警戒区，无关人员从侧风、上风向撤离至安全区。建议应急处理人员戴正压自给式呼吸器，穿防毒、防静电服。作业时使用的所有设备应接地。禁止接触或跨越泄漏物。尽可能切断泄漏源。防止泄漏物进入水体、下水道、地下室或密闭性空间。

612. 木素磺酸钠

标　识

中文名称　木素磺酸钠

英文名称　Sodium lignosulfonate；Lignosulfonic acid，sodium salt

别名　分散剂 CMN；分散剂 M－9；木钠

CAS 号　8061－51－6

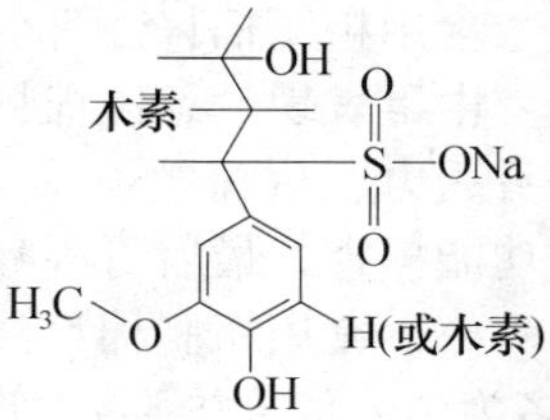

危害信息

燃烧与爆炸危险性　可燃。其粉尘与空气形成爆炸性混合物，遇明火高热有引起燃烧爆炸的危险。燃烧产物含一氧化碳、二氧化硫气体。

活性反应　与强酸反应。

禁忌物　强酸、水。

毒性　大鼠经口 LD_{50}：＞40g/kg；小鼠经口 LD_{50}：6030mg/kg，中毒小鼠出现嗜睡、肌无力、昏迷；大鼠吸入 TCL_o：5.8mg/m^3，122d（间断），出现呼吸系统改变，肝功能损害。

侵入途径　吸入、食入。

理化特性与用途

理化特性　棕色粉末，具有吸湿性。易溶于水，不溶于乙醇、丙酮及其他普通有机溶剂。pH 值(1% 水溶液) 9.0～9.5。

主要用途　用作油田降滤失剂、堵水－调剖剂、工业循环水的阻垢分散剂、废水的絮凝聚。

包装与储运

安全储运 储存于阴凉、干燥、通风的库房。远离火种、热源。密闭包装，注意防潮。应与氧化剂等隔离储运。

紧急处置信息

急救措施

吸入：脱离接触。如有不适感，就医。

眼睛接触：分开眼睑，用流动清水或生理盐水冲洗。如有不适感，就医。

皮肤接触：脱去污染的衣着，用肥皂水和清水冲洗。如有不适感，就医。

食入：漱口，饮水。就医

灭火方法 消防人员须穿全身消防服，在上风向灭火。尽可能将容器从火场移至空旷处。喷水保持火场容器冷却，直至灭火结束。

灭火剂：雾状水、抗溶性泡沫、二氧化碳、干粉、砂土。

泄漏应急处置 隔离泄漏污染区，限制出入。消除所有点火源。建议应急处理人员戴防尘口罩，穿防毒防酸碱服，戴橡胶耐酸碱手套。用洁净的铲子收集泄漏物，置于干净、干燥、盖子较松的容器中，将容器移离泄漏区。

613. 钼 酸 钠

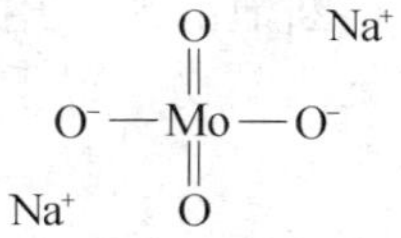

标 识

中文名称 钼酸钠

英文名称 Sodium molybdate；Disodium molybdate

分子式 Na_2MoO_4

CAS 号 7631－95－0

危害信息

燃烧与爆炸危险性 本品通常不燃，但与熔融的镁接触有燃烧、爆炸危险。受热分解生成含氧化钠的有毒烟雾。

禁忌物 强酸。

毒性 大鼠经口 LD_{50}：0.25g/kg；豚鼠经口：0.31g/kg；大鼠吸入 LC_{50}：>2080mg/m^3(4h)。

对眼、呼吸道和皮肤有刺激性。大量食入引起呕吐和胃肠道痛性痉挛。

侵入途径 吸入、食入。

职业接触限值

中国：PC－TWA：4mg/m^3[按 Mo 计]。

美国(ACGIH)：TLV－TWA：10mg/m^3[按 Mo 计]。

理化特性与用途

理化特性 白色菱形结晶或白色粉末。溶于水，不溶于丙酮。熔点 687℃，相对密度(水=1)3.78。

主要用途　用于染料，颜料，催化剂，缓蚀剂及制造钼盐等。

包装与储运

安全储运　储存于阴凉、通风的库房。远离火种、热源。应与氧化剂、碱金属、卤素互化物等隔离储运。

紧急处置信息

急救措施

吸入：脱离接触。如有不适感，就医。

眼睛接触：分开眼睑，用流动清水或生理盐水冲洗。如有不适感，就医。

皮肤接触：脱去污染的衣着，用肥皂水和清水冲洗。如有不适感，就医。

食入：漱口，催吐。就医。

灭火方法　消防人员须穿全身消防服，在上风向灭火。尽可能将容器从火场移至空旷处。喷水保持火场容器冷却，直至灭火结束。

灭火剂：本品不燃，根据火灾原因选择适当的灭火剂。

泄漏应急处置　隔离泄漏污染区，限制出入。建议应急处理人员戴防尘口罩，穿防毒防酸碱服，戴橡胶耐酸碱手套。穿上适当的防护服前严禁接触破裂的容器和泄漏物。尽可能切断泄漏源。用塑料布覆盖泄漏物，减少飞散。勿使水进入包装容器内。用洁净的铲子收集泄漏物，置于干净、干燥、盖子较松的容器中，将容器移离泄漏区。

614. 萘

标　识

中文名称　萘

英文名称　Naphthalene

别名　并苯

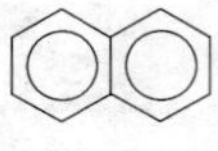

分子式　$C_{10}H_8$

CAS 号　91－20－3

WGH 号　41511

UN 号　1334；2304（熔融）

危害信息

危险性类别　第 4. 1 类　易燃固体

燃烧与爆炸危险性　遇明火、高热及强氧化剂易燃，放出有毒的刺激性烟雾。晶体粉末能与空气形成爆炸性混合物，遇火源发生粉尘爆炸。

活性反应　与铬酸酐、氯酸盐和高锰酸钾等强氧化剂发生剧烈反应，引起燃烧或爆炸。能发生 Friedel－Crafts 反应，三氯化铝催化下芳环上的氢原子易被卤素原子取代而发生卤化反应；硫酸和硝酸的混酸存在条件下，硝基取代芳环上的氢原子而发生硝化反应；与发烟硫酸反应，芳环上的氢原子被磺酸基取代发生磺化反应。

禁忌物　铬酸酐、氯酸盐和高锰酸钾等强氧化剂。

毒性　大鼠经口 LD_{50}：490mg/kg；大鼠吸入 LC_{50}：＞340mg/m^3；大鼠经皮 LD_{50}：＞2500 mg/kg；儿童经口 *LDLo*：100mg/kg。

本品具有刺激作用，高浓度致溶血性贫血及肝、肾损害。

IARC 对本品的致癌性分类：G2B——可疑人类致癌物。

中毒表现 急性中毒：吸入高浓度萘蒸气时，出现眼及呼吸道刺激、角膜混浊、头痛、恶心、呕吐、食欲减退、腰痛、尿频，尿中出现蛋白及红、白细胞。亦可发生视神经炎和视网膜炎。重者可发生中毒性脑病和肝损害。口服中毒主要引起溶血和肝、肾损害，甚至发生急性肾功能衰竭和肝坏死。

慢性中毒：反复接触萘蒸气，可引起头痛、乏力、恶心、呕吐和血液系统损害。可引起白内障、视神经炎和视网膜病变。皮肤接触可引起皮炎。

侵入途径 吸入、食入、经皮吸收。

职业接触限值

中国：PC－TWA：50mg/m^3[皮][G2B]；PC－STEL：75mg/m^3[皮][G2B]。

美国(ACGIH)：TLV－TWA：10ppm[皮]；TLV－STEL 15ppm [皮]。

环境危害 对水生生物有极高毒性，可能在水生环境中造成长期不利影响。有害空气污染物。

理化特性与用途

理化特性 白色略带微红或微黄的粉状或片状结晶，有温和芳香气味，粗萘有煤焦油臭味。不溶于水，溶于乙醇、乙醚、氯仿、四氯化碳、苯和二硫化碳等。易升华。溶点 80.1℃，沸点 217.9℃，相对密度(水＝1)1.16，相对蒸气密度(空气＝1)4.42，临界压力 4.05MPa，临界温度 457.2℃，蒸气压 0.013kPa(25℃)，燃烧热－4983kJ/mol，辛醇/水分配系数 3.01～3.59，闪点 80℃(闭杯)，粉尘爆炸下限 2.5g/cm^3，蒸气爆炸极限 0.9%～5.9%，引燃温度 526℃。

主要用途 与氯化石蜡作用生成的烷基萘常用作润滑油降凝剂，用于制造染料、树脂、溶剂、卫生球和杀虫剂。

包装与储运

包装标志 易燃固体

包装类别 Ⅲ类

安全储运 储存于阴凉、通风的库房。远离火种、热源。库温不超过 32℃，相对湿度不超过 80%。密闭包装。应与氧化剂等隔离储运。储区应备有合适的材料收容泄漏物。

紧急处置信息

急救措施

吸入：迅速脱离现场至空气新鲜处。保持呼吸道通畅。如呼吸困难，给输氧。呼吸、心跳停止，立即进行心肺复苏术。就医。

眼睛接触：立即分开眼睑，用流动清水或生理盐水彻底冲洗。就医。

皮肤接触：立即脱去污染的衣着，用肥皂水和清水彻底冲洗。就医。

食入：催吐，洗胃，给服盐类泻剂，忌食油腻。就医。

灭火方法 消防人员必须佩戴空气呼吸器，穿全身防火防毒服，在上风向灭火。切勿将水流直接射至熔融物，以免引起严重的流淌火灾或引起剧烈的沸溅。

灭火剂：二氧化碳、雾状水、砂土。

泄漏应急处置 消除所有点火源。隔离泄漏污染区，限制出入。建议应急处理人员戴防尘口罩，穿防毒、防静电服。禁止接触或跨越泄漏物。小量泄漏：用洁净的铲子收集泄漏物，置于干净、干燥、盖子较松的容器中，将容器移离泄漏区。大量泄漏：用水润湿，并筑堤收容。防止泄漏物进入水体、下水道、地下室或限制性空间。

615. 2－萘酚

标　识

中文名称　2－萘酚

英文名称　2－Naphthalenol；2－Naphthol；beta-Naphthol

别名　β－萘酚；2－羟基萘

分子式　$C_{10}H_8O$

CAS 号　135－19－3

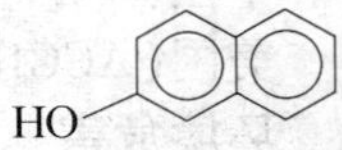

危害信息

燃烧与爆炸危险性　可燃。其粉体与空气混合能形成爆炸性混合物，遇明火高热有引起燃烧爆炸的危险。燃烧产生有毒的一氧化碳和成分未明的黑色烟雾。

禁忌物　强氧化剂、强碱、酸酐、酰基氯。

毒性　大鼠经口 LD_{50}：1960mg/kg；家兔经皮 LD_{50}：＞10000mg/kg。

本品有强烈刺激性。

中毒表现　对眼睛、皮肤、黏膜有强烈刺激作用。可引起出血性肾炎。误服后，能引起呕吐、腹泻、腹痛、痉挛、贫血、虚脱。萘酚类可引起角膜损伤和眼晶体混浊。有报道，还可引起溶血性贫血。

侵入途径　吸入、食入、经皮吸收。

职业接触限值　中国：PC－TWA：0.25mg/m^3；PC－STEL：0.5mg/m^3。

理化特性与用途

理化特性　白色有光泽的碎薄片或白色粉末。不溶于水，易溶于乙醇、乙醚、氯仿、甘油及碱溶液。熔点122℃，沸点285℃，相对密度(水＝1)1.22，相对蒸气密度(空气＝1)5，蒸气压2Pa(25℃)，燃烧热－4954kJ/mol，辛醇/水分配系数2.7，闪点153℃(闭杯)，引燃温度550℃。

主要用途　用于制吐氏酸、J酸、2，3酸以及偶氮染料，也是橡胶防老剂、选矿剂、杀菌剂、防霉剂、防腐剂等的原料。

包装与储运

安全储运　储存于阴凉、通风的库房。远离火种、热源，避免光照。应与氧化剂、酸、酰基氯、强碱等隔离储运。

紧急处置信息

急救措施

吸入：迅速脱离现场至空气新鲜处。保持呼吸道通畅。如呼吸困难，给输氧。呼吸、心跳停止，立即进行心肺复苏术。就医。

眼睛接触：立即分开眼睑，用大量流动清水或生理盐水彻底冲洗10～15min。就医。

皮肤接触：立即脱去污染衣物，用大量流动清水彻底冲洗。就医。

食入：尽量饮水，不要催吐。就医。

灭火方法 消防人员须穿全身消防服，佩戴防毒面具，在上风向灭火。尽可能将容器从火场移至空旷处。喷水保持火场容器冷却，直至灭火结束。

灭火剂：雾状水、泡沫、二氧化碳、干粉、砂土。

泄漏应急处置 隔离泄漏污染区，限制出入。消除所有点火源。建议应急处理人员戴防尘口罩，穿防毒服。穿上适当的防护服前严禁接触破裂的容器和泄漏物。尽可能切断泄漏源。用塑料布覆盖泄漏物，减少飞散。勿使水进入包装容器内。用洁净的铲子收集泄漏物，置于干净、干燥、盖子较松的容器中，将容器移离泄漏区。

616. 萘磺酸甲醛缩聚物

标　识

中文名称 萘磺酸甲醛缩聚物

英文名称 Naphthalene sulfonic acid – formaldehyde condensates；Naphthalene sulfonic acid-formaldehyde copolymer

别名 减水剂 UNF

危害信息

燃烧与爆炸危险性 可燃，遇明火高热有引起燃烧爆炸的危险。燃烧产生有毒的黑色烟雾。

禁忌物 强氧化剂。

侵入途径 吸入、食入 。

理化特性与用途

理化特性 棕黄色粉末。易溶于水，水溶液呈弱碱性。pH 值 7 ~ 9。

主要用途 用作油井水泥外加剂。

包装与储运

安全储运 储存于阴凉、干燥、通风的库房。远离火种、热源。应与氧化剂等隔离储运。防潮、防雨淋。

紧急处置信息

急救措施

吸入：脱离接触。如有不适感，就医。

眼睛接触：分开眼睑，用流动清水或生理盐水冲洗。如有不适感，就医。

皮肤接触：脱去污染的衣着，用肥皂水和清水冲洗。如有不适感，就医。

食入：漱口，饮水。就医。

灭火方法 消防人员须穿全身消防服，佩戴防毒面具，在上风向灭火。

灭火剂：雾状水、泡沫、二氧化碳、干粉、砂土。

泄漏应急处置 隔离泄漏污染区，限制出入。建议应急处理人员戴防尘口罩，穿防毒

服。穿上适当的防护服前严禁接触破裂的容器和泄漏物。尽可能切断泄漏源。用塑料布覆盖泄漏物，减少飞散。勿使水进入包装容器内。用洁净的铲子收集泄漏物，置于干净、干燥、盖子较松的容器中，将容器移离泄漏区。

617. 尿　素

标　识

中文名称　尿素

英文名称　Urea；Carbamide

别名　碳酰胺；脲；碳酰二胺

分子式　CH_4N_2O

CAS 号　57－13－6

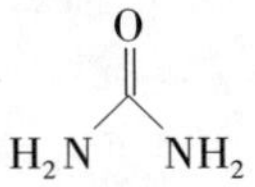

危害信息

燃烧与爆炸危险性　不燃，无特殊燃爆特性。受热分解产生有毒气体。

活性反应　与氧化剂或硝酸盐接触能引起着火和爆炸。接触氯化剂，包括次氯酸盐漂白粉，能生成有爆炸性的三氯化氮。与亚硝酰基过氯酸盐接触能引起着火和爆炸。

禁忌物　强氧化剂、强酸、硝酸盐、氯化剂等。

毒性　大鼠经口 LD_{50}：8471mg/kg；小鼠经口 LD_{50}：11000mg/kg。

本品属微毒类。对眼睛、皮肤和黏膜有刺激作用。

侵入途径　吸入、食入。

职业接触限值　中国：PC－TWA：5mg/m^3；PC－STEL：10mg/m^3。

理化特性与用途

理化特性　无色结晶或白色结晶性粉末。溶于水、乙醇、甲醇、甘油，不溶于苯。pH值7.2(10%溶液)，熔点132.7～135℃，相对密度(水＝1)1.3230(20℃/4℃)，辛醇/水分配系数－2.11。

主要用途　通常用作植物的氮肥，工业上用作饲料添加剂，用于制造炸药、稳定剂和脲醛树脂等。

包装与储运

安全储运　储存于阴凉、通风的库房。远离火种、热源。应与强氧化剂、强酸、次氯酸盐等隔离储运。

紧急处置信息

急救措施

吸入：脱离接触。如有不适感，就医。

眼睛接触：分开眼睑，用流动清水或生理盐水冲洗。如有不适感，就医。

皮肤接触：脱去污染的衣着，用肥皂水和清水冲洗。如有不适感，就医。

食入：漱口，饮水。就医。

灭火方法　消防人员须穿全身防火防毒服，佩戴空气呼吸器，在上风向灭火。尽可能

将容器从火场移至空旷处。喷水保持火场容器冷却，直至灭火结束。

本品不燃，根据着火原因选择适当灭火剂灭火。

泄漏应急处置 隔离泄漏污染区，限制出入。建议应急处理人员戴防尘口罩，穿一般作业工作服。尽可能切断泄漏源。用塑料布覆盖泄漏物，减少飞散。勿使水进入包装容器内。用洁净的铲子收集泄漏物，置于干净、干燥、盖子较松的容器中，将容器移离泄漏区。

618. 脲醛树脂

标识

中文名称 脲醛树脂

英文名称 Urea, polymer with formaldehyde; Urea-formaldehyde resin

别名 尿素甲醛树脂

分子式 $\left[CH_4N_2O \cdot CH_2O \right]_x$

CAS 号 9011-05-6

危害信息

燃烧与爆炸危险性 可燃。其粉体与空气混合能形成爆炸性混合物，遇明火高热有引起燃烧爆炸的危险。燃烧产物中含有毒的一氧化碳气体。

活性反应 与强氧化剂反应。

禁忌物 强氧化剂。

毒性 大鼠经口 LD_{50}：8394mg/kg；大鼠吸入 LC_{50}：>167mg/m^3（4h）；大鼠经皮 LD_{50}：>2100mg/kg。

侵入途径 吸入、食入、经皮吸收。

理化特性与用途

理化特性 粉状固体或无色或草黄色透明糖浆状液体。与水混溶。液体产品的固含量50%~53%，pH 值 7.2~7.4。

主要用途 用于配制堵水-调剖剂中的树脂组分，具有增黏堵水作用。

包装与储运

安全储运 储存于阴凉、干燥、通风的库房。远离火种、热源。应与氧化剂、强酸等隔离储运。搬运时轻装轻卸，防止容器受损。

紧急处置信息

急救措施

吸入：脱离接触。如有不适感，就医。

眼睛接触：分开眼睑，用流动清水或生理盐水冲洗。如有不适感，就医。

皮肤接触：脱去污染的衣着，用肥皂水和清水冲洗。如有不适感，就医。

食入：漱口，尽量饮水，不要催吐。就医。

灭火方法 消防人员须穿全身消防服，在上风向灭火。尽可能将容器从火场移至空旷处。喷水保持火场容器冷却，直至灭火结束。

灭火剂：雾状水、抗溶性泡沫、二氧化碳、干粉、砂土。

泄漏应急处置　隔离泄漏污染区，限制出入。建议应急处理人员戴防尘口罩，穿防毒服，戴橡胶手套。作业时使用的所有设备应接地。穿上适当的防护服前严禁接触破裂的容器和泄漏物。小量泄漏：用砂土或其他不燃材料吸收。

619. 柠檬酸

标　识

中文名称　柠檬酸

英文名称　2 - Hydroxy - 1,2,3 - propanetricarboxylic acid；Citric acid

别名　2 - 羟基丙烷 - 1,2,3 - 三羧酸；枸橼酸

分子式　$C_6H_8O_7$

CAS 号　77 - 92 - 9

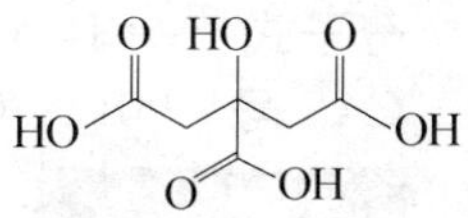

危害信息

燃烧与爆炸危险性　可燃，其粉体与空气混合能形成爆炸性混合物，遇明火高热有引起燃烧爆炸的危险。燃烧产生有毒的一氧化碳气体。

活性反应　与氧化剂发生反应。

禁忌物　氧化剂、还原剂、碱类。

毒性　大鼠经口 LD_{50}：3000mg/kg；小鼠经口 LD_{50}：5040mg/kg。

具刺激作用。在工业使用中，接触者可能引起湿疹。

侵入途径　吸入、食入。

理化特性与用途

理化特性　无色透明晶体或粉末。溶于水，易溶于乙醇，溶于乙醚、乙酸乙酯，不溶于氯仿、苯。pH 值 2.2(0.1N)，熔点 153℃，沸点 175℃(分解)，相对密度(水 = 1)1.665(20℃)，辛醇/水分配系数 - 1.7，闪点 100℃，引燃温度 1010℃(粉末)，爆炸极限 0.28% ~2.29%。

主要用途　主要用作食品的酸味剂，也用于制备医药清凉剂、洗涤剂用添加剂等。

包装与储运

安全储运　储存于阴凉、通风的库房。远离火种、热源。应与氧化剂、碱等隔离储运。

紧急处置信息

急救措施

吸入：脱离接触。如有不适感，就医。

眼睛接触：分开眼睑，用流动清水或生理盐水冲洗。如有不适感，就医。

皮肤接触：脱去污染的衣着，用肥皂水和清水冲洗。如有不适感，就医。

食入：漱口，饮水。就医。

灭火方法　消防人员须佩戴防毒面具，穿全身消防服，在上风向灭火。尽可能将容器从火场移至空旷处。喷水保持火场容器冷却，直至灭火结束。

灭火剂：雾状水、泡沫、二氧化碳、干粉、砂土。

泄漏应急处置　隔离泄漏污染区，限制出入。消除所有点火源。建议应急处理人员戴防尘口罩，穿防毒服。穿上适当的防护服前严禁接触破裂的容器和泄漏物。尽可能切断泄漏源。用塑料布覆盖泄漏物，减少飞散。勿使水进入包装容器内。用洁净的铲子收集泄漏物，置于干净、干燥、盖子较松的容器中，将容器移离泄漏区。

620. 偶氮二甲酰胺

标　识

中文名称　偶氮二甲酰胺

英文名称　Azodicarbonamide；1，1′－Azodiformamide；Azobisformamide；Foaming agent AC

别名　偶氮二酰胺；发泡剂 ADC；发泡剂 AC

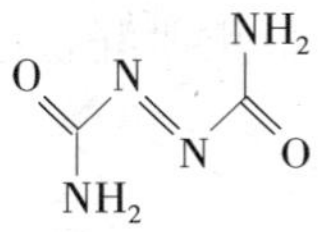

分子式　$C_2H_4N_4O_2$

CAS 号　123－77－3

WGH 号　41039

UN 号　3242

危害信息

危险性类别　第 4.1 类　易燃固体

燃烧与爆炸危险性　遇明火、高热易燃。蒸气或粉尘能与空气形成爆炸性混合物。受高热分解放出有毒的气体。若遇高热可发生剧烈分解，引起容器破裂或爆炸事故。

活性反应　与强酸、碱、金属的盐反应。与热水、盐酸反应，释放出氮气、一氧化碳和氨气。

禁忌物　强氧化剂、强酸、强碱等。

毒性　大鼠经口 LD_{50}：＞6400mg/kg；大鼠经皮 LD_{50}：＞500mg/kg。

本品对眼和呼吸道有刺激性。对呼吸道有致敏性，吸入粉尘可引起哮喘。为皮肤致敏物，可引起变应性皮炎。

侵入途径　吸入、食入、经皮吸收。

理化特性与用途

理化特性　白色至浅黄色细粉末，无臭。难溶于水，不溶于醇、汽油、苯、吡啶等有机溶剂，溶于碱和二甲基亚砜。熔点 224～226℃（分解），相对密度（水＝1）1.65，辛醇/水分配系数－1.7。

主要用途　广泛用作聚氯乙烯、聚乙烯、聚苯乙烯、聚丙烯、ABS 树脂和橡胶的发泡剂。

包装与储运

包装标志　易燃固体

包装类别　Ⅱ类

安全储运　储存于阴凉、干燥、通风的库房。远离火种、热源。防止阳光直射。储存温度不超过35℃。应与氧化剂、酸类、碱类等隔离储运。搬运时轻装轻卸，防止摩擦、撞击。禁止使用易产生火花的机械设备和工具。

紧急处置信息

急救措施

吸入： 脱离接触。如有不适感，就医。

眼睛接触： 分开眼睑，用流动清水或生理盐水冲洗。如有不适感，就医。

皮肤接触： 脱去污染的衣着，用肥皂水和清水冲洗。如有不适感，就医。

食入： 漱口，尽量饮水。就医。

灭火方法　消防人员须佩戴空气呼吸器，穿全身消防服，在上风向灭火。尽可能将容器从火场移至空旷处。

灭火剂：雾状水、泡沫、干粉、二氧化碳。

泄漏应急处置　消除所有点火源。隔离泄漏污染区，限制出入。建议应急处理人员戴防尘口罩，穿防静电服。禁止接触或跨越泄漏物。小量泄漏：用洁净的铲子收集泄漏物，置于干净、干燥、盖子较松的容器中，将容器移离泄漏区。大量泄漏：用水润湿，并筑堤收容。防止泄漏物进入水体、下水道、地下室或限制性空间。

621. 偶氮二异丁腈

标　识

中文名称　偶氮二异丁腈

英文名称　2,2′ - Azodiisobutyronitrile；2,2′ - Azobis(2-methylpropionitrile)；Foaming agent N

别名　发泡剂N

分子式　$C_8H_{12}N_4$

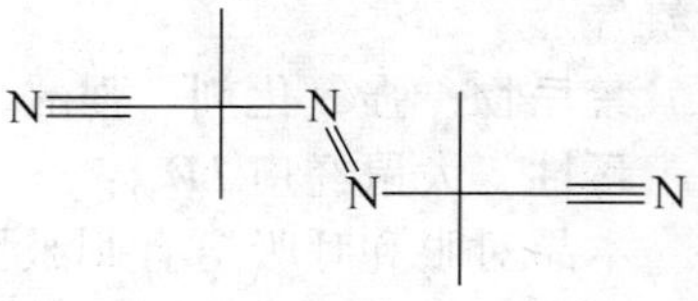

CAS 号　78 - 67 - 1

WGH 号　41040

UN 号　3234[海]

危害信息

危险性类别　第4.1类　易燃固体

燃烧与爆炸危险性　遇高热、明火或与氧化剂混合，经摩擦、撞击有引起燃烧爆炸的危险。燃烧时，放出有毒气体。受热时性质不稳定，40℃逐渐分解，至103～104℃时激烈分解，放出氮气及数种有机氰化合物，对人体有害，并散发出较大热量，能引起爆炸。

活性反应　与碱金属反应会放出易燃气体。能引发乙烯、氯乙烯等的聚合反应。与有机过氧化物、强氧化剂、金属盐、硫化物、强酸接触会发生爆炸。与酸、酸酐、氨基化合物、氰化物、无机氟化物、卤代烃、异氰酸酯、酮、金属、氮化物、过氧化物、酚、环氧化物、酰卤、强氧化剂或强还原剂反应会释放出有毒气体。

禁忌物　强氧化剂。

毒性　大鼠经口 LD_{50}：100mg/kg；小鼠经口 LD_{50}：700mg/kg。

本品在体内可释放氰离子引起中毒。

中毒表现 急性中毒：大量接触本品者出现头痛、头胀、易疲劳、流涎和呼吸困难，亦可见到昏厥和抽搐。

慢性影响：长期接触本品易引起头痛、头晕、额部压迫感、发热感、恶心、多汗、呼吸困难、全身酸痛、睡眠障碍、食欲不振等。

侵入途径 吸入、食入、经皮吸收。

环境危害 对水生生物有害，可能在水生环境中造成长期不利影响。

理化特性与用途

理化特性 白色针状结晶或粉末。不溶于水，溶于乙醇、乙醚、甲苯和苯胺等。熔点225℃(分解)，密度1.1g/cm^3，辛醇/水分配系数1.1，引燃温度64℃。

主要用途 用作生产泡沫橡胶和泡沫塑料的发泡剂，也用作自由基聚合反应的引发剂。

包装与储运

包装标志 易燃固体

包装类别 Ⅲ类

安全储运 储存于阴凉、通风的库房。远离火种、热源。储存温度不超过30℃，相对湿度不超过80%，大量储存的库房内必须有自动喷水装置。密闭包装。应与氧化剂、酸碱等隔离储运。搬运时轻装轻卸，防止摩擦与撞击。

紧急处置信息

急救措施

吸入：迅速脱离现场至空气新鲜处。保持呼吸道通畅。如呼吸困难，给输氧。呼吸、心跳停止，立即进行心肺复苏术。就医。

眼睛接触：立即分开眼睑，用流动清水或生理盐水彻底冲洗。就医。

皮肤接触：立即脱去污染的衣着，用肥皂水和清水彻底冲洗。就医。

食入：催吐，给服活性炭悬液。就医。

使用亚硝酸钠和硫代硫酸钠解毒剂。也可用硫代硫酸钠加口服对氨基苯丙酮。

灭火方法 消防人员须佩戴空气呼吸器，穿全身消防服，在上风向灭火。尽可能将容器从火场移至空旷处。喷水保持火场容器冷却，直至灭火结束。

灭火剂：水、泡沫、二氧化碳、干粉。

泄漏应急处置 消除所有点火源。隔离泄漏污染区，限制出入。建议应急处理人员戴防尘口罩，穿防毒、防静电服，戴防毒物渗透手套。禁止接触或跨越泄漏物。尽可能切断泄漏源。小量泄漏：用惰性、湿润的不燃材料吸收泄漏物，用洁净的非火花工具收集于一盖子较松的塑料容器中，待处理。防止泄漏物进入水体、下水道、地下室或限制性空间。在专家指导下清除。

622. 偶氮二异庚腈

标　识

中文名称 偶氮二异庚腈

英文名称 2,2′-Azobisisoheptonitrile；2,2′-Azobis-(2,4-dimethyl valeronitrile)

别名　2,2’-偶氮二(2,4-二甲基戊腈)；偶氮二甲基戊腈

分子式　$C_{14}H_{24}N_4$

CAS 号　4419-11-8

WGH 号　41042

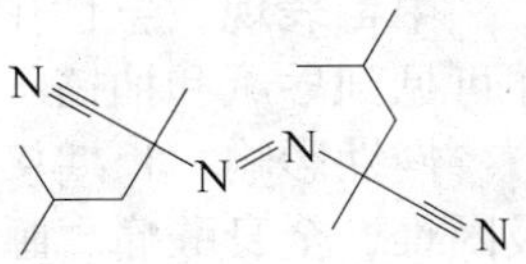

危害信息

危险性类别　第 4.1 类　易燃固体

燃烧与爆炸危险性　遇高热、明火或与氧化剂混合，经摩擦、撞击有引起燃烧爆炸的危险。燃烧时，放出有毒气体。受热分解，放出氮气及数种有机氰化合物，对人体有害，并散发出较大热量，能引起爆炸。

活性反应　与碱金属反应会放出易燃气体。与有机过氧化物、强氧化剂、金属盐、硫化物、强酸接触会发生爆炸。与酸、酸酐、氨基化合物、氰化物、无机氟化物、卤代烃、异氰酸酯、酮、金属、氮化物、过氧化物、酚、环氧化物、酰卤、强氧化剂或强还原剂反应会释放出有毒气体。

禁忌物　强氧化剂。

毒性　未见在工业生产中本品引起急慢性中毒的报道。

侵入途径　吸入、食入。

理化特性与用途

理化特性　白色片状结晶。有顺式和反式两种异构体。不溶于水，溶于乙醇、苯、丙酮、乙醚和二甲基甲酰胺。熔点 55.5～57℃(顺式)；74～76℃(反式)，辛醇/水分配系数 4.86。

主要用途　主要用作聚氯乙烯、聚丙烯腈、聚乙烯醇的引发剂，还用作塑料、橡胶的发泡剂。

包装与储运

包装标志　易燃固体

包装类别　Ⅱ类

安全储运　储存于冷藏仓库内。储存温度控制在 -5℃。应急温度 5℃。必须定期检查库温。与强酸、苛性碱、氧化剂隔离储运。远离热源、火种，搬运时轻装轻卸，切勿剧烈撞击。

紧急处置信息

急救措施

吸入：迅速脱离现场至空气新鲜处。保持呼吸道通畅。如呼吸困难，给输氧。呼吸、心跳停止，立即进行心肺复苏术。就医。

眼睛接触：立即分开眼睑，用流动清水或生理盐水彻底冲洗。就医。

皮肤接触：立即脱去污染的衣着，用肥皂水和清水彻底冲洗。就医。

食入：催吐，给服活性炭悬液。就医。

使用亚硝酸钠和硫代硫酸钠解毒剂。也可用硫代硫酸钠加口服对氨基苯丙酮。

灭火方法　消防人员须佩戴空气呼吸器，穿全身消防服，在上风向灭火。尽可能将容器从火场移至空旷处。喷水保持火场容器冷却，直至灭火结束。

灭火剂：水、泡沫、二氧化碳、干粉。

泄漏应急处置　消除所有点火源。隔离泄漏污染区，限制出入。建议应急处理人员戴

防尘口罩，穿防毒、防静电服，戴防毒物渗透手套。禁止接触或跨越泄漏物。尽可能切断泄漏源。用洁净的非火花工具收集于一盖子较松的塑料容器中，待处理。防止泄漏物进入水体、下水道、地下室或限制性空间。在专家指导下清除。

623. 抛光沥青

标识

中文名称 抛光沥青

英文名称 Polishing asphalt

危害信息

燃烧与爆炸危险性 可燃。其粉体与空气混合能形成爆炸性混合物，遇明火高热有引起燃烧爆炸的危险。

毒性 沥青及其烟气对皮肤黏膜具有刺激性，有光毒作用。

中毒表现 沥青的主要皮肤损害有：光毒性皮炎，皮损限于面、颈部等暴露部分；黑变病，皮损常对称分布于暴露部位，呈片状，呈褐－深褐－褐黑色；职业性痤疮；疣状赘生物及事故引起的热烧伤。此外，尚有头昏、头胀，头痛、胸闷、乏力、恶心、食欲不振等全身症状和眼、鼻、咽部的刺激症状。

侵入途径 吸入、食入。

理化特性与用途

理化特性 黑色固态或半固态物质。溶于三氯乙烯。软化点（环球法）65～75℃（60号）、85～100℃（80号），闪点≥230℃（开杯）。

主要用途 用于光学仪器玻璃零件抛光。

包装与储运

安全储运 储存于阴凉、通风的库房。远离火种、热源，避光保存。密闭包装。应与氧化剂隔离储运。

紧急处置信息

急救措施

吸入：如吸入沥青烟雾，脱离接触，对症处理。

眼睛接触：立即分开眼睑，用流动清水或生理盐水彻底冲洗。就医。

皮肤接触：皮肤热沥青烧伤立即用流动水冷却，不要强行剥离皮肤上的沥青。对于头、颈、躯干烧伤，用浸过冷水的毛巾覆盖并时时更换。如果沥青包裹了肢体，会妨碍血循环，应及时切开。在沥青上覆盖凡士林纱布，两天后揭下，并将能够分离的沥青除去，再盖再揭，反复进行可持续两周。

食入：漱口，饮水。就医。

灭火方法 消防人员须穿全身消防服，在上风向灭火。尽可能将容器从火场移至空旷处。喷水保持火场容器冷却，直至灭火结束。

灭火剂：雾状水、泡沫、二氧化碳、干粉、砂土。

泄漏应急处置　隔离泄漏污染区，限制出入。消除所有点火源。建议应急处理人员戴防尘口罩，穿防静电服。禁止接触或跨越泄漏物。小量泄漏：用洁净的铲子收集泄漏物，置于干净、干燥、盖子较松的容器中，将容器移离泄漏区。大量泄漏：用水润湿，并筑堤收容。防止泄漏物进入水体、下水道、地下室或限制性空间。

624. 喷气燃料

标　识

中文名称　喷气燃料

英文名称　Jet fuel；Aviation kerosene

别名　航空煤油

WGH 号　33501；T32001[铁规]

UN 号　1863

危害信息

危险性类别　第 3 类　易燃液体

燃烧与爆炸危险性　易燃。其蒸气与空气能形成爆炸性混合物，遇明火、高热能引起燃烧爆炸。高速冲击、流动、激荡后可因产生静电火花放电引起燃烧爆炸。蒸气比空气重，能在较低处扩散到相当远的地方，遇火源会着火回燃和爆炸(闪爆)。

活性反应　与硝酸、浓硫酸、高锰酸钾、重铬酸盐等强氧化剂发生剧烈反应，甚至发生燃烧爆炸。

禁忌物　强氧化剂、强酸、强碱、卤素等。

毒性　本品可经呼吸道、消化道进入人体，经皮进入人体很少。主要危害呼吸系统、中枢神经系统和胃肠道。

中毒表现　急性中毒：吸入高浓度蒸气，常先有兴奋，后转入抑制，表现为乏力、头痛、酩酊感、神志恍惚、肌肉震颤、共济运动失调；严重者出现定向力障碍、谵妄、意识模糊等；蒸气可引起眼及呼吸道刺激症状，重者出现化学性肺炎。吸入液体可引起吸入性肺炎，严重时可发生肺水肿。如处理不当可发展为肺脓疡，甚至因呼吸衰竭而死亡。摄入引起口腔、咽喉和胃肠道刺激症状，可出现与吸入中毒相同的中枢神经系统症状。

慢性影响：以神经衰弱综合征为主要表现，还有眼及呼吸道刺激症状，接触性皮炎，皮肤干燥等。

侵入途径　吸入、食入、经皮吸收。

职业接触限值　美国(ACGIH)：TLV－TWA：200mg/m^3[按总烃蒸气计][皮]。

理化特性与用途

理化特性　无色透明液体。不溶于水，混溶于溶剂油。馏程 140～300℃，凝固点＜－40℃，相对密度(水＝1)0.75～0.8，相对蒸气密度(空气＝1)4～5，蒸气压 0.13～1.3kPa(38℃)，闪点≥28℃(闭杯)，引燃温度 210℃，爆炸极限 0.7%～5%。

主要用途　用作航空涡轮发动机的燃料。

包装与储运

包装标志　易燃液体

包装类别 Ⅲ类

安全储运 盛装时，切不可充满，要留出必要的安全空间。储存于阴凉、通风处，储存温度不超过37℃。远离火种、热源。炎热季节应采取喷淋、通风等降温措施。应与氧化剂等隔离储运。罐储时要有防火防爆技术措施，且有接地装置，防止静电积聚。搬运时轻装轻卸，防止容器受损。

紧急处置信息

急救措施

吸入： 迅速脱离现场至空气新鲜处。保持呼吸道通畅。如呼吸困难，给输氧。呼吸、心跳停止，立即进行心肺复苏术。就医。

眼睛接触： 立即分开眼睑，用流动清水或生理盐水彻底冲洗。就医。

皮肤接触： 立即脱去污染的衣着，用肥皂水和清水彻底冲洗。就医。

食入： 漱口，不要催吐，洗胃。就医。

灭火方法 消防人员必须穿全身消防服，佩戴空气呼吸器，在上风向灭火。喷水冷却燃烧罐和临近罐，直至灭火结束。处在火场中的储罐若发生异常变化或发出异常声音，必须马上撤离。

灭火剂：泡沫、干粉、二氧化碳。

泄漏应急处置 消除所有点火源。根据液体流动和蒸气扩散的影响区域划定警戒区，无关人员从侧风、上风向撤离至安全区。建议应急处理人员戴正压自给式呼吸器，穿防静电服。作业时使用的所有设备应接地。禁止接触或跨越泄漏物。尽可能切断泄漏源。防止泄漏物进入水体、下水道、地下室或限制性空间。小量泄漏：用砂土或其他不燃材料吸收。使用洁净的无火花工具收集吸收材料。大量泄漏：构筑围堤或挖坑收容。用泡沫覆盖，减少蒸发。喷水雾能减少蒸发，但不能降低泄漏物在受限制空间内的易燃性。用防爆泵转移至槽车或专用收集器内。

625. 硼 酸 钾

标　识

中文名称 硼酸钾

英文名称 Dipotassium tetraborate；potassium borate

别名 四硼酸钾

分子式 $K_2B_4O_7$

CAS 号 1332 – 77 – 0

危害信息

燃烧与爆炸危险性 本品不燃。

活性反应 与强酸反应。

禁忌物 酸类。

毒性 粉尘对眼、上呼吸道和皮肤有刺激性。食入有害。

中毒表现 硼酸盐中毒引起出血性胃肠炎，出现恶心、呕吐、腹泻和上腹痛，呕吐物和粪便可以带血。可出现虚弱、无力、头痛、烦躁、颤抖和阵发性惊厥。中枢神经系统先兴奋后抑制，皮肤出现红斑，对肾脏有损害，偶见肝脏损害。成人硼酸盐(硼酸钠)平均致死量可能超过30g；儿童更敏感。

侵入途径　吸入、食入。

理化特性与用途

理化特性　白色结晶粉末。溶于水，水溶液呈碱性，微溶于乙醇。熔点815℃，密度1.95g/cm^3。

主要用途　用于制消毒剂，也可作酪蛋白溶剂、抗磨添加剂以及焊接助熔剂的成分等。是化学分析中最适合的酸碱滴定用标准物质。

包装与储运

安全储运　储存于阴凉、通风的库房。远离火种、热源。应与氧化剂、强酸等隔离储运。

紧急处置信息

急救措施

吸入：迅速脱离现场至空气新鲜处。保持呼吸道通畅。如呼吸困难，给输氧。呼吸、心跳停止，立即进行心肺复苏术。就医。

眼睛接触：立即分开眼睑，用流动清水或生理盐水彻底冲洗。就医。

皮肤接触：立即脱去污染的衣着，用肥皂水和清水彻底冲洗。就医。

食入：催吐，洗胃，给硫酸镁泻剂。就医。

灭火方法　消防人员须佩带空气呼吸器，在上风向灭火。尽可能将容器从火场移至空旷处。喷水保持火场容器冷却，直至灭火结束。

本品不燃，根据着火原因选择适当灭火剂灭火。

泄漏应急处置　隔离泄漏污染区，限制出入。建议应急处理人员戴防尘口罩，穿防毒服。穿上适当的防护服前严禁接触破裂的容器和泄漏物。尽可能切断泄漏源。用塑料布覆盖泄漏物，减少飞散。勿使水进入包装容器内。用洁净的铲子收集泄漏物，置于干净、干燥、盖子较松的容器中，将容器移离泄漏区。

626. 硼　酸　钠

标　识

中文名称　硼酸钠

英文名称　Disodium tetraborate, anhydrous; Borax

别名　四硼酸钠；硼砂

分子式　$Na_2B_4O_7$

CAS 号　1330－43－4

危害信息

燃烧与爆炸危险性　不燃。

活性反应　与强酸反应。

禁忌物 强酸。

毒性 大鼠经口 LD_{50}：1200mg/kg；小鼠经口 LD_{50}：1060mg/kg。

中毒表现 生产中可引起结膜炎、喉炎、气管炎及皮炎。接触硼砂的工人有脱发的病例。误服后以胃肠道刺激症状为主，恶心、呕吐、腹泻等，伴有头痛、烦躁不安，继之可发生脱水、休克、昏迷或急性肾功能衰竭。

侵入途径 吸入、食入。

理化特性与用途

理化特性 白色单斜结晶。溶于水，溶于甲醇、乙二醇、甲酰胺。熔点 742℃（分解），沸点 1575℃（分解），相对密度（水 =1）2.367，pH 值 9.3（3% 溶液）。

主要用途 用作色谱分析试剂、缓冲剂、防腐剂和金属助熔剂。

包装与储运

安全储运 储存于阴凉、通风的库房。远离火种、热源。应与氧化剂等隔离储运。

紧急处置信息

急救措施

吸入：迅速脱离现场至空气新鲜处。保持呼吸道通畅。如呼吸困难，给输氧。呼吸、心跳停止，立即进行心肺复苏术。就医。

眼睛接触：立即分开眼睑，用流动清水或生理盐水彻底冲洗。就医。

皮肤接触：立即脱去污染的衣着，用肥皂水和清水彻底冲洗。就医。

食入：催吐，洗胃，给硫酸镁泻剂。就医。

灭火方法 消防人员需佩戴空气呼吸器、穿全身防火防毒服，在上风向灭火。尽可能将容器从火场移至空旷处。喷水保持火场容器冷却，直至灭火结束。

本品不燃，根据着火原因选择适当灭火剂灭火。

泄漏应急处置 隔离泄漏污染区，限制出入。建议应急处理人员戴防尘口罩，穿防毒服。穿上适当的防护服前严禁接触破裂的容器和泄漏物。尽可能切断泄漏源。用塑料布覆盖泄漏物，减少飞散。勿使水进入包装容器内。用洁净的铲子收集泄漏物，置于干净、干燥、盖子较松的容器中，将容器移离泄漏区。

627. 硼 酸 盐

标 识

中文名称 硼酸盐

英文名称 Borate

别名 361 极压抗磨剂

危害信息

燃烧与爆炸危险性 可燃，遇明火、高热，可能引起燃烧。在高温火场中，由于内压增加以及分解反应的发生，受热的容器和储罐有破裂和爆炸的危险。

中毒表现 硼酸盐中毒引起出血性胃肠炎，出现恶心、呕吐、腹泻和上腹痛，呕吐物和粪便可以带血。可出现虚弱、无力、头痛、烦躁、颤抖和阵发性惊厥。中枢神经系统先兴奋后抑制，皮肤出现红斑，对肾脏有损害，偶见肝脏损害。成人硼酸盐(硼酸钠)平均致死量可能超过30g；儿童更敏感。

侵入途径 吸入、食入。

理化特性与用途

理化特性 红棕色透明黏稠状液体。溶于水。密度 1.2 ~ 1.4g/cm^3(20℃)，闪点≥170℃(开杯)，总碱值280 ~ 350mg KOH/g。

主要用途 适用于调制车辆齿轮油、工业齿轮油、涡轮蜗杆油、防锈润滑两用油及金属加工油等。

包装与储运

安全储运 储存于阴凉、通风的库房。远离火种、热源。应与酸、锌粉隔离储运。搬运时轻装轻卸，防止容器受损。

紧急处置信息

急救措施

吸入：迅速脱离现场至空气新鲜处。保持呼吸道通畅。如呼吸困难，给输氧。呼吸、心跳停止，立即进行心肺复苏术。就医。

眼睛接触：立即分开眼睑，用流动清水或生理盐水彻底冲洗。就医。

皮肤接触：立即脱去污染的衣着，用肥皂水和清水彻底冲洗。就医。

食入：催吐，洗胃，给硫酸镁泻剂。就医。

灭火方法 消防人员须佩戴空气呼吸器，穿全身耐酸碱消防服，在上风向灭火。尽可能将容器从火场移至空旷处。喷水保持火场容器冷却，直至灭火结束。

灭火剂：干粉、泡沫、沙土、雾状水。

泄漏应急处置 消除所有点火源。根据液体流动和蒸气扩散的影响区域划定警戒区，无关人员从侧风、上风向撤离至安全区。建议应急处理人员戴正压自给式呼吸器，穿防静电、防腐蚀服，戴橡胶手套。尽可能切断泄漏源。防止泄漏物进入水体、下水道、地下室或限制性空间。小量泄漏：用干燥的砂土或其他不燃材料吸收或覆盖，收集于容器中。大量泄漏：构筑围堤或挖坑收容。

628. 膨 润 土

标 识

中文名称 膨润土

英文名称 Bentonite

别名 膨土岩；斑脱岩

分子式 $m\mathrm{Al_2O_3} \cdot n\mathrm{SiO_2} \cdot x\mathrm{H_2O}$

CAS 号 1302 - 78 - 9

危害信息

燃烧与爆炸危险性 不燃。

毒性 大鼠静脉内 LD_{50}：35mg/kg，中毒大鼠发生急性肺水肿。

侵入途径 吸入、食入。

理化特性与用途

理化特性 属单斜晶系，通常呈土状块体，白色，有时带浅红、浅绿、淡黄等色，易吸潮。不溶于水。相对密度(水=1)2.5。

主要用途 用于铁精矿球团、钻井泥浆、铸造型砂黏结剂、动植物油脱色、净化剂、塑料填料、干燥剂、吸附剂等。

包装与储运

安全储运 储存于阴凉、通风的库房。

紧急处置信息

急救措施

吸入：脱离接触。如有不适感，就医。

眼睛接触：分开眼睑，用流动清水或生理盐水冲洗。如有不适感，就医。

皮肤接触：脱去污染的衣着，用肥皂水和清水冲洗。如有不适感，就医。

食入：漱口，饮水。就医。

灭火方法 消防人员须穿全身消防服，佩戴空气呼吸器在上风向灭火。尽可能将容器从火场移至空旷处。喷水保持火场容器冷却，直至灭火结束。

本品不燃，根据着火原因选择适当灭火剂灭火。

泄漏应急处置 隔离泄漏污染区，限制出入。建议应急处理人员戴防尘口罩，穿防毒防酸碱服，戴橡胶耐酸碱手套。用洁净的铲子收集泄漏物，置于干净、干燥、盖子较松的容器中，将容器移离泄漏区。

629. 偏 氯 乙 烯

标 识

中文名称 偏氯乙烯

英文名称 1,1 - Dichloroethylene; Vinylidene chloride

别名 1,1 - 二氯乙烯；偏二氯乙烯

分子式 $C_2H_2Cl_2$

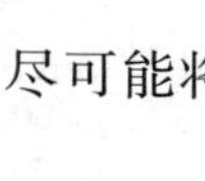

CAS 号 75 - 35 - 4

WGH 号 32040；T31140[铁规]

UN 号 1303

危害信息

危险性类别 第3类 易燃液体

燃烧与爆炸危险性 极易燃。其蒸气与空气混合能形成爆炸性混合物，遇明火、高热极易燃烧或爆炸。燃烧产生一氧化碳、光气及氯化氢气体。在高温火场中，受热的容器或储罐有破裂和爆炸的危险。蒸气比空气重，能在较低处扩散到相当远的地方，遇火源会着

火回燃和爆炸(闪爆)。

活性反应　与强氧化剂、卤素接触发生反应。

禁忌物　强氧化剂、卤素。

毒性　大鼠经口：200mg/kg；小鼠经口 LD_{50}：194mg/kg；大鼠吸入 LC_{50}：6350ppm (4h)；家兔经皮 *LD*：>2426mg/kg。

对中枢神经系统有抑制作用，主要为麻醉作用，并有眼及上呼吸道刺激症状。

中毒表现　急性中毒：对眼有中度刺激性，接触后出现疼痛、结膜刺激感和短暂的角膜损害。浓度增高，出现眩晕、恶心、呕吐，甚至呈酩酊感。高浓度吸入可致死。皮肤接触高浓度本品，可出现灼伤样反应。

慢性影响：长期接触，有黏膜刺激症状、头晕、失眠、接触性皮炎和肝功能损害。

侵入途径　吸入、食入、经皮吸收。

职业接触限值　美国(ACGIH)：TLV－TWA：5ppm。

环境危害　有害空气污染物。

理化特性与用途

理化特性　无色易挥发液体，有氯仿气味。微溶于水，溶于乙醇、丙酮、苯、乙醚、氯仿等多数有机溶剂。熔点－122℃，沸点32℃，相对密度(水=1)1.2，相对蒸气密度(空气=1)3.3，蒸气压66.5kPa(20℃)，临界温度220.8℃，临界压力5.21MPa，燃烧热－1096kJ/mol，引燃温度570℃，闪点－25℃(闭杯)，辛醇/水分配系数1.32，爆炸极限5.6%～16%。

主要用途　主要用于生产偏氯乙烯－氯乙烯、偏氯乙烯－丙烯腈和偏氯乙烯－丙烯酸酯类共聚物。

包装与储运

包装标志　易燃液体

包装类别　Ⅰ类

安全储运　储存于阴凉、通风的库房。远离火种、热源。储存温度不超过29℃。保持容器密封。炎热季节早晚运输，应与氧化剂等隔离储运。禁止使用易产生火花的机械设备和工具。灌装时注意流速，防止静电积聚。搬运时轻装轻卸，防止容器受损。

紧急处置信息

急救措施

吸入：迅速脱离现场至空气新鲜处。保持呼吸道通畅。如呼吸困难，给输氧。呼吸、心跳停止，立即进行心肺复苏术。就医。

眼睛接触：立即分开眼睑，用流动清水或生理盐水彻底冲洗。就医。

皮肤接触：立即脱去污染的衣着，用肥皂水和清水彻底冲洗。就医。

食入：给服活性炭悬液，不要催吐。忌饮牛奶、油类和酒。

肾上腺素类药物可致室性心律不齐，忌用。

灭火方法　消防人员须穿全身消防服，佩戴空气呼吸器，在上风向灭火。尽可能将容器从火场移至空旷处。喷水保持火场容器冷却，直至灭火结束。处在火场中的容器若发生异常变化或发出异常声音，须马上撤离。

灭火剂：抗溶性泡沫、二氧化碳、干粉和砂土。用水灭火无效。

泄漏应急处置　消除所有点火源。根据液体流动和蒸气扩散的影响区域划定警戒区，无关人员从侧风、上风向撤离至安全区。建议应急处理人员戴正压自给式呼吸器，穿防静

电、防腐蚀服，戴橡胶手套。尽可能切断泄漏源。防止泄漏物进入水体、下水道、地下室或限制性空间。小量泄漏：用干燥的砂土或其他不燃材料吸收或覆盖，收集于容器中。大量泄漏：构筑围堤或挖坑收容。

630. 漂 白 粉

标 识

中文名称 漂白粉

英文名称 Calcium hypochlorite；Bleaching powder

别名 次氯酸钙；氯化石灰

分子式 $CaCl_2 \cdot Ca(OCl)_2 \cdot H_2O$

CAS 号 7778-54-3

WGH 号 51509

UN 号 2208

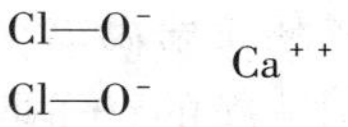

危害信息

危险性类别 第5.1类 氧化剂

燃烧与爆炸危险性 不燃，可助燃。与可燃物混合会发生爆炸。遇水或潮湿空气会引起燃烧爆炸。受热、遇酸或日光照射会分解引起爆炸，放出剧毒的氯气。具有腐蚀性。

活性反应 强氧化剂，遇水或酸会发生分解，释放出氧气和氯气。与碳粉的混合物具有爆炸性。与油品、烃、醇等有机物混合会发生爆炸。与乙炔反应会生成具有爆炸性的氯乙炔。与尿素或氨气反应能生成具有爆炸性的三氯化氮。遇硝基甲烷会发生延迟性的剧烈爆炸。

禁忌物 强还原剂、强酸、水、氨、易燃或可燃物。

毒性

大鼠经口 LD_{50}：850mg/kg。

吸入本品粉尘对呼吸道有刺激性。对眼结膜有刺激性。皮肤接触可引起中至重度皮肤损害。

侵入途径 吸入、食入。

环境危害 对水生生物有极高毒性。

理化特性与用途

理化特性 白色粉末，有极强的氯臭。主要组分是次氯酸钙。溶于水，不溶于乙醇。有效氯含量为28%～32%。pH值11.5(2%水溶液)，熔点100℃(分解)，相对密度(水=1)2.35，相对蒸气密度(空气=1)6.9，辛醇/水分配系数-2.46.。

主要用途 用于棉、麻、纸浆、丝纤维织物的漂白，饮用水、游泳池水等的杀菌和消毒，乙炔的净化，以及制取氯仿和其他有机化工原料。

包装与储运

包装标志 氧化剂

包装类别 Ⅲ类

安全储运　储存于阴凉、通风的库房。远离高温、热源。储存温度不超过30℃，相对湿度不超过80%。包装要求密封，避免受潮，防止雨淋、曝晒。不宜大量储存或久存，储存期不超过六个月。应与还原剂、酸类、易燃物等隔离储运。

紧急处置信息

急救措施

吸入：迅速脱离现场至空气新鲜处。保持呼吸道通畅。如呼吸困难，给输氧。呼吸、心跳停止，立即进行心肺复苏术。就医。

眼睛接触：立即分开眼睑，用流动清水或生理盐水彻底冲洗。就医。

皮肤接触：立即脱去污染的衣着，用大量流动清水彻底冲洗。就医。

食入：漱口，大量饮水，不要催吐。就医。

灭火方法　消防人员须佩戴空气呼吸器，穿全身消防服，在上风向灭火。

泄漏应急处置　隔离泄漏污染区，限制出入。建议应急处理人员戴防尘口罩，穿防毒服，戴氯丁橡胶手套。勿使泄漏物与可燃物质（如木材、纸、油等）接触。穿上适当的防护服前严禁接触破裂的容器和泄漏物。尽可能切断泄漏源。勿使水进入包装容器内。小量泄漏：用洁净的铲子收集泄漏物，置于干净、干燥、盖子较松的容器中，将容器移离泄漏区。大量泄漏：泄漏物回收后，用水冲洗泄漏区。

631. 平　平　加

标　识

中文名称　平平加

英文名称　Fatty alcohol polyoxyethylene ether；Peregal O

别名　脂肪醇聚氧乙烯醚；乳百灵；匀染剂-O

分子式　$RO(CH_2CH_2O)_nH$

危害信息

燃烧与爆炸危险性　可燃，遇明火高热有引起燃烧爆炸的危险，燃烧产生有毒的气体。

禁忌物　强氧化剂。

毒性　大鼠经口 LD_{50}：1g/kg。小鼠经口 LD_{50}：1170mg/kg。

侵入途径　吸入、食入。

理化特性与用途

理化特性　白色或米黄色软膏体。溶于水、乙醇、乙二醇等。pH值5.5-7.0（1%水溶液）。

主要用途　在印染工业中，作匀染剂、扩散剂、剥色剂；在金属加工过程中，作净洗剂；在一般工业中，作乳化剂。

包装与储运

安全储运　储存于阴凉、通风的库房。容器密闭。远离火种、热源。应与氧化剂等隔离储运。搬运时轻装轻卸，防止容器受损。

紧急处置信息

急救措施

吸入：脱离接触，休息。眼和皮肤接触：水冲洗。

食入：漱口，尽量饮水，不要催吐。就医。

灭火方法 消防人员须穿全身消防服，在上风向灭火。尽可能将容器从火场移至空旷处。喷水保持火场容器冷却，直至灭火结束。

灭火剂：雾状水、抗溶性泡沫、二氧化碳、干粉、砂土。

泄漏应急处置 建议应急处理人员戴防尘口罩，穿防毒防酸碱服，戴橡胶耐酸碱手套。用洁净的铲子收集泄漏物，置于干净、干燥、盖子较松的容器中，将容器移离泄漏区。

632. 破乳剂 PR－23

标 识

中文名称 破乳剂 PR－23

英文名称 Demulsifier－23

别名 聚氧乙烯聚氧丙烯丙二醇单醚

危害信息

燃烧与爆炸危险性 可燃，遇明火、高热可能引起燃烧，燃烧产生有毒的烟雾。

禁忌物 强氧化剂。

理化特性与用途

理化特性 黄色至棕红色黏稠透明液体。有效物含量≥60%，pH 值 7.0～8.0。

主要用途 作为油田破乳剂用于含水稠油的破乳脱水。

包装与储运

安全储运 储存于阴凉、干燥、通风的库房。远离火种、热源。防暴晒，防雨淋。应与氧化剂等隔离储运。搬运时轻装轻卸，防止容器受损。

紧急处置信息

急救措施

吸入：脱离接触。如有不适感，就医。

眼睛接触：分开眼睑，用流动清水或生理盐水冲洗。如有不适感，就医。

皮肤接触：脱去污染的衣着，用肥皂水和清水冲洗。如有不适感，就医。

食入：漱口，饮水。就医。

灭火方法 消防人员须穿全身消防服，佩戴空气呼吸器，在上风向灭火。尽可能将容器从火场移至空旷处。喷水保持火场容器冷却，直至灭火结束。处在火场中的容器若发生异常变化或发出异常声音，须马上撤离。

灭火剂：抗溶性泡沫、二氧化碳、干粉、砂土。

泄漏应急处置 隔离泄漏污染区，限制出入。建议应急处理人员戴呼吸器，穿防毒服，戴橡胶手套。小量泄漏：用干沙等吸收，收集于容器中。大量泄漏：构筑围堤或挖坑收容。用泵转移至槽车或专用收集器内。

633. 葡萄糖酸钠

标　识

中文名称　葡萄糖酸钠

英文名称　D－Gluconic acid，monosodium salt；Sodium gluconate

别名　五羟基已酸钠

分子式　$C_6H_{11}NaO_7$

CAS 号　527－07－1

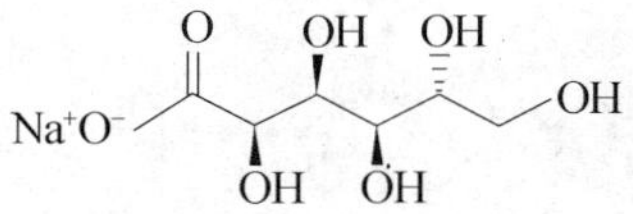

危害信息

燃烧与爆炸危险性　可燃，遇明火高热有引起燃烧爆炸的危险，燃烧产生有毒的一氧化碳气体。

禁忌物　强氧化剂

毒性　家兔静脉内 LDL_o：7630mg/kg。

侵入途径　吸入、食入。

理化特性与用途

理化特性　白色或浅黄色结晶颗粒或粉末，极易溶于水，微溶于醇，不溶于醚。pH 值 8～9(1% 水溶液)，熔点 206～209℃，沸点(分解)，相对密度(水＝1)0.8，辛醇/水分配系数－5.99。

主要用途　用作工业循环冷却水、低压锅炉炉内水处理以及内燃机冷却水系统的处理药剂；还可用于金属表面除垢去锈；水泥速凝的阻抑剂；纺织加工助剂以及金属离子携带剂等。

包装与储运

安全储运　储存于阴凉、通风的库房。远离火种、热源。应与强氧化剂、强酸等隔离储运。

紧急处置信息

急救措施

吸入：脱离接触。如有不适感，就医。

眼睛接触：分开眼睑，用流动清水或生理盐水冲洗。如有不适感，就医。

皮肤接触：脱去污染的衣着，用肥皂水和清水冲洗。如有不适感，就医。

食入：漱口，饮水。如有不适感，就医。

灭火方法　消防人员须穿全身消防服，在上风向灭火。尽可能将容器从火场移至空旷处。喷水保持火场容器冷却，直至灭火结束。

灭火剂：雾状水、抗溶性泡沫、二氧化碳、干粉、砂土。

泄漏应急处置　隔离泄漏污染区，限制出入。建议应急处理人员戴防尘口罩，穿防毒

防酸碱服，戴橡胶耐酸碱手套。穿上适当的防护服前严禁接触破裂的容器和泄漏物。尽可能切断泄漏源。用塑料布覆盖泄漏物，减少飞散。勿使水进入包装容器内。用洁净的铲子收集泄漏物，置于干净、干燥、盖子较松的容器中，将容器移离泄漏区。

634. 普通淬火油

标　识

中文名称　普通淬火油

英文名称　Ordinary quenching oil

危害信息

燃烧与爆炸危险性　可燃，遇明火、高热可引起燃烧或爆炸。在高温火场中，受热的容器或储罐有破裂和爆炸的危险。

禁忌物　强氧化剂。

侵入途径　吸入、食入 。

理化特性与用途

理化特性　运动黏度≤30mm²/s(40℃)，闪点≥180℃，燃点≥200℃，倾点≤ -9℃。

主要用途　适用于各种合金钢、渗碳钢的淬火。适用温度为 50 ~ 80℃。

包装与储运

安全储运　储存于阴凉、通风的库房。远离火种、热源。应与氧化剂隔离储运。搬运时轻装轻卸，防止容器受损。

紧急处置信息

急救措施

吸入：脱离接触。如有不适感，就医。

眼睛接触：分开眼睑，用流动清水或生理盐水冲洗。如有不适感，就医。

皮肤接触：脱去污染的衣着，用肥皂水和清水冲洗。如有不适感，就医。

食入：漱口，饮水。就医。

灭火方法　消防人员须穿全身消防服，佩戴空气呼吸器，在上风向灭火。尽可能将容器从火场移至空旷处。喷水保持火场容器冷却，直至灭火结束。处在火场中的容器若发生异常变化或发出异常声音，须马上撤离。

灭火剂：泡沫、二氧化碳、干粉、砂土。

泄漏应急处置　消除所有点火源。根据液体流动和蒸气扩散的影响区域划定警戒区，无关人员从侧风、上风向撤离至安全区。建议应急处理人员戴正压自给式呼吸器，穿防静电、防腐蚀服，戴橡胶手套。穿上适当的防护服前严禁接触破裂的容器和泄漏物。尽可能切断泄漏源。防止泄漏物进入水体、下水道、地下室或限制性空间。小量泄漏：用干燥的砂土或其他不燃材料吸收或覆盖，收集于容器中。大量泄漏：构筑围堤或挖坑收容。用防爆、耐腐蚀泵转移至槽车或专用收集器内。喷雾状水驱散蒸气、稀释液体泄漏物。

635. 汽车制动液

标　识

中文名称　汽车制动液

英文名称　Motor vehicle brake fluid；Brake fluid

别名　刹车油

危害信息

燃烧与爆炸危险性　可燃。其蒸气与空气混合能形成爆炸性混合物，遇明火、高热能引起燃烧或爆炸。燃烧产生有毒的一氧化碳气体。在高温火场中，受热的容器或储罐有破裂和爆炸的危险。

禁忌物　强氧化剂。

毒性　含二甘醇的刹车油可引起中枢神经系统抑制和肝肾损害，其中肾的毒作用最明显，肾小管变性、坏死导致急性肾功能衰竭。

中毒表现　误服含二甘醇的刹车油引起头痛、头晕、恶心、呕吐、腹胀、胸闷、无力，重度中毒出现代谢性酸中毒、急性肾功能衰竭、昏迷，继之死亡。

侵入途径　吸入、食入。

理化特性与用途

理化特性　7104－1 型汽车制动液为黄色透明液体。运动黏度≤1500mm^2/s（－40℃）、≥4.2 mm^2/s（50℃），pH 值 7.0～11.5，密度 0.995～1.010g/cm^3（20℃）。

主要用途　用于各类高档轿车、乘用车和采用液压制动的载重车。

包装与储运

安全储运　储存于阴凉、通风的库房。远离火种、热源。应与氧化剂隔离储运。搬运时轻装轻卸，防止容器受损。

紧急处置信息

急救措施

吸入：迅速脱离现场至空气新鲜处。保持呼吸道通畅。如呼吸困难，给输氧。呼吸、心跳停止，立即进行心肺复苏术。就医。

眼睛接触：立即分开眼睑，用流动清水或生理盐水彻底冲洗。就医。

皮肤接触：立即脱去污染的衣着，用肥皂水和清水彻底冲洗。就医。

食入：催吐。口服活性炭悬液，给饮白酒 50～100mL。就医。

灭火方法　消防人员须穿全身消防服，佩戴空气呼吸器，在上风向灭火。尽可能将容器从火场移至空旷处。喷水保持火场容器冷却，直至灭火结束。处在火场中的容器若发生异常变化或发出异常声音，须马上撤离。

灭火剂：泡沫、二氧化碳、干粉、砂土。

泄漏应急处置　根据液体流动和蒸气扩散的影响区域划定警戒区，无关人员从侧风、上风向撤离至安全区。建议应急处理人员戴正压自给式呼吸器，穿防静电、防腐蚀服，戴橡胶手套。穿上适当的防护服前严禁接触破裂的容器和泄漏物。尽可能切断泄漏源。防止泄漏物进入水体、下水道、地下室或限制性空间。小量泄漏：用干燥的砂土或其他不燃材料吸收或覆盖，收集于容器中。大量泄漏：构筑围堤或挖坑收容。用防爆、耐腐蚀泵转移至槽车或专用收集器内。喷雾状水驱散蒸气、稀释液体泄漏物。

636. 汽　油

标　识

中文名称　汽油

英文名称　Gasoline；Petrol

CAS 号　8006－61－9

WGH 号　31001、32001

UN 号　1203

危害信息

危险性类别　第 3 类　易燃液体

燃烧与爆炸危险性　易燃。其蒸气与空气混合能形成爆炸性混合物，遇明火、高热极易燃烧或爆炸。燃烧产生有毒的一氧化碳气体。在高温火场中，受热的容器或储罐有破裂和爆炸的危险。蒸气比空气重，能在较低处扩散到相当远的地方，遇火源会着火回燃和爆炸(闪爆)。

活性反应　与硝酸、浓硫酸、高锰酸钾、重铬酸盐等强氧化剂发生剧烈反应，甚至导致燃烧爆炸。

禁忌物　强氧化剂。

毒性　主要以蒸气形态吸入，经皮肤吸收较少。汽油为麻醉性毒物。急性中毒主要引起中枢神经系统和呼吸系统损害；慢性中毒主要表现为神经衰弱综合征、植物神经功能紊乱、中毒性脑病、周围神经病，可引起肾脏损害。

IARC 对汽油的致癌性分类：G2B——可疑人类致癌物。

欧盟指令 67/548/EEC 将汽油列为第 2 类致癌物——可能为人类致癌物。

中毒表现　急性中毒：吸入汽油蒸气后，轻度中毒出现头痛、头晕、恶心、呕吐、步态不稳、视力模糊、烦躁、哭笑无常、兴奋不安、轻度意识障碍等。重度中毒出现中度或重度意识障碍、化学性肺炎、反射性呼吸停止。汽油液体被吸入呼吸道后引起吸入性肺炎，出现剧烈咳嗽、胸痛、咯血、发热、呼吸困难、紫绀。如汽油液体进入消化道，表现为频繁呕吐、胸骨后灼热感、腹痛、腹泻、肝脏肿大及压痛。皮肤浸泡或浸渍于汽油时间较长后，受浸皮肤出现水疱、表皮破碎脱落，呈浅Ⅱ度灼伤。个别敏感者可发生急性皮炎。

慢性中毒：表现为神经衰弱综合征、植物神经功能紊乱、周围神经病。严重中毒出现中毒性脑病、中毒性精神病、类精神分裂症、中毒性周围神经病所致肢体瘫痪。可引起肾脏损害。长期接触汽油可引起血中白细胞等血细胞的减少，其原因是由于汽油内苯含较高，其临床表现同慢性苯中毒。皮肤损害可见皮肤干燥、皲裂、角化、毛囊炎、慢性湿疹、指甲变厚和凹陷。严重者可引起剥脱性皮炎。

侵入途径　吸入、食入、经皮吸收。

职业接触限值　中国：PC－TWA(mg/m^3)：300[溶剂汽油]。

美国(ACGIH)：TLV－TWA：300ppm；TLV－STEL：500ppm。

理化特性与用途

理化特性　无色或浅黄色透明液体，易挥发，具有典型的石油烃气味。主要成分为C4～C12的烃类。不溶于水，易溶于苯、二硫化碳、乙醇、脂肪、乙醚、氯仿等。熔点－90.5～－94.5℃，馏程25～220℃，相对密度(水＝1)0.7～0.8，相对蒸气密度(空气＝1)3～4，蒸气压40.5～91.5kPa(37.8℃)，辛醇/水分配系数2～7，闪点－58～10℃，引燃温度250～530℃，爆炸极限1.4%～7.6%。

主要用途　用作汽油机的燃料及溶剂。

包装与储运

包装标志　易燃液体

包装类别　Ⅱ类

安全储运　盛装时，切不可充满，要留出必要的安全空间。储存于阴凉、通风处。储存温度不超过29℃。远离火种、热源。炎热季节应采取喷淋、通风等降温措施。应与氧化剂等隔离储运。罐储时要有防火防爆技术措施。灌装时注意流速，要有接地装置，防止静电积聚。禁止使用易产生火花的工具。搬运时轻装轻卸，防止容器受损。

紧急处置信息

急救措施

吸入：迅速脱离现场至空气新鲜处。保持呼吸道通畅。如呼吸困难，给输氧。呼吸、心跳停止，立即进行心肺复苏术。就医。

眼睛接触：立即分开眼睑，用流动清水或生理盐水彻底冲洗。就医。

皮肤接触：立即脱去污染的衣着，用肥皂水和清水彻底冲洗。就医。

食入：漱口，尽量饮水，不要催吐。就医。

忌用肾上腺素类药。

灭火方法　消防人员须穿全身消防服，佩戴空气呼吸器，在上风向灭火。尽可能将容器从火场移至空旷处。喷水保持火场容器冷却，直至灭火结束。处在火场中的容器若发生异常变化或发出异常声音，须马上撤离。

灭火剂：泡沫、二氧化碳、干粉和砂土。用水灭火无效。

泄漏应急处置　消除所有点火源。根据液体流动和蒸气扩散的影响区域划定警戒区，无关人员从侧风、上风向撤离至安全区。建议应急处理人员戴正压自给式呼吸器，穿防静电服，戴橡胶耐油手套。作业时使用的所有设备应接地。禁止接触或跨越泄漏物。尽可能切断泄漏源。防止泄漏物进入水体、下水道、地下室或限制性空间。小量泄漏：用砂土或其他不燃材料吸收。使用洁净的无火花工具收集吸收材料。大量泄漏：构筑围堤或挖坑收容。用砂土、惰性物质或蛭石吸收大量液体。用泡沫覆盖，减少蒸发。喷水雾能减少蒸发，但不能降低泄漏物在限制性空间内的易燃性。用防爆泵转移至槽车或专用收集器内。

637. 汽 油 机 油

标　识

中文名称　汽油机油

英文名称 Gasoline engine lube oil; Gasoline engine oil

危害信息

燃烧与爆炸危险性 可燃。其蒸气与空气混合能形成爆炸性混合物，遇明火、高热易燃烧或爆炸。燃烧产生有毒的一氧化碳气体。在高温火场中，受热的容器或储罐有破裂和爆炸的危险。

禁忌物 强氧化剂。

侵入途径 吸入、食入。

理化特性与用途

理化特性 液体。有 SC、SD、SE、SF、SG 等系列产品，并划分多个黏度等级(5W/20、10W/30、30、40 等)。其中 SC(5W/20)：倾点≤ -35℃，闪点≥200℃(开杯)，运动黏度 5.6 ~ <9.3mm^2/s(100℃)。

主要用途 适用于四冲程发动机的润滑。

包装与储运

安全储运 储存于阴凉、通风的库房。远离火种、热源。应与氧化剂隔离储运。搬运时轻装轻卸，防止容器受损。

紧急处置信息

急救措施

吸入：脱离接触。如有不适感，就医。

眼睛接触：分开眼睑，用流动清水或生理盐水冲洗。如有不适感，就医。

皮肤接触：脱去污染的衣着，用肥皂水和清水冲洗。如有不适感，就医。

食入：漱口，饮水。就医。

灭火方法 消防人员须穿全身消防服，佩戴空气呼吸器，在上风向灭火。尽可能将容器从火场移至空旷处。喷水保持火场容器冷却，直至灭火结束。处在火场中的容器若发生异常变化或发出异常声音，须马上撤离。

灭火剂：泡沫、二氧化碳、干粉、砂土。

泄漏应急处置 消除所有点火源。根据液体流动和蒸气扩散的影响区域划定警戒区，无关人员从侧风、上风向撤离至安全区。建议应急处理人员戴正压自给式呼吸器，穿防静电、防腐蚀服，戴橡胶手套。穿上适当的防护服前严禁接触破裂的容器和泄漏物。尽可能切断泄漏源。防止泄漏物进入水体、下水道、地下室或限制性空间。小量泄漏：用干燥的砂土或其他不燃材料吸收或覆盖，收集于容器中。大量泄漏：构筑围堤或挖坑收容。用防爆、耐腐蚀泵转移至槽车或专用收集器内。喷雾状水驱散蒸气、稀释液体泄漏物。

638. 羟丙基淀粉

标　识

中文名称 羟丙基淀粉

英文名称 Hydroxyl propyl starch; Starch 2 - hydroxypropyl ether

别名 醚化淀粉；变性淀粉

CAS 号　9049 – 76 – 7

危害信息

燃烧与爆炸危险性　可燃，遇明火高热有引起燃烧爆炸的危险。燃烧产物含一氧化碳。

活性反应　与强酸反应。

禁忌物　强酸，强氧化剂。

毒性　大鼠经口 LD_{50}：＞10000mg/kg。

粉尘对眼、上呼吸道和皮肤有轻度刺激性。经口基本无毒。

侵入途径　吸入、食入。

理化特性与用途

理化特性　淡黄色粉末。溶于水，水溶液为半透明黏稠状。pH 值 8～10。

主要用途　用作钻井液处理剂，也可用于阳离子聚合物钻井液和正电胶钻井液的降滤失剂。

包装与储运

安全储运　储存于阴凉、干燥、通风的库房。远离火种、热源。防受潮和雨淋。应与氧化剂等隔离储运。

紧急处置信息

急救措施

吸入：脱离接触。如有不适感，就医。

眼睛接触：分开眼睑，用流动清水或生理盐水冲洗。如有不适感，就医。

皮肤接触：脱去污染的衣着，用肥皂水和清水冲洗。如有不适感，就医。

食入：漱口，饮水。如有不适感，就医。

灭火方法　消防人员须穿全身消防服，在上风向灭火。尽可能将容器从火场移至空旷处。喷水保持火场容器冷却，直至灭火结束。

灭火剂：雾状水、抗溶性泡沫、二氧化碳、干粉、砂土。

泄漏应急处置　建议应急处理人员戴防尘口罩。用洁净的铲子收集泄漏物，置于干净、干燥、盖子较松的容器中，将容器移离泄漏区。

639. 羟丙基瓜尔胶

标　识

中文名称　羟丙基瓜尔胶

英文名称　Hydroxypropyl guar gum powder

别名　瓜儿胶 – 2 – 羟丙基醚；HPG

CAS 号　39421 – 75 – 5

危害信息

燃烧与爆炸危险性　可燃。其粉体与空气混合能形成爆炸性混合物，遇明火高热有引起燃烧爆炸的危险。燃烧产生有毒的一氧化碳气体。

禁忌物 强氧化剂。

侵入途径 吸入、食入。

理化特性与用途

理化特性 无臭、无味的白色或浅黄色固体粉末，易吸潮。易溶于水，不溶于醇、醚、酮等有机溶剂。pH 值 6.0 - 8.0，相对密度(水 = 1)1.38 ~ 1.40，闪点 > 93℃(闭杯)。

主要用途 广泛用于油田压裂、防砂、堵水作业中。

包装与储运

安全储运 储存于阴凉、通风的库房。远离火种、热源。密闭包装，注意防潮。应与氧化剂隔离储运。

紧急处置信息

急救措施

吸入：脱离接触。如有不适感，就医。

眼睛接触：分开眼睑，用流动清水或生理盐水冲洗。如有不适感，就医。

皮肤接触：脱去污染的衣着，用肥皂水和清水冲洗。如有不适感，就医。

食入：漱口，饮水。如有不适感，就医。

灭火方法 消防人员须穿全身消防服，在上风向灭火。尽可能将容器从火场移至空旷处。喷水保持火场容器冷却，直至灭火结束。

灭火剂：雾状水、抗溶性泡沫、二氧化碳、干粉、砂土。

泄漏应急处置 隔离泄漏污染区，限制出入。建议应急处理人员戴防尘口罩，穿防毒防酸碱服，戴橡胶耐酸碱手套。用洁净的铲子收集泄漏物，置于干净、干燥、盖子较松的容器中，将容器移离泄漏区。

640. 羟丙基羧甲基田菁胶

标　识

中文名称 羟丙基羧甲基田菁胶

英文名称 Hydroxypropyl carboxymethyl sesbania gum

别名 HPCMT

危害信息

燃烧与爆炸危险性 可燃，遇明火高热有引起燃烧的危险。

禁忌物 强氧化剂。

侵入途径 吸入、食入。

理化特性与用途

理化特性 淡褐黄色粉末，无臭，易吸潮。不溶于大多数有机溶剂，在水中分散溶解。

主要用途 用作压裂液稠化剂。

包装与储运

安全储运　储存于阴凉、干燥、通风的库房。远离火种、热源。密闭包装，注意防潮。应与氧化剂等隔离储运。

紧急处置信息

急救措施

吸入：脱离接触。如有不适感，就医。

眼睛接触：分开眼睑，用流动清水或生理盐水冲洗。如有不适感，就医。

皮肤接触：脱去污染的衣着，用肥皂水和清水冲洗。如有不适感，就医。

食入：漱口，饮水。如有不适感，就医。

灭火方法　消防人员须穿全身消防服，在上风向灭火。尽可能将容器从火场移至空旷处。喷水保持火场容器冷却，直至灭火结束。

灭火剂：雾状水、抗溶性泡沫、二氧化碳、干粉、砂土。

泄漏应急处置　隔离泄漏污染区，限制出入。建议应急处理人员戴防尘口罩，穿一般作业工作服。尽可能切断泄漏源。用塑料布覆盖泄漏物，减少飞散。勿使水进入包装容器内。用洁净的铲子收集泄漏物，置于干净、干燥、盖子较松的容器中，将容器移离泄漏区。

641. 羟丙基田菁胶

标　　识

中文名称　羟丙基田菁胶

英文名称　Hydroxypropyl sesbania gum

危害信息

燃烧与爆炸危险性　可燃，遇明火高热有引起燃烧爆炸的危险，燃烧产生有毒的一氧化碳气体。

禁忌物　强氧化剂。

侵入途径　吸入、食入。

理化特性与用途

理化特性　无臭无味的淡黄色或灰白色粉末。不溶于醇、醚、酮等有机溶剂；遇水首先溶胀，然后缓慢溶解。pH 值 6.5 ~ 7.5。

主要用途　用作压裂液稠化剂。

包装与储运

安全储运　储存于阴凉、通风的库房。远离火种、热源。密闭包装，注意防潮。应与氧化剂隔离储运。

紧急处置信息

急救措施

吸入：脱离接触。如有不适感，就医。

眼睛接触：分开眼睑，用流动清水或生理盐水冲洗。如有不适感，就医。

皮肤接触：脱去污染的衣着，用肥皂水和清水冲洗。如有不适感，就医。

食入：漱口，饮水。如有不适感，就医。

灭火方法　消防人员须穿全身消防服，在上风向灭火。尽可能将容器从火场移至空旷处。喷水保持火场容器冷却，直至灭火结束。

灭火剂：雾状水、抗溶性泡沫、二氧化碳、干粉、砂土。

泄漏应急处置　隔离泄漏污染区，限制出入。建议应急处理人员戴防尘口罩，穿防毒防酸碱服，戴橡胶耐酸碱手套。用洁净的铲子收集泄漏物，置于干净、干燥、盖子较松的容器中，将容器移离泄漏区。

642. 2－羟基－3－磺酸基丙基淀粉

标　识

中文名称　2－羟基－3－磺酸基丙基淀粉

英文名称　2－Hydroxy－3－propyl sodium sulfonate starch

别名　HSPS

危害信息

燃烧与爆炸危险性　可燃。其粉尘与空气形成的混合物，遇明火、高热可能发生粉尘爆炸。燃烧产生有毒的一氧化碳和硫氧化物气体。

禁忌物　强氧化剂。

侵入途径　吸入、食入。

理化特性与用途

理化特性　微黄色粉末，易吸潮。溶于水，水溶液呈弱碱性。

主要用途　用于各种类型的水基钻井液体系，特别适用于饱和盐水泥浆。

包装与储运

安全储运　储存于阴凉、干燥、通风的库房。远离火种、热源。密闭包装，注意防潮。应与氧化剂等隔离储运。

紧急处置信息

急救措施

吸入：脱离接触。如有不适感，就医。

眼睛接触：分开眼睑，用流动清水或生理盐水冲洗。如有不适感，就医。

皮肤接触：脱去污染的衣着，用肥皂水和清水冲洗。如有不适感，就医。

食入：漱口，饮水。如有不适感，就医。

灭火方法　消防人员须穿全身消防服，在上风向灭火。尽可能将容器从火场移至空旷处。喷水保持火场容器冷却，直至灭火结束。

灭火剂：雾状水、抗溶性泡沫、二氧化碳、干粉、砂土。

泄漏应急处置　建议应急处理人员戴防尘口罩，戴橡胶耐酸碱手套。用洁净的铲子收集泄漏物，置于干净、干燥、盖子较松的容器中，将容器移离泄漏区。

643. 羟基亚乙基二膦酸

标　识

中文名称　羟基亚乙基二膦酸

英文名称　1 – Hydroxyethylidene – 1,1 – diphosphonic Acid

别名　羟基亚乙基二膦酸；HEDP；1,1 – 二亚磷酸乙醇

分子式　$C_2H_8O_7P_2$

CAS 号　2809 – 21 – 4

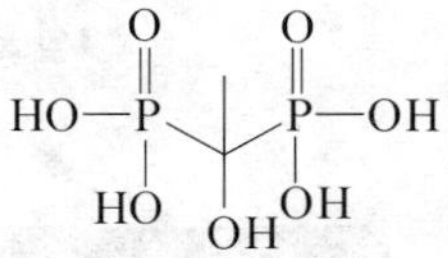

危害信息

危险性类别　第 8 类　腐蚀品

燃烧与爆炸危险性　可燃。其粉体与空气混合能形成爆炸性混合物，遇明火高热有引起燃烧爆炸的危险。燃烧产生有毒的与一氧化碳和磷氧化物气体。

禁忌物　强氧化剂，强碱，胺类。

毒性　大鼠经口 LD_{50}：2400mg/kg；小鼠经口 LD_{50}：1800mg/kg。

侵入途径　吸入、食入。

理化特性与用途

理化特性　白色结晶粉末，易吸潮。易溶于水。工业品含量一般为 50% ~62% 的无色至淡黄色黏稠透明液体。pH 值≤ 2.0（1% 水溶液），熔点 199℃（晶体），密度 1.43 ~1.46（活性组分含量 58 ~62%），辛醇/水分配系数 –0.81。

主要用途　广泛应用于电力、化工、冶金、化肥等工业循环冷却水、低压锅炉、油田注水及输油管线的阻垢和缓蚀；在轻纺工业中，可以作金属和非金属的清洗剂、漂染工业的过氧化物稳定剂和固色剂、无氰电镀络合剂。

包装与储运

安全储运　储存于阴凉、干燥、通风的库房。远离火种、热源。储存温度不超过 32℃，相对湿度不超过 80%。保持容器密封，特别注意防潮。应与氧化剂、强碱等隔离储运。

紧急处置信息

急救措施

吸入：迅速脱离现场至空气新鲜处。保持呼吸道通畅。如呼吸困难，给输氧。呼吸、心跳停止，立即进行心肺复苏术。就医。

眼睛接触：立即分开眼睑，用大量流动清水或生理盐水彻底冲洗 10 ~15min。就医。

皮肤接触：立即脱去污染的衣着，用大量流动清水彻底冲洗，冲洗时间一般要求 20 ~30min。就医。

食入：用水漱口，禁止催吐。给饮牛奶或蛋清。就医。

灭火方法　消防人员须佩戴空气呼吸器，穿全身耐酸碱消防服在上风向灭火。尽可能将容器从火场移至空旷处。喷水保持火场容器冷却，直至灭火结束。

灭火剂：雾状水、抗溶性泡沫、干粉、二氧化碳、砂土。

泄漏应急处置　隔离泄漏污染区，限制出入。建议应急处理人员戴防尘口罩，穿防毒防酸碱服，戴橡胶耐酸碱手套。穿上适当的防护服前严禁接触破裂的容器和泄漏物。尽可能切断泄漏源。用塑料布覆盖泄漏物，减少飞散。勿使水进入包装容器内。用洁净的铲子收集泄漏物，置于干净、干燥、盖子较松的容器中，将容器移离泄漏区。

644. 羟基亚乙基二膦酸四钠

标　识

中文名称　羟基亚乙基二膦酸四钠

英文名称　Tetrasodium (1 – hydroxyethylidene) bisphosphonate; (1 – Hydroxyethylidene) – diphosphonic acid, tetrasodium salt; Tetrasodium etidronate

别名　羟基亚乙基二磷酸四钠

分子式　$C_2H_4O_7P_2Na_4$

CAS 号　3794 – 83 – 0

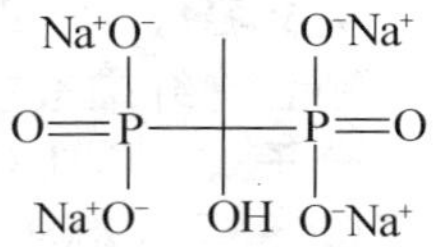

危害信息

燃烧与爆炸危险性　不易燃。受热分解产生有毒的一氧化碳和磷氧化物气体。

活性反应　与强酸反应。

禁忌物　强酸。

毒性　大鼠经口 LD_{50}：990mg/kg，肾小管和肾小球发生改变。

侵入途径　吸入、食入。

理化特性与用途

理化特性　白色粉末固体、易溶于水。含量≥55%，熔点 198 ~ 199℃，pH 值 11.0 ~ 12.0(1%水溶液)，相对密度(水 =1)1.40(20/4℃)。

主要用途　广泛应用于电力、化工、冶金、化肥等工业循环冷却水、低压锅炉、油田注水及输油管线的阻垢和缓蚀；在轻纺工业中，可以作金属和非金属的清洗剂、印染工业的过氧化物稳定剂和固色剂及无氰电镀添加剂。

包装与储运

安全储运　储存于阴凉、干燥、通风的库房。远离火种、热源。应与酸类、氧化剂等隔离储运。防潮、防雨淋。

紧急处置信息

急救措施

吸入：脱离接触。如有不适感，就医。

眼睛接触：分开眼睑，用流动清水或生理盐水冲洗。如有不适感，就医。

皮肤接触：脱去污染的衣着，用肥皂水和清水冲洗。如有不适感，就医。

食入：漱口，饮水。就医。

灭火方法　消防人员须穿全身消防服，在上风向灭火。尽可能将容器从火场移至空旷处。喷水保持火场容器冷却，直至灭火结束。

灭火剂：雾状水、抗溶性泡沫、二氧化碳、干粉、砂土。

泄漏应急处置　隔离泄漏污染区，限制出入。建议应急处理人员戴防尘口罩，穿防毒防酸碱服，戴橡胶耐酸碱手套。穿上适当的防护服前严禁接触破裂的容器和泄漏物。尽可能切断泄漏源。用塑料布覆盖泄漏物，减少飞散。勿使水进入包装容器内。用洁净的铲子收集泄漏物，置于干净、干燥、盖子较松的容器中，将容器移离泄漏区。

645. 羟乙基纤维素

标　识

中文名称　羟乙基纤维素

英文名称　Cellulose; 2 – hydroxyethyl ether; Hydroxyethyl Cellulose

别名　纤维素羟乙基醚

分子式　$C_2H_4O_7P_2Na_4$

CAS 号　9004 – 62 – 0

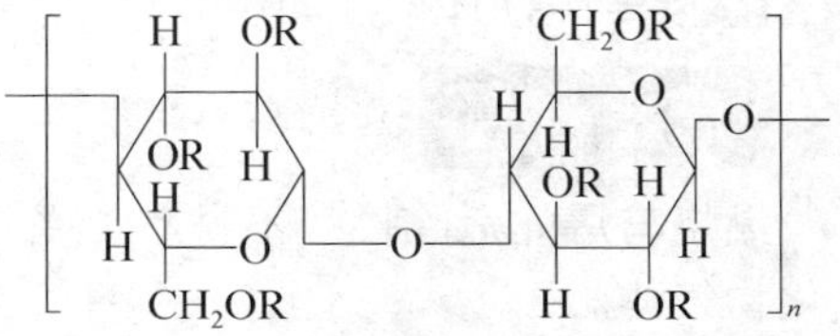

R为H或CH_2CH_2OR

危害信息

燃烧与爆炸危险性　可燃。其粉体与空气混合能形成爆炸性混合物，遇明火高热有引起燃烧爆炸的危险。燃烧产生有毒的一氧化碳气体。

禁忌物　水。

毒性　经口食入或与皮肤接触基本无害。长期职业性接触本品未发现对健康有害。

侵入途径　吸入、食入。

理化特性与用途

理化特性　淡黄色易流动的粉末，无毒、无味，吸潮。易溶于水，不溶于大多数有机溶剂。pH 值 6 ~ 8.5，熔点 290℃（分解），相对密度（水 = 1）1.33，软化温度 135 ~ 140℃，引燃温度 380℃，闪点 > 150℃。

主要用途　用作表面活性剂、乳胶增稠剂、胶体保护剂、石油开采压裂液及聚苯乙烯和聚氯乙烯分散剂等。

包装与储运

安全储运　储存于阴凉、干燥、通风的库房。远离火种、热源。防潮、防雨淋。应与氧化剂、食用化学品、氧化钙等隔离储运。

紧急处置信息

急救措施

吸入：脱离接触。如有不适感，就医。

眼睛接触：分开眼睑，用流动清水或生理盐水冲洗。如有不适感，就医。

皮肤接触：脱去污染的衣着，用肥皂水和清水冲洗。如有不适感，就医。

食入：漱口，饮水。如有不适感，就医。

灭火方法 消防人员须穿全身消防服，在上风向灭火。尽可能将容器从火场移至空旷处。喷水保持火场容器冷却，直至灭火结束。

灭火剂：雾状水、抗溶性泡沫、二氧化碳、干粉、砂土。

泄漏应急处置 隔离泄漏污染区，限制出入。建议应急处理人员戴防尘口罩，穿防毒防酸碱服，戴橡胶耐酸碱手套。用洁净的铲子收集泄漏物，置于干净、干燥、盖子较松的容器中，将容器移离泄漏区。

646. 氢 氟 酸

标 识

中文名称 氢氟酸

英文名称 Hydrofluoric acid；Fluorhydric acid；Hydrogen fluoride solution

别名 氟氢酸；氟化氢溶液

分子式 HF

H—F

CAS 号 7664－39－3

WGH 号 81016

UN 号 1790

危害信息

危险性类别 第 8.1 类 酸性腐蚀品

燃烧与爆炸危险性 本品不燃，但能与大多数金属反应，生成氢气而引起爆炸。极易挥发，露置空气中立即冒白烟，有燃烧爆炸的危险。具有腐蚀性。

活性反应 酸性、强腐蚀性，能腐蚀玻璃，生成氟硅酸钠。与碱发生放热中和反应。能引发烯烃聚合反应。与氰化钠、氰化钾等氰化物反应放出剧毒的氰化氢气体。与硫醇、硫化物、二硫代氨基甲酸酯、异氰酸酯、氮化物、腈反应会发生燃烧或放出硫化氢、二氧化硫等有毒气体。与烯烃、环氧丙烷、乙酸酐、乙酸乙烯酯、三氧化二砷、五氯化磷、烷基金属化合物、氯磺酸、乙二胺发生剧烈反应。

禁忌物 强碱、活性金属粉末、玻璃制品。

毒性 大鼠吸入 LC_{50}：1100mg/m^3（60min）；小鼠经皮 LDL_o：500mg/kg；人吸入 TCL_o：25mg/m^3。

蒸气、液体均对皮肤和黏膜有强烈刺激和腐蚀作用，并可向深部组织渗透，有时可深达骨膜、骨质。较大面积灼伤时，可经创面吸收。氟离子与钙离子结合，造成低血钙。

中毒表现 急性中毒：接触其蒸气，可发生眼和上呼吸道刺激、支气管炎、肺炎，重者发生肺水肿。极高浓度时可发生反射性窒息。对皮肤有强烈的腐蚀作用。灼伤初期皮肤潮红、干燥。创面苍白，坏死，继而呈紫黑色或灰黑色。深部灼伤或处理不当时，可形成难以愈合的深溃疡，损及骨膜和骨质。本品灼伤疼痛剧烈。眼睛接触高浓度本品可引起角膜穿孔。

慢性影响：长期接触低浓度氟化氢，可引起牙齿酸蚀症、牙龈出血、干燥性鼻炎、鼻衄、嗅觉减退及咽喉炎、慢性支气管炎。

侵入途径 吸入、食入、经皮吸收。

职业接触限值 中国：MAC：2mg/m^3[按 F 计]。

美国(ACGIH)：TLV－C：2ppm。

环境危害 有害空气污染物。

理化特性与用途

理化特性 无色透明易流动液体，为含氟化氢60%以下的水溶液。腐蚀性极强。混溶于水，溶于乙醇，微溶于乙醚。熔点－83.1℃，沸点112.2℃(38.2%)、120℃(35.3%)，相对密度(水=1)1.26(75%)，相对蒸气密度1.27，辛醇/水分配系数0.23。

主要用途 用作烷基化装置的催化剂。也用于刻蚀玻璃，酸洗铜、黄铜、不锈钢等。

包装与储运

包装标志 腐蚀品，有毒品

包装类别 Ⅱ类

安全储运 储存于通风的不燃库房。远离高温、热源，避免阳光直射。储存温度不超过32℃，相对湿度不超过85%。保持容器密封，应与氰化物、碱类、活性金属粉末等隔离储运。搬运时要轻装轻卸，防止容器受损。储区应备有泄漏应急处理设备和合适的收容材料。

紧急处置信息

急救措施

吸入：立即脱离现场，吸氧，保持呼吸道通畅。用2%～4%碳酸氢钠溶液洗鼻、漱口、雾化吸入。就医。

眼睛接触：立即用大量清水或生理盐水冲洗至少15min。就医。

皮肤接触：立即用大量清水彻底冲洗，至少20～30min，可适当应用中和剂，如3%氢氧化钙溶液冲洗、浸泡或湿敷。

食入：立即给服6片葡萄糖酸钙或碳酸钙(事先化在水中)，不要催吐。就医。

根据临床表现和血钙情况，可适当补充钙剂。

灭火方法 消防人员必须穿耐酸碱防护服、防护靴、并佩戴空气呼吸器灭火

本品不燃，根据火灾原因选择适当的灭火剂。

泄漏应急处置 根据液体流动和蒸气扩散的影响区域划定警戒区，无关人员从侧风、上风向撤离至安全区。建议应急处理人员戴正压自给式呼吸器，穿防酸碱服，戴橡胶耐酸碱手套。作业时使用的所有设备应接地。穿上适当的防护服前严禁接触破裂的容器和泄漏物。喷雾状水抑制蒸气或改变蒸气云流向，避免水流接触泄漏物。勿使水进入包装容器内。尽可能切断泄漏源。防止泄漏物进入水体、下水道、地下室或限制性空间。小量泄漏：用干燥的砂土或其他不燃材料覆盖泄漏物。大量泄漏：构筑围堤或挖坑收容。用砂土、惰性物质或蛭石吸收大量液体。用石灰(CaO)、碎石灰石($CaCO_3$)或碳酸氢钠($NaHCO_3$)中和。用抗溶性泡沫覆盖，减少蒸发。用耐腐蚀泵转移至槽车或专用收集器内。

647. 氢 气

标 识

中文名称 氢气

英文名称 Hydrogen；Hydrogen，compressed

别名 氢

分子式 H_2

H—H

CAS 号 1333 -74 -0

WGH 号 21001[压缩气体]；21002[液化气体]

UN 号 1049[压缩气体]；1966[冷冻液体]

危害信息

危险性类别 第 2.1 类 易燃气体

燃烧与爆炸危险性 易燃。与空气混合能形成爆炸性混合物，遇热或明火即发生爆炸。比空气轻，在室内使用和储存时，漏气上升滞留屋顶不易排出，遇火星会引起爆炸。在空气中燃烧时，火焰呈蓝色，不易被发现。

活性反应 在铂及其他金属催化剂上，氢气和氧气在常温下即能发生爆炸反应。汽油、煤油、柴油和润滑油加氢精制以及渣油加氢改质过程中，烯烃、芳烃加氢饱和、加氢脱硫、加氢脱氮以及加氢脱金属均为放热反应，若散热能力不足，会使多余的热量在反应器中蓄积，发生“飞温”现象(热失控)，导致爆炸。与氧化剂、卤素(氟、氯、溴、碘)、乙炔、氧化氮接触后，在一定条件下会剧烈反应，甚至爆炸。

禁忌物 强氧化剂、卤素。

毒性 本品在生理学上是惰性气体，为单纯性窒息性气体，仅在高浓度时，由于空气中氧分压降低才引起缺氧性窒息。在很高的分压下，氢气可呈现出麻醉作用。

中毒表现 缺氧性窒息发生后，轻者表现为心悸、气促、头昏、头痛、无力、眩晕、恶心、呕吐、耳鸣、视力模糊、思维判断能力下降等缺氧表现。重者除表现为上述症状外，很快发生精神错乱、意识障碍，甚至呼吸、循环衰竭。液氢可引起冻伤。

侵入途径 吸入。

理化特性与用途

理化特性 无色、无味的气体。不溶于水，微溶于乙醇、乙醚。熔点 -259.2℃，沸点 -252.8℃，相对密度(水 =1)0.07(-252℃)，相对蒸气密度(空气 =1)0.07，临界压力 1.30MPa，临界温度 -240℃，蒸气压 13.33kPa(-257.9℃)，辛醇/水分配系数 -0.45，爆炸极限 4% ~76%，自燃温度 500 ~571℃。

主要用途 用于汽油、煤油、柴油、石脑油、馏分油和润滑油加氢精制以及渣油加氢改质过程；用于氨和甲醇的合成、氢化加工及金属氧化物矿的还原等；也可作高速推进火箭的燃料。

包装与储运

包装标志 易燃气体

安全储运 液氢通常在大气压、温度稍高于沸点的情况下用特殊的绝缘容器低温储运。压缩氢气用钢瓶装，常温下储存于不燃材料结构的、通风良好的、阴凉的专用库房内，严禁曝晒。远离火种、热源。储存温度不超过 30℃。应与空气、氧气钢瓶、氧化剂、卤素等隔离储运。搬运时要戴好钢瓶安全帽及防震橡皮圈，避免滚动和撞击，防止容器受损。

紧急处置信息

急救措施

吸入：立即将患者移至空气新鲜处，安静，保暖。如呼吸、心跳停止，立即进行心肺复苏术。用高压氧疗法或常压面罩吸氧。救援者要注意自身防护，尽可能戴供氧式防毒面具。

灭火方法　迅速切断气源。若不能立即切断气源，则不允许熄灭泄漏处的火焰，应喷水冷却燃烧容器和临近容器，尽可能将容器从火场移至空旷处。防止容器受热爆炸。

如果引燃了周围物质，应根据着火物质性质选用适当的灭火剂灭火。

泄漏应急处置　消除所有点火源。根据气体扩散的影响区域划定警戒区，无关人员从侧风、上风向撤离至安全区。建议应急处理人员戴正压自给式呼吸器，穿防静电服。作业时使用的所有设备应接地。尽可能切断泄漏源。喷雾状水抑制蒸气或改变蒸气云流向。防止气体通过下水道、通风系统和限制性空间扩散。隔离泄漏区直至气体散尽。

648. 氢　氰　酸

标　识

中文名称　氢氰酸

英文名称　Hydrocyanic acid；Hydrogen cyanide；Prussic acid；Formonitrile

别名　氰化氢

分子式　HCN

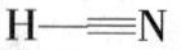

CAS 号　74－90－8

WGH 号　61003［含水低于3%］；61004［氢氰酸水溶液，含氰化氢不超过20%］

UN 号　1051［含水低于3%］；1613［氢氰酸水溶液，含氰化氢不超过20%］

危害信息

危险性类别　第6.1类　毒害品

燃烧与爆炸危险性　极易燃。蒸气与空气能形成爆炸性混合物，遇明火、高热能引起燃烧爆炸。在火场中，由于聚合反应的发生，受热的容器或储罐有破裂或爆炸的危险。

活性反应　与硝酸盐、亚硝酸盐、氯酸盐等氧化剂剧烈反应，有爆炸危险。若遇高热、接触强碱或胺，可发生聚合反应，甚至爆聚，放出大量的热量，导致容器破裂或爆炸事故。

禁忌物　强氧化剂、酸类、碱类。

毒性　小鼠经口 LD_{50}：4.17mg/kg；大鼠吸入 LC_{50}：160ppm(30min)；人经口 TDL_o：0.57mg/kg；人吸入 LCL_o：400mg/m^3(2min)；人(男性)吸入 TCL_o：500mg/m^3(3min)。

氢氰酸蒸气能迅速经呼吸道吸收，液态和高浓度蒸气也可经皮肤吸收。抑制呼吸酶，造成细胞内窒息。

本品属剧毒化学品，已列入《剧毒化学品目录》(2002年版)。

中毒表现　急性中毒：口服、吸入或皮肤吸收高浓度氢氰酸，可引起骤死。非骤死者临床表现分为4期：前驱期有黏膜刺激、呼吸加快加深、乏力、头痛；口服有舌尖、口腔麻木等。呼吸困难期有呼吸困难、血压升高、皮肤黏膜呈鲜红色等。惊厥期出现抽搐、昏迷、呼吸衰竭。麻痹期全身肌肉松弛，呼吸心跳停止而死亡。

慢性影响：神经衰弱综合征，慢性刺激症状，皮炎。

侵入途径　吸入、食入、经皮吸收。

职业接触限值

中国：MAC：1mg/m^3［按CN计］［皮］。

美国(ACGIH)：TLV－TWA：5mg/m^3［按CN计］［皮］。

环境危害 海洋污染物；对水生生物有极高毒性，可能在水生环境中造成长期不利影响

理化特性与用途

理化特性 无色气体或透明液体，有苦杏仁味，易挥发。与水、乙醇、乙醚、甘油、苯、氯仿等混溶。熔点 -13.2℃，沸点 25.7℃，相对密度(水=1)0.69，相对蒸气密度(空气=1)0.93，临界压力 4.95MPa，临界温度 183.5℃，蒸气压 53.33kPa(9.8℃)，闪点 -17.8℃，爆炸极限 5.6% ~40%(96%)，引燃温度 538℃，最大爆炸压力 0.920MPa(96%)，辛醇/水分配系数 -0.25。

主要用途 用于制造丙烯腈、甲基丙烯酸系列产品、己二腈等和农药杀虫剂。也用作仓库和船舶的消毒剂。

包装与储运

包装标志 剧毒品，易燃液体[含水低于3%]；剧毒品[氢氰酸水溶液，含氰化氢不超过20%]

包装类别 Ⅰ类

安全储运 储存于阴凉、通风的库房。远离火种、热源。避免光照。储存温度不超过32℃，相对湿度不超过85%。保持容器密封。远离高温、热源。避免光照，防止容器泄漏。应与氧化剂、碱类、食用化学品等隔离储运。搬运时要轻装轻卸，防止容器受损。应严格执行剧毒化学品管理制度。

紧急处置信息

急救措施

吸入：立即脱离现场至空气新鲜处。如意识丧失，立即进行心肺复苏。急性中毒病情进展迅速，应立即就地应用解毒剂。及早给吸氧。就医。

眼睛接触：立即用生理盐水或清水冲洗 5 ~10min。就医。

皮肤接触：立即脱去污染的衣着，用流动清水或 5% 硫代硫酸钠冲洗皮肤至少 20min。就医。

食入：用 0.2% 高锰酸钾或 5% 硫代硫酸钠溶液洗胃，洗液量不应少于 10000mL；洗胃后再由胃管灌入活性炭 25g，硫酸钠 25g。

解毒治疗：①亚硝酸异戊酯吸入(1 ~2 支，压碎于纱布中，置鼻孔处吸入 15 ~30s，间隔 15 ~30s；一次可使用 2 ~3min)。②10% 亚硝酸钠 10mL 静注(2 ~3mL/min)。以上两种药可降低血压，有循环障碍者慎用。③以同一针头注入 20% 硫代硫酸钠 75 ~100mL(缓注，10mL/min)。近年使用 4 - DMAP 代替亚硝酸钠，其 10% 溶液 2mL 肌内注射可产生前述亚硝酸纳剂量同样效果，使用方便，无降压副作用。

灭火方法 用泡沫、二氧化碳、干粉、砂土灭火。消防人员必须穿戴全身专用防护服，佩戴空气呼吸器，在安全距离以外或有防护措施处操作。

泄漏应急处置 消除所有点火源。根据气体扩散的影响区域划定警戒区，无关人员从侧风、上风向撤离至安全区。建议应急处理人员戴正压自给式呼吸器，穿防毒、防静电服，戴橡胶手套。作业时使用的所有设备应接地。禁止接触或跨越泄漏物。尽可能切断泄漏源。喷雾状水抑制蒸气或改变蒸气云流向，避免水流接触泄漏物。禁止用水直接冲击泄漏物或泄漏源。防止气体通过下水道、通风系统和限制性空间扩散。隔离泄漏区直至气体散尽。可考虑引燃漏出气，以消除有毒气体的影响。

649. 氢　溴　酸

标　　识

中文名称　氢溴酸

英文名称　Hydrobromic acid；Hydrogen bromide solution

别名　溴化氢水溶液

分子式　HBr

H—Br

CAS 号　10035 - 10 - 6

WGH 号　81017

UN 号　1788

危害信息

危险性类别　第 8.1 类　酸性腐蚀品

燃烧与爆炸危险性　本品不燃。对大多数金属有强腐蚀性。能与普通金属发生反应，放出氢气而与空气形成爆炸性混合物。受热分解放出有毒的腐蚀性气体。具有腐蚀性。

活性反应　还原剂。对铁、铝等活泼金属具有强腐蚀性，能与其反应放出易燃易爆的氢气。与碱发生放热中和反应。能引发烯烃聚合反应。遇氰化钠、氰化钾等氰化物会挥发出剧毒和易燃易爆的氰化氢气体。与硝酸、浓硫酸等氧化剂发生反应。

禁忌物　碱类、氨、易燃物、活性金属粉末、氰化物。

毒性　大鼠吸入 TCL_o：26mg/m^3；人吸入 TCL_o：18mg/m^3。

可引起皮肤、黏膜的刺激或灼伤。长期低浓度接触可引起呼吸道刺激症状和消化功能障碍。

侵入途径　吸入、食入。

职业接触限值　中国：MAC：10mg/m^3。

美国(ACGIH)：TLV-C：2ppm。

理化特性与用途

理化特性　无色透明至微黄色液体，具有刺激性酸味。暴露于空气及日光中因溴游离色渐变暗。呈强酸性。熔点 -86℃(纯品)，沸点 74.12℃(49.80%，100mmHg)；107.00℃(48.47%，400mmHg)；122℃(47.74%，700mmHg)；125.79℃(47.56%，800mmHg)。相对密度(水 =1)随浓度而变化，47% 水溶液的相对密度(水 =1)为 1.49，相对蒸气密度 2.8。

主要用途　在 PTA 生产装置中作助催化剂，用于制造无机溴化物和有机溴化物，也用作分析试剂、触媒及还原剂。

包装与储运

包装标志　腐蚀品

包装类别　Ⅱ类

安全储运　储存于阴凉、通风的库房，避光密封储存。远离火种、热源。储存温度不超过 30℃，相对湿度不超过 80%。应与氰化物、易(可)燃物、碱类、活性金属粉末等隔离贮运。搬运时要轻装轻卸，防止容器受损。

紧急处置信息

急救措施

吸入： 迅速脱离现场至空气新鲜处。保持呼吸道通畅。如呼吸困难，给输氧。呼吸、心跳停止，立即进行心肺复苏术。就医。

眼睛接触： 立即分开眼睑，用大量流动清水或生理盐水彻底冲洗 10～15min。就医。

皮肤接触： 立即脱去污染的衣着，用大量流动清水彻底冲洗，冲洗时间一般要求 20～30min。就医。

食入： 用水漱口，禁止催吐。给饮牛奶或蛋清。就医。

利尿剂能加速溴的排出，必要时血液透析或腹膜透析。

灭火方法 消防人员必须穿耐酸碱防护服、防护靴、并佩戴空气呼吸器灭火。

本品不燃，根据火灾原因选择适当的灭火剂。

泄漏应急处置 根据液体流动和蒸气扩散的影响区域划定警戒区，无关人员从侧风、上风向撤离至安全区。建议应急处理人员戴正压自给式呼吸器，穿防腐蚀、防毒服，戴橡胶耐酸碱手套。穿上适当的防护服前严禁接触破裂的容器和泄漏物。尽可能切断泄漏源。防止泄漏物进入水体、下水道、地下室或限制性空间。小量泄漏：用干燥的砂土或其他不燃材料吸收或覆盖，收集于容器中。大量泄漏：构筑围堤或挖坑收容。用碎石灰石($CaCO_3$)、苏打灰(Na_2CO_3)或石灰(CaO)中和。用耐腐蚀泵转移至槽车或专用收集器内。

650. 氢氧化钾

标　识

中文名称 氢氧化钾

英文名称 Potassium hydroxide；Potassium hydrate；Caustic potash

别名 苛性钾

分子式 KOH

CAS 号 1310－58－3

K—OH

WGH 号 82002

UN 号 1813[固体]；1814[溶液]

危害信息

危险性类别 第 8.2 类 碱性腐蚀品

燃烧与爆炸危险性 本品不燃。遇水和水蒸汽大量放热，形成腐蚀性溶液。具有强腐蚀性。

活性反应 与酸发生放热中和反应。溶于水会大量放热，形成腐蚀性碱液。在空气中易吸水，能腐蚀铝、锌、铁、镍等金属。与 1，2-二氯乙烯反应会生成自燃性和爆炸性的氯乙炔。与酸、有机酸酐、异氰酸酯、环氧化合物、醛类、甲酚和己内酰胺溶液剧烈反应。

禁忌物 酸类、二氧化碳、过氧化物、铝、锌、铁、镍等。

毒性 大鼠经口 LD_{50}：273mg/kg。

本品具有强烈刺激性和腐蚀性。

中毒表现 吸入后，可引起眼和上呼吸道黏膜刺激症状，严重者经 5～72h 潜伏期后可发生肺水肿。眼和皮肤直接接触可致灼伤

侵入途径 吸入、食入。

职业接触限值

中国：MAC：$2mg/m^3$。

美国(ACGIH)：TLV-C：$2mg/m^3$。

理化特性与用途

理化特性 纯品为白色半透明晶体，工业品为灰白、蓝绿或淡紫色片状或块状固体。易潮解。溶于水，溶于甲醇、乙醇和甘油，不溶于乙醚、液氨。熔点360～406℃，沸点1320～1324℃，相对密度(水=1)2.04，蒸气压0.13kPa(719℃)。

主要用途 可用作生产聚醚、破乳剂、净洗剂、表面活性剂等的催化剂。用作钾基钻井液的碱度调节剂，并可以与褐煤制成腐殖酸钾防塌剂。亦用作干燥剂、吸收剂。用于制钾肥皂、草酸及各种钾盐。还用于电镀、雕刻、石印术等。

包装与储运

包装标志 腐蚀品

包装类别 Ⅱ类

安全储运 储存于干燥处，防止容器破损，防止受潮。远离高温、热源。储存温度不超过30℃，相对湿度不超过80%。应与易燃物、酸类、铝、铅、锡、锌及其合金、爆炸物、有机过氧化物、铵盐等隔离储运。

紧急处置信息

急救措施

吸入：迅速脱离现场至空气新鲜处。保持呼吸道通畅。如呼吸困难，给输氧。呼吸、心跳停止，立即进行心肺复苏术。就医。

眼睛接触：立即分开眼睑，用大量流动清水或生理盐水彻底冲洗10～15min。就医。

皮肤接触：立即脱去污染的衣着，用大量流动清水彻底冲洗，冲洗时间一般要求20～30min。就医。

食入：用水漱口，禁止催吐。给饮牛奶或蛋清。就医。

灭火方法 消防人员必须穿耐酸碱防护服、防护靴、并佩戴空气呼吸器灭火。用水灭火时须防止物品遇水产生飞溅，造成灼伤。

本品不燃，根据火灾原因选择适当的灭火剂。

泄漏应急处置 隔离泄漏污染区，限制出入。建议应急处理人员戴防尘口罩，穿防酸碱服，戴橡胶耐酸碱手套。穿上适当的防护服前严禁接触破裂的容器和泄漏物。尽可能切断泄漏源。用塑料布覆盖泄漏物，减少飞散。勿使水进入包装容器内。用洁净的铲子收集泄漏物，置于干净、干燥、盖子较松的容器中，将容器移离泄漏区。

651. 氢氧化钠

标　识

中文名称 氢氧化钠

英文名称 Sodium hydroxide；Sodium hydrate；Caustic soda

别名 苛性钠；烧碱；火碱

分子式　NaOH

Na—OH

CAS 号　1310－73－2

WGH 号　82001

UN 号　1823[固体]；1824[溶液]

危害信息

危险性类别　第 8.2 类　碱性腐蚀品

燃烧与爆炸危险性　不燃。遇潮时对铝、锌和锡有腐蚀性，并放出易燃易爆的氢气。具有强腐蚀性。

活性反应　与酸发生放热中和反应。溶于水会大量放热，形成腐蚀性碱液。在空气中易吸水，能腐蚀铝、锌、铁、镍等金属。与 1，2-二氯乙烯反应会生成自燃性和爆炸性的氯乙炔。与有机酸酐、异氰酸酯、环氧化合物、醛类、甲酚和己内酰胺溶液剧烈反应。

禁忌物　强酸、二氧化碳、水、过氧化物、铝、锌、铁、镍等。

毒性　小鼠腹腔内 LD_{50}：40mg/kg；家兔经口 LDL_o：500mg/kg；人经口 LDL_o：1.57mg/kg。

本品对皮肤、黏膜具有强刺激性和腐蚀性。强碱物质可与组织蛋白、脂肪结合，使组织蛋白变性、脂肪皂化，从而使组织胶质化，形成可溶性化合物，造成深层组织破坏，其腐蚀性比多数酸类强。

中毒表现　吸入后，可引起眼和上呼吸道刺激；严重时引起肺水肿。皮肤接触高浓度本品，特别是在皮肤潮湿时，可致皮肤广泛灼伤。进入眼部则可立即引起眼组织灼伤，即使浓度很低，也可致结膜、角膜组织灼伤，结膜充血、水肿，角膜上皮片状脱落、水肿，严重时角膜溃疡，甚至穿孔，最终形成角膜白斑或导致眼球萎缩。误服可造成消化道灼伤，黏膜糜烂、出血，休克。

侵入途径　吸入、食入。

职业接触限值　中国：MAC：2mg/m³。

美国(ACGIH)：TLV-C：2mg/m³。

环境危害　可能对环境有危害，对水生生物应给予特别注意。

理化特性与用途

理化特性　纯品为无色透明晶体。工业品含少量碳酸钠和氯化钠，为无色至青白色棒状、片状、粒状、块状固体。吸湿性强。从空气中吸收水分的同时，也吸收二氧化碳。易溶于水，并放出大量热。溶于乙醇、甘油，不溶于乙醚、丙酮。pH 值 12.7(1%溶液)，熔点 318.4℃，沸点 1390℃，相对密度(水＝1)2.13，蒸气压 0.13kPa(739℃)，临界压力 25MPa，辛醇/水分配系数－3.88。

主要用途　广泛用作中和剂，用于制造各种钠盐、肥皂、纸浆、染料、人造丝，整理棉织品，精炼石油，提炼煤焦油产物等。

包装与储运

包装标志　腐蚀品

包装类别　Ⅱ类

安全储运　储存于干燥处，防止受潮。远离高温、热源。储存温度不超过 30℃，相对湿度不超过 80%。应与易燃物、酸类、铝、铅、锡、锌及其合金、爆炸物、有机过氧化物、铵盐等隔离储运。搬运时轻装轻卸，防止容器破损。

紧急处置信息

急救措施

吸入：迅速脱离现场至空气新鲜处。保持呼吸道通畅。如呼吸困难，给输氧。呼吸、心跳停止，立即进行心肺复苏术。就医。

眼睛接触：立即分开眼睑，用大量流动清水或生理盐水彻底冲洗 10～15min。就医。

皮肤接触：立即脱去污染的衣着，用大量流动清水彻底冲洗，冲洗时间一般要求 20～30min。就医。

食入：用水漱口，禁止催吐。给饮牛奶或蛋清。就医。

灭火方法 用水扑救须防止物品遇水产生飞溅，造成灼伤。消防人员必须穿耐酸碱防护服、防护靴、并佩戴空气呼吸器灭火。

本品不燃，根据火灾原因选择适当的灭火剂。

泄漏应急处置 隔离泄漏污染区，限制出入。建议应急处理人员戴防尘口罩，穿防酸碱服，戴橡胶耐酸碱手套。穿上适当的防护服前严禁接触破裂的容器和泄漏物。尽可能切断泄漏源。用塑料布覆盖泄漏物，减少飞散。勿使水进入包装容器内。用洁净的铲子收集泄漏物，置于干净、干燥、盖子较松的容器中，将容器移离泄漏区。

652. 轻　柴　油

标　　识

中文名称 轻柴油

英文名称 Light diesel fuel；Light diesel oil

WGH 号 T32150

UN 号 1202

危害信息

危险性类别 第 3 类 易燃液体

燃烧与爆炸危险性 易燃。蒸气与空气能形成爆炸性混合物，遇明火、高热能引起燃烧爆炸。高速冲击、流动、激荡后可因产生静电火花放电引起燃烧爆炸。蒸气比空气重，能在较低处扩散到相当远的地方，遇火源会着火回燃和爆炸(闪爆)。

活性反应 与硝酸、浓硫酸、高锰酸钾、重铬酸盐等强氧化剂发生剧烈反应，甚至导致燃烧爆炸。

禁忌物 强氧化剂。

毒性 柴油沸点高，蒸气吸入机会少。可经皮肤吸收。对中枢神经系统有抑制作用。

中毒表现 急性中毒：吸入高浓度柴油蒸气 2min 即可出现头晕、胸闷和无力，5min 后昏迷。短期内吸入大量柴油雾滴可引起化学性肺炎。有报道皮肤接触柴油后数周引起急性肾功能衰竭，经治疗后恢复。废气可引起眼、鼻刺激症状，头晕及头痛。

慢性影响：皮肤接触柴油可出现红斑、丘疹和水疱。长期接触柴油后，皮疹可转为慢性

侵入途径 吸入、食入、经皮吸收。

职业接触限值 美国(ACGIH)：TLV-TWA：100mg/m^3[柴油机燃料，按总烃计][皮]。

理化特性与用途

理化特性 淡黄色液体。主要成分为 C_{15} ~ C_{24} 的烃类。不溶于水。馏程 180 ~ 370℃，凝点≤ −50 ~ ≤10℃，闪点≥45 ~ ≥65℃（闭杯）。

主要用途 用于汽车、拖拉机、内燃机车、工程机械、船舶和发电机组等压燃式发动机作燃料。

包装与储运

包装标志 易燃液体

包装类别 Ⅲ类

安全储运 盛装时，切不可充满，要留出必要的安全空间。储存于阴凉、通风处，储存温度不超过 37℃。远离火种、热源，炎热季节应采取喷淋、通风等降温措施。应与氧化剂等隔离储运。罐储时要有防火防爆技术措施，且有接地装置，防止静电积聚。搬运时轻装轻卸，防止容器受损。

紧急处置信息

急救措施

吸入：迅速脱离现场至空气新鲜处。保持呼吸道通畅。如呼吸困难，给输氧。呼吸、心跳停止，立即进行心肺复苏术。就医。

眼睛接触：立即分开眼睑，用流动清水或生理盐水彻底冲洗。就医。

皮肤接触：立即脱去污染的衣着，用肥皂水和清水彻底冲洗。就医。

食入：漱口，不要催吐，洗胃。就医。

禁用肾上腺素类药。

灭火方法 消防人员必须穿全身消防服，佩戴空气呼吸器，在上风向灭火。喷水冷却燃烧罐和临近罐，直至灭火结束。处在火场中的储罐若发生异常变化或发出异常声音，必须马上撤离。

灭火剂：泡沫、干粉、二氧化碳。

泄漏应急处置 根据液体流动和蒸气扩散的影响区域划定警戒区，无关人员从侧风、上风向撤离至安全区。消除所有点火源。建议应急处理人员戴防毒面具，穿防静电服。尽可能切断泄漏源。防止泄漏物进入水体、下水道、地下室或限制性空间。小量泄漏：用活性炭或其他惰性材料吸收。大量泄漏：构筑围堤或挖坑收容。用泵转移至槽车或专用收集器内。

653. 轻 芳 烃

标 识

中文名称 轻芳烃

英文名称 Light aromatics

CAS 号 64742 − 95 − 6

危害信息

危险性类别 第 3 类 易燃液体

燃烧与爆炸危险性　易燃。其蒸气与空气混合能形成爆炸性混合物，遇明火、高热易燃烧或爆炸。高速冲击、流动、激荡后可因产生静电火花放电引起燃烧爆炸。在高温火场中，受热的容器或储罐有破裂和爆炸的危险。

禁忌物　强氧化剂。

毒性　大鼠经口 LD_{50}：8400mg/kg，中毒动物出现嗜睡、震颤和呼吸系统改变。

欧盟指令 67/548/EEC 将本品列为第 2 类致癌物——可能为人类致癌物。

侵入途径　吸入、食入、经皮吸收。

环境危害　对水生生物是有毒的。

理化特性与用途

理化特性　无色液体。不溶于水，溶于有机溶剂。主要成分为 $C_6 \sim C_8$ 芳烃。

主要用途　用作化工原料。

包装与储运

安全储运　储存于阴凉、通风的库房，避免阳光直射，储存温度不超过 37℃。远离火种、热源，炎热气候采取通风降温措施。应与氧化剂等隔离储运。夏令高温季节早晚运输。禁止使用易产生火花的机械设备和工具。灌装时注意流速，且有接地装置，防止静电积聚。搬运时轻装轻卸，防止容器受损。

紧急处置信息

急救措施

吸入：迅速脱离现场至空气新鲜处。保持呼吸道通畅。如呼吸困难，给输氧。呼吸、心跳停止，立即进行心肺复苏术。就医。

眼睛接触：立即分开眼睑，用流动清水或生理盐水彻底冲洗。就医。

皮肤接触：立即脱去污染的衣着，用肥皂水和清水彻底冲洗。就医。

食入：漱口，尽量饮水，不要催吐。就医。

忌用肾上腺素类药。

灭火方法　消防人员须穿全身消防服，佩戴空气呼吸器，在上风向灭火。尽可能将容器从火场移至空旷处。喷水保持火场容器冷却，直至灭火结束。处在火场中的容器若发生异常变化或发出异常声音，须马上撤离。

灭火剂：泡沫、二氧化碳、干粉、砂土。

泄漏应急处置　消除所有点火源。根据液体流动和蒸气扩散的影响区域划定警戒区，无关人员从侧风、上风向撤离至安全区。建议应急处理人员戴正压自给式呼吸器，穿防静电、防腐蚀服，戴橡胶手套。穿上适当的防护服前严禁接触破裂的容器和泄漏物。尽可能切断泄漏源。防止泄漏物进入水体、下水道、地下室或限制性空间。小量泄漏：用干燥的砂土或其他不燃材料吸收或覆盖，收集于容器中。大量泄漏：构筑围堤或挖坑收容。用防爆、耐腐蚀泵转移至槽车或专用收集器内。喷雾状水驱散蒸气、稀释液体泄漏物。

654. 轻石脑油

标　识

中文名称　轻石脑油

英文名称 Light naphtha

危害信息

危险性类别 第3类 易燃液体

燃烧与爆炸危险性 极易燃。其蒸气与空气混合能形成爆炸性混合物，遇明火、高热极易燃烧或爆炸。燃烧产生有毒的一氧化碳气体。高速冲击、流动、激荡后可因产生静电火花放电引起燃烧爆炸。在高温火场中，受热的容器或储罐有破裂和爆炸的危险。蒸气比空气重，能在较低处扩散到相当远的地方，遇火源会着火回燃和爆炸(闪爆)。

活性反应 与强氧化剂反应。

禁忌物 强氧化剂。

毒性 石脑油蒸气可引起眼及上呼吸道刺激症状，对中枢神经系统有抑制作用。高浓度接触出现头痛、头晕、恶心、气短、紫绀等。皮肤接触蒸气或液体可引起皮炎。

侵入途径 吸入、食入。

理化特性与用途

理化特性 无色透明液体。不溶于水，溶于苯、甲苯、二甲苯等。馏程30~65℃，主要成分C_5~C_{11}烃类，密度0.63~0.67g/cm^3(20℃)，闪点<-18℃(闭杯)，引燃温度288℃。

主要用途 主要用作催化重整生产芳烃的原料。

包装与储运

包装标志 易燃液体

包装类别 Ⅰ类

安全储运 盛装时，切不可充满，要留出必要的安全空间。储存于阴凉、通风处，储存温度不超过29℃。远离火种、热源，炎热季节应采取喷淋、通风等降温措施。应与氧化剂等隔离储运。罐储时要有防火防爆技术措施，灌装时注意流速，要有接地装置，防止静电积聚。禁止使用易产生火花的工具。搬运时轻装轻卸，防止容器受损。

紧急处置信息

急救措施

吸入：迅速脱离现场至空气新鲜处。保持呼吸道通畅。如呼吸困难，给输氧。呼吸、心跳停止，立即进行心肺复苏术。就医。

眼睛接触：立即分开眼睑，用流动清水或生理盐水彻底冲洗。就医。

皮肤接触：立即脱去污染的衣着，用肥皂水和清水彻底冲洗。就医。

食入：漱口，尽量饮水，不要催吐。就医。

忌用肾上腺素类药。

灭火方法 消防人员须穿全身消防服，佩戴空气呼吸器，在上风向灭火。尽可能将容器从火场移至空旷处。喷水保持火场容器冷却，直至灭火结束。处在火场中的容器若发生异常变化或发出异常声音，须马上撤离。

灭火剂：抗溶性泡沫、二氧化碳、干粉和砂土。用水灭火无效。

泄漏应急处置 消除所有点火源。根据液体流动和蒸气扩散的影响区域划定警戒区，无关人员从侧风、上风向撤离至安全区。建议应急处理人员戴正压自给式呼吸器，穿防静电服，戴橡胶耐油手套。作业时使用的所有设备应接地。禁止接触或跨越泄漏物。尽可能切断泄漏源。防止泄漏物进入水体、下水道、地下室或限制性空间。小量泄漏：用砂土或其他不燃材料吸收。使用洁净的无火花工具收集吸收材料。大量泄漏：构筑围堤或挖坑收容。用砂土、惰性物质或蛭石吸收大量液体。用泡沫覆盖，减少蒸发。喷水雾能减少蒸发，但不能降低泄漏物在限制性空间内的易燃性。用防爆泵转移至槽车或专用收集器内。

655. 轻 碳 四

标　识

中文名称　轻碳四

英文名称　Light C4 fraction

危害信息

燃烧与爆炸危险性　易燃。与空气混合能形成爆炸性混合物，遇高热和明火能引起燃烧或爆炸。燃烧产生有毒的一氧化碳气体。高温火场中，受热的容器和储罐有破裂和爆炸的危险。蒸气比空气重，能在较低处扩散到相当远的地方，遇火源会着火回燃和爆炸(闪爆)。

活性反应　与过氧酸接触会发生爆炸性反应。与强还原剂发生放热反应，能与卤素强氧化剂反应。

禁忌物　强氧化剂、强酸、强还原剂、过氧酸、卤素等。

毒性　可能有麻醉和刺激作用。

侵入途径　吸入。

理化特性与用途

理化特性　气体。主要成分为异丁烷、异丁烯和1－丁烯。

主要用途　用作化工原料。

紧急处置信息

急救措施

吸入：迅速脱离现场至空气新鲜处。保持呼吸道通畅。如呼吸困难，给输氧。呼吸、心跳停止，立即进行心肺复苏术。就医。

眼睛接触：立即分开眼睑，用流动清水或生理盐水彻底冲洗。就医。

皮肤接触：立即脱去污染的衣着，用肥皂水和清水彻底冲洗。就医。

食入：漱口，尽量饮水，不要催吐。就医。

灭火方法　切断气源。若不能切断气源，则不允许熄灭泄漏处的火焰。消防人员须穿全身消防服，在上风向灭火。喷水保持火场容器冷却，直至灭火结束。尽可能将容器从火场移至空旷处。

灭火剂：雾状水、泡沫、干粉、砂土。

泄漏应急处置　消除所有点火源。根据液体流动和蒸气扩散的影响区域划定警戒区，无关人员从侧风、上风向撤离至安全区。建议应急处理人员戴正压自给式呼吸器，穿防静电、防腐蚀服，戴橡胶手套。穿上适当的防护服前严禁接触破裂的容器和泄漏物。尽可能切断泄漏源。防止泄漏物进入水体、下水道、地下室或限制性空间。小量泄漏：用干燥的砂土或其他不燃材料吸收或覆盖，收集于容器中。大量泄漏：构筑围堤或挖坑收容。用防

爆、耐腐蚀泵转移至槽车或专用收集器内。喷雾状水驱散蒸气、稀释液体泄漏物。

656. 轻质裂解焦油

标　识

中文名称　轻质裂解焦油

英文名称　Light pyrolysis tar

危害信息

燃烧与爆炸危险性　可燃。其蒸气与空气混合能形成爆炸性混合物，遇明火、高热可能引起燃烧或爆炸。在高温火场中，受热的容器或储罐有破裂和爆炸的危险。

活性反应　与强氧化剂反应。

禁忌物　强氧化剂。

侵入途径　吸入、食入。

理化特性与用途

理化特性　液体。密度 0.9844g/cm^3(20℃)，闪点≥58℃(实际 96℃)。

包装与储运

安全储运　储存于阴凉、通风的库房，避免阳光直射。远离火种、热源。应与氧化剂等隔离储运。禁止使用易产生火花的机械设备和工具。搬运时轻装轻卸，防止容器受损。

紧急处置信息

急救措施

吸入：脱离接触。如有不适感，就医。

眼睛接触：分开眼睑，用流动清水或生理盐水冲洗。如有不适感，就医。

皮肤接触：脱去污染的衣着，用肥皂水和清水冲洗。如有不适感，就医。

食入：漱口，饮水。就医。

灭火方法　消防人员须穿全身消防服，佩戴空气呼吸器，在上风向灭火。尽可能将容器从火场移至空旷处。喷水保持火场容器冷却，直至灭火结束。处在火场中的容器若发生异常变化或发出异常声音，须马上撤离。

灭火剂：泡沫、二氧化碳、干粉、砂土。

泄漏应急处置　消除所有点火源。根据液体流动和蒸气扩散的影响区域划定警戒区，无关人员从侧风、上风向撤离至安全区。建议应急处理人员戴正压自给式呼吸器，穿防毒、防静电服。作业时使用的所有设备应接地。禁止接触或跨越泄漏物。尽可能切断泄漏源。防止泄漏物进入水体、下水道、地下室或密闭性空间。小量泄漏：用砂土或其他不燃材料吸收。使用洁净的无火花工具收集吸收材料。大量泄漏：构筑围堤或挖坑收容。用泡沫覆盖，减少蒸发。喷水雾能减少蒸发，但不能降低泄漏物在受限制空间内的易燃性。用防爆泵转移至槽车或专用收集器内。

657. 轻质重整液

标　识

中文名称　轻质重整液

英文名称　Light reformate

危害信息

危险性类别　第 3 类　易燃液体

燃烧与爆炸危险性　易燃。其蒸气与空气混合能形成爆炸性混合物，遇明火、高热极易燃烧或爆炸。燃烧产生有毒的一氧化碳气体。高速冲击、流动、激荡后可因产生静电火花放电引起燃烧爆炸。在高温火场中，受热的容器或储罐有破裂和爆炸的危险。

禁忌物　强氧化剂。

侵入途径　吸入、食入。

理化特性与用途

理化特性　液体，有芳香味。芳烃含量≥99.6%。

主要用途　适于作芳烃原料，生产纯苯、二甲苯等。

包装与储运

包装标志　易燃液体

包装类别　Ⅱ类

安全储运　储存于阴凉、通风的库房。远离火种、热源。储存温度不超过 37℃。应与氧化剂隔离储运。禁止使用易产生火花的机械设备和工具。灌装时注意流速，防止静电积聚。搬运时轻装轻卸，防止容器受损。

紧急处置信息

急救措施

吸入：脱离接触。如有不适感，就医。

眼睛接触：分开眼睑，用流动清水或生理盐水冲洗。如有不适感，就医。

皮肤接触：脱去污染的衣着，用肥皂水和清水冲洗。如有不适感，就医。

食入：漱口，饮水。就医。

灭火方法　消防人员须穿全身消防服，佩戴空气呼吸器，在上风向灭火。尽可能将容器从火场移至空旷处。喷水保持火场容器冷却，直至灭火结束。处在火场中的容器若发生异常变化或发出异常声音，须马上撤离。

灭火剂：泡沫、二氧化碳、干粉和砂土。用水灭火无效。

泄漏应急处置　消除所有点火源。根据液体流动和蒸气扩散的影响区域划定警戒区，无关人员从侧风、上风向撤离至安全区。建议应急处理人员戴正压自给式呼吸器，穿防静电、防腐蚀服，戴橡胶手套。尽可能切断泄漏源。防止泄漏物进入水体、下水道、地下室或限制性空间。小量泄漏：用干燥的砂土或其他不燃材料吸收或覆盖，收集于容器中。大量泄漏：构筑围堤或挖坑收容。

658. 氰　化　钾

标　识

中文名称　氰化钾

英文名称　Potassium cyanide；Hydrocyanic acid，potassium salt

别名　山萘钾

分子式　KCN

K—≡N

CAS 号　151－50－8

WGH 号　61001

UN 号　1680

危害信息

危险性类别　第 6.1 类　有毒品

燃烧与爆炸危险性　不燃。受高热或与酸接触会产生剧毒的氰化物气体。水溶液为碱性腐蚀液体。

活性反应　与酸反应，与硝酸盐、亚硝酸盐、氯酸盐反应剧烈。

禁忌物　强氧化剂、酸类、硝酸盐、亚硝酸盐、氯酸盐等。

毒性　大鼠经口 LD_{50}：5mg/kg；小鼠经口 LD_{50}：8.5mg/kg；人经口 LDL_o：2.857mg/kg。

抑制呼吸酶，造成细胞内窒息。吸入、口服或经皮吸收均可引起急性中毒。

本品属剧毒化学品，已列入《剧毒化学品目录》(2002 年版)。

中毒表现　口服 50～100mg 即可引起猝死。非骤死者临床分为 4 期：前驱期有黏膜刺激、呼吸加深加快、乏力、头痛；口服有舌尖、口腔发麻等。呼吸困难期有呼吸困难、血压升高、皮肤黏膜呈鲜红色等。惊厥期出现抽搐、昏迷、呼吸衰竭。麻痹期全身肌肉松弛，呼吸心跳停止而死亡。

长期接触小量氰化物出现神经衰弱综合征、眼及上呼吸道刺激。可引起皮疹、皮肤溃疡。

侵入途径　吸入、食入、经皮吸收。

职业接触限值　中国：MAC：1mg/m^3[按 CN 计][皮]。

美国(ACGIH)：TLV-C：5mg/m^3[皮]。

环境危害　对水生生物有极高毒性，可能在水生环境中造成长期不利影响。

理化特性与用途

理化特性　白色结晶或粉末，易潮解。易溶于水、乙醇、甘油，微溶于甲醇、氢氧化钠水溶液。pH 值 11(0.1N 水溶液)，熔点 634.5℃，沸点 1625℃，相对密度(水＝1)1.52，辛醇/水分配系数－1.69。

主要用途　用于提炼金、银等贵重金属和淬火、电镀，及制分析试剂、有机腈类、医药、杀虫剂等。

包装与储运

包装标志　有毒品

包装类别　Ⅰ类

安全储运　储存于阴凉、通风的库房。远离火种、热源。储存温度不超过35℃，相对湿度不超过80%。保持容器密封，注意防潮。应与强氧化剂、强酸隔离储运。搬运时轻装轻卸，防止容器受损。应严格执行剧毒化学品管理制度。

紧急处置信息

急救措施

吸入：立即脱离现场至空气新鲜处。如意识丧失，立即进行心肺复苏。急性中毒病情进展迅速，应立即就地应用解毒剂。及早给吸氧。就医。

眼睛接触：立即用生理盐水或清水冲洗5～10min。就医。

皮肤接触：立即脱去污染的衣着，用流动清水或5%硫代硫酸钠冲洗皮肤至少20min。就医。

食入：用0.2%高锰酸钾或5%硫代硫酸钠溶液洗胃，洗液量不应少于10000mL；洗胃后再由胃管灌入活性炭25g，硫酸钠25g。就医。

解毒治疗：①亚硝酸异戊酯吸入(1～2支，压碎于纱布中，置鼻孔处吸入15～30s，间隔15～30s；一次可使用2～3min)。②10%亚硝酸钠10mL静注(2～3mL/min)。以上两种药可降低血压，有循环障碍者慎用。③以同一针头注入20%硫代硫酸钠75～100mL(缓注，10mL/min)。近年使用4-DMAP代替亚硝酸钠，其10%溶液2mL肌内注射可产生前述亚硝酸纳剂量同样效果，使用方便，无降压副作用。

灭火方法　发生火灾时应尽量抢救商品，防止包装破坏，引起环境污染。消防人员必须佩戴空气呼吸器，穿全身防火防毒服在上风向灭火。喷水保持火场容器冷却，直至灭火结束。

灭火剂：本品不燃，根据着火原因选择适当灭火剂灭火。禁止用酸碱灭火剂。

泄漏应急处置　隔离泄漏污染区，限制出入。建议应急处理人员戴防尘口罩，穿防毒服，戴橡胶手套。穿上适当的防护服前严禁接触破裂的容器和泄漏物。尽可能切断泄漏源。用塑料布覆盖泄漏物，减少飞散。勿使水进入包装容器内。用洁净的铲子收集泄漏物，置于干净、干燥、盖子较松的容器中，将容器移离泄漏区。

659. 氰　化　钠

标　识

中文名称　氰化钠

英文名称　Sodium cyanide

别名　山萘；山萘钠

分子式　NaCN

CAS号　143-33-9

WGH号　61001

UN号　1689

危害信息

危险性类别　第6.1类　毒害品

燃烧与爆炸危险性　不燃。

活性反应　还原剂。与硝酸盐、亚硝酸盐、氯酸盐等氧化剂反应剧烈，有爆炸危险。遇酸会产生剧毒、易燃的氰化氢气体。在潮湿空气中即缓慢释放出微量氰化氢气体。

禁忌物　强氧化剂、酸类。

毒性　大鼠经口 LD_{50}：6.64mg/kg；兔经皮 LD_{50}：10.4mg/kg；人(男性)经口 TDL_o：0.714mg/kg；人(男性)经口 LDL_o：6.65mg/kg；人经口 LDL_o：2.86mg/kg。

吸入、口服或经皮吸收均可引起急性中毒。氰化钠抑制呼吸酶，造成细胞内窒息。

本品属剧毒化学品，已列入《剧毒化学品目录》(2002 年版)。

中毒表现　急性中毒：生产中，可因在热处理时吸入氰化钠蒸气或室温下吸入粉尘而引起中毒。口服 50 ~ 100mg 即可引起猝死。非骤死者临床分为 4 期：前驱期有黏膜刺激、呼吸加快加深、乏力、头痛；口服有舌尖、口腔发麻等。呼吸困难期有呼吸困难、血压升高、皮肤黏膜呈鲜红色等。惊厥期出现抽搐、昏迷、呼吸衰竭。麻痹期全身肌肉松弛，呼吸心跳停止而死亡。

慢性影响：长期接触小量氰化物出现神经衰弱综合征、眼及上呼吸道刺激。可引起皮疹。

侵入途径　吸入、食入、经皮吸收。

职业接触限值　中国：MAC：1mg/m³[按 CN 计][皮]。

美国(ACGIH)：TLV-TWA：5mg/m³[按 CN 计][皮]。

环境危害　海洋污染物；对水生生物有极高毒性，可能在水生环境中造成长期不利影响。

理化特性与用途

理化特性　白色或略带颜色的块状或结晶状颗粒，有微弱的苦杏仁味。易溶于水，溶于液氨，微溶于乙醇、乙醚、苯。熔点 563.7℃，沸点 1496℃，相对密度(水 = 1)1.596，蒸气压 0.13kPa(817℃)，辛醇/水分配系数 -1.69。

主要用途　用作各种钢的淬火剂；电镀中作为镀铜、银、镉和锌等的主要组分；冶金中用于提取金、银等贵重金属；化学工业中是制造各种氰化物和氢氰酸的原料；也用作制造有机玻璃、各种合成材料、丁腈橡胶、合成纤维。

包装与储运

包装标志　剧毒品

包装类别　Ⅰ类

安全储运　储存于阴凉、干燥、通风良好的专用库房内。远离高温、热源。储存温度不超过 35℃，相对湿度不超过 85%。密闭包装。应与氧化剂、酸类、食用化学品等隔离储运。应严格执行剧毒化学品管理制度。

紧急处置信息

急救措施

吸入：立即脱离现场至空气新鲜处。如意识丧失，立即进行心肺复苏。急性中毒病情进展迅速，应立即就地应用解毒剂。及早给吸氧。就医。

眼睛接触：立即用生理盐水或清水冲洗 5 ~ 10min。就医。

皮肤接触：立即脱去污染的衣着，用流动清水或 5% 硫代硫酸钠冲洗皮肤至少 20min。就医。

食入：用 0.2% 高锰酸钾或 5% 硫代硫酸钠溶液洗胃，洗液量不应少于 10000mL；洗胃后再由胃管灌入活性炭25g，硫酸钠25g。

解毒治疗：①亚硝酸异戊酯吸入(1~2支，压碎于纱布中，置鼻孔处吸入15~30s，间隔15~30s；一次可使用2~3min)。②10%亚硝酸钠10mL静注(2~3mL/min)。以上两种药可降低血压，有循环障碍者慎用。③以同一针头注入20%硫代硫酸钠75~100mL(缓注，10mL/min)。近年使用4-DMAP代替亚硝酸钠，其10%溶液2mL肌内注射可产生前述亚硝酸纳剂量同样效果，使用方便，无降压副作用。

灭火方法　发生火灾时应尽量抢救商品，防止包装破损，引起环境污染。消防人员须佩戴空气呼吸器，穿全身消防服，在上风向灭火。

本品不燃，根据着火原因选择适当灭火剂灭火。禁止用二氧化碳和酸碱灭火剂灭火。

泄漏应急处置　隔离泄漏污染区，限制出入。建议应急处理人员戴防尘口罩，穿防毒服，戴橡胶手套。穿上适当的防护服前严禁接触破裂的容器和泄漏物。尽可能切断泄漏源。小量泄漏：用干燥的砂土或其他不燃材料覆盖泄漏物，然后用塑料布覆盖，减少飞散、避免雨淋。用洁净的铲子收集泄漏物，置于干净、干燥、盖子较松的容器中，将容器移离泄漏区。

660. 巯基苯并噻唑

标　识

中文名称　巯基苯并噻唑

英文名称　2-Mercaptobenzothiazole；Benzothiazole-2-thiol

别名　2-硫醇基苯并噻唑；促进剂M

分子式　$C_7H_5NS_2$

CAS号　149-30-4

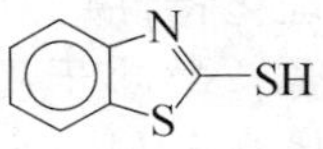

危害信息

燃烧与爆炸危险性　可燃。其粉体与空气混合能形成爆炸性混合物，遇明火、高热可燃烧爆炸。燃烧产生有毒的一氧化碳和氮氧化物气体。

禁忌物　强氧化剂。

毒性　大鼠经口 LD_{50}：100mg/kg；小鼠经口 LD_{50}：1158mg/kg；大鼠吸入 LC_{50}：>1270mg/m^3；家兔经皮 LD_{50}：>7940mg/kg。

本品对皮肤有致敏性。

侵入途径　吸入、食入、经皮吸收。

环境危害　对水生生物有极高毒性，可能在水生环境中造成长期不利影响。

理化特性与用途

理化特性　淡黄色针状或片状单斜晶体或粉末，有微臭和苦味。溶于丙醇、乙醇、氯仿、氨水、氢氧化钠和碳酸钠等碱性溶液，微溶于苯，不溶于水和汽油。熔点178℃~182℃，沸点243℃(分解)，相对密度(水=1)1.42，相对蒸气密度(空气=1)5.8，临界温度595℃，临界压力5.64MPa，闪点200℃(闭杯)，引燃温度628℃，辛醇/水分配系数2.41，爆炸下限15%。

主要用途　主要用作橡胶的硫化促进剂，也用作农药杀菌剂，又可用作腐蚀抑制剂。

包装与储运

安全储运　储存于阴凉、通风的库房。包装密封。远离火种、热源。应与氧化剂、酸等隔离储运。搬运时轻装轻卸，防止包装受损。

紧急处置信息

急救措施

吸入：脱离接触。如有不适感，就医。

眼睛接触：分开眼睑，用流动清水或生理盐水冲洗。如有不适感，就医。

皮肤接触：脱去污染的衣着，用肥皂水和清水冲洗。如有不适感，就医。

食入：漱口，饮水。就医。

灭火方法　消防人员须佩戴防毒面具、穿全身消防服，在上风向灭火。尽可能将容器从火场移至空旷处。喷水保持火场容器冷却，直至灭火结束。

灭火剂：雾状水、泡沫、二氧化碳、干粉、砂土。

泄漏应急处置　隔离泄漏污染区，限制出入。建议应急处理人员戴防尘口罩，穿防毒防酸碱服，戴橡胶耐酸碱手套。穿上适当的防护服前严禁接触破裂的容器和泄漏物。尽可能切断泄漏源。用塑料布覆盖泄漏物，减少飞散。勿使水进入包装容器内。用洁净的铲子收集泄漏物，置于干净、干燥、盖子较松的容器中，将容器移离泄漏区。

661. 2－巯基乙醇

标　　识

中文名称　2－巯基乙醇

英文名称　2-Mercaptoethanol；Thioglycol

别名　β－巯基乙醇；一硫代乙二醇

分子式　C_2H_6OS

CAS 号　60－24－2

WGH 号　61091

UN 号　2966

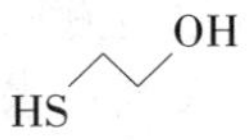

危害信息

危险性类别　第 6.1 类　有毒品

燃烧与爆炸危险性　可燃。其蒸气与空气混合能形成爆炸性混合物，遇明火高热有引起燃烧爆炸的危险。燃烧和受热分解产生有毒的一氧化碳和氧化硫气体。

活性反应　与氧化剂发生反应。

禁忌物　强氧化剂。

毒性　大鼠经口 LD_{50}：244mg/kg；小鼠经口 LD_{50}：190mg/kg；小鼠吸入 LC_{50}：13200mg/m^3；家兔经皮 LD_{50}：150μL/kg。

本品属剧毒化学品，已列入《剧毒化学品目录》(2002 年版)。

中毒表现　吸入、摄入或经皮肤吸收后会中毒。中毒表现有紫绀、呕吐、震颤、头痛、惊厥、昏迷，甚至死亡。对眼、皮肤有强烈刺激性。可引起角膜混浊。职业理发师可因接触巯乙酸的胺盐和钠盐发生皮肤刺激症。国外曾有大量经皮吸收致死报告。

侵入途径　吸入、食入、经皮吸收。

理化特性与用途

理化特性　水白色易流动液体，具有强烈的不愉快气味。易溶于水、乙醇、乙醚、苯和多数有机溶剂。pH 值 5.2(0.1M 溶液)，熔点 -100℃，沸点 157℃，相对密度(水 = 1) 1.1143(20℃/4℃)，相对蒸气密度(空气 = 1)2.69，蒸气压 0.13kPa(20℃)，辛醇/水分配系数 -0.2，闪点 73℃(闭杯)、74℃(开杯)，引燃温度 295℃，爆炸极限 2.3% ~18%。

主要用途　用于合成染料、农药、医药等，在橡胶、纺织、塑料、涂料工业中可用作助剂。

包装与储运

包装标志　有毒品

包装类别　Ⅱ类

安全储运　储存于阴凉、通风的库房。远离火种、热源。储存温度不超过 32℃，相对湿度不超过 85%。保持容器密封。应与强氧化剂、碱金属隔离储运。搬运时轻装轻卸，防止容器受损。应严格执行剧毒化学品管理制度。

紧急处置信息

急救措施

吸入：迅速脱离现场至空气新鲜处。保持呼吸道通畅。如呼吸困难，给输氧。呼吸、心跳停止，立即进行心肺复苏术。就医。

眼睛接触：立即分开眼睑，用流动清水或生理盐水彻底冲洗。就医。

皮肤接触：立即脱去污染的衣着，用肥皂水和清水彻底冲洗。就医。

食入：漱口，饮水。就医。

灭火方法　消防人员须穿全身消防服，佩戴空气呼吸器，在上风向灭火。尽可能将容器从火场移至空旷处。喷水保持火场容器冷却，直至灭火结束。处在火场中的容器若发生异常变化或发出异常声音，须马上撤离。

灭火剂：水或雾状水、抗溶性泡沫、二氧化碳、干粉、砂土。

泄漏应急处置　根据液体流动和蒸气扩散的影响区域划定警戒区，无关人员从侧风、上风向撤离至安全区。消除所有点火源。建议应急处理人员戴正压自给式呼吸器，穿防毒服。穿上适当的防护服前严禁接触破裂的容器和泄漏物。尽可能切断泄漏源。防止泄漏物进入水体、下水道、地下室或密闭性空间。小量泄漏：用干燥的砂土或其他不燃材料吸收或覆盖，收集于容器中。大量泄漏：构筑围堤或挖坑收容。用泵转移至槽车或专用收集器内。

662. 去　蜡　油

标　　识

中文名称　去蜡油

英文名称　Dewaxed oil

危害信息

燃烧与爆炸危险性 可燃，遇明火、高热可能引起燃烧，燃烧产生酸性且具有刺激性气味的气体。在高温火场中，受热的容器或储罐有破裂和爆炸的危险。

活性反应 与强氧化剂反应。

禁忌物 强氧化剂。

侵入途径 吸入、食入。

理化特性与用途

理化特性 以原油的润滑油馏分为原料，经溶剂精制、溶剂脱蜡而得的液体。不溶于水。凝点≤-7℃，闪点≥170℃(开杯)，运动黏度4~15mm^2/s(100℃)。

主要用途 适用于作化工原料。

包装与储运

安全储运 储存于阴凉、通风的库房。容器密闭。远离火种、热源。应与氧化剂等隔离储运。搬运时轻装轻卸，防止容器受损。

紧急处置信息

急救措施

吸入：脱离接触。如有不适感，就医。

眼睛接触：分开眼睑，用流动清水或生理盐水冲洗。如有不适感，就医。

皮肤接触：脱去污染的衣着，用肥皂水和清水冲洗。如有不适感，就医。

食入：漱口，饮水。就医。

灭火方法 消防人员须穿全身消防服，佩戴空气呼吸器，在上风向灭火。尽可能将容器从火场移至空旷处。喷水保持火场容器冷却，直至灭火结束。处在火场中的容器若发生异常变化或发出异常声音，须马上撤离。

灭火剂：泡沫、二氧化碳、干粉、砂土。

泄漏应急处置 消除所有点火源。根据液体流动和蒸气扩散的影响区域划定警戒区，无关人员从侧风、上风向撤离至安全区。建议应急处理人员戴正压自给式呼吸器，穿防毒、防静电服，戴橡胶耐油手套。作业时使用的所有设备应接地。禁止接触或跨越泄漏物。尽可能切断泄漏源。防止泄漏物进入水体、下水道、地下室或限制性空间。小量泄漏：用砂土或其他不燃材料吸收。使用洁净的无火花工具收集吸收材料。大量泄漏：构筑围堤或挖坑收容。用砂土、惰性物质或蛭石吸收大量液体。用抗溶性泡沫覆盖，减少蒸发。喷水雾能减少蒸发，但不能降低泄漏物在限制性空间内的易燃性。用防爆泵转移至槽车或专用收集器内。喷雾状水驱散蒸气、稀释液体泄漏物。

663. 全氟甲基环己烷

标　　识

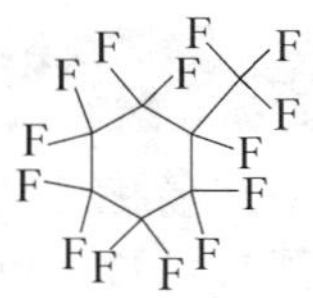

中文名称 全氟甲基环己烷

英文名称 Undecafluoro (trifluoromethyl) cyclohexane;

Perfluoro(methylcyclohexane)

别名 十一氟(三氟甲基)环己烷；S－1 液体

分子式 C_7F_{14}

CAS 号 355－02－2

危害信息

燃烧与爆炸危险性 不燃。遇高热易发生分解反应放出有毒的一氧化碳和氟化氢气体。

活性反应 与强氧化剂、卤素反应。

禁忌物 强氧化剂、卤素。

毒性 大鼠经口 *LD*：＞100mL/kg；大鼠吸入 LCL_o：825ppm(14h)。

侵入途径 吸入、食入。

理化特性与用途

理化特性 无色透明液体。不溶于水，溶于多数有机溶剂。熔点－37～－44℃，沸点 76℃，相对密度(水＝1)1.78，临界压力 2.02MPa，临界温度 213℃，辛醇/水分配系数 4.04。

主要用途 用作溶剂。

包装与储运

安全储运 储存于阴凉、通风的库房。远离火种、热源。应与氧化剂等隔离储运。搬运时轻装轻卸，防止容器受损。

紧急处置信息

急救措施

吸入：脱离接触。如有不适感，就医。

眼睛接触：分开眼睑，用流动清水或生理盐水冲洗。如有不适感，就医。

皮肤接触：脱去污染的衣着，用肥皂水和清水冲洗。如有不适感，就医。

食入：漱口，饮水。就医。

灭火方法 消防人员须穿全身消防服，佩戴空气呼吸器，在上风向灭火。尽可能将容器从火场移至空旷处。喷水保持火场容器冷却，直至灭火结束。处在火场中的容器若发生异常变化或发出异常声音，须马上撤离。

本品不燃，根据着火原因选择适当灭火剂灭火。

泄漏应急处置 消除所有点火源。根据液体流动和蒸气扩散的影响区域划定警戒区，无关人员从侧风、上风向撤离至安全区。建议应急处理人员戴正压自给式呼吸器，穿防静电、防腐蚀服，戴橡胶手套。尽可能切断泄漏源。防止泄漏物进入水体、下水道、地下室或限制性空间。小量泄漏：用干燥的砂土或其他不燃材料吸收或覆盖，收集于容器中。大量泄漏：构筑围堤或挖坑收容。

664. 炔氧甲基季铵盐

标　　识

中文名称 炔氧甲基季铵盐

英文名称 Propynyloxymethyl hexadecyl dibenzyl ammonium chloride

分子式 $C_{24}H_{25}NOCl$

危害信息

燃烧与爆炸危险性 可燃，遇明火、高热可引起燃烧。遇热易分解产生有毒且具有刺激性气味的氨、氯化氢和氮氧化物气体。

禁忌物 强氧化剂。

侵入途径 吸入、食入。

理化特性与用途

理化特性 棕红色液体。溶于水。活性物含量≥20%。pH值6~8(1%水溶液)。

主要用途 主要用作油井、集输管线缓蚀剂，油水井酸化缓蚀剂以及化工设备、锅炉、热交换器等酸洗缓蚀剂。

包装与储运

安全储运 储存于阴凉、干燥、通风的库房。容器密闭。远离火种、热源。应与氧化剂等隔离储运。防晒、防雨淋。搬运时轻装轻卸，防止容器受损。

紧急处置信息

急救措施

吸入：脱离接触。如有不适感，就医。

眼睛接触：分开眼睑，用流动清水或生理盐水冲洗。如有不适感，就医。

皮肤接触：脱去污染的衣着，用肥皂水和清水冲洗。如有不适感，就医。

食入：漱口，饮水。就医。

灭火方法 消防人员须穿全身消防服，佩戴空气呼吸器，在上风向灭火。尽可能将容器从火场移至空旷处。喷水保持火场容器冷却，直至灭火结束。处在火场中的容器若发生异常变化或发出异常声音，须马上撤离。

灭火剂：雾状水、干粉、泡沫、沙土。

泄漏应急处置 消除所有点火源。根据液体流动和蒸气扩散的影响区域划定警戒区，无关人员从侧风、上风向撤离至安全区。建议应急处理人员戴正压自给式呼吸器，穿防护服，戴橡胶手套。尽可能切断泄漏源。防止泄漏物进入水体、下水道、地下室或限制性空间。小量泄漏：用干燥的砂土或其他不燃材料吸收或覆盖，收集于容器中。大量泄漏：构筑围堤或挖坑收容。

665. A燃料油

标　识

中文名称 A燃料油

英文名称 A Fuel oil; Heavy oil A

别名 A重油

危害信息

燃烧与爆炸危险性 可燃。其蒸气与空气混合能形成爆炸性混合物，遇明火、高热易

燃烧或爆炸。燃烧产生有毒的一氧化碳气体。在高温火场中，受热的容器或储罐有破裂和爆炸的危险。

活性反应　与强氧化剂反应。

禁忌物　强氧化剂。

侵入途径　吸入、食入。

理化特性与用途

理化特性　黄色液体。不溶于水。倾点≤－10℃，密度 0.833g/cm^3(15℃)，闪点 70～130℃，运动黏度 2～4mm^2/s(50℃)，馏程：90% 馏出温度≤350℃、95% 馏出温度≥320℃，冷滤点－13～－7℃(冬季)、－3～3℃(夏季)。

主要用途　主要用作船用柴油发动机燃料。

包装与储运

安全储运　储存于阴凉、通风的库房。容器密闭。远离火种、热源。防晒、防雨淋。应与氧化剂等隔离储运。搬运时轻装轻卸，防止容器受损。

紧急处置信息

急救措施

吸入：脱离接触。如有不适感，就医。

眼睛接触：分开眼睑，用流动清水或生理盐水冲洗。如有不适感，就医。

皮肤接触：脱去污染的衣着，用肥皂水和清水冲洗。如有不适感，就医。

食入：漱口，尽量饮水，不要催吐。就医。

灭火方法　消防人员须穿全身消防服，佩戴空气呼吸器，在上风向灭火。尽可能将容器从火场移至空旷处。喷水保持火场容器冷却，直至灭火结束。处在火场中的容器若发生异常变化或发出异常声音，须马上撤离。

灭火剂：泡沫、二氧化碳、干粉、砂土。

泄漏应急处置　消除所有点火源。根据液体流动和蒸气扩散的影响区域划定警戒区，无关人员从侧风、上风向撤离至安全区。建议应急处理人员戴正压自给式呼吸器，穿防静电、防腐蚀服，戴橡胶手套。尽可能切断泄漏源。防止泄漏物进入水体、下水道、地下室或限制性空间。小量泄漏：用干燥的砂土或其他不燃材料吸收或覆盖，收集于容器中。大量泄漏：构筑围堤或挖坑收容。

666. 燃　料　油

标　识

中文名称　燃料油

英文名称　Fuel oil

别名　重油；渣油

危害信息

危险性类别　第 3 类　易燃液体

燃烧与爆炸危险性 易燃。其蒸气与空气混合能形成爆炸性混合物，遇明火、高热易燃烧或爆炸。燃烧产生有毒的一氧化碳、硫化氢和硫氧化物气体。在高温火场中，受热的容器或储罐有破裂和爆炸的危险。

活性反应 与强氧化剂、卤素反应。

禁忌物 强氧化剂、卤素。

侵入途径 吸入、食入。

理化特性与用途

理化特性 黑褐色黏稠状液体。闪点：≥38℃(闭杯，1、2、4 号轻)、≥55℃(闭杯，4、5 号轻、5 号重)、≥60℃(闭杯，6 号)、≥130℃(开杯，7 号)，馏程≤215 ~ ≤338℃，密度(20℃)(g/cm^3)：≤0.846(1 号)、≤0.872(2 号)、≥0.872(4 号轻)，倾点≤ -18℃(1 号)、≤ -6℃(2、4 轻、4 号)，硫含量≤0.5%(m/m)(1、2 号)。

主要用途 用作锅炉燃料。

包装与储运

包装标志 易燃液体

包装类别 Ⅲ类

安全储运 储存于阴凉、通风的库房。远离火种、热源。储存温度不超过 37℃。保持容器密封。炎热季节早晚运输，应与氧化剂等隔离储运。禁止使用易产生火花的机械设备和工具。灌装时注意流速，防止静电积聚。搬运时轻装轻卸，防止容器受损。

紧急处置信息

急救措施

吸入：脱离接触。如有不适感，就医。

眼睛接触：分开眼睑，用流动清水或生理盐水冲洗。如有不适感，就医。

皮肤接触：脱去污染的衣着，用肥皂水和清水冲洗。如有不适感，就医。

食入：漱口，尽量饮水，不要催吐。就医。

灭火方法 消防人员须穿全身消防服，佩戴空气呼吸器，在上风向灭火。尽可能将容器从火场移至空旷处。喷水保持火场容器冷却，直至灭火结束。处在火场中的容器若发生异常变化或发出异常声音，须马上撤离。

灭火剂：泡沫、二氧化碳、干粉、砂土。

泄漏应急处置 消除所有点火源。根据液体流动和蒸气扩散的影响区域划定警戒区，无关人员从侧风、上风向撤离至安全区。建议应急处理人员戴正压自给式呼吸器，穿防静电服，戴橡胶手套。尽可能切断泄漏源。防止泄漏物进入水体、下水道、地下室或限制性空间。小量泄漏：用干燥的砂土或其他不燃材料吸收或覆盖，收集于容器中。大量泄漏：构筑围堤或挖坑收容。

667. 燃料渣油

标　识

中文名称 燃料渣油

英文名称 Residual fuel oil

CAS 号　68476－33－5

危害信息

燃烧与爆炸危险性　可燃。其蒸气与空气混合能形成爆炸性混合物，遇明火、高热易燃烧或爆炸。燃烧产生有毒的一氧化碳、硫化氢和硫氧化物气体。在高温火场中，受热的容器或储罐有破裂和爆炸的危险。

禁忌物　强氧化剂。

毒性　大鼠经口 LD_{50}：＞2000mg/kg；大鼠吸入 LC_{50}：4.6mg/L。大鼠经皮 LD_{50}：＞2000mg/kg。

大鼠经皮 TDL_o：40mL/kg(4 周，间断)，出现肝重改变，红细胞计数改变，体重减轻。

IARC 对本品的致癌性分类：G2B——可疑人类致癌物。

欧盟指令 67/548/EEC 将本品列为第 2 类致癌物——可能为人类致癌物。

侵入途径　吸入、食入、经皮吸收。

理化特性与用途

理化特性　黑色半固体物质，含有非烃类化合物、胶质、沥青质等多种物质。不溶于水。密度≤0.985g/mL(15℃)，运动黏度≤180 CST(50℃)，倾点≤24℃，闪点≥66℃，硫含量≤3.5%。

主要用途　用作锅炉、加热炉和冶金炉等的燃料。

包装与储运

安全储运　储存于阴凉、通风的库房。保持容器密闭。远离火种、热源。应与氧化剂等隔离储运。搬运时轻装轻卸，防止容器受损。

紧急处置信息

急救措施

吸入：脱离接触。如有不适感，就医。

眼睛接触：分开眼睑，用流动清水或生理盐水冲洗。如有不适感，就医。

皮肤接触：脱去污染的衣着，用肥皂水和清水冲洗。如有不适感，就医。

食入：漱口，饮水。就医。

灭火方法　消防人员须穿全身消防服，佩戴空气呼吸器，在上风向灭火。尽可能将容器从火场移至空旷处。喷水保持火场容器冷却，直至灭火结束。处在火场中的容器若发生异常变化或发出异常声音，须马上撤离。

灭火剂：泡沫、二氧化碳、干粉、砂土。

泄漏应急处置　隔离泄漏污染区，限制出入。建议应急处理人员戴防尘口罩，穿防毒防酸碱服，戴橡胶耐酸碱手套。穿上适当的防护服前严禁接触破裂的容器和泄漏物。尽可能切断泄漏源。用塑料布覆盖泄漏物，减少飞散。勿使水进入包装容器内。用洁净的铲子收集泄漏物，置于干净、干燥、盖子较松的容器中，将容器移离泄漏区。

668. 燃气轮机液体燃料

标　识

中文名称　燃气轮机液体燃料

英文名称 Gas turbine liquid – fuel

危害信息

危险性类别 第3类 易燃液体

燃烧与爆炸危险性 易燃。其蒸气与空气混合能形成爆炸性混合物，遇明火、高热易燃烧或爆炸。在高温火场中，受热的容器或储罐有破裂和爆炸的危险。

活性反应 与强氧化剂反应。

禁忌物 强氧化剂。

毒性 烃类有麻醉和刺激作用。

侵入途径 吸入、食入。

理化特性与用途

理化特性 液体。主要成分烃类。闪点：38℃(1、2号)、55℃(3号陆用)、60℃(3号海用)、66℃(4号)，运动黏度(mm2/s，40℃)：1.3~2.4(1号)、1.9~4.1(2号)、≥5.5(3、4号)，密度(g/cm^3，20℃)：≤0.847(1号)、≤0.873(2号)，90%馏出温度：≤288℃(1号)、≤365℃(2号)，倾点：≤-18℃(1号)、≤-6℃(2号)。

主要用途 用于非航空轮机作燃料。

包装与储运

包装标志 易燃液体

包装类别 Ⅲ类

安全储运 储存于阴凉、通风的库房。远离火种、热源。储存温度不超过37℃。保持容器密封。炎热季节早晚运输。应与氧化剂隔离储运。禁止使用易产生火花的机械设备和工具。灌装时注意流速，防止静电积聚。搬运时轻装轻卸，防止容器受损。

紧急处置信息

急救措施

吸入：迅速脱离现场至空气新鲜处。保持呼吸道通畅。如呼吸困难，给输氧。呼吸、心跳停止，立即进行心肺复苏术。就医。

眼睛接触：立即分开眼睑，用流动清水或生理盐水彻底冲洗。就医。

皮肤接触：立即脱去污染的衣着，用肥皂水和清水彻底冲洗。就医。

食入：漱口，尽量饮水，不要催吐。就医。

灭火方法 消防人员须穿全身消防服，佩戴空气呼吸器，在上风向灭火。尽可能将容器从火场移至空旷处。喷水保持火场容器冷却，直至灭火结束。处在火场中的容器若发生异常变化或发出异常声音，须马上撤离。

灭火剂：泡沫、二氧化碳、干粉、砂土。

泄漏应急处置 消除所有点火源。根据液体流动和蒸气扩散的影响区域划定警戒区，无关人员从侧风、上风向撤离至安全区。建议应急处理人员戴正压自给式呼吸器，穿防静电、防腐蚀服，戴橡胶手套。尽可能切断泄漏源。防止泄漏物进入水体、下水道、地下室或限制性空间。小量泄漏：用干燥的砂土或其他不燃材料吸收或覆盖，收集于容器中。大量泄漏：构筑围堤或挖坑收容。

669. SBS 热塑性弹性体

标　识

中文名称　SBS 热塑性弹性体

英文名称　Thermoplastic SBS elastomer

别名　丁苯热塑橡胶；苯乙烯 - 丁二烯 - 苯乙烯热塑性弹性体

危害信息

燃烧与爆炸危险性　可燃，遇明火高热能引起燃烧，燃烧产生有毒的一氧化碳气体。

禁忌物　强氧化剂。

毒性　燃烧产生有毒烟雾。

侵入途径　吸入、食入。

理化特性与用途

理化特性　白色或微黄色颗粒，兼有橡胶和塑料的特性。溶于有机溶剂。

主要用途　具有良好的透气性和防滑性，是制作运动鞋、护士鞋、旅游鞋和休闲鞋的理想鞋料。

包装与储运

安全储运　储存于阴凉、通风的库房。远离火种、热源。应与氧化剂等隔离储运。

紧急处置信息

急救措施

吸入：脱离接触。如有不适感，就医。

眼睛接触：分开眼睑，用流动清水或生理盐水冲洗。如有不适感，就医。

皮肤接触：脱去污染的衣着，用肥皂水和清水冲洗。如有不适感，就医。

食入：漱口，饮水。就医。

灭火方法　消防人员须穿全身消防服，在上风向灭火。尽可能将容器从火场移至空旷处。喷水保持火场容器冷却，直至灭火结束。

灭火剂：雾状水、泡沫、二氧化碳、干粉、砂土。

泄漏应急处置　隔离泄漏污染区，限制出入。建议应急处理人员戴防尘口罩，穿防毒防酸碱服，戴橡胶耐酸碱手套。穿上适当的防护服前严禁接触破裂的容器和泄漏物。尽可能切断泄漏源。用塑料布覆盖泄漏物，减少飞散。勿使水进入包装容器内。用洁净的铲子收集泄漏物，置于干净、干燥、盖子较松的容器中，将容器移离泄漏区。

670. SIS 热塑性弹性体

标　识

中文名称　SIS 热塑性弹性体

英文名称 SIS thermoplastic elastomers；Polystyrene-polyisoprene-polystyrene thermoplastic elastomers

危害信息

燃烧与爆炸危险性 可燃，遇明火高热能引起燃烧。

禁忌物 强氧化剂。

侵入途径 吸入、食入。

理化特性与用途

理化特性 透明或白色固体，基本无味。相对密度(水 =1) <1。不溶于水。

主要用途 用作热熔压敏胶黏剂、涂料、溶剂型黏合剂、塑料改性制品、嵌缝材料等方面的主体材料。

包装与储运

安全储运 储存于阴凉、通风的库房。远离火种、热源。应与氧化剂等隔离储运。

紧急处置信息

急救措施

吸入： 脱离接触。如有不适感，就医。

眼睛接触： 分开眼睑，用流动清水或生理盐水冲洗。如有不适感，就医。

皮肤接触： 脱去污染的衣着，用肥皂水和清水冲洗。如有不适感，就医。

食入： 漱口，饮水。就医。

灭火方法 消防人员须穿全身消防服，在上风向灭火。尽可能将容器从火场移至空旷处。喷水保持火场容器冷却，直至灭火结束。

灭火剂：雾状水、泡沫、二氧化碳、干粉、砂土。

泄漏应急处置 隔离泄漏污染区，限制出入。建议应急处理人员戴防尘口罩，穿防毒防酸碱服，戴橡胶耐酸碱手套。穿上适当的防护服前严禁接触破裂的容器和泄漏物。尽可能切断泄漏源。用塑料布覆盖泄漏物，减少飞散。勿使水进入包装容器内。用洁净的铲子收集泄漏物，置于干净、干燥、盖子较松的容器中，将容器移离泄漏区。

671. 壬 基 酚

标 识

中文名称 壬基酚

英文名称 Nonylphenol；Nonyl phenol(mixed isomers)

别名 壬基苯酚

分子式 $C_{15}H_{24}O$

CAS 号 25154 -52 -3

UN 号 3145

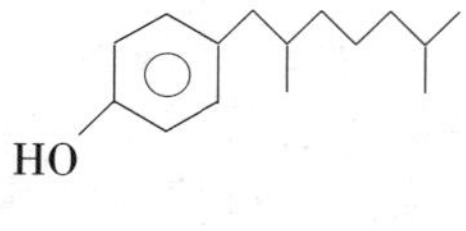

危害信息

危险性类别　第8类　腐蚀品

燃烧与爆炸危险性　可燃。其蒸气与空气混合能形成爆炸性混合物，遇明火、高热易燃烧或爆炸。在高温火场中，受热的容器或储罐有破裂和爆炸的危险。

禁忌物　强碱。

毒性　大鼠经口 LD_{50}：580mg/kg。小鼠经口 LD_{50}：1231mg/kg。家兔经皮 LD_{50}：2140mg/kg。

本品有强烈刺激性。能经皮吸收。

中毒表现　高浓度蒸气对眼和呼吸道有刺激性。食入后引起恶心、腹痛、腹泻。对眼和皮肤有强烈刺激性，可引起灼伤。

侵入途径　吸入、食入、经皮吸收。

环境危害　对水生生物有极高毒性，可能在水生环境中造成长期不利影响；海洋污染物；易在生物体内蓄积。

理化特性与用途

理化特性　常温下为无色或淡黄色液体，略带苯酚气味。不溶于水，溶于丙酮、苯、脂肪醇等多数有机溶剂。熔点 -10℃，沸点 293~297℃，相对密度(水=1)0.95，相对蒸气密度(空气=1)7.59，蒸气压 <0.01kPa(20℃)，临界温度 470℃，闪点 140℃(闭杯)、149℃(开杯)，引燃温度 370℃，辛醇/水分配系数 3.28，爆炸极限 1%~5%。

主要用途　用于制备合成洗涤剂、增湿剂、润滑剂、增塑剂等。

包装与储运

包装标志　腐蚀品

包装类别　Ⅲ类

安全储运　储存于阴凉、通风的库房。远离火种、热源。保持容器密封。应与氧化剂隔离储运。搬运时轻装轻卸，防止容器受损。

紧急处置信息

急救措施

吸入：迅速脱离现场至空气新鲜处。保持呼吸道通畅。如呼吸困难，给输氧。呼吸、心跳停止，立即进行心肺复苏术。就医。

眼睛接触：立即分开眼睑，用大量流动清水或生理盐水彻底冲洗 10~15min。就医。

皮肤接触：立即脱去污染衣物，用大量流动清水彻底冲洗，冲洗后即用浸过 30%~50% 酒精棉花擦洗创面至无酚味为止(注意不能将患处浸泡于酒精溶液中)。如有条件可用数块浸有聚乙二醇(300 或 400)的海绵反复擦洗污染部位，至少 20min，然后再用大量水冲洗 10min 以上。

食入：漱口，禁止催吐，给服活性炭和植物油。谨慎洗胃，给服泻剂。就医。

灭火方法　消防人员须佩戴空气呼吸器，穿全身耐酸碱消防服在上风向灭火。尽可能将容器从火场移至空旷处。喷水保持火场容器冷却，直至灭火结束。

灭火剂：抗溶性泡沫、干粉、二氧化碳、砂土。

泄漏应急处置　消除所有点火源。根据液体流动和蒸气扩散的影响区域划定警戒区，无关人员从侧风、上风向撤离至安全区。建议应急处理人员戴正压自给式呼吸器，穿防静电、防腐蚀服，戴橡胶手套。尽可能切断泄漏源。防止泄漏物进入水体、下水道、地下室

或限制性空间。小量泄漏：用干燥的砂土或其他不燃材料吸收或覆盖，收集于容器中。大量泄漏：构筑围堤或挖坑收容。

672. 壬基酚聚氧乙烯醚

标　识

中文名称　壬基酚聚氧乙烯醚

英文名称　Poly(oxy-1,2-ethanediyl), alpha-(nonylphenyl)-omega-hydroxy-; Polyoxyethylene nonyl phenyl ether; Emulsifier (NP)

别名　乳化剂 NP

分子式　$(C_2H_4O)_nC_{15}H_{24}O$

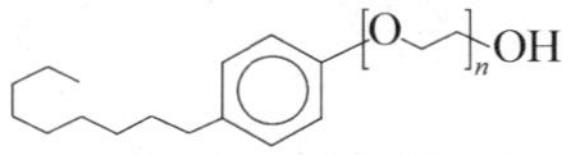

CAS 号　9016－45－9

危害信息

燃烧与爆炸危险性　可燃，遇明火、高热能引起燃烧，燃烧产生有毒的一氧化碳气体。在高温火场中，受热的容器或储罐有破裂和爆炸的危险。

活性反应　与强氧化剂反应。

禁忌物　强氧化剂。

毒性　大鼠经口 LD_{50}：1310mg/kg；小鼠经口 LD_{50}：>50g/kg；家兔经皮 LD_{50}：1.78mL/kg；大鼠吸入 LC：>21mg/m^3(8h)。

对眼和皮肤有刺激性。可能有致敏性。

侵入途径　吸入、食入、经皮吸收。

理化特性与用途

理化特性　淡黄色或棕黄色膏状物。溶解性随乙氧基数目而变化，乙氧基数目少的可溶于煤油和矿物油，不溶于水和乙二醇；而乙氧基数目多的溶于水、乙二醇，不溶于煤油和矿物油。pH 值 5～7，熔点 42～43℃，沸点 94℃，密度 1.06g/cm^3（20℃），闪点≥250℃。

主要用途　主要用于各种清洗剂，纺织工业助剂，润滑油、树脂的乳化剂等；油田化学中用于配制清蜡、防蜡剂。

包装与储运

安全储运　储存于阴凉、通风的库房。保持容器密封。远离火种、热源。应与氧化剂等隔离储运。搬运时轻装轻卸，防止容器受损。

紧急处置信息

急救措施

吸入： 脱离接触。如有不适感，就医。

眼睛接触： 分开眼睑，用流动清水或生理盐水冲洗。如有不适感，就医。

皮肤接触： 脱去污染的衣着，用肥皂水和清水冲洗。如有不适感，就医。

食入： 漱口，饮水。就医。

灭火方法 消防人员须穿全身消防服，佩戴空气呼吸器，在上风向灭火。尽可能将容器从火场移至空旷处。喷水保持火场容器冷却，直至灭火结束。处在火场中的容器若发生异常变化或发出异常声音，须马上撤离。

灭火剂：泡沫、二氧化碳、干粉、砂土。

泄漏应急处置 消除所有点火源。根据液体流动和蒸气扩散的影响区域划定警戒区，无关人员从侧风、上风向撤离至安全区。建议应急处理人员戴正压自给式呼吸器，穿防静电、防腐蚀服，戴橡胶手套。尽可能切断泄漏源。防止泄漏物进入水体、下水道、地下室或限制性空间。小量泄漏：用干燥的砂土或其他不燃材料吸收或覆盖，收集于容器中。大量泄漏：构筑围堤或挖坑收容。

673. 壬基酚聚氧乙烯醚硫酸钠

标　识

中文名称 壬基酚聚氧乙烯醚硫酸钠

英文名称 Sodium polyoxyethylene nonylphenyl ether sulphate; Sodium nonylphenol polyoxyethylene ether sulfate

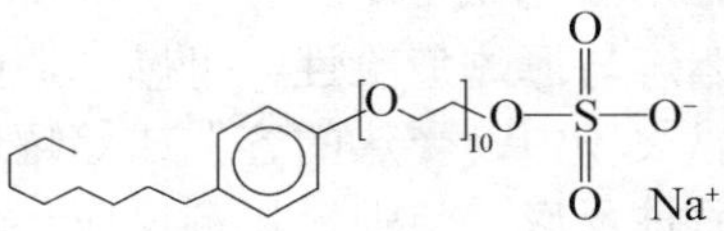

别名 AES

危害信息

燃烧与爆炸危险性 可燃，遇明火、高热引起燃烧，燃烧产生有毒的烟气。在高温火场中，受热的容器或储罐有破裂和爆炸的危险。

活性反应 与强氧化剂反应。

禁忌物 强氧化剂。

侵入途径 吸入、食入。

理化特性与用途

理化特性 浅黄色至棕色黏稠液体。溶于水。pH 值 8 ~ 9(1% 水溶液)。

主要用途 用作原油破乳剂，具有脱水速度快、脱水效果好、水质清晰等特点；用作洗净剂和乳化剂，广泛用于液体洗涤剂，硬表面洗涤剂。工业上用于纺织助剂，乳液聚合等方面。

包装与储运

安全储运 储存于阴凉、通风的库房。保持容器密封。远离火种、热源。应与氧化剂等隔离储运。搬运时轻装轻卸，防止容器受损。

紧急处置信息

急救措施

吸入： 脱离接触。如有不适感，就医。

眼睛接触： 分开眼睑，用流动清水或生理盐水冲洗。如有不适感，就医。

皮肤接触： 脱去污染的衣着，用肥皂水和清水冲洗。如有不适感，就医。

食入： 漱口，饮水。就医。

灭火方法　消防人员须穿全身消防服，佩戴空气呼吸器，在上风向灭火。尽可能将容器从火场移至空旷处。喷水保持火场容器冷却，直至灭火结束。处在火场中的容器若发生异常变化或发出异常声音，须马上撤离。

灭火剂：抗溶性泡沫、二氧化碳、干粉、砂土。

泄漏应急处置　消除所有点火源。根据液体流动和蒸气扩散的影响区域划定警戒区，无关人员从侧风、上风向撤离至安全区。建议应急处理人员戴正压自给式呼吸器，穿防静电、防腐蚀服，戴橡胶手套。尽可能切断泄漏源。防止泄漏物进入水体、下水道、地下室或限制性空间。小量泄漏：用干燥的砂土或其他不燃材料吸收或覆盖，收集于容器中。大量泄漏：构筑围堤或挖坑收容。

674. 1－壬　烯

标　识

中文名称　1－壬烯

英文名称　1－Nonene

别名　香茅烯

分子式　C_9H_{18}

CAS 号　124－11－8

WGH 号　33514；T32014[铁规]

危害信息

危险性类别　第3类　易燃液体

燃烧与爆炸危险性　易燃。其蒸气与空气混合能形成爆炸性混合物，遇明火、高热易燃烧或爆炸。燃烧产生有毒的一氧化碳气体。在高温火场中，受热的容器或储罐有破裂和爆炸的危险。

活性反应　与氧化剂反应。

禁忌物　强氧化剂、酸类、卤代烃、卤素等。

毒性　本品具有麻醉和刺激作用。

侵入途径　吸入、食入。

理化特性与用途

理化特性　无色液体。不溶于水，溶于乙醇、乙醚。熔点－81.4℃，沸点146.9℃，相对密度(水＝1)0.73，相对蒸气密度(空气＝1)4.35，蒸气压1.46kPa(37.7℃)，燃烧热－5573kJ/mol，临界温度327.8℃，临界压力2.48MPa，辛醇/水分配系数5.15，闪点26℃(开杯)，引燃温度244℃，爆炸极限0.9%～4.0%。

主要用途　用作溶剂、有机合成中间体。

包装与储运

安全储运　储存于阴凉、通风的库房。远离火种、热源，避免阳光直射。储存温度不超过37℃。炎热季节早晚运输。应与强氧化剂、酸类、卤代烃、卤素等隔离储运。禁止使用易产生火花的机械设备和工具。灌装时注意流速，防止静电积聚。搬运时轻装轻卸，防止容器受损。

紧急处置信息

急救措施

吸入： 迅速脱离现场至空气新鲜处。保持呼吸道通畅。如呼吸困难，给输氧。呼吸、心跳停止，立即进行心肺复苏术。就医。

眼睛接触： 立即分开眼睑，用流动清水或生理盐水彻底冲洗。就医。

皮肤接触： 立即脱去污染的衣着，用肥皂水和清水彻底冲洗。就医。

食入： 漱口，不要催吐。就医。

忌用肾上腺素类药。

灭火方法　消防人员须穿全身消防服，佩戴空气呼吸器，在上风向灭火。尽可能将容器从火场移至空旷处。喷水保持火场容器冷却，直至灭火结束。处在火场中的容器若发生异常变化或发出异常声音，须马上撤离。

灭火剂：泡沫、二氧化碳、干粉、砂土。

泄漏应急处置　消除所有点火源。根据液体流动和蒸气扩散的影响区域划定警戒区，无关人员从侧风、上风向撤离至安全区。建议应急处理人员戴正压自给式呼吸器，穿防静电服，戴橡胶手套。作业时使用的所有设备应接地。禁止接触或跨越泄漏物。尽可能切断泄漏源。防止泄漏物进入水体、下水道、地下室或限制性空间。小量泄漏：用砂土或其他不燃材料吸收。使用洁净的无火花工具收集吸收材料。大量泄漏：构筑围堤或挖坑收容。用砂土、惰性物质或蛭石吸收大量液体。用泡沫覆盖，减少蒸发。喷水雾能减少蒸发，但不能降低泄漏物在限制性空间内的易燃性。用防爆泵转移至槽车或专用收集器内。

675. 1 号溶剂

标　识

中文名称　1 号溶剂

英文名称　Solvent No. 1

危害信息

危险性类别　第 3 类　易燃液体

燃烧与爆炸危险性　易燃。其蒸气与空气混合能形成爆炸性混合物，遇明火、高热易燃烧或爆炸。在高温火场中，受热的容器或储罐有破裂和爆炸的危险。

活性反应　与强氧化剂等反应。

禁忌物　强氧化剂、卤素

侵入途径　吸入、食入。

理化特性与用途

理化特性　无色透明液体。馏程 45 ~ 185℃。

主要用途　用作油漆工业溶剂，也可作其他溶剂。

包装与储运

包装标志　易燃液体

包装类别　Ⅲ类

安全储运 储存于阴凉、通风的库房。保持容器密闭。远离火种、热源。储存温度不超过37℃。应与氧化剂隔离储运。禁止使用易产生火花的机械设备和工具。灌装时注意流速，防止静电积聚。搬运时轻装轻卸，防止容器受损。

紧急处置信息

急救措施

吸入： 迅速脱离现场至空气新鲜处。保持呼吸道通畅。如呼吸困难，给输氧。呼吸、心跳停止，立即进行心肺复苏术。就医。

眼睛接触： 立即分开眼睑，用流动清水或生理盐水彻底冲洗。就医。

皮肤接触： 立即脱去污染的衣着，用肥皂水和清水彻底冲洗。就医。

食入： 漱口，不要催吐。就医。

灭火方法 消防人员须穿全身消防服，佩戴空气呼吸器，在上风向灭火。尽可能将容器从火场移至空旷处。喷水保持火场容器冷却，直至灭火结束。处在火场中的容器若发生异常变化或发出异常声音，须马上撤离。

灭火剂：泡沫、二氧化碳、干粉、砂土。

泄漏应急处置 消除所有点火源。根据液体流动和蒸气扩散的影响区域划定警戒区，无关人员从侧风、上风向撤离至安全区。建议应急处理人员戴正压自给式呼吸器，穿防静电、防腐蚀服，戴橡胶手套。尽可能切断泄漏源。防止泄漏物进入水体、下水道、地下室或限制性空间。小量泄漏：用干燥的砂土或其他不燃材料吸收或覆盖，收集于容器中。大量泄漏：构筑围堤或挖坑收容。

676. 溶剂油(70、90、190、260 号)

标　　识

中文名称 溶剂油(70、90、190、260 号)

英文名称 Mineral solvent

UN 号 1268

危害信息

危险性类别 第 3 类 易燃液体

燃烧与爆炸危险性 易燃。蒸气与空气能形成爆炸性混合物，遇明火、高热能引起燃烧爆炸。高速冲击、流动、激荡后可因产生静电火花放电引起燃烧爆炸。蒸气比空气重，能在较低处扩散到相当远的地方，遇火源会着火回燃和爆炸(闪爆)。

活性反应 与硝酸、浓硫酸、高锰酸钾、重铬酸盐等强氧化剂发生剧烈反应，甚至导致燃烧爆炸。

禁忌物 强氧化剂。

毒性 直接将溶剂油吸入肺内，或在通风不良的情况下吸入其高浓度油雾，均可引起化学性肺炎。偶见皮疹和毛囊炎。

侵入途径 吸入、食入、经皮吸收。

理化特性与用途

理化特性 无色透明易挥发液体。主要成分是戊烷、己烷、庚烷和辛烷等。不溶于水。

根据产品用途和馏分范围分为70号、90号、190号、260号四个牌号。馏程60～70℃(70号)、60～90℃(90号)、40～90℃(190号)、195～260℃(260号)，密度≤0.810g/cm^3(260号)，运动黏度≤2.4mm^2/s(20℃)(260号)，闪点≥65℃(开杯)(260号)。

主要用途　主要用作溶剂。70号溶剂油用作香花香料及油脂工业作抽提溶剂；90号溶剂油用作化学试剂、医药溶剂等；190号溶剂油用于机械零件的洗涤和工农业生产作溶剂；260号溶剂油为煤油型特种溶剂，可用于矿石的萃取等。

包装与储运

包装标志　易燃液体

包装类别　Ⅲ类

安全储运　盛装时，切不可充满，要留出必要的安全空间。储存于阴凉、通风处，储存温度不超过37℃。远离火种、热源，避免阳光直射。炎热季节应采取通风降温措施。罐储时要有防火防爆技术措施，且有接地装置，防止静电积聚。搬运时轻装轻卸，防止容器受损。

紧急处置信息

急救措施

吸入：迅速脱离现场至空气新鲜处。保持呼吸道通畅。如呼吸困难，给输氧。呼吸、心跳停止，立即进行心肺复苏术。就医。

眼睛接触：立即分开眼睑，用流动清水或生理盐水彻底冲洗。就医。

皮肤接触：立即脱去污染的衣着，用肥皂水和清水彻底冲洗。就医。

食入：漱口，不要催吐。就医。

灭火方法　消防人员必须穿全身消防服，佩戴空气呼吸器，在上风向灭火。喷水冷却燃烧罐和临近罐，直至灭火结束。处在火场中的储罐若发生异常变化或发出异常声音，必须马上撤离。

灭火剂：泡沫、干粉、二氧化碳。

泄漏应急处置　消除所有点火源。根据液体流动和蒸气扩散的影响区域划定警戒区，无关人员从侧风、上风向撤离至安全区。建议应急处理人员戴正压自给式呼吸器，穿防静电服，戴橡胶耐油手套。作业时使用的所有设备应接地。禁止接触或跨越泄漏物。尽可能切断泄漏源。防止泄漏物进入水体、下水道、地下室或限制性空间。小量泄漏：用砂土或其他不燃材料吸收。使用洁净的无火花工具收集吸收材料。大量泄漏：构筑围堤或挖坑收容。用砂土、惰性物质或蛭石吸收大量液体。用泡沫覆盖，减少蒸发。喷水雾能减少蒸发，但不能降低泄漏物在限制性空间内的易燃性。用防爆泵转移至槽车或专用收集器内。

677. 软　化　油

标　识

中文名称　软化油

英文名称　Softening oil

危害信息

燃烧与爆炸危险性　可燃，遇明火、高热引起燃烧或爆炸。在高温火场中，受热的容器或储罐有破裂和爆炸的危险。

禁忌物 强氧化剂。

侵入途径 吸入、食入。

理化特性与用途

理化特性 （300 号软化油）液体。运动黏度 24 ~ 32mm²/s（50℃），闪点≥210℃（开杯），凝点≤0℃。

主要用途 适用于制造丁基橡胶内胎时作操作油，也适用于硫化机成型装置。

包装与储运

安全储运 储存于阴凉、通风的库房。容器密闭。远离火种、热源。应与氧化剂隔离储运。搬运时轻装轻卸，防止容器受损。

紧急处置信息

急救措施

吸入：迅速脱离现场至空气新鲜处。保持呼吸道通畅。如呼吸困难，给输氧。呼吸、心跳停止，立即进行心肺复苏术。就医。

眼睛接触：立即分开眼睑，用流动清水或生理盐水彻底冲洗。就医。

皮肤接触：立即脱去污染的衣着，用肥皂水和清水彻底冲洗。就医。

食入：漱口，不要催吐。就医。

灭火方法 消防人员须穿全身消防服，佩戴空气呼吸器，在上风向灭火。尽可能将容器从火场移至空旷处。喷水保持火场容器冷却，直至灭火结束。处在火场中的容器若发生异常变化或发出异常声音，须马上撤离。

灭火剂：泡沫、二氧化碳、干粉、砂土。

泄漏应急处置 消除所有点火源。根据液体流动和蒸气扩散的影响区域划定警戒区，无关人员从侧风、上风向撤离至安全区。建议应急处理人员戴正压自给式呼吸器，穿防静电服，戴橡胶手套。穿上适当的防护服前严禁接触破裂的容器和泄漏物。尽可能切断泄漏源。防止泄漏物进入水体、下水道、地下室或限制性空间。小量泄漏：用干燥的砂土或其他不燃材料吸收或覆盖，收集于容器中。大量泄漏：构筑围堤或挖坑收容。用防爆、耐腐蚀泵转移至槽车或专用收集器内。喷雾状水驱散蒸气、稀释液体泄漏物。

678. 软 麻 油

标 识

中文名称 软麻油

英文名称 Softening flax oil

危害信息

燃烧与爆炸危险性 可燃。其蒸气与空气混合能形成爆炸性混合物，遇明火、高热易燃烧或爆炸。燃烧产生有毒的一氧化碳气体。在高温火场中，受热的容器或储罐有破裂和爆炸的危险。

禁忌物　强氧化剂。

侵入途径　吸入、食入。

理化特性与用途

理化特性　不深于红色的液体。运动黏度 8 ~ 23mm^2/s（50℃），闪点≥150℃，凝点≤0 ~ 20℃。

主要用途　用作麻袋、麻绳类纺织前的软化剂。

包装与储运

安全储运　储存于清洁、阴凉、干燥、通风的库房。远离火种、热源。应与氧化剂隔离储运。搬运时轻装轻卸，防止容器受损。

紧急处置信息

急救措施

吸入：脱离接触。如有不适感，就医。

眼睛接触：分开眼睑，用流动清水或生理盐水冲洗。如有不适感，就医。

皮肤接触：脱去污染的衣着，用肥皂水和清水冲洗。如有不适感，就医。

食入：漱口，饮水。就医。

灭火方法　消防人员须穿全身消防服，佩戴空气呼吸器，在上风向灭火。尽可能将容器从火场移至空旷处。喷水保持火场容器冷却，直至灭火结束。处在火场中的容器若发生异常变化或发出异常声音，须马上撤离。

灭火剂：泡沫、二氧化碳、干粉、砂土。

泄漏应急处置　消除所有点火源。根据液体流动和蒸气扩散的影响区域划定警戒区，无关人员从侧风、上风向撤离至安全区。建议应急处理人员戴正压自给式呼吸器，穿防静电、防腐蚀服，戴橡胶手套。穿上适当的防护服前严禁接触破裂的容器和泄漏物。尽可能切断泄漏源。防止泄漏物进入水体、下水道、地下室或限制性空间。小量泄漏：用干燥的砂土或其他不燃材料吸收或覆盖，收集于容器中。大量泄漏：构筑围堤或挖坑收容。用防爆、耐腐蚀泵转移至槽车或专用收集器内。喷雾状水驱散蒸气、稀释液体泄漏物。

679. 润滑油基础油

标　识

中文名称　润滑油基础油

英文名称　Base oil for lubricating oil；Lubricant base

危害信息

燃烧与爆炸危险性　可燃，遇明火、高热能引起燃烧或爆炸。在高温火场中，受热的容器或储罐有破裂和爆炸的危险。

活性反应　与强氧化剂反应。

禁忌物　强氧化剂。

侵入途径　吸入、食入。

理化特性与用途

理化特性 透明液体。化学成分为高沸点、高分子量的烃类和非烃类的混合物，其中包括烷烃，芳烃，环烷烃，环烷基芳烃，含氮、硫、氧的有机化合物和胶质、沥青等非烃类化合物。倾点 -12 ~ -9℃，闪点 175 ~290℃。

主要用途 是调和成品润滑油的组分，可用于调配黏温性能较高的润滑油。

包装与储运

安全储运 储存于阴凉、通风的库房。容器密闭。远离火种、热源。应与氧化剂等隔离储运。搬运时轻装轻卸，防止容器受损。

紧急处置信息

急救措施

吸入：脱离接触。如有不适感，就医。

眼睛接触：分开眼睑，用流动清水或生理盐水冲洗。如有不适感，就医。

皮肤接触：脱去污染的衣着，用肥皂水和清水冲洗。如有不适感，就医。

食入：漱口，饮水。就医。

灭火方法 消防人员须穿全身消防服，佩戴空气呼吸器，在上风向灭火。尽可能将容器从火场移至空旷处。喷水保持火场容器冷却，直至灭火结束。处在火场中的容器若发生异常变化或发出异常声音，须马上撤离。

灭火剂：泡沫、二氧化碳、干粉、砂土。

泄漏应急处置 消除所有点火源。根据液体流动和蒸气扩散的影响区域划定警戒区，无关人员从侧风、上风向撤离至安全区。建议应急处理人员戴正压自给式呼吸器，穿防毒、防静电服，戴橡胶耐油手套。作业时使用的所有设备应接地。禁止接触或跨越泄漏物。尽可能切断泄漏源。防止泄漏物进入水体、下水道、地下室或限制性空间。小量泄漏：用砂土或其他不燃材料吸收。使用洁净的无火花工具收集吸收材料。大量泄漏：构筑围堤或挖坑收容。

680. 噻二唑衍生物

标　识

中文名称 噻二唑衍生物

英文名称 Thiadiazole derivatives；Metal deactivator 561

别名 561 金属减活剂；噻二唑多硫化物

危害信息

燃烧与爆炸危险性 可燃，遇明火、高热可引起燃烧或爆炸，燃烧产生有毒的烟气。在高温火场中，受热的容器或储罐有破裂和爆炸的危险。

禁忌物 强氧化剂。

侵入途径 吸入、食入。

理化特性与用途

理化特性　褐色透明液体。运动黏度 12 ~ 17mm^2/s(100℃)，闪点≥130℃(开杯)，酸值≤12mgKOH/g，硫含量 26% ~29%。

主要用途　主要用于抗磨液压油、低温液压油、汽轮机油和汽油机油中作轴承防腐剂、抗磨剂及金属减活剂；用于乳化液中作极压剂、细菌和氧化抑制剂；用于内燃机油中作抗氧剂。

包装与储运

安全储运　储存于阴凉、通风的库房。容器密封。远离火种、热源。避光，防潮。应与氧化剂等隔离储运。搬运时轻装轻卸，防止容器受损。

紧急处置信息

急救措施

吸入：脱离接触。如有不适感，就医。

眼睛接触：分开眼睑，用流动清水或生理盐水冲洗。如有不适感，就医。

皮肤接触：脱去污染的衣着，用肥皂水和清水冲洗。如有不适感，就医。

食入：漱口，饮水。就医。

灭火方法　消防人员须穿全身消防服，佩戴空气呼吸器，在上风向灭火。尽可能将容器从火场移至空旷处。喷水保持火场容器冷却，直至灭火结束。处在火场中的容器若发生异常变化或发出异常声音，须马上撤离。

灭火剂：泡沫、二氧化碳、干粉、砂土。

泄漏应急处置　消除所有点火源。根据液体流动和蒸气扩散的影响区域划定警戒区，无关人员从侧风、上风向撤离至安全区。建议应急处理人员戴正压自给式呼吸器，穿防静电、防腐蚀服，戴橡胶手套。尽可能切断泄漏源。防止泄漏物进入水体、下水道、地下室或限制性空间。小量泄漏：用干燥的砂土或其他不燃材料吸收或覆盖，收集于容器中。大量泄漏：构筑围堤或挖坑收容。

681. 三氟化硼

标　识

中文名称　三氟化硼

英文名称　Boron trifluoride；Trifluoroborane

别名　氟化硼

分子式　BF_3

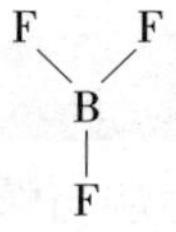

CAS 号　7637 -07 -2

WGH 号　23018

UN 号　1008

危害信息

危险性类别　第 2. 3 类　有毒气体

燃烧与爆炸危险性　不燃。遇水发生爆炸性分解产生有毒的腐蚀性气体。受热后，容器或储罐内压力增大，有开裂和爆炸的危险。泄漏物质可导致中毒。

活性反应　在空气中冒烟。接触水、水蒸汽会发生缓慢水解形成剧毒的氢氟酸及酸雾。与硝酸烷基酯、氧化钙反应。与碱金属、碱土金属发生剧烈反应，能达到炽热状态。

禁忌物　胺类、醇类、碱类、水。

毒性　大鼠吸入 LC_{50}：1180mg/m^3(4h)；小鼠吸入 LC_{50}：3460mg/m^3(2h)。

本品具有刺激性。对神经系统有损害。

本品属剧毒化学品，已列入《剧毒化学品目录》(2002 年版)。

中毒表现　急性中毒主要症状有干咳、气急、胸闷、胸部紧迫感；部分患者出现恶心、食欲减退、流涎；吸入量多时，有震颤及抽搐，亦可引起肺炎。皮肤接触可致灼伤。

侵入途径　吸入。

职业接触限值　中国：MAC：3mg/m^3。

美国(ACGIH)：TLV-C：1ppm；TLV-TWA 2.5mg/m^3[按 F 计]。

理化特性与用途

理化特性　无色气体，具有刺激性臭味，有窒息性。在潮湿空气中可产生浓密白烟。溶于冷水，溶于硝酸、苯、二氯苯、氯仿、四氯化碳、二硫化碳。熔点 -126.8℃，沸点 -100℃，相对密度(水=1)1.6(液体)，相对气体密度 2.38，蒸气压 1013.25kPa(-58℃)，临界温度 -12.26℃，临界压力 4.98MPa，辛醇/水分配系数 0.22。

主要用途　作为路易士酸在许多缩合、聚合、异构化等有机反应中用作催化剂。用于制备四氢硼酸盐。

包装与储运

包装标志　有毒气体，腐蚀品

安全储运　储存于阴凉、通风的库房。远离高温、热源，避免容器受日光直晒或受热。储存温度不超过 30℃，相对湿度不超过 75%。应与醇类、碱类、食用化学品等隔离储运。平时检查钢瓶是否漏气，搬运时钢瓶须戴安全帽及防震橡皮圈，防止撞击和剧烈震动，避免容器受损。

紧急处置信息

急救措施

吸入：迅速脱离现场至空气新鲜处。保持呼吸道通畅。如呼吸困难，给输氧。呼吸、心跳停止，立即进行心肺复苏术。就医。

眼睛接触：立即用大量清水冲洗。就医。

皮肤接触：立即脱去污染衣着，用水冲洗后用葡萄糖酸钙液湿敷，再用可的松软膏外敷。就医。

灭火方法　消防人员必须穿全身防火防毒服，在上风向灭火。切断气源。灭火时禁止水与三氟化硼接触。

泄漏应急处置　根据气体扩散的影响区域划定警戒区，无关人员从侧风、上风向撤离至安全区。建议应急处理人员穿内置正压自给式呼吸器的全封闭防化服。禁止接触或跨越泄漏物。尽可能切断泄漏源。防止气体通过下水道、通风系统和限制性空间扩散。喷雾状水抑制蒸气或改变蒸气云流向，避免水流接触泄漏物。禁止用水直接冲击泄漏物或泄漏源。隔离泄漏区直至气体散尽。

682. 三氟化硼乙醚络合物

标　识

中文名称　三氟化硼乙醚络合物

英文名称　Boron trifluoride etherate; Diethyl ether boron trifluoride; Boron trifluoride ethyl ether

别名　三氟化硼乙醚

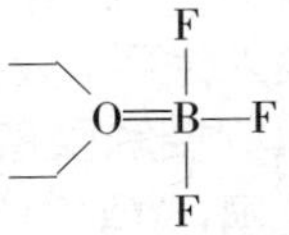

分子式　$C_4H_{10}BF_3O$

CAS 号　109-63-7

WGH 号　83005

UN 号　2604

危害信息

危险性类别　第 8.3 类　其他腐蚀品

燃烧与爆炸危险性　易燃。其蒸气与空气可形成爆炸性混合物，遇明火、高热能引起燃烧爆炸。其蒸气比空气重，能在较低处扩散到相当远的地方，遇火源会着火回燃和爆炸(闪爆)。

活性反应　与水或水蒸汽反应，生成有毒和腐蚀性的氟化氢。与氧化剂剧烈反应。与氢化铝锂发生还原反应制备乙硼烷时，易发生爆炸。

禁忌物　氧化剂、水。

毒性　对眼、鼻和呼吸道有刺激性。对皮肤有刺激性。

侵入途径　吸入、食入。

理化特性与用途

理化特性　无色至棕色发烟液体，有辛辣味。易溶于乙醇、乙醚。在空气中遇湿气立即水解，生成剧毒的氟化物烟雾。熔点 -60.4℃，沸点 125～126℃，相对密度(水=1) 1.125(25℃/4℃)，相对蒸气密度(空气=1)4.9，闪点 60℃(开杯)，引燃温度 185℃，爆炸极限 5.1%～18.2%，辛醇/水分配系数 1.50。

主要用途　用作有机合成催化剂及分析试剂，也用作环氧树脂的固化剂。还是制造硼氢高能燃料和提取同位素硼的基本原料。

包装与储运

包装标志　腐蚀品，易燃液体

包装类别　Ⅰ类

安全储运　储存于阴凉、干燥、通风良好的库房。远离火种、热源。严防受潮、雨淋。储存温度不超过 37℃。应与氧化剂、含水物品等隔离储运。搬运时轻装轻卸，雨雪天禁止搬运。

紧急处置信息

急救措施

吸入：迅速脱离现场至空气新鲜处。保持呼吸道通畅。如呼吸困难，给输氧。呼吸、

心跳停止，立即进行心肺复苏术。就医。

眼睛接触：立即分开眼睑，用流动清水或生理盐水彻底冲洗。就医。

皮肤接触：立即脱去污染的衣着，用流动清水彻底冲洗。就医。

食入：漱口，饮水。就医。

灭火方法 消防人员必须穿全身防火防毒服，佩戴空气呼吸器，在上风向灭火。尽可能将容器从火场移至空旷处。喷水保持火场容器冷却，直至灭火结束。处在火场中的容器若发生异常变化或发出异常声音，必须马上撤离。

灭火剂：用抗溶性泡沫、干粉、二氧化碳、砂土灭火。

泄漏应急处置 消除所有点火源。根据液体流动和蒸气扩散的影响区域划定警戒区，无关人员从侧风、上风向撤离至安全区。建议应急处理人员戴正压自给式呼吸器，穿防静电、防腐蚀、防毒服，戴橡胶耐酸碱手套。作业时使用的所有设备应接地。禁止接触或跨越泄漏物。尽可能切断泄漏源。防止泄漏物进入水体、下水道、地下室或限制性空间。小量泄漏：用砂土或其他不燃材料吸收。使用洁净的无火花工具收集吸收材料。大量泄漏：构筑围堤或挖坑收容。用抗溶性泡沫覆盖，减少蒸发。喷水雾能减少蒸发，但不能降低泄漏物在限制性空间内的易燃性。用碎石灰石($CaCO_3$)、苏打灰(Na_2CO_3)或石灰(CaO)中和。用防爆、耐腐蚀泵转移至槽车或专用收集器内。

683. 三　甲　胺

标　识

中文名称 三甲胺

英文名称 Trimethylamine；*N*,*N*-Dimethylmethanamine

别名 *N*,*N*－二甲基甲胺

分子式 C_3H_9N

CAS 号 75－50－3

WGH 号 21045

UN 号 1083

危害信息

危险性类别 第 2.1 类 易燃气体

燃烧与爆炸危险性 易燃。与空气混合能形成爆炸性混合物，遇高热和明火能引起燃烧或爆炸。燃烧产生有毒的一氧化碳和氮氧化物气体。气体比空气重，能在较低处扩散到相当远的地方，遇火源会着火回燃和爆炸(闪爆)。

活性反应 与氧化剂发生反应。

禁忌物 酸类、强氧化剂、卤素。

毒性 大鼠经口 LD_{50}：500mg/kg；大鼠吸入 LC_{50}：2000ppm(1h)；小鼠吸入 LC_{50}：19000mg/m^3。

本品有强烈刺激性和腐蚀性。

中毒表现 对人体的主要危害是对眼、鼻、咽喉和呼吸道的刺激作用。浓三甲胺水溶液能引起皮肤剧烈的烧灼感和潮红，洗去溶液后皮肤上仍可残留点状出血。长期接触感到眼、鼻、咽喉干燥不适。

侵入途径　吸入、食入。

职业接触限值　美国(ACGIH)：TLV-TWA：5ppm；TLV-STEL：15ppm。

理化特性与用途

理化特性　无色、有鱼油臭的气体。溶于水、乙醇、乙醚、苯、甲苯、二甲苯、氯仿等。熔点－117.2℃，沸点2.87℃，相对密度(水＝1)0.66(－5℃)，相对蒸气密度(空气＝1)2.04，蒸气压187kPa(20℃)，燃烧热－2443.1kJ/mol，临界温度161℃，临界压力4.15MPa，辛醇/水分配系数0.16，闪点3.33℃、－12.2℃(闭杯)，引燃温度190℃，爆炸极限2.0%～11.6%。

主要用途　用作分析试剂和用于有机合成，也用作消毒剂等。

包装与储运

包装标志　易燃气体

安全储运　储存于阴凉、通风的库房或大型气柜。远离火源和热源。储存温度不超过30℃。储存时，应与氧化剂、酸、酰基氯等隔离。禁止使用铝、铜、锌及其合金所制的设备。禁止使用易产生火花的机械设备和工具。运输时防止雨淋、曝晒。搬运时轻装轻卸，须戴好钢瓶安全帽和防震橡皮圈，防止钢瓶撞击。

紧急处置信息

急救措施

吸入：迅速脱离现场至空气新鲜处。保持呼吸道通畅。如呼吸困难，给输氧。呼吸、心跳停止，立即进行心肺复苏术。就医。

眼睛接触：立即分开眼睑，用大量流动清水或生理盐水彻底冲洗10～15min。就医。

皮肤接触：立即脱去污染的衣着，用大量流动清水彻底冲洗，冲洗时间一般要求20～30min。就医。

食入：用水漱口，禁止催吐。给饮牛奶或蛋清。就医。

灭火方法　切断气源。若不能切断气源，则不允许熄灭泄漏处的火焰。消防人员须穿全身消防服，佩戴防毒面具，在上风向灭火。喷水保持火场容器冷却，直至灭火结束。尽可能将容器从火场移至空旷处。

灭火剂：雾状水、抗溶性泡沫、干粉、砂土。

泄漏应急处置　消除所有点火源。根据气体扩散的影响区域划定警戒区，无关人员从侧风、上风向撤离至安全区。建议应急处理人员戴正压自给式呼吸器，穿防静电、防腐蚀、防毒服，戴橡胶手套。作业时使用的所有设备应接地。禁止接触或跨越泄漏物。尽可能切断泄漏源。喷雾状水抑制蒸气或改变蒸气云流向，避免水流接触泄漏物。禁止用水直接冲击泄漏物或泄漏源。喷雾状水稀释、溶解，构筑围堤或挖坑收容废水。隔离泄漏区，直至气体散尽。

684. 1,2,4－三甲基苯

标　识

中文名称　1,2,4－三甲基苯

英文名称　1,2,4-Trimethylbenzene；Pseudocumene

别名　偏三甲苯；假枯烯

分子式　C_9H_{12}

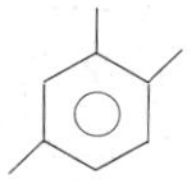

CAS 号　95－63－6

WGH 号　33536；T32036［铁规］

危害信息

危险性类别　第3类　易燃液体

燃烧与爆炸危险性　易燃。其蒸气与空气能形成爆炸性混合物，遇明火、高热能引起燃烧爆炸。高速冲击、流动、激荡后可因产生静电火花放电引起燃烧爆炸。蒸气比空气重，能在较低处扩散到相当远的地方，遇火源会着火回燃和爆炸(闪爆)。

活性反应　与硝酸、浓硫酸、高锰酸钾等氧化剂反应。

禁忌物　强氧化剂、酸类、卤素等。

毒性　大鼠经口 LD_{50}：5000mg/kg；大鼠吸入 LC_{50}：18000mg/m^3(4h)；小鼠经口 LD_{50}：6900mg/kg。

本品有刺激性和中枢神经系统抑制作用；对造血系统有抑制作用，但不如苯严重。

中毒表现　急性中毒：高浓度接触可引起支气管炎、头痛、疲倦和眩晕等。

慢性影响：长期接触有乏力、头痛、头晕等症状，或有血小板、红细胞减少，牙龈和鼻出血等

侵入途径　吸入、食入、经皮吸收。

职业接触限值　美国(ACGIH)：TLV-TWA：25ppm。

环境危害　对水生生物有毒，可能在水生环境中造成长期不利影响。

理化特性与用途

理化特性　无色透明液体，有芳香味。不溶于水，溶于乙醇、乙醚和苯等多数有机溶剂。熔点－43.8℃，沸点168.9℃，相对密度(水＝1)0.88，相对蒸气密度(空气＝1)4.1，燃烧热－5190.3kJ/mol，临界压力3.23MPa，临界温度376.13℃，蒸气压1.33kPa(51.6℃)，闪点44℃(闭杯)，爆炸极限0.9%～6.4%，引燃温度500℃，辛醇/水分配系数3.8。

主要用途　用于有机合成和制药工业，也用作分析试剂。

包装与储运

包装标志　易燃液体

包装类别　Ⅲ类

安全储运　储存于阴凉、通风的库房。保持容器密闭。远离火种、热源。储存温度不超过37℃。应与氧化剂等隔离储运。禁止使用易产生火花的机械设备和工具。灌装时注意流速，防止静电积聚。搬运时轻装轻卸，防止容器受损。

紧急处置信息

急救措施

吸入：迅速脱离现场至空气新鲜处。保持呼吸道通畅。如呼吸困难，给输氧。呼吸、心跳停止，立即进行心肺复苏术。就医。

眼睛接触：立即分开眼睑，用流动清水或生理盐水彻底冲洗。就医。

皮肤接触：立即脱去污染的衣着，用肥皂水和清水彻底冲洗。就医。

食入：漱口，尽量饮水，不要催吐。就医。

灭火方法　消防人员必须穿全身防火防毒服，佩戴空气呼吸器，在上风向灭火。尽可

能将容器从火场移至空旷处。喷水保持火场容器冷却，直至灭火结束。处在火场中的容器若发生异常变化或发出异常声音，必须马上撤离。

灭火剂：泡沫、二氧化碳、干粉、砂土。

泄漏应急处置　消除所有点火源。根据液体流动和蒸气扩散的影响区域划定警戒区，无关人员从侧风、上风向撤离至安全区。建议应急处理人员戴正压自给式呼吸器，穿防静电服，戴橡胶手套。作业时使用的所有设备应接地。禁止接触或跨越泄漏物。尽可能切断泄漏源。防止泄漏物进入水体、下水道、地下室或限制性空间。小量泄漏：用砂土或其他不燃材料吸收。使用洁净的无火花工具收集吸收材料。大量泄漏：构筑围堤或挖坑收容。用泡沫覆盖，减少蒸发。喷水雾能减少蒸发，但不能降低泄漏物在受限制空间内的易燃性。用防爆泵转移至槽车或专用收集器内。

685. 1,3,5 - 三甲基苯

标　识

中文名称　1,3,5 - 三甲基苯

英文名称　1,3,5-Trimethylbenzene；sym-Trimethylbenzene；Mesitylene

别名　均三甲苯

分子式　C_9H_{12}

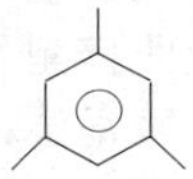

CAS 号　108 - 67 - 8

WGH 号　33536；T32036[铁规]

UN 号　2325

危害信息

危险性类别　第 3 类　易燃液体

燃烧与爆炸危险性　易燃。其蒸气与空气能形成爆炸性混合物，遇明火、高热能引起燃烧爆炸。高速冲击、流动、激荡后可因产生静电火花放电引起燃烧爆炸。蒸气比空气重，能在较低处扩散到相当远的地方，遇火源会着火回燃和爆炸(闪爆)。在火场中，受热的容器或储罐有爆炸危险。

活性反应　与硝酸、浓硫酸、高锰酸钾等氧化剂反应。

禁忌物　强氧化剂、酸类、卤素等。

毒性　大鼠经口 LD_{50}：5000mg/kg；大鼠吸入 LC_{50}：24000mg/m^3(4h)；小鼠经口 LD_{50}：7000mg/kg。

对黏膜有刺激作用，对中枢神经有麻醉作用，对造血系统有抑制作用，但没有苯强。

侵入途径　吸入、食入、经皮吸收。

环境危害　对水生生物有毒，可能在水生环境中造成长期不利影响。

理化特性与用途

理化特性　无色透明液体，有芳香味。不溶于水，混溶于乙醇、乙醚、苯等多数有机溶剂。熔点 -45℃，沸点 164.7℃，相对密度(水 =1)0.86，相对蒸气密度(空气 =1)4.1，临界压力 3.13MPa，临界温度 364.34℃，蒸气压 1.33kPa(48.2℃)，辛醇/水分配系数 3.42，燃烧热 -5241kJ/mol，闪点 44℃(闭杯)，引燃温度 550℃，爆炸极限 1% ~6%。

主要用途　用于生产均苯三甲酸以及抗氧剂、环氧树脂固化剂、聚酯树脂稳定剂、醇

酸树脂增塑剂和染料。

包装与储运

包装标志 易燃液体

包装类别 Ⅲ类

安全储运 储存于阴凉、通风的库房。保持容器密闭。远离火种、热源。储存温度不超过37℃。应与氧化剂等隔离储运。禁止使用易产生火花的机械设备和工具。灌装时注意流速，防止静电积聚。搬运时轻装轻卸，防止容器受损。

紧急处置信息

急救措施

吸入：迅速脱离现场至空气新鲜处。保持呼吸道通畅。如呼吸困难，给输氧。呼吸、心跳停止，立即进行心肺复苏术。就医。

眼睛接触：立即分开眼睑，用流动清水或生理盐水彻底冲洗。就医。

皮肤接触：立即脱去污染的衣着，用肥皂水和清水彻底冲洗。就医。

食入：漱口，尽量饮水，不要催吐。就医。

灭火方法 消防人员必须穿全身防火防毒服，佩戴空气呼吸器，在上风向灭火。尽可能将容器从火场移至空旷处。喷水保持火场容器冷却，直至灭火结束。处在火场中的容器若发生异常变化或发出异常声音，必须马上撤离。

灭火剂：泡沫、二氧化碳、干粉、砂土。

泄漏应急处置 消除所有点火源。根据液体流动和蒸气扩散的影响区域划定警戒区，无关人员从侧风、上风向撤离至安全区。建议应急处理人员戴正压自给式呼吸器，穿防静电服，戴橡胶手套。作业时使用的所有设备应接地。禁止接触或跨越泄漏物。尽可能切断泄漏源。防止泄漏物进入水体、下水道、地下室或限制性空间。小量泄漏：用砂土或其他不燃材料吸收。使用洁净的无火花工具收集吸收材料。大量泄漏：构筑围堤或挖坑收容。用泡沫覆盖，减少蒸发。喷水雾能减少蒸发，但不能降低泄漏物在受限制空间内的易燃性。用防爆泵转移至槽车或专用收集器内。

686. 2,2,4－三甲基－1,2－二氢喹啉聚合物

标 识

中文名称 2,2,4－三甲基－1,2－二氢喹啉聚合物

英文名称 2,2,4-Trimethyl-1,2-dihydroquinoline polymer; Poly(1,2-dihydro-2,2,4-trimethylquinoline); Antioxidant RD

别名 防老剂 RD

分子式 $(C_{12}H_{15}N)_x$

CAS 号 26780－96－1

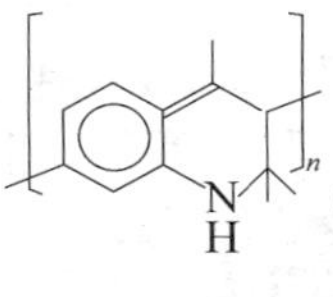

n=6~8

危害信息

燃烧与爆炸危险性 可燃。其粉体与空气混合能形成爆炸性混合物，遇明火高热有引起燃烧爆炸的危险。燃烧产生有毒的一氧化碳和氮氧化物气体。

禁忌物 强氧化剂。

毒性 大鼠经口 TDL_o：2680mg/kg。

侵入途径 吸入、食入。

环境危害 对水生生物有毒，可能在水生环境中造成长期不利影响。

理化特性与用途

理化特性 琥珀色至棕色薄片或粒状物。溶于苯、氯仿、二硫化碳和丙酮，微溶于石油烃，不溶于水。软化点 80～100℃，熔点 335℃，沸点 132℃（1.73kPa），密度 1.08～1.09g/cm^3，闪点 110℃。

主要用途 用作橡胶防老剂。

包装与储运

安全储运 储存于阴凉、通风的库房。远离火种、热源。应与氧化剂等隔离储运。

紧急处置信息

急救措施

吸入：脱离接触。如有不适感，就医。

眼睛接触：分开眼睑，用流动清水或生理盐水冲洗。如有不适感，就医。

皮肤接触：脱去污染的衣着，用肥皂水和清水冲洗。如有不适感，就医。

食入：漱口，饮水。就医。

灭火方法 消防人员须穿全身消防服，在上风向灭火。尽可能将容器从火场移至空旷处。喷水保持火场容器冷却，直至灭火结束。

灭火剂：雾状水、泡沫、二氧化碳、干粉、砂土。

泄漏应急处置 隔离泄漏污染区，限制出入。建议应急处理人员戴防尘口罩，穿防毒防酸碱服，戴橡胶耐酸碱手套。穿上适当的防护服前严禁接触破裂的容器和泄漏物。尽可能切断泄漏源。用塑料布覆盖泄漏物，减少飞散。勿使水进入包装容器内。用洁净的铲子收集泄漏物，置于干净、干燥、盖子较松的容器中，将容器移离泄漏区。

687. 2,2,5－三甲基己烷

标　识

中文名称 2,2,5－三甲基己烷

英文名称 2,2,5-Trimethylhexane

分子式 C_9H_{20}

CAS 号 3522－94－9

WGH 号 32010；T31110［铁规］

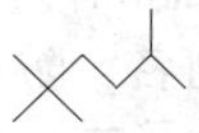

危害信息

危险性类别 第 3 类 易燃液体

燃烧与爆炸危险性 易燃。其蒸气与空气混合能形成爆炸性混合物，遇明火、高热易燃烧或爆炸。燃烧产生有毒的一氧化碳气体。在高温火场中，受热的容器或储罐有破裂和

爆炸的危险。

活性反应　与氧化剂反应。

禁忌物　强氧化剂、强酸、强碱、卤素。

毒性　尚无人中毒报道，可能具有刺激性和麻醉作用。

侵入途径　吸入、食入。

理化特性与用途

理化特性　无色液体。不溶于水，易溶于乙醇。熔点－106℃，沸点124℃，相对密度(水＝1)0.71，相对蒸气密度(空气＝1)4.4，蒸气压1.72kPa(21℃)，临界压力2.37MPa，辛醇/水分配系数4.58，闪点12.8℃，引燃温度350℃。

主要用途　作为发动机燃料，也用于有机合成。

包装与储运

包装标志　易燃液体

包装类别　Ⅱ类

安全储运　储存于阴凉、通风的库房。远离火种、热源，避免阳光直射。储存温度不超过37℃。炎热季节早晚运输。应与氧化剂等隔离储运。禁止使用易产生火花的机械设备和工具。灌装时注意流速，防止静电积聚。搬运时轻装轻卸，防止容器受损。

紧急处置信息

急救措施

吸入：迅速脱离现场至空气新鲜处。保持呼吸道通畅。如呼吸困难，给输氧。呼吸、心跳停止，立即进行心肺复苏术。就医。

眼睛接触：立即分开眼睑，用流动清水或生理盐水彻底冲洗。就医。

皮肤接触：立即脱去污染的衣着，用肥皂水和清水彻底冲洗。就医。

食入：漱口，不要催吐。就医。

忌用肾上腺素类药。

灭火方法　消防人员须穿全身消防服，佩戴空气呼吸器，在上风向灭火。尽可能将容器从火场移至空旷处。喷水保持火场容器冷却，直至灭火结束。处在火场中的容器若发生异常变化或发出异常声音，须马上撤离。

灭火剂：泡沫、二氧化碳、干粉、砂土。

泄漏应急处置　消除所有点火源。根据液体流动和蒸气扩散的影响区域划定警戒区，无关人员从侧风、上风向撤离至安全区。建议应急处理人员戴正压自给式呼吸器，穿防静电服。作业时使用的所有设备应接地。禁止接触或跨越泄漏物。尽可能切断泄漏源。防止泄漏物进入水体、下水道、地下室或限制性空间。小量泄漏：用砂土或其他不燃材料吸收。使用洁净的无火花工具收集吸收材料。大量泄漏：构筑围堤或挖坑收容。用泡沫覆盖，减少蒸发。喷水雾能减少蒸发，但不能降低泄漏物在限制性空间内的易燃性。用防爆泵转移至槽车或专用收集器内。

688. 2,2,3－三甲基戊烷

标　识

中文名称　2,2,3－三甲基戊烷

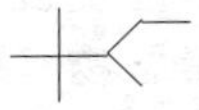

英文名称　2,2,3-Trimethylpentane

分子式　C_8H_{18}

CAS 号　564－02－3

WGH 号　32010；T31110[铁规]

危害信息

危险性类别　第 3 类　易燃液体

燃烧与爆炸危险性　易燃。其蒸气与空气混合能形成爆炸性混合物，遇明火、高热易燃烧或爆炸。燃烧产生有毒的一氧化碳气体。在高温火场中，受热的容器或储罐有破裂和爆炸的危险。蒸气比空气重，能在较低处扩散到相当远的地方，遇火源会着火回燃和爆炸(闪爆)。

活性反应　与氧化剂反应。

禁忌物　强氧化剂、强酸、强碱、卤素。

毒性　本品有刺激性，可能有麻醉作用。

侵入途径　吸入、食入。

理化特性与用途

理化特性　无色液体。不溶于水，微溶于乙醇，溶于乙醚。熔点－112.27℃，沸点 110℃，相对密度(水=1)0.72，蒸气压 4kPa(23.69℃)，临界压力 2.73MPa，辛醇/水分配系数 4.09，闪点－3℃，引燃温度 430℃，爆炸极限 1.0%～5.6%。

主要用途　用作溶剂。

包装与储运

包装标志　易燃液体

包装类别　Ⅱ类

安全储运　储存于阴凉、通风的库房。远离火种、热源，避免阳光直射。储存温度不超过 37℃。炎热季节早晚运输。应与氧化剂等隔离储运。禁止使用易产生火花的机械设备和工具。灌装时注意流速，防止静电积聚。搬运时轻装轻卸，防止容器受损。

紧急处置信息

急救措施

吸入：迅速脱离现场至空气新鲜处。保持呼吸道通畅。如呼吸困难，给输氧。呼吸、心跳停止，立即进行心肺复苏术。就医。

眼睛接触：立即分开眼睑，用流动清水或生理盐水彻底冲洗。就医。

皮肤接触：立即脱去污染的衣着，用肥皂水和清水彻底冲洗。就医。

食入：漱口，不要催吐。就医。

忌用肾上腺素类药。

灭火方法　消防人员须穿全身防火防毒服，佩戴空气呼吸器，在上风向灭火。尽可能将容器从火场移至空旷处。喷水保持火场容器冷却，直至灭火结束。处在火场中的容器若发生异常变化或发出异常声音，须马上撤离。

灭火剂：泡沫、二氧化碳、干粉、砂土。用水灭火无效。

泄漏应急处置　消除所有点火源。根据液体流动和蒸气扩散的影响区域划定警戒区，无关人员从侧风、上风向撤离至安全区。建议应急处理人员戴正压自给式呼吸器，穿防静电服。作业时使用的所有设备应接地。禁止接触或跨越泄漏物。尽可能切断泄漏源。防止泄漏物进入水体、下水道、地下室或限制性空间。小量泄漏：用砂土或其他不燃材料吸收。使用洁净的无火花工具收集吸收材料。大量泄漏：构筑围堤或挖坑收容。用泡沫覆盖，减少蒸发。喷水雾能减少蒸发，但不能降低泄漏物在限制性空间内的易燃性。用防爆泵转移至槽车或专用收集器内。

689. 2,3,4－三甲基戊烷

标　识

中文名称　2,3,4－三甲基戊烷

英文名称　2,3,4-Trimethylpentane

分子式　C_8H_{18}

CAS 号　565－75－3

WGH 号　32010；T31110[铁规]

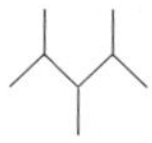

危害信息

危险性类别　第3类　易燃液体

燃烧与爆炸危险性　易燃。其蒸气与空气混合能形成爆炸性混合物，遇明火、高热易燃烧或爆炸。燃烧产生有毒的一氧化碳气体。在高温火场中，受热的容器或储罐有破裂和爆炸的危险。蒸气比空气重，能在较低处扩散到相当远的地方，遇火源会着火回燃和爆炸(闪爆)。

活性反应　与氧化剂反应。

禁忌物　强氧化剂、强酸、强碱、卤素。

毒性　本品有刺激性，可能有麻醉作用。

侵入途径　吸入、食入。

理化特性与用途

理化特性　无色液体。不溶于水，溶于乙醚、氯仿、苯。熔点－110℃，沸点113～114℃，相对密度(水＝1)0.72，相对蒸气密度(空气＝1)3.9，蒸气压6.75kPa(37.7℃)，临界压力2.73MPa，辛醇/水分配系数4.05，闪点5℃，引燃温度427℃，爆炸极限1.0%～6.0%。

主要用途　用作溶剂及气相色谱对比样品。

包装与储运

包装标志　易燃液体

包装类别　Ⅱ类

安全储运　储存于阴凉、通风的库房。保持容器密闭。远离火种、热源，避免阳光直射。储存温度不超过37℃。炎热季节早晚运输，应与氧化剂等隔离储运。禁止使用易产生火花的机械设备和工具。灌装时注意流速，防止静电积聚。搬运时轻装轻卸，防止容器受损。

紧急处置信息

急救措施

吸入：迅速脱离现场至空气新鲜处。保持呼吸道通畅。如呼吸困难，给输氧。呼吸、心跳停止，立即进行心肺复苏术。就医。

眼睛接触： 立即分开眼睑，用流动清水或生理盐水彻底冲洗。就医。

皮肤接触： 立即脱去污染的衣着，用肥皂水和清水彻底冲洗。就医。

食入： 漱口，不要催吐。就医。

忌用肾上腺素类药。

灭火方法 消防人员须穿全身防火防毒服，佩戴空气呼吸器，在上风向灭火。尽可能将容器从火场移至空旷处。喷水保持火场容器冷却，直至灭火结束。处在火场中的容器若发生异常变化或发出异常声音，须马上撤离。

灭火剂：泡沫、二氧化碳、干粉、砂土。

泄漏应急处置 消除所有点火源。根据液体流动和蒸气扩散的影响区域划定警戒区，无关人员从侧风、上风向撤离至安全区。建议应急处理人员戴正压自给式呼吸器，穿防静电服。作业时使用的所有设备应接地。禁止接触或跨越泄漏物。尽可能切断泄漏源。防止泄漏物进入水体、下水道、地下室或限制性空间。小量泄漏：用砂土或其他不燃材料吸收。使用洁净的无火花工具收集吸收材料。大量泄漏：构筑围堤或挖坑收容。用泡沫覆盖，减少蒸发。喷水雾能减少蒸发，但不能降低泄漏物在限制性空间内的易燃性。用防爆泵转移至槽车或专用收集器内。

690. 三聚氰胺

标　识

中文名称 三聚氰胺

英文名称 Cyanuramide; Melamine

别名 蜜胺；氰脲酰胺

分子式 $C_3H_6N_6$

CAS 号 108－78－1

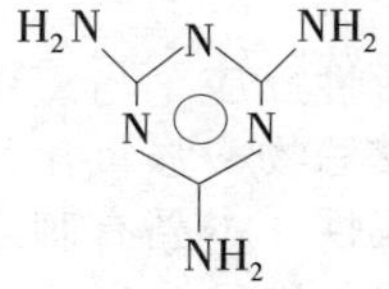

危害信息

燃烧与爆炸危险性 不燃。受热分解放出剧毒的氰化物气体。

活性反应 与氧化剂发生反应。

禁忌物 强酸、强氧化剂。

毒性 大鼠经口 LD_{50}：3161mg/kg；小鼠经口 LD_{50}：3296mg/kg；大鼠吸入 LC_{50}：3248mg/m^3；家兔经皮 LD_{50}：＞1000mg/kg。

长期大剂量食入本品可引起尿路结石，重者致肾功能衰竭。未见职业中毒报道。注意，本品在高温下能分解产生高毒的氰化物气体。

侵入途径 吸入、食入、经皮吸收。

理化特性与用途

理化特性 白色单斜晶体。少量溶于水、乙二醇、甘油及吡啶。微溶于乙醇，不溶于乙醚、苯、四氯化碳。pH 值 8.4～8.9(10% 水溶液)，熔点 345℃(分解)，相对密度(水＝1)1.573(14℃)，相对蒸气密度(空气＝1)4.34，燃烧热－1967kJ/mol，辛醇/水分配系数－1.14，引燃温度＞500℃，分解温度＞270℃。

主要用途 是制造三聚氰胺甲醛树脂的主要原料。

包装与储运

安全储运 储存于阴凉、通风的库房。容器密闭。远离火种、热源。应与氧化剂、强酸等隔离储运。

紧急处置信息

急救措施

吸入：脱离接触。如有不适感，就医。

眼睛接触：分开眼睑，用流动清水或生理盐水冲洗。如有不适感，就医。

皮肤接触：脱去污染的衣着，用肥皂水和清水冲洗。如有不适感，就医。

食入：漱口，饮水。就医。

灭火方法 消防人员须穿全身消防服，佩戴空气呼吸器，在上风向灭火。尽可能将容器从火场移至空旷处。喷水保持火场容器冷却，直至灭火结束。

本品不燃，根据着火原因选择适当灭火剂灭火。

泄漏应急处置 隔离泄漏污染区，限制出入。建议应急处理人员戴防尘口罩，穿防毒服。穿上适当的防护服前严禁接触破裂的容器和泄漏物。尽可能切断泄漏源。用塑料布覆盖泄漏物，减少飞散。勿使水进入包装容器内。用洁净的铲子收集泄漏物，置于干净、干燥、盖子较松的容器中，将容器移离泄漏区。

691. 1,2,3－三氯丙烷

标　　识

中文名称 1,2,3－三氯丙烷

英文名称 1,2,3-Trichloropropane

分子式 $C_3H_5Cl_3$

CAS 号 96－18－4

WGH 号 61559

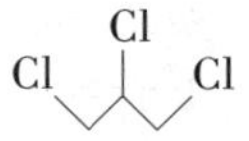

危害信息

危险性类别 第6.1类 有毒品

燃烧与爆炸危险性 可燃。其蒸气与空气混合能形成爆炸性混合物。燃烧产生有毒的一氧化碳和氯化氢气体。遇潮湿空气能水解生成微量的氯化氢，光照亦能促进水解而对金属的腐蚀性增强。

活性反应 与氧化剂反应。

禁忌物 强氧化剂、强碱。

毒性 大鼠经口 LD_{50}：108μL/kg；小鼠经口 LD_{50}：369mg/kg；小鼠吸入 LC_{50}：3400mg/m^3(2h)；兔经皮 LD_{50}：372μL/kg。

本品具有麻醉作用。急性接触时，有较强的呼吸道及局部刺激作用。经皮吸收亦可引起中毒。

IARC 对本品的致癌性分类：G2A——可能人类致癌物。

欧盟指令 67/548/EEC 将本品列为第 2 类致癌物——可能为人类致癌物。

欧盟指令67/548/EEC将本品列为第2类生殖毒物——可能对人类生育力有损伤物质。

侵入途径　吸入、食入、经皮吸收。

职业接触限值　中国：PC-TWA：60mg/m^3[皮][G2A]。

美国(ACGIH)：TLV-TWA：10ppm[皮]。

理化特性与用途

理化特性　无色至淡黄色液体，有氯仿味。微溶于水，溶于乙醇、乙醚、油类、脂类、石蜡。熔点-14.7℃，沸点156.8℃，相对密度(水=1)1.39(20℃)，相对蒸气密度(空气=1)5.0，蒸气压1.33kPa(46℃)，燃烧热-1733kJ/mol，临界压力3.87MPa，辛醇/水分配系数2.27，闪点71.1℃(闭杯)、82.2℃(开杯)，引燃温度304℃，爆炸极限3.2%～12.6%。

主要用途　用作溶剂、中间体。

包装与储运

包装标志　有毒品

包装类别　Ⅲ类

安全储运　储存于阴凉、通风的库房。远离火种、热源。储存温度不超过32℃，相对湿度不超过80%。保持容器密封。应与强氧化剂、强碱、醇、酮等隔离储运。搬运时轻装轻卸，防止容器受损。

紧急处置信息

急救措施

吸入：迅速脱离现场至空气新鲜处。保持呼吸道通畅。如呼吸困难，给输氧。呼吸、心跳停止，立即进行心肺复苏术。就医。

眼睛接触：立即分开眼睑，用流动清水或生理盐水彻底冲洗。就医。

皮肤接触：立即脱去污染的衣着，用肥皂水和清水彻底冲洗。就医。

食入：漱口，不要催吐，给服活性炭。忌给牛奶、油脂和酒类。就医。

拟交感神经药可致室性心律不齐，禁用。

灭火方法　消防人员须穿全身防火防毒服，佩戴空气呼吸器，在上风向灭火。尽可能将容器从火场移至空旷处。喷水保持火场容器冷却，直至灭火结束。处在火场中的容器若发生异常变化或发出异常声音，须马上撤离。

灭火剂：雾状水、泡沫、二氧化碳、砂土。

泄漏应急处置　根据液体流动和蒸气扩散的影响区域划定警戒区，无关人员从侧风、上风向撤离至安全区。消除所有点火源。建议应急处理人员戴正压自给式呼吸器，穿防毒服，戴防化学品手套。穿上适当的防护服前严禁接触破裂的容器和泄漏物。尽可能切断泄漏源。防止泄漏物进入水体、下水道、地下室或限制性空间。小量泄漏：用干燥的砂土或其他不燃材料吸收或覆盖，收集于容器中。大量泄漏：构筑围堤或挖坑收容。用泵转移至槽车或专用收集器内。

692. 三氯化铬

标　识

中文名称　三氯化铬

英文名称 Chromic chloride；Chromium trichloride

别名 氯化铬

分子式 $CrCl_3$

CAS 号 10025－73－7

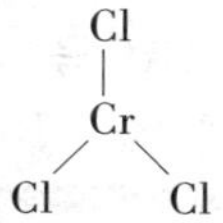

危害信息

燃烧与爆炸危险性 不燃，无特殊燃爆特性。

活性反应 在氮气中与锂发生剧烈反应。

禁忌物 氧化剂、水蒸气。

毒性 大鼠经口 LD_{50}：440mg/kg；小鼠吸入 LC_{50}：31.5mg/m^3；豚鼠经皮 LD_{50}：202mg/kg。

本品属低毒类。可能有致敏作用，引起类似哮喘的发作。对眼睛、皮肤和黏膜有刺激作用。

侵入途径 吸入、食入、经皮吸收。

职业接触限值 美国(ACGIH)：TLV-TWA：0.5mg/m^3[按 Cr 计]。

环境危害 对水生生物有害。

理化特性与用途

理化特性 紫色单斜晶体。不溶于冷水，微溶于热水，不溶于乙醇、甲醇、乙醚、丙酮。熔点 1152℃，沸点 1300℃(分解)，相对密度(水=1)2.87。

主要用途 用作媒染剂、催化剂、无机合成。

包装与储运

安全储运 储存于阴凉、通风的库房。远离火种、热源。保持容器密封，注意防潮。

紧急处置信息

急救措施

吸入： 脱离接触。如有不适感，就医。

眼睛接触： 分开眼睑，用流动清水或生理盐水冲洗。如有不适感，就医。

皮肤接触： 脱去污染的衣着，用肥皂水和清水冲洗。如有不适感，就医。

食入： 漱口，饮水。就医。

灭火方法 消防人员须穿全身防火防毒服，佩戴空气呼吸器在上风向灭火。尽可能将容器从火场移至空旷处。喷水保持火场容器冷却，直至灭火结束。

本品不燃，根据着火原因选择适当灭火剂灭火。

泄漏应急处置 隔离泄漏污染区，限制出入。建议应急处理人员戴防尘口罩，穿防毒服。穿上适当的防护服前严禁接触破裂的容器和泄漏物。尽可能切断泄漏源。用塑料布覆盖泄漏物，减少飞散。勿使水进入包装容器内。用洁净的铲子收集泄漏物，置于干净、干燥、盖子较松的容器中，将容器移离泄漏区。

693. 三氯化磷

标　识

中文名称 三氯化磷

英文名称　Phosphorus trichloride；Phosphorus chloride；Trichlorophosphine

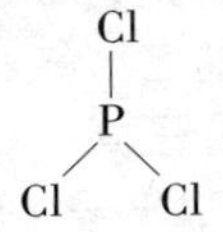

分子式　PCl_3

CAS 号　7719－12－2

WGH 号　81041；T61150［铁规］

UN 号　1809

危害信息

危险性类别　第 8.1 类　酸性腐蚀品；第 6.1 类　毒害品(危险货物)

燃烧与爆炸危险性　不燃。遇水猛烈分解，产生大量的热和浓烟，甚至爆炸。对很多金属尤其是潮湿空气存在下有腐蚀性。

活性反应　与水剧烈反应，产生有毒和刺激性的氯化氢烟气，并放出热量。与乙酸、铝、铬酰氯、烯丙醇、二甲亚砜、氟、羟胺、二氧化铅、硝酸、亚硝酸、钾、钠剧烈反应，甚至爆炸。

禁忌物　强碱、强氧化剂、酸类、醇类、水、易燃或可燃物、钾、钠、金属氧化物。

毒性　大鼠经口 LD_{50}：18mg/kg；大鼠吸入 LC_{50}：580mg/m^3(4h)；家兔经皮 LDL_o：1260mg/kg。

本品对眼、呼吸道黏膜和皮肤均有强刺激性。

本品属剧毒化学品，已列入《剧毒化学品目录》(2002 年版)。

中毒表现　急性中毒：短时间内接触高浓度蒸气可致急性中毒，引起结膜炎、支气管炎、肺炎和肺水肿，出现咳嗽、流泪、流涕、流涎、眼和喉刺痛、胸闷、气急等症状。液体或较浓的气体可引起皮肤灼伤，亦可造成严重眼损害，甚至失明。

慢性影响：呼吸道刺激症状增加，牙齿脱落等。

侵入途径　吸入、食入、经皮吸收。

职业接触限值　中国：PC-TWA：1mg/m^3；PC-STEL：2mg/m^3。

美国(ACGIH)：TLV-TWA：0.2ppm；TLV-STEL：0.5ppm。

理化特性与用途

理化特性　无色澄清的发烟液体。溶于苯、乙醚、氯仿、二硫化碳和四氯化碳。熔点－111.8℃，沸点 76℃，相对密度(水＝1)1.57(21℃)，相对蒸气密度(空气＝1)4.75，蒸气压 13.33kPa(21℃)，临界温度 286℃，临界压力 5.67MPa，辛醇/水分配系数 2.01。

主要用途　用于生产有机磷农药、除草剂、五氯化磷、三氯氧磷、三氯硫磷、亚磷酸及其酯类、表面活性剂、水处理剂、阻燃剂、增塑剂、稳定剂、催化剂、萃取剂等，也用于染料、医药等工业部门。

包装与储运

包装标志　剧毒品，腐蚀品

包装类别　Ⅰ类

安全储运　储存于阴凉、干燥、通风良好的专用库房。储存温度不超过 30℃，相对湿度不超过 75%。保持容器密闭。防止容器破损或受潮。库温保持在冰点以上。切勿与有机物、还原剂、金属粉末、可燃物等混储混运。搬运时轻装轻卸，防止容器受损。

紧急处置信息

急救措施

吸入：迅速脱离现场至空气新鲜处。雾化吸入 2% 碳酸氢钠溶液。保持呼吸道通畅。如呼吸困难，给输氧。呼吸、心跳停止，立即进行心肺复苏术。就医。

眼睛接触： 立即用大量清水或2%硼酸溶液冲洗，纤维结合蛋白眼药水滴眼。就医。

皮肤接触： 立即脱去污染衣着。先用吸水纸或棉花吸去液体，再用清水彻底清洗，清创后用5%碳酸氢钠溶液湿敷。就医。

食入： 不要催吐，给服牛奶、蛋清。就医。

灭火方法 消防人员必须穿全身耐酸碱消防服，佩戴空气呼吸器，在上风向灭火。

灭火剂：本品不燃，根据火灾原因选择适当的灭火剂。禁止用水、泡沫、酸碱灭火剂灭火。

泄漏应急处置 根据液体流动和蒸气扩散的影响区域划定警戒区，无关人员从侧风、上风向撤离至安全区。建议应急处理人员戴正压自给式呼吸器，穿防酸碱服，戴橡胶耐酸碱手套。穿上适当的防护服前严禁接触破裂的容器和泄漏物。尽可能切断泄漏源。勿使泄漏物与可燃物质（如木材、纸、油等）接触。防止泄漏物进入水体、下水道、地下室或限制性空间。小量泄漏：用干燥的砂土或其他不燃材料覆盖泄漏物，用洁净的无火花工具收集泄漏物，置于一盖子较松的塑料容器中，待处置。大量泄漏：构筑围堤或挖坑收容。用砂土、惰性物质或蛭石收大量液体。用石灰（CaO）、碎石灰石（$CaCO_3$）或碳酸氢钠（$NaHCO_3$）中和。用耐腐蚀泵转移至槽车或专用收集器内。

694. 三氯化铝

标 识

中文名称 三氯化铝

英文名称 Aluminum chloride；Aluminum trichloride（anhydrous）

别名 氯化铝；无水三氯化铝

分子式 $AlCl_3$

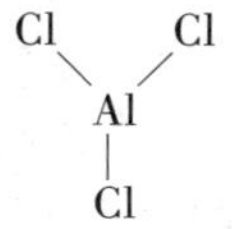

CAS 号 7446－70－0

WGH 号 81045

UN 号 1726

危害信息

危险性类别 第8类 腐蚀品

燃烧与爆炸危险性 不燃，无特殊燃爆特性。遇水剧烈反应产生有毒的腐蚀性气体。对很多金属，尤其是潮湿空气存在下具有腐蚀性。

活性反应 与水能剧烈反应。水、醇和烯烃能引起聚合。

禁忌物 易燃物或可燃物、碱类、水、醇类。

毒性 大鼠经口 LD_{50}：3450mg/kg；小鼠经口 LD_{50}：1130mg/kg；家兔经皮 LD_{50}：>2g/kg。

中毒表现 吸入高浓度可引起支气管炎，个别人可引起支气管哮喘。误服量大时，可引起口腔糜烂、胃炎、胃出血和黏膜坏死。可引起灼伤。

慢性影响：长期接触可引起头痛、头晕、食欲减退、咳嗽、鼻塞、胸痛等症状。

侵入途径 吸入、食入。

职业接触限值 美国（ACGIH）：TLV-TWA：2mg/m^3[按 Al 计]。

理化特性与用途

理化特性　白色颗粒或粉末，工业品呈淡黄色，有强盐酸气味。易溶于水，溶于乙醇、氯仿、四氯化碳、乙醚，微溶于苯。熔点 190 ~ 194℃，相对密度(水 =1)2.44，蒸气压 0.13kPa(100℃)，临界压力 2.63MPa。

主要用途　用作有机合成的催化剂、洗涤剂，并用于医药、农药、染料、香料、塑料、润滑油等行业。

包装与储运

包装标志　腐蚀品

包装类别　Ⅱ类

安全储运　储存于阴凉、干燥、通风的库房。远离火种、热源。储存温度不超过 30℃，相对湿度不超过 75%。保持容器密封，注意防潮。应与强碱、醇隔离储运。

紧急处置信息

急救措施

吸入：迅速脱离现场至空气新鲜处。保持呼吸道通畅。如呼吸困难，给输氧。呼吸、心跳停止，立即进行心肺复苏术。就医。

眼睛接触：立即分开眼睑，用大量流动清水或生理盐水彻底冲洗 10 ~ 15min。就医。

皮肤接触：立即脱去污染的衣着，用大量流动清水彻底冲洗，冲洗时间一般要求 20 ~ 30min。就医。

食入：用水漱口，禁止催吐。给饮牛奶或蛋清。就医。

灭火方法　消防人员须穿全身消防服，佩戴空气呼吸器，在上风向灭火。尽可能将容器从火场移至空旷处。喷水保持火场容器冷却，直至灭火结束。

灭火剂：本品不燃，根据着火原因选择适当灭火剂灭火。禁止用水和泡沫灭火。

泄漏应急处置　隔离泄漏污染区，限制出入。建议应急处理人员戴防尘口罩，穿防酸碱服，戴橡胶耐酸碱手套。穿上适当的防护服前严禁接触破裂的容器和泄漏物。尽可能切断泄漏源。勿使泄漏物与可燃物质(如木材、纸、油等)接触。小量泄漏：用干燥的砂土或其他不燃材料覆盖泄漏物，用洁净的无火花工具收集泄漏物，置于一盖子较松的塑料容器中，待处置。大量泄漏：用塑料布覆盖泄漏物，减少飞散，避免雨淋。

695. 三氯化钛

标　识

中文名称　三氯化钛

英文名称　Titanium trichloride; Titanium(Ⅲ) chloride

别名　氯化亚钛

分子式　$TiCl_3$

CAS 号　7705 -07 -9

WGH 号　42008

UN 号　2441

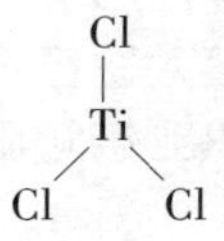

危害信息

危险性类别 第4.2类 自燃物品

燃烧与爆炸危险性 易自燃，暴露在空气或潮气中能燃烧。受高热分解产生有毒的腐蚀性烟气。在潮湿空气存在下，放出热和近似白色烟雾状有刺激性和腐蚀性的氯化氢气体。

活性反应 接触空气或潮气会发生放热反应，放出刺激性和腐蚀性的氯化氢烟雾。与氧化剂接触会燃烧。

禁忌物 强氧化剂、水。

毒性 本品对黏膜、呼吸道、眼和皮肤有刺激性。

侵入途径 吸入、食入。

理化特性与用途

理化特性 深紫色结晶，易潮解。溶于水、乙醇、乙腈，微溶于氯仿，不溶于乙醚、苯。熔点440℃(分解)，相对密度(水=1)2.64，相对蒸气密度(空气=1)>1。

主要用途 用作分析试剂及还原剂、聚丙烯催化剂等。

包装与储运

包装标志 自燃物品，腐蚀品

包装类别 Ⅰ类

安全储运 储存于阴凉、干燥、通风的库房。远离高温、热源。储存温度不超过30℃，相对湿度不超过75%。包装要求密封，不可与空气接触。防潮、防雨淋。应与氧化剂隔离储运。禁止使用易产生火花的机械设备和工具。

紧急处置信息

急救措施

吸入：迅速脱离现场至空气新鲜处。保持呼吸道通畅。如呼吸困难，给输氧。呼吸、心跳停止，立即进行心肺复苏术。就医。

眼睛接触：立即分开眼睑，用流动清水或生理盐水彻底冲洗。就医。

皮肤接触：立即脱去污染的衣着，用流动清水彻底冲洗。就医。

食入：漱口，饮水。就医。

灭火方法 消防人员必须佩戴空气呼吸器，穿全身防火防毒服，在上风向灭火。

灭火剂：干粉、干砂、二氧化碳。禁止用水、泡沫、酸碱灭火剂灭火。

泄漏应急处置 消除所有点火源。隔离泄漏污染区，限制出入。建议应急处理人员戴防尘口罩，穿防酸碱服，戴橡胶手套。禁止接触或跨越泄漏物。尽可能切断泄漏源。用干燥的砂土或其他不燃材料覆盖泄漏物，然后用塑料布覆盖，减少飞散、避免雨淋。用洁净的无火花工具收集泄漏物，置于一盖子较松的塑料容器中，待处置。

696. α,α,α－三氯甲苯

标　　识

中文名称 α,α,α－三氯甲苯

英文名称 (Trichloromethyl)benzene; alpha, alpha, alpha-Trichlorotoluene; Benzotrichloride

别名　三氯化苄

分子式　$C_7H_5Cl_3$

CAS 号　98－07－7

WGH 号　83011

UN 号　2226

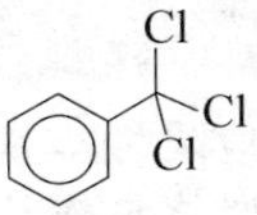

危害信息

危险性类别　第 8 类　腐蚀品

燃烧与爆炸危险性　可燃，遇明火、高热引起燃烧或爆炸，燃烧产生有毒的一氧化碳和氯化氢气体。在高温火场中，受热的容器或储罐有破裂和爆炸的危险。蒸气比空气重，能在较低处扩散到相当远的地方，遇火源会着火回燃和爆炸(闪爆)。

活性反应　与氧化剂发生反应。

禁忌物　强氧化剂。

毒性　大鼠经口 LD_{50}：1300mg/kg；小鼠经口 LD_{50}：702mg/kg；大鼠吸入 LC_{50}：19ppm(2h)；小鼠吸入 LC_{50}：8ppm(2h)；家兔经皮 LD_{50}：4000mg/kg

IARC 对混合接触本品和二氯化苄、氯化苄、苯甲酰氯的致癌性分类：G2A——可能人类致癌物。

欧盟指令 67/548/EEC 将本品列为第 2 类致癌物——可能为人类致癌物。

中毒表现　对眼睛、皮肤、黏膜均有腐蚀性。吸入蒸气会产生咳嗽、呼吸困难、肺水肿，重者死亡。误服，可引起恶心、呕吐、腹痛。皮肤接触可引起红斑、大疱，以致湿疹。

侵入途径　吸入、食入、经皮吸收。

职业接触限值　美国(ACGIH)：TLV-C：0.1ppm[皮]。

理化特性与用途

理化特性　无色透明或淡黄色液体，具有刺激性气味。溶于乙醇、乙醚、苯。熔点－5℃，沸点 221℃，相对密度(水＝1)1.38，相对蒸气密度(空气＝1)6.77，蒸气压 20Pa(20℃)，燃烧热－3684kJ/mol，辛醇/水分配系数 2.92，闪点 108℃，引燃温度 211℃，爆炸极限 2.1%～6.5%(160℃)。

主要用途　用作染料、医药中间体及紫外线吸收剂 UV－9、UV－531 的基本原料。

包装与储运

包装标志　腐蚀品

包装类别　Ⅱ类

安全储运　储存于阴凉、干燥、通风的库房。远离火种、热源。储存温度不超过 30℃，相对湿度不超过 75%。保持容器密封，注意防潮。避免接触低碳钢、镀锌钢。搬运时轻装轻卸，防止容器受损。

紧急处置信息

急救措施

吸入：迅速脱离现场至空气新鲜处。保持呼吸道通畅。如呼吸困难，给输氧。呼吸、心跳停止，立即进行心肺复苏术。就医。

眼睛接触：立即分开眼睑，用大量流动清水或生理盐水彻底冲洗 10～15min。就医。

皮肤接触：立即脱去污染的衣着，用大量流动清水彻底冲洗，冲洗时间一般要求20～30min。就医。

食入：用水漱口，禁止催吐。给饮牛奶或蛋清。就医。

灭火方法 消防人员须穿全身消防服，佩戴空气呼吸器，在上风向灭火。尽可能将容器从火场移至空旷处。喷水保持火场容器冷却，直至灭火结束。处在火场中的容器若发生异常变化或发出异常声音，须马上撤离。

灭火剂：雾状水、泡沫、二氧化碳、干粉、砂土。

泄漏应急处置 根据液体流动和蒸气扩散的影响区域划定警戒区，无关人员从侧风、上风向撤离至安全区。建议应急处理人员戴正压自给式呼吸器，穿防酸碱服。作业时使用的所有设备应接地。穿上适当的防护服前严禁接触破裂的容器和泄漏物。尽可能切断泄漏源。防止泄漏物进入水体、下水道、地下室或密闭性空间。严禁用水处理。小量泄漏：用干燥的砂土或其他不燃材料覆盖泄漏物。大量泄漏：构筑围堤或挖坑收容。用耐腐蚀泵转移至槽车或专用收集器内。

697. 三氯甲烷

标　识

中文名称 三氯甲烷

英文名称 Trichloromethane；Chloroform

别名 氯仿

分子式 $CHCl_3$

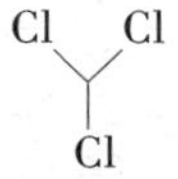

CAS 号 67－66－3

WGH 号 61553

UN 号 1888

危害信息

危险性类别 第6.1类 毒害品

燃烧与爆炸危险性 一般不燃，但长期暴露于明火和高温环境下也能燃烧，产生剧毒的光气、氯化氢和一氧化碳。在空气、水分和光的作用下酸度增加，对金属有强烈的腐蚀性。

活性反应 与四氧化二氮、氟、金属钠和醇的混合物、硝基甲烷、三异丙基膦发生反应。碱性条件下，与丙酮的混合物易发生爆炸。与铝粉的混合物受热或撞击会发生爆炸。氯仿和甲醇的混合物中加入金属钠，若缺乏有效的除去热或冷却措施，会发生剧烈爆炸。

禁忌物 碱金属、铝。

毒性 大鼠经口 LD_{50}：685mg/kg；大鼠吸入 LC_{50}：47702mg/m^3（4h）；人经口 LDL_o：140mg/kg；家兔经皮 LD_{50}：＞20g/kg；人吸入 TCL_o：5000mg/m^3（7min）。

三氯甲烷能迅速经肺吸收，也能经消化道和皮肤吸收，广泛分布于全身。主要作用于中枢神经系统，具有麻醉作用，对心、肝、肾有损害。

IARC 对本品的致癌性分类：G2B——可疑人类致癌物。

中毒表现 急性中毒：吸入或经皮肤吸收引起急性中毒。初期有头痛、头晕、恶心、呕吐、兴奋、皮肤湿热和黏膜刺激症状。以后呈现精神紊乱、呼吸表浅、反射消失、昏迷等，重者发生呼吸麻痹、心室纤维性颤动。同时可伴有肝、肾损害。误服中毒时，胃有烧灼感，伴恶心、呕吐、腹痛、腹泻。以后出现麻醉症状。液态可致皮炎、湿疹，甚至皮肤灼伤。

慢性影响：主要引起肝脏损害，并有消化不良、乏力、头痛、失眠等症状，少数有肾损害及嗜氯仿癖。

侵入途径　吸入、食入、经皮吸收。

职业接触限值　中国：PC-TWA：20mg/m^3[G2B]。

美国(ACGIH)：TLV-TWA：10ppm。

环境危害　对水生生物是有毒的。有害空气污染物。

理化特性与用途

理化特性　无色透明液体，极易挥发，有特殊香甜味。微溶于水，混溶于乙醇、乙醚、石油醚、四氯化碳、苯和挥发油。熔点－63.5℃，沸点61.3℃，相对密度(水＝1)1.48，相对蒸气密度(空气＝1)4.12，临界压力5.47MPa，临界温度263.4℃，蒸气压21.2kPa(20℃)，辛醇/水分配系数1.97。

主要用途　用于制造氟里昂；医药上用作麻醉剂及天然或发酵药物的萃取剂；也可作为香料、油脂、树脂、橡胶等的溶剂和萃取剂；与四氯化碳混合可制成不冻的防火液体。

包装与储运

包装标志　有毒品

包装类别　Ⅲ类

安全储运　储存于阴凉、干燥、通风的库房。远离火种、热源，避免阳光直射。储存温度不超过32℃，相对湿度不超过80%。避免受潮。保持容器密封。应与氧化剂、硝酸等隔离储运。搬运时轻装轻卸，防止容器受损。

紧急处置信息

急救措施

吸入：迅速脱离现场至空气新鲜处。保持呼吸道通畅。如呼吸困难，给输氧。呼吸、心跳停止，立即进行心肺复苏术。就医。

眼睛接触：立即分开眼睑，用大量流动清水或生理盐水彻底冲洗10～15min。就医。

皮肤接触：立即脱去污染的衣着，用大量流动清水彻底冲洗。就医。

食入：尽量饮水，给服活性炭悬液。忌服油脂、酒精。就医。

忌用肾上腺素类药物。

灭火方法　消防人员必须佩戴空气呼吸器，穿全身防火防毒服，在上风向灭火。

灭火剂：雾状水、泡沫、二氧化碳、砂土。

泄漏应急处置　根据液体流动和蒸气扩散的影响区域划定警戒区，无关人员从侧风、上风向撤离至安全区。建议应急处理人员戴正压自给式呼吸器，穿防毒服，戴防化学品手套。穿上适当的防护服前严禁接触破裂的容器和泄漏物。尽可能切断泄漏源。防止泄漏物进入水体、下水道、地下室或限制性空间。小量泄漏：用干燥的砂土或其他不燃材料吸收或覆盖，收集于容器中。大量泄漏：构筑围堤或挖坑收容。用砂土、惰性物质或蛭石收大量液体。用泵转移至槽车或专用收集器内。

698. 1,1,1－三氯乙烷

标　识

中文名称　1,1,1－三氯乙烷

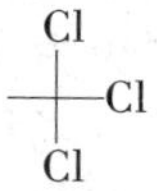

英文名称　1,1,1-Trichloroethane；Methyl chloroform

别名　甲基氯仿

分子式　$C_2H_3Cl_3$

CAS 号　71－55－6

WGH 号　61555

UN 号　2831

危害信息

危险性类别　第6.1类　有毒品

燃烧与爆炸危险性　可燃。其蒸气与空气混合能形成爆炸性混合物。燃烧产生剧毒的一氧化碳、光气和氯化氢烟雾。

活性反应　与水缓慢反应形成盐酸。与硝酸盐、氧、钠和氢氧化钠接触发生剧烈反应。与丙酮、强腐蚀剂、碱土金属、碱金属、四氧化二氮、氢氧化钠、氨基化合物、强氧化剂和钾接触发生反应。与铜、青铜及其他金属粉末接触剧烈反应。

禁忌物　强氧化剂、强碱、活性金属粉末。

毒性　大鼠经口 LD_{50}：9600mg/kg；小鼠经口 LD_{50}：6000mg/kg；大鼠吸入 LC_{50}：17000ppm(4h)。

中毒表现　急性中毒主要损害中枢神经系统。轻者表现为头痛、眩晕、步态蹒跚、共济失调、嗜睡等；重者可出现抽搐，甚至昏迷。可引起心律不齐。

对皮肤有轻度脱脂和刺激作用。

侵入途径　吸入、食入、经皮吸收。

职业接触限值　中国：PC-TWA：900mg/m^3。

美国(ACGIH)：TLV-TWA：350ppm；TLV-STEL：450ppm。

理化特性与用途

理化特性　无色液体。不溶于水，溶于乙醇、乙醚、丙酮、苯、甲醇、氯仿等。熔点－32.5℃，沸点74.1℃，相对密度(水＝1)1.3376(20℃)，相对蒸气密度(空气＝1)4.6，蒸气压13.33kPa(20℃)，临界温度311.5℃，临界压力4.48MPa，辛醇/水分配系数2.49，引燃温度500～537℃，爆炸极限7.5%～12.5%。

主要用途　用作溶剂、金属清洁剂。

包装与储运

包装标志　有毒品

包装类别　Ⅲ类

安全储运　储存于阴凉、干燥、通风的库房。远离火种、热源。储存温度不超过32℃，相对湿度不超过80%。保持容器密封。应与强氧化剂、强碱、醇、酮等隔离储运。搬运时轻装轻卸，防止容器受损。

紧急处置信息

急救措施

吸入：迅速脱离现场至空气新鲜处。保持呼吸道通畅。如呼吸困难，给输氧。呼吸、心跳停止，立即进行心肺复苏术。就医。

眼睛接触：立即分开眼睑，用流动清水或生理盐水彻底冲洗。就医。

皮肤接触：立即脱去污染的衣着，用肥皂水和清水彻底冲洗。就医。

食入： 漱口，不要催吐。忌给牛奶、油脂和酒类。就医。

拟交感神经药可致室性心律不齐，禁用。

灭火方法　消防人员须穿全身防火防毒服，佩戴空气呼吸器在上风向灭火。尽可能将容器从火场移至空旷处。喷水保持火场容器冷却，直至灭火结束。处在火场中的容器若发生异常变化或发出异常声音，须马上撤离。

灭火剂：雾状水、泡沫、二氧化碳、砂土。

泄漏应急处置　根据液体流动和蒸气扩散的影响区域划定警戒区，无关人员从侧风、上风向撤离至安全区。建议应急处理人员戴正压自给式呼吸器，穿防毒服，戴防化学品手套。尽可能切断泄漏源。防止泄漏物进入水体、下水道、地下室或限制性空间。小量泄漏：用砂土或其他不燃材料吸收。大量泄漏：构筑围堤或挖坑收容。用砂土、惰性物质或蛭石收大量液体。用泡沫覆盖，减少蒸发。用泵转移至槽车或专用收集器内。

699. 1,1,2－三氯乙烷

标　识

中文名称　1,1,2－三氯乙烷

英文名称　1,1,2-Trichloroethane；Vinyl trichloride

分子式　$C_2H_3Cl_3$

CAS 号　79－00－5

WGH 号　61555

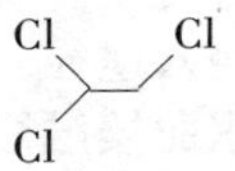

危害信息

危险性类别　第 6.1 类　有毒品

燃烧与爆炸危险性　可燃。其蒸气与空气混合能形成爆炸性混合物，遇明火、高热易燃烧或爆炸。燃烧产生有毒的一氧化碳和光气。在潮湿空气中，特别是在日光照射下，释放出腐蚀性很强的氯化氢气体。其蒸气与空气混合能形成爆炸性混合物，遇明火、高热易燃烧或爆炸。

活性反应　与碱金属、碱土金属发生强烈反应，与活性金属粉末反应。

禁忌物　强氧化剂、金属粉末、碱金属、碱土金属。

毒性　大鼠经口 LD_{50}：836mg/kg；小鼠经口 LD_{50}：378mg/kg；家兔经皮 LD_{50}：3730μL/kg；大鼠吸入 LCL_o：500ppm(4h)。

本品在工业上应用不多，尚未见职业中毒报道。动物实验本品有麻醉作用，毒性强烈，具有肝毒性。

侵入途径　吸入、食入、经皮吸收。

职业接触限值　美国(ACGIH)：TLV-TWA：10ppm[皮]。

理化特性与用途

理化特性　无色液体，有芳香气味。不溶于水，可混溶于醇类、醚类、酯类、酮类等。熔点－36.5℃，沸点 114℃，相对密度(水＝1)1.44，相对蒸气密度(空气＝1)4.55，蒸气压 2.5kPa(20℃)，燃烧热－1097.2kJ/mol，临界压力 4.83MPa，辛醇/水分配系数 2.17，引燃温度 460℃，爆炸极限 8.4%～13.3%。

主要用途　用作溶剂，用于有机合成。

包装与储运

包装标志　有毒品

包装类别　Ⅲ类

安全储运　储存于阴凉、干燥、通风的库房。远离火种、热源。储存温度不超过 32℃，相对湿度不超过 80%。保持容器密封。应与强氧化剂、强碱等隔离储运。搬运时轻装轻卸，防止容器受损。

紧急处置信息

急救措施

吸入：迅速脱离现场至空气新鲜处。保持呼吸道通畅。如呼吸困难，给输氧。呼吸、心跳停止，立即进行心肺复苏术。就医。

眼睛接触：立即分开眼睑，用流动清水或生理盐水彻底冲洗。就医。

皮肤接触：立即脱去污染的衣着，用肥皂水和清水彻底冲洗。就医。

食入：漱口，给服活性炭悬液，不要催吐，忌饮牛奶、油脂和酒类。就医。

禁用肾上腺素类药。

灭火方法　消防人员须穿全身消防服，佩戴空气呼吸器，在上风向灭火。尽可能将容器从火场移至空旷处。喷水保持火场容器冷却，直至灭火结束。处在火场中的容器若发生异常变化或发出异常声音，须马上撤离。

灭火剂：雾状水、泡沫、二氧化碳、干粉、砂土。

泄漏应急处置　根据液体流动和蒸气扩散的影响区域划定警戒区，无关人员从侧风、上风向撤离至安全区。消除所有点火源。建议应急处理人员戴正压自给式呼吸器，穿防毒服。穿上适当的防护服前严禁接触破裂的容器和泄漏物。尽可能切断泄漏源。防止泄漏物进入水体、下水道、地下室或密闭性空间。小量泄漏：用干燥的砂土或其他不燃材料吸收或覆盖，收集于容器中。大量泄漏：构筑围堤或挖坑收容。用泵转移至槽车或专用收集器内。

700. 三氯乙烯

标　识

中文名称　三氯乙烯

英文名称　1,1,2-Trichloroethylene；Trichloroethylene；Trichloroethene

别名　1,1,2－三氯乙烯

分子式　C_2HCl_3

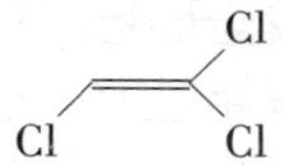

CAS 号　79－01－6

WGH 号　61580

UN 号　1710

危害信息

危险性类别　第 6.1 类　有毒品。

燃烧与爆炸危险性　可燃。其蒸气与空气混合能形成爆炸性混合物。燃烧产生剧毒的一氧化碳、光气和氯化氢烟雾。

活性反应　与活泼金属如钡、锂、钠、镁、钛和铍接触发生剧烈反应。接触铝能发生剧烈的、自加速聚合反应。与强氧化剂反应。

禁忌物　强氧化剂、强碱、活性金属粉末。

毒性　大鼠经口 LD_{50}：4920mg/kg；小鼠经口 LD_{50}：2402mg/kg；大鼠吸入 LC_{50}：12000ppm(4h)；小鼠吸入 LC_{50}：45292mg/m^3(4h)。

本品主要对中枢神经系统有麻醉作用。亦可引起肝、肾、心脏、三叉神经损害。

IARC 对本品的致癌性分类：G2A——可能为人类致癌物。

欧盟指令 67/548/EEC 将本品列为第 2 类致癌物——可能为人类致癌物。

中毒表现　急性中毒：短时内接触(吸入、经皮或口服)大量本品可引起急性中毒。吸入极高浓度可迅速昏迷。吸入高浓度后可有眼和上呼吸道刺激症状。接触数小时后出现头痛、头晕、酩酊感、嗜睡等，重者发生谵妄、抽搐、昏迷、呼吸麻痹、循环衰竭。可出现以三叉神经损害为主的颅神经损害。心脏损害主要为心律失常，个别接触高浓度、大剂量三氯乙烯者可发生心室纤颤而致猝死。可引起急性肝、肾损害。口服消化道症状明显，肝、肾损害突出。

慢性中毒：出现头痛、头晕、乏力、睡眠障碍、胃肠功能紊乱、周围神经炎、心肌损害、三叉神经麻痹和肝损害。

可引起药疹性皮炎，并出现浅淋巴结肿大和肝损害。

侵入途径　吸入、食入、经皮吸收。

职业接触限值　中国：PC-TWA：30mg/m^3[G2A]。

美国(ACGIH)：TLV-TWA：50ppm；TLV-STEL：100ppm。

环境危害　对水生生物有害，可能在水生环境中造成长期不利影响；有害空气污染物。

理化特性与用途

理化特性　无色透明液体，有似氯仿的气味。不溶于水，溶于乙醇、乙醚，可混溶于多数有机溶剂。熔点 -73 ~ -84.7℃，沸点 87.1℃，相对密度(水=1)1.46(20℃)，相对蒸气密度(空气=1)4.54，蒸气压 7.87kPa(20℃)，燃烧热 -961.4kJ/mol，临界温度 299℃，临界压力 5.02MPa，辛醇/水分配系数 2.42，引燃温度 420℃，爆炸极限 8% ~ 10.5%、12.5% ~90.0%。

主要用途　用作溶剂，用于脱脂、冷冻、农药、香料、橡胶工业、洗涤织物等。

包装与储运

包装标志　有毒品

包装类别　Ⅲ类

安全储运　储存于阴凉、通风的库房。远离火种、热源。储存温度不超过 32℃，相对湿度不超过 80%。保持容器密封。应与强氧化剂、强碱隔离储运。避免使用铝制设备。搬运时轻装轻卸，防止容器受损。

紧急处置信息

急救措施

吸入：迅速脱离现场至空气新鲜处。保持呼吸道通畅。如呼吸困难，给输氧。呼吸、心跳停止，立即进行心肺复苏术。就医。

眼睛接触：立即分开眼睑，用流动清水或生理盐水彻底冲洗。就医。

皮肤接触：立即脱去污染的衣着，用肥皂水和清水彻底冲洗。就医。

食入：漱口，不要催吐，尽量饮水。忌给牛奶、油脂和酒类。就医。

拟交感神经药可致室性心律不齐，禁用；避免使用含乙醇的药物（如氢化可的松注射液等）。

灭火方法 消防人员须穿全身防火防毒服，佩戴空气呼吸器在上风向灭火。尽可能将容器从火场移至空旷处。喷水保持火场容器冷却，直至灭火结束。处在火场中的容器若发生异常变化或发出异常声音，须马上撤离。

灭火剂：雾状水、泡沫、干粉、二氧化碳、砂土。

泄漏应急处置 根据液体流动和蒸气扩散的影响区域划定警戒区，无关人员从侧风、上风向撤离至安全区。建议应急处理人员戴正压自给式呼吸器，穿防毒服，戴防化学品手套。尽可能切断泄漏源。防止泄漏物进入水体、下水道、地下室或限制性空间。小量泄漏：用砂土或其他不燃材料吸收。大量泄漏：构筑围堤或挖坑收容。用泡沫覆盖，减少蒸发。用砂土、惰性物质或蛭石收大量液体。用防爆泵转移至槽车或专用收集器内。

701. 三氯异氰尿酸

标识

中文名称 三氯异氰尿酸

英文名称 Trichloroisocyanuric acid；1,3,5-Trichloro-1,3,5-triazine-2,4,6(1H,3H,5H)-trione；Symclosene

别名 强氯精

分子式 $C_3Cl_3N_3O_3$

CAS 号 87-90-1

WGH 号 51078

UN 号 2468

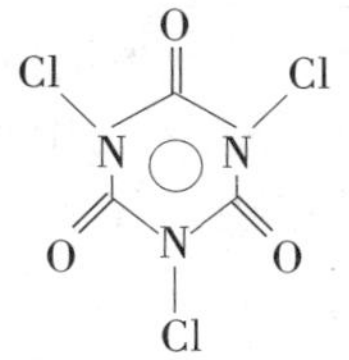

危害信息

危险性类别 第5.1类 氧化剂

燃烧与爆炸危险性 助燃，与可燃物接触易着火燃烧。受高热分解产生有毒的腐蚀性烟气。

活性反应 本品是强氧化剂。与水接触形成漂白粉溶液。与氮的化合物、氨、胺类、尿素等形成爆炸性物质。接触大多数杂质、有机物、或易氯化或易氧化性物质能引起燃烧。避免接触油类、锯末、地板油及其他易氧化的有机化合物

禁忌物 强还原剂、强碱、水、含氮化合物等。

毒性 大鼠经口 LD_{50}：406mg/kg；大鼠吸入 LC：>2g/m³（1h）；家兔经皮 LDL_o：5010mg/kg。

本品粉末能强烈刺激眼睛、皮肤和呼吸系统。受热或遇水能产生含氯或其他毒性烟雾。

侵入途径 吸入、食入、经皮吸收。

环境危害 对水生生物有极高毒性，可能在水生环境中造成长期不利影响。

理化特性与用途

理化特性 白色结晶性粉末。溶于氯化溶剂和高极性溶剂。熔点 246~247℃（分解），

沸点413℃，相对密度(水 =1) >1，临界温度 683℃，临界压力 5.45MPa，闪点 >250℃，辛醇/水分配系数0.94。

主要用途　用于饮用水、游泳池水、工业循环水、污水等各种水质的杀菌消毒处理。

包装与储运

包装标志　氧化剂

包装类别　Ⅱ类

安全储运　储存于阴凉、通风的库房。远离火种、热源。储存温度不超过30℃，相对湿度不超过80%。保持容器密封，不可与空气接触。应与酸、可燃物、胺、还原剂等隔离储运。

紧急处置信息

急救措施

吸入：迅速脱离现场至空气新鲜处。保持呼吸道通畅。如呼吸困难，给输氧。呼吸、心跳停止，立即进行心肺复苏术。就医。

眼睛接触：立即分开眼睑，用流动清水或生理盐水彻底冲洗。就医。

皮肤接触：立即脱去污染的衣着，用流动清水彻底冲洗。就医。

食入：漱口，饮1~2杯水，不要催吐。就医。

灭火方法　消防人员须穿全身消防服，在上风向灭火。尽可能将容器从火场移至空旷处。喷水保持火场容器冷却，直至灭火结束。切勿将水流直接射至熔融物，以免引起严重的流淌火灾或引起剧烈的沸溅。

灭火剂：本品不燃，根据着火原因选择适当灭火剂灭火。禁止用水和泡沫灭火。

泄漏应急处置　隔离泄漏污染区，限制出入。建议应急处理人员戴防尘口罩，穿防毒防酸碱服，戴橡胶耐酸碱手套。穿上适当的防护服前严禁接触破裂的容器和泄漏物。尽可能切断泄漏源。用塑料布覆盖泄漏物，减少飞散。勿使水进入包装容器内。用洁净的铲子收集泄漏物，置于干净、干燥、盖子较松的容器中，将容器移离泄漏区。

702. 三羟基聚氧化丙烯醚

标　识

中文名称　三羟基聚氧化丙烯醚

英文名称　Trihydroxy polyoxypropylene ether (330); Polyether(330)

别名　丙三醇聚氧丙烯醚；聚醚330；聚醚303

分子式　$HO(C_3H_6O)_nCH[CH_2(OC_3H_6)_nOH]_2$

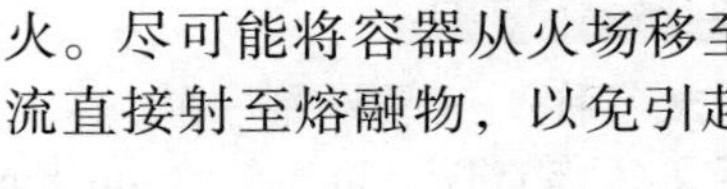

CAS 号　25791-96-2

危害信息

燃烧与爆炸危险性　可燃。其蒸气与空气混合能形成爆炸性混合物，遇明火、高热能引起燃烧或爆炸。燃烧产生有毒的一氧化碳气体。在高温火场中，受热的容器或储罐有破裂和爆炸的危险。

禁忌物　强氧化剂。

毒性 大鼠经口 LD_{50}：2.83mL/kg；小鼠经口 LD_{50}：10000mg/kg；家兔经皮 LD_{50}：>20mL/kg。

本品对眼和皮肤有刺激性。动物急性经口染毒出现嗜睡。

侵入途径 吸入、食入、经皮吸收。

理化特性与用途

理化特性 无色或微黄色透明液体，溶于乙醇和其他有机溶剂，对热稳定。相对密度（水＝1）>1，闪点>177℃。

主要用途 主要用于聚氨酯弹性体及黏结剂和防水涂料等，也可用作消泡剂。

包装与储运

安全储运 储存于阴凉、通风的库房。远离火种、热源。应与氧化剂等隔离储运。搬运时轻装轻卸，防止容器受损。

紧急处置信息

急救措施

吸入：迅速脱离现场至空气新鲜处。保持呼吸道通畅。如呼吸困难，给输氧。呼吸、心跳停止，立即进行心肺复苏术。就医。

眼睛接触：立即分开眼睑，用流动清水或生理盐水彻底冲洗。就医。

皮肤接触：立即脱去污染的衣着，用肥皂水和清水彻底冲洗。就医。

食入：漱口，尽量饮水，不要催吐。就医。

灭火方法 消防人员须穿全身消防服，佩戴空气呼吸器，在上风向灭火。尽可能将容器从火场移至空旷处。喷水保持火场容器冷却，直至灭火结束。处在火场中的容器若发生异常变化或发出异常声音，须马上撤离。

灭火剂：泡沫、二氧化碳、干粉、砂土。

泄漏应急处置 消除所有点火源。根据液体流动和蒸气扩散的影响区域划定警戒区，无关人员从侧风、上风向撤离至安全区。建议应急处理人员戴正压自给式呼吸器，穿防静电、防腐蚀服，戴橡胶手套。尽可能切断泄漏源。防止泄漏物进入水体、下水道、地下室或限制性空间。小量泄漏：用干燥的砂土或其他不燃材料吸收或覆盖，收集于容器中。大量泄漏：构筑围堤或挖坑收容。

703. 2,4,6－三硝基苯酚［干的或含水<30％］

标　识

中文名称 2,4,6－三硝基苯酚［干的或含水<30％］

英文名称 2,4,6-Trinitrophenol (dry or wetted with less than 30% water); Picric acid

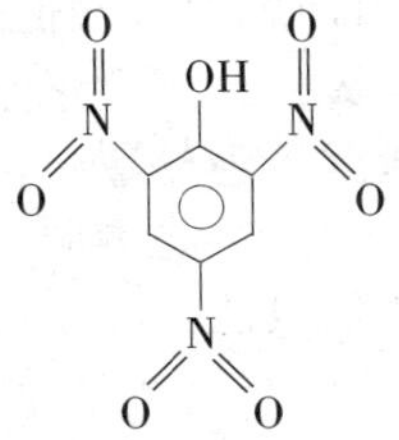

别名 苦味酸

分子式 $C_6H_3N_3O_7$

CAS 号 88－89－1

WGH 号 11057

UN号　0154

危害信息

危险性类别　第1类　爆炸品

燃烧与爆炸危险性　受撞击、摩擦、遇明火或其他点火源极易爆炸。燃烧产生有毒的一氧化碳和氮氧化物气体。

活性反应　与氧化剂、重金属粉末发生反应。

禁忌物　强碱、强氧化剂、重金属粉末。

毒性　大鼠经口 LD_{50}：200mg/kg。

中毒表现　使皮肤黄染，对皮肤的刺激很强，引起接触性皮炎。亦能引起结膜炎、支气管炎或支气管肺炎。人口服1～2g，即可引起溶血、出血性肾炎和肝炎。长期接触可引起头痛、头晕、恶心、呕吐、食欲减退、腹泻和发热等症状。偶见膀胱刺激症状，尿中有蛋白等。

侵入途径　吸入、食入、经皮吸收。

职业接触限值　中国：PC-TWA：0.1mg/m^3。

美国(ACGIH)：TLV-TWA：0.1mg/m^3［皮］。

理化特性与用途

理化特性　淡黄色晶状固体，无臭，味苦。溶于水、乙醇、苯、乙醚、丙酮、吡啶等。熔点122～123℃，沸点300℃(爆炸)，相对密度(水=1)1.763，相对蒸气密度(空气=1)7.90，蒸气压<0.133kPa(20℃)，燃烧热－2558.0kJ/mol，辛醇/水分配系数1.33～2.03，闪点150℃(闭杯)，引燃温度300℃(爆炸)。

包装与储运

包装标志　爆炸品

安全储运　储存于阴凉、通风的库房。远离火种、热源。储存温度不宜超过30℃。保持容器密封。应与其他爆炸品、胺、酸碱、氧化剂、重金属粉末等隔离储运。搬运时轻装轻卸，防止容器受损。禁止震动、撞击和摩擦。

紧急处置信息

急救措施

吸入：迅速脱离现场至空气新鲜处。保持呼吸道通畅。如呼吸困难，给输氧。呼吸、心跳停止，立即进行心肺复苏术。就医。

眼睛接触：立即分开眼睑，用流动清水或生理盐水彻底冲洗。就医。

皮肤接触：立即脱去污染的衣着，用肥皂水和清水彻底冲洗。就医。

食入：催吐。就医。

灭火方法　消防人员须在防爆掩蔽处操作。遇大火切勿轻易接近。在物料附近失火，须用水保持容器冷却。

灭火剂：用大量水灭火。禁止用砂土盖压。

泄漏应急处置　消除所有点火源。隔离泄漏污染区，限制出入。建议应急处理人员戴防尘口罩，穿防毒服。作业时使用的所有设备应接地。禁止接触或跨越泄漏物。润湿泄漏物。严禁设法扫除干的泄漏物。在专家指导下清除。

704. 三氧化二砷

标　识

中文名称　三氧化二砷

英文名称　Arsenic trioxide; Arsenous acid anhydride

别名　白砒；砒霜；亚砷(酸)酐

分子式　As_2O_3

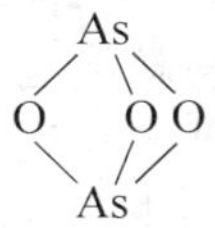

CAS 号　1327-53-3

WGH 号　61007

UN 号　1561

危害信息

危险性类别　第 6.1 类　有毒品

燃烧与爆炸危险性　不燃，无特殊燃爆特性。若遇高热升华产生剧毒气体。

禁忌物　强氧化剂、酸类、卤素。

毒性　大鼠经口 LD_{50}：10mg/kg；小鼠经口 LD_{50}：20mg/kg；人(男性)经口 LDL_o：114mg/kg。

砷及其化合物对体内酶蛋白的巯基有特殊亲和力。主要影响神经系统和毛细血管通透性，对皮肤和黏膜有刺激作用。有致癌性。砷可致肺癌、皮肤癌。

本品属剧毒化学品，已列入《剧毒化学品目录》(2002 年版)。

已列入《职业病目录》，属职业性肿瘤。

IARC 对本品的致癌性分类：G1——确认人类致癌物。

欧盟指令 67/548/EEC 将本品列为第 1 类致癌物——已知人类致癌物。

中毒表现　急性中毒：口服中毒出现恶心，呕吐，腹痛，“米泔”样大便，有时混有血液，四肢痛性痉挛，少尿，无尿，昏迷、抽搐，呼吸麻痹而死亡。可在急性中毒的 1~3 周内发生周围神经病。可发生中毒性心肌炎、肝炎。大量吸入亦可引起急性中毒，但消化道症状轻，指(趾)甲上出现米氏纹。

慢性中毒：消化系统症状，肝肾损害，皮肤色素沉着、角化过度或疣状增生，以及多发性周围神经炎。可致肺癌、皮肤癌

侵入途径　吸入、食入、经皮吸收。

职业接触限值　中国：PC-TWA：0.01mg/m^3[按 As 计][G1]；PC-STEL：0.02mg/m^3[按 As 计][G1]。

美国(ACGIH)：TLV-TWA：0.01mg/m^3[按 As 计]。

环境危害　对水生生物有极高毒性，可能在水生环境中造成长期不利影响。

理化特性与用途

理化特性　无臭无味的白色粉末。微溶于水，溶于酸、碱，不溶于乙醇。熔点 275~313℃，沸点 460~465℃，相对密度(水=1)3.7~4.2，蒸气压 13.33kPa(332.5℃)，临界压力 4.0MPa，辛醇/水分配系数 -0.13。

主要用途　用于玻璃、搪瓷、颜料工业和制备药物、杀虫剂、皮革保存剂等。

包装与储运

包装标志 有毒品

包装类别 Ⅱ类

安全储运 储存于阴凉、通风的库房。远离火种、热源。储存温度不超过35℃，相对湿度不超过80%。保持容器密封。应与三氟化氯、卤素、酸隔离储运。搬运时轻装轻卸，防止容器受损。应严格执行剧毒化学品管理制度。

紧急处置信息

急救措施

吸入：迅速脱离现场至空气新鲜处。保持呼吸道通畅。如呼吸困难，给输氧。呼吸、心跳停止，立即进行心肺复苏术。就医。

眼睛接触：立即分开眼睑，用流动清水或生理盐水彻底冲洗。就医。

皮肤接触：立即脱去污染的衣着，用肥皂水和清水彻底冲洗。就医。

食入：催吐、彻底洗胃，洗胃后服活性炭30～50g(用水调成浆状)，而后再服用硫酸镁或硫酸钠导泻。就医。

解毒剂用BAL，二巯基丙磺酸钠、二巯基丁二酸钠等。

灭火方法 消防人员须穿全身防火防毒服，佩戴空气呼吸器在上风向灭火。尽可能将容器从火场移至空旷处。喷水保持火场容器冷却，直至灭火结束。

本品不燃，根据着火原因选择适当灭火剂灭火。禁止用酸碱灭火剂灭火。

泄漏应急处置 隔离泄漏污染区，限制出入。建议应急处理人员戴防尘口罩，穿防毒服，戴橡胶手套。穿上适当的防护服前严禁接触破裂的容器和泄漏物。尽可能切断泄漏源。用塑料布覆盖泄漏物，减少飞散。勿使水进入包装容器内。用洁净的铲子收集泄漏物，置于干净、干燥、盖子较松的容器中，将容器移离泄漏区。

705. 三氧化硫

标　识

中文名称 三氧化硫

英文名称 Sulfur trioxide；Sulfuric anhydride

别名 硫酸酐

分子式 SO_3

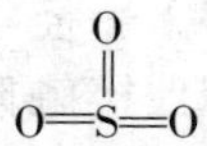

CAS号 7446－11－9

WGH号 81010

UN号 1829

危害信息

危险性类别 第8.1类 酸性腐蚀品

燃烧与爆炸危险性 不燃，能助燃。与可燃物接触易着火燃烧。与水发生爆炸性剧烈反应。遇潮时对大多数金属有强腐蚀性。

活性反应 强氧化剂，与还原剂发生反应。与水发生剧烈反应，生成硫酸。吸湿性极强，在空气中产生有毒的烟雾，对大多数金属有强腐蚀性。能使部分有机物发生脱水炭化，放出的热量导致其着火燃烧。与碱发生中和反应放出大量的热量。与四氟乙烯发生剧烈反应，甚至爆炸，生成碳酰氟和二氧化硫。与无水高氯酸发生剧烈反应，放出大量的热量。与氧化铅反应能达到白炽状态。

禁忌物 强碱、强还原剂、金属粉末、水、易燃或可燃物。

毒性 人吸入 TCL_0：30mg/m^3。

其毒作用与硫酸雾相同。

侵入途径 吸入、食入。

职业接触限值 中国：PC-TWA：1mg/m^3[G1]；PC-STEL：2mg/m^3[G1]。

环境危害 对水生生物是有害的。

理化特性与用途

理化特性 无色透明油状液体或结晶，有刺激性气味。熔点16.8℃，沸点44.8℃，相对密度(水=1)1.97，相对蒸气密度(空气=1)2.8，临界温度217.8℃，临界压力8.208MPa，蒸气压37.24kPa(20℃)。

主要用途 用于制硫酸、氯磺酸、氨基磺酸、硫酸二甲酯、洗涤剂及用作有机合成磺化剂。

包装与储运

包装标志 腐蚀品

包装类别 Ⅰ类

安全储运 储存于阴凉、干燥、通风良好的库房。远离高温、热源。储存温度不超过30℃，相对湿度不超过80%。保持容器密封。应与易燃物、还原剂、碱类、活泼金属粉末等隔离储运。搬运时轻装轻卸，防止容器破损。

紧急处置信息

急救措施

吸入：迅速脱离现场至空气新鲜处。保持呼吸道通畅。如呼吸困难，给输氧。呼吸、心跳停止，立即进行心肺复苏术。就医。

眼睛接触：立即分开眼睑，用大量流动清水或生理盐水彻底冲洗10~15min。就医。

皮肤接触：立即脱去污染的衣着，用大量流动清水彻底冲洗，冲洗时间一般要求20~30min。就医。

食入：用水漱口，禁止催吐。给饮牛奶或蛋清。就医。

灭火方法 尽可能将容器从火场移至空旷处。喷水保持火场容器冷却，直至灭火结束。消防人员必须佩戴空气呼吸器，穿耐酸碱消防服，在上风向灭火。

灭火剂：本品不燃，根据火灾原因选择适当的灭火剂。禁用灭火剂：水、泡沫。

泄漏应急处置 根据液体流动和蒸气扩散的影响区域划定警戒区，无关人员从侧风、上风向撤离至安全区。建议应急处理人员戴正压自给式呼吸器，穿防酸碱服。穿上适当的防护服前严禁接触破裂的容器和泄漏物。尽可能切断泄漏源。勿使泄漏物与可燃物质(如木材、纸、油等)接触。防止泄漏物进入水体、下水道、地下室或限制性空间。小量泄漏：用干燥的砂土或其他不燃材料覆盖泄漏物，用洁净的无火花工具收集泄漏物，置于一盖子较松的塑料容器中，待处置。大量泄漏：构筑围堤或挖坑收容。用耐腐蚀泵转移至槽车或专用收集器内。

706. 三乙醇胺

标　识

中文名称　三乙醇胺

英 文 名 称　Triethanolamine；2，2′，2″-Nitrilotriethanol；Tris(2-hydroxyethyl)amine

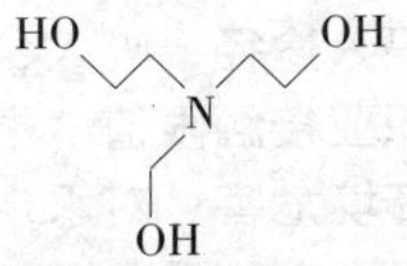

别名　三(羟乙基)胺

分子式　$C_6H_{15}NO_3$

CAS 号　102－71－6

危害信息

燃烧与爆炸危险性　可燃，遇明火高热能引起燃烧，燃烧产生有毒的一氧化碳和氮氧化物气体。

活性反应　与氧化剂、强酸接触会发生剧烈反应。

禁忌物　氧化剂、酸类。

毒性　大鼠经口 LD_{50}：4920μL/kg；小鼠经口 LD_{50}：5846mg/kg；家兔经皮 LD_{50}：>20mL/kg。

本品对局部有刺激作用。皮肤接触可致皮炎和湿疹，与过敏有关。本品蒸气压低，工业接触中吸入中毒的可能性不大。人口服致死剂量为 5～15g/kg。

侵入途径　吸入、食入。

职业接触限值　美国(ACGIH)：TLV-TWA：5mg/m^3。

理化特性与用途

理化特性　无色或淡黄色黏稠液体，混溶于水、甲醇、丙酮，溶于苯、氯仿，微溶于石油醚。pH 值 10.5(0.1N 水溶液)，熔点 21.6℃，沸点 335.4℃，相对密度(水=1)1.1242(20℃/4℃)，相对蒸气密度(空气=1)5.1，蒸气压<1Pa(25℃)，临界温度 514.3℃，临界压力 3.22MPa，辛醇/水分配系数 －1，闪点 179℃(闭杯)、190.5℃(开杯)，引燃温度 324℃，爆炸极限 1.3%～8.5%。

主要用途　用作丁腈橡胶聚合时的添加剂、混凝土促凝剂、油品乳化剂，也用于无氰电镀等。

包装与储运

安全储运　储存于阴凉、通风的库房。容器密闭。远离火种、热源。应与氧化剂、酸类等隔离储运。搬运时轻装轻卸，防止容器受损。

紧急处置信息

急救措施

吸入：脱离接触。如有不适感，就医。

眼睛接触：分开眼睑，用流动清水或生理盐水冲洗。如有不适感，就医。

皮肤接触：脱去污染的衣着，用肥皂水和清水冲洗。如有不适感，就医。

食入：漱口，饮水。就医。

灭火方法 消防人员须穿全身消防服，佩戴防毒面具，在上风向灭火。尽可能将容器从火场移至空旷处。喷水保持火场容器冷却，直至灭火结束。处在火场中的容器若发生异常变化或发出异常声音，须马上撤离。

灭火剂：抗溶性泡沫、二氧化碳、干粉和砂土。

泄漏应急处置 消除所有点火源。根据液体流动和蒸气扩散的影响区域划定警戒区，无关人员从侧风、上风向撤离至安全区。建议应急处理人员戴正压自给式呼吸器，穿防静电服，戴橡胶耐油手套。作业时使用的所有设备应接地。禁止接触或跨越泄漏物。尽可能切断泄漏源。防止泄漏物进入水体、下水道、地下室或限制性空间。小量泄漏：用砂土或其他不燃材料吸收。使用洁净的无火花工具收集吸收材料。大量泄漏：构筑围堤或挖坑收容。用泡沫覆盖，减少蒸发。喷水雾能减少蒸发，但不能降低泄漏物在限制性空间内的易燃性。用防爆泵转移至槽车或专用收集器内。

707. 三乙醇胺油酸皂

标　识

中文名称 三乙醇胺油酸皂

英文名称 9-Octadecenoic acid (9Z)-, compd. with 2,2′,2″-nitrilotris(ethanol)(1∶1); Triethanolamine oleate; Triethanolamine oleic soap

别名 油酸三乙醇胺

分子式 $C_{18}H_{34}O_2 \cdot C_6H_{15}NO_3$

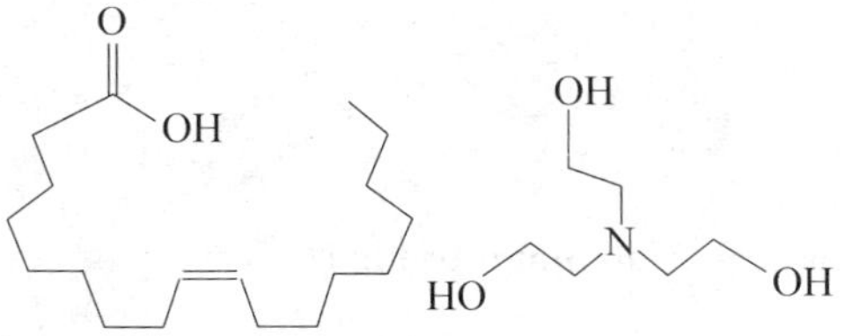

CAS 号 2717－15－9

危害信息

燃烧与爆炸危险性 可燃。其蒸气与空气混合能形成爆炸性混合物，遇明火、高热引起燃烧或爆炸。燃烧产生有毒的一氧化碳和氮氧化物气体。在高温火场中，受热的容器或储罐有破裂和爆炸的危险。

禁忌物 氧化剂

侵入途径 吸入、食入。

理化特性与用途

理化特性 褐色黏稠液体。pH 值 7～9(1% 水溶液)。

主要用途 主要用作整理剂、纤维柔软剂、乳化稳定剂；并具有良好的洗涤及防锈能力，可用作金属清洗剂中起洗涤和防锈作用。

包装与储运

安全储运 储存于阴凉、通风的库房。远离火种、热源。应与氧化剂等隔离储运。搬运时轻装轻卸，防止容器受损。

紧急处置信息

急救措施

吸入：脱离接触。如有不适感，就医。

眼睛接触：分开眼睑，用流动清水或生理盐水冲洗。如有不适感，就医。

皮肤接触：脱去污染的衣着，用肥皂水和清水冲洗。如有不适感，就医。

食入：漱口，饮水。就医。

灭火方法　消防人员须穿全身消防服，佩戴空气呼吸器，在上风向灭火。尽可能将容器从火场移至空旷处。喷水保持火场容器冷却，直至灭火结束。处在火场中的容器若发生异常变化或发出异常声音，须马上撤离。

灭火剂：抗溶性泡沫、二氧化碳、干粉、砂土。

泄漏应急处置　消除所有点火源。根据液体流动和蒸气扩散的影响区域划定警戒区，无关人员从侧风、上风向撤离至安全区。建议应急处理人员戴正压自给式呼吸器，穿防静电服，戴橡胶耐油手套。作业时使用的所有设备应接地。禁止接触或跨越泄漏物。尽可能切断泄漏源。防止泄漏物进入水体、下水道、地下室或限制性空间。小量泄漏：用砂土或其他不燃材料吸收。使用洁净的无火花工具收集吸收材料。大量泄漏：构筑围堤或挖坑收容。用砂土、惰性物质或蛭石吸收大量液体。用泡沫覆盖，减少蒸发。喷水雾能减少蒸发，但不能降低泄漏物在限制性空间内的易燃性。用防爆泵转移至槽车或专用收集器内。

708. 三乙基铝

标　识

中文名称　三乙基铝

英文名称　Triethyl aluminium；Aluminium triethyl

分子式　$C_6H_{15}Al$

CAS 号　97－93－8

WGH 号　42022

UN 号　3051

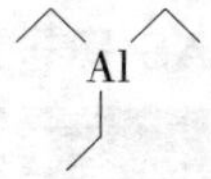

危害信息

危险性类别　第4.2类　自燃物品

燃烧与爆炸危险性　遇空气立即冒烟、自燃，对潮湿及微量氧反应灵敏。易发生爆炸。

活性反应　强还原剂，遇水会剧烈反应。与二甲基甲酰胺(DMF)的混合物受热后会发生爆炸。与醇、酚、胺、二氧化碳、氧化硫、氧化氮、卤素、卤代烃发生剧烈反应，甚至导致燃烧和爆炸。

禁忌物　强氧化剂、酸类、水、醇、卤素、胺类等。

毒性　大鼠吸入 LC_{50}：10000mg/m^3(15min)。

具有强烈刺激和腐蚀作用。主要损害呼吸道和眼结膜。

中毒表现　高浓度吸入可引起急性结膜炎、急性支气管炎，重者可引起肺水肿。吸入其烟雾可致烟雾热，出现头痛、不适、寒战、发热、出汗等症状。皮肤接触其原液可致灼伤，产生充血、水肿和起水疱，疼痛剧烈。

侵入途径　吸入、食入。

理化特性与用途

理化特性　无色透明液体，具有强烈的霉烂气味。能与苯、二甲苯、汽油混溶。熔点 -50℃，沸点194℃，120~125℃开始分解，相对密度(水=1)0.835，临界温度405℃，临界压力13.4MPa，蒸气压0.13kPa(62.2℃)，闪点-53℃，燃烧热-4867.8kJ/mol，辛醇/水分配系数3.44。

主要用途　用于烯烃聚合过程的助催化剂，与四氯化钛形成齐格勒催化剂，生产长链醇时作催化剂，也用于气相涂铝、制备其他有机金属化合物，还可用作火箭燃料。

包装与储运

包装标志　自燃物品，遇湿易燃物品

包装类别　Ⅰ类

安全储运　储存时必须用充有惰性气体或特定的容器包装。储存于阴凉、干燥的库房。远离火种、热源。储存温度不超过30℃，相对湿度不超过75%。应与氧化剂、酸类、醇类等隔离储运。搬运时轻装轻卸，避免震动、撞击、损坏包装。

紧急处置信息

急救措施

吸入：迅速脱离现场至空气新鲜处。保持呼吸道通畅。如呼吸困难，给输氧。呼吸、心跳停止，立即进行心肺复苏术。就医。

眼睛接触：立即分开眼睑，用大量流动清水或生理盐水彻底冲洗10~15min。就医。

皮肤接触：立即脱去污染的衣着，用大量流动清水彻底冲洗，冲洗时间一般要求20~30min。就医。

食入：用水漱口，禁止催吐。给饮牛奶或蛋清。就医。

灭火方法　消防人员必须佩戴空气呼吸器，穿全身防火防毒服，在上风向灭火。尽可能将容器从火场移至空旷处。处在火场中的容器若发生异常变化或发出异常声音，必须马上撤离。用干粉、干砂灭火。

禁止用水、泡沫、酸碱灭火剂灭火。

泄漏应急处置　根据液体流动和蒸气扩散的影响区域划定警戒区，无关人员从侧风、上风向撤离至安全区。消除所有点火源。建议应急处理人员戴正压自给式呼吸器，穿防毒、防静电服。禁止接触或跨越泄漏物。尽可能切断泄漏源。防止泄漏物进入水体、下水道、地下室或限制性空间。小量泄漏：用干燥的砂土或其他不燃材料覆盖泄漏物，用洁净的无火花工具收集泄漏物，置于一盖子较松的塑料容器中，待处置。大量泄漏：构筑围堤或挖坑收容。用防爆泵转移至槽车或专用收集器内。

709. 三乙烯四胺

标　识

中文名称　三乙烯四胺

英文名称　Triethylene tetramine；*N*,*N*′-Bis(2-aminoethyl)ethylenediamine；Trientine

别名　三亚乙基四胺

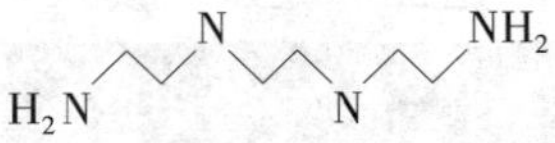

分子式　$C_6H_{18}N_4$

CAS 号　112 - 24 - 3

WGH 号　82026

UN 号　2259

危害信息

危险性类别　第 8.2 类　碱性腐蚀品

燃烧与爆炸危险性　可燃。蒸气与空气能形成爆炸性混合物，遇明火、高热引起燃烧爆炸。燃烧时放出有毒气体。能腐蚀铜及其合金。

活性反应　强碱性，与强氧化剂、酸剧烈反应。能腐蚀铝、锌、铜及其合金。

禁忌物　强氧化剂、酸类。

毒性　大鼠经口 LD_{50}：2500mg/kg；小鼠经口 LD_{50}：1600mg/kg；家兔经皮 LD_{50}：805mg/kg。

吸入本品蒸气对呼吸道有刺激和致敏作用。眼睛接触可致角膜损害。皮肤接触可致灼伤，有致敏作用。摄入灼伤消化道，引起腹痛、恶心、呕吐和腹泻。

侵入途径　吸入、食入。

环境危害　对水生生物有害，可能在水生环境中造成长期不利影响。

理化特性与用途

理化特性　浅黄色黏稠液体。溶于水、乙醇、乙醚。熔点 12℃，沸点 267℃，相对密度（水 = 1）0.99，相对蒸气密度 5.04，折射率 1.4971，闪点 135℃（闭杯）、126.7℃（开杯），爆炸极限 1% ~ 6.5%，引燃温度 338℃，临界压力 3.17MPa，辛醇/水分配系数 -2.65。

主要用途　用作溶剂、环氧树脂固化剂、橡胶助剂、乳化剂、气体净化剂、光亮剂、去垢剂，用于合成聚酰胺树脂和离子交换树脂等。

包装与储运

包装标志　腐蚀品

包装类别　Ⅱ类

安全储运　储存于阴凉、通风的库房。远离火种、热源。储存温度不超过 30℃。保持容器密封。应与氧化剂、酸类隔离储运。搬运时轻装轻卸，防止容器受损。

紧急处置信息

急救措施

吸入：迅速脱离现场至空气新鲜处。保持呼吸道通畅。如呼吸困难，给输氧。呼吸、心跳停止，立即进行心肺复苏术。就医。

眼睛接触：立即分开眼睑，用大量流动清水或生理盐水彻底冲洗 10 ~ 15min。就医。

皮肤接触：立即脱去污染的衣着，用大量流动清水彻底冲洗，冲洗时间一般要求 20 ~ 30min。就医。

食入：用水漱口，禁止催吐。给饮牛奶或蛋清。就医。

灭火方法　消防人员必须穿全身耐酸碱消防服，佩戴空气呼吸器灭火。尽可能将容器从火场移至空旷处。喷水保持火场容器冷却，直至灭火结束。处在火场中的容器若已变色或从安全泄压装置中产生声音，必须马上撤离。

灭火剂：雾状水、抗溶性泡沫、干粉、二氧化碳、砂土。

泄漏应急处置　根据液体流动和蒸气扩散的影响区域划定警戒区，无关人员从侧风、

上风向撤离至安全区。消除所有点火源。建议应急处理人员戴正压自给式呼吸器，穿防腐蚀、防毒服，戴橡胶耐油手套。穿上适当的防护服前严禁接触破裂的容器和泄漏物。尽可能切断泄漏源。防止泄漏物进入水体、下水道、地下室或限制性空间。小量泄漏：用干燥的砂土或其他不燃材料吸收或覆盖，收集于容器中。大量泄漏：构筑围堤或挖坑收容。用砂土、惰性物质或蛭石吸收大量液体。用耐腐蚀泵转移至槽车或专用收集器内。喷雾状水驱散蒸气、稀释液体泄漏物。

710. 三异丁基铝

标　识

中文名称　三异丁基铝

英文名称　Triisobutyl aluminium

分子式　$C_{12}H_{27}Al$

CAS 号　100－99－2

WGH 号　42022

UN 号　3051

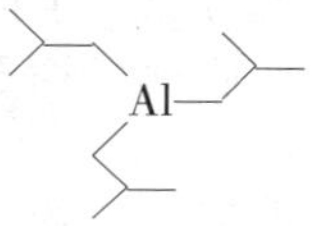

危害信息

危险性类别　第 4.2 类　自燃物品

燃烧与爆炸危险性　接触空气会冒烟自燃。对微量的氧及水分反应极其灵敏，易引起燃烧爆炸。遇高温剧烈分解。

活性反应　与水反应放出易燃气体和大量的热量，引起燃烧。与氧化剂发生剧烈反应。与二氧化碳、二氧化硫、三氧化硫、氧化氮、卤素、醇、酚、胺、卤代烃接触发生剧烈反应，会导致燃烧和爆炸。

禁忌物　强氧化剂、酸类、水、醇等。

毒性　大鼠经口 LDL_o：4000mg/kg；大鼠吸入 LCL_o：8000ppm(1h)。

具有强烈刺激和腐蚀作用。

中毒表现　高浓度吸入可引起急性结膜炎、急性支气管炎，重者可引起肺水肿。吸入其烟雾可致烟雾热，出现头痛、不适、寒战、发热、出汗等症状。皮肤接触其原液可致灼伤，产生充血、水肿和起水疱，疼痛剧烈。

侵入途径　吸入、食入。

职业接触限值　美国(ACGIH)：TLV-TWA：2mg/m^3[按 Al 计]。

理化特性与用途

理化特性　无色透明液体，具有强烈的霉烂气味。在空气中能自燃。溶于苯。熔点－5.6℃，沸点 86℃(1.33kPa)，约 50℃开始分解，相对密度(水＝1)0.7876，蒸气压 0.13kPa(47℃)，燃烧热－8493.1kJ/mol，闪点－23℃(闭杯)，引燃温度 3.89℃，辛醇/水分配系数 6.17。

主要用途　用于制备顺丁橡胶、聚烯烃等的催化剂组分，制备其他金属有机化合物的中间体、化学反应的还原剂，也可作喷气发动机的高能燃料。

包装与储运

包装标志　自燃物品，遇湿易燃物品

包装类别 Ⅰ类

安全储运 储存时必须用充有惰性气体或特定容器包装。储存于阴凉、干燥的库房。远离火种、热源。储存温度不超过30℃，相对湿度不超过75%。包装要求密封，不可与空气接触。与氧化剂、酸类、醇等隔离储运。禁止使用易产生火花的机械设备和工具。搬运时轻装轻卸，避免震动、撞击、损坏包装。

紧急处置信息

急救措施

吸入：迅速脱离现场至空气新鲜处。保持呼吸道通畅。如呼吸困难，给输氧。呼吸、心跳停止，立即进行心肺复苏术。就医。

眼睛接触：立即分开眼睑，用大量流动清水或生理盐水彻底冲洗10～15min。就医。

皮肤接触：立即脱去污染的衣着，用大量流动清水彻底冲洗，冲洗时间一般要求20～30min。就医。

食入：用水漱口，禁止催吐。给饮牛奶或蛋清。就医。

灭火方法 消防人员必须佩戴空气呼吸器，穿全身防火防毒服，在上风向灭火。尽可能将容器从火场移至空旷处。处在火场中的容器若发生异常变化或发出异常声音，必须马上撤离。

灭火剂：干粉、干砂。禁止用水、泡沫、酸碱灭火剂灭火。

泄漏应急处置 根据液体流动和蒸气扩散的影响区域划定警戒区，无关人员从侧风、上风向撤离至安全区。消除所有点火源。建议应急处理人员戴正压自给式呼吸器，穿防毒、防静电服。禁止接触或跨越泄漏物。尽可能切断泄漏源。防止泄漏物进入水体、下水道、地下室或限制性空间。小量泄漏：用干燥的砂土或其他不燃材料覆盖泄漏物，用洁净的无火花工具收集泄漏物，置于一盖子较松的塑料容器中，待处置。大量泄漏：构筑围堤或挖坑收容。用防爆泵转移至槽车或专用收集器内。

711. 三油酰基钛酸异丙酯

标 识

中文名称 三油酰基钛酸异丙酯

英文名称 Isopropyl trioleoyl titanate；Titanate coupler NDZ-105

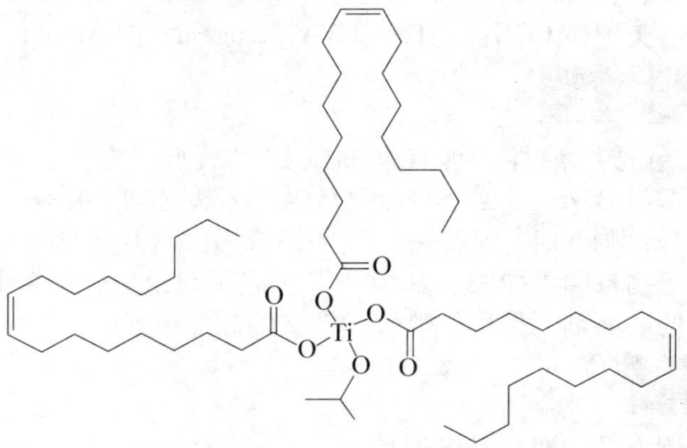

别名　钛酸酯偶联剂－1；钛酸酯偶联剂 NDZ－105

分子式　$C_{54}H_{106}O_7Ti$

危害信息

燃烧与爆炸危险性　可燃。遇明火、高热能引起燃烧或爆炸。在高温火场中，受热的容器或储罐有破裂和爆炸的危险。

活性反应　与强氧化剂反应。

禁忌物　强氧化剂。

侵入途径　吸入、食入。

理化特性与用途

理化特性　红棕色油状液体。遇水水解，溶于有机溶剂。密度 0.890～0.950g/cm³（20℃），闪点 180～200℃（闭杯）。

主要用途　主要用于聚烯烃树脂及合成橡胶、天然橡胶等高分子材料的加工制造，以提高这些产品的屈服强度、抗张强度、抗弯强度及断裂伸长率等物理性能。

包装与储运

安全储运　储存于阴凉、通风的库房。远离火种、热源。密闭包装，注意防潮。应与氧化剂隔离储运。搬运时轻装轻卸，防止容器受损。

紧急处置信息

急救措施

吸入：脱离接触。如有不适感，就医。

眼睛接触：分开眼睑，用流动清水或生理盐水冲洗。如有不适感，就医。

皮肤接触：脱去污染的衣着，用肥皂水和清水冲洗。如有不适感，就医。

食入：漱口，尽量饮水，不要催吐。就医。

灭火方法　消防人员须穿全身消防服，佩戴空气呼吸器，在上风向灭火。尽可能将容器从火场移至空旷处。喷水保持火场容器冷却，直至灭火结束。处在火场中的容器若发生异常变化或发出异常声音，须马上撤离。

灭火剂：二氧化碳、干粉、砂土。

泄漏应急处置　根据液体流动和蒸气扩散的影响区域划定警戒区，无关人员从侧风、上风向撤离至安全区。建议应急处理人员戴正压自给式呼吸器，穿防静电、防腐蚀服，戴橡胶手套。尽可能切断泄漏源。防止泄漏物进入水体、下水道、地下室或限制性空间。小量泄漏：用干燥的砂土或其他不燃材料吸收或覆盖，收集于容器中。大量泄漏：构筑围堤或挖坑收容。

712. 山梨糖醇酐单月桂酸酯

标　识

中文名称　山梨糖醇酐单月桂酸酯

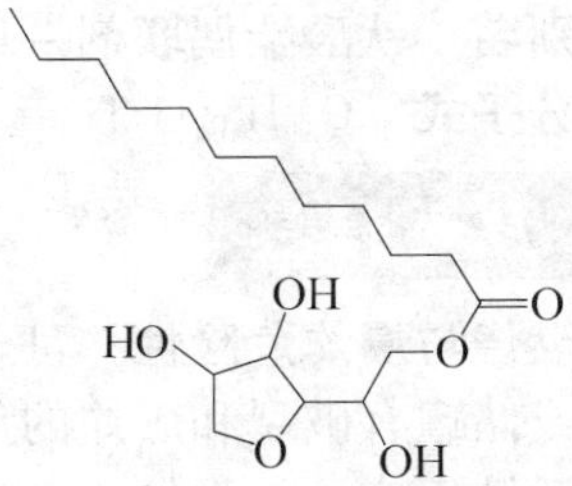

英文名称　Sorbitan monolaurate；Sorbitan，monododecanoate；Span 20

别名　单十二酸脱水山梨糖醇酯；斯盘 20

分子式　$C_{18}H_{34}O_6$

CAS 号　1338-39-2

危害信息

燃烧与爆炸危险性　可燃，遇明火、高热能引起燃烧或爆炸。在高温火场中，受热的容器或储罐有破裂和爆炸的危险。

禁忌物　强氧化剂。

毒性　大鼠经口 LD_{50}：33600mg/kg；大鼠经口 TDL_o：720g/kg（13 周，连续），肝重改变，体重减轻。

侵入途径　吸入、食入。

理化特性与用途

理化特性　琥珀色油状液体。不溶于冷水，微溶于石蜡，混溶于乙醇、二甲苯、棉籽油、矿物油等有机溶剂。相对密度（水=1）1.0～1.06，熔点 14～16℃，蒸气压 1.33kPa（20℃），闪点 >149℃。

主要用途　除用作高分子聚合物水溶液的消泡剂，还可用于润滑、抗静电、水/油的乳化、近井地带处理。

包装与储运

安全储运　储存于阴凉、通风的库房。远离火种、热源。应与氧化剂隔离储运。搬运时轻装轻卸，防止容器受损。

紧急处置信息

急救措施

吸入：脱离接触。如有不适感，就医。

眼睛接触：分开眼睑，用流动清水或生理盐水冲洗。如有不适感，就医。

皮肤接触：脱去污染的衣着，用肥皂水和清水冲洗。如有不适感，就医。

食入：漱口，饮水。就医。

灭火方法　消防人员须穿全身消防服，佩戴空气呼吸器，在上风向灭火。尽可能将容器从火场移至空旷处。喷水保持火场容器冷却，直至灭火结束。处在火场中的容器若发生异常变化或发出异常声音，须马上撤离。

灭火剂：泡沫、二氧化碳、干粉、砂土。

泄漏应急处置　根据液体流动和蒸气扩散的影响区域划定警戒区，无关人员从侧风、上风向撤离至安全区。消除所有点火源。建议应急处理人员戴防毒面具，穿防毒服。穿上适当的防护服前严禁接触破裂的容器和泄漏物。尽可能切断泄漏源。防止泄漏物进入水体、下水道、地下室或密闭性空间。小量泄漏：用干燥的砂土或其他不燃材料吸收或覆盖，收集于容器中。大量泄漏：构筑围堤或挖坑收容。用泵转移至槽车或专用收集器内。

713. 山梨糖醇酐单油酸酯

标　识

中文名称　山梨糖醇酐单油酸酯

英文名称 Sorbitan, mono-(9Z)-9-octadecenoate; Sorbitan, monooleate; Span80

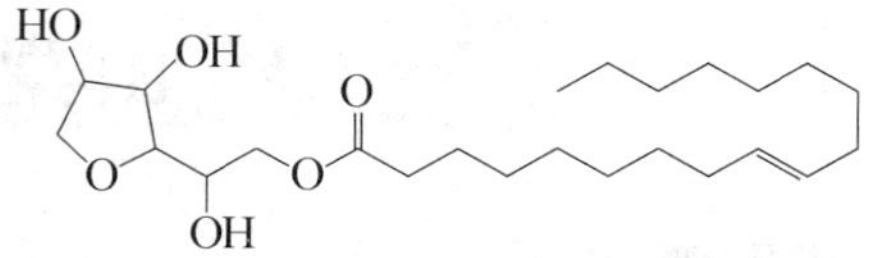

别名 (Z)-单-9-十八烯酸脱水山梨醇酯；斯盘80

分子式 $C_{24}H_{44}O_6$

CAS号 1338-43-8

危害信息

燃烧与爆炸危险性 可燃，遇明火、高热引起燃烧爆炸。在高温火场中，受热的容器或储罐有破裂和爆炸的危险。

活性反应 与强氧化剂反应。

禁忌物 强氧化剂。

毒性 家兔经皮：250μg，轻度刺激。

侵入途径 吸入、食入。

理化特性与用途

理化特性 琥珀色黏稠油状液体或浅黄色至棕黄色小珠状或片状硬质蜡状固体，有特殊的气味。不溶于水，不溶于丙酮，微溶于乙醚，溶于多数矿物油和植物油。相对密度(水=1)0.986，沸点>100℃，蒸气压1.46kPa(20℃)，闪点>148.9℃(开杯)。

主要用途 用作消泡剂、乳化剂、润湿剂、分散剂，用于近井地带处理。

包装与储运

安全储运 储存于阴凉、通风的库房。远离火种、热源。应与氧化剂隔离储运。搬运时轻装轻卸，防止容器受损。

紧急处置信息

急救措施

吸入：脱离接触。如有不适感，就医。

眼睛接触：分开眼睑，用流动清水或生理盐水冲洗。如有不适感，就医。

皮肤接触：脱去污染的衣着，用肥皂水和清水冲洗。如有不适感，就医。

食入：漱口，饮水。就医。

灭火方法 消防人员须穿全身消防服，佩戴空气呼吸器，在上风向灭火。尽可能将容器从火场移至空旷处。喷水保持火场容器冷却，直至灭火结束。处在火场中的容器若发生异常变化或发出异常声音，须马上撤离。

灭火剂：泡沫、二氧化碳、干粉、砂土。

泄漏应急处置 消除所有点火源。根据液体流动和蒸气扩散的影响区域划定警戒区，无关人员从侧风、上风向撤离至安全区。建议应急处理人员戴正压自给式呼吸器，穿防毒、防静电服。作业时使用的所有设备应接地。禁止接触或跨越泄漏物。尽可能切断泄漏源。防止泄漏物进入水体、下水道、地下室或密闭性空间。小量泄漏：用砂土或其他不燃材料吸收。使用洁净的无火花工具收集吸收材料。大量泄漏：构筑围堤或挖坑收容。用泡沫覆盖，减少蒸发。喷水雾能减少蒸发，但不能降低泄漏物在受限制空间内的易燃性。用防爆泵转移至槽车或专用收集器内。

714. 山梨糖醇酐三油酸酯

标　识

中文名称　山梨糖醇酐三油酸酯

英文名称　Sorbitan trioleate；Sorbitan，tris(9-octadecenoate)，(Z)-；Span 85

别名　三油酸清凉醇酯；斯盘 85

分子式　$C_{60}H_{108}O_8$

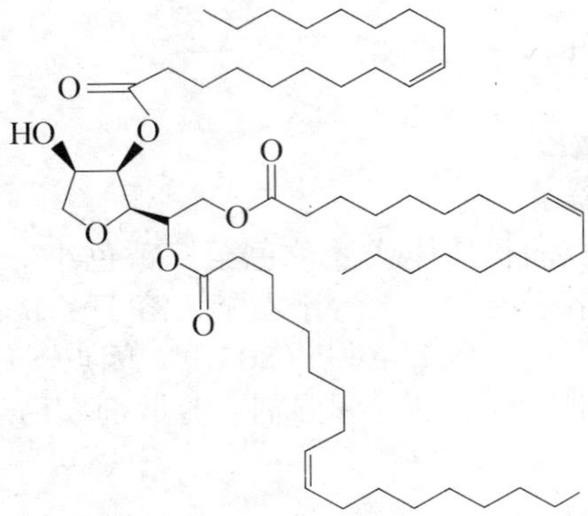

CAS 号　26266－58－0

危害信息

燃烧与爆炸危险性　可燃，遇明火、高热引起燃烧或爆炸。在高温火场中，受热的容器或储罐有破裂和爆炸的危险。

毒性　大鼠静脉内 TDL_o：7g/kg(35d，连续)，出现血液系统改变。

侵入途径　吸入、食入。

理化特性与用途

理化特性　琥珀色至棕色油状液体，有脂肪气味，无毒。微分散于水，混溶于油醇、矿物油。相对密度(水＝1)0.9～1.0，沸点＞100℃，闪点＞175℃(开杯)。

主要用途　主要用于化妆品、纺织、医药、油漆、石油、火炸药等行业，作乳化剂、增溶剂、稳定剂、润滑剂、柔软剂、抗静电剂、整理剂、分散剂、助溶剂、防锈剂、纺纱助剂、消泡剂等。

包装与储运

安全储运　储存于阴凉、通风的库房。远离火种、热源。应与氧化剂隔离储运。搬运时轻装轻卸，防止容器受损。

紧急处置信息

急救措施

吸入：脱离接触。如有不适感，就医。

眼睛接触：分开眼睑，用流动清水或生理盐水冲洗。如有不适感，就医。

皮肤接触：脱去污染的衣着，用肥皂水和清水冲洗。如有不适感，就医。

食入：漱口，饮水。就医。

灭火方法 消防人员须穿全身消防服，佩戴空气呼吸器，在上风向灭火。尽可能将容器从火场移至空旷处。喷水保持火场容器冷却，直至灭火结束。处在火场中的容器若发生异常变化或发出异常声音，须马上撤离。

灭火剂：抗溶性泡沫、二氧化碳、干粉、砂土。

泄漏应急处置 根据液体流动和蒸气扩散的影响区域划定警戒区，无关人员从侧风、上风向撤离至安全区。消除所有点火源。建议应急处理人员穿防静电服。穿上适当的防护服前严禁接触破裂的容器和泄漏物。尽可能切断泄漏源。防止泄漏物进入水体、下水道、地下室或密闭性空间。小量泄漏：用干燥的砂土或其他不燃材料吸收或覆盖，收集于容器中。大量泄漏：构筑围堤或挖坑收容。用泵转移至槽车或专用收集器内。

715. 山梨糖醇酐油酸酯聚氧乙烯醚

标 识

中文名称 山梨糖醇酐油酸酯聚氧乙烯醚

英文名称 Polyoxyethylene sorbitan monooleate；Tween-80

别名 吐温－80

CAS 号 9005－65－6

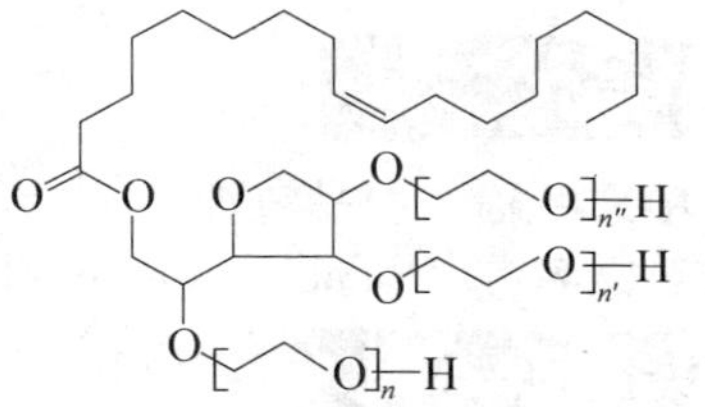

危害信息

燃烧与爆炸危险性 可燃，遇明火、高热可引起燃烧，燃烧产生有毒的一氧化碳气体。在高温火场中，受热的容器或储罐有破裂和爆炸的危险。

禁忌物 强氧化剂。

毒性 大鼠经口 LD_{50}：34500μL/kg；小鼠经口 LD_{50}：25g/kg。

对皮肤无刺激性。4 个月大婴儿误用本品 19.2g/kg，连续 2d，除粪便稀外，未见有其他中毒表现。对人实际无毒，经口最小致死剂量＞15g/kg。

侵入途径 吸入、食入。

理化特性与用途

理化特性 淡黄色至橙黄色黏稠液，微有特臭、味微苦、略涩。易溶于水、乙醇、甲醇或醋酸乙酯等有机溶剂，不溶于矿物油。pH 值 5～7(5% 水溶液)，沸点＞100℃，相对密度(水＝1)1.06～1.1，相对蒸气密度(空气＝1)＞1，蒸气压＜0.133kPa(20℃)，闪点＞148℃。

主要用途 为油/水型乳化剂，用作稳定剂、增溶剂、扩散剂、抗静电剂、纤维润滑剂等。

包装与储运

安全储运 储存于阴凉、通风的库房。远离火种、热源。保持容器密封。应与氧化剂、强酸隔离储运。搬运时轻装轻卸，防止容器受损。

紧急处置信息

急救措施

吸入： 脱离接触。如有不适感，就医。

眼睛接触： 分开眼睑，用流动清水或生理盐水冲洗。如有不适感，就医。

皮肤接触： 脱去污染的衣着，用肥皂水和清水冲洗。如有不适感，就医。

食入： 漱口，饮水。就医。

灭火方法　消防人员须穿全身消防服，佩戴空气呼吸器，在上风向灭火。尽可能将容器从火场移至空旷处。喷水保持火场容器冷却，直至灭火结束。处在火场中的容器若发生异常变化或发出异常声音，须马上撤离。

灭火剂：溶于水者用抗溶性泡沫、二氧化碳、干粉、砂土。

泄漏应急处置　消除所有点火源。根据液体流动和蒸气扩散的影响区域划定警戒区，无关人员从侧风、上风向撤离至安全区。建议应急处理人员戴正压自给式呼吸器，穿防静电、防腐蚀服，戴橡胶手套。尽可能切断泄漏源。防止泄漏物进入水体、下水道、地下室或限制性空间。小量泄漏：用干燥的砂土或其他不燃材料吸收或覆盖，收集于容器中。大量泄漏：构筑围堤或挖坑收容。

716. 商品渣油

标　识

中文名称　商品渣油

英文名称　Salable residue oil；Residuum

危害信息

燃烧与爆炸危险性　可燃，遇明火、高热能引起燃烧。在高温火场中，受热的容器或储罐有破裂和爆炸的危险。

禁忌物　强氧化剂。

侵入途径　吸入、食入。

理化特性与用途

理化特性　黑褐色黏稠液体。不溶于水。相对密度（水 = 1）0.94 ~ 0.99，运动黏度（mm^2/s，100℃）：≤1500（1 号）、≤2000（2 号），凝固点≤55℃，硫含量≤2.5%，闪点≥150℃（开杯）。

主要用途　用作工业燃料、裂解原料及筑路材料。

包装与储运

安全储运　储存于阴凉、通风的库房。远离火种、热源。应与氧化剂等隔离储运。搬运时轻装轻卸，防止容器受损。

紧急处置信息

急救措施

吸入： 脱离接触。如有不适感，就医。

眼睛接触：分开眼睑，用流动清水或生理盐水冲洗。如有不适感，就医。

皮肤接触：脱去污染的衣着，用肥皂水和清水冲洗。如有不适感，就医。

食入：漱口，尽量饮水。就医。

灭火方法　消防人员须穿全身消防服，佩戴空气呼吸器，在上风向灭火。尽可能将容器从火场移至空旷处。喷水保持火场容器冷却，直至灭火结束。处在火场中的容器若发生异常变化或发出异常声音，须马上撤离。

灭火剂：泡沫、二氧化碳、干粉、砂土。

泄漏应急处置　消除所有点火源。根据液体流动和蒸气扩散的影响区域划定警戒区，无关人员从侧风、上风向撤离至安全区。建议应急处理人员戴正压自给式呼吸器，穿防静电、防腐蚀服，戴橡胶手套。尽可能切断泄漏源。防止泄漏物进入水体、下水道、地下室或限制性空间。小量泄漏：用干燥的砂土或其他不燃材料吸收或覆盖，收集于容器中。大量泄漏：构筑围堤或挖坑收容。

717. 砷

标　识

中文名称　砷

英文名称　Arsenic

别名　砒

分子式　As

CAS 号　7440－38－2

WGH 号　61006

UN 号　1558；1562(砷粉)

危害信息

危险性类别　第6.1类　毒害品

燃烧与爆炸危险性　可燃，其粉体与空气混合能形成爆炸性混合物。燃烧产物中含有剧毒的氧化砷。

活性反应　与硝酸或酸雾接触会生成剧毒的砷酸。接触高锰酸钾会着火燃烧。遇过氧化钠会发生氧化反应达到白炽状态。砷粉与溴酸钾、溴酸钙、氯酸钾等卤素的含氧酸盐的混合物受热、受压、摩擦、撞击后会发生爆炸。常温下即能与氟气发生反应。

禁忌物　强氧化剂、酸类、卤素。

毒性　大鼠经口 LD_{50}：763mg/kg；小鼠经口 LD_{50}：145mg/kg。

IARC 对本品的致癌性分类：G1——确认人类致癌物。

中毒表现　元素砷不溶于水，急性毒性低。口服砷化合物引起急性胃肠炎、休克、周围神经病、中毒性心肌炎、肝炎以及抽搐、昏迷等，甚至死亡。大量吸入亦可引起急性中毒，但消化道症状较轻。

慢性中毒：长期接触砷化合物引起消化系统症状、肝肾损害，皮肤色素沉着、角化过度或疣状增生，多发性周围神经炎。

砷和砷化合物为对人致癌物，可引起肺癌、皮肤癌。

侵入途径　吸入、食入、经皮吸收。

职业接触限值　中国：PC-TWA：0.01mg/m^3[G1]；PC-STEL：0.02mg/m^3[G1]。

美国(ACGIH)：TLV-TWA：0.01mg/m^3。

环境危害 对水生生物有极高毒性，可能在水生环境中造成长期不利影响。

理化特性与用途

理化特性 有灰、黄、黑三种同素异构体，其中灰色晶体具有金属性，但质硬而脆。在空气中其表面很快生成氧化物而失去光泽。不溶于水、盐酸和多数有机溶剂，溶于硝酸、热硫酸和王水。熔点817℃(3.6MPa)，615℃升华，相对密度(水=1)5.73，饱和蒸气压0.13kPa(372℃)，临界压力22.3MPa，辛醇/水分配系数0.68。

主要用途 用于制砷酸盐、硬质合金、药物、防腐剂、媒染剂、杀虫剂等。

包装与储运

包装标志 有毒品

包装类别 Ⅱ类

安全储运 储存于阴凉、通风的库房。储存温度不超过35℃，相对湿度不超过80%。密闭包装，切勿受潮。应与氧化剂、酸类、卤素、食用化学品隔离储运。严格执行剧毒化学品管理制度。

紧急处置信息

急救措施

吸入：迅速脱离现场至空气新鲜处。保持呼吸道通畅。如呼吸困难，给输氧。呼吸、心跳停止，立即进行心肺复苏术。就医。

眼睛接触：立即分开眼睑，用流动清水或生理盐水彻底冲洗。就医。

皮肤接触：立即脱去污染的衣着，用肥皂水和清水彻底冲洗。就医。

食入：催吐、彻底洗胃，洗胃后服活性炭30~50g(用水调成浆状)，而后再服用硫酸镁或硫酸钠导泻。就医。

解毒剂用BAL，二巯基丙磺酸钠、二巯基丁二酸钠等。

灭火方法 消防人员须佩戴空气呼吸器，穿全身消防服，在上风向灭火。尽可能将容器从火场移至空旷处。喷水保持火场容器冷却，直至灭火结束。

灭火剂：干粉、泡沫、二氧化碳、砂土。

泄漏应急处置 隔离泄漏污染区，限制出入。建议应急处理人员戴防尘口罩，穿防毒服，戴橡胶手套。穿上适当的防护服前严禁接触破裂的容器和泄漏物。尽可能切断泄漏源。用塑料布覆盖泄漏物，减少飞散。勿使水进入包装容器内。用洁净的铲子收集泄漏物，置于干净、干燥、盖子较松的容器中，将容器移离泄漏区。

718. 十　八　胺

标　识

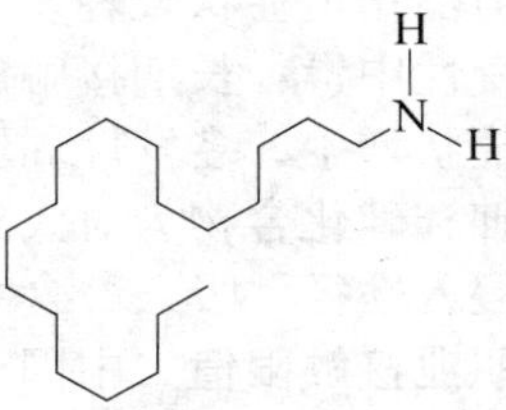

中文名称 十八胺

英文名称 Octadecylamine；n-Stearylamine

别名 十八烷基胺；硬脂胺

分子式 $C_{18}H_{39}N$

CAS 号 124－30－1

危害信息

危险性类别 第 8 类 腐蚀品

燃烧与爆炸危险性 可燃，遇明火高热有引起燃烧爆炸的危险。燃烧产生有毒的一氧化碳和氮氧化物气体。

活性反应 与强酸反应。

禁忌物 强酸。

毒性 大鼠经口 LD_{50}：2000mg/kg；小鼠经口 LD_{50}：3000mg/kg。

对皮肤有致敏性。

侵入途径 吸入、食入。

理化特性与用途

理化特性 白色蜡状固体结晶，具有碱性。不溶于水，易溶于氯仿，溶于乙醇、乙醚和苯，混溶于丙酮。熔点 52.9℃，沸点 346.8℃，相对密度(水＝1)0.8618(20℃/4℃)，相对蒸气密度(空气＝1)9.3，闪点 148℃(闭杯)，辛醇/水分配系数 7.7。

主要用途 用作油田注水系统、低压锅炉碱度大的给水、冷凝水系统及其他水系统和循环冷却水的缓蚀剂，也用于制彩色照片的成色剂，以及用作树脂、乳化剂、杀菌剂、表面活性剂的原料和纺织助剂。

包装与储运

包装标志 腐蚀品

包装类别 Ⅲ类

安全储运 储存于阴凉、通风的库房。远离火种、热源。保持容器密封。应与氧化剂、强酸隔离储运。

紧急处置信息

急救措施

吸入：迅速脱离现场至空气新鲜处。保持呼吸道通畅。如呼吸困难，给输氧。呼吸、心跳停止，立即进行心肺复苏术。就医。

眼睛接触：立即分开眼睑，用大量流动清水或生理盐水彻底冲洗 10～15min。就医。

皮肤接触：立即脱去污染的衣着，用大量流动清水彻底冲洗。就医。

食入：用水漱口，禁止催吐。就医。

灭火方法 消防人员须佩戴空气呼吸器，穿全身耐酸碱消防服在上风向灭火。尽可能将容器从火场移至空旷处。喷水保持火场容器冷却，直至灭火结束。

灭火剂：雾状水、干沙、泡沫、干粉。

泄漏应急处置 隔离泄漏污染区，限制出入。建议应急处理人员戴防尘口罩，穿防毒防酸碱服，戴橡胶耐酸碱手套。穿上适当的防护服前严禁接触破裂的容器和泄漏物。尽可能切断泄漏源。用塑料布覆盖泄漏物，减少飞散。勿使水进入包装容器内。用洁净的铲子收集泄漏物，置于干净、干燥、盖子较松的容器中，将容器移离泄漏区。

719. 十　八　醇

标　识

中文名称　十八醇

英文名称　1-Octadecanol；Stearyl alcohol

别名　硬脂醇

分子式　$C_{18}H_{38}O$

CAS 号　112－92－5

危害信息

燃烧与爆炸危险性　可燃，遇明火、高热可引起燃烧，燃烧产生有毒的一氧化碳气体。

活性反应　与氧化剂发生反应。

禁忌物　氧化剂。

毒性　大鼠经口 LD_{50}：20000mg/kg。

对眼睛、皮肤、黏膜有刺激作用。皮肤接触后可致荨麻疹。

侵入途径　吸入、食入。

理化特性与用途

理化特性　白色片状或颗粒，有香味。不溶于水。溶于苯、乙醇、乙醚、丙酮、氯仿。熔点 59.5℃，沸点 336℃，相对密度（水＝1）0.8142（59℃/4℃），相对蒸气密度（空气＝1）9.5，蒸气压 150Pa（133℃），辛醇/水分配系数 8.22，闪点 170℃，引燃温度 450℃，爆炸极限 1%～8%。

主要用途　常用于制造表面活性剂，也可用于药物和化妆品的制备。

包装与储运

安全储运　储存于阴凉、通风的库房。远离火种、热源。应与氧化剂等隔离储运。

紧急处置信息

急救措施

吸入：脱离接触。如有不适感，就医。

眼睛接触：分开眼睑，用流动清水或生理盐水冲洗。如有不适感，就医。

皮肤接触：脱去污染的衣着，用肥皂水和清水冲洗。如有不适感，就医。

食入：漱口，饮水。就医。

灭火方法　消防人员须穿全身消防服，佩戴防毒面具在上风向灭火。尽可能将容器从火场移至空旷处。喷水保持火场容器冷却，直至灭火结束。

灭火剂：雾状水、泡沫、二氧化碳、干粉、砂土。

泄漏应急处置　隔离泄漏污染区，限制出入。消除所有点火源。建议应急处理人员戴防尘口罩，穿防毒服。穿上适当的防护服前严禁接触破裂的容器和泄漏物。尽可能切断泄漏源。用塑料布覆盖泄漏物，减少飞散。勿使水进入包装容器内。用洁净的铲子收集泄漏物，置于干净、干燥、盖子较松的容器中，将容器移离泄漏区。

720. 十八烷基二甲基苄基氯化铵

标　识

中文名称　十八烷基二甲基苄基氯化铵

英文名称　Octadecyl dimethyl benzyl ammonium chloride；Benzyldimethylstearylammonium chloride

别名　匀染剂1827

分子式　$C_{27}H_{50}ClN$

CAS 号　122－19－0

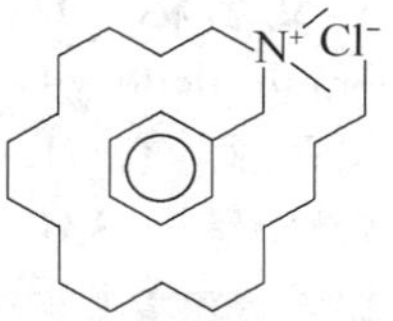

危害信息

燃烧与爆炸危险性　可燃。其粉体与空气混合能形成爆炸性混合物，遇明火、高热有引起燃烧爆炸的危险。燃烧产生有毒的一氧化碳和氮氧化物气体。

禁忌物　强氧化剂。

毒性　大鼠经口 LD_{50}：1250mg/kg。小鼠经口 LD_{50}：760mg/kg。

对眼和皮肤有刺激性。食入有害。

侵入途径　吸入、食入。

环境危害　对水生生物是有毒的。

理化特性与用途

理化特性　白色结晶粉末，熔化后为淡黄色黏稠液体。溶于水、氯仿、苯、丙酮、二甲苯。pH值4～8（1%水溶液），熔点57℃，沸点120℃（分解），相对密度（水＝1）＞1.1（固体，20℃），辛醇/水分配系数3.23。

主要用途　主要用作润滑脂的稠化剂、医药杀菌剂、纺织湿润剂、整理剂、柔软剂、抗静电剂。

包装与储运

安全储运　储存于阴凉、通风的库房。远离火种、热源。应与氧化剂等隔离储运。

紧急处置信息

急救措施

吸入：脱离接触。如有不适感，就医。

眼睛接触：分开眼睑，用流动清水或生理盐水冲洗。如有不适感，就医。

皮肤接触：脱去污染的衣着，用肥皂水和清水冲洗。如有不适感，就医。

食入：漱口，饮水。就医。

灭火方法　消防人员须穿全身防火防毒服，佩戴空气呼吸器在上风向灭火。尽可能将容器从火场移至空旷处。喷水保持火场容器冷却，直至灭火结束。

灭火剂：雾状水、抗溶性泡沫、二氧化碳、干粉、砂土。

泄漏应急处置　隔离泄漏污染区，限制出入。建议应急处理人员戴防尘口罩，穿防毒防酸碱服，戴橡胶耐酸碱手套。穿上适当的防护服前严禁接触破裂的容器和泄漏物。尽可能切断泄漏源。用塑料布覆盖泄漏物，减少飞散。勿使水进入包装容器内。用洁净的铲子收集泄漏物，置于干净、干燥、盖子较松的容器中，将容器移离泄漏区。

721. 十二烷基苯磺酸铵

标　识

中文名称　十二烷基苯磺酸铵

英文名称　Dodecylbenzenesulfonic acid, ammonium salt; Ammonium dodecylbenzenesulphonate

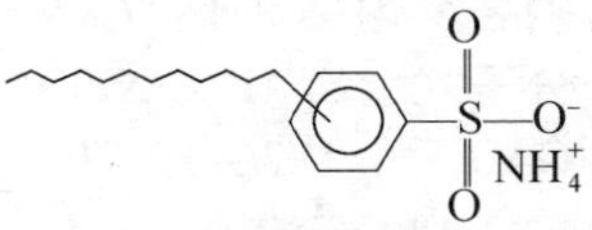

分子式　$C_{18}H_{33}NO_3S$

CAS 号　1331－61－9

危害信息

燃烧与爆炸危险性　可燃，遇明火、高热引起燃烧，燃烧产生有毒的一氧化碳和硫氧化物气体。在高温火场中，受热的容器或储罐有破裂和爆炸的危险。

禁忌物　强氧化剂。

侵入途径　吸入、食入。

理化特性与用途

理化特性　淡黄色透明液体。易溶于水。pH 值 7～8。

主要用途　用作乳化剂和碳酸氢铵的防结块剂。

包装与储运

安全储运　储存于阴凉、通风的库房。远离火种、热源。应与氧化剂隔离储运。搬运时轻装轻卸，防止容器受损。

紧急处置信息

急救措施

吸入：脱离接触。如有不适感，就医。

眼睛接触：分开眼睑，用流动清水或生理盐水冲洗。如有不适感，就医。

皮肤接触：脱去污染的衣着，用肥皂水和清水冲洗。如有不适感，就医。

食入：漱口，尽量饮水，不要催吐。就医。

灭火方法　消防人员须穿全身消防服，佩戴空气呼吸器，在上风向灭火。尽可能将容器从火场移至空旷处。喷水保持火场容器冷却，直至灭火结束。处在火场中的容器若发生异常变化或发出异常声音，须马上撤离。

灭火剂：抗溶性泡沫、二氧化碳、干粉、砂土。

泄漏应急处置　根据液体流动和蒸气扩散的影响区域划定警戒区，无关人员从侧风、上风向撤离至安全区。建议应急处理人员戴防毒面具，穿防毒服。穿上适当的防护服前严禁接触破裂的容器和泄漏物。尽可能切断泄漏源。防止泄漏物进入水体、下水道、地下室或密闭性空间。小量泄漏：用干燥的砂土或其他不燃材料吸收或覆盖，收集于容器中。大量泄漏：构筑围堤或挖坑收容。用泵转移至槽车或专用收集器内。

722. 十二烷基苯磺酸钙

标　识

中文名称　十二烷基苯磺酸钙
英文名称　Calcium dodecylbenzenesulfonate
别名　月桂基苯磺酸钙
分子式　$C_{36}H_{58}CaO_6S_2$
CAS 号　26264－06－2

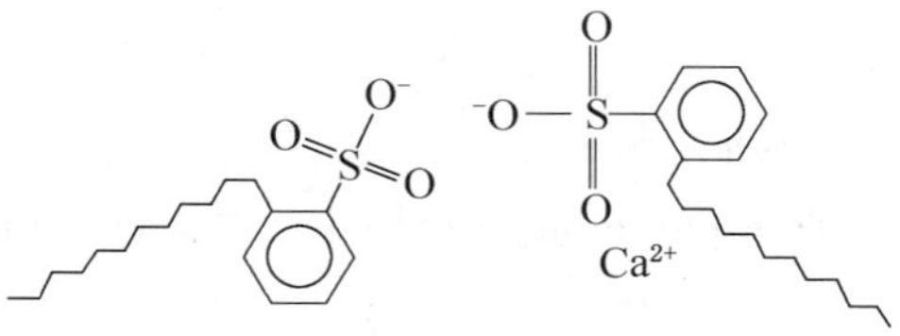

危害信息

燃烧与爆炸危险性　可燃。遇明火、高热可引起燃烧，燃烧产生有毒的一氧化碳和硫氧化物气体。在高温火场中，受热的容器或储罐有破裂和爆炸的危险。
活性反应　与强氧化剂反应。
禁忌物　强氧化剂。
毒性　大鼠经口 LD_{50}：4g/kg；小鼠经口 LD_{50}：3680mg/kg。
对眼有刺激性。长期接触对皮肤有刺激性。
侵入途径　吸入、食入。

理化特性与用途

理化特性　淡黄褐色液体。不溶于水，稍溶于苯、二甲苯，易溶于甲醇、乙醇、异丙醇、乙醚等有机溶剂。相对密度（水＝1）1.04（25℃，水溶液）。
主要用途　用作润湿剂、乳化剂、油品防蜡剂。

包装与储运

安全储运　储存于阴凉、通风的库房。远离火种、热源。保持容器密封。应与氧化剂隔离储运。搬运时轻装轻卸，防止容器受损。

紧急处置信息

急救措施
吸入：脱离接触。如有不适感，就医。
眼睛接触：分开眼睑，用流动清水或生理盐水冲洗。如有不适感，就医。
皮肤接触：脱去污染的衣着，用肥皂水和清水冲洗。如有不适感，就医。
食入：漱口，尽量饮水，不要催吐。就医。
灭火方法　消防人员须穿全身消防服，佩戴空气呼吸器，在上风向灭火。尽可能将容器从火场移至空旷处。喷水保持火场容器冷却，直至灭火结束。处在火场中的容器若发生

异常变化或发出异常声音，须马上撤离。

灭火剂：泡沫、二氧化碳、干粉、砂土。

泄漏应急处置 消除所有点火源。根据液体流动和蒸气扩散的影响区域划定警戒区，无关人员从侧风、上风向撤离至安全区。建议应急处理人员戴正压自给式呼吸器，穿防静电、防腐蚀服，戴橡胶手套。尽可能切断泄漏源。防止泄漏物进入水体、下水道、地下室或限制性空间。小量泄漏：用干燥的砂土或其他不燃材料吸收或覆盖，收集于容器中。大量泄漏：构筑围堤或挖坑收容。

723. 十二烷基苯磺酸钠

标　识

中文名称 十二烷基苯磺酸钠

英文名称 Sodium dodecylbenzenesulfonate; Dodecylbenzenesulfonic acid, sodium salt

别名 金属清洗剂 YS

分子式 $C_{18}H_{29}O_3S \cdot Na$

CAS 号 25155－30－0

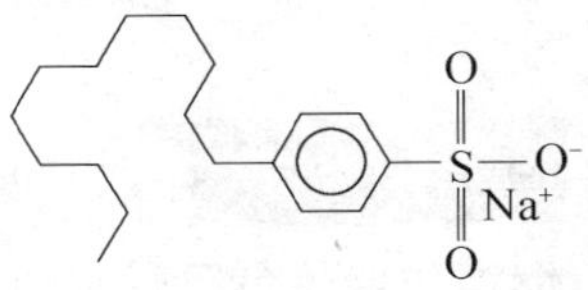

危害信息

燃烧与爆炸危险性 可燃。其粉体与空气混合能形成爆炸性混合物，遇明火、高热，可能引起爆炸。受高热分解放出有毒的一氧化碳和硫化物气体。

活性反应 与氧化剂反应。

禁忌物 强氧化剂。

毒性 大鼠经口 LD_{50}：438mg/kg；小鼠经口 LD_{50}：1330mg/kg。

本品基本无毒。其浓溶液对皮肤有一定刺激作用。目前，未见职业中毒报道。

侵入途径 吸入、食入。

理化特性与用途

理化特性 白色至淡黄色薄片，颗粒或粉末。溶于水。pH 值 6.5～9.5（1% 水溶液），熔点 >300℃，密度 1.0g/cm³，辛醇/水分配系数 0.45。

主要用途 用于配制各种类型的液体、粉状、粒状洗涤剂，擦净剂和清洁剂等。

包装与储运

安全储运 储存于阴凉、通风的库房。远离火种、热源。应与氧化剂等隔离储运。

紧急处置信息

急救措施

吸入： 脱离接触。如有不适感，就医。

眼睛接触： 分开眼睑，用流动清水或生理盐水冲洗。如有不适感，就医。

皮肤接触： 脱去污染的衣着，用肥皂水和清水冲洗。如有不适感，就医。

食入： 漱口，饮水。就医。

灭火方法 消防人员须穿全身消防服，佩戴空气呼吸器，在上风向灭火。尽可能将容

器从火场移至空旷处。喷水保持火场容器冷却，直至灭火结束。

灭火剂：雾状水、泡沫、二氧化碳、干粉、砂土。

泄漏应急处置 隔离泄漏污染区，限制出入。消除所有点火源。建议应急处理人员戴防尘口罩，穿防毒服。穿上适当的防护服前严禁接触破裂的容器和泄漏物。尽可能切断泄漏源。用塑料布覆盖泄漏物，减少飞散。勿使水进入包装容器内。用洁净的铲子收集泄漏物，置于干净、干燥、盖子较松的容器中，将容器移离泄漏区。

724. 十二烷基醇硫酸钠

标　识

中文名称 十二烷基醇硫酸钠

英文名称 Sodium dodecylsulfate；Sodium laurylsulfate

别名 十二醇硫酸钠；月桂醇硫酸钠；K12

分子式 $C_{12}H_{25}NaO_4S$

CAS 号 151－21－3

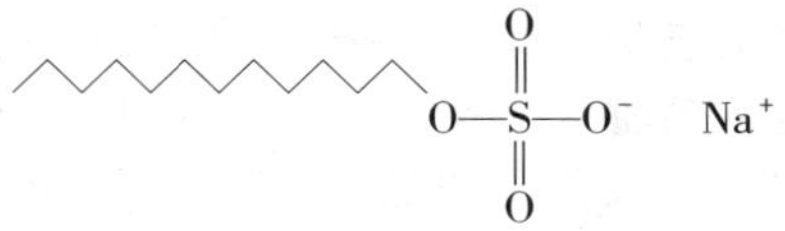

危害信息

燃烧与爆炸危险性 可燃。其粉体与空气混合能形成爆炸性混合物，遇明火、高热有引起燃烧爆炸的危险。燃烧产生有毒的一氧化碳和硫氧化物气体。

活性反应 与强酸反应。

禁忌物 强酸。

毒性 大鼠经口 LD_{50}：1288mg/kg；大鼠吸入 LC_{50}：＞3900mg/m^3（1h）；家兔经皮 LDL_o：10g/kg。

对眼和皮肤有刺激性。对皮肤有致敏性。

侵入途径 吸入、食入、经皮吸收。

理化特性与用途

理化特性 白色至微黄色粉末，微有特殊气味。溶于水、低级醇、醚、酮等亲水性溶剂。pH 值 9.5（1% 水溶液），熔点 204～207℃，相对密度（水＝1）0.4，闪点＞100℃，引燃温度 248℃，辛醇/水分配系数 1.6。

主要用途 用作洗涤剂和纺织助剂，也用作牙膏起泡剂、矿井灭火剂、乳液聚合乳化剂、羊毛净洗剂等。

包装与储运

安全储运 储存于阴凉、通风的库房。远离火种、热源。储存温度不超过 35℃。保持容器密封。应与强氧化剂等隔离储运。

紧急处置信息

急救措施

吸入：脱离接触。如有不适感，就医。

眼睛接触：分开眼睑，用流动清水或生理盐水冲洗。如有不适感，就医。

皮肤接触： 脱去污染的衣着，用肥皂水和清水冲洗。如有不适感，就医。

食入： 漱口，尽量饮水，不要催吐。就医。

灭火方法 消防人员须穿全身消防服，在上风向灭火。尽可能将容器从火场移至空旷处。喷水保持火场容器冷却，直至灭火结束。

灭火剂：雾状水、抗溶性泡沫、二氧化碳、干粉、砂土。

泄漏应急处置 隔离泄漏污染区，限制出入。建议应急处理人员戴防尘口罩，穿防毒防酸碱服，戴橡胶耐酸碱手套。穿上适当的防护服前严禁接触破裂的容器和泄漏物。尽可能切断泄漏源。用塑料布覆盖泄漏物，减少飞散。勿使水进入包装容器内。用洁净的铲子收集泄漏物，置于干净、干燥、盖子较松的容器中，将容器移离泄漏区。

725. 十二烷基二甲基苄基氯化铵

标　识

中文名称 十二烷基二甲基苄基氯化铵

英文名称 Dodecyl dimethyl benzyl ammonium chloride；Benzalkonium chloride

别名 表面活性剂1227；匀染剂1227；苯扎氯铵；洁尔灭；杀菌剂1227

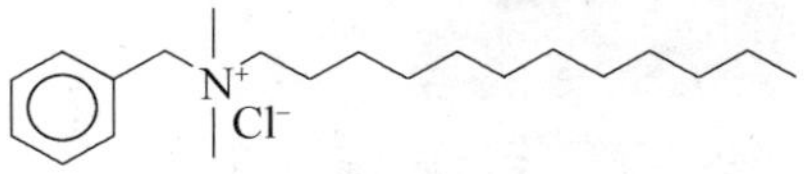

分子式 $C_{21}H_{38}ClN$

CAS号 139－07－1

危害信息

燃烧与爆炸危险性 可燃，遇明火、高热可引起燃烧，燃烧产生有毒的烟气。在高温火场中，由于分解反应的发生，受热的容器或储罐有破裂和爆炸的危险。

禁忌物 强氧化剂、水。

毒性 大鼠经口 LD_{50}：400mg/kg。

侵入途径 吸入、食入。

环境危害 对水生生物是有毒的。

理化特性与用途

理化特性 白色至黄色蜡状固体或胶状物，有芳香气味，味苦，易吸潮。易溶于水，微溶于乙醇。pH值6.5～7.5(10%溶液)。

主要用途 用作腈纶匀染剂、印染织物缓染剂、油田油井杀菌剂、冷却水系统杀菌灭藻剂、医疗器械消毒剂等。

包装与储运

安全储运 储存于阴凉、干燥、通风的库房。远离火种、热源。密闭包装，注意防潮。应与氧化剂隔离储运。

紧急处置信息

急救措施

吸入： 脱离接触。如有不适感，就医。

眼睛接触： 分开眼睑，用流动清水或生理盐水冲洗。如有不适感，就医。

皮肤接触： 脱去污染的衣着，用肥皂水和清水冲洗。如有不适感，就医。

食入： 漱口，饮水。就医。

灭火方法 消防人员须穿全身消防服，在上风向灭火。尽可能将容器从火场移至空旷处。喷水保持火场容器冷却，直至灭火结束。

灭火剂：雾状水、抗溶性泡沫、二氧化碳、干粉、砂土。

泄漏应急处置 隔离泄漏污染区，限制出入。建议应急处理人员戴防尘口罩，穿防毒服。穿上适当的防护服前严禁接触破裂的容器和泄漏物。尽可能切断泄漏源。用塑料布覆盖泄漏物，减少飞散。勿使水进入包装容器内。用洁净的铲子收集泄漏物，置于干净、干燥、盖子较松的容器中，将容器移离泄漏区。

726. 十二烷基二甲基苄基溴化铵

标　识

中文名称 十二烷基二甲基苄基溴化铵

英文名称 Benzenemethanaminium, *N*-dodecyl-*N*,*N*-dimethyl-, bromide; Benzyldodecyldimethylammonium bromide

别名 *N*-十二烷基-*N*,*N*-二甲基苄基溴化铵；苯扎溴铵；新洁尔灭

分子式 $C_{21}H_{38}BrN$

CAS 号 7281－04－1

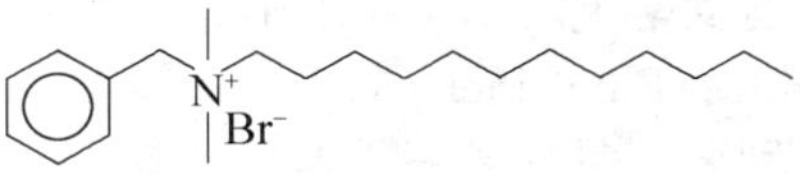

危害信息

危险性类别 第6类 有毒品

燃烧与爆炸危险性 可燃，遇明火、高热有引起燃烧爆炸的危险，燃烧产生有毒的一氧化碳和氮氧化物气体。

禁忌物 强氧化剂。

毒性 大鼠经口 LD_{50}：230mg/kg。

侵入途径 吸入、食入。

环境危害 对水生生物是有毒的。

理化特性与用途

理化特性 无色或淡黄色固体或胶体。易溶于水或乙醇，有芳香气，味极苦。熔点50～55℃，相对密度(水＝1)0.96～0.98(25℃)。

主要用途 广泛用于杀菌、消毒、防腐、乳化、去垢、增溶等方面，是水处理常用的非氧化性杀菌灭藻剂、黏泥剥离剂和清洗剂之一。

包装与储运

包装标志 有毒品

包装类别 Ⅲ类

安全储运 储存于阴凉、通风的库房。远离火种、热源。储存温度不超过35℃，相对湿度不超过85%。保持容器密封。应与氧化剂隔离储运。

紧急处置信息

急救措施

吸入： 脱离接触。如有不适感，就医。

眼睛接触： 分开眼睑，用流动清水或生理盐水冲洗。如有不适感，就医。

皮肤接触： 脱去污染的衣着，用肥皂水和清水冲洗。如有不适感，就医。

食入： 漱口，饮水。就医。

灭火方法　消防人员须穿全身防火防毒服，佩戴空气呼吸器在上风向灭火。尽可能将容器从火场移至空旷处。喷水保持火场容器冷却，直至灭火结束。

灭火剂：雾状水、抗溶性泡沫、二氧化碳、干粉、砂土。

泄漏应急处置　隔离泄漏污染区，限制出入。建议应急处理人员戴防尘口罩，穿防毒防酸碱服，戴橡胶耐酸碱手套。穿上适当的防护服前严禁接触破裂的容器和泄漏物。尽可能切断泄漏源。用塑料布覆盖泄漏物，减少飞散。勿使水进入包装容器内。用洁净的铲子收集泄漏物，置于干净、干燥、盖子较松的容器中，将容器移离泄漏区。

727. 十二烷基三甲基氯化铵

标　识

中文名称　十二烷基三甲基氯化铵

英文名称　Dodecyl trimethyl ammonium chloride；*N*，*N*，*N*-Trimethyl-1-dodecanaminium chloride；Emulsifier（1231）

别名　月桂基三甲基氯化铵；乳化剂 1231

分子式　$C_{15}H_{34}ClN$

CAS 号　112－00－5

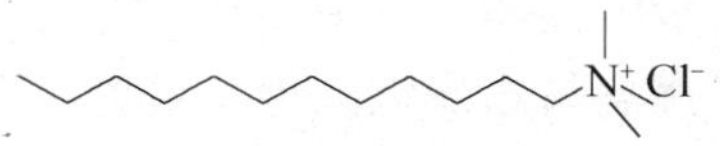

危害信息

危险性类别　第 6 类　有毒品

燃烧与爆炸危险性　固体物可燃，其粉体与空气混合能形成爆炸性混合物，遇明火、高热有引起燃烧爆炸的危险。溶液易燃。燃烧产生有毒的一氧化碳和氮氧化物气体。

禁忌物　强氧化剂。

毒性　小鼠经口 LDL_0：300mg/kg。

吸入对呼吸道有刺激性。误服可造成消化道灼伤。对眼和皮肤有强烈刺激性，可引起灼伤。可经皮吸收引起中毒。

侵入途径　吸入、食入、经皮吸收。

环境危害　对水生生物是有毒的。

理化特性与用途

理化特性　白色结晶至粉末状。溶于水、乙醇和异丙醇。pH 值 6～8(1% 水溶液)，熔点 237℃(分解)。溶液：浅黄色透明胶状液体。活性物含量分为 30%、33%、50% 三种。相对密度(水＝1)0.98，凝固点－15℃(33%)、－10.5℃(50%)，闪点 60℃。

主要用途　可作催化剂、乳化剂、杀菌剂、消毒剂、抗静电剂等。

包装与储运

包装标志　有毒品

包装类别　Ⅲ类

安全储运　储存于阴凉、通风的库房。远离火种、热源。储存温度不超过35℃，相对湿度不超过80%。保持容器密封。应与氧化剂隔离储运。

紧急处置信息

急救措施

吸入：迅速脱离现场至空气新鲜处。保持呼吸道通畅。如呼吸困难，给输氧。呼吸、心跳停止，立即进行心肺复苏术。就医。

眼睛接触：立即分开眼睑，用大量流动清水或生理盐水彻底冲洗10～15min。就医。

皮肤接触：立即脱去污染的衣着，用大量流动清水彻底冲洗，冲洗时间一般要求20～30min。就医。

食入：用水漱口，禁止催吐。给饮牛奶或蛋清。就医。

灭火方法　消防人员须穿全身防火防毒服，佩戴空气呼吸器在上风向灭火。尽可能将容器从火场移至空旷处。喷水保持火场容器冷却，直至灭火结束。

灭火剂：雾状水、抗溶性泡沫、二氧化碳、干粉、砂土。

泄漏应急处置　隔离泄漏污染区，限制出入。建议应急处理人员戴防尘口罩，穿防毒防酸碱服，戴橡胶耐酸碱手套。穿上适当的防护服前严禁接触破裂的容器和泄漏物。尽可能切断泄漏源。用塑料布覆盖泄漏物，减少飞散。勿使水进入包装容器内。用洁净的铲子收集泄漏物，置于干净、干燥、盖子较松的容器中，将容器移离泄漏区。溶液泄漏：小量泄漏，用沙土等惰性材料吸收，用洁净的无火花工具收集，置于适当的容器中处置。大量泄漏，筑堤收容，用防爆泵转移至专用收集容器中，回收或废弃处置。

728. 十二烷基甜菜碱

标　识

中文名称　十二烷基甜菜碱

英文名称　Amphiprotic surfactant BS-12；(Carboxylatomethyl) dodecyldimethylammonium；Dodecyldimethylbetaine

别名　两性表面活性剂BS-12

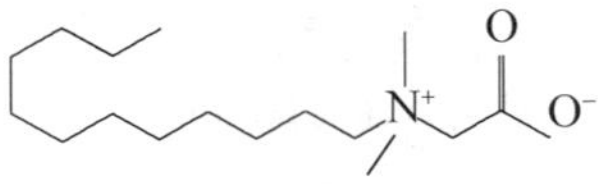

分子式　$C_{16}H_{33}NO_2$

CAS号　683-10-3

危害信息

燃烧与爆炸危险性　可燃，遇明火、高热可引起燃烧，燃烧产生有毒的一氧化碳和氮氧化物气体。

毒性　大鼠经口LD_{50}：71mg/kg；大鼠经皮LD_{50}：1300mg/kg。

侵入途径　吸入、食入、经皮吸收。

理化特性与用途

理化特性 无色至浅黄色透明黏稠液体。溶于水。活性成分含量28%～32%。pH值6～8，相对密度(水=1)1.0±0.04。

主要用途 用作油田集输系统、污水处理系统及循环冷却水系统的杀菌灭藻剂，并可用作羊毛、兔毛的缩绒剂，合成纤维的抗静电剂、柔软剂，以及洗净调理剂。

包装与储运

安全储运 储存于阴凉、通风的库房。容器密闭。远离火种、热源。应与氧化剂等隔离储运。搬运时轻装轻卸，防止容器受损。

紧急处置信息

急救措施

吸入： 脱离接触。如有不适感，就医。

眼睛接触： 分开眼睑，用流动清水或生理盐水冲洗。如有不适感，就医。

皮肤接触： 脱去污染的衣着，用流动清水冲洗。如有不适感，就医。

食入： 漱口，饮水。就医。

灭火方法 消防人员须穿全身消防服，在上风向灭火。尽可能将容器从火场移至空旷处。喷水保持火场容器冷却，直至灭火结束。

灭火剂：雾状水、抗溶性泡沫、二氧化碳、干粉、砂土。

泄漏应急处置 消除所有点火源。根据液体流动和蒸气扩散的影响区域划定警戒区，无关人员从侧风、上风向撤离至安全区。建议应急处理人员戴正压自给式呼吸器，穿防静电、防腐蚀服，戴橡胶手套。尽可能切断泄漏源。防止泄漏物进入水体、下水道、地下室或限制性空间。小量泄漏：用干燥的砂土或其他不燃材料吸收或覆盖，收集于容器中。大量泄漏：构筑围堤或挖坑收容。

729. 十 六 醇

标 识

中文名称 十六醇

英文名称 1-Hexadecanol；Cetyl alcohol

别名 鲸蜡醇；棕榈醇

分子式 $C_{16}H_{34}O$

CAS号 36653-82-4

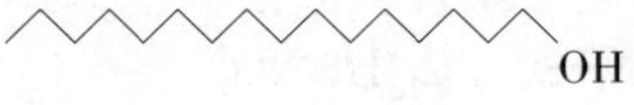

危害信息

燃烧与爆炸危险性 可燃。其粉体与空气混合能形成爆炸性混合物，遇明火、高热有引起燃烧爆炸的危险。燃烧产生有毒的一氧化碳气体。

活性反应 与氧化剂发生反应。

禁忌物 氧化剂。

毒性 大鼠经口 LD_{50}：5000mg/kg；小鼠经口 LD_{50}：3200mg/kg；家兔经皮 LD_{50}：

>2600mg/kg。

本品对眼睛、皮肤、黏膜和上呼吸道有刺激作用。

侵入途径 吸入、食入、经皮吸收。

理化特性与用途

理化特性 白色蜡状固体或片状结晶。不溶于水，溶于丙酮，易溶于乙醚、苯、氯仿。熔点49.3℃，沸点334℃，相对密度(水=1)0.8187(50℃/4℃)，相对蒸气密度(空气=1)8.36，临界温度488℃，临界压力1.51MPa，燃烧热-9797kJ/mol，辛醇/水分配系数6.83，闪点135℃，引燃温度235℃，爆炸下限1%。

主要用途 是表面活性剂的重要原料，也用于化妆品及其他多种有机化学品的制备。

包装与储运

安全储运 储存于阴凉、通风的库房。远离火种、热源。应与氧化剂等隔离储运。

紧急处置信息

急救措施

吸入：脱离接触。如有不适感，就医。

眼睛接触：分开眼睑，用流动清水或生理盐水冲洗。如有不适感，就医。

皮肤接触：脱去污染的衣着，用肥皂水和清水冲洗。如有不适感，就医。

食入：漱口，饮水。就医。

灭火方法 消防人员须穿全身消防服，佩戴防毒面具，在上风向灭火。尽可能将容器从火场移至空旷处。喷水保持火场容器冷却，直至灭火结束。

灭火剂：雾状水、泡沫、二氧化碳、干粉、砂土。

泄漏应急处置 隔离泄漏污染区，限制出入。消除所有点火源。建议应急处理人员戴防尘口罩，穿防毒服。穿上适当的防护服前严禁接触破裂的容器和泄漏物。尽可能切断泄漏源。用塑料布覆盖泄漏物，减少飞散。勿使水进入包装容器内。用洁净的铲子收集泄漏物，置于干净、干燥、盖子较松的容器中，将容器移离泄漏区。

730. 十 六 酸

标 识

中文名称 十六酸

英文名称 Hexadecanoic acid；Palmitic acid

别名 棕榈酸；软脂酸。

分子式 $C_{16}H_{32}O_2$

CAS号 57-10-3

危害信息

燃烧与爆炸危险性 可燃。其粉体与空气混合能形成爆炸性混合物，遇明火、高热有引起燃烧爆炸的危险。燃烧产生有毒的一氧化碳气体。

活性反应 与氧化剂发生反应。

禁忌物 氧化剂、还原剂、碱类。

毒性 大鼠经口 LD_{50}：>10000mg/kg；小鼠静脉内 LD_{50}：57mg/kg。

对呼吸道、眼和皮肤有刺激性。大量口服引起胃部不适。

侵入途径 吸入、食入。

理化特性与用途

理化特性 白色鳞状或针状结晶。不溶于水，微溶于冷乙醇、石油醚，易溶于热乙醇、乙醚、丙醇、苯、乙酸、氯仿等。熔点 63℃，沸点 351～352℃，相对密度(水=1)0.85，蒸气压 133Pa(154℃)，辛醇/水分配系数 7.17，燃烧热 -10030.6kJ/mol。

主要用途 用于制造表面活性剂、涂料、化妆品等。

包装与储运

安全储运 储存于阴凉、通风的库房。远离火种、热源。应与氧化剂等隔离储运。

紧急处置信息

急救措施

吸入：脱离接触。如有不适感，就医。

眼睛接触：分开眼睑，用流动清水或生理盐水冲洗。如有不适感，就医。

皮肤接触：脱去污染的衣着，用肥皂水和清水冲洗。如有不适感，就医。

食入：漱口，饮水。就医。

灭火方法 消防人员须佩戴空气呼吸器，穿全身耐酸碱消防服，在上风向灭火。尽可能将容器从火场移至空旷处。喷水保持火场容器冷却，直至灭火结束。

灭火剂：雾状水、泡沫、干粉、二氧化碳、砂土。

泄漏应急处置 隔离泄漏污染区，限制出入。消除所有点火源。建议应急处理人员戴防尘口罩，穿一般作业工作服。尽可能切断泄漏源。用塑料布覆盖泄漏物，减少飞散。勿使水进入包装容器内。用洁净的铲子收集泄漏物，置于干净、干燥、盖子较松的容器中，将容器移离泄漏区。

731. 十六烷基氯化吡啶

标　识

中文名称 十六烷基氯化吡啶

英文名称 1-Hexadecylpyridinium chloride monohydrate；Cetylpyridinium chloride

别名 氯化十六烷基吡啶

分子式 $C_{21}H_{38}ClN \cdot H_2O$

CAS 号 6004-24-6

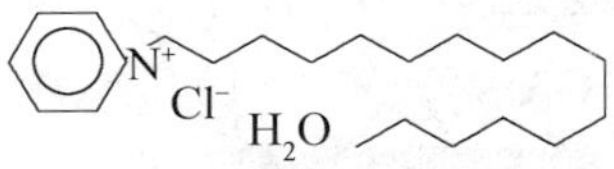

危害信息

危险性类别 第 6 类 有毒品

燃烧与爆炸危险性 可燃。其粉体与空气混合能形成爆炸性混合物，遇明火、高热有引起燃烧爆炸的危险。燃烧产生有毒的一氧化碳气体。

禁忌物 强氧化剂。

毒性 大鼠腹腔内 LDL_0：15mg/kg，出现嗜睡；小鼠腹腔内 LDL_0：3mg/kg，出现嗜睡；兔经口 LDL_0：400mg/kg，胃肠活动增强、腹泻。

侵入途径 吸入、食入。

环境危害 对水生生物是有毒的。

理化特性与用途

理化特性 白色粉末，常含一结晶水。极易溶于水、乙醇，可溶于氯仿，几乎不溶于苯、乙醚。熔点 77 ~ 83℃，pH 值 6 ~ 7(1% 水溶液)，分解温度 234℃。

主要用途 用于食品、制药、医药、化妆品，日化用品，工业助剂、表面活性剂、精密电镀、水处理、油田化学品等行业。

包装与储运

包装标志 有毒品

包装类别 Ⅲ类

安全储运 储存于阴凉、通风的库房。远离火种、热源。储存温度不超过 35℃，相对湿度不超过 80%。保持容器密封。应与强氧化剂、强碱隔离储运。

紧急处置信息

急救措施

吸入：脱离接触。如有不适感，就医。

眼睛接触：分开眼睑，用流动清水或生理盐水冲洗。如有不适感，就医。

皮肤接触：脱去污染的衣着，用肥皂水和清水冲洗。如有不适感，就医。

食入：漱口，饮水。就医。

灭火方法 消防人员须穿全身防火防毒服，佩戴空气呼吸器，在上风向灭火。尽可能将容器从火场移至空旷处。喷水保持火场容器冷却，直至灭火结束。

灭火剂：雾状水、抗溶性泡沫、二氧化碳、干粉、砂土。

泄漏应急处置 建议应急处理人员戴防尘口罩，穿防毒服。穿上适当的防护服前严禁接触破裂的容器和泄漏物。尽可能切断泄漏源。用塑料布覆盖泄漏物，减少飞散。勿使水进入包装容器内。用洁净的铲子收集泄漏物，置于干净、干燥、盖子较松的容器中，将容器移离泄漏区。

732. 十六烷基三甲基氯化铵

标　识

中文名称 十六烷基三甲基氯化铵

英文名称 Hexadecyl trimethyl ammonium chloride；Cetrimonium chloride；Cetyl trimethyl ammonium chlride

别名 氯化三甲基十六烷基铵

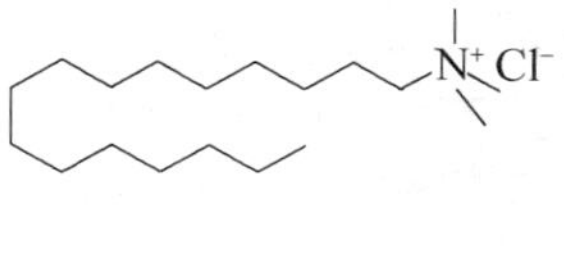

分子式 $C_{19}H_{42}ClN$

CAS 号 112 - 02 - 7

危害信息

燃烧与爆炸危险性　可燃，遇明火、高热可引起燃烧，燃烧产生有毒的一氧化碳和氮氧化物气体。

禁忌物　强氧化剂。

毒性　小鼠经口 LDL_o：400mg/kg；家兔经皮 LD_{50}：4300μL/kg(24h)。

蒸气对眼、鼻、喉有刺激性，吸入有害。液体对眼和皮肤有刺激性。食入有害。

侵入途径　吸入、食入、经皮吸收。

理化特性与用途

理化特性　白色或微黄色膏体或固体。溶于水，易溶于异丙醇。pH 值 5.5 ~ 8.5(1% 溶液)，熔点 232 ~ 234℃，密度 0.965g/cm^3(20℃)，引燃温度 398℃，辛醇/水分配系数 3.23。

主要用途　在石油、造纸、食品加工、纺织等工业水处理中用作杀菌剂；也可用作抗静电剂、皮革柔软剂、纤维软化剂、颜料涂饰剂、沥青和抗高温油包水乳化泥浆的乳化剂；还可用作日化工业中的洗涤调理剂、乳胶行业的防黏剂、有机合成催化剂、金属和合金的缓蚀剂等。

包装与储运

安全储运　储存于阴凉、通风的库房。远离火种、热源。应与氧化剂等隔离储运。

紧急处置信息

急救措施

吸入：脱离接触。如有不适感，就医。

眼睛接触：分开眼睑，用流动清水或生理盐水冲洗。如有不适感，就医。

皮肤接触：脱去污染的衣着，用肥皂水和清水冲洗。如有不适感，就医。

食入：漱口，饮水。就医。

灭火方法　消防人员须穿全身防火防毒服，佩戴空气呼吸器，在上风向灭火。尽可能将容器从火场移至空旷处。喷水保持火场容器冷却，直至灭火结束。

灭火剂：雾状水、抗溶性泡沫、二氧化碳、干粉、砂土。

泄漏应急处置　隔离泄漏污染区，限制出入。建议应急处理人员戴防尘口罩，穿防毒防酸碱服，戴橡胶耐酸碱手套。穿上适当的防护服前严禁接触破裂的容器和泄漏物。尽可能切断泄漏源。用塑料布覆盖泄漏物，减少飞散。勿使水进入包装容器内。用洁净的铲子收集泄漏物，置于干净、干燥、盖子较松的容器中，将容器移离泄漏区。

733. 十六烷基三甲基溴化铵

标　识

中文名称　十六烷基三甲基溴化铵

英文名称　Hexadecyltrimethylammonium bromide；Cetyltrimethylammonium bromide；Cetrimonium bromide

分子式　$C_{19}H_{42}BrN$

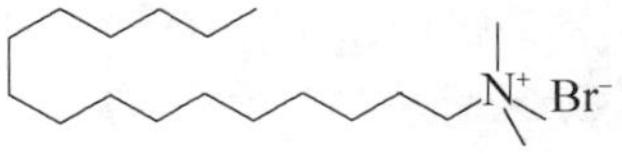

CAS 号　57-09-0

危害信息

燃烧与爆炸危险性 可燃，遇明火、高热可引起燃烧，燃烧产生有毒的氮氧化物气体。

禁忌物 强氧化剂。

毒性 大鼠经口 LD_{50}：410mg/kg。小鼠经口 LD_{50}：106mg/kg。

对眼和皮肤有刺激性。食入有害。

侵入途径 吸入、食入。

环境危害 对水生生物是有毒的。

理化特性与用途

理化特性 淡黄色固状物或白色结晶性粉末。溶于水，易溶于甲醇、乙醇和异丙醇，不溶于乙醚、氯仿。pH 值 5 ~7.5(1% 水溶液)，熔点 237 ~243℃，沸点(分解)，相对蒸气密度(空气 =1)13，闪点 244℃(闭杯)，辛醇/水分配系数 3.18。

主要用途 在工业和油田水处理中用作杀菌灭藻剂、黏泥剥离剂和清洗剂。

包装与储运

安全储运 储存于阴凉、通风的库房。远离火种、热源。应与氧化剂等隔离储运。

紧急处置信息

急救措施

吸入：脱离接触。如有不适感，就医。

眼睛接触：分开眼睑，用流动清水或生理盐水冲洗。如有不适感，就医。

皮肤接触：脱去污染的衣着，用肥皂水和清水冲洗。如有不适感，就医。

食入：漱口，饮水。就医。

灭火方法 消防人员须穿全身防火防毒服，佩戴空气呼吸器，在上风向灭火。尽可能将容器从火场移至空旷处。喷水保持火场容器冷却，直至灭火结束。

灭火剂：雾状水、抗溶性泡沫、二氧化碳、干粉、砂土。

泄漏应急处置 隔离泄漏污染区，限制出入。建议应急处理人员戴防尘口罩，穿防毒防酸碱服，戴橡胶耐酸碱手套。穿上适当的防护服前严禁接触破裂的容器和泄漏物。尽可能切断泄漏源。用塑料布覆盖泄漏物，减少飞散。勿使水进入包装容器内。用洁净的铲子收集泄漏物，置于干净、干燥、盖子较松的容器中，将容器移离泄漏区。

734. 十七烯基咪唑啉

标　识

中文名称 十七烯基咪唑啉

英文名称 2-Aminoethyl heptadecenyl imidazoline；2-(Heptadecenyl)-4，5-dihydro-1H-imidazole-1-ethylamine

别名 烷基咪唑啉

分子式 $C_{22}H_{43}N_3$

CAS 号 25749 -86 -4

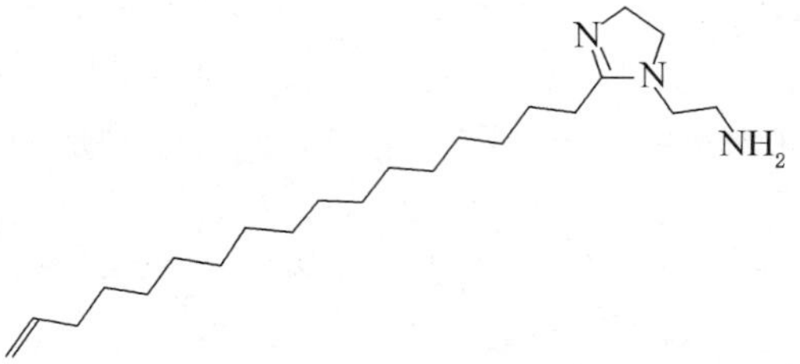

危害信息

燃烧与爆炸危险性　可燃，遇明火、高热可引起燃烧，燃烧产生有毒的氮氧化物气体。

禁忌物　强氧化剂。

侵入途径　吸入、食入。

理化特性与用途

理化特性　棕黄色黏稠液体。溶于油类及酸性溶液。pH 值 6.15(1% 水溶液)，凝固点 0℃ ~20℃。

主要用途　用作酸洗缓蚀剂、循环水缓蚀剂、杀菌剂、柔软剂以及油品缓蚀剂。

包装与储运

安全储运　储存于阴凉、通风的库房。远离火种、热源。应与氧化剂等隔离储运。搬运时轻装轻卸，防止容器受损。

紧急处置信息

急救措施

吸入：脱离接触。如有不适感，就医。

眼睛接触：分开眼睑，用流动清水或生理盐水冲洗。如有不适感，就医。

皮肤接触：脱去污染的衣着，用肥皂水和清水冲洗。如有不适感，就医。

食入：漱口，饮水。就医。

灭火方法　消防人员须穿全身防火防毒服，佩戴空气呼吸器，在上风向灭火。尽可能将容器从火场移至空旷处。喷水保持火场容器冷却，直至灭火结束。

灭火剂：雾状水、抗溶性泡沫、二氧化碳、干粉、砂土。

泄漏应急处置　消除所有点火源。根据液体流动和蒸气扩散的影响区域划定警戒区，无关人员从侧风、上风向撤离至安全区。建议应急处理人员戴正压自给式呼吸器，穿防静电、防腐蚀服，戴橡胶手套。尽可能切断泄漏源。防止泄漏物进入水体、下水道、地下室或限制性空间。小量泄漏：用干燥的砂土或其他不燃材料吸收或覆盖，收集于容器中。大量泄漏：构筑围堤或挖坑收容。

735. 十水四硼酸钠

标　识

中文名称　十水四硼酸钠

英文名称　Sodium tetraborate, decahydrate; Borax; Sodium borate

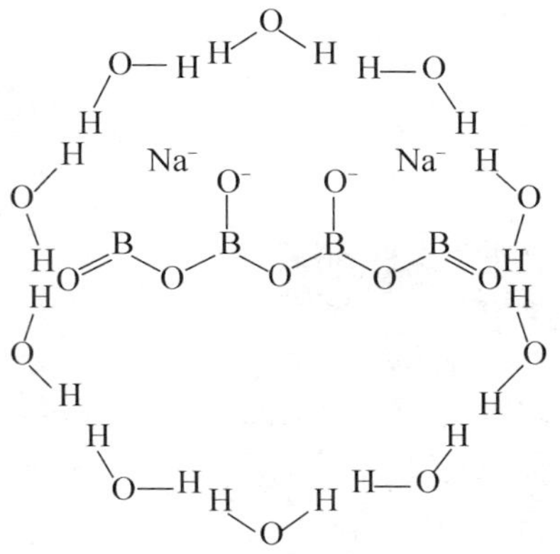

别名　硼砂；月石砂；黄月砂

分子式　$Na_2B_4O_7 \cdot 10H_2O$

CAS 号　1303－96－4

危害信息

燃烧与爆炸危险性　不燃，受热放出有毒气体。

活性反应　与强酸反应。

禁忌物　强酸。

毒性　大鼠经口 LD_{50}：2660mg/kg；小鼠经口 LD_{50}：2g/kg。

中毒表现　生产中可引起结膜炎、喉炎、气管炎及皮炎。接触硼砂的工人有脱发的病例。误服后以胃肠道刺激症状为主，恶心、呕吐、腹泻等，伴有头痛、烦躁不安，继之可发生脱水、休克、昏迷或急性肾功能衰竭。

侵入途径　吸入、食入。

理化特性与用途

理化特性　无色半透明晶体或白色结晶粉末，无臭，味咸。稍溶于冷水，较易溶于热水、甘油；微溶于乙醇、四氯化碳。pH 值 9.5(水溶液)，熔点 75℃，沸点 320℃，相对密度(水＝1)1.73。

主要用途　用作硼化合物的基本原料，也用于玻璃，搪瓷，有色金属焊接，肥料，原子能工业及电子管等。

包装与储运

安全储运　储存于阴凉、通风的库房。远离火种、热源。密闭包装。应与酸隔离储运，避免接触锆粉。

紧急处置信息

急救措施

吸入：迅速脱离现场至空气新鲜处。保持呼吸道通畅。如呼吸困难，给输氧。呼吸、心跳停止，立即进行心肺复苏术。就医。

眼睛接触：立即分开眼睑，用流动清水或生理盐水彻底冲洗。就医。

皮肤接触：立即脱去污染的衣着，用流动清水彻底冲洗。就医。

食入：催吐，洗胃，给硫酸镁泻剂。就医。

灭火方法　消防人员须佩戴空气呼吸器，穿全身消防服，在上风向灭火。尽可能将容器从火场移至空旷处。喷水保持火场容器冷却，直至灭火结束。

本品不燃，根据着火原因选择适当灭火剂灭火。

泄漏应急处置　隔离泄漏污染区，限制出入。建议应急处理人员戴防尘口罩，穿防毒服。穿上适当的防护服前严禁接触破裂的容器和泄漏物。尽可能切断泄漏源。用塑料布覆盖泄漏物，减少飞散。勿使水进入包装容器内。用洁净的铲子收集泄漏物，置于干净、干燥、盖子较松的容器中，将容器移离泄漏区。

736. 十 四 酸

标 识

中文名称 十四酸

英文名称 Myristic acid；Tetradecanoic acid

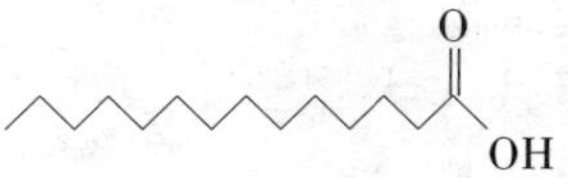

别名 肉豆蔻酸

分子式 $C_{14}H_{28}O_2$

CAS 号 544－63－8

危害信息

燃烧与爆炸危险性 可燃。其粉体与空气混合能形成爆炸性混合物，遇明火、高热有引起燃烧或爆炸的危险。燃烧产生有毒的一氧化碳气体。

活性反应 与强氧化剂反应。

禁忌物 强氧化剂。

毒性 大鼠经口 LD_{50}： >10mg/kg；人经皮：75mg(3d，间断)，中度刺激。

未见明显有害作用。

侵入途径 吸入、食入。

理化特性与用途

理化特性 白色蜡状晶体。不溶于水，溶于无水乙醇，甲醇，乙醇，乙醚，石油醚，苯及氯仿。熔点 58.5℃，沸点 326.2℃，相对密度（水＝1）0.8622（54℃/4℃），蒸气压<0.001kPa（20℃），临界温度 477℃，闪点 >110℃，引燃温度 377℃，燃烧热 －8721.4kJ/mol，辛醇/水分配系数 6.11，爆炸极限 0.5%～5.8%。

主要用途 主要用作生产表面活性剂的原料，用于生产山梨醇酐脂肪酸酯、甘油脂肪酸酯、乙二醇或丙二醇脂肪酸酯等。还可用于生产肉豆蔻酸异丙酯等。也用于消泡剂、增香剂。

包装与储运

安全储运 储存于阴凉、通风的库房。远离火种、热源。应与氧化剂隔离储运。

紧急处置信息

急救措施

吸入：脱离接触。如有不适感，就医。

眼睛接触：分开眼睑，用流动清水或生理盐水冲洗。如有不适感，就医。

皮肤接触：脱去污染的衣着，用肥皂水和清水冲洗。如有不适感，就医。

食入：漱口，饮水。就医。

灭火方法 消防人员须佩戴空气呼吸器，穿全身消防服，在上风向灭火。尽可能将容器从火场移至空旷处。喷水保持火场容器冷却，直至灭火结束。

灭火剂：干粉、泡沫、水雾、沙土。

泄漏应急处置 隔离泄漏区。无关人员从侧风、上风向撤离至安全区。消除所有点火源。建议应急处理人员戴防毒面具，穿防毒服。穿上适当的防护服前严禁接触破裂的容器和泄漏物。尽可能切断泄漏源。防止泄漏物进入水体、下水道、地下室或密闭性空间。用洁净的铲子收集于容器中，回收或废弃处置。

737. 十四烷基二甲基苄基氯化铵

标　识

中文名称　十四烷基二甲基苄基氯化铵

英文名称　Tetradecyl dimethylbenzyl ammonium bromide

别名　氯化肉豆蔻基二甲基苄基铵

分子式　$C_{23}H_{42}ClN \cdot 2H_2O$

CAS 号　139－08－2

危害信息

燃烧与爆炸危险性　可燃，遇明火、高热可引起燃烧，燃烧产生有毒的一氧化碳和氮氧化物气体。

禁忌物　强氧化剂。

毒性　小鼠静脉内：LD_{50}：18mg/kg。

对眼和皮肤有刺激性。

侵入途径　吸入、食入。

环境危害　对水生生物是有毒的。

理化特性与用途

理化特性　白色结晶。易溶于水和乙醇，不溶于苯和醚等有机溶剂。pH 值 6.0～8.0（10% 水溶液），熔点 62～63℃。辛醇/水分配系数 1.81。

主要用途　广泛用于石油、化工、轻纺、机械、冶金 和电力企业的工业循环水系统的杀菌灭藻。

包装与储运

安全储运　储存于阴凉、通风的库房。远离火种、热源。应与氧化剂等隔离储运。

紧急处置信息

急救措施

吸入：脱离接触。如有不适感，就医。

眼睛接触：分开眼睑，用流动清水或生理盐水冲洗。如有不适感，就医。

皮肤接触：脱去污染的衣着，用流动清水冲洗。如有不适感，就医。

食入：漱口，饮水。就医。

灭火方法　消防人员须穿全身防火防毒服，佩戴空气呼吸器，在上风向灭火。尽可能将容器从火场移至空旷处。喷水保持火场容器冷却，直至灭火结束。

灭火剂：雾状水、抗溶性泡沫、二氧化碳、干粉、砂土。

泄漏应急处置　隔离泄漏污染区，限制出入。建议应急处理人员戴防尘口罩，穿防毒

防酸碱服，戴橡胶耐酸碱手套。穿上适当的防护服前严禁接触破裂的容器和泄漏物。尽可能切断泄漏源。用塑料布覆盖泄漏物，减少飞散。勿使水进入包装容器内。用洁净的铲子收集泄漏物，置于干净、干燥、盖子较松的容器中，将容器移离泄漏区。

738. 石　蜡

标　识

中文名称　石蜡

英文名称　Paraffin；Paraffin wax

CAS 号　8002－74－2

危害信息

燃烧与爆炸危险性　可燃，遇明火、高热可引起燃烧，燃烧产生有毒的一氧化碳气体。

活性反应　与强氧化剂发生反应。

禁忌物　强氧化剂。

中毒表现　吸入本品高浓度蒸气，引起头痛、眩晕、咳嗽、食欲减退、呕吐、腹泻。长期接触可致皮肤损害。

侵入途径　吸入、食入。

职业接触限值　中国：PC－TWA：2mg/m^3（石蜡烟）；PC－STEL：4mg/m^3（石蜡烟）。美国（ACGIH）：TLV－TWA：2mg/m^3。

理化特性与用途

理化特性　无色或白色半透明固体。主要成分为直链烷烃。不溶于水。熔点 50～57℃，沸点 322～370℃，密度 0.88～0.92g/cm^3（20℃），燃烧热－41.4kJ/g，闪点 199℃（闭杯），引燃温度 245℃。

主要用途　用于制取有良好防水性能的各种蜡纸，可以用于食品、药品等包装、金属防锈和印刷业上；还可以用于生产洗涤剂、乳化剂、分散剂、增塑剂、润滑脂等。

包装与储运

安全储运　储存于阴凉、通风的库房。远离火种、热源。应与氧化剂等隔离储运。

紧急处置信息

急救措施

吸入：迅速脱离现场至空气新鲜处。保持呼吸道通畅。如呼吸困难，给输氧。呼吸、心跳停止，立即进行心肺复苏术。就医。

眼睛接触：分开眼睑，用流动清水或生理盐水冲洗。如有不适感，就医。

皮肤接触：脱去污染的衣着，用肥皂水和清水冲洗。如有不适感，就医。

食入：漱口，饮水。就医。

灭火方法　消防人员须穿全身消防服，戴空气呼吸器，在上风向灭火。尽可能将容器从火场移至空旷处。喷水保持火场容器冷却，直至灭火结束。

灭火剂：雾状水、泡沫、二氧化碳、干粉、砂土。

泄漏应急处置 隔离泄漏污染区，限制出入。消除所有点火源。建议应急处理人员戴防尘口罩，穿防静电服。禁止接触或跨越泄漏物。用洁净的铲子收集泄漏物，置于干净、干燥、盖子较松的容器中，将容器移离泄漏区。

739. 石 脑 油

标 识

中文名称 石脑油

英文名称 Naphtha；Benzin；Ligroin

别名 粗汽油；轻汽油

CAS 号 8030－30－6

WGH 号 32004；T31104[铁规]

危害信息

危险性类别 第 3 类 易燃液体

燃烧与爆炸危险性 易燃。蒸气与空气能形成爆炸性混合物，遇明火、高热能引起燃烧爆炸。蒸气比空气重，能在较低处扩散到相当远的地方，遇火源会着火回燃和爆炸(闪爆)。

活性反应 与硝酸、次氯酸钠、浓硫酸、氧气、臭氧、高锰酸钾、氯酸钾、二氧化氮、卤素(氟气、液氯、溴、碘)、氯磺酸等氧化剂发生反应，甚至导致燃烧爆炸。

禁忌物 强氧化剂。

毒性 大鼠经口 LD_{50}：＞5000mg/kg；小鼠吸入 LCL_o：10600mg/m^3(6h)；家兔经皮 LD_{50}：＞3000mg/kg。

石脑油蒸气可引起眼及上呼吸道刺激症状，对中枢神经系统有抑制作用。高浓度接触出现头痛、头晕、恶心、气短、紫绀等。皮肤接触蒸气或液体可引起皮炎。

欧盟指令 67/548/EEC 将本品列为第 2 类致癌物——可能为人类致癌物。

侵入途径 吸入、食入。

职业接触限值 美国(ACGIH)：TLV－TWA：400ppm。

理化特性与用途

理化特性 无色或浅黄色液体，有特殊气味。是 C4～C6 烷烃的混合物。不溶于水，溶于多数有机溶剂。馏程 20～180℃，相对密度(水＝1)0.63～0.76，相对蒸气密度(空气＝1)＞2.5，闪点 14～18℃，爆炸极限 1.1%～5.9%，引燃温度 232～288℃。

主要用途 用作重整原料、乙烯裂解原料、制氢原料、化工原料以及车用汽油的调和组分。

包装与储运

包装标志 易燃液体

包装类别 Ⅱ类

安全储运 盛装时，切不可充满，要留出必要的安全空间。储存于阴凉、通风处，储存温度不超过 37℃。远离火种、热源。炎热季节应采取喷淋、通风等降温措施。罐储时要有防火防爆技术措施，且有接地装置，防止静电积聚。搬运时轻装轻卸，防止容器受损。

紧急处置信息

急救措施

吸入：迅速脱离现场至空气新鲜处。保持呼吸道通畅。如呼吸困难，给输氧。呼吸、心跳停止，立即进行心肺复苏术。就医。

眼睛接触：立即分开眼睑，用流动清水或生理盐水彻底冲洗。就医。

皮肤接触：立即脱去污染的衣着，用肥皂水和清水彻底冲洗。就医。

食入：漱口，尽量饮水，不要催吐。就医。

忌用肾上腺素类药。

灭火方法 消防人员必须穿全身消防服，佩戴空气呼吸器，在上风向灭火。喷水冷却容器，尽可能将容器从火场移至空旷处。处在火场中的容器若发生异常变化或发出异常声音，必须马上撤离。

用泡沫、二氧化碳、干粉、砂土灭火。用水灭火无效。

泄漏应急处置 消除所有点火源。根据液体流动和蒸气扩散的影响区域划定警戒区，无关人员从侧风、上风向撤离至安全区。建议应急处理人员戴正压自给式呼吸器，穿防静电服。作业时使用的所有设备应接地。禁止接触或跨越泄漏物。尽可能切断泄漏源。防止泄漏物进入水体、下水道、地下室或限制性空间。小量泄漏：用砂土或其他不燃材料吸收。使用洁净的无火花工具收集吸收材料。大量泄漏：构筑围堤或挖坑收容。用砂土、惰性物质或蛭石吸收大量液体。用泡沫覆盖，减少蒸发。喷水雾能减少蒸发，但不能降低泄漏物在限制性空间内的易燃性。用防爆泵转移至槽车或专用收集器内。

740. 石 油 苯

标 识

中文名称 石油苯

英文名称 Petroleum benzene

分子式 C_6H_6

WGH 号 32050；T31150

UN 号 1114

危害信息

危险性类别 第3类 易燃液体

燃烧与爆炸危险性 易燃。其蒸气与空气混合能形成爆炸性混合物，遇明火、高热极易燃烧或爆炸。在高温火场中，受热的容器或储罐有破裂和爆炸的危险。高速冲击、流动、激荡后可因产生静电火花放电引起燃烧爆炸。蒸气比空气重，能在较低处扩散到相当远的地方，遇火源会着火回燃和爆炸(闪爆)。

活性反应 与强氧化剂接触发生反应

禁忌物 强氧化剂。

毒性 大鼠经口 LD_{50}：1800mg/kg；大鼠吸入 LC_{50}：31900mg/m^3(7h)；小鼠经口 LD_{50}：4700mg/kg；兔经皮 LD_{50}：8272mg/kg；人吸入 LCL_o：20000ppm(5min)。

高浓度苯对中枢神经系统有麻醉作用，引起急性中毒；长期接触苯对造血系统有损害，引起慢性中毒。对皮肤、黏膜有刺激、致敏作用。

苯所致白血病已列入《职业病目录》，属职业性肿瘤。

IARC 对本品的分类：G1——确认人类致癌物。

欧盟指令 67/548/EEC 将本品列为第 1 类致癌物——已知人类致癌物；第 2 类致突变物——可能为人类致突变物。

中毒表现 急性中毒：轻者有头痛、头晕、恶心、呕吐、轻度兴奋、步态蹒跚等酒醉状态，可伴有黏膜刺激；重度中毒者发生烦躁不安、昏迷、抽搐、血压下降，以致呼吸和循环衰竭。可发生心室颤动。呼气苯、血苯、尿酚测定值增高。

慢性中毒：主要表现有神经衰弱综合征；造血系统改变有白细胞减少（计数低于 $4 \times 10^9/L$）、血小板减少，重者出现再生障碍性贫血；并有易感染和（或）出血倾向。少数病例在慢性中毒后可发生白血病（以急性粒细胞性为多见）。皮肤损害有脱脂、干燥、皲裂、皮炎。可致月经量增多与经期延长。

侵入途径 吸入、食入、经皮吸收。

职业接触限值

中国：PC－TWA：6mg/m^3［皮］［G1］；PC－STEL：10mg/m^3［皮］［G1］。

美国（ACGIH）：TLV－TWA：0.5ppm［皮］；TLV－STEL：2.5ppm［皮］。

环境危害 对水生生物是有毒的。有害空气污染物。

理化特性与用途

理化特性 无色透明，易于挥发，具有芳香气味的液体。不溶于水，溶于乙醇、乙醚、氯仿等有机溶剂。凝固点≥5.4℃，沸点 79.6～80.5℃，相对密度（水＝1）0.878～0.881，相对蒸气密度（空气＝1）2.8，闪点－11℃，引燃温度 560℃，爆炸极限 1.4%～8.0%。

主要用途 用于有机合成和化工原料，如制取合成橡胶、塑料、锦纶单体、合成洗涤剂、农药等，亦是很好的有机溶剂。

包装与储运

包装标志 易燃液体

包装类别 Ⅱ类

安全储运 储存于阴凉、通风的库房。远离火种、热源。储存温度不超过 37℃。保持容器密封。炎热季节早晚运输。应与氧化剂等隔离储运。禁止使用易产生火花的机械设备和工具。灌装时注意流速，防止静电积聚。搬运时轻装轻卸，防止容器受损。

紧急处置信息

急救措施

吸入： 迅速将中毒者移至空气新鲜处。保持呼吸道通畅。如呼吸困难，给输氧。如呼吸、心跳停止，立即进行心肺复苏。

眼睛接触： 立即分开眼睑，用流动清水或生理盐水彻底冲洗。就医。

皮肤接触： 立即脱去污染的衣着，用肥皂水和清水彻底冲洗。就医。

食入： 漱口，尽量饮水，不要催吐。洗胃。

忌用肾上腺素，以免发生心室颤动。

灭火方法 消防人员须穿全身消防服，佩戴空气呼吸器，在上风向灭火。尽可能将容器从火场移至空旷处。喷水保持火场容器冷却，直至灭火结束。处在火场中的容器若发生异常变化或发出异常声音，须马上撤离。

灭火剂：泡沫、二氧化碳、干粉和砂土。用水灭火无效。

泄漏应急处置　消除所有点火源。根据液体流动和蒸气扩散的影响区域划定警戒区，无关人员从侧风、上风向撤离至安全区。建议应急处理人员戴正压自给式呼吸器，穿防静电、防腐蚀服，戴橡胶手套。尽可能切断泄漏源。防止泄漏物进入水体、下水道、地下室或限制性空间。小量泄漏：用干燥的砂土或其他不燃材料吸收或覆盖，收集于容器中。大量泄漏：构筑围堤或挖坑收容。

741. 石油磺酸钡

标　识

中文名称　石油磺酸钡

英文名称　Petroleum Sulfonate of barium

别名　T701 防锈剂

CAS 号　61790－48－5

危害信息

燃烧与爆炸危险性　可燃，遇明火、高热可燃烧，燃烧产生有毒的一氧化碳和硫氧化物气体。在高温火场中，受热的容器或储罐有破裂和爆炸的危险。

毒性　钡化合物可引起进行性肌麻痹、低血钾和心肌损害。

侵入途径　吸入、食入。

理化特性与用途

理化特性　黄色至棕红色透明稠状物。不溶于水，溶于石油润滑油基油。pH 值 7～8，相对密度(水＝1)1，闪点 175℃(开杯)。

主要用途　用于调制置换型防锈油、工序间防锈油、封存防锈油和润滑防锈两用油，以及各种防锈脂。

包装与储运

安全储运　储存于阴凉、通风的库房。远离火种、热源。应与氧化剂隔离储运。搬运时轻装轻卸，防止容器受损。

紧急处置信息

急救措施

吸入：脱离接触。如有不适感，就医。

眼睛接触：分开眼睑，用流动清水或生理盐水冲洗。如有不适感，就医。

皮肤接触：脱去污染的衣着，用肥皂水和清水冲洗。如有不适感，就医。

食入：按钡盐处理：口服硫酸钠 5～10g，催吐，洗胃(洗胃液中加入 5～10g 硫酸钠)。监护心律和血清钾水平，补钾纠正低钾血症，注意防治肾衰。

灭火方法　消防人员须穿全身消防服，佩戴空气呼吸器，在上风向灭火。尽可能将容器从火场移至空旷处。喷水保持火场容器冷却，直至灭火结束。处在火场中的容器若发生异常变化或发出异常声音，须马上撤离。

灭火剂：泡沫、二氧化碳、干粉、砂土。

泄漏应急处置 根据液体流动和蒸气扩散的影响区域划定警戒区，无关人员从侧风、上风向撤离至安全区。建议应急处理人员戴正压自给式呼吸器，穿防静电、防腐蚀服，戴橡胶手套。尽可能切断泄漏源。防止泄漏物进入水体、下水道、地下室或限制性空间。小量泄漏：用干燥的砂土或其他不燃材料吸收或覆盖，收集于容器中。大量泄漏：构筑围堤或挖坑收容。

742. 石油磺酸钙

标　识

中文名称 石油磺酸钙

英文名称 Sulfonic acids, petroleum, calcium salts; Petroleum calcium sulfonate

别名 烷基磺酸钙

CAS 号 61789-86-4

危害信息

燃烧与爆炸危险性 可燃，遇明火、高热可燃烧。燃烧产生有毒的一氧化碳和硫氧化物气体。在高温火场中，受热的容器或储罐有破裂和爆炸的危险。

禁忌物 强氧化剂。

毒性 大鼠经口 LD_{50}：>20g/kg。

侵入途径 吸入、食入。

理化特性与用途

理化特性 中碱值石油磺酸钙为深色油状液体。闪点≥180℃（开杯）。

主要用途 用作汽油机油、柴油机油的清净剂，亦可作为齿轮油的防锈组分。

包装与储运

安全储运 储存于阴凉、通风的专用库房。远离火种、热源。应与氧化剂隔离储运。搬运时轻装轻卸，防止容器破损。

紧急处置信息

急救措施

吸入：脱离接触。如有不适感，就医。

眼睛接触：分开眼睑，用流动清水或生理盐水冲洗。如有不适感，就医。

皮肤接触：脱去污染的衣着，用肥皂水和清水冲洗。如有不适感，就医。

食入：漱口，饮水。就医。

灭火方法 消防人员须穿全身消防服，佩戴空气呼吸器，在上风向灭火。尽可能将容器从火场移至空旷处。喷水保持火场容器冷却，直至灭火结束。处在火场中的容器若发生异常变化或发出异常声音，须马上撤离。

灭火剂：泡沫、二氧化碳、干粉、砂土。

泄漏应急处置 消除所有点火源。根据液体流动和蒸气扩散的影响区域划定警戒区，

无关人员从侧风、上风向撤离至安全区。建议应急处理人员戴正压自给式呼吸器，穿防静电、防腐蚀服，戴橡胶手套。尽可能切断泄漏源。防止泄漏物进入水体、下水道、地下室或限制性空间。小量泄漏：用干燥的砂土或其他不燃材料吸收或覆盖，收集于容器中。大量泄漏：构筑围堤或挖坑收容。

743. 石油磺酸钠

标　识

中文名称　石油磺酸钠

英文名称　Sulfonic acids, petroleum, sodium salts; Petroleum sodium sulfonate; Sodium petroleum sulfonate

别名　烷基磺酸钠；702 防锈剂

分子式　RSO_3Na

CAS 号　68608－26－4

危害信息

燃烧与爆炸危险性　可燃，遇明火、高热可燃烧，燃烧产生有毒的一氧化碳和硫氧化物气体。在高温火场中，受热的容器或储罐有破裂和爆炸的危险。

禁忌物　强氧化剂。

侵入途径　吸入、食入。

理化特性与用途

理化特性　棕黄色至棕红色油状液体和半固体，无味。部分溶于有机溶剂。pH 值 7～8，沸点＞150℃，相对密度（水＝1）1.08～1.12，闪点＞160℃（开杯）。

主要用途　用作乳化剂，防锈添加剂，表面活性剂。

包装与储运

安全储运　储存于阴凉、通风的专用库房。远离火种、热源。应与氧化剂隔离储运。搬运时轻装轻卸，防止容器破损。

紧急处置信息

急救措施

吸入：脱离接触。如有不适感，就医。

眼睛接触：分开眼睑，用流动清水或生理盐水冲洗。如有不适感，就医。

皮肤接触：脱去污染的衣着，用肥皂水和清水冲洗。如有不适感，就医。

食入：漱口，饮水。就医。

灭火方法　消防人员须穿全身消防服，佩戴空气呼吸器，在上风向灭火。尽可能将容器从火场移至空旷处。喷水保持火场容器冷却，直至灭火结束。处在火场中的容器若发生异常变化或发出异常声音，须马上撤离。

灭火剂：抗溶性泡沫、二氧化碳、干粉、砂土。

泄漏应急处置 消除所有点火源。根据液体流动和蒸气扩散的影响区域划定警戒区，无关人员从侧风、上风向撤离至安全区。建议应急处理人员戴正压自给式呼吸器，穿防静电、防腐蚀服，戴橡胶手套。尽可能切断泄漏源。防止泄漏物进入水体、下水道、地下室或限制性空间。小量泄漏：用干燥的砂土或其他不燃材料吸收或覆盖，收集于容器中。大量泄漏：构筑围堤或挖坑收容。

744. 石油混合二甲苯

标 识

中文名称 石油混合二甲苯

英文名称 Petroleum mixed xylene

分子式 C_8H_{10}

危害信息

危险性类别 第3类 易燃液体

燃烧与爆炸危险性 易燃。其蒸气与空气混合能形成爆炸性混合物，遇明火、高热易燃烧或爆炸。高速冲击、流动、激荡后可因产生静电火花放电引起燃烧爆炸。在高温火场中，受热的容器或储罐有破裂和爆炸的危险。蒸气比空气重，能在较低处扩散到相当远的地方，遇火源会着火回燃和爆炸(闪爆)。

活性反应 强氧化剂如高锰酸盐、重铬酸盐或氯气能引起燃烧和爆炸。能腐蚀多种塑料、橡胶和涂料。

禁忌物 强氧化剂、卤素。

毒性 本品对眼及上呼吸道有刺激作用，高浓度时对中枢神经系统有麻醉作用。

中毒表现 急性中毒：短期内吸入较高浓度本品可出现眼及上呼吸道明显的刺激症状、眼结膜充血、咽充血、头晕、头痛、恶心、呕吐、胸闷、四肢无力、意识模糊、步态蹒跚。重者可有躁动、抽搐或昏迷。有的有癔病样发作。

慢性影响：长期接触有神经衰弱综合征，女工有月经异常，工人常发生皮肤干燥、皲裂、皮炎。

侵入途径 吸入、食入、经皮吸收。

职业接触限值 中国：PC－TWA：50mg/m^3；PC－STEL：100mg/m^3。

美国(ACGIH)：TLV－TWA：100ppm；TLV－STEL：150ppm。

环境危害 对水生生物是有毒的。有害空气污染物。

理化特性与用途

理化特性 无色透明液体。主要成分是对二甲苯、邻二甲苯、间二甲苯和乙苯。沸点137～143℃，相对密度(水＝1)0.86～0.87，相对蒸气密度(空气＝1)3.7，闪点27.2～46.1℃，引燃温度464℃，辛醇/水分配系数3.12～3.20。不溶于水，溶于乙醇和乙醚。

主要用途 主要用作化工原料或溶剂，分离后所得邻二甲苯、对二甲苯、乙基苯都是有机合成基本原料，还可用作高辛烷值汽油组分。

包装与储运

包装标志 易燃液体

包装类别 Ⅲ类

安全储运 储存于阴凉、通风的库房。保持容器密闭。远离火种、热源，避免阳光曝晒。储存温度不超过37℃。应与氧化剂隔离储运。禁止使用易产生火花的机械设备和工具。灌装时注意流速，防止静电积聚。搬运时轻装轻卸，防止容器受损。

紧急处置信息

急救措施

吸入： 应迅速将中毒者移至空气新鲜处。保持呼吸道通畅。如呼吸困难，给输氧。如呼吸、心跳停止，立即进行心肺复苏。

眼睛接触： 立即分开眼睑，用流动清水或生理盐水彻底冲洗。就医。

皮肤接触： 立即脱去污染的衣着，用肥皂水和清水彻底冲洗。就医。

食入： 漱口，尽量饮水，不要催吐。洗胃。

忌用肾上腺素，以免发生心室颤动。

灭火方法 消防人员须穿全身消防服，佩戴空气呼吸器，在上风向灭火。尽可能将容器从火场移至空旷处。喷水保持火场容器冷却，直至灭火结束。处在火场中的容器若发生异常变化或发出异常声音，须马上撤离。

灭火剂：抗溶性泡沫、二氧化碳、干粉、砂土。

泄漏应急处置 消除所有点火源。根据液体流动和蒸气扩散的影响区域划定警戒区，无关人员从侧风、上风向撤离至安全区。建议应急处理人员戴正压自给式呼吸器，穿防静电、防腐蚀服，戴橡胶手套。尽可能切断泄漏源。防止泄漏物进入水体、下水道、地下室或限制性空间。小量泄漏：用干燥的砂土或其他不燃材料吸收或覆盖，收集于容器中。大量泄漏：构筑围堤或挖坑收容。

745. 石油甲苯

标　识

中文名称 石油甲苯

英文名称 Petroleum toluene

分子式 C_7H_8

WGH号 32052；T31152[铁规]

UN号 1294

危害信息

危险性类别 第3类 易燃液体

燃烧与爆炸危险性 易燃。其蒸气与空气混合能形成爆炸性混合物，遇明火、高热极易燃烧或爆炸。燃烧产生有毒的一氧化碳气体。在高温火场中，受热的容器或储罐有破裂和爆炸的危险。蒸气比空气重，能在较低处扩散到相当远的地方，遇火源会着火回燃和爆炸(闪爆)。

活性反应 与强氧化剂接触发生反应。

禁忌物 强氧化剂。

毒性 大鼠经口 LD_{50}：636mg/kg；大鼠吸入 LC_{50}：49g/m^3(4h)；家兔经皮 LD_{50}：

12124mg/kg；人经口 LDL_o：0.719mL/kg。

本品主要作用于中枢神经系统，有麻醉作用，对皮肤、黏膜有刺激作用，尚可能引起肝、肾、心脏损害。

中毒表现 急性中毒：短时间内吸入较高浓度本品表现为中枢神经系统麻醉作用，出现头晕、头痛、恶心、呕吐、胸闷、四肢无力、步态蹒跚、意识模糊。重症者可有躁动、抽搐、昏迷。呼吸道和眼结膜可有明显刺激症状。液体吸入肺内可引起肺炎、肺水肿和肺出血。可出现明显的心脏损害。

慢性影响：长期接触可发生神经衰弱综合征，肝肿大，女工月经异常等。皮肤干燥、皲裂、皮炎。

侵入途径 吸入、食入、经皮吸收。

职业接触限值 中国：PC－TWA：50mg/m^3[皮]；PC－STEL：100mg/m^3[皮]。

美国(ACGIH)：TLV－TWA：50ppm[皮]。

理化特性与用途

理化特性 无色透明易挥发液体，有芳香味。不溶于水，能溶于乙醇、苯、乙醚等有机溶剂。熔点－94.9℃，沸点110.6℃，相对密度(水＝1)0.866，闪点4.44℃(闭杯)，引燃温度535℃，爆炸极限1.2%～7.0%。

主要用途 适用于作染料、香料、苯甲醛、苯甲酸及其他有机化合物的原料，或用作树脂、树胶、乙酸纤维素的溶剂及植物成分的浸出剂。

包装与储运

包装标志 易燃液体

包装类别 Ⅱ类

安全储运 储存于阴凉、通风的库房。保持容器密闭。远离火种、热源，避免阳光直射。储存温度不超过37℃。炎热季节早晚运输。应与氧化剂等隔离储运。禁止使用易产生火花的机械设备和工具。灌装时注意流速，防止静电积聚。搬运时轻装轻卸，防止容器受损。

紧急处置信息

急救措施

吸入：迅速脱离现场至空气新鲜处。保持呼吸道通畅。如呼吸困难，给输氧。呼吸、心跳停止，立即进行心肺复苏术。就医。

眼睛接触：立即分开眼睑，用流动清水或生理盐水彻底冲洗。就医。

皮肤接触：立即脱去污染的衣着，用肥皂水和清水彻底冲洗。就医。

食入：漱口，尽量饮水，不要催吐。就医

忌用肾上腺素类药。

灭火方法 消防人员须穿全身消防服，佩戴空气呼吸器，在上风向灭火。尽可能将容器从火场移至空旷处。喷水保持火场容器冷却，直至灭火结束。处在火场中的容器若发生异常变化或发出异常声音，须马上撤离。

灭火剂：泡沫、二氧化碳、干粉和砂土。用水灭火无效。

泄漏应急处置 消除所有点火源。根据液体流动和蒸气扩散的影响区域划定警戒区，无关人员从侧风、上风向撤离至安全区。建议应急处理人员戴正压自给式呼吸器，穿防静电、防腐蚀服，戴橡胶手套。尽可能切断泄漏源。防止泄漏物进入水体、下水道、地下室或限制性空间。小量泄漏：用干燥的砂土或其他不燃材料吸收或覆盖，收集于容器中。大量泄漏：构筑围堤或挖坑收容。

746. 石　油　焦

标　　识

中文名称　石油焦

英文名称　Coke，petroleum；Petroleum coke

CAS 号　64741－79－3

危害信息

燃烧与爆炸危险性　可燃，遇明火、高热可能引起燃烧。粉尘与空气可形成易燃的混合物。燃烧产生有毒的一氧化碳气体。

活性反应　与强氧化剂发生反应。

禁忌物　强氧化剂。

侵入途径　吸入、食入。

理化特性与用途

理化特性　黑色多孔块状固体或颗粒。熔点 3482℃，沸点 4204℃，相对密度（水＝1）0.8～2.1，闪点＞93℃。

主要用途　用作电厂和水泥厂的燃料，用于铝厂和钢铁厂或碳素厂作为原料，用作冶炼厂阳极糊和石墨电极的原料。

包装与储运

安全储运　储存于阴凉、通风的库房。远离火种、热源。应与氧化剂等隔离储运。

紧急处置信息

急救措施

吸入：脱离接触。如有不适感，就医。

眼睛接触：分开眼睑，用流动清水或生理盐水冲洗。如有不适感，就医。

皮肤接触：脱去污染的衣着，用肥皂水和清水冲洗。如有不适感，就医。

食入：漱口，饮水。就医。

灭火方法　消防人员须穿全身消防服，佩戴空气呼吸器，在上风向灭火。尽可能将容器从火场移至空旷处。喷水保持火场容器冷却，直至灭火结束。

灭火剂：泡沫、二氧化碳、干粉、砂土。

泄漏应急处置　隔离泄漏污染区，限制出入。消除所有点火源。建议应急处理人员戴防尘口罩，穿防静电服。禁止接触或跨越泄漏物。用洁净的铲子收集泄漏物，置于干净、干燥、盖子较松的容器中，将容器移离泄漏区。

747. 石 油 醚

标 识

中文名称 石油醚

英文名称 Petroleum ether；Ligroine

别名 石油精

CAS 号 8032－32－4

WGH 号 32002；T31102［铁规］

危害信息

危险性类别 第 3 类 易燃液体

燃烧与爆炸危险性 极易燃。蒸气与空气能形成爆炸性混合物，遇明火、高热、强氧化剂能引起燃烧爆炸。高速冲击、流动、激荡后可因产生静电火花放电引起燃烧爆炸。蒸气比空气重，能在较低处扩散到相当远的地方，遇火源会着火回燃和爆炸(闪爆)。

活性反应 与硝酸、浓硫酸、高锰酸钾、重铬酸盐等强氧化剂发生剧烈反应，甚至导致燃烧爆炸。

禁忌物 强氧化剂。

毒性 大鼠吸入 LC_{50}：3400ppm(4h)；小鼠吸入 LC_{50}：153g/m^3(31min)。

具刺激作用和中枢神经系统抑制作用，可引起多发性周围神经炎。

欧盟指令 67/548/EEC 将石油醚列为第 2 类致癌物——可能为人类致癌物。

中毒表现 急性中毒：接触高浓度石油醚蒸气，可出现麻醉症状和眼、呼吸道黏膜、皮肤的刺激症状。吸入石油醚蒸气，由于排挤肺内氧气，造成缺氧，引起死亡。石油醚对皮肤有刺激作用。

慢性中毒：主要表现为多发性周围神经病。出现头痛、头晕、食欲不振、无力；四肢远端，尤其下肢，进行性感觉异常，触、痛、震动和位置感觉减退，麻木；四肢肌肉无力、疼痛、震颤，腱反射减退。肌电图检查呈现多发性周围神经病，运动神经传导速度减慢。

侵入途径 吸入、食入。

职业接触限值 美国(ACGIH)：TLV－TWA：300ppm。

理化特性与用途

理化特性 无色透明液体，有煤油气味，易挥发。主要成分：戊烷、己烷。不溶于水，溶于乙醇、苯、三氯甲烷、二硫化碳、乙醚等多数有机溶剂。熔点＜－73℃，沸点 30～120℃，相对密度(水＝1)0.63～0.66，相对蒸气密度(空气＝1)2.50，蒸气压 53.32kPa(20℃)，闪点＜－20℃，爆炸极限 1.1%～8.7%，引燃温度 280℃。

主要用途 主要用作溶剂，也用作发泡塑胶的发泡剂，医药、香精的萃取剂。

包装与储运

包装标志 易燃液体

包装类别 Ⅱ类

安全储运 储存于阴凉、通风的库房，或在户外易燃液体专用仓库存放。远离火种、热源。储存温度不超过37℃。禁止使用易产生火花的机械设备和工具。罐装注意流速，且有接地装置。应与氧化剂隔离储运。搬运时轻装轻卸，防止容器受损。

紧急处置信息

急救措施

吸入：迅速脱离现场至空气新鲜处。保持呼吸道通畅。如呼吸困难，给输氧。呼吸、心跳停止，立即进行心肺复苏术。就医。

眼睛接触：立即分开眼睑，用流动清水或生理盐水彻底冲洗。就医。

皮肤接触：立即脱去污染的衣着，用肥皂水和清水彻底冲洗。就医。

食入：漱口，不要催吐。就医。

灭火方法　消防人员必须穿全身消防服，佩戴空气呼吸器，在上风向灭火。喷水冷却燃烧罐和临近罐，直至灭火结束。处在火场中的储罐若发生异常变化或发出异常声音，必须马上撤离。

灭火剂：泡沫、干粉、二氧化碳。

泄漏应急处置　消除所有点火源。根据液体流动和蒸气扩散的影响区域划定警戒区，无关人员从侧风、上风向撤离至安全区。建议应急处理人员戴正压自给式呼吸器，穿防静电服。作业时使用的所有设备应接地。禁止接触或跨越泄漏物。尽可能切断泄漏源。防止泄漏物进入水体、下水道、地下室或限制性空间。小量泄漏：用砂土或其他不燃材料吸收。使用洁净的无火花工具收集吸收材料。大量泄漏：构筑围堤或挖坑收容。用泡沫覆盖，减少蒸发。喷水雾能减少蒸发，但不能降低泄漏物在限制性空间内的易燃性。用防爆泵转移至槽车或专用收集器内。

748. 石　油　酸

标　　识

中文名称　石油酸

英文名称　Naphthenic acid；Petroleum acid；Cycloalkane acid

别名　环烷酸

分子式　$CnH_{2n-1}COOH$

CAS 号　1338－24－5

危害信息

燃烧与爆炸危险性　可燃，遇明火、高热引起燃烧或爆炸，燃烧产生有毒的一氧化碳气体。在高温火场中，受热的容器或储罐有破裂和爆炸的危险。对金属有腐蚀性。

活性反应　与强碱反应。

禁忌物　强氧化剂、强碱。

毒性　大鼠经口 LD_{50}：3g/kg。

对眼有中度刺激性，对皮肤有轻度刺激性。未见人中毒报道。

侵入途径　吸入、食入。

理化特性与用途

理化特性　棕褐色、透明、黏稠液体，有特殊气味。主要成分是环烷酸、脂肪酸和酚类。几乎不溶于水，而溶于石油醚、乙醇、苯和烃类等。沸点 160 ~ 198℃，凝固点 -30℃ ~ -36℃，相对密度(水=1)0.960，折射率 1.4700，闪点 149℃(开杯)(环烷酸)。

主要用途 适于作木材和电缆防腐剂、漆胶及苯胺染料的溶剂、油漆催干剂、防锈添加剂、乳化剂，还用来制取石油酸皂和环烷酸皂。

包装与储运

安全储运 储存于阴凉、通风的库房。远离火种、热源。应与氧化剂隔离储运。储运中，禁止雨水浸泡。

紧急处置信息

急救措施

吸入： 脱离接触。如有不适感，就医。

眼睛接触： 分开眼睑，用流动清水或生理盐水冲洗。就医。

皮肤接触： 脱去污染的衣着，用流动清水冲洗。如有不适感，就医。

食入： 漱口，饮水 1 ~ 2 杯，不要催吐。就医。

灭火方法 消防人员须穿全身消防服，佩戴空气呼吸器，在上风向灭火。尽可能将容器从火场移至空旷处。喷水保持火场容器冷却，直至灭火结束。处在火场中的容器若发生异常变化或发出异常声音，须马上撤离。

灭火剂：泡沫、二氧化碳、干粉、砂土。

泄漏应急处置 根据液体流动和蒸气扩散的影响区域划定警戒区，无关人员从侧风、上风向撤离至安全区。建议应急处理人员戴正压自给式呼吸器，穿防静电、防腐蚀服，戴橡胶手套。尽可能切断泄漏源。防止泄漏物进入水体、下水道、地下室或限制性空间。小量泄漏：用干燥的砂土或其他不燃材料吸收或覆盖，收集于容器中。大量泄漏：构筑围堤或挖坑收容。

749. 石油脂型防锈油

标　识

中文名称 石油脂型防锈油

危害信息

燃烧与爆炸危险性 可燃，遇明火、高热易燃烧或爆炸。在高温火场中，受热的容器或储罐有破裂和爆炸的危险。

侵入途径 吸入、食入。

理化特性与用途

理化特性 棕色有光泽的均匀膏体。滴点≥55℃(2 号)，滑落点≥55℃(1 号)。

主要用途 适用于金属机械制品及零部件的封存。用于黑色金属、一般机械部件和精密机械部件在库内表面长期防锈；用于黑色金属机械产品表面在室外的短期防锈及一般金属部件的室内长期防锈等。

包装与储运

安全储运　储存于阴凉、通风的库房。远离火种、热源。应与氧化剂隔离储运。搬运时轻装轻卸，防止容器受损。

紧急处置信息

急救措施

吸入：脱离接触。如有不适感，就医。

眼睛接触：分开眼睑，用流动清水或生理盐水冲洗。如有不适感，就医。

皮肤接触：脱去污染的衣着，用肥皂水和清水冲洗。如有不适感，就医。

食入：漱口，饮水。就医。

灭火方法　消防人员须穿全身消防服，佩戴空气呼吸器，在上风向灭火。尽可能将容器从火场移至空旷处。喷水保持火场容器冷却，直至灭火结束。处在火场中的容器若发生异常变化或发出异常声音，须马上撤离。

灭火剂：泡沫、二氧化碳、干粉、砂土。

泄漏应急处置　消除所有点火源。根据液体流动和蒸气扩散的影响区域划定警戒区，无关人员从侧风、上风向撤离至安全区。建议应急处理人员戴正压自给式呼吸器，穿防静电、防腐蚀服，戴橡胶手套。穿上适当的防护服前严禁接触破裂的容器和泄漏物。尽可能切断泄漏源。防止泄漏物进入水体、下水道、地下室或限制性空间。小量泄漏：用干燥的砂土或其他不燃材料吸收或覆盖，收集于容器中。大量泄漏：构筑围堤或挖坑收容。用防爆、耐腐蚀泵转移至槽车或专用收集器内。喷雾状水驱散蒸气、稀释液体泄漏物。

750. 叔　丁　胺

标　识

中文名称　叔丁胺

英文名称　tert-Butylamine；2-Methyl-2-Propanamine；1,1-Dimethylethylamine

别名　2－甲基－2－丙胺；1,1－二甲基乙胺

分子式　$C_4H_{11}N$

CAS 号　75－64－9

WGH 号　32172；T31272［铁规］

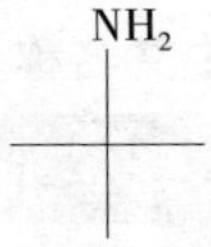

危害信息

危险性类别　第3类　易燃液体

燃烧与爆炸危险性　易燃。蒸气与空气能形成爆炸性混合物，遇明火、高热能引起燃烧爆炸。蒸气比空气重，能在较低处扩散到相当远的地方，遇火源会着火回燃和爆炸(闪爆)。具有腐蚀性。

活性反应　与酸发生放热中和反应。与氧化剂、异氰酸酯、卤代烃、过氧化物、酮、酚、环氧化物、酸酐发生反应。与氢化物等强还原剂反应放出易燃易爆的氢气。

禁忌物　强氧化剂、酸类、强还原剂。

毒性　大鼠经口 LD_{50}：44mg/kg；大鼠吸入 LC_{50}：3800mg/m^3(4h)；家兔经皮：LDL_o：

2g/kg；人吸入 TCL_0：40mg/m^3(8h)。

本品对呼吸道有刺激性，高浓度吸入可引起肺水肿。对眼有刺激性，液体溅入眼内可致灼伤。对皮肤有刺激性，甚至引起灼伤。

侵入途径 吸入、食入、经皮吸收。

理化特性与用途

理化特性 无色透明液体，有氨味。溶于水，溶于乙醇、乙醚、氯仿、苯等多数有机溶剂。熔点 -66.9℃，沸点 44～46℃，相对密度(水=1)0.696，相对蒸气密度(空气=1)2.5，临界压力 3.84MPa，临界温度 210.8℃，蒸气压 39.3kPa(20℃)，燃烧热 -2995.5kJ/mol，辛醇/水分配系数 0.4，闪点 -8.8℃，爆炸极限 1.7%～8.9%，引燃温度 380℃。

主要用途 主要用作橡胶添加剂、杀虫剂、杀菌剂、染料、医药等的中间体。

包装与储运

包装标志 易燃液体，腐蚀品

安全储运 储存于阴凉、通风的库房。远离火种、热源。储存温度不超过 30℃。保持容器密封。采用防爆型照明、通风设施。禁止使用易产生火花的机械设备和工具。应与氧化剂、酸类、强还原剂、食用化学品等隔离储运。搬运时轻装轻卸，防止容器受损。

紧急处置信息

急救措施

吸入： 迅速脱离现场至空气新鲜处。保持呼吸道通畅。如呼吸困难，给输氧。呼吸、心跳停止，立即进行心肺复苏术。就医。

眼睛接触： 立即分开眼睑，用大量流动清水或生理盐水彻底冲洗 10～15min。就医。

皮肤接触： 立即脱去污染的衣着，用大量流动清水彻底冲洗，冲洗时间一般要求 20～30min。就医。

食入： 用水漱口，禁止催吐。给饮牛奶或蛋清。就医。

灭火方法 消防人员须佩戴空气呼吸器，穿全身消防服，在上风向灭火。喷水冷却容器，尽可能将容器从火场移至空旷处。

灭火剂：抗溶性泡沫、二氧化碳、干粉、砂土。

泄漏应急处置 消除所有点火源。根据液体流动和蒸气扩散的影响区域划定警戒区，无关人员从侧风、上风向撤离至安全区。建议应急处理人员戴正压自给式呼吸器，穿防静电、防腐蚀、防毒服，戴橡胶耐油手套。作业时使用的所有设备应接地。禁止接触或跨越泄漏物。尽可能切断泄漏源。防止泄漏物进入水体、下水道、地下室或限制性空间。小量泄漏：用砂土或其他不燃材料吸收。使用洁净的无火花工具收集吸收材料。大量泄漏：构筑围堤或挖坑收容。用砂土、惰性物质或蛭石吸收大量液体。用硫酸氢钠(NaHSO4)中和。用抗溶性泡沫覆盖，减少蒸发。喷水雾能减少蒸发，但不能降低泄漏物在限制性空间内的易燃性。用防爆、耐腐蚀泵转移至槽车或专用收集器内。喷雾状水驱散蒸气、稀释液体泄漏物。

751. 叔　丁　醇

标　　识

中文名称　叔丁醇

英文名称　*tert*-Butyl alcohol；2-Methyl-2-propanol；*tert*-Butanol；Trimethyl carbinol

别名　2－甲基－2－丙醇；三甲基甲醇

分子式　$C_4H_{10}O$

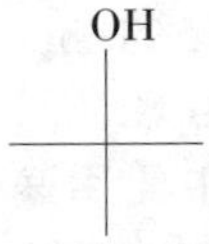

CAS 号　75－65－0

WGH 号　32066；T31166[铁规]

UN 号　1120

危害信息

危险性类别　第3类　易燃液体

燃烧与爆炸危险性　易燃。蒸气与空气能形成爆炸性混合物，遇明火、高热会引起燃烧爆炸。蒸气比空气重，能在较低处扩散到相当远的地方，遇火源会着火回燃和爆炸(闪爆)。

活性反应　与浓硫酸、过氧化氢等强氧化剂反应，放出大量热量，甚至会导致爆炸。氯气、次氯酸与叔丁醇的水溶液或四氯化碳溶液反应，生成次氯酸烃基酯，低温下易发生分解，受热或光照下易发生爆炸。碱催化条件下，与异氰酸酯的反应必须在惰性溶剂中进行，否则会发生爆炸。与无机含氧酸和有机酸反应生成酯。乙酰溴能与叔丁醇的水溶液剧烈反应。

禁忌物　强酸、强氧化剂、酰基氯、酸酐、卤素等。

毒性　大鼠经口 LD_{50}：2734mg/kg；大鼠吸入 LC_{50}：>10000ppm(4h)；家兔经皮 LD_{50}：>2g/kg。

职业接触的主要途径是经呼吸道吸入和皮肤吸收。具有麻醉和刺激作用。

中毒表现　吸入较高浓度蒸气后，可引起不同程度的眼、鼻、咽喉刺激症状和头痛、眩晕、嗜睡等中枢神经系统抑制症状。皮肤接触后，局部出现轻度充血和红斑。

侵入途径　吸入、食入、经皮吸收。

职业接触限值　美国(ACGIH)：TLV－TWA：100ppm。

理化特性与用途

理化特性　无色透明液体或结晶，有樟脑气味。溶于水、乙醇、乙醚。熔点25.7℃，沸点82.4℃，相对密度(水＝1)0.784，相对蒸气密度(空气＝1)2.55，蒸气压4.1kPa(20℃)，燃烧热－2630.5kJ/mol，临界温度233℃，临界压力3.97MPa，辛醇/水分配系数0.35，闪点11℃(闭杯)，爆炸极限2.4%～8.0%，引燃温度470℃。

主要用途　用作提高汽油辛烷值的添加剂，同时也是防冻剂。用于制造变性酒精、香料、果子精，也用作涂料溶剂等。

包装与储运

包装标志　易燃液体，有毒品[铁规]

包装类别　Ⅱ类

安全储运　储存于阴凉、通风的库房。远离火种、热源。储存温度不超过37℃。保持容器密封。应与氧化剂、碱金属、强还原剂等隔离储运。禁止使用易产生火花的机械设备和工具。灌装时注意流速，防止静电积聚。炎热季节早晚运输。搬运时轻装轻卸，防止容器受损。

紧急处置信息

急救措施

吸入：迅速脱离现场至空气新鲜处。保持呼吸道通畅。如呼吸困难，给输氧。呼吸、心跳停止，立即进行心肺复苏术。就医。

眼睛接触：立即分开眼睑，用流动清水或生理盐水彻底冲洗。就医。

皮肤接触：立即脱去污染的衣着，用流动清水彻底冲洗。就医。

食入：尽量饮水，给服活性炭悬液，忌药物催吐。就医。

灭火方法　消防人员必须穿全身防火防毒服，佩戴空气呼吸器，在上风向灭火。尽可能将容器从火场移至空旷处。喷水保持火场容器冷却，直至灭火结束。处在火场中的容器若发生异常变化或发出异常声音，必须马上撤离。

灭火剂：雾状水、抗溶性泡沫、二氧化碳、干粉、砂土。

泄漏应急处置　消除所有点火源。根据液体流动和蒸气扩散的影响区域划定警戒区，无关人员从侧风、上风向撤离至安全区。建议应急处理人员戴正压自给式呼吸器，穿防静电服。作业时使用的所有设备应接地。禁止接触或跨越泄漏物。尽可能切断泄漏源。防止泄漏物进入水体、下水道、地下室或限制性空间。小量泄漏：用砂土或其他不燃材料吸收。使用洁净的无火花工具收集吸收材料。大量泄漏：构筑围堤或挖坑收容。用抗溶性泡沫覆盖，减少蒸发。喷水雾能减少蒸发，但不能降低泄漏物在限制性空间内的易燃性。用防爆泵转移至槽车或专用收集器内。

752. *N*－叔丁基－2－苯并噻唑次磺酰胺

标　识

中文名称　*N*－叔丁基－2－苯并噻唑次磺酰胺

英文名称　*N-tert*-Butyl- 2-benzothiazolesulfenamide

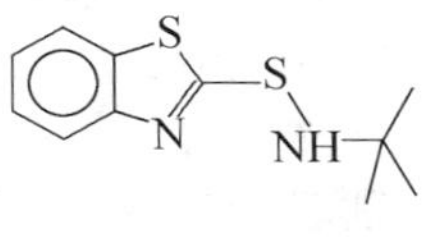

别名　促进剂 TBBS

分子式　$C_{11}H_{14}N_2S_2$

CAS 号　95－31－8

危害信息

燃烧与爆炸危险性　可燃。其粉体与空气混合能形成爆炸性混合物，遇明火、高热有引起燃烧爆炸的危险。燃烧产生有毒的一氧化碳、二氧化硫和氮氧化物气体。

禁忌物　强氧化剂。

毒性　大鼠经口 LD_{50}：＞6000mg/kg；家兔经皮 LD_{50}：＞7940mg/kg；大鼠经口 LDL_o：7940mg/kg，出现嗜睡、肌无力。

侵入途径　吸入、食入、经皮吸收。

环境危害　对水生生物有毒，可能在水生环境中造成长期不利影响。

理化特性与用途

理化特性　浅黄色或黄褐色粉末(颗粒)，稍有气味。不溶于水、稀酸、稀碱溶液，溶于汽油，易溶于苯、二氯甲烷、四氯化碳、乙酸乙酯、丙酮、乙醇。熔点 104 ~ 106℃，沸点(分解)，相对密度(水 = 1)1. 26 – 1. 32，闪点 165℃，辛醇/水分配系数 3. 9。

主要用途　用于天然胶，顺丁胶、合成胶、本苯胶和天然胶的再生胶，广泛用于轮胎和工业橡胶制品的生产，特别用于子午胎的加工，具有“后效高速”等优点。

包装与储运

安全储运　储存于阴凉、通风的库房。远离火种、热源。应与氧化剂隔离储运。

紧急处置信息

急救措施

吸入：脱离接触。如有不适感，就医。

眼睛接触：分开眼睑，用流动清水或生理盐水冲洗。如有不适感，就医。

皮肤接触：脱去污染的衣着，用肥皂水和清水冲洗。如有不适感，就医。

食入：漱口，饮水。就医。

灭火方法　消防人员须穿全身消防服，佩戴空气呼吸器，在上风向灭火。尽可能将容器从火场移至空旷处。喷水保持火场容器冷却，直至灭火结束。

灭火剂：雾状水、泡沫、二氧化碳、干粉、砂土。

泄漏应急处置　隔离泄漏污染区，限制出入。消除所有点火源。建议应急处理人员戴防尘口罩，穿防毒服。穿上适当的防护服前严禁接触破裂的容器和泄漏物。尽可能切断泄漏源。用塑料布覆盖泄漏物，减少飞散。勿使水进入包装容器内。用洁净的铲子收集泄漏物，置于干净、干燥、盖子较松的容器中，将容器移离泄漏区。

753. 2 – 叔丁基对甲酚

标　识

中文名称　2 – 叔丁基对甲酚

英文名称　2-*tert*-Butyl-4-methylphenol；2-*tert*-Butyl-*p*-cresol

别名　2 – 叔丁基 – 4 – 甲酚；2 – 叔丁基 – 4 – 甲基苯酚

分子式　$C_{11}H_{16}O$

CAS 号　2409 – 55 – 4

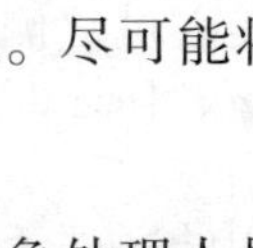

危害信息

危险性类别　第 8 类　腐蚀品

燃烧与爆炸危险性　可燃。其粉体与空气混合能形成爆炸性混合物，遇明火、高热有引起燃烧爆炸的危险。燃烧产生有毒的一氧化碳气体。具有腐蚀性。

禁忌物　强氧化剂。

毒性　大鼠经口 LD_{50}：2500mg/kg，中毒大鼠出现共济失调和呼吸困难；小鼠经口

LD_{50}：700mg/kg，出现急性肺水肿，小肠溃疡和出血；家兔经皮 LDL_o：2200mg/kg。

侵入途径 吸入、食入、经皮吸收。

理化特性与用途

理化特性 无色透明结晶。不溶于水，溶于乙醚、丙酮、苯和其他有机溶剂。熔点51.5℃，沸点232.7℃，相对密度(水=1)0.922(80℃)，相对蒸气密度(空气=1)5.7，折射率1.4963(75℃)，闪点100℃，燃烧热-6308kJ/mol，辛醇/水分配系数3.97。

主要用途 用于生产抗氧化剂2246、2246-S(2,2-硫代双-6-叔丁基对甲酚)、2246-2S及紫外线吸收剂，UV326等。

包装与储运

包装标志 腐蚀品

包装类别 Ⅲ类

安全储运 储存于阴凉、通风的库房。远离火种、热源，避光保存。密闭包装。应与氧化剂、酸碱、铜及其合金隔离储运。

紧急处置信息

急救措施

吸入： 迅速脱离现场至空气新鲜处。保持呼吸道通畅。如呼吸困难，给输氧。呼吸、心跳停止，立即进行心肺复苏术。就医。

眼睛接触： 立即分开眼睑，用流动清水或生理盐水彻底冲洗。就医。

皮肤接触： 立即脱去污染的衣着，用流动清水彻底冲洗。就医。

食入： 用水漱口，禁止催吐。给饮牛奶或蛋清。就医。

灭火方法 消防人员须佩戴空气呼吸器，穿全身耐酸碱消防服，在上风向灭火。尽可能将容器从火场移至空旷处。喷水保持火场容器冷却，直至灭火结束。

灭火剂：雾状水、干沙、泡沫、干粉。

泄漏应急处置 隔离泄漏污染区，限制出入。消除所有点火源。建议应急处理人员戴防尘口罩，穿防毒服。穿上适当的防护服前严禁接触破裂的容器和泄漏物。尽可能切断泄漏源。用塑料布覆盖泄漏物，减少飞散。勿使水进入包装容器内。用洁净的铲子收集泄漏物，置于干净、干燥、盖子较松的容器中，将容器移离泄漏区。

754. 叔丁基过氧化 -2 - 乙基己酸酯

标　识

中文名称 叔丁基过氧化-2-乙基己酸酯

英文名称 *tert*-Butyl 2-ethylperoxyhexanoate；2-Ethyl-hexaneperoxoic acid，1,1-dimethylethyl ester

别名 过氧化2-乙基己酸叔丁酯；引发剂OT；引发剂O

分子式 $C_{12}H_{24}O_3$

CAS 号 3006-82-4

WGH 号 52067

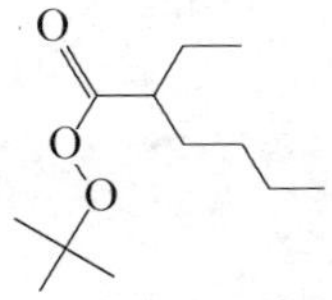

UN 号　3113[含量 >52%]；3117[32% <含量≤52%]；3119[含量≤32%]

危害信息

危险性类别　第 5.2 类　有机过氧化物

燃烧与爆炸危险性　其蒸气与空气可形成爆炸性混合物，遇明火、高热能引起燃烧爆炸。对撞击、摩擦较敏感，易引起燃烧或爆炸。

活性反应　与有机物、易燃物、还原剂接触会发生剧烈反应，有燃烧爆炸危险。胺和部分金属能加速其分解反应。痕量的金属离子杂质会导致其快速分解。

禁忌物　还原剂、易燃物。

毒性　本品对眼睛有刺激作用。皮肤接触可引起皮炎。

侵入途径　吸入、食入。

理化特性与用途

理化特性　有芳香味的淡黄色透明液体。不溶于水。熔点 -30℃，沸点 265℃，密度 0.90g/cm^3(25℃)，折射率 1.428，相对蒸气密度(空气 =1)7.5，辛醇/水分配系数 2.85，闪点 82℃(闭杯)，理论活性氧量≥7.17%，活化能 128kJ/mol，分解温度 130℃(半衰期 1min)；74℃(半衰期 10h)。

主要用途　用作醋酸乙烯、甲基丙烯酸酯及丙烯酸酯类单体聚合的引发剂及不饱和聚酯的交联剂和聚合引发剂等。

包装与储运

包装标志　有机过氧化物

包装类别　Ⅱ类

安全储运　储存于阴凉、低温、通风的不燃材料结构的库房。远离火种、热源，防止阳光直射。储存温度不宜超过 20℃。应与还原剂、促进剂、有机物、可燃物及强酸等隔离储运。搬运时轻装轻卸，禁止震动、撞击和摩擦，以防止爆炸事故发生。

紧急处置信息

急救措施

吸入：脱离接触。如有不适感，就医。

眼睛接触：立即分开眼睑，用流动清水或生理盐水冲洗。就医。

皮肤接触：脱去污染的衣着，用肥皂水和清水冲洗。如有不适感，就医。

食入：漱口，饮水。就医。

灭火方法　消防人员须佩戴空气呼吸器，穿全身消防服，在上风向灭火。遇大火，消防人员须在有防护掩蔽处操作。尽可能将容器从火场移至空旷处。在物料附近着火，须用水保持容器冷却。处在火场中的容器若发生异常变化或发出异常声音，必须马上撤离。

灭火剂：用水、泡沫、干粉灭火。禁止用砂土压盖。

泄漏应急处置　隔离泄漏污染区，限制出入。消除所有点火源。建议应急处理人员戴防尘口罩，穿防毒服，戴橡胶手套。勿使泄漏物与可燃物质(如木材、纸、油等)接触。穿上适当的防护服前严禁接触破裂的容器和泄漏物。用雾状水保持泄漏物湿润。尽可能切断泄漏源。小量泄漏：用惰性、湿润的不燃材料吸收泄漏物，用洁净的非火花工具收集于一盖子较松的塑料容器中，待处理。大量泄漏：筑堤收容。防止泄漏物进入水体、下水道、地下室或限制性空间。在专家指导下清除。

755. EVA 树脂

标　识

中文名称　EVA 树脂

英文名称　Ethylene/vinyl acetate copolymer; Acetic acid ethenyl ester, polymer with ethene

别名　乙烯－醋酸乙烯共聚物

分子式　$(C_4H_6O_2 \cdot C_2H_4)_x$

CAS 号　24937－78－8

危害信息

燃烧与爆炸危险性　可燃。其粉体与空气混合能形成爆炸性混合物，遇明火、高热易燃烧爆炸。加热分解产生易燃、有毒的一氧化碳气体。

禁忌物　强氧化剂。

侵入途径　吸入、食入。

理化特性与用途

理化特性　白色半透明圆粒或无色扁圆状颗粒。软化点 68℃，相对密度（水 = 1）0.91～0.96，熔点 72～102℃，闪点 >260℃。

主要用途　用作各种薄膜、发泡制品、热熔胶和聚合物改性剂。

包装与储运

安全储运　储存于阴凉、干燥、通风的库房。远离火种、热源。应与氧化剂等隔离储运。

紧急处置信息

急救措施

吸入：脱离接触。如有不适感，就医。

眼睛接触：分开眼睑，用流动清水或生理盐水冲洗。如有不适感，就医。

皮肤接触：脱去污染的衣着，用肥皂水和清水冲洗。如有不适感，就医。

食入：漱口，饮水。就医。

灭火方法　消防人员须穿全身消防服，戴空气呼吸器，在上风向灭火。尽可能将容器从火场移至空旷处。喷水保持火场容器冷却，直至灭火结束。

灭火剂：雾状水、泡沫、二氧化碳、干粉、砂土。

泄漏应急处置　消除所有点火源。无关人员撤离至安全区。建议应急处理人员戴防尘口罩，穿一般防护服，戴橡胶手套。尽可能切断泄漏源。避免产生粉尘。用洁净的铲子收集于适当的容器中，回收或废弃处置。

756. ABS 树脂

标识

中文名称 ABS 树脂

英文名称 Acrylonitrile butadiene styrene Resins；Acrylonitrile-butadiene-styrene terpolymer

别名 丙烯腈－丁二烯－苯乙烯三元共聚物

CAS 号 9003－56－9

危害信息

燃烧与爆炸危险性 可燃。其粉体与空气混合能形成爆炸性混合物，遇明火、高热有引起燃烧爆炸的危险。燃烧产生有毒的一氧化碳和氮氧化物气体。

活性反应 与强氧化剂接触发生反应。

禁忌物 强氧化剂。

侵入途径 吸入、食入。

理化特性与用途

理化特性 乳白色固体或白色粉末。不溶于水。相对密度（水＝1）1.03～1.1，软化点（维卡）86～96℃，引燃温度＞400℃。

主要用途 用作汽车工业材料、建筑材料、木材代用品，并用于制安全帽、旅行箱、用具壳体、泡沫塑料等。

包装与储运

安全储运 储存于阴凉、通风的库房。远离火种、热源。应与氧化剂等隔离储运。

紧急处置信息

急救措施

吸入：脱离接触。如有不适感，就医。

眼睛接触：分开眼睑，用流动清水或生理盐水冲洗。如有不适感，就医。

皮肤接触：脱去污染的衣着，用肥皂水和清水冲洗。如有不适感，就医。

食入：漱口，饮水。就医。

灭火方法 消防人员须穿全身消防服，戴空气呼吸器，在上风向灭火。尽可能将容器从火场移至空旷处。喷水保持火场容器冷却，直至灭火结束。

灭火剂：雾状水、泡沫、二氧化碳、干粉、砂土。

泄漏应急处置 隔离泄漏污染区，限制出入。建议应急处理人员戴防尘口罩，穿防毒防酸碱服，戴橡胶耐酸碱手套。尽可能切断泄漏源。用塑料布覆盖泄漏物，减少飞散。注意防滑。用洁净的铲子收集泄漏物，置于干净、干燥、盖子较松的容器中，将容器移离泄漏区。

757. SAN 树脂

标　识

中文名称　SAN 树脂

英文名称　Acrylonitrile, polymer with styrene; AS Resin

别名　苯乙烯－丙烯腈共聚物；AS 树脂

分子式　$(C_8H_8 \cdot C_3H_3N)_x$

CAS 号　9003－54－7

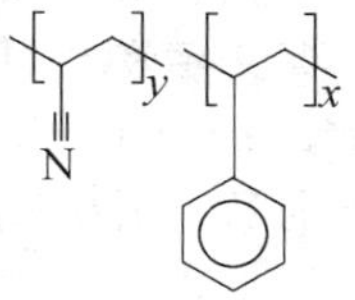

危害信息

燃烧与爆炸危险性　可燃。其粉体与空气混合能形成爆炸性混合物，遇明火、高热有引起燃烧爆炸的危险。燃烧产生有毒的一氧化碳和氮氧化物气体。

活性反应　与强氧化剂接触发生反应。

禁忌物　强氧化剂。

侵入途径　吸入、食入。

理化特性与用途

理化特性　白色半透明至透明粒状树脂。不溶于水。相对密度(水＝1)1.06～1.08。热变形温度77～78℃，软化点(维卡)96～99℃。

主要用途　用于制耐油机械零件、仪表壳、仪表盘、电池盒、拖拉机油箱、蓄电池外壳、包装容器、日用品等，并能抽单丝。

包装与储运

安全储运　储存于阴凉、通风的库房。远离火种、热源。应与氧化剂等隔离储运。

紧急处置信息

急救措施

吸入：脱离接触。如有不适感，就医。

眼睛接触：分开眼睑，用流动清水或生理盐水冲洗。如有不适感，就医。

皮肤接触：脱去污染的衣着，用肥皂水和清水冲洗。如有不适感，就医。

食入：漱口，饮水。就医。

灭火方法　消防人员须穿全身消防服，戴空气呼吸器，在上风向灭火。尽可能将容器从火场移至空旷处。喷水保持火场容器冷却，直至灭火结束。

灭火剂：雾状水、泡沫、二氧化碳、干粉、砂土。

泄漏应急处置　消除所有点火源。无关人员撤离至安全区。建议应急处理人员戴防尘口罩，穿防护服，戴橡胶手套。尽可能切断泄漏源。避免扬尘。注意防滑。防止泄漏物进入水体、下水道、地下室或限制性空间。用洁净的铲子收集，置于适当的容器中，回收或废弃处置。

758. 双癸基二甲基氯化铵

标　识

中文名称　双癸基二甲基氯化铵

英文名称　Didecyl dimethyl ammonium chloride; *N*-Decyl-*N*, *N*-dimethyl-1-decanaminium chloride; Quaternium 12

别名　癸甲氯铵；氯化二甲基双癸基铵

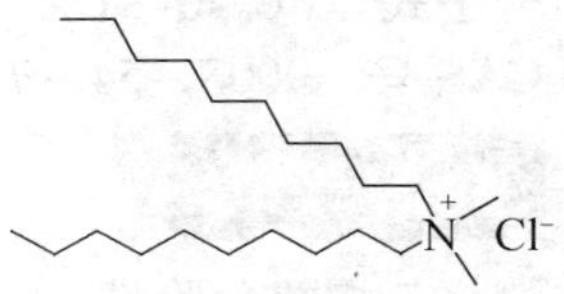

分子式　$C_{22}H_{48}ClN$

CAS 号　7173 -51 -5

危害信息

危险性类别　第6类　有毒品

燃烧与爆炸危险性　易燃。其蒸气与空气混合能形成爆炸性混合物，遇明火、高热易燃烧或爆炸。燃烧产生有毒的一氧化碳和氮氧化物气体。在高温火场中，受热的容器或储罐有破裂和爆炸的危险。

活性反应　与强氧化剂反应。

禁忌物　强氧化剂。

毒性　大鼠经口 LD_{50}：84mg/kg；小鼠经口 LD_{50}：268mg/kg。

食入有害。对眼和皮肤有强烈刺激性，可引起灼伤。

侵入途径　吸入、食入。

环境危害　对水生生物有极高毒性。

理化特性与用途

理化特性　无色至淡黄色透明液体。有效成分含量≥50%。相对密度(水 =1)0.89 ~0.927，pH 值6.0 ~9.0(10%溶液)，闪点30℃。

主要用途　可用作消毒剂、除臭剂和杀菌防霉剂。

包装与储运

包装标志　有毒品

包装类别　Ⅲ类

安全储运　储存于阴凉、通风的库房。远离火种、热源。储存温度不超过35℃，相对湿度不超过80%。保持容器密封。应与强氧化剂、强碱隔离储运。搬运时轻装轻卸，防止容器受损。

紧急处置信息

急救措施

吸入：迅速脱离现场至空气新鲜处。保持呼吸道通畅。如呼吸困难，给输氧。呼吸、心跳停止，立即进行心肺复苏术。就医。

眼睛接触：立即分开眼睑，用大量流动清水或生理盐水彻底冲洗10 ~15min。就医。

皮肤接触：立即脱去污染的衣着，用大量流动清水彻底冲洗，冲洗时间一般要求20 ~

30min。就医。

食入： 用水漱口，禁止催吐。给饮牛奶或蛋清。就医。

灭火方法 消防人员须穿全身防火防毒服，佩戴空气呼吸器，在上风向灭火。尽可能将容器从火场移至空旷处。喷水保持火场容器冷却，直至灭火结束。处在火场中的容器若发生异常变化或发出异常声音，须马上撤离。

灭火剂：泡沫抗溶性泡沫、二氧化碳、干粉、砂土。

泄漏应急处置 消除所有点火源。根据液体流动和蒸气扩散的影响区域划定警戒区，无关人员从侧风、上风向撤离至安全区。建议应急处理人员戴正压自给式呼吸器，穿防静电、防腐蚀服，戴橡胶手套。尽可能切断泄漏源。防止泄漏物进入水体、下水道、地下室或限制性空间。小量泄漏：用干燥的砂土或其他不燃材料吸收或覆盖，收集于容器中。大量泄漏：构筑围堤或挖坑收容。

759. 双环戊二烯

标　识

中文名称 双环戊二烯

英文名称 3a,4,7,7a-Tetrahydro-4,7-methanoindene; Dicyclopentadiene; Cyclopentadiene dimer

别名 二聚环戊二烯；双茂

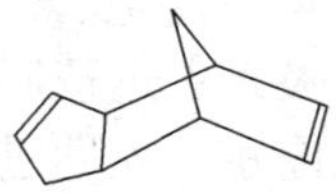

分子式 $C_{10}H_{12}$

CAS 号 77－73－6

WGH 号 33517；T32017[铁规]

UN 号 2048

危害信息

危险性类别 第3类 易燃液体

燃烧与爆炸危险性 易燃。蒸气与空气能形成爆炸性混合物，遇明火、高热发生燃烧爆炸。蒸气比空气重，能在较低处扩散到相当远的地方，遇火源会着火回燃和爆炸(闪爆)。

活性反应 遇酸、引发剂(烷基铝、烷基锂、过氧化物)、高热或被重金属离子污染，会发生剧烈的聚合反应，放出大量的热量。与氧化剂剧烈反应。与强还原剂(硼氢化铝)发生放热反应，释放出易燃易爆的氢气。

禁忌物 强氧化剂、强酸、强碱。

毒性 大鼠经口 LD_{50}：353mg/kg；大鼠吸入 LC_{50}：660ppm(4h)；小鼠经口 LD_{50}：190mg/kg；家兔经皮 LD_{50}：5080mg/kg。

本品具有刺激和麻醉作用。

中毒表现 急性中毒：接触高浓度本品蒸气有刺激和麻醉作用，引起眼、鼻、喉和肺刺激，头痛、头晕及其他中枢神经系统症状。有可能引起肝、肾损害。

慢性影响：长期反复皮肤接触可致皮肤损害。

侵入途径 吸入、食入、经皮吸收。

职业接触限值

中国：PC－TWA：25mg/m^3。

美国(ACGIH)：TLV－TWA：5ppm。

环境危害　对水生生物有毒，可能在水生环境中造成长期不利影响。

理化特性与用途

理化特性　无色结晶或透明液体。不溶于水，溶于乙醇、乙醚、丙酮、二氯甲烷、乙酸乙酯、己烷、甲苯。熔点32～34℃，沸点170～172℃，相对密度(水=1)0.98，相对蒸气密度(空气=1)4.55，蒸气压0.3kPa(25℃)，临界压力3.06MPa，临界温度387℃，辛醇/水分配系数2.78，燃烧热－5778kJ/mol，闪点24℃(闭杯)、32℃(开杯)，爆炸极限0.8%～6.3%，引燃温度503℃。

主要用途　用于生产石油树脂、环氧树脂、香料、医药及其他精细化工产品，也用作高能燃料。

包装与储运

包装标志　易燃液体

包装类别　Ⅲ类

安全储运　储存于阴凉、通风的库房。远离火种、热源，避光保存。储存温度不超过37℃。切勿与氧化剂、强酸、强碱混储混运。禁止使用易产生火花的机械设备和工具。搬运时轻装轻卸，防止容器受损。

紧急处置信息

急救措施

吸入：迅速脱离现场至空气新鲜处。保持呼吸道通畅。如呼吸困难，给输氧。呼吸、心跳停止，立即进行心肺复苏术。就医。

眼睛接触：立即分开眼睑，用流动清水或生理盐水彻底冲洗。就医。

皮肤接触：立即脱去污染的衣着，用肥皂水和清水彻底冲洗。就医。

食入：漱口，尽量饮水，不要催吐。就医。

忌用肾上腺素类药。

灭火方法　消防人员须佩戴空气呼吸器，穿全身消防服，在上风向灭火。

灭火剂：雾状水、泡沫、干粉、二氧化碳、砂土。

泄漏应急处置　消除所有点火源。根据液体流动和蒸气扩散的影响区域划定警戒区，无关人员从侧风、上风向撤离至安全区。建议应急处理人员戴防尘口罩，穿防静电服。作业时使用的所有设备应接地。禁止接触或跨越泄漏物。尽可能切断泄漏源。防止泄漏物进入水体、下水道、地下室或限制性空间。小量泄漏：用砂土或其他不燃材料吸收。使用洁净的无火花工具收集吸收材料。大量泄漏：构筑围堤或挖坑收容。用泡沫覆盖，减少蒸发。喷水雾能减少蒸发，但不能降低泄漏物在受限制空间内的易燃性。用防爆泵转移至槽车或专用收集器内。

760. 双　氯　酚

标　识

中文名称　双氯酚

英文名称 Dichlorophen；2,2′-Methylenebis(4-chlorophenol)

别名 2,2′-亚甲基双(4-氯苯酚)；菌霉净

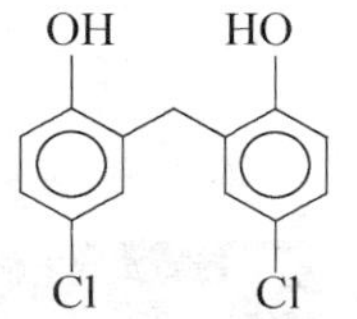

分子式 $C_{13}H_{10}Cl_2O_2$

CAS 号 97-23-4

危害信息

燃烧与爆炸危险性 可燃。其粉体与空气混合能形成爆炸性混合物，遇明火、高热有引起燃烧爆炸的危险。受高热分解产生有毒的氯化物气体。

活性反应 与氧化剂发生反应。

禁忌物 氧化剂、酸酐。

毒性 大鼠经口 LD_{50}：1506mg/kg；小鼠经口 LD_{50}：1000mg/kg。

本品有致敏性。

中毒表现 对眼有刺激性。可引起接触性变应性皮炎和光敏性皮炎。有用本品消毒引起哮喘的报道。曾用本品作为驱绦虫剂，患者出现轻泻、恶性、食欲不振和腹部痉挛性疼痛等副作用。

侵入途径 吸入、食入。

环境危害 对水生生物有极高毒性，可能在水生环境中造成长期不利影响。

理化特性与用途

理化特性 纯品为无臭、无色或白色的结晶，工业品为棕色粉末。几乎不溶于水，溶于乙醇、甲醇、乙醚、异丙醚、石油醚，少量溶于甲苯。熔点 177～178℃，辛醇/水分配系数 4.26。

主要用途 用作农药、医药中间体。

包装与储运

安全储运 储存于阴凉、通风的库房。远离火种、热源。应与氧化剂、强酸、强碱等隔离储运。

紧急处置信息

急救措施

吸入： 脱离接触。如有不适感，就医。

眼睛接触： 分开眼睑，用流动清水或生理盐水冲洗。如有不适感，就医。

皮肤接触： 脱去污染的衣着，用流动清水冲洗。如有不适感，就医。

食入： 漱口，饮水。就医。

灭火方法 消防人员须穿全身防火防毒服，佩戴空气呼吸器，在上风向灭火。尽可能将容器从火场移至空旷处。喷水保持火场容器冷却，直至灭火结束。

灭火剂：雾状水、泡沫、干粉、二氧化碳、砂土。

泄漏应急处置 严禁用水处理。隔离泄漏污染区，限制出入。消除所有点火源。建议应急处理人员戴防尘口罩，穿防毒、防静电服。禁止接触或跨越泄漏物。尽可能切断泄漏源。保持泄漏物干燥。小量泄漏：用干燥的砂土或其他不燃材料覆盖泄漏物，然后用塑料布覆盖，减少飞散、避免雨淋。粉末泄漏：用塑料布或帆布覆盖泄漏物，减少飞散，保持干燥。在专家指导下清除。

761. 双乳酸双异丙基钛酸铵

标　识

中文名称　双乳酸双异丙基钛酸铵

英文名称　Ammonium di(2-hydroxypropanoic acid)-diisopropyl titanate

别名　有机钛交联剂 HA－1；二异丙醇二乳酸钛二铵

分子式　$Ti(OC_3H_7)[CH_3CH(OH)COO(NH_4)]_2$

危害信息

燃烧与爆炸危险性　可燃，遇明火、高热引起燃烧，燃烧产生有毒的一氧化碳和氮氧化物气体。在高温火场中，受热的容器或储罐有破裂和爆炸的危险。

侵入途径　吸入、食入。

理化特性与用途

理化特性　棕褐色黏稠液体。与水互溶，不溶于醚、酮等有机溶剂，略溶于低分子醇类。密度≥$1.0g/cm^3$。

主要用途　油田用作压裂液交联剂。

包装与储运

安全储运　储存于阴凉、干燥、通风的库房。远离火种、热源。避免阳光照射。应与氧化剂等隔离储运。搬运时轻装轻卸，防止容器受损。

紧急处置信息

急救措施

吸入：脱离接触。如有不适感，就医。

眼睛接触：分开眼睑，用流动清水或生理盐水冲洗。如有不适感，就医。

皮肤接触：脱去污染的衣着，用肥皂水和清水冲洗。如有不适感，就医。

食入：漱口，饮水。就医。

灭火方法　消防人员须穿全身消防服，佩戴空气呼吸器，在上风向灭火。尽可能将容器从火场移至空旷处。喷水保持火场容器冷却，直至灭火结束。处在火场中的容器若发生异常变化或发出异常声音，须马上撤离。

灭火剂：抗溶性泡沫、二氧化碳、干粉、砂土。

泄漏应急处置　隔离泄漏污染区，限制出入。建议应急处理人员戴呼吸器，穿防毒服，戴橡胶手套。作业时使用的所有设备应接地。穿上适当的防护服前严禁接触破裂的容器和泄漏物。小量泄漏：用砂土或其他不燃材料吸收，收集于适当的容器中。大量泄漏，筑堤收容。

762. 双三丁基氧化锡

标　识

中文名称　双三丁基氧化锡

英文名称　Bis(tri-*n*-butyltin) oxide；Bis(tributylstannyl) oxide

别名　三丁基氧化锡；丁蜗锡

分子式　$C_{24}H_{54}OSn_2$

CAS 号　56－35－9

UN 号　3020

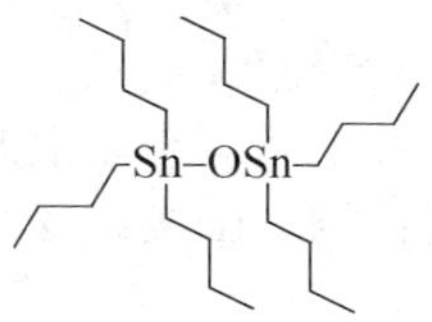

危害信息

危险性类别　第 6 类　有毒品

燃烧与爆炸危险性　可燃，遇明火、高热可引起燃烧，燃烧时产生有毒的烟雾。在高温火场中，受热的容器或储罐有破裂和爆炸的危险。

禁忌物　强氧化剂。

毒性　大鼠经口 LD_{50}：87mg/kg；小鼠经口 LD_{50}：55mg/kg；家兔经皮 LD_{50}：900mg/kg；豚鼠吸入 LCL_o：200mg/m^3。

对眼和皮肤有强烈刺激性。吸入本品气溶胶可引起肺水肿(可迟发)。可影响胸腺，造成免疫抑制。

侵入途径　吸入、食入、经皮吸收。

职业接触限值　美国(ACGIH)：TLV－TWA：0.1mg/m^3；TLV－STEL：0.2mg/m^3。

环境危害　对水生生物是有害的。

理化特性与用途

理化特性　微黄色液体。不溶于水，可与有机溶剂混溶。pH 值 7.5，熔点 －45℃，沸点 180℃(0.266kPa)，相对密度(水＝1)1.17，相对蒸气密度(空气＝1)20.6，闪点 ＞100℃(闭杯)，辛醇/水分配系数 3.84。

主要用途　农业上用作杀菌剂，木材、造纸、纺织、粉刷等工业用作防护剂，也用作聚合反应中的催化剂。

包装与储运

包装标志　有毒品

包装类别　Ⅲ类

安全储运　储存于阴凉、通风的库房。远离火种、热源。储存温度不超过 32℃，相对湿度不超过 85%。保持容器密封。应与强氧化剂、强碱隔离储运。搬运时轻装轻卸，防止容器受损。

紧急处置信息

急救措施

吸入：迅速脱离现场至空气新鲜处。保持呼吸道通畅。如呼吸困难，给输氧。呼吸、

心跳停止，立即进行心肺复苏术。就医。

眼睛接触：立即分开眼睑，用流动清水或生理盐水彻底冲洗。就医。

皮肤接触：立即脱去污染的衣着，用肥皂水和清水彻底冲洗。就医。

食入：催吐，洗胃。就医。

灭火方法　消防人员须穿全身防火防毒服，佩戴空气呼吸器，在上风向灭火。尽可能将容器从火场移至空旷处。喷水保持火场容器冷却，直至灭火结束。

灭火剂：雾状水、泡沫、二氧化碳、干粉、砂土。

泄漏应急处置　消除所有点火源。根据液体流动和蒸气扩散的影响区域划定警戒区，无关人员从侧风、上风向撤离至安全区。建议应急处理人员戴正压自给式呼吸器，穿防静电、防毒服，戴橡胶手套。尽可能切断泄漏源。防止泄漏物进入水体、下水道、地下室或限制性空间。小量泄漏：用干燥的砂土或其他不燃材料吸收或覆盖，收集于容器中。大量泄漏：构筑围堤或挖坑收容。

763. 双三乙醇胺双异丙基钛酸酯

标　识

中文名称　双三乙醇胺双异丙基钛酸酯

英文名称　Bis((2,2′,2″-nitrilotris(ethanolato))(1-)-*N*,*O*)bis(propan-2-olato)titanium; Isopropyl triethanolamine titanate

别名　三乙醇胺钛酸异丙酯

分子式　$C_{18}H_{42}N_2O_8Ti$

CAS 号　36673-16-2

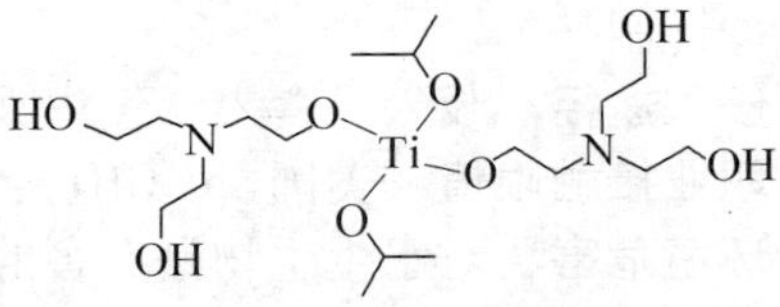

危害信息

危险性类别　第 3 类　易燃液体

燃烧与爆炸危险性　易燃。其蒸气与空气混合易形成爆炸性混合物，遇明火、高热极易燃烧爆炸。在高温火场中，受热的容器或储罐有破裂和爆炸的危险。

活性反应　与强氧化剂反应。

禁忌物　强氧化剂。

侵入途径　吸入、食入。

理化特性与用途

理化特性　琥珀色至红棕色液体，具有酯的气味。溶于水及醇、酮等有机溶剂。相对密度(水=1)1.06，沸点 95℃，闪点 16℃。

主要用途　用作植物胶稠化剂的交联剂。

包装与储运

包装标志　易燃液体

包装类别　Ⅱ类

安全储运　储存于阴凉、干燥、通风的库房。远离火种、热源，避免阳光直射。防潮防水。库温不超过 37℃。应与氧化剂等隔离储运。炎热季节早晚运输。禁止使用易产生火花的机械设备和工具。灌装时注意流速，防止静电积聚。搬运时轻装轻卸，防止容器受损。

紧急处置信息

急救措施

吸入： 脱离接触。如有不适感，就医。

眼睛接触： 分开眼睑，用流动清水或生理盐水冲洗。如有不适感，就医。

皮肤接触： 脱去污染的衣着，用肥皂水和清水冲洗。如有不适感，就医。

食入： 漱口，饮水。就医。

灭火方法　消防人员须穿全身消防服，佩戴空气呼吸器，在上风向灭火。尽可能将容器从火场移至空旷处。用水灭火无效。喷水保持火场容器冷却，直至灭火结束。处在火场中的容器若发生异常变化或发出异常声音，须马上撤离。

灭火剂：泡沫、二氧化碳、干粉和砂土。

泄漏应急处置　消除点火源。根据液体流动和蒸气扩散的影响区域划定警戒区，无关人员从侧风、上风向撤离至安全区。建议应急处理人员戴正压自给式呼吸器，穿防毒、防静电服。作业时使用的所有设备应接地。禁止接触或跨越泄漏物。尽可能切断泄漏源。防止泄漏物进入水体、下水道、地下室或密闭性空间。小量泄漏：用砂土或其他不燃材料吸收。使用洁净的无火花工具收集吸收材料。大量泄漏：构筑围堤或挖坑收容。

764. 双叔丁基过氧异丙基苯

标　　识

中文名称　双叔丁基过氧异丙基苯

英文名称　Bis(*tert*-butyldioxyisopropyl)benzene; alpha, alpha′-Bis(*tert*-butylperoxy)diisopropylbenzene

别名　a,a'－双(叔丁基过氧基)二异丙苯；1,4(或1,3－)－双叔丁基过氧异丙基苯。

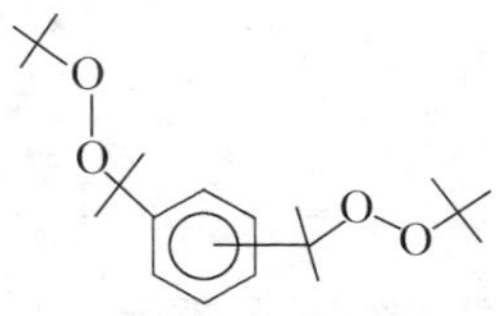

分子式　$C_{20}H_{34}O_4$

CAS 号　25155－25－3

危害信息

危险性类别　第5.2类　有机过氧化物

燃烧与爆炸危险性　易燃。具有强氧化性。受撞击、摩擦，遇明火或其他点火源极易爆炸。在高温火场中，由于内压增加以及分解反应的发生，受热的容器和储罐有爆炸的危险。

活性反应　与强还原剂反应。

禁忌物　强还原剂。

毒性　大鼠经口 LD_{50}：＞23g/kg；大鼠吸入 LC：＞180mg/m^3(6h)。

侵入途径　吸入、食入。

理化特性与用途

理化特性　白色至淡黄色粉末或固体。不溶于水，溶于乙醇、乙醚、苯、四氯化碳等有机溶剂。熔点 44 ~48℃，相对密度(水 =1)0.9，闪点 76℃(闭杯)，引燃温度 >380℃，理论活性氧含量 9.45%，分解温度 182℃(半衰期 1min)，118 ~120℃(半衰期 10h)，自加速分解温度 91℃。

主要用途 本品可作为聚乙烯、三元乙丙橡胶、乙烯 - 醋酸乙烯共聚物、硅橡胶、丁晴橡胶等塑料和橡胶的交联剂。

包装与储运

包装标志 有机过氧化物

包装类别 Ⅱ类

安全储运 储存于阴凉、低温、通风的不燃材料结构的库房，储存温度不超过 30℃，大量储存的库房内必须有自动喷水装置。远离火种、热源，防止阳光直射。应与还原剂、促进剂、有机物、可燃物及强酸等隔离储运。搬运时轻装轻卸，防止摩擦、撞击造成着火、爆炸。

紧急处置信息

急救措施

吸入：脱离接触。如有不适感，就医。

眼睛接触：分开眼睑，用流动清水或生理盐水冲洗。如有不适感，就医。

皮肤接触：脱去污染的衣着，用流动清水冲洗。如有不适感，就医。

食入：漱口，饮一杯水，不要催吐。就医。

灭火方法 消防人员须穿全身消防服，佩戴空气呼吸器灭火。在物料附近失火，须用水保持容器冷却。消防人员须在有防爆掩蔽处操作。

灭火剂：水、雾状水、泡沫、干粉。禁止用砂土压盖。

泄漏应急处置 隔离泄漏污染区，限制出入。消除所有点火源。建议应急处理人员戴防尘口罩，穿防毒服。穿上适当的防护服前严禁接触破裂的容器和泄漏物。尽可能切断泄漏源。用塑料布覆盖泄漏物，减少飞散。勿使水进入包装容器内。用洁净的铲子收集泄漏物，置于干净、干燥、盖子较松的容器中，将容器移离泄漏区。

765. 双烯基丁二酰亚胺

标　识

中文名称 双烯基丁二酰亚胺

英文名称 Dialkenyl succinimide

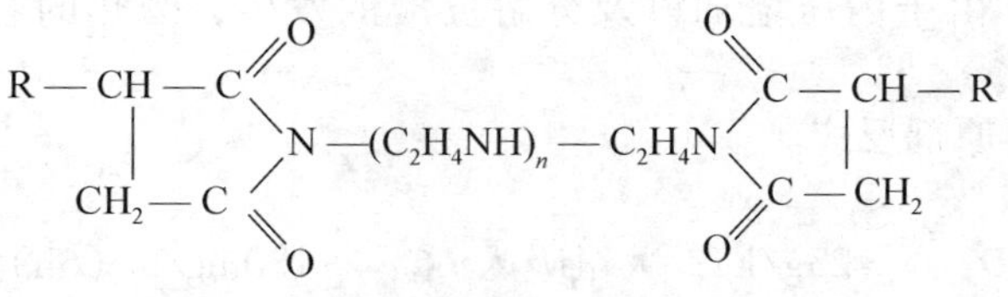

别名 152 分散剂；双烯基丁二酰亚胺无灰添加剂

危害信息

燃烧与爆炸危险性 可燃，遇明火、高热可能引起燃烧或爆炸，燃烧产生有毒的一氧化碳和氮氧化物气体。在高温火场中，受热的容器或储罐有破裂和爆炸的危险。

禁忌物 强氧化剂。

侵入途径 吸入、食入。

理化特性与用途

理化特性 红色或棕色黏稠液体。密度 0.89 ~ 0.935g/cm^3（20℃），闪点≥170℃（开杯），运动黏度 150 ~ 250mm^2/s（100℃），总碱值 15 ~ 30mgKOH/g。

主要用途 与清净剂、抗氧抗腐蚀剂复合，可调制中、高档汽油机油和柴油机油，也可用于高碱性船用气缸油。

包装与储运

安全储运 储存于阴凉、通风的库房。容器密封。防止受潮、雨淋。远离火种、热源。应与氧化剂等隔离储运。搬运时轻装轻卸，防止容器受损。

紧急处置信息

急救措施

吸入：脱离接触。如有不适感，就医。

眼睛接触：分开眼睑，用流动清水或生理盐水冲洗。如有不适感，就医。

皮肤接触：脱去污染的衣着，用肥皂水和清水冲洗。如有不适感，就医。

食入：漱口，饮水。就医。

灭火方法 消防人员须穿全身消防服，佩戴空气呼吸器，在上风向灭火。尽可能将容器从火场移至空旷处。喷水保持火场容器冷却，直至灭火结束。处在火场中的容器若发生异常变化或发出异常声音，须马上撤离。

灭火剂：泡沫、二氧化碳、干粉、砂土。

泄漏应急处置 根据液体流动和蒸气扩散的影响区域划定警戒区，无关人员从侧风、上风向撤离至安全区。消除火源。建议应急处理人员戴正压自给式呼吸器，穿防静电、防腐蚀服，戴橡胶手套。尽可能切断泄漏源。防止泄漏物进入水体、下水道、地下室或限制性空间。小量泄漏：用干燥的砂土或其他不燃材料吸收或覆盖，收集于容器中。大量泄漏：构筑围堤或挖坑收容。

766. 双辛基二甲基氯化铵

标 识

中文名称 双辛基二甲基氯化铵

英文名称 Dimethyldioctylammonium chloride; 1-Octanaminium, *N*, *N*-dimethyl-*N*-octyl-, chloride

别名 氯化双辛烷基二甲基铵

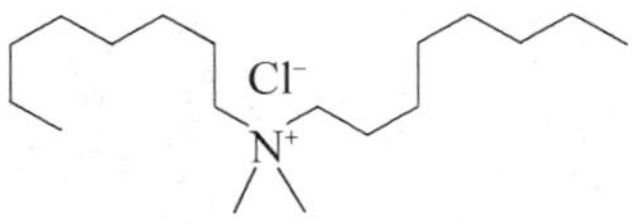

分子式 $C_{18}H_{40}ClN$

CAS 号 5538-94-3

危害信息

危险性类别 第6类 有毒品

燃烧与爆炸危险性 易燃。其蒸气与空气混合能形成爆炸性混合物，遇明火、高热易燃烧或爆炸。燃烧产生有毒的一氧化碳和氮氧化物气体。在高温火场中，受热的容器或储罐有破裂和爆炸的危险。有腐蚀性。

禁忌物 强氧化剂。

毒性 小鼠经口 LDL_0：50mg/kg。

侵入途径 吸入、食入。

环境危害 对水生生物是有毒的。

理化特性与用途

理化特性 无色或淡黄色液体。为溶于水，溶于乙醇。活性组分50%或80%的乙醇水溶液。相对密度(水=1)0.93(50%乙醇水溶液)、0.897(80%乙醇水溶液)。

主要用途 用作催化剂，乳化剂，消毒剂，杀菌剂，抗静电剂等。

包装与储运

包装标志 有毒品

包装类别 Ⅲ类

安全储运 储存于阴凉、通风的库房。远离火种、热源。储存温度不超过35℃，相对湿度不超过80%。保持容器密封。应与强氧化剂、强碱隔离储运。搬运时轻装轻卸，防止容器受损。

紧急处置信息

急救措施

吸入：脱离接触。如有不适感，就医。

眼睛接触：分开眼睑，用流动清水或生理盐水冲洗。如有不适感，就医。

皮肤接触：脱去污染的衣着，用流动清水冲洗。如有不适感，就医。

食入：给服活性炭悬液。就医。

灭火方法 消防人员须穿全身防火防毒服，佩戴空气呼吸器，在上风向灭火。尽可能将容器从火场移至空旷处。喷水保持火场容器冷却，直至灭火结束。处在火场中的容器若发生异常变化或发出异常声音，须马上撤离。

灭火剂：泡沫抗溶性泡沫、二氧化碳、干粉、砂土。

泄漏应急处置 消除所有点火源。根据液体流动和蒸气扩散的影响区域划定警戒区，无关人员从侧风、上风向撤离至安全区。建议应急处理人员戴正压自给式呼吸器，穿防静电、防腐蚀服，戴橡胶手套。尽可能切断泄漏源。防止泄漏物进入水体、下水道、地下室或限制性空间。小量泄漏：用干燥的砂土或其他不燃材料吸收或覆盖，收集于容器中。大量泄漏：构筑围堤或挖坑收容。

767. 水合肼

标　识

中文名称　水合肼

英文名称　Hydrazine hydrate；Hydrazine monohydrate

别名　一水合肼；水合联氨

分子式　$H_4N_2 \cdot H_2O$

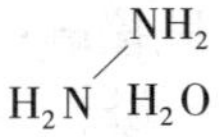

CAS 号　7803－57－8；10217－52－4

WGH 号　82020

UN 号　2030

危害信息

危险性类别　第 8.2 类　碱性腐蚀品

燃烧与爆炸危险性　可燃。受热后挥发出的蒸气能在空气中形成爆炸性混合物。与氧化性物质混合会发生爆炸。有腐蚀性。

活性反应　与酸发生剧烈的中和反应，放出大量的热。与碱金属、2,4－二硝基氯苯、二氯化锡、氧化汞发生剧烈反应。

禁忌物　强氧化剂、强酸、碱金属、2,4－二硝基氯苯、二氯化锡、氧化汞等。

毒性　大鼠经口 LD_{50}：129mg/kg；小鼠经口 LD_{50}：83mg/kg。

对眼、呼吸道有刺激性，对皮肤有刺激性和致敏性。中毒后出现中枢神经系统症状。可经皮肤吸收。

中毒表现　急性中毒：吸入本品蒸气，刺激鼻和上呼吸道。此外，尚可出现头晕、恶心、呕吐和中枢神经系统症状。液体或蒸气对眼有刺激作用，可致眼的永久性损害。对皮肤有刺激性，可造成严重灼伤。可经皮肤吸收引起中毒。可致皮炎。口服引起头晕、恶心，以后出现暂时性中枢性呼吸抑制、心律紊乱，以及中枢神经系统症状，如嗜睡、运动障碍、共济失调、麻木等。肝功能可出现异常。

慢性影响：长期接触可出现神经衰弱综合征，肝大及肝功能异常。

侵入途径　吸入、食入、经皮吸收。

环境危害　对水生生物是有害的。

理化特性与用途

理化特性　无色发烟液体，微带氨的气味。与水、乙醇混溶，不溶于氯仿和乙醚。熔点－64.5～－51.6℃，沸点 118℃，相对密度(水＝1)1.03，相对蒸气密度(空气＝1)1.73，蒸气压 0.67kPa(25℃)，闪点 72.8℃，爆炸极限 4.7%～100%，引燃温度 270℃。

主要用途　是大型锅炉给水的脱氧剂。用作还原剂、溶剂、抗氧剂。用于制取医药、发泡剂等，也用于制火箭燃料、炸药等。

包装与储运

包装标志　腐蚀品，有毒品

包装类别　Ⅱ类

安全储运 储存于阴凉、通风的库房内。远离火种、热源。储存温度不超过30℃，相对湿度不超过80%。保持容器密封。应与氧化剂、酸类、金属粉末、食用化学品等隔离储运。搬运时轻装轻卸，防止容器破损。应严格执行剧毒化学品管理制度。

紧急处置信息

急救措施

吸入： 迅速脱离现场至空气新鲜处。保持呼吸道通畅。如呼吸困难，给输氧。呼吸、心跳停止，立即进行心肺复苏术。就医。

眼睛接触： 立即分开眼睑，用大量流动清水或生理盐水彻底冲洗10～15min。就医。

皮肤接触： 立即脱去污染的衣着，用大量流动清水彻底冲洗，冲洗时间一般要求20～30min。就医。

食入： 用水漱口，禁止催吐。给饮牛奶或蛋清。就医。

灭火方法 消防人员须佩戴空气呼吸器，穿全身消防服，在上风向灭火。遇大火，消防人员须在有防护掩蔽处操作。

灭火剂：用雾状水、抗溶性泡沫、二氧化碳、干粉灭火。

泄漏应急处置 消除所有点火源。根据液体流动和蒸气扩散的影响区域划定警戒区，无关人员从侧风、上风向撤离至安全区。建议应急处理人员戴正压自给式呼吸器，穿防静电、防腐蚀服，戴橡胶手套。穿上适当的防护服前严禁接触破裂的容器和泄漏物。尽可能切断泄漏源。防止泄漏物进入水体、下水道、地下室或限制性空间。小量泄漏：用干燥的砂土或其他不燃材料吸收或覆盖，收集于容器中。大量泄漏：构筑围堤或挖坑收容。用防爆、耐腐蚀泵转移至槽车或专用收集器内。喷雾状水驱散蒸气、稀释液体泄漏物。

768. 水解聚丙烯腈铵盐

标　识

中文名称 水解聚丙烯腈铵盐

英文名称 Hydrolysis polypropenylnitrile，ammonium salt

危害信息

燃烧与爆炸危险性 可燃。遇明火、高热可燃，燃烧产生有毒的烟气。

禁忌物 强氧化剂、水、强酸。

侵入途径 吸入、食入。

理化特性与用途

理化特性 黄褐色粉末，易吸潮。溶于水，水溶液呈中性。

主要用途 用于低固相不分散聚合物钻井液的降滤失剂，兼有降黏作用。

包装与储运

安全储运 储存于阴凉、干燥、通风的库房。远离火种、热源。包装密封。防潮、防日晒。应与强氧化剂等隔离储运。搬运时轻装轻卸，防止容器受损。

紧急处置信息

急救措施

吸入：脱离接触。如有不适感，就医。

眼睛接触：分开眼睑，用流动清水或生理盐水冲洗。如有不适感，就医。

皮肤接触：脱去污染的衣着，用肥皂水和清水冲洗。如有不适感，就医。

食入：漱口，饮水。就医。

灭火方法 消防人员须穿全身消防服，戴空气呼吸器，在上风向灭火。尽可能将容器从火场移至空旷处。

灭火剂：雾状水、抗溶性泡沫、二氧化碳、干粉、砂土。

泄漏应急处置 隔离泄漏污染区，限制出入。建议应急处理人员戴防尘口罩，穿防毒防酸碱服，戴橡胶耐酸碱手套。用洁净的铲子收集泄漏物，置于干净、干燥、盖子较松的容器中，将容器移离泄漏区。

769. 水解聚丙烯腈钾铵盐

标　识

中文名称 水解聚丙烯腈钾铵盐

英文名称 Hydrolysis polypropenylnitrile，potassium ammonium salt

危害信息

燃烧与爆炸危险性 可燃，遇明火、高热有引起燃烧爆炸的危险 ，燃烧产生有毒的烟气。

活性反应 与强酸反应。

禁忌物 强氧化剂、水、强酸。

侵入途径 吸入、食入。

理化特性与用途

理化特性 灰褐色固体粉末，易吸潮。易溶于水，水溶液呈弱碱性。pH 值 7 ~9。

主要用途 主要用作钻井液页岩抑制剂，亦可用作钻井液降滤失剂和降黏剂，适用于阴离子型和两性离子型钻井液体系。

包装与储运

安全储运 储存于阴凉、干燥、通风的库房。远离火种、热源。包装密封。防潮、防日晒。应与强氧化剂等隔离储运。搬运时轻装轻卸，防止容器受损。

紧急处置信息

急救措施

吸入：脱离接触。如有不适感，就医。

眼睛接触：分开眼睑，用流动清水或生理盐水冲洗。如有不适感，就医。

皮肤接触：脱去污染的衣着，用肥皂水和清水冲洗。如有不适感，就医。

食入：漱口，饮水。就医。

灭火方法 消防人员须穿全身消防服，戴空气呼吸器，在上风向灭火。尽可能将容器从火场移至空旷处。

灭火剂：雾状水、抗溶性泡沫、二氧化碳、干粉、砂土。

泄漏应急处置 隔离泄漏污染区，限制出入。建议应急处理人员戴防尘口罩，穿防毒防酸碱服，戴橡胶耐酸碱手套。用洁净的铲子收集泄漏物，置于干净、干燥、盖子较松的容器中，将容器移离泄漏区。

770. 水解聚丙烯腈钾盐

标　识

中文名称 水解聚丙烯腈钾盐

英文名称 Potassium hydrolyzed polyacrylonitrile

危害信息

燃烧与爆炸危险性 可燃。遇明火、高热可燃，燃烧产生有毒的烟气。

活性反应 与强酸反应。

禁忌物 强酸 、强氧化剂。

侵入途径 吸入、食入。

理化特性与用途

理化特性 灰褐色粉末。易溶于水，水溶液呈碱性。pH 值 11 ~ 12。

主要用途 用作钻井液处理剂，适用于各种阴离子、两性离子型钻井体系。

包装与储运

安全储运 储存于阴凉、干燥、通风的库房。远离火种、热源。包装密封。防潮、防日晒。应与强氧化剂等隔离储运。搬运时轻装轻卸，防止容器受损。

紧急处置信息

急救措施

吸入：脱离接触。如有不适感，就医。

眼睛接触：分开眼睑，用流动清水或生理盐水冲洗。如有不适感，就医。

皮肤接触：脱去污染的衣着，用肥皂水和清水冲洗。如有不适感，就医

食入：漱口，饮水。就医。

灭火方法 消防人员须穿全身消防服，戴空气呼吸器，在上风向灭火。尽可能将容器从火场移至空旷处。

灭火剂：雾状水、抗溶性泡沫、二氧化碳、干粉、砂土。

泄漏应急处置 隔离泄漏污染区，限制出入。建议应急处理人员戴防尘口罩，穿防毒工作服。尽可能切断泄漏源。用塑料布覆盖泄漏物，减少飞散。勿使水进入包装容器内。用洁净的铲子收集泄漏物，置于干净、干燥、盖子较松的容器中，将容器移离泄漏区。

771. 水解聚丙烯腈钠盐

标　识

中文名称　水解聚丙烯腈钠盐

英文名称　poly(acrylonitrile-a-crylamide-sodium acrylate) hydrolyzate; Polyacrylonitrile sodium salt, hydrolyzed

别名　降失水剂

危害信息

燃烧与爆炸危险性　可燃。遇明火、高热可燃，燃烧产生有毒的烟气。

禁忌物　强酸 、强氧化剂。

侵入途径　吸入、食入。

理化特性与用途

理化特性　浅黄色流动粉末。易溶于水，水溶液呈弱碱性。pH 值≤12。

主要用途　用作钻井助剂、降失水剂、泥浆处理剂。

包装与储运

安全储运　储存于阴凉、干燥、通风的库房。远离火种、热源。防日晒、雨淋。应与氧化剂等隔离储运。

紧急处置信息

急救措施

吸入：脱离接触。如有不适感，就医。

眼睛接触：分开眼睑，用流动清水或生理盐水冲洗。如有不适感，就医。

皮肤接触：脱去污染的衣着，用肥皂水和清水冲洗。如有不适感，就医。

食入：漱口，饮水。就医。

灭火方法　消防人员须穿全身消防服，戴空气呼吸器，在上风向灭火。尽可能将容器从火场移至空旷处。

灭火剂：雾状水、抗溶性泡沫、二氧化碳、干粉、砂土。

泄漏应急处置　隔离泄漏污染区，限制出入。建议应急处理人员戴防尘口罩，穿防毒防酸碱服，戴橡胶耐酸碱手套。用洁净的铲子收集泄漏物，置于干净、干燥、盖子较松的容器中，将容器移离泄漏区。

772. 水解聚马来酸酐

标　识

中文名称　水解聚马来酸酐

英文名称 Hydrolyzed polymaleic anhydride; Hydrolyzed 2-butenedioic acid (Z)-, homopolymer

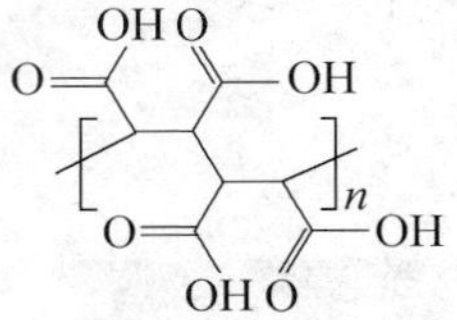

别名 HPMA

分子式 $(C_4H_4O_4)_n$

CAS 号 26099-09-2

危害信息

燃烧与爆炸危险性 可燃，燃烧产生有毒的一氧化碳气体。在高温火场中，由于内压增加以及分解反应的发生，受热的容器和储罐有破裂和爆炸的危险。

活性反应 与强碱反应。

禁忌物 强碱。

侵入途径 吸入、食入。

理化特性与用途

理化特性 棕黄色透明液体。易溶于水。平均分子质量≥400，固体含量≥48%，pH值≥2.0~3.0，密度≥1.18g/cm³(20℃)，冰点 -5~-10℃。

主要用途 是高效阻垢剂，主要用于低压锅炉、工业循环冷却水系统、油田输水管线、原油脱水等。

包装与储运

安全储运 储存于阴凉、干燥、通风的库房。远离火种、热源。防止日晒、雨淋。应与强氧化剂等隔离储运。搬运时轻装轻卸，防止容器受损。

紧急处置信息

急救措施

吸入：迅速脱离现场至空气新鲜处。保持呼吸道通畅。如呼吸困难，给输氧。呼吸、心跳停止，立即进行心肺复苏术。就医。

眼睛接触：立即分开眼睑，用大量流动清水或生理盐水彻底冲洗10~15min。就医。

皮肤接触：立即脱去污染的衣着，用大量流动清水彻底冲洗，冲洗时间一般要求20~30min。就医。

食入：用水漱口，禁止催吐。给饮牛奶或蛋清。就医。

灭火方法 消防人员须穿全身消防服，佩戴空气呼吸器，在上风向灭火。尽可能将容器从火场移至空旷处。喷水保持火场容器冷却，直至灭火结束。处在火场中的容器若发生异常变化或发出异常声音，须马上撤离。

灭火剂：泡沫、二氧化碳、干粉、砂土。

泄漏应急处置 消除所有点火源。根据液体流动和蒸气扩散的影响区域划定警戒区，无关人员从侧风、上风向撤离至安全区。建议应急处理人员戴正压自给式呼吸器，穿防静电、防腐蚀服，戴橡胶手套。尽可能切断泄漏源。防止泄漏物进入水体、下水道、地下室或限制性空间。小量泄漏：用干燥的砂土或其他不燃材料吸收或覆盖，收集于容器中。大量泄漏：构筑围堤或挖坑收容。

773. 水 煤 气

标 识

中文名称 水煤气

英文名称 Water gas

WGH 号 23029

UN 号 2600

危害信息

危险性类别 第2.3类 有毒气体

燃烧与爆炸危险性 易燃。与空气混合能形成爆炸性混合物，遇高热和明火能引起燃烧或爆炸。在火场中，受热的容器和储罐有爆炸的危险。

活性反应 与强氧化剂、卤素反应。

禁忌物 强氧化剂、卤素。

毒性 一氧化碳主要经呼吸道侵入体内，与血红蛋白中的二价铁结合，生成碳氧血红蛋白(HbCO)，使血液携氧能力明显降低，造成组织缺氧。一氧化碳和血红蛋白的亲合力比氧大250～300倍。急性一氧化碳中毒是吸入较高浓度一氧化碳后引起的急性脑缺氧性疾病；少数患者可有迟发的神经精神症状。部分患者亦可有其他脏器的缺氧性改变。

中毒表现 急性中毒：轻度一氧化碳中毒者出现剧烈头痛、头晕、耳鸣、心悸、恶心、呕吐、无力，轻度至中度意识障碍但无昏迷，血液碳氧血红蛋白浓度可高于10%；中度中毒者除上述症状外，意识障碍表现为浅至中度昏迷，但经抢救后恢复且无明显并发症，血液碳氧血红蛋白浓度可高于30%；重度患者出现深度昏迷或去大脑强直状态、休克、脑水肿、肺水肿、严重心肌损害、锥体系或锥体外系损害、呼吸衰竭等，血液碳氧血红蛋白可高于50%。部分患者意识障碍恢复后，约经2～60d的“假愈期”，又可能出现迟发性脑病，以意识精神障碍、锥体系或锥体外系损害为主。

慢性影响：长期接触低浓度的一氧化碳可致神经和心血管系统损害。

侵入途径 吸入。

职业接触限值

中国：MAC：20mg/m^3[高原海拔2000～3000m](一氧化碳)，15mg/m^3[高原海拔>3000m](一氧化碳)；PC－TWA：20mg/m^3[非高原](一氧化碳)；PC－STEL：30mg/m^3[非高原](一氧化碳)。

美国(ACGIH)：TLV－TWA：25ppm(一氧化碳)。

理化特性与用途

理化特性 无色无味有毒气体。其组成大致为氢气50%，一氧化碳40%，二氧化碳5%，氮气5%。相对蒸气密度(空气=1)0.5，爆炸极限7%～70%。

主要用途 可作燃料，或用作制造合成氨、合成石油、合成甲醇等的原料，也用于羰基合成等。

包装与储运

包装标志 有毒气体，易燃气体

安全储运　储存于阴凉、通风的库房或大型气柜。远离火源和热源。储存温度不超过30℃。储存时，应与氧化剂隔离，远离氧气钢瓶。禁止使用易产生火花的机械设备和工具。运输时防止雨淋、曝晒。搬运时轻装轻卸。

紧急处置信息

急救措施

迅速脱离现场至空气新鲜处。保持呼吸道通畅。输氧。呼吸、心跳停止，立即进行心肺复苏术。就医。

尽早应用高压氧舱治疗。

灭火方法　切断气源。消防人员须佩带空气呼吸器，穿全身防火防毒服，在上风向灭火。喷水保持火场容器冷却，直至灭火结束。尽可能将容器从火场移至空旷处。

灭火剂：雾状水、泡沫、干粉、砂土。

泄漏应急处置　消除所有点火源。根据气体扩散的影响区域划定警戒区，无关人员从侧风、上风向撤离至安全区。建议应急处理人员戴正压自给式呼吸器，穿防静电、防腐蚀、防毒服，戴橡胶手套。作业时使用的所有设备应接地。禁止接触或跨越泄漏物。尽可能切断泄漏源。喷雾状水抑制蒸气或改变蒸气云流向，避免水流接触泄漏物。禁止用水直接冲击泄漏物或泄漏源。喷雾状水稀释、溶解，构筑围堤或挖坑收容废水。隔离泄漏区，直至气体散尽。

774. 水－乙二醇液压油

标　识

中文名称　水－乙二醇液压油

英文名称　Water Glycol Hydraulic Fluids

危害信息

燃烧与爆炸危险性　可燃，但在多数情况下不会燃烧。在高温火场中，受热的容器或储罐有破裂和爆炸的危险。

活性反应　与强氧化剂反应。

禁忌物　强氧化剂。

毒性　本品含乙二醇。急性乙二醇中毒死亡病例尸检可见脑、肾、肺的病变。乙二醇的代谢产物草酸和草酸盐可阻塞肾小管，是导致肾损害的重要因素。

中毒表现　口服乙二醇急性中毒分三个阶段：第一阶段主要为中枢神经系统症状，轻者似乙醇中毒表现，重者迅速产生昏迷、抽搐，最后死亡；第二阶段，心肺症状明显，严重病例可有肺水肿，支气管肺炎，心力衰竭；第三阶段主要表现为不同程度肾功能衰竭。

侵入途径　吸入、食入。

理化特性与用途

理化特性　红色透明液体。溶于水。运动黏度（mm^2/s，40℃）：41～51（WG－46）、35～40（WG－38）、20～25（WG－25），pH 值 9.0～11.0，凝点－50℃，密度（g/cm^3）：1.047（WG－46）、1.046（WG－38）、1.075（WG－25）。

主要用途 用于要求抗燃、系统压力在 14MPa 以下的液压装置，也适用于低温系统。

包装与储运

安全储运 储存于阴凉、通风的库房。远离火种、热源。应与氧化剂、强酸、强碱、氯化铬酰等隔离储运。避免使用铝制器械。搬运时轻装轻卸，防止容器受损。

紧急处置信息

急救措施

吸入：迅速脱离现场至空气新鲜处。保持呼吸道通畅。如呼吸困难，给输氧。呼吸、心跳停止，立即进行心肺复苏术。就医。

眼睛接触：分开眼睑，用流动清水或生理盐水冲洗。如有不适感，就医。

皮肤接触：脱去污染的衣着，用肥皂水和清水冲洗。如有不适感，就医。

食入：尽量饮水，催吐，洗胃，给服活性炭悬液，给泻剂。就医。

乙二醇中毒解毒剂可用乙醇和 4 – 甲基吡唑。

灭火方法 消防人员须穿全身消防服，佩戴空气呼吸器，在上风向灭火。尽可能将容器从火场移至空旷处。喷水保持火场容器冷却，直至灭火结束。处在火场中的容器若发生异常变化或发出异常声音，须马上撤离。

灭火剂：抗溶性泡沫、二氧化碳、干粉、砂土。

泄漏应急处置 根据液体流动和蒸气扩散的影响区域划定警戒区，无关人员从侧风、上风向撤离至安全区。建议应急处理人员戴正压自给式呼吸器，穿防静电、防腐蚀服，戴橡胶手套。尽可能切断泄漏源。防止泄漏物进入水体、下水道、地下室或限制性空间。小量泄漏：用干燥的砂土或其他不燃材料吸收或覆盖，收集于容器中。大量泄漏：构筑围堤或挖坑收容。用防爆、耐腐蚀泵转移至槽车或专用收集器内。喷雾状水驱散蒸气、稀释液体泄漏物。

775. 顺 – 2 – 丁烯

标 识

中文名称 顺 – 2 – 丁烯

英文名称 *cis*-2-Butene；*cis*-2-Butylene；(Z)-But-2-ene

别名 2 – 丁烯[顺式]

分子式 C_4H_8

CAS 号 590 – 18 – 1

WGH 号 21019

UN 号 1012

危害信息

危险性类别 第 2.1 类 易燃气体

燃烧与爆炸危险性 易燃。蒸气与空气能形成爆炸性混合物，遇明火、高热发生燃烧爆炸。受热可能发生剧烈的聚合反应，引起容器破裂和爆炸事故。比空气重，能在较低处扩散到相当远的地方，遇火源会着火回燃和爆炸(闪爆)。

活性反应　遇酸、引发剂(烷基铝、烷基锂、过氧化物)、高热或被金属离子污染，会发生剧烈的聚合反应，放出大量热量。在空气中会发生缓慢氧化反应，生成极易引发聚合或爆炸的有机过氧化物。与氧化剂剧烈反应。与强还原剂(硼氢化铝)发生放热反应，释放出易燃易爆的氢气。

禁忌物　强氧化剂、强酸、强还原剂、过氧酸、卤素等。

毒性　有单纯窒息、弱麻醉和弱刺激作用。

中毒表现　急性中毒：人接触浓度为805～989mg/m^3 含2-丁烯92.9%的不饱和烃混合气体2h，出现黏膜刺激症状、嗜睡、血压稍升高，有时有脉速等。高浓度接触可造成昏迷。

慢性影响：长期接触以丁烯为主的混合气体的工人，有头晕、头痛、嗜睡或失眠、易兴奋、易疲倦、全身乏力和记忆减退等症状，有时有黏膜慢性刺激症状。

侵入途径　吸入。

理化特性与用途

理化特性　无色压缩或液化气体。不溶于水，溶于多数有机溶剂。熔点-139℃，沸点3.7℃，相对密度(水=1)0.616，相对蒸气密度(空气=1)1.9，蒸气压188kPa(21℃)，燃烧热-2687.7kJ/mol，临界压力4.1MPa，临界温度160℃，辛醇/水分配系数2.33，闪点-73℃(闭杯)，爆炸极限1.7%～9%，引燃温度324℃。

主要用途　作为液化石油气的组分，用于合成烷基化汽油以及生产聚丁烯。

包装与储运

包装标志　易燃气体

安全储运　储存于阴凉、通风的库房。远离火种、热源。储存温度不超过30℃。应与氧化剂、可燃物、有机物等隔离储运。禁止使用易产生火花的机械设备和工具。搬运时钢瓶须戴安全帽和防震橡皮圈，防止钢瓶碰撞。

紧急处置信息

急救措施

吸入：迅速脱离现场至空气新鲜处。保持呼吸道通畅。如呼吸困难，给输氧。呼吸、心跳停止，立即进行心肺复苏术。就医。

皮肤接触：如发生冻伤，用温水(38～42℃)复温，忌用热水或辐射热，不要揉搓。

灭火方法　切断气源。若不能切断气源，则不允许熄灭泄漏处的火焰。喷水冷却容器，尽可能将容器从火场移至空旷处。消防人员必须穿全身防火防毒服，佩戴空气呼吸器，在上风向灭火。

泄漏应急处置　消除所有点火源。根据气体扩散的影响区域划定警戒区，无关人员从侧风、上风向撤离至安全区。建议应急处理人员戴正压自给式呼吸器，穿防静电服。液化气体泄漏时穿防静电、防寒服。作业时使用的所有设备应接地。禁止接触或跨越泄漏物。尽可能切断泄漏源。若可能翻转容器，使之逸出气体而非液体。喷雾状水抑制蒸气或改变蒸气云流向，避免水流接触泄漏物。禁止用水直接冲击泄漏物或泄漏源。防止气体通过下水道、通风系统和限制性空间扩散。隔离泄漏区直至气体散尽。

776. 顺丁烯二酸二仲辛酯磺酸钠

标　识

中文名称　顺丁烯二酸二仲辛酯磺酸钠

英文名称　Sulfosuccinic acid di-*sec*-octyl ester sodium salt；Fast Penetrating Agent T

别名　快速渗透剂 T；磺化琥珀酸二仲辛酯钠盐

分子式　$C_{20}H_{37}NaO_{3}S$

CAS 号　1639－66－3

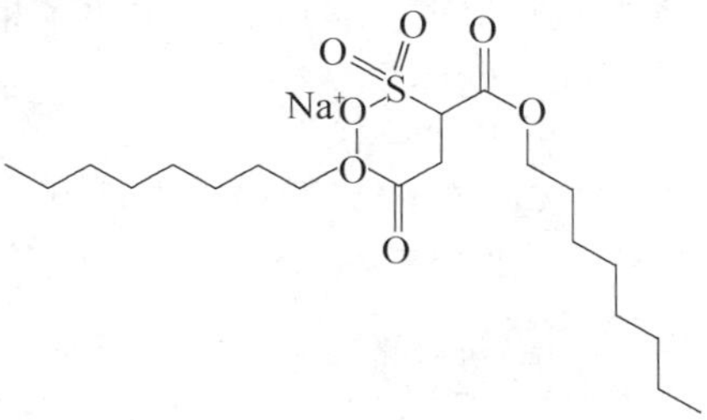

危害信息

燃烧与爆炸危险性　可燃。遇明火、高热可燃，燃烧产生有毒的烟气。

禁忌物　强氧化剂。

侵入途径　吸入、食入。

理化特性与用途

理化特性　淡黄色至棕黄色黏稠状液体。溶于水，溶液呈乳白色。pH 值 6.5～7.0(1%的水溶液)。

主要用途　在油田管线、印染工业中作快速渗透剂，亦用作乳化剂、洗涤剂、表面活性剂等。

包装与储运

安全储运　储存于阴凉、通风的库房。远离火种、热源。应与氧化剂等隔离储运。搬运时轻装轻卸，防止容器受损。

紧急处置信息

急救措施

吸入：脱离接触。如有不适感，就医。

眼睛接触：分开眼睑，用流动清水或生理盐水冲洗。如有不适感，就医。

皮肤接触：脱去污染的衣着，用肥皂水和清水冲洗。如有不适感，就医。

食入：漱口，尽量饮水，不要催吐。就医。

灭火方法　消防人员须穿全身消防服，戴空气呼吸器，在上风向灭火。尽可能将容器从火场移至空旷处。

灭火剂：雾状水、抗溶性泡沫、二氧化碳、干粉、砂土。

泄漏应急处置　消除所有点火源。根据液体流动和蒸气扩散的影响区域划定警戒区，无关人员从侧风、上风向撤离至安全区。建议应急处理人员戴正压自给式呼吸器，穿防静电、防腐蚀服，戴橡胶手套。尽可能切断泄漏源。防止泄漏物进入水体、下水道、地下室或限制性空间。小量泄漏：用干燥的砂土或其他不燃材料吸收或覆盖，收集于容器中。大量泄漏：构筑围堤或挖坑收容。

777. 顺丁烯二酸酐

标　识

中文名称　顺丁烯二酸酐

英文名称　Maleic anhydride；2,5-Furandione；*cis*-Butenedioic anhydride

别名　马来酸酐；顺酐；失水苹果酸酐；2,5－呋喃二酮

分子式　$C_4H_2O_3$

CAS 号　108－31－6

WGH 号　81624

UN 号　2215

危害信息

危险性类别　第 8.1 类　酸性腐蚀品

燃烧与爆炸危险性　可燃。粉体与空气能形成爆炸性混合物，遇明火发生粉尘爆炸。

活性反应　与热水或蒸汽反应生成顺丁烯二酸，放出热量。温度大于 150℃以后，接触强碱(氢氧化钠、氢氧化钾等)、烷基金属化合物、脂肪胺(二甲胺、三乙胺)或芳族胺(吡啶、喹啉)会发生剧烈的放热分解反应，放出一氧化碳、二氧化碳气体。与二烯烃能发生狄－阿反应，生成酞酸的衍生物。

禁忌物　强氧化剂、强还原剂、强酸、强碱、碱金属、水等。

毒性　大鼠经口 LD_{50}：400mg/kg；小鼠经口 LD_{50}：465mg/kg；家兔经皮 LD_{50}：2620mg/kg。

本品具有明显刺激性。

中毒表现　本品粉尘和蒸气具有刺激性。吸入后可引起咽炎、喉炎和支气管炎。可伴有腹痛。眼和皮肤直接接触有明显刺激作用，并引起灼伤。

慢性影响：慢性结膜炎，鼻黏膜溃疡和炎症。有致敏性，可引起皮疹和哮喘。

侵入途径　吸入、食入、经皮吸收。

职业接触限值　中国：PC－TWA：1mg/m^3[敏]；PC－STEL：2mg/m^3[敏]。

美国(ACGIH)：TLV－TWA：0.1ppm[敏]。

环境危害　有害空气污染物。

理化特性与用途

理化特性　白色、微黄色块状或片状结晶。易升华。溶于水(生成顺丁烯二酸)，溶于乙醇(生成酯)、乙醚、丙酮、氯仿、1，4－二氧六环，微溶于四氯化碳和粗汽油。溶点 52.8℃，沸点 202℃，相对密度(水＝1)1.48，相对蒸气密度(空气＝1)3.4，蒸气压 0.02kPa(20℃)，燃烧热－1339kJ/mol，闪点 102℃(闭杯)、110℃(开杯)，爆炸极限 1.4%～7.1%，自燃温度 477℃。

主要用途　主要用于制造不饱和聚酯树脂、四氢呋喃、反－丁烯二酸、苹果酸、润滑油添加剂、纸张处理剂、合成树脂涂料、PVC 稳定剂、增塑剂、表面活性剂、农药和其他特种化学品等。

包装与储运

包装标志 腐蚀品

包装类别 Ⅲ类

安全储运 储存于阴凉、干燥、通风良好的库房。远离火种、热源。储存温度不超过32℃，相对湿度不超过80%。保持容器密封。应与氧化剂、还原剂、酸类、食用化学品等隔离储运。不能储存过久，以免受潮变质。

紧急处置信息

急救措施

吸入：迅速脱离现场至空气新鲜处。保持呼吸道通畅。如呼吸困难，给输氧。呼吸、心跳停止，立即进行心肺复苏术。就医。

眼睛接触：立即分开眼睑，用大量流动清水或生理盐水彻底冲洗10～15min。就医。

皮肤接触：立即脱去污染的衣着，用大量流动清水彻底冲洗，冲洗时间一般要求20～30min。就医。

食入：用水漱口，禁止催吐。给饮牛奶或蛋清。就医。

灭火方法 消防人员必须穿耐酸碱防护服、防护靴、佩戴空气呼吸器灭火。

灭火剂：雾状水、泡沫、干粉、二氧化碳、砂土。

泄漏应急处置 隔离泄漏污染区，限制出入。建议应急处理人员戴防尘口罩，穿防酸碱服。作业时使用的所有设备应接地。穿上适当的防护服前严禁接触破裂的容器和泄漏物。尽可能切断泄漏源。小量泄漏：用干燥的砂土或其他不燃材料覆盖泄漏物，然后用塑料布覆盖，减少飞散、避免雨淋。用洁净的铲子收集泄漏物，置于干净、干燥、盖子较松的容器中，将容器移离泄漏区。

778. 顺丁橡胶

标　识

中文名称 顺丁橡胶

英文名称 *cis*-1,4-Polybutadiene rubber；BR

别名 顺式－1,4－聚丁二烯橡胶；顺丁胶

分子式 $\left[CH_2CH{=}CHCH_2\right]_n$

CAS号 9003－17－2

危害信息

燃烧与爆炸危险性 可燃，遇明火、高热能引起燃烧爆炸，燃烧产生有毒的一氧化碳气体。

禁忌物 强氧化剂。

毒性 燃烧产生有毒烟雾。

侵入途径 吸入、食入。

理化特性与用途

理化特性 无色或浅黄色弹性体。玻璃化温度－110℃。

主要用途　用于生产轮胎、胶管、胶带、胶鞋等橡胶制品。

包装与储运

安全储运　储存于阴凉、通风的库房。远离火种、热源。应与氧化剂等隔离储运。

紧急处置信息

急救措施

吸入： 脱离接触。如有不适感，就医。

眼睛接触： 分开眼睑，用流动清水或生理盐水冲洗。如有不适感，就医。

皮肤接触： 脱去污染的衣着，用肥皂水和清水冲洗。如有不适感，就医。

食入： 漱口，饮水。就医。

灭火方法　消防人员须穿全身消防服，在上风向灭火。尽可能将容器从火场移至空旷处。喷水保持火场容器冷却，直至灭火结束。

灭火剂：雾状水、泡沫、二氧化碳、干粉、砂土。

泄漏应急处置　隔离泄漏污染区，限制出入。建议应急处理人员戴防尘口罩，穿防毒防酸碱服，戴橡胶耐酸碱手套。穿上适当的防护服前严禁接触破裂的容器和泄漏物。尽可能切断泄漏源。用塑料布覆盖泄漏物，减少飞散。勿使水进入包装容器内。用洁净的铲子收集泄漏物，置于干净、干燥、盖子较松的容器中，将容器移离泄漏区。

779. 四氟乙烯

标　　识

中文名称　四氟乙烯

英文名称　Tetrafluoroethene；Tetrafluoroethylene；Perfluoroethene

别名　全氟乙烯；TFE

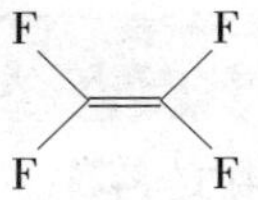

分子式　C_2F_4

CAS 号　116－14－3

WGH 号　21032

UN 号　1081

危害信息

危险性类别　第 2.1 类　易燃气体

燃烧与爆炸危险性　极易燃。与空气混合能形成爆炸性混合物，遇热源和明火有燃烧爆炸危险。比空气重，能在较低处扩散到相当远的地方，遇火源会着火回燃和爆炸(闪爆)。燃烧产物有毒，含有碳酰氟、氟化氢和一氧化碳。

活性反应　接触空气会缓慢氧化生成有机过氧化物，引发四氟乙烯的放热聚合反应，导致燃烧和爆炸。氧化氮气体、氧气、三氧化硫等氧化剂均能引发四氟乙烯的聚合反应。与铝剧烈反应。若四氟乙烯气体中含有五氟化碘污染物会导致其爆聚。

禁忌物　强氧化剂、易燃物。

毒性　大鼠吸入 LC_{50}：250000mg/m^3(2h)；大鼠吸入 LC_{50}：113200mg/m^3(4h)；小鼠吸入 LC_{50}：143000mg/m^3(4h)。

四氟乙烯以二氟一氯甲烷裂解制造，生产过程中可接触到裂解气、裂解残液以及高温加工焊接、切割时产生的热解物。四氟乙烯本身属低毒类，其裂解气组分复杂，毒性较大；剩下的残液内含八氟环丁烷、四氟一氯甲烷、六氟丙烷、二氟一氯甲烷和剧毒的八氟异丁烯，还有一些未知成分。

IARC 对本品的致癌性分类：G2B——可疑人类致癌物。

中毒表现　急性中毒：四氟乙烯本身属低毒类，接触高浓度本品迅速出现一过性眼和呼吸道刺激、眩晕及胸闷等症状，脱离接触后数天内症状可自行消退。用二氟一氯甲烷制造四氟乙烯过程中的裂解气、残液中成分有的属高毒类，可引起急性中毒。中毒后轻者有咳嗽、胸闷、头晕、乏力、恶心等；较重者出现化学性肺炎或间质性肺水肿；严重者出现肺泡性肺水肿及心肌损害。后期有纤维增生征象。吸入有机氟聚合物热解物后，可引起氟聚合物烟尘热。皮肤与液态本品接触，有可能引起冻伤。

慢性中毒：长期接触裂解气、残液中成分，常见有头痛、头晕、乏力、睡眠障碍等神经衰弱综合征和(或)腰背酸痛症状。可致骨骼损害。

侵入途径　吸入。

职业接触限值　美国(ACGIH)：TLV－TWA：2ppm。

理化特性与用途

理化特性　无色无臭气体。不溶于水。熔点－142.5℃，沸点－76.3℃，相对密度(水＝1)1.519(－76℃)，相对蒸气密度(空气＝1)3.87，蒸气压211kPa(15℃)，临界压力3.82MPa，临界温度33.3℃，辛醇/水分配系数1.21，闪点－60℃，爆炸极限11.0%～60.0%，引燃温度200℃。

主要用途　是制造聚四氟乙烯的单体，也用作氟树脂、氟橡胶和含氟精细化工产品的单体原料及原料中间体。

包装与储运

包装标志　易燃气体

安全储运　储存于阴凉、通风的库房。远离火种、热源，避免阳光直射。储存温度不超过30℃。防止自聚，应注意钢瓶安全阀是否已被聚合物堵塞。应与易燃物、氧化剂等隔离储运。须设置喷水设备，以便失火时进行冷却。禁止使用易产生火花的机械设备和工具。

紧急处置信息

急救措施

吸入：迅速脱离现场至空气新鲜处。保持呼吸道通畅。如呼吸困难，给输氧。呼吸、心跳停止，立即进行心肺复苏术。就医。

皮肤接触：如发生冻伤，用温水(38～42℃)复温，忌用热水或辐射热，不要揉搓。

灭火方法　切断气源。若不能切断气源，则不允许熄灭泄漏处的火焰。喷水冷却容器，尽可能将容器从火场移至空旷处。消防人员须佩戴空气呼吸器，穿全身消防服，在上风向灭火。

泄漏应急处置　消除所有点火源。根据气体的影响区域划定警戒区，无关人员从侧风、上风向撤离至安全区。建议应急处理人员戴正压自给式呼吸器，穿防静电服。液化气体泄漏时穿防静电、防寒服。作业时使用的所有设备应接地。禁止接触或跨越泄漏物。尽可能切断泄漏源。若可能翻转容器，使之逸出气体而非液体。喷雾状水抑制蒸气或改变蒸气云流向，避免水流接触泄漏物。禁止用水直接冲击泄漏物或泄漏源。防止气体通过下水道、通风系统和限制性空间扩散。隔离泄漏区直至气体散尽。

780. 四　甘　醇

标　　识

中文名称　四甘醇

英文名称　Tetraethylene glycol; 3,6,9-Trioxaundecane-1,11-diol; Tetra glycol;

别　名　三缩四乙二醇；三氧杂十一烷 -1, 11 -二醇

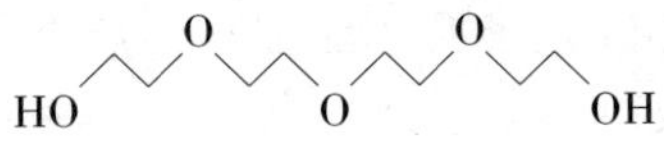

分子式　$C_8H_{18}O_5$

CAS 号　112-60-7

危害信息

燃烧与爆炸危险性　遇明火、高热可燃．蒸气与空气能形成爆炸性混合物。蒸气比空气重，能在较低处扩散到相当远的地方，遇火源会着火回燃和爆炸(闪爆)。在火场中，受热的容器或储罐由于内压增加有开裂和爆炸的危险。

活性反应　活性较低。与碱金属、氮化物、强还原剂反应放出易燃或有毒气体。与含氧酸或羧酸反应生成醚和水。与氧化剂反应生成醛或酮，与强氧化剂剧烈反应。能引发异氰酸酯、环氧化物等的聚合反应。能溶解多种塑料、橡胶或涂层。

禁忌物　强氧化剂。

毒性　大鼠经口 LD_{50}：10000mg/kg；兔经皮 LD_{50}：>20mg/kg。

对眼、呼吸道和皮肤有刺激性。过量吸入对中枢神经系统有抑制作用，出现头痛、头晕、倦睡和共济失调。

理化特性与用途

理化特性　无色黏稠液体。混溶于水、甲醇，溶于乙醇、乙醚、四氯化碳等。熔点 -6.2℃，沸点 327℃，相对密度(水=1)1.1285(15℃/4℃)，相对蒸气密度(空气=1)6.7，燃烧热 -4749kJ/mol，临界温度 527℃，临界压力 3.20MPa，引燃温度 370℃，蒸气压 0.0062Pa(26℃)，黏度 61.9 mPa·s，闪点 176℃，爆炸极限 0.5%~3.4%，辛醇/水分配系数 -2.02。

主要用途　用作溶剂，也用作热载体。

包装与储运

安全储运　储存于阴凉、通风的库房。保持容器密封，远离火种、热源。应与氧化剂、碱类隔离储运。搬运时轻装轻卸，防止容器受损。

紧急处置信息

急救措施

吸入：迅速脱离现场至空气新鲜处。保持呼吸道通畅。如呼吸困难，给输氧。呼吸、心跳停止，立即进行心肺复苏术。就医。

眼睛接触：分开眼睑，用流动清水或生理盐水冲洗。如有不适感，就医。

皮肤接触：脱去污染的衣着，用肥皂水和清水冲洗。如有不适感，就医。

食入：漱口，尽量饮水，不要催吐。就医。

灭火方法 消防人员须佩戴防毒面具、穿全身消防服，在上风向灭火。尽可能将容器从火场移至空旷处。喷水保持火场容器冷却，直至灭火结束。处在火场中的容器若已变色或从安全泄压装置中产生声音，必须马上撤离。

灭火剂：雾状水、抗溶性泡沫、干粉、二氧化碳、砂土。

泄漏应急处置 根据液体流动和蒸气扩散的影响区域划定警戒区，无关人员从侧风、上风向撤离至安全区。消除所有点火源。建议应急处理人员戴防毒面具，穿防毒服。穿上适当的防护服前严禁接触破裂的容器和泄漏物。尽可能切断泄漏源。防止泄漏物进入水体、下水道、地下室或限制性空间。小量泄漏：用干燥的砂土或其他不燃材料吸收或覆盖，收集于容器中。大量泄漏：构筑围堤或挖坑收容。用泵转移至槽车或专用收集器内。

781. 四氯化硅

标识

中文名称 四氯化硅

英文名称 Silicon tetrachloride；Silicon chloride

别名 氯化硅；四氯硅烷

分子式 $SiCl_4$

CAS 号 10026－04－7

WGH 号 81043

UN 号 1818

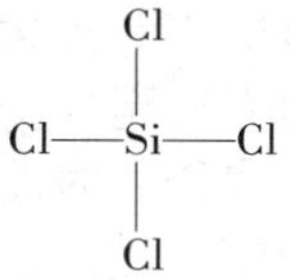

危害信息

危险性类别 第 8.1 类 酸性腐蚀品

燃烧与爆炸危险性 不燃。受热或遇水分解放热，放出有毒的腐蚀性烟气。对很多金属尤其是潮湿空气存在下有腐蚀性。

活性反应 暴露在空气中会冒烟。室温下，与二甲亚砜发生剧烈反应。遇水、湿气、有机酸或无机酸发生放热反应，放出腐蚀性的氯化氢烟雾。

禁忌物 强氧化剂、醇类、水、强碱。

毒性 大鼠经口 LD_{50}：0.19～2g/kg；大鼠吸入 LC_{50}：5559mg/m^3(4h)。

对皮肤和黏膜有强烈刺激作用。

中毒表现 对眼睛及上呼吸道有强烈刺激作用。高浓度可引起角膜混浊，呼吸道炎症，甚至肺水肿。眼直接接触可致角膜及眼睑严重灼伤。皮肤接触液体后可引起组织坏死。本品可引起溶血反应而导致贫血。

侵入途径 吸入、食入。

理化特性与用途

理化特性 无色或淡黄色发烟液体，有刺激性气味，易潮解。可混溶于苯、氯仿、石油醚等多数有机溶剂。熔点－70℃，沸点 57.6℃，相对密度(水＝1)1.48，相对蒸气密度(空气＝1)5.86，蒸气压 55.99kPa(37.8℃)，临界压力 3.58MPa，辛醇/水分配系数 1.77。

主要用途 用于制造硅酸乙酯、有机硅油、高温绝缘漆、有机硅树脂、硅橡胶，也用于制取烟幕剂。

包装与储运

包装标志　腐蚀品

包装类别　Ⅱ类

安全储运　储存于阴凉、通风良好的库房。远离高温、热源。储存温度不超过 30℃，相对湿度不超过 75%。包装必须密封，切勿受潮。应与氧化剂、碱类、醇类等隔离贮运。搬运时轻装轻卸，防止容器破损。

紧急处置信息

急救措施

吸入：迅速脱离现场至空气新鲜处。保持呼吸道通畅。如呼吸困难，给输氧。呼吸、心跳停止，立即进行心肺复苏术。就医。

眼睛接触：立即分开眼睑，用大量流动清水或生理盐水彻底冲洗 10～15min。就医。

皮肤接触：立即脱去污染的衣着，用大量流动清水彻底冲洗，冲洗时间一般要求 20～30min。就医。

食入：用水漱口，禁止催吐。就医。

灭火方法　消防人员必须穿全身耐酸碱消防服，佩戴空气呼吸器灭火。

灭火剂：本品不燃，根据火灾原因选择适当灭火剂。禁用灭火剂：水、泡沫、酸碱灭火剂。

泄漏应急处置　根据液体流动和蒸气扩散的影响区域划定警戒区，无关人员从侧风、上风向撤离至安全区。建议应急处理人员戴正压自给式呼吸器，穿防酸碱服，戴橡胶耐酸碱手套。作业时使用的所有设备应接地。穿上适当的防护服前严禁接触破裂的容器和泄漏物。勿使水进入包装容器内。尽可能切断泄漏源。防止泄漏物进入水体、下水道、地下室或限制性空间。小量泄漏：用干燥的砂土或其他不燃材料覆盖泄漏物。大量泄漏：构筑围堤或挖坑收容。用碎石灰石（$CaCO_3$）、苏打灰（Na_2CO_3）或石灰（CaO）中和。用耐腐蚀泵转移至槽车或专用收集器内。

782. 四氯化钛

标　　识

中文名称　四氯化钛

英文名称　Titanium tetrachloride；Titanic chloride；Titanium chloride

别名　氯化钛

分子式　$TiCl_4$

CAS 号　7550－45－0

WGH 号　81051

UN 号　1838

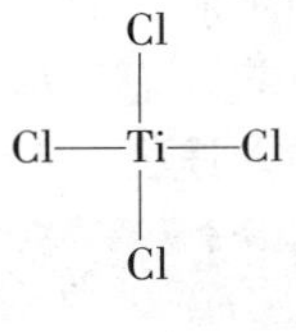

危害信息

危险性类别　第 8.1 类　酸性腐蚀品

燃烧与爆炸危险性　不燃。受热或遇水分解放热，放出有毒的腐蚀性烟气。具有较强的腐蚀性。

活性反应 遇水发生剧烈反应，放出氯化氢；遇湿气会放出含氯化氢的白色腐蚀性烟雾。直接加入四氢呋喃会发生剧烈的放热反应。与酸反应放出氯化氢。

禁忌物 强氧化剂、水、强碱。

毒性 大鼠经口 LD_{50}：464mg/kg；大鼠吸入 LC_{50}：400mg/m^3；小鼠吸入 LC_{50}：100mg/m^3(2h)；家兔经皮 LD_{50}：3160mg/kg。

四氯化钛烟雾与水接触可生成盐酸，对呼吸道有强烈的刺激作用。

中毒表现 急性中毒：吸入本品烟雾，引起上呼吸道黏膜强烈刺激症状。轻度中毒有喘息性支气管炎症状；严重者出现呼吸困难，呼吸、脉搏加快，体温升高，咳嗽，咯痰等，X 线表现为化学性肺炎，可发展成肺水肿。皮肤直接接触其液体，可引起严重灼伤，治愈后可见有黄色色素沉着。

慢性影响：长期低浓度吸入，引起呼吸道黏膜刺激症状及慢性支气管炎症状。

侵入途径 吸入、食入。

理化特性与用途

理化特性 无色或微黄色液体，有刺激性酸味。具极强的吸湿性，在空气中发烟。溶于水、盐酸、氢氟酸、乙醇等。熔点 -25℃，沸点 136.4℃，相对密度(水=1)1.726，相对蒸气密度(空气=1)6.5，蒸气压 1.33kPa(21.3℃)，临界温度 358℃，临界压力 4.66MPa。

主要用途 与三乙基铝的络合物即齐格勒催化剂，用于乙烯的聚合；亦用于制造金属钛、天然纤维及合成纤维的防水剂、钛酸盐、媒染剂及颜料等。

包装与储运

包装标志 腐蚀品

包装类别 Ⅱ类

安全储运 储存于阴凉、通风良好的库房。远离高温、热源。储存温度不超过 30℃，相对湿度不超过 75%。包装必须密封，切勿受潮。应与酸类、易燃物、食用化学品等隔离储运。搬运时轻装轻卸，防止容器破损。应严格执行剧毒化学品管理制度。

紧急处置信息

急救措施

吸入：迅速脱离现场至空气新鲜处，吸氧，保持呼吸道通畅。立即雾化吸入 5% 碳酸氢钠溶液，以中和四氯化钛水解产生的盐酸。早期给予糖皮质激素，防治肺水肿。

眼睛接触：立即分开眼睑，用清洁纱布等吸去液体，然后用流动清水彻底冲洗。就医。

皮肤接触：立即脱去污染的衣着，用清洁软纸或布等吸去液体，然后用大量流动清水冲洗，防止四氯化钛遇水放出大量热及盐酸，加重及扩大灼伤范围。就医。

食入：漱口，口服活性炭悬液。禁止催吐。就医。

灭火方法 消防人员必须穿全身耐酸碱消防服，佩戴空气呼吸器灭火。

本品不燃，根据火灾原因选择适当灭火剂。禁用灭火剂：水、泡沫、酸碱灭火剂。

泄漏应急处置 根据液体流动和蒸气扩散的影响区域划定警戒区，无关人员从侧风、上风向撤离至安全区。建议应急处理人员戴正压自给式呼吸器，穿防酸碱服，戴橡胶耐酸碱手套。穿上适当的防护服前严禁接触破裂的容器和泄漏物。尽可能切断泄漏源。勿使泄漏物与可燃物质(如木材、纸、油等)接触。防止泄漏物进入水体、下水道、地下室或限制性空间。小量泄漏：用干燥的砂土或其他不燃材料覆盖泄漏物，用洁净的无火花工具收集泄漏物，置于一盖子较松的塑料容器中，待处置。大量泄漏：构筑围堤或挖坑收容。用砂土、惰性物质或蛭石吸收大量液体。用耐腐蚀泵转移至槽车或专用收集器内。

783. 四氯化碳

标　识

中文名称　四氯化碳

英文名称　Carbon tetrachloride; Tetrachloromethane

别名　四氯甲烷

分子式　CCl_4

CAS 号　56－23－5

WGH 号　61554

UN 号　1846

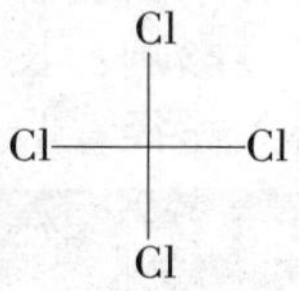

危害信息

危险性类别　第 6.1 类　毒害品

燃烧与爆炸危险性　本品不燃。高温下可分解，产生剧毒的光气和氯化氢。在潮湿的空气中能形成光气和氯化氢烟雾。

活性反应　与次氯酸钙、四氧化二氮、氟气等氧化剂能形成爆炸性混合物。与锂、钠、钾、锌、铝、钡等金属的混合物具有爆炸性，受撞击后易爆炸。与烯丙醇、三氯化铝、过氧化二苯甲酰、叔丁醇钾发生剧烈的放热反应。铁存在下，与二甲基甲酰胺、二甲基乙酰胺发生剧烈反应。

禁忌物　强氧化剂、活性金属粉末。

毒性　大鼠经口 LD_{50}：2350mg/kg；大鼠经皮 LD_{50}：5070mg/kg；大鼠吸入 LC_{50}：8000ppm(4h)；人经口 TDL_o：1800mg/kg。

四氯化碳可经呼吸道、消化道和皮肤吸收。高浓度四氯化碳对黏膜有轻度刺激作用，对中枢神经系统有轻度麻醉作用。对肝、肾等实质器官可有严重损害。四氯化碳还可增加心肌对肾上腺素的敏感性，引起心律失常。

IARC 对本品的致癌性分类：G2B——可疑人类致癌物。

中毒表现　急性中毒：吸入较高浓度蒸气，最初出现眼及上呼吸道刺激症状。随后可出现中枢神经系统抑制和胃肠道症状。较严重病例数小时或数天后出现中毒性肝、肾损伤。重者甚至发生肝坏死、肝昏迷或急性肾功能衰竭。吸入极高浓度可迅速出现昏迷、抽搐，可因室颤和呼吸中枢麻痹而猝死。口服中毒肝、肾损害明显。少数病例发生周围神经炎、球后视神经炎。

慢性中毒：长期反复接触中等浓度四氯化碳，可发生头昏、眩晕、疲乏无力、失眠、记忆力减退、食欲不振、体重减轻、恶心、腹痛、腹泻等症状。肝、肾功能损害较少见，少数严重患者可出现肝肿大及疼痛，肝功能异常，甚至发展为肝硬变。肾脏损害时，可出现低分子蛋白尿，酚磺肽试验排泄较少，严重者可见肾浓缩功能减退等表现。少数慢性中毒患者发生球后视神经炎，视神经萎缩、视野缩小、视力减退。皮肤长期接触四氯化碳液体，可因脱脂而干燥、脱屑、皲裂。

侵入途径　吸入、食入、经皮吸收。

职业接触限值 中国：PC－TWA：15mg/m^3［皮］［G2B］；PC－STEL：25mg/m^3［皮］［G2B］。

美国(ACGIH)：TLV－TWA：5ppm［皮］；TLV－STEL：10ppm［皮］。

环境危害 海洋污染物；对水生生物有害，可能在水生环境中造成长期不利影响；严重臭氧消耗物质；有害空气污染物。

理化特性与用途

理化特性 无色透明液体，有特殊的芳香气味。极易挥发。微溶于水，与乙醇、乙醚、苯、氯烃、石油醚等有机溶剂混溶。熔点－23℃，沸点76.8℃，相对密度(水＝1)1.59，相对蒸气密度(空气＝1)5.3，临界压力4.56MPa，临界温度283.2℃，燃烧热－156.2kJ/mol，蒸气压12.13kPa(20℃)，辛醇/水分配系数2.64～2.83。

主要用途 用于有机合成，用作溶剂、致冷剂、有机物的氯化剂、香料的浸出剂、纤维的脱脂剂等。

包装与储运

包装标志 有毒品

包装类别 Ⅱ类

安全储运 储存于阴凉、干燥、通风的库房。远离火种、热源，避免阳光直射，储存温度不超过32℃，相对湿度不超过80%。应与硝酸等氧化剂隔离储运。搬运时轻装轻卸，防止容器受损。

紧急处置信息

急救措施

吸入：迅速脱离现场至空气新鲜处。保持呼吸道通畅。如呼吸困难，给输氧。呼吸、心跳停止，立即进行心肺复苏术。就医。

眼睛接触：立即分开眼睑，用流动清水或生理盐水彻底冲洗。就医。

皮肤接触：立即脱去污染的衣着，用肥皂水和清水彻底冲洗。就医。

食入：漱口，大量饮水。就医。

目前无特效解毒药，乙酰半胱氨酸和谷胱甘肽有一定疗效。

灭火方法 消防人员必须佩戴空气呼吸器，穿全身防火防毒服，在上风向灭火。尽可能将容器从火场移至空旷处。喷水保持火场容器冷却，直至灭火结束。处在火场中的容器若发生异常变化或发出异常声音，必须马上撤离。

本品不燃，根据火灾原因选择适当的灭火剂。

泄漏应急处置 根据液体流动和蒸气扩散的影响区域划定警戒区，无关人员从侧风、上风向撤离至安全区。建议应急处理人员戴正压自给式呼吸器，穿防毒服，戴防化学品手套。穿上适当的防护服前严禁接触破裂的容器和泄漏物。尽可能切断泄漏源。防止泄漏物进入水体、下水道、地下室或限制性空间。小量泄漏：用干燥的砂土或其他不燃材料吸收或覆盖，收集于容器中。大量泄漏：构筑围堤或挖坑收容。用砂土、惰性物质或蛭石吸收大量液体。用泵转移至槽车或专用收集器内。

784. 四氯乙烯

标　识

中文名称　四氯乙烯

英文名称　Tetrachloroethylene；Tetrachloroethene；Perchloroethylene

别名　全氯乙烯

分子式　C_2Cl_4

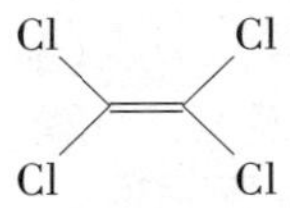

CAS 号　127－18－4

WGH 号　61580

UN 号　1897

危害信息

危险性类别　第6.1类　毒害品

燃烧与爆炸危险性　本品不燃，但长时间暴露在明火及高温下仍能燃烧，并易分解产生有毒的腐蚀性烟气。

活性反应　遇水能缓慢反应生成三氯乙酸和盐酸。与金属钡粉或锂粉反应会发生爆炸。与金属铝粉或锌粉能剧烈反应。

禁忌物　强碱、碱金属、活性金属粉末。

毒性　大鼠经口 LD_{50}：2629mg/kg；大鼠吸入 LC_{50}：34200mg/m^3（8h）；人吸入 TCL_o：96ppm（7h）。

可经呼吸道吸收，经消化道吸收极微。本品主要抑制中枢神经，但毒性较三氯乙烯为小。对眼、鼻、喉有直接刺激作用。

IARC 对本品的致癌性分类：G2A——可能人类致癌物。

中毒表现　急性中毒：吸入急性中毒者有上呼吸道刺激症状、流泪、流涎。随之出现头晕、头痛、恶心、运动失调及酒醉样症状。口服后出现头晕、头痛、倦睡、恶心、呕吐、腹痛、视力模糊、四肢麻木，甚至出现兴奋不安、抽搐乃至昏迷，可致死。

慢性影响：有乏力、眩晕、恶心、酩酊感等。可有肝损害。皮肤反复接触，可致皮炎和湿疹。

侵入途径　吸入、食入、经皮吸收。

职业接触限值　中国：PC－TWA：200mg/m^3［G2A］。

美国（ACGIH）：TLV－TWA：25ppm；TLV－STEL：100ppm。

环境危害　海洋污染物；对水生生物有毒，可能在水生环境中造成长期不利影响；有害空气污染物。

理化特性与用途

理化特性　无色透明液体，有氯仿味。微溶于水，与乙醇、乙醚、氯仿、苯等多数有机溶剂混溶。熔点 －22.3℃，沸点 121.2℃，相对密度（水＝1）1.63，相对蒸气密度（空气＝1）5.83，临界压力 9.74MPa，临界温度 347.1℃，蒸气压 2.11kPa（20℃），辛醇/水分配系数 2.6～3.4。

主要用途　用作油脂萃取剂、干洗溶剂、传热介质及三氯乙酸的合成原料等。

包装与储运

包装标志 有毒品

包装类别 Ⅲ类

安全储运 储存于阴凉、通风的库房。远离火种、热源，避免阳光直射。储存温度不超过32℃，相对湿度不超过80%。包装要求密封，不可与空气接触。应与碱类、活性金属粉末、碱金属、食用化学品隔离贮运。搬运时轻装轻卸，防止容器受损。

紧急处置信息

急救措施

吸入：迅速脱离现场至空气新鲜处。保持呼吸道通畅。如呼吸困难，给输氧。呼吸、心跳停止，立即进行心肺复苏术。就医。

眼睛接触：立即分开眼睑，用流动清水或生理盐水彻底冲洗。就医。

皮肤接触：立即脱去污染的衣着，用肥皂水和清水彻底冲洗。就医。

食入：漱口，大量饮水，不要催吐。就医。

灭火方法 消防人员必须穿全身防火防毒服，佩戴空气呼吸器，在上风向灭火。尽可能将容器从火场移至空旷处。喷水保持火场容器冷却，直至灭火结束。处在火场中的容器若发生异常变化或发出异常声音，必须马上撤离。

本品不燃，根据火灾原因选择适当的灭火剂。

泄漏应急处置 根据液体流动和蒸气扩散的影响区域划定警戒区，无关人员从侧风、上风向撤离至安全区。建议应急处理人员戴正压自给式呼吸器，穿防毒服，戴防化学品手套。尽可能切断泄漏源。防止泄漏物进入水体、下水道、地下室或限制性空间。小量泄漏：用砂土或其他不燃材料吸收。大量泄漏：构筑围堤或挖坑收容。用泡沫覆盖，减少蒸发。用砂土、惰性物质或蛭石吸收大量液体。用泵转移至槽车或专用收集器内。

785. 四羟基聚氧化丙烯醚

标　识

中文名称 四羟基聚氧化丙烯醚

英文名称 Polyether 403

别名 聚醚403

危害信息

燃烧与爆炸危险性 可燃。其蒸气与空气混合能形成爆炸性混合物，遇明火、高热可引起燃烧或爆炸。在高温火场中，受热的容器或储罐有破裂和爆炸的危险。

禁忌物 强氧化剂。

侵入途径 吸入、食入。

理化特性与用途

理化特性 淡黄色至棕色黏稠液体，有苦味，具有吸湿性。难溶于水，易溶于乙醇、苯等有机溶剂。pH 值 9 ~ 12。

主要用途　主要用于生产喷涂型硬质聚氨酯泡沫塑料。还作为结构型交联剂，助催化剂等。

包装与储运

安全储运　储存于阴凉、干燥、通风的库房。远离火种、热源。防潮，防雨淋。应与氧化剂等隔离储运。搬运时轻装轻卸，防止容器受损。

紧急处置信息

急救措施

吸入：脱离接触。如有不适感，就医。

眼睛接触：分开眼睑，用流动清水或生理盐水冲洗。如有不适感，就医。

皮肤接触：脱去污染的衣着，用肥皂水和清水冲洗。如有不适感，就医。

食入：漱口，饮水。就医。

灭火方法　消防人员须穿全身消防服，佩戴空气呼吸器，在上风向灭火。尽可能将容器从火场移至空旷处。喷水保持火场容器冷却，直至灭火结束。处在火场中的容器若发生异常变化或发出异常声音，须马上撤离。

灭火剂：泡沫、二氧化碳、干粉、砂土。

泄漏应急处置　消除所有点火源。根据液体流动和蒸气扩散的影响区域划定警戒区，无关人员从侧风、上风向撤离至安全区。建议应急处理人员戴正压自给式呼吸器，穿防静电、防腐蚀服，戴橡胶手套。尽可能切断泄漏源。防止泄漏物进入水体、下水道、地下室或限制性空间。小量泄漏：用干燥的砂土或其他不燃材料吸收或覆盖，收集于容器中。大量泄漏：构筑围堤或挖坑收容。

786. 四氢呋喃

标　识

中文名称　四氢呋喃

英文名称　Tetrahydrofuran；Tetramethylene oxide；Oxacyclopentane

别名　氧杂环戊烷；THF

分子式　C_4H_8O

CAS 号　109－99－9

WGH 号　31042

UN 号　2056

危害信息

危险性类别　第 3 类　易燃液体

燃烧与爆炸危险性　易燃。蒸气与空气能形成爆炸性混合物，遇高热、明火及强氧化剂会引起燃烧爆炸。在空气中久置后能生成有爆炸性的过氧化物。蒸气比空气重，能在较低处扩散到相当远的地方，遇火源会着火回燃和爆炸(闪爆)。

活性反应　作为氢化铝锂的溶剂时，所形成的过氧化物与氢化铝锂发生放热反应，会导致燃烧爆炸。与强酸、氧化剂发生剧烈反应。用氢氧化钠或氢氧化钾干燥含有过氧化物的四氢呋喃时，易发生爆炸。

禁忌物 酸类、碱、强氧化剂、氧等。

毒性 大鼠经口 LD_{50}：1650mg/kg；大鼠吸入 LC_{50}：21000ppm（3h）；人吸入 TCL_0：25000ppm。

经呼吸道和消化道迅速吸收，也可通过皮肤吸收。四氢呋喃具有麻醉作用，并可刺激皮肤、黏膜。

中毒表现 急性中毒：吸入后引起上呼吸道刺激、恶心、头晕、头痛和中枢神经系统抑制。能引起肝、肾损害。液体或高浓度蒸气对眼有刺激性。

慢性影响：长期吸入较高浓度四氢呋喃，对机体可产生慢性作用，如失眠、结膜充血、头痛、头晕、乏力、口干、纳差、四肢发麻、嗅觉错误或减退等。实验室检查可见白细胞偏低。皮肤长期反复接触，可因脱脂作用而发生皮炎。

侵入途径 吸入、食入、经皮吸收。

职业接触限值

中国：PC－TWA：300mg/m^3。

美国(ACGIH)：TLV－TWA：50ppm[皮]；TLV－STEL：100ppm[皮]。

理化特性与用途

理化特性 无色易挥发液体，有类似乙醚的气味。溶于水，溶于乙醇、乙醚、丙酮、苯等有机溶剂。熔点－108.5℃，沸点66℃，相对密度(水＝1)0.89，相对蒸气密度(空气＝1)2.5，燃烧热－2515.2kJ/mol，临界压力5.19MPa，临界温度268℃，蒸气压19.3kPa(20℃)，辛醇/水分配系数0.46，闪点－14℃(闭杯)，爆炸极限1.8%～11.8%，引燃温度321℃。

主要用途 用于生产聚四甲基乙二醇醚(PTMEG)及制造聚氨酯弹性纤维和弹性体、聚氨酯人造革等，用作脱漆剂、萃取剂、人造革表面处理剂以及聚合和酯化反应中的溶剂，也用于油墨和医药工业。

包装与储运

包装标志 易燃液体

包装类别 Ⅱ类

安全储运 通常商品加有阻聚剂。储存于阴凉、通风的库房，储存温度不超过29℃。远离火种、热源，避免阳光直射。包装要求密封，不可与空气接触。应与氧化剂、酸类等隔离储运。禁止使用易产生火花的机械设备和工具。灌装时注意流速，有接地装置。搬运时轻装轻卸，防止容器受损。

紧急处置信息

急救措施

吸入：迅速脱离现场至空气新鲜处。保持呼吸道通畅。如呼吸困难，给输氧。呼吸、心跳停止，立即进行心肺复苏术。就医。

眼睛接触：立即分开眼睑，用流动清水或生理盐水彻底冲洗。就医。

皮肤接触：立即脱去污染的衣着，用肥皂水和清水彻底冲洗。就医。

食入：漱口，尽量饮水，不要催吐。就医。

灭火方法 消防人员必须穿全身防火防毒服，佩戴空气呼吸器，在上风向灭火。尽可能将容器从火场移至空旷处。喷水保持火场容器冷却，直至灭火结束。处在火场中的容器若发生异常变化或发出异常声音，必须马上撤离。

灭火剂：抗溶性泡沫、干粉、二氧化碳、砂土。

泄漏应急处置　消除所有点火源。根据液体流动和蒸气扩散的影响区域划定警戒区，无关人员从侧风、上风向撤离至安全区。建议应急处理人员戴正压自给式呼吸器，穿防静电服，戴橡胶手套。作业时使用的所有设备应接地。禁止接触或跨越泄漏物。尽可能切断泄漏源。防止泄漏物进入水体、下水道、地下室或限制性空间。小量泄漏：用砂土或其他不燃材料吸收。使用洁净的无火花工具收集吸收材料。大量泄漏：构筑围堤或挖坑收容。用抗溶性泡沫覆盖，减少蒸发。喷水雾能减少蒸发，但不能降低泄漏物在限制性空间内的易燃性。用防爆泵转移至槽车或专用收集器内。喷雾状水驱散蒸气、稀释液体泄漏物。

787. 四水合钼酸铵

标　识

中文名称　四水合钼酸铵

英文名称　Ammonium molybdate, tetrahydrate; Molybdic acid , hexaammonium salt, tetrahydrate

别名　四水合钼酸铵

分子式　$(NH_4)_6Mo_7O_{24} \cdot 4H_2O$

CAS 号　12054－85－2

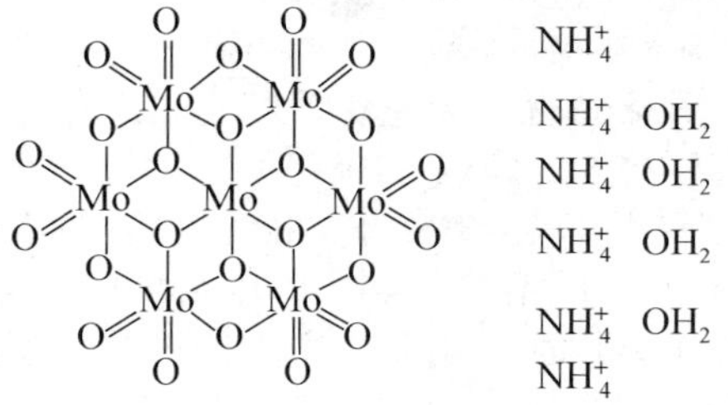

危害信息

燃烧与爆炸危险性　不燃 ，无特别燃爆特性。

活性反应　与酸发生反应。

禁忌物　强酸。

毒性　未见本品引起急慢性中毒的报道。吸入或食入钼过多可引起痛风样病。尿钼或血钼增高，血清尿酸及铜蓝蛋白增高。

侵入途径　吸入、食入。

职业接触限值　中国：PC－TWA：4mg/m³[按 Mo 计]。

美国(ACGIH)：TLV－TWA：0.5mg/m³[按 Mo 计]。

理化特性与用途

理化特性　无色或黄绿色菱形晶体。溶于水、强酸、强碱，不溶于乙醇、氨、丙酮。置于空气中风化，并失去部分氨。加热至 150℃可分解为氨、三氧化钼和水。相对密度(水＝1)2.49，熔点 190℃。

主要用途　用作加氢催化剂的活性组分。是测定磷的重要试剂。也用于颜料、色淀和织物防火剂等方面。

包装与储运

安全储运　储存于阴凉、通风良好的库房。远离火种、热源。密闭包装。运输时，防止雨淋、曝晒。

紧急处置信息

急救措施

吸入：脱离接触。如有不适感，就医。

眼睛接触： 分开眼睑，用流动清水或生理盐水冲洗。如有不适感，就医。

皮肤接触： 脱去污染的衣着，用肥皂水和清水冲洗。如有不适感，就医。

食入： 漱口，饮水。就医。

灭火方法 消防人员须佩戴空气呼吸器，穿全身消防服，在上风向灭火。

灭火剂：本品不燃，根据火灾原因选择适当的灭火剂。

泄漏应急处置 隔离泄漏污染区，限制出入。建议应急处理人员戴防尘口罩，穿防毒服。穿上适当的防护服前严禁接触破裂的容器和泄漏物。尽可能切断泄漏源。用塑料布覆盖泄漏物，减少飞散。勿使水进入包装容器内。用洁净的铲子收集泄漏物，置于干净、干燥、盖子较松的容器中，将容器移离泄漏区。

788. 1,1,2,2－四溴乙烷

标 识

中文名称 1,1,2,2－四溴乙烷

英文名称 1,1,2,2－Tetrabromoethane；Acetylene tetrabromide

别名 四溴化乙炔

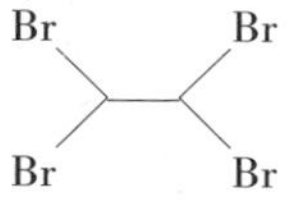

分子式 $C_2H_2Br_4$

CAS 号 79－27－6

WGH 号 61566

UN 号 2504

危害信息

危险性类别 第6.1类 毒害品

燃烧与爆炸危险性 本品不燃。受高热分解产生有毒的溴化物气体。

活性反应 与强碱、活泼金属反应。水蒸汽存在时，能与赤热的铁、铝、锌反应。

禁忌物 强氧化剂、强碱、活泼金属等。

毒性 大鼠经口 LD_{50}：1200mg/kg；大鼠经皮 LD_{50}：5250mg/kg；大鼠吸入 LC_{50}：549mg/m^3(4h)；小鼠经口 LD_{50}：269mg/kg。

对中枢神经系统有抑制作用，对呼吸道有刺激作用，可引起肝、肾损害及单核细胞增多，可引起皮炎。

侵入途径 吸入、食入、经皮吸收。

职业接触限值 美国(ACGIH)：TLV－TWA：1ppm。

环境危害 海洋污染物。对水生生物有害，可能在水生环境中造成长期不利影响。

理化特性与用途

理化特性 白色或淡黄色液体，带有樟脑及氯仿的臭味。微溶于水，溶于乙醇、氯仿等多数有机溶剂。熔点0℃，沸点243.5℃，相对密度(水＝1)2.96，相对蒸气密度(空气＝1)11.9，蒸气压 2kPa(119℃)，临界压力 4.9MPa，辛醇/水分配系数 2.55，引燃温度335℃。

主要用途 用作对二甲苯氧化制对苯二甲酸的催化剂，用于合成季铵化合物、医药、染料中间体等。

包装与储运

包装标志　有毒品

包装类别　Ⅲ类

安全储运　储存于阴凉、干燥、通风的库房。远离火种、热源，避光保存。储存温度不超过32℃，相对湿度不超过80%。保持容器密封，避免受潮。切勿与氧化剂、酸类、含水物品等混储混运。搬运时轻装轻卸，防止容器受损。

紧急处置信息

急救措施

吸入：迅速脱离现场至空气新鲜处。保持呼吸道通畅。如呼吸困难，给输氧。呼吸、心跳停止，立即进行心肺复苏术。就医。

眼睛接触：立即分开眼睑，用流动清水或生理盐水彻底冲洗。就医。

皮肤接触：立即脱去污染的衣着，用肥皂水和清水彻底冲洗。就医。

食入：漱口，尽量饮水，不要催吐。就医。

灭火方法　消防人员须佩戴空气呼吸器，穿全身消防服，在上风向灭火。

本品不燃，根据火灾原因选择适当的灭火剂。

泄漏应急处置　根据液体流动和蒸气扩散的影响区域划定警戒区，无关人员从侧风、上风向撤离至安全区。建议应急处理人员戴正压自给式呼吸器，穿防毒服，戴防化学品手套。尽可能切断泄漏源。防止泄漏物进入水体、下水道、地下室或限制性空间。小量泄漏：用砂土或其他不燃材料吸收。大量泄漏：构筑围堤或挖坑收容。用砂土、惰性物质或蛭石吸收大量液体。用泵转移至槽车或专用收集器内。

789. 四乙基铅

标　　识

中文名称　四乙基铅

英文名称　Tetraethyl lead；Tetraethylplumbane

别名　四乙铅

分子式　$C_8H_{20}Pb$

CAS 号　78－00－2

WGH 号　61097

UN 号　1649

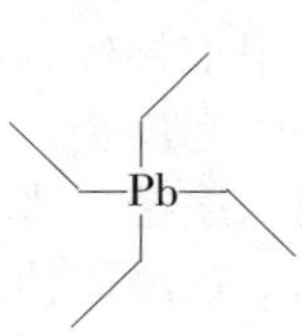

危害信息

危险性类别　第6.1类　毒害品

燃烧与爆炸危险性　可燃。蒸气与空气能形成爆炸性混合物，遇明火、高热或接触氧化剂，有燃烧爆炸危险。加热分解产生毒性气体。蒸气比空气重，能在较低处扩散到相当远的地方，遇火源会着火回燃和爆炸(闪爆)。

活性反应　与氧化剂剧烈反应，导致燃烧或爆炸。

禁忌物　强氧化剂、强酸、强碱。

毒性 大鼠经口 LD_{50}：12.3mg/kg；大鼠吸入 LC_{50}：850mg/m^3(1h)；人吸入 TCL_o：1749g/m^3(30min)。

四乙基铅为强烈的神经毒物，易侵犯中枢神经系统。

本品属剧毒化学品，已列入《剧毒化学品目录》(2002 年版)。

中毒表现 急性中毒：初期症状有睡眠障碍、全身无力、情绪不稳、植物神经功能紊乱，往往有血压、体温、脉率降低现象(三低症)等；严重者发生中毒性脑病，出现谵妄、精神异常、昏迷、抽搐等。可有心脏和呼吸功能障碍，高浓度下可立即死亡。

慢性影响：主要表现为神经衰弱综合征和植物神经功能紊乱。可有"三低征"和脑电图异常。

侵入途径 吸入、食入、经皮吸收。

职业接触限值

中国：PC - TWA：0.02mg/m^3[按 Pb 计][皮]。

美国(ACGIH)：TLV - TWA：0.1mg/m^3[皮]。

环境危害 海洋污染物；对水生生物有极高毒性，可能在水生环境中造成长期不利影响。

理化特性与用途

理化特性 无色油状液体，有臭味。不溶于水、稀酸、稀碱液，溶于多数有机溶剂。熔点 -136℃，沸点 198 ~200℃(分解)，相对密度(水 =1)1.66，相对蒸气密度(空气 =1)8.6，蒸气压 0.13kPa(38℃)，临界压力 2.13MPa，辛醇/水分配系数 4.15，闪点 93.3℃(闭杯)，引燃温度 127℃，爆炸下限 1.8%。

主要用途 用作汽油抗爆剂，用于提高辛烷值及有机合成。

包装与储运

包装标志 剧毒品

包装类别 Ⅰ类

安全储运 储存于阴凉、通风的专用库房。远离火种、热源。储存温度不超过 32℃，相对湿度不超过 80%。应与氧化剂、食用化学品等隔离储运。禁止使用易产生火花的机械设备和工具。搬运时轻装轻卸，保持容器完整。应严格执行剧毒化学品管理制度。

紧急处置信息

急救措施

吸入：迅速脱离现场至空气新鲜处。保持呼吸道通畅。如呼吸困难，给输氧。呼吸、心跳停止，立即进行心肺复苏术。就医。

眼睛接触：立即分开眼睑，用流动清水或生理盐水彻底冲洗。就医。

皮肤接触：立即脱去污染的衣着，用肥皂水和清水彻底冲洗。就医。

食入：漱口，禁止催吐，给服活性炭悬液。就医

解毒剂：BAL，$CaNa_2$ - EDTA，青霉胺。

灭火方法 消防人员须佩戴空气呼吸器，穿全身消防服，在上风向灭火。

灭火剂：雾状水、泡沫、二氧化碳、砂土。

泄漏应急处置 消除所有点火源。根据液体流动和蒸气扩散的影响区域划定警戒区，无关人员从侧风、上风向撤离至安全区。建议应急处理人员戴正压自给式呼吸器，穿防毒、防静电服，戴防化学品手套。作业时使用的所有设备应接地。禁止接触或跨越泄漏物。尽

可能切断泄漏源。防止泄漏物进入水体、下水道、地下室或限制性空间。小量泄漏：用砂土或其他不燃材料吸收。使用洁净的无火花工具收集吸收材料。大量泄漏：构筑围堤或挖坑收容。用泡沫覆盖，减少蒸发。喷水雾能减少蒸发，但不能降低泄漏物在限制性空间内的易燃性。用防爆泵转移至槽车或专用收集器内。

790. 四乙烯五胺

标　识

中文名称　四乙烯五胺

英文名称　Tetraethylenepentamine；3,6,9-Triazaundecamethylenediamine

别名　四亚乙基五胺；三氮杂十一亚甲基二胺

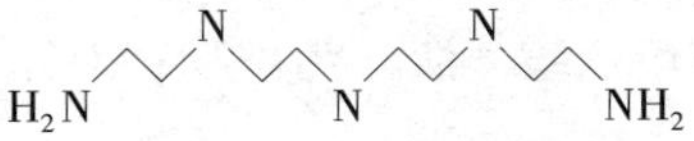

分子式　$C_8H_{23}N_5$

CAS 号　112－57－2

WGH 号　82505

UN 号　2320

危害信息

危险性类别　第 8.2 类　碱性腐蚀品

燃烧与爆炸危险性　可燃，遇热或火焰有轻微爆炸的危险。燃烧时放出有毒气体。蒸气比空气重，能在较低处扩散到相当远的地方，遇明火回燃。有腐蚀性。

活性反应　与强氧化剂和强酸发生剧烈反应。能溶解或软化塑料。

禁忌物　强氧化剂、强酸、强碱。

毒性　大鼠经口 LD_{50}：3990mg/kg；家兔经皮 LD_{50}：660μL/kg。

吸入本品蒸气对呼吸道有刺激作用和致敏作用。眼睛接触可致角膜损害。皮肤接触可致灼伤，有致敏作用。摄入灼伤消化道，引起腹痛、恶心、呕吐和腹泻。

侵入途径　吸入、食入。

环境危害　对水生生物有毒，可能在水生环境中造成长期不利影响。

理化特性与用途

理化特性　黄色或橙红色黏稠液体。具有吸湿性和强碱性。易溶于水和乙醇，不溶于苯和乙醚。熔点－30℃，沸点 340.3℃，相对密度（水＝1）0.998（20℃/20℃），相对蒸汽密度 6.53，折射率 1.5042，临界温度 488℃，临界压力 2.98MPa，闪点 163℃（开杯），引燃温度 321℃，爆炸极限 0.1%～15%，辛醇/水分配系数 1.503。

主要用途　用于合成聚酰胺树脂、阳离子交换树脂、润滑油添加剂、燃料油添加剂等，也可用作环氧树脂固化剂、橡胶硫化促进剂等。

包装与储运

包装标志　腐蚀品

包装类别　Ⅲ类

安全储运　储存于阴凉、干燥、通风的库房。远离火种、热源。储存温度不超过 30℃。应与氧化剂、酸类、碱类等隔离储运。运输时，防止雨淋、曝晒。搬运时轻装轻卸，防止容器受损。

紧急处置信息

急救措施

吸入：迅速脱离现场至空气新鲜处。保持呼吸道通畅。如呼吸困难，给输氧。呼吸、心跳停止，立即进行心肺复苏术。就医。

眼睛接触：立即分开眼睑，用大量流动清水或生理盐水彻底冲洗 10～15min。就医。

皮肤接触：立即脱去污染的衣着，用大量流动清水彻底冲洗，冲洗时间一般要求 20～30min。就医。

食入：用水漱口，禁止催吐。给饮牛奶或蛋清。就医。

灭火方法 消防人员必须穿全身耐酸碱消防服，佩戴空气呼吸器灭火。尽可能将容器从火场移至空旷处。喷水保持火场容器冷却，直至灭火结束。处在火场中的容器若已变色或从安全泄压装置中产生声音，必须马上撤离。

灭火剂：雾状水、抗溶性泡沫、干粉、二氧化碳、砂土。

泄漏应急处置 根据液体流动和蒸气扩散的影响区域划定警戒区，无关人员从侧风、上风向撤离至安全区。消除所有点火源。建议应急处理人员戴正压自给式呼吸器，穿防酸碱服，戴耐酸碱手套。穿上适当的防护服前严禁接触破裂的容器和泄漏物。尽可能切断泄漏源。防止泄漏物进入水体、下水道、地下室或限制性空间。小量泄漏：用干燥的砂土或其他不燃材料吸收或覆盖，收集于容器中。大量泄漏：构筑围堤或挖坑收容。用耐腐蚀泵转移至槽车或专用收集器内。

791. 四乙酰丙酮锆

标　识

中文名称 四乙酰丙酮锆

英文名称 Tetraacetylacetone zirconate; Tetrakis(2,4-pentanedionato)zirconium; Zirconium acetylacetonate

别名 四(2,4－戊二酮)锆；正锆酸四乙酰丙酮酯；有机锆

分子式 $C_{20}H_{28}O_8Zr$

CAS 号 17501－44－9

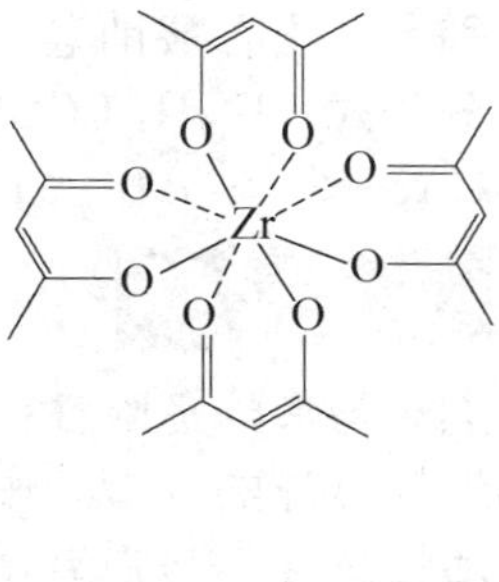

危害信息

燃烧与爆炸危险性 可燃，遇明火、高热能引起燃烧，燃烧产生有毒的一氧化碳气体。在高温火场中，受热的容器或储罐有破裂和爆炸的危险。

活性反应 与强氧化剂反应。

禁忌物 强氧化剂。

侵入途径 吸入、食入。

理化特性与用途

理化特性 微黄色透明液体。溶于水、乙醇、乙醚、氯仿等有机溶剂。密度≥1.0。

主要用途 用作植物胶稠化剂的交联剂。

包装与储运

安全储运 储存于阴凉、通风的库房。远离火种、热源。密闭包装。应与氧化剂隔离储运。

紧急处置信息

急救措施

吸入： 脱离接触。如有不适感，就医。

眼睛接触： 分开眼睑，用流动清水或生理盐水冲洗。如有不适感，就医。

皮肤接触： 脱去污染的衣着，用肥皂水和清水冲洗。如有不适感，就医。

食入： 漱口，饮水。就医。

灭火方法 消防人员须穿全身消防服，佩戴空气呼吸器，在上风向灭火。尽可能将容器从火场移至空旷处。喷水保持火场容器冷却，直至灭火结束。处在火场中的容器若发生异常变化或发出异常声音，须马上撤离。

灭火剂：抗溶性泡沫、二氧化碳、干粉、砂土。

泄漏应急处置 根据液体流动和蒸气扩散的影响区域划定警戒区，无关人员从侧风、上风向撤离至安全区。建议应急处理人员戴正压自给式呼吸器，穿防毒、防静电服，戴橡胶耐油手套。作业时使用的所有设备应接地。禁止接触或跨越泄漏物。尽可能切断泄漏源。防止泄漏物进入水体、下水道、地下室或限制性空间。小量泄漏：用砂土或其他不燃材料吸收。大量泄漏：构筑围堤或挖坑收容。

792. 松香酸钠

标　识

中文名称 松香酸钠

英文名称 Sodium abietate；Sodium rosinate；Sodium resinate

别名 松香酸钠皂

分子式 $C_{19}H_{29}COONa$

CAS 号 61790 - 51 - 0

危害信息

燃烧与爆炸危险性 可燃。其粉体与空气混合能形成爆炸性混合物，遇明火、高热有引起燃烧爆炸的危险。燃烧产物中含有毒的一氧化碳气体。

活性反应 与强氧化剂反应。

禁忌物 强氧化剂。

毒性 食入引起胃肠道不适，有害。对眼、上呼吸道和皮肤有刺激性。

侵入途径 吸入、食入。

理化特性与用途

理化特性 白色粉末。易溶于水或乙醇。固体含量≥95%，pH 值 7～8。

主要用途 用作乳化剂，常用于洗衣皂生产中作为配料，也用于造纸的施胶，油田化学中用作堵水剂和钻井液润滑解卡剂等。

包装与储运

安全储运 储存于阴凉、通风的库房。远离火种、热源。应与氧化剂等隔离储运。

紧急处置信息

急救措施

吸入：脱离接触。如有不适感，就医。

眼睛接触：分开眼睑，用流动清水或生理盐水冲洗。如有不适感，就医。

皮肤接触：脱去污染的衣着，用肥皂水和清水冲洗。如有不适感，就医。

食入：漱口，尽量饮水。就医。

灭火方法 消防人员须穿全身消防服，在上风向灭火。尽可能将容器从火场移至空旷处。喷水保持火场容器冷却，直至灭火结束。

灭火剂：雾状水、抗溶性泡沫、二氧化碳、干粉、砂土。

泄漏应急处置 建议应急处理人员戴防尘口罩，戴橡胶耐酸碱手套。用洁净的铲子收集泄漏物，置于干净、干燥、盖子较松的容器中，将容器移离泄漏区。

793. 羧基丁苯胶乳

标　识

中文名称 羧基丁苯胶乳

英文名称 2-Propenoic acid，polymer with 1，3-butadiene and ethenylbenzene；Carboxy styrene-butadiene latex

CAS 号 25085 - 39 - 6

危害信息

燃烧与爆炸危险性 本品是水乳液，本身不燃，但干燥后的残留物可燃，燃烧产生有毒的烟气。

禁忌物 强氧化剂。

毒性 燃烧产生有毒烟雾。

侵入途径 吸入、食入。

理化特性与用途

理化特性 乳白色或微带蓝色的高分子黏性乳液。总固物≥44%，pH 值 7.0 ~ 10.0，玻璃化温度，8 ~ 18℃。

主要用途 用于胶乳制品、海绵制品、高级纸张黏合剂、塑料改性剂等。

包装与储运

安全储运 储存于阴凉、通风的库房。远离火种、热源。应与氧化剂等隔离储运。搬运时轻装轻卸，防止容器受损。

紧急处置信息

急救措施

吸入：脱离接触。如有不适感，就医。

眼睛接触：分开眼睑，用流动清水或生理盐水冲洗。如有不适感，就医。

皮肤接触：脱去污染的衣着，用肥皂水和清水冲洗。如有不适感，就医。

食入：漱口，饮水。就医。

灭火方法 消防人员须穿全身消防服，佩戴空气呼吸器，在上风向灭火。尽可能将容器从火场移至空旷处。喷水保持火场容器冷却，直至灭火结束。处在火场中的容器若发生异常变化或发出异常声音，须马上撤离。

灭火剂：泡沫、二氧化碳、干粉、砂土。

泄漏应急处置 消除所有点火源。根据液体流动和蒸气扩散的影响区域划定警戒区，无关人员从侧风、上风向撤离至安全区。建议应急处理人员戴正压自给式呼吸器，穿防静电、防腐蚀服，戴橡胶手套。尽可能切断泄漏源。防止泄漏物进入水体、下水道、地下室或限制性空间。小量泄漏：用干燥的砂土或其他不燃材料吸收或覆盖，收集于容器中。大量泄漏：构筑围堤或挖坑收容。

794. 羧基丁腈胶乳

标　识

中文名称 羧基丁腈胶乳

英文名称 Carboxylated butadiene-acrylonitrile latex

危害信息

燃烧与爆炸危险性 本品是水乳液，本身不燃，但干燥后的残留物可燃，燃烧产生有毒的烟气。

活性反应 与强氧化剂接触发生反应。

禁忌物 强氧化剂。

侵入途径 吸入、食入。

理化特性与用途

理化特性 白色乳液。固体含量≥45%，pH 值 4~6。

主要用途 用于无纺布胶黏剂、浸渍制品、胶乳纸加工和耐油制品。

包装与储运

安全储运 储存于阴凉、通风的库房。远离火种、热源。应与氧化剂等隔离储运，避免与酸、碱、盐及硬水接触。搬运时轻装轻卸，防止容器受损 。

紧急处置信息

急救措施

吸入：脱离接触。如有不适感，就医。

眼睛接触： 分开眼睑，用流动清水或生理盐水冲洗。如有不适感，就医。

皮肤接触： 脱去污染的衣着，用肥皂水和清水冲洗。如有不适感，就医。

食入： 漱口，饮水。就医。

灭火方法 消防人员须穿全身消防服，佩戴空气呼吸器，在上风向灭火。尽可能将容器从火场移至空旷处。喷水保持火场容器冷却，直至灭火结束。处在火场中的容器若发生异常变化或发出异常声音，须马上撤离。

灭火剂：泡沫、二氧化碳、干粉、砂土。

泄漏应急处置 消除所有点火源。根据液体流动和蒸气扩散的影响区域划定警戒区，无关人员从侧风、上风向撤离至安全区。建议应急处理人员戴正压自给式呼吸器，穿防静电、防腐蚀服，戴橡胶手套。尽可能切断泄漏源。防止泄漏物进入水体、下水道、地下室或限制性空间。小量泄漏：用干燥的砂土或其他不燃材料吸收或覆盖，收集于容器中。大量泄漏：构筑围堤或挖坑收容。

795. 羧甲基淀粉

标　识

中文名称 羧甲基淀粉

英文名称 Sodium carboxy methyl starch；CMS

危害信息

燃烧与爆炸危险性 可燃。其粉尘能与空气形成爆炸性混合物。燃烧产生有毒的一氧化碳气体。

禁忌物 强氧化剂、水。

侵入途径 吸入、食入。

理化特性与用途

理化特性 白色或黄色粉末，无臭、无味、无毒、热易吸潮。溶于水形成胶体状溶液，对光、热稳定。不溶于乙醇、乙醚、氯仿等有机溶剂。pH 值 7～7.5。

主要用途 石油工业中用作石油钻井的泥浆滤失剂，纺织工业中用于经纱上浆，用作水处理絮凝聚，造纸浆内添加剂，还可用作食品加工中的增稠剂等。

包装与储运

安全储运 储存于阴凉、干燥、通风的库房。远离火种、热源。应与氧化剂等隔离储运。防潮，防雨淋。

紧急处置信息

急救措施

吸入： 脱离接触。如有不适感，就医。

眼睛接触： 分开眼睑，用流动清水或生理盐水冲洗。如有不适感，就医。

皮肤接触： 脱去污染的衣着，用肥皂水和清水冲洗。如有不适感，就医。

食入： 漱口，饮水。如有不适，就医。

灭火方法　消防人员须穿全身消防服，在上风向灭火。尽可能将容器从火场移至空旷处。喷水保持火场容器冷却，直至灭火结束。

灭火剂：雾状水、抗溶性泡沫、二氧化碳、干粉、砂土。

泄漏应急处置　建议应急处理人员戴防尘口罩，戴橡胶耐酸碱手套。用洁净的铲子收集泄漏物，置于干净、干燥、盖子较松的容器中，将容器移离泄漏区。

796. 羧甲基葡萄糖

标　识

中文名称　羧甲基葡萄糖

英文名称　Carboxymethyl gluconate

分子式　$C_8H_{14}O_8Na$

危害信息

燃烧与爆炸危险性　可燃。其粉体与空气混合能形成爆炸性混合物，遇明火高热有引起燃烧爆炸的危险。燃烧产生有毒的一氧化碳气体。

活性反应　与强酸反应。

禁忌物　强酸 、强氧化剂。

侵入途径　吸入、食入。

理化特性与用途

理化特性　橘黄色粉末。易溶于水。pH 值 8 ~9。

主要用途　用作油井水泥外加剂。

包装与储运

安全储运　储存于阴凉、干燥、通风的库房。远离火种、热源。应与氧化剂隔离储运。防潮，防雨淋。

紧急处置信息

急救措施

吸入： 脱离接触。如有不适感，就医。

眼睛接触： 分开眼睑，用流动清水或生理盐水冲洗。如有不适感，就医。

皮肤接触： 脱去污染的衣着，用肥皂水和清水冲洗。如有不适感，就医。

食入： 漱口，饮水。如有不适感，就医。

灭火方法　消防人员须穿全身消防服，在上风向灭火。尽可能将容器从火场移至空旷处。喷水保持火场容器冷却，直至灭火结束。

灭火剂：雾状水、抗溶性泡沫、二氧化碳、干粉、砂土。

泄漏应急处置　隔离泄漏污染区，限制出入。建议应急处理人员戴防尘口罩，穿防毒防酸碱服，戴橡胶耐酸碱手套。用洁净的铲子收集泄漏物，置于干净、干燥、盖子较松的容器中，将容器移离泄漏区。

797. 羧甲基羟丙基爪尔胶

标　识

中文名称　羧甲基羟丙基爪尔胶

英文名称　Carboxymethyl hydroxypropyl guar gum

别名　CMHPG

CAS 号　68130－15－4

危害信息

燃烧与爆炸危险性　可燃。其粉体与空气混合能形成爆炸性混合物，遇明火高热有引起燃烧爆炸的危险。燃烧产生有毒且具有刺激性的气体。

禁忌物　强氧化剂、水。

侵入途径　吸入、食入。

理化特性与用途

理化特性　淡黄色粉末，无臭，易吸潮。易在水中分散溶解，不溶于大多数有机溶剂。

主要用途　用作压裂液增稠剂。

包装与储运

安全储运　储存于阴凉、通风的库房。远离火种、热源。密闭包装，注意防潮。应与氧化剂等隔离储运。

紧急处置信息

急救措施

吸入：脱离接触。如有不适感，就医。

眼睛接触：分开眼睑，用流动清水或生理盐水冲洗。如有不适感，就医。

皮肤接触：脱去污染的衣着，用肥皂水和清水冲洗。如有不适感，就医。

食入：漱口，饮水。如有不适感，就医。

灭火方法　消防人员须穿全身消防服，在上风向灭火。尽可能将容器从火场移至空旷处。喷水保持火场容器冷却，直至灭火结束。

灭火剂：雾状水、抗溶性泡沫、二氧化碳、干粉、砂土。

泄漏应急处置　隔离泄漏污染区，限制出入。建议应急处理人员戴防尘口罩，穿防毒防酸碱服，戴橡胶耐酸碱手套。用洁净的铲子收集泄漏物，置于干净、干燥、盖子较松的容器中，将容器移离泄漏区。

798. 羧甲基氰乙基纤维素

标　识

中文名称　羧甲基氰乙基纤维素

英文名称　Carboxymethyl cyanoethyl cellulose；Carboxymethyl nitrilethyl cellulose

危害信息

燃烧与爆炸危险性　可燃。其粉体与空气混合能形成爆炸性混合物，遇明火高热有引起燃烧爆炸的危险。燃烧产物中含有毒的一氧化碳和氮氧化物气体。

活性反应　与强氧化剂反应。

禁忌物　强氧化剂。

侵入途径　吸入、食入。

理化特性与用途

理化特性　微红色粉末。溶于水。

主要用途　是一种适用于高温、高矿化度泥浆的优良的降滤失剂，适用于各种水基泥浆体系。

包装与储运

安全储运　储存于阴凉、干燥、通风的库房。远离火种、热源。应与氧化剂、酸等隔离储运。防止受潮和雨淋。

紧急处置信息

急救措施

吸入：脱离接触。如有不适感，就医。

眼睛接触：分开眼睑，用流动清水或生理盐水冲洗。如有不适感，就医。

皮肤接触：脱去污染的衣着，用肥皂水和清水冲洗。如有不适感，就医。

食入：漱口，饮水。就医。

灭火方法　消防人员须穿全身消防服，在上风向灭火。尽可能将容器从火场移至空旷处。喷水保持火场容器冷却，直至灭火结束。

灭火剂：雾状水、抗溶性泡沫、二氧化碳、干粉、砂土。

泄漏应急处置　建议应急处理人员戴防尘口罩，戴橡胶耐酸碱手套。用洁净的铲子收集泄漏物，置于干净、干燥、盖子较松的容器中，将容器移离泄漏区。

799. 羧甲基田菁胶

标　识

中文名称　羧甲基田菁胶

英文名称　Carboxy methyl sesbania gum

别名　龙胶；羧甲基钠盐田菁胶；CMT

分子式　$(C_8H_{11}NaO_7)_n$

危害信息

燃烧与爆炸危险性　可燃。其粉体与空气混合能形成爆炸性混合物，遇明火高热有引起燃烧爆炸的危险。燃烧产生有毒的一氧化碳气体。

禁忌物 水。

侵入途径 吸入、食入。

理化特性与用途

理化特性 无臭无味的淡黄色粉末，易吸潮。不溶于大多数有机溶剂，在水中分散溶解。

主要用途 用于配制注入油井中的水基压裂液。

包装与储运

安全储运 储存于阴凉、干燥、通风的库房。远离火种、热源。密闭包装，注意防潮。应与氧化剂等隔离储运。

紧急处置信息

急救措施

吸入：脱离接触。如有不适感，就医。

眼睛接触：分开眼睑，用流动清水或生理盐水冲洗。如有不适感，就医。

皮肤接触：脱去污染的衣着，用肥皂水和清水冲洗。如有不适感，就医。

食入：漱口，饮水。就医。

灭火方法 消防人员须穿全身消防服，在上风向灭火。尽可能将容器从火场移至空旷处。喷水保持火场容器冷却，直至灭火结束。

灭火剂：雾状水、抗溶性泡沫、二氧化碳、干粉、砂土。

泄漏应急处置 隔离泄漏污染区，限制出入。建议应急处理人员戴防尘口罩，穿防毒防酸碱服，戴橡胶耐酸碱手套。用洁净的铲子收集泄漏物，置于干净、干燥、盖子较松的容器中，将容器移离泄漏区。

800. 羧甲基纤维素钠

标　识

中文名称 羧甲基纤维素钠

英文名称 Sodium carboxymethylcellulose; Carboxymethyl cellulose, sodium salt; CMC

别名 羧甲基纤维素

分子式 $\left[C_6H_7O_2(OH)_2COONa\right]_n$

CAS 号 9004-32-4

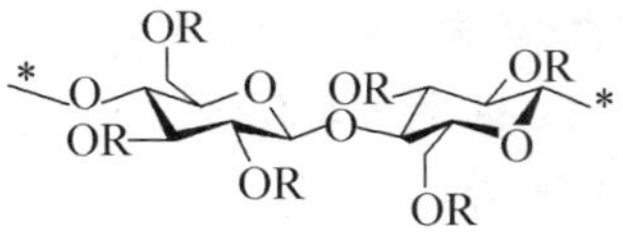

危害信息

燃烧与爆炸危险性 可燃。其粉尘与空气形成的混合物能发生粉尘爆炸。燃烧产物含有一氧化碳、二氧化碳气体。

活性反应 与强氧化剂反应。

禁忌物 强氧化剂。

毒性 大鼠经口 LD_{50}：27000mg/kg；大鼠吸入 LC_{50}：>5800mg/m^3(4h)。

粉尘对眼有刺激性，引起流泪和红肿。

侵入途径 吸入、食入 。

理化特性与用途

理化特性 白色或浅黄色、无毒、无味、无臭、松散性粉末。pH 值 5 ~ 9(1% 溶液)，熔点 300℃，相对密度(水 = 1)1.59，引燃温度 > 300℃。易溶于水、形成透明黏稠溶液。

主要用途 用于石油与天然气钻井用泥浆稳定剂、纺织品浆料、造纸增强剂、胶黏剂等。

包装与储运

安全储运 储存于阴凉、干燥、通风的库房。远离火种、热源。应与氧化剂等隔离储运。注意防潮，防雨淋。

紧急处置信息

急救措施

吸入： 脱离接触。如有不适感，就医。

眼睛接触： 分开眼睑，用流动清水或生理盐水冲洗。就医。

皮肤接触： 脱去污染的衣着，用肥皂水和清水冲洗。如有不适感，就医。

食入： 漱口，饮水。就医。

灭火方法 消防人员须穿全身消防服，在上风向灭火。尽可能将容器从火场移至空旷处。喷水保持火场容器冷却，直至灭火结束。

灭火剂：雾状水、干粉、泡沫、沙土。

泄漏应急处置 建议应急处理人员戴防尘口罩。用洁净的铲子收集泄漏物，置于干净、干燥、盖子较松的容器中，将容器移离泄漏区。

801. 碳 化 钙

标 识

中文名称 碳化钙

英文名称 Calcium carbide; Calcium acetylide; Acetylenogen

别名 电石

分子式 CaC_2

$^{-}C\equiv C^{-}\ Ca^{2+}$

CAS 号 75 – 20 – 7

WGH 号 43025

UN 号 1402

危害信息

危险性类别 第 4.3 类 遇湿易燃物品

燃烧与爆炸危险性 干燥时不燃，遇水或湿气能迅速产生高度易燃的乙炔气体，在空气中达到一定的浓度时，可发生燃烧爆炸。撞击、摩擦、振动有燃烧爆炸危险。

活性反应 遇水或湿气能迅速产生高度易燃的乙炔气体，在空气中达到一定浓度时，会发生燃烧爆炸。还原剂，能和氧化剂发生剧烈反应。与甲醇剧烈反应生成甲醇钙，但此反应有一定时间的诱导期(滞后)；反应一旦开始，就会迅速放出乙炔气体。在 245℃下，与氯发生剧烈反应，能达到白炽状态。与氯化氢、镁、二氟化铅混合受热后，能剧烈燃烧。与硝酸银溶液混合，能生成极易爆炸的乙炔银。

禁忌物　水、醇类、酸类。

毒性　损害皮肤，引起皮肤瘙痒、炎症、"鸟眼"样溃疡、黑皮病。皮肤灼伤表现为创面长期不愈及慢性溃疡型。接触工人出现汗少、牙釉质损害、龋齿发病率增高。

侵入途径　吸入、食入。

理化特性与用途

理化特性　无色晶体，工业品为灰黑色块状物，断面为紫色或灰色。遇水反应。熔点2300℃，相对密度(水=1)2.22，辛醇/水分配系数-0.3，引燃温度>325℃。

主要用途　用作制乙炔、氰氨化钙和有机合成的原料

包装与储运

包装标志　遇湿易燃物品，有毒品[铁规]

包装类别　Ⅱ类

安全储运　铁桶装并充氮气密封，桶内如未充氮气时，应装放气活塞。储存于阴凉、干燥、通风良好的库房。远离火种、热源。储存温度不超过32℃，相对湿度不超过75%。包装必须密封，切勿受潮。搬运时防止溜滑。进出仓前如未充氮，必须先打开放气口放去桶内乙炔气后，才能操作。堆垛时必须将放气口关闭，以防受潮。应与易燃物、酸类、醇类、重金属盐等隔离储运。

紧急处置信息

急救措施

吸入：迅速脱离现场至空气新鲜处。保持呼吸道通畅。如呼吸困难，给输氧。呼吸、心跳停止，立即进行心肺复苏术。就医。

眼睛接触：立即分开眼睑，用流动清水或生理盐水彻底冲洗。就医。

皮肤接触：立即脱去污染的衣着，用大量流动清水彻底冲洗。就医。

食入：漱口，饮水。就医。

灭火方法　用干燥石墨粉或其他干粉灭火。禁用：

灭火剂：水、泡沫、酸碱灭火剂。

泄漏应急处置　严禁用水处理。隔离泄漏污染区，限制出入。消除所有点火源。建议应急处理人员戴防尘口罩，穿防酸碱服，戴橡胶手套。禁止接触或跨越泄漏物。尽可能切断泄漏源。保持泄漏物干燥。小量泄漏：用干燥的砂土或其他不燃材料覆盖泄漏物，然后用塑料布覆盖，减少飞散、避免雨淋。粉末泄漏：用塑料布或帆布覆盖泄漏物，减少飞散，保持干燥。在专家指导下清除。

802. 碳九芳烃溶剂油

标　识

中文名称　碳九芳烃溶剂油

英文名称　C9 aromatic solvent oil

危害信息

危险性类别　第3类　易燃液体

燃烧与爆炸危险性　易燃。其蒸气与空气混合能形成爆炸性混合物，遇明火、高热易燃烧或爆炸。在高温火场中，受热的容器或储罐有破裂和爆炸的危险。

禁忌物　强氧化剂。

侵入途径　吸入、食入。

理化特性与用途

理化特性　无色透明液体。芳烃含量≥98%。馏程150~160℃，相对密度(水=1)0.86，闪点>40℃。

主要用途　适用于生产普通漆、化学清洗剂等。

包装与储运

包装标志　易燃液体

包装类别　Ⅲ类

安全储运　储存于阴凉、通风的库房。保持容器密闭。远离火种、热源，避免阳光直射。库温不超过37℃。应与氧化剂隔离储运。禁止使用易产生火花的机械设备和工具。搬运时轻装轻卸，防止容器受损。

紧急处置信息

急救措施

吸入：迅速脱离现场至空气新鲜处。保持呼吸道通畅。如呼吸困难，给输氧。呼吸、心跳停止，立即进行心肺复苏术。就医。

眼睛接触：立即分开眼睑，用流动清水或生理盐水彻底冲洗。就医。

皮肤接触：立即脱去污染的衣着，用肥皂水和清水彻底冲洗。就医。

食入：漱口，尽量饮水，不要催吐。就医。

忌用肾上腺素类药。

灭火方法　消防人员须穿全身消防服，佩戴空气呼吸器，在上风向灭火。尽可能将容器从火场移至空旷处。喷水保持火场容器冷却，直至灭火结束。处在火场中的容器若发生异常变化或发出异常声音，须马上撤离。

灭火剂：泡沫、二氧化碳、干粉、砂土。

泄漏应急处置　消除所有点火源。根据液体流动和蒸气扩散的影响区域划定警戒区，无关人员从侧风、上风向撤离至安全区。建议应急处理人员戴正压自给式呼吸器，穿防静电、防腐蚀服，戴橡胶手套。穿上适当的防护服前严禁接触破裂的容器和泄漏物。尽可能切断泄漏源。防止泄漏物进入水体、下水道、地下室或限制性空间。小量泄漏：用干燥的砂土或其他不燃材料吸收或覆盖，收集于容器中。大量泄漏：构筑围堤或挖坑收容。用防爆、耐腐蚀泵转移至槽车或专用收集器内。喷雾状水驱散蒸气、稀释液体泄漏物。

803. 碳九馏分

标　识

中文名称　碳九馏分

英文名称　C9 Fraction

别名　C9 馏分

CAS 号　94733 -07 -0

危害信息

危险性类别　第 3 类　易燃液体

燃烧与爆炸危险性　易燃。其蒸气与空气混合能形成爆炸性混合物，遇明火、高热易燃烧或爆炸。高速冲击、流动、激荡后可因产生静电火花放电引起燃烧爆炸。在高温火场中，受热的容器或储罐有破裂和爆炸的危险。

活性反应　与强氧化剂反应。

禁忌物　强氧化剂。

毒性　吸入本品蒸气可能有麻醉和刺激作用。

侵入途径　吸入、食入、经皮吸收。

理化特性与用途

理化特性　液体。主要组分有异丙苯、正丙苯、乙基甲苯、均三甲苯、偏三甲苯、邻三甲苯、茚等。密度≥0.9g/cm^3(20℃)，芳烃含量≥50%。

主要用途　可制造碳九树脂，还可以用作工业锅炉燃料。

包装与储运

包装标志　易燃液体

包装类别　Ⅲ类

安全储运　储存于阴凉、通风的库房。远离火种、热源，避免阳光直射。库温不超过37℃。应与氧化剂等隔离储运。炎热季节早晚运输。禁止使用易产生火花的机械设备和工具。灌装时注意流速，防止静电积聚。搬运时轻装轻卸，防止容器受损。

紧急处置信息

急救措施

吸入：迅速脱离现场至空气新鲜处。保持呼吸道通畅。如呼吸困难，给输氧。呼吸、心跳停止，立即进行心肺复苏术。就医。

眼睛接触：立即分开眼睑，用流动清水或生理盐水彻底冲洗。就医。

皮肤接触：立即脱去污染的衣着，用肥皂水和清水彻底冲洗。就医。

食入：漱口，尽量饮水，不要催吐。就医。

忌用肾上腺素类药。

灭火方法　消防人员须穿全身消防服，佩戴空气呼吸器，在上风向灭火。尽可能将容器从火场移至空旷处。喷水保持火场容器冷却，直至灭火结束。处在火场中的容器若发生

异常变化或发出异常声音，须马上撤离。

灭火剂：泡沫、二氧化碳、干粉、砂土。

泄漏应急处置　消除所有点火源。根据液体流动和蒸气扩散的影响区域划定警戒区，无关人员从侧风、上风向撤离至安全区。建议应急处理人员戴正压自给式呼吸器，穿防静电、防腐蚀服，戴橡胶手套。穿上适当的防护服前严禁接触破裂的容器和泄漏物。尽可能切断泄漏源。防止泄漏物进入水体、下水道、地下室或限制性空间。小量泄漏：用干燥的砂土或其他不燃材料吸收或覆盖，收集于容器中。大量泄漏：构筑围堤或挖坑收容。用防爆、耐腐蚀泵转移至槽车或专用收集器内。喷雾状水驱散蒸气、稀释液体泄漏物。

804. 碳氢制冷剂 R－600a

标　识

中文名称　碳氢制冷剂 R－600a

英文名称　Hydrocarbon Refrigerant R－600a；2－Methyl propane；Isobutane

别名　异丁烷；2－甲基丙烷

分子式　C_4H_{10}

CAS 号　72－28－5

危害信息

危险性类别　第 2.1 类　易燃气体

燃烧与爆炸危险性　易燃。与空气混合能形成爆炸性混合物，遇高热和明火能引起燃烧或爆炸。燃烧产生有毒的一氧化碳气体。比空气重，能在较低处扩散到相当远的地方，遇火源会着火回燃和爆炸(闪爆)。

毒性　具有弱刺激和麻醉作用。

中毒表现　急性中毒：主要表现为头痛、头晕、嗜睡、恶心、酒醉状态，严重者可出现昏迷。

慢性影响：出现头痛、头晕、睡眠不佳、易疲倦。

侵入途径　吸入、食入。

理化特性与用途

理化特性　无色无味气体。微溶于水，溶于乙醇、乙醚。熔点 －159.6℃，沸点 －11.8℃，相对密度(水＝1)0.56，相对蒸汽密度 2.01，饱和蒸气压 304kPa(20℃)，临界温度 134.69℃，临界压力 3.65MPa，闪点 －82.8℃，引燃温度 460℃，燃烧热 2871.1kJ/mol，爆炸极限 1.4%～8.5%，辛醇/水分配系数 2.76。

主要用途　是一种环保型制冷剂，可代替 R12、R134a 等。

包装与储运

包装标志　易燃气体

安全储运　储存于阴凉、通风的库房或大型气柜。远离火源和热源。储存温度不超过 30℃。储存时，应与氧化剂隔离。禁止使用易产生火花的机械设备和工具。运输时防止雨淋、曝晒。搬运时轻装轻卸。

紧急处置信息

急救措施

吸入： 迅速脱离现场至空气新鲜处。保持呼吸道通畅。如呼吸困难，给输氧。呼吸、心跳停止，立即进行心肺复苏术。就医。

皮肤接触： 如发生冻伤，用温水(38～42℃)复温，忌用热水或辐射热，不要揉搓。

灭火方法　切断气源。若不能切断气源，则不允许熄灭泄漏处的火焰。消防人员须穿全身消防服，在上风向灭火。喷水保持火场容器冷却，直至灭火结束。尽可能将容器从火场移至空旷处。

灭火剂：雾状水、泡沫、干粉、砂土。

泄漏应急处置　消除所有点火源。根据气体扩散的影响区域划定警戒区，无关人员从侧风、上风向撤离至安全区。建议应急处理人员戴正压自给式呼吸器，穿防静电、防腐蚀、防毒服，戴橡胶手套。作业时使用的所有设备应接地。禁止接触或跨越泄漏物。尽可能切断泄漏源。喷雾状水抑制蒸气或改变蒸气云流向，避免水流接触泄漏物。禁止用水直接冲击泄漏物或泄漏源。喷雾状水稀释、溶解，构筑围堤或挖坑收容废水。隔离泄漏区，直至气体散尽。

805. 碳四馏分

标　识

中文名称　碳四馏分

英文名称　C_4 – fraction

别名　C_4 馏分

CAS 号　68476 – 52 – 8

危害信息

危险性类别　第 2.1 类　易燃气体

燃烧与爆炸危险性　极易燃。与空气混合能形成爆炸性混合物，遇高热和明火能引起燃烧或爆炸。燃烧产生有毒的一氧化碳气体。

活性反应　与过氧酸接触会发生爆炸性反应。与强还原剂发生放热反应，能与卤素强氧化剂反应。

禁忌物　强氧化剂、强酸、强还原剂、过氧酸、卤素等。

毒性　可能有麻醉和刺激作用。

侵入途径　吸入

理化特性与用途

理化特性　气体，主要成分是异丁烯、1,3 – 丁二烯、1 – 丁烯、顺式 2 – 丁烯、反式 2 – 丁烯、正丁烷和异丁烷。相对蒸气密度(空气 =1) >1，爆炸极限 1.6% ～10%。

主要用途　用作有机合成、合成橡胶、合成树脂及甲基叔丁基醚等的原料，也可直接作工业、民用燃料。

包装与储运

包装标志　易燃气体

安全储运 储存于阴凉、通风的专用库房内。钢瓶必须竖直存放，所有钢瓶必须接地，以避免由于静电发生火灾或爆炸事故。平时用肥皂水测定钢瓶阀门是否漏气，注意钢瓶是否有过高的温度。远离火种、热源。应与氧化剂及易燃材料隔离储运。搬运时应避免猛烈撞击，在钢瓶阀门下接安全阀。只允许稳定化(即含有抑制剂)的气体钢瓶装运。

紧急处置信息

急救措施

吸入：迅速脱离现场至空气新鲜处。保持呼吸道通畅。如呼吸困难，给输氧。呼吸、心跳停止，立即进行心肺复苏术。就医。

皮肤接触：如发生冻伤，用温水(38～42℃)复温，忌用热水或辐射热，不要揉搓。

灭火方法 切断气源。若不能切断气源，则不允许熄灭泄漏处的火焰。消防人员须穿全身消防服，在上风向灭火。喷水保持火场容器冷却，直至灭火结束。尽可能将容器从火场移至空旷处。

灭火剂：雾状水、泡沫、干粉、砂土。

泄漏应急处置 消除所有点火源。根据气体扩散的影响区域划定警戒区，无关人员从侧风、上风向撤离至安全区。建议应急处理人员戴正压自给式呼吸器，穿防静电服。作业时使用的所有设备应接地。尽可能切断泄漏源。喷雾状水抑制蒸气或改变蒸气云流向。防止气体通过下水道、通风系统和限制性空间扩散。隔离泄漏区直至气体散尽。

806. 碳五馏分

标　识

中文名称 碳五馏分

英文名称 C5 fraction

别名 C5 馏分

CAS 号 92128－68－2

危害信息

危险性类别 第 3 类　易燃液体

燃烧与爆炸危险性 极易燃。其蒸气与空气混合能形成爆炸性混合物，遇明火、高热易燃烧或爆炸。高速冲击、流动、激荡后可因产生静电火花放电引起燃烧爆炸。在高温火场中，受热的容器或储罐有破裂和爆炸的危险。

活性反应 与强氧化剂、强酸、强还原剂、卤素反应。

禁忌物 强氧化剂、酸类、强还原剂、卤素等。

毒性 可能有麻醉和刺激作用。

侵入途径 吸入、食入。

理化特性与用途

理化特性 微黄色透明液体，主要成分是 C5 烃类(包括烷烃、烯烃、二烯烃、炔烃、环烷烃等)的混合物。

主要用途 碳五馏分可直接制石油树脂，广泛用于黏结剂、涂料、印刷油墨、纸张上胶剂等方面，也可用萃取精馏法分离出的异戊二烯、环戊二烯、间戊二烯、异戊烯、正戊烯等，广泛用于制取合成橡胶、涂料以及其他石油化工产品和精细化工产品。碳五馏分亦可作为燃料和制取炭黑的原料。

包装与储运

包装标志 易燃液体

包装类别 Ⅰ类

安全储运 储存于阴凉、通风的库房。远离火种、热源，避免阳光直射。库温不超过29℃。包装要求密封，不可与空气接触。应与氧化剂、酸类等隔离储运。防止聚合。禁止使用易产生火花的机械设备和工具。灌装时注意流速，要有接地装置，防止静电积聚。搬运时轻装轻卸，防止容器受损。

紧急处置信息

急救措施

吸入：迅速脱离现场至空气新鲜处。保持呼吸道通畅。如呼吸困难，给输氧。呼吸、心跳停止，立即进行心肺复苏术。就医。

眼睛接触：立即分开眼睑，用流动清水或生理盐水彻底冲洗。就医。

皮肤接触：立即脱去污染的衣着，用肥皂水和清水彻底冲洗。就医。

食入：漱口，尽量饮水，不要催吐。就医。

忌用肾上腺素类药。

灭火方法 消防人员须穿全身消防服，佩戴空气呼吸器，在上风向灭火。尽可能将容器从火场移至空旷处。用水灭火无效。喷水保持火场容器冷却，直至灭火结束。处在火场中的容器若发生异常变化或发出异常声音，须马上撤离。

灭火剂：泡沫、二氧化碳、干粉和砂土。

泄漏应急处置 消除所有点火源。根据液体流动和蒸气扩散的影响区域划定警戒区，无关人员从侧风、上风向撤离至安全区。建议应急处理人员戴正压自给式呼吸器，穿防静电、防腐蚀服，戴橡胶手套。穿上适当的防护服前严禁接触破裂的容器和泄漏物。尽可能切断泄漏源。防止泄漏物进入水体、下水道、地下室或限制性空间。小量泄漏：用干燥的砂土或其他不燃材料吸收或覆盖，收集于容器中。大量泄漏：构筑围堤或挖坑收容。用防爆、耐腐蚀泵转移至槽车或专用收集器内。喷雾状水驱散蒸气、稀释液体泄漏物。

807. 碳十馏分

标　识

中文名称 碳十馏分

英文名称 C10 Fraction

别名 C10 馏分

危害信息

危险性类别 第3类 易燃液体

燃烧与爆炸危险性 易燃。其蒸气与空气混合能形成爆炸性混合物，遇明火、高热易燃烧或爆炸。燃烧产生有毒的一氧化碳气体。高速冲击、流动、激荡后可因产生静电火花放电引起燃烧爆炸。在高温火场中，受热的容器或储罐有破裂和爆炸的危险。蒸气比空气重，能在较低处扩散到相当远的地方，遇火源会着火回燃和爆炸(闪爆)。

活性反应　与强氧化剂反应。

禁忌物　强氧化剂。

侵入途径　吸入、食入。

理化特性与用途

理化特性　透明液体。易燃。密度≥$0.9g/cm^3$，馏程170～350℃，闪点60℃(闭杯)。

主要用途　用于调合汽油或作工业锅炉的燃料。

包装与储运

包装标志　易燃液体

包装类别　Ⅲ类

安全储运　储存于阴凉、通风的库房。远离火种、热源，避免阳光直射。库温不超过37℃。应与氧化剂等隔离储运。炎热季节早晚运输。禁止使用易产生火花的机械设备和工具。防止静电积聚。搬运时轻装轻卸，防止容器受损。

紧急处置信息

急救措施

吸入：迅速脱离现场至空气新鲜处。保持呼吸道通畅。如呼吸困难，给输氧。呼吸、心跳停止，立即进行心肺复苏术。就医。

眼睛接触：立即分开眼睑，用流动清水或生理盐水彻底冲洗。就医。

皮肤接触：立即脱去污染的衣着，用肥皂水和清水彻底冲洗。就医。

食入：漱口，尽量饮水，不要催吐。就医。

忌用肾上腺素类药。

灭火方法　消防人员须穿全身消防服，佩戴空气呼吸器，在上风向灭火。尽可能将容器从火场移至空旷处。喷水保持火场容器冷却，直至灭火结束。处在火场中的容器若发生异常变化或发出异常声音，须马上撤离。

灭火剂：泡沫、二氧化碳、干粉、砂土。

泄漏应急处置　消除所有点火源。根据液体流动和蒸气扩散的影响区域划定警戒区，无关人员从侧风、上风向撤离至安全区。建议应急处理人员戴正压自给式呼吸器，穿防静电、防腐蚀服，戴橡胶手套。穿上适当的防护服前严禁接触破裂的容器和泄漏物。尽可能切断泄漏源。防止泄漏物进入水体、下水道、地下室或限制性空间。小量泄漏：用干燥的砂土或其他不燃材料吸收或覆盖，收集于容器中。大量泄漏：构筑围堤或挖坑收容。用防爆、耐腐蚀泵转移至槽车或专用收集器内。喷雾状水驱散蒸气、稀释液体泄漏物。

808. 碳十一馏分

标　识

中文名称　碳十一馏分

英文名称　C_{11} Fraction

别名 C_{11}馏分

危害信息

燃烧与爆炸危险性 可燃。其蒸气与空气混合能形成爆炸性混合物，遇明火、高热易燃烧或爆炸。燃烧产生有毒的一氧化碳气体。在高温火场中，受热的容器或储罐有破裂和爆炸的危险。

活性反应 与强氧化剂反应。

禁忌物 强氧化剂。

侵入途径 吸入、食入。

理化特性与用途

理化特性 常温下为黑褐色黏稠可燃性液体，油中重质芳烃含量高。馏程 192.5～380℃，密度≥1.02g/cm^3(20℃)，闪点≥66℃(闭杯)。

主要用途 用作化工原料，用于制碳黑或作燃料用。

包装与储运

安全储运 储存于阴凉、通风的库房。远离火种、热源。应与氧化剂隔离储运。搬运时轻装轻卸，防止容器受损。

紧急处置信息

急救措施

吸入：迅速脱离现场至空气新鲜处。保持呼吸道通畅。如呼吸困难，给输氧。呼吸、心跳停止，立即进行心肺复苏术。就医。

眼睛接触：立即分开眼睑，用流动清水或生理盐水彻底冲洗。就医。

皮肤接触：立即脱去污染的衣着，用肥皂水和清水彻底冲洗。就医。

食入：漱口，尽量饮水，不要催吐。就医。

忌用肾上腺素类药。

灭火方法 消防人员须穿全身消防服，佩戴空气呼吸器，在上风向灭火。尽可能将容器从火场移至空旷处。喷水保持火场容器冷却，直至灭火结束。处在火场中的容器若发生异常变化或发出异常声音，须马上撤离。

灭火剂：泡沫、二氧化碳、干粉、砂土。

泄漏应急处置 消除所有点火源。根据液体流动和蒸气扩散的影响区域划定警戒区，无关人员从侧风、上风向撤离至安全区。建议应急处理人员戴正压自给式呼吸器，穿防静电、防腐蚀服，戴橡胶手套。穿上适当的防护服前严禁接触破裂的容器和泄漏物。尽可能切断泄漏源。防止泄漏物进入水体、下水道、地下室或限制性空间。小量泄漏：用干燥的砂土或其他不燃材料吸收或覆盖，收集于容器中。大量泄漏：构筑围堤或挖坑收容。用防爆、耐腐蚀泵转移至槽车或专用收集器内。喷雾状水驱散蒸气、稀释液体泄漏物。

809. 碳 酸 钾

标 识

中文名称 碳酸钾

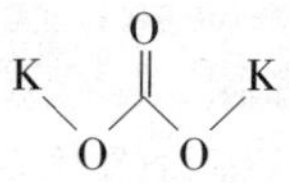

英文名称　Potassium carbonate；Potash

别名　钾碱

分子式　K_2CO_3

CAS 号　584－08－7

危害信息

燃烧与爆炸危险性　不燃，无特殊燃爆特性。

禁忌物　强酸。

毒性　大鼠经口 LD_{50}：1870mg/kg；小鼠经口 LD_{50}：2570mg/kg；大鼠吸入 LC：＞500mg/m^3。

中毒表现　吸入本品对呼吸道有刺激作用，出现咳嗽和呼吸困难等。对眼有轻到中度刺激作用，引起眼疼痛和流泪。皮肤接触有轻到中度刺激性，出现痒、烧灼感和炎症。大量摄入对消化道有腐蚀性，导致胃痉挛、呕吐、腹泻、循环衰竭，甚至引起死亡。

侵入途径　吸入、食入。

理化特性与用途

理化特性　单斜晶系白色粉末状或细颗粒状结晶。有很强的吸湿性。易溶于水，不溶于乙醇和乙醚。pH 值 11.6(10% 水溶液)，熔点 891℃，相对密度(水＝1)2.29。

主要用途　用于玻璃、印染、制皂、搪瓷、制备钾盐、制药等，用作气体吸附剂、干粉灭火剂、橡胶防老剂等。

包装与储运

安全储运　储存于阴凉、干燥、通风的库房。远离火种、热源。应与强酸隔离储运。保持容器密封，注意防潮。

紧急处置信息

急救措施

吸入：迅速脱离现场至空气新鲜处。保持呼吸道通畅。如呼吸困难，给输氧。呼吸、心跳停止，立即进行心肺复苏术。就医。

眼睛接触：立即分开眼睑，用大量流动清水或生理盐水彻底冲洗。就医。

皮肤接触：立即脱去污染的衣着，用大量流动清水彻底冲洗。就医。

食入：用水漱口，禁止催吐。给饮牛奶或蛋清。就医。

灭火方法　消防人员须穿全身消防服，在上风向灭火。尽可能将容器从火场移至空旷处。喷水保持火场容器冷却，直至灭火结束。

灭火剂：本品不燃，根据着火原因选择适当灭火剂灭火。

泄漏应急处置　隔离泄漏污染区，限制出入。建议应急处理人员戴防尘口罩，穿防毒服。穿上适当的防护服前严禁接触破裂的容器和泄漏物。尽可能切断泄漏源。用塑料布覆盖泄漏物，减少飞散。勿使水进入包装容器内。用洁净的铲子收集泄漏物，置于干净、干燥、盖子较松的容器中，将容器移离泄漏区。

810. 碳　酸　钠

标　识

中文名称　碳酸钠

英文名称　Sodium carbonate；Soda ash

别名　纯碱；苏打

分子式　Na_2CO_3

CAS 号　497－19－8

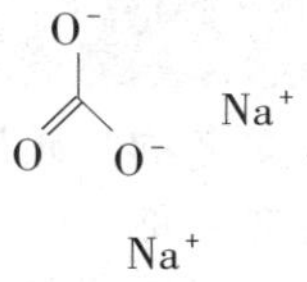

危害信息

燃烧与爆炸危险性　不燃，无特殊燃爆特性。

禁忌物　强酸。

毒性　大鼠经口 LD_{50}：4090mg/kg；小鼠经口 LD_{50}：6600mg/kg；大鼠吸入 LC_{50}：2300mg/m^3(2h)。

本品具有刺激性和腐蚀性。

中毒表现　生产中吸入其粉尘和烟雾可引起呼吸道刺激和结膜炎，还可有鼻黏膜溃疡、萎缩及鼻中隔穿孔。大量食入可造成消化道灼伤、黏膜糜烂、出血和休克。直接接触浓溶液可引起皮肤和眼灼伤。

接触本品的作业工人呼吸器官疾病发病率升高。长期接触本品溶液可发生湿疹、皮炎、鸡眼状溃疡和皮肤松弛。

侵入途径　吸入、食入。

职业接触限值　中国：PC-TWA：3mg/m^3；PC-STEL：6mg/m^3。

理化特性与用途

理化特性　白色粉末或细粒结晶，吸湿。易溶于水，微溶于乙醇，不溶于丙酮。pH 值 11.37(1% 水溶液)，熔点 851℃，相对密度(水＝1)2.53。

主要用途　用于肥皂、造纸、洗涤剂生产，用作冶金工业的助熔剂、软水剂。

包装与储运

安全储运　储存于阴凉、干燥、通风的库房。远离火种、热源。应与强酸等隔离储运，在潮湿环境下避免接触铝、锌等金属。

紧急处置信息

急救措施

吸入：迅速脱离现场至空气新鲜处。保持呼吸道通畅。如呼吸困难，给输氧。呼吸、心跳停止，立即进行心肺复苏术。就医。

眼睛接触：立即分开眼睑，用大量流动清水或生理盐水彻底冲洗。就医。

皮肤接触：立即脱去污染的衣着，用大量流动清水彻底冲洗。就医。

食入：用水漱口，禁止催吐。给饮牛奶或蛋清。就医。

灭火方法　消防人员须穿全身消防服，佩戴空气呼吸器，在上风向灭火。尽可能将容器从火场移至空旷处。喷水保持火场容器冷却，直至灭火结束。

灭火剂：本品不燃，根据着火原因选择适当灭火剂灭火。

泄漏应急处置　隔离泄漏污染区，限制出入。建议应急处理人员穿一般作业工作服。尽可能切断泄漏源。用塑料布覆盖泄漏物，减少飞散。勿使水进入包装容器内。用洁净的铲子收集泄漏物，置于干净、干燥、盖子较松的容器中，将容器移离泄漏区。

811. 碳酸氢钠

标　识

中文名称　碳酸氢钠

英文名称　Sodium bicarbonate；Sodium hydrogencarbonate

别名　酸式碳酸钠；小苏打

分子式　$NaHCO_3$

CAS 号　144 - 55 - 8

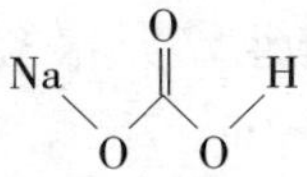

危害信息

燃烧与爆炸危险性　不燃，无特殊燃爆特性。

禁忌物　酸类。

毒性　大鼠经口 LD_{50}：4220mg/kg；小鼠经口 LD_{50}：3360mg/kg；大鼠吸入 LC：> 900mg/m^3。

碳酸氢钠在常温下是接近中性的极微弱的碱。如将其固体或水溶液加热 50℃ 以上时，可转变为碳酸钠，对人具有刺激性和腐蚀性，对眼睛、皮肤及呼吸道黏膜有刺激性，引起炎症。

侵入途径　吸入、食入。

理化特性与用途

理化特性　白色粉末或不透明单斜晶系细微结晶。无臭，味咸。溶于水，不溶于乙醇。pH 值 8.4(0.1N 水溶液，25℃)，熔点(分解)50℃，相对密度(水 =1)2.159，辛醇/水分配系数 -4.01。

主要用途　用于食品、医药、电影制片、鞣革、选矿、冶金、纤维、橡胶等工业，也可作洗涤剂、灭火剂。

包装与储运

安全储运　储存于阴凉、干燥、通风的库房。远离火种、热源。应与酸隔离储运。

紧急处置信息

急救措施

吸入：脱离接触。如有不适感，就医。

眼睛接触：分开眼睑，用流动清水或生理盐水冲洗。如有不适感，就医。

皮肤接触：脱去污染的衣着，用肥皂水和清水冲洗。如有不适感，就医。

食入： 漱口，饮水。就医。

灭火方法 消防人员须穿全身消防服，在上风向灭火。尽可能将容器从火场移至空旷处。喷水保持火场容器冷却，直至灭火结束。

本品不燃，根据着火原因选择适当灭火剂灭火。

泄漏应急处置 隔离泄漏污染区，限制出入。建议应急处理人员戴防尘口罩，穿一般作业工作服。尽可能切断泄漏源。用塑料布覆盖泄漏物，减少飞散。勿使水进入包装容器内。用洁净的铲子收集泄漏物，置于干净、干燥、盖子较松的容器中，将容器移离泄漏区。

812. 特种煤油

标 识

中文名称 特种煤油

英文名称 Special kerosene；Superior kerosene

别名 脱臭煤油

WGH 号 33501；T32001[铁规]

UN 号 1223

危害信息

危险性类别 第3类 易燃液体

燃烧与爆炸危险性 易燃。其蒸气与空气混合能形成爆炸性混合物，遇明火、高热易燃烧爆炸。高速冲击、流动、激荡后可因产生静电火花放电引起燃烧爆炸。在高温火场中，受热的容器或储罐有破裂和爆炸的危险。蒸气比空气重，能在较低处扩散到相当远的地方，遇火源会着火回燃和爆炸(闪爆)。

活性反应 能与氧化剂反应，引起燃烧和爆炸。

禁忌物 强氧化剂、酸类、碱类、卤素等。

毒性 大鼠经口 LD_{50}：15000mg/kg(煤油)；兔经皮 LD：>2 g/kg(煤油)。

中毒表现 急性中毒：吸入高浓度煤油蒸气，常先有兴奋，后转入抑制，表现为乏力、头痛、酩酊感、神志恍惚、肌肉震颤、共济运动失调；严重者出现定向力障碍、谵妄、意识模糊等；蒸气可引起眼及呼吸道刺激症状，重者出现化学性肺炎。吸入液态煤油可引起吸入性肺炎，严重时可发生肺水肿。摄入引起口腔、咽喉和胃肠道刺激症状，可出现与吸入中毒相同的中枢神经系统症状。

慢性影响：神经衰弱综合征为主要表现，还有眼及呼吸道刺激症状，接触性皮炎，皮肤干燥等。

侵入途径 吸入、食入、经皮吸收。

职业接触限值 美国(ACGIH)：TLV-TWA：200mg/m^3[皮](煤油)。

理化特性与用途

理化特性 水白色液体，无臭味。馏程：10%的蒸发温度≤225℃、终馏点≤300℃，闪点≥40℃(闭杯)，密度0.74～0.78g/cm^3(20℃)。

主要用途 适用于机械、纺织、化工等行业，用于精密机械的清洗和机械加工的磨削、润滑、冷却及金属渗碳，也可作纺织印染和涂料的原料。

包装与储运

包装标志 易燃液体

包装类别 Ⅲ类

安全储运 储存于阴凉、通风的库房。远离火种、热源，避免阳光直射。库温不超过37℃。应与氧化剂隔离储运。通风设施。禁止使用易产生火花的机械设备和工具。搬运时轻装轻卸，防止容器受损 。

紧急处置信息

急救措施

吸入：迅速脱离现场至空气新鲜处。保持呼吸道通畅。如呼吸困难，给输氧。呼吸、心跳停止，立即进行心肺复苏术。就医。

眼睛接触：立即分开眼睑，用流动清水或生理盐水彻底冲洗。就医。

皮肤接触：立即脱去污染的衣着，用肥皂水和清水彻底冲洗。就医。

食入：漱口，尽量饮水，不要催吐。就医。

忌用肾上腺素类药。

灭火方法 消防人员须穿全身消防服，佩戴空气呼吸器，在上风向灭火。尽可能将容器从火场移至空旷处。喷水保持火场容器冷却，直至灭火结束。处在火场中的容器若发生异常变化或发出异常声音，须马上撤离。

灭火剂：抗溶性泡沫、二氧化碳、干粉、砂土。

泄漏应急处置 消除所有点火源。根据液体流动和蒸气扩散的影响区域划定警戒区，无关人员从侧风、上风向撤离至安全区。建议应急处理人员戴正压自给式呼吸器，穿防静电、防腐蚀服，戴橡胶手套。穿上适当的防护服前严禁接触破裂的容器和泄漏物。尽可能切断泄漏源。防止泄漏物进入水体、下水道、地下室或限制性空间。小量泄漏：用干燥的砂土或其他不燃材料吸收或覆盖，收集于容器中。大量泄漏：构筑围堤或挖坑收容。用防爆、耐腐蚀泵转移至槽车或专用收集器内。喷雾状水驱散蒸气、稀释液体泄漏物。

813. 特种煤油型溶剂油

标　识

中文名称 特种煤油型溶剂油

英文名称 Kerosene，scentless

别名 无味煤油

危害信息

危险性类别 第3类　易燃液体

燃烧与爆炸危险性 易燃。其蒸气与空气混合能形成爆炸性混合物，遇明火、高热易燃烧或爆炸。在高温火场中，受热的容器或储罐有破裂和爆炸的危险。

禁忌物 强氧化剂。

毒性 大鼠经口 LD_{50}：15000mg/kg(煤油)；兔经皮 *LD*：>2 g/kg(煤油)。

中毒表现 急性中毒：吸入高浓度煤油蒸气，常先有兴奋，后转入抑制，表现为乏力、头痛、酩酊感、神志恍惚、肌肉震颤、共济运动失调；严重者出现定向力障碍、谵妄、意识模糊等；蒸气可引起眼及呼吸道刺激症状，重者出现化学性肺炎。吸入液态煤油可引起吸入性肺炎，严重时可发生肺水肿。摄入引起口腔、咽喉和胃肠道刺激症状，可出现与吸入中毒相同的中枢神经系统症状。

慢性影响：神经衰弱综合征为主要表现，还有眼及呼吸道刺激症状，接触性皮炎，皮肤干燥等。

侵入途径 吸入、食入、经皮吸收。

职业接触限值 美国(ACGIH)：TLV-TWA：200mg/m^3[皮](煤油)。

理化特性与用途

理化特性 无色无味透明液体。馏程 140～300℃，闪点≥40℃。

主要用途 用于高档无毒灭蚊虫剂、农药等作溶剂，用作发动机化油器的校对油、电火花加工液及磁粉检测载液。

包装与储运

包装标志 易燃液体

包装类别 Ⅲ类

安全储运 储存于阴凉、通风的库房。远离火种、热源，避免阳光直射。库温不超过37℃。应与氧化剂隔离储运。禁止使用易产生火花的机械设备和工具。搬运时轻装轻卸，防止容器受损。

紧急处置信息

急救措施

吸入：迅速脱离现场至空气新鲜处。保持呼吸道通畅。如呼吸困难，给输氧。呼吸、心跳停止，立即进行心肺复苏术。就医。

眼睛接触：立即分开眼睑，用流动清水或生理盐水彻底冲洗。就医。

皮肤接触：立即脱去污染的衣着，用肥皂水和清水彻底冲洗。就医。

食入：漱口，尽量饮水，不要催吐。就医。

忌用肾上腺素类药。

灭火方法 消防人员须穿全身消防服，佩戴空气呼吸器，在上风向灭火。尽可能将容器从火场移至空旷处。喷水保持火场容器冷却，直至灭火结束。处在火场中的容器若发生异常变化或发出异常声音，须马上撤离。

灭火剂：泡沫、二氧化碳、干粉、砂土。

泄漏应急处置 消除所有点火源。根据液体流动和蒸气扩散的影响区域划定警戒区，无关人员从侧风、上风向撤离至安全区。建议应急处理人员戴正压自给式呼吸器，穿防静电、防腐蚀服，戴橡胶手套。穿上适当的防护服前严禁接触破裂的容器和泄漏物。尽可能切断泄漏源。防止泄漏物进入水体、下水道、地下室或限制性空间。小量泄漏：用干燥的砂土或其他不燃材料吸收或覆盖，收集于容器中。大量泄漏：构筑围堤或挖坑收容。用防爆、耐腐蚀泵转移至槽车或专用收集器内。喷雾状水驱散蒸气、稀释液体泄漏物。

814. 特种切削油

标　识

中文名称　特种切削油

英文名称　Special cutting oil

危害信息

燃烧与爆炸危险性　可燃，遇明火、高热能引起燃烧或爆炸。在高温火场中，受热的容器或储罐有破裂和爆炸的危险。

禁忌物　强氧化剂。

侵入途径　吸入、食入。

理化特性与用途

理化特性　深黄色至褐色透明液体和红色具有香味的透明液体。无腐蚀性。运动黏度≤3.5mm^2/s(50℃)，闪点≥105℃，凝点≤－8℃。

主要用途　适用于半导体材料，人造宝石、光学玻璃、玉石的切割加工过程的冷却与润滑。亦适用于钟表元件的机械加工过程的冷却与乳化。

包装与储运

安全储运　储存于阴凉、通风的库房。远离火种、热源。应与氧化剂隔离储运。搬运时轻装轻卸，防止容器受损。

紧急处置信息

急救措施

吸入：迅速脱离现场至空气新鲜处。保持呼吸道通畅。如呼吸困难，给输氧。呼吸、心跳停止，立即进行心肺复苏术。就医。

眼睛接触：立即分开眼睑，用流动清水或生理盐水彻底冲洗。就医。

皮肤接触：立即脱去污染的衣着，用肥皂水和清水彻底冲洗。就医。

食入：漱口，尽量饮水，不要催吐。就医。

灭火方法　消防人员须穿全身消防服，佩戴空气呼吸器，在上风向灭火。尽可能将容器从火场移至空旷处。喷水保持火场容器冷却，直至灭火结束。处在火场中的容器若发生异常变化或发出异常声音，须马上撤离。

灭火剂：泡沫、二氧化碳、干粉、砂土。

泄漏应急处置　消除所有点火源。根据液体流动和蒸气扩散的影响区域划定警戒区，无关人员从侧风、上风向撤离至安全区。建议应急处理人员戴正压自给式呼吸器，穿防静电、防腐蚀服，戴橡胶手套。穿上适当的防护服前严禁接触破裂的容器和泄漏物。尽可能切断泄漏源。防止泄漏物进入水体、下水道、地下室或限制性空间。小量泄漏：用干燥的砂土或其他不燃材料吸收或覆盖，收集于容器中。大量泄漏：构筑围堤或挖坑收容。用防爆、耐腐蚀泵转移至槽车或专用收集器内。喷雾状水驱散蒸气、稀释液体泄漏物。

815. 特种溶剂油

标　识

中文名称　特种溶剂油

英文名称　Special solvent oil

危害信息

危险性类别　第3类　易燃液体

燃烧与爆炸危险性　易燃。其蒸气与空气混合能形成爆炸性混合物，遇明火、高热易燃烧或爆炸。在高温火场中，受热的容器或储罐有破裂和爆炸的危险。

活性反应　与强氧化剂反应。

禁忌物　强氧化剂。

侵入途径　吸入、食入。

理化特性与用途

理化特性　无色透明液体。馏程204～280℃，闪点≥28℃。

主要用途　可用作生产铝箔轧制润滑剂，上光剂、液体蚊香、印染用油、清洗剂、气雾杀虫剂的溶剂、无味油漆调合油等。

包装与储运

包装标志　易燃液体

包装类别　Ⅲ类

安全储运　储存于阴凉、通风的库房。远离火种、热源。储存温度不超过37℃。保持容器密封。炎热季节早晚运输，应与氧化剂等隔离储运。禁止使用易产生火花的机械设备和工具。灌装时注意流速，防止静电积聚。搬运时轻装轻卸，防止容器受损。

紧急处置信息

急救措施

吸入：迅速脱离现场至空气新鲜处。保持呼吸道通畅。如呼吸困难，给输氧。呼吸、心跳停止，立即进行心肺复苏术。就医。

眼睛接触：立即分开眼睑，用流动清水或生理盐水彻底冲洗。就医。

皮肤接触：立即脱去污染的衣着，用肥皂水和清水彻底冲洗。就医。

食入：漱口，尽量饮水，不要催吐。就医。

忌用肾上腺素类药。

灭火方法　消防人员须穿全身消防服，佩戴空气呼吸器，在上风向灭火。尽可能将容器从火场移至空旷处。喷水保持火场容器冷却，直至灭火结束。处在火场中的容器若发生异常变化或发出异常声音，须马上撤离。

灭火剂：泡沫、二氧化碳、干粉、砂土。

泄漏应急处置　消除所有点火源。根据液体流动和蒸气扩散的影响区域划定警戒区，无关人员从侧风、上风向撤离至安全区。建议应急处理人员戴正压自给式呼吸器，穿防静电、防腐蚀服，戴橡胶手套。尽可能切断泄漏源。防止泄漏物进入水体、下水道、地下室

或限制性空间。小量泄漏：用干燥的砂土或其他不燃材料吸收或覆盖，收集于容器中。大量泄漏：构筑围堤或挖坑收容。

816. 锑　酸　钠

标　识

中文名称　锑酸钠

英文名称　Sodium antimonate

别名　偏锑酸钠

分子式　$NaSbO_3$

CAS 号　15432－85－6

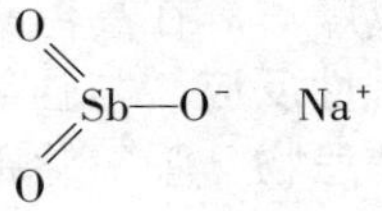

危害信息

危险性类别　第6类　有毒品

燃烧与爆炸危险性　不燃，受热分解放出有毒的一氧化碳气体。

活性反应　与强酸反应。

禁忌物　强酸。

毒性　锑及其化合物对黏膜有刺激作用，可引起内脏损害。

中毒表现　接触较高浓度锑化合物引起化学性结膜炎、鼻炎、咽炎、喉炎、支气管炎、肺炎。口服引起急性胃肠炎。全身症状有疲乏无力、头晕、头痛、四肢肌肉酸痛。可引起心、肝、肾损害，可发生严重心律失常、肝坏死、肾功能衰竭。

侵入途径　吸入、食入。

职业接触限值　中国：PC-TWA：0.5mg/m^3。

环境危害　对水生生物有毒，可能在水生环境中造成长期不利影响。

理化特性与用途

理化特性　白色粉末。微溶于水。熔点375℃，密度3.7g/cm^3。

主要用途　主要用作显像管玻壳澄清剂，也用作纺织品、塑料、建材的阻燃剂，还用于油田化学品的酸化压裂液增稠剂、堵水－调剖剂的交联剂等。

包装与储运

包装标志　有毒品

包装类别　Ⅲ类

安全储运　储存于阴凉、通风的库房。远离火种、热源。储存温度不超过35℃，相对湿度不超过85%。保持容器密封。应与氧化剂、酸等隔离储运。

紧急处置信息

急救措施

吸入：迅速脱离现场至空气新鲜处。保持呼吸道通畅。如呼吸困难，给输氧。呼吸、心跳停止，立即进行心肺复苏术。就医。

眼睛接触：立即分开眼睑，用流动清水或生理盐水彻底冲洗。就医。

皮肤接触：立即脱去污染的衣着，用流动清水彻底冲洗。就医。

食入：催吐。就医。

用二巯基丙醇等驱锑。

灭火方法 消防人员须穿全身防火防毒服，佩戴空气呼吸器在上风向灭火。尽可能将容器从火场移至空旷处。喷水保持火场容器冷却，直至灭火结束。

本品不燃，根据着火原因选择适当灭火剂灭火。

泄漏应急处置 建议应急处理人员戴防尘口罩，穿防毒防酸碱服，戴橡胶耐酸碱手套。用洁净的铲子收集泄漏物，置于干净、干燥、盖子较松的容器中，将容器移离泄漏区。

817. 天 然 气

标 识

中文名称 天然气

英文名称 Natural gas

别名 沼泽气

CAS 号 8006－14－2

WGH 号 21007[压缩气体]；21008[液化气体]

UN 号 1971[压缩气体]；1972[冷冻液体]

危害信息

危险性类别 第2.1类 易燃气体

燃烧与爆炸危险性 易燃，与空气混合能形成爆炸性混合物。当液化天然气由液体蒸发为冷的气体时，其密度与常温下的天然气不同，约比空气重1.5倍，其气体不会立即上升，而是沿着液面或地面扩散，形成白色云团。当冷气温度逐渐升高，就变得比空气轻，开始向上升。如果易燃混合物扩散遇到火源，会着火回燃。液化天然气比水轻，遇水生成白色冰块。冰块只能在低温下保存，温度升高即迅速蒸发，若急剧扰动能猛烈爆喷。若遇高热，储罐内压增大，有开裂和爆炸的危险。

活性反应 与硝酸、浓硫酸、高锰酸钾、重铬酸盐等强氧化剂发生剧烈反应，甚至发生燃烧爆炸。黄色氧化汞存在时，室温下接触氯气即会发生爆炸。与氯气的混合物中，氯气含量超过20%(体积)即有爆炸性。

禁忌物 强氧化剂、强酸、强碱、卤素等。

毒性 天然气的毒性因其化学组成的不同而异。以甲烷为主者仅起窒息作用；如含有硫化氢等气体时，则毒性依其含量而有不同程度的增加。所引起的中毒表现也有所不同，可表现为甲烷中毒、硫化氢中毒，或两者的混合中毒。原料天然气中含硫化物，对呼吸道和肺泡有较强的刺激性。

中毒表现 急性中毒：轻度中毒时有头痛、头晕、胸闷、恶心、呕吐和乏力等。严重中毒时发热、血压高、昏迷、抽搐、脑水肿、阵发性肌痉挛或偏瘫等。部分患者出现类神经症和精神症状。可出现各种类型的心律失常。呼吸系统表现为咳嗽、胸痛、发绀、呼吸困难、肺水肿和肺炎。皮肤接触液化气体可引起冻伤。

慢性影响：长期接触天然气者可出现神经衰弱综合征。

侵入途径 吸入。

理化特性与用途

理化特性　无色无味气体。主要成分是甲烷，还含有少量乙烷、丙烷、丁烷、戊烷、一氧化碳、二氧化碳、硫化氢等。不溶于水。沸点 -161 ~ -88℃，熔点 -182.5℃，相对密度(水=1)0.37 ~0.63，相对气体密度(空气=1)0.55 ~0.62，蒸气压 101.33kPa(25℃)，闪点 -180℃(开杯)，爆炸极限 3.8% ~17%，引燃温度 482 ~632℃。

主要用途　天然气用途非常广泛，除了用作燃料外，还用作制造炭黑、合成氨、合成石油、甲醇和其他许多有机化合物的原料。

包装与储运

包装标志　易燃气体

安全储运　液化天然气一般在温度稍高于其沸点(-160℃的深冷条件)下，用绝热槽车或槽式驳船运输。用大型保温气柜在常压和相应的低温(-160 ~ -164℃)条件下储存，应远离火源和热源，并备有防泄漏的专门仪器。钢瓶应储存在阴凉、通风良好的专用库房内，储存温度不超过 30℃。与液氧、氯气、二氧化氯、五氟化溴、三氟化氮、二氟化氧等氧化剂隔离储运。

紧急处置信息

急救措施

吸入：迅速脱离现场至空气新鲜处。保持呼吸道通畅。如呼吸困难，给输氧。呼吸、心跳停止，立即进行心肺复苏术。就医。

皮肤接触：如发生冻伤，用温水(38 ~42℃)复温，忌用热水或辐射热，不要揉搓。

灭火方法　切断气源。若不能切断气源，则不允许熄灭泄漏处的火焰。消防人员必须穿全身消防服，佩戴空气呼吸器，在上风向灭火。

泄漏应急处置　消除所有点火源。根据气体扩散的影响区域划定警戒区，无关人员从侧风、上风向撤离至安全区。建议应急处理人员戴正压自给式呼吸器，穿防静电、防腐蚀、防毒服，戴橡胶手套。作业时使用的所有设备应接地。禁止接触或跨越泄漏物。尽可能切断泄漏源。喷雾状水抑制蒸气或改变蒸气云流向，避免水流接触泄漏物。禁止用水直接冲击泄漏物或泄漏源。喷雾状水稀释、溶解，构筑围堤或挖坑收容废水。隔离泄漏区，直至气体散尽。

818. 通用内燃机油

标　识

中文名称　通用内燃机油

英文名称　Universal internal combustion engene oil

危害信息

燃烧与爆炸危险性　可燃。其蒸气与空气混合能形成爆炸性混合物，遇明火、高热易燃烧或爆炸。在高温火场中，受热的容器或储罐有破裂和爆炸的危险。

禁忌物　强氧化剂。

侵入途径 吸入、食入。

理化特性与用途

理化特性 液体。黏度等级为 10W/30 的通用内燃机油的性质：倾点≤ －30℃，闪点≥190℃（开杯），运动黏度 9.3 ~ <12.5mm^2/s（100℃）。

主要用途 适用于高速高负荷增压柴油机或高负荷条件下工作的汽油机的润滑。

包装与储运

安全储运 储存于阴凉、通风的库房。远离火种、热源。应与氧化剂等隔离储运。搬运时轻装轻卸，防止容器受损。

紧急处置信息

急救措施

吸入：脱离接触。如有不适感，就医。

眼睛接触：分开眼睑，用流动清水或生理盐水冲洗。如有不适感，就医。

皮肤接触：脱去污染的衣着，用肥皂水和清水冲洗。如有不适感，就医。

食入：漱口，尽量饮水，对于高黏度、低挥发性油脂类，通常不必催吐。就医。

灭火方法 消防人员须穿全身消防服，佩戴空气呼吸器，在上风向灭火。尽可能将容器从火场移至空旷处。喷水保持火场容器冷却，直至灭火结束。处在火场中的容器若发生异常变化或发出异常声音，须马上撤离。

灭火剂：泡沫、二氧化碳、干粉、砂土。

泄漏应急处置 消除所有点火源。根据液体流动和蒸气扩散的影响区域划定警戒区，无关人员从侧风、上风向撤离至安全区。建议应急处理人员戴正压自给式呼吸器，穿防静电、防腐蚀服，戴橡胶手套。穿上适当的防护服前严禁接触破裂的容器和泄漏物。尽可能切断泄漏源。防止泄漏物进入水体、下水道、地下室或限制性空间。小量泄漏：用干燥的砂土或其他不燃材料吸收或覆盖，收集于容器中。大量泄漏：构筑围堤或挖坑收容。用防爆、耐腐蚀泵转移至槽车或专用收集器内。喷雾状水驱散蒸气、稀释液体泄漏物。

819. 透 平 油

标 识

中文名称 透平油

英文名称 Turbine Oil

别名 汽轮机油

危害信息

燃烧与爆炸危险性 可燃。其蒸气与空气混合能形成爆炸性混合物，遇明火、高热易燃烧或爆炸。燃烧产生有毒的一氧化碳气体。在高温火场中，受热的容器或储罐有破裂和爆炸的危险。

禁忌物 强氧化剂。

毒性 大鼠经口 LD_{50}：28g/kg［20 号汽轮机油］。

侵入途径 吸入、食入。

理化特性与用途

理化特性　透明液体。不溶于水。20 号：凝点≤ -10℃，闪点≥180℃，运动黏度 18 ~22mm^2/s(50℃)。

主要用途　适用于蒸汽轮机、水力轮机、发动机轴承等机械设备的润滑。

包装与储运

安全储运　储存于阴凉、通风的库房。远离火种、热源。应与氧化剂等隔离储运。搬运时轻装轻卸，防止容器受损。

紧急处置信息

急救措施

吸入：脱离接触。如有不适感，就医。

眼睛接触：分开眼睑，用流动清水或生理盐水冲洗。如有不适感，就医。

皮肤接触：脱去污染的衣着，用肥皂水和清水冲洗。如有不适感，就医。

食入：漱口，尽量饮水，对于高黏度、低挥发性油脂类，通常不必催吐。就医。

灭火方法　消防人员须穿全身消防服，佩戴空气呼吸器，在上风向灭火。尽可能将容器从火场移至空旷处。喷水保持火场容器冷却，直至灭火结束。处在火场中的容器若发生异常变化或发出异常声音，须马上撤离。

灭火剂：泡沫、二氧化碳、干粉、砂土。

泄漏应急处置　消除所有点火源。根据液体流动和蒸气扩散的影响区域划定警戒区，无关人员从侧风、上风向撤离至安全区。建议应急处理人员戴正压自给式呼吸器，穿防静电、防腐蚀服，戴橡胶手套。穿上适当的防护服前严禁接触破裂的容器和泄漏物。尽可能切断泄漏源。防止泄漏物进入水体、下水道、地下室或限制性空间。小量泄漏：用干燥的砂土或其他不燃材料吸收或覆盖，收集于容器中。大量泄漏：构筑围堤或挖坑收容。用防爆、耐腐蚀泵转移至槽车或专用收集器内。喷雾状水驱散蒸气、稀释液体泄漏物。

820. 脱芳溶剂油

标　识

中文名称　脱芳溶剂油

英文名称　Dearomatization solvent Oil

别名　D 系列溶剂油

危害信息

危险性类别　第 3 类　易燃液体

燃烧与爆炸危险性　根据不同牌号，脱芳溶剂油的燃烧性从易燃到可燃。其蒸气与空气混合能形成爆炸性混合物，遇明火、高热易燃烧或爆炸。在高温火场中，受热的容器或储罐有破裂和爆炸的危险。

禁忌物　强氧化剂。

侵入途径　吸入、食入。

理化特性与用途

理化特性 无色透明液体。D40：馏程158~194℃，闪点45℃，密度0.785g/cm^3，运动黏度1.23mm^2/s(40℃)；D60：馏程190~205℃，闪点68℃，密度0.806g/cm^3，运动黏度1.6mm^2/s(40℃)；D70：馏程190~250℃，闪点65℃，密度0.808g/cm^3，运动黏度1.8mm^2/s(40℃)；D80：馏程205~260℃，闪点80℃，密度0.804g/cm^3，运动黏度2.0mm^2/s(40℃)；D110：馏程250~300℃，闪点110℃，密度0.82g/cm^3，运动黏度4.52mm^2/s(40℃)。

主要用途 可用作涂料工业和印染助剂等的溶剂，或用作气雾杀虫剂、液体蚊香、涂料工业和印染助剂等的溶剂；也可作为金属加工液的基础油。

包装与储运

包装标志 易燃液体

包装类别 Ⅲ类

安全储运 储存于阴凉、通风的库房。远离火种、热源。储存温度不超过37℃。保持容器密封。应与氧化剂等隔离储运。禁止使用易产生火花的机械设备和工具。灌装时注意流速，防止静电积聚。搬运时轻装轻卸，防止容器受损。

紧急处置信息

急救措施

吸入：迅速脱离现场至空气新鲜处。保持呼吸道通畅。如呼吸困难，给输氧。呼吸、心跳停止，立即进行心肺复苏术。就医。

眼睛接触：立即分开眼睑，用流动清水或生理盐水彻底冲洗。就医。

皮肤接触：立即脱去污染的衣着，用肥皂水和清水彻底冲洗。就医。

食入：漱口，尽量饮水，不要催吐。就医。

忌用肾上腺素类药。

灭火方法 消防人员须穿全身消防服，佩戴空气呼吸器，在上风向灭火。尽可能将容器从火场移至空旷处。喷水保持火场容器冷却，直至灭火结束。处在火场中的容器若发生异常变化或发出异常声音，须马上撤离。

灭火剂：泡沫、二氧化碳、干粉、砂土。

泄漏应急处置 消除所有点火源。根据液体流动和蒸气扩散的影响区域划定警戒区，无关人员从侧风、上风向撤离至安全区。建议应急处理人员戴正压自给式呼吸器，穿防静电、防腐蚀服，戴橡胶手套。穿上适当的防护服前严禁接触破裂的容器和泄漏物。尽可能切断泄漏源。防止泄漏物进入水体、下水道、地下室或限制性空间。小量泄漏：用干燥的砂土或其他不燃材料吸收或覆盖，收集于容器中。大量泄漏：构筑围堤或挖坑收容。用防爆、耐腐蚀泵转移至槽车或专用收集器内。喷雾状水驱散蒸气、稀释液体泄漏物。

821. 脱戊烷油

标　识

中文名称 脱戊烷油

英文名称 Depentanized oil

危害信息

危险性类别 第3类 易燃液体

燃烧与爆炸危险性 易燃。其蒸气与空气混合能形成爆炸性混合物，遇明火、高热易燃烧或爆炸。在高温火场中，受热的容器或储罐有破裂和爆炸的危险。

禁忌物 强氧化剂。

侵入途径 吸入、食入。

环境危害 对水生生物有毒。

理化特性与用途

理化特性 脱戊烷油是铂重整生成油经脱戊烷油塔分离得到的一种产品，富含芳烃。初馏点66℃ ±2℃。

主要用途 用于生产苯、甲苯、二甲苯。

包装与储运

包装标志 易燃液体

包装类别 Ⅱ类

安全储运 储存于阴凉、通风的库房。远离火种、热源。储存温度不超过37℃。保持容器密封。炎热季节早晚运输。应与氧化剂等隔离储运。禁止使用易产生火花的机械设备和工具。灌装时注意流速，防止静电积聚。搬运时轻装轻卸，防止容器受损。

紧急处置信息

急救措施

吸入：迅速脱离现场至空气新鲜处。保持呼吸道通畅。如呼吸困难，给输氧。呼吸、心跳停止，立即进行心肺复苏术。就医。

眼睛接触：立即分开眼睑，用流动清水或生理盐水彻底冲洗。就医。

皮肤接触：立即脱去污染的衣着，用肥皂水和清水彻底冲洗。就医。

食入：漱口，尽量饮水，不要催吐。就医。

忌用肾上腺素类药。

灭火方法 消防人员须穿全身消防服，佩戴空气呼吸器，在上风向灭火。尽可能将容器从火场移至空旷处。喷水保持火场容器冷却，直至灭火结束。处在火场中的容器若发生异常变化或发出异常声音，须马上撤离。

灭火剂：泡沫、二氧化碳、干粉、砂土。

泄漏应急处置 消除所有点火源。根据液体流动和蒸气扩散的影响区域划定警戒区，无关人员从侧风、上风向撤离至安全区。建议应急处理人员戴正压自给式呼吸器，穿防静电、防腐蚀服，戴橡胶手套。穿上适当的防护服前严禁接触破裂的容器和泄漏物。尽可能切断泄漏源。防止泄漏物进入水体、下水道、地下室或限制性空间。小量泄漏：用干燥的砂土或其他不燃材料吸收或覆盖，收集于容器中。大量泄漏：构筑围堤或挖坑收容。用防爆、耐腐蚀泵转移至槽车或专用收集器内。喷雾状水驱散蒸气、稀释液体泄漏物。

822. 烷醇酰胺

标　识

中文名称　烷醇酰胺

英文名称　Alkanolamide；Coconut fatty acid diethanolamide

别名　净洗剂 6501；椰油酸二乙醇酰胺

分子式　$C_{16}H_{33}NO_3$

CAS 号　61791－31－9

危害信息

燃烧与爆炸危险性　可燃，遇明火高热有引起燃烧的危险，燃烧产生有毒的一氧化碳、氨气和氮氧化物气体。在高温火场中，受热的容器和储罐有破裂和爆炸的危险。

活性反应　与强酸反应。

禁忌物　强酸、强氧化剂。

毒性　对眼和皮肤有强烈刺激性，可引起灼伤。对皮肤有致敏性。食入有害。

侵入途径　吸入、食入。

理化特性与用途

理化特性　淡黄色至琥珀色黏稠液体。溶于水。含量≥60%，pH 值 8～9。

主要用途　适用于日用、工业洗涤剂，组织柔软剂，抗静电剂，印染剂等产品。

包装与储运

安全储运　储存于阴凉、通风的库房。远离火种、热源。应与氧化剂等隔离储运。搬运时轻装轻卸，防止容器受损。

紧急处置信息

急救措施

吸入：脱离现场至空气新鲜处。如有不适感，就医。

眼睛接触：立即分开眼睑，用大量流动清水或生理盐水彻底冲洗 10～15min。就医。

皮肤接触：立即脱去污染的衣着，用大量流动清水彻底冲洗。就医。

食入：用水漱口，禁止催吐。给饮牛奶或蛋清。就医。

灭火方法　消防人员须穿全身消防服，在上风向灭火。尽可能将容器从火场移至空旷处。喷水保持火场容器冷却，直至灭火结束。

灭火剂：雾状水、抗溶性泡沫、二氧化碳、干粉、砂土。

泄漏应急处置　消除所有点火源。根据液体流动和蒸气扩散的影响区域划定警戒区，无关人员从侧风、上风向撤离至安全区。建议应急处理人员戴正压自给式呼吸器，穿防静电、防腐蚀服，戴橡胶手套。尽可能切断泄漏源。防止泄漏物进入水体、下水道、地下室或限制性空间。小量泄漏：用干燥的砂土或其他不燃材料吸收或覆盖，收集于容器中。大量泄漏：构筑围堤或挖坑收容。

823. 烷 基 苯

标　识

中文名称　烷基苯

英文名称　Dodecylbenzene；1 – Phenyl dodecane

别名　1 – 苯基十二烷；十二烷基苯

分子式　$C_{18}H_{30}$

CAS 号　123 – 01 – 3

危害信息

燃烧与爆炸危险性　可燃。蒸气与空气能形成爆炸性混合物，遇明火、高热能引起燃烧爆炸。

活性反应　与硝酸、浓硫酸、高锰酸钾等氧化剂反应。

禁忌物　强氧化剂、酸类、卤素等。

毒性　大鼠经口 *LD*：>10mL/kg；小鼠经口 LDL_o：20000mg/kg。

吸入、摄入或经皮肤吸收后对身体有害。对眼睛、皮肤有刺激作用。人吸入可致化学性肺炎，困肺出血而死亡。

侵入途径　吸入、食入、经皮吸收。

理化特性与用途

理化特性　无色或微黄色透明液体。不溶于水。熔点 3℃，馏程 270 ~ 320℃，相对密度(水 = 1)0. 86，相对蒸气密度(空气 = 1)8. 47，折射率 1. 4824，闪点 140. 56℃，临界压力 1. 58MPa，辛醇/水分配系数 8. 26。

主要用途　用作表面活性剂的原料，用于生产洗涤剂、乳化剂、分散剂和工业清洗剂等。

包装与储运

安全储运　储存于阴凉、通风的库房。远离火种、热源，避光保存。应与氧化剂等隔离储运。搬运时轻装轻卸，防止容器受损。

紧急处置信息

急救措施

吸入：迅速脱离现场至空气新鲜处。保持呼吸道通畅。如呼吸困难，给输氧。呼吸、心跳停止，立即进行心肺复苏术。就医。

眼睛接触：立即分开眼睑，用流动清水或生理盐水彻底冲洗。就医。

皮肤接触：立即脱去污染的衣着，用肥皂水和清水彻底冲洗。就医。

食入：漱口，尽量饮水，不要催吐。就医。

灭火方法　消防人员必须穿全身防火防毒服，佩戴空气呼吸器，在上风向灭火。尽可能将容器从火场移至空旷处。喷水保持火场容器冷却，直至灭火结束。处在火场中的容器若发生异常变化或发出异常声音，必须马上撤离。

灭火剂：泡沫、二氧化碳、干粉、砂土。

泄漏应急处置 根据液体流动和蒸气扩散的影响区域划定警戒区，无关人员从侧风、上风向撤离至安全区。消除所有点火源。建议应急处理人员戴防毒面具，穿防毒服。穿上适当的防护服前严禁接触破裂的容器和泄漏物。尽可能切断泄漏源。防止泄漏物进入水体、下水道、地下室或限制性空间。小量泄漏：用干燥的砂土或其他不燃材料吸收或覆盖，收集于容器中。大量泄漏：构筑围堤或挖坑收容。用泵转移至槽车或专用收集器内。

824. 烷基苯磺酸

标　识

中文名称 烷基苯磺酸

英文名称 Dodecylbenzenesulfonic acid；Laurylbenzenesulfonic acid

别名 十二烷基苯磺酸

分子式 $C_{18}H_{30}O_3S$

CAS 号 27176－87－0

WGH 号 81628

UN 号 2586

危害信息

危险性类别 第 8.1 类 酸性腐蚀品

燃烧与爆炸危险性 可燃，遇明火高热能引起燃烧，燃烧产生有毒的烟气。

活性反应 与碱发生放热中和反应。

禁忌物 碱类、氧化剂。

毒性 大鼠经口 LD_{50}：650mg/kg。

眼睛、皮肤直接接触可引起化学性灼伤。个别人吸入后可致过敏反应。

侵入途径 吸入、食入。

理化特性与用途

理化特性 棕色棕色黏稠液体。溶于水。熔点 10℃，沸点 315℃，相对密度（水＝1）1.2，闪点 200℃。

主要用途 大量用于制造烷基苯磺酸钠表面活性剂，亦用作氨基烘漆的固化催化剂。

包装与储运

包装标志 腐蚀品

包装类别 Ⅲ类

安全储运 储存于阴凉、干燥、通风良好的库房。储存温度不超过 32℃，相对湿度不超过 80%。远离火种、热源，防止阳光直射。密闭包装。应与氧化剂、碱类等隔离储运。

紧急处置信息

急救措施

吸入：迅速脱离现场至空气新鲜处。保持呼吸道通畅。如呼吸困难，给输氧。呼吸、

心跳停止，立即进行心肺复苏术。就医。

眼睛接触： 立即分开眼睑，用大量流动清水或生理盐水彻底冲洗 10 ~ 15min。就医。

皮肤接触： 立即脱去污染的衣着，用大量流动清水彻底冲洗，冲洗时间一般要求 20 ~ 30min。就医。

食入： 用水漱口，禁止催吐。给饮牛奶或蛋清。就医。

灭火方法　消防人员必须穿耐酸碱防护服、防护靴、佩戴空气呼吸器，在上风向灭火。喷水冷却容器，尽可能将容器从火场移至空旷处。

泄漏应急处置　根据液体流动和蒸气扩散的影响区域划定警戒区，无关人员从侧风、上风向撤离至安全区。消除所有点火源。建议应急处理人员戴正压自给式呼吸器，穿防酸碱服，戴橡胶耐酸碱手套。穿上适当的防护服前严禁接触破裂的容器和泄漏物。尽可能切断泄漏源。防止泄漏物进入水体、下水道、地下室或限制性空间。小量泄漏：用干燥的砂土或其他不燃材料吸收或覆盖，收集于容器中。大量泄漏：构筑围堤或挖坑收容。用砂土、惰性物质和蛭石吸收大量液体。用石灰（CaO）、碎石灰石（$CaCO_3$）或碳酸氢钠（$NaHCO_3$）中和。用耐腐蚀泵转移至槽车或专用收集器内。

825. 烷基苯磺酸钠

标　识

中文名称　烷基苯磺酸钠

英文名称　Sodium alkylbenzenesulfonate; Benzenesulfonic acid, alkyl deriv., sodium salts

别名　石油苯磺酸钠

CAS 号　8046 – 53 – 5

危害信息

燃烧与爆炸危险性　可燃。其粉体与空气混合能形成爆炸性混合物，遇明火高热有引起燃烧爆炸的危险。燃烧产生有毒的一氧化碳和硫氧化物气体。

毒性　大鼠经口 LD_{50}：2050mg/kg；小鼠经口 LD_{50}：2108mg/kg。

侵入途径　吸入、食入。

理化特性与用途

理化特性　白色或淡黄色粉状或片状固体。溶于水，水溶液为半透明浆状液体。pH 值 7 ~ 9（水溶液）。

主要用途　用于生产洗衣粉和液体洗涤剂。

包装与储运

安全储运　储存于阴凉、通风的库房。远离火种、热源。应与氧化剂等隔离储运。

紧急处置信息

急救措施

吸入： 脱离接触。如有不适感，就医。

眼睛接触： 分开眼睑，用流动清水或生理盐水冲洗。如有不适感，就医。

皮肤接触： 脱去污染的衣着，用肥皂水和清水冲洗。如有不适感，就医。

食入： 漱口，饮水。就医。

灭火方法 消防人员须穿全身消防服，在上风向灭火。尽可能将容器从火场移至空旷处。喷水保持火场容器冷却，直至灭火结束。

灭火剂：雾状水、抗溶性泡沫、二氧化碳、干粉、砂土。

泄漏应急处置 隔离泄漏污染区，限制出入。建议应急处理人员戴防尘口罩，穿防毒防酸碱服，戴橡胶耐酸碱手套。穿上适当的防护服前严禁接触破裂的容器和泄漏物。尽可能切断泄漏源。用塑料布覆盖泄漏物，减少飞散。勿使水进入包装容器内。用洁净的铲子收集泄漏物，置于干净、干燥、盖子较松的容器中，将容器移离泄漏区。

826. 烷基苯料

标　识

中文名称 烷基苯料

英文名称 Alkyl benzene material

别名 烷基苯原料油

危害信息

危险性类别 第3类　易燃液体

燃烧与爆炸危险性 易燃。其蒸气与空气混合能形成爆炸性混合物，遇明火、高热易燃烧或爆炸。在高温火场中，受热的容器或储罐有破裂和爆炸的危险。

活性反应 与强氧化剂反应。

禁忌物 强氧化剂。

侵入途径 吸入、食入。

理化特性与用途

理化特性 具有色泽的混合液体。馏程185～250℃，相对密度(水=1)0.805～0.825。

主要用途 主要用于生产烷基苯，也可用作其他化工原料。

包装与储运

包装标志 易燃液体

包装类别 Ⅲ类

安全储运 储存于阴凉、通风的库房。远离火种、热源。储存温度不超过37℃。保持容器密封。炎热季节早晚运输。应与氧化剂等隔离储运。禁止使用易产生火花的机械设备和工具。灌装时注意流速，防止静电积聚。搬运时轻装轻卸，防止容器受损。

紧急处置信息

急救措施

吸入： 脱离接触。如有不适感，就医。

眼睛接触： 分开眼睑，用流动清水或生理盐水冲洗。如有不适感，就医。

皮肤接触： 脱去污染的衣着，用肥皂水和清水冲洗。如有不适感，就医。

食入： 漱口，饮水。就医。

灭火方法　消防人员须穿全身消防服，佩戴空气呼吸器，在上风向灭火。尽可能将容器从火场移至空旷处。喷水保持火场容器冷却，直至灭火结束。处在火场中的容器若发生异常变化或发出异常声音，须马上撤离。

灭火剂：泡沫、二氧化碳、干粉、砂土。

泄漏应急处置　消除所有点火源。根据液体流动和蒸气扩散的影响区域划定警戒区，无关人员从侧风、上风向撤离至安全区。建议应急处理人员戴正压自给式呼吸器，穿防静电、防腐蚀服，戴橡胶手套。尽可能切断泄漏源。防止泄漏物进入水体、下水道、地下室或限制性空间。小量泄漏：用干燥的砂土或其他不燃材料吸收或覆盖，收集于容器中。大量泄漏：构筑围堤或挖坑收容。

827. 烷基多糖苷

标　识

中文名称　烷基多糖苷

英文名称　Alkylpolyglucoside；Alkylpolyglycoside

别名　烷基多苷；烷基糖苷

CAS 号　110615－47－9

危害信息

燃烧与爆炸危险性　可燃，遇明火、高热引起燃烧，燃烧产生有毒的一氧化碳气体。在高温火场中，受热的容器或储罐有破裂和爆炸的危险。

侵入途径　吸入、食入。

理化特性与用途

理化特性　浅黄色黏稠液体或膏体。pH 值 11～12，活性物 50%～75%。

用于洗涤剂、化妆品、生物化工、食品添加剂、农药增效剂等，并广泛用于工业清洗、医药、纺织品、涂料、油田及消防等行业。

包装与储运

安全储运　储存于阴凉、通风的库房。远离火种、热源。应与氧化剂等隔离储运。搬运时轻装轻卸，防止容器受损。

紧急处置信息

急救措施

吸入： 脱离接触。如有不适感，就医。

眼睛接触： 分开眼睑，用流动清水或生理盐水冲洗。如有不适感，就医。

皮肤接触： 脱去污染的衣着，用肥皂水和清水冲洗。如有不适感，就医。

食入： 漱口，饮水。就医。

灭火方法　消防人员须穿全身消防服，佩戴空气呼吸器，在上风向灭火。尽可能将容器从火场移至空旷处。喷水保持火场容器冷却，直至灭火结束。处在火场中的容器若发生

异常变化或发出异常声音，须马上撤离。

灭火剂：泡沫、二氧化碳、干粉、砂土。

泄漏应急处置　消除所有点火源。根据液体流动和蒸气扩散的影响区域划定警戒区，无关人员从侧风、上风向撤离至安全区。建议应急处理人员戴正压自给式呼吸器，穿防静电、防腐蚀服，戴橡胶手套。尽可能切断泄漏源。防止泄漏物进入水体、下水道、地下室或限制性空间。小量泄漏：用干燥的砂土或其他不燃材料吸收或覆盖，收集于容器中。大量泄漏：构筑围堤或挖坑收容。

828. 烷　基　酚

标　识

中文名称　烷基酚

英文名称　Alkyl phenol

别名　烷基苯酚

分子式　RC_6H_4OH

危害信息

燃烧与爆炸危险性　可燃，遇明火、高热可能引起燃烧或爆炸。在高温火场中，受热的容器或储罐有破裂和爆炸的危险。

活性反应　与强氧化剂反应。

禁忌物　强氧化剂。

侵入途径　吸入、食入。

理化特性与用途

理化特性　液体。微溶于水，溶于乙醇、乙醚、氯仿等。密度 0.915g/cm^3(20℃)，闪点≥105℃。

主要用途　用作生产添加剂的原料，某些烷基酚还可用于生产油溶性酚醛树脂、非离子型洗涤剂等。

包装与储运

安全储运　储存于阴凉、通风的库房。远离火种、热源。应与强氧化剂等隔离储运。搬运时轻装轻卸，防止容器受损。

紧急处置信息

急救措施

吸入：脱离接触，休息。如有不适感，就医。

眼睛接触：分开眼睑，用流动清水或生理盐水冲洗。如有不适感，就医。

皮肤接触：脱去污染的衣着，用肥皂水和清水冲洗。如有不适感，就医。

食入：饮水，催吐。就医。

灭火方法　消防人员须穿全身消防服，佩戴空气呼吸器，在上风向灭火。尽可能将容器从火场移至空旷处。喷水保持火场容器冷却，直至灭火结束。处在火场中的容器若发生

异常变化或发出异常声音，须马上撤离。

灭火剂：泡沫、二氧化碳、干粉、砂土。

泄漏应急处置 消除所有点火源。根据液体流动和蒸气扩散的影响区域划定警戒区，无关人员从侧风、上风向撤离至安全区。建议应急处理人员戴正压自给式呼吸器，穿防静电、防腐蚀服，戴橡胶手套。尽可能切断泄漏源。防止泄漏物进入水体、下水道、地下室或限制性空间。小量泄漏：用干燥的砂土或其他不燃材料吸收或覆盖，收集于容器中。大量泄漏：构筑围堤或挖坑收容。

829. 烷基磷酸咪唑啉盐

标 识

中文名称 烷基磷酸咪唑啉盐

英文名称 Imidazoline alkyl phosphate；Antirust additive T708

别名 T708 防锈剂

危害信息

燃烧与爆炸危险性 可燃，遇明火、高热可引起燃烧，燃烧产生有毒的一氧化碳和氮氧化物气体。在高温火场中，受热的容器或储罐有破裂和爆炸的危险。

禁忌物 强氧化剂。

侵入途径 吸入、食入。

理化特性与用途

理化特性 棕色黏稠液体。

主要用途 可配制对多种金属均有效的防锈油。也用于发动机内、外封存防锈油和仪表的防锈润滑两用油。

包装与储运

安全储运 储存于阴凉、通风的库房。远离火种、热源。应与氧化剂等隔离储运。搬运时轻装轻卸，防止容器受损。

紧急处置信息

急救措施

吸入：脱离接触。如有不适感，就医。

眼睛接触：分开眼睑，用流动清水或生理盐水冲洗。如有不适感，就医。

皮肤接触：脱去污染的衣着，用肥皂水和清水冲洗。如有不适感，就医。

食入：漱口，饮水。就医。

灭火方法 消防人员须穿全身消防服，佩戴空气呼吸器，在上风向灭火。尽可能将容器从火场移至空旷处。喷水保持火场容器冷却，直至灭火结束。处在火场中的容器若发生异常变化或发出异常声音，须马上撤离。

灭火剂：泡沫、二氧化碳、干粉、砂土。

泄漏应急处置 根据液体流动和蒸气扩散的影响区域划定警戒区，无关人员从侧风、

上风向撤离至安全区。建议应急处理人员戴正压自给式呼吸器，穿防静电、防腐蚀服，戴橡胶手套。尽可能切断泄漏源。防止泄漏物进入水体、下水道、地下室或限制性空间。小量泄漏：用干燥的砂土或其他不燃材料吸收或覆盖，收集于容器中。大量泄漏：构筑围堤或挖坑收容。

830. 烷　基　萘

标　识

中文名称　烷基萘

英文名称　Alkyl naphthalene pour point depressant

别名　801 降凝剂

危害信息

燃烧与爆炸危险性　可燃，遇明火、高热能引起燃烧或爆炸。在高温火场中，受热的容器或储罐有破裂和爆炸的危险。

禁忌物　强氧化剂。

侵入途径　吸入、食入。

理化特性与用途

理化特性　棕红色黏稠膏状物。溶于油类。闪点≥180℃（开杯）。

主要用途　本品具有低温下阻止石蜡结晶形成网状结构的作用。可提高低温下油品的流动性，降低油品的凝固点，亦可做为润滑油脱蜡加工的助滤剂。

包装与储运

安全储运　储存于阴凉、通风的库房。远离火种、热源。不宜长期低温贮存。应与氧化剂隔离储运。

紧急处置信息

急救措施

吸入：脱离接触。如有不适感，就医。

眼睛接触：分开眼睑，用流动清水或生理盐水冲洗。如有不适感，就医。

皮肤接触：脱去污染的衣着，用肥皂水和清水冲洗。如有不适感，就医。

食入：漱口，饮水。就医。

灭火方法　消防人员须穿全身消防服，佩戴空气呼吸器，在上风向灭火。尽可能将容器从火场移至空旷处。喷水保持火场容器冷却，直至灭火结束。处在火场中的容器若发生异常变化或发出异常声音，须马上撤离。

灭火剂：抗溶性泡沫、二氧化碳、干粉、砂土。

泄漏应急处置　根据液体流动和蒸气扩散的影响区域划定警戒区，无关人员从侧风、上风向撤离至安全区。建议应急处理人员戴正压自给式呼吸器，穿防静电、防腐蚀服，戴橡胶手套。尽可能切断泄漏源。防止泄漏物进入水体、下水道、地下室或限制性空间。小量泄漏：用干燥的砂土或其他不燃材料吸收或覆盖，收集于容器中。大量泄漏：构筑围堤或挖坑收容。

831. 烷基水杨酸钙

标　识

中文名称　烷基水杨酸钙

英文名称　Calcium alkylsalicylate

别名　109 清净剂

危害信息

燃烧与爆炸危险性　可燃，遇明火、高热能引起燃烧。在高温火场中，受热的容器或储罐有破裂和爆炸的危险。

侵入途径　吸入、食入。

理化特性与用途

理化特性　深褐色透明液体。易水解。溶于矿物油。密度 0.9～1.1g/cm^3(20℃)，闪点≥165℃(开杯)，运动黏度 10～40mm^2/s(100℃)，总碱值≥150mgKOH/g。

具有优良的高温清净性，良好的酸中和能力，一定的抗氧化抗腐蚀能力。主要用于普通内燃机润滑油。

包装与储运

安全储运　储存于阴凉、干燥、通风的专用库房。远离火种、热源。防潮和雨淋。应与氧化剂隔离储运。搬运时轻装轻卸，防止容器破损。

紧急处置信息

急救措施

吸入：脱离接触。如有不适感，就医。

眼睛接触：分开眼睑，用流动清水或生理盐水冲洗。如有不适感，就医。

皮肤接触：脱去污染的衣着，用肥皂水和清水冲洗。如有不适感，就医。

食入：漱口，饮水。就医。

灭火方法　消防人员须穿全身消防服，佩戴空气呼吸器，在上风向灭火。尽可能将容器从火场移至空旷处。喷水保持火场容器冷却，直至灭火结束。处在火场中的容器若发生异常变化或发出异常声音，须马上撤离。

灭火剂：干粉、砂土。

泄漏应急处置　消除所有点火源。根据液体流动和蒸气扩散的影响区域划定警戒区，无关人员从侧风、上风向撤离至安全区。建议应急处理人员戴正压自给式呼吸器，穿防静电、防腐蚀服，戴橡胶手套。尽可能切断泄漏源。防止泄漏物进入水体、下水道、地下室或限制性空间。小量泄漏：用干燥的砂土或其他不燃材料吸收或覆盖，收集于容器中。大量泄漏：构筑围堤或挖坑收容。

832. 烷基水杨酸铬

标　识

中文名称　烷基水杨酸铬

英文名称　Chromium alkyl salicylate；Antistatic additive T1501

别名　抗静电剂 T1501

危害信息

危险性类别　第 3 类　易燃液体

燃烧与爆炸危险性　易燃。其蒸气与空气混合能形成爆炸性混合物，遇明火、高热易燃烧或爆炸。在高温火场中，受热的容器或储罐有破裂和爆炸的危险。

禁忌物　强氧化剂。

侵入途径　吸入、食入。

理化特性与用途

理化特性　褐色黏稠状液体，系有机酸铬盐、钙盐及含氮共聚物的混合物。密度 0.8 ~ 0.9g/cm^3(20℃)，运动黏度≤1000mm^2/s(25℃)，闪点≥22℃(闭杯)。

主要用途　用于航空汽油、喷气燃料、车用汽油及其他易产生静电的石油化工产品，消除油品因摩擦产生的静电，保证油品运输及使用的安全。

包装与储运

包装标志　易燃液体

包装类别　Ⅲ类

安全储运　储存于阴凉、通风的库房。远离火种、热源。储存温度不超过 37℃。应与氧化剂隔离储运。禁止使用铝制装置。禁止使用易产生火花的机械设备和工具。搬运时轻装轻卸，防止容器受损。

紧急处置信息

急救措施

吸入：脱离接触。如有不适感，就医。

眼睛接触：分开眼睑，用流动清水或生理盐水冲洗。如有不适感，就医。

皮肤接触：脱去污染的衣着，用肥皂水和清水冲洗。如有不适感，就医。

食入：漱口，饮水。就医。

灭火方法　消防人员须穿全身消防服，佩戴空气呼吸器，在上风向灭火。尽可能将容器从火场移至空旷处。喷水保持火场容器冷却，直至灭火结束。处在火场中的容器若发生异常变化或发出异常声音，须马上撤离。

灭火剂：泡沫、二氧化碳、干粉、砂土。

泄漏应急处置　消除所有点火源。根据液体流动和蒸气扩散的影响区域划定警戒区，无关人员从侧风、上风向撤离至安全区。建议应急处理人员戴正压自给式呼吸器，穿防静电、防腐蚀服，戴橡胶手套。尽可能切断泄漏源。防止泄漏物进入水体、下水道、地下室

或限制性空间。小量泄漏：用干燥的砂土或其他不燃材料吸收或覆盖，收集于容器中。大量泄漏：构筑围堤或挖坑收容。

833. 乌洛托品

标　识

中文名称　乌洛托品

英文名称　1，3，5，7－Tetraazatricyclo(3.3.1.13，7)decane；Hexamethylenetetramine；Methenamine；Urotropine

别名　乌洛托品；硫化促进剂 H

分子式　$C_6H_{12}N_4$

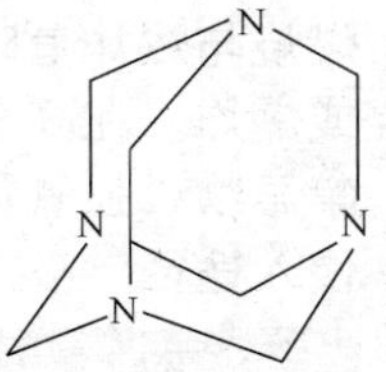

CAS 号　100－97－0

WGH 号　41528

UN 号　1328

危害信息

危险性类别　第4.1类　易燃固体

燃烧与爆炸危险性　易燃。燃烧产物含有有毒的氧化氮烟气、甲醛和氨气。粉末能与空气形成爆炸性混合物，遇火源发生粉尘爆炸。与氧化剂混合能形成爆炸性混合物。具有腐蚀性。

活性反应　与氧化剂混合能形成爆炸性混合物。与酸发生放热中和反应成盐。能腐蚀铝和锌。与1－溴代五硼烷在温度高于90℃时会发生爆炸性反应。与碘的络合物(四碘化六亚甲基四胺)在138℃时会发生爆燃。1∶1的碘仿与乌洛托品加成得到的络合物在178℃时会发生爆炸。

禁忌物　强氧化剂、强酸。

毒性　小鼠经口 LD_{50}：569mg/kg。

生产条件下引起皮炎和湿疹。皮疹多为多形性，奇痒，初起局限于接触部位，以后可蔓延，甚至遍及全身。已过敏者吸入后可致哮喘样发作。

侵入途径　吸入、食入。

理化特性与用途

理化特性　无色有光泽的结晶或白色结晶性粉末，味初甜后苦。易溶于水，水溶液呈碱性。溶于乙醇、氯仿和四氯化碳，微溶于乙醚。pH 值 8.4(0.2%溶液)，熔点 280～295℃(分解)，升华点260℃，相对密度(水＝1)1.33，相对蒸气密度(空气＝1)4.9，蒸气压0.53Pa(25℃)，临界压力3.68MPa，辛醇/水分配系数－4.51，闪点250℃(闭杯)，引燃温度390℃。

主要用途　用作树脂和塑料的固化剂、橡胶硫化促进剂、纺织品防缩剂，用于制造药物、杀菌剂、炸药等。

包装与储运

包装标志　易燃固体

包装类别　Ⅲ类

安全储运　储存于阴凉、通风的库房。远离火种、热源，避免阳光直射。储存温度不超过35℃。应与氧化剂、酸类、活泼金属等隔离储运。采用防爆型照明、通风设施。

紧急处置信息

急救措施

吸入：脱离接触。如有不适感，就医。

眼睛接触：分开眼睑，用流动清水或生理盐水冲洗。如有不适感，就医。

皮肤接触：脱去污染的衣着，用肥皂水和清水冲洗。如有不适感，就医。

食入：漱口，给服活性炭悬液。就医。

灭火方法　喷水冷却容器，尽可能将容器从火场移至空旷处。消防人员必须穿耐酸碱防护服、防护靴、并佩戴空气呼吸器灭火。

灭火剂：泡沫、二氧化碳、雾状水、砂土。

泄漏应急处置　消除所有点火源。隔离泄漏污染区，限制出入。建议应急处理人员戴防尘口罩，穿防静电服。禁止接触或跨越泄漏物。小量泄漏：用洁净的铲子收集泄漏物，置于干净、干燥、盖子较松的容器中，将容器移离泄漏区。大量泄漏：用水润湿，并筑堤收容。防止泄漏物进入水体、下水道、地下室或限制性空间。

834. 钨　酸　钠

标　识

中文名称　钨酸钠

英文名称　Sodium tungstate；Sodium wolframate

分子式　$Na_2WO_4 \cdot 2H_2O$

CAS号　10213－10－2

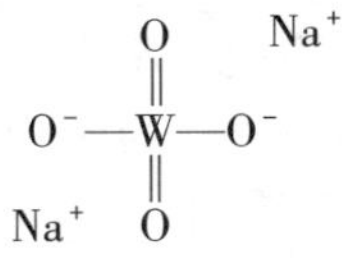

危害信息

危险性类别　第6类 有毒品

燃烧与爆炸危险性　不燃，遇热分解生成酸性且具有腐蚀性的烟雾。

禁忌物　强酸。

毒性　大鼠经口 LD_{50}：1190mg/kg；小鼠经口 LD_{50}：240mg/kg。

侵入途径　吸入、食入。

理化特性与用途

理化特性　无色结晶或白色斜方晶系结晶。溶于水，呈微碱性。不溶于乙醇，微溶于氨。pH值8～9(5%水溶液)，相对密度(水＝1)3.25，熔点100℃(失水)。

主要用途　用于制造金属钨，钨酸，钨酸盐，染料，油墨，电镀，纤纺防火，催化剂，缓蚀剂等。

包装与储运

包装标志　有毒品

包装类别　Ⅲ类

安全储运　储存于阴凉、干燥、通风的库房。远离火种、热源。储存温度不超过35℃，相对湿度不超过85%。保持容器密封。应与氧化剂隔离储运。

紧急处置信息

急救措施

吸入：脱离接触。如有不适感，就医。

眼睛接触：分开眼睑，用流动清水或生理盐水冲洗。如有不适感，就医。

皮肤接触：脱去污染的衣着，用肥皂水和清水冲洗。如有不适感，就医。

食入：漱口，尽量饮水，不要催吐。就医。

灭火方法　消防人员须穿全身防火防毒服，佩戴空气呼吸器在上风向灭火。尽可能将容器从火场移至空旷处。喷水保持火场容器冷却，直至灭火结束。

本品不燃，根据着火原因选择适当灭火剂灭火。

泄漏应急处置　隔离泄漏污染区，限制出入。建议应急处理人员戴防尘口罩，穿防毒防酸碱服，戴橡胶耐酸碱手套。穿上适当的防护服前严禁接触破裂的容器和泄漏物。尽可能切断泄漏源。用塑料布覆盖泄漏物，减少飞散。勿使水进入包装容器内。用洁净的铲子收集泄漏物，置于干净、干燥、盖子较松的容器中，将容器移离泄漏区。

835. 无水联氨

标　识

中文名称　无水联氨

英文名称　Hydrazine；Hydrazine anhydrous

别名　无水肼

分子式　N_2H_4

CAS 号　302-01-2

WGH 号　33621；T82034[铁规]

UN 号　2029

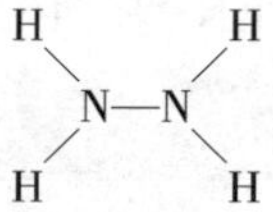

危害信息

危险性类别　第3类　易燃液体；第8类　腐蚀品(危险货物)。

燃烧与爆炸危险性　易燃。其蒸气与空气混合能形成爆炸性混合物，遇明火、高热易燃烧或爆炸。燃烧产物中含有毒的一氧化碳和氮氧化物气体。在高温火场中，受热的容器或储罐有破裂和爆炸的危险。蒸气比空气重，能在较低处扩散到相当远的地方，遇火源会着火回燃和爆炸(闪爆)。

活性反应　强还原剂和强碱，接触多孔物质如木材、服装、锈蚀金属或土壤会发生自燃。与铁或铜的氧化物、锰、铅、铜或它们的合金反应能引起燃烧和爆炸。与酸和卤素接触发生剧烈反应。

禁忌物　强氧化剂、酸类、卤素、铁或铜等。

毒性　大鼠经口 LD_{50}：60mg/kg；小鼠经口 LD_{50}：59mg/kg；大鼠吸入 LC_{50}：570 ppm(4h)；小鼠吸入 LC_{50}：252ppm(4h)；家兔经皮 LD_{50}：91mg/kg。

对磷酸吡哆醛酶系统有抑制作用。

本品属剧毒化学品，已列入《剧毒化学品目录》(2002 年版)。

IARC 对本品的致癌性分类：G2B——可疑人类致癌物。

欧盟指令 67/548/EEC 将本品列为第 2 类致癌物——可能为人类致癌物 。

中毒表现 急性中毒：主要损害中枢神经系统和呼吸系统。口服中毒，有上消化道刺激症状，可出现频繁恶心、呕吐、腹泻，出现暂时性的中枢性呼吸障碍和心律失常及嗜睡、运动障碍、共济失调、麻木等神经系统症状。吸入中毒者，常经几小时潜伏期后可发生头晕、头痛、恶心、呕吐、腹泻，以及皮肤、眼和上呼吸道黏膜刺激症状。接触高浓度蒸气后迅速产生中枢神经系统症状，先兴奋，如躁动不安，强直性抽搐，很快进入抑制状态，可发生呼吸骤停。液体可致眼和皮肤灼伤。

慢性影响：主要表现为类神经症、贫血和肝功能障碍。

侵入途径 吸入、食入、经皮吸收。

职业接触限值

中国：PC-TWA：0.06mg/m^3[皮][G2B]；PC-STEL：0.13/m^3[皮][G2B]。

美国(ACGIH)：TLV-TWA：0.01 ppm [皮]。

环境危害 对水生生物有极高毒性，可能在水生环境中造成长期不利影响；有害空气污染物

理化特性与用途

理化特性 无色发烟液体，有氨的臭味，具有吸湿性。与水混溶，溶于醇、液氨等多数有机溶剂。pH 值 12.75(64%溶液)，熔点 2.0℃，沸点 113.5℃，相对密度(水=1)1.011(15/4℃)，相对蒸气密度(空气=1)1.1，蒸气压 1.4kPa(20℃)，临界温度 380℃，临界压力 1.42MPa，燃烧热 -622.1kJ/mol，闪点 52℃(开杯)、38℃(闭杯)，爆炸极限 1.8% ~ 100%，辛醇/水分配系数 -3.1。

主要用途 用作油井压裂液的破胶剂，并用于各种水体或水质处理。

包装与储运

包装标志 易燃液体，有毒品；腐蚀品，易燃液体，有毒品(危险货物)。

包装类别 Ⅰ类

安全储运 储存于阴凉、通风的库房。远离火种、热源。库温不超过 30℃，相对湿度不超过 80℃。密封包装，不可与空气接触。与氧化剂、强酸、金属粉末、食用化学品隔离储运。禁止使用易产生火花的机械设备和工具。灌装时注意流速，防止静电积聚。搬运时轻装轻卸，防止容器受损。应严格执行极毒物品“无双”管理制度。

紧急处置信息

急救措施

吸入：迅速脱离现场至空气新鲜处。保持呼吸道通畅。如呼吸困难，给输氧。呼吸、心跳停止，立即进行心肺复苏术。就医。

眼睛接触：立即分开眼睑，用大量流动清水或生理盐水彻底冲洗 10~15min。就医。

皮肤接触：立即脱去污染的衣着，用大量流动清水彻底冲洗。就医。

食入：用水漱口，禁止催吐。给饮牛奶或蛋清。就医。

灭火方法 消防人员须佩戴空气呼吸器，穿全身消防服在上风向灭火。尽可能将容器从火场移至空旷处。喷水保持火场容器冷却，直至灭火结束。处在火场中的容器若发生异常变化或发出异常声音，须马上撤离。

灭火剂：雾状水、泡沫、干粉、二氧化碳、砂土。

泄漏应急处置 消除所有点火源。根据液体流动和蒸气扩散的影响区域划定警戒区，无关人员从侧风、上风向撤离至安全区。建议应急处理人员戴正压自给式呼吸器，穿防静电、防腐蚀服，戴橡胶手套。穿上适当的防护服前严禁接触破裂的容器和泄漏物。尽可能切断泄漏源。防止泄漏物进入水体、下水道、地下室或限制性空间。小量泄漏：用干燥的砂土或其他不燃材料吸收或覆盖，收集于容器中。大量泄漏：构筑围堤或挖坑收容。用防爆、耐腐蚀泵转移至槽车或专用收集器内。

836. 五硫化二磷

标　识

中文名称 五硫化二磷

英文名称 Phosphorus pentasulfide；Phosphoric sulfide

别名 五硫化磷

分子式 P_2S_5

CAS 号 1314－80－3

WGH 号 43041

UN 号 1340

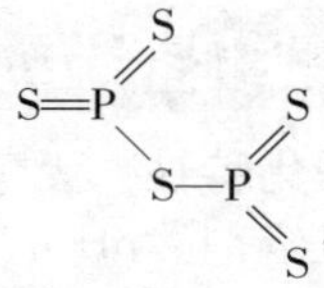

危害信息

危险性类别 第 4.3 类 遇湿易燃物品

燃烧与爆炸危险性 易燃。遇明火、高热、摩擦、撞击有引起燃烧的危险，燃烧会放出有毒、刺激和腐蚀性的二氧化硫、五氧化二磷烟气。粉尘能与空气形成爆炸性混合物，遇明火高热发生粉尘爆炸。

活性反应 接触潮湿的空气会自燃。与水反应生成磷酸，放出有毒和易燃易爆的硫化氢气体。与强氧化剂发生剧烈反应。

禁忌物 强氧化剂、醇类、酸类、水。

毒性 大鼠经口 LD_{50}：389mg/kg；兔经皮 LD_{50}：3160mg/kg。

对眼、呼吸道及皮肤有刺激性。与水反应产生有毒气体。

中毒表现 接触者出现头痛、头晕、胸闷、乏力、恶心、呕吐、流泪、咽干、咳嗽、咯痰等。皮肤接触可引起皮炎。常发生结膜炎，偶发角膜溃疡。也可发生周围神经炎。

侵入途径 吸入、食入、经皮吸收。

职业接触限值 中国：PC-TWA：1mg/m^3；PC-STEL：3mg/m^3。

美国(ACGIH)：TLV-TWA：1mg/m^3；TLV-STEL：3mg/m^3。

环境危害 对水生生物有极高毒性。

理化特性与用途

理化特性 淡黄色至绿黄色结晶，有似硫化氢的气味。有强吸湿性，易被湿空气分解。微溶于二硫化碳，溶于氢氧化钠水溶液。熔点 286～290℃，沸点 513～515℃，相对密度(水＝1)2.09，饱和蒸气压 0.13kPa(300℃)，临界压力 23.2MPa，引燃温度 141.6℃，爆炸下限 0.5%，辛醇/水分配系数 －0.46。

主要用途　用于制造有机磷农药、浮选剂、润滑油添加剂等。

包装与储运

包装标志　遇湿易燃物品，易燃固体。

包装类别　Ⅱ类

安全储运　储存于阴凉、干燥、通风良好的库房。远离火种、热源。储存温度不超过32℃，相对湿度不超过75%。包装必须密封，切勿受潮。应与氧化剂、酸类、醇类等隔离储运。禁止使用易产生火花的机械和工具。

紧急处置信息

急救措施

吸入：迅速脱离现场至空气新鲜处。保持呼吸道通畅。如呼吸困难，给输氧。呼吸、心跳停止，立即进行心肺复苏术。就医。

眼睛接触：立即分开眼睑，用大量流动清水或生理盐水彻底冲洗10～15min。就医。

皮肤接触：立即脱去污染的衣着，用大量流动清水彻底冲洗。就医。

食入：用水漱口。就医。

灭火方法　消防人员必须佩戴空气呼吸器，穿全身防火防毒服，在上风向灭火。切勿将水流直接射至熔融物，以免引起严重的流淌火灾或引起剧烈的沸溅。

灭火剂：二氧化碳、干粉、砂土。

泄漏应急处置　严禁用水处理。隔离泄漏污染区，限制出入。消除所有点火源。建议应急处理人员戴防尘口罩，穿防毒、防静电服，戴橡胶手套。禁止接触或跨越泄漏物。尽可能切断泄漏源。保持泄漏物干燥。小量泄漏：用干燥的砂土或其他不燃材料覆盖泄漏物，然后用塑料布覆盖，减少飞散、避免雨淋。粉末泄漏：用塑料布或帆布覆盖泄漏物，减少飞散，保持干燥。在专家指导下清除。

837. 五氯酚钠

标　识

中文名称　五氯酚钠

英文名称　Sodium pentachlorophenate；PCP-Na

别名　1,2,3,4,5－五氯酚钠

分子式　C_6Cl_5ONa

CAS 号　131－52－2

WGH 号　61876

UN 号　2567

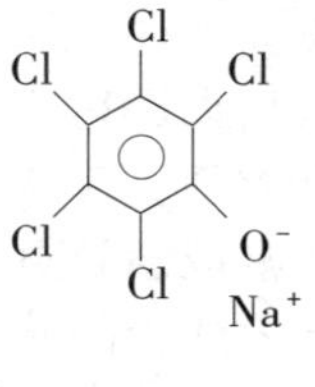

危害信息

危险性类别　第6.1类　有毒品

燃烧与爆炸危险性　不燃。受高热分解放出腐蚀性、刺激性的烟气。

禁忌物　强氧化剂、强酸。

毒性　大鼠经口 LD_{50}：126mg/kg；小鼠经口 LD_{50}：197mg/kg；小鼠吸入 LC_{50}：240mg/

m^3(2h)；小鼠经皮 LD_{50}：124mg/kg。

引起机体内氧化和磷酸化的偶联解除，导致基础代谢和体温显著性增高，从而造成中枢神经系统、肝、肾损害。

中毒表现 本品对眼和呼吸道有刺激性。急性中毒主要因皮肤接触或误饮污染的水引起。症状有乏力、头昏、恶心、呕吐、腹泻等；严重者体温高达40℃以上，大汗淋漓、口渴、呼吸增快、心动过速、烦躁不安、肌肉强直性痉挛、血压下降、昏迷，可致死。皮肤接触可致接触性皮炎。长期接触者可有周围神经病。

侵入途径 吸入、食入、经皮吸收。

职业接触限值 中国：PC-TWA：0.3mg/m^3[皮]。

环境危害 对水生生物有极高毒性，可能在水生环境中造成长期不利影响；严重海洋污染物。

理化特性与用途

理化特性 纯品为白色针状结晶，原药为淡红色鳞状结晶，有特殊气味。易溶于水，溶于乙醇和丙酮，不溶于石油醚和苯。熔点 190 ~ 191℃，相对密度(水 = 1)2.1，蒸气压 16.0Pa(100℃)，辛醇/水分配系数 2.05。

主要用途 属非选择性接触型除草剂，收获前的脱叶剂、木材防腐剂，还可用于杀灭血吸虫的中间宿主钉螺，防治血吸虫病。

包装与储运

包装标志 有毒品

包装类别 Ⅱ类

安全储运 储存于阴凉、通风的库房。远离火种、热源。储存温度不超过 35℃，相对湿度不超过 80%。保持容器密封。应与强氧化剂、强碱隔离储运。

紧急处置信息

急救措施

吸入：迅速脱离现场至空气新鲜处。保持呼吸道通畅。如呼吸困难，给输氧。呼吸、心跳停止，立即进行心肺复苏术。就医。

眼睛接触：立即分开眼睑，用流动清水或生理盐水彻底冲洗。就医。

皮肤接触：立即脱去污染的衣着，用肥皂水和清水彻底冲洗。就医。

食入：给饮水，催吐。忌饮牛奶、油脂。就医。

禁用安替匹林、阿司匹林退烧，禁用阿托品。高烧者可用物理降温法。利尿，加速本品排出。

灭火方法 消防人员须穿全身防火防毒服，佩戴空气呼吸器，在上风向灭火。尽可能将容器从火场移至空旷处。喷水保持火场容器冷却，直至灭火结束。

灭火剂：雾状水、泡沫、二氧化碳、干粉、砂土。

泄漏应急处置 隔离泄漏污染区，限制出入。建议应急处理人员戴防尘口罩，穿防毒服。穿上适当的防护服前严禁接触破裂的容器和泄漏物。尽可能切断泄漏源。用塑料布覆盖泄漏物，减少飞散。勿使水进入包装容器内。用洁净的铲子收集泄漏物，置于干净、干燥、盖子较松的容器中，将容器移离泄漏区。

838. 五氧化二钒

标　识

中文名称　五氧化二钒

英文名称　Divanadium pentaoxide；Vanadium pentoxide；Vanadic anhydride

别名　钒酸酐

分子式　V_2O_5

CAS 号　1314－62－1

WGH 号　61028

UN 号　2862

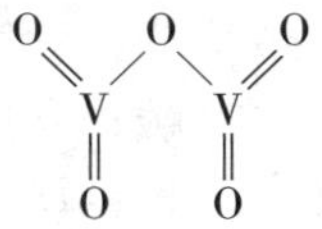

危害信息

危险性类别　第 6.1 类　毒害品

燃烧与爆炸危险性　本品不燃。

活性反应　与碱发生放热中和反应。能与锂、过甲酸、三氟化氯发生反应。

禁忌物　强碱、锂、过甲酸、三氟化氯等。

毒性　大鼠经口 LD_{50}：10mg/kg；大鼠吸入 LC_{50}：126mg/m^3(6h)；兔经皮 LD_{50}：50mg/kg；人吸入 TCL_o：346mg/m^3。

对呼吸系统、眼和皮肤有损害作用。

本品属剧毒化学品，已列入《剧毒化学品目录》(2002 年版)。

中毒表现　急性中毒：可引起鼻、咽、肺部刺激症状，接触者出现眼烧灼感、流泪、咽痒、干咳、胸闷、全身不适、倦怠等表现，重者出现支气管炎或支气管肺炎。舌乳头肿大，舌苔呈黑绿色(可能因口腔中的细菌及唾液中酶的作用，使 V_2O_5 还原为 V_2O_3 所致)。皮肤高浓度接触可致皮炎，剧烈瘙痒。

慢性影响：长期接触可引起头晕、乏力、失眠、耳鸣、恶心、食欲不振等。由于钒的黏膜刺激作用，可发生慢性结膜炎、慢性咽炎、慢性鼻炎、慢性支气管炎、支气管扩张等。可引起鼻黏膜糜烂、溃疡，甚至发生鼻中隔穿孔。

侵入途径　吸入、食入、经皮吸收。

职业接触限值

中国：PC-TWA：0.05mg/m^3[烟尘，按 V 计]。

美国(ACGIH)：TLV-TWA：0.05mg/m^3[烟或尘，按 V_2O_5 计]。

环境危害　对水生生物有毒，可能在水生环境中造成长期不利影响。

理化特性与用途

理化特性　橘黄或橘红色粉末或片状固体。微溶于水，溶于酸和碱，不溶于乙醇。熔点 690℃，沸点 1750℃(分解)，相对密度(水＝1)3.35，相对蒸气密度(空气＝1)6.3，蒸气压 0kPa/20℃。

主要用途　硫酸工业上和有机合成中用作催化剂，酸性气体脱除中用作缓蚀剂，并用于制陶瓷、红色玻璃等。

包装与储运

包装标志　剧毒品

包装类别 Ⅱ类

安全储运 储存于阴凉、通风的专用库房。远离火种、热源。储存温度不超过35℃，相对湿度不超过80%。应与酸类、碱类、食用化学品等隔离储运。防止容器破损。应严格执行剧毒化学品管理制度。

紧急处置信息

急救措施

吸入：迅速脱离现场至空气新鲜处。保持呼吸道通畅。如呼吸困难，给输氧。呼吸、心跳停止，立即进行心肺复苏术。就医。

眼睛接触：立即分开眼睑，用流动清水或生理盐水彻底冲洗。就医。

皮肤接触：立即脱去污染的衣着，用肥皂水和清水彻底冲洗。就医。

食入：大量饮水，催吐。就医。

依地酸钙钠和维生素C可加速钒的排出。

灭火方法 灭火时尽可能将容器从火场移至空旷处。消防人员必须穿全身防火防毒服，佩戴空气呼吸器，在上风向灭火。

灭火剂：本品不燃，根据火灾原因选择适当的灭火剂。

泄漏应急处置 隔离泄漏污染区，限制出入。建议应急处理人员戴防尘口罩，穿防毒服。穿上适当的防护服前严禁接触破裂的容器和泄漏物。尽可能切断泄漏源。用塑料布覆盖泄漏物，减少飞散。勿使水进入包装容器内。用洁净的铲子收集泄漏物，置于干净、干燥、盖子较松的容器中，将容器移离泄漏区。

839. 五氧化二磷

标　识

中文名称 五氧化二磷

英文名称 Phosphorus pentoxide；Phosphorus oxide；Phosphoric anhydride

别名 磷酸酐

分子式 P_2O_5

CAS号 1314-56-3

WGH号 81063

UN号 1807

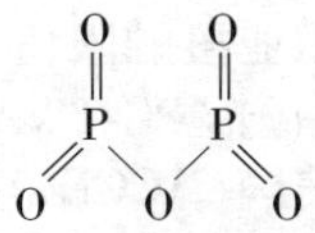

危害信息

危险性类别 第8.1类 酸性腐蚀品

燃烧与爆炸危险性 本品不燃。受热或遇水分解放热，放出有毒的腐蚀性烟气。

活性反应 吸水或遇水剧烈反应，放出大量的热量。与无机碱、金属氧化物、氢氟酸、甲酸、钾、钠、氧化剂发生剧烈反应。把高氯酸的氯仿溶液倒在五氧化二磷上，会发生猛烈爆炸。

禁忌物 钾、钠、水、醇类、碱类、过氧化物等。

毒性 大鼠吸入 LC_{50}：1217mg/m^3(1h)；小鼠吸入 LC_{50}：271mg/m^3(1h)。

本品对眼、呼吸道黏膜和皮肤有强烈的刺激和腐蚀作用。其肝脏毒性与其中所含的游离磷有关。

中毒表现　急性中毒：短期大量吸入引起眼及上呼吸道刺激症状，出现咽喉炎、支气管炎。严重者发生喉头水肿致窒息，引起肺炎或肺水肿。口服发生恶心、呕吐、腹痛、腹泻；数日内出现黄疸及肝肿大，或出现急性肝坏死；严重病例，数小时内患者由兴奋转入抑制，发生昏迷、循环衰竭，以致死亡。可使组织脱水，对皮肤有刺激腐蚀作用。

慢性影响：有呼吸道刺激症状及磷毒性牙齿、牙龈和下颌骨损害。

侵入途径　吸入、食入、经皮吸收。

职业接触限值　中国：MAC：$1mg/m^3$。

理化特性与用途

理化特性　白色晶体或粉末。在空气中吸湿潮解。溶于硫酸，不溶于丙酮和氨。熔点340～360℃，升华点360℃，相对密度(水=1)2.39，相对蒸气密度(空气=1)4.9，蒸气压0.13kPa(384℃)。

主要用途　用作气体干燥剂，有机合成的脱水剂，缩合反应催化剂，合成纤维的抗静电剂和糖的精制剂；用于制造高纯磷酸、磷酸盐和磷酸酯以及光学玻璃、微晶玻璃、隔热玻璃等。

包装与储运

包装标志　腐蚀品，有毒品[铁规]

包装类别　Ⅱ类

安全储运　储存于阴凉、干燥、通风良好的专用库房。储存温度不超过30℃，相对湿度不超过75%。避免雨淋受潮。应与活性金属粉末、碱类、过氧化物、醇类等隔离贮运。搬运时轻装轻卸，防止容器破损。

紧急处置信息

急救措施

吸入：迅速脱离现场至空气新鲜处。保持呼吸道通畅。如呼吸困难，给输氧。呼吸、心跳停止，立即进行心肺复苏术。就医。

眼睛接触：立即分开眼睑，用大量流动清水或生理盐水彻底冲洗10～15min。就医。

皮肤接触：立即脱去污染的衣着，用大量流动清水彻底冲洗。就医。

食入：用水漱口，禁止催吐。给饮牛奶或蛋清。就医。

灭火方法　消防人员必须穿全身耐酸碱消防服，佩戴空气呼吸器，在上风向灭火。

灭火剂：本品不燃，根据火灾原因选择适当的灭火剂。禁止用水、泡沫、酸碱灭火剂灭火。

泄漏应急处置　隔离泄漏污染区，限制出入。建议应急处理人员戴防尘口罩，穿防酸碱服，戴橡胶耐酸碱手套。穿上适当的防护服前严禁接触破裂的容器和泄漏物。尽可能切断泄漏源。勿使泄漏物与可燃物质(如木材、纸、油等)接触。小量泄漏：用干燥的砂土或其他不燃材料覆盖泄漏物，用洁净的无火花工具收集泄漏物，置于一盖子较松的塑料容器中，待处置。大量泄漏：用塑料布覆盖泄漏物，减少飞散，避免雨淋。在专家指导下清除。

840. 1－戊醇

标　　识

中文名称　1－戊醇

英文名称　1-Pentanol；*n*-Amyl alcohol；Pentyl alcohol

别名　正戊醇

分子式　$C_5H_{12}O$

CAS 号　71－41－0

WGH 号　33553；T32053[铁规]

UN 号　1105

危害信息

危险性类别　第3类　易燃液体

燃烧与爆炸危险性　易燃。其蒸气与空气混合能形成爆炸性混合物，遇明火、高热易燃烧或爆炸。燃烧产生有毒的一氧化碳气体。受热放出辛辣的腐蚀性烟雾。在高温火场中，受热的容器或储罐有破裂和爆炸的危险。

活性反应　与氧化性物质接触发生剧烈反应。

禁忌物　强氧化剂。

毒性　大鼠经口 LD_{50}：3030mg/kg；小鼠经口 LD_{50}：200mg/kg；大鼠吸入 LC_{50}：14000mg/m^3(6h)；兔经皮 LD_{50}：2321mg/kg。

中毒表现　其蒸气或雾对眼睛、皮肤、黏膜和上呼吸道有刺激作用。还可引起头痛、眩晕、呼吸困难、咳嗽、恶心、呕吐、腹泻等；严重者有复视、谵妄等，有时出现高铁血红蛋白血症。

侵入途径　吸入、食入、经皮吸收。

职业接触限值　中国：PC-TWA：100mg/m^3。

理化特性与用途

理化特性　无色液体，略有气味。微溶于水，溶于丙酮，可混溶于乙醇、乙醚等多数有机溶剂。熔点－78.2～－79℃，沸点137.5℃，相对密度(水＝1)0.82，相对蒸气密度(空气＝1)3.04，蒸气压0.13kPa(20℃)，燃烧热－3316.2kJ/mol，临界温度313℃，临界压力3.86MPa，辛醇/水分配系数1.40～1.51，闪点33℃(闭杯)，引燃温度300℃，爆炸极限1.2%～10.5%。

主要用途　用于有机合成，药物制造。

包装与储运

包装标志　易燃液体

包装类别　Ⅲ类

安全储运　储存于阴凉、通风的库房。远离火种、热源，避免阳光直射。储存温度不超过37℃。炎热季节早晚运输。应与强酸、强氧化剂、酸酐、酰基氯等隔离储运。避免使用铝制设备。禁止使用易产生火花的机械设备和工具。搬运时轻装轻卸，防止容器受损。

紧急处置信息

急救措施

吸入：迅速脱离现场至空气新鲜处。保持呼吸道通畅。如呼吸困难，给输氧。呼吸、心跳停止，立即进行心肺复苏术。就医。

眼睛接触：立即分开眼睑，用流动清水或生理盐水彻底冲洗。就医。

皮肤接触：立即脱去污染的衣着，用肥皂水和清水彻底冲洗。就医。

食入：漱口，要催吐。就医。

灭火方法 消防人员须穿全身防火防毒服，佩戴空气呼吸器，在上风向灭火。尽可能将容器从火场移至空旷处。喷水保持火场容器冷却，直至灭火结束。处在火场中的容器若发生异常变化或发出异常声音，须马上撤离。

灭火剂：泡沫、二氧化碳、干粉、砂土。

泄漏应急处置 消除所有点火源。根据液体流动和蒸气扩散的影响区域划定警戒区，无关人员从侧风、上风向撤离至安全区。建议应急处理人员戴正压自给式呼吸器，穿防静电服，戴橡胶耐油手套。作业时使用的所有设备应接地。禁止接触或跨越泄漏物。尽可能切断泄漏源。防止泄漏物进入水体、下水道、地下室或限制性空间。小量泄漏：用砂土或其他不燃材料吸收。使用洁净的无火花工具收集吸收材料。大量泄漏：构筑围堤或挖坑收容。用砂土、惰性物质或蛭石吸收大量液体。用抗溶性泡沫覆盖，减少蒸发。喷水雾能减少蒸发，但不能降低泄漏物在限制性空间内的易燃性。用防爆泵转移至槽车或专用收集器内。喷雾状水驱散蒸气、稀释液体泄漏物。

841. 2 – 戊醇

标　识

中文名称 2 – 戊醇

英文名称 2-Pentanol；*sec*-Amyl alcohol

别名 仲戊醇

分子式 $C_5H_{12}O$

CAS 号 6032 – 29 – 7

WGH 号 33553；T32053[铁规]

UN 号 1105

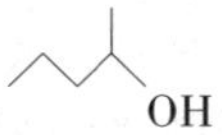

危害信息

危险性类别 第 3 类 易燃液体

燃烧与爆炸危险性 易燃。其蒸气与空气混合能形成爆炸性混合物，遇明火、高热易燃烧或爆炸。燃烧产生有毒的一氧化碳气体。在高温火场中，受热的容器或储罐有破裂和爆炸的危险。

活性反应 与氧化性物质接触发生剧烈反应。

禁忌物 强氧化剂。

毒性 大鼠经口 LD_{50}：1470mg/kg；兔经口 LD_{50}：2821mg/kg。

中毒表现 其蒸气或雾对眼睛、皮肤、黏膜和上呼吸道有刺激作用，还可引起头痛、头晕、呼吸困难、咳嗽、恶心、呕吐、腹泻等；严重者有复视、谵妄等，有时出现高铁血红蛋白血症。

侵入途径　吸入、食入、经皮吸收。

理化特性与用途

理化特性　无色液体。溶于水，可混溶于乙醇、乙醚。熔点 -75℃，沸点 119.3℃，相对密度(水 =1)0.81(20℃)，相对蒸气密度(空气 =1)3.04，蒸气压 0.5kPa(20℃)，临界压力 3.71MPa，辛醇/水分配系数 1.19 ~1.34，闪点 33℃(闭杯)、40.5℃(开杯)，引燃温度 347℃，爆炸极限 1.2% ~9.0%。

主要用途　用作溶剂、医药中间体。

包装与储运

包装标志　易燃液体

包装类别　Ⅲ类

安全储运　储存于阴凉、通风的库房。远离火种、热源，避免阳光直射。储存温度不超过 37℃。炎热季节早晚运输。应与强酸、强氧化剂、酸酐、酰基氯等隔离储运。避免使用铝制设备。禁止使用易产生火花的机械设备和工具。搬运时轻装轻卸，防止容器受损。

紧急处置信息

急救措施

吸入：迅速脱离现场至空气新鲜处。保持呼吸道通畅。如呼吸困难，给输氧。呼吸、心跳停止，立即进行心肺复苏术。就医。

眼睛接触：立即分开眼睑，用流动清水或生理盐水彻底冲洗。就医。

皮肤接触：立即脱去污染的衣着，用肥皂水和清水彻底冲洗。就医。

食入：漱口，要催吐。就医。

灭火方法　消防人员须穿全身防火防毒服，佩戴空气呼吸器，在上风向灭火。尽可能将容器从火场移至空旷处。喷水保持火场容器冷却，直至灭火结束。处在火场中的容器若发生异常变化或发出异常声音，须马上撤离。

灭火剂：泡沫、二氧化碳、干粉、砂土。

泄漏应急处置　消除所有点火源。根据液体流动和蒸气扩散的影响区域划定警戒区，无关人员从侧风、上风向撤离至安全区。建议应急处理人员戴正压自给式呼吸器，穿防静电服，戴橡胶耐油手套。作业时使用的所有设备应接地。禁止接触或跨越泄漏物。尽可能切断泄漏源。防止泄漏物进入水体、下水道、地下室或限制性空间。小量泄漏：用砂土或其他不燃材料吸收。使用洁净的无火花工具收集吸收材料。大量泄漏：构筑围堤或挖坑收容。用砂土、惰性物质或蛭石吸收大量液体。用抗溶性泡沫覆盖，减少蒸发。喷水雾能减少蒸发，但不能降低泄漏物在限制性空间内的易燃性。用防爆泵转移至槽车或专用收集器内。喷雾状水驱散蒸气、稀释液体泄漏物。

842. 戊　二　醛

标　　识

中文名称　戊二醛

英文名称　Glutaral；Glutaraldehyde；Pentanedial

别名　1，5－戊二醛

分子式　$C_5H_8O_2$

CAS 号　111－30－8

危害信息

危险性类别　第6.1类　有毒品

燃烧与爆炸危险性　不燃。在高温火场中，受热的容器或储罐有破裂和爆炸的危险。

禁忌物　强氧化剂。

毒性　大鼠经口 LD_{50}：134mg/kg；小鼠经口 LD_{50}：100mg/kg；大鼠吸入 LC_{50}：480mg/m^3(4h)；大鼠经皮 LD_{50}：＞2500mg/kg。

本品可引起皮肤、眼和上呼吸道的明显刺激作用。亦可引起哮喘和过敏性接触性皮炎。

侵入途径　吸入、食入、经皮吸收。

职业接触限值　美国(ACGIH)：TLV－C：0.05ppm。

环境危害　对水生生物有极高毒性。

理化特性与用途

理化特性　带有刺激性特殊气味的无色透明油状液体。混溶于水、乙醇，溶于苯、乙醚。熔点－14℃，沸点187～189℃(分解)，相对密度(水＝1)0.72，相对蒸气密度(空气＝1)3.4，蒸气压60Pa(20℃)，临界压力4.16MPa，临界温度360℃，辛醇/水分配系数－0.22。

主要用途　用作医用消毒剂、蛋白凝固剂和生化试剂。

包装与储运

包装标志　有毒品

包装类别　Ⅱ类

安全储运　储存于阴凉、通风的库房。远离火种、热源。储存温度不超过35℃，相对湿度不超过85%。保持容器密封。应与强氧化剂、强碱隔离储运。搬运时轻装轻卸，防止容器受损。

紧急处置信息

急救措施

吸入：迅速脱离现场至空气新鲜处。保持呼吸道通畅。如呼吸困难，给输氧。呼吸、心跳停止，立即进行心肺复苏术。就医。

眼睛接触：立即分开眼睑，用流动清水或生理盐水彻底冲洗。就医。

皮肤接触：立即脱去污染的衣着，用流动清水彻底冲洗。就医。

食入：漱口，尽量饮水，不要催吐，给服活性炭悬液。就医。

灭火方法　消防人员须穿全身消防服，佩戴空气呼吸器，在上风向灭火。尽可能将容器从火场移至空旷处。喷水保持火场容器冷却，直至灭火结束。处在火场中的容器若发生异常变化或发出异常声音，须马上撤离。

灭火剂：本品不燃，根据火灾原因选择适当的灭火剂。

泄漏应急处置　根据液体流动和蒸气扩散的影响区域划定警戒区，无关人员从侧风、上风向撤离至安全区。建议应急处理人员戴正压自给式呼吸器，穿防腐、防毒服。穿上适当的防护服前严禁接触破裂的容器和泄漏物。尽可能切断泄漏源。防止泄漏物进入水体、下水道、地下室或密闭性空间。小量泄漏：用干燥的砂土或其他不燃材料吸收或覆盖，收集于容器中。大量泄漏：构筑围堤或挖坑收容。用耐腐蚀泵转移至槽车或专用收集器内。

843. 2,4 – 戊二酮

标　识

中文名称　2,4 – 戊二酮

英文名称　2,4-Pentanedione；Acetylacetone

别名　乙酰丙酮

分子式　$C_5H_8O_2$

CAS 号　123 – 54 – 6

WGH 号　33587；T32087[铁规]

UN 号　2310

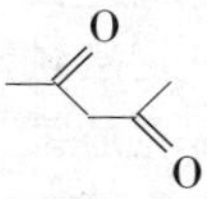

危害信息

危险性类别　第 3 类　易燃液体

燃烧与爆炸危险性　易燃。其蒸气与空气混合能形成爆炸性混合物，遇明火、高热易燃烧或爆炸。燃烧产生有毒的一氧化碳气体。高速冲击、流动、激荡后可因产生静电火花放电引起燃烧爆炸。在高温火场中，受热的容器或储罐有破裂和爆炸的危险。蒸气比空气重，能在较低处扩散到相当远的地方，遇火源会着火回燃和爆炸(闪爆)。

活性反应　与氧化剂发生反应。

禁忌物　强氧化剂、强还原剂、强碱、卤素。

毒性　大鼠经口 LD_{50}：55mg/kg；小鼠经口 LD_{50}：951mg/kg；家兔经皮 LD_{50}：810 μL/kg；大鼠吸入 LCL_o：1000ppm(4h)。

吸入、摄入或经皮肤吸收对身体有害。对眼睛和皮肤有刺激作用。中毒表现有头痛、恶心和呕吐。

侵入途径　吸入、食入、经皮吸收。

理化特性与用途

理化特性　无色或微黄色液体，有轻微的酮味。溶于水，混溶于乙醇、乙醚、丙酮、氯仿、冰醋酸，不溶于甘油。熔点 –23℃，沸点 140℃，相对密度(水 =1)0.972(25℃/4℃)，相对蒸气密度(空气 =1)3.5，蒸气压 0.93kPa(20℃)，辛醇/水分配系数 0.4，燃烧热 –2577.97kJ/mol，闪点 34℃(闭杯)，引燃温度 340℃，爆炸极限 2.4% ~11.6%。

主要用途　用作溶剂，用于药物合成。

包装与储运

包装标志　易燃液体，有毒品

包装类别　Ⅲ类

安全储运　储存于阴凉、通风的库房。远离火种、热源。储存温度不超过 35℃，相对湿度不超过 85%。保持容器密封。炎热季节早晚运输。应与氧化剂、卤素、强还原剂、碱等隔离储运。禁止使用易产生火花的机械设备和工具。灌装时注意流速，防止静电积聚。搬运时轻装轻卸，防止容器受损。

紧急处置信息

急救措施

吸入：迅速脱离现场至空气新鲜处。保持呼吸道通畅。如呼吸困难，给输氧。呼吸、心跳停止，立即进行心肺复苏术。就医。

眼睛接触：立即分开眼睑，用流动清水或生理盐水彻底冲洗。就医。

皮肤接触：立即脱去污染的衣着，用流动清水彻底冲洗。就医。

食入：漱口，催吐。就医。

灭火方法 消防人员须穿全身消防服，佩戴空气呼吸器，在上风向灭火。尽可能将容器从火场移至空旷处。喷水保持火场容器冷却，直至灭火结束。处在火场中的容器若发生异常变化或发出异常声音，须马上撤离。

灭火剂：雾状水、泡沫、二氧化碳、干粉、砂土。

泄漏应急处置 消除所有点火源。根据液体流动和蒸气扩散的影响区域划定警戒区，无关人员从侧风、上风向撤离至安全区。建议应急处理人员戴正压自给式呼吸器，穿防毒、防静电服。作业时使用的所有设备应接地。禁止接触或跨越泄漏物。尽可能切断泄漏源。防止泄漏物进入水体、下水道、地下室或密闭性空间。小量泄漏：用砂土或其他不燃材料吸收。使用洁净的无火花工具收集吸收材料。大量泄漏：构筑围堤或挖坑收容。用泡沫覆盖，减少蒸发。喷水雾能减少蒸发，但不能降低泄漏物在受限制空间内的易燃性。用防爆泵转移至槽车或专用收集器内。

844. 1,3－戊二烯

标　识

中文名称 1,3－戊二烯

英文名称 1,3-Pentadiene；Piperylene

别名 间戊二烯

分子式 C_5H_8

CAS 号 504－60－9

WGH 号 21023

危害信息

危险性类别 第2.1类 易燃气体

燃烧与爆炸危险性 极易燃。蒸气与空气能形成爆炸性混合物，遇明火、高热发生燃烧爆炸。若遇高热，可发生聚合反应，放出大量热量而引起容器或储罐破裂和爆炸事故。蒸气比空气重，能在较低处扩散到相当远的地方，遇火源会着火回燃和爆炸(闪爆)。

活性反应 遇高热可发生聚合反应，放出大量热量而引起容器破裂和爆炸事故。遇酸、引发剂(烷基铝、烷基锂、过氧化物)、高热或被金属离子污染，会发生剧烈的聚合反应，放出大量的热量。在空气中会发生缓慢氧化反应，生成极易引发聚合或爆炸的有机过氧化物。与氧化剂剧烈反应。与强还原剂(硼氢化铝)发生放热反应，释放出易燃易爆的氢气。

禁忌物　强氧化剂、酸类、卤素等。

毒性　小鼠吸入 LC_{50}：1100mg/m^3(2h)；大鼠吸入 LC_{50}：140g/m^3(2h)。

对眼睛、皮肤、黏膜和呼吸道有刺激性，有麻醉作用。

侵入途径　吸入、食入。

理化特性与用途

理化特性　无色或微黄色透明液体。不溶于水，溶于乙醇、乙醚、丙酮、苯。熔点－92.7℃，沸点42.3℃，相对密度(水＝1)0.68，相对蒸气密度(空气＝1)2.35，饱和蒸气压45.2kPa，闪点－29℃(闭杯)，爆炸极限1.0%～7.0%，辛醇/水分配系数2.44。

主要用途　用于生产石油树脂、环氧树脂用固化剂以及其他精细化工产品，也用于环化脱氢制环戊二烯、气相环化制环戊烯。

包装与储运

包装标志　易燃气体

包装类别　Ⅰ类

安全储运　储存于阴凉、通风的库房。远离火种、热源。储存温度不超过30℃。平时用肥皂水检查钢瓶是否漏气。禁止使用易产生火花的设备和工具。应与氧、氯等氧化剂隔离储运。搬运时钢瓶须戴好安全帽及防震橡皮圈。

紧急处置信息

急救措施

吸入：迅速脱离现场至空气新鲜处。保持呼吸道通畅。如呼吸困难，给输氧。呼吸、心跳停止，立即进行心肺复苏术。就医。

眼睛接触：立即分开眼睑，用流动清水或生理盐水彻底冲洗。就医。

皮肤接触：立即脱去污染的衣着，用肥皂水和清水彻底冲洗。就医。

食入：漱口，尽量饮水，不要催吐。就医。

忌用肾上腺素类药。

灭火方法　消防人员须佩戴空气呼吸器，穿全身消防服，在上风向灭火。

灭火剂：雾状水、泡沫、干粉、二氧化碳、砂土。

泄漏应急处置　消除所有点火源。根据液体流动和蒸气扩散的影响区域划定警戒区，无关人员从侧风、上风向撤离至安全区。建议应急处理人员戴正压自给式呼吸器，穿防静电服。尽可能切断泄漏源。小量泄漏：用砂土或其他不燃材料吸收。大量泄漏：构筑围堤或挖坑收容。用泡沫覆盖，减少蒸发。用防爆泵转移至槽车或专用收集器内。

845. 2－戊酮

标　识

中文名称　2－戊酮

英文名称　2-Pentanone；Methyl propyl ketone

别名　甲基丙基(甲)酮

分子式　$C_5H_{10}O$

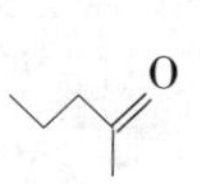

CAS 号 107 - 87 - 9
WGH 号 32074；T31174[铁规]
UN 号 1249

危害信息

危险性类别 第3类 易燃液体

燃烧与爆炸危险性 易燃。其蒸气与空气混合能形成爆炸性混合物，遇明火、高热易燃烧或爆炸。燃烧产生有毒的一氧化碳气体。在高温火场中，受热的容器或储罐有破裂和爆炸的危险。蒸气比空气重，能在较低处扩散到相当远的地方，遇火源会着火回燃和爆炸(闪爆)。

活性反应 与氧化剂反应。

禁忌物 强氧化剂。

毒性 大鼠经口 LD_{50}：1600mg/kg；小鼠经口 LD_{50}：1600mg/kg；兔经皮 LD_{50}：6500mg/kg。

中毒表现 本品对黏膜具有刺激作用，高浓度可致麻醉。吸入后引起上呼吸道刺激、头痛、头晕、恶心、呕吐、嗜睡、昏迷。对眼及皮肤有刺激性。

未见慢性中毒病例。长期接触可致皮炎。

侵入途径 吸入、食入、经皮吸收。

职业接触限值 美国(ACGIH)：TLV-TWA：200ppm；TLV-STEL：250ppm。

理化特性与用途

理化特性 无色液体，有丙酮气味。微溶于水，混溶于乙醇、乙醚。熔点 -78℃，沸点 101.7℃，相对密度(水=1)0.81，相对蒸气密度(空气=1)3.0，蒸气压 4.7kPa(25℃)，燃烧热 -3099.4kJ/mol，临界温度 290.8℃，临界压力 3.89MPa，辛醇/水分配系数 0.91，闪点 7℃(闭杯)，引燃温度 452℃，爆炸极限 1.5% ~8.2%。

主要用途 主要用作溶剂，也用作香料。

包装与储运

包装标志 易燃液体

包装类别 Ⅱ类

安全储运 储存于阴凉、通风的库房。远离火种、热源，避免阳光直射。储存温度不超过37℃。炎热季节早晚运输。应与氧化剂、碱、强还原剂等隔离储运。禁止使用易产生火花的机械设备和工具。灌装时注意流速，防止静电积聚。搬运时轻装轻卸，防止容器受损。

紧急处置信息

急救措施

吸入：迅速脱离现场至空气新鲜处。保持呼吸道通畅。如呼吸困难，给输氧。呼吸、心跳停止，立即进行心肺复苏术。就医。

眼睛接触：立即分开眼睑，用流动清水或生理盐水彻底冲洗。就医。

皮肤接触：立即脱去污染的衣着，用肥皂水和清水彻底冲洗。就医。

食入：给饮水，不要催吐。就医。

灭火方法 消防人员须穿全身消防服，佩戴防毒面具，在上风向灭火。尽可能将容器从火场移至空旷处。喷水保持火场容器冷却，直至灭火结束。处在火场中的容器若发生异常变化或发出异常声音，须马上撤离。

灭火剂：泡沫、二氧化碳、干粉、砂土。

泄漏应急处置　消除所有点火源。根据液体流动和蒸气扩散的影响区域划定警戒区，无关人员从侧风、上风向撤离至安全区。建议应急处理人员戴正压自给式呼吸器，穿防静电服，戴橡胶耐油手套。作业时使用的所有设备应接地。禁止接触或跨越泄漏物。尽可能切断泄漏源。防止泄漏物进入水体、下水道、地下室或限制性空间。小量泄漏：用砂土或其他不燃材料吸收。使用洁净的无火花工具收集吸收材料。大量泄漏：构筑围堤或挖坑收容。用泡沫覆盖，减少蒸发。喷水雾能减少蒸发，但不能降低泄漏物在限制性空间内的易燃性。用防爆泵转移至槽车或专用收集器内。喷雾状水驱散蒸气、稀释液体泄漏物。

846. 3－戊酮

标　识

中文名称　3－戊酮

英文名称　3-Pentanone；Diethyl ketone

别名　二乙(基)酮；二乙基甲酮

分子式　$C_5H_{10}O$

CAS 号　96－22－0

WGH 号　32074；T31174［铁规］

UN 号　1156

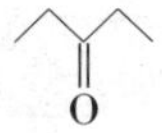

危害信息

危险性类别　第3类　易燃液体

燃烧与爆炸危险性　易燃。其蒸气与空气混合能形成爆炸性混合物，遇明火、高热易燃烧或爆炸。燃烧产生有毒的一氧化碳气体。在高温火场中，受热的容器或储罐有破裂和爆炸的危险。蒸气比空气重，能在较低处扩散到相当远的地方，遇火源会着火回燃和爆炸(闪爆)。

活性反应　与氧化剂反应。

禁忌物　强氧化剂。

毒性　大鼠经口 LD_{50}：2140mg/kg；小鼠经口 LD_{50}：3100mg/kg；大鼠经皮 LD_{50}：2100mg/kg；兔经皮 LD_{50}：16200mg/kg。

中毒表现　吸入中等浓度引起头晕、恶心、倦睡；吸入高浓度蒸气引起昏迷，甚至死亡。对眼及皮肤有强烈刺激性。口服引起恶心、呕吐、腹泻及昏睡。

侵入途径　吸入、食入、经皮吸收。

职业接触限值　中国：PC-TWA：700mg/m^3；PC-STEL：900mg/m^3。

美国(ACGIH)：TLV-TWA：200ppm；TLV-STEL：300ppm。

理化特性与用途

理化特性　无色液体，有丙酮气味。微溶于水，混溶于乙醇、乙醚，溶于丙酮。熔点－39～－42℃，沸点102℃，相对密度(水＝1)0.81，相对蒸气密度(空气＝1)3.0，蒸气压3.49kPa(20℃)，燃烧热－3100.2kJ/mol，临界温度288.3℃，临界压力3.729MPa，辛醇/

水分配系数 0.99，闪点 13℃（开杯），引燃温度 452℃，爆炸极限 1.6% ~3%。

主要用途 用于医药、有机合成。

包装与储运

包装标志 易燃液体

包装类别 Ⅱ类

安全储运 储存于阴凉、通风的库房。远离火种、热源，避免阳光直射。储存温度不超过 37℃。炎热季节早晚运输。应与氧化剂、碱、强还原剂等隔离储运。禁止使用易产生火花的机械设备和工具。灌装时注意流速，防止静电积聚。搬运时轻装轻卸，防止容器受损。

紧急处置信息

急救措施

吸入：迅速脱离现场至空气新鲜处。保持呼吸道通畅。如呼吸困难，给输氧。呼吸、心跳停止，立即进行心肺复苏术。就医。

眼睛接触：立即分开眼睑，用流动清水或生理盐水彻底冲洗。就医。

皮肤接触：立即脱去污染的衣着，用肥皂水和清水彻底冲洗。就医。

食入：给饮水，不要催吐。就医。

灭火方法 消防人员须穿全身消防服，佩戴空气呼吸器，在上风向灭火。尽可能将容器从火场移至空旷处。喷水保持火场容器冷却，直至灭火结束。处在火场中的容器若发生异常变化或发出异常声音，须马上撤离。

灭火剂：泡沫、二氧化碳、干粉、砂土。

泄漏应急处置 消除所有点火源。根据液体流动和蒸气扩散的影响区域划定警戒区，无关人员从侧风、上风向撤离至安全区。建议应急处理人员戴正压自给式呼吸器，穿防静电服，戴橡胶耐油手套。作业时使用的所有设备应接地。禁止接触或跨越泄漏物。尽可能切断泄漏源。防止泄漏物进入水体、下水道、地下室或限制性空间。小量泄漏：用砂土或其他不燃材料吸收。使用洁净的无火花工具收集吸收材料。大量泄漏：构筑围堤或挖坑收容。用泡沫覆盖，减少蒸发。喷水雾能减少蒸发，但不能降低泄漏物在限制性空间内的易燃性。用防爆泵转移至槽车或专用收集器内。喷雾状水驱散蒸气、稀释液体泄漏物。

847. 戊烷发泡剂

标　　识

中文名称 戊烷发泡剂

英文名称 pentane foamer

危害信息

危险性类别 第 3 类 易燃液体

燃烧与爆炸危险性 极易燃。其蒸气与空气混合能形成爆炸性混合物，遇明火、高热极易燃烧或爆炸。燃烧产生有毒的一氧化碳气体。高速冲击、流动、激荡后，可因产生静电火花放电引起燃烧、爆炸。在高温火场中，受热的容器或储罐有破裂和爆炸的危险。蒸气比空气重，能在较低处扩散到相当远的地方，遇火源会着火回燃和爆炸(闪爆)。

活性反应　与强氧化剂反应。

禁忌物　强氧化剂。

毒性　戊烷有麻醉作用和轻度刺激作用。

中毒表现　高浓度戊烷可引起眼与呼吸道黏膜轻度刺激症状和麻醉状态，甚至意识丧失。

慢性作用为眼和呼吸道的轻度刺激。可引起轻度皮炎。

侵入途径　吸入、食入。

职业接触限值　中国：PC-TWA：500mg/m^3；PC-STEL[戊烷，全部异构体]：1000mg/m^3[戊烷，全部异构体]。

美国(ACGIH)：TLV-TWA：600ppm[戊烷，全部异构体]。

理化特性与用途

理化特性　无色透明液体。主要成分为正戊烷 38% ~42%，异戊烷 58% ~62%，戊烷总量>98 mol%。密度 0.615 ~0.63g/cm^3(20℃)，馏程 25 ~50℃。

主要用途　主要用于聚苯乙烯的发泡剂，也可以用作工业溶剂、萃取剂和化工原料。

包装与储运

包装标志　易燃液体

包装类别　Ⅰ类

安全储运　储存于阴凉、通风的库房，避免阳光直射。远离火种、热源，炎热气候采取通风降温措施。储存温度不超过 29℃。应与氧化剂等隔离储运。炎热高温季节早晚运输。禁止使用易产生火花的机械设备和工具。灌装时注意流速，且有接地装置，防止静电积聚。搬运时轻装轻卸，防止容器受损。

紧急处置信息

急救措施

吸入：迅速脱离现场至空气新鲜处。保持呼吸道通畅。如呼吸困难，给输氧。呼吸、心跳停止，立即进行心肺复苏术。就医。

眼睛接触：立即分开眼睑，用流动清水或生理盐水彻底冲洗。就医。

皮肤接触：立即脱去污染的衣着，用肥皂水和清水彻底冲洗。就医。

食入：漱口，尽量饮水，不要催吐。就医。

忌用肾上腺素类药。

灭火方法　消防人员须穿全身消防服，佩戴空气呼吸器，在上风向灭火。尽可能将容器从火场移至空旷处。喷水保持火场容器冷却，直至灭火结束。处在火场中的容器若发生异常变化或发出异常声音，须马上撤离。

灭火剂：泡沫、二氧化碳、干粉和砂土。用水灭火无效。

泄漏应急处置　消除所有点火源。根据液体流动和蒸气扩散的影响区域划定警戒区，无关人员从侧风、上风向撤离至安全区。建议应急处理人员戴正压自给式呼吸器，穿防静电服，戴橡胶耐油手套。作业时使用的所有设备应接地。禁止接触或跨越泄漏物。尽可能切断泄漏源。防止泄漏物进入水体、下水道、地下室或限制性空间。小量泄漏：用砂土或其他不燃材料吸收。使用洁净的无火花工具收集吸收材料。大量泄漏：构筑围堤或挖坑收容。用泡沫覆盖，减少蒸发。喷水雾能减少蒸发，但不能降低泄漏物在限制性空间内的易燃性。用防爆泵转移至槽车或专用收集器内。

848. 戊 烷 油

标 识

中文名称 戊烷油

英文名称 Pentane oil；Pentane

别名 戊烷

分子式 $CH_3(CH_2)_3CH_3$

危害信息

危险性类别 第3类 易燃液体

燃烧与爆炸危险性 极易燃。其蒸气与空气混合易形成爆炸性混合物，遇明火、高热易燃烧爆炸。在火场中，受热的容器和储罐有破裂和爆炸的危险。蒸气比空气重，能在较低处扩散到相当远的地方，遇火源会着火回燃和爆炸(闪爆)。

活性反应 与强氧化剂、卤素等反应。

禁忌物 强氧化剂、卤素、强酸、强碱等。

毒性 大鼠经口 LD_{50}：>2000mg/kg(正戊烷)；大鼠吸入 LC_{50}：364000mg/m^3(4h)(正戊烷)。戊烷具有麻醉和刺激作用。

中毒表现 急性中毒：高浓度戊烷可引起眼与呼吸道黏膜轻度刺激症状和麻醉状态，甚至意识丧失。

慢性影响：长期接触对眼和呼吸道有轻度刺激。可引起轻度皮炎。

侵入途径 吸入、食入。

职业接触限值 中国：PC-TWA：500mg/m^3；PC-STEL：1000mg/m^3[戊烷，全部异构体]。

美国(ACGIH)：TLV-TWA：600ppm[戊烷，全部异构体]。

环境危害 对水生生物有毒，可能在水生环境中造成长期不利影响。

理化特性与用途

理化特性 无色透明液体。正戊烷和异戊烷的总含量≥95%。不溶于水，微溶于乙醇，溶于烃类。相对密度(水=1)0.61~0.63，沸点36.1℃，熔点-129.7℃。

主要用途 适用高密度聚乙烯聚合催化剂溶剂，塑料发泡溶剂及其他溶剂。

包装与储运

包装标志 易燃液体

包装类别 Ⅰ类

安全储运 储存于阴凉、通风的库房。远离火种、热源，避免阳光直射。库温不超过29℃。应与氧化剂隔离储运。通风设施。禁止使用易产生火花的机械设备和工具。灌装时注意流速，防止静电积聚。搬运时轻装轻卸，防止容器受损。

紧急处置信息

急救措施

吸入： 迅速脱离现场至空气新鲜处。保持呼吸道通畅。如呼吸困难，给输氧。呼吸、

心跳停止，立即进行心肺复苏术。就医。

眼睛接触： 立即分开眼睑，用流动清水或生理盐水彻底冲洗。就医。

皮肤接触： 立即脱去污染的衣着，用肥皂水和清水彻底冲洗。就医。

食入： 漱口，尽量饮水，不要催吐。就医。

忌用肾上腺素类药。

灭火方法　消防人员须穿全身消防服，佩戴空气呼吸器，在上风向灭火。尽可能将容器从火场移至空旷处。喷水保持火场容器冷却，直至灭火结束。处在火场中的容器若发生异常变化或发出异常声音，须马上撤离。

灭火剂：泡沫、二氧化碳、干粉、砂土。

泄漏应急处置　消除所有点火源。根据液体流动和蒸气扩散的影响区域划定警戒区，无关人员从侧风、上风向撤离至安全区。建议应急处理人员戴正压自给式呼吸器，穿防静电、防腐蚀服，戴橡胶手套。穿上适当的防护服前严禁接触破裂的容器和泄漏物。尽可能切断泄漏源。防止泄漏物进入水体、下水道、地下室或限制性空间。小量泄漏：用干燥的砂土或其他不燃材料吸收或覆盖，收集于容器中。大量泄漏：构筑围堤或挖坑收容。用防爆、耐腐蚀泵转移至槽车或专用收集器内。喷雾状水驱散蒸气、稀释液体泄漏物。

849. 1－戊烯

标　识

中文名称　1－戊烯

英文名称　1-Pentene；*α-n*-Amylene

别名　正戊烯

分子式　C_5H_{10}

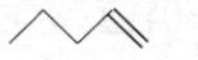

CAS 号　109－67－1

WGH 号　31006

UN 号　1108

危害信息

危险性类别　第3类　易燃液体

燃烧与爆炸危险性　极易燃。其蒸气与空气混合能形成爆炸性混合物，遇明火、高热极易燃烧或爆炸。燃烧产生有毒的一氧化碳气体。高速冲击、流动、激荡后可因产生静电火花放电引起燃烧爆炸。在高温火场中，受热的容器或储罐有破裂和爆炸的危险。蒸气比空气重，能在较低处扩散到相当远的地方，遇火源会着火回燃和爆炸(闪爆)。

活性反应　与氧化剂反应。

禁忌物　强氧化剂、酸类、卤代烃、卤素。

毒性　大鼠吸入 LC_{50}：175000mg/m^3(4h)。

中毒表现　本品有麻醉作用，对眼、呼吸道和皮肤有刺激性。吸入后引起头痛、头晕、恶心、虚弱、四肢无力等。

侵入途径　吸入、食入。

理化特性与用途

理化特性　无色液体，有恶臭。不溶于水，可混溶于乙醇、乙醚，溶于苯等。熔点 –165. 2℃，沸点 29. 9 ~ 30. 1℃，相对密度(水 = 1)0. 64，相对蒸气密度(空气 = 1)2. 42，蒸气压 70. 7kPa(20℃)，燃烧热 – 3347. 2kJ/mol，临界温度 201℃，临界压力 3. 56MPa，辛醇/水分配系数 2. 66，闪点 –28℃，引燃温度 275℃，爆炸极限 1. 4% ~8. 7%。

主要用途　用于有机合成和制取异戊二烯，也用作高辛烷值汽油的添加剂。

包装与储运

包装标志　易燃液体

包装类别　Ⅰ类

安全储运　储存于阴凉、通风的库房。远离火种、热源，避免阳光直射。储存温度不超过 29℃。包装要求密封，不可与空气接触。炎热季节早晚运输。应与强氧化剂、酸类、卤代烃、卤素等隔离储运。禁止使用易产生火花的机械设备和工具。灌装时注意流速，防止静电积聚。搬运时轻装轻卸，防止容器受损。

紧急处置信息

急救措施

吸入：迅速脱离现场至空气新鲜处。保持呼吸道通畅。如呼吸困难，给输氧。呼吸、心跳停止，立即进行心肺复苏术。就医。

眼睛接触：立即分开眼睑，用流动清水或生理盐水彻底冲洗。就医。

皮肤接触：立即脱去污染的衣着，用肥皂水和清水彻底冲洗。就医。

食入：漱口，不要催吐。忌给牛奶、油脂和酒类。

拟交感神经药可致室性心律不齐，禁用。

灭火方法　消防人员须穿全身消防服，佩戴防毒面具，在上风向灭火。尽可能将容器从火场移至空旷处。喷水保持火场容器冷却，直至灭火结束。处在火场中的容器若发生异常变化或发出异常声音，须马上撤离。

灭火剂：泡沫、二氧化碳、干粉和砂土。用水灭火无效。

泄漏应急处置　消除所有点火源。根据液体流动和蒸气扩散的影响区域划定警戒区，无关人员从侧风、上风向撤离至安全区。建议应急处理人员戴正压自给式呼吸器，穿防静电服，戴橡胶耐油手套。作业时使用的所有设备应接地。禁止接触或跨越泄漏物。尽可能切断泄漏源。防止泄漏物进入水体、下水道、地下室或限制性空间。小量泄漏：用砂土或其他不燃材料吸收。使用洁净的无火花工具收集吸收材料。大量泄漏：构筑围堤或挖坑收容。用泡沫覆盖，减少蒸发。喷水雾能减少蒸发，但不能降低泄漏物在限制性空间内的易燃性。用防爆泵转移至槽车或专用收集器内。

850. 2 – 戊烯

标　识

中文名称　2 – 戊烯

英文名称　2-Pentene；beta-*n*-Amylene

别名　β – 戊烯
分子式　C_5H_{10}
CAS 号　109 – 68 – 2
WGH 号　31006

危害信息

危险性类别　第 3 类　易燃液体

燃烧与爆炸危险性　极易燃。其蒸气与空气混合能形成爆炸性混合物，遇明火、高热极易燃烧或爆炸。燃烧产生有毒的一氧化碳气体。在高温火场中，受热的容器或储罐有破裂和爆炸的危险。蒸气比空气重，能在较低处扩散到相当远的地方，遇火源会着火回燃和爆炸（闪爆）。

活性反应　与氧化剂反应。

禁忌物　强氧化剂、酸类、卤代烃、卤素。

中毒表现　本品有麻醉作用，对眼睛、呼吸道和皮肤有刺激性。吸入后引起头痛、头晕、恶心、虚弱、四肢无力等。

侵入途径　吸入、食入。

理化特性与用途

理化特性　无色高挥发性液体。不溶于水，可混溶于乙醇、乙醚。熔点 – 139℃，沸点 37℃，相对密度（水 = 1）0. 65，相对蒸气密度（空气 = 1）2. 41，蒸气压 55. 5kPa（20℃），临界温度 202. 4℃，临界压力 4. 09MPa，辛醇/水分配系数 2. 58，–45. 6℃，爆炸下限 1. 4%。

主要用途　用于有机合成，及用作聚合抑制剂。

包装与储运

包装标志　易燃液体

包装类别　Ⅰ类

安全储运　储存于阴凉、通风的库房。远离火种、热源，避免阳光直射。储存温度不超过 29℃。包装要求密封，不可与空气接触。炎热季节早晚运输。应与强氧化剂、酸类、卤代烃、卤素等隔离储运。禁止使用易产生火花的机械设备和工具。灌装时注意流速，防止静电积聚。搬运时轻装轻卸，防止容器受损。

紧急处置信息

急救措施

吸入：迅速脱离现场至空气新鲜处。保持呼吸道通畅。如呼吸困难，给输氧。呼吸、心跳停止，立即进行心肺复苏术。就医。

眼睛接触：立即分开眼睑，用流动清水或生理盐水彻底冲洗。就医。

皮肤接触：立即脱去污染的衣着，用肥皂水和清水彻底冲洗。就医。

食入：漱口，不要催吐。忌给牛奶、油脂和酒类。

拟交感神经药可致室性心律不齐，禁用。

灭火方法　消防人员须穿全身消防服，佩戴防毒面具，在上风向灭火。尽可能将容器从火场移至空旷处。喷水保持火场容器冷却，直至灭火结束。处在火场中的容器若发生异常变化或发出异常声音，须马上撤离。

灭火剂：泡沫、二氧化碳、干粉和砂土。用水灭火无效。

泄漏应急处置　消除所有点火源。根据液体流动和蒸气扩散的影响区域划定警戒区，

无关人员从侧风、上风向撤离至安全区。建议应急处理人员戴正压自给式呼吸器，穿防静电服，戴橡胶耐油手套。作业时使用的所有设备应接地。禁止接触或跨越泄漏物。尽可能切断泄漏源。防止泄漏物进入水体、下水道、地下室或限制性空间。小量泄漏：用砂土或其他不燃材料吸收。使用洁净的无火花工具收集吸收材料。大量泄漏：构筑围堤或挖坑收容。用泡沫覆盖，减少蒸发。喷水雾能减少蒸发，但不能降低泄漏物在限制性空间内的易燃性。用防爆泵转移至槽车或专用收集器内。

851. 烯丙基缩水甘油醚

标 识

中文名称 烯丙基缩水甘油醚

英文名称 Allyl glycidyl ether；Allyl 2，3-epoxypropyl ether；1-Allyloxy-2，3-epoxypropane

别名 烯丙基2，3－环氧丙基醚

分子式 $C_6H_{10}O_2$

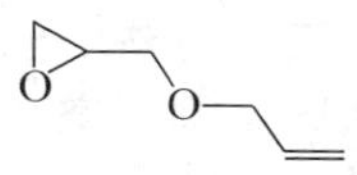

CAS号 106－92－3

WGH号 33572；T32072[铁规]

UN号 2219

危害信息

危险性类别 第3类 易燃液体

燃烧与爆炸危险性 易燃。其蒸气与空气混合能形成爆炸性混合物，遇明火高热能引起燃烧爆炸。燃烧产生有毒的一氧化碳气体。在高温火场中，受热的容器或储罐有破裂和爆炸的危险。蒸气比空气重，能在较低处扩散到相当远的地方，遇火源会着火回燃和爆炸(闪爆)。

活性反应 与强氧化剂反应。

禁忌物 强氧化剂。

毒性 大鼠经口 LD_{50}：1600mg/kg；小鼠经口 LD_{50}：390mg/kg；大鼠吸入 LC_{50}：670ppm(8h)；小鼠吸入 $LC_{50}P$：270ppm(4h)；家兔经皮 LD_{50}：2550mg/kg。

对中枢神经有抑制作用。可致肺水肿。对眼有重度刺激，可致结膜炎、虹膜炎和角膜混浊。对皮肤有中度刺激，致敏作用较强。

中毒表现 对中枢神经有抑制作用。可致肺水肿。对眼有重度刺激，可致结膜炎、虹膜炎和角膜混浊。对皮肤有中度刺激，致敏作用较强。

侵入途径 吸入、食入、经皮吸收。

职业接触限值 美国(ACGIH)：TLV-TWA：1ppm。

环境危害 对水生生物有极高毒性，可能在水生环境中造成长期不利影响。

理化特性与用途

理化特性 无色液体，有特殊气味。溶于水，易溶于丙酮、甲苯、辛烷。熔点－100℃，沸点154℃，相对密度(水＝1)0.97，相对蒸气密度3.9，饱和蒸气压0.63kPa(25℃)，闪点48℃(开杯)，临界温度320℃，临界压力3.69MPa，辛醇/水分配系数0.45。

主要用途 主要用作聚氨酯橡胶的原料及环氧树脂的稀释剂。

包装与储运

包装标志 易燃液体

包装类别 Ⅲ类

安全储运 储存于阴凉、通风的库房。远离火种、热源。储存温度不超过37℃。保持容器密封。炎热季节早晚运输。应与氧化剂、强酸、碱等隔离储运。禁止使用易产生火花的机械设备和工具。灌装时注意流速，防止静电积聚。搬运时轻装轻卸，防止容器受损。

紧急处置信息

急救措施

吸入：迅速脱离现场至空气新鲜处。保持呼吸道通畅。如呼吸困难，给输氧。呼吸、心跳停止，立即进行心肺复苏术。就医。

眼睛接触：立即分开眼睑，用流动清水或生理盐水彻底冲洗。就医。

皮肤接触：立即脱去污染的衣着，用肥皂水和清水彻底冲洗。就医。

食入：漱口，禁止催吐。就医。

灭火方法 消防人员须穿全身消防服，佩戴空气呼吸器，在上风向灭火。尽可能将容器从火场移至空旷处。喷水保持火场容器冷却，直至灭火结束。处在火场中的容器若发生异常变化或发出异常声音，须马上撤离。

灭火剂：抗溶性泡沫、二氧化碳、干粉、砂土。

泄漏应急处置 消除所有点火源。根据液体流动和蒸气扩散的影响区域划定警戒区，无关人员从侧风、上风向撤离至安全区。建议应急处理人员戴正压自给式呼吸器，穿防静电、防腐蚀服，戴橡胶手套。尽可能切断泄漏源。防止泄漏物进入水体、下水道、地下室或限制性空间。小量泄漏：用干燥的砂土或其他不燃材料吸收或覆盖，收集于容器中。大量泄漏：构筑围堤或挖坑收容。

852. 烯基丁二酸

标　识

中文名称 烯基丁二酸

英文名称 Dodecenylsuccinic acid

别名 十二烯基丁二酸；T746 防锈剂

分子式 $C_{16}H_{28}O_4$

CAS 号 29658－97－7

危害信息

燃烧与爆炸危险性 可燃，其蒸气与空气混合能形成爆炸性混合物，遇明火、高热易燃烧或爆炸，受热产生有毒的一氧化碳气体。在高温火场中，受热的容器或储罐有破裂和爆炸的危险。蒸气比空气重，能在较低处扩散到相当远的地方，遇火源会着火回燃和爆炸（闪爆）。

活性反应 与强氧化剂反应。

禁忌物 强氧化剂。

毒性 食入有害，对眼和皮肤有刺激性。

侵入途径 吸入、食入。

理化特性与用途

理化特性 黄色至棕红色黏稠状液体。不溶于水，易溶于烃类溶剂。pH 值≥4.2，闪点≥90℃（开杯）。

主要用途 适用于调制防锈汽轮机油、机床用油、液压油、液力传动油，亦可调制封存防锈油，润滑防锈两用油、防锈复合剂及防锈脂等。

包装与储运

安全储运 储存于阴凉、通风的库房。远离火种、热源。应与氧化剂隔离储运。搬运时轻装轻卸，防止容器受损。

紧急处置信息

急救措施

吸入：脱离接触。如有不适感，就医。

眼睛接触：分开眼睑，用流动清水或生理盐水冲洗。如有不适感，就医。

皮肤接触：脱去污染的衣着，用肥皂水和清水冲洗。如有不适感，就医。

食入：漱口，饮水。就医。

灭火方法 消防人员须穿全身消防服，佩戴空气呼吸器，在上风向灭火。尽可能将容器从火场移至空旷处。喷水保持火场容器冷却，直至灭火结束。处在火场中的容器若发生异常变化或发出异常声音，须马上撤离。

灭火剂：泡沫、二氧化碳、干粉、砂土。

泄漏应急处置 消除所有点火源。根据液体流动和蒸气扩散的影响区域划定警戒区，无关人员从侧风、上风向撤离至安全区。建议应急处理人员戴正压自给式呼吸器，穿防静电、防腐蚀服，戴橡胶手套。穿上适当的防护服前严禁接触破裂的容器和泄漏物。尽可能切断泄漏源。防止泄漏物进入水体、下水道、地下室或限制性空间。小量泄漏：用干燥的砂土或其他不燃材料吸收或覆盖，收集于容器中。大量泄漏：构筑围堤或挖坑收容。用防爆、耐腐蚀泵转移至槽车或专用收集器内。喷雾状水驱散蒸气、稀释液体泄漏物。

853. 线性低密度聚乙烯

标　识

中文名称 线性低密度聚乙烯

英文名称 Linear low density polyethylene；LLDPE

危害信息

燃烧与爆炸危险性 可燃。其粉体与空气混合能形成爆炸性混合物，遇明火高热有引起燃烧爆炸的危险。

禁忌物 强氧化剂、卤素。

侵入途径　吸入、食入、经皮吸收。

理化特性与用途

理化特性　无味、无臭的乳白色颗粒，相对密度(水=1)0.918~0.935。

主要用途　挤塑产品，用于制作地膜、包装袋、食品包装、容器衬里、涂层等。

包装与储运

安全储运　储存于阴凉、通风的库房。远离火种、热源。应与氧化剂等隔离储运。

紧急处置信息

急救措施

吸入：脱离接触。如有不适感，就医。

眼睛接触：分开眼睑，用流动清水或生理盐水冲洗。如有不适感，就医。

皮肤接触：脱去污染的衣着，用肥皂水和清水冲洗。如有不适感，就医。

食入：漱口，饮水。就医。

灭火方法　消防人员须穿全身消防服，在上风向灭火。尽可能将容器从火场移至空旷处。喷水保持火场容器冷却，直至灭火结束。

灭火剂：雾状水、泡沫、二氧化碳、干粉、砂土。

泄漏应急处置　隔离泄漏污染区，限制出入。建议应急处理人员戴防尘口罩，穿防毒防酸碱服，戴橡胶耐酸碱手套。穿上适当的防护服前严禁接触破裂的容器和泄漏物。尽可能切断泄漏源。用塑料布覆盖泄漏物，减少飞散。勿使水进入包装容器内。用洁净的铲子收集泄漏物，置于干净、干燥、盖子较松的容器中，将容器移离泄漏区。

854. 橡胶工业用溶剂油

标　识

中文名称　橡胶工业用溶剂油

英文名称　Mineral solvents for rubber industry

别名　120号溶剂油

危害信息

危险性类别　第3类　易燃液体

燃烧与爆炸危险性　易燃。蒸气与空气能形成爆炸性混合物，遇明火、高热能引起燃烧爆炸。高速冲击、流动、激荡后可因产生静电火花放电引起燃烧爆炸。蒸气比空气重，能在较低处扩散到相当远的地方，遇火源会着火回燃和爆炸(闪爆)。

活性反应　与硝酸、浓硫酸、高锰酸钾、重铬酸盐等强氧化剂发生剧烈反应，甚至导致燃烧爆炸。

禁忌物　强氧化剂。

毒性　高浓度吸入产生麻醉作用。

侵入途径　吸入、食入、经皮吸收。

理化特性与用途

理化特性 无色透明易挥发液体，易挥发。主要由烷烃组成，不含烯烃。馏程 80 ~ 120℃，密度≤0. 730g/cm^3。

主要用途 主要用于橡胶工业作溶剂，也可用作洗涤溶剂。

包装与储运

包装标志 易燃液体

包装类别 Ⅲ类

安全储运 盛装时，切不可充满，要留出必要的安全空间。储存于阴凉、通风处，储存温度不超过37℃。远离火种、热源，避免阳光直射。炎热季节应采取通风降温措施。罐储时要有防火防爆技术措施，且有接地装置，防止静电积聚。搬运时轻装轻卸，防止容器受损。

紧急处置信息

急救措施

吸入：迅速脱离现场至空气新鲜处。保持呼吸道通畅。如呼吸困难，给输氧。呼吸、心跳停止，立即进行心肺复苏术。就医。

眼睛接触：立即分开眼睑，用流动清水或生理盐水彻底冲洗。就医。

皮肤接触：立即脱去污染的衣着，用肥皂水和清水彻底冲洗。就医。

食入：漱口，不要催吐，成人可用带气囊的胃管洗胃。就医。

禁用肾上腺素类药。

灭火方法 消防人员必须穿全身消防服，佩戴空气呼吸器，在上风向灭火。喷水冷却燃烧罐和临近罐，直至灭火结束。处在火场中的储罐若发生异常变化或发出异常声音，必须马上撤离。

灭火剂：泡沫、干粉、二氧化碳。

泄漏应急处置 消除所有点火源。根据液体流动和蒸气扩散的影响区域划定警戒区，无关人员从侧风、上风向撤离至安全区。建议应急处理人员戴正压自给式呼吸器，穿防静电服，戴橡胶耐油手套。作业时使用的所有设备应接地。禁止接触或跨越泄漏物。尽可能切断泄漏源。防止泄漏物进入水体、下水道、地下室或限制性空间。小量泄漏：用砂土或其他不燃材料吸收。使用洁净的无火花工具收集吸收材料。大量泄漏：构筑围堤或挖坑收容。用砂土、惰性物质或蛭石吸收大量液体。用泡沫覆盖，减少蒸发。喷水雾能减少蒸发，但不能降低泄漏物在限制性空间内的易燃性。用防爆泵转移至槽车或专用收集器内。

855. 橡胶沥青

标　识

中文名称 橡胶沥青

英文名称 Rubberized bitumen；Rubber bitumen

危害信息

燃烧与爆炸危险性　可燃。其粉体与空气混合能形成爆炸性混合物，遇明火高热有引起燃烧爆炸的危险。燃烧产生有毒的一氧化碳和硫氧化物气体。受热分解产生有毒的硫化氢气体。

毒性　沥青及其烟气对皮肤黏膜具有刺激性，有光毒作用。

中毒表现　沥青的主要皮肤损害有：光毒性皮炎，皮损限于面、颈部等暴露部分；黑变病，皮损常对称分布于暴露部位，呈片状，呈褐－深褐－褐黑色；职业性痤疮；疣状赘生物及事故引起的热烧伤。此外，尚有头昏、头胀，头痛、胸闷、乏力、恶心、食欲不振等全身症状和眼 、鼻、咽部的刺激症状。

侵入途径　吸入、食入。

理化特性与用途

理化特性　黑色固体或半固体。溶于苯。软化点（环球法）125～135℃（QX－20）、65～80℃（QX－30），闪点≥230℃。

主要用途　用作橡胶的软化剂、填充剂及增强剂等。

包装与储运

安全储运　储存于阴凉、通风的库房。远离火种、热源。应与氧化剂隔离储运。

紧急处置信息

急救措施

吸入：如吸入沥青烟雾，脱离接触，对症处理。

眼睛接触：立即分开眼睑，用流动清水或生理盐水彻底冲洗。就医。

皮肤接触：皮肤热沥青烧伤立即用流动水冷却，不要强行剥离皮肤上的沥青。对于头、颈、躯干烧伤，用浸过冷水的毛巾覆盖并时时更换。如果沥青包裹了肢体，会妨碍血循环，应及时切开。在沥青上覆盖凡士林纱布，两天后揭下，并将能够分离的沥青除去，再盖再揭，反复进行可持续两周。

食入：漱口，饮水。就医。

灭火方法　消防人员须穿全身消防服，在上风向灭火。尽可能将容器从火场移至空旷处。喷水保持火场容器冷却，直至灭火结束。

灭火剂：雾状水、泡沫、二氧化碳、干粉、砂土。

泄漏应急处置　隔离泄漏污染区，限制出入。消除所有点火源。建议应急处理人员戴防尘口罩，穿防毒服，戴橡胶手套。穿上适当的防护服前严禁接触破裂的容器和泄漏物。尽可能切断泄漏源。用塑料布覆盖泄漏物，减少飞散。勿使水进入包装容器内。用洁净的铲子收集泄漏物，置于干净、干燥、盖子较松的容器中，将容器移离泄漏区。

856. 硝　基　苯

标　识

中文名称　硝基苯

英文名称　Nitrobenzene；Nitrobenzol；Oil of mirbane

别名　密斑油

分子式 $C_6H_5NO_2$

CAS 号 98－95－3

WGH 号 61056

UN 号 1662

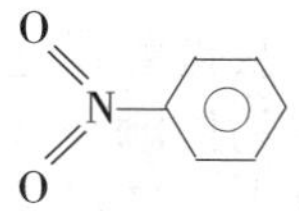

危害信息

危险性类别 第6.1类 毒害品

燃烧与爆炸危险性 遇明火、高热可燃烧爆炸。其蒸气与空气混合能形成爆炸性混合物。

活性反应 与四氧化二氮、硝酸、氯酸钠或四硝基甲烷等氧化剂的混合物具有高度敏感性，极易爆炸。与氯化锡的混合物受热后，易发生分解生成小分子气体产物。

禁忌物 强氧化剂。

毒性 大鼠经口 LD_{50}：349mg/kg；大鼠吸入 LC_{50}：556ppm（4h）；家兔经皮 LD_{50}：600mg/kg；人（女性）经口 TDL_o：200mg/kg。

硝基苯主要经呼吸道和皮肤吸收，在体内氧化生成对硝基酚，经还原生成对氨基酚。主要引起高铁血红蛋白血症，可引起溶血及肝损害。

IARC 对本品的致癌性分类：G2B——可疑人类致癌物。

中毒表现 急性中毒：有头痛、头晕、乏力、皮肤黏膜紫绀、手指麻木等症状；严重时可出现胸闷、呼吸困难、心悸，甚至心律紊乱、昏迷、抽搐、呼吸麻痹。有时中毒后出现溶血性贫血、黄疸、中毒性肝炎。

慢性影响：可有神经衰弱综合征；慢性溶血时，可出现贫血、黄疸；还可引起中毒性肝炎。外周血网织红细胞增多，可查到 Heinz 小体。

侵入途径 吸入、食入、经皮吸收。

职业接触限值

中国：PC-TWA：2mg/m^3［皮］［G2B］。

美国（ACGIH）：TLV-TWA：1ppm［皮］。

环境危害 对水生生物有毒，可能在水生环境中造成长期不利影响；有害空气污染物。

理化特性与用途

理化特性 淡黄色透明油状液体，有苦杏仁味。不溶于水，溶于乙醇、乙醚、苯等有机溶剂。熔点5.7℃，沸点211℃，相对密度（水＝1）1.2，相对蒸气密度（空气＝1）4.25，蒸气压0.02kPa（20℃），辛醇/水分配系数1.86，闪点88℃（闭杯），爆炸极限1.8%～40%，燃烧热－2950kJ/mol，引燃温度480℃。

主要用途 用于制苯胺、联苯胺、偶氮苯、染料等。也用作有机溶剂。

包装与储运

包装标志 有毒品

包装类别 Ⅱ类

安全储运 储存于阴凉、通风的库房。远离火种、热源。储存温度不超过32℃，相对湿度不超过85%。保持容器密封。应与氧化剂、碱类、食用化学品等隔离储运。搬运时轻装轻卸，避免受撞击，防止容器破损。

紧急处置信息

急救措施

吸入：立即脱离接触。如呼吸困难，给吸氧。如呼吸、心跳停止，立即行心肺复苏术。

就医。

皮肤接触：立即脱去污染衣着，用肥皂水或清水彻底冲洗。就医。

眼睛接触：分开眼睑，用清水或生理盐水冲洗。如有不适感，就医。

食入：漱口，催吐，给服活性炭悬液。就医。

高铁血红蛋白血症用美蓝、硫代硫酸钠、维生素 C 等药物治疗。

灭火方法　消防人员须佩戴空气呼吸器，穿全身消防服，在上风向灭火。喷水冷却容器，尽可能将容器从火场移至空旷处。

灭火剂：雾状水、泡沫、二氧化碳、砂土。

泄漏应急处置　根据液体流动和蒸气扩散的影响区域划定警戒区，无关人员从侧风、上风向撤离至安全区。消除所有点火源。建议应急处理人员戴正压自给式呼吸器，穿防毒服，戴橡胶耐油手套。穿上适当的防护服前严禁接触破裂的容器和泄漏物。尽可能切断泄漏源。防止泄漏物进入水体、下水道、地下室或限制性空间。小量泄漏：用干燥的砂土或其他不燃材料吸收或覆盖，收集于容器中。大量泄漏：构筑围堤或挖坑收容。用砂土、惰性物质或蛭石吸收大量液体。用泵转移至槽车或专用收集器内。

857. 硝　酸

标　识

中文名称　硝酸

英文名称　Nitric acid；Nitric acid（red fuming）；Azotic acid；Aqua fortis

分子式　HNO_3

CAS 号　7697－37－2

WGH 号　81002

UN 号　2031

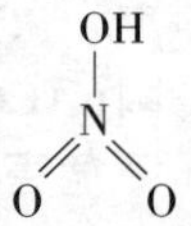

危害信息

危险性类别　第 8.1 类　酸性腐蚀品

燃烧与爆炸危险性　本品不燃，能助燃。遇易燃物、有机物会引起燃烧并散发出剧毒的棕色烟雾。与活泼金属反应，释放出的氢气会引起燃烧或爆炸。具有强腐蚀性。

活性反应　强氧化剂。与还原剂、碱或可燃物发生剧烈反应，放出大量的热量。接触油品、烃、醇、胺、丙酮、氨、硼烷、双氰、松节油等物质会发生剧烈反应，甚至导致燃烧和爆炸。与糖、纤维素、木屑、棉花、稻草或废纱头等可燃物接触，会引起燃烧并散发出剧毒的棕色烟雾。硝酸与乙酸酐 1：1 的混合物可以作为炸药。磷化氢接触浓硝酸会剧烈分解，并伴有燃烧。发烟硝酸滴入盛有磷化氢的容器中会发生爆炸。硝酸和三氯化磷反应，会发生爆炸。

禁忌物　碱类、还原剂、醇类、可燃物、易燃物、金属粉末等。

毒性　大鼠吸入 LC_{50}：130mg/m^3（4h）；大鼠经皮 TDL_o：150ml/kg；人经口 LDL_o：430mg/kg。

对皮肤黏膜有强烈刺激性和腐蚀性。硝酸蒸气中，除本身外，混有各种氮氧化物，氮氧化物急性中毒表现为呼吸道刺激，可引起肺水肿。

中毒表现　急性中毒：吸入较大量硝酸烟雾或蒸气时，引起眼和上呼吸道刺激症状，如流泪、咽喉刺激感、呛咳，并伴有头痛、头晕、胸闷等，重者发生肺水肿。口服引起腹部剧痛，严重者可有胃穿孔、腹膜炎、喉痉挛、肾损害、休克以及窒息。皮肤接触引起化学性灼伤和局部皮肤黄染。溅入眼内也可引起严重灼伤。

慢性影响：长期接触可引起慢性鼻炎、支气管炎、牙齿酸蚀症。

侵入途径　吸入、食入。

职业接触限值　美国(ACGIH)：TLV-TWA：2ppm；TLV-STEL：4ppm。

环境危害　对水生生物有极高毒性，可能在水生环境中造成长期不利影响。

理化特性与用途

理化特性　纯品为无色透明有刺激性的液体，工业品一般呈黄色。与水混溶，溶于乙醚。熔点 -42℃(无水)，沸点 83℃(无水)，相对密度(水=1)1.5(无水)，相对蒸气密度(空气=1)2~3，蒸气压 6.4kPa(20℃)，临界压力 6.89MPa，辛醇/水分配系数 -0.21。

主要用途　是生产己二酸的原料。用于生产硝酸铵，分解磷矿制取硝酸磷肥。还用作有机合成的硝化剂，制取硝基化合物(染料、医药、硝化纤维、香料)以及用于冶金、选矿、核燃料再处理等。

包装与储运

包装标志　腐蚀品，氧化剂[发红烟的除外，含量>70%]；腐蚀品[发红烟的除外。含量≤70%]。

包装类别　Ⅰ[发红烟的除外，含量>70%]；Ⅱ[发红烟的除外，含量≤70%]。

安全储运　储存于阴凉、通风的库房，储存处和其他仓间隔离，用耐酸地坪。远离高温、热源。储存温度不超过 30℃，相对湿度不超过 80%。大量储存要有围墙或门栏，以防万一漏出时向外扩散，并备有中和剂。保持容器密封。应与还原剂、碱类、醇类、碱金属、可燃物等隔离储运。搬运时轻装轻卸，防止撞击、震动、斜倒。硝酸是挥发性酸，不宜久储。

紧急处置信息

急救措施

吸入：迅速脱离现场至空气新鲜处。保持呼吸道通畅。如呼吸困难，给输氧。呼吸、心跳停止，立即进行心肺复苏术。就医。

眼睛接触：立即分开眼睑，用大量流动清水或生理盐水彻底冲洗 10~15min。就医。

皮肤接触：立即脱去污染的衣着，用大量流动清水彻底冲洗，冲洗时间一般要求 20~30min。就医。

食入：用水漱口，禁止催吐。给饮牛奶或蛋清。就医。

灭火方法　火场中有大量本品时，不宜用直流水扑救。消防人员必须穿耐酸碱防护服、防护靴、并佩戴空气呼吸器灭火。

本品不燃，根据火灾原因选择适当的灭火剂。

泄漏应急处置　根据液体流动和蒸气扩散的影响区域划定警戒区，无关人员从侧风、上风向撤离至安全区。建议应急处理人员戴正压自给式呼吸器，穿防酸碱服，戴橡胶耐酸碱手套。穿上适当的防护服前严禁接触破裂的容器和泄漏物。尽可能切断泄漏源。防止泄漏物进入水体、下水道、地下室或限制性空间。喷雾状水抑制蒸气或改变蒸气云流向，避免水流接触泄漏物。勿使水进入包装容器内。小量泄漏：用干燥的砂土或其他不燃材料覆盖泄漏物。大量泄漏：构筑围堤或挖坑收容。用砂土、惰性物质或蛭石吸收大量液体。用石灰(CaO)、碎石灰石($CaCO_3$)或碳酸氢钠($NaHCO_3$)中和。用抗溶性泡沫覆盖，减少蒸发。用耐腐蚀泵转移至槽车或专用收集器内。

858. 硝　酸　铵

标　识

中文名称　硝酸铵

英文名称　Ammonium nitrate；Nitric acid ammonium salt

别名　硝铵

分子式　NH_4NO_3

CAS 号　6484－52－2

WGH 号　51069

UN 号　1942

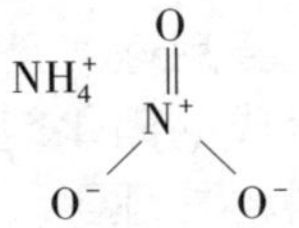

危害信息

危险性类别　第 5.1 类　氧化剂

燃烧与爆炸危险性　不燃，可助燃。遇可燃物着火时，能助长火势。与可燃物粉末混合能发生激烈反应而爆炸。受高热或剧烈撞击会爆炸。

活性反应　强氧化剂，与还原剂、氯化物、有机物、易燃物如硫、磷或金属粉末等物质混合会形成爆炸性混合物。受到油类、木炭或易燃液体污染后，可形成爆炸性混合物，燃烧或受震动后能发生爆炸。与酯类物质混合后由于形成硝酸烃基酯而易发生爆炸。与乙酸的混合物受热能导致燃烧，乙酸浓度增大时，其燃烧性增强。遇热或受剧烈撞击会爆炸。浓度大于 50% 的热硝酸铵溶液在受限空间容易发生爆炸。与次氯酸钠混合，会导致硝酸铵分解。

禁忌物　强还原剂、活性金属粉末、强酸、易燃物、可燃物。

毒性　大鼠经口 LD_{50}：2217mg/kg。

有刺激性，可致高铁血红蛋白血症。

中毒表现　对呼吸道、眼及皮肤有刺激性。接触后可引起恶心、呕吐、头痛、虚弱、无力和虚脱等。大量接触可引起高铁血红蛋白血症，影响血液的携氧能力，出现紫绀、头痛、头晕、虚脱，甚至死亡。口服引起剧烈腹痛、呕吐、血便、休克、全身抽搐、昏迷，甚至死亡。

侵入途径　吸入、食入。

环境危害　对水生生物是有毒的。

理化特性与用途

理化特性　无色斜方结晶或白色小颗粒状结晶。吸湿性强。易溶于水，溶于甲醇、乙醇、丙酮和液氨，不溶于乙醚。熔点 169.6℃，沸点 210℃(分解)，相对密度(水＝1)1.72，相对蒸气密度(空气＝1)2.8。

主要用途　主要用作肥料，还可用于制造工业炸药、固体推进剂和弹药、烟火、杀虫剂、冷冻剂等。

包装与储运

包装标志 氧化剂

包装类别 Ⅲ类

安全储运 储存于阴凉、干燥、通风的库房内。防止受潮，室内须装自动喷水设备，并备有合适的材料收容泄漏物。远离高温、热源，储存温度不超过32℃，相对湿度不超过75%。应与易燃物、还原剂、酸类、活性金属粉末等隔离储运。禁止震动、撞击和摩擦。

紧急处置信息

急救措施

吸入：立即脱离接触。如呼吸困难，给吸氧。如呼吸心跳停止，立即行心肺复苏术。就医。

眼睛接触：分开眼睑，用清水或生理盐水冲洗。如有不适感，就医。

皮肤接触：立即脱去污染衣着，用肥皂水或清水彻底冲洗。就医。

食入：催吐。就医。

应用高铁血红蛋白还原剂美蓝、维生素C等药物治疗。

灭火方法 遇大火，消防人员须在有防护掩蔽处操作。消防人员须佩戴空气呼吸器，穿全身消防服，在上风向灭火。切勿将水流直接射至熔融物，以免引起严重的流淌火灾或引起剧烈的沸溅。

泄漏应急处置 隔离泄漏污染区，限制出入。建议应急处理人员戴防尘口罩，穿防毒服，戴橡胶手套。勿使泄漏物与可燃物质(如木材、纸、油等)接触。穿上适当的防护服前严禁接触破裂的容器和泄漏物。尽可能切断泄漏源。勿使水进入包装容器内。小量泄漏：用洁净的铲子收集泄漏物，置于干净、干燥、盖子较松的容器中，将容器移离泄漏区。大量泄漏：泄漏物回收后，用水冲洗泄漏区。

859. 硝 酸 汞

标 识

中文名称 硝酸汞

英文名称 Mercuric nitrate；Mercury dinitrate

别名 硝酸高汞

分子式 $Hg(NO_3)_2$

CAS号 10045-94-0

WGH号 61030

UN号 1625

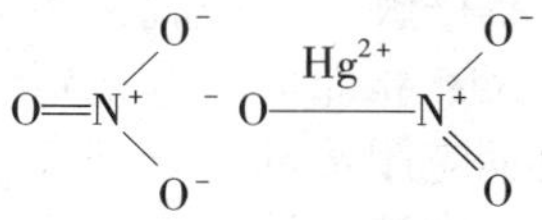

危害信息

危险性类别 第6.1类 有毒品

燃烧与爆炸危险性 助燃。与可燃物混合能形成爆炸性混合物。受热分解产生有毒的烟气。

活性反应 与还原剂、有机物发生反应。

禁忌物　还原剂、有机物、活性金属粉末等。

毒性　大鼠经口 LD_{50}：26mg/kg；小鼠经口 LD_{50}：25mg/kg；大鼠经皮 LD_{50}：75mg/kg。

汞离子可使含巯基的酶丧失活性，失去功能；还能与酶中的氨基、二巯基、羧基、羟基以及细胞膜内的磷酰基结合，引起相应的损害。

本品属剧毒化学品，已列入《剧毒化学品目录》(2002 年版)。

中毒表现　急性中毒：有头痛、头晕、乏力、失眠、多梦、口腔炎、发热等全身症状。可有食欲不振、恶心、腹痛、腹泻等。部分患者皮肤出现红色斑丘疹。严重者可发生间质性肺炎及肾损害。口服可发生急性腐蚀性胃肠炎，严重者昏迷、休克，甚至发生坏死性肾病致急性肾功能衰竭。对眼有刺激性；可致皮炎。

慢性中毒：有神经衰弱综合征；易兴奋症，精神情绪障碍，如胆怯、害羞、易怒、爱哭等；汞毒性震颤；口腔炎。少数病例有肝、肾损害。

侵入途径　吸入、食入、经皮吸收。

职业接触限值　美国(ACGIH)：TLV-TWA：0.025mg/m^3[按 Hg 计][皮]。

环境危害　对水生生物有极高毒性，可能在水生环境中造成长期不利影响；汞易在人类重要的食物链中发生生物蓄积，尤其是在水生生物中。

理化特性与用途

理化特性　无色或白色透明结晶，有潮解性。易溶于水，不溶于乙醇，溶于硝酸。熔点 79℃，沸点 180℃(分解)，相对密度(水 =1)4.39。

主要用途　用作分析试剂，及用于有机合成，药品和雷汞的制造。

包装与储运

包装标志　有毒品

包装类别　Ⅱ类

安全储运　储存于阴凉、通风的库房。远离火种、热源。储存温度不超过 35℃，相对湿度不超过 85%。保持容器密封。应与可燃物、活性金属粉末、磷、还原剂等隔离储运。搬运时轻装轻卸，防止容器受损。应严格执行剧毒化学品管理制度。

紧急处置信息

急救措施

吸入：迅速脱离现场至空气新鲜处。保持呼吸道通畅。如呼吸困难，给输氧。呼吸、心跳停止，立即进行心肺复苏术。就医。

眼睛接触：立即分开眼睑，用流动清水或生理盐水彻底冲洗。就医。

皮肤接触：立即脱去污染的衣着，用流动清水彻底冲洗。就医。

食入：立即催吐、洗胃、给服活性炭悬液，导泻。就医。

及早应用巯基络合剂二巯丙磺钠、二巯丁二钠等驱汞治疗。

灭火方法　消防人员须穿全身防火防毒服，佩戴空气呼吸器在上风向灭火。尽可能将容器从火场移至空旷处。喷水保持火场容器冷却，直至灭火结束。

本品不燃，根据着火原因选择适当灭火剂灭火。

泄漏应急处置　隔离泄漏污染区，限制出入。建议应急处理人员戴防尘口罩，穿防毒服，戴橡胶手套。穿上适当的防护服前严禁接触破裂的容器和泄漏物。尽可能切断泄漏源。用塑料布覆盖泄漏物，减少飞散。勿使水进入包装容器内。用洁净的铲子收集泄漏物，置于干净、干燥、盖子较松的容器中，将容器移离泄漏区。

860. 硝 酸 钾

标 识

中文名称 硝酸钾

英文名称 Potassium nitrate; Nitric acid potassium salt; Niter; Saltpeter

别名 硝石

分子式 KNO_3

CAS 号 7757-79-1

WGH 号 51056

UN 号 1486

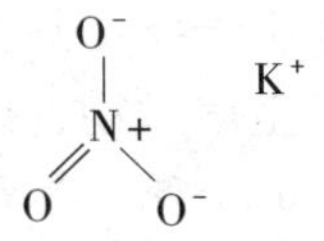

危害信息

危险性类别 第5.1类 氧化剂

燃烧与爆炸危险性 不燃，能助燃。遇可燃物着火时，能助长火势。与可燃物混合能形成爆炸性混合物。燃烧分解时放出有毒的氮氧化物气体。受热分解放出氧气。

活性反应 与酯混合后，会形成硝酸烃基酯而易发生爆炸。与锑粉的混合物受热后易发生爆炸。与醋酸钠的混合物易发生爆炸。与次磷酸盐的混合物会发生剧烈爆炸。与锌酚的混合物受热后易发生爆炸。

禁忌物 强还原剂、活性金属粉末、易燃物、可燃物、强酸。

毒性 大鼠经口 LD_{50}：3750mg/kg。

有刺激性，引起高铁血红蛋白血症。

中毒表现 吸入本品粉尘对呼吸道有刺激性，高浓度吸入可引起肺水肿。大量接触可引起高铁血红蛋白血症，影响血液携氧能力，出现头痛、头晕、紫绀、恶心、呕吐。重者引起呼吸紊乱、虚脱，甚至死亡。口服引起剧烈腹痛、呕吐、血便、休克、全身抽搐、昏迷，甚至死亡。对皮肤和眼睛有强烈刺激性，甚至造成灼伤。

皮肤反复接触引起皮肤干燥、皲裂和皮疹。

侵入途径 吸入、食入。

理化特性与用途

理化特性 无色斜方结晶或白色结晶粉末。易溶于水，溶于甘油和液氨，不溶于无水乙醇、乙醚。熔点334℃，沸点400℃（分解），相对密度（水=1）2.11。在400℃时分解放出氧，并转变成亚硝酸钾。

主要用途 用于制造黑色火药、焰火、机械热处理淬火的盐浴、釉药、卷烟纸、青霉素钾和利福平。还可用作玻璃澄清剂、农作物和花卉的复合肥料和选矿剂。

包装与储运

包装标志 氧化剂

包装类别 Ⅲ类

安全储运 储存于阴凉、干燥、通风的库房内。防止机械性损坏，避免存放于木质地板上。远离高温、热源。储存温度不超过30℃，相对湿度不超过80%。应与还原剂、活泼金属粉末、酸类、易燃物等隔离储运。禁止震动、撞击和摩擦。

紧急处置信息

急救措施

吸入： 立即脱离接触。如呼吸困难，给吸氧。如呼吸心跳停止，立即行心肺复苏术。就医。

眼睛接触： 分开眼睑，用清水或生理盐水冲洗。如有不适感，就医。

皮肤接触： 立即脱去污染衣着，用清水彻底冲洗。就医。

食入： 催吐。就医。

应用高铁血红蛋白还原剂美蓝、维生素 C 等药物治疗。

灭火方法　消防人员须佩戴空气呼吸器，穿全身消防服，在上风向灭火。切勿将水流直接射至熔融物，以免引起严重的流淌火灾或引起剧烈的沸溅。

本品不燃，根据火灾原因选择适当的灭火剂。

泄漏应急处置　隔离泄漏污染区，限制出入。建议应急处理人员戴防尘口罩，穿防毒服，戴氯丁橡胶手套。勿使泄漏物与可燃物质（如木材、纸、油等）接触。穿上适当的防护服前严禁接触破裂的容器和泄漏物。尽可能切断泄漏源。勿使水进入包装容器内。小量泄漏：用洁净的铲子收集泄漏物，置于干净、干燥、盖子较松的容器中，将容器移离泄漏区。大量泄漏：泄漏物回收后，用水冲洗泄漏区。

861. 硝　酸　钠

标　识

中文名称　硝酸钠

英文名称　Sodium nitrate；Sodium saltpeter

别名　钠硝石；智利硝

分子式　$NaNO_3$

CAS 号　7631 – 99 – 4

WGH 号　51055

UN 号　1498

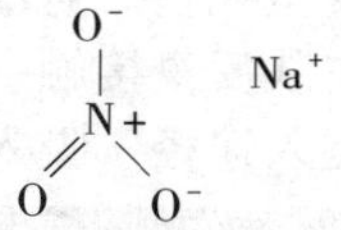

危害信息

危险性类别　第 5.1 类　氧化剂

燃烧与爆炸危险性　不燃，可助燃。遇可燃物着火时，能助长火势。与可燃物混合能形成爆炸性混合物。受高热和燃烧分解时，放出有毒的氮氧化物气体。

活性反应　与硫磺、亚硫酸氢钠、还原剂、强酸接触能引起燃烧或爆炸。与铝粉的混合物具有爆炸性。能与酚、三氟乙酸、硫化钠、硫氰化钡、金属氰化物、过氧甲酸、锑、三氧化二砷、硫酸亚铁、磷化硼、钙 – 钠合金、镁、亚磷酸钠、硫代硫酸钠、木炭等发生反应。

禁忌物　强还原剂、活性金属粉末、强酸、易燃物、可燃物、铝。

毒性　大鼠经口 LD_{50}：1267mg/kg；儿童经口 LDL_o：22.5mg/kg；人（女性）经口 TDL_o：14mg/kg。

能经呼吸道和消化道吸收，在人体内转化为亚硝酸钠，与血红蛋白结合形成高铁血红蛋白血症。对皮肤黏膜有刺激性。

中毒表现 急性中毒常因食物和水污染引起。在生产中可因大量吸入引起职业中毒。口服过量可有头痛、眩晕、恶心、呕吐、紫绀，有时发生血压下降、惊厥、呼吸麻痹，甚至死亡。

侵入途径 吸入、食入。

理化特性与用途

理化特性 白色或略带黄色的菱形结晶，味微苦，易潮解。易溶于水和液氨，溶于甲醇、乙醇，微溶于甘油，极微溶于丙酮。熔点 306.8℃，沸点 380℃（分解），相对密度（水 =1）2.26，辛醇/水分配系数 -0.79。

主要用途 广泛用于玻璃、炸药、染料、冶金、机械、搪瓷等工业；用作生产玻璃的消泡剂、脱色剂、澄清剂和氧化助熔剂，金属清洗剂，配制黑色金属发蓝剂，炼钢和铝合金热处理剂；用于制造硝酸钾，矿山炸药，染料等。

包装与储运

包装标志 氧化剂

包装类别 Ⅲ类

安全储运 储存于阴凉、干燥、通风的库房内。防止机械性损坏，避免存放于木质地板上。远离高温、热源。储存温度不超过 30℃，相对湿度不超过 80%。应与还原剂、活泼金属粉末、酸类、易燃物等隔离储运。

紧急处置信息

急救措施

吸入： 立即脱离接触。如呼吸困难，给吸氧。如呼吸心跳停止，立即行心肺复苏术。就医。

眼睛接触： 分开眼睑，用清水或生理盐水冲洗。如有不适感，就医。

皮肤接触： 立即脱去污染衣着，用清水彻底冲洗。就医。

食入： 催吐。就医。

应用高铁血红蛋白还原剂美蓝、维生素 C 等药物治疗。

灭火方法 消防人员须佩戴空气呼吸器，穿全身消防服，在上风向灭火。切勿将水流直接射至熔融物，以免引起严重的流淌火灾或引起剧烈的沸溅。

本品不燃，根据火灾原因选择适当的灭火剂。

泄漏应急处置 隔离泄漏污染区，限制出入。建议应急处理人员戴防尘口罩，穿防毒服，戴氯丁橡胶手套。勿使泄漏物与可燃物质（如木材、纸、油等）接触。穿上适当的防护服前严禁接触破裂的容器和泄漏物。尽可能切断泄漏源。勿使水进入包装容器内。小量泄漏：用洁净的铲子收集泄漏物，置于干净、干燥、盖子较松的容器中，将容器移离泄漏区。大量泄漏：泄漏物回收后，用水冲洗泄漏区。

862. 硝 酸 镍

标 识

中文名称 硝酸镍

英文名称 Nickel nitrate；Nickel nitrate hexahydrate；Nickelous nitrate hexahydrate

别名 六水合硝酸镍

分子式 $Ni(NO_3)_26(H_2O)$

CAS 号 13478－00－7

WGH 号 51522

UN 号 2725

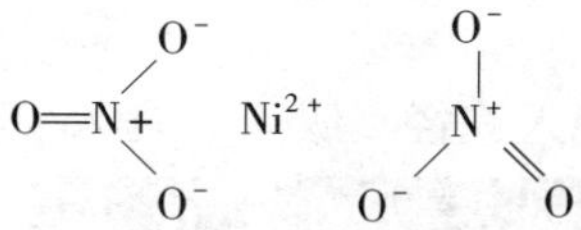

危害信息

危险性类别 第 5.1 类 氧化剂

燃烧与爆炸危险性 不燃，能助燃。遇可燃物着火时，能助长火势。与可燃物混合能形成爆炸性混合物。高温时分解，放出剧毒的氮氧化物气体。急剧加热时可发生爆炸。

活性反应 氧化剂，与还原性物质(铝粉、氯化锡等)发生剧烈反应。

禁忌物 强还原剂、强酸。

毒性 大鼠经口 LD_{50}：1620mg/kg。

IARC 将镍化合物列为确认人类致癌物(G1)。

中毒表现 吸入本品粉尘或蒸气可引起呼吸道刺激症状和呼吸器官的炎症损害，大量口服刺激胃肠道，引起呕吐、腹泻。粉尘对眼有刺激性，水溶液可引起灼伤。镍及其化合物对皮肤的影响最为常见，主要表现为皮炎或过敏性湿疹。有强烈的搔痒，称“镍痒症”。

长期接触引起慢性支气管炎、慢性鼻炎等、副鼻窦炎，甚至鼻中隔穿孔。

侵入途径 吸入、食入。

职业接触限值 中国：PC-TWA：0.5mg/m^3［按 Ni 计］［G1］。

理化特性与用途

理化特性 青绿色单斜晶体，在潮湿空气中迅速潮解。易溶于水，溶于氨水和乙醇。熔点 56.7℃，沸点 136.7℃，相对密度(水＝1)2.05，相对蒸气密度 10.0。

主要用途 用于镀镍、金属着色和制镍催化剂等。

包装与储运

包装标志 氧化剂

包装类别 Ⅲ类

安全储运 储存于阴凉、干燥、通风的库房。远离火种、热源。储存温度不超过 30℃，相对湿度不超过 80%。避免受潮。切勿与还原剂、酸类、可燃和易燃物混储混运。

紧急处置信息

急救措施

吸入：迅速脱离现场至空气新鲜处。保持呼吸道通畅。如呼吸困难，给输氧。呼吸、心跳停止，立即进行心肺复苏术。就医。

眼睛接触：立即分开眼睑，用流动清水或生理盐水彻底冲洗。就医。

皮肤接触：立即脱去污染的衣着，用流动清水彻底冲洗。就医。

食入：漱口，饮水。就医。

驱镍治疗可用二乙基二硫代氨基甲酸钠。

灭火方法 消防人员须佩戴空气呼吸器，穿全身消防服，在上风向灭火。切勿将水流直接射至熔融物，以免引起严重的流淌火灾或引起剧烈的沸溅。

本品不燃，根据火灾原因选择适当的灭火剂。

泄漏应急处置 隔离泄漏污染区，限制出入。建议应急处理人员戴防尘口罩，穿防毒服，戴橡胶手套。勿使泄漏物与可燃物质(如木材、纸、油等)接触。穿上适当的防护服前严禁接触破裂的容器和泄漏物。尽可能切断泄漏源。勿使水进入包装容器内。小量泄漏：用洁净的铲子收集泄漏物，置于干净、干燥、盖子较松的容器中，将容器移离泄漏区。大量泄漏：泄漏物回收后，用水冲洗泄漏区。

863. 硝酸辛酯

标　识

中文名称 硝酸辛酯

英文名称 Nitric acid, octyl ester; 1-Octyl nitrate

分子式 $C_8H_{17}NO_3$

CAS 号 629 -39 -0

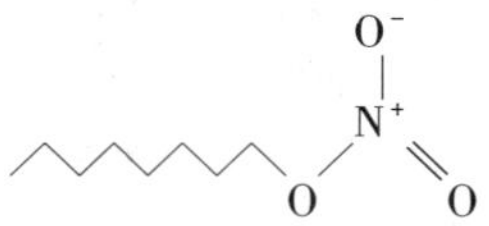

危害信息

危险性类别 第3类 易燃液体

燃烧与爆炸危险性 易燃。其蒸气与空气混合能形成爆炸性混合物，遇明火、高热易燃烧或爆炸。在高温火场中，受热的容器或储罐有破裂和爆炸的危险。

侵入途径 吸入、食入、经皮吸收。

理化特性与用途

理化特性 浅色透明液体。不溶于水。沸点110℃(2.66kPa)，密度$0.975g/cm^3$(0℃)，闪点38~60.5℃。

包装与储运

包装标志 易燃液体

包装类别 Ⅲ类

安全储运 储存于阴凉、通风的库房。远离火种、热源，避免阳光直射。库温不超过37℃。应与氧化剂隔离储运。禁止使用易产生火花的机械设备和工具。灌装时注意流速，防止静电积聚。搬运时轻装轻卸，防止容器受损。

紧急处置信息

急救措施

吸入：脱离接触。如有不适感，就医。

眼睛接触：分开眼睑，用流动清水或生理盐水冲洗。如有不适感，就医。

皮肤接触：脱去污染的衣着，用肥皂水和清水冲洗。如有不适感，就医。

食入：漱口，饮水。就医。

灭火方法 消防人员须穿全身消防服，佩戴空气呼吸器，在上风向灭火。尽可能将容器从火场移至空旷处。喷水保持火场容器冷却，直至灭火结束。处在火场中的容器若发生

异常变化或发出异常声音，须马上撤离。

灭火剂：泡沫、二氧化碳、干粉、砂土。

泄漏应急处置 消除所有点火源。根据液体流动和蒸气扩散的影响区域划定警戒区，无关人员从侧风、上风向撤离至安全区。建议应急处理人员戴正压自给式呼吸器，穿防静电、防腐蚀服，戴橡胶手套。穿上适当的防护服前严禁接触破裂的容器和泄漏物。尽可能切断泄漏源。防止泄漏物进入水体、下水道、地下室或限制性空间。小量泄漏：用干燥的砂土或其他不燃材料吸收或覆盖，收集于容器中。大量泄漏：构筑围堤或挖坑收容。用防爆、耐腐蚀泵转移至槽车或专用收集器内。喷雾状水驱散蒸气、稀释液体泄漏物。

864. 硝酸异辛酯

标　识

中文名称 硝酸异辛酯

英文名称 2-Ethyl hexyl nitrate；Nitric acid 2-ethyl hexyl ester；Isooctyl nitrate

别名 硝酸异辛酯

分子式 $C_8H_{17}NO_3$

CAS 号 27247-96-7

UN 号 3082[海]

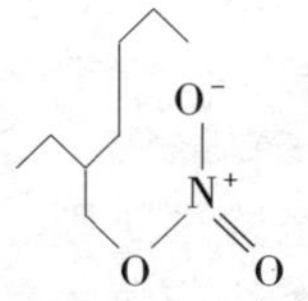

危害信息

燃烧与爆炸危险性 遇高热、明火可燃，燃烧产物含有一氧化碳、二氧化碳、氧化氮气体。

活性反应 与氢化物、氮化物、硫化物等还原剂发生剧烈反应，甚至发生爆炸。与无机碱反应生成爆炸性的盐。与金属氧化物混合会增加其热敏性。

禁忌物 强还原剂、强碱。

毒性 大鼠经口 LDL_0：7500mg/kg，出现共济失调、腹泻。

侵入途径 吸入、食入。

环境危害 海洋污染物。

理化特性与用途

理化特性 无色到浅黄色透明液体。不溶于水。倾点 < -45℃，相对密度(水=1)0.96(16℃)，折射率 1.4321，闪点≥76℃，温度高于 130℃时会爆炸。

主要用途 主要用作柴油十六烷值改进剂。

包装与储运

包装标志 杂类

包装类别 Ⅲ类

安全储运 储存于阴凉、通风的库房。远离火种、热源。应与氧化剂隔离储运。搬运时轻装轻卸，防止容器受损。

紧急处置信息

急救措施

吸入：脱离接触。如有不适感，就医。

眼睛接触：分开眼睑，用流动清水或生理盐水冲洗。如有不适感，就医。

皮肤接触：脱去污染的衣着，用肥皂水和清水冲洗。如有不适感，就医。

食入：漱口，饮水。就医。

灭火方法 消防人员须佩戴空气呼吸器，穿全身消防服，在上风向灭火。尽可能将容器从火场移至空旷处。喷水保持火场容器冷却，直至灭火结束。

灭火剂：泡沫、干粉、二氧化碳、砂土。

泄漏应急处置 根据液体流动和蒸气扩散的影响区域划定警戒区，无关人员从侧风、上风向撤离至安全区。消除所有点火源。应急人员应戴全面罩防毒面具。采取关闭阀门或堵漏等措施切断泄漏源。构筑围堤或挖坑收容泄漏物，防止流入河流、下水道、排洪沟等地方。收容的泄漏液用防爆泵转移至槽车或专用收集器内。残液用干石灰、干沙或苏打灰覆盖。

865. 硝 酸 银

标 识

中文名称 硝酸银

英文名称 Silver nitrate

分子式 $AgNO_3$

CAS 号 7761－88－8

WGH 号 51063

UN 号 1493

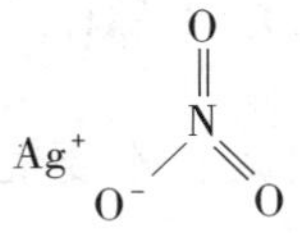

危害信息

危险性类别 第 5.1 类 氧化剂

燃烧与爆炸危险性 不燃，可助燃。遇可燃物着火时，能助长火势。与可燃物混合能形成爆炸性混合物。受高热分解，产生有毒的氮氧化物。

活性反应 与烷基酯反应生成硝酸烷基酯，易发生爆炸性分解。与乙炔反应生成乙炔银，干燥时会发生猛烈爆炸。与乙醇等醇类物质反应能生成雷酸银，受震动、摩擦、撞击、电流引发会猛烈爆炸。与磷、氯化锡等还原剂发生剧烈反应，甚至爆炸。与金属镁的混合物遇水后会自燃。磷化氢快速流过浓硝酸银溶液时，易发生爆炸。

禁忌物 强还原剂、强碱、易燃物、可燃物、醇类、氨、镁。

毒性 大鼠经口 LD_{50}：1173mg/kg；小鼠经口 LD_{50}：50mg/kg。

可经呼吸道、消化道及完整皮肤吸收。对皮肤黏膜有强烈刺激和腐蚀性。长期接触可发生原发性银沉着症。

中毒表现 急性中毒：误服硝酸银可引起剧烈腹痛、呕吐、血便。在数小时至数日内可发生休克、惊厥、昏迷以及胃肠道穿孔。可造成皮肤和眼灼伤。

慢性中毒：长期接触本品的工人会出现全身性银质沉着症。表现包括：全身皮肤广泛的色素沉着，呈灰蓝黑色或浅石板色；眼部银质沉着造成眼损害；呼吸道银质沉着造成慢性支气管炎等。

侵入途径　吸入、食入、经皮吸收。

环境危害　对水生生物有极高毒性，可能在水生环境中造成长期不利影响。

理化特性与用途

理化特性　无色透明斜方晶体或白色结晶，有苦味。易溶于水、氨水，溶于甘油、乙醚，微溶于无水乙醇，几乎不溶于浓硝酸。熔点 212℃，沸点 444℃（分解），相对密度（水＝1）4.35，相对蒸气密度（空气＝1）5.8。

主要用途　用作银盐原料；用于制感光材料，防腐剂，催化剂；还用于镀银，制镜等行业。

包装与储运

包装标志　氧化剂

包装类别　Ⅱ类

安全储运　储存于阴凉、通风的库房。远离高温、热源。避免光照。储存温度不超过 30℃，相对湿度不超过 80%。包装必须密封，切勿受潮。切勿与易燃物、还原剂、碱类、醇类、食用化学品等混储混运。

紧急处置信息

急救措施

吸入：迅速脱离现场至空气新鲜处。保持呼吸道通畅。如呼吸困难，给输氧。呼吸、心跳停止，立即进行心肺复苏术。就医。

眼睛接触：立即分开眼睑，用大量流动清水或生理盐水彻底冲洗 10～15min。就医。

皮肤接触：立即脱去污染的衣着，用大量流动清水彻底冲洗，冲洗时间一般要求 20～30min。就医。

食入：不要催吐，迅速服入食盐水，继之以 2% 氯化钠溶液洗胃，使形成难溶的氯化银。就医。

局部灼伤可用 6% 硫代硫酸钠与 1% 亚铁氰化钾溶液等量混合冲洗清除银质

灭火方法　本品处于火场时，消防人员必须穿全身防火防毒服，佩戴空气呼吸器，在上风向灭火。

本品不燃，根据火灾原因选择适当的灭火剂。

泄漏应急处置　隔离泄漏污染区，限制出入。建议应急处理人员戴防尘口罩，穿防毒服。勿使泄漏物与可燃物质（如木材、纸、油等）接触。穿上适当的防护服前严禁接触破裂的容器和泄漏物。尽可能切断泄漏源。勿使水进入包装容器内。小量泄漏：用洁净的铲子收集泄漏物，置于干净、干燥、盖子较松的容器中，将容器移离泄漏区。大量泄漏：泄漏物回收后，用水冲洗泄漏区。

866. 辛　基　酚

标　识

中文名称　辛基酚

英文名称 Octyl phenol；(1,1,3,3-Tetramethyl)butyl phenol；*tert*-Octylphenol

别名 辛基苯酚

分子式 $C_{14}H_{22}O$

CAS 号 27193-28-8

WGH 号 83508

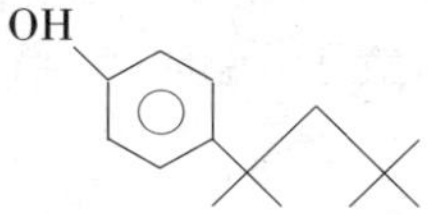

危害信息

危险性类别 第8.3类 其他腐蚀品

燃烧与爆炸危险性 可燃。粉体与空气可形成爆炸性混合物，遇明火、高热会发生粉尘爆炸。具有腐蚀性。

活性反应 弱酸性，与氢氧化钠、氢氧化钾等强碱发生放热中和反应。与氧化剂反应，放出热量。与氢化物、氮化物、烷基金属化合物、硫化物等强还原剂发生反应放出有毒和易燃易爆的氢气、硫化氢等。与稀硝酸可发生硝化反应。

禁忌物 碱类、强氧化剂、强还原剂。

毒性 小鼠腹腔内 LD_{50}：25mg/kg。

未见工业生产中发生急慢性中毒的资料。

侵入途径 吸入、食入。

理化特性与用途

理化特性 白色或浅玫瑰红片状固体。不溶于水。熔点 72~74℃，沸点 280~283℃，相对密度(水=1)0.94，蒸气压<0.133kPa(20℃)，闪点 149℃。

主要用途 是重要的有机合成原料，用于制造非离子表面活性剂、增塑剂、抗氧剂、树脂中间体、防霉剂、杀菌剂和黏合剂等。

包装与储运

包装标志 腐蚀品

包装类别 Ⅲ类

安全储运 储存于干燥、清洁的仓间内。远离火种、热源。储存温度不超过35℃，相对湿度不超过85%。密闭包装。应与氧化剂、强还原剂、碱类等隔离储运。

紧急处置信息

急救措施

吸入：迅速脱离现场至空气新鲜处。保持呼吸道通畅。如呼吸困难，给输氧。呼吸、心跳停止，立即进行心肺复苏术。就医。

眼睛接触：立即分开眼睑，用大量流动清水或生理盐水彻底冲洗 10~15min。就医。

皮肤接触：立即脱去污染衣物，用大量流动清水彻底冲洗，冲洗后即用浸过 30%~50%酒精棉花擦洗创面至无酚味为止(注意不能将患处浸泡于酒精溶液中)。如有条件可用数块浸有聚乙二醇(300 或 400)的海绵反复擦洗污染部位，至少 20min。然后再用大量水冲洗 10min 以上。

食入：漱口，给服植物油 15~30mL，催吐。对食入时间长者禁用植物油，可口服牛奶或蛋清。就医。

灭火方法 消防人员必须穿耐酸碱防护服、防护靴，佩戴空气呼吸器灭火。

灭火剂：雾状水、泡沫、干粉、二氧化碳、砂土。

泄漏应急处置　隔离泄漏污染区，限制出入。消除所有点火源。建议应急处理人员戴防尘口罩，穿防酸碱服。穿上适当的防护服前严禁接触破裂的容器和泄漏物。尽可能切断泄漏源。用塑料布覆盖泄漏物，减少飞散。勿使水进入包装容器内。用洁净的铲子收集泄漏物，置于干净、干燥、盖子较松的容器中，将容器移离泄漏区。

867. 辛　酸

标　识

中文名称　辛酸

英文名称　Octanoic acid；Caprylic acid

别名　羊脂酸

分子式　$C_8H_{16}O_2$

CAS 号　124－07－2

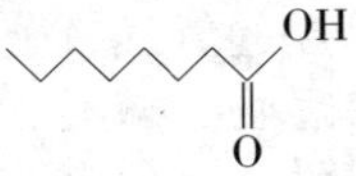

危害信息

燃烧与爆炸危险性　可燃。其粉体或蒸气与空气混合能形成爆炸性混合物，遇明火高热有引起燃烧爆炸的危险。燃烧产生有毒的一氧化碳气体。

活性反应　与氧化剂发生反应。

禁忌物　氧化剂。

毒性　大鼠经口 LD_{50}：10080mg/kg；家兔经皮 LD_{50}：＞5g/kg。

本品对眼、皮肤和黏膜有轻度刺激作用。大量口服引起胃肠不适。吸入蒸气引起咳嗽。受热分解释出有腐蚀性、刺激性的烟雾。

侵入途径　吸入、食入、经皮吸收。

理化特性与用途

理化特性　无色油状液体或结晶，有不愉快的气味。微溶于水，易溶于乙醇、乙醚、苯、氯仿等有机溶剂。熔点 16.3℃，沸点 239.7℃，相对密度（水＝1）0.91（20℃/4℃），相对蒸气密度（空气＝1）5.0，蒸气压 0.13kPa（78℃），燃烧热－4799.9kJ/mol，辛醇/水分配系数 3.05，闪点 110℃，引燃温度 440℃。

主要用途　用于染料、医药、香料的合成，制备杀虫剂、杀菌剂、增塑剂。

包装与储运

安全储运　储存于阴凉、通风的库房。远离火种、热源。应与氧化剂、碱、强还原剂等隔离储运。

紧急处置信息

急救措施

吸入：迅速脱离现场至空气新鲜处。保持呼吸道通畅。如呼吸困难，给输氧。呼吸、心跳停止，立即进行心肺复苏术。就医。

眼睛接触：立即分开眼睑，用流动清水或生理盐水彻底冲洗。就医。

皮肤接触：立即脱去污染的衣着，用肥皂水和清水彻底冲洗。就医。

食入：漱口，饮水。就医。

灭火方法　消防人员须穿全身消防服，佩戴空气呼吸器，在上风向灭火。尽可能将容器从火场移至空旷处。喷水保持火场容器冷却，直至灭火结束。处在火场中的容器若发生异常变化或发出异常声音，须马上撤离。

灭火剂：雾状水、泡沫、二氧化碳、干粉、砂土。

泄漏应急处置　根据液体流动和蒸气扩散的影响区域划定警戒区，无关人员从侧风、上风向撤离至安全区。消除所有点火源。建议应急处理人员戴防毒面具，穿防腐、防毒服。穿上适当的防护服前严禁接触破裂的容器和泄漏物。尽可能切断泄漏源。防止泄漏物进入水体、下水道、地下室或密闭性空间。小量泄漏：用干燥的砂土或其他不燃材料吸收或覆盖，收集于容器中。大量泄漏：构筑围堤或挖坑收容。用飞尘或石灰粉吸收大量液体。用农用石灰（CaO）、碎石灰石（$CaCO_3$）或碳酸氢钠（$NaHCO_3$）中和。用耐腐蚀泵转移至槽车或专用收集器内。

868. 1－辛烯

标　识

中文名称　1－辛烯

英文名称　1－Octene；1－Caprylene

分子式　C_8H_{16}

CAS 号　111－66－0

WGH 号　32016；T31116［铁规］

危害信息

危险性类别　第3类　易燃液体

燃烧与爆炸危险性　易燃。其蒸气与空气混合能形成爆炸性混合物，遇明火、高热极易燃烧或爆炸。燃烧产生有毒的一氧化碳气体。高速冲击、流动、激荡后可因产生静电火花放电引起燃烧爆炸。在高温火场中，受热的容器或储罐有破裂和爆炸的危险。蒸气比空气重，能在较低处扩散到相当远的地方，遇火源会着火回燃和爆炸（闪爆）。

活性反应　与氧化剂反应。

禁忌物　强氧化剂、酸类、卤代烃、卤素。

中毒表现　高浓度的本品有麻醉作用，吸入后可出现头痛、注意力不能持久集中、眩晕、恶心及麻醉等。对眼、黏膜和皮肤有刺激作用。

侵入途径　吸入、食入。

理化特性与用途

理化特性　无色液体。不溶于水，溶于乙醇、乙醚、丙酮、石油醚等多数有机溶剂。熔点－102℃，沸点121℃，相对密度（水＝1）0.72，相对蒸气密度（空气＝1）3.9，蒸气压4.8kPa（38℃），燃烧热－5306.2kJ/mol，临界压力2.68MPa，辛醇/水分配系数4.57，闪点21℃（开杯），引燃温度230℃，爆炸极限0.7%～3.9%。

主要用途　用作溶剂，用于有机合成，及增塑剂、表面活性剂的制备。

包装与储运

包装标志　易燃液体

包装类别　Ⅱ类

安全储运　储存于阴凉、通风的库房。远离火种、热源，避免阳光直射。储存温度不超过37℃。包装要求密封，不可与空气接触。炎热季节早晚运输。应与强氧化剂、强酸、卤代烃、卤素等隔离储运。禁止使用易产生火花的机械设备和工具。灌装时注意流速，防止静电积聚。搬运时轻装轻卸，防止容器受损。

紧急处置信息

急救措施

吸入：迅速脱离现场至空气新鲜处。保持呼吸道通畅。如呼吸困难，给输氧。呼吸、心跳停止，立即进行心肺复苏术。就医。

眼睛接触：立即分开眼睑，用流动清水或生理盐水彻底冲洗。就医。

皮肤接触：立即脱去污染的衣着，用肥皂水和清水彻底冲洗。就医。

食入：漱口，不要催吐。忌给牛奶、油脂和酒类。

拟交感神经药可致室性心律不齐，禁用。

灭火方法　消防人员须穿全身消防服，佩戴防毒面具，在上风向灭火。尽可能将容器从火场移至空旷处。喷水保持火场容器冷却，直至灭火结束。处在火场中的容器若发生异常变化或发出异常声音，须马上撤离。

灭火剂：泡沫、二氧化碳、干粉和砂土。

泄漏应急处置　消除所有点火源。根据液体流动和蒸气扩散的影响区域划定警戒区，无关人员从侧风、上风向撤离至安全区。建议应急处理人员戴正压自给式呼吸器，穿防静电服，戴橡胶耐油手套。作业时使用的所有设备应接地。禁止接触或跨越泄漏物。尽可能切断泄漏源。防止泄漏物进入水体、下水道、地下室或限制性空间。小量泄漏：用砂土或其他不燃材料吸收。使用洁净的无火花工具收集吸收材料。大量泄漏：构筑围堤或挖坑收容。用砂土、惰性物质或蛭石吸收大量液体。用泡沫覆盖，减少蒸发。喷水雾能减少蒸发，但不能降低泄漏物在限制性空间内的易燃性。用防爆泵转移至槽车或专用收集器内。

869. 2 - 辛烯

标　识

中文名称　2 - 辛烯

英文名称　2 - Octene

分子式　C_8H_{16}

CAS 号　111 - 67 - 1

WGH 号　32016；T31116[铁规]

危害信息

危险性类别　第3类　易燃液体

燃烧与爆炸危险性 易燃。其蒸气与空气混合能形成爆炸性混合物，遇明火、高热极易燃烧或爆炸。燃烧产生有毒的一氧化碳气体。在高温火场中，受热的容器或储罐有破裂和爆炸的危险。蒸气比空气重，能在较低处扩散到相当远的地方，遇火源会着火回燃和爆炸(闪爆)。

活性反应 与氧化剂反应。

禁忌物 强氧化剂、酸类、卤代烃、卤素。

中毒表现 高浓度时有麻醉作用，短时间吸入后可能出现头痛、注意力不能集中、眩晕、恶心及麻醉作用。对眼、黏膜和皮肤有刺激作用。

侵入途径 吸入、食入。

理化特性与用途

理化特性 无色液体。不溶于水，溶于乙醇、乙醚、丙酮。熔点 -94.04℃，沸点 124~127℃，相对密度(水=1)0.72，相对蒸气密度(空气=1)3.9，蒸气压 4.12kPa(37.7℃)，辛醇/水分配系数 4.06，闪点 21℃(开杯)。

主要用途 用于有机合成，用作润滑剂。

包装与储运

包装标志 易燃液体

包装类别 Ⅱ类

安全储运 储存于阴凉、通风的库房。远离火种、热源，避免阳光直射。储存温度不超过37℃。包装要求密封，不可与空气接触。炎热季节早晚运输。应与强氧化剂、强酸、卤代烃、卤素等隔离储运。禁止使用易产生火花的机械设备和工具。灌装时注意流速，防止静电积聚。搬运时轻装轻卸，防止容器受损。

紧急处置信息

急救措施

吸入：迅速脱离现场至空气新鲜处。保持呼吸道通畅。如呼吸困难，给输氧。呼吸、心跳停止，立即进行心肺复苏术。就医。

眼睛接触：立即分开眼睑，用流动清水或生理盐水彻底冲洗。就医。

皮肤接触：立即脱去污染的衣着，用肥皂水和清水彻底冲洗。就医。

食入：漱口，不要催吐。忌给牛奶、油脂和酒类。

拟交感神经药可致室性心律不齐，禁用。

灭火方法 消防人员须穿防火防毒服，佩戴空气呼吸器，在上风向灭火。尽可能将容器从火场移至空旷处。喷水保持火场容器冷却，直至灭火结束。处在火场中的容器若发生异常变化或发出异常声音，须马上撤离。

灭火剂：泡沫、二氧化碳、干粉、砂土。

泄漏应急处置 消除所有点火源。根据液体流动和蒸气扩散的影响区域划定警戒区，无关人员从侧风、上风向撤离至安全区。建议应急处理人员戴正压自给式呼吸器，穿防静电服，戴橡胶耐油手套。作业时使用的所有设备应接地。禁止接触或跨越泄漏物。尽可能切断泄漏源。防止泄漏物进入水体、下水道、地下室或限制性空间。小量泄漏：用砂土或其他不燃材料吸收。使用洁净的无火花工具收集吸收材料。大量泄漏：构筑围堤或挖坑收容。用砂土、惰性物质或蛭石吸收大量液体。用泡沫覆盖，减少蒸发。喷水雾能减少蒸发，但不能降低泄漏物在限制性空间内的易燃性。用防爆泵转移至槽车或专用收集器内。

870. 新 戊 烷

标　　识

中文名称　新戊烷

英文名称　Neopentane；2,2 - Dimethylpropane

别名　2,2 - 二甲基丙烷

分子式　C_5H_{12}

CAS 号　463 - 82 - 1

WGH 号　21013

UN 号　2044

危害信息

危险性类别　第 2.1 类　易燃气体

燃烧与爆炸危险性　易燃。与空气混合能形成爆炸性混合物，遇高热和明火能引起燃烧或爆炸。燃烧产生有毒的一氧化碳气体。气体比空气重，能在较低处扩散到相当远的地方，遇火源会着火回燃和爆炸（闪爆）。

活性反应　与氧化剂反应。

禁忌物　强氧化剂、强酸、强碱、卤素。

毒性　小鼠腹腔内 LD_{50}：100mg/kg；小鼠吸入 LCL_o：1097000mg/m^3。

高浓度可引起眼与呼吸道黏膜轻度刺激症状和麻醉症状，重者意识丧失。长期接触可致轻度皮炎。

侵入途径　吸入、食入。

职业接触限值　美国（ACGIH）：TLV - TWA：600ppm。

环境危害　对水生生物有毒，可能在水生环境中造成长期不利影响。

理化特性与用途

理化特性　无色气体或极易挥发的液体。不溶于水，溶于乙醇、乙醚、四氯化碳等。熔点 -16.6℃，沸点 9.5℃，相对密度（水 =1）0.6，相对蒸气密度（空气 =1）2.5，蒸气压 146.3kPa（20℃），临界温度 160.6℃，临界压力 3.2MPa，辛醇/水分配系数 3.11，闪点 < -7℃，引燃温度 450℃，爆炸极限 1.4% ~7.5%。

主要用途　用于制造丁基橡胶。

包装与储运

包装标志　易燃气体

安全储运　储存于阴凉、通风的库房或大型气柜。远离火源和热源。储存温度不超过 30℃。储存时，应与氧化剂隔离。禁止使用易产生火花的机械设备和工具。运输时防止雨淋、曝晒。搬运时轻装轻卸，须戴好钢瓶安全帽和防震橡皮圈，防止钢瓶撞击。

紧急处置信息

急救措施

吸入：迅速脱离现场至空气新鲜处。保持呼吸道通畅。如呼吸困难，给输氧。呼吸、

心跳停止，立即进行心肺复苏术。就医。

眼睛接触：立即分开眼睑，用流动清水或生理盐水彻底冲洗。就医。

皮肤接触：立即脱去污染的衣着，用肥皂水和清水彻底冲洗。就医。

食入：漱口，不要催吐。就医。

忌用肾上腺素。

灭火方法 切断气源。若不能切断气源，则不允许熄灭泄漏处的火焰。消防人员须佩戴空气呼吸器、穿全身防火防毒服，在上风向灭火。喷水保持火场容器冷却，直至灭火结束。尽可能将容器从火场移至空旷处。

灭火剂：雾状水、泡沫、二氧化碳、干粉。

泄漏应急处置 消除所有点火源。根据气体扩散的影响区域划定警戒区，无关人员从侧风、上风向撤离至安全区。建议应急处理人员戴正压自给式呼吸器，穿防静电服。作业时使用的所有设备应接地。禁止接触或跨越泄漏物。尽可能切断泄漏源。喷雾状水抑制蒸气或改变蒸气云流向，避免水流接触泄漏物。禁止用水直接冲击泄漏物或泄漏源。防止气体通过下水道、通风系统和限制性空间扩散。隔离泄漏区直至气体散尽。若是液体泄漏，防止进入下水道等限制性空间。构筑围堤或挖坑收容液体泄漏物。用砂土、惰性物质或蛭石吸收大量液体。用泡沫覆盖，降低蒸气灾害。用防爆泵转移至槽车或专用容器中，回收或作废弃处置。

871. 溴 化 汞

标 识

中文名称 溴化汞

英文名称 Mercury bromide；Mercuric bromide

别名 二溴化汞；溴化高汞

分子式 $HgBr_2$

Br—Hg—Br

CAS 号 7789－47－1

WGH 号 61509

UN 号 1634

危害信息

危险性类别 第6.1类 有毒品

燃烧与爆炸危险性 不燃，无特殊燃爆特性。

活性反应 与钾和钠等接触发生反应。

禁忌物 活泼金属。

毒 性 大鼠经口 LD_{50}：40mg/kg；小鼠经口 LD_{50}：35mg/kg；大鼠经皮 LD_{50}：100mg/kg。

本品属剧毒化学品，已列入《剧毒化学品目录》(2002 年版)。

中毒表现 急性中毒有头痛、头晕、发热、口腔炎、皮疹，重者可发生间质性肺炎及肾脏损害。长期接触低浓度二溴化汞后，可发生神经衰弱综合征、汞毒性震颤等。

侵入途径 吸入、食入、经皮吸收。

职业接触限值 美国(ACGIH)：TLV－TWA(mg/m^3)：0.025[按 Hg 计][皮]。

环境危害　对水生生物有极高毒性，可能在水生环境中造成长期不利影响；汞易在人类重要的食物链中发生生物蓄积，尤其是在水生生物中。

理化特性与用途

理化特性　白色斜方晶体，或结晶性粉末。对光敏感。溶于热水，溶于乙醇、甲醇、溴化钾溶液、盐酸，微溶于氯仿、乙醚。熔点237℃，沸点322℃，相对密度(水=1)6.05，相对蒸气密度(空气=1)12，蒸气压0.133(136.5℃)。

主要用途　用于医药工业和用作化学试剂。

包装与储运

包装标志　有毒品

包装类别　Ⅱ类

安全储运　储存于阴凉、通风的库房。远离火种、热源。储存温度不超过35℃，相对湿度不超过80%。保持容器密封。应与磷、砷、碱金属硫化物、亚硫酸盐、磷酸盐、草酸、氨等隔离储运。搬运时轻装轻卸，防止容器受损。应严格执行剧毒化学品管理制度。

紧急处置信息

急救措施

吸入：迅速脱离现场至空气新鲜处。保持呼吸道通畅。如呼吸困难，给输氧。呼吸、心跳停止，立即进行心肺复苏术。就医。

眼睛接触：立即分开眼睑，用流动清水或生理盐水彻底冲洗。就医。

皮肤接触：立即脱去污染的衣着，用流动清水彻底冲洗。就医。

食入：立即催吐、洗胃、给服活性炭悬液，导泻。就医。

及早应用巯基络合剂二巯丙磺钠、二巯丁二钠等驱汞治疗。

灭火方法　消防人员须穿全身防火防毒服，佩戴空气呼吸器在上风向灭火。尽可能将容器从火场移至空旷处。喷水保持火场容器冷却，直至灭火结束。

本品不燃，根据着火原因选择适当灭火剂灭火。

泄漏应急处置　隔离泄漏污染区，限制出入。建议应急处理人员戴防尘口罩，穿防毒服。穿上适当的防护服前严禁接触破裂的容器和泄漏物。尽可能切断泄漏源。用塑料布覆盖泄漏物，减少飞散。勿使水进入包装容器内。用洁净的铲子收集泄漏物，置于干净、干燥、盖子较松的容器中，将容器移离泄漏区。

872. 溴　化　锂

标　识

中文名称　溴化锂

英文名称　Lithium bromide

分子式　LiBr

CAS 号　7550-35-8

Li—Br

危害信息

燃烧与爆炸危险性　不燃。

毒性 大鼠经口 LD_{50}：1800mg/kg；小鼠经口 LD_{50}：1840mg/kg。

锂化合物对肾脏有明显的损害作用。口服引起的急性中毒，以胃肠道、心脏、肾脏和神经系统的表现为主。

侵入途径 吸入、食入。

理化特性与用途

理化特性 白色立方结晶。易溶于水，微溶于乙醇、甲醇、乙醚，溶于戊醇。极易潮解。熔点550℃，沸点1265℃，密度3.464g/cm^3。

主要用途 用作水蒸气吸收剂和空气湿度调节剂。可用于医药、照相、化学合成、电池工业。54%～55%溴化锂溶液作吸收制冷剂，用于大规模制冷系统。

包装与储运

安全储运 储存于阴凉、通风良好的库房。远离火种、热源。密闭包装。应与氧化剂、酸类等隔离储运。

紧急处置信息

急救措施

吸入：迅速脱离现场至空气新鲜处。保持呼吸道通畅。如呼吸困难，给输氧。呼吸、心跳停止，立即进行心肺复苏术。就医。

眼睛接触：立即分开眼睑，用流动清水或生理盐水彻底冲洗。就医。

皮肤接触：立即脱去污染的衣着，用流动清水彻底冲洗。就医。

食入：漱口，以手指探咽后部催吐。就医。

给予氯化钠拮抗锂的毒性。

灭火方法 喷水冷却容器，尽可能将容器从火场移至空旷处。消防人员必须穿全身防火防毒服，佩戴空气呼吸器，在上风向灭火。

本品不燃，根据火灾原因选择适当的灭火剂。

泄漏应急处置 隔离泄漏污染区，限制出入。建议应急处理人员戴防尘口罩，穿防毒服。穿上适当的防护服前严禁接触破裂的容器和泄漏物。尽可能切断泄漏源。用塑料布覆盖泄漏物，减少飞散。勿使水进入包装容器内。用洁净的铲子收集泄漏物，置于干净、干燥、盖子较松的容器中，将容器移离泄漏区。

873. 溴 甲 烷

标 识

中文名称 溴甲烷

英文名称 Bromomethane；Methyl bromide

别名 甲基溴

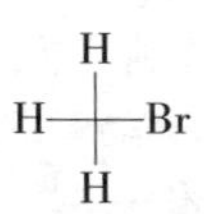

分子式 CH_3Br

CAS 号 74－83－9

WGH 号 23041

UN 号 1062

危害信息

危险性类别 第 2.3 类 有毒气体

燃烧与爆炸危险性 易燃。与空气混合能形成爆炸性混合物。燃烧产生有毒的一氧化碳和溴化氢气体。

活性反应 遇铝粉、二甲亚砜有燃烧爆炸的危险，与活性金属粉末发生反应。

禁忌物 强氧化剂、碱金属、活性金属粉末、二甲亚砜。

毒性 大鼠经口 LD_{50}：214mg/kg；大鼠吸入 LC_{50}：302ppm(8h)；小鼠吸入 LC_{50}：1540mg/m^3(2h)。

主要损害中枢及周围神经系统；对皮肤、黏膜、肺、肾、肝、心血管等也有损害。以中枢神经系统和肺最早受到损害，也最为严重。

中毒表现 急性中毒：轻度有头痛、头晕、恶心、全身无力、嗜睡、震颤、咳嗽、咯痰等；较重者出现兴奋、谵妄、共济失调、肌痉挛，并可伴有多发性神经炎和肝、肾损害；严重中毒时，因脑水肿出现抽搐、躁狂、昏迷；或因肺水肿或循环衰竭而出现紫绀。可因肺水肿，神经系统严重损害或循环衰竭而死亡。接触极高浓度可迅速死亡。皮肤接触其液体可致灼伤。

慢性中毒：常有头痛、全身乏力、嗜睡、记忆力减退、激动易怒、步态不稳等，亦可伴有周围神经炎和植物神经功能紊乱。可出现视神经萎缩。重者出现震颤、瘫痪与精神障碍。

侵入途径 吸入、食入、经皮吸收。

职业接触限值

中国：PC－TWA：2mg/m^3[皮]。

美国(ACGIH)：TLV－TWA：1ppm[皮]。

环境危害 对水生生物有极高毒性；有害空气污染物；臭氧消耗物质，会对大气臭氧层造成破坏。

理化特性与用途

理化特性 无色气体，有甜味。不溶于水，溶于乙醇、乙醚、氯仿、苯等多数有机溶剂。熔点－93.6℃，沸点 3.6℃，相对密度(水＝1)1.73，相对蒸气密度(空气＝1)3.3，蒸气压 215.5kPa(25℃)，燃烧热－787.0kJ/mol，临界温度 194℃，临界压力 8.45MPa，辛醇/水分配系数 1.19，闪点－44℃，引燃温度 537℃，爆炸极限 10.0%～16.0%。

主要用途 用作杀虫剂、熏剂、冷冻剂和溶剂，也用于有机合成。

包装与储运

包装标志 有毒气体

安全储运 储存于阴凉、通风的库房或大型气柜。远离火源和热源。储存温度不超过 30℃。储存时，应与氧化剂隔离。潮湿环境下，禁止使用铝制、锌制设备。运输时防止雨淋、曝晒。搬运时轻装轻卸，须戴好钢瓶安全帽和防震橡皮圈，防止钢瓶撞击。

紧急处置信息

急救措施

吸入：迅速脱离现场至空气新鲜处。保持呼吸道通畅。如呼吸困难，给输氧。呼吸、

心跳停止，立即进行心肺复苏术。就医。

眼睛接触：立即分开眼睑，用大量流动清水或生理盐水彻底冲洗10~15min。就医。

皮肤接触：立即脱去污染的衣着，用大量流动清水彻底冲洗。就医。

灭火方法 切断气源。消防人员须佩带空气呼吸器，穿全身防火防毒服，在上风向灭火。喷水保持火场容器冷却，直至灭火结束。尽可能将容器从火场移至空旷处。

灭火剂：雾状水、泡沫、二氧化碳。

泄漏应急处置 根据气体扩散的影响区域划定警戒区，无关人员从侧风、上风向撤离至安全区。消除所有点火源。建议应急处理人员穿内置正压自给式呼吸器的全封闭防化服。如果是液化气体泄漏，还应注意防冻伤。禁止接触或跨越泄漏物。尽可能切断泄漏源。若可能翻转容器，使之逸出气体而非液体。防止气体通过下水道、通风系统和限制性空间扩散。喷雾状水抑制蒸气或改变蒸气云流向，避免水流接触泄漏物。禁止用水直接冲击泄漏物或泄漏源。隔离泄漏区直至气体散尽。

874. 溴氯二甲基海因

标　识

中文名称 溴氯二甲基海因

英文名称 1 – Bromo – 3 – chloro – 5,5 – dimethylimidazolidine – 2,4 – dione; 1 – Bromo – 3 – chloro – 5,5 – dimethylhydantoin; BCDMH

别名 溴氯海因；1 – 溴 – 3 – 氯 – 5 – 甲基 – 5 – 乙基乙内酰脲

分子式 $C_5H_6BrClN_2O_2$

CAS 号 126 – 06 – 7

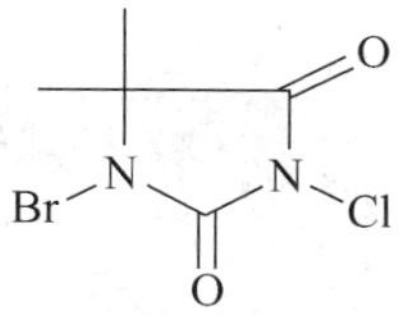

危害信息

危险性类别 第5.1类 氧化剂

燃烧与爆炸危险性 助燃。在高温火场中，受热的容器或储罐有破裂和爆炸的危险。遇热分解放出有毒的氮氧化物气体。

活性反应 与碱反应。

禁忌物 碱类

毒性 大鼠经口 LD_{50}：485mg/kg；小鼠经口 LD_{50}：680mg/kg；大鼠吸入 LC_{50}：1880mg/m^3(4h)；家兔经皮 LDL_o：2g/kg。

对眼和皮肤有强烈刺激性。

侵入途径 吸入、食入、经皮吸收。

环境危害 对水生生物是有害的。

理化特性与用途

理化特性 白色粉末或片状固体。微溶于水，溶于氯仿、乙醇、二氯甲烷等有机溶剂。pH值2.88(0.1%水溶液)，熔点160~164℃。

主要用途 一种优良的杀菌剂，广泛用于各类工业循环冷却水系统、游泳池、水产养殖、喷水净化、纸浆漂白等领域。

包装与储运

包装标志　氧化剂、腐蚀品

包装类别　Ⅱ类

安全储运　储存于阴凉、通风的库房。远离火种、热源。储存温度不超过30℃，相对湿度不超过80%。保持容器密封，不可与空气接触。应与可燃物、强碱、醇类等隔离储运。

紧急处置信息

急救措施

吸入：迅速脱离现场至空气新鲜处。保持呼吸道通畅。如呼吸困难，给输氧。呼吸、心跳停止，立即进行心肺复苏术。就医。

眼睛接触：立即分开眼睑，用大量流动清水或生理盐水彻底冲洗10～15min。就医。

皮肤接触：立即脱去污染的衣着，用大量流动清水彻底冲洗，冲洗时间一般要求20～30min。就医。

食入：用水漱口，禁止催吐。给饮牛奶或蛋清。就医。

灭火方法　消防人员须佩戴空气呼吸器，穿全身耐酸碱消防服，在上风向灭火。尽可能将容器从火场移至空旷处。喷水保持火场容器冷却，直至灭火结束。切勿将水流直接射至熔融物，以免引起严重的流淌火灾或引起剧烈的沸溅。

灭火剂：干粉、二氧化碳。

泄漏应急处置　隔离泄漏污染区，限制出入。建议应急处理人员戴防尘口罩，穿防毒防酸碱服，戴橡胶耐酸碱手套。穿上适当的防护服前严禁接触破裂的容器和泄漏物。尽可能切断泄漏源。用塑料布覆盖泄漏物，减少飞散。勿使水进入包装容器内。用洁净的铲子收集泄漏物，置于干净、干燥、盖子较松的容器中，将容器移离泄漏区。

875. 4，4′－亚甲基双（2，6－二叔丁基苯酚）

标　识

中文名称　4，4′－亚甲基双（2，6－二叔丁基酚）

英文名称　4，4′－Methylene bis（2，6－di－*tert*－butylphenol）；Antioxidant（702）

别名　702抗氧剂

分子式　$C_{29}H_{44}O_2$

CAS号　118－82－1

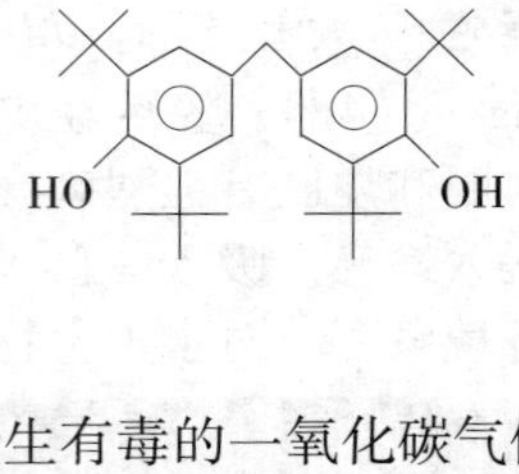

危害信息

燃烧与爆炸危险性　可燃。其粉体与空气混合能形成爆炸性混合物，遇明火高热有引起燃烧爆炸的危险。燃烧产生有毒的一氧化碳气体。

禁忌物　强氧化剂。

侵入途径　吸入、食入、经皮吸收。

理化特性与用途

理化特性　白色或淡黄色粉末。不溶于水，溶于酯类、酮类、烷烃、芳烃等有机溶剂。

pH 值中性，熔点 149 ~ 154℃，沸点 289℃（5. 32kPa），相对密度（水 = 1）0. 99，闪点 >204℃。

主要用途 主要用作塑料、天然及合成橡胶抗氧剂，也作为油品添加剂使用，抗高温氧化效果优良，广泛用于导热油、淬火油、特种润滑脂等需要在高温条件下使用的油品中。

包装与储运

安全储运 储存于阴凉、通风的库房。远离火种、热源，避免阳光直射。应与氧化剂、强碱隔离储运。

紧急处置信息

急救措施

吸入： 脱离接触。如有不适感，就医。

眼睛接触： 分开眼睑，用流动清水或生理盐水冲洗。如有不适感，就医。

皮肤接触： 脱去污染的衣着，用肥皂水和清水冲洗。如有不适感，就医。

食入： 漱口，饮水。就医。

灭火方法 消防人员须穿全身消防服，在上风向灭火。尽可能将容器从火场移至空旷处。喷水保持火场容器冷却，直至灭火结束。

灭火剂：雾状水、泡沫、二氧化碳、干粉、砂土。

泄漏应急处置 隔离泄漏污染区，限制出入。建议应急处理人员戴防尘口罩，穿一般作业工作服。尽可能切断泄漏源。用塑料布覆盖泄漏物，减少飞散。勿使水进入包装容器内。用洁净的铲子收集泄漏物，置于干净、干燥、盖子较松的容器中，将容器移离泄漏区。

876. 2,2′－亚甲基双(4－甲基－6－叔丁基苯酚)

标　识

中文名称 2,2′－亚甲基双(4－甲基－6－叔丁基苯酚)

英文名称 2,2′－Methylenebis(4－methyl－6－*tert*－butyl－phenol)；Antioxidant 2246

别名 抗氧剂 2246

分子式 $C_{23}H_{32}O_2$

CAS 号 119－47－1

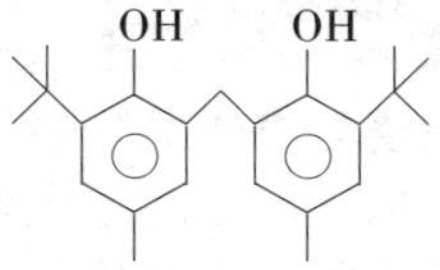

危害信息

燃烧与爆炸危险性 可燃。其粉体与空气混合能形成爆炸性混合物，遇明火高热有引起燃烧爆炸的危险。燃烧产生有毒的一氧化碳气体。

毒性 大鼠经口 LD_{50}：4880mg/kg；小鼠经口 LD_{50}：11g/kg；大鼠经口 LDL_o：23096mg/kg(78 周，连续)，肝和睾丸重量改变，体重减轻。

侵入途径 吸入、食入。

理化特性与用途

理化特性 白色或浅黄色粉末。不溶于水，溶于多数有机溶剂。熔点 125 ~ 128℃，相对密度（水＝1）1.08，相对蒸气密度（空气＝1）7.6，闪点195℃，辛醇/水分配系数6.25。

主要用途 广泛用于天然胶、合成胶、胶乳及其他多种合成材料和石油制品中，因不变色，适于浅色或艳色橡胶制品和乳胶的浸渍制品、纤维制品、医疗卫生制品。还是多种塑料：ABS树脂、聚乙烯、纤维素树脂等的优良抗氧剂。

包装与储运

安全储运 储存于阴凉、通风的库房。远离火种、热源。应与氧化剂隔离储运。

紧急处置信息

急救措施

吸入：脱离接触。如有不适感，就医。

眼睛接触：分开眼睑，用流动清水或生理盐水冲洗。如有不适感，就医。

皮肤接触：脱去污染的衣着，用肥皂水和清水冲洗。如有不适感，就医。

食入：漱口，饮水。就医。

灭火方法 消防人员须穿全身消防服，在上风向灭火。尽可能将容器从火场移至空旷处。喷水保持火场容器冷却，直至灭火结束。

灭火剂：雾状水、泡沫、二氧化碳、干粉、砂土。

泄漏应急处置 隔离泄漏污染区，限制出入。建议应急处理人员戴防尘口罩，穿防毒防酸碱服，戴橡胶耐酸碱手套。用洁净的铲子收集泄漏物，置于干净、干燥、盖子较松的容器中，将容器移离泄漏区。

877. 4,4’－二苯甲烷二异氰酸酯

标　识

中文名称 4,4’－二苯甲烷二异氰酸酯

英文名称 4,4’－Diphenylmethane diisocyanate

分子式 $C_{15}H_{10}N_2O_2$

CAS号 101－68－8

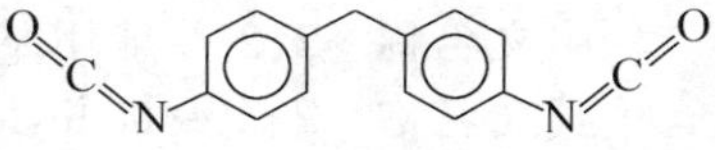

危害信息

燃烧与爆炸危险性 可燃。其蒸气与空气混合能形成爆炸性混合物。燃烧产生有毒的腐蚀性烟雾。在高温火场中受热的容器有破裂和爆炸的危险。

禁忌物 强氧化剂。

侵入途径 吸入、食入。

理化特性与用途

理化特性 白色至淡黄色结晶或薄片，稍有发霉的气味。不溶于水，溶于丙酮、苯、煤油、硝基苯等。熔点37℃，沸点314℃（100kPa）、196℃（0.67kPa），相对密度（水＝1）1.2，相对蒸气密度（空气＝1）8.6，饱和蒸气压0.67mPa（25℃），辛醇/水分配系数5.22，闪点196℃（闭杯）、202℃（开杯），引燃温度240℃。

主要用途 用于制造聚氨酯树脂、聚氨酯泡沫、聚氨酯纤维、黏合剂和涂料等。

紧急处置信息

急救措施

吸入：迅速脱离现场至空气新鲜处。保持呼吸道通畅。如呼吸困难，给输氧。呼吸、心跳停止，立即进行心肺复苏术。就医。

眼睛接触：分开眼睑，用流动清水或生理盐水冲洗。如有不适感，就医。

皮肤接触：立即脱去污染的衣着，用肥皂水和清水彻底冲洗皮肤。如有不适感，就医。

食入：饮足量温水，催吐，就医。

灭火方法　消防人员必须佩戴空气呼吸器，穿全身防火防毒服，在上风向灭火。尽可能将容器从火场移至空旷处。喷水保持火场容器冷却，直至灭火结束。处在火场中的容器若发生异常变化或发出异常声音，须马上撤离。

灭火剂：雾状水、泡沫、干粉、二氧化碳。

泄漏应急处置　隔离泄漏污染区，限制出入。消除所有点火源。建议应急处理人员戴防尘口罩，穿防毒服，戴橡胶手套。禁止接触或跨越泄漏物。用洁净的铲子收集泄漏物，置于干净、干燥、盖子较松的容器中，将容器移离泄漏区。防止泄漏物进入水体、下水道、地下室或受限空间。

878. 亚　磷　酸

标　　识

中文名称　亚磷酸

英文名称　Phosphorous acid；Orthophosphorus acid

分子式　H_3PO_3

CAS 号　13598－36－2

WGH 号　81502

UN 号　2834

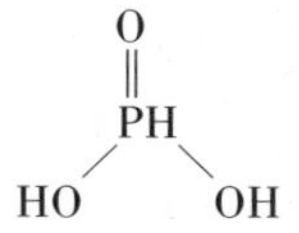

危害信息

危险性类别　第 8.1 类　酸性腐蚀品

燃烧与爆炸危险性　不燃。能与活泼金属反应，生成氢气而引起燃烧或爆炸。受热分解产生剧毒的氧化磷烟气。有腐蚀性。

活性反应　与碱发生放热中和反应生成盐。用水稀释浓酸时会放出大量的热量，易产生爆沸。易与空气中的氧气反应生成磷酸。与硫化物、硫醇、异氰酸酯、腈、氮化物等其他强还原剂发生剧烈反应。

禁忌物　强碱。

毒性　大鼠经口 LD_{50}：1895mg/kg；小鼠经口 LD_{50}：1700mg/kg。

本品对呼吸道有刺激性。眼睛接触可致灼伤，造成永久性损害。皮肤接触可致灼伤。

侵入途径　吸入、食入。

理化特性与用途

理化特性　白色或淡黄色结晶，有蒜味，易潮解。易溶于水和乙醇。熔点 73～73.8℃，沸点 200℃（分解），相对密度（水＝1）1.65，辛醇/水分配系数 1.15。

主要用途　作为制造塑料稳定剂的原料，也用作亚磷酸盐、合成纤维和有机磷农药等的生产原料，还用于生产高效水处理剂 ATMP。

包装与储运

包装标志　腐蚀品

安全储运　储存于阴凉、通风的库房。防止受潮和日光直射。储存温度不超过30℃，相对湿度不超过80％。应与易(可)燃物、碱类、活性金属粉末隔离贮运。搬运时要轻装轻卸，防止容器受损。

紧急处置信息

急救措施

吸入：迅速脱离现场至空气新鲜处。保持呼吸道通畅。如呼吸困难，给输氧。呼吸、心跳停止，立即进行心肺复苏术。就医。

眼睛接触：立即分开眼睑，用大量流动清水或生理盐水彻底冲洗 10～15min。就医。

皮肤接触：立即脱去污染的衣着，用大量流动清水彻底冲洗，冲洗时间一般要求20～30min。就医。

食入：用水漱口，禁止催吐。给饮牛奶或蛋清。就医。

灭火方法　消防人员必须穿耐酸碱防护服、防护靴，佩戴空气呼吸器灭火。用水保持火场中容器冷却。

本品不燃，根据火灾原因选择适当的灭火剂。

泄漏应急处置　隔离泄漏污染区，限制出入。建议应急处理人员戴防尘口罩，穿防酸碱服。穿上适当的防护服前严禁接触破裂的容器和泄漏物。尽可能切断泄漏源。用塑料布覆盖泄漏物，减少飞散。勿使水进入包装容器内。用洁净的铲子收集泄漏物，置于干净、干燥、盖子较松的容器中，将容器移离泄漏区。

879. 亚磷酸二丁酯

标　识

中文名称　亚磷酸二丁酯

英文名称　Dibutyl phosphite；Phosphnoic acid dibutyl ester

别名　膦酸二丁酯；T304 极压抗磨剂

分子式　$C_8H_{19}O_3P$

CAS 号　1809－19－4

WGH 号　33610；T32110[铁规]

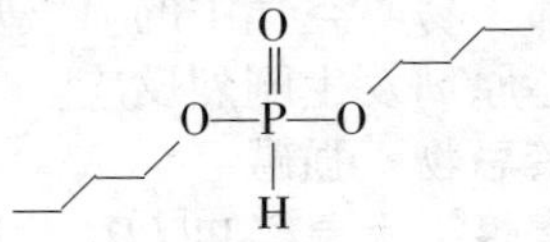

危害信息

危险性类别　第 3 类　易燃液体

燃烧与爆炸危险性　易燃。蒸气能与空气形成爆炸性混合物，遇明火、高热可能引起燃烧爆炸。燃烧产生有毒的烟气。

活性反应　与水缓慢反应生成亚磷酸和丁醇。与氢化物等强还原剂反应生成剧毒和易燃的磷化氢。与氧化剂发生氧化反应，释放出有毒的氧化磷烟气。

禁忌物 强氧化剂、强酸、强碱。

毒性 大鼠经口 LD_{50}：3200mg/kg；大鼠吸入 LC_{50}：>20000mg/m^3；家兔经皮 LD_{50}：1990mg/kg。

对皮肤有轻度刺激性和弱致敏性，但眼睛接触可引起严重损伤。

侵入途径 吸入、食入、经皮吸收。

理化特性与用途

理化特性 无色透明液体。微溶于水，溶于普通有机溶剂。沸点 95℃(0.133kPa)，密度 0.9860g/cm^3(25℃)，相对蒸气密度(空气=1)6.7，蒸气压 0.13kPa(95℃)，闪点 49℃，辛醇/水分配系数 1.81。

主要用途 用作润滑油的抗磨添加剂，亦用作阻燃剂、抗氧剂、溶剂、化学中间体等。

包装与储运

包装标志 易燃液体

包装类别 Ⅲ类

安全储运 储存于阴凉、通风的库房。远离火种、热源，避免阳光直射。应与氧化剂隔离储运。搬运时轻装轻卸，防止容器受损。

紧急处置信息

急救措施

吸入： 脱离接触。如有不适感，就医。

眼睛接触： 立即分开眼睑，用大量流动清水或生理盐水冲洗 10～15min。就医。

皮肤接触： 脱去污染的衣着，用肥皂水和清水冲洗。如有不适感，就医。

食入： 不要催吐。就医。

灭火方法 消防人员必须穿全身防火防毒服，佩戴空气呼吸器，在上风向灭火。尽可能将容器从火场移至空旷处。喷水保持火场容器冷却，直至灭火结束。

灭火剂：雾状水、泡沫、二氧化碳、干粉、砂土。

泄漏应急处置 消除所有点火源。根据液体流动和蒸气扩散的影响区域划定警戒区，无关人员从侧风、上风向撤离至安全区。建议应急处理人员戴正压自给式呼吸器，穿防毒、防静电服。作业时使用的所有设备应接地。禁止接触或跨越泄漏物。尽可能切断泄漏源。防止泄漏物进入水体、下水道、地下室或限制性空间。小量泄漏：用砂土或其他不燃材料吸收。使用洁净的无火花工具收集吸收材料。大量泄漏：构筑围堤或挖坑收容。用泡沫覆盖，减少蒸发。喷水雾能减少蒸发，但不能降低泄漏物在受限制空间内的易燃性。用防爆泵转移至槽车或专用收集器内。

880. 亚硫酸钠

标　识

中文名称 亚硫酸钠

英文名称 Sodium sulfite；Sulfurous acid, disodium salt

别名 无水亚硫酸钠；硫氧粉

分子式　Na_2SO_3

CAS 号　7757-83-7

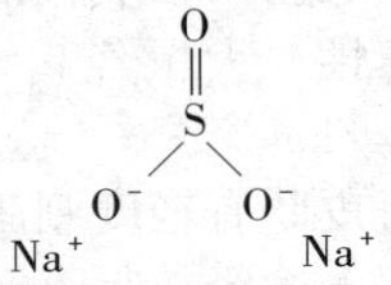

危害信息

燃烧与爆炸危险性　不燃，无特殊燃爆特性。

禁忌物　强酸、铝、镁。

毒性　大鼠经口 LD_{50}：3560mg/kg；小鼠经口 LD_{50}：820mg/kg。

对眼睛、皮肤、黏膜有刺激作用。摄入刺激胃。

侵入途径　吸入、食入。

理化特性与用途

理化特性　无色单斜晶体。易溶于水，溶于甘油，不溶于乙醇。pH 值 8.5～10(5% 水溶液)，熔点 600℃(分解)，相对密度(水=1)2.63，辛醇/水分配系数 -4(25℃)。

主要用途　用于人造纤维稳定剂、织物漂白剂、照相显影剂、染漂脱氧剂、香料和染料还原剂、造纸木质素脱除剂等。

包装与储运

安全储运　储存于阴凉、通风的库房。远离火种、热源。储存温度不超过 35℃，相对湿度不超过 80%。保持容器密封，注意防潮。应与强氧化剂、强酸等隔离储运。搬运时轻装轻卸，防止容器受损。

紧急处置信息

急救措施

吸入：脱离接触。如有不适感，就医。

眼睛接触：分开眼睑，用流动清水或生理盐水冲洗。如有不适感，就医。

皮肤接触：脱去污染的衣着，用肥皂水和清水冲洗。如有不适感，就医。

食入：漱口，尽量饮水。就医。

灭火方法　消防人员须佩戴空气呼吸器，穿全身消防服在上风向灭火。尽可能将容器从火场移至空旷处。喷水保持火场容器冷却，直至灭火结束。

本品不燃，根据着火原因选择适当灭火剂。

泄漏应急处置　隔离泄漏污染区，限制出入。建议应急处理人员戴防尘口罩，穿一般作业工作服。尽可能切断泄漏源。用塑料布覆盖泄漏物，减少飞散。勿使水进入包装容器内。用洁净的铲子收集泄漏物，置于干净、干燥、盖子较松的容器中，将容器移离泄漏区。

881. 亚硫酸氢铵

标　识

中文名称　亚硫酸氢铵

英文名称　Sulfurous acid, monoammonium salt; Ammonium hydrogen sulphite ; Ammonium bisulfite

别名 酸式亚硫酸铵

分子式 NH_4HSO_3

CAS 号 10192－30－0

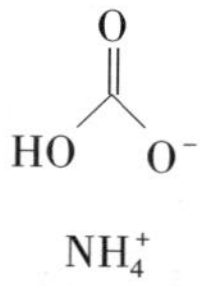

危害信息

危险性类别 第 8 类 腐蚀品

燃烧与爆炸危险性 不燃。在火场中遇热易分解生成有毒且具有腐蚀性的硫氧化物和氮氧化物气体。

活性反应 与强酸反应。

禁忌物 强酸。

毒性 对眼、呼吸道和皮肤有刺激性。食入刺激胃肠道。

侵入途径 吸入、食入。

理化特性与用途

理化特性 白色浅黄色菱形结晶。溶于水。熔点 147℃(分解)，相对密度(水＝1)2.0。

主要用途 用作钻井泥浆、闭路循环式冷却水、锅炉水的除氧剂，也用作防腐剂、还原剂，还用于制造二氧化硫、保险粉等。

包装与储运

包装标志 腐蚀品

包装类别 Ⅲ类

安全储运 储存于阴凉、通风的库房。远离火种、热源。保持容器密封。应与碱金属、次氯酸盐等隔离储运。

紧急处置信息

急救措施

吸入：迅速脱离现场至空气新鲜处。保持呼吸道通畅。如呼吸困难，给输氧。呼吸、心跳停止，立即进行心肺复苏术。就医。

眼睛接触：立即分开眼睑，用大量流动清水或生理盐水彻底冲洗 10～15min。就医。

皮肤接触：立即脱去污染的衣着，用大量流动清水彻底冲洗，冲洗时间一般要求 20～30min。就医。

食入：用水漱口，禁止催吐。给饮牛奶或蛋清。就医。

灭火方法 消防人员须佩戴空气呼吸器，穿全身耐酸碱消防服在上风向灭火。尽可能将容器从火场移至空旷处。喷水保持火场容器冷却，直至灭火结束。

本品不燃，根据着火原因选择适当灭火剂灭火。

泄漏应急处置 隔离泄漏污染区，限制出入。建议应急处理人员戴防尘口罩，穿防毒防酸碱服，戴橡胶耐酸碱手套。穿上适当的防护服前严禁接触破裂的容器和泄漏物。尽可能切断泄漏源。用塑料布覆盖泄漏物，减少飞散。勿使水进入包装容器内。用洁净的铲子收集泄漏物，置于干净、干燥、盖子较松的容器中，将容器移离泄漏区。

882. 亚硫酸氢钠

标　识

中文名称　亚硫酸氢钠

英文名称　Sodium bisulfite；Sulfurous acid，monosodium salt

别名　重亚硫酸钠；酸式亚硫酸钠

分子式　$NaHSO_3$

CAS 号　7631－90－5

WGH 号　81510

UN 号　2693

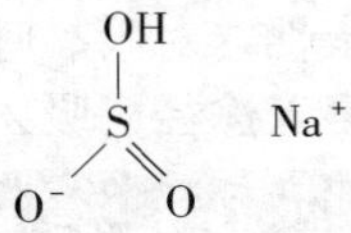

危害信息

危险性类别　第 8 类　腐蚀品。

燃烧与爆炸危险性　不燃，无特殊燃爆特性。受高热分解放出有毒烟雾。具有腐蚀性。

禁忌物　强酸、强碱、强氧化剂。

毒性　大鼠经口 LD_{50}：2g/kg。

中毒表现　对皮肤、眼、呼吸道有刺激性，可引起过敏反应。可引起角膜损害，导致失明。可引起哮喘；大量口服引起恶心、腹痛、腹泻、循环衰竭、中枢神经抑制。

侵入途径　吸入、食入。

职业接触限值　美国（ACGIH）：TLV－TWA：5mg/m^3。

理化特性与用途

理化特性　白色单斜晶系结晶或结晶性粉末，有二氧化硫气味。易溶于水，微溶于乙醇。pH 值 4～5（25% 水溶液），熔点 150℃（分解），相对密度（水＝1）1.48。

主要用途　用作还原剂、食品防腐剂及漂白剂等。

包装与储运

包装标志　腐蚀品

包装类别　Ⅲ类

安全储运　储存于阴凉、通风的库房。远离火种、热源。储存温度不超过 32℃，相对湿度不超过 80%。保持容器密封。应与强氧化剂、强酸、铝粉、乙醇等隔离储运。

紧急处置信息

急救措施

吸入：迅速脱离现场至空气新鲜处。保持呼吸道通畅。如呼吸困难，给输氧。呼吸、心跳停止，立即进行心肺复苏术。就医。

眼睛接触：立即分开眼睑，用大量流动清水或生理盐水彻底冲洗 10～15min。就医。

皮肤接触：立即脱去污染的衣着，用大量流动清水彻底冲洗，冲洗时间一般要求 20～30min。就医。

食入：用水漱口，禁止催吐。给饮牛奶或蛋清。就医。

灭火方法 消防人员须佩戴空气呼吸器，穿全身耐酸碱消防服在上风向灭火。尽可能将容器从火场移至空旷处。喷水保持火场容器冷却，直至灭火结束。

本品不燃，根据着火原因选择适当灭火剂。

泄漏应急处置 隔离泄漏污染区，限制出入。建议应急处理人员戴防尘口罩，穿防酸碱服。穿上适当的防护服前严禁接触破裂的容器和泄漏物。尽可能切断泄漏源。用塑料布覆盖泄漏物，减少飞散。勿使水进入包装容器内。用洁净的铲子收集泄漏物，置于干净、干燥、盖子较松的容器中，将容器移离泄漏区。

883. 亚砷酸钠

标识

中文名称 亚砷酸钠

英文名称 Sodium arsenite；Sodium metaarsenite

别名 偏亚砷酸钠；亚砒酸钠

分子式 $AsNaO_2$

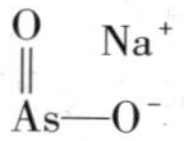

CAS 号 7784 - 46 - 5

WGH 号 61006

UN 号 2027

危害信息

危险性类别 第 6.1 类 有毒品

燃烧与爆炸危险性 不燃，无特殊燃爆特性。受高热分解放出有毒气体。

活性反应 暴露于空气中遇二氧化碳分解，与氧化剂发生反应，遇酸产生剧毒的三氧化二砷。

禁忌物 二氧化碳、氧化剂、强酸。

毒性 大鼠经口 LD_{50}：41mg/kg；大鼠经皮 LD_{50}：150mg/kg。

砷及其化合物对体内酶蛋白的巯基有特殊亲和力。

本品属剧毒化学品，已列入《剧毒化学品目录》(2002 年版)。

砷所致肺癌、皮肤癌已列入《职业病目录》，属职业性肿瘤。

IARC 对本品的致癌性分类：G1——确认人类致癌物。

中毒表现 急性中毒：口服致急性胃肠炎、休克、周围神经病、贫血及中毒性肝病，心肌炎等。可因呼吸中枢麻痹而死亡。短期内大量吸入可致咳嗽、胸痛、呼吸困难、头痛、头晕等。消化道症状较轻，其他症状似口服。重者可致死。

慢性中毒：长期接触较高浓度粉尘引起慢性中毒，主要有神经衰弱综合征，多发性神经病，肝损害，鼻炎、鼻中隔穿孔，支气管炎等。砷和砷化合物为对人致癌物，可引起肺癌、皮肤癌。

侵入途径 吸入、食入、经皮吸收。

职业接触限值

中国：PC - TWA：0.01mg/m^3[按 As 计][G1]；PC - STEL：0.02mg/m^3[按 As 计][G1]。

美国(ACGIH)：TLV - TWA：0.01mg/m^3[按 As 计]。

环境危害 对水生生物有极高毒性，可能在水生环境中造成长期不利影响。

理化特性与用途

理化特性　白色或灰白色粉末，有潮解性。易溶于水，微溶于乙醇。熔点615℃，相对密度(水=1)1.87，辛醇/水分配系数 -3.28。

主要用途　用作杀虫剂、防腐剂、分析试剂等。

包装与储运

包装标志　有毒品

包装类别　Ⅱ类

安全储运　储存于阴凉、通风的库房。远离火种、热源。储存温度不超过35℃，相对湿度不超过85%。保持容器密封。应与强氧化剂、强酸、二氧化碳等隔离储运。搬运时轻装轻卸，防止容器受损。应严格执行剧毒化学品管理制度。

紧急处置信息

急救措施

吸入：迅速脱离现场至空气新鲜处。保持呼吸道通畅。如呼吸困难，给输氧。呼吸、心跳停止，立即进行心肺复苏术。就医。

眼睛接触：立即分开眼睑，用流动清水或生理盐水彻底冲洗。就医。

皮肤接触：立即脱去污染的衣着，用肥皂水和清水彻底冲洗。就医。

食入：催吐、彻底洗胃，洗胃后服活性炭30～50g(用水调成浆状)，而后再服用硫酸镁或硫酸钠导泻。就医。

解毒剂用BAL，二巯基丙磺酸钠、二巯基丁二酸钠等。

灭火方法　消防人员须穿全身防火防毒服，佩戴空气呼吸器在上风向灭火。尽可能将容器从火场移至空旷处。喷水保持火场容器冷却，直至灭火结束。

本品不燃，根据着火原因选择适当灭火剂。

泄漏应急处置　隔离泄漏污染区，限制出入。建议应急处理人员戴防尘口罩，穿防毒服，戴橡胶手套。穿上适当的防护服前严禁接触破裂的容器和泄漏物。尽可能切断泄漏源。用塑料布覆盖泄漏物，减少飞散。勿使水进入包装容器内。用洁净的铲子收集泄漏物，置于干净、干燥、盖子较松的容器中，将容器移离泄漏区。

884. 亚硝酸钠

标　识

中文名称　亚硝酸钠

英文名称　Sodium nitrite

分子式　$NaNO_2$

CAS号　7632-00-0

WGH号　51525

UN号　1500

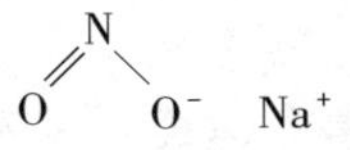

危害信息

危险性类别　第5.1类　氧化剂

燃烧与爆炸危险性 本品不燃，可助燃。加热或遇酸能产生剧毒的氮氧化物气体。撞击、摩擦、振动有燃烧爆炸危险。

活性反应 氧化剂，与有机物、可燃物混合能引起燃烧或爆炸，释放出有毒和刺激性的氧化氮气体。大量亚硝酸钠受高热或处于火场会发生爆炸。与铵盐或有机胺混合，会生成易分解的亚硝酸铵，放出的热量能引燃周围的易燃物。与液氨反应会生成极易爆炸的亚硝酸二钠。与氰化物混合会爆炸。加热分解或遇酸能产生有毒和刺激性的氧化氮气体。与磷、氯化亚锡或其他还原剂接触能发生剧烈反应。熔融状态的亚硝酸钠中滴入少量的硫酸铵即会发生剧烈反应，甚至会引起燃烧。

禁忌物 强还原剂、活性金属粉末、强酸、铵盐、氰化物等。

毒性 大鼠经口 LD_{50}：180mg/kg；大鼠吸入 LC_{50}：5.5mg/m^3（4h）；人经口 TDL_o：14mg/kg；人经口 LDL_o：71mg/kg。

亚硝酸钠为高铁血红蛋白形成剂；大剂量直接作用于周围血管平滑肌，血管运动中枢麻痹，使血管扩张、血压下降。人误服0.3～0.5g可引起急性中毒。

中毒表现 急性中毒表现为全身无力、头痛、头晕、恶心、呕吐、手指麻木、耳鸣、视力模糊，时有腹胀、腹痛、腹泻、胸部紧迫感以及呼吸困难；检查见皮肤黏膜明显紫绀。严重者血压下降、室性心动过速，出现肺水肿，以致昏迷、死亡。

侵入途径 吸入、食入、经皮吸收。

环境危害 对水生生物有极高毒性。

理化特性与用途

理化特性 白色或淡黄色结晶，无臭，略有咸味，易潮解。溶于水，微溶于乙醇、甲醇、乙醚。pH 值9(水溶液)，熔点271℃，320℃以上分解，相对密度(水=1)2.17，辛醇/水分配系数 -3.7。

主要用途 用于制造硝基化合物、偶氮染料等，用作抗氧剂、织物染色的媒染剂、丝绸和亚麻的漂白剂、金属热处理剂、电镀缓蚀剂，还用于医药工业。

包装与储运

包装标志 氧化剂，有毒品

包装类别 Ⅲ类

安全储运 储存于阴凉、干燥、通风的库房。远离火种、热源。储存温度不超过30℃，相对湿度不超过75%。包装要求密封，不可与空气接触。切勿与可燃物、有机物或易氧化物以及与铵盐、氰化物、食用化学品等混储混运。

紧急处置信息

急救措施

吸入：立即脱离接触。如呼吸困难，给吸氧。如呼吸心跳停止，立即行心肺复苏术。就医。

眼睛接触：分开眼睑，用清水或生理盐水冲洗。如有不适感，就医。

皮肤接触：立即脱去污染衣着，用肥皂水或清水彻底冲洗。就医。

食入：应立即催吐，用温水洗胃。就医。

尽早应用高铁血红蛋白还原剂，可用美蓝、维生素C治疗。

灭火方法 消防人员须戴好空气呼吸器，穿全身消防服，在上风向灭火。遇大火，消防人员须在有防护掩蔽处操作，禁止用砂土压盖。

本品不燃，根据着火原因选择适当灭火剂。

泄漏应急处置 隔离泄漏污染区，限制出入。建议应急处理人员戴防尘口罩，穿防毒

服，戴橡胶手套。勿使泄漏物与可燃物质(如木材、纸、油等)接触。穿上适当的防护服前严禁接触破裂的容器和泄漏物。尽可能切断泄漏源。勿使水进入包装容器内。小量泄漏：用洁净的铲子收集泄漏物，置于干净、干燥、盖子较松的容器中，将容器移离泄漏区。大量泄漏：泄漏物回收后，用水冲洗泄漏区。

885. 亚硝酰硫酸

标　识

中文名称　亚硝酰硫酸

英文名称　Nitrosylsulfuric acid; Nitrosyl sulfate

别名　亚硝基硫酸

分子式　HNO_5S

CAS 号　7782－78－7

WGH 号　81012

UN 号　2308［液体］；3456［固体］

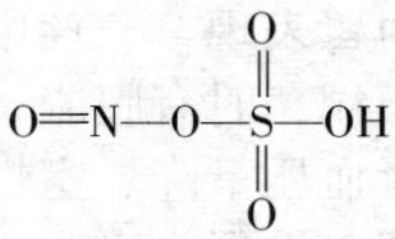

危害信息

危险性类别　第 8.1 类　酸性腐蚀品

燃烧与爆炸危险性　不燃。有腐蚀性。

活性反应　遇水发生剧烈的放热反应，放出有毒和腐蚀性烟雾。与金属反应放出易燃易爆的氢气。

禁忌物　强碱、水。

毒性　本品对眼睛、皮肤和黏膜有强烈刺激性，具有类似氯气和氮氧化物的毒作用。吸入后可引起肺水肿及出血。

侵入途径　吸入、食入。

环境危害　对水生生物是有害的。

理化特性与用途

理化特性　雪白色片状多孔或粒状结晶。溶于浓硫酸而不分解。熔点 73℃(分解)，沸点 163℃(分解)，相对密度(水＝1)1.9。与水反应。草黄色油状商品含有 56% 的硫酸。

主要用途　用于重氮化反应制分散染料，也用于亚硝化反应，氧化反应和肟化反应。

包装与储运

包装标志　腐蚀品

包装类别　Ⅱ类

安全储运　储存于阴凉、通风的库房，使用耐酸地坪。密闭容器放置受潮。应与碱类、氧化剂等隔离储运。搬运时要轻装轻卸，防止容器受损。库外应装有水龙头，并备有中和剂。

紧急处置信息

急救措施

吸入：迅速脱离现场至空气新鲜处。保持呼吸道通畅。如呼吸困难，给输氧。呼吸、

心跳停止，立即进行心肺复苏术。就医。

眼睛接触：立即分开眼睑，用大量流动清水或生理盐水彻底冲洗 10～15min。就医。

皮肤接触：立即脱去污染的衣着，用大量流动清水彻底冲洗，冲洗时间一般要求 20～30min。就医。

食入：用水漱口，禁止催吐。给饮牛奶或蛋清。就医。

本品不燃。喷水冷却容器，可能的话将容器从火场移至空旷处。消防人员必须穿耐酸碱防护服、防护靴、并佩戴空气呼吸器灭火。

本品不燃，根据着火原因选择适当灭火剂。

泄漏应急处置　根据液体流动和蒸气扩散的影响区域划定警戒区，无关人员从侧风、上风向撤离至安全区。应急人员应戴正压自给式呼吸器，穿防酸碱，防毒服，戴橡胶耐酸碱手套。穿上适当的防护服前严禁接触破裂的容器和泄漏物。尽可能切断泄漏源。勿使泄漏物与可燃物质(如木材、纸、油等)接触。防止泄漏物进入水体、下水道、地下室或限制性空间。小量泄漏：用干燥的砂土或其他不燃材料覆盖泄漏物，用洁净的无火花工具收集泄漏物，置于一盖子较松的塑料容器中，待处置。大量泄漏：构筑围堤或挖坑收容。用砂土、惰性物质或蛭石吸收大量液体。用石灰(CaO)、碎石灰石($CaCO_3$)或碳酸氢钠($NaHCO_3$)中和。用耐腐蚀泵转移至槽车或专用收集器内。

886. 氩　气

标　识

中文名称　氩气

英文名称　Argon

别名　氩

分子式　Ar

CAS 号　7440－37－1

WGH 号　22011[压缩气体]；22012[液化气体]

UN 号　1006[压缩气体]；1951[冷冻液体]

危害信息

危险性类别　第 2.2 类　不燃气体

燃烧与爆炸危险性　不燃。若遇高热，容器或储罐内压增大，有开裂和爆炸的危险。

活性反应　化学性质稳定，一般不与酸、碱、氧化剂、还原剂发生反应。

毒性　常压下无毒。高浓度时，使氧分压降低而发生窒息。

中毒表现　氩浓度达 50% 以上，引起严重症状；75% 以上时，可在数 min 内死亡。当空气中氩浓度增高时，先出现呼吸加速，注意力不集中，共济失调。继之出现疲倦乏力、烦躁不安、恶心、呕吐、昏迷、抽搐，以致死亡。液态氩可致皮肤冻伤；眼部接触可引起炎症。

侵入途径　吸入。

理化特性与用途

理化特性　无色、无味的惰性气体。微溶于水。熔点－189.2℃，沸点－185.9℃，相对密度(水＝1)1.4(－186℃)，相对蒸气密度(空气＝1)1.66，临界压力 4.86MPa，临界温

度 -122.3℃，蒸气压202.64kPa（-179℃），辛醇/水分配系数0.74。

主要用途　广泛用于灯泡的填充气体；在电弧焊接不锈钢、镁、铝等时用作保护气体，即"氩弧焊"。

包装与储运

包装标志　不燃气体

安全储运　储存于通风良好的不燃材料结构的库房内。搬运时要戴好钢瓶安全帽及防震橡皮圈，避免滚动和撞击，防止容器受损。液氩存放在特殊的绝热容器中，依靠液化气体的蒸发来保持低温，故不宜长期储存。储存温度不超过30℃。

紧急处置信息

急救措施

吸入：迅速脱离现场至空气新鲜处。保持呼吸道通畅。如呼吸困难，给输氧。呼吸、心跳停止，立即进行心肺复苏术。就医。

灭火方法　喷水冷却容器，尽可能将容器从火场移至空旷处。灭火时消防人员须佩戴空气呼吸器。

本品不燃，根据着火原因选择适当灭火剂。

泄漏应急处置　大量泄漏：根据气体扩散的影响区域划定警戒区，无关人员从侧风、上风向撤离至安全区。建议应急处理人员戴正压自给式呼吸器，穿一般作业工作服。液化气体泄漏时穿防寒服。尽可能切断泄漏源。漏出气允许排入大气中。泄漏场所保持通风。

887. 盐　酸

标　识

中文名称　盐酸

英文名称　Hydrochloric acid；Muriatic acid

别名　氢氯酸

分子式　HCl

CAS号　7647－01－0

WGH号　81013

UN号　1789

危害信息

危险性类别　第8.1类　酸性腐蚀品

燃烧与爆炸危险性　本品不燃，与活泼金属反应，会生成易燃易爆的氢气。有腐蚀性。

活性反应　酸性。遇氰化钠、氰化钾等氰化物能产生剧毒的氰化氢气体。与碱发生放热中和反应。与碳酸或碳酸盐反应，放出热量和二氧化碳气体。与硫化物、碳化物、磷化物反应会产生有毒或易燃气体。能与乙酸酐、2－氨基乙醇、氨水、磷化钙、氯磺酸、乙二胺、乙胺、烯烃、环氧丙烷发生剧烈反应。与高锰酸钾、二氧化锰等强氧化剂反应，会释放出剧毒的氯气。

禁忌物　胺类、碱类、碱金属。

毒性　大鼠经口LD_{50}：1800mg/kg；大鼠吸入LC_{50}：7004mg/m^3（30min）；人吸入TCL_o：

$50mg/m^3$。

对皮肤和黏膜有强刺激性和腐蚀性。

中毒表现　急性中毒：接触其蒸气或烟雾，可引起眼结膜炎，鼻及口腔黏膜有烧灼感，鼻衄，齿龈出血，气管炎，甚至发生肺炎、肺水肿。误服可引起消化道灼伤、溃疡形成，有可能引起胃肠穿孔、腹膜炎等。眼和皮肤接触可致灼伤。

慢性影响：长期接触引起慢性鼻炎、慢性支气管炎、牙齿酸蚀症及皮肤损害。

侵入途径　吸入、食入。

职业接触限值　中国：MAC：$7.5mg/m^3$。

美国(ACGIH)：TLV－C：2ppm。

环境危害　有害空气污染物。

理化特性与用途

理化特性　无色或浅黄色透明液体，有刺鼻的酸味。工业品含氯化氢≥31%，在空气中发烟。与水混溶，溶于乙醇、苯。pH 值 0.1(1N)，熔点 －114.8℃(纯品)，沸点 －85℃、108.6℃(20%)，相对密度(水＝1)1.10(20%)、1.15(29.57%)、1.20(39.11%)，相对蒸气密度(空气＝1)1.26，饱和蒸气压 30.66kPa(21℃)。

主要用途　重要的无机化工原料，广泛用于染料、医药、食品、印染、皮革、冶金等行业。

包装与储运

包装标志　腐蚀品

包装类别　Ⅱ类

安全储运　储存于阴凉、通风的库房，使用耐酸地坪。储存温度不超过 30℃，相对湿度不超过 80%。不可与硫酸、硝酸混放。应与碱类、金属粉末、强氧化剂等隔离储运。搬运时要轻装轻卸，防止容器受损。库外应装有水龙头，并备有中和剂。

紧急处置信息

急救措施

吸入：迅速脱离现场至空气新鲜处。保持呼吸道通畅。如呼吸困难，给输氧。呼吸、心跳停止，立即进行心肺复苏术。就医。

眼睛接触：立即分开眼睑，用大量流动清水或生理盐水彻底冲洗 10～15min。就医。

皮肤接触：立即脱去污染的衣着，用大量流动清水彻底冲洗，冲洗时间一般要求 20～30min。就医。

食入：用水漱口，禁止催吐。给饮牛奶或蛋清。就医。

灭火方法　用碱性物质如碳酸氢钠、碳酸钠、消石灰等中和。也可用大量水扑救。消防人员必须穿耐酸碱防护服、防护靴，佩戴空气呼吸器灭火。

本品不燃，根据火灾原因选择适当的灭火剂。

泄漏应急处置　根据液体流动和蒸气扩散的影响区域划定警戒区，无关人员从侧风、上风向撤离至安全区。建议应急处理人员戴正压自给式呼吸器，穿防酸碱服，戴橡胶耐酸碱手套。穿上适当的防护服前严禁接触破裂的容器和泄漏物。喷雾状水抑制蒸气或改变蒸气云流向，避免水流接触泄漏物。勿使水进入包装容器内。尽可能切断泄漏源。防止泄漏物进入水体、下水道、地下室或限制性空间。小量泄漏：用干燥的砂土或其他不燃材料覆盖泄漏物，也可以用大量水冲洗，经水稀释后放入废水系统。大量泄漏：构筑围堤或挖坑收容。用粉状石灰石($CaCO_3$)、熟石灰、苏打灰(Na_2CO_3)或碳酸氢钠($NaHCO_3$)中和。用抗溶性泡沫覆盖，减少蒸发。用耐腐蚀泵转移至槽车或专用收集器内。

888. 阳离子蓝

标　识

中文名称　阳离子蓝

英文名称　Diethyl(3H-1-ethoxy-3-phenoxazinylidene) ammonium chloride; basic blue 3

别名　阳离子翠蓝　GB

分子式　$C_{18}H_{21}ClN_2O_2$

CAS 号　2787-91-9

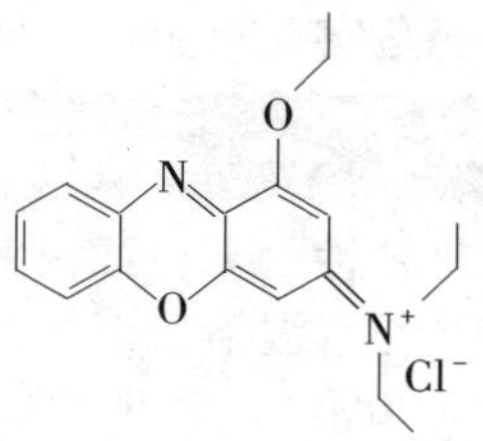

危害信息

燃烧与爆炸危险性　可燃。其粉体与空气混合能形成爆炸性混合物。燃烧产生有毒烟雾。

侵入途径　吸入、食入。

环境危害　对水生生物有毒。

理化特性与用途

理化特性　固体。

主要用途　用作染料。

包装与储运

安全储运　储存于阴凉、通风的库房。远离火种、热源。保持容器密封。应与强氧化剂等隔离储运。搬运时轻装轻卸，防止容器受损。

紧急处置信息

急救措施

吸入：迅速脱离现场至空气新鲜处。保持呼吸道通畅。如呼吸困难，给输氧。呼吸、心跳停止，立即进行心肺复苏术。就医。

眼睛接触：分开眼睑，用流动清水或生理盐水冲洗。如有不适感，就医。

皮肤接触：立即脱去污染的衣着，用肥皂水和清水彻底冲洗皮肤。如有不适感，就医。

食入：饮足量温水，催吐。就医。

灭火方法　消防人员须佩戴空气呼吸器，穿全身消防服，在上风向灭火。尽可能将容器从火场移至空旷处。喷水保持火场容器冷却，直至灭火结束。

灭火剂：泡沫。

泄漏应急处置　隔离泄漏污染区，限制出入。消除所有点火源。建议应急处理人员戴防尘口罩，穿防毒服，戴橡胶手套。禁止接触或跨越泄漏物。用洁净的铲子收集泄漏物，置于干净、干燥、盖子较松的容器中，将容器移离泄漏区。

889. 阳离子乳化沥青

标　识

中文名称　阳离子乳化沥青

英文名称 Cationic emulsified asphalt

危害信息

燃烧与爆炸危险性 本品是水乳液，本身不燃，但干燥后的残留物可燃。燃烧产生有毒的烟气。

毒性 沥青及其烟气对皮肤黏膜具有刺激性，有光毒作用。

中毒表现 沥青的主要皮肤损害有：光毒性皮炎，皮损限于面、颈部等暴露部分；黑变病，皮损常对称分布于暴露部位，呈片状，呈褐－深褐－褐黑色；职业性痤疮；疣状赘生物及事故引起的热烧伤。此外，尚有头昏、头胀，头痛、胸闷、乏力、恶心、食欲不振等全身症状和眼 、鼻、咽部的刺激症状。

侵入途径 吸入、食入。

理化特性与用途

理化特性 棕色至黑色液体。与水混溶。

主要用途 适用于道路铺装。

包装与储运

安全储运 储存于阴凉、通风的库房。远离火种、热源。应与氧化剂隔离储运。搬运时轻装轻卸，防止容器受损。

紧急处置信息

急救措施

吸入：如吸入沥青烟雾，脱离接触，对症处理。

眼睛接触：立即分开眼睑，用流动清水或生理盐水彻底冲洗。就医。

皮肤接触：皮肤热沥青烧伤立即用流动水冷却，不要强行剥离皮肤上的沥青。对于头、颈、躯干烧伤，用浸过冷水的毛巾覆盖并时时更换。如果沥青包裹了肢体，会妨碍血循环，应及时切开。在沥青上覆盖凡士林纱布，两天后揭下，并将能够分离的沥青除去，再盖再揭，反复进行可持续两周。

食入：漱口，饮水。就医。

灭火方法 消防人员须穿全身消防服，佩戴空气呼吸器，在上风向灭火。尽可能将容器从火场移至空旷处。喷水保持火场容器冷却，直至灭火结束。

本品不燃，根据火灾原因选择适当的灭火剂。

泄漏应急处置 消除所有点火源。根据液体流动和蒸气扩散的影响区域划定警戒区，无关人员从侧风、上风向撤离至安全区。建议应急处理人员戴正压自给式呼吸器，穿防静电、防腐蚀服，戴橡胶手套。穿上适当的防护服前严禁接触破裂的容器和泄漏物。尽可能切断泄漏源。防止泄漏物进入水体、下水道、地下室或限制性空间。小量泄漏：用干燥的砂土或其他不燃材料吸收或覆盖，收集于容器中。大量泄漏：构筑围堤或挖坑收容。用防爆、耐腐蚀泵转移至槽车或专用收集器内。喷雾状水驱散蒸气、稀释液体泄漏物。

890. *N*－氧二亚乙基－2－苯并噻唑次磺酰胺

标　识

中文名称 *N*－氧二亚乙基－2－苯并噻唑次磺酰胺

英文名称　*N* – Oxydiethylene – 2 – benzothiazylsulfenamide ；2 – (Morpholinothio) benzothiazole

别名　2 – 苯并噻唑基 – *N* – 吗啉基硫醚；促进剂 NOBS

分子式　$C_{11}H_{12}N_2OS_2$

CAS 号　102 – 77 – 2

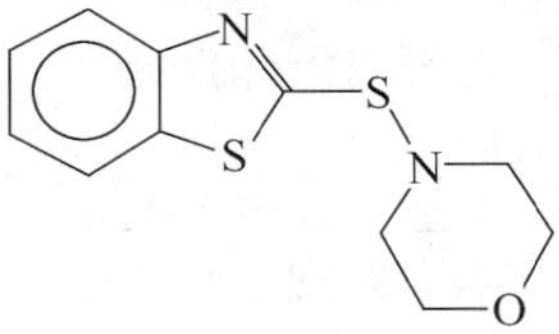

危害信息

燃烧与爆炸危险性　可燃。其粉体与空气混合能形成爆炸性混合物，遇明火高热有引起燃烧爆炸的危险。燃烧产生有毒的一氧化碳气体。

禁忌物　强氧化剂。

毒性　大鼠经口 LD_{50}：>10 gm/kg。小鼠经口 LD_{50}：1870mg/kg。

对眼和皮肤有刺激性。对皮肤有致敏性。

侵入途径　吸入、食入。

环境危害　对水生生物有毒，可能在水生环境中造成长期不利影响。

理化特性与用途

理化特性　浅黄色小颗粒或粉末。不溶于水，微溶于汽油，易溶于二氯甲烷、丙酮。溶于苯、四氯化碳、醋酸乙酯、乙醇。熔点 78 ~ 80℃，相对密度(水 = 1)1. 34 ~ 1. 4，闪点 177℃。

主要用途　主要用于制造轮胎、内胎、胶带、胶鞋、翻修轮胎的挂背胶料等。

包装与储运

安全储运　储存于阴凉、干燥、通风的库房。远离火种、热源。应与氧化剂、还原剂、强酸等隔离储运 。防止日晒、雨淋。

紧急处置信息

急救措施

吸入：脱离接触。如有不适感，就医。

眼睛接触：分开眼睑，用流动清水或生理盐水冲洗。如有不适感，就医。

皮肤接触：脱去污染的衣着，用肥皂水和清水冲洗。如有不适感，就医。

食入：漱口，饮水。就医。

灭火方法　消防人员须穿全身消防服，佩戴空气呼吸器，在上风向灭火。尽可能将容器从火场移至空旷处。喷水保持火场容器冷却，直至灭火结束。

灭火剂：雾状水、泡沫、二氧化碳、干粉、砂土。

泄漏应急处置　隔离泄漏污染区，限制出入。消除所有点火源。建议应急处理人员戴防尘口罩，穿防毒服。穿上适当的防护服前严禁接触破裂的容器和泄漏物。尽可能切断泄漏源。用塑料布覆盖泄漏物，减少飞散。勿使水进入包装容器内。用洁净的铲子收集泄漏物，置于干净、干燥、盖子较松的容器中，将容器移离泄漏区。

891. 氧　化　汞

标　　识

中文名称　氧化汞

英文名称 Mercuric oxide；Mercury monoxide

别名 一氧化汞

分子式 HgO

Hg═O

CAS 号 21908 – 53 – 2

WGH 号 61509

UN 号 1641

危害信息

危险性类别 第 6.1 类 有毒品

燃烧与爆炸危险性 不燃，无特殊燃爆特性。受高热分解放出有毒气体。

活性反应 与还原剂发生反应。

禁忌物 强还原剂。

毒性 大鼠经口 LD_{50}：18mg/kg；小鼠经口 LD_{50}：16mg/kg。

汞离子可使含巯基的酶丧失活性，失去功能；还能与酶中的氨基、二巯基、羧基、羟基以及细胞膜内的磷酰基结合，引起相应的损害。

本品属剧毒化学品，已列入《剧毒化学品目录》(2002 年版)。

中毒表现 急性中毒：起病急，有头痛、头晕、乏力、失眠、多梦、口腔炎、发热等全身症状。患者可有食欲不振、恶心、腹痛、腹泻等。部分患者皮肤出现红色斑丘疹。严重者可发生间质性肺炎及肾损害。

慢性中毒：有神经衰弱综合征；易兴奋症；精神情绪障碍，如胆怯、害羞、易怒、爱哭等；汞毒性震颤；口腔炎。少数病例有肝、肾损伤。

侵入途径 吸入、食入、经皮吸收。

职业接触限值 美国(ACGIH)：TLV – TWA：0.025mg/m^3[按 Hg 计][皮]。

环境危害 汞易在人类重要的食物链中发生生物蓄积，尤其是在水生生物中。

理化特性与用途

理化特性 黄色至橘黄色重质粉末，或红色正斜方晶体。不溶于水，不溶于乙醇、乙醚、丙酮、碱、氨、有机溶剂。熔点 500℃(分解)，密度 11.1g/cm^3。

主要用途 用于制药工业，也用作防腐剂。

包装与储运

包装标志 有毒品

包装类别 Ⅱ类

安全储运 储存于阴凉、通风的库房。远离火种、热源。储存温度不超过 35℃，相对湿度不超过 85%。保持容器密封。应与强还原剂、活性金属隔离储运。搬运时轻装轻卸，防止容器受损。应严格执行剧毒化学品管理制度。

紧急处置信息

急救措施

吸入：迅速脱离现场至空气新鲜处。保持呼吸道通畅。如呼吸困难，给输氧。呼吸、心跳停止，立即进行心肺复苏术。就医。

眼睛接触：立即分开眼睑，用流动清水或生理盐水彻底冲洗。就医。

皮肤接触：立即脱去污染的衣着，用流动清水彻底冲洗。就医。

食入：立即催吐、洗胃、给服活性炭悬液，导泻。就医。

及早应用巯基络合剂二巯丙磺酸钠、二巯丁二酸钠等驱汞治疗。

灭火方法 消防人员须穿全身消防服，佩戴防毒面具，在上风向灭火。尽可能将容器从火场移至空旷处。喷水保持火场容器冷却，直至灭火结束。

本品不燃，根据着火原因选择适当灭火剂灭火。

泄漏应急处置 隔离泄漏污染区，限制出入。建议应急处理人员戴防尘口罩，穿防毒服，戴橡胶手套。穿上适当的防护服前严禁接触破裂的容器和泄漏物。尽可能切断泄漏源。用塑料布覆盖泄漏物，减少飞散。勿使水进入包装容器内。用洁净的铲子收集泄漏物，置于干净、干燥、盖子较松的容器中，将容器移离泄漏区。

892. 氧化沥青料

标　　识

中文名称 氧化沥青料

英文名称 Oxidized bitumen stock

危害信息

燃烧与爆炸危险性 可燃。其粉体与空气混合能形成爆炸性混合物，遇明火高热有引起燃烧爆炸的危险。

禁忌物 强氧化剂。

毒性 沥青及其烟气对皮肤、黏膜具有刺激性，有光毒作用。

中毒表现 沥青的主要皮肤损害有：光毒性皮炎，皮损限于面、颈部等暴露部分；黑变病，皮损常对称分布于暴露部位，呈片状，呈褐－深褐－褐黑色；职业性痤疮；疣状赘生物及事故引起的热烧伤。此外，尚有头昏、头胀，头痛、胸闷、乏力、恶心、食欲不振等全身症状和眼 、鼻、咽部的刺激症状。

侵入途径 吸入、食入。

理化特性与用途

理化特性 常温下为黑色固体，加热至70℃便为黑色液体。软化点≥40℃（环球法），闪点≥170℃（开杯）。

主要用途 主要用作氧化沥青的原料。

包装与储运

安全储运 储存于阴凉、通风的库房。远离火种、热源。应与氧化剂等隔离储运。

紧急处置信息

急救措施

吸入： 如吸入沥青烟雾，脱离接触，对症处理。

眼睛接触： 立即分开眼睑，用流动清水或生理盐水彻底冲洗。就医。

皮肤接触： 皮肤热沥青烧伤立即用流动水冷却，不要强行剥离皮肤上的沥青。对于头、颈、躯干烧伤，用浸过冷水的毛巾覆盖并时时更换。如果沥青包裹了肢体，会妨碍血循环，应及时切开。在沥青上覆盖凡士林纱布，两天后揭下，并将能够分离的沥青除去，再盖再揭，反复进行可持续两周。

食入： 漱口，饮水。就医。

灭火方法 消防人员须穿全身消防服，在上风向灭火。尽可能将容器从火场移至空旷处。喷水保持火场容器冷却，直至灭火结束。

灭火剂：雾状水、泡沫、二氧化碳、干粉、砂土。

泄漏应急处置 消除所有点火源。隔离泄漏污染区，限制出入。建议应急处理人员戴防尘口罩，穿防毒服，戴橡胶手套。作业时使用的所有设备应接地。禁止接触或跨越泄漏物。润湿泄漏物。严禁设法扫除干的泄漏物。

893. 氧 化 镁

标 识

中文名称 氧化镁

英文名称 Magnesium oxide；Magnesia

别名 苦土

分子式 MgO

Mg═O

CAS 号 1309 - 48 - 4

危害信息

燃烧与爆炸危险性 不燃，无特殊燃爆特性。

活性反应 与三氟化氯、五氟化溴、五氯化磷等卤化物接触发生剧烈反应。

禁忌物 强氧化剂、酸、五氯化磷等卤化物。

毒性 哺乳动物吸入 TCL_o：4mg/m^3(12min)；人吸入 TCL_o：400mg/m^3。

中毒表现 氧化镁刺激黏膜引起结膜炎和鼻炎。人吸入氧化镁烟尘浓度 4 ~ 6mg/m^3，12min，可发生金属烟热，患者发热，咳嗽，胸部有压迫感，白细胞明显增多，但比氧化锌烟雾引起的症状要轻而且少见。有资料报道，口服大量氧化镁可引起发热反应，白细胞增多等。对人的口服致死剂量为 0.5 ~ 5g/kg(70kg 体重)。

侵入途径 吸入、食入。

职业接触限值

中国：PC - TWA：10mg/m^3(烟)。

美国(ACGIH)：TLV - TWA：10mg/m^3(烟)。

理化特性与用途

理化特性 白色细粉末。不溶于水、乙醇，溶于酸和铵盐溶液。pH 值 10.3(饱和水溶液)，熔点 2800℃，沸点 3600℃，相对密度(水 = 1)3.58，蒸气压 6.7kPa(2832℃)。

主要用途 用作耐火材料、橡胶填料，用于制造油漆、涂料、化妆品、镁质水泥、药物等。

包装与储运

安全储运 储存于阴凉、通风的库房。远离火种、热源。应与强酸、五氯化磷等隔离储运。保持容器密封。注意防潮。

紧急处置信息

急救措施

吸入： 迅速脱离现场至空气新鲜处。保持呼吸道通畅。如呼吸困难，给输氧。呼吸、心跳停止，立即进行心肺复苏术。就医。

眼睛接触： 立即分开眼睑，用流动清水或生理盐水彻底冲洗。就医。

皮肤接触： 立即脱去污染的衣着，用肥皂水和清水彻底冲洗。就医。

食入： 漱口，饮水。就医。

治疗镁中毒，静脉注射 10% 葡萄糖酸钙 20mL。

灭火方法　消防人员须穿全身消防服，在上风向灭火。尽可能将容器从火场移至空旷处。喷水保持火场容器冷却，直至灭火结束。

本品不燃，根据着火原因选择适当灭火剂灭火。

泄漏应急处置　隔离泄漏污染区，限制出入。建议应急处理人员戴防尘口罩，穿防毒服，戴橡胶手套。穿上适当的防护服前严禁接触破裂的容器和泄漏物。尽可能切断泄漏源。用塑料布覆盖泄漏物，减少飞散。勿使水进入包装容器内。用洁净的铲子收集泄漏物，置于干净、干燥、盖子较松的容器中，将容器移离泄漏区。

894. 氧化石油脂钡皂

标　识

中文名称　氧化石油脂钡皂

英文名称　Oxidize petroleum barium soap; Barium soap of petroleum ester oxide

别名　T743 防锈剂；743 钡皂

危害信息

燃烧与爆炸危险性　可燃，遇明火、高热可能引起燃烧，燃烧产生有毒的烟气。

侵入途径　吸入、食入、经皮吸收。

理化特性与用途

理化特性　棕褐色膏状物。微溶于水，可溶于醇苯，甲苯，氯仿等。

主要用途　有良好的油溶性，防锈性、成膜性，用作黑色金属，铜、铝等有色金属的防锈剂，以及溶剂稀释性防锈油的成膜剂。

包装与储运

安全储运　储存于阴凉、干燥、通风的库房。远离火种、热源。应与氧化剂隔离储运。

紧急处置信息

急救措施

吸入： 脱离接触。如有不适感，就医。

眼睛接触： 分开眼睑，用流动清水或生理盐水冲洗。如有不适感，就医。

皮肤接触： 脱去污染的衣着，用肥皂水和清水冲洗。如有不适感，就医。

食入：漱口，饮水。就医。

灭火方法　消防人员须穿全身消防服，在上风向灭火。尽可能将容器从火场移至空旷处。喷水保持火场容器冷却，直至灭火结束。

灭火剂：干粉、沙土。

泄漏应急处置　隔离泄漏区。无关人员从侧风、上风向撤离至安全区。建议应急处理人员戴正压自给式呼吸器，穿防护服，戴橡胶手套。尽可能切断泄漏源。用洁净的铲子收集于适当的容器中，回收或废弃处置。

895. 氧　气

标　识

中文名称　氧气

英文名称　Oxygen

别名　氧

分子式　O_2

O═O

CAS 号　7782－44－7

WGH 号　22001［压缩气体］；22002［液化气体］

UN 号　1072［压缩气体］；1073［冷冻液体］

危害信息

危险性类别　第 2.2 类　不燃气体

燃烧与爆炸危险性　本品不燃，能助燃，是易燃物和可燃物燃烧爆炸的基本要素之一。在火场中，由于内压增大，受热的容器或储罐有爆炸的危险。

活性反应　强氧化剂，与汽油、煤油、柴油、燃料油等可燃物或易燃物、还原剂反应，导致燃烧或爆炸。液氧接触油品、油脂、氢气等易燃物或可燃物会发生爆炸。

禁忌物　还原剂、可燃物、易燃物、活性金属粉末。

毒性　大鼠吸入 TCL_o：80%；小鼠吸入 LCL_o：100%（24h）。

中毒表现　氧压的高低不同对机体各种生理功能的影响也不同：

肺型：见于在氧分压 100～200kPa 条件下，时间超过 6～12h。开始时出现胸骨后不适感、轻咳，进而胸闷、胸骨后烧灼感和呼吸困难，咳嗽加剧；严重时可发生肺水肿，甚至出现呼吸窘迫综合征。脑型：见于氧分压超过 300kPa 连续 2～3h 时，先出现面部肌肉抽动、面色苍白、眩晕、心动过速、虚脱，继而全身强直性抽搐、昏迷，呼吸衰竭而死亡。眼型：长期处于氧分压为 60～100kPa 的条件下可发生眼损害，严重者可失明。

皮肤接触液态氧可引起冻伤。

侵入途径　吸入。

理化特性与用途

理化特性　常温常压下为无色、无味、无臭的气体。能被液化和固化，液态氧呈天蓝色，固态氧是兰色晶体。微溶于水和乙醇。熔点－218.8℃，沸点－183.1℃，相对蒸气密度（空气＝1）1.43，相对密度（水＝1）1.14（－183℃），临界压力 5.08MPa，临界温度－118.95℃，蒸气压 506.62kPa（－164℃），辛醇/水分配系数 0.65。

主要用途　用于切割、焊接金属；石油化工生产中用于烃类的氧化，制造环氧乙烷、乙二醇等；医疗上用于氧气疗法，以治疗肺炎、煤气中毒等症状；液态氧可制液氧炸药。

包装与储运

包装标志　不燃气体，氧化剂。

安全储运　储存于通风良好的不燃材料结构的库房内。远离火种、热源。储存温度不超过30℃，相对湿度不超过80%。应与易燃物、还原剂、活性金属粉末等隔离储运。搬运时要戴好钢瓶安全帽及防震橡皮圈，避免滚动和撞击，防止容器受损。液氧存放在特殊的绝热容器中，依靠液化气体的蒸发来保持低温，故不宜长期储存。

紧急处置信息

急救措施

吸入：立即脱离现场，及时呼吸新鲜空气，安静休息。就医。

皮肤接触：如发生冻伤，用温水(38～42℃)复温，忌用热水或辐射热，不要揉搓。

抽搐时用抗癫痫药物，如安定、苯巴比妥钠等。

灭火方法　用水保持容器冷却，以防受热爆炸，急剧助长火势。迅速切断气源，用水喷淋保护切断气源的人员，然后根据着火原因选择适当灭火剂灭火。由于火场中可能发生容器爆破的情况，消防人员须在有防爆掩蔽处操作。

泄漏应急处置　消除所有点火源。根据气体扩散的影响区域划定警戒区，无关人员从侧风、上风向撤离至安全区。建议应急处理人员戴正压自给式呼吸器，穿一般作业工作服。勿使泄漏物与可燃物质(如木材、纸、油等)接触。尽可能切断泄漏源。喷雾状水抑制蒸气或改变蒸气云流向。漏出气允许排入大气中。隔离泄漏区直至气体散尽。

896. 液　氨

标　识

中文名称　液氨

英文名称　Ammonia；Ammonia，anhydrous；Ammonia，liquefied

别名　氨气；液氨

分子式　NH_3

CAS 号　7664－41－7

WGH 号　23003

UN 号　1005

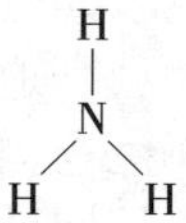

危害信息

危险性类别　第2.3类　有毒气体

燃烧与爆炸危险性　易燃。能与空气形成爆炸性混合物，遇明火、高热引起燃烧爆炸。若遇高热，容器或储罐内压增大，有开裂和爆炸的危险。泄漏物可导致中毒。

活性反应　还原剂。与氧化剂剧烈反应。与酸接触会发生放热中和反应。与氧化汞、氧化银反应的产物遇卤素会爆炸。与1，2－二氯乙烷、卤化硼、环氧乙烷、强氧化剂(硝酸、过氧化氢、三氧化铬、液氧、四氧化二氮)接触会发生剧烈反应，甚至爆炸。与氟、氯、溴、碘及三氟化氯等卤间化合物剧烈反应或生成爆炸性物质。与氧化银、氯化银、硝酸银反应生成极具爆炸性的氮化银。

禁忌物　氧化剂、酸类、卤素、氯仿等。

毒性　大鼠吸入 LC_{50}：2000ppm(4h)；小鼠吸入 LC_{50}：4230ppm(1h)。

氨对眼、呼吸道黏膜有强烈刺激和腐蚀作用。人嗅阈为 0.5 ~ 1mg/m^3；140mg/m^3，30min，眼和上呼吸道不适，恶心、头痛；1750mg/m^3，30min，可危及生命；3500 ~ 7000mg/m^3，可即刻死亡。高浓度氨除有腐蚀作用外，尚可通过三叉神经末梢的反射作用而引起心脏停搏和呼吸停止。

中毒表现　轻度中毒者出现流泪、咽痛、声音嘶哑、咳嗽、咯痰等；眼结膜、鼻黏膜、咽部充血、水肿；胸部 X 线征象符合支气管炎或支气管周围炎。中度中毒上述症状加剧，出现呼吸困难、紫绀；胸部 X 线征象符合肺炎或间质性肺炎。重度中毒发生中毒性肺水肿，或有呼吸窘迫综合征，患者剧烈咳嗽、咯大量粉红色泡沫痰、呼吸窘迫、谵妄、昏迷、休克等。可发生喉头水肿或支气管黏膜坏死脱落窒息。可并发气胸或纵隔气肿。高浓度氨可引起反射性呼吸停止。

液氨或高浓度氨可致眼灼伤；液氨可致皮肤灼伤。

侵入途径　吸入。

职业接触限值

中国：PC－TWA：20mg/m^3；PC－STEL：30mg/m^3。

美国(ACGIH)：TLV－TWA：25ppm；TLV－STEL：35ppm。

环境危害　对水生生物有极高毒性。

理化特性与用途

理化特性　常温常压下为无色气体，有强烈的刺激性气味。溶于水、乙醇和乙醚。pH 值 11.7(1%溶液)，熔点－77.7℃，沸点－33.5℃，相对密度(水＝1)0.7(－33℃)，相对蒸气密度(空气＝1)0.59，临界压力 11.40MPa，临界温度 132.5℃，蒸气压 506.62kPa(4.7℃)，燃烧热－316.25kJ/mol，闪点 11℃，辛醇/水分配系数 0.23，爆炸极限 15% ~ 28%，引燃温度 651℃。

主要用途　主要用于生产氮肥、硝酸；在纤维和塑料工业中，用于生产己内酰胺、尼龙－6 和丙烯腈等；还常用作制冷剂。

包装与储运

包装标志　有毒气体，腐蚀品

安全储运　储存于阴凉、通风的库房。远离火种、热源。储存温度不超过 30℃。应与氧化剂、酸类、卤素、食用化学品等隔离储运。禁止使用易产生火花的机械设备和工具。平时检查钢瓶漏气情况。搬运时，戴好钢瓶安全帽及防震橡皮圈，避免滚动和撞击，防止容器受损。

紧急处置信息

急救措施

吸入：迅速脱离现场至空气新鲜处。保持呼吸道通畅。如呼吸困难，给输氧。呼吸、心跳停止，立即进行心肺复苏术。就医。

眼睛接触：立即分开眼睑，用大量流动清水或生理盐水彻底冲洗 10 ~ 15min。就医。

皮肤接触：立即脱去污染的衣着，用大量流动清水彻底冲洗。就医。

注意防治肺水肿，早期、足量应用糖皮质激素。

灭火方法　切断气源。若不能切断气源，则不允许熄灭泄漏处的火焰。喷水冷却容器，尽可能将容器从火场移至空旷处。防止容器受热爆炸。消防人员必须穿全身防火防毒服，在上风向灭火。

泄漏应急处置　消除所有点火源。根据气体的影响区域划定警戒区，无关人员从侧风、上风向撤离至安全区。建议应急处理人员穿内置正压自给式呼吸器的隔绝式防护服。如果是液化气体泄漏，还应注意防冻伤。禁止接触或跨越泄漏物。尽可能切断泄漏源。防止气体通过下水道、通风系统和限制性空间扩散。若可能翻转容器，使之逸出气体而非液体。构筑围堤堵截液体泄漏物。喷雾状水稀释、溶解，同时构筑围堤或挖坑收容产生的大量废水。如果钢瓶发生泄漏，无法关闭时可浸入水中。储罐区最好设稀酸喷洒设施。隔离泄漏区直至气体散尽。

897. 液化石油气

标　识

中文名称　液化石油气

英文名称　Liquefied petroleum gas；Petroleum gas (liquefied)；Liquefied refinery gas

别名　LPG；LRG

CAS 号　68476－85－7

WGH 号　21053

UN 号　1075

危害信息

危险性类别　第 2.1 类　易燃气体

燃烧与爆炸危险性　极易燃。与空气混合能形成爆炸性混合物，遇火源有燃烧爆炸的危险。其蒸气比空气重，能在较低处扩散到相当远的地方，遇火源会着火回燃和爆炸(闪爆)。

活性反应　与硝酸、浓硫酸、高锰酸钾、重铬酸盐等强氧化剂发生剧烈反应，甚至导致燃烧爆炸。

禁忌物　强氧化剂、强酸、强碱、卤素等。

毒性　液化石油气的主要成分是丙烷、丁烷、丙烯、丁烯，都具有亲脂性。中枢神经系统脂质含量高，故液化石油气主要侵犯中枢神经系统，先引起兴奋，后演变到抑制。

中毒表现　急性液化气轻度中毒主要表现为头昏、头痛、咳嗽、食欲减退、乏力、失眠等；重者失去知觉、小便失禁、呼吸变浅变慢。皮肤接触液态本品，可引起冻伤。

侵入途径　吸入。

职业接触限值　中国：PC－TWA：1000mg/m^3；PC－STEL：1500mg/m^3。

美国(ACGIH)：TLV－TWA：1000ppm。

理化特性与用途

理化特性　由石油加工过程中得到的一种无色挥发性液体，主要组分为丙烷、丙烯、丁烷、丁烯，并含有少量戊烷、戊烯和微量硫化氢杂质。不溶于水。相对密度(水＝1)0.5～0.6，相对蒸气密度(空气＝1)约 1.5～2.0，蒸气压≤1380kPa(37.8℃)，闪点－80～

-60℃，爆炸极限2.3%～9.5%，引燃温度426～537℃。

主要用途　用作民用燃料、发动机燃料、加热炉燃料以及打火机的气体燃料，亦用作乙烯或制氢原料、化工原料。

包装与储运

包装标志　易燃气体

安全储运　液化石油气系在常温及相应的压力（一般达1.6～1.8MPa）下输送。充装容器时必须考虑留有必要的蒸气空间。温差达40℃时，充装液化石油气的压力储槽的液相最大装量为85%，在温差更大时其装量应更低。钢瓶应储存于阴凉、通风良好的仓间内，远离热源和火种。储存温度不超过30℃。禁止使用易产生火花的机械设备和工具。与卤素、液氧等隔离储运。

紧急处置信息

急救措施

吸入：迅速脱离现场至空气新鲜处。保持呼吸道通畅。如呼吸困难，给输氧。呼吸、心跳停止，立即进行心肺复苏术。就医。

皮肤接触：如发生冻伤，用温水（38～42℃）复温，忌用热水或辐射热，不要揉搓。

肾上腺素类药可诱发室性心律不齐，忌用。

灭火方法　切断气源。若不能切断气源，则不允许熄灭泄漏处的火焰。喷水冷却燃烧罐和临近罐，直至灭火结束。处在火场中的储罐若发生异常变化或发出异常声音，必须马上撤离。消防人员必须穿全身消防服，佩戴空气呼吸器，在上风向灭火。

泄漏应急处置　消除所有点火源。根据气体扩散的影响区域划定警戒区，无关人员从侧风、上风向撤离至安全区。建议应急处理人员戴正压自给式呼吸器，穿防静电、防寒服。作业时使用的所有设备应接地。禁止接触或跨越泄漏物。尽可能切断泄漏源。若可能翻转容器，使之逸出气体而非液体。喷雾状水抑制蒸气或改变蒸气云流向，避免水流接触泄漏物。禁止用水直接冲击泄漏物或泄漏源。防止气体通过下水道、通风系统和限制性空间扩散。隔离泄漏区直至气体散尽。

898. 液　氯

标　识

中文名称　液氯

英文名称　Liquefied chlorine；Chlorine gas；Chlorine

别名　液氯，氯气

分子式　Cl_2

Cl—Cl

CAS号　7782-50-5

WGH号　23002

UN号　1017

危害信息

危险性类别　第2.3类　有毒气体

燃烧与爆炸危险性　本品不燃，但可助燃。一般可燃物大都能在氯气中燃烧，一般易燃气体或蒸气也都能与氯气形成爆炸性混合物。受热后容器或储罐内压增大，泄漏物质可导致中毒。几乎对金属和非金属都有腐蚀作用。

活性反应　强氧化剂，与水反应，生成有毒的次氯酸和盐酸。与氢氧化钠、氢氧化钾等碱反应生成次氯酸盐和氯化物，可利用此反应对氯气进行无害化处理。液氯与可燃物、还原剂接触会发生剧烈反应。与汽油等石油产品、烃、氨、醚、松节油、醇、乙炔、二硫化碳、氢气、金属粉末和磷接触能形成爆炸性混合物。接触烃基膦、铝、锑、胂、铋、硼、黄铜、碳、二乙基锌等物质会导致燃烧、爆炸，释放出有毒烟雾。潮湿环境下，严重腐蚀铁、钢、铜和锌。

禁忌物　易燃或可燃物、烃类、胺类、醇类、氢气、金属粉末、碱等。

毒性　大鼠吸入 LC_{50}：293ppm(1h)；小鼠吸入 LC_{50}：137ppm(1h)；人吸入 LCL_o：2530mg/m^3(30min)。

氯是一种强烈的刺激性气体，经呼吸道吸入时，与呼吸道黏膜表面水分接触，产生盐酸、次氯酸，产生局部刺激和腐蚀作用。

本品属剧毒化学品，已列入《剧毒化学品目录》(2002 年版)。

中毒表现　急性中毒：轻度者有流泪、咳嗽、咳少量痰、胸闷，出现气管－支气管炎或支气管周围炎的表现；中度中毒发生支气管肺炎、局限性肺泡性肺水肿、间质性肺水肿，或哮喘样发作，病人除有上述症状的加重外，出现呼吸困难、轻度紫绀等；重者发生肺泡性水肿、急性呼吸窘迫综合征、严重窒息、昏迷和休克，可出现气胸、纵隔气肿等并发症。吸入极高浓度的氯气，可引起迷走神经反射性心跳骤停或喉头痉挛而发生"电击样"死亡。眼睛接触可引起急性结膜炎，高浓度造成角膜损伤。皮肤接触液氯或高浓度氯，在暴露部位可有灼伤或急性皮炎。

慢性影响：长期低浓度接触，可引起慢性牙龈炎、慢性咽炎、慢性支气管炎、肺气肿、支气管哮喘等。可引起牙齿酸蚀症。

侵入途径　吸入。

职业接触限值　中国：MAC：1mg/m^3。

美国(ACGIH)：TLV－TWA：0.5ppm；TLV－STEL：1ppm。

环境危害　海洋污染物；对水生生物有极高毒性；有害空气污染物。

理化特性与用途

理化特性　常温常压下为黄绿色、有刺激性气味的气体。常温下、709kPa 以上压力时为液体，液氯为金黄色。易溶于水、碱液。熔点 －101℃，沸点 －34.5℃，相对密度(水＝1)1.41(20℃，695.1kPa，液体)，相对蒸气密度(空气＝1)2.5，临界压力 7.71MPa，临界温度 144℃，蒸气压 673kPa(20℃)，辛醇/水分配系数 0.85。

主要用途　用于制造氯乙烯、环氧氯丙烷、氯丙烯、氯化石蜡等；用作氯化试剂，也用作水处理过程的消毒剂。

包装与储运

包装标志　有毒气体，腐蚀品。

安全储运　储存于阴凉、通风的专用库房内。远离高温、热源，避免阳光直射。储存温度不超过 30℃，相对湿度不超过 75%。应与易燃物、醇类、还原剂、食用化学品等隔离储运。搬运时要戴好钢瓶安全帽及防震橡皮圈，避免滚动和撞击，防止容器受损。应严格执行剧毒化学品管理制度。

紧急处置信息

急救措施

吸入： 迅速脱离现场至空气新鲜处。保持呼吸道通畅。如呼吸困难，给输氧。呼吸、心跳停止，立即进行心肺复苏术。就医。

眼睛接触： 立即分开眼睑，用流动清水或生理盐水彻底冲洗。就医。

皮肤接触： 立即脱去污染的衣着，用流动清水彻底冲洗。就医。

灭火方法 切断气源。喷水冷却容器，尽可能将容器从火场移至空旷处。消防人员必须佩戴空气呼吸器，穿全身防火防毒服，在上风向灭火。由于火场中可能发生容器爆破的情况，消防人员须在有防爆掩蔽处操作。

泄漏应急处置 根据气体扩散的影响区域划定警戒区，无关人员从侧风、上风向撤离至安全区。建议应急处理人员穿内置正压自给式呼吸器的全封闭防化服，戴橡胶手套。如果是液化气体泄漏，还应注意防冻伤。禁止接触或跨越泄漏物。勿使泄漏物与可燃物质(如木材、纸、油等)接触。尽可能切断泄漏源。喷雾状水抑制蒸气或改变蒸气云流向，避免水流接触泄漏物。禁止用水直接冲击泄漏物或泄漏源。若可能翻转容器，使之逸出气体而非液体。防止气体通过下水道、通风系统和限制性空间扩散。构筑围堤堵截液体泄漏物。喷稀碱液中和、稀释。也可将泄漏的储罐或钢瓶浸入石灰乳池中。隔离泄漏区直至气体散尽。泄漏场所保持通风。

899. 液体石蜡

标　识

中文名称 液体石蜡

英文名称 Liquid paraffin; Mineral oil; Petrolatum liquid

别名 石蜡油；液体凡士林

分子式 C_nH_{2n+2}

CAS 号 8042－47－5

危害信息

燃烧与爆炸危险性 可燃。其蒸气与空气混合能形成爆炸性混合物，遇明火、高热可引起燃烧或爆炸。燃烧产生有毒的一氧化碳气体。在高温火场中，受热的容器或储罐有破裂和爆炸的危险。

禁忌物 强氧化剂。

毒性 大鼠经口 TDL_o：92g/kg(92 天，连续)，肝重改变，白细胞计数改变，体重减轻。

大剂量亦无毒性。长期服用影响维生素吸收。

侵入途径 吸入、食入。

理化特性与用途

理化特性 无色、无味、透明的黏稠液体，它主要成分是石油馏分中的正构烷烃部分。能与乙醚、苯、三氯甲烷、二硫化碳和油类相混溶，不溶于水和乙醇。馏程：185～240℃

（1 号）、180～250℃（2 号），正构烷烃含量%（质量）：≥96（1 号）、≥90（2 号），闪点 >110℃。

主要用途　主要用于制造洗衣粉、合成洗涤剂等，亦可用于合成石油蛋白、塑料增塑剂、农药乳化剂等。

包装与储运

安全储运　储存于阴凉、通风的库房。远离火种、热源。应与氧化剂隔离储运。搬运时轻装轻卸，防止容器受损。

紧急处置信息

急救措施

吸入：脱离接触。如有不适感，就医。

眼睛接触：分开眼睑，用流动清水或生理盐水冲洗。如有不适感，就医。

皮肤接触：脱去污染的衣着，用肥皂水和清水冲洗。如有不适感，就医。

食入：漱口，尽量饮水，对于高黏度、低挥发性油脂类，通常不必催吐。就医。

灭火方法　消防人员须穿全身消防服，佩戴空气呼吸器，在上风向灭火。尽可能将容器从火场移至空旷处。喷水保持火场容器冷却，直至灭火结束。处在火场中的容器若发生异常变化或发出异常声音，须马上撤离。

灭火剂：泡沫、二氧化碳、干粉、砂土。

泄漏应急处置　消除所有点火源。根据液体流动和蒸气扩散的影响区域划定警戒区，无关人员从侧风、上风向撤离至安全区。建议应急处理人员戴正压自给式呼吸器，穿防静电、防腐蚀服，戴橡胶手套。穿上适当的防护服前严禁接触破裂的容器和泄漏物。尽可能切断泄漏源。防止泄漏物进入水体、下水道、地下室或限制性空间。小量泄漏：用干燥的砂土或其他不燃材料吸收或覆盖，收集于容器中。大量泄漏：构筑围堤或挖坑收容。用防爆、耐腐蚀泵转移至槽车或专用收集器内。喷雾状水驱散蒸气、稀释液体泄漏物。

900. 液压油（L－HL）

标　识

中文名称　液压油（L－HL）

英文名称　Hydraulic oil；Hydraulic fluid

危害信息

燃烧与爆炸危险性　可燃。其蒸气与空气混合能形成爆炸性混合物，遇明火、高热可引起燃烧或爆炸。燃烧产生有毒的一氧化碳气体。在高温火场中，受热的容器或储罐有破裂和爆炸的危险。

禁忌物　强氧化剂。

侵入途径　吸入、食入。

理化特性与用途

理化特性　透明至淡琥珀色液体。L－HL 液压油按黏度分为 5 个等级，下面以 15 号为例：运动黏度≤140mm²/s(0℃)，闪点≥140℃(开杯)，倾点≤－12℃。

主要用途　用于机床和其他设备的低压齿轮泵，也可用于轴承或齿轮等。

包装与储运

安全储运　储存于阴凉、通风的库房。远离火种、热源。应与氧化剂隔离储运。搬运时轻装轻卸，防止容器受损。

紧急处置信息

急救措施

吸入：脱离接触。如有不适感，就医。

眼睛接触：分开眼睑，用流动清水或生理盐水冲洗。如有不适感，就医。

皮肤接触：脱去污染的衣着，用肥皂水和清水冲洗。如有不适感，就医。

食入：漱口，饮水。就医。

灭火方法　消防人员须穿全身消防服，佩戴空气呼吸器，在上风向灭火。尽可能将容器从火场移至空旷处。喷水保持火场容器冷却，直至灭火结束。处在火场中的容器若发生异常变化或发出异常声音，须马上撤离。

灭火剂：泡沫、二氧化碳、干粉、砂土。

泄漏应急处置　消除所有点火源。根据液体流动和蒸气扩散的影响区域划定警戒区，无关人员从侧风、上风向撤离至安全区。建议应急处理人员戴正压自给式呼吸器，穿防静电、防腐蚀服，戴橡胶手套。穿上适当的防护服前严禁接触破裂的容器和泄漏物。尽可能切断泄漏源。防止泄漏物进入水体、下水道、地下室或限制性空间。小量泄漏：用干燥的砂土或其他不燃材料吸收或覆盖，收集于容器中。大量泄漏：构筑围堤或挖坑收容。用防爆、耐腐蚀泵转移至槽车或专用收集器内。喷雾状水驱散蒸气、稀释液体泄漏物。

901. 一　甲　胺

标　识

中文名称　一甲胺

英文名称　Methylamine, anhydrous；Monomethylamine；Aminomethane

别名　氨基甲烷

分子式　CH_5N

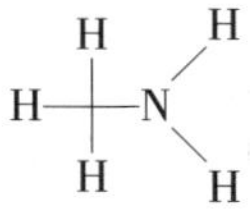

CAS 号　74－89－5

WGH 号　21043

UN 号　1061

危害信息

危险性类别　第2.1类　易燃气体

燃烧与爆炸危险性　易燃。与空气混合能形成爆炸性混合物，遇高热和明火能引起燃烧或爆炸。燃烧产生有毒的一氧化碳和氮氧化物气体。气体比空气重，能在较低处扩散到相当远的地方，遇火源会着火回燃和爆炸(闪爆)。

活性反应　与氧化剂发生反应。

禁忌物　酸类、强氧化剂、卤素、酸酐、氯仿。

毒性　大鼠经口 LD_{50}：100mg/kg；小鼠吸入 LC_{50}：2400mg/m^3(2h)。

本品具有强烈刺激性和腐蚀性。

中毒表现　吸入后，可引起咽喉炎、支气管炎、支气管肺炎，重者可致肺水肿、呼吸窘迫综合征而死亡；极高浓度吸入引起声门痉挛、喉水肿而很快窒息死亡。可致呼吸道灼伤。对眼和皮肤有强烈刺激和腐蚀性，可致严重灼伤。口服溶液可致口、咽、食道灼伤。

侵入途径　吸入、食入。

职业接触限值　中国：PC－TWA：5mg/m^3；PC－STEL：10mg/m^3。

美国(ACGIH)：TLV－TWA：5ppm；TLV－STEL：15ppm。

理化特性与用途

理化特性　无色气体，有似氨的气味。易溶于水，溶于乙醇、乙醚、苯、丙酮等。熔点－93.5℃，沸点－6.3℃，相对密度(水＝1)0.66(25℃)，相对蒸气密度(空气＝1)1.08，蒸气压304kPa(20℃)，燃烧热－1085.6kJ/mol，临界温度157.6℃，临界压力7.614MPa，辛醇/水分配系数－0.57，闪点－10℃、0℃(闭杯)，引燃温度430℃，爆炸极限5%～21%。

主要用途　用作基本有机原料，用于农药、医药、纺织等行业，也用于制水胶炸药。

包装与储运

包装标志　易燃气体

安全储运　储存于阴凉、通风的库房或大型气柜。远离火源和热源。储存温度不超过30℃。储存时，应与氧化剂、酸等隔离。禁止使用铝、铜、锌及其合金所制的设备。禁止使用易产生火花的机械设备和工具。运输时防止雨淋、曝晒。搬运时轻装轻卸，须戴好钢瓶安全帽和防震橡皮圈，防止钢瓶撞击。

紧急处置信息

急救措施

吸入：迅速脱离现场至空气新鲜处。保持呼吸道通畅。如呼吸困难，给输氧。呼吸、心跳停止，立即进行心肺复苏术。就医。

眼睛接触：立即分开眼睑，用大量流动清水或生理盐水彻底冲洗10～15min。就医。

皮肤接触：立即脱去污染的衣着，用大量流动清水彻底冲洗，冲洗时间一般要求20～30min。就医。

食入：用水漱口，禁止催吐。给饮牛奶或蛋清。就医。

灭火方法　切断气源。若不能切断气源，则不允许熄灭泄漏处的火焰。消防人员须穿全身消防服，佩戴防毒面具，在上风向灭火。喷水保持火场容器冷却，直至灭火结束。尽可能将容器从火场移至空旷处。

灭火剂：雾状水、抗溶性泡沫、干粉、砂土。

泄漏应急处置　消除所有点火源。根据气体扩散的影响区域划定警戒区，无关人员从侧风、上风向撤离至安全区。建议应急处理人员戴正压自给式呼吸器，穿防静电、防腐蚀、防毒服，戴橡胶手套。作业时使用的所有设备应接地。禁止接触或跨越泄漏物。尽可能切断泄漏源。喷雾状水抑制蒸气或改变蒸气云流向。禁止用水直接冲击泄漏物或泄漏源。若是液体泄漏，构筑围堤或挖坑收容液体泄漏物。用砂土、惰性物质或蛭石等吸收。隔离泄漏区，通风至气体散尽。

902. 一氯二乙基铝

标 识

中文名称 一氯二乙基铝

英文名称 Chlorodiethylaluminum ; Diethylaluminium chloride

别名 氯化二乙基铝；二乙基氯化铝

分子式 $C_4H_{10}AlCl$

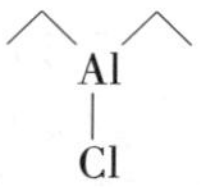

CAS 号 96－10－6

WGH 号 42024

UN 号 3052

危害信息

危险性类别 第 4. 2 类 自燃物品

燃烧与爆炸危险性 暴露在空气或二氧化碳中会自燃。燃烧时能产生剧毒气体。一般保存在 $C_5 \sim C_7$(如环己烷)的溶剂中。溶剂蒸气与空气能形成爆炸性混合物，遇明火、高热发生燃烧爆炸。具有强腐蚀性。

活性反应 强还原剂。与二氧化碳接触会燃烧。与水反应放出大量的热量，释放出易燃气体。与氧化剂、酸、碱、卤代烃和胺接触剧烈反应。与卤素反应放出有毒和刺激性的卤化氢气体。

禁忌物 强氧化剂、酸类、碱类、卤代烃、胺类、卤素、醇类、氧、水、二氧化碳等。

毒性 大鼠吸入 LC_{50}：11000mg/m^3。

具有强烈刺激和腐蚀作用。

中毒表现 高浓度吸入可引起急性结膜炎、急性支气管炎，重者可引起肺水肿。吸入其烟雾可致烟雾热，出现头痛、不适、寒战、发热、出汗等症状。皮肤接触其原液可致灼伤，产生充血、水肿和起水疱，疼痛剧烈。

侵入途径 吸入、食入。

职业接触限值 美国(ACGIH)：TLV－TWA：2mg/m^3[按 Al 计]。

理化特性与用途

理化特性 无色透明液体。溶于二甲苯、汽油及芳烃。熔点－50℃，沸点 208℃，相对密度(水＝1)0. 961，相对蒸气密度(空气＝1)4. 2，蒸气压 0. 028kPa(25℃)，辛醇/水分配系数 2. 72，闪点－23℃(闭杯)，爆炸极限 1. 2% ~7. 7%。

主要用途 主要用作聚烯烃、丁基橡胶和乙丙橡胶的聚合催化剂和合成有机金属化合物及避孕药的中间体。

包装与储运

包装标志 自燃物品，遇湿易燃物品

包装类别 Ⅰ类

安全储运 一般保存在溶剂中。储存于阴凉、干燥、通风良好的库房。远离火种、热源。储存温度不超过 30℃，相对湿度不超过 75%。应与氧化剂、酸、碱、卤代烃等隔离储

运。禁止使用易产生火花的机械设备和工具。

紧急处置信息

急救措施

吸入：迅速脱离现场至空气新鲜处。保持呼吸道通畅。如呼吸困难，给输氧。呼吸、心跳停止，立即进行心肺复苏术。就医。

眼睛接触：立即分开眼睑，用大量流动清水或生理盐水彻底冲洗 10 ~ 15min。就医。

皮肤接触：立即脱去污染的衣着，用大量流动清水彻底冲洗，冲洗时间一般要求 20 ~ 30min。就医。

食入：用水漱口，禁止催吐。给饮牛奶或蛋清。就医。

灭火方法　消防人员必须佩戴空气呼吸器，穿全身防火防毒服，在上风向灭火。尽可能将容器从火场移至空旷处。处在火场中的容器若发生异常变化或发出异常声音，必须马上撤离。

灭火剂：干粉、干砂。禁止用水、泡沫、酸碱灭火剂灭火。

泄漏应急处置　根据液体流动和蒸气扩散的影响区域划定警戒区，无关人员从侧风、上风向撤离至安全区。消除所有点火源。建议应急处理人员戴正压自给式呼吸器，穿防毒、防静电服，戴防化学品手套。禁止接触或跨越泄漏物。尽可能切断泄漏源。防止泄漏物进入水体、下水道、地下室或限制性空间。小量泄漏：用干燥的砂土或其他不燃材料覆盖泄漏物，用洁净的无火花工具收集泄漏物，置于一盖子较松的塑料容器中，待处置。大量泄漏：构筑围堤或挖坑收容。用防爆泵转移至槽车或专用收集器内。

903. 一缩二丙二醇

标　　识

中文名称　一缩二丙二醇

英文名称　1,1′ – Oxydipropan – 2 – ol；2,2′ – Dihydroxydipropyl ether

别名　二(2 – 羟丙基)醚；二丙二醇；双丙甘醇

分子式　$C_6H_{14}O_3$

CAS 号　110 – 98 – 5

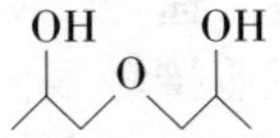

危害信息

燃烧与爆炸危险性　可燃，遇明火、高热可能引起燃烧或爆炸，燃烧产生有毒的一氧化碳气体。在高温火场中，受热的容器或储罐有破裂和爆炸的危险。

活性反应　与强氧化剂反应。

禁忌物　强氧化剂。

毒性　大鼠经口 LD_{50}：14800mg/kg；家兔经皮 LD_{50}：>20mL/kg。

皮肤刺激性小。对人无不良作用。

侵入途径　吸入、食入、经皮吸收。

理化特性与用途

理化特性　无色而微黏的液体，具有强吸湿性。混溶于水，溶于甲苯、醇等。熔点

-40℃，沸点233℃，相对密度(水=1)1.0252(20/20℃)，相对蒸气密度(空气=1)4.63，蒸气压0.004kPa(25℃)，临界温度382℃，临界压力3.65MPa，闪点121℃(开杯)，引燃温度310℃，燃烧热-3700kJ/mol，辛醇/水分配系数-0.7~1.5，爆炸极限2.9%~12.6%。

主要用途 主要用作硝酸纤维素和醋酸纤维素的溶剂，还用于制油漆、油墨、印泥和医用针剂及化学试剂等。

包装与储运

安全储运 储存于阴凉、通风的库房。远离火种、热源。注意避免受潮。应与氧化剂等隔离储运。搬运时轻装轻卸，防止容器受损。

紧急处置信息

急救措施

吸入：脱离接触。如有不适感，就医。

眼睛接触：分开眼睑，用流动清水或生理盐水冲洗。如有不适感，就医。

皮肤接触：脱去污染的衣着，用肥皂水和清水冲洗。如有不适感，就医。

食入：漱口，尽量饮水，不要催吐。

灭火方法 消防人员须穿全身消防服，佩戴空气呼吸器，在上风向灭火。尽可能将容器从火场移至空旷处。喷水保持火场容器冷却，直至灭火结束。处在火场中的容器若发生异常变化或发出异常声音，须马上撤离。

灭火剂：抗溶性泡沫、二氧化碳、干粉、砂土。

泄漏应急处置 消除所有点火源。根据液体流动和蒸气扩散的影响区域划定警戒区，无关人员从侧风、上风向撤离至安全区。建议应急处理人员戴正压自给式呼吸器，穿防静电、防腐蚀服，戴橡胶手套。尽可能切断泄漏源。防止泄漏物进入水体、下水道、地下室或限制性空间。小量泄漏：用干燥的砂土或其他不燃材料吸收或覆盖，收集于容器中。大量泄漏：构筑围堤或挖坑收容。

904. 一氧化碳

标　识

中文名称 一氧化碳

英文名称 Carbon monoxide; Flue gas

分子式 CO

CAS号 630-08-0

WGH号 21005; T23054[铁规]

UN号 1016

$O^{*}\equiv C^{*}$

危害信息

危险性类别 第2.1类 易燃气体；2.3类 有毒气体(危险货物)。

燃烧与爆炸危险性 易燃，在空气中燃烧时，火焰为蓝色。与空气混合能形成爆炸性混合物，遇明火、高热和摩擦、撞击的火花能引起燃烧爆炸。受热后，容器或储罐的内压力增大，有爆炸的危险。

活性反应 还原剂，与重铬酸盐、高锰酸盐等强氧化剂发生反应。

禁忌物 强氧化剂。

毒性 大鼠吸入 LC_{50}：2070mg/m^3(4h)；人(男性)吸入 LCL_0：744.6mg/m^3(45h)。

一氧化碳主要经呼吸道侵入体内，与血红蛋白中的二价铁结合，生成碳氧血红蛋白(HbCO)，使血液携氧能力明显降低，造成组织缺氧。一氧化碳和血红蛋白的亲合力比氧大250～300倍。急性一氧化碳中毒是吸入较高浓度一氧化碳后引起的急性脑缺氧性疾病；少数患者可有迟发的神经精神症状。部分患者亦可有其他脏器的缺氧性改变。

欧盟指令67/548/EEC将本品列为第1类生殖毒物——已知对人类有发育毒性物质。

中毒表现 急性中毒：轻度中毒者出现剧烈头痛、头晕、耳鸣、心悸、恶心、呕吐、无力，轻度至中度意识障碍但无昏迷，血液碳氧血红蛋白浓度可高于10%；中度中毒者除上述症状外，意识障碍表现为浅至中度昏迷，但经抢救后恢复且无明显并发症，血液碳氧血红蛋白浓度可高于30%；重度患者出现深度昏迷或去大脑强直状态、休克、脑水肿、肺水肿、严重心肌损害、锥体系或锥体外系损害、呼吸衰竭等，血液碳氧血红蛋白可高于50%。部分患者意识障碍恢复后，约经2～60天的"假愈期"，又可能出现迟发性脑病，以意识精神障碍、锥体系或锥体外系损害为主。

慢性影响：长期接触低浓度的一氧化碳可致神经和心血管系统损害。

侵入途径 吸入。

职业接触限值 中国：MAC：20mg/m^3[高原海拔2000m～3000m]，15mg/m^3[高原海拔>3000m]；PC－TWA：20mg/m^3[非高原]；PC－STEL：30mg/m^3[非高原]。

美国(ACGIH)：TLV－TWA：25ppm。

理化特性与用途

理化特性 无色、无味气体。微溶于水，溶于乙醇、苯等有机溶剂。熔点－205℃，沸点－191.5℃，密度1.25g/L(0℃)，相对蒸气密度(空气＝1)0.97，临界压力3.50MPa，临界温度－140.2℃，燃烧热－283kJ/mol，辛醇/水分配系数1.78，爆炸极限12.5%～74.2%，引燃温度605℃。

主要用途 主要用于化学合成，如合成甲醇、光气等；用作燃料及精炼金属的还原剂。

包装与储运

包装标志 有毒气体，易燃气体

安全储运 高压钢瓶装，储存于阴凉、通风的库房。远离火种、热源，避免阳光直射。储存温度不超过30℃。禁止使用易产生火花的工具。搬运时轻装轻卸，须戴好钢瓶安全帽和防震橡皮圈，防止钢瓶撞击。

紧急处置信息

急救措施

吸入：迅速脱离现场至空气新鲜处。保持呼吸道通畅。如呼吸困难，给输氧。呼吸、心跳停止，立即进行心肺复苏术。就医。

尽早应用高压氧舱治疗。

灭火方法 切断气源。若不能切断气源，则不允许熄灭泄漏处的火焰。喷水冷却容器，尽可能将容器从火场移至空旷处。防止容器受热爆炸。消防人员必须穿全身防火防毒服，在上风向灭火。

泄漏应急处置 消除所有点火源。根据气体扩散的影响区域划定警戒区，无关人员从侧风、上风向撤离至安全区。建议应急处理人员戴正压自给式呼吸器，穿防静电服。作业时使用的所有设备应接地。尽可能切断泄漏源。喷雾状水抑制蒸气或改变蒸气云流向。防止气体通过下水道、通风系统和限制性空间扩散。隔离泄漏区直至气体散尽。

905. 乙 胺

标 识

中文名称 乙胺

英文名称 Ethanamine；Ethylamine；Monoethylamine；Aminoethane

别名 氨基乙烷

分子式 C_2H_7N

CAS 号 75－04－7

WGH 号 21046

UN 号 1036

危害信息

危险性类别 第 2.1 类 易燃气体

燃烧与爆炸危险性 易燃。与空气混合能形成爆炸性混合物，遇高热和明火能引起燃烧或爆炸。燃烧产生有毒的一氧化碳和氮氧化物气体。蒸气比空气重，能在较低处扩散到相当远的地方，遇火源会着火回燃和爆炸(闪爆)。

活性反应 与氧化剂反应。

禁忌物 强氧化剂、强酸。

毒性 大鼠经口 LD_{50}：400mg/kg；兔经皮 LD_{50}：273mg/kg；大鼠吸入 LCL_o：3000ppm(4h)

接触乙胺蒸气可产生眼部刺激、角膜损伤和上呼吸道刺激。液体溅入眼内，可致严重灼伤；皮肤接触可致灼伤。

侵入途径 吸入、食入、经皮吸收。

职业接触限值

中国：PC－TWA：9mg/m^3[皮]；PC－STEL：18mg/m^3[皮]。

美国(ACGIH)：TLV－TWA：5ppm[皮]；TLV－STEL：15ppm[皮]。

理化特性与用途

理化特性 无色、有强烈氨味的液体或气体。溶于水、乙醇、乙醚等。熔点－81℃，沸点 16.6℃，相对密度(水＝1)0.70，相对蒸气密度(空气＝1)1.56，蒸气压 121kPa(20℃)，燃烧热－1713.3kJ/mol，临界温度 182.9℃，临界压力 5.62MPa，辛醇/水分配系数－0.13，闪点－17℃(闭杯)、<－6.7(开杯)，引燃温度 385℃，爆炸极限 3.5%～14.0%。

主要用途 用于染料合成及用作萃取剂、乳化剂、医药原料、试剂等。

包装与储运

包装标志 易燃气体

安全储运 储存于阴凉、通风的库房或大型气柜。远离火源和热源。储存温度不超过 30℃。储存时，应与氧化剂、强酸隔离。避免使用铜制、铝制设备。禁止使用易产生火花的机械设备和工具。运输时防止雨淋、曝晒。搬运时轻装轻卸，须戴好钢瓶安全帽和防震橡皮圈，防止钢瓶撞击。

紧急处置信息

急救措施

吸入：迅速脱离现场至空气新鲜处。保持呼吸道通畅。如呼吸困难，给输氧。呼吸、心跳停止，立即进行心肺复苏术。就医。

眼睛接触：立即分开眼睑，用大量流动清水或生理盐水彻底冲洗 10~15min。就医。

皮肤接触：立即脱去污染的衣着，用大量流动清水彻底冲洗，冲洗时间一般要求 20~30min。就医。

食入：用水漱口，禁止催吐。给饮牛奶或蛋清。就医。

灭火方法　切断气源。若不能切断气源，则不允许熄灭泄漏处的火焰。消防人员必须佩戴空气呼吸器、穿全身防火防毒服，在上风向灭火。喷水保持火场容器冷却，直至灭火结束。尽可能将容器从火场移至空旷处。

灭火剂：雾状水、抗溶性泡沫、干粉、二氧化碳。

泄漏应急处置　消除所有点火源。根据气体扩散的影响区域划定警戒区，无关人员从侧风、上风向撤离至安全区。建议应急处理人员戴正压自给式呼吸器，穿防静电、防腐蚀、防毒服。如果是液化气体泄漏，还应注意防冻伤。作业时使用的所有设备应接地。禁止接触或跨越泄漏物。尽可能切断泄漏源。若可能翻转容器，使之逸出气体而非液体。喷雾状水抑制蒸气或改变蒸气云流向。禁止用水直接冲击泄漏物或泄漏源。若是液体泄漏，构筑围堤或挖坑收容液体泄漏物。用砂土、惰性物质或蛭石等吸收。隔离泄漏区，通风直至气体散尽。

906. 乙　苯

标　识

中文名称　乙苯

英文名称　Ethylbenzene；Phenyl ethane

别名　乙基苯

分子式　C_8H_{10}

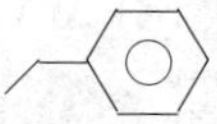

CAS 号　100-41-4

WGH 号　32053；T31153［铁规］

UN 号　1175

危害信息

危险性类别　第 3 类　易燃液体

燃烧与爆炸危险性　易燃。蒸气与空气可形成爆炸性混合物，遇明火、高热能引起燃烧爆炸。高速冲击、流动、激荡后可因产生静电火花放电引起燃烧爆炸。蒸气比空气重，能在较低处扩散到相当远的地方，遇火源会着火回燃和爆炸(闪爆)。

活性反应　与硝酸、浓硫酸、高锰酸钾等氧化剂反应。

禁忌物　强氧化剂、酸类、卤素等。

毒性　大鼠经口 LD_{50}：3500mg/kg；大鼠吸入 LC_{50}：55000mg/m^3(2h)；小鼠吸入 LC_{50}：

35500mg/m³(2h)；家兔经皮 LD_{50}：17.8mL/kg；人吸入 TCL_{o}：8700mg/m³(6min)。

本品对皮肤、黏膜有较强刺激性，高浓度有麻醉作用。

IARC 对本品的致癌性分类：G2B——可疑人类致癌物。

中毒表现

急性中毒：轻度中毒有头晕、头痛、恶心、呕吐、步态蹒跚、轻度意识障碍及眼和上呼吸道刺激症状。重者发生昏迷、抽搐、血压下降及呼吸循环衰竭。可有肝损害。直接吸入本品液体可致化学性肺炎和肺水肿。

慢性影响：眼及上呼吸道刺激症状、神经衰弱综合征。皮肤出现粗糙、皲裂、脱皮。

侵入途径　吸入、食入、经皮吸收。

职业接触限值　中国：PC－TWA：100mg/m³[G2B]；PC－STEL：150mg/m³[G2B]。

美国(ACGIH)：TLV－TWA：100ppm；TLV－STEL：125ppm。

环境危害　对水生生物是有害的。有害空气污染物。

理化特性与用途

理化特性　无色透明液体，有芳香气味。不溶于水，溶于乙醇、苯、四氯化碳和乙醚等多数有机溶剂。熔点－94.9℃，沸点136.2℃，相对密度(水＝1)0.870(20℃)，相对蒸气密度(空气＝1)3.66，燃烧热－4390.1kJ/mol，临界压力3.60MPa，临界温度344.1℃，蒸气压1.33kPa(25.9℃)，闪点12.8℃(闭杯)，爆炸极限1.0%～6.7%，引燃温度432℃。

主要用途　主要用于生产苯乙烯，也作为制造对硝基苯乙酮、甲基苯甲酮、乙基蒽醌等的原料，还可用作溶剂。

包装与储运

包装标志　易燃液体

包装类别　Ⅱ类

安全储运　储存于阴凉、通风的库房。远离火种、热源。储存温度不超过37℃。保持容器密封。炎热季节早晚运输。应与氧化剂等隔离储运。禁止使用易产生火花的机械设备和工具。灌装时注意流速，防止静电积聚。搬运时轻装轻卸，防止容器受损。

紧急处置信息

急救措施

吸入：迅速脱离现场至空气新鲜处。保持呼吸道通畅。如呼吸困难，给输氧。呼吸、心跳停止，立即进行心肺复苏术。就医。

眼睛接触：立即分开眼睑，用流动清水或生理盐水彻底冲洗。就医。

皮肤接触：立即脱去污染的衣着，用肥皂水和清水彻底冲洗。就医。

食入：漱口，不要催吐，给服活性炭悬液。就医。

灭火方法　消防人员必须穿全身防火防毒服，佩戴空气呼吸器，在上风向灭火。尽可能将容器从火场移至空旷处。喷水保持火场容器冷却，直至灭火结束。处在火场中的容器若发生异常变化或发出异常声音，必须马上撤离。

灭火剂：泡沫、二氧化碳、干粉、砂土。

泄漏应急处置　消除所有点火源。根据液体流动和蒸气扩散的影响区域划定警戒区，无关人员从侧风、上风向撤离至安全区。建议应急处理人员戴正压自给式呼吸器，穿防静电服，戴橡胶耐油手套。作业时使用的所有设备应接地。禁止接触或跨越泄漏物。尽可能切断泄漏源。防止泄漏物进入水体、下水道、地下室或限制性空间。小量泄漏：用砂土或其他不燃材料吸收。使用洁净的无火花工具收集吸收材料。大量泄漏：构筑围堤或挖坑收

容。用砂土、惰性物质或蛭石吸收大量液体。用泡沫覆盖，减少蒸发。喷水雾能减少蒸发，但不能降低泄漏物在限制性空间内的易燃性。用防爆泵转移至槽车或专用收集器内。

907. 乙丙共聚物黏度指数改进剂

标　识

中文名称　乙丙共聚物黏度指数改进剂

英文名称　Viscosity index improver 612

别名　612 黏度指数改进剂

危害信息

燃烧与爆炸危险性　可燃，遇明火、高热可引起燃烧，燃烧产生有毒的烟气。

禁忌物　强氧化剂。

侵入途径　吸入、食入。

理化特性与用途

理化特性　黄色透明黏稠液体。密度 0.86 ~ 0.88g/cm^3（20℃），闪点≥170℃，运动黏度≥650 ~ 800mm^2/s（100℃）。

主要用途　用于调制高档润滑油，改善油品的黏度指数。

包装与储运

安全储运　储存于阴凉、通风的专用库房。远离火种、热源。应与氧化剂隔离储运。搬运时轻装轻卸，防止容器受损。

紧急处置信息

急救措施

吸入：脱离接触。如有不适感，就医。

眼睛接触：分开眼睑，用流动清水或生理盐水冲洗。如有不适感，就医。

皮肤接触：脱去污染的衣着，用肥皂水和清水冲洗。如有不适感，就医。

食入：漱口，饮水。就医。

灭火方法　消防人员必须穿全身防火服，佩戴空气呼吸器，在上风向灭火。尽可能将容器从火场移至空旷处。喷水保持火场容器冷却，直至灭火结束。

灭火剂：泡沫、二氧化碳、干粉、砂土。

泄漏应急处置　消除所有点火源。隔离泄漏区。无关人员从侧风、上风向撤离至安全区。建议应急处理人员戴正压自给式呼吸器，穿防静电、防腐蚀服，戴橡胶手套。尽可能切断泄漏源。防止泄漏物进入水体、下水道、地下室或限制性空间。小量泄漏：用干燥的砂土或其他不燃材料吸收或覆盖，收集于容器中。大量泄漏：构筑围堤或挖坑收容。

908. 乙丙橡胶

标　识

中文名称　乙丙橡胶

英文名称　1 – Propene, polymer with ethene ; Ethylene – propylene rubber; EPR

别名　二元乙丙橡胶

分子式　$(C_3H_6 \cdot C_2H_4)_x$

CAS 号　9010 – 79 – 1

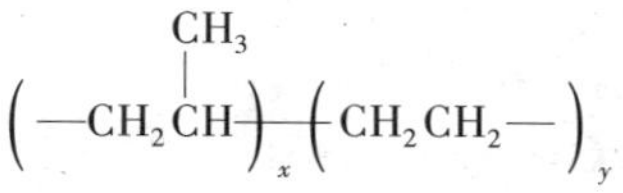

危害信息

燃烧与爆炸危险性　可燃。其粉体与空气混合能形成爆炸性混合物，遇明火高热有引起燃烧爆炸的危险。燃烧产生有毒的一氧化碳气体。

活性反应　与强氧化剂反应。

禁忌物　强氧化剂。

侵入途径　吸入、食入。

理化特性与用途

理化特性　无色或白色固体。不溶于水。相对密度(水 =1)约 0.85，熔点 160 ~210℃。

主要用途　可以作为轮胎胎侧、胶条和内胎以及汽车的零部件，还可以作电线、电缆包皮及高压、超高压绝缘材料。还可制造胶鞋、卫生用品等浅色制品。

包装与储运

安全储运　储存于阴凉、通风的库房。远离火种、热源。应与氧化剂等隔离储运。

紧急处置信息

急救措施

吸入：脱离接触。如有不适感，就医。

眼睛接触：分开眼睑，用流动清水或生理盐水冲洗。如有不适感，就医。

皮肤接触：脱去污染的衣着，用肥皂水和清水冲洗。如有不适感，就医。

食入：漱口，饮水。就医。

灭火方法　消防人员须穿全身消防服，在上风向灭火。尽可能将容器从火场移至空旷处。喷水保持火场容器冷却，直至灭火结束。

灭火剂：雾状水、泡沫、二氧化碳、干粉、砂土。

泄漏应急处置　隔离泄漏污染区，限制出入。消除点火源。建议应急处理人员戴防尘口罩，穿防毒防酸碱服，戴橡胶耐酸碱手套。穿上适当的防护服前严禁接触破裂的容器和泄漏物。尽可能切断泄漏源。用塑料布覆盖泄漏物，减少飞散。勿使水进入包装容器内。用洁净的铲子收集泄漏物，置于干净、干燥、盖子较松的容器中，将容器移离泄漏区。

909. 乙　醇

标　识

中文名称　乙醇

英文名称　Ethanol; Ethyl alcohol

别名　酒精

分子式　C_2H_6O

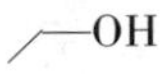

CAS 号　64-17-5

WGH 号　32061; T31161[铁规]

UN 号　1170

危害信息

危险性类别　第 3 类　易燃液体

燃烧与爆炸危险性　易燃。蒸气与空气能形成爆炸性混合物，遇明火、高热能引起燃烧爆炸。蒸气比空气重，能在较低处扩散到相当远的地方，遇火源会着火回燃和爆炸(闪爆)。在火场中，受热的容器或储罐有爆炸危险。

活性反应　与浓硫酸、过氧化氢等强氧化剂接触，会发生燃烧爆炸。与浓过氧化氢接触会发生猛烈爆炸。极易与液氯、次氯酸反应，生成的次氯酸乙酯低温易分解，受热或光照条件下会发生爆炸。与酰氯和酰溴发生剧烈反应，生成酯。碱催化条件下，与异氰酸酯的反应应该在惰性溶剂中进行，否则会发生爆炸。与锂、钠、钾等碱金属反应，放出易燃易爆的氢气。

禁忌物　强氧化剂、酸类、碱金属、胺类等。

毒性　大鼠经口 LD_{50}: 7060mg/kg; 大鼠吸入 LC_{50}: 20000ppm(10h); 人经口 LDL_o: 1400mg/kg; 人(男性)经口 TDL_o: 50mg/kg。

乙醇毒作用主要是对中枢神经系统的作用，初起作用于大脑皮层，表现为兴奋，继之作用于皮质下中枢和小脑，最后可出现延髓血管运动中枢和呼吸中枢抑制。长期口服中毒量乙醇，可见到肝、心肌脂肪浸润，慢性软脑膜炎和慢性胃炎。

IARC 对本品的致癌性分类：G1——确认人类致癌物。

中毒表现　急性中毒：主要见于过量饮酒者，职业中毒者少见。轻度中毒和中毒早期表现为兴奋、欣快、言语增多、颜面潮红或苍白、步态不稳、轻度动作不协调、判断力障碍、语无伦次、眼球震颤，甚至昏睡。重度中毒可出现昏迷、呼吸表浅或呈潮式呼吸，并可因呼吸麻痹或循环衰竭而死亡。吸入高浓度乙醇蒸气可出现酒醉感、头昏、乏力、兴奋和轻度的眼、上呼吸道黏膜刺激等症状，但一般不引起严重中毒。

慢性中毒：长期酗酒者可见面部毛细血管扩张，皮肤营养障碍，慢性胃炎，胃溃疡，肝炎，肝硬化，肝功能衰竭，心肌损害，肌病，多发性神经病等。皮肤长期反复接触乙醇液体，可引起局部干燥、脱屑、皲裂和皮炎。

侵入途径　吸入、食入、经皮吸收。

职业接触限值　美国(ACGIH): TLV-TWA: 1000ppm。

理化特性与用途

理化特性　工业乙醇为无色透明液体，有酒香味。与水、甲醇、乙醚、氯仿等溶剂混溶。熔点 -114.1℃，沸点 78.3℃，相对密度（水 = 1）0.789，相对蒸气密度（空气 = 1）1.59，临界压力 6.38MPa，临界温度 243.1℃，蒸气压 5.33kPa（19℃），辛醇/水分配系数 -0.32，燃烧热 -1368kJ/mol，闪点 13℃（闭杯）、17℃（开杯），爆炸极限 3.3% ~19.0%，引燃温度 363℃。

主要用途 用作化工原料或溶剂，也可作为乙醇汽油组分或添加剂；医疗上用作杀菌、消毒剂。

包装与储运

包装标志 易燃液体

包装类别 Ⅱ类

安全储运 储存于阴凉、通风的库房。远离火种、热源，避免阳光直射。储存温度不超过 37℃。应与氧化剂等隔离储运。搬运时轻装轻卸，防止容器受损。炎热季节应早晚运输。禁止使用易产生火花的机械设备和工具。灌装时注意流速，防止静电积聚。搬运时轻装轻卸，防止容器受损。

紧急处置信息

急救措施

吸入：迅速脱离现场至空气新鲜处。保持呼吸道通畅。如呼吸困难，给输氧。呼吸、心跳停止，立即进行心肺复苏术。就医。

眼睛接触：立即分开眼睑，用流动清水或生理盐水彻底冲洗。就医。

皮肤接触：立即脱去污染的衣着，用肥皂水和清水彻底冲洗。就医。

食入：口服大量乙醇在 30min 内可催吐（禁用阿朴吗啡），或用 1% 碳酸氢钠溶液洗胃。就医。

灭火方法 消防人员必须穿全身防火防毒服，佩戴空气呼吸器，在上风向灭火。尽可能将容器从火场移至空旷处。喷水保持火场容器冷却，直至灭火结束。处在火场中的容器若发生异常变化或发出异常声音，必须马上撤离。

灭火剂：水、抗溶性泡沫、干粉、二氧化碳、砂土。

泄漏应急处置 消除所有点火源。根据液体流动和蒸气扩散的影响区域划定警戒区，无关人员从侧风、上风向撤离至安全区。建议应急处理人员戴正压自给式呼吸器，穿防静电服。作业时使用的所有设备应接地。禁止接触或跨越泄漏物。尽可能切断泄漏源。防止泄漏物进入水体、下水道、地下室或限制性空间。小量泄漏：用砂土或其他不燃材料吸收。使用洁净的无火花工具收集吸收材料。大量泄漏：构筑围堤或挖坑收容。用抗溶性泡沫覆盖，减少蒸发。喷水雾能减少蒸发，但不能降低泄漏物在限制性空间内的易燃性。用防爆泵转移至槽车或专用收集器内。喷雾状水驱散蒸气、稀释液体泄漏物。

910. 乙 二 胺

标 识

中文名称 乙二胺

英文名称 Ethylenediamine；1,2 - Ethanediamine；1,2 - Diaminoethane

别名 1,2 - 二氨基乙烷

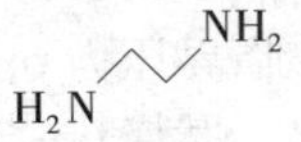

分子式　$C_2H_8N_2$

CAS 号　107-15-3

WGH 号　82028

UN 号　1604

危害信息

危险性类别　第8.2类　碱性腐蚀品

燃烧与爆炸危险性　易燃。蒸气能与空气形成爆炸性混合物。遇明火、高热或与氧化剂接触，有引起燃烧爆炸的危险。能腐蚀铜及其合金。

活性反应　易吸收空气中的二氧化碳成盐。与酸发生放热中和反应。接触硝化纤维会燃烧。与丙烯醛、丙烯酸、丙烯腈、烯丙基氯、二硫化碳、氯磺酸、醋酸乙烯酯发生剧烈反应。与氢化物等强还原剂反应放出易燃易爆的氢气。

禁忌物　酸类、酰基氯、强还原剂。

毒性　大鼠经口 LD_{50}：1200mg/kg；小鼠吸入 LC_{50}：300mg/m^3；家兔经皮 LD_{50}：730μL/kg

对皮肤、眼、呼吸道黏膜有刺激和腐蚀作用；也是致敏原，可引起变应性皮炎和哮喘。

中毒表现　急性中毒：表现为头痛、头昏、全身不适、口渴、咳嗽、胸闷、胸部束带感、呼吸急促，有时不能平卧，严重者口吐白沫、抽搐、血压下降、休克、呼吸循环衰竭而死亡。体检可见急性重病容，可出现脱水貌、表情淡漠、呼吸急促、口唇紫绀、咽部明显充血，双肺可闻及干、湿性啰音，肝肿大、压痛。

慢性影响：蒸气可引起皮肤及呼吸道刺激，个别接触者可引起过敏性哮喘及持久性头痛。也可发生迟发性哮喘。接触工人中，皮炎发病率很高，鼻腔可发生瘙痒感。皮肤接触乙二胺后，局部可起水疱，后出现溃疡，也可出现湿疹样改变。有时睫毛、眉毛脱落。皮损在停止接触后可好转，工作后又复发。可引起眼部损害。

侵入途径　吸入、食入、经皮吸收。

职业接触限值　中国：PC-TWA：4mg/m^3[皮]；PC-STEL：10mg/m^3[皮]。

美国(ACGIH)：TLV-TWA：10ppm[皮]。

环境危害　对水生生物是有害的。

理化特性与用途

理化特性　无色透明黏稠液体，有类似氨的气味。具有吸湿性和强碱性。能从空气中吸收二氧化碳。易溶于水和乙醇，微溶于乙醚、苯。熔点8.5℃，沸点116~117.2℃，相对密度(水=1)0.9，相对蒸气密度(空气=1)2.07，蒸气压1.43kPa(20℃)，燃烧热-1891.9kJ/mol，临界温度340℃，临界压力6.48MPa，辛醇/水分配系数-1.2~-2.04，闪点34℃(闭杯)，爆炸极限2.5%~16.6%，引燃温度385℃。

主要用途　用于有机合成和农药、活性染料、医药、环氧树脂固化剂等的制取，也用作清蛋白、纤维蛋白等的溶剂。

包装与储运

包装标志　腐蚀品，易燃液体

包装类别　Ⅱ类

安全储运　储存于阴凉、通风的库房。远离火种、热源。储存温度不超过30℃。包装要求密封，不可与空气接触。应与氧化剂、强还原剂、酸类等隔离储运。采用防爆型照明、通风设施。禁止使用易产生火花的机械设备和工具。搬运时轻装轻卸，防止容器受损。

紧急处置信息

急救措施

吸入：迅速脱离现场至空气新鲜处。保持呼吸道通畅。如呼吸困难，给输氧。呼吸、心跳停止，立即进行心肺复苏术。就医。

眼睛接触：立即分开眼睑，用大量流动清水或生理盐水彻底冲洗 10～15min。就医。

皮肤接触：立即脱去污染的衣着，用大量流动清水彻底冲洗。就医。

食入：用水漱口，禁止催吐。给饮牛奶或蛋清。就医。

灭火方法 消防人员须佩戴空气呼吸器，穿全身消防服，在上风向灭火。

灭火剂：雾状水、抗溶性泡沫、干粉、二氧化碳、砂土。

泄漏应急处置 消除所有点火源。根据液体流动和蒸气扩散的影响区域划定警戒区，无关人员从侧风、上风向撤离至安全区。建议应急处理人员戴正压自给式呼吸器，穿防静电、防腐蚀、防毒服，戴橡胶耐油手套。作业时使用的所有设备应接地。禁止接触或跨越泄漏物。尽可能切断泄漏源。防止泄漏物进入水体、下水道、地下室或限制性空间。小量泄漏：用砂土或其他不燃材料吸收。使用洁净的无火花工具收集吸收材料。大量泄漏：构筑围堤或挖坑收容。用砂土、惰性物质或蛭石吸收大量液体。用硫酸氢钠($NaHSO_4$)中和。用抗溶性泡沫覆盖，减少蒸发。喷水雾能减少蒸发，但不能降低泄漏物在限制性空间内的易燃性。用防爆、耐腐蚀泵转移至槽车或专用收集器内。

911. 乙二胺四亚甲基膦酸钠

标 识

中文名称 乙二胺四亚甲基膦酸钠

英文名称 Ethylene diamine tetra (methylene phosphonic acid) sodium salt；EDTMP sodium salt

别名 EDTMP 钠盐

分子式 $C_6H_{12}O_{12}N_2P_4Na_8$

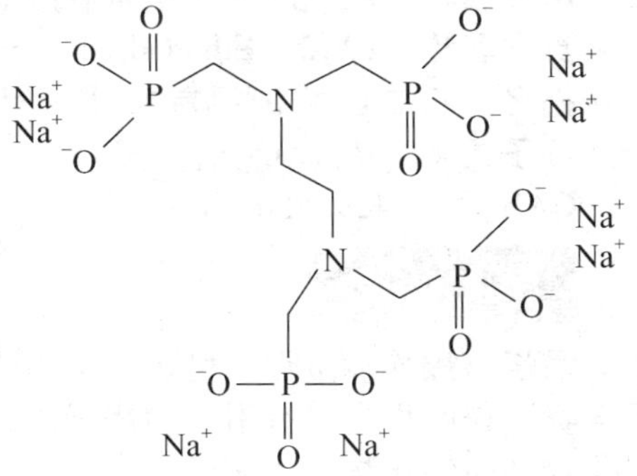

危害信息

燃烧与爆炸危险性 可燃，遇明火、高热能引起燃烧，燃烧产生有毒的一氧化碳、氮氧化物和磷氧化物气体。在高温火场中，受热的容器或储罐有破裂和爆炸的危险。

活性反应 与强氧化剂、强酸反应。

禁忌物 强氧化剂、强酸。

侵入途径 吸入、食入。

理化特性与用途

理化特性 淡黄色或棕黄色透明黏稠液体。溶于水，微溶于醇、酮、脂肪烃等有机溶剂。活性组分≥28%，pH 值 9.5～10.5(1%水溶液)，相对密度(水=1)1.3～1.4。

主要用途 适用于作循环冷却水、锅炉用水的缓蚀阻垢剂、管道预膜剂，也可在印染工业中作软水剂，无氰电镀中作络合剂。

包装与储运

安全储运　储存于阴凉、通风的库房。远离火种、热源。应与氧化剂等隔离储运。搬运时轻装轻卸，防止容器受损。

紧急处置信息

急救措施

吸入：脱离接触。如有不适感，就医。

眼睛接触：分开眼睑，用流动清水或生理盐水冲洗。如有不适感，就医。

皮肤接触：脱去污染的衣着，用肥皂水和清水冲洗。如有不适感，就医。

食入：漱口，饮水。就医。

灭火方法　消防人员须穿全身消防服，佩戴空气呼吸器，在上风向灭火。尽可能将容器从火场移至空旷处。喷水保持火场容器冷却，直至灭火结束。处在火场中的容器若发生异常变化或发出异常声音，须马上撤离。

灭火剂：抗溶性泡沫、二氧化碳、干粉、砂土。

泄漏应急处置　消除所有点火源。根据液体流动和蒸气扩散的影响区域划定警戒区，无关人员从侧风、上风向撤离至安全区。建议应急处理人员戴正压自给式呼吸器，穿防静电、防腐蚀服，戴橡胶手套。尽可能切断泄漏源。防止泄漏物进入水体、下水道、地下室或限制性空间。小量泄漏：用干燥的砂土或其他不燃材料吸收或覆盖，收集于容器中。大量泄漏：构筑围堤或挖坑收容。

912. 乙二胺四亚甲基膦酸

标　　识

中文名称　乙二胺四亚甲基膦酸

英文名称　(1,2 - Ethanediylbis(nitrilobis - (methylene)))tetrakis - phosphonic acid

别名　乙二胺四甲叉膦酸；EDTMP

分子式　$C_6H_{20}N_2O_{12}P_4$

CAS 号　1429 - 50 - 1

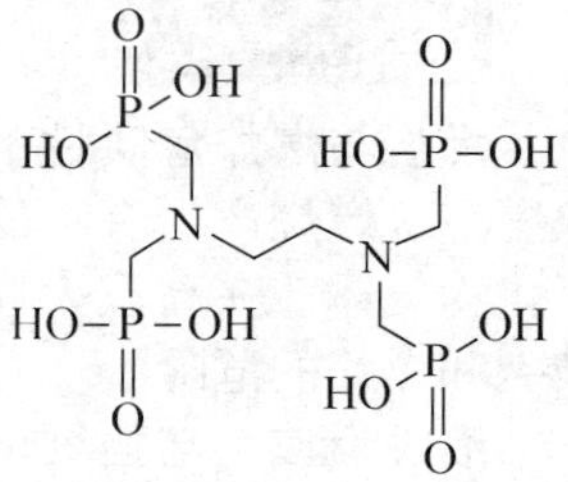

危害信息

燃烧与爆炸危险性　可燃。其粉体与空气混合能形成爆炸性混合物，遇明火高热有引起燃烧爆炸的危险。燃烧产生有毒的氮氧化物和磷氧化物气体。

活性反应　与强碱反应。

禁忌物　强碱 、强氧化剂。

毒性　对眼和皮肤有刺激性。食入可能有害。

侵入途径　吸入、食入。

理化特性与用途

理化特性　白色结晶性粉末。微溶于水，易溶于氨水。pH 值≤2(1%水溶液)，熔点

215～217℃，分解温度 223～228℃。

主要用途 用作蒸汽锅炉的阻垢缓蚀剂、循环冷却水的阻垢剂、过氧化物的稳定剂、电镀工业金属离子螯合剂等。

包装与储运

安全储运 储存于阴凉、通风的库房。远离火种、热源。应与氧化剂等隔离储运。

紧急处置信息

急救措施

吸入：脱离接触。如有不适感，就医。

眼睛接触：分开眼睑，用流动清水或生理盐水冲洗。如有不适感，就医。

皮肤接触：脱去污染的衣着，用肥皂水和清水冲洗。如有不适感，就医。

食入：漱口，饮水。就医。

灭火方法 消防人员须穿全身消防服，在上风向灭火。尽可能将容器从火场移至空旷处。喷水保持火场容器冷却，直至灭火结束。

灭火剂：雾状水、抗溶性泡沫、二氧化碳、干粉、砂土。

泄漏应急处置 隔离泄漏污染区，限制出入。建议应急处理人员戴防尘口罩，穿防毒防酸碱服，戴橡胶耐酸碱手套。穿上适当的防护服前严禁接触破裂的容器和泄漏物。尽可能切断泄漏源。用塑料布覆盖泄漏物，减少飞散。勿使水进入包装容器内。用洁净的铲子收集泄漏物，置于干净、干燥、盖子较松的容器中，将容器移离泄漏区。

913. 乙二胺四乙酸

标　识

中文名称 乙二胺四乙酸

英文名称 Ethylene diamine tetraacetic acid；Edetic acid ；EDTA

别名 乙底酸；维尔烯酸；络合剂 EDTA

分子式 $C_{10}H_{16}N_2O_8$

CAS 号 60－00－4

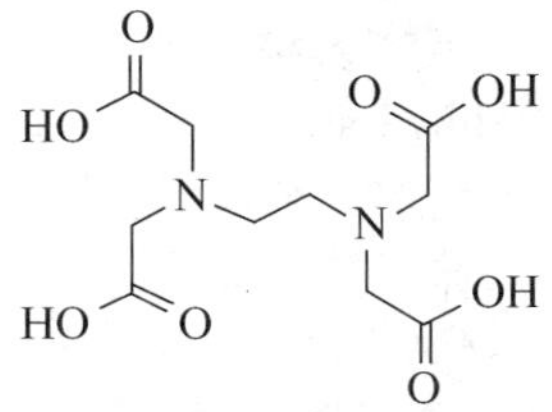

危害信息

燃烧与爆炸危险性 可燃，遇明火高热可能引起燃烧。受高热分解产生有毒的腐蚀性氮氧化雾烟气。

活性反应 与强氧化剂反应。

禁忌物 强氧化剂。

毒性 小鼠经口 LD_{50}：30mg/kg。

中毒表现 吸入后引起咽喉痛、咳嗽。对眼和皮肤有刺激性，接触后出现发红、疼痛。口服出现烧灼感、腹痛和腹泻。

侵入途径 吸入、食入。

理化特性与用途

理化特性 白色结晶粉末。水中溶解度 1000mg/L(25℃)，不溶于醇和一般有机溶剂，溶于氢氧化钠、碳酸钠和氨溶液。熔点240℃(分解)，相对密度(水=1)0.86，相对蒸气密度(空气=1)10，辛醇/水分配系数-3.86，燃烧热-4461kJ/mol。

主要用途　主要用作络合剂，广泛用于谁处理剂，照相化学品、油田化学品、锅炉清洗剂及分析试剂。

包装与储运

安全储运　储存于阴凉、通风的库房。远离火种、热源，避光保存。应与氧化剂等隔离储运。

紧急处置信息

急救措施

吸入：脱离接触。如有不适感，就医。

眼睛接触：分开眼睑，用流动清水或生理盐水冲洗。如有不适感，就医。

皮肤接触：脱去污染的衣着，用肥皂水和清水冲洗。如有不适感，就医。

食入：漱口，催吐。就医。

灭火方法　消防人员需佩戴防毒面具、穿全身消防服，在上风向灭火。尽可能将容器从火场移至空旷处。喷水保持火场容器冷却，直至灭火结束。

灭火剂：雾状水、泡沫、干粉、二氧化碳。

泄漏应急处置　隔离泄漏污染区，限制出入。消除所有点火源。建议应急处理人员戴防尘口罩，穿一般作业工作服。尽可能切断泄漏源。用塑料布覆盖泄漏物，减少飞散。勿使水进入包装容器内。用洁净的铲子收集泄漏物，置于干净、干燥、盖子较松的容器中，将容器移离泄漏区。

914. 乙二胺四乙酸二钠

标　　识

中文名称　乙二胺四乙酸二钠

英文名称　Acetic acid, (ethylenedinitrilo) tetra -, disodium salt, dihydrate；EDTA disodium dihydrate

别名　EDTA 二钠盐

分子式　$C_{10}H_{14}N_2Na_2O_8 \cdot 2H_2O$

CAS 号　6381-92-6

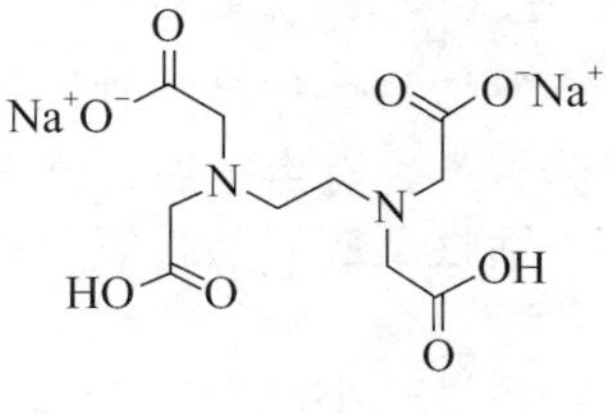

危害信息

燃烧与爆炸危险性　可燃，遇明火、高热可燃。受高热分解产生有毒的腐蚀性烟气。

禁忌物　强氧化剂。

毒性　大鼠经口 LD_{50}：2g/kg；小鼠经口 LD_{50}：400mg/kg。

中毒表现　对黏膜和上呼吸道有刺激作用。对眼睛、皮肤有刺激作用。目前，未见职业性中毒报道。本品是有毒重金属的解毒药。大剂量或反复使用能引起肾损害。副作用有：肠胃不适，骨髓暂时性抑制，黏膜皮肤损害，发热，肌肉痉挛和类组织胺反应。

侵入途径　吸入、食入。

理化特性与用途

理化特性　白色结晶粉末，含有2个结晶水，干燥时容易失去结晶水。易溶于水，难溶于乙醇、乙醚等有机溶剂。pH值4~6(5%水溶液)，熔点248℃，分解温度252℃。

主要用途　用作络合剂，也用于制药、彩色显影及稀有金属的冶炼等。

包装与储运

安全储运　储存于阴凉、通风的库房。远离火种、热源。应与氧化剂、强碱等隔离储运。

紧急处置信息

急救措施

吸入：脱离接触。如有不适感，就医。

眼睛接触：分开眼睑，用流动清水或生理盐水冲洗。如有不适感，就医。

皮肤接触：脱去污染的衣着，用肥皂水和清水冲洗。如有不适感，就医。

食入：漱口，饮水。就医。

灭火方法　消防人员须穿全身消防服，佩戴防毒面具，在上风向灭火。尽可能将容器从火场移至空旷处。喷水保持火场容器冷却，直至灭火结束。

灭火剂：雾状水、泡沫、二氧化碳、干粉、砂土。

泄漏应急处置　隔离泄漏污染区，限制出入。消除所有点火源。建议应急处理人员戴防尘口罩，穿一般作业工作服。尽可能切断泄漏源。用塑料布覆盖泄漏物，减少飞散。勿使水进入包装容器内。用洁净的铲子收集泄漏物，置于干净、干燥、盖子较松的容器中，将容器移离泄漏区。

915. 乙　二　醇

标　识

中文名称　乙二醇

英文名称　Ethylene glycol；1,2-Ethanediol

别名　1,2-亚乙基二醇

分子式　$C_2H_6O_2$

CAS 号　107-21-1

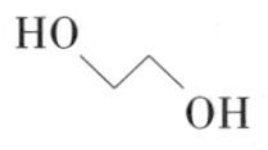

危害信息

燃烧与爆炸危险性　可燃。在火场中，受热的容器或储罐由于内压增大有开裂和爆炸的危险。

活性反应　与硫酸、发烟硫酸、氯磺酸等强氧化剂发生剧烈反应，在受限空间导致温度、压力升高，甚至燃烧爆炸。

禁忌物　强氧化剂。

毒性　大鼠经口 LD_{50}：4700mg/kg；小鼠经口 LD_{50}：5500mg/kg；大鼠吸入 LC：>200mg/m^3

(4h)；家兔经皮：LD_{50}：9530μL/kg；人经口 LDL_o：786mg/kg；人吸入 TCL_o：10000mg/m^3。

乙二醇本身毒性较低，但其代谢产物毒性较高。急性乙二醇中毒死亡病例尸检可见脑、肾、肺的病变。乙二醇的代谢产物草酸和草酸盐可阻塞肾小管，是导致肾损害的重要因素。

中毒表现　急性中毒多系误服引起。吸入中毒表现为反复发作性昏厥，并可有眼球震颤，淋巴细胞增多。口服后急性中毒分三个阶段：第一阶段主要为中枢神经系统症状，轻者似乙醇中毒表现，重者迅速产生昏迷、抽搐，最后死亡；第二阶段，心肺症状明显，严重病例可有肺水肿，支气管肺炎，心力衰竭；第三阶段主要表现为不同程度肾功能衰竭。本品一次口服致死量估计为1.4ml/kg(1.56g/kg)。

侵入途径　吸入、食入、经皮吸收。

职业接触限值　中国：PC－TWA：20mg/m^3；PC－STEL：40mg/m^3。

美国(ACGIH)：TLV－C：100/m^3[仅气溶胶]。

理化特性与用途

理化特性　无色或微黄色透明液体，味略甜。易吸水，能降低水的冰点。与水、乙醇、丙酮、醛类、醋酸等混溶，微溶于乙醚，不溶于苯及其同系物。熔点－13℃，沸点198℃，相对密度(水＝1)1.1，相对蒸气密度(空气＝1)2.1，蒸气压7Pa(20℃)，黏度20.93mPa·s，折射率1.4316，闪点111℃(闭杯)，爆炸极限3.2%～15.3%，引燃温度398℃，燃烧热1189.2kJ/mol，辛醇/水分配系数－1.93。

主要用途　主要用于制造树脂、增塑剂、合成纤维、化妆品和炸药等，并用作溶剂、配制发动机的低凝点冷却液(抗冻剂)等。

包装与储运

安全储运　储存于阴凉、通风的库房。远离火种、热源。应与氧化剂等隔离储运。搬运时轻装轻卸，防止容器受损。

紧急处置信息

急救措施

吸入：迅速脱离现场至空气新鲜处。保持呼吸道通畅。如呼吸困难，给输氧。呼吸、心跳停止，立即进行心肺复苏术。就医。

眼睛接触：立即分开眼睑，用流动清水或生理盐水彻底冲洗。就医。

皮肤接触：立即脱去污染的衣着，用肥皂水和清水彻底冲洗。就医。

食入：尽量饮水，催吐，洗胃，给服活性炭悬液，给泻剂。就医。

严重中毒者，尤其是血清乙二醇浓度＞8.06mmol/L或发生急性肾功能衰竭时，及早应用血液透析治疗。解毒剂可用乙醇和4－甲基吡唑，两者均可延迟和阻止乙二醇有毒代谢产物的形成，使之以原形排出或经血液透析清除。并可给予维生素 $B_1$100mg 和维生素 $B_6$50mg 肌内注射，每6小时1次，连用2～3天，并补充镁离子。给予对症和支持疗法。

灭火方法　消防人员必须穿全身防火防毒服，佩戴空气呼吸器，在上风向灭火。尽可能将容器从火场移至空旷处。喷水保持火场容器冷却，直至灭火结束。处在火场中的容器若发生异常变化或发出异常声音，必须马上撤离。

灭火剂：雾状水、抗溶性泡沫、二氧化碳、干粉、砂土。

泄漏应急处置　根据液体流动和蒸气扩散的影响区域划定警戒区，无关人员从侧风、上风向撤离至安全区。消除所有点火源。建议应急处理人员戴防毒面具，穿防毒服。穿上适当的防护服前严禁接触破裂的容器和泄漏物。尽可能切断泄漏源。防止泄漏物进入水体、下水道、地下室或限制性空间。小量泄漏：用干燥的砂土或其他不燃材料吸收或覆盖，收集于容器中。大量泄漏：构筑围堤或挖坑收容。用飞尘或石灰粉吸收大量液体。用泵转移至槽车或专用收集器内。

916. 乙二醇单硬脂酸酯

标　　识

中文名称　乙二醇单硬脂酸酯

英文名称　2 - Hydroxyethyl stearate；Ethylene glycol monostearate

别名　乙二醇单十八酸酯

分子式　$C_{20}H_{40}O_3$

CAS 号　111 - 60 - 4

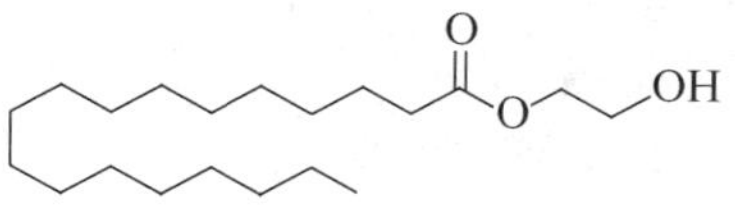

危害信息

燃烧与爆炸危险性　可燃。其粉体与空气混合能形成爆炸性混合物，遇明火高热有引起燃烧或爆炸的危险。燃烧放出有毒的一氧化碳气体。

活性反应　与强氧化剂反应。

禁忌物　强氧化剂。

毒性　小鼠腹腔内 LD_{50}：200mg/kg；家兔经皮：500mg(24h)，轻度刺激。

侵入途径　吸入、食入。

理化特性与用途

理化特性　微黄色至乳白色固体 。不溶于水，溶于乙醚、氯仿、丙酮、甲醇、乙醇、异丙醇、甲苯、豆油、矿物油。熔点 55 ~ 60℃，沸点 149℃，相对密度(水 = 1)0. 878，闪点 165℃，辛醇/水分配系数 7. 26。

主要用途　用于化妆品、纺织品、油漆、石油作业，作为乳化剂、增溶剂、润滑剂、消泡剂等。

包装与储运

安全储运　储存于阴凉、通风的库房。远离火种、热源，避光保存。应与强氧化剂隔离储运。

紧急处置信息

急救措施

吸入： 脱离接触。如有不适感，就医。

眼睛接触： 分开眼睑，用流动清水或生理盐水冲洗。如有不适感，就医。

皮肤接触： 脱去污染的衣着，用肥皂水和清水冲洗。如有不适感，就医。

食入： 漱口，饮水。就医。

灭火方法　消防人员须佩戴空气呼吸器，穿全身消防服在上风向灭火。尽可能将容器从火场移至空旷处。喷水保持火场容器冷却，直至灭火结束。

灭火剂：二氧化碳、干粉、泡沫、砂土。

泄漏应急处置　建议应急处理人员戴防尘口罩，穿防毒服。穿上适当的防护服前严禁接触破裂的容器和泄漏物。尽可能切断泄漏源。用塑料布覆盖泄漏物，减少飞散。勿使水进入包装容器内。用洁净的铲子收集泄漏物，置于干净、干燥、盖子较松的容器中，将容器移离泄漏区。

917. 乙二醇丁醚

标　识

中文名称　乙二醇丁醚

英文名称　2 - Butoxyethanol；Ethylene glycol monobutyl ether；Buthyl cellosolve

别名　2 - 丁氧基乙醇；乙二醇单丁醚；丁基溶纤剂

分子式　$C_6H_{14}O_2$

CAS 号　111 - 76 - 2

WGH 号　61592

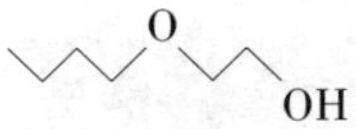

危害信息

危险性类别　第 6. 1 类　毒害品

燃烧与爆炸危险性　遇明火、高热易燃。其蒸气比空气重，能在较低处扩散到相当远的地方，遇火源会着火回燃和爆炸(闪爆)。在火场中，受热的容器或储罐由于内压增加有开裂和爆炸的危险。

活性反应　与氧化剂、强酸发生反应。

禁忌物　强酸、强氧化剂。

毒性　大鼠经口 LD_{50}：470mg/kg；大鼠吸入 LC_{50}：450ppm(4h)；小鼠经口 LD_{50}：1230mg/kg；小鼠吸入 LC_{50}：3380mg/m^3(7h)。

本品对皮肤和眼有刺激性。有报道口服后引起昏迷、代谢性酸中毒、低血钾和低蛋白血症，经支持治疗后恢复。另有吸入 491 ~ 972. 18mg/m^3 发生头痛的报道，女性比男性严重。

侵入途径　吸入、食入、经皮吸收。

职业接触限值　美国(ACGIH)：TLV - TWA：20ppm。

理化特性与用途

理化特性　无色透明液体，略有醚味。混溶于水以及乙醇、乙醚等有机溶剂。熔点 - 75℃，沸点 171℃，相对密度(水 = 1)0. 90，相对蒸气密度(空气 = 1)4. 1，临界温度 360. 75℃，临界压力 3. 9MPa，燃烧热 - 4163kJ/mol，辛醇/水分配系数 0. 83，蒸气压 0. 1kPa(20℃)，闪点 60℃(闭杯)，爆炸极限 1. 1% ~12. 7%，引燃温度 238℃。

主要用途　是优良的溶剂和表面活性剂，广泛用于油漆、油墨、皮革、印染、医药和电子工业。

包装与储运

包装标志　有毒品

包装类别　Ⅲ类

安全储运　储存于阴凉、通风的库房。远离火种、热源。储存温度不超过 35℃，相对

湿度不超过85%。包装要求密封，不可与空气接触。应与氧化剂、酸类等隔离储运。不宜大量储存或久存，以防变质。搬运时轻装轻卸，防止容器受损。

紧急处置信息

急救措施

吸入：迅速脱离现场至空气新鲜处。保持呼吸道通畅。如呼吸困难，给输氧。呼吸、心跳停止，立即进行心肺复苏术。就医。

眼睛接触：立即分开眼睑，用流动清水或生理盐水彻底冲洗。就医。

皮肤接触：立即脱去污染的衣着，用肥皂水和清水彻底冲洗。就医。

食入：漱口，尽量饮水。就医。

本品在体内代谢生成乙二醇，严重中毒者，及早应用血液透析治疗。解毒剂可用乙醇和4-甲基吡唑，并可给予维生素 $B_1$100mg 和维生素 $B_6$50mg 肌内注射，每6小时1次，连用2~3d。

灭火方法 消防人员须佩戴空气呼吸器，穿全身消防服，在上风向灭火。尽可能将容器从火场移至空旷处。喷水保持火场容器冷却，直至灭火结束。处在火场中的容器若发生异常变化或发出异常声音，必须马上撤离。

用雾状水、抗溶性泡沫、干粉、二氧化碳、砂土灭火。

泄漏应急处置 根据液体流动和蒸气扩散的影响区域划定警戒区，无关人员从侧风、上风向撤离至安全区。建议应急处理人员戴正压自给式呼吸器，穿防毒服。穿上适当的防护服前严禁接触破裂的容器和泄漏物。尽可能切断泄漏源。防止泄漏物进入水体、下水道、地下室或限制性空间。小量泄漏：用干燥的砂土或其他不燃材料吸收或覆盖，收集于容器中。大量泄漏：构筑围堤或挖坑收容。用飞尘或石灰粉吸收大量液体。用泵转移至槽车或专用收集器内。

918. 乙二醇二乙醚

标　识

中文名称 乙二醇二乙醚

英文名称 Ethylene glycol diethyl ether；1，2-Diethoxyethane；Diethyl cellosolve

别名 1,2-二乙氧基乙烷；二乙基溶纤剂

分子式 $C_6H_{14}O_2$

CAS 号 629-14-1

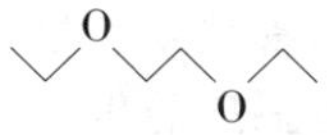

WGH 号 33569；T32069[铁规]

UN 号 1153

危害信息

危险性类别 第3类 易燃液体

燃烧与爆炸危险性 易燃。蒸气能与空气形成爆炸性混合物，遇明火、高热有燃烧爆炸危险。蒸气比空气重，能在较低处扩散到相当远的地方，遇火源会着火回燃和爆炸(闪爆)。在火场中，受热的容器或储罐由于内压增加有开裂和爆炸的危险。

活性反应 与氧化剂、强酸发生反应。

禁忌物　强酸、强氧化剂。

毒性　大鼠经口 LD_{50}：4390mg/kg；大鼠吸入 LCL_{o}：8000ppm(4h)；豚鼠经皮 LD_{50}：>10g/kg。

本品具有麻醉作用。急性染毒时，对动物眼有轻度刺激作用。

侵入途径　吸入、食入、经皮吸收。

理化特性与用途

理化特性　无色透明液体，稍有醚的气味。溶于水，可混溶于乙醇、乙醚、丙酮、苯等有机溶剂。熔点 -74.0℃，沸点 121.4℃，相对密度(水=1)0.85，相对蒸气密度(空气=1)4.07，饱和蒸气压 1.2kPa(20℃)，折射率 1.392～1.394，闪点 35℃(开杯)，引燃温度208℃，临界温度269℃，临界压力2.9MPa，辛醇/水分配系数0.66，燃烧热 -4049.2kJ/mol。

主要用途　用作硝酸纤维素、橡胶及树脂等的溶剂，也用作有机合成介质。

包装与储运

包装标志　易燃液体

包装类别　Ⅲ类

安全储运　储存于阴凉、通风的库房。远离火种、热源。储存温度不超过37℃。包装要求密封，不可与空气接触。应与氧化剂、酸类等隔离储运。不宜久储，避免产生具有爆炸性的过氧化物。禁止使用易产生火花的机械设备和工具。灌装时注意流速，防止静电积聚。搬运时轻装轻卸，防止容器受损。

紧急处置信息

急救措施

吸入：迅速脱离现场至空气新鲜处。保持呼吸道通畅。如呼吸困难，给输氧。呼吸、心跳停止，立即进行心肺复苏术。就医。

眼睛接触：立即分开眼睑，用流动清水或生理盐水彻底冲洗。就医。

皮肤接触：立即脱去污染的衣着，用肥皂水和清水彻底冲洗。就医。

食入：漱口，尽量饮水，不要催吐。就医。

灭火方法

消防人员须佩戴空气呼吸器，穿全身消防服，在上风向灭火。尽可能将容器从火场移至空旷处。喷水保持火场容器冷却，直至灭火结束。处在火场中的容器若发生异常变化或发出异常声音，必须马上撤离。

用雾状水、抗溶性泡沫、干粉、二氧化碳、砂土灭火。

泄漏应急处置　消除所有点火源。根据液体流动和蒸气扩散的影响区域划定警戒区，无关人员从侧风、上风向撤离至安全区。建议应急处理人员戴正压自给式呼吸器，穿防静电服，戴防护手套。作业时使用的所有设备应接地。禁止接触或跨越泄漏物。尽可能切断泄漏源。防止泄漏物进入水体、下水道、地下室或限制性空间。小量泄漏：用砂土或其他不燃材料吸收。使用洁净的无火花工具收集吸收材料。大量泄漏：构筑围堤或挖坑收容。用泡沫覆盖，减少蒸发。喷水雾能减少蒸发，但不能降低泄漏物在受限制空间内的易燃性。用防爆泵转移至槽车或专用收集器内。

919. 乙二醇甲醚

标　识

中文名称　乙二醇甲醚

英文名称　2 - Methoxyethanol; Ethylene glycol monomethyl ether; Methyl cellosolve

别名　乙二醇一甲醚；甲基溶纤剂；2 - 甲氧基乙醇

分子式　$C_3H_8O_2$

CAS 号　109 - 86 - 4

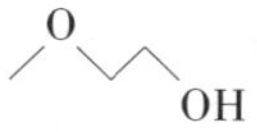

WGH 号　33569；T32069[铁规]

UN 号　1188

危害信息

危险性类别　第 3 类　易燃液体

燃烧与爆炸危险性　易燃。蒸气能与空气形成爆炸性混合物，遇明火、高热或接触氧化剂，有燃烧爆炸危险。接触空气或在阳光照射下易生成具有爆炸性的过氧化物。蒸气比空气重，能在较低处扩散到相当远的地方，遇火源会着火回燃和爆炸(闪爆)。

活性反应　高温、光照或长期暴露于空气中，能形成爆炸性的有机过氧化物。与强酸、酸酐、强氧化剂发生剧烈反应。

禁忌物　强酸、酸酐、强氧化剂。

毒性　大鼠经口 LD_{50}：2370mg/kg；小鼠经口 LD_{50}：2560mg/kg；家兔经皮 LD_{50}：1280mg/kg；人经口 LDL_o：143mg/kg。

本品可经消化道、皮肤和呼吸道进入体内。主要作用于中枢神经系统。

欧盟指令 67/548/EEC 将本品列为第 2 类生殖毒物——可能对人类生育力有损伤物质，可能对人类有发育毒性物质。

中毒表现　急性中毒：大量接触或口服可引起急性中毒，出现头痛、乏力、反应迟钝、嗜睡、震颤、运动失调，严重者昏迷、肝肾损害、消化道出血，甚至死亡。

慢性中毒：出现神经衰弱综合征、大细胞性贫血、白细胞减少；严重者呈中毒性脑病和脑萎缩。

侵入途径　吸入、食入、经皮吸收。

职业接触限值

中国：PC - TWA(mg/m^3)：15[皮]。

美国(ACGIH)：TLV - TWA：5ppm[皮]。

理化特性与用途

理化特性　无色液体，略有醚味。与水、乙醇、乙醚、甘油、丙酮、烃类混溶。熔点 -85.1℃，沸点 124.5℃，相对密度(水 = 1)0.97，相对蒸气密度(空气 = 1)2.62，蒸气压 0.827kPa(20℃)，临界压力 5.285MPa，临界温度 324.45，燃烧热 -399.5kJ/mol，辛醇/水分配系数 -0.77，闪点 39℃(闭杯)，爆炸极限 2.3% ~24.5%，引燃温度 285℃。

主要用途　用作喷气燃料和航空汽油的防冰添加剂、硝酸纤维素和树脂的溶剂，也用作农药分散剂、增塑剂等。

包装与储运

包装标志　易燃液体

包装类别　Ⅲ类

安全储运　储存于阴凉、通风的库房。远离火种、热源，避免阳光直射。储存温度不超过37℃。保持容器密闭，避免接触空气。应与氧化剂隔离储运。不宜久储，避免产生具有爆炸性的过氧化物。禁止使用易产生火花的机械设备和工具。灌装时注意流速，防止静电积聚。搬运时轻装轻卸，防止容器受损。

紧急处置信息

急救措施

吸入：迅速脱离现场至空气新鲜处。保持呼吸道通畅。如呼吸困难，给输氧。呼吸、心跳停止，立即进行心肺复苏术。就医。

眼睛接触：立即分开眼睑，用流动清水或生理盐水彻底冲洗。就医。

皮肤接触：立即脱去污染的衣着，用肥皂水和清水彻底冲洗。就医。

食入：尽快催吐，洗胃。就医。

本品在体内代谢为乙二醇。严重中毒者，尤其是血清乙二醇浓度 > 8. 06mmol/L 或发生急性肾功能衰竭时，及早应用血液透析治疗。解毒剂可用乙醇和4 – 甲基吡唑，并可给予维生素 $B_1$100mg 和维生素 $B_6$50mg 肌内注射，每6小时1次，连用2 ~ 3d。

灭火方法　消防人员必须穿全身防火防毒服，佩戴空气呼吸器，在上风向灭火。尽可能将容器从火场移至空旷处。喷水保持火场容器冷却，直至灭火结束。处在火场中的容器若发生异常变化或发出异常声音，必须马上撤离。

用抗溶性泡沫、干粉、二氧化碳、砂土灭火。

泄漏应急处置　消除所有点火源。根据液体流动和蒸气扩散的影响区域划定警戒区，无关人员从侧风、上风向撤离至安全区。建议应急处理人员戴正压自给式呼吸器，穿防静电服，戴橡胶耐油手套。作业时使用的所有设备应接地。禁止接触或跨越泄漏物。尽可能切断泄漏源。防止泄漏物进入水体、下水道、地下室或限制性空间。小量泄漏：用砂土或其他不燃材料吸收。使用洁净的无火花工具收集吸收材料。大量泄漏：构筑围堤或挖坑收容。用抗溶性泡沫覆盖，减少蒸发。喷水雾能减少蒸发，但不能降低泄漏物在限制性空间内的易燃性。用防爆泵转移至槽车或专用收集器内。喷雾状水驱散蒸气、稀释液体泄漏物。

920. 乙二醇乙醚

标　识

中文名称　乙二醇乙醚

英文名称　2 – Ethoxyethanol；Ethylene glycol monoethyl ether；Ethyl cellosolve

别名　2 – 乙氧基乙醇；乙二醇单乙醚；乙基溶纤剂

分子式　$C_4H_{10}O_2$

CAS 号　110 – 80 – 5

WGH 号　33569；T32069[铁规]

UN 号　1171

危害信息

危险性类别 第3类 易燃液体

燃烧与爆炸危险性 易燃，蒸气能与空气形成爆炸性混合物，遇明火、高热或接触氧化剂，有燃烧爆炸危险。接触空气或在阳光照射下易生成具有爆炸性的过氧化物。蒸气比空气重，能在较低处扩散到相当远的地方，遇火源会着火回燃和爆炸(闪爆)。

活性反应 与强酸、强氧化剂发生反应。

禁忌物 强氧化剂、酸类。

毒性 大鼠经口 LD_{50}：2125mg/kg；小鼠经口 LD_{50}：2451mg/kg；大鼠吸入 LC_{50}：2000ppm(7h)；家兔经皮 LD_{50}：3300mg/kg；人经口 LDL_o：143mg/kg。

使用本品除引起黏膜刺激和头痛外，未见急性中毒病例。

职业接触人群中精子减少者发生率增加。接触本品的油漆工，贫血和白细胞减少者发生率增加。

欧盟指令67/548/EEC将本品列为第2类生殖毒物——可能对人类生育力有损伤物质，可能对人类有发育毒性物质。

侵入途径 吸入、食入、经皮吸收。

职业接触限值 中国：PC－TWA：18mg/m^3[皮]；PC－STEL：36mg/m^3[皮]。

美国(ACGIH)：TLV－TWA：5ppm[皮]。

理化特性与用途

理化特性 无色液体，有令人愉快的气味。与水、甲醇、乙醚、丙酮及液体酯类混溶。熔点－70℃，沸点135.1℃，相对密度(水＝1)0.94，蒸气相对密度(水＝1)3.10，蒸气压0.51kPa(20℃)，临界温度312℃，临界压力4.24MPa，燃烧热－2695kJ/mol，辛醇/水分配系数－0.32，闪点43℃(闭杯)，爆炸极限1.7%～15.6%，自燃温度235℃。

主要用途 用作刹车油稀释剂、喷气燃料添加剂，也用作溶剂、皮革着色剂、乳化液稳定剂、涂料稀释剂、脱漆剂和纺织纤维的染色剂等。

包装与储运

包装标志 易燃液体

包装类别 Ⅲ类

安全储运 储存于阴凉、通风的库房。远离火种、热源，避免阳光直射。储存温度不超过37℃。密闭包装。应与氧化剂隔离储运。不宜久储，避免产生具有爆炸性的过氧化物。禁止使用易产生火花的机械设备和工具。灌装时注意流速，防止静电积聚。搬运时轻装轻卸，防止容器受损。

紧急处置信息

急救措施

吸入：迅速脱离现场至空气新鲜处。保持呼吸道通畅。如呼吸困难，给输氧。呼吸、心跳停止，立即进行心肺复苏术。就医。

眼睛接触：立即分开眼睑，用流动清水或生理盐水彻底冲洗。就医。

皮肤接触：立即脱去污染的衣着，用肥皂水和清水彻底冲洗。就医。

食入：漱口，大量饮水，不要催吐。就医。

灭火方法 消防人员必须穿全身防火防毒服，佩戴空气呼吸器，在上风向灭火。尽可能将容器从火场移至空旷处。喷水保持火场容器冷却，直至灭火结束。处在火场中的容器若发生异常变化或发出异常声音，必须马上撤离。

用抗溶性泡沫、干粉、二氧化碳、砂土灭火。

泄漏应急处置　消除所有点火源。根据液体流动和蒸气扩散的影响区域划定警戒区，无关人员从侧风、上风向撤离至安全区。建议应急处理人员戴正压自给式呼吸器，穿防静电服，戴橡胶耐油手套。作业时使用的所有设备应接地。禁止接触或跨越泄漏物。尽可能切断泄漏源。防止泄漏物进入水体、下水道、地下室或限制性空间。小量泄漏：用砂土或其他不燃材料吸收。使用洁净的无火花工具收集吸收材料。大量泄漏：构筑围堤或挖坑收容。用抗溶性泡沫覆盖，减少蒸发。喷水雾能减少蒸发，但不能降低泄漏物在限制性空间内的易燃性。用防爆泵转移至槽车或专用收集器内。喷雾状水驱散蒸气、稀释液体泄漏物。

921. 乙　二　醛

标　识

中文名称　乙二醛

英文名称　Ethanedial；Glyoxal

别名　草酸醛

分子式　$C_2H_2O_2$

CAS 号　107－22－2

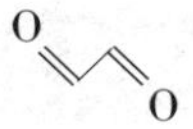

危害信息

燃烧与爆炸危险性　可燃，遇明火、高热能引起燃烧，燃烧产生有毒的一氧化碳气体。在高温火场中，受热的容器或储罐有破裂和爆炸的危险。

活性反应　与强氧化剂接触发生剧烈反应，与水发生剧烈聚合反应。

禁忌物　强氧化剂、强碱、水。

毒性

大鼠经口 LD_{50}：200mg/kg；小鼠经口 LD_{50}：400mg/kg；家兔经皮 LD_{50}：10mL/kg

中毒表现　对皮肤有刺激性和致敏作用，可引起皮炎；蒸气或雾对眼睛、黏膜和上呼吸道有刺激作用。慢性中毒时，可引起胰腺、肾脏损害。

侵入途径　吸入、食入、经皮吸收。

职业接触限值　美国(ACGIH)：TLV－TWA：0.1mg/m^3。

理化特性与用途

理化特性　无色或淡黄色棱状结晶或液体，结晶易潮解。混溶于水，易溶于常用有机溶剂。pH 值 2.1～2.7(40%水溶液)，熔点 15℃，沸点 51℃，相对密度(水＝1)1.14g/cm^3(20℃)，相对蒸气密度(空气＝1)2.0，蒸气压 33.9kPa(25℃)，临界压力 5.88MPa，临界温度 222℃，辛醇/水分配系数－1.66，闪点 220℃，引燃温度 285℃。

主要用途　用作纺织印染工业的整理剂。

包装与储运

安全储运　储存于阴凉、干燥、通风的库房。远离火种、热源。应与氧化剂等隔离储运。搬运时轻装轻卸，防止容器受损。

紧急处置信息

急救措施

吸入： 脱离接触。如有不适感，就医。

眼睛接触： 分开眼睑，用流动清水或生理盐水冲洗。如有不适感，就医。

皮肤接触： 脱去污染的衣着，用肥皂水和清水冲洗。如有不适感，就医。

食入： 漱口，饮水。就医。

灭火方法　消防人员须穿全身消防服，佩戴空气呼吸器，在上风向灭火。尽可能将容器从火场移至空旷处。喷水保持火场容器冷却，直至灭火结束。处在火场中的容器若发生异常变化或发出异常声音，须马上撤离。

灭火剂：雾状水、泡沫、二氧化碳、干粉、砂土。

泄漏应急处置　隔离泄漏污染区，限制出入。消除所有点火源。建议应急处理人员戴防尘口罩，穿防毒服。穿上适当的防护服前严禁接触破裂的容器和泄漏物。尽可能切断泄漏源。用塑料布覆盖泄漏物，减少飞散。勿使水进入包装容器内。用洁净的铲子收集泄漏物，置于干净、干燥、盖子较松的容器中，将容器移离泄漏区。

922. 2－乙基己酸

标　识

中文名称　2－乙基己酸

英文名称　2－Ethylhexanoic acid；2－Ethylcapronic acid

别名　异辛酸

分子式　$C_8H_{16}O_2$

CAS 号　149－57－5

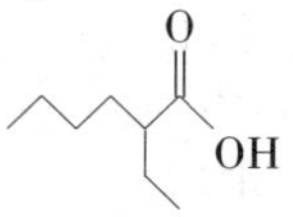

危害信息

燃烧与爆炸危险性　可燃，遇明火、高热引起燃烧，燃烧产物中含有毒的一氧化碳气体。在高温火场中，受热的容器或储罐有破裂和爆炸的危险。

活性反应　与强氧化剂反应。

禁忌物　强氧化剂。

毒性　大鼠经口 LD_{50}：3g/kg；大鼠吸入 LC：＞400ppm（6h）；家兔经皮 LD_{50}：1260μL/kg。

吸入、食入和经皮肤吸收对人体有害。对黏膜、呼吸道、眼和皮肤有强烈刺激作用。受热分解放出具刺激性的酸雾。

侵入途径　吸入、食入、经皮吸收。

职业接触限值　美国(ACGIH)：TLV－TWA：5mg/m^3。

理化特性与用途

理化特性　无色油状液体，有轻微的令人不愉快的气味。溶于热水，溶于乙醚、四氯化碳，微溶于乙醇。pH 值 3(1.4g/L 水溶液，20℃)，熔点－59℃，沸点 227℃，相对密度(水＝1)0.9，相对蒸气密度(空气＝1)5.0，蒸气压 0.004kPa(20℃)，临界压力 2.78MPa，临界温度 402℃，闪点 118℃（开杯），引燃温度 371℃，辛醇/水分配系数 2.64，爆炸极限 0.8%～6.0%。

主要用途　用作油基压裂液的添加剂；也可用于制金属锆、钴、钼、锌盐，用作油漆催干剂和聚氯乙烯塑料的热稳定剂；还可用于杀菌剂、金属润滑剂、化妆品等方面。

包装与储运

安全储运　储存于阴凉、通风的库房。远离火种、热源。应与氧化剂等隔离储运。搬运时轻装轻卸，防止容器受损。

紧急处置信息

急救措施

吸入：迅速脱离现场至空气新鲜处。保持呼吸道通畅。如呼吸困难，给输氧。呼吸、心跳停止，立即进行心肺复苏术。就医。

眼睛接触：立即分开眼睑，用大量流动清水或生理盐水彻底冲洗 10～15min。就医。

皮肤接触：立即脱去污染的衣着，用大量流动清水彻底冲洗。就医。

食入：用水漱口，禁止催吐。给饮牛奶或蛋清。就医。

灭火方法　消防人员须穿全身消防服，佩戴空气呼吸器，在上风向灭火。尽可能将容器从火场移至空旷处。喷水保持火场容器冷却，直至灭火结束。处在火场中的容器若发生异常变化或发出异常声音，须马上撤离。

灭火剂：泡沫、二氧化碳、干粉、砂土。

泄漏应急处置　根据液体流动和蒸气扩散的影响区域划定警戒区，无关人员从侧风、上风向撤离至安全区。消除所有点火源。建议应急处理人员戴防毒面具，穿防腐、防毒服。穿上适当的防护服前严禁接触破裂的容器和泄漏物。尽可能切断泄漏源。防止泄漏物进入水体、下水道、地下室或限制性空间。小量泄漏：用干燥的砂土或其他不燃材料吸收或覆盖，收集于容器中。大量泄漏：构筑围堤或挖坑收容。用飞尘或石灰粉吸收大量液体。用农用石灰（CaO）、碎石灰石（$CaCO_3$）或碳酸氢钠（$NaHCO_3$）中和。用耐腐蚀泵转移至槽车或专用收集器内。

923. 乙　腈

标　识

中文名称　乙腈

英文名称　Acetonitrile；Methyl cyanide；Cyanomethane

别名　甲基氰

分子式　C_2H_3N

CAS 号　75-05-8

WGH 号　32159；T31259［铁规］

UN 号　1648

危害信息

危险性类别　第 3 类　易燃液体

燃烧与爆炸危险性　易燃。其蒸气与空气可形成爆炸性混合物，遇明火、高热或与氧化剂接触，有引起燃烧爆炸的危险。蒸气比空气重，能在较低处扩散到相当远的地方，遇火源会着火回燃和爆炸（闪爆）。

活性反应　受热分解放出剧毒的氰化氢气体和氧化氮。与水缓慢反应，尤其是酸或碱存在的条件下，能加快水解反应的速度。与硫酸、硝酸、三氧化硫、氯磺酸、硝化试剂等强氧化剂发生剧烈反应。

禁忌物　酸类、碱类、强氧化剂等。

毒性　大鼠经口 LD_{50}：175mg/kg；家兔经皮 LD_{50}：980mg/kg；大鼠吸入 LC_{50}：7500ppm（8h）；人经口 TDL_o：570mg/kg。

本品可经呼吸道、完整皮肤及消化道吸收，在体内主要经氧化生成羟基乙腈，进而生成甲醛和氰化氢。大剂量或高浓度乙腈立即致死的原因，可能是其分子本身对中枢神经系统的麻醉作用；中、低剂量或浓度引起的间隔4h左右发生的中毒，主要由于氰化氢及其代谢产物的作用。

中毒表现　乙腈急性中毒发病较氢氰酸慢，可有数小时潜伏期。主要症状为衰弱、无力、面色灰白、恶心、呕吐、腹痛、腹泻、胸闷、胸痛；严重者呼吸及循环系统紊乱，呼吸浅、慢而不规则，血压下降，脉搏细而慢，体温下降，阵发性抽搐，昏迷。可有尿频、蛋白尿等。大剂量和高浓度可致死。

侵入途径　吸入、食入、经皮吸收。

职业接触限值　中国：PC－TWA：30mg/m^3［皮］。

美国（ACGIH）TLV－TWA：20ppm［皮］。

环境危害　有害空气污染物

理化特性与用途

理化特性　无色透明液体，有刺激性气味。与水混溶，溶于甲醇、乙酸甲酯、乙酸乙酯、丙酮、乙醚、氯仿、四氯化碳、1，2－二氯乙烷及多种不饱和烃。熔点－45.7℃，沸点81.6℃，相对密度（水＝1）0.79（15℃），相对蒸气密度（空气＝1）1.42，临界压力4.83MPa，临界温度274.7℃，蒸气压13.33kPa（27℃），燃烧热－3103kJ/mol，闪点6℃（开杯）、12.8℃（闭杯），爆炸极限3.0%～16.0%，引燃温度524℃，辛醇/水分配系数－0.34。

主要用途　用于制维生素 B_1 等药物和香料，也用作脂肪酸萃取剂等。

包装与储运

包装标志　易燃液体，有毒品［铁规］

包装类别　Ⅱ类

安全储运　储存于阴凉、通风的库房。远离火种、热源，避免阳光直射。储存温度不超过37℃。应与氧化剂、酸类、碱类、食用化学品等隔离储运。禁止使用易产生火花的机械设备和工具。搬运时轻装轻卸，防止容器受损。

紧急处置信息

急救措施

吸入：迅速脱离现场至空气新鲜处。保持呼吸道通畅。如呼吸困难，给输氧。呼吸、心跳停止，立即进行心肺复苏术。就医。

眼睛接触：立即分开眼睑，用流动清水或生理盐水彻底冲洗。就医。

皮肤接触：立即脱去污染的衣着，用肥皂水和清水彻底冲洗。就医。

食入：催吐，给服活性炭悬液。就医。

使用亚硝酸钠和硫代硫酸钠解毒剂，比治疗氰化氢中毒的剂量减半。也可静脉注射硫代硫酸钠加口服对氨基苯丙酮。

灭火方法　消防人员必须穿全身防火防毒服，佩戴空气呼吸器，在上风向灭火。尽可能将容器从火场移至空旷处。喷水保持火场容器冷却，直至灭火结束。处在火场中的容器若发生异常变化或发出异常声音，必须马上撤离。

灭火剂：抗溶性泡沫、干粉、二氧化碳、砂土。

泄漏应急处置　消除所有点火源。根据液体流动和蒸气扩散的影响区域划定警戒区，无关人员从侧风、上风向撤离至安全区。建议应急处理人员戴正压自给式呼吸器，穿防毒、防静电服，戴橡胶耐油手套。作业时使用的所有设备应接地。禁止接触或跨越泄漏物。尽可能切断泄漏源。防止泄漏物进入水体、下水道、地下室或限制性空间。小量泄漏：用砂土或其他不燃材料吸收。使用洁净的无火花工具收集吸收材料。大量泄漏：构筑围堤或挖坑收容。用抗溶性泡沫覆盖，减少蒸发。喷水雾能减少蒸发，但不能降低泄漏物在限制性空间内的易燃性。用防爆泵转移至槽车或专用收集器内。喷雾状水驱散蒸气、稀释液体泄漏物。

924. 乙　醚

标　识

中文名称　乙醚

英文名称　Ethyl ether；Diethyl ether；1,1′-Oxybisethane

别名　二乙醚

分子式　$C_4H_{10}O$

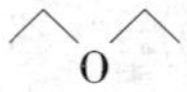

CAS 号　60-29-7

WGH 号　31026

UN 号　1155

危害信息

危险性类别　第 3 类　易燃液体

燃烧与爆炸危险性　极易燃。蒸气与空气能形成爆炸性混合物，遇明火、高热易燃烧爆炸。蒸气比空气重，能在较低处扩散到相当远的地方，遇明火会着火回燃。燃烧时放出一氧化碳有毒气体。在火场中，受热的容器或储罐有爆炸危险。

活性反应　与强酸、强氧化剂发生剧烈反应。室温下，与三氧化铬剧烈反应。

禁忌物　强酸、强氧化剂。

毒性　大鼠经口 LD_{50}：1215mg/kg；家兔经皮 LD_{50}：>20mL/kg；人(男性)经口 LDL_o：260mg/kg；人吸入 TCL_o：200ppm。

主要经呼吸道吸收。对中枢神经系统有麻醉作用，对皮肤、黏膜和眼有轻度刺激作用。

中毒表现　急性中毒：职业性吸入中毒罕见。急性大量接触，早期出现兴奋，继而嗜睡、呕吐、面色苍白、脉缓、体温下降、呼吸不规则、肌肉松弛等，重者可陷入昏迷、血压下降，甚至呼吸心跳停止。急性接触后的暂时作用有头痛、呼吸道刺激症状、流涎、呕吐、食欲下降和多汗等。液体或高浓度蒸气对眼有刺激性。

慢性影响：长期吸入低浓度本品，有头痛、头晕、疲倦、嗜睡、蛋白尿、红细胞增多症。长期皮肤接触，使皮肤干燥，发生皲裂。

侵入途径　吸入、食入、经皮吸收。

职业接触限值　中国：PC－TWA：300mg/m^3；PC－STEL：500mg/m^3。

美国(ACGIH)：TLV－TWA：400ppm；TLV－STEL：500ppm。

理化特性与用途

理化特性　无色透明液体，有芳香气味，极易挥发。微溶于水，溶于乙醇、苯、氯仿等多数有机溶剂。熔点－116.2℃，沸点34.6℃，相对密度(水＝1)0.71，相对蒸气密度(空气＝1)2.56，临界压力3.61MPa，临界温度194℃，蒸气压58.92kPa(20℃)，燃烧热－2748.4kJ/mol，辛醇/水分配系数0.89，闪点－45℃(闭杯)，爆炸极限1.7%～49.0%，引燃温度160～180℃。

主要用途　常用作溶剂、麻醉剂，也用作柴油机启动燃料的主要成分；在生产无烟火药、棉胶和照相软片时，与乙醇混合用于溶解硝酸纤维素。

包装与储运

包装标志　易燃液体

包装类别　Ⅰ类

安全储运　通常商品加有稳定剂。储存于阴凉、通风的库房。远离火种、热源。储存温度不超过29℃。包装要求密封，不可与空气接触。应与氧化剂等隔离储运。禁止使用易产生火花的机械设备和工具。对大量存放的库房须设自动喷水装置及射出二氧化碳装置。搬运时轻装轻卸，防止容器受损。

紧急处置信息

急救措施

吸入：迅速脱离现场至空气新鲜处。保持呼吸道通畅。如呼吸困难，给输氧。呼吸、心跳停止，立即进行心肺复苏术。就医。

眼睛接触：立即分开眼睑，用流动清水或生理盐水彻底冲洗。就医。

皮肤接触：立即脱去污染的衣着，用肥皂水和清水彻底冲洗。就医。

食入：漱口，尽量饮水，不要催吐。就医。

灭火方法　消防人员必须穿全身防火防毒服，佩戴空气呼吸器，在上风向灭火。尽可能将容器从火场移至空旷处。喷水保持火场容器冷却，直至灭火结束。处在火场中的容器若发生异常变化或发出异常声音，必须马上撤离。

用抗溶性泡沫、二氧化碳、干粉、砂土灭火。用水灭火无效。

泄漏应急处置　消除所有点火源。根据液体流动和蒸气扩散的影响区域划定警戒区，无关人员从侧风、上风向撤离至安全区。建议应急处理人员戴正压自给式呼吸器，穿防静电服，戴橡胶耐油手套。作业时使用的所有设备应接地。禁止接触或跨越泄漏物。尽可能切断泄漏源。防止泄漏物进入水体、下水道、地下室或限制性空间。小量泄漏：用砂土或其他不燃材料吸收。使用洁净的无火花工具收集吸收材料。大量泄漏：构筑围堤或挖坑收容。用抗溶性泡沫覆盖，减少蒸发。喷水雾能减少蒸发，但不能降低泄漏物在限制性空间内的易燃性。用防爆泵转移至槽车或专用收集器内。

925. 乙　醛

标　识

中文名称　乙醛

英文名称　Acetaldehyde；Acetic aldehyde；Ethanal

别名　醋醛

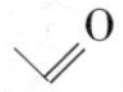

分子式　C_2H_4O

CAS 号　75－07－0

WGH 号　31022

UN 号　1089

危害信息

危险性类别　第 3 类　易燃液体

燃烧与爆炸危险性　极易燃。低温下的蒸气也能与空气形成爆炸性混合物，遇明火有燃烧爆炸危险。蒸气比空气重，能在较低处扩散到相当远的地方，遇火源会着火回燃和爆炸(闪爆)。在火场中，由于发生剧烈的聚合反应，受热的容器或储罐可能发生爆炸。

活性反应　与强氧化剂、碱、痕量金属杂质、醇、醛、酮、胺、氰化氢、硫化氢、卤素、磷、异氰酸酯等发生剧烈反应。接触浓硫酸、过氧化氢、氧、硝酸银、五氧化二氮等强氧化剂会发生剧烈放热反应。受痕量金属污染后，易发生聚合反应，放出大量的热量。与氯化钴、氯酸汞反应，形成高度敏感的产物，易发生爆炸。

禁忌物　强氧化剂、强酸、强碱、醇、醛、酮、胺、氰化氢、硫化氢、卤素、磷、异氰酸酯等。

毒性　大鼠经口 LD_{50}：661mg/kg；大鼠吸入 LC_{50}：13300ppm(4h)；小鼠经口 LD_{50}：900mg/kg；小鼠吸入 LC_{50}：29g/m^3(4h)；家兔经皮 LD_{50}：3540mg/kg。

有刺激作用，对中枢神经系统有抑制作用。

IARC 对本品的致癌性分类：G2B——可疑人类致癌物。

中毒表现　急性中毒：低浓度引起眼、鼻及上呼吸道刺激症状及支气管炎，高浓度吸入尚有麻醉作用。中毒表现有头痛、嗜睡、神志不清及支气管炎、肺水肿、腹泻、蛋白尿、肝和心肌脂肪性变，可致死。误服出现胃肠道刺激症状、麻醉作用及心、肝、肾损害。对皮肤有致敏性。反复接触蒸气引起皮炎、结膜炎。

慢性中毒：类似酒精中毒。表现有体重减轻、贫血、谵妄、视听、幻觉、智力丧失和精神障碍。

侵入途径　吸入、食入、经皮吸收。

职业接触限值

中国：MAC：45mg/m^3[G2B]。

美国(ACGIH)：TLV－C：25ppm。

环境危害　对水生生物是有害的。有害空气污染物。

理化特性与用途

理化特性　无色易挥发液体，有辛辣刺激性气味。混溶于水，与乙醇、乙醚、丙酮、乙酸、苯等混溶。熔点 -123.5℃，沸点 20.8℃，相对密度(水 = 1)0.78，相对蒸气密度(空气 = 1)1.52，临界温度 188℃，临界压力 6.4MPa，蒸气压 98.64kPa(20℃)，燃烧热 -1166.37kJ/mol，辛醇/水分配系数 0.43，闪点 -38℃(闭杯)，爆炸极限 4.0% ~ 57.0%，引燃温度 175℃。

主要用途　用于生产醋酸、乙酐、乙酸乙酯、正丁醇、季戊四醇、合成树脂等，也可用作防腐剂。

包装与储运

包装标志　易燃液体

包装类别　Ⅰ类

安全储运　储存于有低温设备、通风良好的不燃库房内。远离火种、热源。储存温度不超过 29℃。包装要求密封，不可与空气接触。应与氧化剂、还原剂、碱类等隔离储运。不宜大量储存或久存。禁止使用易产生火花的机械设备和工具。灌装时注意流速，防止静电积聚。搬运时轻装轻卸，防止容器受损。

紧急处置信息

急救措施

吸入：迅速脱离现场至空气新鲜处。保持呼吸道通畅。如呼吸困难，给输氧。呼吸、心跳停止，立即进行心肺复苏术。就医。

眼睛接触：立即分开眼睑，用流动清水或生理盐水彻底冲洗。就医。

皮肤接触：立即脱去污染的衣着，用肥皂水和清水彻底冲洗。就医。

食入：漱口，大量饮水。就医。

灭火方法　消防人员必须穿全身防火防毒服，在上风向灭火。喷水冷却容器，尽可能将容器从火场移至空旷处。处在火场中的容器若发生异常变化或发出异常声音，必须马上撤离。

灭火剂：抗溶性泡沫、干粉、二氧化碳、砂土。

泄漏应急处置　消除所有点火源。根据液体流动和蒸气扩散的影响区域划定警戒区，无关人员从侧风、上风向撤离至安全区。建议应急处理人员戴正压自给式呼吸器，穿防静电服，戴橡胶手套。作业时使用的所有设备应接地。禁止接触或跨越泄漏物。尽可能切断泄漏源。防止泄漏物进入水体、下水道、地下室或限制性空间。小量泄漏：用砂土或其他不燃材料吸收。使用洁净的无火花工具收集吸收材料。大量泄漏：构筑围堤或挖坑收容。用砂土、惰性物质或蛭石吸收大量液体。用硫酸氢钠($NaHSO_4$)中和。用抗溶性泡沫覆盖，减少蒸发。喷水雾能减少蒸发，但不能降低泄漏物在限制性空间内的易燃性。用防爆泵转移至槽车或专用收集器内。喷雾状水驱散蒸气、稀释液体泄漏物。

926. 乙　炔

标　识

中文名称　乙炔

英文名称　Acetylene；Ethyne；Ethine

别名　电石气

分子式　C_2H_2

H—≡—H

CAS 号　74 - 86 - 2

WGH 号　21024

UN 号　1001

危害信息

危险性类别　第 2.1 类　易燃气体

燃烧与爆炸危险性　极易燃烧爆炸。气体能与空气形成爆炸性混合物，爆炸范围非常宽，遇明火、高热能引起燃烧爆炸。

活性反应　强还原剂。与次氯酸钙、硝酸、氧化氮、臭氧等氧化剂剧烈反应。与银、铜、铅、汞等反应生成撞击敏感的乙炔化物，极易爆炸。与碱金属反应生成氢气。与溴发生剧烈反应，甚至爆炸。流过硝酸汞的水溶液时，会生成摩擦和撞击敏感的乙炔汞，极易爆炸。

禁忌物　强氧化剂、碱金属、碱土金属、重金属、卤素等。

毒性　人吸入 LCL_o：500000ppm(5min)；人吸入 TCL_o：200000ppm。

乙炔具有弱麻醉作用，麻醉恢复快，无后作用，高浓度吸入可引起单纯窒息。

中毒表现　暴露于 20% 浓度时，出现明显缺氧症状；吸入高浓度，初期兴奋、多语、哭笑不安，后出现眩晕、头痛、恶心、呕吐、共济失调、嗜睡；严重者昏迷、紫绀、瞳孔对光反应消失、脉弱而不齐。停止吸入，症状可很快消失。当混有磷化氢、硫化氢时，毒性增大，应予以注意。

侵入途径　吸入

理化特性与用途

理化特性　无色无臭气体，工业品有使人不愉快的大蒜气味。微溶于水，溶于乙醇、丙酮、氯仿、苯，混溶于乙醚。熔点 -81.8℃(119kPa)，沸点 -83.8℃(升华)，相对密度(水=1)0.62(-82℃)，相对蒸气密度(空气=1)0.91，临界压力 6.19MPa，临界温度 35.2℃，燃烧热 -1298kJ/mol，蒸气压 4460kPa(20℃)，辛醇/水分配系数 0.37，闪点 -17.8℃(闭杯)，爆炸极限 2.5% ~82%，引燃温度 305℃。

主要用途　用作金属焊接、切割的燃料气；大量用作石油化工的原料，制造聚氯乙烯、氯丁橡胶、乙酸、乙酸乙烯酯等。

包装与储运

包装标志　易燃气体

安全储运　乙炔通常溶解在溶剂及多孔物中，装入钢瓶内。储存于阴凉、通风的库房。储存温度不超过 30℃。装有溶解乙炔的钢瓶应小心操作，防止震动，暴露在热源附近或粗鲁的装卸操作及受热都有潜在的爆炸危险。钢瓶必须竖直存放。慎防雷电和静电的引火，远离可燃物和火种、热源。应与氧化剂、酸类、卤素等隔离储运。平时用肥皂水检查是否漏气。

紧急处置信息

急救措施

吸入：迅速脱离现场至空气新鲜处。保持呼吸道通畅。如呼吸困难，给输氧。呼吸、心跳停止，立即进行心肺复苏术。就医。

应注意有否混合气体中毒，尤其是磷化氢中毒的可能性，以便及时抢救。

灭火方法　切断气源。若不能切断气源，则不允许熄灭泄漏处的火焰。喷水冷却容器，尽可能将容器从火场移至空旷处。消防人员必须穿全身消防服，佩戴空气呼吸器，在上风向灭火。

泄漏应急处置 消除所有点火源。根据气体扩散的影响区域划定警戒区，无关人员从侧风、上风向撤离至安全区。建议应急处理人员戴正压自给式呼吸器，穿防静电服。作业时使用的所有设备应接地。禁止接触或跨越泄漏物。尽可能切断泄漏源。若可能翻转容器，使之逸出气体而非液体。喷雾状水抑制蒸气或改变蒸气云流向，避免水流接触泄漏物。禁止用水直接冲击泄漏物或泄漏源。防止气体通过下水道、通风系统和限制性空间扩散。隔离泄漏区直至气体散尽。

927. 乙 炔 铜

标 识

中文名称 乙炔铜

英文名称 Copper acetylide；Copper carbide

别名 乙炔单亚铜

分子式 CuC_2

CAS 号 12540－13－5

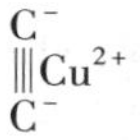

危害信息

燃烧与爆炸危险性 可燃。

活性反应 在空气作用下易氧化成暗黑色，并易起火。受摩擦、撞击易发生爆炸。

禁忌物 强氧化剂。

毒性 未见本品引起中毒的报道。其分解产物乙炔有轻度麻醉作用，高浓度为单纯窒息剂。

侵入途径 吸入、食入。

理化特性与用途

理化特性 黑色或褐色固体。不溶于水，溶于盐酸。不稳定，加热或撞击时易发生爆炸。在－45℃时分解为乙炔和暗红色乙炔二亚铜。相对密度(水＝1)4.62(25℃)。

主要用途 为不含氮的起爆药。

包装与储运

安全储运 储存于阴凉、通风的库房。远离火种、热源。应与氧化剂隔离储运。搬运时轻装轻卸，防止容器受损，严禁发生摩擦、碰撞。

紧急处置信息

急救措施

吸入：脱离接触。如有不适感，就医。

眼睛接触：分开眼睑，用流动清水或生理盐水冲洗。如有不适感，就医。

皮肤接触：脱去污染的衣着，用肥皂水和清水冲洗。如有不适感，就医。

食入：漱口，饮水。就医。

灭火方法　消防人员须在有防爆掩蔽处操作。遇大火须远离以防炸伤。在物料附近失火，须用水保持容器冷却。

灭火剂：雾状水、泡沫、二氧化碳、干粉。禁止用砂土压盖。

泄漏应急处置　隔离泄漏污染区，限制出入。消除所有点火源。建议应急处理人员戴防尘口罩，穿防静电服。作业时使用的所有设备应接地。禁止接触或跨越泄漏物。在专家指导下清除。

928. 乙　酸

标　识

中文名称　乙酸

英文名称　Acetic acid; Ethanoic acid; Glacial acetic acid

别名　醋酸；冰醋酸

分子式　$C_2H_4O_2$

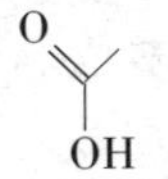

CAS 号　64－19－7

WGH 号　81601

UN 号　2789［含量＞80%］；2790［10%＜含量≤80%］

危害信息

危险性类别　第 8.1 类　酸性腐蚀品

燃烧与爆炸危险性　易燃。其蒸气与空气能形成爆炸性混合物，遇明火、高热能引起燃烧爆炸。蒸气比空气重，能在较低处扩散到相当远的地方，遇火源会着火回燃和爆炸(闪爆)。有腐蚀性。

活性反应　与碱发生放热中和反应。能与强氧化剂和强还原剂反应，放出热量。能腐蚀活泼金属。与硝酸的反应若缺乏有效取热措施，会导致爆炸。与硝酸铵的混合物受热后能燃烧。与三氯化磷制取乙酰氯的反应具有爆炸性。与 2－氨基乙醇、氯磺酸、乙二胺反应放热，会导致受限空间的温度和压力增加。

禁忌物　强碱、强氧化剂。

毒性　大鼠经口 LD_{50}：3310mg/kg；小鼠吸入 LC_{50}：5620ppm(1h)；家兔经皮 LD_{50}：1060μL/kg。

本品可经消化道、呼吸道、皮肤吸收。对皮肤、黏膜产生强烈刺激作用。

中毒表现　急性中毒：吸入蒸气对鼻、喉和呼吸道有刺激性，吸入极高浓度，可引起迟发性肺水肿。对眼有强烈刺激作用。皮肤接触，轻者出现红斑，重者引起化学灼伤。误服浓乙酸，口腔和消化道可产生糜烂，重者可因休克而致死。

慢性影响：长期接触乙酸蒸气，可引起慢性鼻炎、咽炎、支气管炎。个别接触者可发生哮喘，肺功能检查提示有阻塞性通气功能障碍。还有部分接触者有局部皮肤发黑和角化，牙齿腐蚀斑和贫血等。

侵入途径　吸入、食入、经皮吸收。

职业接触限值　中国：PC－TWA：10mg/m^3；PC－STEL：20mg/m^3。

美国(ACGIH)：TLV－TWA：10ppm；TLV－STEL：15ppm。

环境危害　对水生生物是有害的。

理化特性与用途

理化特性 无色透明液体或结晶，有刺激性气味。溶于水、甲醇、乙醚、乙醇和苯，不溶于二硫化碳。熔点16.6℃，沸点118℃，相对密度(水=1)1.05，相对蒸气密度(空气=1)2.07，临界压力5.78MPa，临界温度321.6℃，蒸气压1.52kPa(20℃)，燃烧热-873kJ/mol，辛醇/水分配系数-0.31~0.17，闪点39℃(闭杯)，爆炸极限4.0%~17.0%，引燃温度426℃。

主要用途 用于生产醋酸乙烯、醋酸酯、乙酸酐、氯乙酸、醋酸纤维素等；可用作溶剂；石油工业中用作井温低于70℃时的铁离子稳定剂；常用作缓速酸的主要组分，尤其多用于高温井的酸化；并广泛用于化工、纺织、医药和染料等行业。

包装与储运

包装标志 腐蚀品，易燃液体[含量>80%]；腐蚀品[10%<含量≤80%]

包装类别 Ⅱ类

安全储运 储存于阴凉、通风的库房，地坪须有防腐蚀涂料。远离火种、热源。储存温度不超过32℃，相对湿度不超过80%。冬季应保持库温高于16℃，以防凝固。保持容器密封。应与氧化剂、碱类等隔离储运。搬运时轻装轻卸，防止容器受损。

紧急处置信息

急救措施

吸入：迅速脱离现场至空气新鲜处。保持呼吸道通畅。如呼吸困难，给输氧。呼吸、心跳停止，立即进行心肺复苏术。就医。

眼睛接触：立即分开眼睑，用大量流动清水或生理盐水彻底冲洗10~15min。就医。

皮肤接触：立即脱去污染的衣着，用大量流动清水彻底冲洗，冲洗时间一般要求20~30min。就医。

食入：用水漱口，禁止催吐。给饮牛奶或蛋清。就医。

灭火方法 消防人员必须穿耐酸碱防护服、防护靴，佩戴空气呼吸器灭火。

灭火剂：雾状水、抗溶性泡沫、干粉、二氧化碳、砂土。

泄漏应急处置 消除所有点火源。根据液体流动和蒸气扩散的影响区域划定警戒区，无关人员从侧风、上风向撤离至安全区。建议应急处理人员戴正压自给式呼吸器，穿防静电、防腐蚀、防毒服，戴橡胶耐酸碱手套。作业时使用的所有设备应接地。禁止接触或跨越泄漏物。尽可能切断泄漏源。防止泄漏物进入水体、下水道、地下室或限制性空间。小量泄漏：用砂土或其他不燃材料吸收。使用洁净的无火花工具收集吸收材料。大量泄漏：构筑围堤或挖坑收容。用抗溶性泡沫覆盖，减少蒸发。喷水雾能减少蒸发，但不能降低泄漏物在限制性空间内的易燃性。用砂土、惰性物质或蛭石吸收大量液体。用稀苛性钠(NaOH)或苏打灰(Na_2CO_3)中和。用防爆、耐腐蚀泵转移至槽车或专用收集器内。

929. 乙酸苯汞

标　识

中文名称 乙酸苯汞

英 文 名 称　Phenyl mercuric acetate; Phenyl mercury acetate; (Acetato) phenyl mercury; Ceresan

别名　醋酸苯汞；赛力散

分子式　$C_8H_8HgO_2$

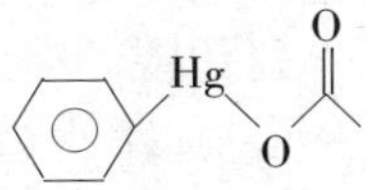

CAS 号　62 - 38 - 4

WGH 号　61129

UN 号　1674

危害信息

危险性类别　第 6.1 类　毒害品

燃烧与爆炸危险性　可燃，其粉尘与空气混合能形成爆炸性混合物。燃烧产物中含有有毒的烟气。

活性反应　与氧化剂发生反应。

禁忌物　强氧化剂、还原剂、强酸。

毒性　大鼠经口 LD_{50}：41mg/kg；小鼠经口 LD_{50}：13.25mg/kg。

有机汞系亲脂性毒物，主要侵犯神经系统。

属剧毒化学品，已列入《剧毒化学品目录》(2002 年版)。

中毒表现　本品属有机汞。有机汞中毒的主要表现有：无论任何经途径侵入，均可发生口腔炎，口服引起急性胃肠炎；神经精神症状有神经衰弱综合征、精神障碍、昏迷、瘫痪、震颤、共济失调、向心性视野缩小等；可发生肾脏损害；可致皮肤损害。醋酸苯汞中毒时肝脏损害比较明显，出现黄疸、肝肿大、压痛、肝功能异常。

侵入途径　吸入、食入、经皮吸收。

职业接触限值　中国：PC - TWA：0.01mg/m^3[按 Hg 计][皮]；PC - STEL0.03mg/m^3[按 Hg 计][皮]。

美国(ACGIH)：TLV - TWA：0.1mg/m^3[按 Hg 计][皮]。

环境危害　严重海洋污染物。对水生生物有极高毒性，可能在水生环境中造成长期不利影响。

理化特性与用途

理化特性　白色有光泽的斜方晶体。不溶于水，微溶于乙醇、苯，易溶于乙酸和丙酮。熔点 149℃，热至 150℃即分解，饱和蒸气压 0.016Pa(25℃)，闪点 37.8℃，辛醇/水分配系数 0.71，密度 0.24g/cm^3，相对蒸气密度(空气 = 1)11.6。

主要用途　医疗上用作消毒剂，农业上用作杀菌剂。

包装与储运

包装标志　剧毒品

包装类别　Ⅱ类

安全储运　储存于阴凉、通风的库房。远离火种、热源。储存温度不超过 35℃，相对湿度不超过 85%。包装密闭。避免产生粉尘。应与氧化剂、还原剂、酸类、食用化学品等隔离储运。应严格执行剧毒化学品管理制度。

紧急处置信息

急救措施

吸入：迅速脱离现场至空气新鲜处。保持呼吸道通畅。如呼吸困难，给输氧。呼吸、

心跳停止，立即进行心肺复苏术。就医。

眼睛接触：立即分开眼睑，用流动清水或生理盐水彻底冲洗。就医。

皮肤接触：立即脱去污染的衣着，用肥皂水和清水彻底冲洗。就医。

食入：立即催吐、洗胃、给服活性炭悬液，导泻。就医。

积极防治脑水肿，保护心、肝、肾功能。及早应用巯基络合剂二巯丙磺钠、二巯丁二钠等驱汞治疗。

灭火方法 消防人员必须佩戴空气呼吸器，穿全身防火防毒服，在上风向灭火。切勿将水流直接射至熔融物，以免引起严重的流淌火灾或引起剧烈的沸溅。

灭火剂：雾状水、泡沫、干粉、二氧化碳、砂土。

泄漏应急处置 隔离泄漏污染区，限制出入。建议应急处理人员戴防尘口罩，穿防毒服。穿上适当的防护服前严禁接触破裂的容器和泄漏物。尽可能切断泄漏源。用塑料布覆盖泄漏物，减少飞散。勿使水进入包装容器内。用洁净的铲子收集泄漏物，置于干净、干燥、盖子较松的容器中，将容器移离泄漏区。

930. 乙酸丁酯

标　识

中文名称 乙酸丁酯

英文名称 *n* – Butyl acetate；Butyl acetate；Acetic acid，butyl ester

别名 醋酸丁酯

分子式 $C_6H_{12}O_2$

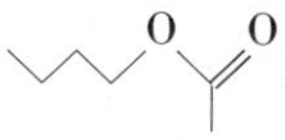

CAS 号 123 – 86 – 4

WGH 号 32130；T31230[铁规]

UN 号 1123

危害信息

危险性类别 第 3 类 易燃液体。

燃烧与爆炸危险性 易燃。蒸气与空气能形成爆炸性混合物，遇明火、高热能引起燃烧爆炸。蒸气比空气重，能在较低处扩散到相当远的地方，遇火源会着火回燃和爆炸(闪爆)。

活性反应 遇水或潮湿空气缓慢水解，酸性或碱性条件下能加速水解反应的进行，放出热量。与强氧化剂剧烈反应，放出的热量能引燃反应物。接触叔丁醇钾会自燃。能溶解或软化多种塑料。

禁忌物 氧化剂、酸类、碱类。

毒性 大鼠经口 LD_{50}：10768mg/kg；小鼠经口 LD_{50}：6g/kg；大鼠吸入 LC_{50}：390ppm(4h)；小鼠吸入 LC_{50}：6g/m^3(2h)；家兔经皮 LD_{50}：>17600mg/kg。

本品可经皮吸收，具有刺激和麻醉作用。

中毒表现 吸入高浓度本品出现流泪、咽痛、咳嗽、胸闷、气短等，严重者出现心血管和神经系统的症状。可引起结膜炎、角膜炎，角膜上皮有空泡形成。皮肤接触可引起皮肤干燥。

侵入途径 吸入、食入、经皮吸收。

职业接触限值 中国：PC – TWA：200mg/m^3；PC – STEL：300mg/m^3。

美国(ACGIH)：TLV－TWA：150ppm；TLV－STEL：200ppm。

环境危害　对水生生物是有害的。

理化特性与用途

理化特性　无色透明液体，有水果香味。微溶于水，溶于乙醇、丙酮、乙醚、烃类等多数有机溶剂。熔点－76.8℃，沸点126.1℃，相对密度(水＝1)0.88，相对蒸气密度(空气＝1)4.1，临界温度305.9℃，临界压力3.1MPa，蒸气压1.2kPa(20℃)，折射率1.3941，闪点22℃(闭杯)，爆炸极限1.2%～7.6%，引燃温度421℃，燃烧热－3463.5kJ/mol，辛醇/水分配系数1.82。

主要用途　广泛应用于硝化纤维清漆中，在人造革、织物及塑料加工过程中用作溶剂，在石油加工和制药过程中用作萃取剂，也用于香料工业等。

包装与储运

包装标志　易燃液体

包装类别　Ⅱ类

安全储运　储存于阴凉、通风的库房。远离火种、热源。储存温度不超过37℃。保持容器密封。应与氧化剂、酸类、碱类等隔离储运。禁止使用易产生火花的机械设备和工具。灌装时注意流速，且应有接地装置，防止静电积聚。搬运时轻装轻卸，防止容器受损。

紧急处置信息

急救措施

吸入：迅速脱离现场至空气新鲜处。保持呼吸道通畅。如呼吸困难，给输氧。呼吸、心跳停止，立即进行心肺复苏术。就医。

眼睛接触：立即分开眼睑，用流动清水或生理盐水彻底冲洗。就医。

皮肤接触：立即脱去污染的衣着，用肥皂水和清水彻底冲洗。就医。

食入：漱口，尽量饮水，不要催吐。就医。

灭火方法　消防人员必须穿全身防火防毒服，佩戴空气呼吸器，在上风向灭火。喷水冷却容器，尽可能将容器从火场移至空旷处。处在火场中的容器若发生异常变化或发出异常声音，必须马上撤离。

灭火剂：泡沫、干粉、二氧化碳、砂土。

泄漏应急处置　消除所有点火源。根据液体流动和蒸气扩散的影响区域划定警戒区，无关人员从侧风、上风向撤离至安全区。建议应急处理人员戴正压自给式呼吸器，穿防静电服，戴橡胶耐油手套。作业时使用的所有设备应接地。禁止接触或跨越泄漏物。尽可能切断泄漏源。防止泄漏物进入水体、下水道、地下室或限制性空间。小量泄漏：用砂土或其他不燃材料吸收。使用洁净的无火花工具收集吸收材料。大量泄漏：构筑围堤或挖坑收容。用砂土、惰性物质或蛭石吸收大量液体。用抗溶性泡沫覆盖，减少蒸发。喷水雾能减少蒸发，但不能降低泄漏物在限制性空间内的易燃性。用防爆泵转移至槽车或专用收集器内。

931. 乙　酸　酐

标　识

中文名称　乙酸酐

英文名称 Acetic anhydride; Acetic acid, anhydride; Acetic oxide; Ethanoic anhydride

别名 醋酸酐；乙酐；醋酐

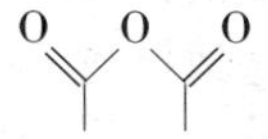

分子式 $C_4H_6O_3$

CAS 号 108-24-7

WGH 号 81602

UN 号 1715

危害信息

危险性类别 第8.1类 酸性腐蚀品

燃烧与爆炸危险性 易燃。蒸气与空气能形成爆炸性混合物，遇明火、高热能引起爆炸。有腐蚀性。

活性反应 与水、水蒸气剧烈反应生成乙酸，水中有酸(硝酸、硫酸、高氯酸等)存在时，反应速度大大增加，有爆炸危险。与甲醇、乙醇、甘油剧烈反应。与硝酸、高氯酸、高锰酸钾、过氧化物、三氧化铬、铬酸等氧化剂发生剧烈反应，甚至爆炸。与硝酸盐(硝化试剂)发生剧烈反应。腐蚀铁、钢和其他金属。

禁忌物 酸类、碱类、水、醇类、强氧化剂、强还原剂、活性金属粉末等。

毒性 大鼠经口 LD_{50}：1780mg/kg；大鼠吸入 LC_{50}：1000ppm(4h)；家兔经皮 LD_{50}：4mL/kg。

本品有强烈刺激性和腐蚀性。

中毒表现 急性中毒：吸入后对呼吸道有刺激作用，引起咳嗽、胸痛、呼吸困难。蒸气对眼有刺激性。眼和皮肤直接接触液体可致灼伤。口服灼伤口腔和消化道，出现腹痛、恶心、呕吐和休克等。

慢性影响：受本品蒸气慢性作用的工人，可有结膜炎、畏光、上呼吸道刺激等。

侵入途径 吸入、食入、经皮吸收。

职业接触限值

中国：PC-TWA：16mg/m^3。

美国(ACGIH)：TLV-TWA：5ppm。

理化特性与用途

理化特性 无色易透明液体，具有强烈刺激性气味。溶于冷水，溶于氯仿、乙醚和苯。遇水反应生成乙酸。熔点-73.1℃，沸点139~140℃，相对密度(水=1)1.08，相对蒸气密度(空气=1)3.52，临界压力4.36MPa，临界温度326℃，蒸气压1.33kPa(36℃)，燃烧热-1804.5kJ/mol，辛醇/水分配系数-0.58，闪点49℃(闭杯)，爆炸极限2.7%~10.3%，引燃温度316℃。

主要用途 用于制造醋酸纤维、醋酸乙烯酯树脂、染料及药物等，也常用作乙酰化剂。

包装与储运

包装标志 腐蚀品，易燃液体

包装类别 Ⅲ类

安全储运 储存于阴凉、干燥、通风良好的库房，地坪用耐酸涂料涂敷。远离火种、热源。储存温度不超过32℃，相对湿度不超过80%。保持容器密封。应与氧化剂、还原剂、酸类、碱类、活泼金属粉末、醇类等隔离储运。搬运时轻装轻卸，防止容器受损。

紧急处置信息

急救措施

吸入： 迅速脱离现场至空气新鲜处。保持呼吸道通畅。如呼吸困难，给输氧。呼吸、心跳停止，立即进行心肺复苏术。就医。

眼睛接触： 立即分开眼睑，用大量流动清水或生理盐水彻底冲洗 10 ~ 15min。就医。

皮肤接触： 立即脱去污染的衣着，用大量流动清水彻底冲洗，冲洗时间一般要求 20 ~ 30min。就医。

食入： 用水漱口，禁止催吐。给饮牛奶或蛋清。就医。

灭火方法　消防人员必须穿耐酸碱防护服、防护靴，佩戴空气呼吸器灭火。

灭火剂：雾状水、抗溶性泡沫、干粉、二氧化碳。

泄漏应急处置　消除所有点火源。根据液体流动和蒸气扩散的影响区域划定警戒区，无关人员从侧风、上风向撤离至安全区。建议应急处理人员戴正压自给式呼吸器，穿防静电、防腐蚀服，戴橡胶耐酸碱手套。穿上适当的防护服前严禁接触破裂的容器和泄漏物。尽可能切断泄漏源。勿使泄漏物与可燃物质(如木材、纸、油等)接触。防止泄漏物进入水体、下水道、地下室或限制性空间。小量泄漏：用干燥的砂土或其他不燃材料覆盖泄漏物，用洁净的无火花工具收集泄漏物，置于一盖子较松的塑料容器中，待处置。大量泄漏：构筑围堤或挖坑收容。用砂土、惰性物质或蛭石吸收大量液体。用稀苛性钠(NaOH)或苏打灰(Na_2CO_3)中和。用耐腐蚀泵转移至槽车或专用收集器内。

932. 乙　酸　汞

标　　识

中文名称　乙酸汞

英文名称　Mercuric acetate ; Acetic acid, mercury(2 +) salt

别名　醋酸汞

分子式　$C_4H_6O_4Hg$

CAS 号　1600 - 27 - 7

WGH 号　61093

UN 号　1629

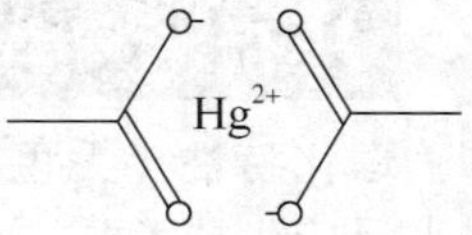

危害信息

危险性类别　第 6.1 类　有毒品

燃烧与爆炸危险性　可燃。其粉体与空气混合能形成爆炸性混合物，遇明火高热有引起燃烧爆炸的危险。燃烧产生有毒的一氧化碳和氧化汞。受热分解放出有毒气体。

禁忌物　强酸、强氧化剂。

毒性　大鼠经口 LD_{50}：40.9mg/kg；小鼠经口 LD_{50}：23.9mg/kg；大鼠经皮 LD_{50}：570mg/kg。

有机汞损害中枢神经系统。

本品属剧毒化学品，已列入《剧毒化学品目录》(2002 年版)。

IARC 对本品的致癌性分类：G2B——可疑人类致癌物。

中毒表现 有刺激作用。如吸入、摄入或经皮吸收后对身体有害，严重者可致死。侵犯神经系统，引起进行性神经麻痹、共济失调、精神障碍等。

侵入途径 吸入、食入、经皮吸收。

职业接触限值 中国：PC－TWA：0.01mg/m^3[按Hg计][皮]；PC－STEL：0.03mg/m^3[按Hg计][皮]。

美国(ACGIH)：TLV－TWA：0.01mg/m^3[按Hg计][皮]；TLV－TWA：0.03mg/m^3[按Hg计][皮]。

环境危害 对水生生物有害，可能在水生环境中造成长期不利影响；汞易在人类重要的食物链中发生生物蓄积，尤其是在水生生物中。

理化特性与用途

理化特性 白色结晶或粉末，有乙酸气味。溶于水，溶于乙醇、乙醚。熔点179℃(分解)，相对密度(水=1)3.28，相对蒸气密度(空气=1)11，蒸气压0.024kPa(25℃)，辛醇/水分配系数－1.28。

主要用途 用作有机合成催化剂、分析试剂，也用于医药工业。

包装与储运

包装标志 有毒品

包装类别 Ⅱ类

安全储运 储存于阴凉、通风的库房。远离火种、热源。储存温度不超过32℃，相对湿度不超过80%。保持容器密封。应与强氧化剂、强酸隔离储运。搬运时轻装轻卸，防止容器受损。应严格执行剧毒化学品管理制度。

紧急处置信息

急救措施

吸入：迅速脱离现场至空气新鲜处。保持呼吸道通畅。如呼吸困难，给输氧。呼吸、心跳停止，立即进行心肺复苏术。就医。

眼睛接触：立即分开眼睑，用流动清水或生理盐水彻底冲洗。就医。

皮肤接触：立即脱去污染的衣着，用肥皂水和清水彻底冲洗。就医。

食入：立即催吐、洗胃、给服活性炭悬液，导泻。就医。

积极防治脑水肿，保护心、肝、肾功能。及早应用巯基络合剂二巯丙磺钠、二巯丁二钠等驱汞治疗。

灭火方法 消防人员须穿全身防火防毒服，佩戴空气呼吸器在上风向灭火。尽可能将容器从火场移至空旷处。喷水保持火场容器冷却，直至灭火结束。

灭火剂：雾状水、泡沫、二氧化碳、干粉、砂土。

泄漏应急处置 隔离泄漏污染区，限制出入。建议应急处理人员戴防尘口罩，穿防毒服。穿上适当的防护服前严禁接触破裂的容器和泄漏物。尽可能切断泄漏源。用塑料布覆盖泄漏物，减少飞散。勿使水进入包装容器内。用洁净的铲子收集泄漏物，置于干净、干燥、盖子较松的容器中，将容器移离泄漏区。

933. 乙酸甲酯

标　识

中文名称　乙酸甲酯

英文名称　Methyl acetate

别名　醋酸甲酯

分子式　$C_3H_6O_2$

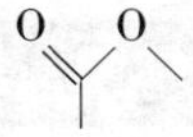

CAS 号　79－20－9

WGH 号　32126；T31226［铁规］

UN 号　1231

危害信息

危险性类别　第 3 类　易燃液体

燃烧与爆炸危险性　极易燃。蒸气与空气可形成爆炸性混合物，遇明火、高热能引起燃烧爆炸。蒸气比空气重，能在较低处扩散到相当远的地方，遇火源会着火回燃和爆炸(闪爆)。

活性反应　与强氧化剂、强酸、强碱剧烈反应，放出的热量能点燃反应物。与氢化铝锂反应，会发生燃烧或爆炸。接触叔丁醇钾会自燃。

禁忌物　强氧化剂、酸类、碱类。

毒性　大鼠经口 LD_{50}：＞5g/kg；兔经皮 LD_{50}：＞5g/kg。

本品可经呼吸道和消化道侵入人体，皮肤吸收甚微，具有麻醉和刺激作用。

中毒表现　接触本品蒸气引起眼灼痛、流泪、进行性呼吸困难、头痛、头晕、心悸、忧郁、中枢神经抑制。由其分解产生的甲醇可引起视力减退、视野缩小和视神经萎缩等。

侵入途径　吸入、食入、经皮吸收。

职业接触限值　中国：PC－TWA：200mg/m^3；PC－STEL：500mg/m^3。

美国(ACGIH)：TLV－TWA：200ppm；TLV－STEL：250ppm。

理化特性与用途

理化特性　无色透明液体，有水果香味。微溶于水，与乙醇、乙醚等混溶。熔点－98.1℃，沸点 56.8℃，相对密度(水＝1)0.93(20℃)，临界温度 233.9℃，临界压力 4.69MPa，折射率 1.3593，闪点－10℃(闭杯)、－5.6(开杯)，爆炸极限 3.1%～16.0%，引燃温度 454℃，最小点火能 0.40mJ，最大爆炸压力 0.860MPa，燃烧热 1592.7kJ/mol，辛醇/水分配系数 0.18。

主要用途　用作低沸点溶剂，亦用于香料合成。

包装与储运

包装标志　易燃液体

包装类别　Ⅱ类

安全储运　储存于阴凉、通风的库房。远离火种、热源。储存温度不超过 37℃。保持容器密封。应与氧化剂、酸类、碱类等隔离储运。禁止使用易产生火花的机械设备和工具。灌装时注意流速，防止静电积聚。搬运时轻装轻卸，防止容器受损。

紧急处置信息

急救措施

吸入：迅速脱离现场至空气新鲜处。保持呼吸道通畅。如呼吸困难，给输氧。呼吸、心跳停止，立即进行心肺复苏术。就医。

眼睛接触：立即分开眼睑，用流动清水或生理盐水彻底冲洗。就医。

皮肤接触：立即脱去污染的衣着，用肥皂水和清水彻底冲洗。就医。

食入：漱口，尽量饮水，不要催吐，及早洗胃，给服活性炭悬液。就医。

灭火方法 消防人员必须穿全身防火防毒服，在上风向灭火。尽可能将容器从火场移至空旷处。喷水保持火场容器冷却，直至灭火结束。处在火场中的容器若发生异常变化或发出异常声音，必须马上撤离。

灭火剂：泡沫、二氧化碳、干粉、砂土。用水灭火无效。

泄漏应急处置 消除所有点火源。根据液体流动和蒸气扩散的影响区域划定警戒区，无关人员从侧风、上风向撤离至安全区。建议应急处理人员戴正压自给式呼吸器，穿防静电服，戴橡胶耐油手套。作业时使用的所有设备应接地。禁止接触或跨越泄漏物。尽可能切断泄漏源。防止泄漏物进入水体、下水道、地下室或限制性空间。小量泄漏：用砂土或其他不燃材料吸收。使用洁净的无火花工具收集吸收材料。大量泄漏：构筑围堤或挖坑收容。用抗溶性泡沫覆盖，减少蒸发。喷水雾能减少蒸发，但不能降低泄漏物在限制性空间内的易燃性。用防爆泵转移至槽车或专用收集器内。喷雾状水驱散蒸气、稀释液体泄漏物。

934. 乙 酸 钠

标 识

中文名称 乙酸钠

英文名称 Acetic acid, sodium salt; Sodium acetate

别名 乙酸钠[无水]；醋酸钠[无水]

分子式 $C_2H_3NaO_2$

CAS 号 127-09-3

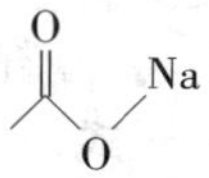

危害信息

燃烧与爆炸危险性 可燃。粉尘与空气能形成爆炸性混合物，遇明火高热有引起燃烧爆炸的危险。

活性反应 与强酸反应。

禁忌物 强氧化剂、强酸。

毒性 大鼠经口 LD_{50}：3530mg/kg；大鼠吸入 LC_{50}：>30g/m^3(1h)。

对眼和皮肤有刺激性。

侵入途径 吸入、食入。

理化特性与用途

理化特性 白色粉末，具有吸湿性。溶于水，稍溶于乙醇、乙醚。熔点 324℃，沸点 881.4℃，相对密度(水=1)1.528，闪点>250℃，引燃温度 607℃，辛醇/水分配系数 -3.72。

主要用途 用于印染、医药、摄影等，亦用作酯化剂、防腐剂，在油田化学品中用作油基压裂液的添加剂。

包装与储运

安全储运　储存于阴凉、干燥、通风的库房。远离火种、热源。密闭包装，注意防潮。应与强氧化剂、强酸隔离储运。

紧急处置信息

急救措施

吸入：脱离接触。如有不适感，就医。

眼睛接触：分开眼睑，用流动清水或生理盐水冲洗。就医。

皮肤接触：脱去污染的衣着，用清水冲洗。就医。

食入：漱口，饮水。就医。

灭火方法　消防人员须穿全身消防服，在上风向灭火。尽可能将容器从火场移至空旷处。喷水保持火场容器冷却，直至灭火结束。

灭火剂：雾状水、抗溶性泡沫、二氧化碳、干粉、砂土。

泄漏应急处置　建议应急处理人员戴防尘口罩，穿防毒服。穿上适当的防护服前严禁接触破裂的容器和泄漏物。尽可能切断泄漏源。用塑料布覆盖泄漏物，减少飞散。勿使水进入包装容器内。用洁净的铲子收集泄漏物，置于干净、干燥、盖子较松的容器中，将容器移离泄漏区。

935. 乙酸叔丁酯

标　识

中文名称　乙酸叔丁酯

英文名称　*tert*-Butyl acetate；Acetic acid，*tert*-butyl ester

别名　醋酸叔丁酯

分子式　$C_6H_{12}O_2$

CAS 号　540 – 88 – 5

WGH 号　32130；T31230［铁规］

UN 号　1123

危害信息

危险性类别　第 3 类 易燃液体

燃烧与爆炸危险性　易燃，其蒸气与空气混合能形成爆炸性混合物，遇明火、高热易燃烧或爆炸，燃烧产生有毒的一氧化碳气体。在高温火场中，受热的容器或储罐有破裂和爆炸的危险。蒸气比空气重，能在较低处扩散到相当远的地方，遇火源会着火回燃和爆炸(闪爆)。

活性反应　与氧化剂发生剧烈反应。

禁忌物　强氧化剂、强酸、强碱。

毒性　大鼠经口 LD_{50}：4100mg/kg；大鼠吸入 LC_{50}：>2230mg/m^3（4h）；家兔经皮 LD_{50}：>2g/kg。

中毒表现　本品蒸气刺激鼻、喉、支气管，吸入后引起鼻出血、声嘶、咳嗽、胸部紧束感。可出现头痛、头晕等症状。眼及皮肤接触有刺激性。

皮肤长期反复接触可发生皮疹。

侵入途径 吸入、食入、经皮吸收。

职业接触限值 美国(ACGIH)：TLV-TWA：200 ppm。

理化特性与用途

理化特性 无色液体，有水果香味。不溶于水，溶于乙醇、乙醚、乙酸等多数有机溶剂。熔点 -77.9℃，沸点96℃，相对密度(水=1)0.86(25℃)，相对蒸气密度(空气=1)4，蒸气压6.3kPa(25℃)，临界压力3.17MPa，辛醇/水分配系数1.76，闪点16.6~22.2℃(闭杯)，引燃温度421℃，爆炸极限1.3%~7.3%。

主要用途 用作硝化纤维素等的溶剂和汽油添加剂。

包装与储运

包装标志 易燃液体

包装类别 Ⅲ类

安全储运 储存于阴凉、通风的库房。远离火种、热源，避免阳光直射。储存温度不超过37℃。炎热季节早晚运输。应与氧化剂等隔离储运。禁止使用易产生火花的机械设备和工具。灌装时注意流速，防止静电积聚。搬运时轻装轻卸，防止容器受损。

紧急处置信息

急救措施

吸入：迅速脱离现场至空气新鲜处。保持呼吸道通畅。如呼吸困难，给输氧。呼吸、心跳停止，立即进行心肺复苏术。就医。

眼睛接触：立即分开眼睑，用流动清水或生理盐水彻底冲洗。就医。

皮肤接触：立即脱去污染的衣着，用肥皂水和清水彻底冲洗。就医。

食入：漱口，饮水。就医。

灭火方法 消防人员须穿全身消防服，佩戴空气呼吸器，在上风向灭火。尽可能将容器从火场移至空旷处。喷水保持火场容器冷却，直至灭火结束。处在火场中的容器若发生异常变化或发出异常声音，须马上撤离。

灭火剂：泡沫、二氧化碳、干粉、砂土。

泄漏应急处置 消除所有点火源。根据液体流动和蒸气扩散的影响区域划定警戒区，无关人员从侧风、上风向撤离至安全区。建议应急处理人员戴正压自给式呼吸器，穿防静电服，戴橡胶耐油手套。作业时使用的所有设备应接地。禁止接触或跨越泄漏物。尽可能切断泄漏源。防止泄漏物进入水体、下水道、地下室或限制性空间。小量泄漏：用砂土或其他不燃材料吸收。使用洁净的无火花工具收集吸收材料。大量泄漏：构筑围堤或挖坑收容。用泡沫覆盖，减少蒸发。喷水雾能减少蒸发，但不能降低泄漏物在限制性空间内的易燃性。用防爆泵转移至槽车或专用收集器内。

936. 乙酸乙烯酯

标　识

中文名称 乙酸乙烯酯

英文名称 Vinyl acetate; Ethenyl ethanoate; Acetic acid vinyl ester

别名 醋酸乙烯酯

分子式 $C_4H_6O_2$

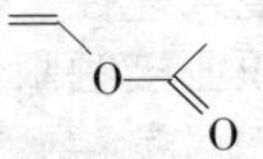

CAS 号 108－05－4

WGH 号 32131；T31231［铁规］

UN 号 1301

危害信息

危险性类别 第3类 易燃液体

燃烧与爆炸危险性 易燃。蒸气与空气能形成爆炸性混合物，遇明火、高热能引起燃烧爆炸。见光、受热或久贮易聚合，有燃烧爆炸的危险。蒸气比空气重，能在较低处扩散到相当远的地方，遇火源会着火回燃和爆炸(闪爆)。

活性反应 在空气中易形成有机过氧化物，引发自身的聚合反应，放出大量的热量。与强氧化剂、强酸、强碱剧烈反应，放出的热量能点燃反应物。与过氧化氢反应会生成过氧乙酸，与臭氧反应，生成极具爆炸性的臭氧化物。接触2－氨基乙醇、氯磺酸、乙二胺、无机酸(次氯酸、氢氟酸、硝酸、硫酸)发生剧烈反应，甚至爆炸。

禁忌物 氧化剂、酸类、碱类、过氧化物。

毒性 大鼠经口 LD_{50}：2900mg/kg；大鼠吸入 LC_{50}：11400mg/m^3(4h)；小鼠经口 LD_{50}：1600mg/kg；家兔经皮 LD_{50}：2335mg/kg。

本品有麻醉和全身毒作用，对眼、上呼吸道和皮肤有强烈刺激作用，可经皮吸收。

IARC 对本品的致癌性分类：G2B——可疑人类致癌物。

中毒表现 急性中毒：急性吸入时，对眼和上呼吸道有不同程度的刺激。生产条件下，76mg/m^3 即引起刺激、咳嗽或嘶哑；1g/m^3 时，喉部强烈刺激、咳嗽，可持续一定时间。对皮肤有强烈刺激，高浓度可致坏死。蒸气可致角膜灼伤。

慢性影响：有头痛、头晕、乏力、易激动、虚弱、睡眠障碍、植物神经功能紊乱、多发性周围神经病。个别病例有中毒性脑病表现。

侵入途径 吸入、食入、经皮吸收。

职业接触限值 中国：PC-TWA：10mg/m^3［G2B］；PC-STEL：15mg/m^3［G2B］。

美国(ACGIH)：TLV-TWA：10ppm；TLV-STEL：15ppm。

环境危害 对水生生物是有害的。有害空气污染物。

理化特性与用途

理化特性 无色透明液体，具有水果香味。微溶于水，溶于乙醇、乙醚、丙酮、氯仿等多数有机溶剂。熔点－93.2℃，沸点71.8～73℃，相对密度(水＝1)0.93(20℃)，相对蒸气密度(空气＝1)3.0，蒸气压15.3kPa(25℃)，燃烧热－1953.6kJ/mol，临界温度252℃，临界压力4.25MPa，闪点－8℃(闭杯)，爆炸极限2.6%～13.4%，引燃温度402℃。

主要用途 主要用作共聚和聚合单体，制造聚醋酸乙烯、聚乙烯醇、醋酸乙烯－乙烯共聚物、醋酸乙烯－氯乙烯共聚物等。

包装与储运

包装标志 易燃液体

包装类别 Ⅱ类

安全储运 通常商品加有阻聚剂。储存于阴凉、通风的库房。远离火种、热源。储存温度不超过37℃。包装要求密封，不可与空气接触。应与氧化剂、酸类、碱类等隔离储运。禁止使用易产生火花的机械设备和工具。灌装时注意流速，防止静电积聚。搬运时轻装轻卸，防止容器受损。

紧急处置信息

急救措施

吸入：迅速脱离现场至空气新鲜处。保持呼吸道通畅。如呼吸困难，给输氧。呼吸、心跳停止，立即进行心肺复苏术。就医。

眼睛接触：立即分开眼睑，用流动清水或生理盐水彻底冲洗。就医。

皮肤接触：立即脱去污染的衣着，用肥皂水和清水彻底冲洗。就医。

食入：漱口，尽量饮水，不要催吐。就医。

灭火方法 消防人员必须穿全身防火防毒服，佩戴空气呼吸器，在上风向灭火。喷水冷却容器，尽可能将容器从火场移至空旷处。处在火场中的容器若发生异常变化或发出异常声音，必须马上撤离。

灭火剂：泡沫、干粉、二氧化碳、砂土。

泄漏应急处置 消除所有点火源。根据液体流动和蒸气扩散的影响区域划定警戒区，无关人员从侧风、上风向撤离至安全区。建议应急处理人员戴正压自给式呼吸器，穿防静电服，戴橡胶耐油手套。作业时使用的所有设备应接地。禁止接触或跨越泄漏物。尽可能切断泄漏源。防止泄漏物进入水体、下水道、地下室或限制性空间。小量泄漏：用砂土或其他不燃材料吸收。使用洁净的无火花工具收集吸收材料。大量泄漏：构筑围堤或挖坑收容。用砂土、惰性物质或蛭石吸收大量液体。用抗溶性泡沫覆盖，减少蒸发。喷水雾能减少蒸发，但不能降低泄漏物在限制性空间内的易燃性。用防爆泵转移至槽车或专用收集器内。喷雾状水驱散蒸气、稀释液体泄漏物。

937. 乙酸乙酯

标 识

中文名称 乙酸乙酯

英文名称 Ethyl acetate；Acetic acid ethyl ester

别名 醋酸乙酯

分子式 $C_4H_8O_2$

CAS 号 141－78－6

WGH 号 32127；T31227［铁规］

UN 号 1173

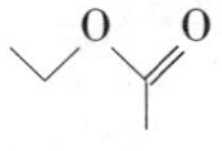

危害信息

危险性类别 第3类 易燃液体

燃烧与爆炸危险性 易燃。蒸气与空气可形成爆炸性混合物，遇明火、高热能引起燃烧爆炸。蒸气比空气重，能在较低处扩散到相当远的地方，遇火源会着火回燃和爆炸(闪爆)。

活性反应 遇水或潮湿空气能发生水解反应，酸或碱存在时能加速水解反应。与强氧化剂、强酸、强碱剧烈反应，放出的热量能点燃反应物。与氢化铝锂反应，会发生燃烧或爆炸。接触叔丁醇钾会自燃。能溶解或软化多种塑料、橡胶和涂料。

禁忌物 强氧化剂、碱类、酸类等。

毒性 大鼠经口 LD_{50}：5620mg/kg；大鼠吸入 LC_{50}：200g/m^3；小鼠经口 LD_{50}：4100mg/kg；小鼠吸入 LC_{50}：45g/m^3(2h)；家兔经皮 LD_{50}：>20mL/kg。

本品对黏膜有刺激作用，对中枢神经系统有麻醉作用。

中毒表现 急性中毒：接触高浓度可引起眼、呼吸道刺激症状，有时可致角膜浑浊。重复长时间接触，中枢神经系统出现进行性麻醉作用。持续高浓度吸入，可致肺水肿和呼吸麻痹及肝、肾充血。误服者可引起恶心、呕吐、腹痛、腹泻等。有致敏作用，因血管神经障碍而致牙龈出血；可致湿疹样皮炎。

慢性影响：长期接触本品有时可致继发性贫血、白细胞增多等。

侵入途径 吸入、食入、经皮吸收。

职业接触限值 中国：PC-TWA：200mg/m^3；PC-STEL：300mg/m^3。

美国(ACGIH)：TLV-TWA：400ppm。

理化特性与用途

理化特性 无色透明液体，有芳香气味，易挥发。微溶于水，溶于乙醇、丙酮、乙醚、氯仿等多数有机溶剂。熔点 -83.6℃，沸点 77.2℃，相对密度(水=1)0.9，相对蒸气密度(空气=1)3.04，临界压力 3.83MPa，临界温度 250.1℃，蒸气压 10.1kPa(20℃)，燃烧热 -2072kJ/mol，辛醇/水分配系数 0.73，闪点 -4℃(闭杯)、7.2℃(开杯)，爆炸极限 2.2%~11.5%，引燃温度 426.7℃。

主要用途 是一种快干性的、极好的工业溶剂，广泛用于醋酸纤维、乙基纤维、氯化橡胶、乙烯树酯、乙酸纤维树酯、合成橡胶等的生产；用作黏合剂的溶剂、油漆的稀释剂以及制造药物、染料的原料。

包装与储运

包装标志 易燃液体

包装类别 Ⅱ类

安全储运 储存于阴凉、通风的库房。远离火种、热源。储存温度不超过37℃。保持容器密封。应与氧化剂、酸类、碱类等隔离储运。采用防爆型照明、通风设施。禁止使用易产生火花的机械设备和工具。灌装时注意流速，防止静电积聚。搬运时轻装轻卸，防止容器受损。

紧急处置信息

急救措施

吸入： 迅速脱离现场至空气新鲜处。保持呼吸道通畅。如呼吸困难，给输氧。呼吸、心跳停止，立即进行心肺复苏术。就医。

眼睛接触： 立即分开眼睑，用流动清水或生理盐水彻底冲洗。就医。

皮肤接触： 立即脱去污染的衣着，用肥皂水和清水彻底冲洗。就医。

食入： 漱口，不要催吐。就医。

灭火方法 消防人员必须穿全身防火防毒服，佩戴空气呼吸器，在上风向灭火。喷水冷却容器，尽可能将容器从火场移至空旷处。处在火场中的容器若发生异常变化或发出异常声音，必须马上撤离。

灭火剂：泡沫、干粉、二氧化碳、砂土。

泄漏应急处置 消除所有点火源。根据液体流动和蒸气扩散的影响区域划定警戒区，无关人员从侧风、上风向撤离至安全区。建议应急处理人员戴正压自给式呼吸器，穿防静电服，戴橡胶耐油手套。作业时使用的所有设备应接地。禁止接触或跨越泄漏物。尽可能切断泄漏源。防止泄漏物进入水体、下水道、地下室或限制性空间。小量泄漏：用砂土或其他不燃材料吸收。使用洁净的无火花工具收集吸收材料。大量泄漏：构筑围堤或挖坑收容。用泡沫覆盖，减少蒸发。喷水雾能减少蒸发，但不能降低泄漏物在限制性空间内的易燃性。用防爆泵转移至槽车或专用收集器内。喷雾状水驱散蒸气、稀释液体泄漏物。

938. 乙酸异丙酯

标　识

中文名称 乙酸异丙酯

英文名称 Isopropyl acetate；Acetic acid isopropyl ester；Acetic acid 1-methylethyl ester

别名 醋酸异丙酯

分子式 $C_5H_{10}O_2$

CAS 号 108－21－4

WGH 号 32128；T31228［铁规］

UN 号 1220

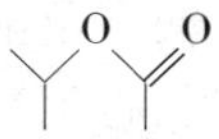

危害信息

危险性类别 第 3 类 易燃液体

燃烧与爆炸危险性 易燃。蒸气与空气能形成爆炸性混合物，遇明火、高热能引起燃烧爆炸。蒸气比空气重，能在较低处扩散到相当远的地方，遇火源会着火回燃和爆炸(闪爆)。

活性反应 与强氧化剂、强酸、强碱剧烈反应，放出的热量能点燃反应物。能溶解或软化多种塑料、橡胶和涂料。

禁忌物 氧化剂、酸类、碱类、过氧化物。

毒性 大鼠经口 LD_{50}：6750mg/kg；大鼠吸入 LC_{50}：50600mg/m^3(8h)；家兔经皮 LD_{50}：＞20mL/kg

主要经呼吸道进入体内。有刺激和麻醉作用。

中毒表现 蒸气对呼吸道有刺激性。吸入高浓度蒸气可出现头痛、头晕、恶心、呕吐及麻醉作用。蒸气和雾对眼有刺激性，液体可致角膜损害。大量口服引起恶心、呕吐。短时接触对皮肤无刺激，长期接触有刺激性。

侵入途径 吸入、食入、经皮吸收。

职业接触限值 美国(ACGIH)：TLV-TWA：100ppm；TLV-STEL：200ppm。

理化特性与用途

理化特性 无色透明液体，有水果香味。微溶于水，与乙醇、丙酮、乙醚等有机溶剂混溶。熔点－73℃，沸点 88.4℃，相对密度(水＝1)0.87，相对蒸气密度(空气＝1)3.52，蒸气压 5.8kPa(20.0℃)，折射率 1.3773，闪点 2℃(闭杯)，爆炸极限 1.8%～7.8%，引燃温度 460℃，燃烧热 2236.6kJ/mol，辛醇/水分配系数 1.02。

主要用途　用作医药品的萃取剂，涂料、印刷油墨等的溶剂和试剂。用于制香料。

包装与储运

包装标志　易燃液体

包装类别　Ⅱ类

安全储运　储存于阴凉、通风的库房。远离火种、热源，避免阳光直射。储存温度不超过 37℃。保持容器密封。应与氧化剂、酸类、碱类等隔离储运。禁止使用易产生火花的机械设备和工具。搬运时轻装轻卸，防止容器受损。灌装时注意流速，且应有接地装置，防止静电积聚。搬运时轻装轻卸，防止容器受损。

紧急处置信息

急救措施

吸入：迅速脱离现场至空气新鲜处。保持呼吸道通畅。如呼吸困难，给输氧。呼吸、心跳停止，立即进行心肺复苏术。就医。

眼睛接触：立即分开眼睑，用流动清水或生理盐水彻底冲洗。就医。

皮肤接触：立即脱去污染的衣着，用肥皂水和清水彻底冲洗。就医。

食入：漱口，尽量饮水，不要催吐。就医。

灭火方法　消防人员必须穿全身防火防毒服，佩戴空气呼吸器，在上风向灭火。喷水冷却容器，尽可能将容器从火场移至空旷处。处在火场中的容器若发生异常变化或发出异常声音，必须马上撤离。

灭火剂：泡沫、干粉、二氧化碳、砂土。

泄漏应急处置　消除所有点火源。根据液体流动和蒸气扩散的影响区域划定警戒区，无关人员从侧风、上风向撤离至安全区。建议应急处理人员戴正压自给式呼吸器，穿防静电服，戴橡胶耐油手套。作业时使用的所有设备应接地。禁止接触或跨越泄漏物。尽可能切断泄漏源。防止泄漏物进入水体、下水道、地下室或限制性空间。小量泄漏：用砂土或其他不燃材料吸收。使用洁净的无火花工具收集吸收材料。大量泄漏：构筑围堤或挖坑收容。用抗溶性泡沫覆盖，减少蒸发。喷水雾能减少蒸发，但不能降低泄漏物在限制性空间内的易燃性。用防爆泵转移至槽车或专用收集器内。

939. 乙　缩　醛

标　识

中文名称　乙缩醛

英文名称　1，1-Diethoxyethane；Acetal

别名　1，1－二乙氧基乙烷；二乙醇缩乙醛

分子式　$C_6H_{14}O_2$

CAS 号　105－57－7

WGH 号　31031

UN 号　1088

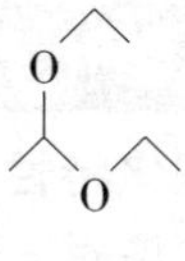

危害信息

危险性类别 第3类 易燃液体

燃烧与爆炸危险性 极易燃。其蒸气与空气混合能形成爆炸性混合物，遇明火、高热极易燃烧或爆炸。燃烧产生有毒的一氧化碳气体。在高温火场中，受热的容器或储罐有破裂和爆炸的危险。蒸气比空气重，能在较低处扩散到相当远的地方，遇火源会着火回燃和爆炸(闪爆)。

活性反应 与氧化剂发生反应。

禁忌物 强氧化剂、酸类。

毒性 大鼠经口 LD_{50}：4600mg/kg；小鼠经口 LD_{50}：3500mg/kg；大鼠吸入 LC_{50}：19400mg/m^3；兔经皮 LD_{50}：10000mg/kg

具有麻醉作用和刺激性。

侵入途径 吸入、食入、经皮吸收。

理化特性与用途

理化特性 无色易挥发液体，有芳香气味。溶于水，混溶于乙醇、乙醚，溶于氯仿、庚烷、甲基环己烷、丙酮、乙酸乙酯。熔点 -100℃，沸点 102.2℃，相对密度(水=1)0.8254(20℃/4℃)，相对蒸气密度(空气=1)4.08，蒸气压 3.67kPa(25℃)，辛醇/水分配系数 0.84，闪点 -21℃(闭杯)，引燃温度 230℃，爆炸极限 1.6%～10.4%。

主要用途 用作重要的酒类添加剂、溶剂，也用于染料、塑料、香料的合成等。

包装与储运

包装标志 易燃液体

包装类别 Ⅱ类

安全储运 储存于阴凉、通风的库房。远离火种、热源，避免阳光直射。储存温度不超过29℃。炎热季节早晚运输。应与氧化剂、酸等隔离储运。禁止使用易产生火花的机械设备和工具。灌装时注意流速，防止静电积聚。搬运时轻装轻卸，防止容器受损。

紧急处置信息

急救措施

吸入：迅速脱离现场至空气新鲜处。保持呼吸道通畅。如呼吸困难，给输氧。呼吸、心跳停止，立即进行心肺复苏术。就医。

眼睛接触：立即分开眼睑，用流动清水或生理盐水彻底冲洗。就医。

皮肤接触：立即脱去污染的衣着，用肥皂水和清水彻底冲洗。就医。

食入：漱口，给饮水，不要催吐。就医。

灭火方法 消防人员须穿全身消防服，佩戴空气呼吸器，在上风向灭火。尽可能将容器从火场移至空旷处。喷水保持火场容器冷却，直至灭火结束。处在火场中的容器若发生异常变化或发出异常声音，须马上撤离。

灭火剂：抗溶性泡沫、二氧化碳、干粉和砂土。用水灭火无效。

泄漏应急处置 消除所有点火源。根据液体流动和蒸气扩散的影响区域划定警戒区，无关人员从侧风、上风向撤离至安全区。建议应急处理人员戴正压自给式呼吸器，穿防静电服，戴橡胶手套。作业时使用的所有设备应接地。禁止接触或跨越泄漏物。尽可能切断泄漏源。防止泄漏物进入水体、下水道、地下室或限制性空间。小量泄漏：用砂土或其他不燃材料吸收。使用洁净的无火花工具收集吸收材料。大量泄漏：构筑围堤或挖坑收容。用砂土、惰性物质或蛭石吸收大量液体。用硫酸氢钠（$NaHSO_4$）中和。用抗溶性泡沫覆盖，减少蒸发。喷水雾能减少蒸发，但不能降低泄漏物在限制性空间内的易燃性。用防爆泵转移至槽车或专用收集器内。喷雾状水驱散蒸气、稀释液体泄漏物。

940. 乙　烷

标　识

中文名称　乙烷

英文名称　Ethane

分子式　C_2H_6

CAS 号　74－84－0

WGH 号　21009

UN 号　1035

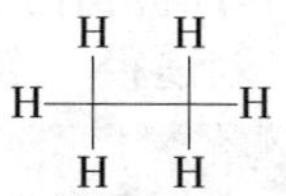

危害信息

危险性类别　第 2.1 类 易燃气体

燃烧与爆炸危险性　易燃。与空气混合能形成爆炸性混合物，遇热源和明火有燃烧爆炸危险。

活性反应　在一定条件下，能与氧气、臭氧、二氧化氮、卤素（氟气、液氯、溴、碘）等氧化剂发生剧烈反应，甚至导致燃烧或爆炸。

禁忌物　强氧化剂、卤素、强酸、强碱等。

毒性　高浓度时，有单纯性窒息作用，有轻度麻醉作用。空气中浓度大于 6% 时，出现眩晕、轻度恶心、麻醉症状；达 40% 以上时，可引起惊厥，甚至窒息死亡。

侵入途径　吸入。

理化特性与用途

理化特性　无色无臭气体。微溶于水，溶于乙醇、乙醚、丙酮、苯。熔点－183.3℃，沸点－88.6℃，相对密度（水＝1）0.57（－107℃），相对蒸气密度（空气＝1）1.05，燃烧热－1558.3kJ/mol，临界压力 4.87MPa，临界温度 32.2℃，蒸气压 3850kPa（20℃），闪点－135℃，爆炸极限 3.0%～12.50%，自燃温度 472℃。

主要用途　用于制乙烯、氯乙烯、氯乙烷、硝基甲烷、硝基乙烷等，亦用作燃料和制冷剂。

包装与储运

包装标志　易燃气体

安全储运　储存于阴凉、通风的专用库房。远离火种、热源。储存温度不超过 30℃。切勿与氧化剂混储混运。禁止使用易产生火花的机械设备和工具。液化气体用特殊绝热的容器在低温下装运，这种低温可通过液化气体的蒸发来保持。

紧急处置信息

急救措施

吸入：迅速脱离现场至空气新鲜处。保持呼吸道通畅。如呼吸困难，给输氧。呼吸、

心跳停止，立即进行心肺复苏术。就医。

皮肤接触：如发生冻伤，用温水（38～42℃）复温，忌用热水或辐射热，不要揉搓。

灭火方法　切断气源。若不能切断气源，则不允许熄灭泄漏处的火焰。消防人员必须穿全身消防服，佩戴空气呼吸器，在上风向灭火。喷水冷却容器，尽可能将容器从火场移至空旷处。

泄漏应急处置　消除所有点火源。根据气体扩散的影响区域划定警戒区，无关人员从侧风、上风向撤离至安全区。建议应急处理人员戴正压自给式呼吸器，穿防静电服。作业时使用的所有设备应接地。禁止接触或跨越泄漏物。尽可能切断泄漏源。若可能翻转容器，使之逸出气体而非液体。喷雾状水抑制蒸气或改变蒸气云流向，避免水流接触泄漏物。禁止用水直接冲击泄漏物或泄漏源。防止气体通过下水道、通风系统和限制性空间扩散。隔离泄漏区直至气体散尽。

941. 乙　烯

标　识

中文名称　乙烯

英文名称　Ethylene；Ethene

分子式　C_2H_4

CAS 号　74－85－1

WGH 号　21016［压缩气体］；21017［液化气体］

UN 号　1962［压缩气体］；1038［冷冻液体］

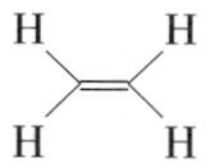

危害信息

危险性类别　第 2.1 类 易燃气体

燃烧与爆炸危险性　易燃。与空气混合能形成爆炸性混合物，遇明火、高热或接触氧化剂，有引起燃烧爆炸的危险。

活性反应　有机过氧化物、烷基锂等引发剂存在时，易发生聚合，放出大量的热量。高温或接触氧化剂能引起燃烧或爆聚。能与氢气、酸、卤素、卤代烃、溴化氢、三氯化铝、三氯溴甲烷、四氯化碳、二氧化氮发生反应。

禁忌物　强氧化剂、卤素、强酸、氯化铝、金属氧化物等。

毒性　小鼠吸入 TCL_0：350000mg/m^3（2h）。

本品具有较强的麻醉作用。

中毒表现　急性中毒：吸入高浓度乙烯可立即引起意识丧失，无明显的兴奋期，但吸入新鲜空气后，可很快苏醒。对眼及呼吸道黏膜有轻微刺激性。液态乙烯可致皮肤冻伤

慢性影响：长期接触，可引起头昏、全身不适、乏力、思维不集中。个别人有胃肠道功能紊乱。

侵入途径　吸入。

职业接触限值　美国（ACGIH）：TLV-TWA：200ppm。

理化特性与用途

理化特性　无色气体，带有甜味。不溶于水，微溶于乙醇，溶于乙醚、丙酮和苯。熔

点 −169.4℃，沸点 −104℃，相对密度(水 =1)0.61(0℃)，相对蒸气密度(空气 =1)0.98，燃烧热 −1323.8kJ/mol，临界压力5.07MPa，临界温度9.6℃，蒸气压4083.4kPa(0℃)，爆炸极限2.7% ~36.0%，引燃温度450℃。

主要用途　用于生产聚乙烯、二氯乙烷、氯乙烯、环氧乙烷、乙二醇、苯乙烯、乙苯、乙酸等。

包装与储运

包装标志　易燃气体

安全储运　钢瓶装乙烯储存于阴凉、通风的专用库房内。远离火种、热源。储存温度不超过30℃。应与氧化剂、卤素、可燃物、有机物等隔离储运。禁止使用易产生火花的机械设备和工具。液化乙烯用特别绝热容器在很低温度下装运，这种低温可通过液化气体的蒸发来保持。

紧急处置信息

急救措施

吸入：迅速脱离现场至空气新鲜处。保持呼吸道通畅。如呼吸困难，给输氧。呼吸、心跳停止，立即进行心肺复苏术。就医。

皮肤接触：如发生冻伤，用温水(38 ~42℃)复温，忌用热水或辐射热，不要揉搓。

灭火方法　切断气源。若不能切断气源，则不允许熄灭泄漏处的火焰。消防人员必须穿全身消防服，佩戴空气呼吸器，在上风向灭火。喷水冷却容器，尽可能将容器从火场移至空旷处。

泄漏应急处置　消除所有点火源。根据气体扩散的影响区域划定警戒区，无关人员从侧风、上风向撤离至安全区。建议应急处理人员戴正压自给式呼吸器，穿防静电服。作业时使用的所有设备应接地。禁止接触或跨越泄漏物。尽可能切断泄漏源。若可能翻转容器，使之逸出气体而非液体。喷雾状水抑制蒸气或改变蒸气云流向，避免水流接触泄漏物。禁止用水直接冲击泄漏物或泄漏源。防止气体通过下水道、通风系统和限制性空间扩散。隔离泄漏区直至气体散尽。

942. 乙烯焦油

标　识

中文名称　乙烯焦油

英文名称　Ethylene tar；Carbon black oil(petroleum)

别名　炭黑油

CAS 号　64741 −62 −4

危害信息

燃烧与爆炸危险性　可燃。其蒸气与空气混合能形成爆炸性混合物，遇明火、高热易燃烧或爆炸。高速冲击、流动、激荡后可因产生静电火花放电引起燃烧爆炸。在高温火场中，受热的容器或储罐有破裂和爆炸的危险。

活性反应　与强氧化剂反应。

禁忌物　强氧化剂。

侵入途径 吸入、食入。

理化特性与用途

理化特性 黑色黏稠可燃液体，重质芳烃含量高。不溶于水。密度≥$1.02g/cm^3$（20℃），馏程140～690℃，相对蒸汽密度＞1，闪点＞70℃。

主要用途 用作生产炭黑的原料，也可用作工业锅炉的燃料。

包装与储运

安全储运 储存于阴凉、通风的库房。远离火种、热源。应与氧化剂等隔离储运。搬运时轻装轻卸，防止容器受损。

紧急处置信息

急救措施

吸入：脱离接触。如有不适感，就医。

眼睛接触：分开眼睑，用流动清水或生理盐水冲洗。如有不适感，就医。

皮肤接触：脱去污染的衣着，用肥皂水和清水冲洗。如有不适感，就医。

食入：漱口，尽量饮水，不要催吐。就医。

灭火方法 消防人员须穿全身消防服，佩戴空气呼吸器，在上风向灭火。尽可能将容器从火场移至空旷处。喷水保持火场容器冷却，直至灭火结束。处在火场中的容器若发生异常变化或发出异常声音，须马上撤离。

灭火剂：泡沫、二氧化碳、干粉、砂土。

泄漏应急处置 消除所有点火源。根据液体流动和蒸气扩散的影响区域划定警戒区，无关人员从侧风、上风向撤离至安全区。建议应急处理人员戴正压自给式呼吸器，穿防毒、防静电服，戴橡胶耐油手套。作业时使用的所有设备应接地。禁止接触或跨越泄漏物。尽可能切断泄漏源。防止泄漏物进入水体、下水道、地下室或限制性空间。小量泄漏：用砂土或其他不燃材料吸收。使用洁净的无火花工具收集吸收材料。大量泄漏：构筑围堤或挖坑收容。用砂土、惰性物质或蛭石吸收大量液体。用抗溶性泡沫覆盖，减少蒸发。喷水雾能减少蒸发，但不能降低泄漏物在限制性空间内的易燃性。用防爆泵转移至槽车或专用收集器内。喷雾状水驱散蒸气、稀释液体泄漏物。

943. 乙烯－乙酸乙烯酯共聚物

标　识

中文名称 乙烯－乙酸乙烯酯共聚物

英文名称 Acetic acid ethenyl ester, polymer with ethene; Ethylene-vinyl acetate copolymer

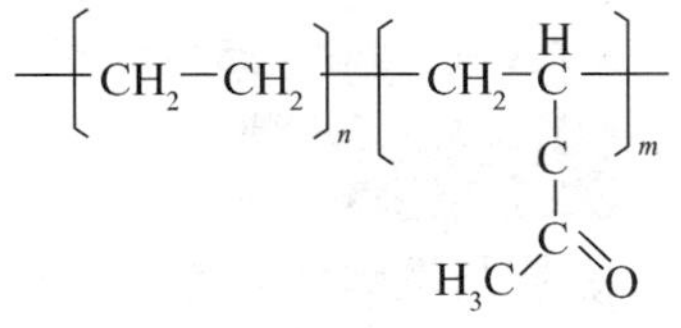

别名 聚乙烯乙酸乙烯酯；EVA

分子式 $(C_4H_6O_2.C_2H_4)x$－

危害信息

燃烧与爆炸危险性 可燃，遇明火高热有引起燃烧的危险，燃烧产生有毒的一氧化碳和氮氧化物气体。

活性反应　与强氧化剂反应。

禁忌物　强氧化剂。

侵入途径　吸入、食入。

理化特性与用途

理化特性　无色或白色半透明颗粒。不溶于水，溶于有机溶剂。相对密度(水=1)0.92~0.94，熔点72~102℃，闪点260℃。

主要用途　在油田化学中用作油品降黏剂、防蜡剂，也可用于制农用膜、收缩包装膜、复合材料，还可用作胶黏剂/涂层和涂料之用。

包装与储运

安全储运　储存于阴凉、通风的库房。远离火种、热源。应与氧化剂等隔离储运。

紧急处置信息

急救措施

吸入：脱离接触。如有不适感，就医。

眼睛接触：分开眼睑，用流动清水或生理盐水冲洗。如有不适感，就医。

皮肤接触：脱去污染的衣着，用肥皂水和清水冲洗。如有不适感，就医。

食入：漱口，饮水。就医。

灭火方法　消防人员须穿全身消防服，在上风向灭火。尽可能将容器从火场移至空旷处。喷水保持火场容器冷却，直至灭火结束。

灭火剂：雾状水、泡沫、二氧化碳、干粉、砂土。

泄漏应急处置　隔离泄漏污染区，限制出入。建议应急处理人员戴防尘口罩，穿防毒防酸碱服，戴橡胶耐酸碱手套。穿上适当的防护服前严禁接触破裂的容器和泄漏物。尽可能切断泄漏源。用塑料布覆盖泄漏物，减少飞散。勿使水进入包装容器内。用洁净的铲子收集泄漏物，置于干净、干燥、盖子较松的容器中，将容器移离泄漏区。

944. 乙　酰　胺

标　　识

中文名称　乙酰胺

英文名称　Acetamide；Ethanamide

别名　醋酰胺

分子式　C_2H_5NO

CAS号　60-35-5

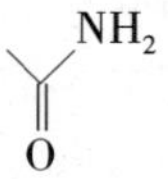

危害信息

燃烧与爆炸危险性　可燃。其粉体与空气混合能形成爆炸性混合物，遇明火高热有引起燃烧爆炸的危险。燃烧产生有毒的一氧化碳和氮氧化物气体。

活性反应　与非氧化性无机酸、硫酸、硝酸、氨、异氰酸酯、苯酚、甲酚接触发生反应。

禁忌物 强氧化剂、强还原剂、强酸、强碱。

毒性 大鼠经口 LD_{50}：7000mg/kg；小鼠经口 LD_{50}：12900mg/kg。

本品对眼睛、皮肤、黏膜和上呼吸道有刺激作用。

IARC 对本品的致癌性分类：G2B——可疑人类致癌物。

侵入途径 吸入、食入。

理化特性与用途

理化特性 无色透明单斜晶体。溶于水，溶于乙醇、三氯甲烷、吡啶和甘油，微溶于乙醚。熔点 81℃，沸点 222℃，相对密度(水 =1)1.159(20℃/4℃)，蒸气压 0.133kPa(65℃)，辛醇/水分配系数 -1.26，燃烧热 -1184.6kJ/mol，闪点 126℃，爆炸极限 3.6% ~20.5%。

主要用途 主要用作有机溶剂，也可用作增塑剂和过氧化物的稳定剂，化妆品生产中作抗酸剂，还用于制备安眠药、杀虫剂等。

包装与储运

安全储运 储存于阴凉、通风的库房。远离火种、热源。应与氧化剂等隔离储运。

紧急处置信息

急救措施

吸入：脱离接触。如有不适感，就医。

眼睛接触：分开眼睑，用流动清水或生理盐水冲洗。如有不适感，就医。

皮肤接触：脱去污染的衣着，用肥皂水和清水冲洗。如有不适感，就医。

食入：漱口，给饮水，不要催吐。就医。

灭火方法 消防人员须穿全身消防服，佩戴防毒面具，在上风向灭火。尽可能将容器从火场移至空旷处。喷水保持火场容器冷却，直至灭火结束。

灭火剂：雾状水、泡沫、二氧化碳、干粉、砂土。

泄漏应急处置 隔离泄漏污染区，限制出入。消除所有点火源。建议应急处理人员戴防尘口罩，穿一般作业工作服。尽可能切断泄漏源。用塑料布覆盖泄漏物，减少飞散。勿使水进入包装容器内。用洁净的铲子收集泄漏物，置于干净、干燥、盖子较松的容器中，将容器移离泄漏区。

945. 乙 酰 溴

标 识

中文名称 乙酰溴

英文名称 Acetyl bromide

分子式 C_2H_3BrO

CAS 号 506-96-7

WGH 号 81111

UN 号 1716

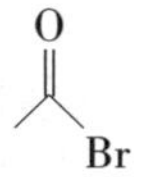

危害信息

危险性类别　第 8 类 腐蚀品

燃烧与爆炸危险性　可燃。其蒸气与空气混合能形成爆炸性混合物，遇明火、高热易燃烧或爆炸。在高温火场中，受热的容器或储罐有破裂和爆炸的危险。受热分解产生有毒的溴化氢和碳酰溴气体。遇潮时对大多数金属有强腐蚀性。

活性反应　与水和乙醇剧烈反应。

禁忌物　强碱、强氧化剂、水、醇类。

毒性　小鼠腹腔内 LD_{50}：250mg/kg。

本品具有刺激性。

中毒表现　对眼睛、皮肤和黏膜有明显的刺激作用。吸入可引起呼吸道的明显危害。中毒表现有烧灼感、咳嗽、喘息、喉炎、气短、头痛、恶心和呕吐。

侵入途径　吸入、食入。

理化特性与用途

理化特性　无色发烟液体，有强烈不愉快的气味。混溶于乙醚、氯仿、苯；溶于丙酮。熔点 -96℃，沸点 76℃，辛醇/水分配系数 -0.38，蒸气压 13kPa(20℃)，相对密度(水=1)1.5，相对蒸气密度(空气=1)4.2，闪点 75℃。

主要用途　用于制造炸药、染料、火柴、有机合成等。

包装与储运

包装标志　腐蚀品，有毒品[铁规]

包装类别　Ⅱ类

安全储运　储存于阴凉、干燥、通风的库房。远离火种、热源。储存温度不超过 32℃，相对湿度不超过 80%。保持容器密封，注意防潮。应与氧化剂、醇、强碱隔离储运。搬运时轻装轻卸，防止容器受损。

紧急处置信息

急救措施

吸入：迅速脱离现场至空气新鲜处。保持呼吸道通畅。如呼吸困难，给输氧。呼吸、心跳停止，立即进行心肺复苏术。就医。

眼睛接触：立即分开眼睑，用大量流动清水或生理盐水彻底冲洗 10～15min。就医。

皮肤接触：立即脱去污染的衣着，用大量流动清水彻底冲洗，冲洗时间一般要求 20～30min。就医。

食入：用水漱口，禁止催吐。给饮牛奶或蛋清。就医。

灭火方法　消防人员须佩戴空气呼吸器，穿全身耐酸碱消防服，在上风向灭火。尽可能将容器从火场移至空旷处。喷水保持火场容器冷却，直至灭火结束。

灭火剂：干粉、二氧化碳、砂土。禁止用水、泡沫和酸碱灭火剂灭火。

泄漏应急处置　根据液体流动和蒸气扩散的影响区域划定警戒区，无关人员从侧风、上风向撤离至安全区。建议应急处理人员戴正压自给式呼吸器，穿防腐、防毒服。作业时使用的所有设备应接地。穿上适当的防护服前严禁接触破裂的容器和泄漏物。尽可能切断泄漏源。防止泄漏物进入水体、下水道、地下室或密闭性空间。严禁用水处理。小量泄漏：用干燥的砂土或其他不燃材料覆盖泄漏物。大量泄漏：构筑围堤或挖坑收容。用沙土或石灰粉吸收大量液体。用耐腐蚀泵转移至槽车或专用收集器内。

946. 异 丙 苯

标 识

中文名称 异丙苯

英文名称 (1-Methylethyl)-benzene；Isopropyl benzene；Cumene

别名 枯烯

分子式 C_9H_{12}

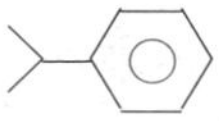

CAS 号 98－82－8

WGH 号 33538；T32038[铁规]

UN 号 1918

危害信息

危险性类别 第3类 易燃液体

燃烧与爆炸危险性 易燃。蒸气与空气能形成爆炸性混合物，遇明火、高热或与氧化剂接触能引起燃烧爆炸。蒸气比空气重，能在较低处扩散到相当远的地方，遇火源会着火回燃和爆炸(闪爆)。

活性反应 与硝酸、浓硫酸、高锰酸钾等氧化剂反应。

禁忌物 强氧化剂、酸类、卤素。

毒性 大鼠经口 LD_{50}：1400mg/kg；小鼠经口 LD_{50}：12750mg/kg；家兔经皮 LD_{50}：12300μL/kg；小鼠吸入 LC_{50}：10000mg/m^3(7h)；人吸入 TCL_o：200ppm。

本品有刺激性和麻醉作用。

中毒表现 急性中毒表现与苯、甲苯相似，但麻醉作用出现较慢而持久。表现有黏膜刺激症状以及头晕、头痛、恶心、呕吐、步态蹒跚等。严重中毒可发生昏迷、抽搐等。本品对造血系统影响不明显。

侵入途径 吸入、食入、经皮吸收。

职业接触限值 美国(ACGIH)：TLV-TWA：50ppm[皮]。

环境危害 对水生生物有毒，可能在水生环境中造成长期不利影响。有害空气污染物。

理化特性与用途

理化特性 无色液体。不溶于水，溶于乙醇、乙醚、苯、丙酮和四氯化碳。熔点－96.0℃，沸点152.4℃，相对密度(水＝1)0.8618，蒸气压2.48kPa(50℃)，临界温度362.7℃，临界压力3.21MPa，折射率1.4915，闪点31℃，爆炸极限0.9%～6.5%，引燃温度424℃，燃烧热4951.8kJ/mol，辛醇/水分配系数3.66。

主要用途 用于生产苯酚和丙酮，也可用作提高燃料油辛烷值的添加剂、合成香料和聚合引发剂的原料等，也用作溶剂。

包装与储运

包装标志 易燃液体

包装类别 Ⅲ类

安全储运　储存于阴凉、通风的库房。远离火种、热源，避免阳光直射。储存温度不超过 37℃。应与氧化剂等隔离储运。禁止使用易产生火花的机械设备和工具。灌装时注意流速，防止静电积聚。搬运时轻装轻卸，防止容器受损。

紧急处置信息

急救措施

吸入：迅速脱离现场至空气新鲜处。保持呼吸道通畅。如呼吸困难，给输氧。呼吸、心跳停止，立即进行心肺复苏术。就医。

眼睛接触：立即分开眼睑，用流动清水或生理盐水彻底冲洗。就医。

皮肤接触：立即脱去污染的衣着，用肥皂水和清水彻底冲洗。就医。

食入：漱口，尽量饮水，不要催吐。就医。

灭火方法　消防人员须佩戴防毒面具、穿全身消防服，在上风向灭火。喷水冷却燃烧罐和临近罐，直至灭火结束。处在火场中的储罐若发生异常变化或发出异常声音，必须马上撤离。

灭火剂：泡沫、二氧化碳、干粉、砂土。

泄漏应急处置　消除所有点火源。根据液体流动和蒸气扩散的影响区域划定警戒区，无关人员从侧风、上风向撤离至安全区。建议应急处理人员戴正压自给式呼吸器，穿防静电服，戴橡胶耐油手套。作业时使用的所有设备应接地。禁止接触或跨越泄漏物。尽可能切断泄漏源。防止泄漏物进入水体、下水道、地下室或限制性空间。小量泄漏：用砂土或其他不燃材料吸收。使用洁净的无火花工具收集吸收材料。大量泄漏：构筑围堤或挖坑收容。用泡沫覆盖，减少蒸发。喷水雾能减少蒸发，但不能降低泄漏物在限制性空间内的易燃性。用防爆泵转移至槽车或专用收集器内。

947. 异　丙　醇

标　　识

中文名称　异丙醇

英文名称　Isopropyl alcohol；2-Propanol；Isopropanol；

别名　2 – 丙醇

分子式　C_3H_8O

CAS 号　67 – 63 – 0

WGH 号　32064；T31164［铁规］

UN 号　1219

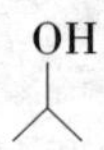

危害信息

危险性类别　第 3 类 易燃液体

燃烧与爆炸危险性　易燃。蒸气与空气能形成爆炸性混合物，遇明火、高热会引起燃烧爆炸。蒸气比空气重，能在较低处扩散到相当远的地方，遇火源会着火回燃和爆炸(闪爆)。在火场中，受热的容器或储罐有爆炸危险。

活性反应　高温、长时间暴露于空气中或接触氧气易生成有机过氧化物，极易引发爆炸。接触 2 – 丁酮会加快有机过氧化物的形成速度。与氧化剂、酸、酸酐、卤素和铝发生剧烈反应。与高氯酸钡反应会形成极易爆炸的化合物。接触三氧化铬和叔丁醇钾会燃烧。铁离子存在时，异丙醇、异丙醇铝和巴豆醛的混合物受热后会发生爆炸。

禁忌物　酸类、强氧化剂、强还原剂、卤素。

毒性　大鼠经口 LD_{50}：5045mg/kg；大鼠吸入 LC_{50}：16000ppm(8h)；家兔经皮 LD_{50}：12800mg/kg；人经口 LDL_o：3570mg/kg；人(男性)经口 TDL_o：14432mg/kg。

本品可经胃肠道、呼吸道和皮肤吸收，大剂量对中枢神经系统和心血管系统有抑制作用。

在用强酸工艺生产异丙醇的工人中，见到上呼吸道癌增多。IARC 已确认该工艺制造异丙醇的工业过程对人体有致癌作用。该工业过程的致癌性可能与硫酸和副产品二烷基硫酸盐有关，并非异丙醇本身所致。

中毒表现　急性中毒：多由口服大量异丙醇所致。口服后，可很快出现胃肠道症状，表现为恶心、呕吐和腹痛，偶有呕血。轻度患者尚可有头晕、头痛、言语不清、步态不稳、意识混浊等，心动过速也较常见。重者昏迷、腱反射消失，并可出现呼吸抑制和低血压。中毒患者瞳孔通常缩小，并常见眼球震颤。少数患者尚可发生急性肾小管坏死性肾功能衰竭、肝功能异常、溶血性贫血、肌红蛋白尿等。吸入高浓度异丙醇蒸气，还可引起眼、鼻和咽喉部刺激症状。

慢性影响：长期皮肤接触可致皮肤干燥、皲裂。

侵入途径　吸入、食入、经皮吸收。

职业接触限值　中国：PC-TWA：350mg/m^3；PC-STEL：700mg/m^3。

美国(ACGIH)：TLV-TWA：200ppm；TLV-STEL：400ppm。

理化特性与用途

理化特性　无色透明液体，有似乙醇的气味。混溶于水、乙醇、乙醚、氯仿等。熔点 -88.5℃，沸点 82.5，相对密度(水=1)0.79，相对蒸气密度(空气=1)2.1，临界压力 4.76MPa，临界温度 235℃，蒸气压 4.40kPa(20℃)，燃烧热 -1995.5kJ/mol，辛醇/水分配系数 0.05，闪点 11℃(闭杯)，爆炸极限 2.0%～12.7%，引燃温度 456℃。

主要用途　重要的化工产品和原料，用于制取丙酮及其衍生物、甘油、二异丙醚、醋酸异丙酯、麝香粉等；用作油漆的溶剂，也是制造羧甲基纤维素或羟乙基纤维素的主要溶剂。

包装与储运

包装标志　易燃液体，有毒品[铁规]

包装类别　Ⅱ类

安全储运　储存于阴凉、通风的库房。远离火种、热源，避免阳光直射。储存温度不超过 37℃。保持容器密封。应与氧化剂等隔离储运。禁止使用易产生火花的机械设备和工具。灌装时注意流速，防止静电积聚。炎热季节早晚运输。搬运时轻装轻卸，防止容器受损。

紧急处置信息

急救措施

吸入：迅速脱离现场至空气新鲜处。保持呼吸道通畅。如呼吸困难，给输氧。呼吸、心跳停止，立即进行心肺复苏术。就医。

眼睛接触：立即分开眼睑，用流动清水或生理盐水彻底冲洗。就医。

皮肤接触：立即脱去污染的衣着，用肥皂水和清水彻底冲洗。就医。

食入：漱口，不要催吐。就医

经口摄入大量异丙醇者应在 30min 内洗胃，因快速被吸收，2h 后洗胃无益。可做血液透析。酒精增加本品毒性。

灭火方法　消防人员必须穿全身防火防毒服，佩戴空气呼吸器，在上风向灭火。尽可能将容器从火场移至空旷处。喷水保持火场容器冷却，直至灭火结束。处在火场中的容器若发生异常变化或发出异常声音，必须马上撤离。

灭火剂：抗溶性泡沫、二氧化碳、干粉、砂土。

泄漏应急处置　消除所有点火源。根据液体流动和蒸气扩散的影响区域划定警戒区，无关人员从侧风、上风向撤离至安全区。建议应急处理人员戴正压自给式呼吸器，穿防静电服。作业时使用的所有设备应接地。禁止接触或跨越泄漏物。尽可能切断泄漏源。防止泄漏物进入水体、下水道、地下室或限制性空间。小量泄漏：用砂土或其他不燃材料吸收。使用洁净的无火花工具收集吸收材料。大量泄漏：构筑围堤或挖坑收容。用抗溶性泡沫覆盖，减少蒸发。喷水雾能减少蒸发，但不能降低泄漏物在限制性空间内的易燃性。用防爆泵转移至槽车或专用收集器内。喷雾状水驱散蒸气、稀释液体泄漏物。

948. N－异丙基－N′－苯基－对苯二胺

标　识

中文名称　N－异丙基－N′－苯基－对苯二胺

英文名称　N-Isopropyl-N′-phenyl-p-phenylenediamine；N-(1-Methylethyl)-N′-phenyl-1，4-benzenediamine；Antioxidant 4010 NA

别名　防老剂4010NA；防老剂IPPD

分子式　$C_{15}H_{18}N_2$

CAS号　101－72－4

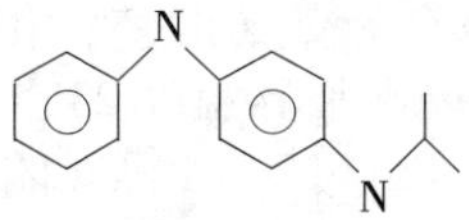

危害信息

燃烧与爆炸危险性　可燃。其粉体与空气混合能形成爆炸性混合物，遇明火高热有引起燃烧爆炸的危险。燃烧产生有毒的氮氧化物气体。

禁忌物　强氧化剂。

毒性　大鼠经口 LD_{50}：720mg/kg；小鼠经口 LD_{50}：1122mg/kg。

对眼和皮肤有刺激性。本品可引起变应性接触性皮炎。

侵入途径　吸入、食入。

环境危害　对水生生物有极高毒性，可能在水生环境中造成长期不利影响。

理化特性与用途

理化特性　紫灰色片状晶体。溶于油类、苯、乙酸乙酯、四氯化碳、二氯甲烷、氯仿、二硫化碳、丙酮、乙醇，难溶于汽油，不溶于水。熔点74～80℃，沸点366℃，相对密度(水＝1)1.14，临界压力2.56MPa，临界温度549℃，闪点230℃，引燃温度＞500℃，辛醇/水分配系数3.28。

主要用途　是天然橡胶、合成橡胶及胶乳的通用型优良防老剂。

包装与储运

安全储运　储存于阴凉、通风的库房。远离火种、热源。应与氧化剂等隔离储运。

紧急处置信息

急救措施

吸入： 脱离接触。如有不适感，就医。

眼睛接触： 分开眼睑，用流动清水或生理盐水冲洗。如有不适感，就医。

皮肤接触： 脱去污染的衣着，用肥皂水和清水冲洗。如有不适感，就医。

食入： 漱口，饮水。就医。

灭火方法 消防人员须穿全身消防服，戴空气呼吸器，在上风向灭火。尽可能将容器从火场移至空旷处。喷水保持火场容器冷却，直至灭火结束。

灭火剂：雾状水、泡沫、二氧化碳、干粉、砂土。

泄漏应急处置 隔离泄漏污染区，限制出入。建议应急处理人员戴防尘口罩，穿防毒防酸碱服，戴橡胶耐酸碱手套。穿上适当的防护服前严禁接触破裂的容器和泄漏物。尽可能切断泄漏源。用塑料布覆盖泄漏物，减少飞散。勿使水进入包装容器内。用洁净的铲子收集泄漏物，置于干净、干燥、盖子较松的容器中，将容器移离泄漏区。

949. 异 丁 醇

标 识

中文名称 异丁醇

英文名称 Isobutyl alcohol；2-Methyl-1-propanol；Isobutanol

别名 2－甲基－1－丙醇

分子式 $C_4H_{10}O$

CAS 号 78－83－1

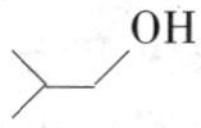

WGH 号 33552；T32052［铁规］

UN 号 1212

危害信息

危险性类别 第 3 类 易燃液体

燃烧与爆炸危险性 易燃。蒸气与空气能形成爆炸性混合物，遇明火、高热会引起燃烧爆炸。蒸气比空气重，能在较低处扩散到相当远的地方，遇火源会着火回燃和爆炸（闪爆）。在火场中，受热的容器或储罐有爆炸的危险。

活性反应 与氧化剂反应生成醛或酮。与强氧化剂剧烈反应，放出大量热量。与碱金属、氮化物、强还原剂反应，生成易燃或有毒气体。与无机含氧酸和有机酸反应生成酯。能引发异氰酸酯、环氧化物的聚合反应。

禁忌物 强酸、强氧化剂、酰基氯、酸酐等。

毒性 大鼠经口 LD_{50}：2460mg/kg；大鼠吸入 LC_{50}：8000ppm（4h）；家兔经皮 LD_{50}：3400mg/kg。

职业接触的主要途径是经呼吸道吸入和皮肤吸收。具有刺激和麻醉作用。

中毒表现 较高浓度蒸气对眼睛、皮肤、黏膜和上呼吸道有刺激作用。眼角膜表层形成空泡，还可引起食欲减退和体重减轻。涂于皮肤，引起局部轻度充血及红斑。经口摄入有轻度毒性，出现中枢神经抑制和胃肠道症状。

侵入途径　吸入、食入、经皮吸收。

职业接触限值　美国(ACGIH)：TLV-TWA：50ppm。

理化特性与用途

理化特性　无色透明液体，微有戊醇味。溶于水，易溶于乙醇、乙醚。熔点 -108℃，沸点 107.9℃，相对密度(水 =1)0.81(15℃)，相对蒸气密度(空气 =1)2.55，临界压力 4.86MPa，燃烧热 -2667.7kJ/mol，临界温度 274.6℃，临界压力 4.3MPa，蒸气压 1.17kPa (20℃)，闪点 28℃(闭杯)，爆炸极限 1.7% ~10.9%，引燃温度 415℃。

主要用途　用作溶剂，用于合成香料和制药等。

包装与储运

包装标志　易燃液体

包装类别　Ⅲ类

安全储运　储存于阴凉、通风的库房。远离火种、热源。储存温度不超过 37℃。保持容器密封。应与氧化剂、碱金属、强还原剂等隔离储运。禁止使用易产生火花的机械设备和工具。灌装时注意流速，防止静电积聚。搬运时轻装轻卸，防止容器受损。

紧急处置信息

急救措施

吸入：迅速脱离现场至空气新鲜处。保持呼吸道通畅。如呼吸困难，给输氧。呼吸、心跳停止，立即进行心肺复苏术。就医。

眼睛接触：立即分开眼睑，用流动清水或生理盐水彻底冲洗。就医。

皮肤接触：立即脱去污染的衣着，用肥皂水和清水彻底冲洗。就医。

食入：尽量饮水，给服活性炭悬液，忌药物催吐。就医。

灭火方法　消防人员必须穿全身防火防毒服，佩戴空气呼吸器，在上风向灭火。尽可能将容器从火场移至空旷处。喷水保持火场容器冷却，直至灭火结束。处在火场中的容器若发生异常变化或发出异常声音，必须马上撤离。

灭火剂：雾状水、抗溶性泡沫、二氧化碳、干粉、砂土。

泄漏应急处置　消除所有点火源。根据液体流动和蒸气扩散的影响区域划定警戒区，无关人员从侧风、上风向撤离至安全区。建议应急处理人员戴正压自给式呼吸器，穿防静电服，戴防护手套。作业时使用的所有设备应接地。禁止接触或跨越泄漏物。尽可能切断泄漏源。防止泄漏物进入水体、下水道、地下室或限制性空间。小量泄漏：用砂土或其他不燃材料吸收。使用洁净的无火花工具收集吸收材料。大量泄漏：构筑围堤或挖坑收容。用抗溶性泡沫覆盖，减少蒸发。喷水雾能减少蒸发，但不能降低泄漏物在限制性空间内的易燃性。用防爆泵转移至槽车或专用收集器内。喷雾状水驱散蒸气、稀释液体泄漏物。

950. 异　丁　醛

标　识

中文名称　异丁醛

英文名称　Isobutyl aldehyde；2-Methyl propanal；Isobutanal

别名　2 - 甲基丙醛

分子式　C_4H_8O

CAS 号　78 - 84 - 2

WGH 号　31023

UN 号　2045

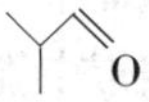

危害信息

危险性类别　第 3 类 易燃液体

燃烧与爆炸危险性　极易燃。蒸气与空气能形成爆炸性混合物，遇明火、高热能引起燃烧爆炸。蒸气比空气重，能在较低处扩散到相当远的地方，遇火源会着火回燃和爆炸(闪爆)。

活性反应　长期暴露于空气中，受光照、过渡金属离子催化作用及自催化反应易发生缓慢氧化反应，生成爆炸性的过氧化物。与还原剂、氧化剂、强碱、无机酸发生剧烈反应。酸催化下，易发生自身缩合或聚合反应，放出热量。与重氮化合物、氮化物或强还原剂反应，释放出易燃或有毒气体。

禁忌物　强氧化剂、强碱、强还原剂等。

毒性　大鼠经口 LD_{50}：960mg/kg；小鼠吸入 LC_{50}：39500mg/m^3(2h)；家兔经皮 LD_{50}：7130μL/kg。

低浓度对眼、鼻和呼吸道有轻微刺激；高浓度吸入引起肺炎、肺水肿，并出现麻醉作用。有致敏性。

侵入途径　吸入、食入、经皮吸收。

理化特性与用途

理化特性　无色透明的易挥发液体，有较强的刺激性气味。微溶于水，溶于乙醇、乙醚、苯、氯仿等。熔点 -65℃，沸点 64℃，相对密度(水 =1)0.79(20℃)，相对蒸气密度(空气 =1)2.48，蒸气压 15.3kPa(20℃)，燃烧热 -2494.6kJ/mol，临界压力 4.1MPa，辛醇/水分配系数 0.74 ~ 1.2，闪点 -10.6℃(开杯)、-40℃(闭杯)，爆炸极限 1.6% ~ 10.6%，引燃温度 196℃。

主要用途　用于制造橡胶硫化促进剂和防老剂、异丁酸等。

包装与储运

包装标志　易燃液体

包装类别　Ⅱ类

安全储运　储存于阴凉、通风的库房。远离火种、热源。储存温度不超过 29℃。包装要求密封，不可与空气接触。应与氧化剂等隔离储运。不宜大量储存或久存。禁止使用易产生火花的机械设备和工具。灌装时注意流速，要有接地装置，防止静电积聚。搬运时轻装轻卸，防止容器受损。

紧急处置信息

急救措施

吸入：迅速脱离现场至空气新鲜处。保持呼吸道通畅。如呼吸困难，给输氧。呼吸、

心跳停止，立即进行心肺复苏术。就医。

眼睛接触： 立即分开眼睑，用流动清水或生理盐水彻底冲洗。就医。

皮肤接触： 立即脱去污染的衣着，用肥皂水和清水彻底冲洗。就医。

食入： 漱口，大量饮水，不要催吐。就医。

灭火方法　消防人员必须穿全身防火防毒服，佩戴空气呼吸器，在上风向灭火。喷水冷却容器，尽可能将容器从火场移至空旷处。处在火场中的容器若发生异常变化或发出异常声音，必须马上撤离。遇到大火，消防人员须在有防爆掩蔽处操作。

灭火剂：抗溶性泡沫、干粉、二氧化碳、砂土。

泄漏应急处置　消除所有点火源。根据液体流动和蒸气扩散的影响区域划定警戒区，无关人员从侧风、上风向撤离至安全区。建议应急处理人员戴正压自给式呼吸器，穿防静电服，戴橡胶手套。作业时使用的所有设备应接地。禁止接触或跨越泄漏物。尽可能切断泄漏源。防止泄漏物进入水体、下水道、地下室或限制性空间。小量泄漏：用砂土或其他不燃材料吸收。使用洁净的无火花工具收集吸收材料。大量泄漏：构筑围堤或挖坑收容。用抗溶性泡沫覆盖，减少蒸发。喷水雾能减少蒸发，但不能降低泄漏物在限制性空间内的易燃性。用防爆泵转移至槽车或专用收集器内。

951. 异丁酸辛酯

标　识

中文名称　异丁酸辛酯

英文名称　Octyl isobutyrate；Octyl 2-methylpropanoate

别名　2－甲基丙酸辛酯

分子式　$C_{12}H_{24}O_2$

CAS 号　109－15－9

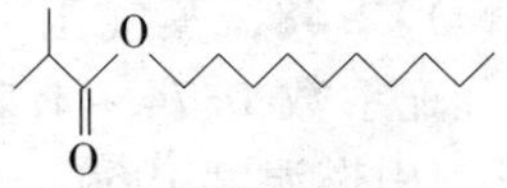

危害信息

燃烧与爆炸危险性　可燃。其蒸气与空气混合能形成爆炸性混合物，燃烧产生有毒气体。在高温火场中，受热的容器有破裂和爆炸的危险，受热分解放出有毒气体。

活性反应　与氧化剂反应。

禁忌物　氧化剂。强酸、强碱。

毒性　大鼠经口 LD_{50}：＞5000mg/kg。

侵入途径　吸入、食入。

理化特性与用途

理化特性　无色至淡黄色液体，具有凉爽草本香气。不溶于水，溶于乙醇、二丙二醇等。沸点 236℃～238℃，相对密度（水＝1）0.853～0.858（25℃），相对蒸气密度（空气＝1）6.8，辛醇/水分配系数 4.78，闪点 105℃（Tag 闭杯）。

主要用途　为允许使用的食用香料，也用于化妆品。

包装与储运

安全储运　储存于阴凉、通风的库房。远离火种、热源。保持容器密封。应与强氧化剂等隔离储运。搬运时轻装轻卸，防止容器受损。

紧急处置信息

急救措施

吸入：迅速脱离现场至空气新鲜处。保持呼吸道通畅。如呼吸困难，给输氧。呼吸、心跳停止，立即进行心肺复苏术。就医。

眼睛接触：分开眼睑，用流动清水或生理盐水冲洗。如有不适感，就医。

皮肤接触：立即脱去污染的衣着，用肥皂水和清水彻底冲洗皮肤。如有不适感，就医。

食入：饮足量温水，催吐。就医。

灭火方法　消防人员必须佩戴空气呼吸器，穿全身防火防毒服，在上风向灭火。尽可能将容器从火场移至空旷处。喷水保持火场容器冷却，直至灭火结束。处在火场中的容器若发生异常变化或发出异常声音，须马上撤离。

灭火剂：　雾状水、泡沫、干粉、二氧化碳、砂土。

泄漏应急处置　消除所有点火源。根据液体流动和蒸气扩散的影响区域划定警戒区，无关人员从侧风、上风向撤离至安全区。建议应急处理人员戴正压自给式呼吸器，穿防静电服。戴橡胶手套。禁止接触或跨越泄漏物。尽可能切断泄漏源。防止泄漏物进入水体、下水道、地下室或受限空间。小量泄漏：用砂土或其他不燃材料吸收。大量泄漏：构筑围堤或挖坑收容。用防爆泵转移至槽车或专用收集器内。

952. 异　丁　烯

标　　识

中文名称　异丁烯

英文名称　2-Methyl propene；Isobutylene；Isobutene；γ-Butylene

别名　2－甲基丙烯

分子式　C_4H_8

CAS 号　115－11－7

WGH 号　21020

UN 号　1055

危害信息

危险性类别　第 2.1 类 易燃气体

燃烧与爆炸危险性　极易燃。与空气混合能形成爆炸性混合物，遇热源或明火有燃烧爆炸危险。受热可能发生剧烈的聚合反应，容器内压力增大，容器或储罐有爆炸的危险。比空气重，能在较低处扩散到相当远的地方，遇火源会着火回燃和爆炸(闪爆)。

活性反应　催化剂(酸等)或引发剂(有机过氧化物等)存在时，易发生聚合，放出大量热量。与过氧酸接触会发生爆炸性反应。与四氢硼钠、氢化铝锂等强还原剂发生放热反应，释放出易燃易爆的氢气。能与卤代烃、卤素、浓硫酸、次氯酸、三氯化铝、一氧化碳、氢气反应。

禁忌物　强氧化剂、强酸、强还原剂、过氧酸、卤代烃、卤素等。

毒性　大鼠吸入 LC_{50}：620000mg/m^3(4h)；小鼠吸入 LC_{50}：415000mg/m^3(2h)。

本品主要作用是窒息、弱麻醉和弱刺激。

中毒表现　急性中毒：出现黏膜刺激症状、嗜睡、血压稍升高，有时脉速。高浓度中毒可引起昏迷。接触液态本品可引起冻伤

慢性影响：长期接触以丁烯为主的混合性气体的工人，有头痛、头晕、嗜睡或失眠、易兴奋、易疲倦、全身乏力、记忆力减退等症状，有时有黏膜刺激症状。

侵入途径　吸入。

理化特性与用途

理化特性　无色气体。不溶于水，溶于乙醇、氯仿等有机溶剂。熔点 -140.3℃，沸点 -6.9℃，相对密度(水=1)0.59(25℃)，相对蒸气密度(空气=1)1.94，临界压力3.99MPa，临界温度144.9℃，蒸气压257kPa(20℃)，闪点 -76.1℃(闭杯)，爆炸极限1.8%~9.6%，引燃温度465℃。

主要用途　是生产异戊橡胶、丁基橡胶、聚异丁烯橡胶、合成异戊二烯的主要单体；用于合成贵重润滑油；还用于生产催化剂、防老剂及农药等。

包装与储运

包装标志　易燃气体

安全储运　储存于阴凉、通风的库房。远离火种、热源。储存温度不超过30℃。应与氧化剂、可燃物、有机物等隔离储运。禁止使用易产生火花的机械设备和工具。搬运时钢瓶须戴安全帽和防震橡皮圈，防止钢瓶碰撞。

紧急处置信息

急救措施

吸入：迅速脱离现场至空气新鲜处。保持呼吸道通畅。如呼吸困难，给输氧。呼吸、心跳停止，立即进行心肺复苏术。就医。

皮肤接触：如发生冻伤，用温水(38~42℃)复温，忌用热水或辐射热，不要揉搓。

灭火方法　切断气源。若不能切断气源，则不允许熄灭泄漏处的火焰。消防人员必须穿全身消防服，佩戴空气呼吸器，在上风向灭火。喷水冷却容器，尽可能将容器从火场移至空旷处。

泄漏应急处置　消除所有点火源。根据气体扩散的影响区域划定警戒区，无关人员从侧风、上风向撤离至安全区。建议应急处理人员戴正压自给式呼吸器，穿防静电服。液化气体泄漏时穿防静电、防寒服。作业时使用的所有设备应接地。禁止接触或跨越泄漏物。尽可能切断泄漏源。若可能翻转容器，使之逸出气体而非液体。喷雾状水抑制蒸气或改变蒸气云流向，避免水流接触泄漏物。禁止用水直接冲击泄漏物或泄漏源。防止气体通过下水道、通风系统和限制性空间扩散。隔离泄漏区直至气体散尽。

953. 异氰酸甲酯

标　识

中文名称　异氰酸甲酯

英文名称　Methyl isocyanate；Isocyanatomethane

别名　甲基异氰酸酯

分子式　C_2H_3NO

CAS 号　624－83－9

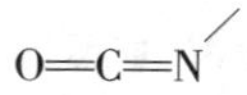

WGH 号　32164；T31264[铁规]

UN 号　2480

危害信息

危险性类别　第 3 类 易燃液体

燃烧与爆炸危险性　易燃。蒸气与空气能形成爆炸性混合物，遇明火、高热能引起燃烧或爆炸。在火场中，受热的容器或储罐有爆炸危险。

活性反应　与水反应，反应热能导致异氰酸甲酯的气化、挥发以及自身分解反应，放出二氧化碳、甲胺等小分子气体。常温(20℃)下与水反应的速度较慢，随温度升高或有酸、碱、痕量氯化亚铁等金属盐存在时，反应速度会迅速增加。遇强氧化剂能发生剧烈反应而引起燃烧。接触铁、锡、铜、三乙基膦等催化剂时，会引发异氰酸甲酯的聚合反应，放出热量。

禁忌物　强氧化剂、水、醇类、酸类、强碱。

毒性　大鼠经口 LD_{50}：51.5mg/kg；家兔经皮 LD_{50}：220μl/kg；大鼠吸入 LC_{50}：14.3mg/m^3(6h)；人吸入 TCL_o：4.7mg/m^3。

异氰酸甲酯对皮肤黏膜具有很强腐蚀性，液体溅入眼内可致角膜坏死、失明；皮肤沾染本品可很快出现充血、水肿、坏死。对肺的刺激性为氯气的 7 倍。本品可经呼吸道、胃肠道及完整皮肤吸收。

本品属剧毒化学品，已列入《剧毒化学品目录》(2002 年版)。

中毒表现　吸入后主要症状为呼吸困难、哮喘，多数表现为化学性呼吸道炎、肺炎，严重者为急性肺水肿、肺出血、呼吸窘迫综合征、纵隔气肿。可致眼灼伤，重者导致失明。皮肤直接接触后，可致化学性灼伤

1984 年 12 月 3 日凌晨，印度博帕尔市农药厂异氰酸甲酯贮罐进水，发生剧烈放热反应使罐内压力骤增，导致安全阀破裂，本品大量外溢，约 40t 本品排放至周围环境，接触者达 32 万人，约 17 万人急性吸入中毒，2500 余人死亡，数万人发生急性结膜炎及角膜损伤。据事故发生 10 年后的追踪调查，中毒存活者不少人遗有慢性支气管炎、肺纤维化，不育症、流产、死产发生率较高，外周血淋巴细胞畸变率也较高。

侵入途径　吸入、食入、经皮吸收。

职业接触限值　中国：PC-TWA：0.05mg/m^3[皮]；PC-STEL：0.08mg/m^3[皮]。

美国(ACGIH)：TLV-TWA：0.02 ppm [皮]。

环境危害　有害空气污染物。

理化特性与用途

理化特性　无色液体，有强烈的不愉快气味。有催泪性。溶于水而分解。熔点 -80℃，沸点 39℃，相对密度（水 =1）0.96（20℃/20℃），相对蒸气密度（空气 =1）2.0，蒸气压 46.39kPa（20℃），燃烧热 -1128kJ/mol，临界温度 232℃，临界压力 5.19MPa，闪点 -7℃（闭杯），爆炸极限 5.3% ~26%，引燃温度 534℃。

主要用途　作为有机合成原料，用作农药西维因的中间体，也用于合成聚异氰酸酯、聚氨酯、聚脲树脂等聚合物。

包装与储运

包装标志　易燃液体，有毒品

包装类别　Ⅰ类

安全储运　储存于阴凉、干燥、通风良好的专用库房。远离火种、热源。储存温度不超过 32℃，相对湿度不超过 80%。包装要求密封，不可与空气接触。应与氧化剂、胺类、醇类、碱类、食用化学品等隔离储运。搬运时轻装轻卸，防止容器受损。定期检查是否有泄漏现象。雨天不宜运输。

紧急处置信息

急救措施

吸入：迅速脱离现场至空气新鲜处。保持呼吸道通畅。如呼吸困难，给输氧。呼吸、心跳停止，立即进行心肺复苏术。就医。

眼睛接触：立即分开眼睑，用大量流动清水或生理盐水彻底冲洗 10 ~15min。就医。

皮肤接触：立即脱去污染的衣着，用大量流动清水彻底冲洗，冲洗时间一般要求 20 ~30min。就医。

食入：漱口，尽量饮水，不要催吐。就医。

灭火方法　尽可能将容器从火场移至空旷处。喷水保持火场容器冷却，直至灭火结束。处在火场中的容器若发生异常变化或发出异常声音，必须马上撤离。消防人员须佩戴空气呼吸器，穿全身消防服，在上风向灭火。

灭火剂：干粉、二氧化碳、砂土。禁止用水、泡沫和酸碱灭火剂灭火。

泄漏应急处置　消除所有点火源。根据液体流动和蒸气扩散的影响区域划定警戒区，无关人员从侧风、上风向撤离至安全区。建议应急处理人员戴正压自给式呼吸器，穿防毒、防静电服，戴橡胶耐油手套。作业时使用的所有设备应接地。穿上适当的防护服前严禁接触破裂的容器和泄漏物。尽可能切断泄漏源。防止泄漏物进入水体、下水道、地下室或限制性空间。严禁用水处理。小量泄漏：用干燥的砂土或其他不燃材料覆盖泄漏物。大量泄漏：构筑围堤或挖坑收容。用防爆泵转移至槽车或专用收集器内。

954. 异噻唑啉酮

标　识

中文名称　异噻唑啉酮

英文名称　Isothiazolinones（5-Chloro-2-methyl-4-isothiazolin-3-one 和 2-Methyl-4-Isothiazolin-3-one)

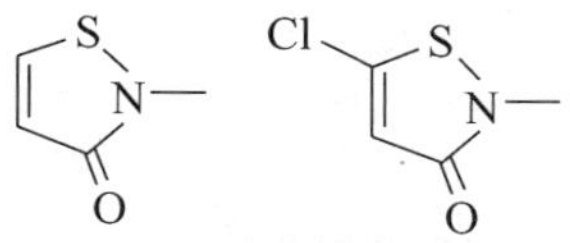

别名　卡松；凯松；克菌强

分子式　C_4H_4ClNOS/ C_4H_5NOS

CAS 号　26172－55－4，2682－20－4

危害信息

危险性类别　第 8 类 腐蚀品

燃烧与爆炸危险性　可燃，遇明火、高热引起燃烧，燃烧产生有毒的一氧化碳、氮氧化物和硫氧化物等气体。在高温火场中，受热的容器或储罐有破裂和爆炸的危险。

活性反应　与强氧化剂、强碱反应。

禁忌物　强氧化剂、强碱。

毒性　对眼和皮肤有刺激性。

侵入途径　吸入、食入。

环境危害　对水生生物有极高毒性；可能是海洋污染物或严重海洋污染物。

理化特性与用途

理化特性　本品主要由 5－氯－2－甲基－4－异噻唑啉－3－酮(CMI)和 2－甲基－4－异噻唑啉－3－酮(MI)组成。微黄色透明液体 。溶于水和低碳醇、乙二醇及极性有机溶剂。pH 值 5.0，密度≥1.02g/cm^3(20℃)。

主要用途　是一种广谱、高效、低毒、非氧化性杀生剂。广泛运用于油田、造纸、农药、切削油、皮革、油墨、染料、制革等行业。

包装与储运

包装标志　腐蚀品

包装类别　Ⅲ类

安全储运　储存于阴凉、通风的库房。远离火种、热源。保持容器密封。应与强氧化剂、强酸隔离储运。避免使用铝铜及其合金制容器。搬运时轻装轻卸，防止容器受损。

紧急处置信息

急救措施

吸入：脱离接触。如有不适感，就医。

眼睛接触：分开眼睑，用流动清水或生理盐水冲洗。如有不适感，就医。

皮肤接触：脱去污染的衣着，用肥皂水和清水冲洗。如有不适感，就医。

食入：漱口，饮水。就医。

灭火方法　消防人员须佩戴空气呼吸器，穿全身消防服在上风向灭火。尽可能将容器从火场移至空旷处。喷水保持火场容器冷却，直至灭火结束。

灭火剂：雾状水、泡沫、干粉、二氧化碳、砂土。

泄漏应急处置　消除所有点火源。根据液体流动和蒸气扩散的影响区域划定警戒区，无关人员从侧风、上风向撤离至安全区。建议应急处理人员戴正压自给式呼吸器，穿防静电、防腐蚀服，戴橡胶手套。尽可能切断泄漏源。防止泄漏物进入水体、下水道、地下室或限制性空间。小量泄漏：用干燥的砂土或其他不燃材料吸收或覆盖，收集于容器中。大量泄漏：构筑围堤或挖坑收容。

955. 异　戊　醇

标　识

中文名称　异戊醇

英文名称　Isopentyl alcohol ；Isoamyl alcohol；3-Methylbutan-1-ol

别名　3－甲基－1－丁醇

分子式　$C_5H_{12}O$

CAS 号　123－51－3

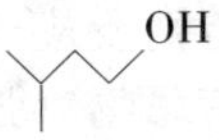

WGH 号　33553；T32053［铁规］

UN 号　1105

危害信息

危险性类别　第 3 类 易燃液体

燃烧与爆炸危险性　易燃。其蒸气与空气混合能形成爆炸性混合物，遇明火、高热易燃烧或爆炸。燃烧产生有毒的一氧化碳气体。在高温火场中，受热的容器或储罐有破裂和爆炸的危险。

活性反应　与氧化剂发生反应。

禁忌物　强氧化剂、强酸、酸酐。

毒性　大鼠经口 LD_{50}：1300mg/kg；家兔经皮 LD_{50}：3970μL/kg。

吸入、口服或经皮肤吸收有麻醉作用。其蒸气或雾对眼睛、皮肤、黏膜和呼吸道有刺激作用，可引起神经系统功能紊乱，长时间接触有麻醉作用。

侵入途径　吸入、食入、经皮吸收。

职业接触限值　美国(ACGIH)：TLV-TWA：100 ppm；TLV-STEL ：125 ppm。

理化特性与用途

理化特性　无色液体，有不愉快的气味。微溶于水，可混溶于乙醇、乙醚、苯、氯仿、石油醚，易溶于丙酮，溶于多数有机溶剂。熔点－117.2℃，沸点 132.5℃，相对密度(水＝1)0.81(15℃)，相对蒸气密度(空气＝1)3.04，蒸气压 0.27kPa(20℃)，燃烧热－3323kJ/mol，临界温度 304℃，临界压力 3.92MPa，辛醇/水分配系数 1.16，闪点 43℃(闭杯)，引燃温度 347℃，爆炸极限 1.2%～9.0%。

主要用途　用作照相化学药品、香精、分析试剂，以及用于有机合成、制药等。

包装与储运

包装标志　易燃液体

包装类别　Ⅲ类

安全储运　储存于阴凉、通风的库房。远离火种、热源，避免阳光直射。储存温度不超过 37℃。炎热季节早晚运输。应与氧化剂等隔离储运。禁止使用易产生火花的机械设备和工具。搬运时轻装轻卸，防止容器受损。

紧急处置信息

急救措施

吸入：迅速脱离现场至空气新鲜处。保持呼吸道通畅。如呼吸困难，给输氧。呼吸、

心跳停止，立即进行心肺复苏术。就医。

眼睛接触：立即分开眼睑，用流动清水或生理盐水彻底冲洗。就医。

皮肤接触：立即脱去污染的衣着，用肥皂水和清水彻底冲洗。就医。

食入：尽量饮水，给服活性炭悬液，忌药物催吐。就医。

灭火方法 消防人员须穿全身消防服，佩戴空气呼吸器，在上风向灭火。尽可能将容器从火场移至空旷处。喷水保持火场容器冷却，直至灭火结束。处在火场中的容器若发生异常变化或发出异常声音，须马上撤离。

灭火剂：泡沫、二氧化碳、干粉、砂土。

泄漏应急处置 消除所有点火源。根据液体流动和蒸气扩散的影响区域划定警戒区，无关人员从侧风、上风向撤离至安全区。建议应急处理人员戴正压自给式呼吸器，穿防静电服，戴防护手套。作业时使用的所有设备应接地。禁止接触或跨越泄漏物。尽可能切断泄漏源。防止泄漏物进入水体、下水道、地下室或限制性空间。小量泄漏：用砂土或其他不燃材料吸收。使用洁净的无火花工具收集吸收材料。大量泄漏：构筑围堤或挖坑收容。用泡沫覆盖，减少蒸发。喷水雾能减少蒸发，但不能降低泄漏物在限制性空间内的易燃性。用防爆泵转移至槽车或专用收集器内。

956. 异戊二烯

标　识

中文名称 异戊二烯

英文名称 2-Methyl-1，3-butadiene；Isoprene

别名 2－甲基－1，3－丁二烯

分子式 C_5H_8

CAS 号 78－79－5

WGH 号 31012

UN 号 1218

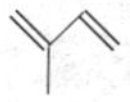

危害信息

危险性类别 第 3 类 易燃液体

燃烧与爆炸危险性 极易燃。蒸气与空气能形成爆炸性混合物，遇明火、高热易燃烧爆炸。若遇高热，可发生聚合反应，放出大量热量而引起容器或储罐破裂和爆炸事故。蒸气比空气重，能在较低处扩散到相当远的地方，遇火源会着火回燃和爆炸(闪爆)。

活性反应 若遇高热可发生聚合反应，放出大量热量而引起容器破裂和爆炸事故。长时间接触空气会生成爆炸性和引发聚合的有机过氧化物。与强氧化剂剧烈反应。催化剂(酸等)或引发剂(有机过氧化物等)存在的条件下易聚合，放出大量的热量。与四氢硼钠、氢化铝锂等强还原剂发生放热反应，释放出易燃易爆的氢气。与 70% 的硝酸、发烟硝酸、90% 的硫酸或氯磺酸等摩尔混合发生反应会导致受限空间的温度、压力急剧升高。催化剂存在下，可与氢气发生加成反应，放出热量。

禁忌物 强氧化剂、酸类、卤代烃、卤素等。

毒性 大鼠吸入 LC_{50}：180000mg/m^3(4h)；小鼠吸入 LC_{50}：130000mg/m^3(2h)；人吸入 TCL_o：160mg/m^3(1min)。

本品有麻醉和刺激作用。可经完整皮肤吸收。

IARC 对本品的致癌性分类：G2B——可疑人类致癌物。

欧盟指令 67/548/EEC 将本品列为第 2 类致癌物——可能为人类致癌物。

中毒表现　高浓度大量吸入，可迅速出现头痛、头昏、耳鸣、无力、恶心、眼痛、流泪、喷嚏、喉痛、咳嗽、胸闷、呼吸困难。不久出现中枢神经系统麻醉前的兴奋症状，如烦躁不安、大声哭闹、肌肉抽搐、震颤等；严重者昏迷。一般在数小时后逐步清醒。通常无后遗症。本品可引起皮肤充血与水肿，其后可有轻度剥脱。可经完整皮肤吸收。

侵入途径　吸入、食入、经皮吸收。

环境危害　对水生生物有害，可能在水生环境中造成长期不利影响。

理化特性与用途

理化特性　无色易挥发液体。不溶于水，溶于乙醇、乙醚、苯等多数有机溶剂。熔点 -146℃，沸点 34.0℃，相对密度(水 = 1)0.68，相对蒸气密度(空气 = 1)2.35，蒸气压 62.1kPa(20℃)，燃烧热 -2986.4kJ/mol，临界压力 3.79MPa，临界温度 211.1℃，闪点 -54℃(闭杯)，辛醇/水分配系数 2.42，爆炸极限 1.5% ~10.0%，引燃温度 220℃。

主要用途　用于制顺式聚异戊二烯橡胶和丁苯橡胶，还用作医药、农药、香料等的原料。

包装与储运

包装标志　易燃液体

包装类别　Ⅰ类

安全储运　通常商品加有阻聚剂。储存于低温通风的库房。远离火种、热源。储存温度不超过 29℃。包装要求密封，不可与空气接触。应与氧化剂、酸类等隔离储运。定期核实阻聚剂与聚合物的含量，以防聚合。禁止使用易产生火花的机械设备和工具。灌装时注意流速，要有接地装置，防止静电积聚。搬运时轻装轻卸，防止容器受损。

紧急处置信息

急救措施

吸入：迅速脱离现场至空气新鲜处。保持呼吸道通畅。如呼吸困难，给输氧。呼吸、心跳停止，立即进行心肺复苏术。就医。

眼睛接触：立即分开眼睑，用流动清水或生理盐水彻底冲洗。就医。

皮肤接触：立即脱去污染的衣着，用肥皂水和清水彻底冲洗。就医。

食入：漱口，尽量饮水，不要催吐。就医。

忌用肾上腺素类药。

灭火方法　消防人员必须穿全身消防服，佩戴空气呼吸器，在上风向灭火。尽可能将容器从火场移至空旷处。喷水保持火场容器冷却，直至灭火结束。处在火场中的容器若发生异常变化或发出异常声音，必须马上撤离。

灭火剂：泡沫、二氧化碳、干粉、砂土。

泄漏应急处置　消除所有点火源。根据液体流动和蒸气扩散的影响区域划定警戒区，无关人员从侧风、上风向撤离至安全区。建议应急处理人员戴正压自给式呼吸器，穿防毒、防静电服，戴橡胶耐油手套。作业时使用的所有设备应接地。禁止接触或跨越泄漏物。尽可能切断泄漏源。防止泄漏物进入水体、下水道、地下室或限制性空间。小量泄漏：用砂土或其他不燃材料吸收。使用洁净的无火花工具收集吸收材料。大量泄漏：构筑围堤或挖坑收容。用砂土、惰性物质或蛭石吸收大量液体。用泡沫覆盖，减少蒸发。喷水雾能减少蒸发，但不能降低泄漏物在限制性空间内的易燃性。用防爆泵转移至槽车或专用收集器内。

957. 异 戊 烷

标 识

中文名称 异戊烷

英文名称 Isopentane；2-Methyl butane

别名 2－甲基丁烷

分子式 C_5H_{12}

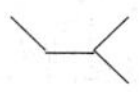

CAS 号 78－78－4

WGH 号 31002

UN 号 1265

危害信息

危险性类别 第3类 易燃液体

燃烧与爆炸危险性 极易燃。其蒸气与空气可形成爆炸性混合物，遇明火、高热能引起燃烧爆炸。在火场中，受热的容器或储罐有爆炸危险。其蒸气比空气重，能在较低处扩散到相当远的地方，遇火源会着火回燃和爆炸(闪爆)。

活性反应 与硝酸、次氯酸钠、浓硫酸、氧气、臭氧、高锰酸钾、氯酸钾、二氧化氮、卤素(氟气、液氯、溴、碘)、氯磺酸等氧化剂发生反应，甚至导致燃烧爆炸。

禁忌物 强氧化剂、卤素、强酸、强碱等。

毒性 小鼠吸入 LCL_o：419g/m³(2h)。

具有麻醉和刺激作用。

中毒表现 急性中毒：高浓度可引起眼与呼吸道黏膜轻度刺激症状和麻醉状态，甚至意识丧失。

慢性影响：长期接触对眼和呼吸道有轻度刺激。可引起轻度皮炎。

侵入途径 吸入、食入。

职业接触限值 中国：PC-TWA：500mg/m³；PC-STEL：1000mg/m³。

美国(ACGIH)：TLV-TWA：600ppm。

环境危害 对水生生物有毒，可能在水生环境中造成长期不利影响。

理化特性与用途

理化特性 无色透明的易挥发液体，有令人愉快的芳香气味。不溶于水，可混溶于乙醇、乙醚等多数有机溶剂。熔点－159.9℃，沸点27.8℃，相对密度(水＝1)0.62，相对蒸气密度(空气＝1)2.48，临界压力3.33MPa，临界温度187.8℃，蒸气压79.31kPa(21.1℃)，燃烧热－3504.1kJ/mol，辛醇/水分配系数2.3，闪点＜－51℃(闭杯)，爆炸极限1.4%～7.6%，引燃温度420℃。

主要用途 可用来提高汽油挥发性和辛烷值，用于生产异戊烯、异戊二烯、异戊醇等，也可用作溶剂和有机合成原料。

包装与储运

包装标志 易燃液体

包装类别 Ⅰ类

安全储运 储存于阴凉、通风的库房，避免阳光直射，储存温度不超过29℃。远离火种、热源，炎热气候采取通风降温措施。应与氧化剂等隔离储运。搬运时轻装轻卸，防止容器受损。夏令高温季节早晚运输。禁止使用易产生火花的机械设备和工具。灌装时注意流速，且有接地装置，防止静电积聚。

紧急处置信息

急救措施

吸入：迅速脱离现场至空气新鲜处。保持呼吸道通畅。如呼吸困难，给输氧。呼吸、心跳停止，立即进行心肺复苏术。就医。

眼睛接触：立即分开眼睑，用流动清水或生理盐水彻底冲洗。就医。

皮肤接触：立即脱去污染的衣着，用肥皂水和清水彻底冲洗。就医。

食入：漱口，尽量饮水，不要催吐。就医。

忌用肾上腺素类药。

灭火方法　消防人员必须穿全身消防服，佩戴空气呼吸器，在上风向灭火。喷水冷却容器，尽可能将容器从火场移至空旷处。若处在火场中的容器发生异常变化或发出异常声音，必须马上撤离。

用泡沫、二氧化碳、干粉、砂土灭火。用水灭火无效。

泄漏应急处置　消除所有点火源。根据液体流动和蒸气扩散的影响区域划定警戒区，无关人员从侧风、上风向撤离至安全区。建议应急处理人员戴正压自给式呼吸器，穿防静电服，戴橡胶耐油手套。作业时使用的所有设备应接地。禁止接触或跨越泄漏物。尽可能切断泄漏源。防止泄漏物进入水体、下水道、地下室或限制性空间。小量泄漏：用砂土或其他不燃材料吸收。使用洁净的无火花工具收集吸收材料。大量泄漏：构筑围堤或挖坑收容。用泡沫覆盖，减少蒸发。喷水雾能减少蒸发，但不能降低泄漏物在限制性空间内的易燃性。用防爆泵转移至槽车或专用收集器内。

958. 异　辛　醇

标　　识

中文名称　异辛醇

英文名称　Isooctanol；Isooctyl alcohol

分子式　$C_8H_{18}O$

CAS 号　26952-21-6

危害信息

燃烧与爆炸危险性　可燃。其蒸气与空气能形成爆炸性混合物，遇明火、高热能引起燃烧或爆炸。燃烧产生有毒的一氧化碳气体。在高温火场中，受热的容器或储罐有破裂和爆炸的危险。

活性反应　与氧化剂发生反应。

禁忌物　强氧化剂、强酸。

毒性　大鼠经口 LD_{50}:1480mg/kg;小鼠经口 LD_{50}:1670mg/kg;家兔经皮 LD_{50}:2520mg/kg。

可产生局部刺激作用和麻醉作用。

侵入途径　吸入、食入、经皮吸收。

职业接触限值　美国(ACGIH)：TLV-TWA：50 ppm［皮］。

理化特性与用途

理化特性　无色透明液体。微溶于水，溶于乙醇、乙醚。熔点 -106℃，沸点 188℃，相对密度(水=1)0.8176(25℃)，相对蒸气密度(空气=1)4.5，蒸气压 0.26kPa(50℃)，燃烧热 -5275kJ/mol，辛醇/水分配系数 2.73，闪点 82℃(开杯)，引燃温度 277℃，爆炸极限

0.9% ~5.7%。

主要用途 主要用于生产邻苯二甲酸二异辛酯，作为聚氯乙烯的增塑剂。

包装与储运

安全储运 储存于阴凉、通风的库房。远离火种、热源。应与氧化剂、强酸等隔离储运，避免使用铝制装置。搬运时轻装轻卸，防止容器受损。

紧急处置信息

急救措施

吸入：迅速脱离现场至空气新鲜处。保持呼吸道通畅。如呼吸困难，给输氧。呼吸、心跳停止，立即进行心肺复苏术。就医。

眼睛接触：立即分开眼睑，用流动清水或生理盐水彻底冲洗。就医。

皮肤接触：立即脱去污染的衣着，用肥皂水和清水彻底冲洗。就医。

食入：尽量饮水，给服活性炭悬液，忌药物催吐。就医。

灭火方法 消防人员须穿全身消防服，佩戴空气呼吸器，在上风向灭火。尽可能将容器从火场移至空旷处。喷水保持火场容器冷却，直至灭火结束。处在火场中的容器若发生异常变化或发出异常声音，须马上撤离。

灭火剂：雾状水、泡沫、二氧化碳、干粉、砂土。

泄漏应急处置 根据液体流动和蒸气扩散的影响区域划定警戒区，无关人员从侧风、上风向撤离至安全区。消除所有点火源。建议应急处理人员戴防毒面具，穿防毒服，戴橡胶手套。尽可能切断泄漏源。防止泄漏物进入水体、下水道、地下室或密闭性空间。小量泄漏：用砂土、蛭石或其他惰性材料吸收。大量泄漏：构筑围堤或挖坑收容。用沙土或石灰粉吸收大量液体。用泵转移至槽车或专用收集器内。

959. 异辛基苯酚

标 识

中文名称 异辛基苯酚

英文名称 Isooctylphenol

分子式 $C_{14}H_{22}O$

CAS 号 11081-15-5

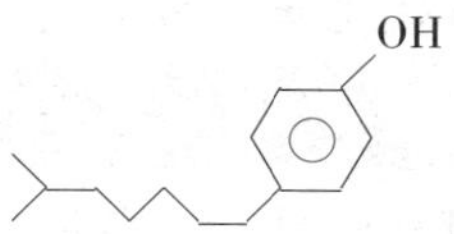

危害信息

燃烧与爆炸危险性 可燃，其蒸气与空气混合，能形成爆炸性混合物。燃烧产生有毒的一氧化碳气体。在高温火场中，受热的容器有破裂和爆炸的危险。

禁忌物 强氧化剂。

侵入途径 吸入、食入。

理化特性与用途

理化特性 液体。不溶于水。熔点 -10℃，沸点 158℃(1.6kPa)，相对密度(水=1)0.966(20℃)，饱和蒸气压 0.24Pa(20℃)，辛醇/水分配系数 5.437，闪点 152℃。

主要用途 用于化学合成，用于涂料、油漆、印刷工业，用作中间体、抗氧剂和硫化剂等。

包装与储运

安全储运　储存于阴凉、通风的库房。远离火种、热源。保持容器密封。应与强氧化剂等隔离储运。搬运时轻装轻卸，防止容器受损。

紧急处置信息

急救措施

吸入：迅速脱离现场至空气新鲜处。保持呼吸道通畅。如呼吸困难，给输氧。呼吸、心跳停止，立即进行心肺复苏术。就医。

眼睛接触：分开眼睑，用流动清水或生理盐水冲洗。如有不适感，就医。

皮肤接触：立即脱去污染的衣着，用肥皂水和清水彻底冲洗皮肤。如有不适感，就医。

食入：饮足量温水，催吐。就医。

灭火方法　消防人员必须佩戴空气呼吸器，穿全身防火防毒服，在上风向灭火。尽可能将容器从火场移至空旷处。喷水保持火场容器冷却，直至灭火结束。处在火场中的容器若发生异常变化或发出异常声音，须马上撤离。

灭火剂：水、雾状水、泡沫、干粉、二氧化碳。

泄漏应急处置　消除所有点火源。根据液体流动和蒸气扩散的影响区域划定警戒区，无关人员从侧风、上风向撤离至安全区。建议应急处理人员戴正压自给式呼吸器，穿防静电服。禁止接触或跨越泄漏物。尽可能切断泄漏源。防止泄漏物进入水体、下水道、地下室或受限空间。小量泄漏：用砂土或其他不燃材料吸收。大量泄漏：构筑围堤或挖坑收容。用泵转移至槽车或专用收集器内。

危害信息

燃烧与爆炸危险性　可燃。其粉体与空气混合能形成爆炸性混合物，燃烧产生有毒一氧化碳气体。

活性反应　与强氧化剂发生反应。

禁忌物　强氧化剂、酸类。

中毒表现　蒸气可灼伤眼睛，引起流泪；吸入可引起出血性肺炎。对中枢神经有抑制作用。

侵入途径　吸入、食入。

环境危害　对水生生物有毒，可能在水生环境中造成长期不利影响。

理化特性与用途

理化特性　白色固体。不溶于水。熔点76℃～79℃，沸点272.7℃，密度0.91g/cm^3(80℃)，相对蒸气密度(空气=1)6.4，饱和蒸气压0.05Pa(25℃)，辛醇/水分配系数4.58，闪点138℃，引燃温度380℃。

主要用途　用于制造十二碳二酸、环十二酮等。

包装与储运

包装标志　杂类

包装类别　Ⅲ类

安全储运　储存于阴凉、通风的库房。远离火种、热源。保持容器密封。应与强氧化剂、酸类等隔离储运。搬运时轻装轻卸，防止容器或包装受损。

紧急处置信息

急救措施

吸入：迅速脱离现场至空气新鲜处。保持呼吸道通畅。如呼吸困难，给输氧。呼吸、

心跳停止，立即进行心肺复苏术。就医。

眼睛接触：分开眼睑，用流动清水或生理盐水冲洗。如有不适感，就医。

皮肤接触：脱去污染的衣着，用肥皂水和清水彻底冲洗皮肤。如有不适感，就医。

食入：饮水，口服活性碳。就医。

灭火方法 消防人员必须佩戴空气呼吸器，穿全身防火防毒服，在上风向灭火。尽可能将容器从火场移至空旷处。喷水保持火场容器冷却，直至灭火结束。

灭火剂：水、雾状水、泡沫、干粉、二氧化碳。

泄漏应急处置 隔离泄漏污染区，限制出入。消除所有点火源。建议应急处理人员戴防尘口罩，穿防毒服，戴橡胶手套。禁止接触或跨越泄漏物。用洁净的铲子收集泄漏物，置于干净、干燥、盖子较松的容器中，将容器移离泄漏区。防止泄漏物进入水体、下水道、地下室或受限空间。

960. 硬 脂 酸

标 识

中文名称 硬脂酸

英文名称 Octadecanoic acid ; Stearic acid

别名 十八(烷)酸

分子式 $C_{18}H_{36}O_2$

CAS 号 57－11－4

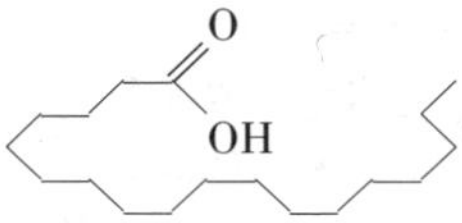

危害信息

燃烧与爆炸危险性 可燃。其粉体与空气混合能形成爆炸性混合物，遇明火高热有引起燃烧爆炸的危险。燃烧产生有毒的一氧化碳气体。

禁忌物 氧化剂、还原剂、碱类。

毒性 大鼠经口 LDL_0：4640mg/kg；家兔经皮 LD_{50}：＞5g/kg。

工业上广泛使用未见有危害。有个别资料报道，对眼睛、皮肤、黏膜和上呼吸道有刺激作用。

侵入途径 吸入、食入、经皮吸收。

理化特性与用途

理化特性 无色蜡状固体或白色单斜片状结晶。不溶于水，微溶于乙醇，溶于丙酮、氯仿、二硫化碳、四氯化碳，易溶于乙醚。熔点 69～72℃，沸点 376℃，相对密度(水＝1) 0.83～0.94，相对蒸气密度(空气＝1)9.8，蒸气压 133Pa(174℃)，燃烧热－11326kJ/mol，辛醇/水分配系数 8.23，闪点 196℃，引燃温度 395℃。

主要用途 用于制造肥皂、化妆品、医药品和其他有机化学品。

包装与储运

安全储运 储存于阴凉、通风的库房。远离火种、热源。应与氧化剂、碱金属等隔离储运。

紧急处置信息

急救措施

吸入：脱离接触。如有不适感，就医。

眼睛接触：分开眼睑，用流动清水或生理盐水冲洗。如有不适感，就医。

皮肤接触：脱去污染的衣着，用肥皂水和清水冲洗。如有不适感，就医。

食入： 漱口，饮水。就医。

灭火方法　消防人员须佩戴空气呼吸器，穿全身耐酸碱消防服，在上风向灭火。尽可能将容器从火场移至空旷处。喷水保持火场容器冷却，直至灭火结束。

灭火剂：雾状水、泡沫、干粉、二氧化碳、砂土。

泄漏应急处置　隔离泄漏污染区，限制出入。消除所有点火源。建议应急处理人员戴防尘口罩，穿一般作业工作服。尽可能切断泄漏源。用塑料布覆盖泄漏物，减少飞散。勿使水进入包装容器内。用洁净的铲子收集泄漏物，置于干净、干燥、盖子较松的容器中，将容器移离泄漏区。

961. 硬脂酸钙

标　识

中文名称　硬脂酸钙

英文名称　Calcium stearate ; Stearic acid, calcium salt

别名　十八酸钙

分子式　$C_{36}H_{70}O_4.Ca$

CAS 号　1592－23－0

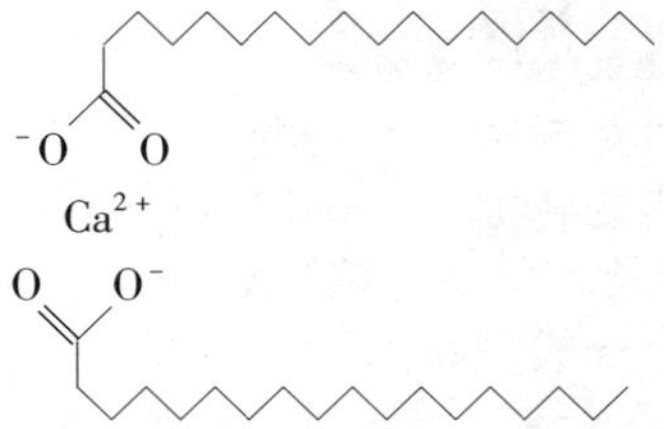

危害信息

燃烧与爆炸危险性　可燃，其粉体与空气混合能形成爆炸性混合物，燃烧产生有毒的一氧化碳和氧化钙。

禁忌物　强氧化剂。

毒性　大鼠经口 LD_{50}：＞10g/kg；哺乳动物吸入 LC：＞1241mg/m^3(4h)。

大鼠长期吸入本品，可见到支气管周围组织纤维化或支气管扩张等。

长期吸入本品粉尘，可能会引起肺部纤维化的尘肺改变。

侵入途径　吸入、食入。

理化特性与用途

理化特性　白色至淡黄色粉末。不溶于水、乙醇、乙醚，微溶于热的植物油、矿物油，溶于热的吡啶。熔点 179℃，相对密度(水＝1)1.12，辛醇/水分配系数 14.34，引燃温度 398.89℃，爆炸下限 0.025g/L。

主要用途　用作聚氯乙烯塑料的无毒稳定剂、润滑剂、脱模剂及纺织品防水剂。

包装与储运

安全储运　储存于阴凉、通风的库房。远离火种、热源。应与氧化剂等隔离储运。

紧急处置信息

急救措施

吸入： 脱离接触。如有不适感，就医。

眼睛接触： 分开眼睑，用流动清水或生理盐水冲洗。如有不适感，就医。

皮肤接触： 脱去污染的衣着，用肥皂水和清水冲洗。如有不适感，就医。

食入： 漱口，饮水。就医。

灭火方法　消防人员须穿全身防火防毒服，佩戴空气呼吸器，在上风向灭火。尽可能将容器从火场移至空旷处。喷水保持火场容器冷却，直至灭火结束。

灭火剂：雾状水、泡沫、二氧化碳、干粉、砂土。

泄漏应急处置 隔离泄漏污染区，限制出入。建议应急处理人员戴防尘口罩，穿一般作业工作服。尽可能切断泄漏源。用塑料布覆盖泄漏物，减少飞散。勿使水进入包装容器内。用洁净的铲子收集泄漏物，置于干净、干燥、盖子较松的容器中，将容器移离泄漏区。

962. 硬脂酸铝

标 识

中文名称 硬脂酸铝

英文名称 Aluminium tristearate; Aluminium stearate

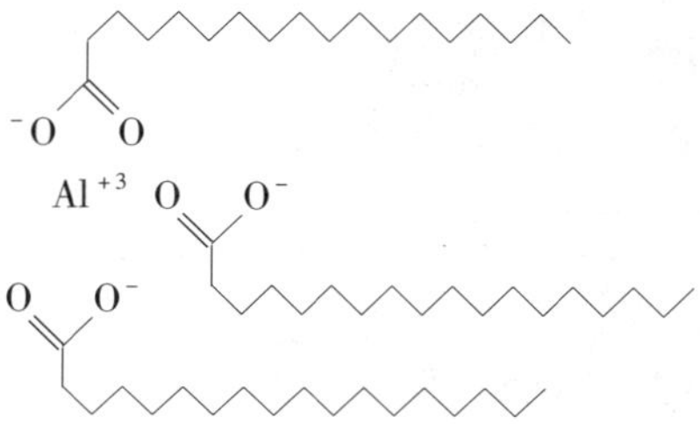

别名 十八酸铝

分子式 $C_{54}H_{105}AlO_6$

CAS 号 637－12－7

危害信息

燃烧与爆炸危险性 可燃，其粉体与空气混合能形成爆炸性混合物，遇明火高热有引起燃烧爆炸的危险。

侵入途径 吸入、食入。

理化特性与用途

理化特性 白色至黄色粉末。不溶于水、乙醇、乙醚，溶于碱液、苯、松节油和矿油。相对密度 1.070，熔点 100～120℃，辛醇/水分配系数 22.69。

主要用途 用作聚氯乙烯塑料的热稳定剂和润滑剂，油漆工业的防沉剂、催干剂，织物的防水剂，润滑油的增厚剂，油田用润滑解卡剂等。

包装与储运

安全储运 储存于阴凉、通风的库房。远离火种、热源。应与氧化剂隔离储运。

紧急处置信息

急救措施

吸入：脱离接触。如有不适感，就医。

眼睛接触：分开眼睑，用流动清水或生理盐水冲洗。如有不适感，就医。

皮肤接触：脱去污染的衣着，用肥皂水和清水冲洗。如有不适感，就医。

食入：漱口，饮水。就医。

灭火方法 消防人员须穿全身消防服，佩戴空气呼吸器，在上风向灭火。尽可能将容器从火场移至空旷处。喷水保持火场容器冷却，直至灭火结束。

灭火剂：雾状水、泡沫、二氧化碳、干粉、砂土。

泄漏应急处置 隔离泄漏污染区，限制出入。建议应急处理人员戴防尘口罩，穿防毒服。穿上适当的防护服前严禁接触破裂的容器和泄漏物。尽可能切断泄漏源。用塑料布覆盖泄漏物，减少飞散。勿使水进入包装容器内。用洁净的铲子收集泄漏物，置于干净、干燥、盖子较松的容器中，将容器移离泄漏区。

963. 硬脂酸铅

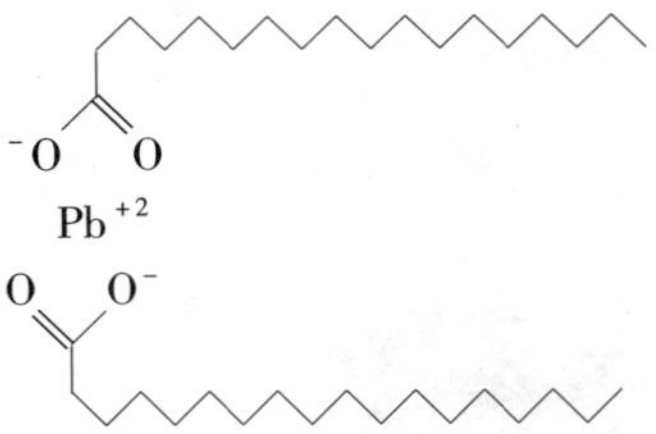

标 识

中文名称 硬脂酸铅

英文名称 Lead distearate；Lead stearate

别名 十八酸铅

分子式 $C_{36}H_{70}O_4Pb$

CAS 号 1072－35－1

危害信息

燃烧与爆炸危险性 可燃，其粉体与空气混合能形成爆炸性混合物，遇明火高热有引起燃烧爆炸的危险，燃烧产生有毒气体。

毒性 大鼠经口 LD_{50}：＞2000mg/kg。

铅及其化合物损害造血、神经、消化系统及肾脏。

侵入途径 吸入、食入。

环境危害 对水生生物有极高毒性，可能在水生环境中造成长期不利影响。

理化特性与用途

理化特性 白色细微粉末。微溶于水，不溶于乙醇，溶于乙醚。密度 1. 323g/cm^3，溶点 105～112℃，辛醇/水分配系数 15. 64。

主要用途 作聚氯乙烯的稳定剂、润滑剂，润滑脂的增厚剂，油漆的平光剂，假漆及油漆的催干液，油田用作润滑解卡剂及钻井液的消泡剂等。

包装与储运

安全储运 储存于阴凉、通风的库房。远离火种、热源。应与氧化剂、食用化学品隔离储运。

紧急处置信息

急救措施

吸入：迅速脱离现场至空气新鲜处。保持呼吸道通畅。如呼吸困难，给输氧。呼吸、心跳停止，立即进行心肺复苏术。就医。

眼睛接触：立即分开眼睑，用流动清水或生理盐水彻底冲洗。就医。

皮肤接触：立即脱去污染的衣着，用肥皂水和清水彻底冲洗。就医。

食入：漱口，催吐。就医。

驱铅治疗。

灭火方法 消防人员须穿全身消防服，佩戴空气呼吸器，在上风向灭火。尽可能将容器从火场移至空旷处。喷水保持火场容器冷却，直至灭火结束。

灭火剂：雾状水、泡沫、二氧化碳、干粉、砂土。

泄漏应急处置 隔离泄漏污染区，限制出入。建议应急处理人员戴防尘口罩，穿防毒服。穿上适当的防护服前严禁接触破裂的容器和泄漏物。尽可能切断泄漏源。用塑料布覆盖泄漏物，减少飞散。勿使水进入包装容器内。用洁净的铲子收集泄漏物，置于干净、干燥、盖子较松的容器中，将容器移离泄漏区。

964. 2,6－油

标　识

中文名称　2，6－油

英文名称　Chlorodinitrobenzene（mixed isomers）；Chlorodinitrobenzenes

别名　混合二硝基氯苯

分子式　$C_6H_3ClN_2O_4$

CAS 号　25567－67－3

UN 号　3441

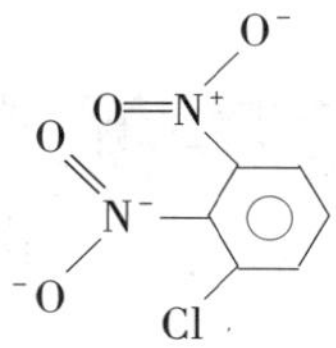

危害信息

危险性类别　第6类 有毒品

燃烧与爆炸危险性　易燃，其粉体与空气混合能形成爆炸性混合物，遇明火高热有引起燃烧爆炸的危险，燃烧产生有毒一氧化碳和氮氧化物气体。

毒性　大鼠经口 LD_{50}：300mg/kg。

对皮肤有致敏性。

中毒表现　二硝基氯苯为皮肤致敏物，60%～80%的接触者发生皮炎，微量接触也能致病。表现为发痒、灼痛的丘疹、水疱，重者发生剥脱性皮炎。可引起其他过敏反应，如支气管哮喘等。本品全身性毒性微弱，偶见引起紫绀和全身中毒症状。有可能引起肝损害。可经皮吸收。

侵入途径　吸入、食入、经皮吸收。

职业接触限值　中国：PC-TWA(mg/m^3)：0.6[皮]。

环境危害　对水生生物有极高毒性，可能在水生环境中造成长期不利影响。

理化特性与用途

理化特性　2.4－二硝氯化苯和2.6－二硝基氯化苯的混合物。无色至白色结晶，有苦杏仁味。辛醇/水分配系数2.27。

主要用途　用于生产硫化染料。

包装与储运

包装标志　有毒品

包装类别　Ⅱ类

安全储运　储存于阴凉、通风的库房。远离火种、热源。储存温度不超过35℃，相对湿度不超过80%。保持容器密封。应与氧化剂、还原剂、胺、氨隔离储运。搬运时轻装轻卸，防止容器受损。

紧急处置信息

急救措施

吸入：立即脱离接触。如呼吸困难，给吸氧。如呼吸心跳停止，立即行心肺复苏术。就医。

眼睛接触：分开眼睑，用清水或生理盐水冲洗。如有不适感，就医。

皮肤接触：立即脱去污染衣着，用肥皂水或清水彻底冲洗。就医。

食入：催吐。就医

高铁血红蛋白血症，可用美蓝、硫代硫酸钠和维生素 C 治疗。

灭火方法　消防人员须穿全身防火防毒服，佩戴空气呼吸器在上风向灭火。尽可能将容器从火场移至空旷处。喷水保持火场容器冷却，直至灭火结束。

灭火剂：干粉、雾状水、泡沫、二氧化碳。

泄漏应急处置　隔离泄漏污染区，限制出入。建议应急处理人员戴防尘口罩，穿防毒防酸碱服，戴橡胶耐酸碱手套。穿上适当的防护服前严禁接触破裂的容器和泄漏物。尽可能切断泄漏源。用塑料布覆盖泄漏物，减少飞散。勿使水进入包装容器内。用洁净的铲子收集泄漏物，置于干净、干燥、盖子较松的容器中，将容器移离泄漏区。

965. 油墨原料油

标　识

中文名称　油墨原料油

英文名称　Raw Oil for printing ink

危害信息

燃烧与爆炸危险性　可燃。其蒸气与空气混合能形成爆炸性混合物，遇明火、高热易燃烧或爆炸。在高温火场中，受热的容器或储罐有破裂和爆炸的危险。

活性反应　与强氧化剂反应。

禁忌物　强氧化剂。

侵入途径　吸入、食入。

理化特性与用途

理化特性　浅色透明液体。不溶于水。闪点≥80℃（闭杯），凝点≤22℃，馏程：350℃馏出量≥75%。

主要用途　适用于作油墨原料。

包装与储运

安全储运　储存于阴凉、通风的库房。远离火种、热源。应与氧化剂等隔离储运。搬运时轻装轻卸，防止容器受损。

紧急处置信息

急救措施

吸入：脱离接触。如有不适感，就医。

眼睛接触：分开眼睑，用流动清水或生理盐水冲洗。如有不适感，就医。

皮肤接触：脱去污染的衣着，用肥皂水和清水冲洗。如有不适感，就医。

食入：漱口，尽量饮水，不要催吐。就医。

灭火方法　消防人员须穿全身消防服，佩戴空气呼吸器，在上风向灭火。尽可能将容器从火场移至空旷处。喷水保持火场容器冷却，直至灭火结束。处在火场中的容器若发生异常变化或发出异常声音，须马上撤离。

灭火剂：抗溶性泡沫、二氧化碳、干粉、砂土。

泄漏应急处置　消除所有点火源。隔离泄漏污染区，限制出入。建议应急处理人员戴防尘口罩，穿防毒服，戴橡胶手套。作业时使用的所有设备应接地。穿上适当的防护服前严禁接触破裂的容器和泄漏物。防止泄漏物进入水体、下水道、地下室或限制性空间。小量泄漏：用砂土或其他不燃材料吸收，用无火花工具收集于适当的容器中。大量泄漏：筑堤或挖坑收容。

966. 油漆工业用溶剂油

标　　识

中文名称　油漆工业用溶剂油
英文名称　Mineral solvents for paint industry；Solvent oil for paint
别名　油漆溶剂油；200 号溶剂油
UN 号　1268

危害信息

危险性类别　第 3 类 易燃液体
燃烧与爆炸危险性　易燃。蒸气与空气能形成爆炸性混合物，遇明火、高热能引起燃烧爆炸。高速冲击、流动、激荡后可因产生静电火花放电引起燃烧爆炸。蒸气比空气重，能在较低处扩散到相当远的地方，遇火源会着火回燃和爆炸(闪爆)。
活性反应　与硝酸、浓硫酸、高锰酸钾、重铬酸盐等强氧化剂发生剧烈反应，甚至导致燃烧爆炸。
禁忌物　强氧化剂。
毒性　高浓度吸入产生麻醉作用。
侵入途径　吸入、食入、经皮吸收。

理化特性与用途

理化特性　无色透明易挥发液体。主要组分为 $C_5 \sim C_{12}$，不含烯烃。馏程 140 ~ 200℃，密度 0. 75 ~ 0. 816g/cm^3，闪点≥33℃(闭杯)。
主要用途　主要用作涂料工业的溶剂或稀释剂，也可作粗洗溶剂。

包装与储运

包装标志　易燃液体
包装类别　Ⅲ类
安全储运　盛装时，切不可充满，要留出必要的安全空间。储存于阴凉、通风处，储存温度不超过 37℃。远离火种、热源，避免阳光直射。炎热季节应采取通风降温措施。应与氧化剂等隔离储运。罐储时要有防火防爆技术措施，且有接地装置，防止静电积聚。搬运时轻装轻卸，防止容器受损。

紧急处置信息

急救措施
吸入：迅速脱离现场至空气新鲜处。保持呼吸道通畅。如呼吸困难，给输氧。呼吸、心跳停止，立即进行心肺复苏术。就医。
眼睛接触：立即分开眼睑，用流动清水或生理盐水彻底冲洗。就医。
皮肤接触：立即脱去污染的衣着，用肥皂水和清水彻底冲洗。就医。
食入：给饮水，禁止催吐。就医。

忌饮牛奶、油脂和酒精。

灭火方法　消防人员必须穿全身消防服，佩戴空气呼吸器，在上风向灭火。喷水冷却燃烧罐和临近罐，直至灭火结束。处在火场中的储罐若发生异常变化或发出异常声音，必须马上撤离。

灭火剂：泡沫、干粉、二氧化碳。

泄漏应急处置　消除所有点火源。根据液体流动和蒸气扩散的影响区域划定警戒区，无关人员从侧风、上风向撤离至安全区。建议应急处理人员戴正压自给式呼吸器，穿防静电服，戴橡胶耐油手套。作业时使用的所有设备应接地。禁止接触或跨越泄漏物。尽可能切断泄漏源。防止泄漏物进入水体、下水道、地下室或限制性空间。小量泄漏：用砂土或其他不燃材料吸收。使用洁净的无火花工具收集吸收材料。大量泄漏：构筑围堤或挖坑收容。用砂土、惰性物质或蛭石吸收大量液体。用泡沫覆盖，减少蒸发。喷水雾能减少蒸发，但不能降低泄漏物在限制性空间内的易燃性。用防爆泵转移至槽车或专用收集器内。

967. 油　酸

标　识

中文名称　油酸

英文名称　Oleic acid；9-Octadecenoic acid，(Z) -

别名　顺式 + 八(碳) - 9 - 烯酸；十八烯酸

分子式　$C_{18}H_{34}O_2$

CAS 号　112 - 80 - 1

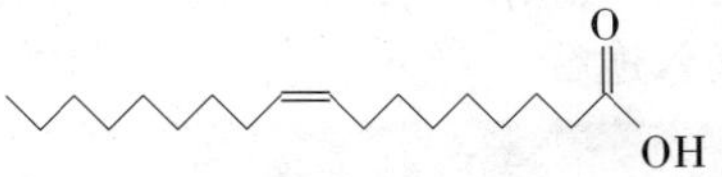

危害信息

燃烧与爆炸危险性　可燃，其蒸气与空气混合能形成爆炸性混合物，燃烧产生有毒的一氧化碳气体。在高温火场中，受热的容器或储罐有破裂和爆炸的危险。

活性反应　与氧化剂反应。

禁忌物　强氧化剂。

毒性　大鼠经口 LD_{50}：25000mg/kg；小鼠经口 LD_{50}：28000mg/kg。

对呼吸道有刺激性，大量口服可引起胃肠不适。对眼和皮肤有刺激性。

侵入途径　吸入、食入、经皮吸收。

理化特性与用途

理化特性　无色或淡黄色油状液体。不溶于水，溶于乙醇、乙醚、苯、氯仿，混溶于丙酮、甲醇、四氯化碳。熔点 13.4℃，沸点 360℃、286℃(13.3kPa)，相对密度(水 = 1) 0.985(25℃/25℃)，蒸气压 0.133kPa(176℃)，临界压力 3.04MPa，燃烧热 - 11229kJ/mol，辛醇/水分配系数 7.73，闪点 189℃(闭杯)，引燃温度 363℃。

主要用途　用于制肥皂、润滑剂、浮选剂、油膏和油酸盐等。

包装与储运

安全储运　储存于阴凉、通风的库房。远离火种、热源。应与强氧化剂等隔离储运。

禁止使用铝制或镀锌容器。搬运时轻装轻卸，防止容器受损。

紧急处置信息

急救措施

吸入：脱离接触。如有不适感，就医。

眼睛接触：分开眼睑，用流动清水或生理盐水冲洗。如有不适感，就医。

皮肤接触：脱去污染的衣着，用肥皂水和清水冲洗。如有不适感，就医。

食入：漱口，饮水。就医。

灭火方法 消防人员须穿全身防火防毒服，佩戴空气呼吸器，在上风向灭火。尽可能将容器从火场移至空旷处。喷水保持火场容器冷却，直至灭火结束。处在火场中的容器若发生异常变化或发出异常声音，须马上撤离。

灭火剂：泡沫、二氧化碳、干粉和砂土。

泄漏应急处置 根据液体流动和蒸气扩散的影响区域划定警戒区，无关人员从侧风、上风向撤离至安全区。消除所有点火源。建议应急处理人员戴防毒面具，穿一般作业工作服。尽可能切断泄漏源。防止泄漏物进入水体、下水道、地下室或密闭性空间。小量泄漏：用干燥的砂土或其他不燃材料吸收或覆盖，收集于容器中。大量泄漏：构筑围堤或挖坑收容。用泵转移至槽车或专用收集器内。

968. 油酸丁酯

标　识

中文名称 油酸丁酯

英文名称 9-Octadecenoic acid, butyl ester; Butyl oleate

别名 9－十八烯酸丁酯

分子式 $C_{22}H_{42}O_2$

CAS 号 142－77－8

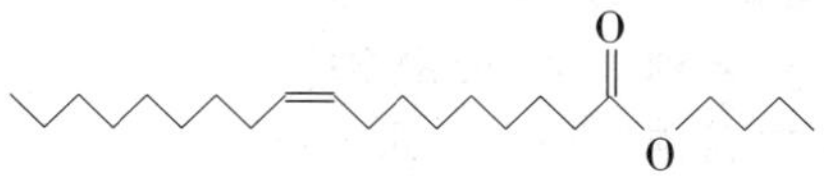

危害信息

燃烧与爆炸危险性 可燃，遇明火、高热引起燃烧，燃烧产生有毒的一氧化碳气体。在高温火场中，受热的容器或储罐有破裂和爆炸的危险。

禁忌物 强氧化剂。

毒性 大鼠经口 LD_{50}：25000mg/kg；小鼠经口 LD_{50}：28000mg/kg；大鼠吸入 *TLCo*：30mg/m^3(4h)，出现经典条件反射改变和迟发型超敏反应。

侵入途径 吸入、食入。

理化特性与用途

理化特性 浅黄色透明油状液体。不溶于水，混溶于乙醇、乙醚、植物油和矿物油。熔点－26.4℃，沸点228℃(1.995kPa)，相对密度(水＝1)0.87，相对蒸气密度(空气＝1)＞1，闪点180℃(开杯)、＞93.3℃(闭杯)，辛醇/水分配系数9.49。

主要用途 用作润滑油的油性添加剂，也用作增塑剂、溶剂、润滑剂及防水剂。

包装与储运

安全储运　储存于阴凉、通风的库房。远离火种、热源。保持容器密封。应与氧化剂、酸隔离储运。搬运时轻装轻卸，防止容器受损。

紧急处置信息

急救措施

吸入：脱离接触。如有不适感，就医。

眼睛接触：分开眼睑，用流动清水或生理盐水冲洗。如有不适感，就医。

皮肤接触：脱去污染的衣着，用肥皂水和清水冲洗。如有不适感，就医。

食入：漱口，尽量饮水，不要催吐。就医。

灭火方法　消防人员须穿全身消防服，佩戴空气呼吸器，在上风向灭火。尽可能将容器从火场移至空旷处。喷水保持火场容器冷却，直至灭火结束。处在火场中的容器若发生异常变化或发出异常声音，须马上撤离。

灭火剂：泡沫、二氧化碳、干粉、砂土。

泄漏应急处置　消除所有点火源。根据液体流动和蒸气扩散的影响区域划定警戒区，无关人员从侧风、上风向撤离至安全区。建议应急处理人员戴正压自给式呼吸器，穿防静电、防腐蚀服，戴橡胶手套。尽可能切断泄漏源。防止泄漏物进入水体、下水道、地下室或限制性空间。小量泄漏：用干燥的砂土或其他不燃材料吸收或覆盖，收集于容器中。大量泄漏：构筑围堤或挖坑收容。

969. 油酸环氧酯

标　　识

中文名称　油酸环氧酯

英文名称　Epoxy oleate

危害信息

燃烧与爆炸危险性　遇明火、高热可燃，燃烧产生有毒的一氧化碳气体。在高温火场中，受热的容器或储罐有破裂和爆炸的危险。

禁忌物　强氧化剂。

侵入途径　吸入、食入。

理化特性与用途

理化特性　黄色透明油状液体。酸值≤5mgKOH/g，闪点166℃。

主要用途　主要用于内燃机油和切削油中作摩擦改进剂。

包装与储运

安全储运　储存于阴凉、通风的库房。远离火种、热源。应与氧化剂、酸隔离储运。搬运时轻装轻卸，防止容器受损。

紧急处置信息

急救措施

吸入： 脱离接触。如有不适感，就医。

眼睛接触： 分开眼睑，用流动清水或生理盐水冲洗。如有不适感，就医。

皮肤接触： 脱去污染的衣着，用肥皂水和清水冲洗。如有不适感，就医。

食入： 漱口，饮水。就医。

灭火方法　消防人员须穿全身消防服，佩戴空气呼吸器，在上风向灭火。尽可能将容器从火场移至空旷处。喷水保持火场容器冷却，直至灭火结束。处在火场中的容器若发生异常变化或发出异常声音，须马上撤离。

灭火剂：泡沫、二氧化碳、干粉、砂土。

泄漏应急处置　消除所有点火源。根据液体流动和蒸气扩散的影响区域划定警戒区，无关人员从侧风、上风向撤离至安全区。建议应急处理人员戴正压自给式呼吸器，穿防静电、防腐蚀服，戴橡胶手套。尽可能切断泄漏源。防止泄漏物进入水体、下水道、地下室或限制性空间。小量泄漏：用干燥的砂土或其他不燃材料吸收或覆盖，收集于容器中。大量泄漏：构筑围堤或挖坑收容。

970. 油酸乙二醇酯

标　　识

中文名称　油酸乙二醇酯

英文名称　Ethylene glycol oleate；（z）-9-octadecenoic acid，2-hydroxyethyl ester

别名　403 油性剂；（Z）－9－十八烯酸－2－羟基乙基酯

分子式　$C_{20}H_{38}O_3$

CAS 号　4500－01－0

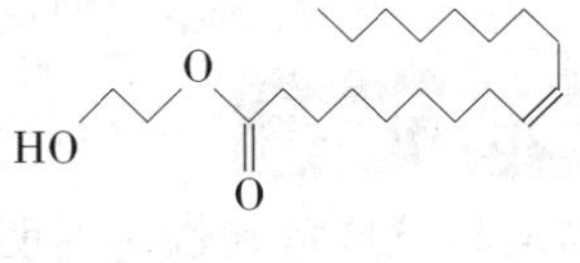

危害信息

燃烧与爆炸危险性　遇明火、高热可燃烧，燃烧产生有毒的一氧化碳气体。在高温火场中，受热的容器或储罐有破裂和爆炸的危险。

禁忌物　强氧化剂。

毒性　食入有害，对眼有刺激性。吸入本品蒸气有可能引起头昏、精神恍惚。

侵入途径　吸入、食入。

理化特性与用途

理化特性　棕红色或褐色油状液体。酸值≤50mgKOH/g，闪点≥160℃（开杯）。

主要用途　用于调制工业齿轮油、汽车齿轮油、导轨油、液压传动两用油及涡轮蜗杆油。

包装与储运

安全储运　储存于阴凉、通风的库房。远离火种、热源。保持容器密封。应与氧化剂、酸隔离储运。搬运时轻装轻卸，防止容器受损。

紧急处置信息

急救措施

吸入： 迅速脱离现场至空气新鲜处。保持呼吸道通畅。如呼吸困难，给输氧。呼吸、心跳停止，立即进行心肺复苏术。就医。

眼睛接触： 立即分开眼睑，用流动清水或生理盐水彻底冲洗。就医。

皮肤接触： 立即脱去污染的衣着，用肥皂水和清水彻底冲洗。就医。

食入： 漱口，尽量饮水，不要催吐。就医。

灭火方法　消防人员须穿全身消防服，佩戴空气呼吸器，在上风向灭火。尽可能将容器从火场移至空旷处。喷水保持火场容器冷却，直至灭火结束。处在火场中的容器若发生异常变化或发出异常声音，须马上撤离。

灭火剂：泡沫、二氧化碳、干粉、砂土。

泄漏应急处置　消除所有点火源。根据液体流动和蒸气扩散的影响区域划定警戒区，无关人员从侧风、上风向撤离至安全区。建议应急处理人员戴正压自给式呼吸器，穿防静电、防腐蚀服，戴橡胶手套。尽可能切断泄漏源。防止泄漏物进入水体、下水道、地下室或限制性空间。小量泄漏：用干燥的砂土或其他不燃材料吸收或覆盖，收集于容器中。大量泄漏：构筑围堤或挖坑收容。

971. N – 油酰肌氨酸十八胺

标　识

中文名称　*N* – 油酰肌氨酸十八胺

英文名称　*N*-Oleo sarcosine octadecyl amine；Octadecylamine oleyl sarcosinate

别名　高效油溶性缓蚀剂 T771

危害信息

燃烧与爆炸危险性　遇明火、高热可燃，燃烧产生有毒的烟气。

禁忌物　强氧化剂。

侵入途径　吸入、食入。

理化特性与用途

理化特性　淡黄色蜡状固体，加热熔化成琥珀色油状液体。不溶于水，溶于油。pH = 7 ~ 9。

主要用途　主要用于军工封存油、机械工业防锈油或防锈润滑两用油作缓蚀剂。

包装与储运

安全储运　储存于阴凉、通风的库房。远离火种、热源。应与氧化剂隔离储运。

紧急处置信息

急救措施

吸入： 脱离接触。如有不适感，就医。

眼睛接触： 分开眼睑，用流动清水或生理盐水冲洗。如有不适感，就医。

皮肤接触： 脱去污染的衣着，用肥皂水和清水冲洗。如有不适感，就医。

食入： 漱口，饮水。就医。

灭火方法 消防人员须穿全身消防服，在上风向灭火。尽可能将容器从火场移至空旷处。喷水保持火场容器冷却，直至灭火结束。

灭火剂：干粉、沙土、泡沫。

泄漏应急处置 根据液体流动和蒸气扩散的影响区域划定警戒区；无关人员从侧风、上风向撤离至安全区。建议应急处理人员戴正压自给式呼吸器，穿防静电、防腐蚀服，戴橡胶手套。尽可能切断泄漏源。防止泄漏物进入水体、下水道、地下室或限制性空间。小量泄漏：用干燥的砂土或其他不燃材料吸收或覆盖，收集于容器中。大量泄漏：构筑围堤或挖坑收容。

972. 油酰基肌氨酸钠

标　　识

中文名称 油酰基肌氨酸钠

英文名称 Sodium oleyl sarcosinate

别名 油酰替肌氨酸钠

分子式 $C_{21}H_{38}NNaO_3$

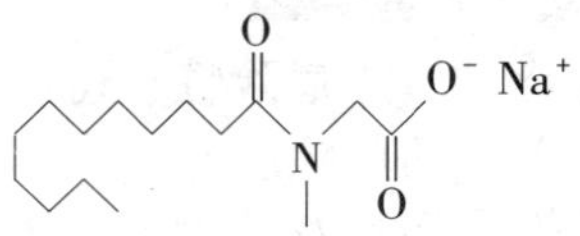

危害信息

燃烧与爆炸危险性 遇明火、高热可燃。在高温火场中，受热的容器或储罐有破裂和爆炸的危险。

侵入途径 吸入、食入。

理化特性与用途

理化特性 浅黄色透明液体。易溶于水。pH = 7 ~ 8，相对密度（水 = 1）0.95 ~ 0.99（20℃）。

主要用途 主要用作油田污水回注系统的缓蚀剂。

包装与储运

安全储运 储存于阴凉、通风的库房。远离火种、热源。应与氧化剂等隔离储运。搬运时轻装轻卸，防止容器受损。

紧急处置信息

急救措施

吸入： 脱离接触。如有不适感，就医。

眼睛接触： 分开眼睑，用流动清水或生理盐水冲洗。如有不适感，就医。

皮肤接触： 脱去污染的衣着，用肥皂水和清水冲洗。如有不适感，就医。

食入： 漱口，尽量饮水，不要催吐 。就医。

灭火方法 消防人员须穿全身消防服，佩戴空气呼吸器，在上风向灭火。尽可能将容

器从火场移至空旷处。喷水保持火场容器冷却，直至灭火结束。处在火场中的容器若发生异常变化或发出异常声音，须马上撤离。

灭火剂：抗溶性泡沫、二氧化碳、干粉、砂土。

泄漏应急处置　消除所有点火源。根据液体流动和蒸气扩散的影响区域划定警戒区，无关人员从侧风、上风向撤离至安全区。建议应急处理人员戴正压自给式呼吸器，穿防静电、防腐蚀服，戴橡胶手套。尽可能切断泄漏源。防止泄漏物进入水体、下水道、地下室或限制性空间。小量泄漏：用干燥的砂土或其他不燃材料吸收或覆盖，收集于容器中。大量泄漏：构筑围堤或挖坑收容。

973. 油毡沥青

标　识

中文名称　油毡沥青

英文名称　felt asphalt

危害信息

燃烧与爆炸危险性　可燃。其粉体与空气混合能形成爆炸性混合物，遇明火高热有引起燃烧爆炸的危险。

毒性　沥青及其烟气对皮肤黏膜具有刺激性，有光毒作用。

中毒表现　沥青的主要皮肤损害有：光毒性皮炎，皮损限于面、颈部等暴露部分；黑变病，皮损常对称分布于暴露部位，呈片状，呈褐－深褐－褐黑色；职业性痤疮；疣状赘生物及事故引起的热烧伤。此外，尚有头昏、头胀，头痛、胸闷、乏力、恶心、食欲不振等全身症状和眼 、鼻、咽部的刺激症状。

侵入途径　吸入、食入。

理化特性与用途

理化特性　黑色固体。溶于三氯乙烯、四氯甲烷、苯。软化点（环球法）≥45℃，闪点≥230℃（开杯）。

主要用途　适用于作油毡涂覆料、沥青道路黏结剂及防水材料。

包装与储运

安全储运　储存于阴凉、通风的库房。远离火种、热源。应与氧化剂隔离储运。

紧急处置信息

急救措施

吸入：如吸入沥青烟雾，脱离接触，对症处理。

眼睛接触：立即分开眼睑，用流动清水或生理盐水彻底冲洗。就医。

皮肤接触：皮肤热沥青烧伤立即用流动水冷却，不要强行剥离皮肤上的沥青。对于头、颈、躯干烧伤，用浸过冷水的毛巾覆盖并时时更换。如果沥青包裹了肢体，会妨碍血循环，应及时切开。在沥青上覆盖凡士林纱布，两天后揭下，并将能够分离的沥青除去，再盖再揭，反复进行可持续两周。

食入： 漱口，饮水。就医。

灭火方法 消防人员须穿全身消防服，在上风向灭火。尽可能将容器从火场移至空旷处。喷水保持火场容器冷却，直至灭火结束。

灭火剂：雾状水、泡沫、二氧化碳、干粉、砂土。

泄漏应急处置 隔离泄漏污染区，限制出入。消除所有点火源。建议应急处理人员戴防尘口罩，穿防静电服。禁止接触或跨越泄漏物。小量泄漏：用洁净的铲子收集泄漏物，置于干净、干燥、盖子较松的容器中，将容器移离泄漏区。大量泄漏：用水润湿，并筑堤收容。防止泄漏物进入水体、下水道、地下室或限制性空间。

974. 莠 去 津

标 识

中文名称 莠去津

英文名称 6-Chloro-*N*-ethyl-*N*′-(1-methylethyl)-1,3,5-triazine-2,4- diamine ; Atrazine

别名 2－氯－4－乙氨基－6－异丙氨基－1,3,5－三嗪；阿特拉津

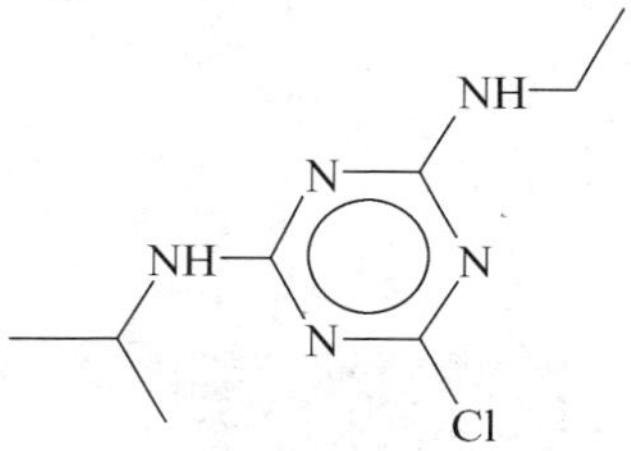

分子式 $C_8H_{14}ClN_5$

CAS 号 1912－24－9

WGH 号 61898

危害信息

危险性类别 第 6.1 类 有毒品

燃烧与爆炸危险性 可燃。其粉体与空气混合能形成爆炸性混合物，遇明火高热有引起燃烧爆炸的危险。燃烧产生有毒的一氧化碳、氮氧化物和氯化氢气体。受高热分解放出有毒气体。

禁忌物 强酸、强碱。

毒性 大鼠经口 LD_{50}：672mg/kg；小鼠经口 LD_{50}：850mg/kg；家兔经皮 LD_{50}：7500mg/kg。

对皮肤和眼睛有刺激作用。

侵入途径 吸入、食入、经皮吸收。

职业接触限值 美国(ACGIH)：TLV-TWA：5mg/m^3。

环境危害 对水生生物有极高毒性，可能在水生环境中造成长期不利影响。

理化特性与用途

理化特性 无色或白色结晶粉末，无味。易溶于二甲亚砜，溶于氯仿、乙酸乙酯、甲醇、乙醚。熔点 175～177℃，沸点 369℃，相对密度(水＝1)1.2，辛醇/水分配系数 2.61，燃烧热－4745.18kJ/mol。

主要用途 作为广谱除草剂，适用于玉米、高粱、甘蔗等旱田作物除草。

包装与储运

包装标志 有毒品

包装类别 Ⅲ类

安全储运 储存于阴凉、通风的库房。远离火种、热源。储存温度不超过35℃，相对湿度不超过80%。保持容器密封。应与强氧化剂、强碱强碱隔离储运。

紧急处置信息

急救措施

吸入：迅速脱离现场至空气新鲜处。保持呼吸道通畅。如呼吸困难，给输氧。呼吸、心跳停止，立即进行心肺复苏术。就医。

眼睛接触：立即分开眼睑，用流动清水或生理盐水彻底冲洗。就医。

皮肤接触：立即脱去污染的衣着，用肥皂水和清水彻底冲洗。就医。

食入：漱口，饮水。就医。

灭火方法 消防人员须穿全身消防服，在上风向灭火。尽可能将容器从火场移至空旷处。喷水保持火场容器冷却，直至灭火结束。

灭火剂：雾状水、泡沫、二氧化碳、干粉、砂土。

泄漏应急处置 隔离泄漏污染区，限制出入。建议应急处理人员戴防尘口罩，穿一般作业工作服。尽可能切断泄漏源。用塑料布覆盖泄漏物，减少飞散。勿使水进入包装容器内。用洁净的铲子收集泄漏物，置于干净、干燥、盖子较松的容器中，将容器移离泄漏区。

975. 鱼雷燃料

标　识

中文名称 鱼雷燃料

英文名称 Torpedo Fuel

危害信息

燃烧与爆炸危险性 易燃。其蒸气与空气混合能形成爆炸性混合物，遇明火、高热易燃烧或爆炸。燃烧产生有毒的氮氧化物气体。在高温火场中，受热的容器或储罐有破裂和爆炸的危险。

禁忌物 强氧化剂。

侵入途径 吸入、食入。

理化特性与用途

理化特性 透明液体。密度（g/cm^3，20℃）0.776，运动黏度（mm^2/s，20℃）≤1.7，馏程160～250℃，闪点≥40℃（闭杯），芳烃含量≤10%，结晶点≤－33℃。

主要用途 用于鱼雷作燃料。

包装与储运

安全储运 盛装时，切不可充满，要留出必要的安全空间。储存于阴凉、通风处，储存温度不超过37℃。远离火种、热源，避免阳光直射。炎热季节应采取通风降温措施。应与氧化剂等隔离储运。罐储时要有防火防爆技术措施，且有接地装置，防止静电积聚。搬运时轻装轻卸，防止容器受损。

紧急处置信息

急救措施

吸入：迅速脱离现场至空气新鲜处。保持呼吸道通畅。如呼吸困难，给输氧。呼吸、心跳停止，立即进行心肺复苏术。就医。

眼睛接触：立即分开眼睑，用流动清水或生理盐水彻底冲洗。就医。

皮肤接触：立即脱去污染的衣着，用肥皂水和清水彻底冲洗。就医。

食入：漱口，饮水。就医。

灭火方法　消防人员须穿全身消防服，佩戴空气呼吸器，在上风向灭火。尽可能将容器从火场移至空旷处。喷水保持火场容器冷却，直至灭火结束。处在火场中的容器若发生异常变化或发出异常声音，须马上撤离。

灭火剂：泡沫、二氧化碳、干粉、砂土。

泄漏应急处置　消除所有点火源。根据液体流动和蒸气扩散的影响区域划定警戒区，无关人员从侧风、上风向撤离至安全区。建议应急处理人员戴正压自给式呼吸器，穿防静电、防腐蚀服，戴橡胶手套。尽可能切断泄漏源。防止泄漏物进入水体、下水道、地下室或限制性空间。小量泄漏：用干燥的砂土或其他不燃材料吸收或覆盖，收集于容器中。大量泄漏：构筑围堤或挖坑收容。

976. 原　　油

标　　识

中文名称　原油

英文名称　Petroleum；Crude oil

别名　石油

CAS 号　8002－05－9

WGH 号　32003；T31103[铁规]

UN 号　1267

危害信息

危险性类别　第 3 类 易燃液体

燃烧与爆炸危险性　易燃。其蒸气与空气可形成爆炸性混合物，遇明火、高热能引起燃烧爆炸。流速过快，容易产生和积聚静电。其蒸气比空气重，能在较低处扩散到相当远的地方，遇火源会着火回燃和爆炸(闪爆)。

活性反应　与硝酸、浓硫酸、高锰酸钾、重铬酸盐等强氧化剂接触会剧烈反应，甚至发生燃烧爆炸。

禁忌物　强氧化剂。

毒性　未见原油引起急慢性中毒的报道。原油在分馏、裂解和深加工过程中的产品和中间产品表现出不同的毒性。长期接触可引起皮肤损害。

侵入途径　吸入、食入。

理化特性与用途

理化特性　原油是一种从地下深处开采出来的黄色、褐色乃至黑色的可燃性黏稠液体。

胶质、沥青质含量越高，颜色越深。不溶于水，溶于苯、乙醚、三氯甲烷、四氯化碳等有机溶剂。性质因产地而异。熔点 -30 ~ 30℃，沸点 -1 ~ 565℃，相对密度(水 =1)0.74 ~ 1.03，相对蒸气密度(空气 =1)>1，闪点 -42.8 ~ 93.3℃，辛醇/水分配系数 2 ~ 6，引燃温度 220℃，爆炸极限 0.7% ~ 5%。

主要用途　主要用于生产汽油、航空煤油、柴油等发动机燃料以及液化气、石脑油、润滑油、石蜡、沥青、石油焦等，通过其馏分的高温热解，还用于生产乙烯、丙烯、丁烯等基本有机化工原料。

包装与储运

包装标志　易燃液体

包装类别　Ⅱ类

安全储运　盛装时，切不可充满，要留出必要的安全空间。储存于阴凉、通风处，储存温度不超过 37℃。远离火种、热源，炎热季节应采取喷淋、通风等降温措施。应与氧化剂等隔离储运。罐储时要有防火防爆技术措施。防止静电积聚。搬运时轻装轻卸，防止容器受损。

紧急处置信息

急救措施

吸入：脱离接触。如有不适感，就医。

眼睛接触：分开眼睑，用流动清水或生理盐水冲洗。如有不适感，就医。

皮肤接触：脱去污染的衣着，用肥皂水和清水冲洗。如有不适感，就医。

食入：漱口，不要催吐。就医。

禁用肾上腺素类药。

灭火方法　消防人员必须穿全身防火防毒服，佩戴空气呼吸器，在上风向灭火。喷水冷却燃烧罐和临近罐，直至灭火结束。处在火场中的储罐若发生异常变化或发出异常声音，必须马上撤离。着火油罐出现沸溢、喷溅前兆时，应立即撤离。

灭火剂：泡沫、干粉、二氧化碳。

泄漏应急处置　消除所有点火源。根据液体流动和蒸气扩散的影响区域划定警戒区，无关人员从侧风、上风向撤离至安全区。建议应急处理人员戴正压自给式呼吸器，穿防静电服，戴橡胶耐油手套。作业时使用的所有设备应接地。禁止接触或跨越泄漏物。尽可能切断泄漏源。防止泄漏物进入水体、下水道、地下室或限制性空间。小量泄漏：用砂土或其他不燃材料吸收。使用洁净的无火花工具收集吸收材料。大量泄漏：构筑围堤或挖坑收容。用砂土、惰性物质或蛭石吸收大量液体。用泡沫覆盖，减少蒸发。喷水雾能减少蒸发，但不能降低泄漏物在限制性空间内的易燃性。用防爆泵转移至槽车或专用收集器内。

977. 月　桂　酸

标　识

中文名称　月桂酸

英文名称　Dodecanoic acid；Lauric acid

别名　十二(烷)酸

分子式 $C_{12}H_{24}O_2$

CAS 号 143－07－7

危害信息

燃烧与爆炸危险性 可燃。其粉体与空气混合能形成爆炸性混合物，遇明火高热有引起燃烧爆炸的危险。燃烧和受高热产生有毒的气体。

活性反应 与氧化剂发生反应。

禁忌物 氧化剂、还原剂、碱类。

毒性 大鼠经口 LD_{50}：12000mg/kg。

本品对眼睛、皮肤、黏膜和上呼吸道有刺激作用。大量口服引起胃肠不适。

侵入途径 吸入、食入。

理化特性与用途

理化特性 白色结晶粉末，稍有月桂树油的气味。不溶于水，溶于乙醇、异丙醇，易溶于苯、乙醚。熔点 44～46℃，沸点 298.9℃，相对密度(水＝1)0.883(20℃/4℃)，相对蒸气密度(空气＝1)6.91，蒸气压 0.13kPa(121℃)，闪点＞110℃，辛醇/水分配系数 4.2，燃烧热－7413.7kJ/mol。

主要用途 用于制造乳化剂、表面活性剂、增塑剂，也用于其他有机化学品的制备。

包装与储运

安全储运 储存于阴凉、通风的库房。远离火种、热源。应与氧化剂、强酸强碱等隔离储运。

紧急处置信息

急救措施

吸入： 脱离接触。如有不适感，就医。

眼睛接触： 分开眼睑，用流动清水或生理盐水冲洗。如有不适感，就医。

皮肤接触： 脱去污染的衣着，用肥皂水和清水冲洗。如有不适感，就医。

食入： 漱口，饮水。就医。

灭火方法 消防人员须佩戴空气呼吸器，穿全身耐酸碱消防服在上风向灭火。尽可能将容器从火场移至空旷处。喷水保持火场容器冷却，直至灭火结束。

灭火剂：雾状水、泡沫、干粉、二氧化碳、砂土。

泄漏应急处置 隔离泄漏污染区，限制出入。消除所有点火源。建议应急处理人员戴防尘口罩，穿一般作业工作服。尽可能切断泄漏源。用塑料布覆盖泄漏物，减少飞散。勿使水进入包装容器内。用洁净的铲子收集泄漏物，置于干净、干燥、盖子较松的容器中，将容器移离泄漏区。也可以用大量水冲洗，洗水稀释后放入废水系统。

978. 月桂酸丙三醇酯

标 识

中文名称 月桂酸丙三醇酯

英文名称　2，3-Dihydroxypropyl laurate；Glycery Monolaurate

别名　2，3－二羟基丙醇十二酸酯；十二酸单甘油酯

分子式　$C_{15}H_{30}O_4$

CAS 号　142－18－7

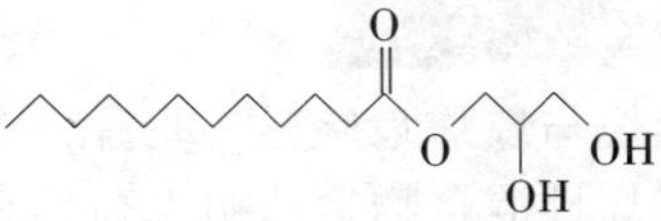

危害信息

燃烧与爆炸危险性　可燃。其粉体与空气混合能形成爆炸性混合物，遇明火高热有引起燃烧爆炸的危险。燃烧产生有毒的一氧化碳气体。

活性反应　与强氧化剂反应。

禁忌物　强氧化剂。

毒性　大鼠经口 LD_{50}：53400 μL/kg。

侵入途径　吸入、食入。

理化特性与用途

理化特性　白色蜡状粉末。溶于乙醇、乙醚等有机溶剂，不溶于水。熔点 56℃。

主要用途　用作药物载体。

包装与储运

安全储运　储存于阴凉、通风的库房。远离火种、热源。应与氧化剂等隔离储运。

紧急处置信息

急救措施

吸入：脱离接触。如有不适感，就医。

眼睛接触：分开眼睑，用流动清水或生理盐水冲洗。如有不适感，就医。

皮肤接触：脱去污染的衣着，用肥皂水和清水冲洗。如有不适感，就医。

食入：漱口，尽量饮水，不要催吐。就医。

灭火方法　消防人员须穿全身消防服，在上风向灭火。尽可能将容器从火场移至空旷处。喷水保持火场容器冷却，直至灭火结束。

灭火剂：雾状水、泡沫、二氧化碳、干粉、砂土。

泄漏应急处置　隔离泄漏污染区，限制出入。建议应急处理人员戴防尘口罩，穿防毒防酸碱服，戴橡胶耐酸碱手套。穿上适当的防护服前严禁接触破裂的容器和泄漏物。尽可能切断泄漏源。用塑料布覆盖泄漏物，减少飞散。勿使水进入包装容器内。用洁净的铲子收集泄漏物，置于干净、干燥、盖子较松的容器中，将容器移离泄漏区。

979. 月桂酰基肌氨酸钠

标　识

中文名称　月桂酰基肌氨酸钠

英文名称　Glycine，*N*-methyl-*N*-(1-oxododecyl)-，sodium salt；Sodium lauroyl sarcosinate

别名　十二酰甲胺乙酸钠

分子式　$C_{15}H_{28}NNaO_3$

CAS 号 137-16-6

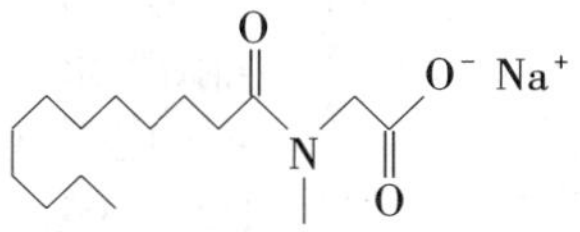

危害信息

燃烧与爆炸危险性 可燃，遇明火高热有引起燃烧爆炸的危险，燃烧产生有毒的一氧化碳和氮氧化物气体。

毒性 对眼、呼吸道和皮肤有刺激性。食入刺激胃肠道。

侵入途径 吸入、食入。

理化特性与用途

理化特性 白色鳞片状结晶或板状结晶体。易溶于水，溶于乙醇、多元醇的水溶液。pH 值 7~8(1%水溶液)，熔点 140℃，辛醇/水分配系数 4.1。

主要用途 在油田回注污水处理系统中用作缓蚀剂。

包装与储运

安全储运 储存于阴凉、通风的库房。远离火种、热源。应与氧化剂等隔离储运。

紧急处置信息

急救措施

吸入：脱离接触。如有不适感，就医。

眼睛接触：分开眼睑，用流动清水或生理盐水冲洗。如有不适感，就医。

皮肤接触：脱去污染的衣着，用肥皂水和清水冲洗。如有不适感，就医。

食入：漱口，饮水。就医。

灭火方法 消防人员须穿全身消防服，在上风向灭火。尽可能将容器从火场移至空旷处。喷水保持火场容器冷却，直至灭火结束。

灭火剂：雾状水、抗溶性泡沫、二氧化碳、干粉、砂土。

泄漏应急处置 隔离泄漏污染区，限制出入。建议应急处理人员戴防尘口罩，穿防毒防酸碱服，戴橡胶耐酸碱手套。穿上适当的防护服前严禁接触破裂的容器和泄漏物。尽可能切断泄漏源。用塑料布覆盖泄漏物，减少飞散。勿使水进入包装容器内。用洁净的铲子收集泄漏物，置于干净、干燥、盖子较松的容器中，将容器移离泄漏区。

980. 杂 酚 油

标 识

中文名称 杂酚油

英文名称 Creosote；Coal tar creosote

CAS 号 8001-58-9

危害信息

危险性类别 第 6 类 有毒品

燃烧与爆炸危险性 可燃。其蒸气与空气混合能形成爆炸性混合物，遇明火、高热易燃烧或爆炸。燃烧产生有毒的一氧化碳气体。在高温火场中，受热的容器或储罐有破裂和爆炸的危险。蒸气比空气重，能在较低处扩散到相当远的地方，遇火源会着火回燃和爆炸(闪爆)。

活性反应　与强氧化剂和酸接触发生反应。

禁忌物　强氧化剂、酸。

毒性　IARC 对本品的致癌性分类：G2A——可能人类致癌物。

欧盟指令 67/548/EEC 将本品列为第 2 类致癌物——可能为人类致癌物。

中毒表现　对呼吸道有刺激性，引起咳嗽、气促。对眼有刺激性。皮肤接触引起疼痛、烧灼感，可经皮吸收。食入出现意识模糊、头痛、恶心、呕吐、虚弱、休克或虚脱。

侵入途径　吸入、食入、经皮吸收。

职业接触限值　美国(ACGIH)：TLV-TWA：0.2mg/m^3。

理化特性与用途

理化特性　黑色或褐色油状液体。主要成分：芳烃、焦油酸/酚类、焦油碱/含氮杂环化合物、芳香胺、含硫杂环化合物和含氧杂环化合物。微溶于水，溶于甘油、冰醋酸，混溶于乙醇、乙醚、氯仿、油类。熔点 20℃，沸点 203 ~ 220℃，相对密度(水 = 1)1.0 ~ 1.17，相对蒸气密度(空气 = 1) > 1，蒸气压 6kPa(20℃)，闪点 66℃(闭杯)，引燃温度 335℃，辛醇/水分配系数 1.0。

主要用途　用作木材防腐剂、有机合成。

包装与储运

包装标志　有毒品

包装类别　Ⅲ类

安全储运　储存于阴凉、通风的库房。远离火种、热源。储存温度不超过 35℃，相对湿度不超过 85%。保持容器密封。应与强氧化剂、碱、强还原剂隔离储运。搬运时轻装轻卸，防止容器受损。

紧急处置信息

急救措施

吸入：迅速脱离现场至空气新鲜处。保持呼吸道通畅。如呼吸困难，给输氧。呼吸、心跳停止，立即进行心肺复苏术。就医。

眼睛接触：立即分开眼睑，用流动清水或生理盐水彻底冲洗。就医。

皮肤接触：立即脱去污染的衣着，用肥皂水和清水彻底冲洗。就医。

食入：漱口，禁止催吐，给服活性炭。就医。

灭火方法　消防人员须穿全身防火防毒服，佩戴空气呼吸器在上风向灭火。尽可能将容器从火场移至空旷处。喷水保持火场容器冷却，直至灭火结束。

灭火剂：干粉、雾状水、泡沫、二氧化碳。

泄漏应急处置　消除所有点火源。根据液体流动和蒸气扩散的影响区域划定警戒区，无关人员从侧风、上风向撤离至安全区。建议应急处理人员戴正压自给式呼吸器，穿防静电、防腐蚀服，戴橡胶手套。尽可能切断泄漏源。防止泄漏物进入水体、下水道、地下室或限制性空间。小量泄漏：用干燥的砂土或其他不燃材料吸收或覆盖，收集于容器中。大量泄漏：构筑围堤或挖坑收容。

981. 再生煤油

标　识

中文名称　再生煤油

英文名称　regenerated kerosene

危害信息

危险性类别　第 3 类 易燃液体

燃烧与爆炸危险性　易燃。其蒸气与空气混合能形成爆炸性混合物，遇明火、高热易燃烧或爆炸。在高温火场中，受热的容器或储罐有破裂和爆炸的危险。

活性反应　与强氧化剂、卤素反应。

禁忌物　强氧化剂、卤素。

毒性　本品可经呼吸道、消化道进入人体，经皮进入人体很少。主要危害呼吸系统、中枢神经系统和胃肠道。

中毒表现　急性中毒：吸入高浓度蒸气，常先有兴奋，后转入抑制，表现为乏力、头痛、酩酊感、神志恍惚、肌肉震颤、共济运动失调；严重者出现定向力障碍、谵妄、意识模糊等；蒸气可引起眼及呼吸道刺激症状，重者出现化学性肺炎。吸入液体可引起吸入性肺炎，严重时可发生肺水肿。如处理不当可发展为肺脓疡，甚至因呼吸衰竭而死亡。摄入引起口腔、咽喉和胃肠道刺激症状，可出现与吸入中毒相同的中枢神经系统症状。

慢性影响：以神经衰弱综合征为主要表现，还有眼及呼吸道刺激症状，接触性皮炎，皮肤干燥等。

侵入途径　吸入、食入、经皮吸收。

职业接触限值　美国(ACGIH)：TLV-TWA：200mg/m^3[煤油，按总烃蒸气计][皮]。

理化特性与用途

理化特性　无色透明液体。300℃馏出量≥70%，350℃馏出量≥95%，闪点≥40℃。

主要用途　主要用于点灯照明和各种煤油燃烧器用燃料。

包装与储运

包装标志　易燃液体

包装类别　Ⅲ类

安全储运　储存于阴凉、通风的库房。远离火种、热源。储存温度不超过 37℃。保持容器密封。炎热季节早晚运输，应与氧化剂等隔离储运。禁止使用易产生火花的机械设备和工具。灌装时注意流速，防止静电积聚。搬运时轻装轻卸，防止容器受损。

紧急处置信息

急救措施

吸入：迅速脱离现场至空气新鲜处。保持呼吸道通畅。如呼吸困难，给输氧。呼吸、心跳停止，立即进行心肺复苏术。就医。

眼睛接触： 立即分开眼睑，用流动清水或生理盐水彻底冲洗。就医。

皮肤接触： 立即脱去污染的衣着，用肥皂水和清水彻底冲洗。就医。

食入： 漱口，尽量饮水，不要催吐。就医。

灭火方法 消防人员须穿全身消防服，佩戴空气呼吸器，在上风向灭火。尽可能将容器从火场移至空旷处。喷水保持火场容器冷却，直至灭火结束。处在火场中的容器若发生异常变化或发出异常声音，须马上撤离。

灭火剂：泡沫、二氧化碳、干粉、砂土。

泄漏应急处置 消除所有点火源。根据液体流动和蒸气扩散的影响区域划定警戒区，无关人员从侧风、上风向撤离至安全区。建议应急处理人员戴正压自给式呼吸器，穿防静电、防腐蚀服，戴橡胶手套。尽可能切断泄漏源。防止泄漏物进入水体、下水道、地下室或限制性空间。小量泄漏：用干燥的砂土或其他不燃材料吸收或覆盖，收集于容器中。大量泄漏：构筑围堤或挖坑收容。

982. 再生纤维素

标　识

中文名称 再生纤维素

英文名称 Cellulose，regenerated；Regenerated cellulose

CAS 号 68442 – 85 – 3

危害信息

燃烧与爆炸危险性 可燃，其粉体与空气混合能形成爆炸性混合物。燃烧产生有毒一氧化碳气体。

中毒表现 进入眼内有机械性刺激作用。粉尘对上呼吸道有刺激性。

侵入途径 吸入、食入。

理化特性与用途

理化特性 白色固体。不溶于水。相对密度（水 = 1）1.5，引燃温度 420℃，分解温度 > 170℃。

主要用途 用作纤维及其织物和医用渗析膜材料；用作封装薄膜及胶黏带基材等。

包装与储运

安全储运 储存于阴凉、通风的库房。远离火种、热源。包装密封。应与强氧化剂等隔离储运。搬运时轻装轻卸，防止容器受损。

紧急处置信息

急救措施

吸入： 迅速脱离现场至空气新鲜处。保持呼吸道通畅。如呼吸困难，给输氧。呼吸、

心跳停止，立即进行心肺复苏术。就医。

眼睛接触： 分开眼睑，用流动清水或生理盐水冲洗。如有不适感，就医。

皮肤接触： 立即脱去污染的衣着，用肥皂水和清水彻底冲洗皮肤。如有不适感，就医。

食入： 饮足量温水，催吐。就医。

灭火方法 消防人员必须佩戴空气呼吸器，穿全身防火防毒服，在上风向灭火。尽可能将容器从火场移至空旷处。喷水保持火场容器冷却，直至灭火结束。

灭火剂：水、雾状水、泡沫、干粉、二氧化碳。

泄漏应急处置 隔离泄漏污染区，限制出入。消除所有点火源。建议应急处理人员戴防尘口罩，穿防毒服，戴防护手套。禁止接触或跨越泄漏物。用洁净的铲子收集泄漏物，置于干净、干燥、盖子较松的容器中，将容器移离泄漏区。

983. 轧 制 油

标 识

中文名称 轧制油

英文名称 rolling oil

危害信息

燃烧与爆炸危险性 可燃。其蒸气与空气混合能形成爆炸性混合物，遇明火、高热易燃烧或爆炸。在高温火场中，受热的容器或储罐有破裂和爆炸的危险。

禁忌物 强氧化剂。

侵入途径 吸入、食入。

理化特性与用途

理化特性 红棕色油状液体。运动黏度 12 ~ 15mm^2/s(50℃)，闪点≥160℃(开杯)，凝点≤ -8℃，密度 0.86 ~ 0.92g/cm^3。

主要用途 适用于20辊精密轧机轧制稀有金属特薄箔片。

包装与储运

安全储运 储存于阴凉、通风的库房。远离火种、热源。应与氧化剂隔离储运。搬运时轻装轻卸，防止容器受损。

紧急处置信息

急救措施

吸入： 脱离接触。如有不适感，就医。

眼睛接触： 分开眼睑，用流动清水或生理盐水冲洗。如有不适感，就医。

皮肤接触： 脱去污染的衣着，用肥皂水和清水冲洗。如有不适感，就医。

食入： 漱口，尽量饮水，不要催吐。就医。

灭火方法　消防人员须穿全身消防服，佩戴空气呼吸器，在上风向灭火。尽可能将容器从火场移至空旷处。喷水保持火场容器冷却，直至灭火结束。处在火场中的容器若发生异常变化或发出异常声音，须马上撤离。

灭火剂：泡沫、二氧化碳、干粉、砂土。

泄漏应急处置　消除所有点火源。根据液体流动和蒸气扩散的影响区域划定警戒区，无关人员从侧风、上风向撤离至安全区。建议应急处理人员戴正压自给式呼吸器，穿防静电、防腐蚀服，戴橡胶手套。穿上适当的防护服前严禁接触破裂的容器和泄漏物。尽可能切断泄漏源。防止泄漏物进入水体、下水道、地下室或限制性空间。小量泄漏：用干燥的砂土或其他不燃材料吸收或覆盖，收集于容器中。大量泄漏：构筑围堤或挖坑收容。用防爆、耐腐蚀泵转移至槽车或专用收集器内。喷雾状水驱散蒸气、稀释液体泄漏物。

984. 黏结剂专用溶剂油

标　识

中文名称　黏结剂专用溶剂油

英文名称　Special solvent oil for adhesive

危害信息

燃烧与爆炸危险性　易燃。其蒸气与空气混合能形成爆炸性混合物，遇明火、高热易燃烧或爆炸。燃烧产生有毒的一氧化碳气体。在高温火场中，受热的容器或储罐有破裂和爆炸的危险。

禁忌物　强氧化剂。

侵入途径　吸入、食入。

理化特性与用途

理化特性　透明液体。馏程 70 ~ 140℃。

主要用途　专用于黏结剂作溶剂。

包装与储运

安全储运　储存于阴凉、通风的库房。远离火种、热源。储存温度不超过 37℃。保持容器密封。炎热季节早晚运输，应与氧化剂等隔离储运。禁止使用易产生火花的机械设备和工具。灌装时注意流速，防止静电积聚。搬运时轻装轻卸，防止容器受损。

紧急处置信息

急救措施

吸入：脱离接触。如有不适感，就医。

眼睛接触：分开眼睑，用流动清水或生理盐水冲洗。如有不适感，就医。

皮肤接触：脱去污染的衣着，用肥皂水和清水冲洗。如有不适感，就医。

食入：漱口，饮水。就医。

灭火方法　消防人员须穿全身消防服，佩戴空气呼吸器，在上风向灭火。尽可能将容

器从火场移至空旷处。喷水保持火场容器冷却，直至灭火结束。处在火场中的容器若发生异常变化或发出异常声音，须马上撤离。

灭火剂：泡沫、二氧化碳、干粉、砂土。

泄漏应急处置 消除所有点火源。根据液体流动和蒸气扩散的影响区域划定警戒区，无关人员从侧风、上风向撤离至安全区。建议应急处理人员戴正压自给式呼吸器，穿防静电、防腐蚀服，戴橡胶手套。穿上适当的防护服前严禁接触破裂的容器和泄漏物。尽可能切断泄漏源。防止泄漏物进入水体、下水道、地下室或限制性空间。小量泄漏：用干燥的砂土或其他不燃材料吸收或覆盖，收集于容器中。大量泄漏：构筑围堤或挖坑收容。用防爆、耐腐蚀泵转移至槽车或专用收集器内。喷雾状水驱散蒸气、稀释液体泄漏物。

985. 针状石油焦

标　识

中文名称 针状石油焦

英文名称 Needle coke

别名 针状焦

危害信息

燃烧与爆炸危险性 可燃。其粉体与空气混合能形成爆炸性混合物，遇明火高热有引起燃烧爆炸的危险。燃烧产生有毒的一氧化碳气体。

侵入途径 吸入、食入。

理化特性与用途

理化特性 针状焦是一种从宏观形态到微观结构都具有显著各向异性的焦炭，因其破碎后颗粒呈细长针状，故称为针状焦。真密度2.09～2.12。

主要用途 适用于生产超高功率石墨电极，满足超高功率炼钢和精炼电炉使用。

包装与储运

安全储运 储存于阴凉、通风的库房。远离火种、热源。应与氧化剂隔离储运。

紧急处置信息

急救措施

吸入：脱离接触。如有不适感，就医。

眼睛接触：分开眼睑，用流动清水或生理盐水冲洗。如有不适感，就医。

皮肤接触：脱去污染的衣着，用肥皂水和清水冲洗。如有不适感，就医。

食入：漱口，饮水。就医。

灭火方法 消防人员须穿全身消防服，在上风向灭火。尽可能将容器从火场移至空旷处。喷水保持火场容器冷却，直至灭火结束。

灭火剂：雾状水、泡沫、二氧化碳、干粉、砂土。

泄漏应急处置 隔离泄漏污染区，限制出入。消除所有点火源。建议应急处理人员戴防尘口罩，穿防静电服。禁止接触或跨越泄漏物。小量泄漏：用洁净的铲子收集泄漏物，置于干净、干燥、盖子较松的容器中，将容器移离泄漏区。大量泄漏：用水润湿，并筑堤收容。

986. 正　丙　醇

标　识

中文名称　正丙醇

英文名称　1-Propyl alcohol；1-Propanol；*n*-Propanol

别名　1－丙醇

分子式　C_3H_8O

CAS 号　71－23－8

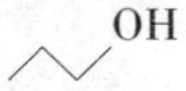

WGH 号　32064；T31164［铁规］

UN 号　1274

危害信息

危险性类别　第 3 类 易燃液体

燃烧与爆炸危险性　易燃。蒸气与空气能形成爆炸性混合物，遇明火、高热会引起燃烧爆炸。蒸气比空气重，能在较低处扩散到相当远的地方，遇火源会着火回燃和爆炸(闪爆)。在火场中，受热的容器或储罐有爆炸危险。

活性反应　与无机含氧酸和羧酸反应生成酯和水。与浓硝酸、浓硫酸、高锰酸钾等强氧化剂发生剧烈反应，会生成羧酸。与碱金属、氮化物等强还原剂生成有毒或易燃气体。

禁忌物　酸类、强氧化剂、强还原剂。

毒性　大鼠经口 LD_{50}：1870mg/kg；小鼠经口 LD_{50}：6800mg/kg；家兔经皮 LD_{50}：5040mg/kg；人(女性)经口 LDL_o：5700mg/kg。

本品毒作用与乙醇相似，但较乙醇剧烈，有刺激、麻醉作用。

中毒表现　急性中毒：接触高浓度蒸气出现头痛、倦睡、共济失调以及眼、鼻、喉刺激症状。口服可致恶心、呕吐、腹痛、腹泻、倦睡、昏迷，甚至死亡

慢性影响：长期皮肤接触可致皮肤干燥、皲裂。

侵入途径　吸入、食入、经皮吸收。

职业接触限值　中国：PC-TWA：200mg/m^3；PC-STEL：300mg/m^3。

美国(ACGIH)：TLV-TWA：200ppm；TLV-STEL：250ppm。

理化特性与用途

理化特性　无色透明液体，有醇味。与水混溶，混溶于乙醇、乙醚、烃等多数有机溶剂。熔点－127℃，沸点 97.1℃，相对密度(水＝1)0.80，相对蒸气密度(空气＝1)2.1，临界压力 5.17MPa，临界温度 263.6℃，蒸气压 1.33kPa(14.7℃)，燃烧热－2021.3kJ/mol，辛醇/水分配系数 0.25，闪点 15℃(闭杯)，爆炸极限 2.1%～13.5%，引燃温度 371℃。

主要用途　一般用作极性溶剂，也用于制备正丙胺、药物、油漆等。

包装与储运

包装标志　易燃液体，有毒品［铁规］

包装类别 Ⅱ类

安全储运 储存于阴凉、通风的库房。远离火种、热源，避免阳光直射。储存温度不超过37℃。保持容器密封。应与氧化剂、碱金属、强还原剂等隔离储运。禁止使用易产生火花的机械设备和工具。灌装时注意流速，防止静电积聚。炎热季节早晚运输。搬运时轻装轻卸，防止容器受损。

紧急处置信息

急救措施

吸入：迅速脱离现场至空气新鲜处。保持呼吸道通畅。如呼吸困难，给输氧。呼吸、心跳停止，立即进行心肺复苏术。就医。

眼睛接触：立即分开眼睑，用流动清水或生理盐水彻底冲洗。就医。

皮肤接触：立即脱去污染的衣着，用肥皂水和清水彻底冲洗。就医。

食入：尽量饮水，给服活性炭悬液，忌药物催吐。就医。

酒精增加本品毒性。

灭火方法 消防人员必须穿全身防火防毒服，佩戴空气呼吸器，在上风向灭火。尽可能将容器从火场移至空旷处。喷水保持火场容器冷却，直至灭火结束。处在火场中的容器若发生异常变化或发出异常声音，必须马上撤离。

灭火剂：抗溶性泡沫、二氧化碳、干粉、砂土。

泄漏应急处置 消除所有点火源。根据液体流动和蒸气扩散的影响区域划定警戒区，无关人员从侧风、上风向撤离至安全区。建议应急处理人员戴正压自给式呼吸器，穿防静电服，戴橡胶手套。作业时使用的所有设备应接地。禁止接触或跨越泄漏物。尽可能切断泄漏源。防止泄漏物进入水体、下水道、地下室或限制性空间。小量泄漏：用砂土或其他不燃材料吸收。使用洁净的无火花工具收集吸收材料。大量泄漏：构筑围堤或挖坑收容。用抗溶性泡沫覆盖，减少蒸发。喷水雾能减少蒸发，但不能降低泄漏物在限制性空间内的易燃性。用防爆泵转移至槽车或专用收集器内。喷雾状水驱散蒸气、稀释液体泄漏物。

987. 正 丁 醇

标 识

中文名称 正丁醇

英文名称 1-Butanol；Butyl alcohol；*n*-Butanol

别名 1－丁醇；丁醇

分子式 $C_4H_{10}O$

CAS 号 71－36－3

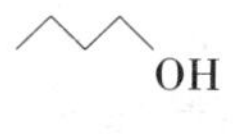

WGH 号 33552；T32052［铁规］

UN 号 1120

危害信息

危险性类别 第3类 易燃液体

燃烧与爆炸危险性 易燃。蒸气与空气能形成爆炸性混合物，遇明火、高热会引起燃烧爆炸并放出有毒气体。蒸气比空气重，能在较低处扩散到相当远的地方，遇火源会着火回燃和爆炸(闪爆)。在火场中，受热的容器或储罐有爆炸危险。

活性反应　与浓硫酸、过氧化氢等强氧化剂反应，放出大量热量，甚至会发生爆炸。与次氯酸的水溶液或四氯化碳溶液反应，生成的次氯酸丁酯易发生爆炸。与氯气反应也易生成次氯酸丁酯，低温下发生分解反应，受热或光照下易发生爆炸。与无机含氧酸和有机酸反应生成酯。乙酰溴能与正丁醇的水溶液剧烈反应，生成酯。能溶解多种塑料。

禁忌物　强酸、强氧化剂、酰基氯、酸酐等。

毒性　大鼠经口 LD_{50}：790mg/kg；大鼠吸入 LC_{50}：24000mg/m^3(4h)；小鼠经口 LD_{50}：100mg/kg；家兔经皮 LD_{50}：3400mg/kg。

职业接触的主要途径是经呼吸道吸入和皮肤吸收。本品具有刺激和麻醉作用。

中毒表现　吸入较高浓度蒸气引起急性中毒。主要症状为眼、鼻、喉部刺激，头痛、头晕、嗜睡、共济失调、精神错乱、谵妄、昏迷。液体对眼和皮肤有刺激性。

侵入途径　吸入、食入、经皮吸收。

职业接触限值　中国：PC-TWA：100mg/m^3。

美国(ACGIH)：TLV-TWA：20ppm。

理化特性与用途

理化特性　无色透明液体，有特殊气味。微溶于水，溶于乙醇、乙醚、苯等多数有机溶剂。熔点 -89.8℃，沸点 117.7℃，相对密度(水=1)0.81，相对蒸气密度(空气=1)2.55，临界压力 4.41MPa，临界温度 289.85℃，蒸气压 0.96kPa(25℃)，燃烧热 -2673.2kJ/mol，辛醇/水分配系数 0.88，闪点 29℃(闭杯)，爆炸极限 1.4%～11.3%，引燃温度 345℃。

主要用途　用于制醋酸丁酯、丙烯酸丁酯、邻苯二甲酸二丁酯等；也是润滑油添加剂的原料；还可用作油脂、药物、香料的萃取剂以及染料和印刷油墨的溶剂。

包装与储运

包装标志　易燃液体

包装类别　Ⅱ类

安全储运　储存于阴凉、通风的库房。远离火种、热源。储存温度不超过 37℃。保持容器密封。应与氧化剂、酸、酰卤等隔离储运。禁止使用易产生火花的机械设备和工具。灌装时注意流速，防止静电积聚。搬运时轻装轻卸，防止容器受损。

紧急处置信息

急救措施

吸入：迅速脱离现场至空气新鲜处。保持呼吸道通畅。如呼吸困难，给输氧。呼吸、心跳停止，立即进行心肺复苏术。就医。

眼睛接触：立即分开眼睑，用流动清水或生理盐水彻底冲洗。就医。

皮肤接触：立即脱去污染的衣着，用肥皂水和清水彻底冲洗。就医。

食入：尽量饮水，给服活性炭悬液，忌药物催吐。就医。

酒精增加本品毒性。

灭火方法　消防人员必须穿全身防火防毒服，佩戴空气呼吸器，在上风向灭火。尽可能将容器从火场移至空旷处。喷水保持火场容器冷却，直至灭火结束。处在火场中的容器若发生异常变化或发出异常声音，必须马上撤离。

灭火剂：雾状水、抗溶性泡沫、二氧化碳、干粉、砂土。

泄漏应急处置　消除所有点火源。根据液体流动和蒸气扩散的影响区域划定警戒区，

无关人员从侧风、上风向撤离至安全区。建议应急处理人员戴正压自给式呼吸器，穿防静电服。作业时使用的所有设备应接地。禁止接触或跨越泄漏物。尽可能切断泄漏源。防止泄漏物进入水体、下水道、地下室或限制性空间。小量泄漏：用砂土或其他不燃材料吸收。使用洁净的无火花工具收集吸收材料。大量泄漏：构筑围堤或挖坑收容。用砂土、惰性物质和蛭石吸收大量液体。用抗溶性泡沫覆盖，减少蒸发。喷水雾能减少蒸发，但不能降低泄漏物在限制性空间内的易燃性。用防爆泵转移至槽车或专用收集器内。

988. *N* – 正丁基对氨基酚

标　识

中文名称　*N* – 正丁基对氨基酚

英文名称　4-Butylaminophenol ；*N*-Butyl-*p*-aminophenol

别名　4 – 丁氨基苯酚

分子式　$C_{10}H_{15}NO$

CAS 号　103 – 62 – 8

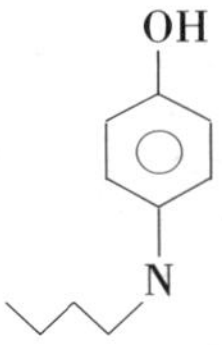

危害信息

燃烧与爆炸危险性　可燃，燃烧产生有毒的一氧化碳和氮氧化物气体。

毒性　大鼠经口 LDL_o：450mg/kg ，出现蛋白尿；豚鼠经皮 LD_{50}： > 5g/kg。

侵入途径　吸入、食入、经皮吸收。

理化特性与用途

理化特性　微溶于水。辛醇/水分配系数 2. 27。

主要用途　用作抗氧剂。

包装与储运

安全储运　储存于阴凉、通风的库房。远离火种、热源。应与氧化剂等隔离储运。

紧急处置信息

急救措施

吸入：脱离接触。如有不适感，就医。

眼睛接触：分开眼睑，用流动清水或生理盐水冲洗。如有不适感，就医。

皮肤接触：脱去污染的衣着，用流动清水冲洗。如有不适感，就医。

食入：漱口，饮一杯水，以手指探咽后部催吐。就医。

灭火方法　消防人员须穿全身消防服，佩戴空气呼吸器，在上风向灭火。尽可能将容器从火场移至空旷处。喷水保持火场容器冷却，直至灭火结束。

灭火剂：抗溶性泡沫、二氧化碳、干粉、砂土。

泄漏应急处置　隔离泄漏污染区，限制出入。建议应急处理人员戴防尘口罩，穿一般作业工作服。尽可能切断泄漏源。用塑料布覆盖泄漏物，减少飞散。勿使水进入包装容器内。用洁净的铲子收集泄漏物，置于干净、干燥、盖子较松的容器中，将容器移离泄漏区。

989. 正丁基环己烷

标　识

中文名称　正丁基环己烷

英文名称　Butylcyclohexane；1-Cyclohexylbutane

别名　1－环己基正丁烷

分子式　$C_{10}H_{20}$

CAS 号　1678－93－9

WGH 号　33510；T32010［铁规］

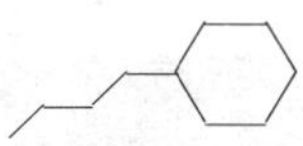

危害信息

危险性类别　第 3 类 易燃液体

燃烧与爆炸危险性　易燃。其蒸气与空气混合能形成爆炸性混合物，遇明火、高热易燃烧或爆炸。燃烧产生有毒的一氧化碳气体。在高温火场中，受热的容器或储罐有破裂和爆炸的危险。

活性反应　与氧化剂反应。

禁忌物　强氧化剂、强酸、强碱、卤素。

毒性　脂环烃类具有麻醉作用，对中枢神经系统有抑制作用。大量经口摄入可引起腹泻，肺部直接吸入可引起吸入性肺炎、肺水肿。液体对皮肤有刺激性。

侵入途径　吸入、食入。

理化特性与用途

理化特性　无色液体。不溶于水，溶于乙醇、乙醚。熔点－74.7℃，沸点 178～181℃，相对密度(水＝1)0.82(20℃)，蒸气压 0.38kPa(37.7℃)，临界压力 3.15MPa，辛醇/水分配系数 5.07，闪点 41℃，引燃温度 246℃，爆炸极限 0.9%～5.5%。

主要用途　用于有机合成。

包装与储运

包装标志　易燃液体

包装类别　Ⅲ类

安全储运　储存于阴凉、通风的库房。远离火种、热源，避免阳光直射。储存温度不超过 37℃。炎热季节早晚运输，应与氧化剂等隔离储运。禁止使用易产生火花的机械设备和工具。灌装时注意流速，防止静电积聚。搬运时轻装轻卸，防止容器受损。

紧急处置信息

急救措施

吸入：迅速脱离现场至空气新鲜处。保持呼吸道通畅。如呼吸困难，给输氧。呼吸、心跳停止，立即进行心肺复苏术。就医。

眼睛接触：立即分开眼睑，用流动清水或生理盐水彻底冲洗。就医。

皮肤接触：立即脱去污染的衣着，用肥皂水和清水彻底冲洗。就医。

食入： 漱口，不要催吐。就医。

忌用肾上腺素类药。

灭火方法 消防人员须穿全身消防服，佩戴防毒面具，在上风向灭火。尽可能将容器从火场移至空旷处。喷水保持火场容器冷却，直至灭火结束。处在火场中的容器若发生异常变化或发出异常声音，须马上撤离。用雾状水保护消防人员。用砂土堵逸出液体。

灭火剂：泡沫、二氧化碳、干粉、砂土。用水灭火无效。

泄漏应急处置 消除所有点火源。根据液体流动和蒸气扩散的影响区域划定警戒区，无关人员从侧风、上风向撤离至安全区。建议应急处理人员戴正压自给式呼吸器，穿防静电服，戴橡胶耐油手套。作业时使用的所有设备应接地。禁止接触或跨越泄漏物。尽可能切断泄漏源。防止泄漏物进入水体、下水道、地下室或限制性空间。小量泄漏：用砂土或其他不燃材料吸收。使用洁净的无火花工具收集吸收材料。大量泄漏：构筑围堤或挖坑收容。用泡沫覆盖，减少蒸发。喷水雾能减少蒸发，但不能降低泄漏物在限制性空间内的易燃性。用防爆泵转移至槽车或专用收集器内。

990. 正丁基环戊烷

标　识

中文名称 正丁基环戊烷

英文名称 Butylcyclopentane

分子式 C_9H_{18}

CAS 号 2040－95－1

WGH 号 33509；T32009［铁规］

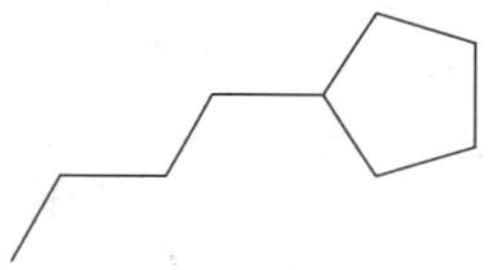

危害信息

危险性类别 第 3 类 易燃液体

燃烧与爆炸危险性 易燃。其蒸气与空气混合能形成爆炸性混合物，遇明火、高热易燃烧或爆炸。燃烧产生有毒的一氧化碳气体。在高温火场中，受热的容器或储罐有破裂和爆炸的危险。

活性反应 与氧化剂反应。

禁忌物 强氧化剂、强酸、强碱、卤素。

毒性 脂环烃类具有麻醉作用，对中枢神经系统有抑制作用。大量经口摄入可引起腹泻，肺部直接吸入可引起吸入性肺炎、肺水肿。液体对皮肤有刺激性。

侵入途径 吸入、食入。

理化特性与用途

理化特性 无色液体。不溶于水，可混溶于乙醇、乙醚、丙酮、苯。熔点－108℃，沸点 156.7℃，相对密度(水＝1)0.875(25℃)，临界压力 2.72MPa，辛醇/水分配系数 4.58，闪点 32℃，引燃温度 250℃。

主要用途 用于有机合成。

包装与储运

包装标志　易燃液体

包装类别　Ⅲ类

安全储运　储存于阴凉、通风的库房。远离火种、热源，避免阳光直射。储存温度不超过37℃。炎热季节早晚运输，应与氧化剂等隔离储运。禁止使用易产生火花的机械设备和工具。灌装时注意流速，防止静电积聚。搬运时轻装轻卸，防止容器受损。

紧急处置信息

急救措施

吸入：迅速脱离现场至空气新鲜处。保持呼吸道通畅。如呼吸困难，给输氧。呼吸、心跳停止，立即进行心肺复苏术。就医。

眼睛接触：立即分开眼睑，用流动清水或生理盐水彻底冲洗。就医。

皮肤接触：立即脱去污染的衣着，用肥皂水和清水彻底冲洗。就医。

食入：漱口，不要催吐。就医。

忌用肾上腺素类药。

灭火方法　消防人员须穿全身消防服，佩戴防毒面具，在上风向灭火。尽可能将容器从火场移至空旷处。喷水保持火场容器冷却，直至灭火结束。处在火场中的容器若发生异常变化或发出异常声音，须马上撤离。用雾状水保护消防人员，用砂土堵逸出液体。

灭火剂：泡沫、二氧化碳、干粉、砂土。用水灭火无效。

泄漏应急处置　消除所有点火源。根据液体流动和蒸气扩散的影响区域划定警戒区，无关人员从侧风、上风向撤离至安全区。建议应急处理人员戴正压自给式呼吸器，穿防静电服，戴橡胶耐油手套。作业时使用的所有设备应接地。禁止接触或跨越泄漏物。尽可能切断泄漏源。防止泄漏物进入水体、下水道、地下室或限制性空间。小量泄漏：用砂土或其他不燃材料吸收。使用洁净的无火花工具收集吸收材料。大量泄漏：构筑围堤或挖坑收容。用泡沫覆盖，减少蒸发。喷水雾能减少蒸发，但不能降低泄漏物在限制性空间内的易燃性。用防爆泵转移至槽车或专用收集器内。

991. 正丁基锂

标　　识

中文名称　正丁基锂

英文名称　Butyl lithium

别名　丁基锂

分子式　C_4H_9Li

CAS 号　109-72-8

WGH 号　42021

UN 号　2445

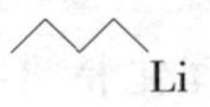

危害信息

危险性类别　第4.2类 自燃物品

燃烧与爆炸危险性 接触空气会自燃。一般保存在C5～C7(如环己烷)的溶剂中。溶剂蒸气与空气能形成爆炸性混合物，遇明火、高热发生燃烧爆炸。

活性反应 强还原剂，与二氧化碳接触反应放热，甚至会燃烧。与水反应放出易燃气体和热量，导致自燃。与氧化剂发生剧烈反应。与酸、醇、醛、胺接触发生剧烈反应而导致燃烧。

禁忌物 酸类、水、空气、醇类、卤素、胺类等。

毒性 对眼睛、皮肤、黏膜和呼吸道有强烈刺激作用。可引起化学灼伤。

侵入途径 吸入、食入。

理化特性与用途

理化特性 无色透明至淡黄色液体。溶于戊烷、苯等。遇水分解，约100℃缓慢分解，约150℃迅速分解。熔点-94.9～-75.9℃，沸点60-80℃，密度0.765g/cm^3(25℃)，闪点-21℃。

主要用途 用作合成橡胶的优良引发剂(引发丁二烯、异戊二烯等的聚合反应)、火箭燃料的组分。用于制取药物和生物化学制品。用于有机合成。

包装与储运

包装标志 自燃物品，遇湿易燃物

包装类别 Ⅰ类

安全储运 一般保存在溶剂中。储存于阴凉、干燥、通风良好的库房。储存温度不超过30℃，相对湿度不超过75%。远离火种、热源。保持容器密封。严防受潮。与可燃物、氧化剂、酸、醇、醛、胺等隔离储运。运输时，应防曝晒、雨淋和高温。

紧急处置信息

急救措施

吸入：迅速脱离现场至空气新鲜处。保持呼吸道通畅。如呼吸困难，给输氧。呼吸、心跳停止，立即进行心肺复苏术。就医。

眼睛接触：立即分开眼睑，用大量流动清水或生理盐水彻底冲洗10～15min。就医。

皮肤接触：立即脱去污染衣物，用布擦去化学品，再用大量水冲洗。就医。

食入：催吐，导泻。就医。

灭火方法 消防人员须佩戴空气呼吸器，穿全身消防服，在上风向灭火。

灭火剂：干粉、干砂。禁止用水、泡沫、酸碱灭火剂和卤化物灭火。

泄漏应急处置 消除所有点火源。根据液体流动和蒸气扩散的影响区域划定警戒区，无关人员从侧风、上风向撤离至安全区。建议应急处理人员戴正压自给式呼吸器，穿防毒、防静电服，戴橡胶手套。禁止接触或跨越泄漏物。尽可能切断泄漏源。防止泄漏物进入水体、下水道、地下室或限制性空间。小量泄漏：用干燥的砂土或其他不燃材料覆盖泄漏物，用洁净的无火花工具收集泄漏物，置于一盖子较松的塑料容器中，待处置。大量泄漏：构筑围堤或挖坑收容。用防爆泵转移至槽车或专用收集器内。

992. 正 丁 醛

标 识

中文名称 正丁醛

英文名称 *n*-Butyraldehyde；*n*-Butanal

别名　丁醛

分子式　C_4H_8O

CAS 号　123 - 72 - 8

WGH 号　32068；T31168［铁规］

UN 号　1129

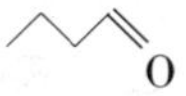

危害信息

危险性类别　第 3 类 易燃液体

燃烧与爆炸危险性　易燃。蒸气与空气能形成爆炸性混合物，遇明火、高热能引起燃烧爆炸。蒸气比空气重，能在较低处扩散到相当远的地方，遇火源会着火回燃和爆炸(闪爆)。在火场中，可发生聚合反应，放出大量热量而引起容器或储罐破裂和爆炸事故。

活性反应　与还原剂、氧化剂、强碱、无机酸发生剧烈反应。酸催化下，易发生自身缩合或聚合反应，放出热量。与含氮化合物、重氮化合物、氮化物或强还原剂反应，生成易燃或有毒气体。

禁忌物　强氧化剂、强碱、强还原剂等。

毒性　大鼠经口 LD_{50}：2490mg/kg；大鼠吸入 LC_{50}：60000ppm(30min)；小鼠吸入 LC_{50}：44610mg/m^3(2h)；家兔经皮 LD_{50}：3560mg/kg。

对眼、呼吸道黏膜及皮肤有强烈刺激性。吸入可引起喉、支气管的炎症、水肿和痉挛，化学性肺炎，肺水肿，并出现麻醉作用。

长期或反复接触对个别敏感者可引起变态反应。

侵入途径　吸入、食入、经皮吸收。

职业接触限值　中国：PC-TWA：5mg/m^3；PC-STEL：10mg/m^3。

环境危害　对水生生物是有害的。

理化特性与用途

理化特性　无色易挥发液体，有刺激性气味。微溶于水，溶于乙醇、乙醚、丙酮、乙酸乙酯、甲苯等多数有机溶剂。熔点 -99℃，沸点 75℃，相对密度(水 =1)0.80，相对蒸气密度(空气 =1)2.5，临界压力 4.00MPa，临界温度 263.95℃，蒸气压 12.20kPa(20℃)，燃烧热 -2479kJ/mol，辛醇/水分配系数 0.88 ~ 1.18，闪点 -7℃，爆炸极限 1.9% ~ 12.5%，引燃温度 218.3℃。

主要用途　用于制取聚乙烯醇缩丁醛、丁酸和丁酸纤维素等，也是制备酯类增塑剂、三羟甲基丙烷、硫化促进剂、杀虫剂及溶剂等的原料。

包装与储运

包装标志　易燃液体

包装类别　Ⅱ类

安全储运　储存于阴凉、通风的库房。远离火种、热源。储存温度不超过 37℃。包装要求密封，不可与空气接触。应与氧化剂、还原剂、碱类等隔离储运。禁止使用易产生火花的机械设备和工具。灌装时注意流速，防止静电积聚。搬运时轻装轻卸，防止容器受损。夏季应早晚运输。

紧急处置信息

急救措施

吸入：迅速脱离现场至空气新鲜处。保持呼吸道通畅。如呼吸困难，给输氧。呼吸、

心跳停止，立即进行心肺复苏术。就医。

眼睛接触： 立即分开眼睑，用流动清水或生理盐水彻底冲洗。就医。

皮肤接触： 立即脱去污染的衣着，用肥皂水和清水彻底冲洗。就医。

食入： 漱口，给饮牛奶、豆浆，催吐。就医。

灭火方法　消防人员必须穿全身防火防毒服，佩戴空气呼吸器，在上风向灭火。喷水冷却容器，尽可能将容器从火场移至空旷处。处在火场中的容器若发生异常变化或发出异常声音，必须马上撤离。

灭火剂：抗溶性泡沫、干粉、二氧化碳、砂土。

泄漏应急处置　消除所有点火源。根据液体流动和蒸气扩散的影响区域划定警戒区，无关人员从侧风、上风向撤离至安全区。建议应急处理人员戴正压自给式呼吸器，穿防静电服，戴橡胶手套。作业时使用的所有设备应接地。禁止接触或跨越泄漏物。尽可能切断泄漏源。防止泄漏物进入水体、下水道、地下室或限制性空间。小量泄漏：用砂土或其他不燃材料吸收。使用洁净的无火花工具收集吸收材料。大量泄漏：构筑围堤或挖坑收容。用砂土、惰性物质和蛭石吸收大量液体。用抗溶性泡沫覆盖，减少蒸发。喷水雾能减少蒸发，但不能降低泄漏物在限制性空间内的易燃性。用防爆泵转移至槽车或专用收集器内。

993. 正　丁　酸

标　识

中文名称　正丁酸

英文名称　Butyric acid；Butanoic acid

别名　丁酸；酪酸

分子式　$C_4H_8O_2$

CAS 号　107－92－6

WGH 号　81620

UN 号　2820

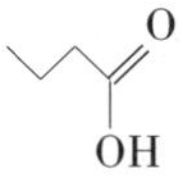

危害信息

危险性类别　第 8.1 类 酸性腐蚀品

燃烧与爆炸危险性　遇明火、高热可燃。蒸气能与空气形成爆炸性混合物。对大多数金属有腐蚀性。

活性反应　与碱发生放热中和反应。与强氧化剂和强还原剂反应，放出热量。腐蚀铝及其他活泼金属。100℃下，与三氯化铬反应能达到白炽状态。

禁忌物　强氧化剂、碱类、强还原剂等。

毒性　大鼠经口 LD_{50}：2000mg/kg；大鼠吸入 LC：＞ 500mg/m^3；家兔经皮 LD_{50}：530μL/kg。

人高浓度一次接触本品，可引起皮肤、眼或黏膜的中度刺激性损害。

侵入途径　吸入、食入、经皮吸收。

理化特性与用途

理化特性　无色油状液体，具有腐臭的酸味。与水、乙醇、乙醚混溶。熔点 －7.9℃，沸点 163.5℃，相对密度（水 = 1）0.96，蒸气相对密度（水 = 1）3.04，临界压力 5.27MPa，临界温度 355℃，蒸气压 0.10kPa（25℃），燃烧热 −2181.4kJ/mol，辛醇/水分配系数 0.79，闪点 72℃（闭杯），爆炸极限 2.0% ~10.0%，引燃温度 452℃。

主要用途　有机合成原料，主要用于制备丁酸纤维素和丁酸酯类；也用以制取香料、杀菌剂和乳化剂等。

包装与储运

包装标志　腐蚀品

包装类别　Ⅲ类

安全储运　储存于阴凉、通风的库房。远离火种、热源。储存温度不超过 32℃，相对湿度不超过 80%。保持容器密封。应与氧化剂、碱类等隔离储运。搬运时轻装轻卸，防止容器受损。

紧急处置信息

急救措施

吸入：迅速脱离现场至空气新鲜处。保持呼吸道通畅。如呼吸困难，给输氧。呼吸、心跳停止，立即进行心肺复苏术。就医。

眼睛接触：立即分开眼睑，用大量流动清水或生理盐水彻底冲洗 10 ~15min。就医。

皮肤接触：立即脱去污染的衣着，用大量流动清水彻底冲洗，冲洗时间一般要求 20 ~30min。就医。

食入：用水漱口，禁止催吐。给饮牛奶或蛋清。就医。

灭火方法　消防人员必须穿耐酸碱防护服、防护靴，佩戴空气呼吸器灭火。喷水冷却容器，尽可能将容器从火场移至空旷处。处在火场中的容器若发生异常变化或发出异常声音，必须马上撤离。

灭火剂：雾状水、抗溶性泡沫、干粉、二氧化碳、砂土。

泄漏应急处置　根据液体流动和蒸气扩散的影响区域划定警戒区，无关人员从侧风、上风向撤离至安全区。消除所有点火源。建议应急处理人员戴正压自给式呼吸器，穿防酸碱服，戴橡胶耐酸碱手套。穿上适当的防护服前严禁接触破裂的容器和泄漏物。尽可能切断泄漏源。防止泄漏物进入水体、下水道、地下室或限制性空间。小量泄漏：用干燥的砂土或其他不燃材料吸收或覆盖，收集于容器中。大量泄漏：构筑围堤或挖坑收容。用砂土、惰性物质和蛭石吸收大量液体。用石灰（CaO）、碎石灰石（$CaCO_3$）或碳酸氢钠（$NaHCO_3$）中和。用耐腐蚀泵转移至槽车或专用收集器内。

994. 正　丁　烷

标　　识

中文名称　正丁烷

英文名称　*n*-Butane；Butane

别名　丁烷

分子式　C_4H_{10}

CAS 号　106 −97 −8

WGH 号 21012

UN 号 1011

危害信息

危险性类别 第 2.1 类 易燃气体

燃烧与爆炸危险性 易燃。与空气混合能形成爆炸性混合物，遇热源和明火有燃烧爆炸的危险。比空气重，能在较低处扩散到相当远的地方，遇火源会着火回燃和爆炸(闪爆)。

活性反应 在一定条件下，能与氧气、臭氧、二氧化氮、卤素(氟气、液氯、溴、碘)等氧化剂发生剧烈反应，甚至导致燃烧或爆炸。

禁忌物 强氧化剂、卤素、强酸、强碱等。

毒性 大鼠吸入 LC_{50}：658000mg/m^3(4h)；小鼠吸入 LC_{50}：680000mg/m^3(2h)。

本品具有弱刺激和麻醉作用。

中毒表现 急性中毒：主要症状有头晕、头痛、嗜睡和酒醉状态，严重者可昏迷。皮肤接触液态本品可引起冻伤

慢性影响：接触以丁烷为主的工人有头晕、头痛、睡眠不佳、疲倦等。

侵入途径 吸入。

职业接触限值 美国(ACGIH)：TLV-TWA：1000ppm。

理化特性与用途

理化特性 无色压缩或液化气体，有轻微的不愉快气味，纯品无味。不溶于水，溶于乙醇、乙醚及其他烃类。熔点 -138.4℃，沸点 -0.5℃，相对密度(水=1)0.60，相对蒸气密度(空气=1)2.1，燃烧热 -2637.8kJ/mol，临界压力 3.79MPa，临界温度 153.2℃，蒸气压 213.7kPa(21.1℃)，闪点 -60℃(闭杯)，爆炸极限 1.8%~8.5%，引燃温度 287℃。

主要用途 用作打火机专用气及化工发泡剂，也用作玻壳加工、机械制造业、纺织印染业的高热值燃料，还可用作制冷剂和用于有机合成。

包装与储运

包装标志 易燃气体

安全储运 储存于阴凉、通风的库房。远离火种、热源。储存温度不超过 30℃。切勿与氧化剂等混储混运。禁止使用易产生火花的机械设备和工具。搬运时须戴好钢瓶安全帽和防震橡皮圈，防止钢瓶撞击。

紧急处置信息

急救措施

吸入：迅速脱离现场至空气新鲜处。保持呼吸道通畅。如呼吸困难，给输氧。呼吸、心跳停止，立即进行心肺复苏术。就医。

皮肤接触：如发生冻伤，用温水(38~42℃)复温，忌用热水或辐射热，不要揉搓。

灭火方法 切断气源。若不能切断气源，则不允许熄灭泄漏处的火焰。消防人员必须穿全身消防服，佩戴空气呼吸器，在上风向灭火。喷水冷却容器，尽可能将容器从火场移至空旷处。

泄漏应急处置 消除所有点火源。根据气体的影响区域划定警戒区，无关人员从侧风、上风向撤离至安全区。建议应急处理人员戴正压自给式呼吸器，穿防静电服。液化气体泄漏时穿防静电、防寒服。作业时使用的所有设备应接地。禁止接触或跨越泄漏物。尽可能切断泄漏源。若可能翻转容器，使之逸出气体而非液体。喷雾状水抑制蒸气或改变蒸气云流向，避免水流接触泄漏物。禁止用水直接冲击泄漏物或泄漏源。防止气体通过下水道、

通风系统和限制性空间扩散。隔离泄漏区直至气体散尽。

995. 正　庚　胺

标　识

中文名称　正庚胺

英文名称　1-Heptanamine；Heptylamine；*n*-Heptylamine

别名　1－氨基庚烷；氨基庚烷；庚胺

分子式　$C_7H_{17}N$

CAS 号　111－68－2

WGH 号　61728

危害信息

危险性类别　第 6.1 类 有毒品

燃烧与爆炸危险性　易燃。其蒸气与空气混合能形成爆炸性混合物，遇明火、高热有引起燃烧爆炸的危险。蒸气比空气重，能在较低处扩散到相当远的地方，遇火源会着火回燃和爆炸(闪爆)。

活性反应　与氧化剂反应。

禁忌物　强氧化剂、酸酐、酸类、酰基氯。

毒性　小鼠腹腔 LD_{50}：100mg/kg。

对皮肤、黏膜有刺激作用。

人口服 2mg 即出现心悸、口干、头痛、四肢麻木、血压略有增高。

侵入途径　吸入、食入、经皮吸收。

理化特性与用途

理化特性　无色液体。微溶于水，溶于乙醇、乙醚。熔点－23℃，沸点 155℃，相对密度(水＝1)0.777，相对蒸气密度(空气＝1)4.0，燃烧热－4927.8kJ/mol，临界压力 2.85MPa，辛醇/水分配系数 2.57，闪点 35℃，引燃温度 267℃。

主要用途　用作溶剂及用于有机合成。

包装与储运

包装标志　有毒品；易燃液体

包装类别　Ⅲ类

安全储运　储存于阴凉、通风的库房。远离火种、热源，避免阳光直射。储存温度不超过 32℃，相对湿度不超过 85%。保持容器密封。炎热季节早晚运输，应与氧化剂、强酸等隔离储运。禁止使用易产生火花的机械设备和工具。灌装时注意流速，防止静电积聚。搬运时轻装轻卸，防止容器受损。

紧急处置信息

急救措施

吸入：迅速脱离现场至空气新鲜处。保持呼吸道通畅。如呼吸困难，给输氧。呼吸、心跳停止，立即进行心肺复苏术。就医。

眼睛接触： 立即分开眼睑，用流动清水或生理盐水彻底冲洗。就医。

皮肤接触： 立即脱去污染的衣着，用肥皂水和清水彻底冲洗。就医。

食入： 给饮牛奶或水，成人不超过 2 杯。禁止催吐。就医。

灭火方法 消防人员须穿全身防火防毒服，佩戴空气呼吸器，在上风向灭火。尽可能将容器从火场移至空旷处。喷水保持火场容器冷却，直至灭火结束。处在火场中的容器若发生异常变化或发出异常声音，须马上撤离。

灭火剂：泡沫、二氧化碳、干粉、砂土。

泄漏应急处置 根据液体流动和蒸气扩散的影响区域划定警戒区，无关人员从侧风、上风向撤离至安全区。消除所有点火源。建议应急处理人员戴正压自给式呼吸器，穿防毒、防静电服，戴橡胶耐油手套。穿上适当的防护服前严禁接触破裂的容器和泄漏物。尽可能切断泄漏源。防止泄漏物进入水体、下水道、地下室或限制性空间。小量泄漏：用干燥的砂土或其他不燃材料吸收或覆盖，收集于容器中。大量泄漏：构筑围堤或挖坑收容。用防爆泵转移至槽车或专用收集器内。

996. 正 庚 醛

标 识

中文名称 正庚醛

英文名称 Heptanal；*n*-Heptanal；*n*-Heptaldehyde

别名 水芹醛

分子式 $C_7H_{14}O$

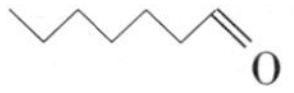

CAS 号 111 - 71 - 7

WGH 号 33574；T32074［铁规］

UN 号 3056

危害信息

危险性类别 第 3 类 易燃液体

燃烧与爆炸危险性 易燃。其蒸气与空气混合能形成爆炸性混合物，遇明火、高热有引起燃烧爆炸的危险。燃烧产生有毒的一氧化碳气体。蒸气比空气重，能在较低处扩散到相当远的地方，遇火源会着火回燃和爆炸(闪爆)。具有腐蚀性。

活性反应 与氧化剂反应。

禁忌物 强氧化剂、强酸、强碱。

毒性 大鼠经口 LD_{50}：3200mg/kg；小鼠经口 LD_{50}：3200mg/kg；大鼠吸入 LC_{50}：> 18400mg/m^3(4h)；兔经皮 LD_{50}：>5000mg/kg。

对眼、呼吸道和皮肤有刺激性。

侵入途径 吸入、食入、经皮吸收。

理化特性与用途

理化特性 无色油状液体，有水果香味，有吸湿性。微溶于水，混溶于乙醇、乙醚，溶于固定油，微溶于四氯化碳。熔点 -43℃，沸点 153℃，相对密度(水 =1)0.82，相对蒸气密度(空气 =1)3.9，蒸气压 0.4kPa(25℃)，临界压力 3.16MPa，辛醇/水分配系数 1.99，闪点 35℃，引燃温度 197℃。

主要用途　是合成香料的重要原料，也是制药、有机合成及橡胶制品的原料。

包装与储运

包装标志　易燃液体

包装类别　Ⅲ类

安全储运　储存于阴凉、干燥、通风的库房。远离火种、热源，避免阳光直射。储存温度不超过 37℃。炎热季节早晚运输。应与氧化剂、碱、强还原剂等隔离储运。禁止使用易产生火花的机械设备和工具。搬运时轻装轻卸，防止容器受损。

紧急处置信息

急救措施

吸入：迅速脱离现场至空气新鲜处。保持呼吸道通畅。如呼吸困难，给输氧。呼吸、心跳停止，立即进行心肺复苏术。就医。

眼睛接触：立即分开眼睑，用流动清水或生理盐水彻底冲洗。就医。

皮肤接触：立即脱去污染的衣着，用肥皂水和清水彻底冲洗。就医。

食入：给饮水，不要催吐。就医。

灭火方法　消防人员须穿全身防火防毒服，佩戴空气呼吸器，在上风向灭火。尽可能将容器从火场移至空旷处。喷水保持火场容器冷却，直至灭火结束。处在火场中的容器若发生异常变化或发出异常声音，须马上撤离。

灭火剂：泡沫、二氧化碳、干粉、砂土。

泄漏应急处置　消除所有点火源。根据液体流动和蒸气扩散的影响区域划定警戒区，无关人员从侧风、上风向撤离至安全区。建议应急处理人员戴正压自给式呼吸器，穿防静电服，戴橡胶耐油手套。作业时使用的所有设备应接地。禁止接触或跨越泄漏物。尽可能切断泄漏源。防止泄漏物进入水体、下水道、地下室或限制性空间。小量泄漏：用砂土或其他不燃材料吸收。使用洁净的无火花工具收集吸收材料。大量泄漏：构筑围堤或挖坑收容。用抗溶性泡沫覆盖，减少蒸发。喷水雾能减少蒸发，但不能降低泄漏物在限制性空间内的易燃性。用防爆泵转移至槽车或专用收集器内。

997. 正　己　胺

标　识

中文名称　正己胺

英文名称　1-Hexanamine；Hexylamine；*n*-Hexylamine

别名　1－氨基己烷

分子式　$C_6H_{15}N$

CAS 号　111－26－2

WGH 号　33620；T32120［铁规］

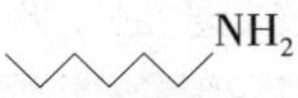

危害信息

危险性类别　第 3 类 易燃液体

燃烧与爆炸危险性 易燃。其蒸气与空气混合能形成爆炸性混合物，遇明火、高热有引起燃烧爆炸的危险。燃烧产生有毒的一氧化碳和氮氧化物气体。蒸气比空气重，能在较低处扩散到相当远的地方，遇火源会着火回燃和爆炸(闪爆)。具有腐蚀性。

活性反应 与氧化剂反应。

禁忌物 强氧化剂、酸酐、酸类。

毒性 大鼠经口 LD_{50}：670mg/kg；兔经皮 LD_{50}：323mg/kg。

中毒表现 接触胺的蒸气对眼产生刺激，液体溅入眼内可致灼伤。蒸气对皮肤有刺激性，液体可致皮肤灼伤。吸入胺蒸气引起鼻、咽黏膜和肺刺激，产生呼吸困难、咳嗽等症状。

侵入途径 吸入、食入、经皮吸收。

理化特性与用途

理化特性 无色液体，有氨味。微溶于水，可混溶于乙醇、乙醚。熔点 -22.9℃，沸点 131.4℃，相对密度(水=1)0.77，相对蒸气密度(空气=1)3.49，燃烧热 -4272.8kJ/mol，辛醇/水分配系数 1.52~2.34，闪点 8℃(闭杯)、29℃(开杯)，引燃温度 270℃，爆炸极限 2.1%~9.3%。

主要用途 用于有机合成。

包装与储运

包装标志 易燃液体；腐蚀品

包装类别 Ⅱ类

安全储运 储存于阴凉、通风的库房。远离火种、热源，避免阳光直射。储存温度不超过 30℃，相对湿度不超过 80%。保持容器密封。炎热季节早晚运输。应与氧化剂、酸、酸酐等隔离储运。禁止使用易产生火花的机械设备和工具。灌装时注意流速，防止静电积聚。搬运时轻装轻卸，防止容器受损。

紧急处置信息

急救措施

吸入： 迅速脱离现场至空气新鲜处。保持呼吸道通畅。如呼吸困难，给输氧。呼吸、心跳停止，立即进行心肺复苏术。就医。

眼睛接触： 立即分开眼睑，用大量流动清水或生理盐水彻底冲洗 10~15min。就医。

皮肤接触： 立即脱去污染的衣着，用大量流动清水彻底冲洗。就医。

食入： 用水漱口，禁止催吐。给饮牛奶或蛋清。就医。

灭火方法 消防人员须穿全身防火防毒服，佩戴空气呼吸器，在上风向灭火。尽可能将容器从火场移至空旷处。喷水保持火场容器冷却，直至灭火结束。处在火场中的容器若发生异常变化或发出异常声音，须马上撤离。

灭火剂：雾状水、泡沫、二氧化碳、干粉、砂土。

泄漏应急处置 消除所有点火源。根据液体流动和蒸气扩散的影响区域划定警戒区，无关人员从侧风、上风向撤离至安全区。建议应急处理人员戴正压自给式呼吸器，穿防静电、防腐蚀、防毒服，戴橡胶耐油手套。作业时使用的所有设备应接地。禁止接触或跨越泄漏物。尽可能切断泄漏源。防止泄漏物进入水体、下水道、地下室或限制性空间。小量泄漏：用砂土或其他不燃材料吸收。使用洁净的无火花工具收集吸收材料。大量泄漏：构筑围堤或挖坑收容。用泡沫覆盖，减少蒸发。喷水雾能减少蒸发，但不能降低泄漏物在限制性空间内的易燃性。用防爆、耐腐蚀泵转移至槽车或专用收集器内。

998. 正　壬　烷

标　识

中文名称　正壬烷

英文名称　*n*-Nonane；Nonane

别名　壬烷

分子式　C_9H_{20}

CAS 号　111－84－2

WGH 号　33505；T32005[铁规]

UN 号　1920

危害信息

危险性类别　第 3 类 易燃液体

燃烧与爆炸危险性　易燃。其蒸气与空气可形成爆炸性混合物，遇明火、高热能引起燃烧爆炸。在火场中，受热的容器或储罐有爆炸危险。蒸气比空气重，能在较低处扩散到相当远的地方，遇火源会着火回燃和爆炸(闪爆)。

活性反应　与硝酸、次氯酸钠、浓硫酸、氧气、臭氧、高锰酸钾、氯酸钾、二氧化氮、卤素(氟气、液氯、溴、碘)、氯磺酸等氧化剂发生反应，甚至导致燃烧爆炸。

禁忌物　强氧化剂、卤素、强酸、强碱等。

毒性　大鼠吸入 LC_{50}：17000mg/m^3(4h)。

大鼠吸入 8100mg/m^3 浓度，引起轻度震颤、共济失调和眼刺激。

侵入途径　吸入、食入。

职业接触限值　中国：PC-TWA：500mg/m^3。

美国(ACGIH) TLV-TWA：200ppm。

理化特性与用途

理化特性　无色透明液体。不溶于水，溶于乙醇、乙醚，混溶于苯、丙酮、氯仿。熔点－51℃，沸点 150.8℃，相对密度(水＝1)0.72，相对蒸气密度(空气＝1)4.4，饱和蒸气压 1.33kPa(39℃)，临界温度 321℃，临界压力 2.28MPa，折射率 1.4054，闪点 31℃(闭杯)，爆炸极限 0.8%～2.9%，引燃温度 205℃，辛醇/水分配系数 5.46。

主要用途　用作溶剂、油漆稀释剂、干洗剂和仪器清洗剂，还可用于有机合成。

包装与储运

包装标志　易燃液体

包装类别　Ⅲ类

安全储运　储存于阴凉、通风的库房。远离火种、热源。储存温度不超过 37℃。保持容器密封。应与氧化剂等隔离储运。禁止使用易产生火花的机械设备和工具。罐装注意流速，防止静电积聚。搬运时轻装轻卸，防止容器受损。

紧急处置信息

急救措施

吸入：迅速脱离现场至空气新鲜处。保持呼吸道通畅。如呼吸困难，给输氧。呼吸、

心跳停止，立即进行心肺复苏术。就医。

眼睛接触： 立即分开眼睑，用流动清水或生理盐水彻底冲洗。就医。

皮肤接触： 立即脱去污染的衣着，用肥皂水和清水彻底冲洗。就医。

食入： 漱口，尽量饮水，不要催吐。就医。

忌用肾上腺素类药。

灭火方法 消防人员必须穿全身消防服，佩戴空气呼吸器，在上风向灭火。喷水冷却容器，尽可能将容器从火场移至空旷处。处在火场中的容器若发生异常变化或发出异常声音，必须马上撤离。

用泡沫、二氧化碳、干粉、砂土灭火。

泄漏应急处置 消除所有点火源。根据液体流动和蒸气扩散的影响区域划定警戒区，无关人员从侧风、上风向撤离至安全区。建议应急处理人员戴正压自给式呼吸器，穿防静电服。尽可能切断泄漏源。防止泄漏物进入水体、下水道、地下室或限制性空间。小量泄漏：用砂土或其他不燃材料吸收。大量泄漏：构筑围堤或挖坑收容。用泡沫覆盖，减少蒸发。用砂土、惰性物质或蛭石吸收大量液体。用防爆泵转移至槽车或专用收集器内。

999. 正 戊 胺

标 识

中文名称 正戊胺

英文名称 *n*-Amylamine；1-Pentanamine；Pentylamine；1-Aminopentane

别名 1－戊胺；戊胺；1－氨基戊烷

分子式 $C_5H_{13}N$

CAS 号 110－58－7

WGH 号 32175；T31275［铁规］

UN 号 1106

危害信息

危险性类别 第 3 类 易燃液体

燃烧与爆炸危险性 易燃。其蒸气与空气混合能形成爆炸性混合物，遇明火、高热易燃烧或爆炸。燃烧产生有毒的一氧化碳和氮氧化物气体。在高温火场中，受热的容器或储罐有破裂和爆炸的危险。蒸气比空气重，能在较低处扩散到相当远的地方，遇火源会着火回燃和爆炸（闪爆）。具有腐蚀性。

活性反应 与氧化剂反应。

禁忌物 强氧化剂、酸酐、酸类。

毒性 大鼠经口 LD_{50}：470mg/kg。

中毒表现 接触胺的蒸气对眼产生刺激，液体溅入眼内可致灼伤。蒸气对皮肤有刺激性，液体可致皮肤灼伤。吸入胺蒸气引起鼻、咽黏膜和肺刺激，产生呼吸困难、咳嗽等症状。

侵入途径 吸入、食入、经皮吸收。

理化特性与用途

理化特性 无色液体，有刺激性气味。溶于水、乙醇、乙醚。熔点 －55℃，沸点

104.5℃，相对密度(水=1)0.76，相对蒸气密度(空气=1)3.0，蒸气压4.65kPa(26℃)，燃烧热-3625.1kJ/mol，临界温度281.6℃，临界压力3.58MPa，辛醇/水分配系数1.05～1.49，闪点-1℃(闭杯)、7.2℃(开杯)，引燃温度302℃，爆炸极限1.3%～9.5%。

主要用途　用作溶剂，用于制抗氧剂、乳化剂、杀虫剂、橡胶化学品、浮选剂，也用作化学合成中间体。

包装与储运

包装标志　易燃液体；腐蚀品

包装类别　Ⅱ类

安全储运　储存于阴凉、通风的库房。远离火种、热源，避免阳光直射。储存温度不超过30℃，相对湿度不超过80%。保持容器密封。炎热季节早晚运输。应与氧化剂、酸等隔离储运。禁止使用易产生火花的机械设备和工具。灌装时注意流速，防止静电积聚。搬运时轻装轻卸，防止容器受损。

紧急处置信息

急救措施

吸入：迅速脱离现场至空气新鲜处。保持呼吸道通畅。如呼吸困难，给输氧。呼吸、心跳停止，立即进行心肺复苏术。就医。

眼睛接触：立即分开眼睑，用大量流动清水或生理盐水彻底冲洗10～15min。就医。

皮肤接触：立即脱去污染的衣着，用大量流动清水彻底冲洗，冲洗时间一般要求20～30min。就医。

食入：用水漱口，禁止催吐。给饮牛奶或蛋清。就医。

灭火方法　消防人员须穿全身防火防毒服，佩戴空气呼吸器，在上风向灭火。尽可能将容器从火场移至空旷处。喷水保持火场容器冷却，直至灭火结束。处在火场中的容器若发生异常变化或发出异常声音，须马上撤离。

灭火剂：抗溶性泡沫、二氧化碳、干粉、砂土。

泄漏应急处置　消除所有点火源。根据液体流动和蒸气扩散的影响区域划定警戒区，无关人员从侧风、上风向撤离至安全区。建议应急处理人员戴正压自给式呼吸器，穿防静电、防腐蚀、防毒服，戴橡胶耐油手套。作业时使用的所有设备应接地。禁止接触或跨越泄漏物。尽可能切断泄漏源。防止泄漏物进入水体、下水道、地下室或限制性空间。小量泄漏：用砂土或其他不燃材料吸收。使用洁净的无火花工具收集吸收材料。大量泄漏：构筑围堤或挖坑收容。用砂土、惰性物质或蛭石吸收大量液体。用抗溶性泡沫覆盖，减少蒸发。喷水雾能减少蒸发，但不能降低泄漏物在限制性空间内的易燃性。用防爆、耐腐蚀泵转移至槽车或专用收集器内。喷雾状水驱散蒸气、稀释液体泄漏物。

1000. 正　戊　烷

标　识

中文名称　正戊烷

英文名称　*n*-Pentane；Pentane

别名　戊烷

分子式　C_5H_{12}
CAS 号　109－66－0
WGH 号　31002
UN 号　1265

危害信息

危险性类别　第3类 易燃液体

燃烧与爆炸危险性　极易燃。蒸气与空气能形成爆炸性混合物，遇明火、高热能引起燃烧爆炸。在火场中受热的容器或储罐有爆炸的危险。蒸气比空气重，能在较低处扩散到相当远的地方，遇火源会着火回燃和爆炸(闪爆)。

活性反应　与硝酸、次氯酸钠、浓硫酸、氧气、臭氧、高锰酸钾、氯酸钾、二氧化氮、卤素(氟气、液氯、溴、碘)、氯磺酸等氧化剂发生反应，甚至导致燃烧爆炸。

禁忌物　强氧化剂、卤素、强酸、强碱等。

毒性　大鼠经口 LD_{50}：＞2000mg/kg；大鼠吸入 LC_{50}：364000mg/m^3(4h)。

具有麻醉和刺激作用。

中毒表现　急性中毒：高浓度可引起眼与呼吸道黏膜轻度刺激症状和麻醉状态，甚至意识丧失

慢性影响：长期接触对眼和呼吸道有轻度刺激。可引起轻度皮炎。

侵入途径　吸入、食入。

职业接触限值　中国：PC-TWA：500mg/m^3；PC-STEL：1000mg/m^3。

美国(ACGIH)TLV-TWA：600ppm。

环境危害　对水生生物有毒，可能在水生环境中造成长期不利影响。

理化特性与用途

理化特性　无色透明的易挥发液体，有微弱的薄荷香味。微溶于水、乙醇，溶于烃类、乙醚、丙酮、苯和氯仿等。熔点－129.8℃，沸点36.1℃，相对密度(水＝1)0.6263(20/4℃)，蒸气相对密度(水＝1)2.48，临界温度196.7℃，临界压力3.37MPa，蒸气压68.53kPa(25℃)，折射率1.3575，闪点－49℃，爆炸极限1.5%～7.8%，引燃温度260℃，辛醇/水分配系数3.39。

主要用途　用作测定废机油中正戊烷不溶物的溶剂。也用作萃取溶剂、聚苯乙烯的发泡剂、液态空气机的润滑剂、气雾剂的喷射剂。用于制人造冰、麻醉剂以及合成戊醇等。

包装与储运

包装标志　易燃液体

包装类别　Ⅰ类

安全储运　储存于阴凉、通风的库房，避免阳光直射。远离火种、热源。炎热气候采取通风降温措施。储存温度不超过29℃。应与氧化剂等隔离储运。搬运时轻装轻卸，防止容器受损。夏令高温季节早晚运输。禁止使用易产生火花的机械设备和工具。灌装时注意流速，且应有接地装置，防止静电积聚。

紧急处置信息

急救措施

吸入：迅速脱离现场至空气新鲜处。保持呼吸道通畅。如呼吸困难，给输氧。呼吸、心跳停止，立即进行心肺复苏术。就医。

眼睛接触：立即分开眼睑，用流动清水或生理盐水彻底冲洗。就医。

皮肤接触：立即脱去污染的衣着，用肥皂水和清水彻底冲洗。就医。

食入：漱口，尽量饮水，不要催吐。就医。

忌用肾上腺素类药。

灭火方法　消防人员必须穿全身消防服，佩戴空气呼吸器，在上风向灭火。喷水冷却容器，尽可能将容器从火场移至空旷处。若处在火场中的容器发生异常变化或发出异常声音，必须马上撤离

用泡沫、二氧化碳、干粉、砂土灭火。用水灭火无效。

泄漏应急处置　消除所有点火源。根据液体流动和蒸气扩散的影响区域划定警戒区，无关人员从侧风、上风向撤离至安全区。建议应急处理人员戴正压自给式呼吸器，穿防静电服，戴橡胶耐油手套。作业时使用的所有设备应接地。禁止接触或跨越泄漏物。尽可能切断泄漏源。防止泄漏物进入水体、下水道、地下室或限制性空间。小量泄漏：用砂土或其他不燃材料吸收。使用洁净的无火花工具收集吸收材料。大量泄漏：构筑围堤或挖坑收容。用砂土、惰性物质或蛭石吸收大量液体。用泡沫覆盖，减少蒸发。喷水雾能减少蒸发，但不能降低泄漏物在限制性空间内的易燃性。用防爆泵转移至槽车或专用收集器内。

卷 索 引

参考文献

1 《化学化工大词典》编委会编．化学化工大词典．北京：化学工业出版社，2003
2 《化工百科全书》编委会编．化工百科全书．北京：化学工业出版社，1998
3 化学工业出版社组织编写．中国化工产品大全．北京：化学工业出版社，2005
4 危险化学品名录(2002年版，国家安全生产监督管理局公告[2003]第1号)
5 剧毒化学品目录(2002年版，国家安全生产监督管理局、公安部等公告[2003]第2号)
6 全国危险化学品管理标准化技术委员会秘书处编．常用危险化学品包装储运手册．北京：化学工业出版社，2004
7 中华人民共和国铁道部．铁路危险货物运输规则[铁运(2006)79号]．北京：中国铁道出版社，2006
8 中华人民共和国铁道部．铁路危险货物品名表．北京：中国铁道出版社，2006
9 中华人民共和国交通部编．各类危险货物引言和明细表．北京：人民交通出版社，1997
10 GB 12268—2005 危险货物品名表
11 GB 13690—92 常用危险化学品的分类及标志
12 GB 16483—2000 化学品安全技术说明书编写规定
13 GB 15603—1995 常用化学危险品贮存通则
14 GBZ 2.1—2007 工作场所有害因素职业接触限值
15 GB 17914—1999 易燃易爆商品储藏养护技术条件
16 GB 17915—1999 腐蚀性商品储藏养护技术条件
17 GB 17916—1999 毒害性商品储藏养护技术条件
18 《新编危险物品安全手册》编委会编．新编危险物品安全手册．北京：化学工业出版社，2001
19 国家经贸委安全生产局编著．作业场所化学品安全管理．北京：中国石化出版社，2000
20 中华人民共和国公安部消防局，国家化学品登记注册中心编写．危险化学品应急处置速查手册．北京：中国人事出版社，2002
21 《化学危险品消防与急救手册》编委会编．化学危险品消防与急救手册．北京：化学工业出版社，1994
22 张荣主编．危险化学品安全技术．北京：化学工业出版社，2005
23 郑瑞文编著．危险品防火．北京：化学工业出版社，2003
24 中国石油化工总公司安全监督局编．石油化工安全技术(中级本)．北京：中国石化出版社，1998
25 张德义，张海峰编．石油化工危险化学品实用手册．北京：中国石化出版社，2006
26 中国石化集团安全工程研究院译．有害化学品安全手册．北京：中国石化出版社，2003
27 周国泰，佘启元主编．中国劳动防护用品实用全书．北京：中国劳动出版社，1997
28 祖因希主编．液化石油气操作技术与安全管理．北京：化学工业出版社，2004
29 郑瑞文编．生产工艺防火．北京：化学工业出版社，1998
30 李正，周振编．油气田消防．北京：中国石化出版社，2000
31 赵庆贤，邵辉编著．危险化学品安全管理．北京：中国石化出版社，2005
32 赵庆平主编．消防特勤手册．杭州：浙江人民出版社，2000
33 郑瑞文，刘海辰主编．消防安全技术．北京：化学工业出版社，2004
34 冀和平，崔慧峰编著．防火防爆技术．北京：化学工业出版社，2004
35 王广生，张海峰，窦苏娅等．石油化工原料与产品安全手册．北京：中国石化出版社，1996
36 张维凡，张海峰编．常用化学危险物品安全手册．第一、二卷．北京：中国医药科技出版社，1992
37 张维凡，张海峰编．常用化学危险物品安全手册．第三、四卷．北京：化学工业出版社，1994
38 张维凡，张海峰编．常用化学危险物品安全手册．第五、六卷．北京：中国石化出版社，1998
39 张海峰主编．危险化学品安全技术全书(第二版)．北京：化学工业出版社，2008
40 王道，程水源主编．环境有害化学品实用手册．北京：中国环境科学出版社，2007
41 董华模主编．化学物的毒性及其环境保护参数手册．北京：人民卫生出版社，1988
42 汪晶，和德科，汪尧衢编译．环境评价数据手册 有毒物质鉴定值．北京：化学工业出版社，1988
43 国家化学品登记注册中心编．危险化学品安全管理法规与标准汇编(修订版)．北京：中国人事出版社，2003

44 中国安全生产科学研究院编．危险化学品安全丛书——危险化学品法规选编．北京：化学工业出版社，2005
45 国家环境保护局有毒化学品管理办公室，化工部北京化工研究院环境保护研究所主编．化学品毒性、法规、环境数据手册．北京：中国环境科学出版社，1992
46 何凤生主编．中华职业医学．北京：人民卫生出版社，1999
47 任引津等主编．实用急性中毒全书．北京：人民卫生出版社，2003
48 夏元洵主编．化学物质毒性全书．上海：上海科学技术文献出版社，1991
49 任引津，张寿林主编．急性化学物中毒救援手册．上海：上海医科大学出版社，1994
50 江泉观，纪云晶，常元勋主编．环境化学毒物防治手册．北京：化学工业出版社，2004
51 王莹，顾祖维，张胜年，李文煜主编．现代职业医学．北京：人民卫生出版社，1996
52 王世俊主编．金属中毒．第2版．北京：人民卫生出版社，1988
53 岳茂兴主编．危险化学品安全丛书——危险化学品事故急救．北京：化学工业出版社，2005
54 马良，杨守生编著．危险化学品安全丛书——危险化学品消防．北京：化学工业出版社，2005
55 张少岩编著．危险化学品安全丛书——危险化学品包装．北京：化学工业出版社，2005
56 李立明主译．最新危险化学品应急救援指南．北京：中国协和医科大学出版社，2003
57 王心如主编．毒理学基础．第4版．北京：人民卫生出版社，2003
58 金泰廙主编．职业卫生与职业医学．第5版．北京：人民卫生出版社，2003
59 孟紫强主编．环境毒理学．北京：中国环境科学出版社，2000
60 中国疾病预防控制中心职业卫生与中毒控制所，全国职业卫生标准委员会编著．高毒物品作业职业病危害防护实用指南．北京：化学工业出版社，2004
61 International Programme on Chemical Safety(IPCS) and the Commission of the European Union (EC). International Chemical Safety Cards (ICSC)
62 L. Bretherick. Bretherick's Handbook of Reactive Chemical Hazards, 6th Edition. London: Butterworths, 1999
63 Robert E. Lega. The Sigma-Aldrich Library Chemical Safety Data. 2nd ed. Sigma-Aldrich Corporation, 1988
64 European Chemicals Bureau(ECB). European Chemical Substances Information System(ESIS), 2006
65 EPA/NOAA. Computer-Aided Management of Emergency Operations(CAMEO), 2006
66 United States National Library of Medicine(NLM). Hazardous Substances Data Bank(HSDB), 2006
67 National Institute of Occupational Safety and Health(NIOSH). Registry of Toxic Effects of Chemical Substances (RTECS), 2006
68 WHO/International Agency for Research on Cancer (IARC). Complete List of Agents evaluated and their classification, 2006
69 Canadian Centre for Occupational Health and Safety. CHEMINFO Database, 2006
70 National Institute of Technology and Evaluation(NITE). Chemical Risk Information Platform(CHRIP), 2005
71 ChemWatch Database & Management System, 2006